Daten zur Umwelt

1988/89

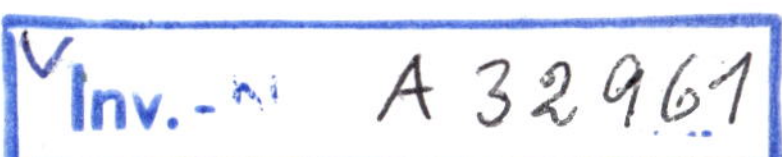

Umweltbundesamt

Erich Schmidt Verlag

CIP-Kurztitelaufnahme der Deutschen Bibliothek

Daten zur Umwelt . . ./Umweltbundesamt
Red.: Fachgebiet I 1.2 „Umweltforschung/
Umweltstatistik". – Berlin: E. Schmidt
ISSN 0177-6347.
Erscheint unregelmäßig. – Einzelne Bd.
erscheinen in mehreren Aufl. – Früher verl.
vom Umweltbundesamt, Berlin – Aufnahme
nach 1984. 2. Aufl. (1985)

1984. 2. Aufl. (1985) –
[Verl.-Wechsel]

Herausgeber:
Umweltbundesamt
Fachgebiet I 1.2 „Umweltforschung, Umweltstatistik"
Bismarckplatz 1
1000 Berlin 33
Tel.: 030/8903-0
Telex: 183756
Telefax: 030/89032285

Konzeption und Gesamtredaktion:
Kurt Augustin
Marian Pohl

Redaktionelle Verantwortung für:
- Abschnitt „Flächennutzung (Kapitel Boden)",
  Bundesforschungsanstalt für Landeskunde und Raumordnung
- Kapitel „Natur und Landschaft",
  Bundesforschungsanstalt für Naturschutz und Landschaftsökologie

Grafische Darstellung:
Methodenbank Umwelt des Informations- und Dokumentationssystems Umwelt (UMPLIS) des Umweltbundesamtes, Fachgebiet Z 2.6
in Zusammenarbeit mit:
- CAP-MAP raumbezogene Informationssysteme GmbH + Co. KG, Berlin
  – EDV-Graphik und Kartographie –
- Kartoplan®-pce, Gesellschaft für angewandte Kartographie mbH, Berlin
  – Digitale Reproduktion der Grafik –
- Ralf Armbruster, Berlin
- Titelblatt und Farbgestaltung –

1. Ausgabe: Daten zur Umwelt 1984
2. Ausgabe: Daten zur Umwelt 1986/87

ISBN 3 503 02789 0

Titelbild: Anzahl der nach EG-Richtlinie (82/501/EWG) meldepflichtigen Anlagen (Seite 55)
Druck: Graphischer Betrieb Ernst Gieseking GmbH, Bielefeld

1984 hat das Umweltbundesamt erstmals die weit verstreuten Umweltdaten zu einem Bericht über die Umweltsituation in der Bundesrepublik Deutschland zusammengefaßt und veröffentlicht. Die große Nachfrage nach dieser Veröffentlichung war Anlaß dafür, die **„Daten zur Umwelt“** seither in zweijährigem Turnus herauszubringen. Diese dritte Ausgabe ist nicht nur eine Fortschreibung, sondern auch eine Weiterentwicklung vor allem bei der graphischen Aufarbeitung der Informationen über den Zustand der Umwelt. Dennoch wird dem Leser nicht verborgen bleiben, daß sowohl hinsichtlich der Aktualität der einzelnen Daten als auch bei der zur Abbildung des Zustandes der Umwelt erforderlichen Grunddaten nach wie vor große Lücken – gemessen an dem langfristigen Ziel einer umfassenden Umweltberichterstattung – bestehen.

Neben den Mitarbeitern des Umweltbundesamtes haben viele weitere Personen und Stellen an der Erhebung und Aufbereitung der hier veröffentlichten Daten mitgewirkt. Stellvertretend für andere seien die Bundesforschungsanstalt für Naturschutz und Landschaftsökologie, die Bundesanstalt für Gewässerkunde, die Bundesforschungsanstalt für Landeskunde und Raumordnung, das Statistische Bundesamt und das Deutsche Hydrographische Institut genannt, ohne deren Beiträge eine so umfassende Berichterstattung nicht möglich gewesen wäre. Besonders zu würdigen sind auch die Länderarbeitsgemeinschaft Wasser sowie das Institut für Strahlenhygiene des Bundesgesundheitsamtes und die für die Überwachung der Umweltradioaktivität zuständigen Leitstellen des Bundes, deren Beiträge zu physikalisch-chemischen Merkmalen des Zustandes der Fließgewässer bzw. zu Radioaktivität diesen Band wesentlich bereichern.

Dem Herausgeber wie dem Leser ist bewußt, daß quantitative Daten, wie sie hier vorgelegt werden, die reale Welt nur bruchstückhaft beschreiben können. Vor allem die qualitative Dimension der Umwelt sowie die subjektiven Bewertungen, die jeder einzelne von uns der Gefährdung der Umwelt und dem Rang des Umweltschutzes beimißt, lassen sich nur näherungsweise in Zahlen, Tabellen und Grafiken ausdrücken. Dennoch geben, wie heute in fast allen Bereichen des gesellschaftlichen Lebens, solche Daten auch im Umweltschutz unerläßliche Orientierungshilfen.

Die „Daten zur Umwelt“ sollen dazu beitragen, das Wissen über die quantitative Dimension des Umweltschutzes auf eine von Wissenschaft, Politik und um den Umweltschutz bemühten Verbänden akzeptierte Grundlage zu stellen, von der aus Programme aufgestellt und hinsichtlich ihrer Wirkung kontrolliert werden können. Es ist zu wünschen, daß auch die **„Daten zur Umwelt 1988/89“** Anregungen und Anstöße für die öffentliche Diskussion über Ziele und für Maßnahmen des Umweltschutzes bieten.

Dr. Heinrich von Lersner
(Präsident des Umweltbundesamtes)

Inhaltsverzeichnis

Anforderungen an die Umweltberichterstattung

Daten zur Umwelt sind wichtige Handlungsgrundlagen des Umweltschutzes. Für die öffentliche Auseinandersetzung über die umweltpolitischen Ziele und Prioritäten, für die politische Entscheidung über Umweltschutzmaßnahmen sowie für deren Erfolgskontrolle werden aktuelle Informationen über den Zustand der Umwelt und seine Veränderungen benötigt. Daten zur Umwelt müssen vor allem

- in Form von Immissions- und Wirkungsdaten die Situation der Umwelt beschreiben
- in Form von Emissions-, Ressourcenverbrauchs- und Produktionsdaten über die Quellen und Ursachen von Belastungen und Gefährdungen der Umwelt Auskunft geben
- in Form von Maßnahmendaten sowie von Daten über Kosten der Umweltbelastung und Nutzen des Umweltschutzes zur Begründung und Bewertung der Wirksamkeit umweltpolitischer Aktivitäten beitragen.

Derartige Daten werden sowohl für die Bundesrepublik Deutschland insgesamt sowie für die Bundesländer, Regionen, Städte und Gemeinden benötigt. Darzustellen sind auch die grenzüberschreitenden und weltweiten Zusammenhänge des Umweltschutzes. Die Daten sollen nicht nur mittels repräsentativer Indikatoren und verläßlicher Meßwertreihen die gegenwärtige Umweltsituation und deren bisherige Entwicklung abbilden, sondern auch Vorhersagen über künftige Umweltprobleme und Umweltverbesserungen ermöglichen. Zur Unterstützung des Umweltschutzes als politischer Querschnittsaufgabe müssen Daten zur Umwelt die Zusammenhänge zwischen den einzelnen Teilaufgaben des Umweltschutzes selbst aufzeigen und auch die Bezüge zwischen Umweltpolitik und korrespondierenden Politikbereichen, wie etwa der Energie-, Wirtschafts- oder Landwirtschaftspolitik, abbilden. Ziel der Umweltberichterstattung ist es, eine Informations- und Entscheidungshilfe bereitzustellen, die auf einem geschlossenen System von repräsentativen Umweltindikatoren beruht sowie über aktuelle und verläßliche Werte verfügt, die in der jeweils angemessenen sachlichen, zeitlichen und räumlichen Differenzierung durch Messungen, statistische Erhebungen und Schätzverfahren ermittelt worden sind.

Die Umweltberichterstattung hat in den letzten Jahren sowohl innerhalb der Bundesrepublik Deutschland auf Kommunal- und Länderebene und bei den Umweltschutzfachaufgaben des Bundes als auch im internationalen Bereich wesentliche Fortschritte erzielt. Wegen der Vielzahl der zu berücksichtigenden Einzelinformationen, des immer noch begrenzten Wissensstandes über ökologische Zusammenhänge sowie der hohen Kosten von Entwicklung und Aufbau geeigneter Meßnetze, statistischer Erhebungsverfahren und Datenauswertungsmethoden sind jedoch auch künftig noch deutliche Weiterentwicklungen erforderlich, um die Anforderungen an ein geschlossenes Umweltinformationssystem zu erfüllen.

Wichtige Beiträge zur Weiterentwicklung der Umweltberichterstattung sind von der Umsetzung des im Rahmen des Bund/Länder-Arbeitskreises (BLAK) Umweltinformationssysteme abgestimmten „Grunddatenkatalogs", der laufenden Novellierung des Gesetzes über Umweltstatistiken sowie vom Vorschlag der Kommission der Europäischen Gemeinschaften zu einer regelmäßigen Umweltberichterstattung in den EG-Mitgliedstaaten[1]) zu erwarten.

[1]) Artikel 9 des Vorschlags der Kommission für eine Richtlinie des Rates über den freien Zugang zu Informationen über die Umwelt, Amtsblatt der Europäischen Gemeinschaften Nr. C 335/5 vom 30. 12. 1988

Zu den **Daten zur Umwelt 1988/89**

Das Umweltbundesamt hat mit den **Daten zur Umwelt '84** erstmals eine Gesamtdarstellung der Umweltsituation vorgelegt. Die **Daten zur Umwelt 1988/89** sind der dritte Beitrag dieser in zweijährigem Abstand erscheinenden Veröffentlichung.

Die **„Daten zur Umwelt"** enthalten keine Informationen, die speziell für den Zweck dieser Veröffentlichung erhoben worden wären. Vielmehr ist es das Prinzip der Veröffentlichung, die an vielen anderen Stellen erhobenen und unter speziellen Fachgesichtspunkten aufbereiteten Einzelinformationen über den Umweltzustand zu einer Gesamtdarstellung zusammenzuführen und zu verdichten. Quellen für die Daten zur Umwelt sind

- Daten der amtlichen Statistik
- Daten aus ständig betriebenen Umweltmeßnetzen des Bundes und der Länder
- Ergebnisse von Forschungsvorhaben
- Daten aus dem Verwaltungsvollzug, soweit diese nach Maßgabe der jeweiligen Rechtsvorschriften zugänglich sind und veröffentlicht werden dürfen.
- Statistiken von Verbänden
- Umweltberichte internationaler Organisationen.

Die Daten sind teilweise im Informations- und Dokumentationssystem Umwelt (UMPLIS) gespeichert und wurden unter Einsatz seiner Methodenbank Umwelt aufbereitet und grafisch dargestellt. In den einführenden Abschnitten zu den Datengrundlagen der einzelnen Kapitel sowie im Quellenverzeichnis im Anhangteil des Bandes werden die Datenquellen genauer erläutert.

Auswahlkriterium für die Daten war zum einen ihre zentrale Bedeutung für bestimmte Merkmale der Umweltsituation und Aufgabenbereiche des Umweltschutzes. Da die Daten zur Umwelt einen Beitrag zur Umweltberichterstattung des Bundes liefern, wurden zum andern im Regelfall nur solche Merkmale aufgenommen, bei denen für die Bundesrepublik Deutschland flächendeckende Informationen vorlagen. Daten aus lediglich regionalen Erhebungen wurden nur dann berücksichtigt, wenn mit hoher Plausibilität angenommen werden konnte, daß das Ergebnis der regionalen Untersuchung auch für das übrige Gebiet der Bundesrepublik Deutschland repräsentativ ist.

Ein Vergleich mit den beiden früheren Ausgaben der Daten zur Umwelt macht deutlich, daß die Datensituation, nicht zuletzt aufgrund der zunehmenden Aktivitäten des Bundes und der Bundesländer beim Ausbau von Meßnetzen und Umweltinformationssystemen sowie infolge der Fortschritte bei den auf Umweltbeobachtung ausgerichteten Forschungsprojekten, weiter verbessert werden konnte. Erstmals war es hierdurch möglich, ein spezielles Kapitel über den Umweltzustand der Nordsee einzufügen. Andere Kapitel, so insbesondere die Kapitel Wasser sowie Natur und Landschaft, haben durch Einbeziehung zusätzlicher Informationen wesentliche Erweiterungen und Vertiefungen erfahren. Auch ist der Umfang der Daten zu grenzüberschreitenden und weltweiten Umweltproblemen, so z. B. durch den Abschnitt zur Erdatmosphären-Problematik im Kapitel Luft, deutlich erweitert worden. Einzelne Datenreihen, so insbesondere zu den Emissionen im Kapitel Luft, weisen inzwischen einen solchen zeitlichen Umfang auf, daß Trends erkennbar werden.

Kritisch ist anzumerken, daß in einigen Teilen des Berichtes auf die Fortschreibung der bereits in der Ausgabe 1986/87 enthaltenen Informationen verzichtet werden mußte, weil zwischenzeitlich keine neuen

Daten erhoben oder veröffentlicht worden sind. Dies betrifft insbesondere die Kapitel Wasser und Abfall, da neuere Erhebungen nach dem Gesetz über Umweltstatistiken über die Abwasser- und Abfallentsorgung sowie zur Wasserversorgung noch nicht ausgewertet sind. Aus demselben Grund mußte im Kapitel Nahrung auf die in den bisherigen Ausgaben enthaltenen Daten der Zentralen Erfassungs- und Bewertungsstelle für Umweltchemikalien beim Bundesgesundheitsamt verzichtet werden. Breite Informationslücken wegen des Fehlens bundesweit repräsentativer Daten bestehen immer noch für die Bereiche des Grundwasserzustandes und für Fragen des Zusammenhangs zwischen Umweltschutz und Gesundheit. Darüber hinaus sind in anderen Feldern, so bei der Erfassung des Aufkommens und des Verbleibs von Abfällen oder bei den Daten zur Bodenbelastung, noch erhebliche Verbesserungen der Informationsgrundlagen möglich. Ebenso ist bei Betrachtung der einzelnen Datenreihen nach wie vor erkennbar, daß Informationen zum Umweltzustand oft eine geringere Aktualität aufweisen als z. B. viele Daten zur Wirtschaftsstatistik, die wesentlich zeitnäher erhoben und aufbereitet werden.

Es bedarf noch erheblicher Anstrengungen vor allem im Bund-Länder-Verhältnis, um die gravierenden Lücken bei der Datenlage zur Umweltsituation in der Bundesrepublik Deutschland zu schließen.

Seite

Datengrundlage

Im Kapitel „Allgemeine Daten“ sind Merkmale zusammengestellt, die Hinweise auf die Beanspruchung der Umwelt durch Bevölkerungs- und Wirtschaftsentwicklung einerseits sowie auf Möglichkeiten der Umweltentlastung durch Umweltschutzinvestitionen der Wirtschaft und Umweltbewußtsein der Bevölkerung andererseits geben.

Daten zur Energiegewinnung und -verbrauch, chemischer Produktion und zum Kraftfahrzeug- und Flugverkehr sind wegen ihres vielfältigen Beitrags zu Umweltbelastungen differenziert dargestellt worden. Dies bedeutet jedoch nicht, daß die von anderen, hier nicht aufgeführten Sektoren verursachten Belastungen zu vernachlässigen wären.

Die überwiegend dargestellten Produktions- und Verbrauchsdaten lassen für sich allein noch keine eindeutigen Rückschlüsse auf die damit im einzelnen verbundenen Umweltbelastungen zu: Es macht z. B. hinsichtlich der Emissionen einen erheblichen Unterschied, ob ein Personenkilometer Fahrleistung mit einem Diesel-Pkw oder einem Pkw mit Otto-Motor mit oder ohne Katalysator erbracht worden ist. Im allgemeinen Teil dargestellte Produktions- und Verbrauchsdaten sind somit nur erste Annäherungen zur Beschreibung eines Potentials an Umweltbelastungen. Die mit einzelnen Arten von Produktion und Konsum verbundenen Umweltbelastungen werden in den folgenden „medialen“ Kapiteln der Daten zur Umwelt näher aufgeschlüsselt. So ist u. a. die im Kapitel allgemeine Daten dargestellte Energiebilanz für die Bundesrepublik Deutschland Grundlage für die Abschätzung von Luftschadstoffemissionen im Kapitel„Luft“.

Grundlage eines großen Anteils der in diesem Kapitel vorgestellten Daten zur Bundesrepublik Deutschland ist die amtliche Statistik, insbesondere die Wirtschaftsstatistik. Weitere Daten, so etwa Angaben über den Kraftfahrzeugbestand oder über Umweltdelikte, entstammen Statistiken zum Verwaltungsvollzug. Internationale Daten sind Veröffentlichungen der Europäischen Gemeinschaften, der Organisation für wirtschaftliche Zusammenarbeit und der Vereinten Nationen. entnommen.

Die Daten zu den Beiträgen „Bevölkerungsentwicklung“ und „Beurteilung der Umweltqualität im Wohngebiet“ wurden von der Bundesforschungsanstalt für Landeskunde und Raumordnung mit Hilfe ihres Informationssystems „laufende Raumbeobachtung“ erstellt.

Eine Reihe der Informationen ist auf der Basis der genannten Quellen mittels spezieller Berechnungs- und Schätzverfahren weiter aufbereitet worden. Dies gilt u. a. für die Prognose der Bundesforschungsanstalt für Landeskunde und Raumordnung zur künftigen Bevölkerungsverteilung in der Bundesrepublik Deutschland, für die von der Arbeitsgemeinschaft Energiebilanzen aufgegliederten Energiedaten sowie für die Daten zu Verkehrsleistungen und räumlicher Mobilität.

Bevölkerungsentwicklung

Stand und Entwicklung der Bevölkerung

Nach den vorläufigen Ergebnissen der Volkszählung lebten 1987 in der Bundesrepublik Deutschland 61 082 800 Einwohner.

Nach den bisherigen Prognosen wird die Bevölkerung bis zum Jahr 2005 um ca. 4% und bis zum Jahr 2035 um ca. 25% abnehmen. Die Bevölkerungsabnahme wird vor allem durch niedrige Geburtenzahlen verursacht. Die Zahl der Jugendlichen nimmt laufend ab, während gleichzeitig die Altersgruppen der über 60jährigen stark anwachsen wird.

Die Prognose der Bevölkerungsentwicklung weist auf große regionale Entwicklungsunterschiede hin. Bis zum Jahre 2005 werden vor allem die Kernstädte Einwohner verlieren, während die Umlandgemeinden noch Zuwächse verzeichnen werden und erst ab 2005 wird auch hier die Bevölkerung abnehmen.

In der regionalen Verteilung der Bevölkerung wird die Bevölkerungsdichte am stärksten in den Regionen mit großen Verdichtungsräumen sinken. Sie werden im Durchschnitt bis 2005 ca. 27 Personen/km^2, bis 2035 130 Personen je km^2 verlieren. Im Bundesdurchschnitt wird bis 2005 mit einem Rückgang der Bevölkerungsdichte um ca. 56 Personen je km^2 gerechnet.

Auch im Jahr 2035 wird in der Bundesrepublik Deutschland mit ca. 190 Personen je km^2 eine Bevölkerungsdichte bestehen, die immer noch erheblich über der gegenwärtigen Dichte in den meisten westeuropäischen Staaten liegt.

Siehe auch:
- Kapitel Allgemeine Daten, Abschnitt Energie, Verkehr, Umweltbewußtsein
- Kapitel Boden, Abschnitt Flächennutzung
- Kapitel Luft, Abschnitt Emissionen
- Kapitel Abfall, Abschnitte Abfallaufkommen, Abfallentsorgung
- Kapitel Lärm, Abschnitt Lärmbelastung

Bevölkerungsdichte 1986

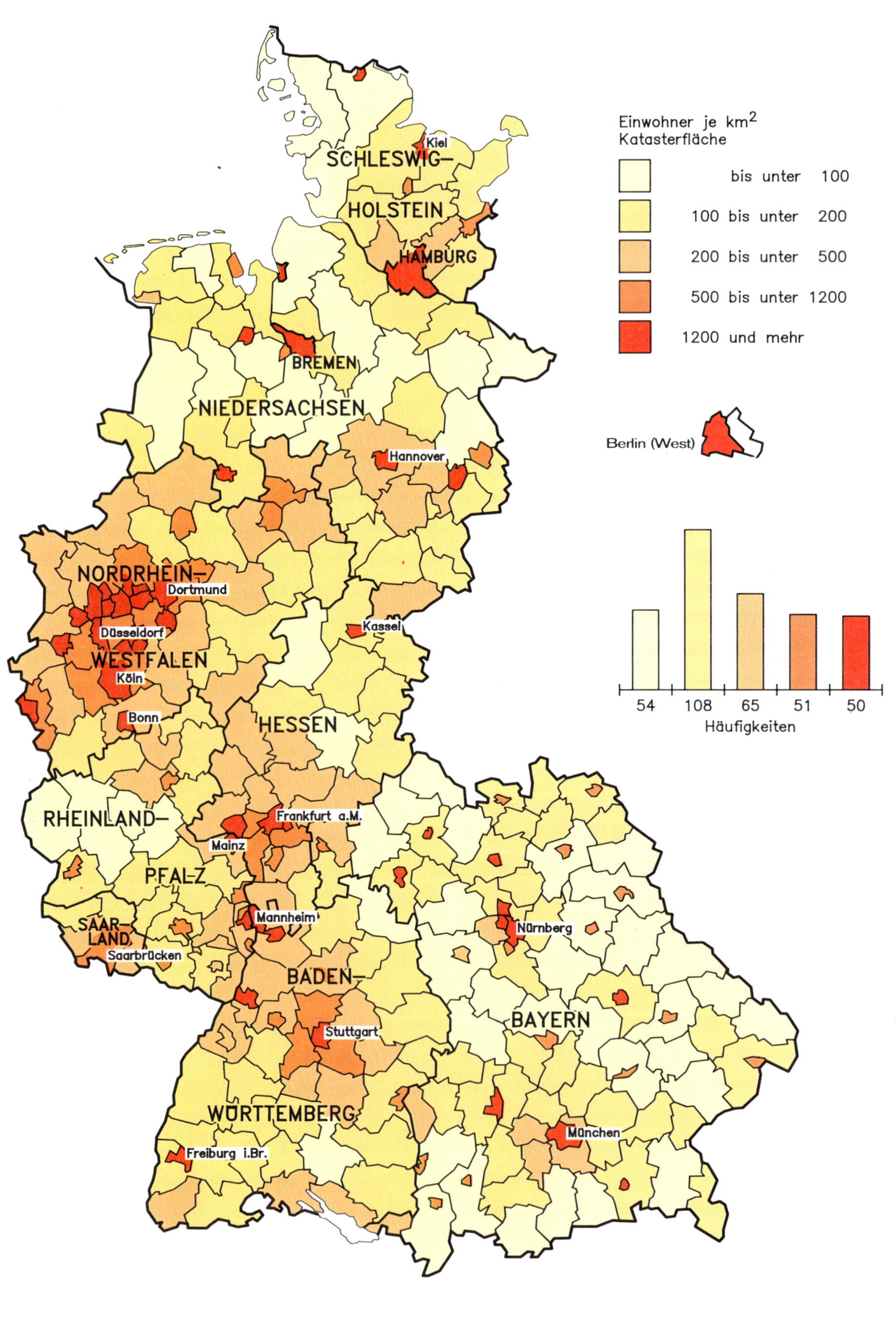

LANDES KUNDE UND RAUM ORDNUNG

Quelle: Laufende Raumbeobachtung der BfLR, 11.1987
Grenzen: Kreise 1981

100 km

Bevölkerungsentwicklung

Entwicklung der Bevölkerung

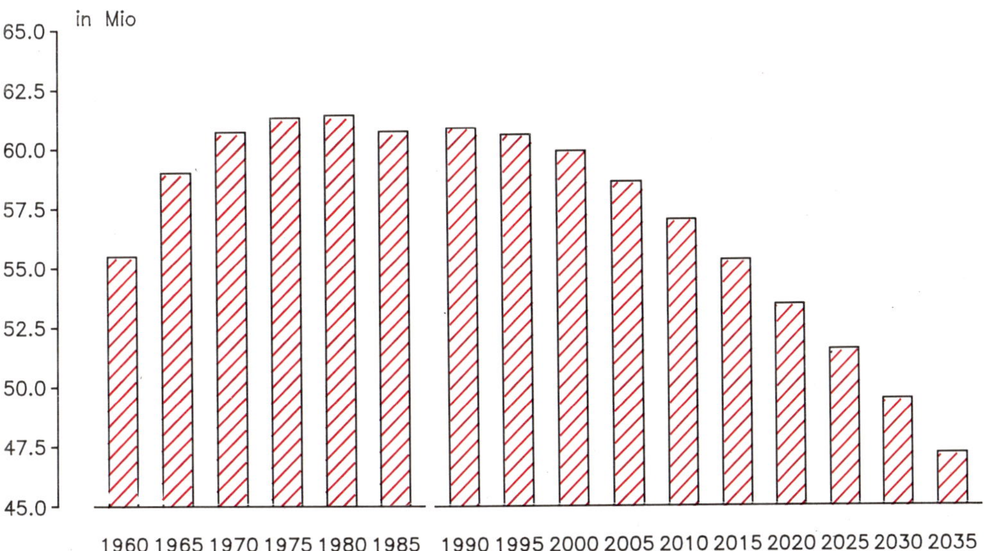

Quelle: Statistisches Jahrbuch der Bundesrepublik Deutschland , diverse Jahrgänge; BfLR-Bevölkerungsprognose 1984 - 2035/ status quo

Langfristige Bevölkerungsentwicklung 1988 bis 2035

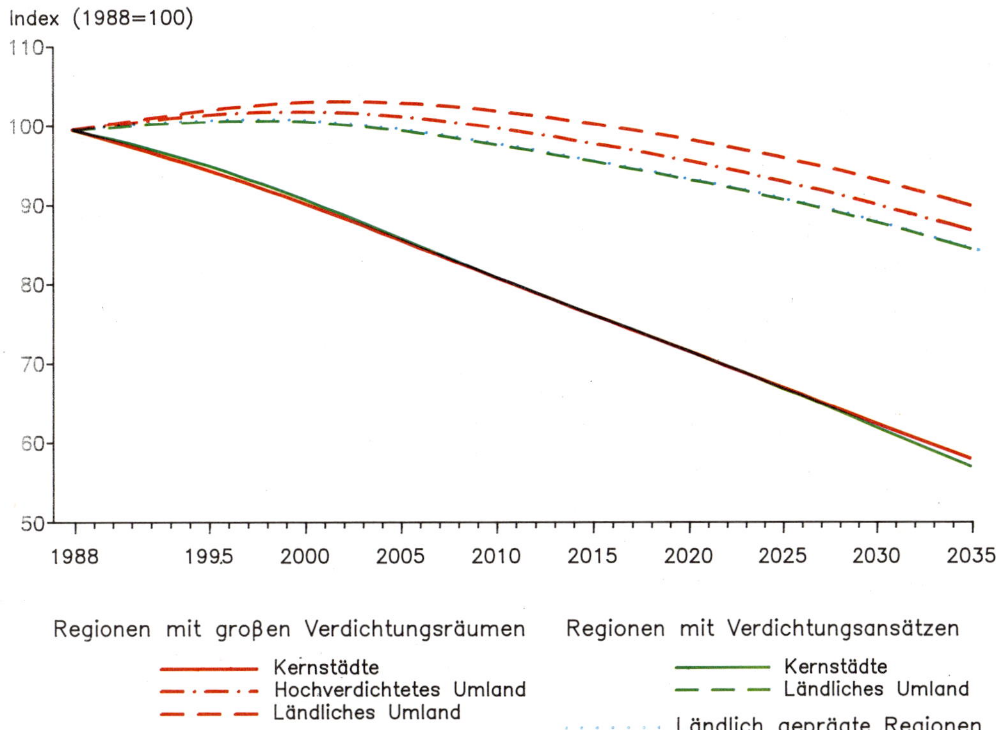

Quelle: BfLR-Bevölkerungsprognose 1984-2035/status quo

Weltbevölkerung

Die Weltbevölkerung wird für das Bezugsjahr 1985 auf 4,84 Mrd. Menschen geschätzt. Gegenüber 1950 (2,5 Mrd. Menschen) hat sich die Bevölkerungszahl der Erde fast verdoppelt. Bis zum Jahr 2000 wird mit einem weiteren Anstieg auf 6,13 Mrd. Menschen gerechnet. Das weltweite Bevölkerungswachstum ist Folge hoher Geburtenraten und einer verlängerten Lebenserwartung, insbesondere in den Entwicklungsländern. Während im Durchschnitt der entwickelten Länder zwischen 1980 und 1985 eine jährliche Bevölkerungszuwachsrate von 0,6% zu verzeichnen war, lag die durchschnittliche Zuwachsrate in den Entwicklungsländern bei 2%. Sowohl in den entwickelten Ländern als auch in den Entwicklungsländern besteht jedoch eine rückläufige Tendenz der Wachstumsraten. Die entwickelten Länder wiesen noch 1955 einen Wert von jährlich 1,3% auf. Der bisherige Spitzenwert des jährlichen Bevölkerungswachstums der Entwicklungsländer lag 1970 bei 2,5%.

Durch die unterschiedlichen Wachstumsraten verschiebt sich die Bevölkerungsverteilung kontinuierlich. Hatten die industrialisierten Länder 1950 noch einen Anteil von 33% der Weltbevölkerung, so sind es nur noch 24%, d. h. 76% der Menschen leben in den Entwicklungsländern. Im Jahre 2035 sollen es sogar 85% sein.

Die aus der Bevölkerungsentwicklung folgenden Probleme von Armut, Ernährungskrise, Überbeanspruchung und Zerstörung der natürlichen Ressourcen der Erde sind in verschiedenen Berichten internationaler Organisationen, sowie im Bericht „Unsere gemeinsame Zukunft" der Weltkommission zu Umwelt und Entwicklung („Brundtland-Kommission"), beschrieben worden.

Die Bevölkerungsdichte ist in den verschiedenen Regionen der Erde sehr unterschiedlich. Eine hohe Dichte weisen einige Industrienationen Ostasiens und Westeuropas, sowie Entwicklungsländer Asiens auf, die aufgrund der Bevölkerungszunahme in den Entwicklungsländern weiter ansteigen wird.

Die angegebenen Werte sind rein rechnerische Quotienten aus Einwohnerzahl und Fläche eines Landes. Sie lassen die tatsächliche Bevölkerungsverteilung unberücksichtigt, die wesentlich von geographischen Faktoren, wie Verstädterungsgrad, Anteilen von Wüsten, Steppen, Wäldern, landwirtschaftlicher Fläche usw. bestimmt wird. Weltweit ist ein Trend zur Zunahme von Verstädterungen zu beobachten. Nach Schätzungen der Vereinten Nationen lebten 1950 29% und 1985 42% der Weltbevölkerung in städtischen Regionen. Während Verstädterung ursprünglich vorwiegend ein Kennzeichen der industrialisierten Nationen war (Anteil der Stadtbevölkerung 1950 54%, 1985 73%), schreitet die Verstädterung nunmehr verstärkt in den Entwicklungsländern fort. Hier hat sich der Anteil der Stadtbevölkerung zwischen 1950 (17%) und 1985 (32%) fast verdoppelt. Eine Folge ist die Zunahme von Millionenstädten und hoch verdichteten Regionen in den Entwicklungsländern, die besonders schwerwiegende Defizite bei der Wohnungsversorgung und der städtischen Infrastruktur sowie eine außerordentlich hohe Umweltbelastung aufweisen.

Siehe auch:
Kapitel Boden, Abschnitt Flächennutzung

Bevölkerungsdichte im weltweiten Vergleich (Stand Mitte der 80er Jahre)

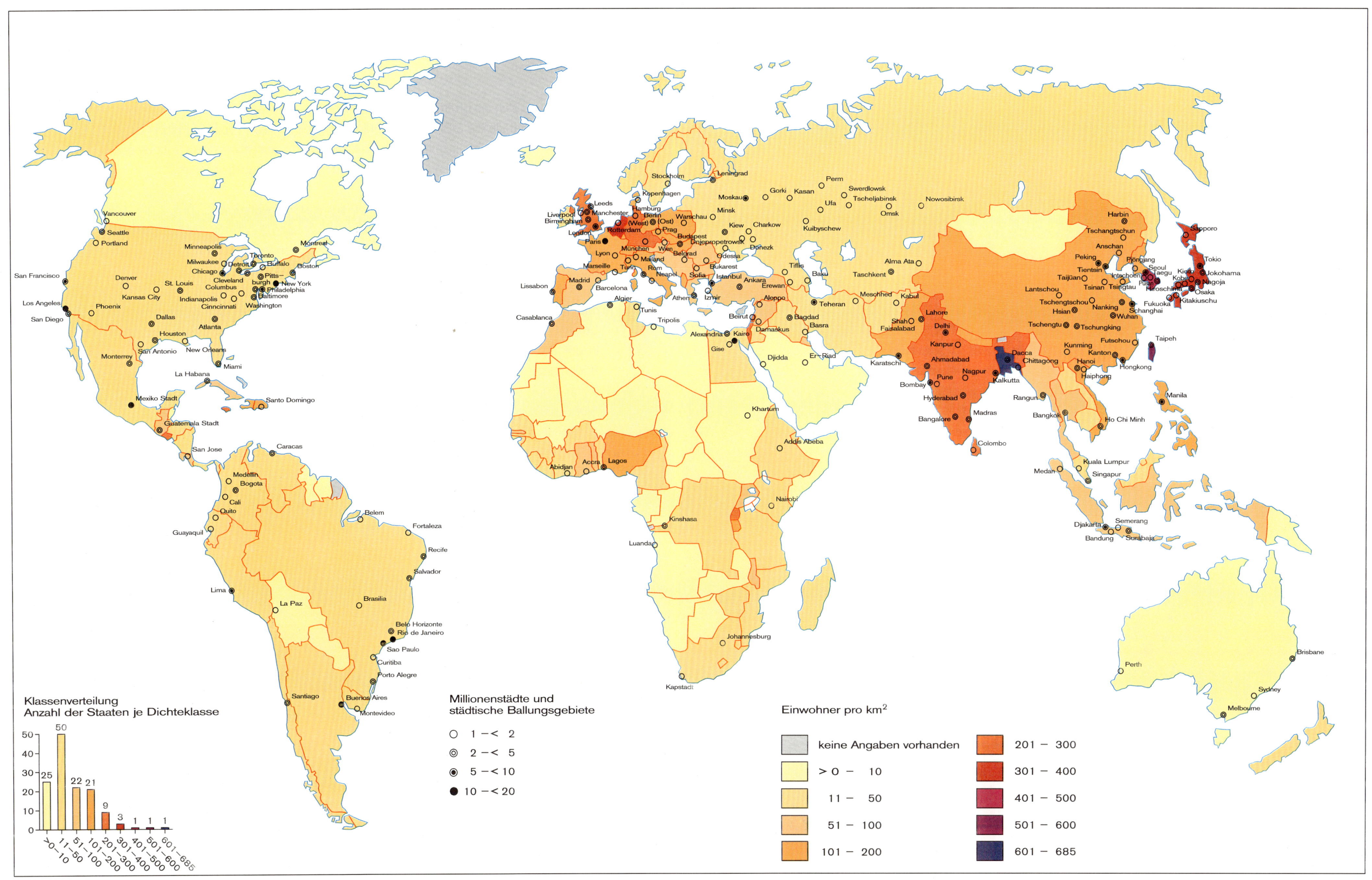

Quelle: Umweltprogramm der Vereinten Nationen
Statistisches Bundesamt

Allgemeine Daten

Wirtschaft

Bruttowertschöpfung

Die Bruttowertschöpfung ist ein Maß für die Wirtschaftskraft und das wirtschaftliche Wachstum einer Volkswirtschaft.

Seit 1970 hat sich die Bruttowertschöpfung in der Bundesrepublik Deutschland mehr als verzehnfacht. Im Jahre 1987 hat sie die 2-Billionen-DM-Grenze erreicht. Wie in verschiedenen Darstellungen der **„Daten zur Umwelt"** noch im einzelnen gezeigt wird, ist die Umweltbelastung trotz dieses Wachstums nicht in gleichem Ausmaß gestiegen und in Teilbereichen sogar zurückgegangen.

In den Ballungsgebieten ist die Wertschöpfung überdurchschnittlich.

Die Darstellung der Wertschöpfung nach zusammengefaßten Wirtschaftsbereichen verdeutlicht die wachsende Bedeutung des Dienstleistungssektors für die Volkswirtschaft. Inwieweit sich der Wandel der Wirtschaftsstruktur auf Umweltqualität auswirkt, muß im einzelnen noch untersucht werden. Es ist jedoch offenkundig, daß die volkswirtschaftliche Bedeutung von Wirtschaftssektoren nicht immer mit ihrer Umweltrelevanz deckungsgleich ist. So ist z. B. der Anteil der Landwirtschaft an der Bruttowertschöpfung in der Nachkriegszeit stark zurückgegangen; ihre Bedeutung für den Zustand von Flora und Fauna, Böden und Grundwasser ist dagegen unvermindert hoch.

Siehe auch:
- Kapitel Allgemeine Daten, Abschnitt Energie
- Kapitel Allgemeine Daten, Abschnitt Umweltökonomie
- Kapitel Boden, Abschnitt Flächennutzung
- Kapitel Luft, Abschnitt Emissionen
- Kapitel Abfall, Abschnitte Abfallaufkommen, Abfallentsorgung

Bruttowertschöpfung [1)]

Entwicklung der Bruttowertschöpfung 1970 bis 1987

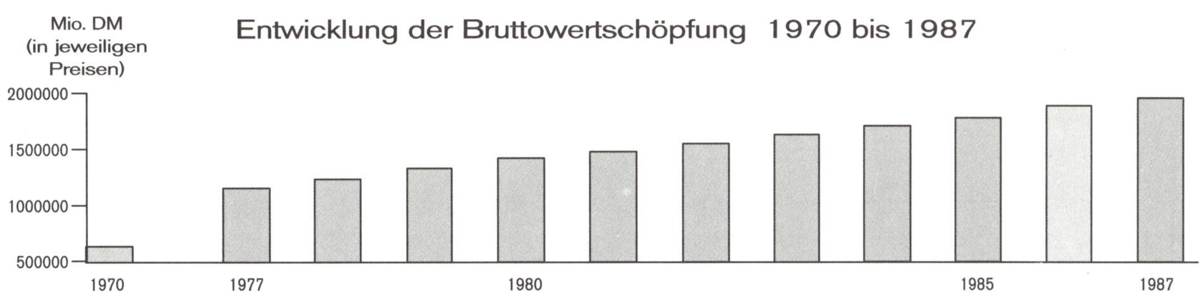

Bruttowertschöpfung je Kreis 1984

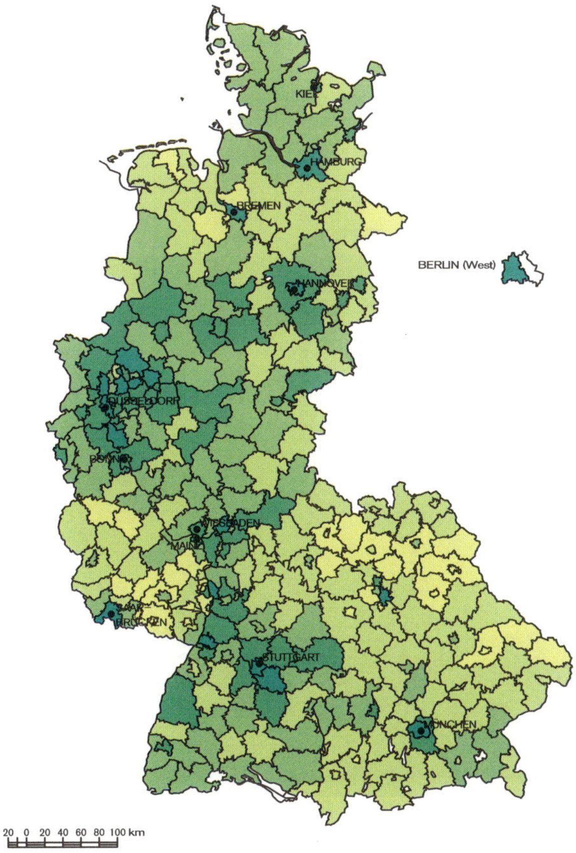

KIEL
HAMBURG
BREMEN
BERLIN (West)
HANNOVER
DÜSSELDORF
BONN
WIESBADEN
MAINZ
SAARBRÜCKEN
STUTTGART
MÜNCHEN
20 0 20 40 60 80 100 km

Mio. DM je Kreis

- 874 – 1.500
- > 1.500 – 3.000
- > 3.000 – 6.000
- > 6.000 – 12.000
- >12.000 – 74.993

in jeweiligen Preisen

Entwicklung der Bruttowertschöpfung zusammengefaßter Wirtschaftsbereiche

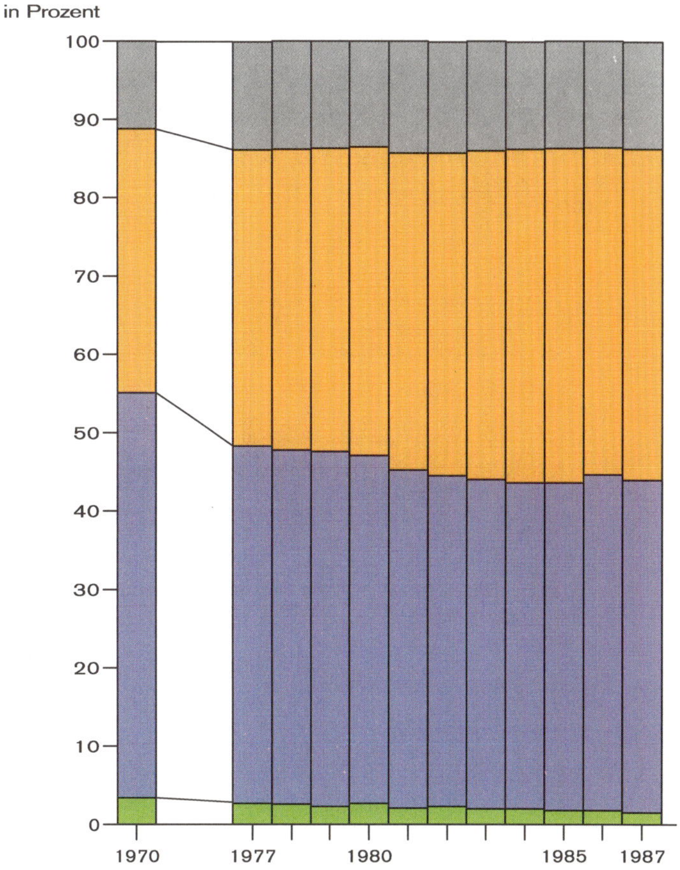

in Prozent
100
90
80
70
60
50
40
30
20
10
0
1970
1977
1980
1985
1987

- Staat, private Haushalte und private Organisationen ohne Erwerbszweck
- Handel, Verkehr und Dienstleistungsunternehmen
- Warenproduzierendes Gewerbe
- Land- und Forstwirtschaft

1) Unbereinigte Bruttowertschöpfung: Die unterstellten Entgelte für Bankleistungen (Zinsmenge) sind noch in der Bruttowertschöpfung der Kreditinstitute (Dienstleistungsunternehmen) sowie der Gesamtwirtschaft enthalten.

Quelle: Statistisches Bundesamt

Bruttoinlandsprodukt pro Einwohner in ausgewählten Mitgliedsstaaten der OECD 1985

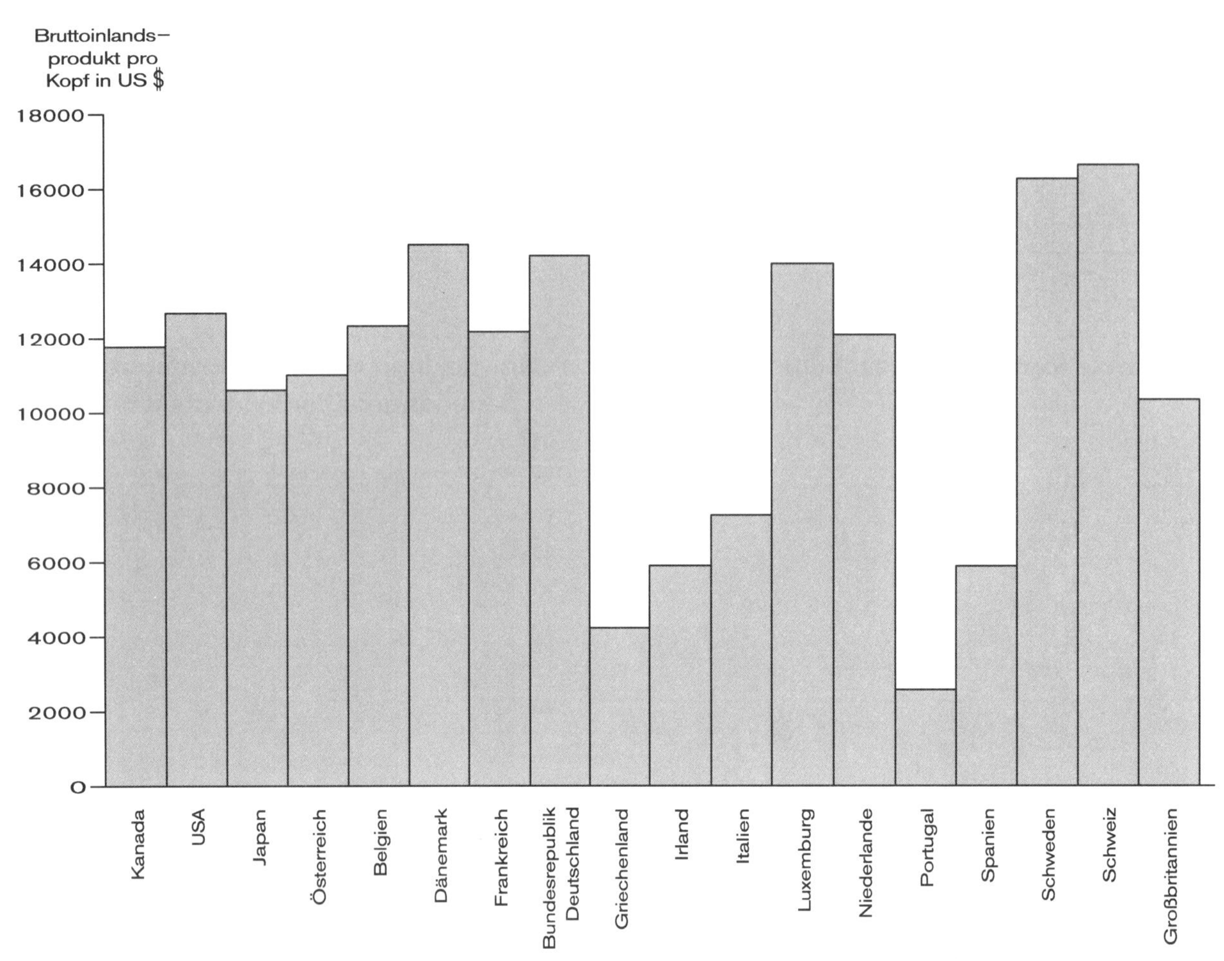

Quelle: Organisation für wirtschaftliche Zusammenarbeit und Entwicklung

Bruttoinlandsprodukt pro Kopf in Mitgliedstaaten der OECD

Das Bruttoinlandsprodukt gibt den Wert aller Sachgüter und Dienstleistungen an, die in einem bestimmten Zeitraum innerhalb der Landesgrenzen einer Volkswirtschaft erzeugt, aber nicht in derselben Periode im inländischen Produktionsprozeß verbraucht werden. Das Bruttoinlandsprodukt einer Volkswirtschaft, das zu Marktpreisen bewertet wird, gibt somit Hinweise auf die jeweilige Wirtschaftsaktivität, die wiederum eine Ursache der Umweltbelastung sein kann. Gleichzeitig bietet eine positive wirtschaftliche Entwicklung auch bessere Möglichkeiten für Staat und Wirtschaft, Umweltschutzmaßnahmen durchzuführen. Verglichen mit anderen Mitgliedstaaten der OECD hat die Bundesrepublik Deutschland ein überdurchschnittliches Bruttoinlandsprodukt pro Kopf. Im Jahre 1985 betrug es etwa 14.000 $.

Energie

Gewinnung, Umwandlung, Transport und Nutzung von Energie sind mit vielfältigen Umweltbelastungen verbunden. Zum Beispiel wird die Güte von Oberflächengewässern durch Einleiten chloridhaltiger Abwässer aus dem Kohlebergbau, durch Wärmeeinleitungen aus Kraftwerken sowie durch Förderung und Transport von Mineralöl negativ beeinflußt. Der Wasserhaushalt, Boden und Landschaft werden durch Bergbau, Leitungstrassen, Errichtung von Energieumwandlungsanlagen und die Ablagerung von Rückständen aus Bergbau und Energieerzeugung beeinträchtigt. Der größte Teil der Luftschadstoffe stammt aus der Bereitstellung und Nutzung von Energie.

Zunehmende Aufmerksamkeit findet der Konzentrationanstieg von Kohlendioxid (CO_2) in der Atmosphäre, der zur globalen Erwärmung der Erde (Treibhauseffekt) beitragen kann und hauptsächlich durch Verbrennung fossiler Energieträger verursacht wird.

Förderung und Gewinnung von Energie – Welt –

Die Förderung und Gewinnung von Energie hat sich weltweit zwischen 1950 und 1986 fast vervierfacht. Bereits in den fünfziger Jahren waren jährliche Steigerungsraten von durchschnittlich etwa 3,9% zu verzeichnen, die sich in den sechziger und frühen siebziger Jahren sogar auf durchschnittlich 5,5% pro Jahr erhöhten. Mit der 1. Ölkrise flachte die Steigerungsrate deutlich ab. Sie lag zwischen 1974 und 1986 bei knapp 2% jährlich.

Die Entwicklung der Energiegewinnung ist durch deutliche Verschiebungen der Anteile der einzelnen Energieträger gekennzeichnet. 1950 lag der Anteil der Steinkohle an der Förderung/Gewinnung noch bei 44%. Erdöl hatte einen Anteil von 26%. Die Wasserkraft war mit 14% die drittgrößte Energiequelle. Naturgase und Braunkohle trugen mit 11% bzw. 5 % zur Förderung/Gewinnung bei. Das starke Wachstum der Energieförderung wurde insbesondere vom Erdöl – und in geringerem Umfang auch von den Naturgasen – getragen, während die übrigen Energieträger deutlich geringere Steigerungsraten aufwiesen. Bis 1974 hatte das Erdöl seinen Förderanteil auf fast 50% zu Lasten von Steinkohle, Braunkohle und Wasserkraft ausbauen können, deren Anteile auf 23%, 3% und 5% zurückgingen.

Die 1. Ölkrise brachte einen Wendepunkt dieser Entwicklung. Infolge der drastischen Preissteigerungen und der hierdurch gestärkten Bemühungen um sparsame und rationelle Energieverwendung sowie der Substitution von Energieträgern wurde nicht nur die weltweite Wachstumsrate der Energieförderung verringert. Der Förderanteil des Erdöls nahm ab, seit Beginn der achtziger Jahre ging die Erdölförderung – verstärkt durch die 2. Ölkrise des Jahres 1979 – auch absolut zurück. Dagegen konnten die anderen Energieträger seit 1974 ihre Anteile erhöhen. 1986 waren die Steinkohle mit 27%, die Braunkohle mit 4%, die Naturgase mit 20%, die Wasserkraft mit 6 % an der Förderung und Gewinnung beteiligt. Die Kernenergie baute ihren Anteil auf 4 % aus und der Förderanteil des Erdöls ging auf 39% zurück.

Einsatz fossiler Energieträger – Welt –

Bei der Darstellung des Einsatzes fossiler Energieträger in Verbrennungsprozessen (z. B. Kraftwerken, Industriefeuerungen, Heizungsanlagen, Kraftfahrzeugen) wurden auch der Eigenverbrauch und die Fackelverluste der Erdöl- und Naturgasförderung aufgenommen, die in den Statistiken für Förderung und Gewinnung nicht erfaßt werden, aber ebenfalls zur Entstehung von Luftschadstoffen beitragen.

Im Zeitraum 1950 bis 1986 hat sich der Energieeinsatz in Verbrennungsprozessen etwas mehr als vervierfacht. Die Steigerungsraten sind bis 1974 höher als die entsprechenden Daten für Förderung und Gewinnung.

Die Anteile fossiler Energieträger in Verbrennungsprozessen folgen im wesentlichen den bereits zur Energiegewinnung aufgezeigten Entwicklungstendenzen. 1986 betrug der Anteil der Steinkohle 29%. Die Braunkohle trug zu 4% zur Verbrennung bei. Mineralöle und Naturgase hatten einen Anteil von 40% bzw. 22%. Der Eigenverbrauch und der Fackelverlust beliefen sich auf 4%.

Trotz Ausbaus der Kernenergie ist der Anteil nichtfossiler Energieträger zwischen 1950 und 1986 zurückgegangen.

CO_2-Emissionen

Die CO_2-Emissionen aus der Verbrennung fossiler Energieträger haben sich zwischen 1950 und 1986 fast vervierfacht. Neben der Höhe des Energieeinsatzes ist auch dessen Struktur nach Energieträgern für die Emissionen von Bedeutung. Die höchsten CO_2-Emissionen, bezogen auf eine Energieeinheit, verursacht die Verbrennung von Braun- und Steinkohle. Die niedrigsten CO_2-Emissionen entstehen bei der Verbrennung von Naturgasen. Mineralöle nehmen eine Mittelstellung ein. Daher liegen die Steigerungsraten der CO_2-Emissionen in den Zeiträumen, in denen der Mineralöl- bzw. der Naturgasanteil zunimmt, unterhalb der Steigerungsraten für den Energieeinsatz in Verbrennungsprozessen. Diese Steigerungsraten betragen bei der CO_2-Emission zwischen 1950 und 1960 jährlich etwa 4,1% und danach bis 1973 etwa 5,5%. Mit der Zunahme der Anteile von Stein- und Braunkohle kehrt sich diese Relation wieder um. Im Zeitraum 1974 bis 1986 ist die CO_2-Emission mit jährlich 1,8% stärker angestiegen als der Einsatz von Energie in Verbrennungsprozessen.

Im Jahre 1950 verursachte die Verbrennung von Steinkohle 56% der CO_2-Emissionen, 7% waren auf den Braunkohleeinsatz zurückzuführen, knapp 26% stammten aus der Verbrennung von Mineralölen, knapp 9% aus dem Einsatz von Naturgasen und 2% entstanden durch Eigenverbrauch und Fackelverluste aus Erdöl- und Naturgasförderung. Bis 1986 veränderten sich diese Anteile wie folgt: Steinkohle mehr als 35%, Braunkohle 6%, Mineralöle knapp 39%, Naturgase mehr als 16% und Eigenverbrauch und Fackelverluste 3,5%. Die CO_2-Emissionen aus dem Eigenverbrauch und den Fackelverlusten entsprechen im Jahre 1986 in ihrer Höhe etwa der CO_2-Gesamtemission in der Bundesrepublik Deutschland.

In der Europäischen Gemeinschaft wurden im Jahre 1987 aus Energieumwandlung und Energieverbrauch 2673 Mio. t Kohlendioxid (CO_2) emittiert. Das sind mehr als 12% der CO_2-Emissionen aus der Energienutzung weltweit.

Hauptverursacher der CO_2-Emissionen sind die großen Kohleländer der Europäischen Gemeinschaft, Bundesrepublik Deutschland und Großbritannien. Im Zeitraum 1984–1987 sind die CO_2-Emissionen um 2,8% angewachsen, wobei die Emissionen sich in den Ländern Frankreich, Bundesrepublik Deutschland und Spanien als Folge eines verringerten Kohleeinsatzes rückläufig entwickelt haben.

Sektorale Aufschlüsselung der CO_2-Emissionen für die Bundesrepublik Deutschland (Bezugsjahr 1984):

Kraftwerke	260 554 kt	Kleinverbraucher	62 945 kt
Industrie	138 572 kt	Übriger Umwandlungsbereich	28 333 kt
Straßenverkehr	115 057 kt	Übriger Verkehr	15 120 kt
Haushalte	112 931 kt		

Nicht enthalten sind die CO_2-Emissionen aus der energetischen Nutzung von Biomasse (z. B. Holz, Dung) und aus der Brandrodung der tropischen Regenwälder. Der Anteil der CO_2-Emissionen aus Brandrodungen, bezogen auf die aus der Verbrennung fossiler Energieträger herrührenden CO_2-Emissionen, wird in Abschätzungen mit einer Bandbreite zwischen 7% und 32% angegeben. Der Anteil der CO_2-Emissionen aus der Nutzung von Biomasse für Heiz- und Kochzwecke kann noch nicht quantifiziert werden.

Von den anthropogenen CO_2-Emissionen verbleibt etwa die Hälfte in der Atmosphäre, während die andere Hälfte größtenteils im Ozean und zu geringen Anteilen möglicherweise in der terrestrischen Biosphäre aufgrund zunehmender Photosyntheseleistung der Pflanzen infolge steigenden CO_2-Gehalts gespeichert wird. Mit weiter zunehmenden CO_2-Emissionen in die Atmosphäre wird vermutlich die Aufnahmefähigkeit der Ozeane abnehmen, so daß mehr CO_2 in der Atmosphäre verbleiben muß. In der Abbildung wird auch der Anstieg der CO_2-Konzentration in der Atmosphäre gezeigt. Die durchschnittliche jährliche Steigerungsrate der CO_2-Konzentration betrug zwischen 1950 und 1960 etwa 0,22%, danach bis 1973 etwa 0,3% und zwischen 1974 und 1986 etwa 0,4%. Welchen Beitrag z. B. Austauschvorgänge zwischen Atmosphäre, Biosphäre und Ozean zu diesem Anstieg liefern, kann noch nicht mit Sicherheit beurteilt werden. Mit welcher Verzögerung und Beschleunigung die genannten Systeme auf die Zunahme der CO_2-Emissionen reagieren, ist ebenfalls noch nicht geklärt. Unstreitig ist, daß der Anstieg der CO_2-Konzentration in der Atmosphäre mit der Verbrennung fossiler Energieträger in engem Zusammenhang steht. Da für die CO_2-Emissionen keine Minderungstechnik existiert, kann nur die Verringerung der Verbrennung fossiler Energieträger den weiteren Anstieg der CO_2-Konzentration in der Erdatmosphäre verhindern.

CO_2-Emissionen in der Europäischen Gemeinschaft 1984 und 1987

	CO_2-Emission Mt		CO_2-Emission in t/Einw.
	1984	1987	1987
Belgien, Luxemburg	110	111	10,8
Bundesrepublik Deutschland	734	715	11,7
Dänemark	55	59	11,6
Spanien	189	183	4,7
Frankreich	384	356	6,5
Griechenland	56	65	6,5
Großbritannien	534	592	10,5
Italien	346	375	6,6
Republik Irland	22	24	6,9
Niederlande	142	161	11,1
Portugal	27	32	3,2
Gesamt	2 599	2 673	8,3

1 Mt = 1 Megatonne = 1 Mio. t

Quelle: Umweltbundesamt

Siehe auch:

- Kapitel Allgemeine Daten, Abschnitte Bevölkerung, Wirtschaft, Verkehr, Umweltökonomie
- Kapitel Luft, Abschnitte Emissionen, Erwärmung der Erdatmosphäre
- Kapitel Radioaktivität, Abschnitt Standort von Kernkraftwerken

Förderung und Gewinnung von Energieträgern 1950 bis 1986

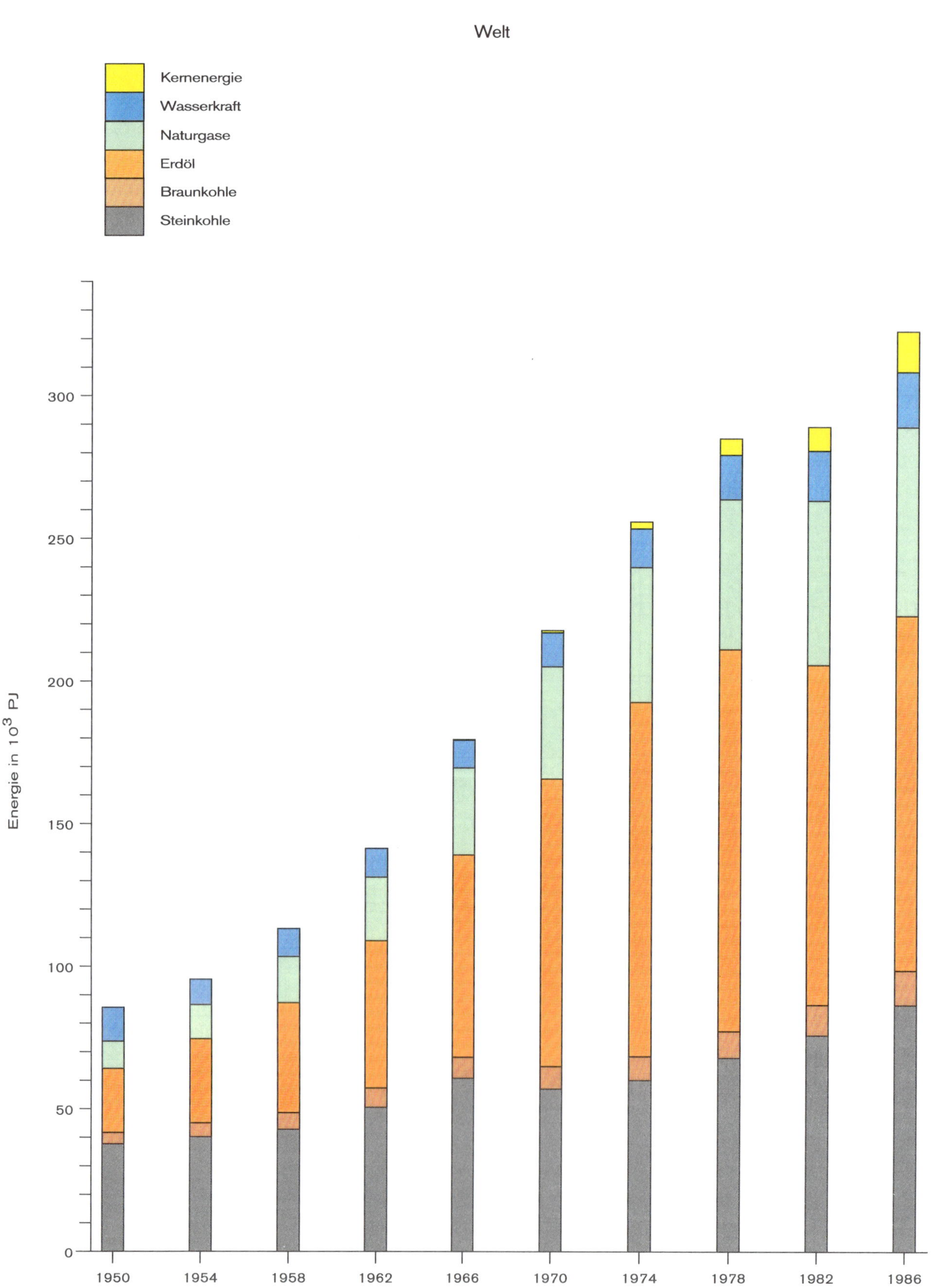

Quelle: BP Statistical Review of World Energy, UN – Jahrbuch der Weltenergiestatistik, Statistik der Kohlewirtschaft, Umweltbundesamt

Verbrennung von Energieträgern 1950 bis 1986

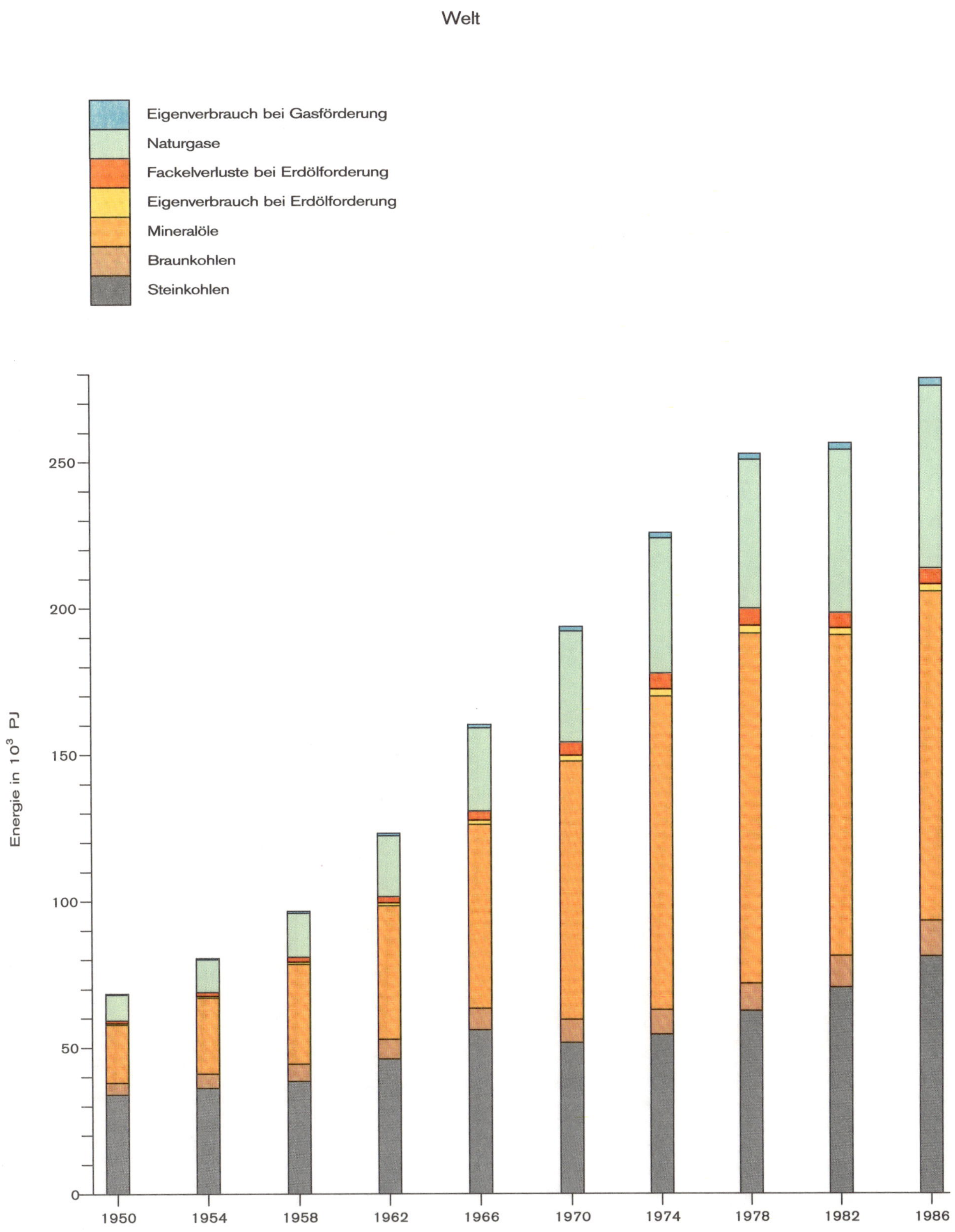

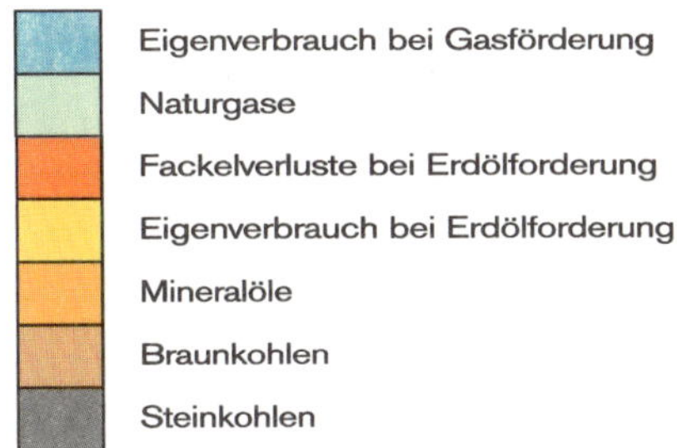

Quelle: BP Statistical Review of World Energy, UN – Jahrbuch der Weltenergiestatistik, Statistik der Kohlewirtschaft, Umweltbundesamt

CO_2 – Emission aus der Verbrennung von Energieträgern, CO_2 – Konzentration in der Erdatmosphäre 1950 bis 1986

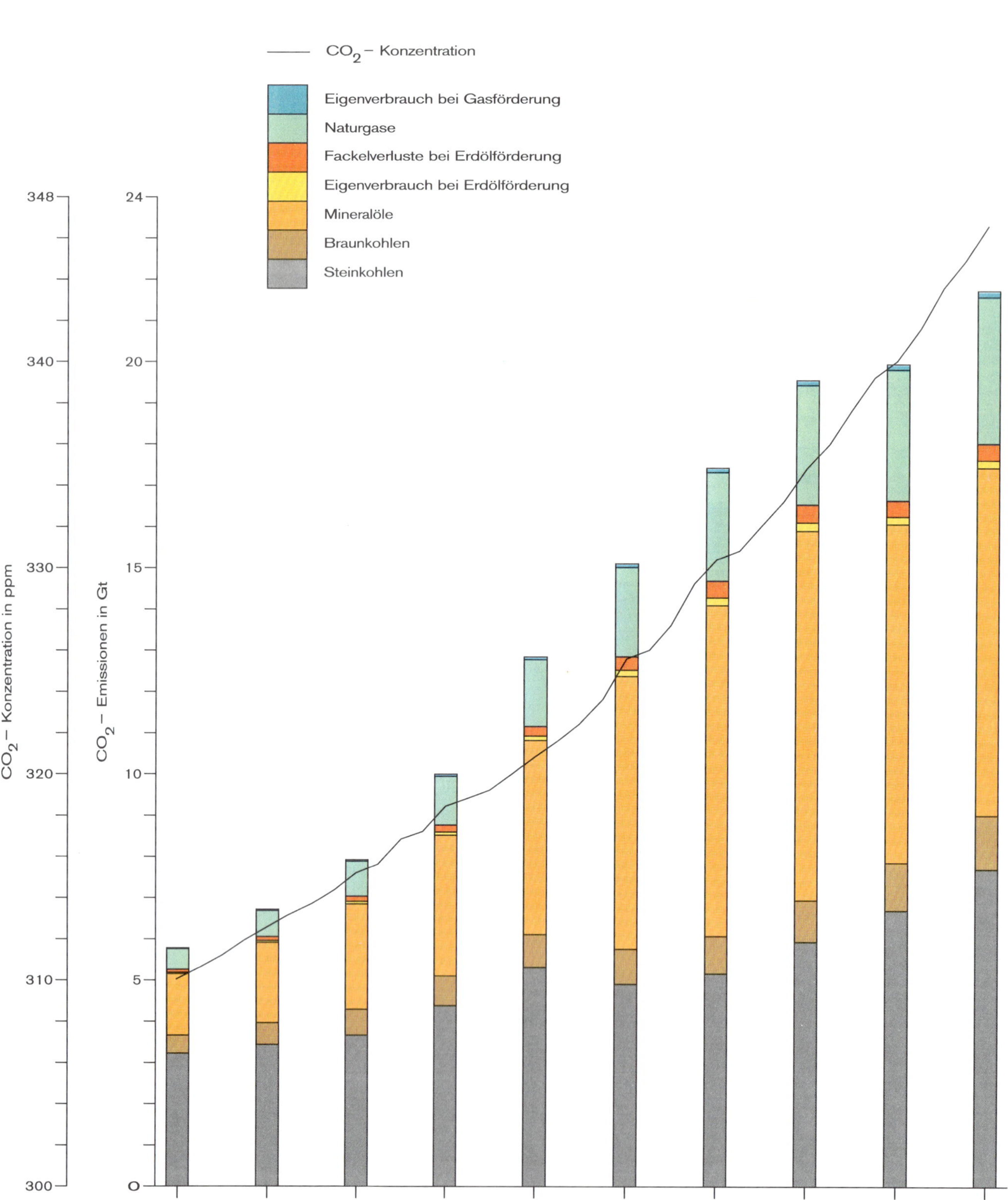

Quelle: BP Statistical Review of World Energy, UN–Jahrbuch der Welteenergiestatistik, Statistik der Kohlewirtschaft, WMO–Bericht Nr. 16, Umweltbundesamt

Primärenergieverbrauch

Die Abbildung zeigt bei den einzelnen Jahreswerten als linke Balken jeweils den gesamten Primärenergieverbrauch der Bundesrepublik Deutschland. Der rechte Balken gibt jeweils den emissionsrelevanten Verbrauch (Einsatz von Energieträgern in Verbrennungsprozessen) wieder. Die Differenz zwischen Gesamtverbrauch und emissionsrelevantem Energieverbrauch ist vor allem auf nichtenergetischen Verbrauch von fossilen Energieträgern sowie den Einsatz von Kernenergie und Wasserkraft zurückzuführen.

Grundlage der Energieverbrauchsprognose für 1990 ist die „Sensitivitätsanalyse 1985" zu der 1984 im Auftrag des Bundesministers für Wirtschaft erstellten Energieprognose. Aufgrund der in der Sensitivitätsanalyse aufgezeigten Entwicklung zwischen den Prognosejahren 1995 und 2000 ist es vertretbar, die Daten für 1995 auch dem Jahr 1998 zugrunde zu legen. Die Daten der Sensitivitätsanalyse wurden für den Verbrauch beim Straßenverkehr aufgrund inzwischen eingetretener Entwicklungen modifiziert.

Der Primärenergieverbrauch stieg 1966 bis 1973 mit jährlich durchschnittlich 5% deutlich an. Danach war bis 1979 mit einer jährlichen Zuwachsrate von rd. 1,3% ein geringerer Anstieg zu verzeichnen. Während von 1979 bis 1982 der Gesamtverbrauch mit jährlich 4% sogar rückläufig war, nahm er danach bis 1986 wieder mit einer Rate von 1,7% pro Jahr zu.

Demgegenüber wies der emissionsrelevante Teil des Energieverbrauchs zwischen 1966 und 1973 mit jährlich im Durchschnitt 4,5% sowie bis 1979 jährlich 1% jeweils geringere Steigerungsraten auf. Er verringerte sich bis 1982 um 4,2% pro Jahr und nahm bis 1986 nur noch um jährlich 0,7% zu.

Ursache für die größer werdende Differenz zwischen gesamtem und emissionsrelevantem Primärenergieverbrauch ist die Kernenergie, die während des gesamten Zeitraums hohe Steigerungsraten aufwies.

Während das Mineralöl seinen Anteil am Primärenergieverbrauch seit Beginn der sechziger Jahre auf über 50% steigern und bis Ende der siebziger Jahre halten konnte, betrug dieser Anteil im Jahre 1986 43%. Die Naturgase konnten ihren Verbrauchsanteil von 1,5% im Jahre 1966 auf über 15% im Jahre 1986 erhöhen. Der Anteil der Steinkohle am Primärenergieverbrauch verringerte sich zwischen 1966 und 1978 von 38% auf knapp 18% und stieg dann wieder bis 1986 auf knapp 20%, während die Braunkohle mit geringfügigen Schwankungen mit etwa 10% zur Deckung des Primärenergieverbrauchs beitrug. Die Kernenergie erreichte bis 1986 einen Verbrauchsanteil von fast 10%. Der Anteil der sonstigen Energieträger blieb mit etwa 3% konstant. Der Beitrag anderer regenerativer Energiequellen außer der Wasserkraft ist heute noch sehr klein und wird statistisch bisher nicht erfaßt.

Primärenergieverbrauch in der Bundesrepublik Deutschland nach Energieträgern 1966 bis 1986 mit Prognose 1998

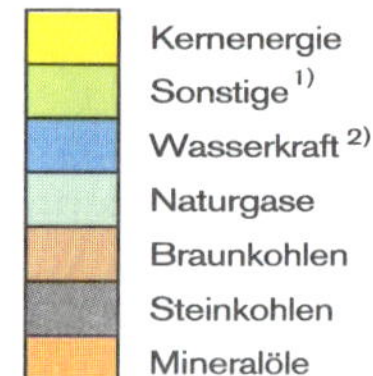

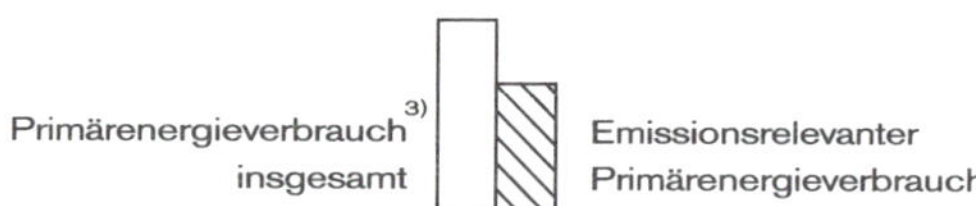

1) Brenn- und Abfallholz, Brenntorf, Müll, Klärschlamm, sonstige Gase und Abhitze zur Strom- und Fernwärmeerzeugung
2) Einschließlich Außenhandelssaldo Strom
3) Einschließlich von Arbeitsgemeinschaft Energiebilanzen nicht erfaßter Energieeinsätze
4) PROGNOS: Sensitivitätsanalyse 1985 zur Energieprognose 1984, Verkehr modifiziert

Variante I: In Kraft befindliche Grenzwertregelungen, durch 'Binnenmarkt' bedingte Steigerung der Straßengütertransporte

Variante II: Zusätzliche Regelungen, Absenkung des Schwefelgehaltes in Heizöl EL und Dieselkraftstoff

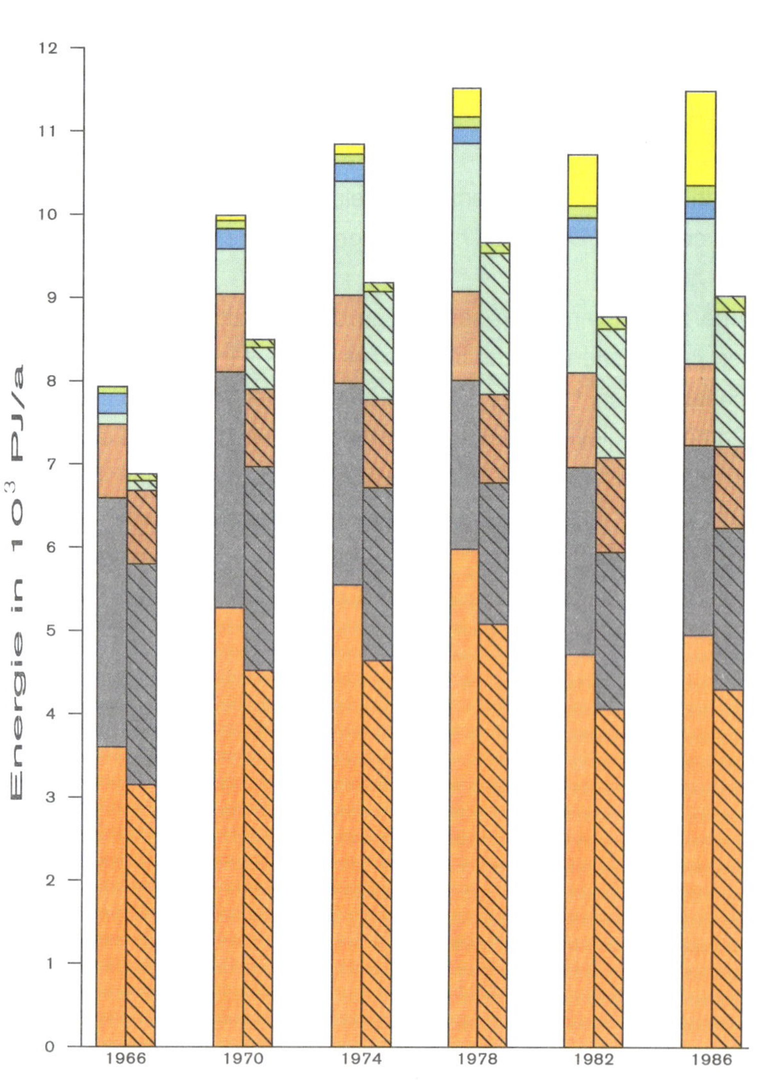

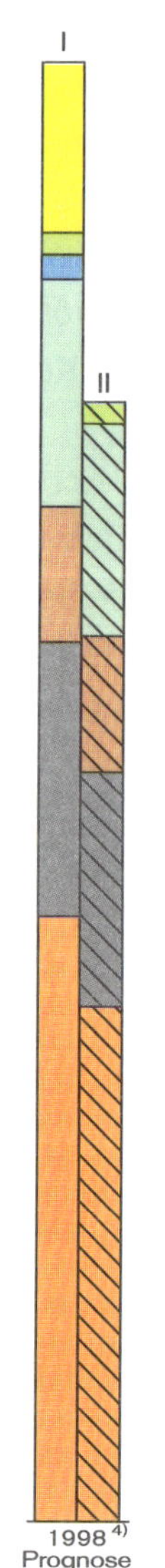

Quelle: Arbeitsgemeinschaft Energiebilanzen, Statistisches Bundesamt Prognos, Umweltbundesamt

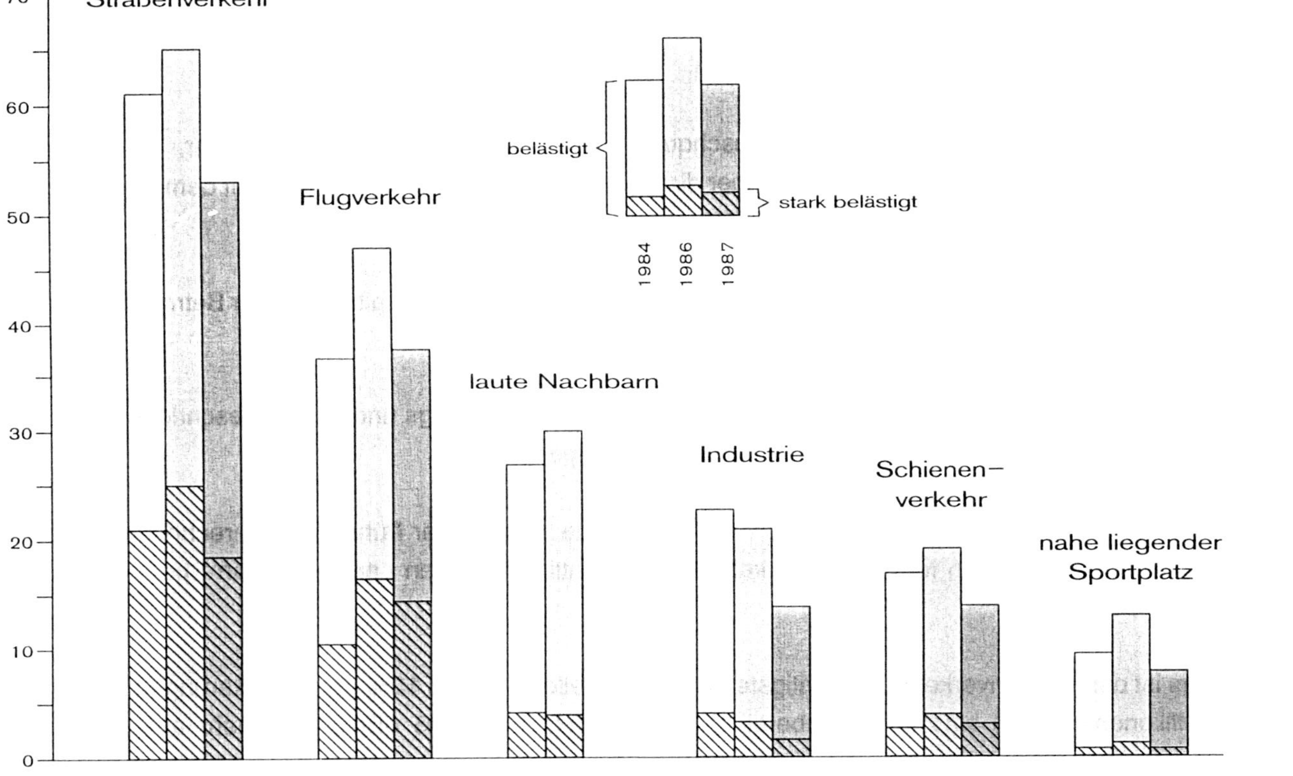

Quelle: Institut für Praxisorientierte Sozialforschung

Energiebilanz

In einer Energiebilanz wird der Energieeinsatz nach Umwandlungsbereich und nach Verbrauchssektoren aufgeschlüsselt.

Die Abbildung gliedert sich in mehrere Bereiche:

- Der untere Teil der Abbildung stellt den Umwandlungsbereich dar. Er ist in die Bereiche „Kraft- und Fernheizwerke" (einschließlich industrielle Stromerzeugung) und „Übriger Umwandlungsbereich" (insbesondere Raffinerien, Kokereien, Brikettfabriken, Gaswerke) untergliedert. Den zur Umwandlung eingesetzten Energieträgern einschließlich des Eigenverbrauchs der Anlagen und der Transport- und Leitungsverluste (der emissionsrelevante Anteil ist jeweils durch Schraffur gekennzeichnet) steht in einer zweiten Säule das entsprechende Produktionsergebnis („Umwandlungsausstoß", Strom, Fernwärme und fossile Sekundärenergieträger) gegenüber. Die Differenz zwischen beiden Säulen entspricht dem Energieverlust, der bei Umwandlung und Transport bis hin zum Endverbraucher entsteht.
- Der mittlere Teil der Abbildung schlüsselt den Endenergieverbrauch nach Verbrauchssektoren Industrie (= Übriger Bergbau und Verarbeitendes Gewerbe ohne Kohlebergbau, Erdöl- und Erdgasgewinnung und Mineralölverarbeitung), Kleinverbraucher (z. B. Landwirtschaft, Bauwirtschaft, Kleingewerbe, Dienstleistungsbetriebe, öffentliche und militärische Einrichtungen), Haushalte, Straßenverkehr, Übriger Verkehr (Schienen-, Luft- und Binnenschiffsverkehr, landwirtschaftlicher und militärischer Verkehr) auf. Der emissionsrelevante Anteil des Energieverbrauchs (z. B. Einsatz in Verbrennungsprozessen) ist vom nicht emissionsrelevanten Anteil (z. B. Verbrauch an Strom und Fernwärme) durch Schraffur unterschieden. Beim Sektor Industrie wird hier der energetische Einsatz von Energieträgern erfaßt, der nicht der Stromerzeugung dient.
- Ergänzt wird die Abbildung im oberen Teil durch den nicht energetischen Energieverbrauch, der sich insbesondere als Rohstoffeinsatz in der Chemischen Industrie darstellt.

  Die Differenz zwischen beiden Säulen ist jeweils der Primärenergieverbrauch.

Im Hinblick auf den emissionsrelevanten Energieverbrauch erlaubt die Energiebilanz folgende Aussagen:

Die Entwicklung des emissionsrelevanten Energieverbrauchs verlief uneinheitlich. Während der Straßenverkehr als einziger Bereich über den gesamten Zeitraum eine starke Steigerung aufwies, nahm in den übrigen Bereichen der emissionsrelevante Energieverbrauch bis Mitte der 70er Jahre zu und zeigte seither fallende Tendenz. Bei den Kraftwerken liegt die Ursache hierfür im stark steigenden Einsatz der Kernenergie.

Endenergie- und Umwandlungsbereich sind durch Strom und Fernwärme miteinander verknüpft; als Folge des Ausbaus dieser Energieträger verlagern sich die emissionsrelevanten Vorgänge zunehmend in den vorgelagerten Umwandlungsbereich (Verlagerung der Verbrennungsprozesse, z. B. vom Hausbrand zur Fernwärmeerzeugung). Insbesondere in der Industrie ist der emissionsrelevante Energieverbrauch teilweise durch Strom ersetzt worden. Bei den Haushalten und Kleinverbrauchern, wo die fossilen Energieträger fast ausschließlich zur Raumwärme- und Warmwassergewinnung eingesetzt werden, hat der Anteil des Stroms an der Bedarfsdeckung zugenommen.

Bei einer Differenzierung der Beiträge einzelner Sektoren zu Energieumwandlung bzw. Endenergieverbrauch ist auf folgende Aspekte besonders hinzuweisen:

Energieumwandlung

Kraftwerke und Fernheizwerke

Zwischen 1966 und 1978 hat sich die Stromerzeugung nahezu verdoppelt. Danach trat eine deutliche Abflachung der Zuwachsraten ein, so daß die Stromerzeugung 1986 um 130% höher ausfiel als 1966. Im selben Zeitraum hat sich zwar die Fernwärmeerzeugung annähernd verdreifacht. Die Energieverluste bei der Energieumwandlung, durch Eigenverbrauch der Kraftwerke und Leitungsverluste, waren 1986 etwa doppelt so hoch wie 1966.

Der Zuwachs bei der Stromerzeugung wurde bis zur „ersten Ölkrise“ 1973 vorwiegend durch steigenden Einsatz von Öl und Gas bestritten. Nach der „ersten Ölkrise“ machte sich vor allem der Ausbau der Kernenergie bemerkbar, die 1986 einen Anteil von mehr als 26% am Umwandlungseinsatz erreichte. Daneben fanden weitere Verschiebungen zwischen den zur Stromerzeugung eingesetzten Energieträgern statt, die sowohl von deren Preisrelationen als auch von Maßnahmen der Energie- und Umweltpolitik beeinflußt worden sind. So ist z. B. der Anteil der Steinkohle von 1966 (44%) auf 1986 (31%) an der Verstromung deutlich zurückgegangen, doch konnte deren absolute Einsatzmenge durch verschiedene energiepolitische Maßnahmen, wie etwa den „Jahrhundertvertrag“ zur Kohleverstromung, leicht gesteigert werden. Beim Heizöl war dagegen seit der „zweiten Ölpreiskrise“ von 1979 sowohl ein relativer als auch ein absoluter Rückgang zu verzeichnen. Ebenfalls rückläufig ist seit der „zweiten Ölkrise“ der Gaseinsatz in Kraftwerken.

In relativen Größen ist der emissionsverursachende Verbrauch durch Verbrennung fossiler Energieträger zwischen 1966 (85% des gesamten Umwandlungseinsatzes) und 1986 (64%) deutlich zurückgegangen. Dieser Rückgang ist wesentlich auf die Zunahme der Kernenergie zurückzuführen, da der Beitrag der Wasserkraft im gesamten Zeitraum nahezu konstant und bei wachsendem Umwandlungseinsatz somit in relativen Größen rückläufig war (von 8% 1966 auf 4% 1986). In absoluten Größen hat sich jedoch auch der emissionsverursachende Verbrauch von rund 1,7 10^3 PJ 1966 auf rund 2,8 10^3 PJ 1986 um rund 60% erhöht.

Übriger Umwandlungsbereich

Der „übrige Umwandlungsbereich" umfaßt die Umwandlung von Primärenergieträgern zu dezentral nutzbaren festen, flüssigen und gasförmigen Brenn- und Kraftstoffen. Die Energieverluste sind hier am Ort der Energieumwandlung selbst wesentlich geringer als bei der Energieumwandlung in Kraftwerken, doch bleibt bei dieser Betrachtung der bei dezentraler Nutzung eintretende Energieverlust unberücksichtigt. Aufgrund der steigenden Nachfrage nach Mineralölprodukten bis 1973 haben Umwandlungseinsatz und -ausstoß stark zugenommen. Die Erzeugung von Kohleprodukten war in diesem Zeitraum bereits rückläufig. Infolge der durch Ölpreiserhöhungen ausgelösten Energiesparmaßnahmen nahm nach 1973 auch die Erzeugung von Mineralölprodukten ab. Insgesamt ging der Umwandlungsausstoß zwischen 1966 und 1986 um fast 10% zurück. Im Jahre 1966 waren noch 32% des Umwandlungsausstoßes feste Brennstoffe und Kohlewertstoffe, 56% Mineralölprodukte und 11% Gase, die überwiegend aus Kohle erzeugt wurden. 1986 lag der Festbrennstoffanteil bei 15%. Mineralölprodukte hatten einen Anteil von 70%, während der Anteil der Kohlegase nahezu konstant (12%) blieb.

Bei den Anteilen der erzeugten Produkte ist nicht nur der Einfluß von Ölkrisen, Verdrängung von Festbrennstoffen sowie energie- und umweltpolitischen Maßnahmen, sondern auch die steigende Bedeutung des Kfz-Verkehrs erkennbar.

Der Anteil des Steinkohlenkokses am Umwandlungsausstoß ging zwischen 1966 und 1986 von 22% auf 13% zurück. Das schwere Heizöl verringerte seinen Anteil von knapp 19% auf 9%. Das leichte Heizöl steigerte seinen Anteil von 13% auf 20%. Motorenbenzin nahm von knapp 9% auf knapp 19% zu, und die übrigen Kraftstoffe (Dieselkraftstoff, Flugturbinenkraftstoff) erhöhten ihren Anteil von knapp 7% auf 11%.

Der Eigenverbrauch der Anlagen verringerte sich zwischen 1966 und 1986 um fast 25%. Während der Strom- und Fernwärmeverbrauch im gleichen Zeitraum um 47% anstiegen, ging der Eigenverbrauch an fossilen Energieträgern (als emissionsverursachender Verbrauch gekennzeichnet) um 30% zurück.

Energiebilanz für die Bundesrepublik Deutschland nach Sektoren 1966 bis 1986 mit Prognose 1998

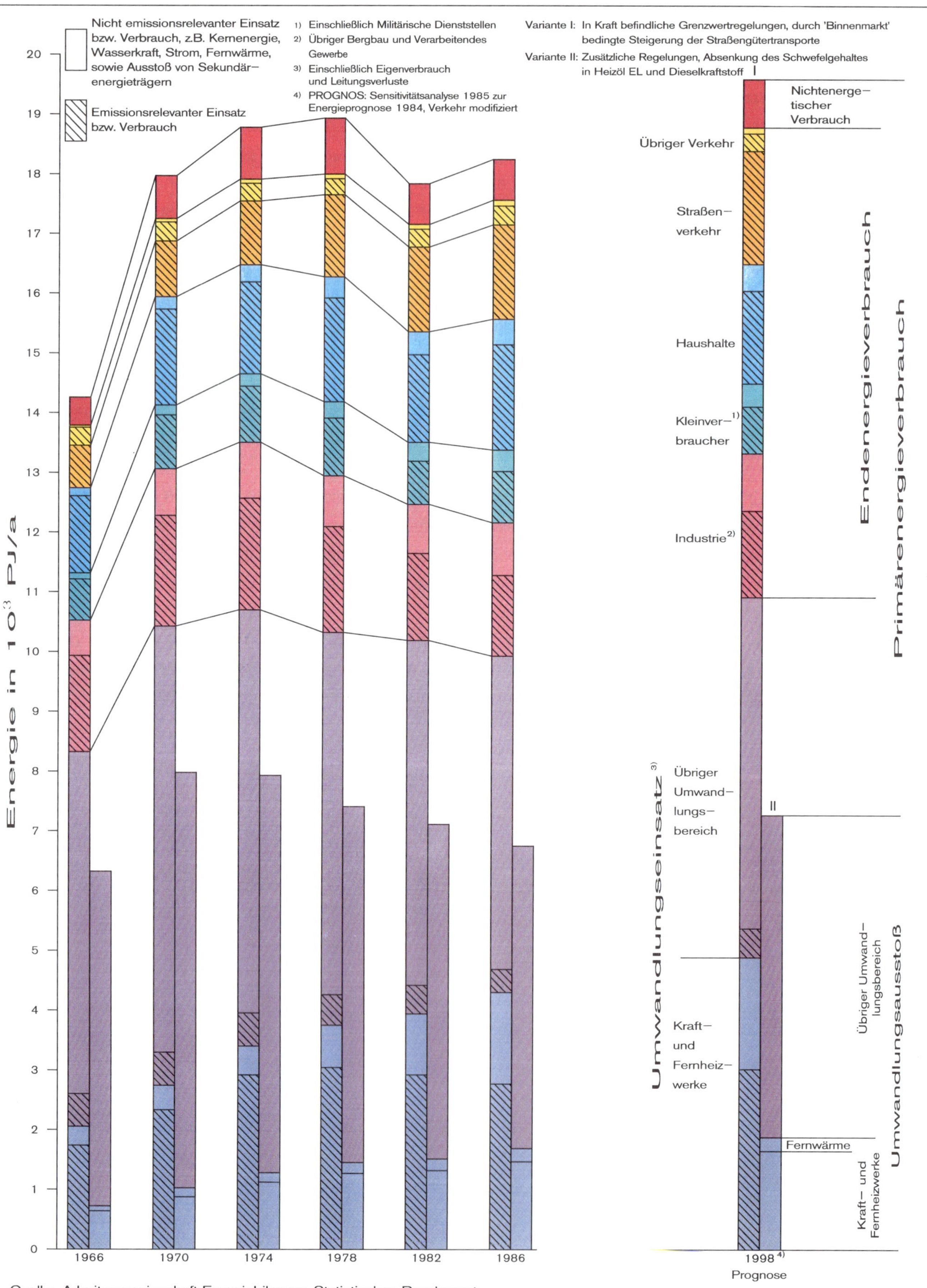

Quelle: Arbeitsgemeinschaft Energiebilanzen, Statistisches Bundesamt Prognos, Umweltbundesamt

Umwandlungseinsatz und Umwandlungsausstoß von Energieträgern in der Bundesrepublik Deutschland 1966 bis 1986

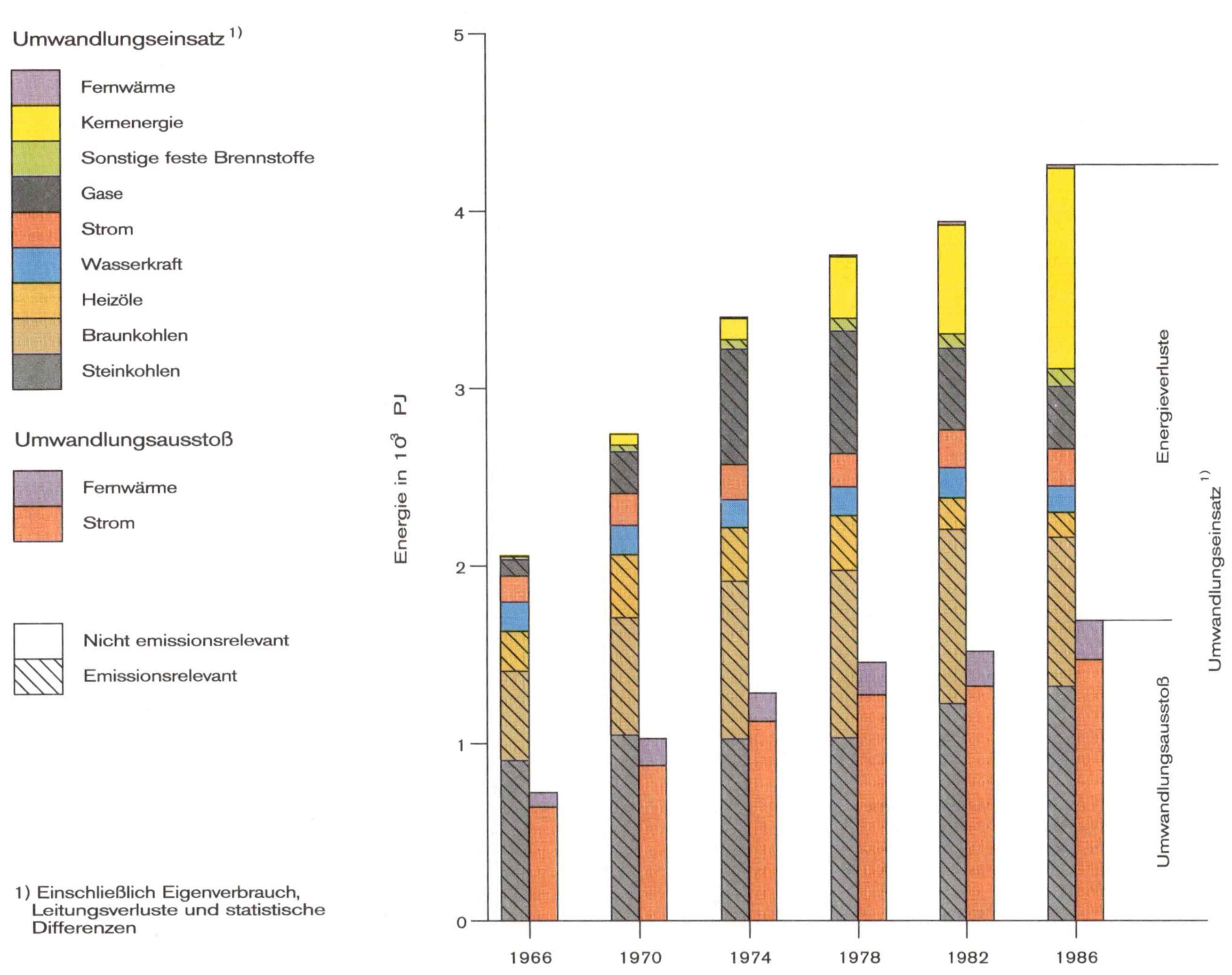

1) Einschließlich Eigenverbrauch, Leitungsverluste und statistische Differenzen

Quelle: Arbeitsgemeinschaft Energiebilanzen, Statistisches Bundesamt, Umweltbundesamt

Umwandlungseinsatz und Umwandlungsausstoß von Energieträgern in der Bundesrepublik Deutschland 1966 bis 1986

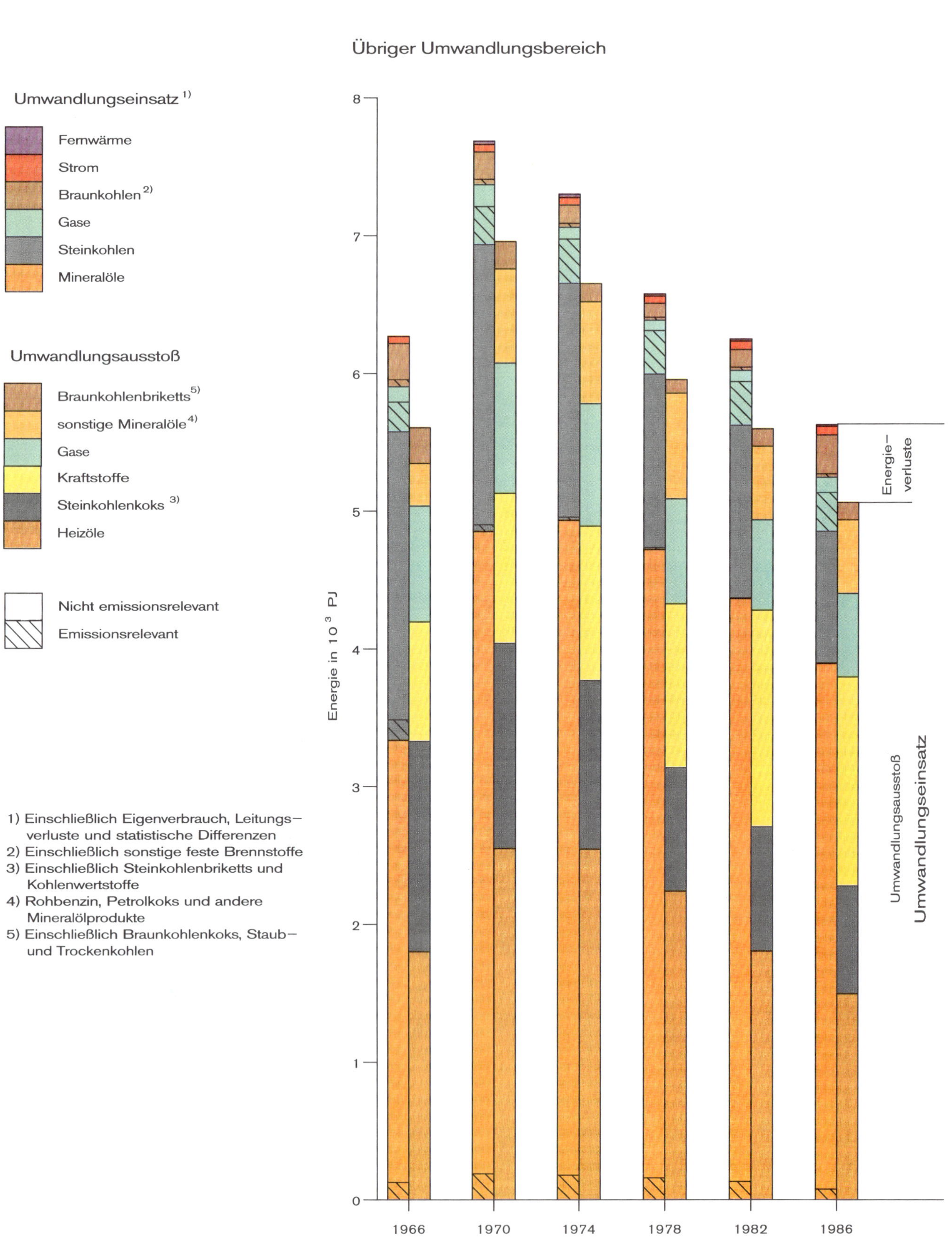

Quelle: Arbeitsgemeinschaft Energiebilanzen
Statistisches Bundesamt
Umweltbundesamt

Endenergieverbrauch

Übriger Bergbau und Verarbeitendes Gewerbe

Unter den Endverbrauchssektoren ist die Industrie (= Übriger Bergbau und Verarbeitendes Gewerbe ohne Kohlebergbau, Erdöl- und Erdgasgewinnung und Mineralölverarbeitung) nach wie vor der größte Energieverbraucher, auch wenn sich ihr Anteil am Endenergieverbrauch zwischen 1966 und 1986 von 40% auf 29% verringert hat. Nach einem Verbrauchsanstieg bis Mitte der siebziger Jahre erreichte dieser Sektor zu Beginn der achtziger Jahre annähernd wieder das Verbrauchsniveau von 1966. Allerdings hat sich die Struktur des Endenergieverbrauchs stark geändert. Der Mineralölanteil ging von knapp 37% auf 16% zurück. Weniger stark abgenommen hat der Steinkohleanteil von etwa 29% auf 20%. Strom und Gas haben ihre Verbrauchsanteile von 14% auf 25% bzw. von 16% auf 31% stark ausweiten können. Während 1966 der Brennstoffeinsatz (emissionsverursachender Verbrauch) noch einen Anteil 73% am Endenergieverbrauch hatte, ging dieser Anteil auf 61% zurück, wobei der emissionsärmere Gaseinsatz deutlich zugenommen hat.

Haushalte

Die Haushalte steigerten ihren Anteil am Endenergieverbrauch im Zeitraum 1966 bis 1986 von etwa 26% auf knapp 29%. Damit haben die Haushalte fast das Verbrauchsniveau des Übrigen Bergbaus und des Verarbeitenden Gewerbes erreicht. Die Verbrauchsentwicklung ist durch Rückgänge nach den Ölpreiserhöhungen der Jahre 1973 und 1979 und Steigerungen gegen Ende der siebziger und Mitte der achtziger Jahre gekennzeichnet.

Im Jahre 1986 lag der Endenergieverbrauch der Haushalte um 54% höher als 1966. Bei der Struktur des Endenergieverbrauchs ist das leichte Heizöl, das 1966 zu 37% am Endenergieverbrauch beteiligt war, nach einem Maximum von 60% bis 1986 auf knapp 48% zurückgegangen. Insgesamt stark rückläufig war der Einsatz fester Brennstoffe, deren Anteil sich von 48% auf knapp 7% verringerte. Gegenläufig dazu entwickelte sich der Gasverbrauch (Steigerung von weniger als 6% auf 26%). Eine starke Zunahme von 7% auf 16% hatte der Stromeinsatz zu verzeichnen, während die Fernwärme ihren Anteil von 2% auf mehr als 3% nur wenig ausdehnen konnte. Der Brennstoffeinsatz (emissionsverursachender Verbrauch), der 1966 noch rund 90% des Endenergieverbrauchs der Haushalte ausmachte, sank bis 1986 auf 80%.

Kleinverbraucher

1966 waren die „Kleinverbraucher" (Landwirtschaft, kleine Gewerbebetriebe, Dienstleistungsbetriebe, öffentliche und private Einrichtungen) am Endenergieverbrauch mit 14% beteiligt. Ihr Anteil betrug 1986 etwa 16%. Das Verbrauchsniveau lag um fast 54% über dem des Jahres 1966. Leichtes Heizöl deckte im Jahre 1966 etwas mehr als die Hälfte des Endenergieverbrauchs. Im Jahre 1986 waren es noch 40%. Der Anteil der festen Brennstoffe ging von 27% auf knapp 6% zurück. Strom und Gas vergrößerten ihre Anteile von etwa 11% auf 23% bzw. von 4% auf 20%. Der Anteil der Fernwärme nahm von weniger als 3% auf 6% zu. Der emissionsverursachende Brennstoffeinsatz hatte im Jahre 1966 einen Verbrauchsanteil von fast 87%, der bis 1986 auf etwa 71% zurückging.

Verkehr

Der Verkehrssektor beanspruchte 1966 etwa 19% des Endenergieverbrauchs. Auf den Straßenverkehr entfielen davon etwa 69%, auf den übrigen Verkehr etwa 31%. Der Verkehrssektor weist als einziger Endverbrauchssektor im Zeitraum 1966 bis 1986 fast durchgängig hohe Steigerungsraten auf. 1986 erreichte er einen Anteil von fast 26% am Endenergieverbrauch. Dabei hat sich der Verbrauchsanteil des Straßenverkehrs zu Lasten des Übrigen Verkehrs auf 80% erhöht.

Während der Übrige Verkehr sein Verbrauchsniveau um 18% erhöhte, hat sich der Endenergieverbrauch im Straßenverkehr mehr als verdoppelt (Zunahme bei Motorenbenzin um 210%, bei Dieselkraftstoff um 240%).

Vom Endenergieverbrauch des Straßenverkehrs entfielen 1966 etwa 69% auf Motorenbenzin und 31% auf Dieselkraftstoff. Diese Anteile änderten sich bis 1986 mit 66% und 34% nur unwesentlich, doch hat beim Dieselkraftstoff der Verbrauchsanteil der Pkw von 12% auf 31% zugenommen, während sich der Verbrauchsanteil der Lastkraftwagen von 88% auf 69% verringert hat.

Der größte Zuwachs im Übrigen Verkehr entfiel auf den Luftverkehr, dessen Verbrauchsanteil von 17% auf 48% stieg. Demgegenüber war der Energieverbrauch im Schienen- und Schiffsverkehr sowohl relativ als auch absolut rückläufig.

Endenergieverbrauch der Verbrauchssektoren nach Energieträgern in der Bundesrepublik Deutschland 1966 bis 1986

Übriger Bergbau und Verarbeitendes Gewerbe

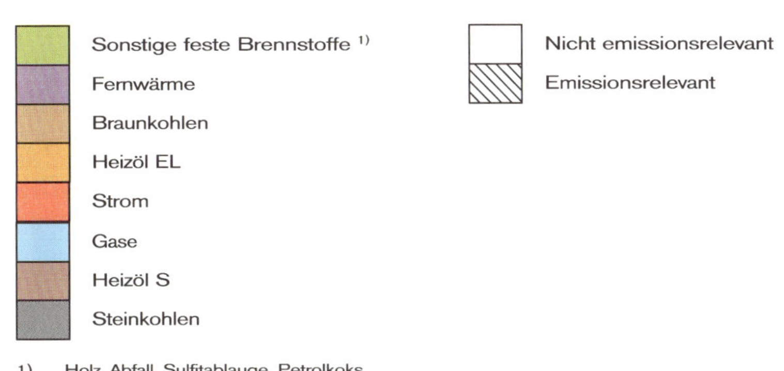

1) Holz, Abfall, Sulfitablauge, Petrolkoks

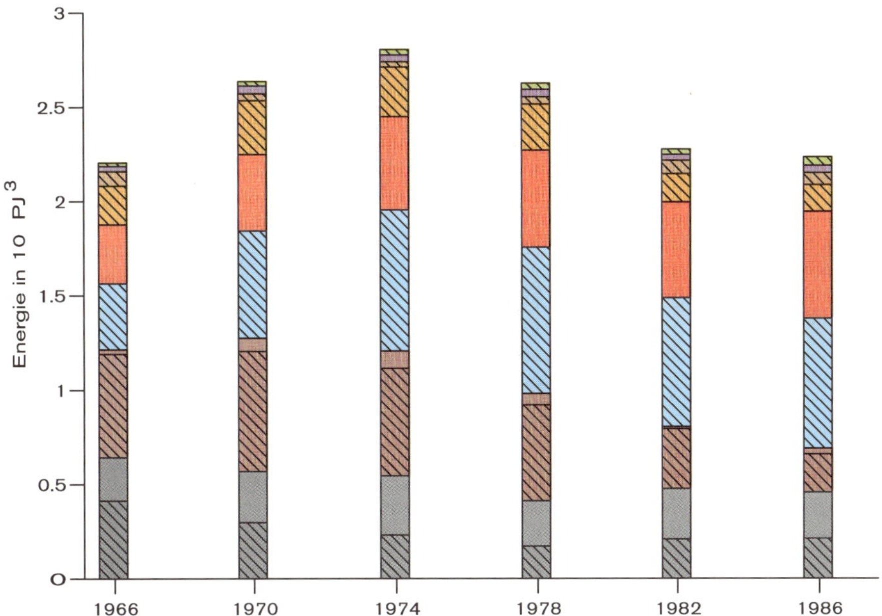

Quelle: Arbeitsgemeinschaft Energiebilanzen, Statistisches Bundesamt, Umweltbundesamt

Endenergieverbrauch der Verbrauchssektoren nach Energieträgern in der Bundesrepublik Deutschland 1966 bis 1986

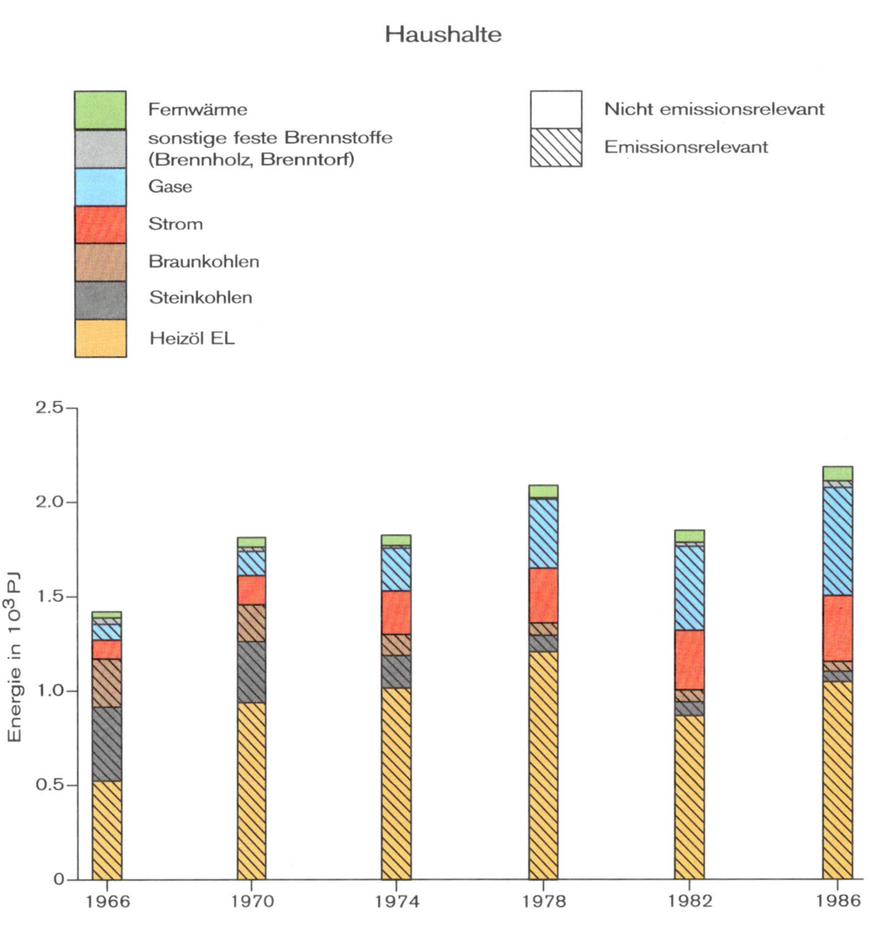

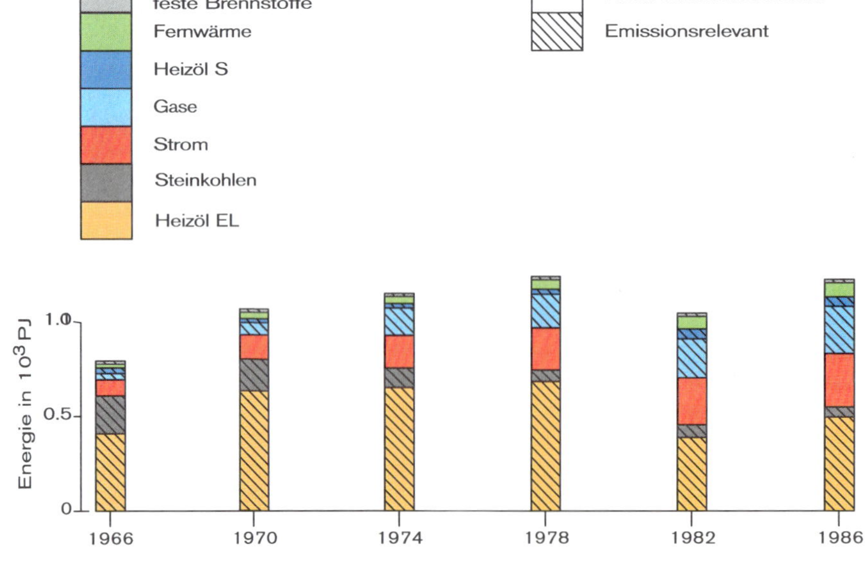

Quelle: Arbeitsgemeinschaft Energiebilanzen, Statistisches Bundesamt, Umweltbundesamt

Endenergieverbrauch der Verbrauchssektoren nach Energieträgern in der Bundesrepublik Deutschland 1966 bis 1986

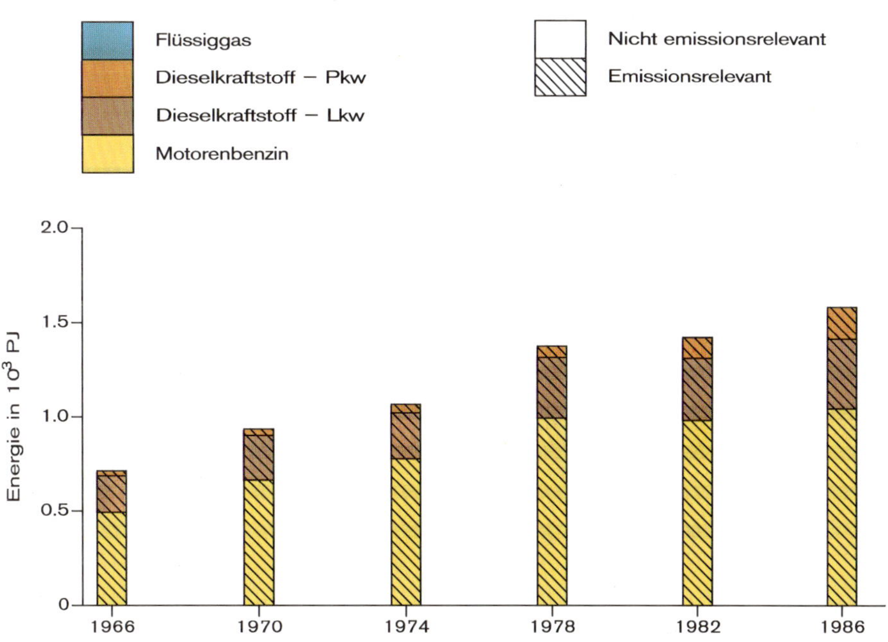

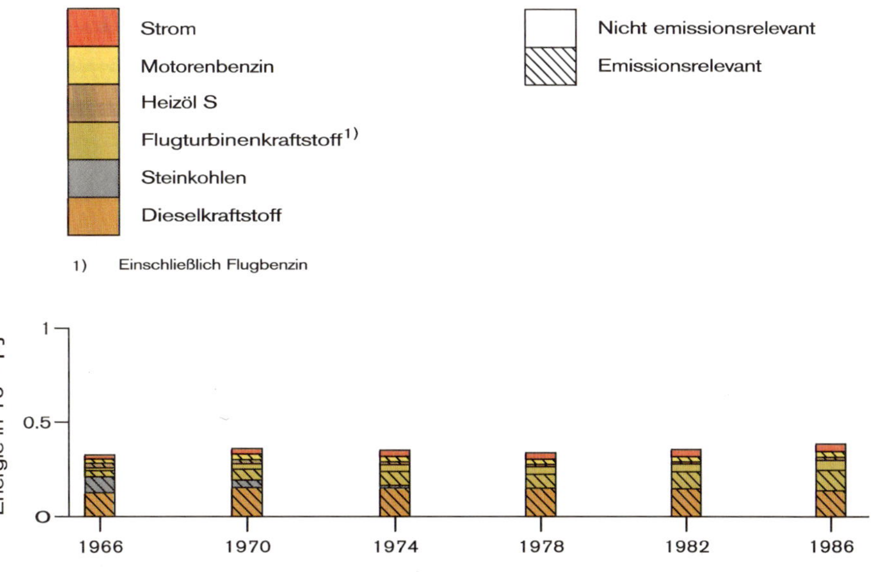

Quelle: Arbeitsgemeinschaft Energiebilanzen, Statistisches Bundesamt, Umweltbundesamt

Kraftwerke der öffentlichen Versorgung

Bei der vorliegenden Standortkarte wurden alle in Betrieb befindlichen Kraftwerke der öffentlichen Stromversorgung ab 1 MW (1 Megawatt) sowie die Bahnstromanteile der Kraftwerke der Deutschen Bundesbahn berücksichtigt. Dagegen sind diejenigen Kraftwerke, die zwar im wesentlichen Strom für die öffentliche Versorgung liefern, jedoch in der zugrundeliegenden Statistik als Industriekraftwerke ausgewiesen wurden, nicht in der Karte dargestellt. Bei den Kraftwerken, die einen Teil ihrer Stromerzeugung in benachbarte Staaten liefern, ist nur der Anteil der inländischen Leistung aufgeführt. Die großräumige Verteilung der Kraftwerke spiegelt die bislang bestimmenden betriebswirtschaftlich-technischen Standortfaktoren wider:

- Nähe zum Ort der Gewinnung der Einsatzenergie,
- Nähe zu Verbrauchsschwerpunkten,
- Verfügbarkeit von Kühlwasser,
- Einbindung in das Verbundnetz.

Siehe auch:
Kapitel Radioaktivität, Abschnitt Standorte von Kernkraftwerken

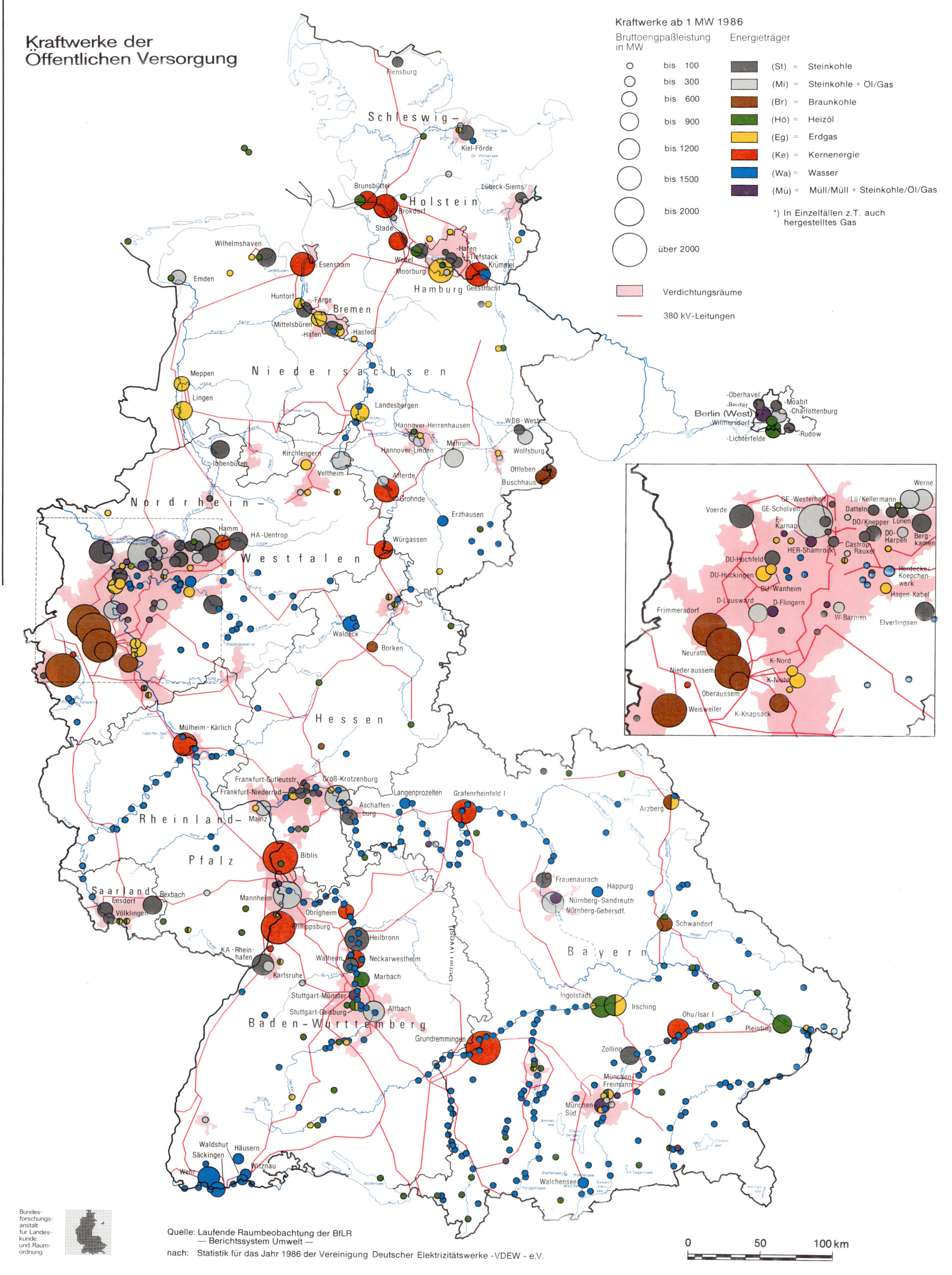
Kraftwerke der Öffentlichen Versorgung
Kraftwerke ab 1 MW 1986
Bruttoengpaßleistung in MW
bis 100
bis 300
bis 600
bis 900
bis 1200
bis 1500
bis 2000
über 2000
Energieträger
(St) = Steinkohle
(Mi) = Steinkohle + Öl/Gas
(Br) = Braunkohle
(Hö) = Heizöl
(Eg) = Erdgas
(Ke) = Kernenergie
(Wa) = Wasser
(Mü) = Müll/Müll + Steinkohle/Öl/Gas
*) In Einzelfällen z.T. auch hergestelltes Gas
Verdichtungsräume
380 kV-Leitungen
0 50 100 km
Quelle: Laufende Raumbeobachtung der BfLR — Berichtssystem Umwelt —
nach: Statistik für das Jahr 1986 der Vereinigung Deutscher Elektrizitätswerke -VDEW - e.V.
Bundesforschungsanstalt für Landeskunde und Raumordnung

Chemische Produkte

Unternehmen der chemischen Industrie

Die chemische Industrie umfaßt Betriebe, die vorwiegend natürliche Rohstoffe umwandeln und synthetische Stoffe herstellen.

Die chemische Industrie ist eine der wichtigsten Industrien in der Bundesrepublik Deutschland. Sie beschäftigte 1987 in insgesamt 1163 Betrieben ca. 591 000 Arbeitnehmer und erwirtschaftete einen Umsatz von 171 Milliarden DM.

Etwa die Hälfte der Beschäftigten arbeitet in Betrieben zur Herstellung chemischer Grundstoffe, teilweise mit anschließender Weiterverarbeitung. Es folgen die Unternehmen zur Herstellung chemischer Produkte für Gewerbe und Landwirtschaft (ohne Düngemittel) und von pharmazeutischen Artikeln. Diese drei Bereiche sind die bedeutendsten der chemischen Industrie.

Die Standorte der chemischen Industrie liegen in den Schwerpunkten der industriellen Produktion, da chemische Erzeugnisse zu wesentlichen Anteilen an andere Industriebereiche abgesetzt werden. Auch die räumliche Nähe zu Rohstoffen und Wasser spielten bei der Wahl des Standortes eine Rolle. Die bedeutendsten chemischen Produktionsstätten sind an Rhein und Main zu finden, hier insbesondere im Raum Frankfurt – Wiesbaden, Mannheim – Ludwigshafen und Köln – Leverkusen – Düsseldorf.

Mengenmäßig bedeutendster Rohstoff der chemischen Industrie ist das Mineralöl, welches sowohl als Ausgangsstoff als auch als Energiequelle dient. Der hohe Bedarf an fossilen Energieträgern ist für diesen Wirtschaftszweig charakteristisch. Etwa ein Viertel des industriellen Energieverbrauchs entfällt auf die chemische Industrie. Ferner werden die Umweltmedien Wasser und Luft in großem Maße genutzt. Die chemische Industrie ist der größte industrielle Wasserverbraucher, wobei etwa 75% der eingesetzten Wassermenge für Kühlzwecke und Energieerzeugung und nur etwa 15% als Prozeßwasser genutzt werden. Luft wird u. a. bei einer Reihe großtechnischer Prozesse benötigt, wie der Oxidation von Schwefel zu Schwefeldioxid (der Vorstufe der Schwefelsäure) und der Ammoniaksynthese.

Siehe auch:
- Kapitel Allgemeine Daten, Abschnitte Wirtschaft, Energie, Umweltökonomie
- Kapitel Luft, Abschnitt Emissionen
- Kapitel Abfall, Abschnitte Abfallaufkommen, Abfallentsorgung
- Kapitel Nahrung

Nachfolgend sind beispielhaft einige Produktionszahlen aus der chemischen Industrie genannt:

Erzeugnis	Produktion in 1 000 t		
	1977	1981	1987
– Anorgan. Grundstoffe			
Chlor	2 808	3 013	3 452
Salzsäure	857	889	990
Schwefelsäure	3 819	3 945	3 351[5])
Natriumhydroxid	3 081	3 209	3 652
– Organ. Grundstoffe			
Propylen	1 536	1 613	1 576
Reinbenzole	824	922	1 314[5])
Vinyl- u. Vinylidenchlorid	913	903	1 434
Formaldehyd	461	508	609
Weichmacher[1])	424	421	426[5])
– Düngemittel			
stickstoffhaltig (berechnet auf N)	1 290	1 436	1 056
phoshathaltig (berechnet auf P_2O_5)	734	687	393
– Pflanzenbehandlungs- und Schädlingsbekämpfungsmittel	205	218	219
– Kunststoffe (Kondensationsprodukte)	1 931	2 131	2 724
– Polymerisationsprodukte, insges.	4 162	4 242	5 544
PVC	897	919	1 242[5])
– Chemiefasern[3])			
Synthetische Fasern	375	447	449
– Farbstoffe, Farben, Lacke u. verwandte Erzeugnisse			
Anstrichstoffe u. Verdünnungen insges.	1 265	1 317	1 349
darunter Lacke u. Anstrichstoffe auf der Basis natürlicher und synthetischer Polymere, gelöst in mehr als 30% nichtwäßrigen Lösungsmitteln	[4])	[4])	282[5])
Lacke/Anstrichstoffe auf der Basis von wasserverdünnbaren Bindemitteln Verdünnungen	117	122	141[5])

[1]) Auf der Basis Phthalsäure, Dicarbonsäure, Fettsäure, Phosphorsäure
[2]) z. B. Preßmassen, Leimharze und Lackkunstharze
[3]) außer den synthetischen Fasern stellen Zellusefasern und -fäden weitere (hier nicht behandelte) Untergruppen dar
[4]) kein Nachweis vorhanden.
[5]) Bezugsjahr 1986

Quelle: Statistisches Bundesamt

In- und Export ausgewählter chemischer Produkte

Die Bundesrepublik Deutschland ist ein bedeutender Exporteur chemischer Erzeugnisse. Sie nahm im Weltchemiehandel 1985 vor den USA und Großbritannien die erste Stelle ein. 1987 wurden chemische Erzeugnisse im Wert von ca. 68 Milliarden DM exportiert. Dies entspricht einem Wertanteil von 13% des Gesamtexports. Die Exportquote liegt für 1986 bei 53,1% und weist steigende Tendenz auf. Der Wert der Importe war mit ca. 39 Mrd. DM deutlich geringer.

Bei manchen Industriechemikalien (z. B. Chlor, Salzsäure und Formaldehyd) ist der Außenhandel, im Verhältnis zur Inlandsproduktion gering. Bei bestimmten organischen Industriechemikalien ist die Einfuhr oft größer als die Ausfuhr, bei Methanol sogar mehr als doppelt so groß wie die inländische Produktion. Der Anteil der organischen Industriechemikalien an der Gesamteinfuhr chemischer Erzeugnisse wird voraussichtlich weiterhin steigen. In zunehmendem Maße werden Grundstoffe eingeführt, in der Bundesrepublik Deutschland veredelt und dann teilweise wieder exportiert.

Produktion und Ausfuhr ausgewählter chemischer Erzeugnisse im Jahr 1986 in 1 000 t

Erzeugnis	Produktion	Einfuhr	Ausfuhr
– Anorgan. Industriechemikalien			
Chlor	3 426	78	37
Schwefel	1 229	4	21
Aktivkohle	25	10	11
Salzsäure	931	7	15
Schwefelsäure[1])	2 736	87	566
Ammoniak[2])	6	1	2
Natriumhydroxid	3 625	128	863
– Organ. Industriechemikalien			
Methanol	462	981	23
Ethylen	2 667	504	241
Propylen	1 406	784	81
Reinbenzole[3])	1 533	391	446
Dichlormethan	155	24	89
1,2-Dichlorethan	1 648	62	167
Vinyl- u. Vinylidenchlorid, monomer	1 292	162[4])	183[4])
Perchlorethylen	157	17	99
Propylenoxid	534	20	219
Formaldehyd	575	22	59
– Sonstige Erzeugnisse			
Insektizide, Akarizide[5])	51	4	39
Fungizide (anorganisch und organisch)	66	17	61
Herbizide[6])	84	22	54
Polyethylen	1 266	950	718
Polyvinylchlorid[7])	1 459	404	keine Angaben

[1]) ohne Oleum, berechnet als SO_3.
[2]) in wäßriger Lösung, berechnet als N.
[3]) Gesamtproduktion, ab 1985 nur auf Petrobasis. – Die Ein- und Ausfuhrzahlen beinhalten auch Reintoluole, o- und m- sowie sonstige Reinxylole (einschließlich Gemische).
[4]) ohne Vinylidenchlorid
[5]) umfaßt chlorierte Kohlenwasserstoffe, Carbonate, organische Phosphor- und Nitroverbindungen, Insektizide pflanzlicher sowie sonstige Insektizide und Akarizide. – Für die beiden letztgenannten Stoffgruppen sind keine Produktionsdaten verfügbar, diese sind in der Produktionszahl daher nicht enthalten.
[6]) anorganisch und organisch; bei den (hier nicht aufgeführten) Untergruppen z. T. nur lückenhafte Produktionsdaten.
[7]) Vinylacetat-Basis sowie Polyvinylacetat (letzteres nur bei der Einfuhr).

Quelle: Statistisches Bundesamt

Handelsdüngerabsatz 1950/51 bis 1986/87

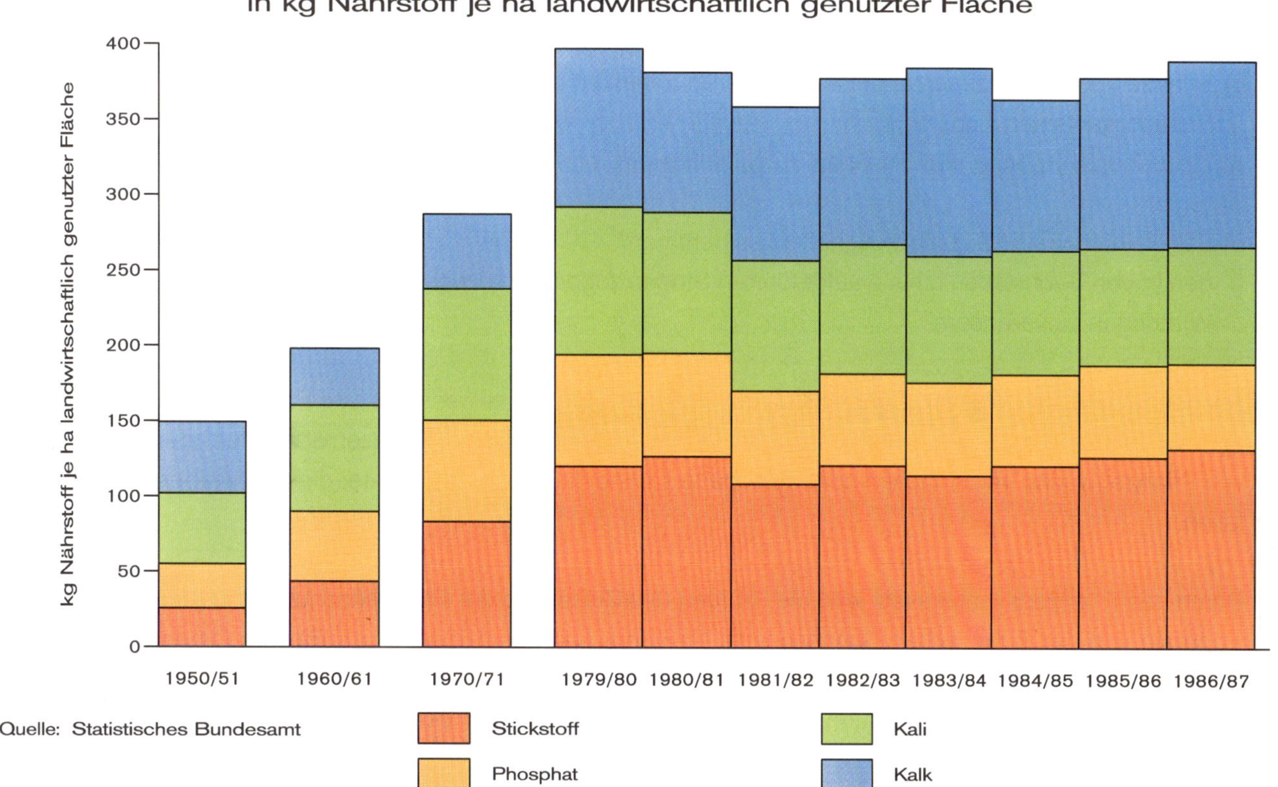

Handelsdüngerabsatz 1950/51 bis 1986/87

Die statistischen Angaben zum Düngemittelverbrauch spiegeln den in der Landwirtschaft erreichten durchschnittlichen Stand der Intensivierung wieder, allerdings ohne Differenzierung nach Bodennutzungs- und Fruchtarten sowie regionalen Schwerpunkten des Düngemitteleinsatzes. Von 1950/51 bis 1986/87 hat sich der Aufwand an mineralischen Düngemitteln („Kunstdüngern") je Hektar landwirtschaftlicher Nutzfläche

- beim Stickstoff von 25,6 kg auf 131,5 kg mehr als verfünffacht und
- beim Kalk von 47,5 kg auf 123,1 kg um das Zweieinhalbfache

erhöht. Der Einsatz von Phosphat und Kalium hat sich in etwa verdoppelt. Seit 1979/80 ist der Mineraldüngerabsatz je Fläche nicht mehr angestiegen.

In vielen landwirtschaftlich genutzten Böden ist es durch eine Düngung, die die Düngemittelaufnahme der Pflanzen z. T. weit übersteigt, zu einer Nährstoffanreicherung gekommen. Diese ist zwar wirtschaftlich erwünscht, da sie auch bei ungünstigen Boden- und Witterungsbedingungen hohe landwirtschaftliche Erträge gewährleistet. Sie führt aber gleichzeitig zu einem Verlust von „Magerstandorten" und den an sie angepaßten Pflanzen und Tierarten. Weiterhin steigen vielerorts die Nitratgehalte im Grundwasser und Trinkwasser an. Durch oberflächliche Abschwemmung von Bodenmaterial erhöht sich außerdem die Phasphatbelastung der Oberflächengewässer.

Siehe auch:

Kapitel Boden, Abschnitt Bodenschutz und Landwirtschaft

Pflanzenschutzmittelabsatz

Das Pflanzenschutzgesetz vom 15. September 1986 definiert in § 2, 1, Satz 9 Pflanzenschutzmittel als Stoffe, die dazu bestimmt sind

a) Pflanzen vor Schadorganismen oder nichtparasitären Beeinträchtigungen zu schützen,
b) Pflanzenerzeugnisse vor Schadorganismen zu schützen,
c) Pflanzen oder Pflanzenerzeugnisse vor Tieren, Pflanzen oder Mikroorganismen zu schützen, die nicht Schadorganismen sind,
d) die Lebensvorgänge von Pflanzen zu beeinflussen, ohne ihrer Ernährung zu dienen (Wachstumsregler),
e) das Keimen von Pflanzenerzeugnissen zu hemmen,
f) den in den Buchstaben a bis e aufgeführten Stoffen zugesetzt zu werden, um ihre Eigenschaften oder Wirkungen zu verändern.

Ausgenommen sind Wasser, Düngemittel im Sinne des Düngemittelgesetzes und Pflanzenstärkungsmittel. Als Pflanzenschutzmittel gelten auch Stoffe, die dazu bestimmt sind, Pflanzen abzutöten oder Flächen von Pflanzenwuchs freizumachen oder freizuhalten, ohne daß diese Stoffe unter die Buchstaben a oder d fallen.

Durch das Pflanzenschutzgesetz wird die Prüfung und Zulassung der Pflanzenschutzmittel geregelt. Nur wenn sie von der Biologischen Bundesanstalt für Land- und Forstwirtschaft im Einvernehmen mit dem Bundesgesundheitsamt und dem Umweltbundesamt in einem eigens vorgeschriebenen Verfahren geprüft und zugelassen sind, dürfen Pflanzenschutzmittel in den Verkehr gebracht oder eingeführt werden.

Zugelassene Pflanzenschutzmittel[1])

Anwendungszweck	Bestand an zugelassenen Mitteln							
	1970	1975	1980	1982	1983	1984	1985	1986
Mittel gegen								
Insekten	448	376	414	410	376	354	341	345
Spinnmilben	25	17	16	15	15	14	14	16
Nematoden	10	9	13	16	16	16	16	17
Schnecken	36	54	58	39	45	45	42	44
Nagetiere	126	150	151	114	112	110	111	112
Pilzkrankheiten	304	179	225	230	230	278	248	195
Unkräuter[2])	476	549	735	781	815	817	744	748
sonstige Schadorganismen	23	26	–	–	–	–	–	1
Saatgutbehandlungsmittel	79	53	73	52	56	56	69	74
Abschreckmittel	42	40	47	39	40	34	46	47
Keimhemmungsmittel	20	10	10	8	8	9	8	8
Sonstige Wachstumsregler	–	34	42	46	45	47	51	51
Mittel zur Veredelung und zum Wundverschluß	–	–	30	27	34	34	35	35
Zusatzstoffe	–	7	7	7	8	9	11	13
Zusammen	1 589	1 504	1 821	1 784	1 800	1 823	1 736	1 706

[1]) Zugelassen durch die Biologische Bundesanstalt Braunschweig
[2]) Einschl. Mittel gegen unerwünschten Pflanzenwuchs

Quelle: Bundesminister für Ernährung, Landwirtschaft und Forsten

Im Jahre 1984 wurde mit 1823 zugelassenen Pflanzenschutzmitteln der höchste Stand der zugelassenen Präparate erreicht. Die Zulassungszahlen (1986: 1700) sind seitdem leicht rückläufig. Den größten Anteil an den zugelassenen Mitteln (748) nehmen die Unkrautbekämpfungsmittel ein. Es folgen die Mittel gegen Insekten (345) und Milben (17), Pilzkrankheiten (195), Nagetiere (112), Schnecken (644) und Nematoden (17).

79% des Absatzes von Pflanzenschutzmitteln entfielen auf Herbizide (1986). Während 1970 in der Landwirtschaft 10 661 t Herbizide ausgebracht wurden, stieg der Absatz dieser Wirkstoffgruppe bis 1986 um 75% auf 18 630 t. Somit nehmen die Unkrautbekämpfungsmittel mit 59% den größten Teil an allen Pflanzenschutzmitteln ein.

Es folgen die Fungizide, deren Absatz sich 1986 auf 8689 t belief. Mit 1456 t ist für 1986 die Menge der Insektizide im Vergleich zu 1970 sogar etwas zurückgegangen. Insgesamt wurden 1986 31 417 t Wirkstoffe im Inland abgesetzt.

Der Hauptanwendungsbereich von Herbiziden im Ackerbau liegt im Getreide-, Rüben- und Maisbau. Heute werden bereits auf 70 bis 80% der Getreideflächen Herbizide eingesetzt. Da der Getreidebau in der Bundesrepublik Deutschland 70% der Ackerfläche einnimmt, wird der Umfang der Herbizidanwendung vor allem vom Getreidebau bestimmt. Mais und Zuckerrüben werden zur Einsparung eines hohen Pflegeaufwandes zu mehr als 90% mit Herbiziden behandelt. Auch im Raps- und Kartoffelbau werden Herbizide angewendet, wogegen die Anwendung im Grünland nur von geringer Bedeutung ist.

Fungizide Wirkstoffe werden vorwiegend im Erwerbsobstbau, Wein- und Hopfenbau und im Ackerbau für die Kulturen Weizen und Kartoffeln verwendet.

Insektizide kommen in erster Linie in Obstanlagen, Wein- und Hopfenbau, aber auch bei Zuckerrüben, Kartoffeln, Raps und neuerdings auch bei Getreide zum Einsatz.

Ausgebrachte Mengen an Herbiziden, Fungiziden und Insektiziden 1979[1])

Kultur	Wirkstoffmengen in t		
	Herbizide[2])	Fungizide	Insektizide
Winterweizen	4 221,9	1 387,3	87,7
Sommerweizen	292,9	79,6	5,7
Wintergerste	2 913,6	302,6	2,1
Sommergerste	1 602,8	78,1	5,7
Roggen	1 003,1	103,2	0,7
Hafer	1 233,0	35,0	8,4
Körnermais	178,2	1,1	3,9
Silomais	816,7	6,3	15,2
Raps	448,4	1,4	43,2
Kartoffeln	275,2	1 073,2	86,6
Zuckerrüben	1 560,4	6,5	211,0
Futterrüben	492,5	1,3	31,0
Insgesamt	15 038,7	3 075,6	501,2

[1]) Errechnet aus einzelbetrieblichen Erhebungen
[2]) ohne Kalkstickstoff

Quelle: Bundesminister für Ernährung, Landwirtschaft und Forsten

Siehe auch:
– Kapitel Boden, Abschnitt Bodenschutz und Landwirtschaft
– Kapitel Wasser, Abschnitt Pflanzenschutzmittel in Grundwasser

Inlandsabsatz, Produktion, Ein– und Ausfuhr von Pflanzenschutzmitteln

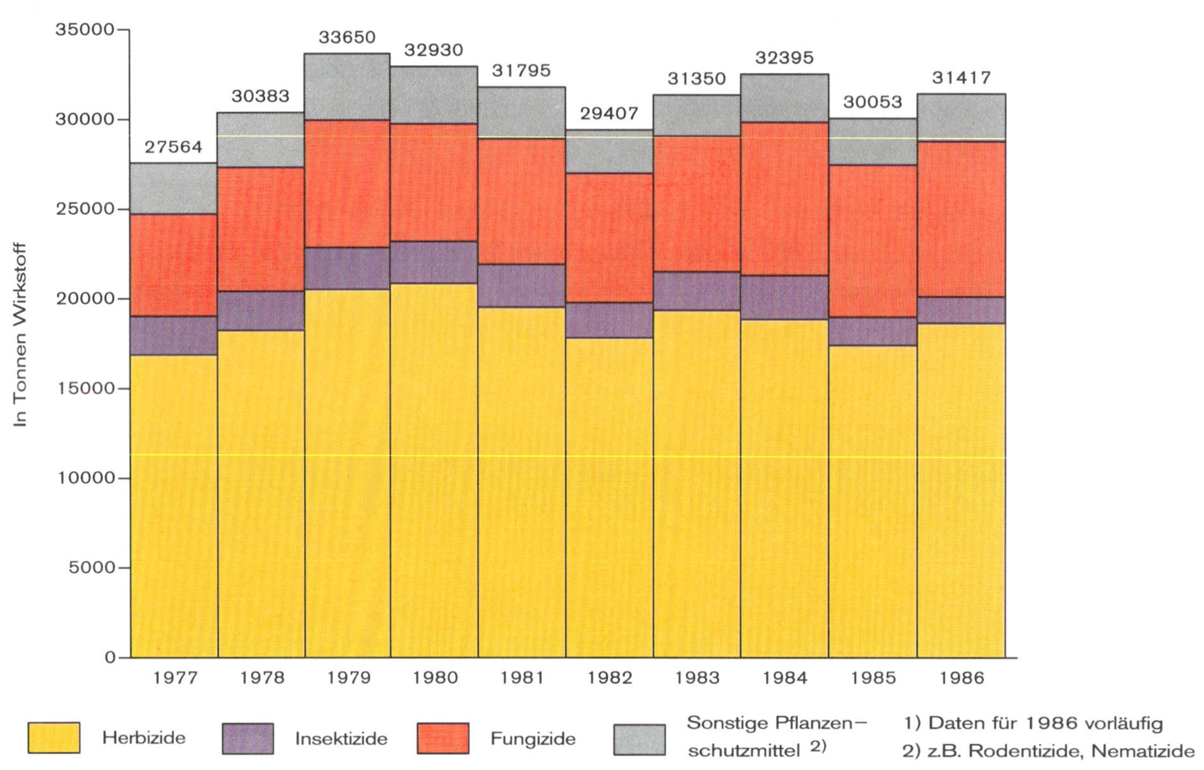

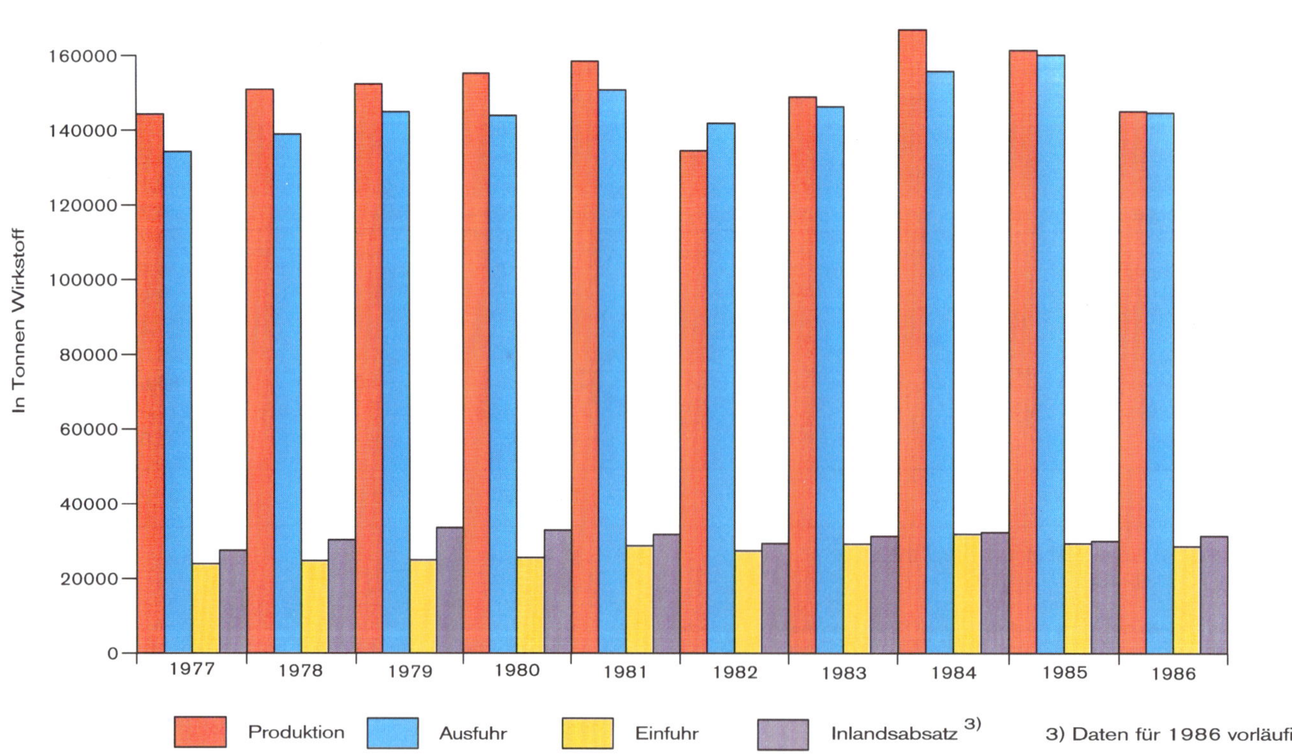

Quelle: Bundesminister für Ernährung, Landwirtschaft und Forsten

Inlandsabsatz von Pflanzenbehandlungsmitteln (1970=100%)

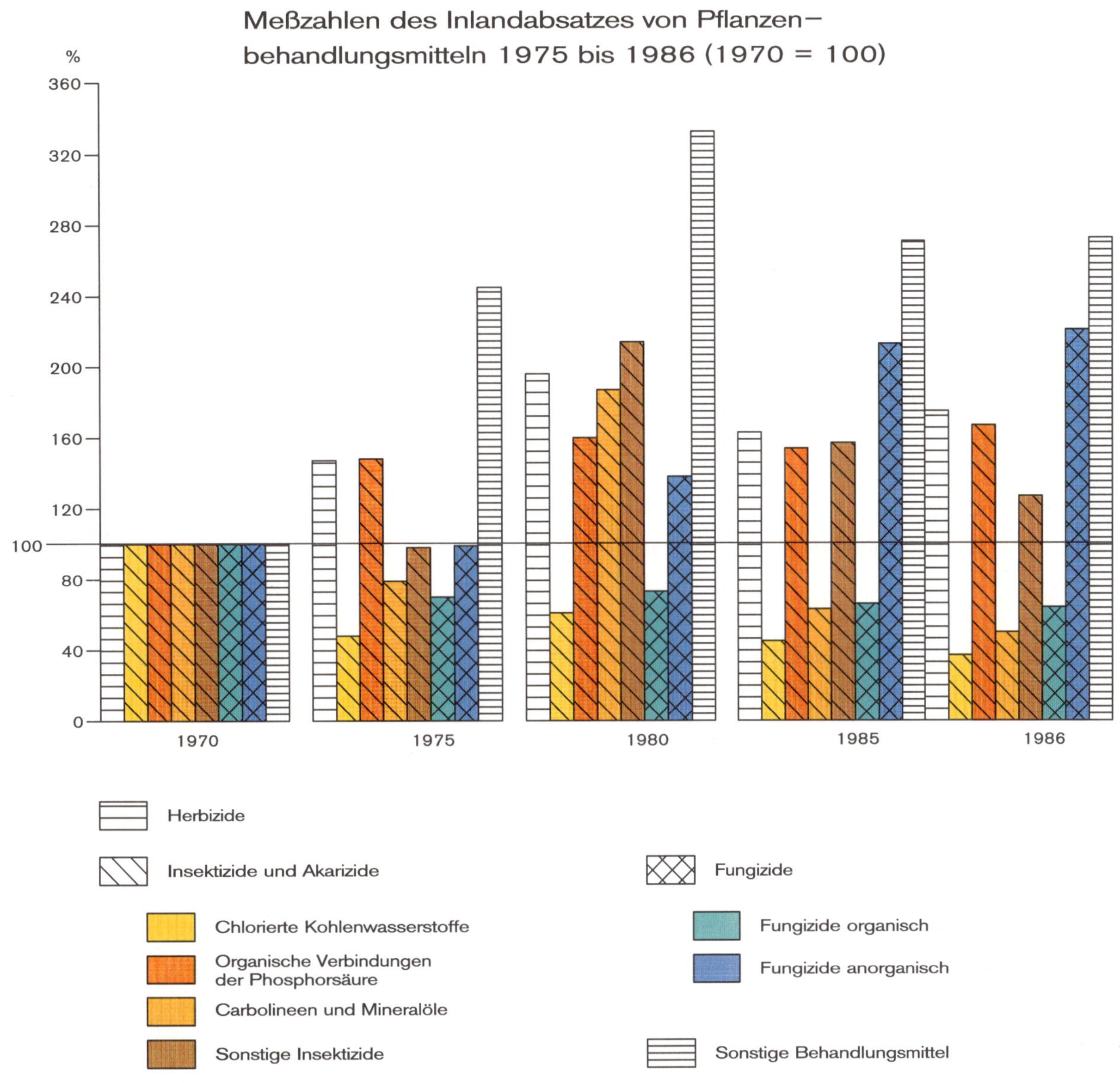

Quelle: Bundesminister für Ernährung, Landwirtschaft und Forsten

Produktion und Verbrauch von Fluorchlorkohlenwasserstoffen 1986

Fluorchlorkohlenwasserstoffe (FCKW) werden seit 1931 produziert. Sie werden u. a. als Treibmittel in Spraydosen, bei der Kunststoffverschäumung und als Löse- und Kühlmittel eingesetzt. FCKW haben weite Verbreitung gefunden, weil sich nicht brennbar und kaum direkt toxisch sind. FCKW stehen jedoch in dem Verdacht, die Ozonschicht der Erdatmosphäre zu zerstören.

Die Bundesrepublik Deutschland ist zum 1. 1. 1989 Vertragspartner des Montrealer Protokolls geworden. Dieses inzwischen von 24 Staaten und der EG unterzeichnete Protokoll ist die erste Folgevereinbarung der Wiener Konvention zum Schutz der Ozonschicht, die die Unterzeichnerstaaten verpflichtet, angemessene Maßnahmen zum Schutz der menschlichen Gesundheit und der Umwelt vor möglichen negativen Auswirkungen einer Ozonschichtveränderung zu ergreifen. Die im Protokoll vorgesehene Reduktion von FCKW-Produktion und -Verbrauch bis 1999 um 50% gegenüber 1986 ist ein wichtiger erster Schritt. Eine Stabilisierung der FCKW-Konzentration auf heutigem Niveau setzt eine Reduktion um mindestens 85% voraus.

Die Abbildung zeigt das stetige Anwachsen der weltweiten Produktion am Beispiel der am meisten verwendeten FCKW-Typen F 11 und F 12. Im Anstieg hat es Mitte der siebziger Jahre einen Einbruch gegeben, der durch Konjunkturschwankungen und Verbotsmaßnahmen der USA im Spraybereich bedingt war.

Trotz dieses Einbruches bei der Produktion sind die FCKW-Konzentrationen in der Atmosphäre in Folge der langen Lebensdauer dieser Stoffe stetig gestiegen.

In der EG wurden 1986 folgende Mengen der im Montrealer Protokoll geregelten Stoffe produziert, importiert, exportiert und verbraucht:

Stoff	Produktion	Import	Export	Verbrauch
		in Tonnen		
F 11	203 937	347	51 391	152 990
F 12	167 479	32	60 058	106 260
F 113	56 058	1 971	16 411	41 576
F 114	8 785	0	1 940	6 745
F 115	6 308	609	4 509	2 815
Summe	442 567	2 959	134 309	310 386

Quelle: Deutscher Bundestag

Welt-Produktion von F11 und F12

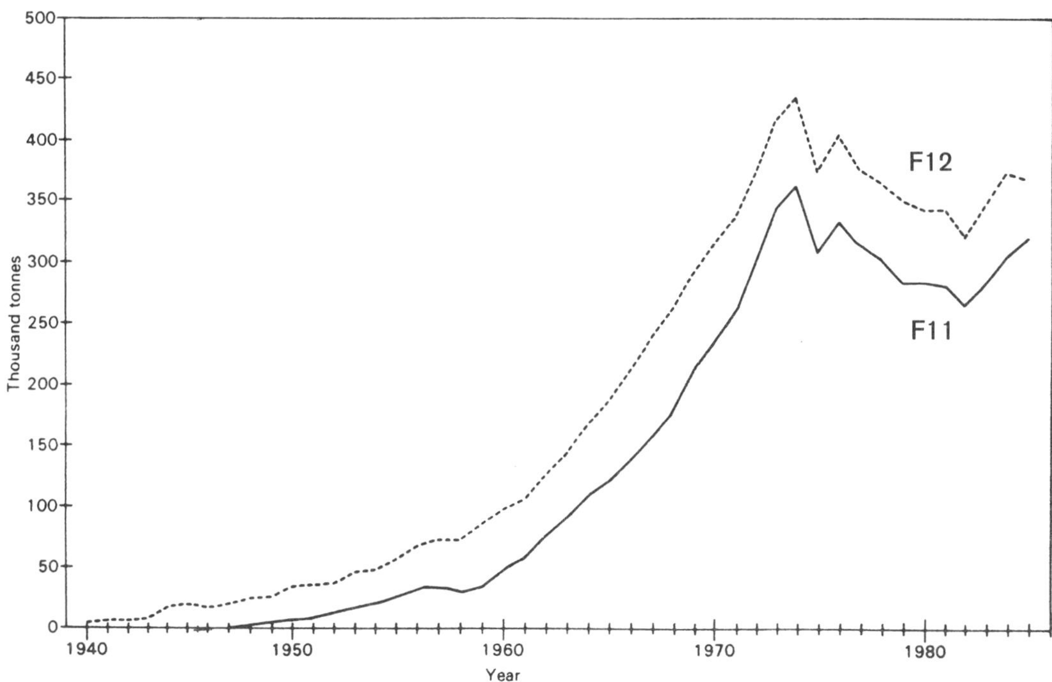

Quelle: CMA (Chemical Manufactures Association)

Für die Bundesrepublik Deutschland liegen genaue, nachprüfbare Zahlen für Produktion und Verbrauch noch nicht vor, da es eine Verpflichtung zur Datenmeldung erst ab der zweiten Hälfte des Jahres 1989 gibt. Folgende Zahlen werden für 1986 angenommen:

Produktion und Verbrauch von FCKW (F 11, F 12, F 113, F 114, F 115)

Gesamtproduktion[1])	112 000 t
Produktion für Inlandsverbrauch[2])	59 000 t
Verbrauch	
Aerosole	26 000 t[3])
Kunststoffschäume	24 000 t[3])
Kältemittel	4 000 t[3])
Lösemittel	30 000 – 40 000 t[3])
	(16 000 – 21 000 t)[2])
Gesamtverbrauch	84 000 – 94 000 t[3])
	(70 000 – 75 000 t)[2])

Quellen:
[1]) Deutscher Bundestag
[2]) Verband der Chemischen Industrie
[3]) Umweltbundesamt

Siehe auch:

Kapitel Luft, Abschnitte Erwärmung der Erdatmosphäre, Ozon in der Stratosphäre

Produktion von Wasch- und Reinigungsmitteln

Wasch- und Reinigungsmittel gelangen auch nach ordnungsgemäßem Gebrauch ins Abwasser und tragen zur Belastung der Kläranlagen und Gewässer bei. Etwa 30% der Belastung des kommunalen Abwassers mit organischen Stoffen und 40% der Belastung mit gelösten mineralischen Substanzen gehen auf Wasch- und Reinigungsmittel zurück.

Die Produktionsmenge von Wasch- und Reinigungsmitteln kann als grober Indikator für die Entwicklung des Verbrauchs von Wasch- und Reinigungsmitteln dienen. Zwischen 1952 und 1987 hat sich die Jahresproduktion von 0,33 Mio. t auf 1,54 Mio. t fast verfünffacht. Die stärkste Steigerung war im Zeitraum 1965–1975 zu beobachten.

Zwischen 1975 und 1987 ist die Gesamtproduktionsmenge deutlich langsamer gestiegen, in einzelnen Jahren sogar geringfügig zurückgegangen. Zugleich sind strukturelle Verschiebungen erkennbar. Während die Produktion von Feinwaschmitteln und Handgeschirrspülmitteln stetig zunahm, ist seit 1981 bei den Wäscheweichspülmitteln und Haushaltsreinigern eine fallende Tendenz festzustellen.

In den Jahren 1983 bis 1986 hat eine Umschichtung des Verbrauchs von Hauptwaschmitteln zu Vollwaschmitteln stattgefunden.

Siehe auch:
- Kapitel Wasser, Abschnitt Stoffkonzentrationen in Gewässern
- Kapitel Nordsee, Abschnitt Stoffeinträge

Die Entwicklung der Produktion von Wasch- und Reinigungsmitteln 1975 bis 1987

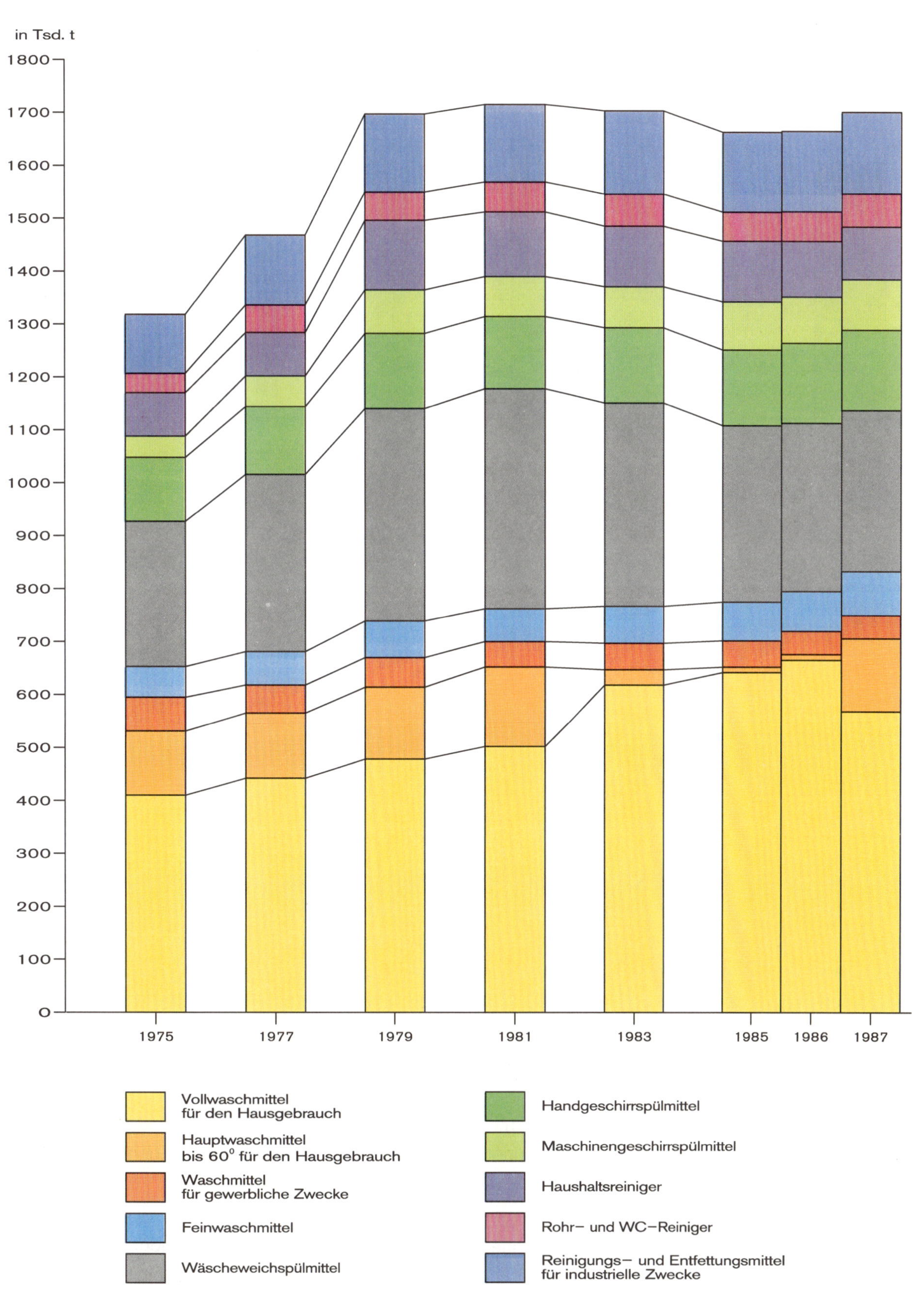

Quelle: Umweltbundesamt nach Angaben des Statistischen Bundesamtes

Inlandsverbleib[1] von Tensiden (ohne Seifen) 1982 bis 1987

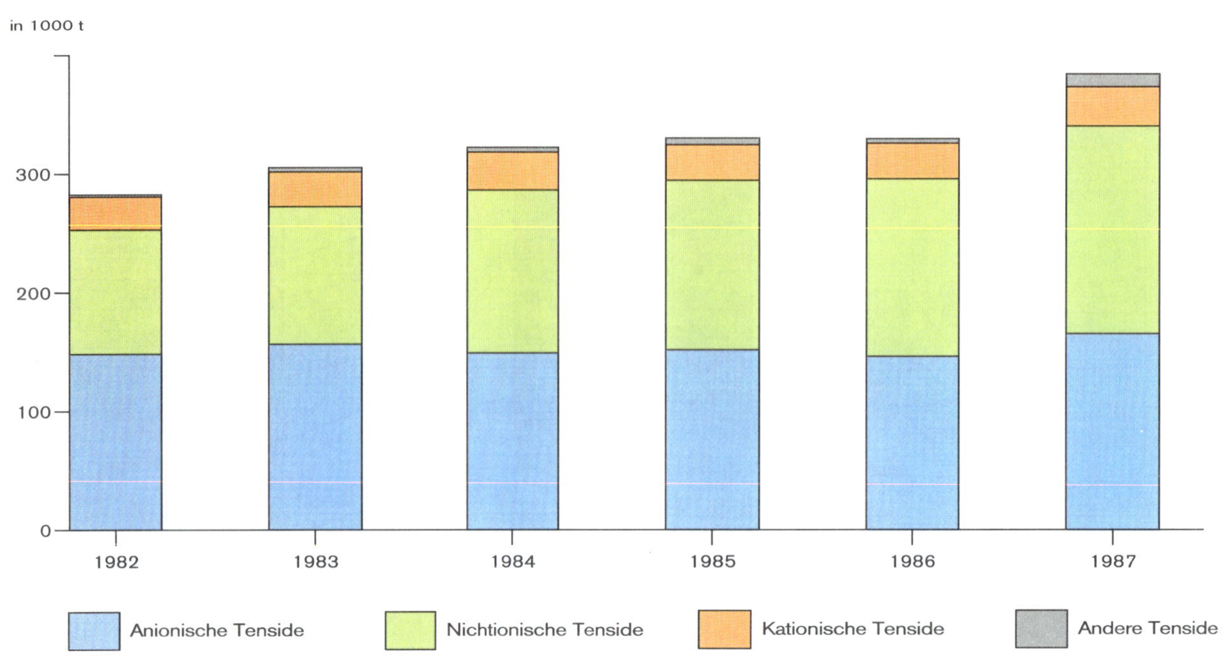

1) Inlandsverbleib: Produktion+Einfuhr−Ausfuhr. Der Inlandsverbleib dürfte dem Verbrauch entsprechen.

Quelle: Hauptausschuß Detergentien

Inlandsverbleib von Tensiden

Tenside werden zu 55% der Gesamtverbrauchsmenge in Wasch- und Reinigungsmitteln eingesetzt, rund 10% in Kosmetika und Pharmazeutika und der Rest in verschiedenen anderen Industriezweigen. Zur Schmutzablösung beim Waschen und Reinigen sind im wesentlichen die anionischen und nichtionischen Tenside geeignet. Die Wirksamkeit nichtionischer Tenside ist zwar etwas geringer, doch sind sie bessere Emulgatoren und schäumen weniger stark. Die kationischen Tenside werden u. a. in Wäscheweichspülmitteln eingesetzt. Die weniger bedeutsamen amphoteren Tenside finden u. a. in Spezialwaschmitteln und Kosmetikreinigern Anwendung.

Tenside gelangen als Bestandteil von Wasch- und Reinigungsmitteln und auch aus einer Reihe anderer Anwendungsbereiche ins Abwasser und können eine Belastung für Kläranlagen und Gewässer darstellen.

Die Abbildung zeigt die Tensidmengen, die im Inland verbleiben. Hierbei sind auch diejenigen Tenside erfaßt, die nicht ins Wasser gelangen (etwa 25% der Gesamtmenge). Die Gesamt-Verbleib-Menge für Tenside hat im Zeitraum 1982–1987 zugenommen. Die Zunahme geht im wesentlichen auf die nichtionischen Tenside zurück, deren Menge zuletzt größer war als die der anionischen Tenside.

Verbrauch von Polyphosphaten für Wasch- und Reinigungsmittel

Polyphosphate (hauptsächlich Pentanatriumtriphosphat) dienen in Waschmitteln und Wasserenthärtungsmitteln, in Geschirrspülmitteln und Reinigungsmitteln als Gerüststoffe mit mehreren Funktionen: Komplexierung der Härtebildner des Wassers sowie Unterstützung des Wasch- bzw. Reinigungsvorgangs durch Aufbrechen festen Schmutzes und Suspendierung der Schmutzpartikel. In der Waschlauge, spätestens jedoch in der Kläranlage entsteht aus den Polyphosphaten Orthophosphat. Dieses ist in Vorflutern unerwünscht, weil es als Pflanzennährstoff bei großer Zufuhr übermäßiges Algenwachstum und in der Folge schädliche Eutrophierungserscheinungen hervorruft.

Als erste Maßnahme zur Verminderung des Phosphoreintrags wurde 1980 die heute noch gültige Phosphathöchstmengenverordnung für Waschmittel erlassen. Darin war vorgesehen, in zwei Stufen den Phosphateintrag aus Waschmitteln zu senken, und zwar zunächst (1981) auf etwa 75% des Eintrages von 1975 und später (1984) auf 50%. Das Ziel wurde erreicht. Darüber hinaus bemühte sich die Industrie um die Entwicklung völlig phosphatfreier Waschmittel, deren Absatz im Dezember 1986 erstmals höher war als der Absatz phosphathaltiger Mittel.

Der Verbrauch der Polyphosphate ist in dem betrachteten Zeitraum stetig zurückgegangen. Erfaßt wurde die Verwendung in Waschmitteln für Haushalt und Gewerbe sowie in Haushaltsreinigern und Geschirrspülmitteln. Die Angaben beziehen sich auf Pentanatriumtriphosphat ($Na_5P_3O_{10}$).

Entwicklung des Verbrauchs von Pentanatriumtriphosphat (Angaben in 1000 t $Na_5P_3O_{10}$)

Jahr	1979	1980	1981	1982	1983	1984	1985	1986	1987
Angaben in 1000 t	267	240	220	190	170	k. A.[1])	160	k. A.[1])	80

[1]) k. A. = keine Angaben

	Phosphor-Einträge in die Oberflächengewässer Schätzung (in t Phosphor pro Jahr)	
	1975	1987
Wasch- und Reinigungsmittel	42 300	11 400
Industrielle Abwässer	14 400	12 000
Landwirtschaft	17 100	17 800
Sonstige	29 700	26 900
Gesamt	103 500	68 100

Quelle: Bayerische Landesanstalt für Wasserforschung

Anzahl der nach EG-Richtlinie über Störfälle meldepflichtigen Anlagen

Trotz erheblicher Fortschritte in der Sicherheitstechnik ist mit Störfällen in der Industrie zu rechnen, die eine Gefährdung der direkten Nachbarschaft des Standortes, teils aber auch entfernterer Räume verursachen.

Die räumliche Verteilung von Standorten dieser Anlagen ist daher eine wichtige Information für Behörden und Betreiber. Die Klassifizierung in der Abbildung erfolgte anhand der Anzahl der nach der EG-Richtlinie über die Gefahren schwerer Unfälle bei bestimmten Industrietätigkeiten vom 24. 4. 1982 (82/501/EWG) gemeldeten Anlagen unabhängig von der Höhe des Gefahrenpotentials sowie Art und Menge der gefährlichen Stoffe in der Anlage.

Anzahl der nach EG–Richtlinie (82/501/EWG) meldepflichtigen Anlagen (Stand 1987)

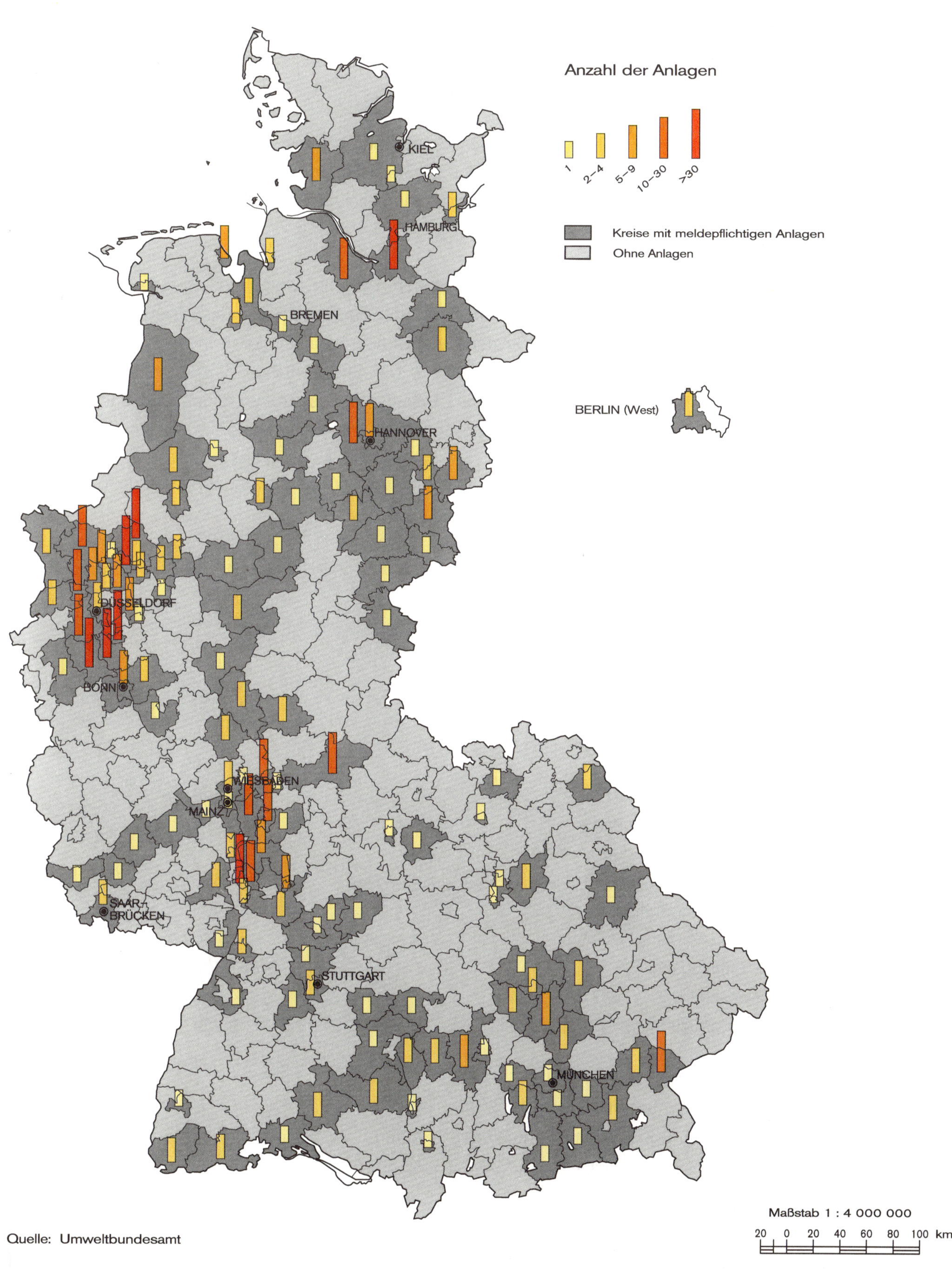

Quelle: Umweltbundesamt

Verkehr

Entwicklung des Verkehrsnetzes

Straßen haben sich mit weiterhin steigender Tendenz zum bedeutendsten Verkehrsträger entwickelt. Seit 1970 hat sich die Länge der Bundesautobahnen mehr als verdoppelt. 1981 bis 1986 wurden im Durchschnitt pro Tag 12 400 m^2 Flächen für Autobahnneu- und -ausbau beansprucht. Das entspricht einer Fläche für etwa 24 Einfamilienhausgrundstücke.

Für die innerörtliche Erschließung mußten angesichts der fortschreitenden Siedlungsentwicklung neue Straßen gebaut werden: Seit 1984 nimmt das Netz der innerörtlichen Gemeindestraßen um 600 km pro Jahr zu. Der Flächenverbrauch 1981–1986 betrug durchschnittlich 29 000 m^2 pro Tag (etwa 60 Einfamilienhausgrundstücke).

Gleichzeitig wurde das Netzangebot der umweltschonenden Verkehrszweige des Personenverkehrs reduziert. Das Streckennetz der deutschen Bundesbahn ist trotz Neubaustrecken insgesamt rückläufig. Im öffentlichen Personennahverkehr nahm die Netzlänge der Straßenbahnstrecken von 1977 bis 1987 um 295 km ab, die der Stadtschnellbahnen stieg um 206 km. Die Streckenlänge des kommunalen und privaten Omnibusverkehrs nahm um 17 Prozent ab. Die Länge der Wasserstraßen änderte sich kaum und das in der Abbildung nicht dargestellte Rohrfernleitungsnetz blieb unverändert lang.

Das Verkehrsnetz der Bundesrepublik Deutschland umfaßt folgende Verkehrswegearten (Länge in km)

Straßennetz (1988)	493 600
Straßen des überörtlichen Verkehrs	173 600
– Bundesautobahnen	8 618
– Bundesstraßen	31 200
– Landesstraßen	63 400
– Kreisstraßen	70 400
Gemeindestraßen	320 000
– innerorts	195 200
– außerorts	124 800
Schienennetz (1987)	27 400
davon Hauptstrecken	18 000
öffentlicher Personenverkehr (1987)	
– Stadtschnellbahnen	475
– Straßenbahnen	1 405
– Obusverkehr	40
– Omnibusse	363 400
Wasserstraßen (1987)	4 365
Rohrfernleitungen (1987)	2 222

Siehe auch:
- Kapitel Allgemeine Daten, Abschnitt Energie
- Kapitel Natur, Abschnitt unzerschnittene verkehrsarme Räume
- Kapitel Boden, Abschnitt Flächennutzung
- Kapitel Luft, Abschnitt Emissionen
- Kapitel Lärm, Abschnitt Lärmbelastung

Verkehrsnetzlängen in der Bundesrepublik Deutschland von 1965 bis 1988

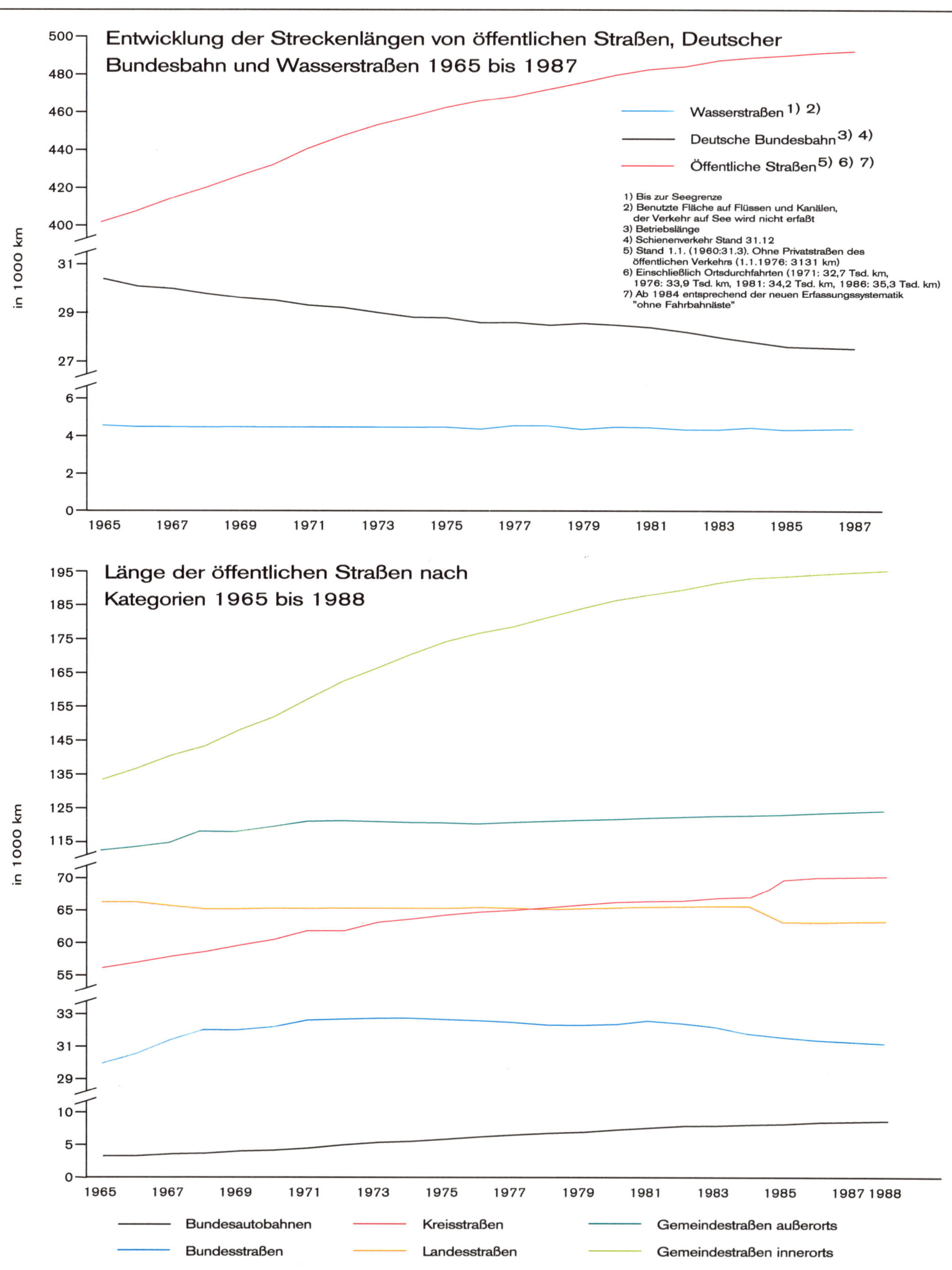

Quelle: Bundesminister für Verkehr

Kraftfahrzeugbestand und Zulassung schadstoffarmer Personenkraftwagen

Der Bestand an Personenkraftwagen (Pkw) und Kombis hat sich in der Bundesrepublik Deutschland von 21,2 Mio. (1978) auf 29,2 Mio. (1. 1. 1989) erhöht. Er nahm jährlich um drei bis vier Prozent zu. 86 Prozent aller zugelassenen Fahrzeuge sind Pkws und Kombis. Davon sind 19,3 Mio. Pkw mit konventionellen Ottomotoren, 3,9 Mio. Pkw mit Dieselmotoren, ca. 4 Mio. Pkw mit Ottomotoren – Schadstoffarm nach EG-Norm – und ca. 2 Mio. Pkw mit Ottomotoren – mit geregeltem Katalysator nach US-Norm –.

Der Bestand an Lastkraftwagen (Lkw) aller Klassen veränderte sich nur wenig. Zwischen einzelnen Fahrzeugklassen ergaben sich jedoch große Verschiebungen. So steigt der Bestand an Sattelzugmaschinen seit einigen Jahren stark an (4,5% pro Jahr seit 1985). Gleichzeitig steigt die durchschnittlich installierte Motorleistung (1984: 220,4 kW; 1986: 223,7 kW).

Lastkraftwagen sind wegen ihrer leistungsstarken Motoren überproportional an den von Kraftfahrzeugen verursachten Emissionen beteiligt. So verursachen Lkw im innerstädtischen Verkehr bei einem Anteil von 10% Fahrleistung am Straßenverkehr bis zu 40% der Stickstoffoxidemissionen und etwa 75% der Rußpartikelemissionen. Wegen des steigenden Anteils schadstoffarmer Pkw wird sich diese Relation von Jahr zu Jahr verstärken.

Der Bestand an Krafträdern hat sich in den letzten Jahren von 0,403 Mio. auf 1,125 Mio. fast verdreifacht. Der Lärm vieler Krafträder wird belästigender empfunden als Lkw-Lärm. Die Luftverunreinigungen durch Krafträder sind von eher untergeordneter Bedeutung.

Von 1985 bis 1988 wurden „schadstoffarme" Pkw steuerlich gefördert. Die Förderung hatte beträchtliche Auswirkungen auf das Verhältnis der Gruppen neu zugelassener Pkw:

- Der Neuzulassungsanteil konventioneller Fahrzeuge mit Otto-Motor, die die gesetzlich vorgeschriebenen Grenzwerte einhalten, aber keine darüber hinausgehende Emissionsminderung aufweisen, ging von 70% Mitte 1985 auf unter 10% Mitte 1988 zurück (Jahresdurchschnitt 1988 5,5%).

- Im gleichen Zeitraum nahm die Neuzulassung schadstoffreduzierter Pkw nach den „EG-Konzepten" (Fahrzeuge mit ungeregeltem Katalysator, motorischen Abgasminderungsmaßnahmen etc.) von 5% auf annähernd 50% zu.

- Eine stetige Aufwärtsentwicklung konnte auch der geregelte Katalysator nach US-Norm (im Durchschnitt 90% Minderung der schädlichen Abgasbestandteile) verzeichnen. Der Anteil an den Neuzulassungen lag im Jahresdurchschnitt 1988 bei 34%.

Rückläufig war auch der Neuzulassungsanteil der Pkw mit Dieselmotor von 30% auf 13,6% im Jahresdurchschnitt 1988.

Kraftfahrzeuge in der Bundesrepublik Deutschland

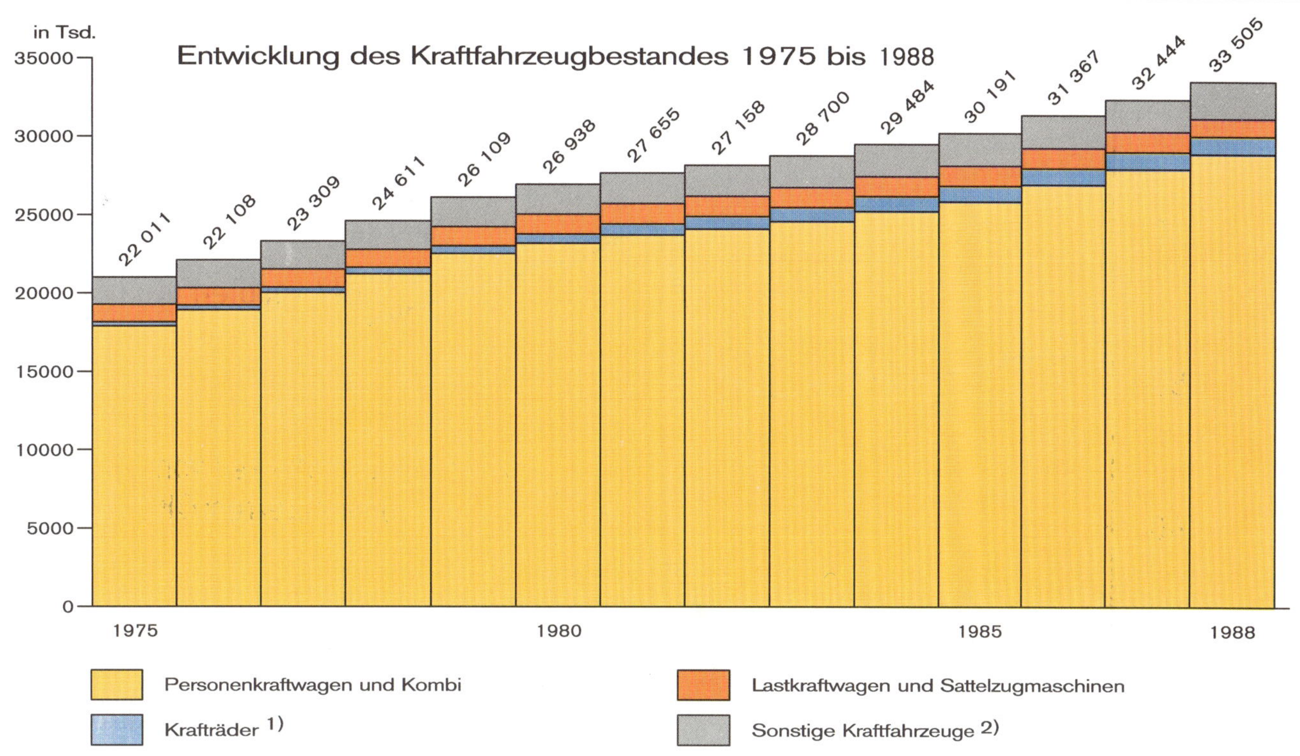

Zulassungspflichtige Fahrzeuge einschließlich der vorrübergehend abgemeldeten Fahrzeuge, jeweils am 1.7.
1) Ohne Leicht– und Kleinkrafträder mit amtlichem Kennzeichen
2) Krankenkraftwagen, Feuerwehrfahrzeuge, Straßenreinigungs– und Arbeitsmaschinen mit Fahrzeugbrief, Kraftomnibusse und Obusse, Zugmaschinen

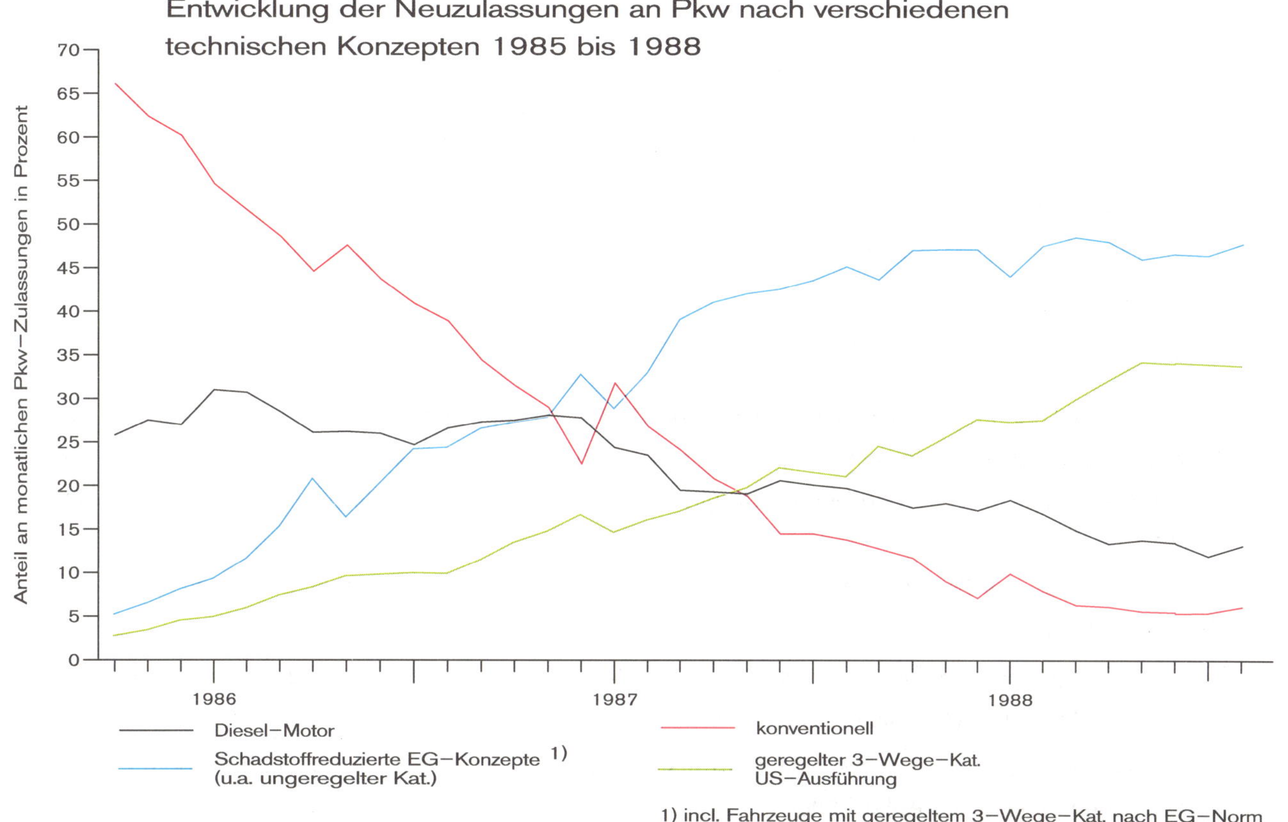

1) incl. Fahrzeuge mit geregeltem 3–Wege–Kat. nach EG–Norm

Quelle: Kraftfahrt–Bundesamt

Anteil des unverbleiten Otto–Kraftstoffs am Kraftstoffinlandsabsatz

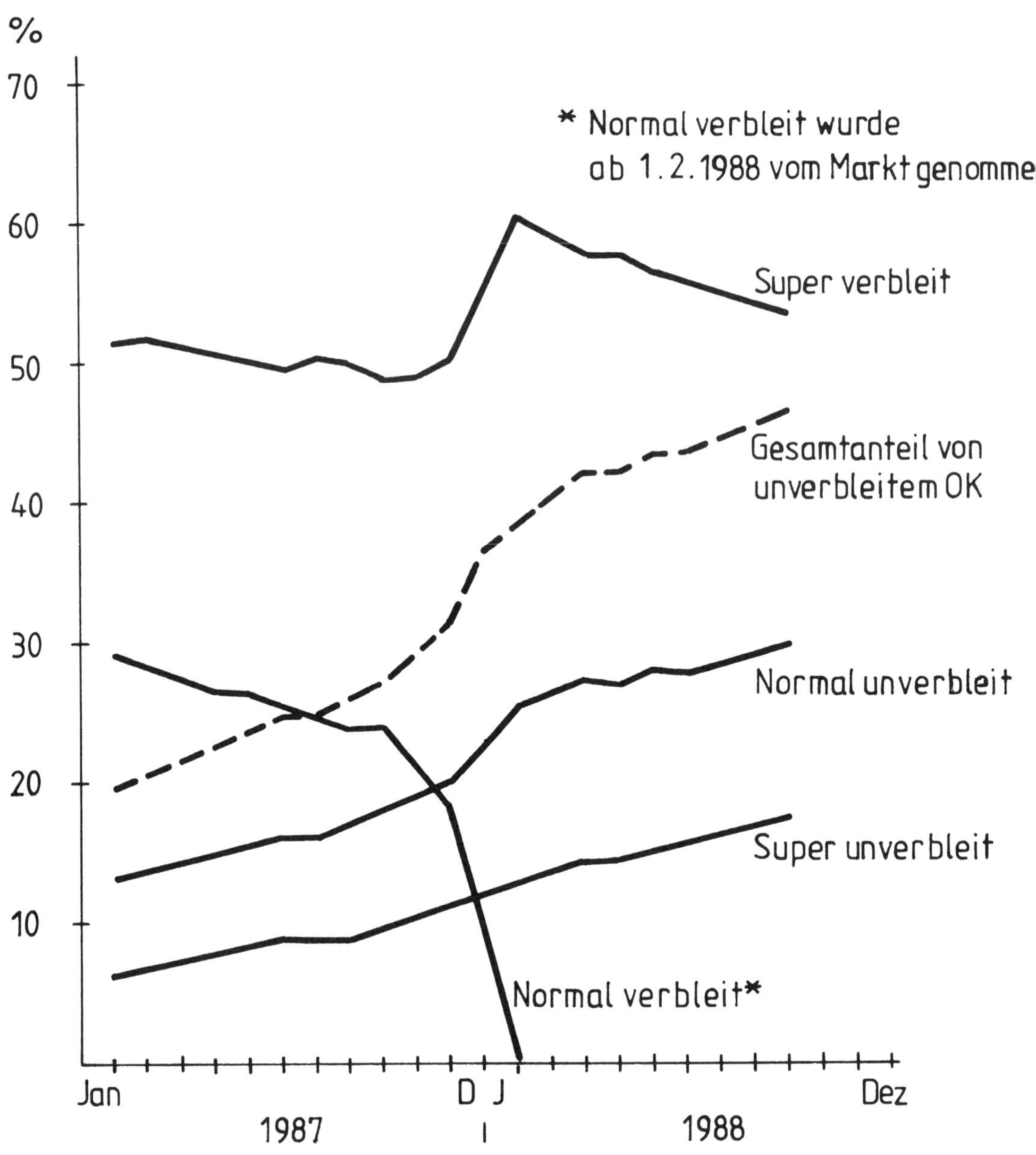

Quelle: Bundesanstalt für Wirtschaft

Absatz unverbleiten Otto-Kraftstoffs

Der Marktanteil der unverbleiten Ottokraftstoffsorten hat sich in den letzten Jahren deutlich erhöht. Dies ist nicht nur auf die Neuzulassung von Katalysator-Fahrzeugen, sondern auch auf die vielseitigen Informationen über Qualität und Motorverträglichkeit der neuen, unverbleiten Kraftstoffsorten zurückzuführen.

Durch Änderung des Benzinbleigesetzes wurde ab 1. Februar 1988 der verbleite Normalkraftstoff aus dem Markt genommen.

Der größte Teil des bisherigen Absatzes an verbleitem Normalkraftstoff wurde durch unverbleiten Normalkraftstoff sowie verbleitem Superkraftstoff ersetzt.

Der Anteil des Absatzes von unverbleitem Kraftstoff liegt mittlerweile bei über 50%. In keinem anderen europäischen Land ist der Anteil höher.

Personenverkehr des motorisierten und nicht motorisierten Verkehrs

Im Vergleich von 1976 und 1982 legten Personen, die ihre Wohnung verließen, durchschnittlich mehr und vor allem längere Wege zurück. Auch der auf Wege entfallende tägliche Zeitaufwand nahm im Durchschnitt zu. Bei steigender Tendenz entfiel mehr als die Hälfte der zurückgelegten Wege-Kilometer auf Freizeit- und Urlaubsfahrten.

Durchschnittliche Tageswerte mobiler Personen	1976	1982	Änderung in %
Anzahl von Wegen	3,44	3,51	+ 2,0
Entfernung pro Weg	8,8 km	10,3 km	+ 17,0
Zeit im Verkehr	76 Min.	83 Min.	+ 9,2

Quelle: Bundesminister für Verkehr

Etwa 50% der täglichen Wege wird mit dem Auto und ca. 38% zu Fuß oder mit dem Fahrrad zurückgelegt. Bei den Wegeentfernungen ist der Anteil der Pkw dagegen höher.

Mehr als 70% der Personenkilometer wurden mit dem Pkw zurückgelegt. Der deutlich höhere Anteil der von Kfz-Fahrern zurückgelegten Personenkilometer läßt erkennen, daß die Pkw oft nur mit einer Person besetzt sind.

Die Hälfte aller mit dem Pkw zurückgelegten Wege ist kürzer als etwa 5 km. Ein großer Anteil der Pkw-Fahrten könnte zu Fuß oder mit dem Fahrrad zurückgelegt werden, zumal über 50% aller Bundesbürger über ein Fahrrad verfügen.

	Verkehrsmittelbenutzung 1986 in Prozent			
	Anzahl der Wege		Personenkilometer	
	insg. 1982 59,3 Mrd.	insg. 1986 59,4 Mrd.	insg. 1982 623,7 Mrd.	insg. 1986 673,5 Mrd.
zu Fuß	29,8	28,0	3,2	2,8
Fahrrad	10,1	10,4	2,5	2,5
Pkw	47,0	49,8	74,1	76,1
öffentliche Verkehrsmittel	13,1	11,8	12,0	10,5

Quelle: Bundesminister für Verkehr

Personenverkehr 1982 und 1986

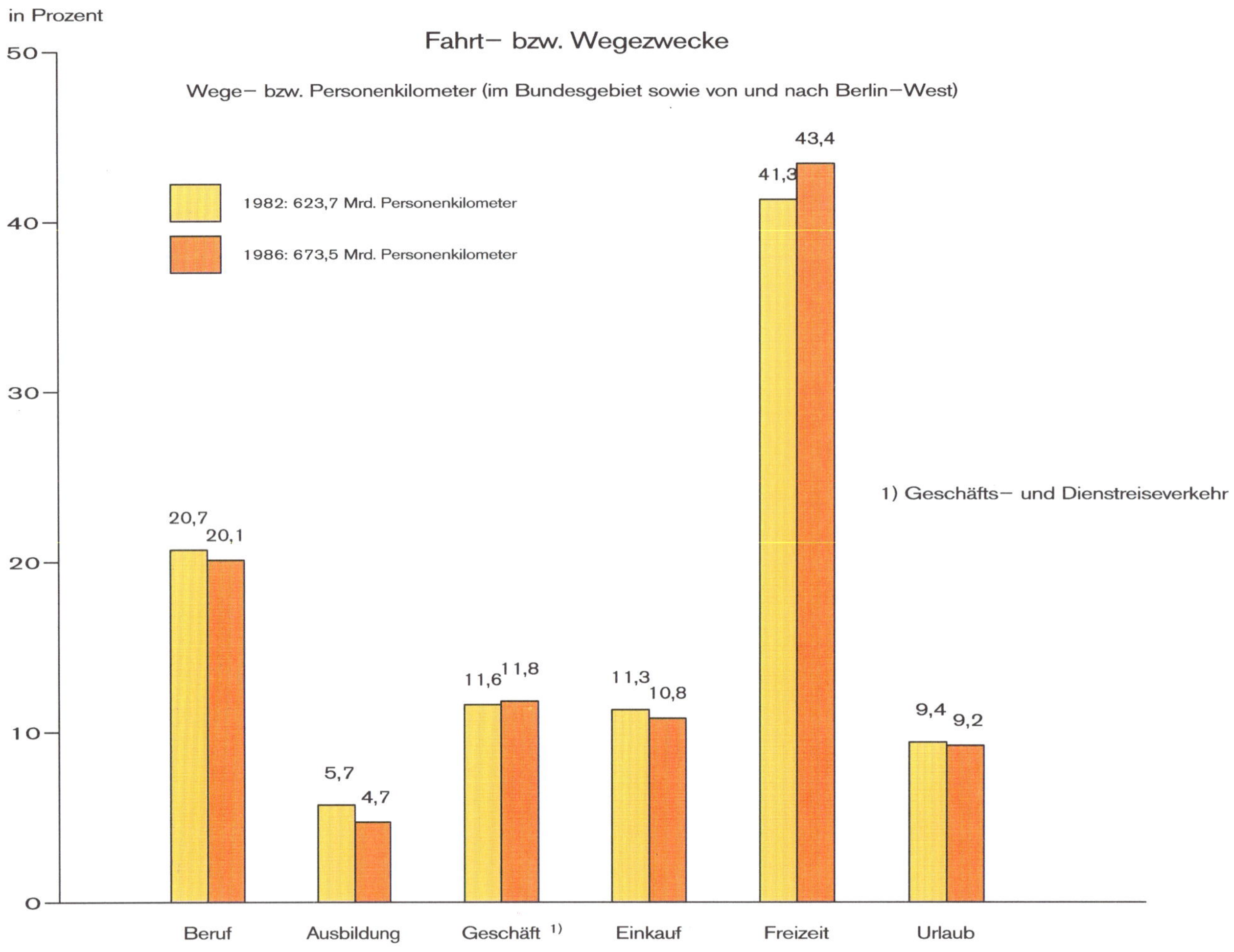

in Prozent
Fahrt- bzw. Wegezwecke
Wege- bzw. Personenkilometer (im Bundesgebiet sowie von und nach Berlin-West)
1982: 623,7 Mrd. Personenkilometer
1986: 673,5 Mrd. Personenkilometer
50
40
30
20
10
0
20,7
20,1
5,7
4,7
11,6
11,8
11,3
10,8
41,3
43,4
9,4
9,2
Beruf
Ausbildung
Geschäft 1)
Einkauf
Freizeit
Urlaub
1) Geschäfts- und Dienstreiseverkehr

in Prozent
Verkehrsmittelbenutzung
Wege- bzw. Personenkilometer (im Bundesgebiet sowie von und nach Berlin-West)
1982
1986
60
50
40
30
20
10
0
3,2
2,8
2,5
2,5
48,1
51,0
26,0
25,1
11,1
10,5
6,5
6,2
1,7
1,9
zu Fuß
Fahrrad
Pkw 2) Fahrer
Pkw Mitfahrer
ÖSPV 3)
Eisenbahn 4)
Luftverkehr
2) Personen- und Kombinationskraftwagen (einschl. Taxis und Mietwagen)
3) Öffentlicher Straßenpersonenverkehr (U-Bahn-, Straßenbahn- und Omnibusverkehr)
4) einschl. S-Bahnverkehr

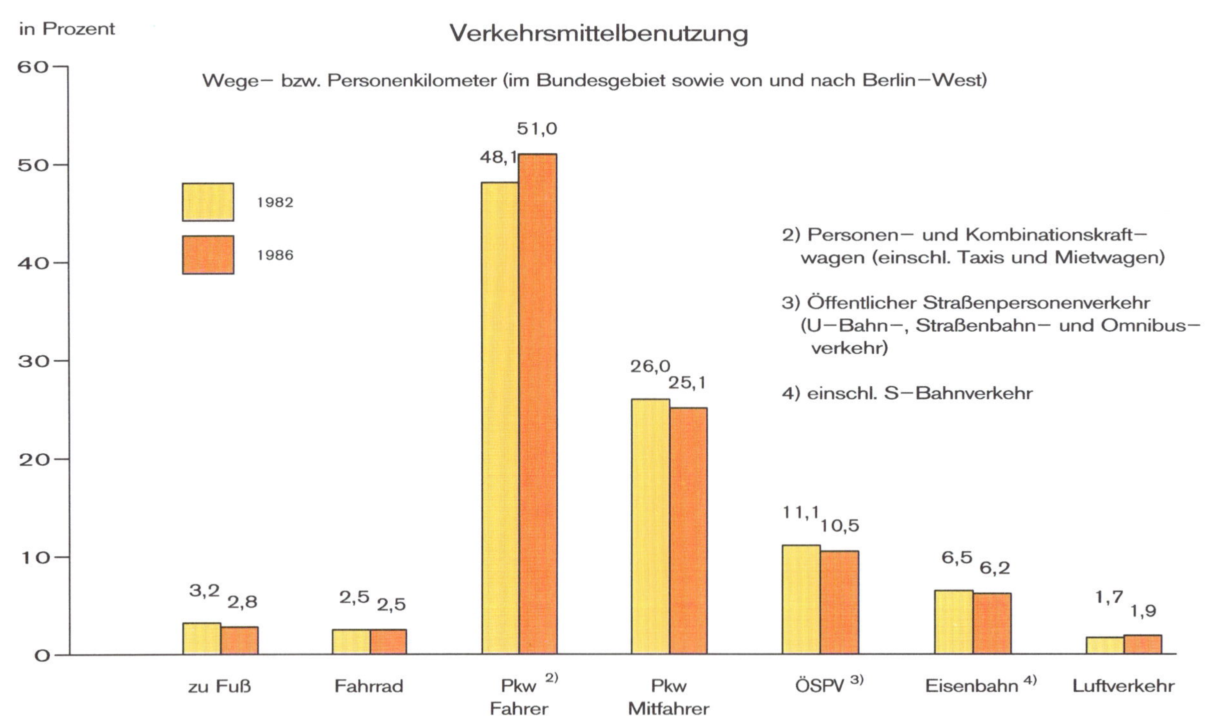

Quelle: Bundesminister für Verkehr

Verkehrsleistungen

Die in bestimmten Verkehrsbereichen jährlich transportierten Personen bzw. Güter werden statistisch als Personen- oder Tonnen-Kilometer geschätzt (Pkm bzw. tkm). Die in der Tabelle zusammengestellten Personenverkehrsleistungen 1985 wurden mit den vom Umweltbundesamt ermittelten Energieverbräuchen und Schadstoffemissionen der Verkehrsmittel verknüpft. Unter Berücksichtigung der tatsächlichen Auslastungsgrade der Verkehrsmittel lassen sich Schadstoffemissionen pro Personenkilometer berechnen. Öffentliche Verkehrsmittel weisen – bezogen auf den Personenkilometer – deutlich niedrigere Emissionswerte als der motorisierte Individualverkehr auf. Eine höhere Auslastung würde – insbesondere beim Eisenbahn- und öffentlichen Nahverkehr – noch günstigere Werte liefern.

Die Gesamtverkehrsleistung stieg 1986 um 4,5% und 1987 um 3,2% auf insgesamt 649,1 Mrd. Personenkilometer.

Verkehrsmittel	Verkehrsleistung 1985 (Mrd. Pkm)	(Prozent)	Energieeinsatz (KJ/Pkm)	Schadstoffemissionen in (g/Pers.km) CO	HC	NO_x	SO_2	Staub
Eisenbahnen[1])	43,5	7,2						
Diesel	6,7		1570	0,74	0,37	1,84	0,18	0,29
Elektro[2])	36,0		1730	0,02	0,01	0,45	0,89	0,09
Pkw/Kombi	481,6	80,0						
Otto[3])	404,9	67,2	2330	13,88	1,73[6])	2,16	0,03	0,01[7])
Diesel	71,3	11,8	2060	0,99	0,28	0,63	0,23	0,19[8])
Taxi/Mietwagen	2,0	0,3						
Luftverkehr[4])	12,7	2,1	5004	1,14	0,28	1,38	0,12	0,08
ÖPNV	62,3	10,3						
Linien- und Reisebusse[5])	54,0	9,0	740	0,26	0,21	1,00	0,07	0,07[9])
Stadt-/Straßenbahn[9])	8,3	1,4	1008	0,01	0,003	0,20	0,38	0,04
Insgesamt	602,1	100,0						

[1]) nur Deutsche Bundesbahn
[2]) mit Primärenergieeinsatz für Einphasenstromerzeugung
[3]) mit motorisierten Zweirädern
[4]) gewerbliche Flüge über die Bundesrepublik und Berlin (West)
[5]) Busse im öffentlichen Straßenpersonenverkehr und Gelegenheitsverkehr
[6]) mit Verdampfungsverlusten
[7]) nur Bleistaub
[8]) Partikelemissionen
[9]) Aus HÖPFNER, U., et al.: Pkw, Bus oder Bahn? Schadstoffemissionen und Energieverbrauch im Stadtverkehr 1984 und 1995, Heidelberg 1988

Quelle: Umweltbundesamt

Die Einwohner der Bundesrepublik Deutschland legen im Durchschnitt jährlich mehr als 10 000 km pro Kopf zurück. Mehr als 8000 km davon entfallen auf das Auto, etwa 1500 km auf öffentliche Verkehrsmittel und 230 km auf das Flugzeug. Wege zu Fuß machen 310 km, mit dem Fahrrad 280 km aus.

Problematisch für die Umwelt ist die sprunghafte Entwicklung des Straßengüterfernverkehrs zu Lasten der Bahn- und Schiffstransporte. Mit der Einführung des Europäischen Binnenmarktes bis Ende 1992 wird sich diese Entwicklung voraussichtlich noch verstärken. Damit wird der Lkw-Verkehr schon bald die wichtigste Quelle von Stickstoffoxiden sein.

Mehr als 50% der Transportleistung des Güterverkehrs wurden 1987 bereits auf den Straßen abgewickelt. Während bei den Pkw trotz des erheblichen Anstiegs der Fahrleistungen durch den zunehmenden Anteil von Fahrzeugen mit geregelten Dreiwegekatalysatoren die Schadstoffemissionen mengenmäßig zurückgehen, nehmen die Lkw-Emissionen weiter zu. Hervorzuheben ist die Entwicklung der Stickstoffoxidbelastungen durch Lkw, die vor allem auf die wachsenden Fahrleistungen im grenzüberschreitenden Straßengüterfernverkehr zurückzuführen sind. Dabei waren 1985 41% der auf deutschen Bundesautobahnen fahrenden Sattelzugmaschinen ausländischer Herkunft.

Auch hinsichtlich der Lärmbelastungen wurden die technischen Minderungen an den Fahrzeugen inzwischen durch steigende Verkehrsmengen kompensiert. Dies wird durch die nachstehende Aufschlüsselung der erbrachten Fahrleistungen des Personen- und Güterfernverkehrs nach Straßentypen deutlich.

		Fahrleistungen	
	Zunahme 1982–1987 in Prozent	Anteil 1987	Mrd. km 1987
Gemeindestraßen	17,3	21,7	88,2
Kreisstraßen	22,3	10,1	41,2
Landesstraßen	14,8	18,1	73,5
Bundesstraßen	12,7	22,8	92,9
Bundesautobahnen	30,7	27,3	110,8

Quelle: Bundesminister für Verkehr

Durch Verkehrszählungen und Modellrechnungen lassen sich Durchschnittswerte der täglichen Nutzung bestimmter Straßenkategorien durch Kraftfahrzeuge ermitteln. Die durchschnittlichen täglichen Verkehrsstärken (DTV) sind infolge steigender Kfz-Bestände und Verkehrsleistungen ständig gewachsen.

Zwischen 1980 und 1985 nahmen die DTV auf den Außerortsstraßen folgendermaßen zu:

	Zunahme 1980–1985 in Prozent	Durchschnittliche tägliche Verkehrsstärke in 24 Std. DTV 1985
Kreisstraßen	6,8	1 420
Landesstraßen	10,6	2 840
Bundesstraßen	6,7	7 240
Bundesautobahnen	4,9	31 390

Quelle: Bundesministere für Verkehr

Verkehrsleistungen in der Bundesrepublik Deutschland

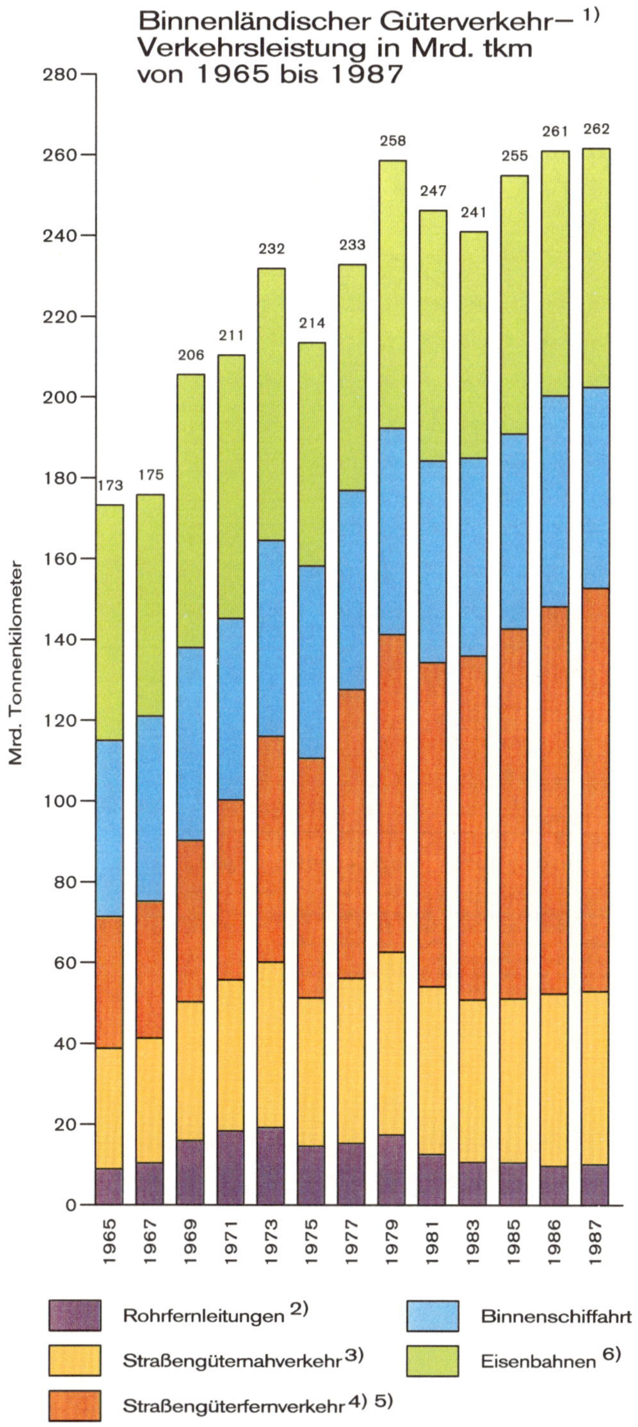

1) Verkehrsleistung (außer in der Seeschiffahrt) im Bundesgebiet sowie von und nach Berlin; ohne Luftverkehr (1965=62,9 Mill.tkm; 1986=340,9 Mill. tkm.)

2) Nur Rohöl– und Mineralölproduktenleitungen über 40 km Länge

3) Außer 1965, 1970 und 1978 Berechnungen des DIW. Ohne grenzüberschreitenden Straßennahverkehr und ohne freigestellten Straßengüternahverkehr nach Par.4 des Güterverkehrsgesetzes (GükG) oder der hierzu erlassenen Freistellungsverordnung.

4) Tariftonnenkilometer

5) Seit 1978 ohne Transportleistung der im Werkverkehr eingesetzten Lastkraftwagen bis einschließl. 4 t Nutzlast und Zugmaschienen bis einschließlich 40 kW Motorleistung (1978=2,0 Mrd.tkm).

6) Tariftonnenkilometer, ohne Güterkraftverkehr und Dienstgüterverkehr jedoch einschließl. Stückgut– und Expreßgutverkehr.

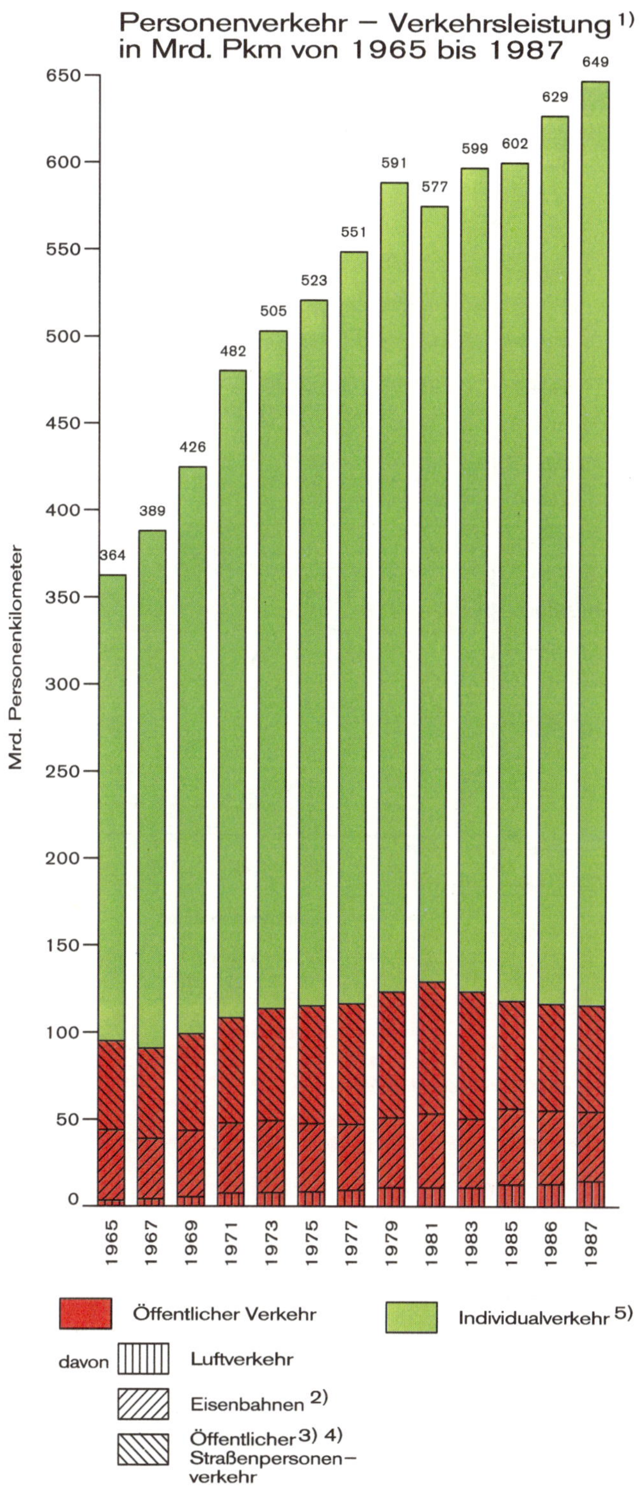

1) Im Bundesgebiet sowie von und nach Berlin–West.

2) Schienenverkehr einschließl. S–Bahnverkehr (seit 1985 einschl. S–Bahnverkehr in Berlin–West; 1985=246 Mill.)

3) Stadtschnellbahn (U–Bahn), Straßenbahn, Obus– und Kraftomnibusverkehr kommunaler, gemischtwirtschaftlicher und privater Unternehmen sowie Kraftomnibusverkehr der Deutschen Bundesbahn, der Deutschen Bundespost und der nichtbundeseigenen Eisenbahnen, jedoch ohne Beförderungsleistung (Ein– und Durchfahrten) ausländischer Unternehmen in der Bundesrepublik.

4) Seit 1969 einschließl. des freigestellten Schülerverkehrs

5) Verkehr mit Personen– und Kombinationskraftwagen, Krafträder und Mopeds.

Quelle: Bundesminister für Verkehr

Verkehrsstärken in der Bundesrepublik Deutschland

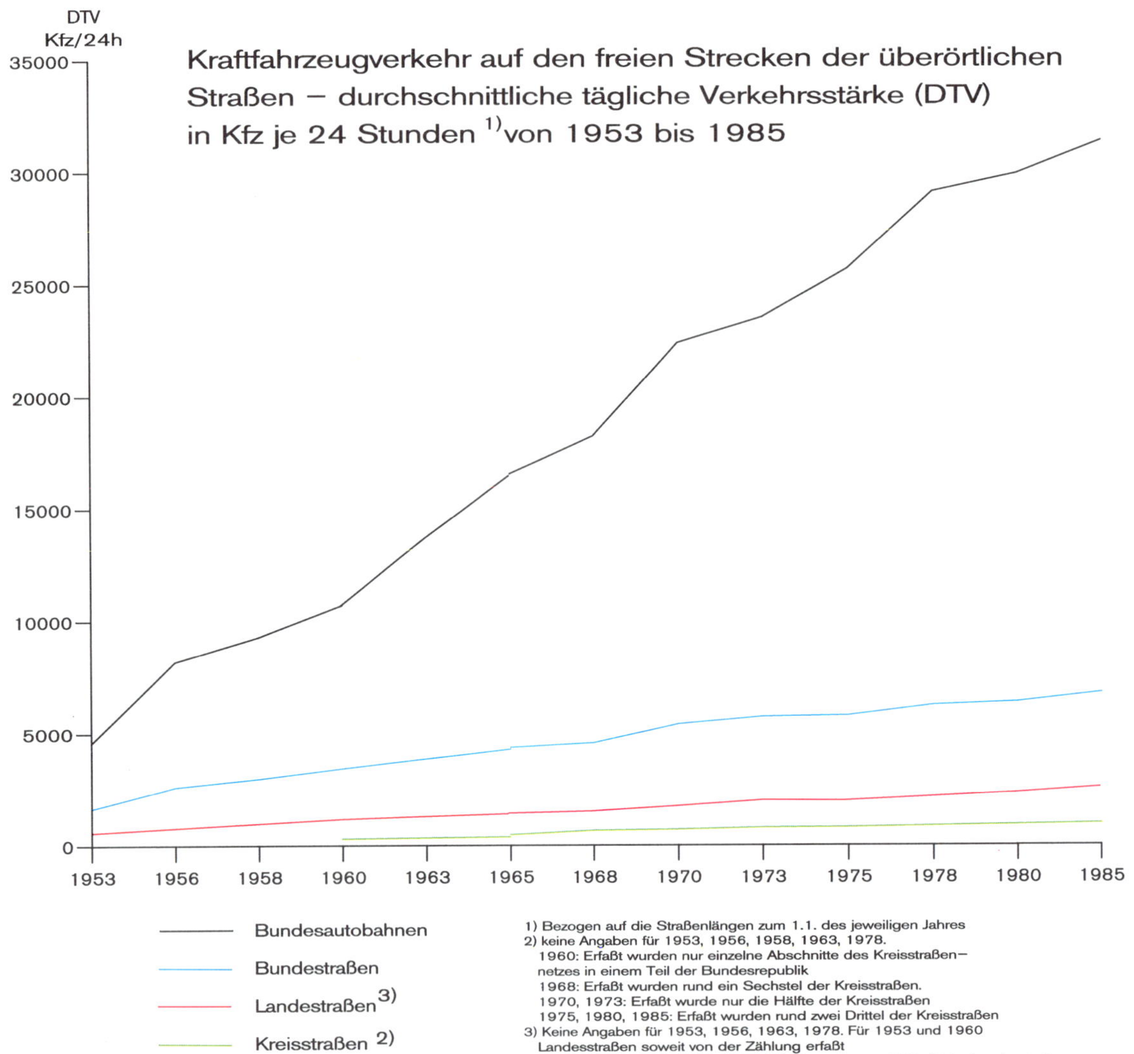
DTV
Kfz/24h
35000
30000
25000
20000
15000
10000
5000
0
Kraftfahrzeugverkehr auf den freien Strecken der überörtlichen Straßen – durchschnittliche tägliche Verkehrsstärke (DTV) in Kfz je 24 Stunden 1) von 1953 bis 1985
1953
1956
1958
1960
1963
1965
1968
1970
1973
1975
1978
1980
1985
Bundesautobahnen
Bundestraßen
Landestraßen 3)
Kreisstraßen 2)
1) Bezogen auf die Straßenlängen zum 1.1. des jeweiligen Jahres
2) keine Angaben für 1953, 1956, 1958, 1963, 1978.
1960: Erfaßt wurden nur einzelne Abschnitte des Kreisstraßen–netzes in einem Teil der Bundesrepublik
1968: Erfaßt wurden rund ein Sechstel der Kreisstraßen.
1970, 1973: Erfaßt wurde nur die Hälfte der Kreisstraßen
1975, 1980, 1985: Erfaßt wurden rund zwei Drittel der Kreisstraßen
3) Keine Angaben für 1953, 1956, 1963, 1978. Für 1953 und 1960 Landesstraßen soweit von der Zählung erfaßt
1965, 1968, 1970, 1973, 1975: Erfaßt wurden rund 90 vH der Landesstraßen

Quelle: Bundesminister für Verkehr

Mittlere Geschwindigkeit von Kraftfahrzeugen auf Bundesautobahnen

Kontinuierliche Geschwindigkeitsmessungen auf Autobahnabschnitten mit ungestörtem Verkehrsfluß zeigen, daß seit Beginn der achtziger Jahre die Pkw jedes Jahr im Durchschnitt um einen km/h schneller fuhren. Die immer höher werdenden Geschwindigkeiten auf Bundesautobahnen sind eine Folge des Fahrverhaltens und der immer stärkeren Motorleistungen.

1976 betrug die durchschnittliche Motorleistung 47 kW. 1986 lag sie bei 57 kW.

Der Anteil der Fahrzeuge mit einer Höchstgeschwindigkeit von über 150 km/h hat von 25,5% (1973) auf 63,8% (1988) zugenommen.

Bestand nach Höchstgeschwindigkeiten in %

	Bestand am 1. 7.			
	1973	1984	1986	1988
bis 100 km/h	1,7	0,3	0,2	0,2
101 bis 120 km/h	22,7	4,7	4,3	3,5
121 bis 130 km/h	18,4	5,0	4,6	4,1
131 bis 150 km/h	31,7	32,7	30,6	28,4
151 bis 180 km/h	25,5	44,8	46,1	47,5
181 und mehr km/h		12,5	14,2	16,3

Quelle: Bundesminister für Verkehr

Eine Folge höherer Geschwindigkeiten ist, daß sich der bei neueren Pkw durchschnittlich geringere Kraftstoffverbrauch insgesamt nicht als entsprechende Verringerung des Gesamtverbrauchs auswirkt. Der über Gesamtfahrleistung und Gesamtkraftstoffverbrauch ermittelte durchschnittliche Kraftstoffverbrauch pro 100 km blieb seit 10 Jahren mit 10,5 bis 10,7 l praktisch konstant.

Bei Lkw setzte der Trend zu höheren Geschwindigkeiten bereits früher ein. Auch hier sind die Motorleistungen kontinuierlich gewachsen. Aufgrund eines scharfen Wettbewerbes und knapper Zeitvorgaben für die Fahrer wird immer schneller gefahren. Im Durchschnitt liegen die Werte deutlich über der Geschwindigkeitsbegrenzung für Lkw von 80 km/h. Auch bei den Lkw nehmen deshalb die Emissionen nicht nur wegen höherer Fahrleistungen zu. Dies gilt sowohl hinsichtlich der Luft- als auch hinsichtlich der Lärmbelastungen. Nach Schätzungen des Umweltbundesamtes könnten die Stickstoffoxid-Emissionen der Lkw auf Bundesautobahnen um mehr als fünf Prozent gemindert werden, wenn nur 60% der LKw-Fahrer das Tempolimit von 80 km/h beachten würden.

Bei der Abbildung wurden die Meßergebnisse von 1985 für die Berechnung des Trends nicht berücksichtigt, da der zu dieser Zeit laufende Abgasgroßversuch und die Diskussion um ein Tempolimit auf Bundesautobahnen die Geschwindigkeiten dämpften.

Entwicklung der mittleren Geschwindigkeit von Kaftfahrzeugen auf Bundesautobahnen 1978 bis 1986

Mittlere lokale Geschwindigkeit der Pkw

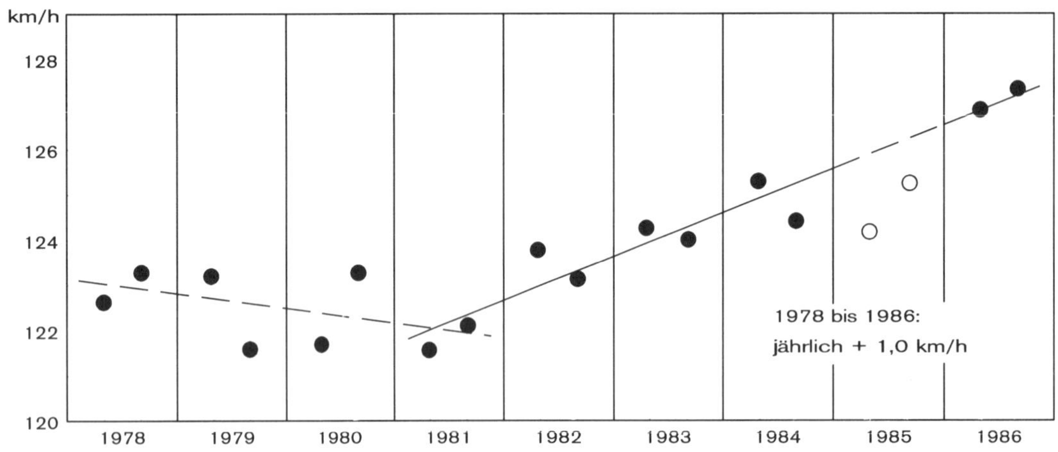

Mittlere lokale Geschwindigkeit der Lkw (nur rechter Fahrstreifen)

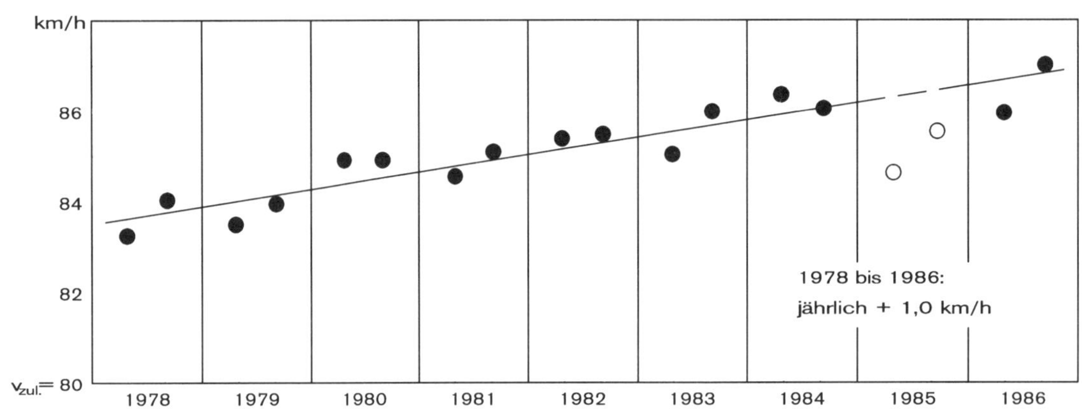

○ bei der Trendberechnung nicht berücksichtigt

Quelle: Bundesanstalt für Straßenwesen

Gefahrguttransporte

Die Transportmengen für Gefahrgüter im Fernverkehr liegen mit 39,6 Mio. Tonnen bei der Bahn und mit 41,4 Mio. Tonnen beim Straßenfernverkehr in etwa gleich. Bei den Gefahrguttransporten hat die Bahn von 1985 bis 1986 einen Rückgang von 1,8% zu verzeichnen, während die Ferntransportleistungen auf den Straßen um 6,9% zunahmen. Erstmals wurden damit 1986 mehr Gefahrgüter mit Lkw als mit der Bundesbahn befördert.

Neue Risikoanalysen für Gefahrguttransporte belegen, daß bezogen auf die Fernverkehrs-Gefahrgutmengen die Schiene ca. 14mal weniger unfallbehaftet ist.

Angesichts der hohen Transportrisiken wird vom Gesetzgeber und der Bundesregierung versucht, möglichst viele Transportleistungen über die als sicherer angesehenen Verkehrsträger Eisenbahn und Binnenschiff abzuwickeln und damit dem allgemeinen Entwicklungstrend zur Straße entgegenzuwirken.

Siehe auch:
Kapitel Abfall, Abschnitt Abfallaufkommen

Gefahrguttransporte in der Bundesrepublik Deutschland 1986

Güterverkehr und Transport gefährlicher Güter nach Verkehrswegen 1986[1)]

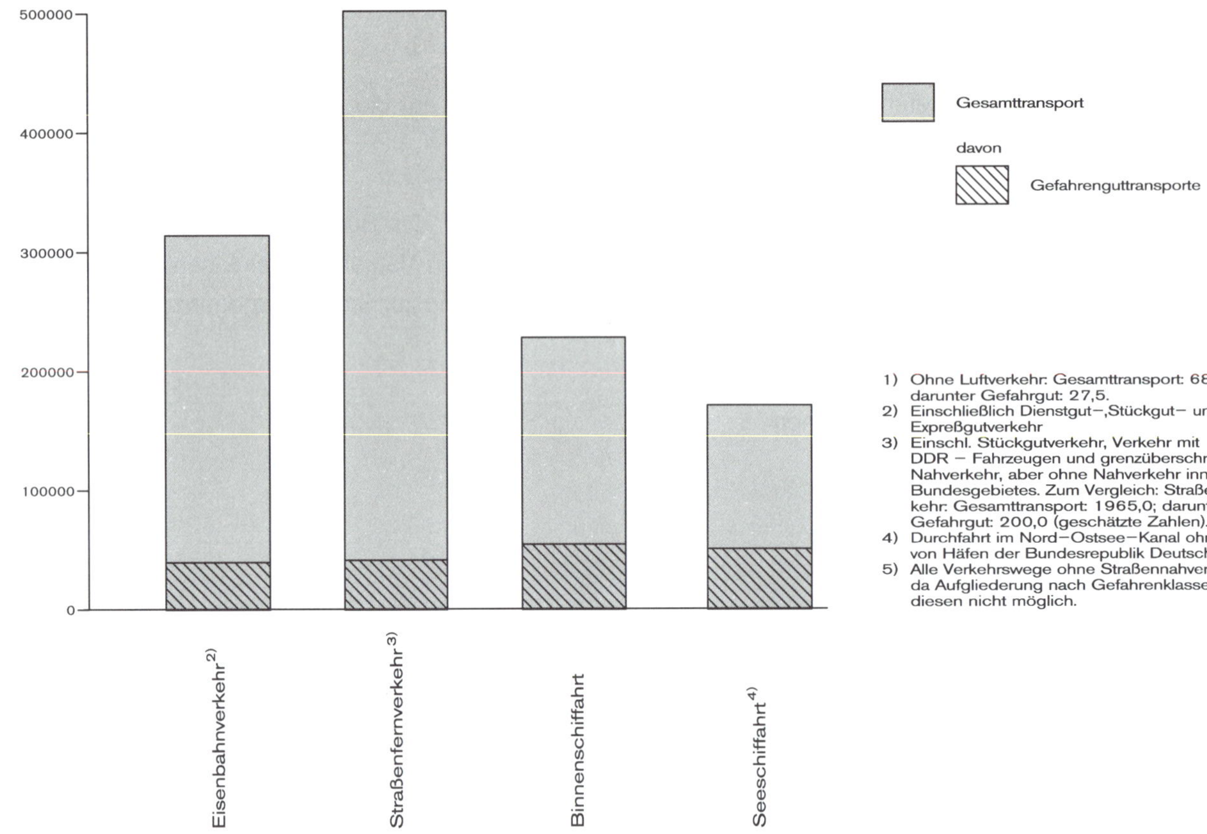

in 1000 t

500000
400000
300000
200000
100000
0

Gesamttransport

davon

Gefahrenguttransporte

Eisenbahnverkehr[2)]
Straßenfernverkehr[3)]
Binnenschiffahrt
Seeschiffahrt[4)]

1) Ohne Luftverkehr: Gesamttransport: 683,4 darunter Gefahrgut: 27,5.
2) Einschließlich Dienstgut-,Stückgut- und Expreßgutverkehr
3) Einschl. Stückgutverkehr, Verkehr mit DDR – Fahrzeugen und grenzüberschreitenden Nahverkehr, aber ohne Nahverkehr innerhalb des Bundesgebietes. Zum Vergleich: Straßennahverkehr: Gesamttransport: 1965,0; darunter Gefahrgut: 200,0 (geschätzte Zahlen).
4) Durchfahrt im Nord-Ostsee-Kanal ohne Berührung von Häfen der Bundesrepublik Deutschland.
5) Alle Verkehrswege ohne Straßennahverkehr, da Aufgliederung nach Gefahrenklassen für diesen nicht möglich.

Transport gefährlicher Güter nach Gefahrenklassen 1986[5)]

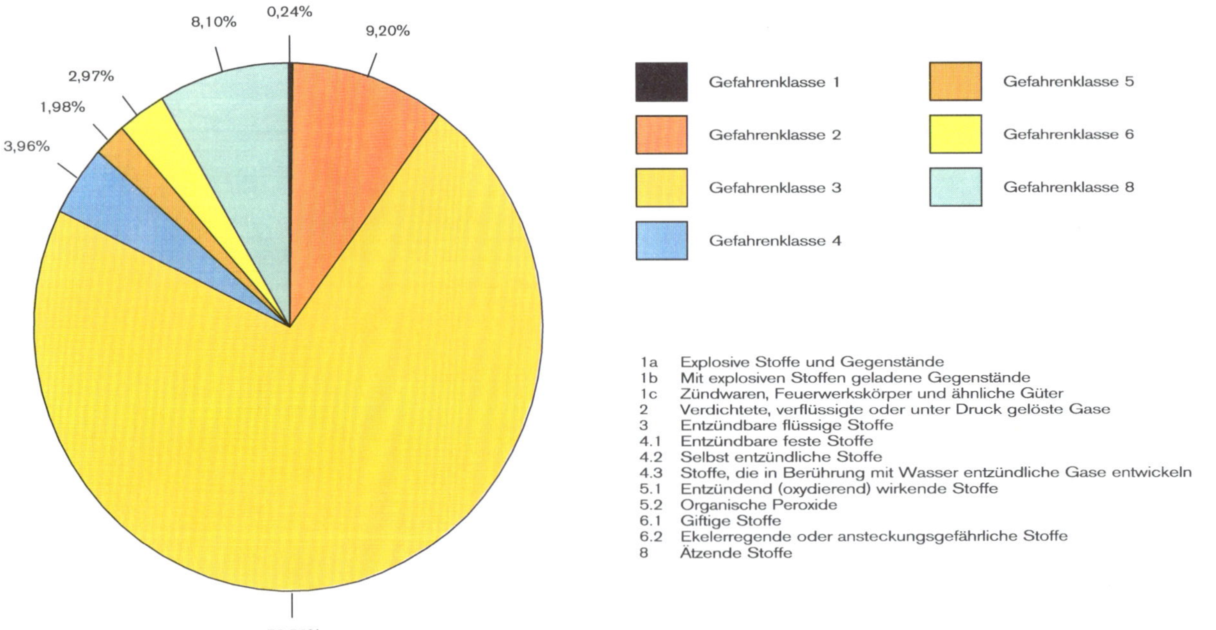

Quelle: Statistisches Bundesamt

Flugverkehr

Flugplätze

Die Bundesrepublik Deutschland verfügt über ein dichtes Netz von 353 Flugplätzen. Je nach Flugplatzgröße und Funktion unterscheidet man dabei zwischen den zivilen Flughäfen, den militärischen Flugplätzen und den zivilen Landeplätzen, an denen überwiegend Verkehr mit Leichtflugzeugen und Motorseglern abgewickelt wird.

Mitte 1987 waren 19 Flughäfen und 334 Landeplätze genehmigt. 74 Landeplätze dienen ausschließlich dem Hubschrauberverkehr. Darüber hinaus sind in der Bundesrepublik insgesamt 278 Segelfluggelände eingerichtet worden.

Neben den Verkehrsflughäfen, an denen Linienverkehr abgewickelt wird, werden auch die Sonderlandeplätze, Segelfluggelände, Ultraleichtflugplätze, Hängegleiter, Gleitschirmfluggelände und einige Ballonstartplätze dargestellt. Von der Gesamtheit der militärischen Flugplätze sind in der Grafik nur die enthalten, auf denen Verbände mit Strahlflugzeugen (Flugzeuge mit Turbinen-Luftstrahltriebwerken) stationiert sind.

Die Errichtung und der Betrieb eines Flugplatzes ist an die Genehmigung der zuständigen Luftfahrtbehörde des Landes gebunden.

Für alle großen Verkehrsflughäfen, die an das Linienflugnetz angeschlossen sind, und für alle militärischen Flugplätze, an denen Flugzeuge mit Strahltriebwerken verkehren, sind in den letzten 15 Jahren Lärmschutzbereiche auf der Grundlage des Gesetzes zum Schutz gegen Fluglärm von 1971 durch Rechtsverordnung festgelegt worden.

Siehe auch:
Kapitel Lärm, Abschnitte Lärmbelastung, Luftverkehr

Flugplätze in der Bundesrepublik Deutschland 1988

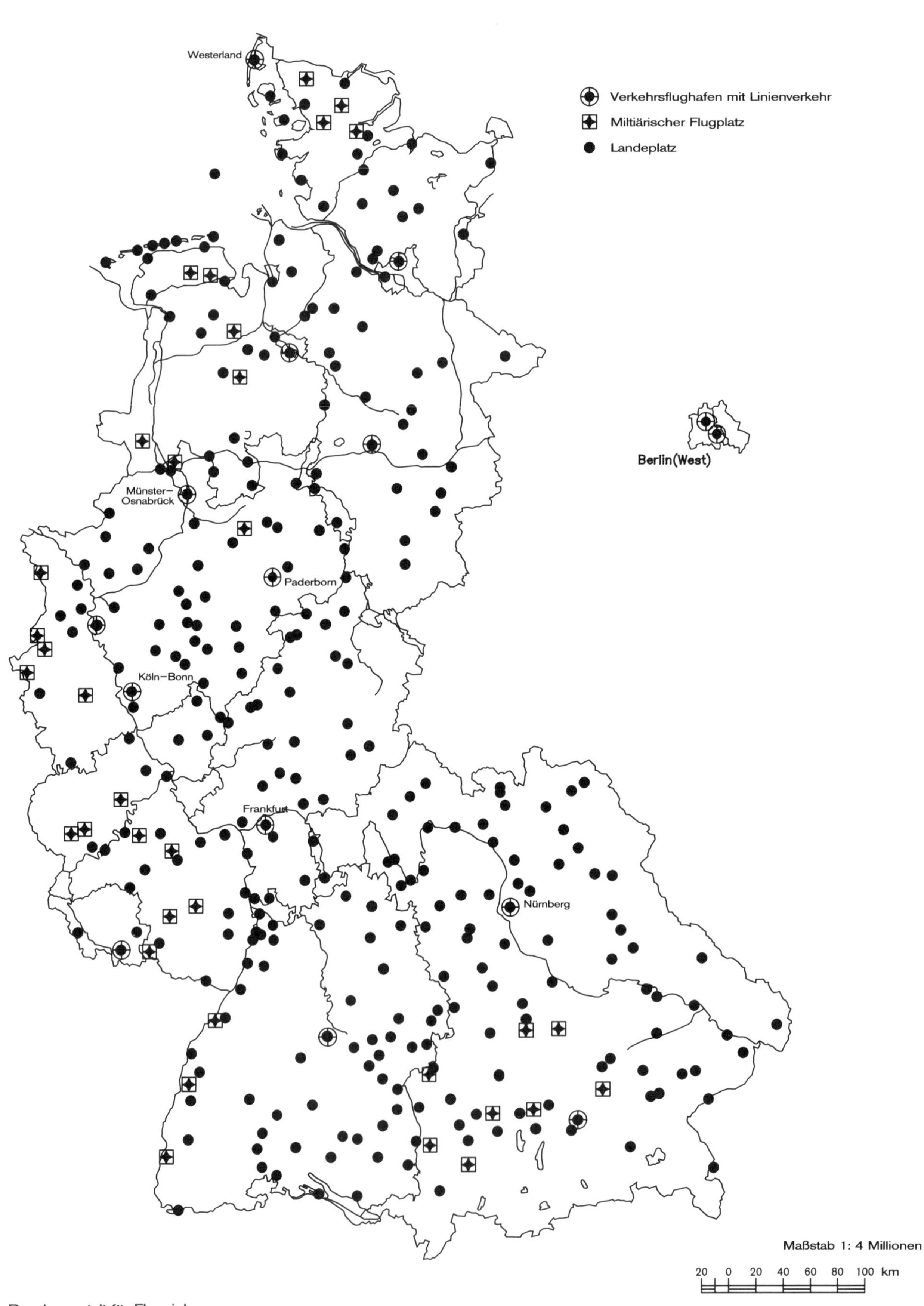

Quelle: Bundesanstalt für Flugsicherung

Sport– und Freizeitfliegen in der Bundesrepublik Deutschland 1988

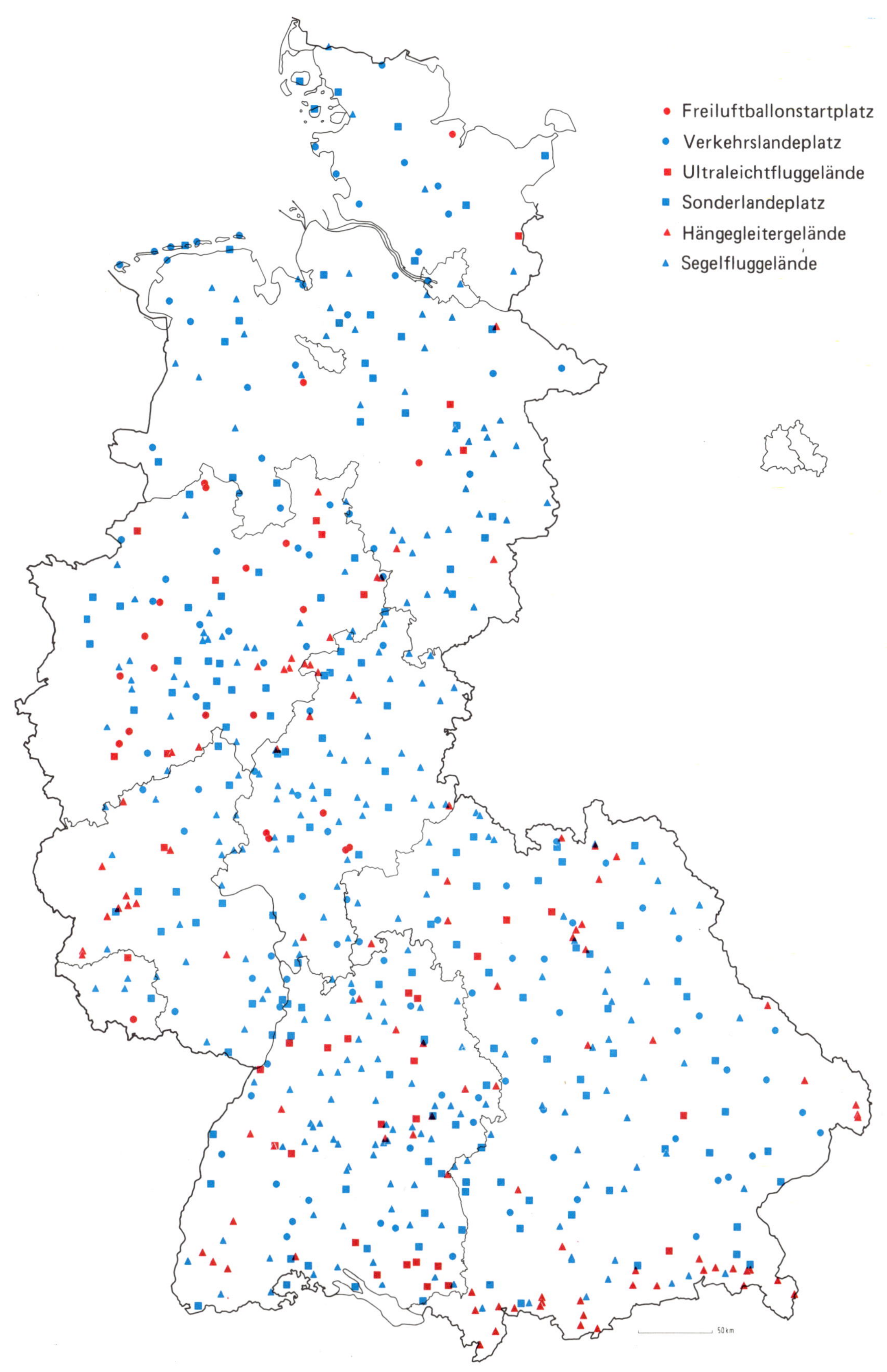

Quelle: Bundesforschungsanstalt für Naturschutz und Landschaftsökologie

Freizeitfliegen – Lizenzen, Flugzeuge und Fluggeräte, Flugplätze und Fluggelände – 1988

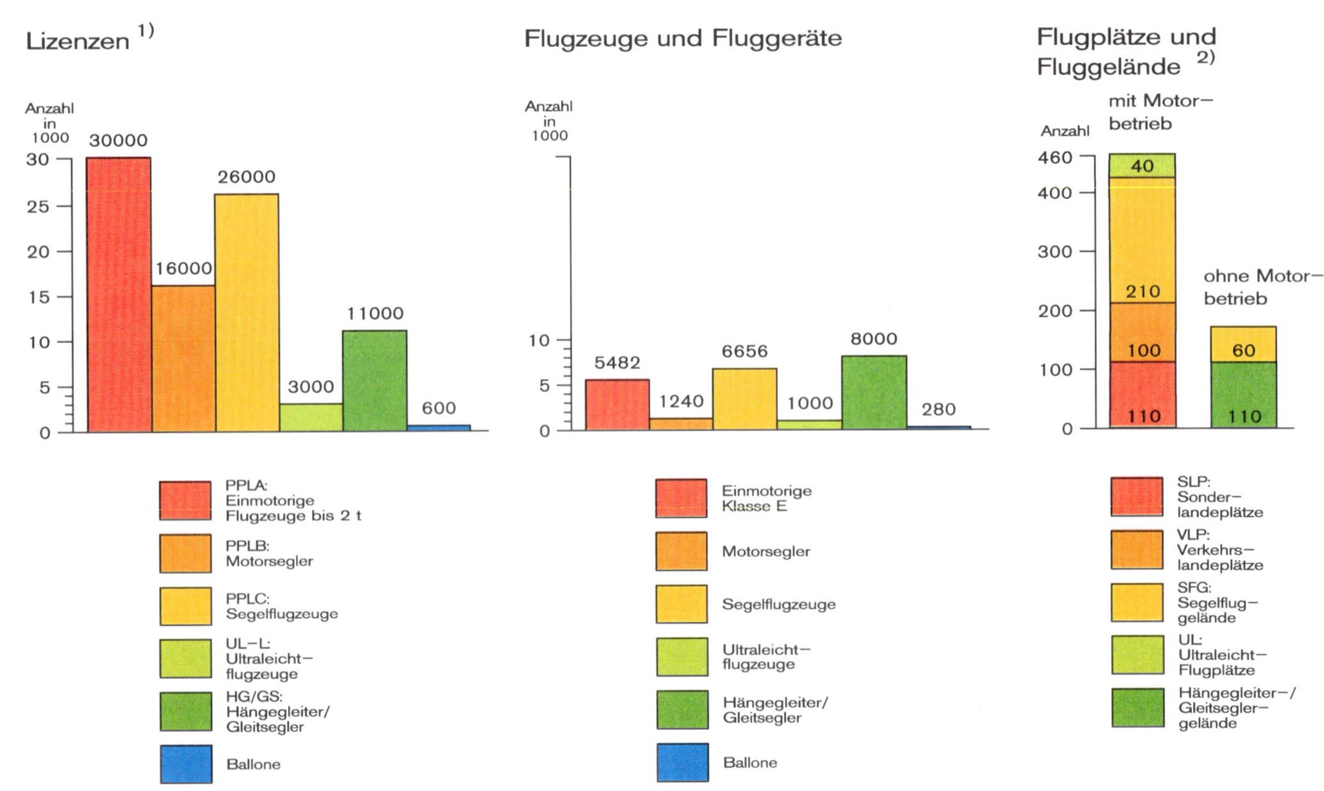

1) Die vorliegenden Zahlen sind ab- bzw. aufgerundet.
Die Angaben entstammen dem LBA (Luftfahrtbundesamt), dem DAeC (Deutscher Aero Club), dem DULV (Deutscher Ultraleicht-Verband) und dem DHV (Deutscher Hängegleiter Verband). Sie sagen nichts über die Aktivenzahlen aus. Viele Piloten sind Doppellizenzinhaber.

2) Die Darstellung der Flugplätze und -gelände, auf dem Motorflugbetrieb stattfindet bzw. beschränkt zugelassen ist, sagt nichts über die motorisierten Flugbewegungen aus. Deshalb wurden in die Säule der Flugplätze mit Motorbetrieb auch die Segelfluggelände mitaufgenommen, deren Platz in irgendeiner Form für motorisierten Flugbetrieb zugelassen ist – jedoch ohne Flugmodelle. Die Zahl der Segelfluggelände mit ausschließlichem Seilwindenstart ist relativ gering.

Quelle: Bundesanstalt für Naturschutz und Landschaftsökologie

Bestand an Luftfahrzeugen

Mit dem Anwachsen des Luftverkehrs sind in den letzten Jahren auch die Zulassungszahlen für Luftfahrzeuge gestiegen. Nach den Segelflugzeugen sind die einmotorigen Leichtflugzeuge bis 2 Tonnen höchstzulässiger Startmasse die Flugzeuggruppe mit dem höchsten Bestand (Zulassungsklasse E). Mit Flugzeugen dieser Klasse wird der weitaus überwiegende Teil der Flugbewegungen an den Landeplätzen abgewickelt. Seit 1983 wird erstmals ein leichter Bestandsrückgang dieser einmotorigen Flugzeuge beobachtet. Der gewerbliche Verkehr wird größtenteils mit den Flugzeugklassen A, B und C ausgeführt, die Startgewichte über 5,7 Tonnen aufweisen. Der Bestand der Flugzeuge in der Klasse A, die hauptsächlich in der Verkehrsluftfahrt eingesetzt werden, hat sich in den letzten 10 Jahren um rd. 33% erhöht.

Entwicklung des Bestandes an zugelassenen zivilen Luftfahrzeugen 1955 bis 1986

Zugelassene Luftfahrzeuge der Klassen A,B,C,F,G

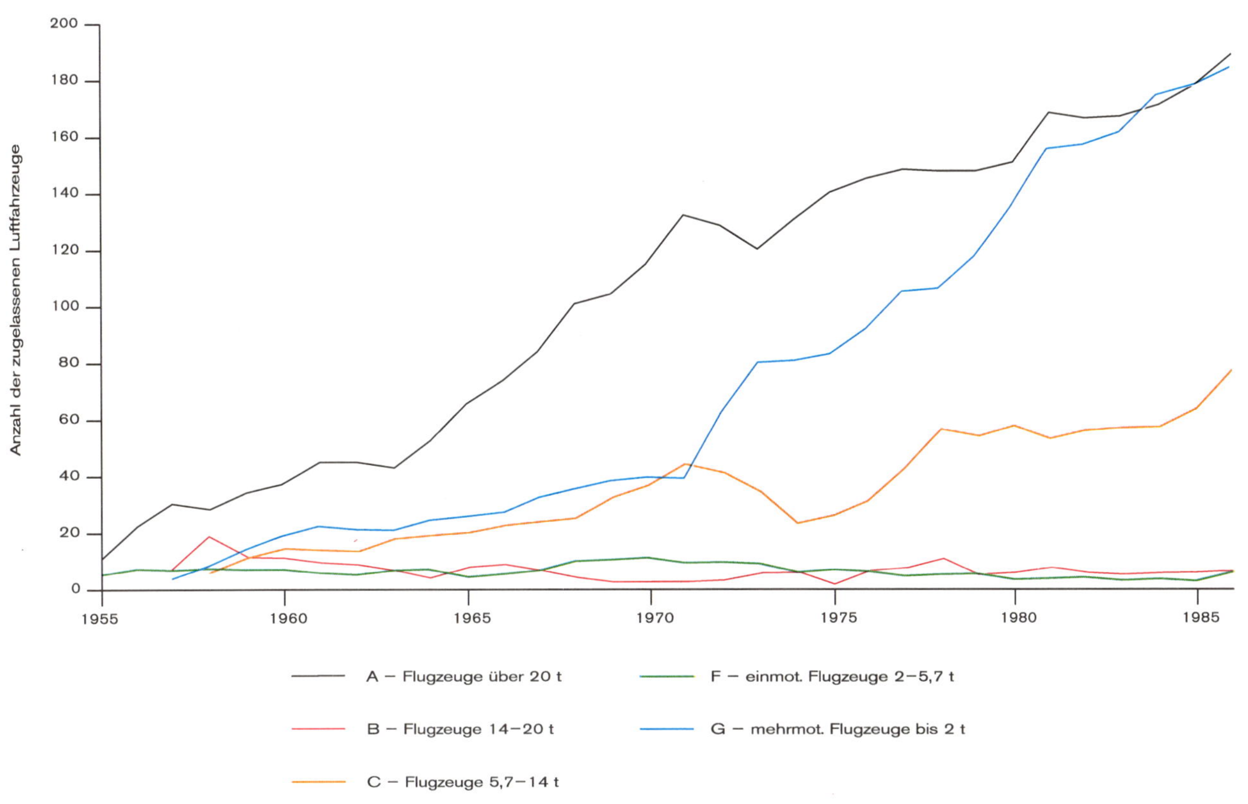

Zugelassene Luftfahrzeuge der Klassen I und H

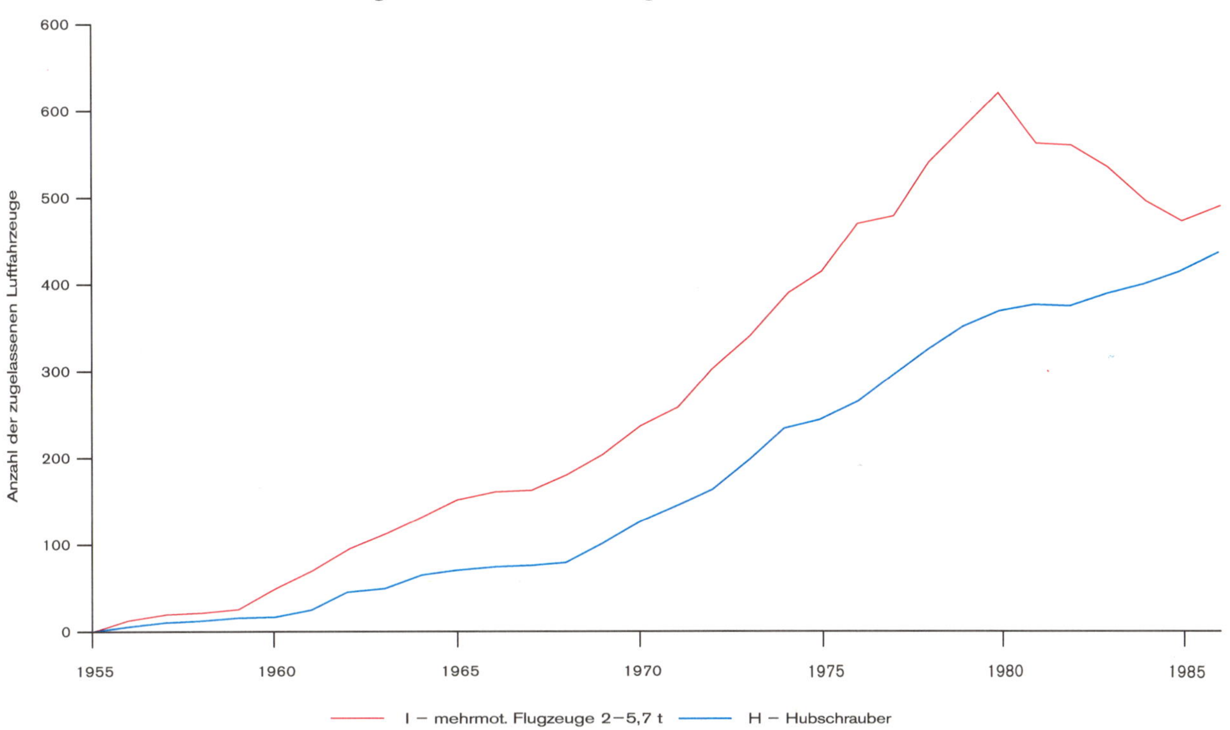

Quelle: Umweltbundesamt nach Angaben des Luftfahrt–Bundesamtes

Starts und Landungen an Verkehrsflughäfen

11 große Verkehrsflughäfen der Bundesrepublik Deutschland sind an das internationale Luftverkehrsnetz angeschlossen. Hier wurden 1987 insgesamt 1 098 000 Flüge im gewerblichen Luftverkehr abgewickelt. Dies waren 13% mehr als 1986. Die seit einigen Jahren zu beobachtende Zunahme des Passagieraufkommens betrug 1987 bei 48,7 Mio. Fluggästen 14%. Den höchsten Zuwachs hatte der Linienverkehr.

Der internationale Verkehrsflughafen Frankfurt ist mit Abstand der Flugplatz mit dem höchsten Verkehrsaufkommen. 1987 verzeichnete Frankfurt rund 230 000 Flugbewegungen (Starts und Landungen). Der Anteil der Luftfahrzeuge über 20 Tonnen Startgewicht lag über 90%. Jede dritte Flugbewegung in Frankfurt entfiel auf Großraumflugzeuge.

Flugbewegungen stellen eine der Größen dar, die für die Ermittlung von Umweltbelastungen herangezogen werden. Der Startgewichtsklasse und damit der installierten Antriebsleistung kommt dabei besondere Bedeutung zu, da in erster Näherung Geräuschemission und Schadstoffemission proportional zur Triebwerksleistung sind. So werden die nach dem Gesetz zum Schutz gegen Fluglärm festzusetzenden Lärmschutzbereiche an Flugplätzen auf der Grundlage der Geräuschemissionsdaten der Luftfahrzeuge und einer prognostizierten Zahl der Flugbewegungen an einem Flugplatz berechnet. Luftfahrzeugbewegungen bilden auch eine Grundlage für Abschätzungen der von den Flughäfen ausgehenden Luftschadstoffbelastungen. Die Schadstoff-Emissionsanteile des Luftverkehrs lassen sich für jeden Flugplatz mit Hilfe der Flugbewegungen und der Emissionsfaktoren der Luftfahrzeugtriebwerke abschätzen.

Starts und Landungen an Verkehrsflughäfen 1983 bis 1987
Angaben in 1000 Starts und Landungen

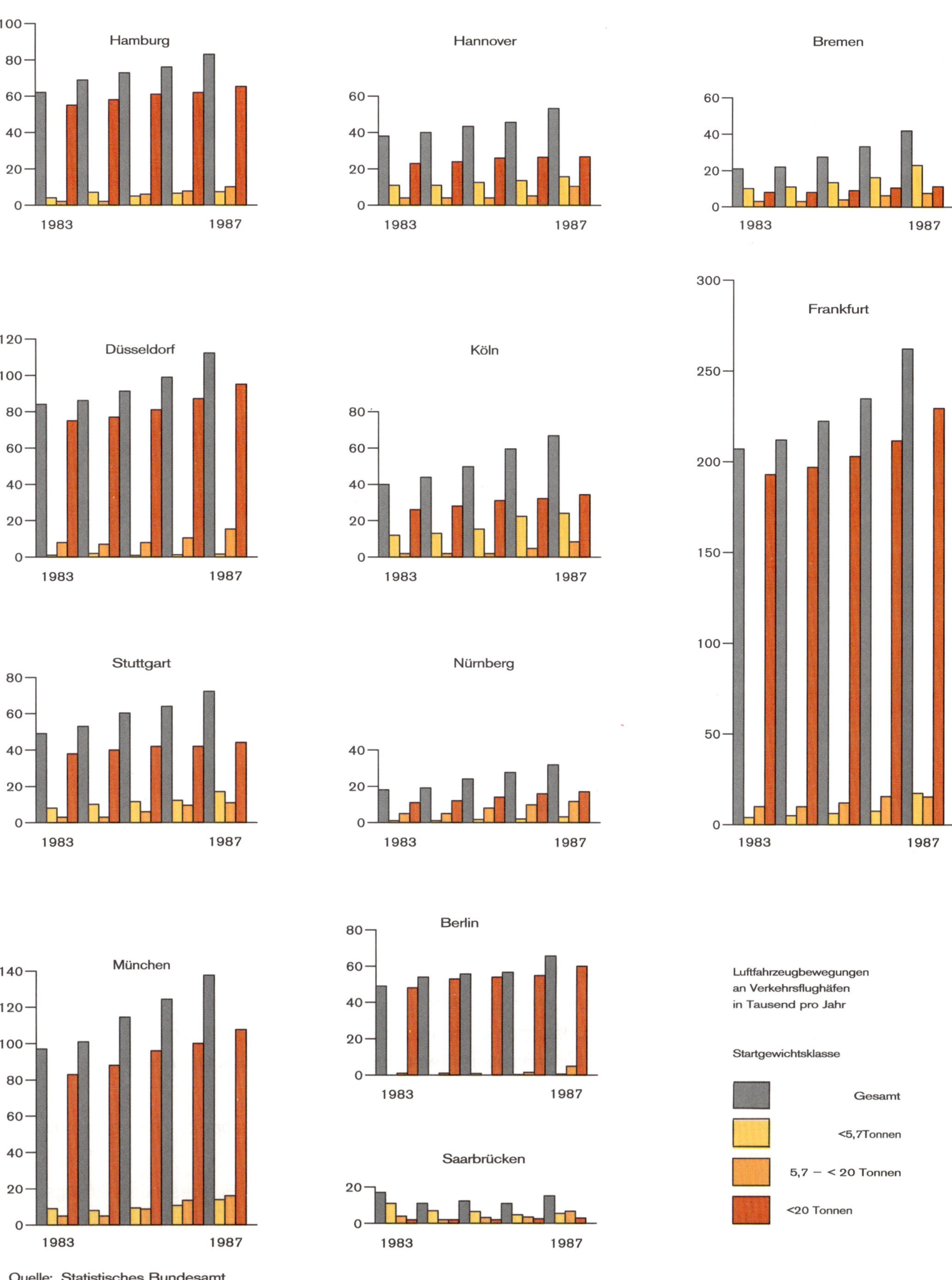

Quelle: Statistisches Bundesamt

Verkehrsleistungen im Luftverkehr 1974 bis 1987

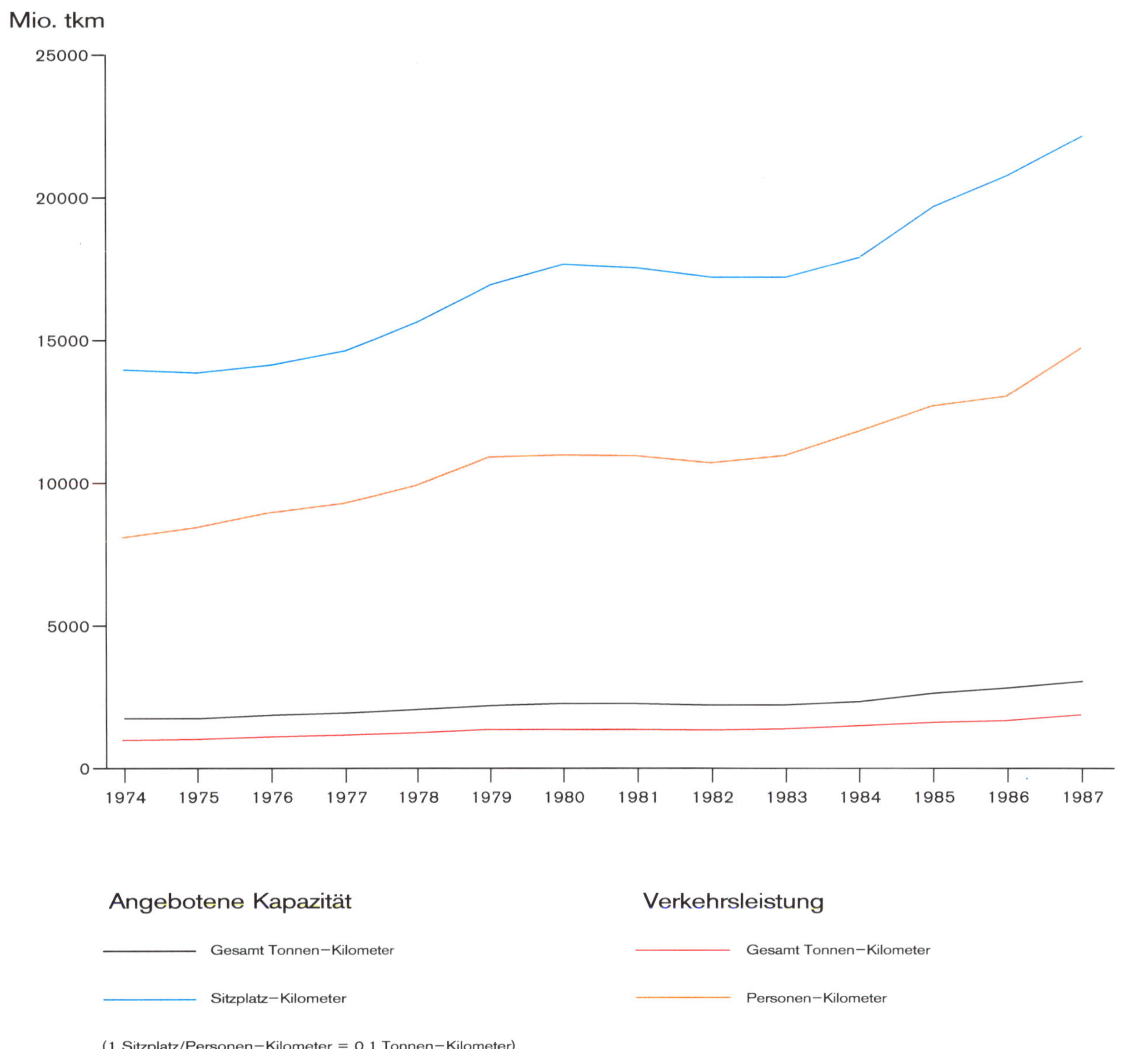

Quelle: Statistisches Bundesamt

Verkehrsleistungen im Luftverkehr

Die Verkehrsleistung im Luftverkehr kann in Personen- oder Tonnen-Kilometern ausgedrückt werden (eine Person bzw. eine Tonne Nutzlast wird über die Entfernung von einem Kilometer transportiert).

Die Luftverkehrsleistungen des Personenverkehrs sind seit Mitte der 50er Jahre bis 1978 ständig angestiegen. 1979–1983 blieben die Leistungen in etwa konstant bei ca. 11 Mrd. Personen-Kilometern. Seit 1984 steigen die Leistungen des Luftverkehrs im Personenverkehr wieder an. Der Anstieg fiel 1987 besonders kräftig aus.

Der Luftverkehr hat seit den 70er Jahren einen konstanten Anteil von knapp 2% des gesamten Verkehrsaufkommens.

Die Verkehrsleistungen im Frachtverkehr haben sich seit 1971 verdoppelt. Ein besonders kräftiger Anstieg wird seit 1983 beobachtet.

Der durchschnittliche Auslastungsgrad der Luftfahrzeuge lag 1987 bei 61%.

Umweltökonomie

Bruttoanlagevermögen des Produzierenden Gewerbes für Umweltschutz

Anfang 1975 betrug der Anteil des Bruttoanlagevermögens für Umweltschutz (in Preisen von 1980) 2,4% des gesamten Bruttoanlagevermögens im Produzierenden Gewerbe. Bis 1986 hat sich dieser Anteil auf 3,3% erhöht. Vor allem in der Mineralölverarbeitung und in der Chemischen Industrie ist er mit 13,1 bzw. 9,1% relativ hoch.

49% des Anlagenbestandes dienten der Luftreinhaltung, 35% dem Gewässerschutz und jeweils 8% der Abfallbeseitigung und der Lärmbekämpfung. Bei der Energie- und Wasserversorgung, der Herstellung von Kunststoffwaren, Gewinnung und Verarbeitung von Steinen und Erden sowie der Metallerzeugung und -bearbeitung entfielen mit 64 bis 70% des Anlagenbestandes auf die Luftreinhaltung. In der Chemischen Industrie stand der Gewässerschutz mit 55% im Vordergrund. Auffällig ist beim Baugewerbe der hohe Anteil bei der Lärmbekämpfung mit 44%. Bei der öffentlichen Hand dominiert eindeutig der Gewässerschutz (95% des öffentlichen Anlagenvermögens für Umweltschutz).

Der Wert des Bruttoanlagevermögens für Umweltschutz (in Preisen von 1980) nahm zwischen 1975 und 1986 sowohl im Produzierenden Gewerbe als auch bei der öffentlichen Hand um rund 65% zu. In diesem Zeitraum stieg das Anlagevermögen im Produzierenden Gewerbe von 29 Mrd. DM auf 48 Mrd. DM und bei der öffentlichen Hand von 101 Mrd. DM auf 164 Mrd. DM an. Überproportionale Zuwachsraten verzeichneten vor allem Energie- und Wasserversorgung sowie Bergbau.

Siehe auch:

Kapitel Allgemeine Daten, Abschnitt Wirtschaft

Bruttoanlagevermögen im Produzierenden Gewerbe in Preisen von 1980[1])

	1975			1986[2])		
	Bruttoanlagevermögen			Bruttoanlagevermögen		
	insgesamt	für Umweltschutz		insgesamt	für Umweltschutz	
	Mill. DM		% von insgesamt	Mill. DM		% von insgesamt
Produzierendes Gewerbe	1 181 920	28 590	2,4	1 461 430	47 730	3,3
Energie- und Wasserversorgung, Bergbau	272 960	4 210	1,5	414 750	12 330	3,0
Elektro., Gas-, Fernwärme und Wasserversorgung	230 350	3 210	1,4	365 400	10 170	2,8
Bergbau	42 610	1 000	2,3	49 350	2 160	4,4
Verarbeitendes Gewerbe	840 140	23 890	2,8	980 960	34 830	3,6
Chem. Ind., Herstellung u. Verarb. v. Spalt- u. Brutstoffen	116 660	8 440	7,2	129 550	11 730	9,1
Mineralölverarbeitung	29 160	1 900	6,5	25 520	3 350	13,1
Herstellung von Kunststoffwaren, Gewinnung u. Verarbeitung von Steinen u. Erden usw.	77 230	2 440	3,2	88 800	2 910	3,3
Metallerzeugung und -bearbeitung	115 820	4 310	3,7	106 800	6 250	5,9
Stahl-, Maschinen- und Fahrzeugbau, Herstellung v. ADV-Einrichtungen	174 840	1 960	1,1	248 010	3 640	1,5
Elektrotechnik, Feinmechanik, Herstellung v. EBM-Waren usw.	91 690	1 710	1,9	131 200	1 990	1,5
Holz-, Papier-, Leder-, Textil- und Bekleidungsgewerbe	128 080	1 410	1,1	135 450	2 560	1,9
Ernährungsgewerbe, Tabakverarbeitung	106 660	1 720	1,6	115 630	2 400	2,1
Baugewerbe	68 820	490	0,7	65 720	570	0,9

[1]) Bestand am Jahresanfang [2]) Vorläufiges Ergebnis

Quelle: Statistisches Bundesamt

Bruttoanlagevermögen für Umweltschutz nach Umweltbereichen 1986[1]) in Preisen von 1980[2])

Wirtschaftsgliederung (H.v. = Herstellung von)	Insgesamt	Abfallbeseitigung	Gewässerschutz	Lärmbekämpfung	Luftreinhaltung	Abfallbeseitigung	Gewässerschutz	Lärmbekämpfung	Luftreinhaltung
	Mill. DM					Anteil an insgesamt in %			
Poduzierendes Gewerbe	47 730	3 650	16 970	3 620	23 490	8	35	8	49
Energie- und Wasserversorgung, Bergbau	12 330	790	2 490	740	8 310	6	20	6	68
Elektrizitäts-, Gas-, Fernwärme und Wasserversorgung	10 170	630	1 890	510	7 140	6	19	5	70
Bergbau	2 160	160	600	230	1 170	7	28	11	54
Verarbeitendes Gewerbe	34 830	2 770	14 420	2 630	15 010	8	41	8	43
Chemische Industrie, H. und Verarbeitung von Spalt- und Brutstoffen	11 730	1 190	6 450	330	3 760	10	55	3	32
Mineralölverarbeitung	3 350	80	1 570	130	1 570	2	47	4	47
H.v. Kunststoffwaren, Gewinnung und Verarbeitung von Steinen und Erden usw.	2 910	210	440	350	1 910	7	15	12	66
Metallerzeugung und -bearbeitung	6 250	200	1 430	630	3 990	3	23	10	64
Stahl-, Maschinen- und Fahrzeugbau, H.v. ADV-Einrichtungen	3 640	360	1 390	370	1 520	10	38	10	42
Elektrotechnik, Feinmechanik, H.v. EBM-Waren usw.	1 990	120	920	360	590	6	46	18	30
Holz-, Papier-, Leder-, Textil- und Bekleidungsgewerbe	2 560	360	1 070	210	920	14	42	8	36
Ernährungsgewerbe, Tabakverarbeitung	2 400	250	1 150	250	750	10	49	10	31
Baugewerbe	570	90	60	250	170	16	10	44	30
Staat	164 040	7 300	155 420	1 200	120	4	95	1	0
Produzierendes Gewerbe und Staat	211 770	10 950	172 390	4 820	23 610	5	82	2	11

[1]) Vorläufiges Ergebnis [2]) Bestand am Jahresanfang

Quelle: Statistisches Bundesamt

Gesamt- und Umweltschutzinvestitionen im Produzierenden Gewerbe

Im Produzierenden Gewerbe lassen sich drei Arten von Umweltschutzinvestitionen unterscheiden:

- Zugänge von Sachanlagen, die ausschließlich dem Umweltschutz dienen,
- der dem Umweltschutz dienende Teil aus dem Zugang an Sachanlagen, die anderen Zwecken dienen (integrierte Umweltschutzinvestitionen),
- produktbezogene Umweltschutzinvestitionen, die mit dem Ziel durchgeführt werden, Erzeugnisse herzustellen, die bei ihrer Verwendung eine geringere Umweltbelastung hervorrufen.

Von 1976 bis 1985 wurden im Produzierenden Gewerbe etwa 31 Mrd. DM für den Umweltschutz investiert. Der Anteil der Umweltschutzinvestitionen lag bei 4,3%. Die Investitionen sind allerdings infolge der Nichterfassung der Unternehmen mit weniger als 20 Beschäftigten leicht unterschätzt (vgl. „Investitionen für Umweltschutz und Steuervergünstigungen nach § 7 d Einkommensteuergesetz [EStG]").

Die Umweltschutzinvestitionen des Produzierenden Gewerbes stiegen von 1976 bis 1985 in jeweiligen Preisen von 2,4 Mrd. DM auf 5,6 Mrd. DM an. Bei der Entwicklung der Umweltschutzinvestitionen lassen sich drei Zeiträume unterscheiden. Von 1975 bis 1979 nahmen die Umweltschutzinvestitionen um durchschnittlich 8,2% pro Jahr ab, von 1979 bis 1983 war dagegen ein durchschnittlicher jährlicher Zuwachs von 10,2% zu verzeichnen. Diese Entwicklung ist vor allem durch die Investitionen für Luftreinhaltung bedingt. Eine ähnliche, allerdings schwächer ausgeprägte Entwicklung ist auch beim Gewässerschutz vorhanden. Von 1984 bis 1985 sind die Umweltschutzinvestitionen um 60% angestiegen. Hierdurch betrugen 1985 die Umweltschutzinvestitionen 6,4% an den Gesamtinvestitionen.

Entwicklung der Gesamtinvestitionen und Umweltschutzinvestitionen im Produzierenden Gewerbe in der Bundesrepublik Deutschland 1976 bis 1985

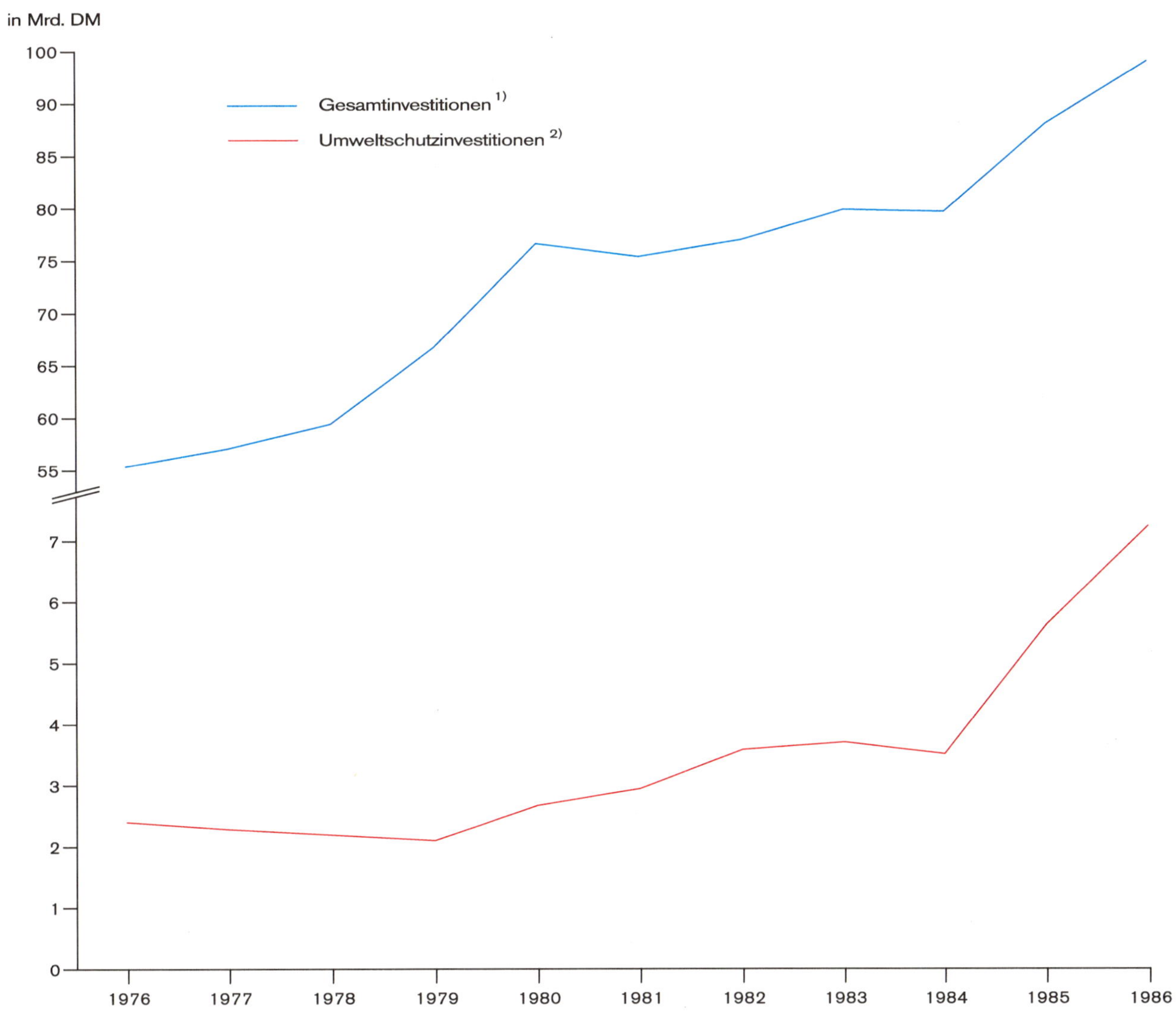

1) Bruttoanlageinvestitionen

2) 1976: Unternehmen mit 20 Beschäftigten und mehr; in der Elektrizitäts–, Gas– und Fernwärmeversorgung alle Unternehmen, in der Wasserversorgung alle Unternehmen mit einer jährlichen Wasserabgabe von 200000 m^3 und mehr.
1977 bis 1985: Unternehmen des Bergbaus und des Verarbeitenden Gewerbes mit 20 Beschäftigten und mehr; in der Elektrizitäts– und Gasversorgung alle Unternehmen, in der Fernwärmeversorgung Unternehmen mit einer Wärmeleistung von mindestens 20,9 GJ/h (5 Gcal/h) oder mit einer Versorgungsleistung von mindestens 500 Wohnungen und in der Wasserversorgung Unternehmen mit einer jährlichen Wasserabgabe von 200000 m^3 und mehr; im Bauhauptgewerbe Unternehmen mit 20 Beschäftigten und mehr, im Ausbaugewerbe Unternehmen mit 10 Beschäftigten und mehr.

Quelle: Statistisches Bundesamt

Aufwendungen der öffentlichen Haushalte für den Umweltschutz

Die Umweltschutzaufwendungen der öffentlichen Haushalte (Bund, Länder, Gemeinden und Zweckverbände) setzen sich aus Investitionen und laufenden Ausgaben zusammen. Grundlagen der Darstellungen sind die Jahresrechnungsstatistiken der öffentlichen Hände. Sie erfassen sämtliche öffentlichen Haushalte mit Ausnahme der rechnungsmäßig selbständigen öffentlichen Unternehmen. Eine vollständige Erfassung sämtlicher Umweltschutzaufwendungen der öffentlichen Haushalte ist bei dieser Haushaltssystematik nicht möglich. Statistisch nachweisbar sind lediglich die schwerpunktmäßig und überwiegend dem Umweltschutz zuzurechnenden Ausgaben der Aufgabenbereiche

- Abwasserbeseitigung,
- Abfallbeseitigung,
- Reinhaltung von Luft, Wasser und Boden, Lärmbekämpfung, Reaktorsicherheit, Strahlenschutz,
- Forschung (außerhalb der Hochschulen),
- Naturschutz und Landschaftspflege.

Es fehlen Umweltschutzaufwendungen, die „querschnittsmäßig“ in anderen Aufgabenbereichen enthalten sind.

Während des Zeitraums von 1974 bis 1985 hat die öffentliche Hand rund 137 Mrd. DM für den Umweltschutz aufgewendet, davon 73,3 Mio. DM für Investitionen. Der Anteil der Umweltschutzinvestitionen an den gesamten volkswirtschaftlichen Anlageinvestitionen belief sich von 1975 bis 1985 auf durchschnittlich rund 15%.

Im Jahre 1985 betrugen die Umweltschutzaufwendungen der öffentlichen Haushalte rund 15 Mrd. DM davon 6,8 Mrd. DM Investitionen. Der größte Anteil an den Aufwendungen entfiel auf Länder und Gemeinden. Ausgabenschwerpunkte waren Abwasserbeseitigung (ca. 60 bis 70%) und Abfallbeseitigung (um 20%).

Umweltschutzaufwendungen der öffentlichen Haushalte 1974 bis 1986

Umweltschutzaufwendungen der öffentlichen Haushalte (in jeweiligen Preisen)

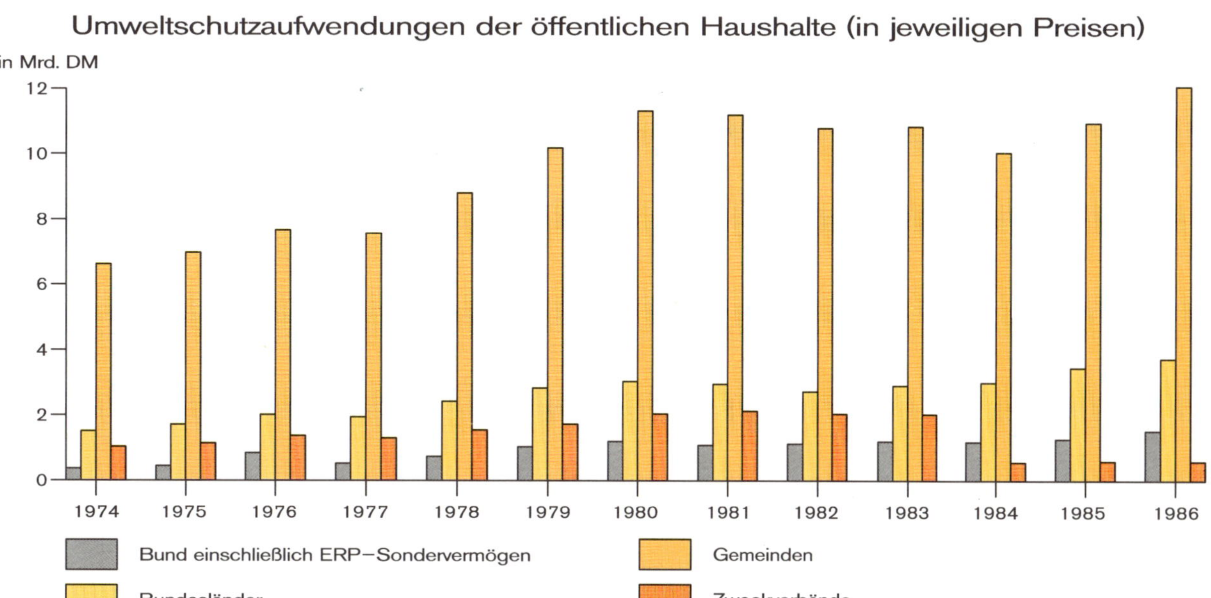

Umweltschutzaufwendungen nach Aufgabenbereichen

in Prozent

100
90
80
70
60
50
40
30
20
10
0

1974 1975 1976 1977 1978 1979 1980 1981 1982 1983 1984 1985 1986

Abfallbeseitigung
Abwasserbeseitigung
Reinhaltung von Luft, Wasser, Erde
Wissenschaft, Forschung
Naturschutz, Landschaftspflege
Straßenreinigung

Quelle: Statistisches Bundesamt

Steuerbegünstigte Umweltschutzinvestitionen

Für Investitionen im Umweltschutz können seit 1975 bis Ende 1990 nach § 7 d EStG erhöhte Abschreibungen in Anspruch genommen werden. § 7 d ist für Wirtschaftsgüter anwendbar, die zu mehr als 70% dem Umweltschutz dienen, indem sie

- den Anfall von Abwasser oder Schädigungen durch Abwasser oder Verunreinigungen der Gewässer durch andere Stoffe als Abwasser oder
- Verunreinigungen der Luft oder
- Lärm oder Erschütterungen

verhindern, beseitigen oder verringern oder

- Abfälle nach den Grundsätzen des Abfallgesetzes beseitigen.

Die Statistik über die Inanspruchnahme der Sonderabschreibungen weicht aus folgenden Gründen von den Ergebnissen der Erhebungen der amtlichen Statistik nach § 11 UStatG ab:

- Die Daten beziehen sich auf unterschiedliche Gesamtheiten von Betrieben. Die Steuervergünstigungen sind nicht (wie die Angaben nach dem Umweltstatistikgesetz) auf Betriebe von Unternehmen des Produzierenden Gewerbes von im allgemeinen 20 und mehr Beschäftigten beschränkt.

- Während die amtliche Statistik den Zugang an Sachanlagen für Umweltschutz erfaßt, die in dem Geschäftsjahr aktiviert wurden, dessen Ende im Berichtsjahr liegt, handelt es sich bei den Umweltschutzinvestitionen, die den Bescheinigungen entnommen sind, um geplante oder schon laufende Investitionen, für die im Berichtsjahr eine Bescheinigung über den Umweltschutzzweck erlangt wurde. Bei einem Datenvergleich muß berücksichtigt werden, daß sich die Realisation der Investitionsdurchführung über mehrere Jahre erstrecken kann.

- Außerdem sind nicht alle Umweltschutzinvestitionen, die Teil der Erhebung nach § 11 Umweltstatistikgesetz sind, erhöht absetzbar. Das gilt insbesondere für unbebaute Grundstücke (ca. 1% der Umweltschutzinvestitionen 1983), den Grundstücksanteil bei Grundstücken mit Bauten sowie für produktbezogene Umweltschutzinvestitionen (ca. 2% der Umweltschutzinvestitionen 1983) und vor allem für Umweltschutzmaßnahmen die in die Produktionsprozesse integriert sind.

Das Volumen der Investitionen, für die erhöhte Abschreibungen in Anspruch genommen werden können, betrug 1985 knapp 4 Mrd. DM. Es ist insbesondere aufgrund verschärfter Umweltschutzbestimmungen ständig gestiegen und betrug 1987 4,58 Mrd. DM. Die besonders hohe Steigerung 1986 (über 8 Mrd. DM) resultiert vorwiegend aus den Investitionen zur Umsetzung der Großfeuerungsanlagenverordnung.

Investitionen für Umweltschutz im Produzierenden Gewerbe

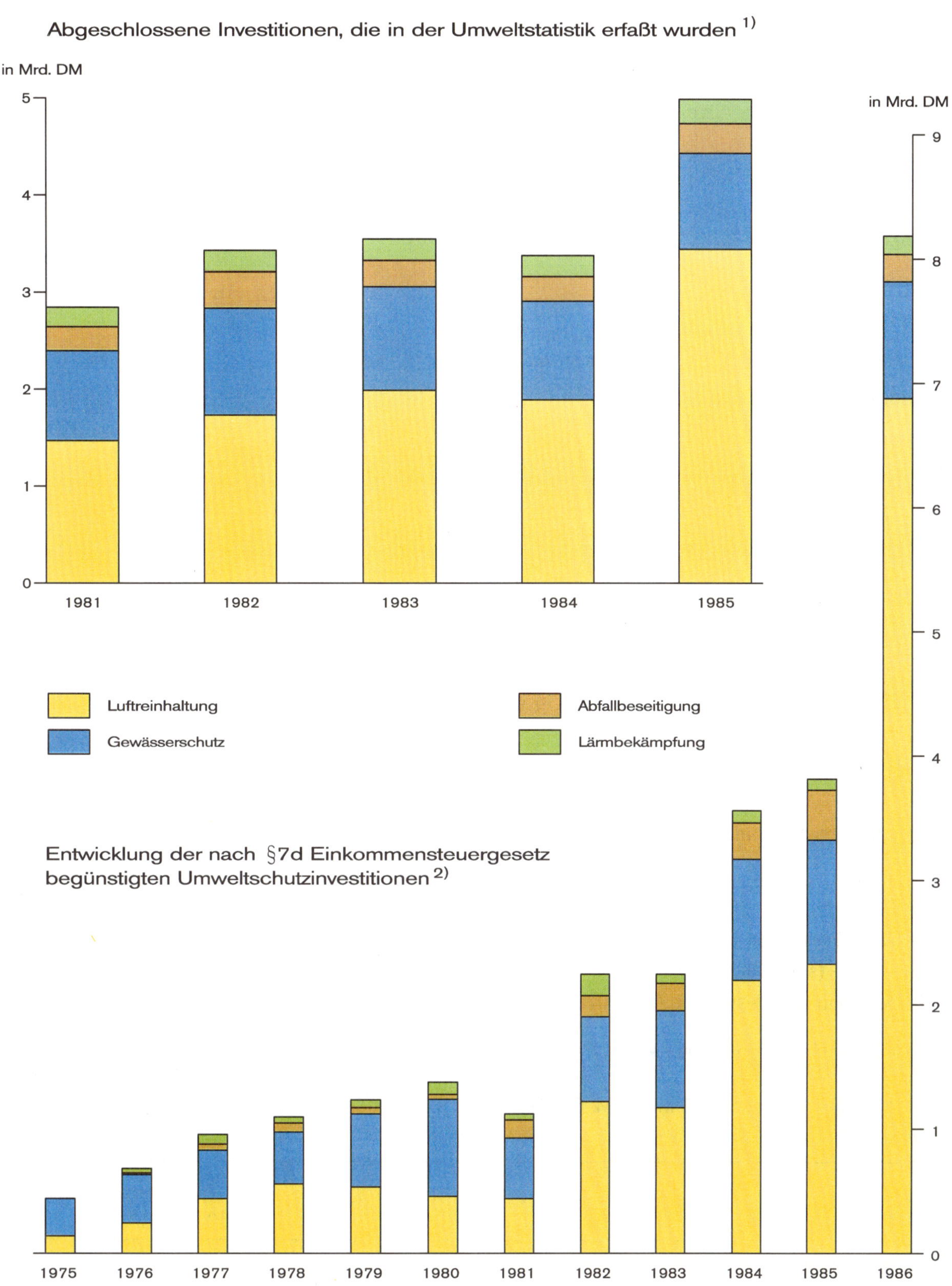

1) Betriebe der Energie und Wasserversorgung des Bergbaus und Verarbeitenden Gewerbes und Unternehmen des Baugewerbes, ohne produktbezogene Investitionen für Umweltschutz und ohne unbebaute Grundstücke

2) Geplante oder schon durchgeführte Investitionen, für die im jeweiligen Berichtsjahr eine Bescheinigung über Umweltschutzzweck zur Inanspruchnahme von Steuervergünstigungen nach §7d Einkommensteuergesetz (EStG) ausgestellt wurde

Quelle: Statistisches Bundesamt

Aus ERP–Mitteln zur Verfügung gestellte Kredite und damit getätigte Umweltschutz–Investitionen 1980 bis 1987

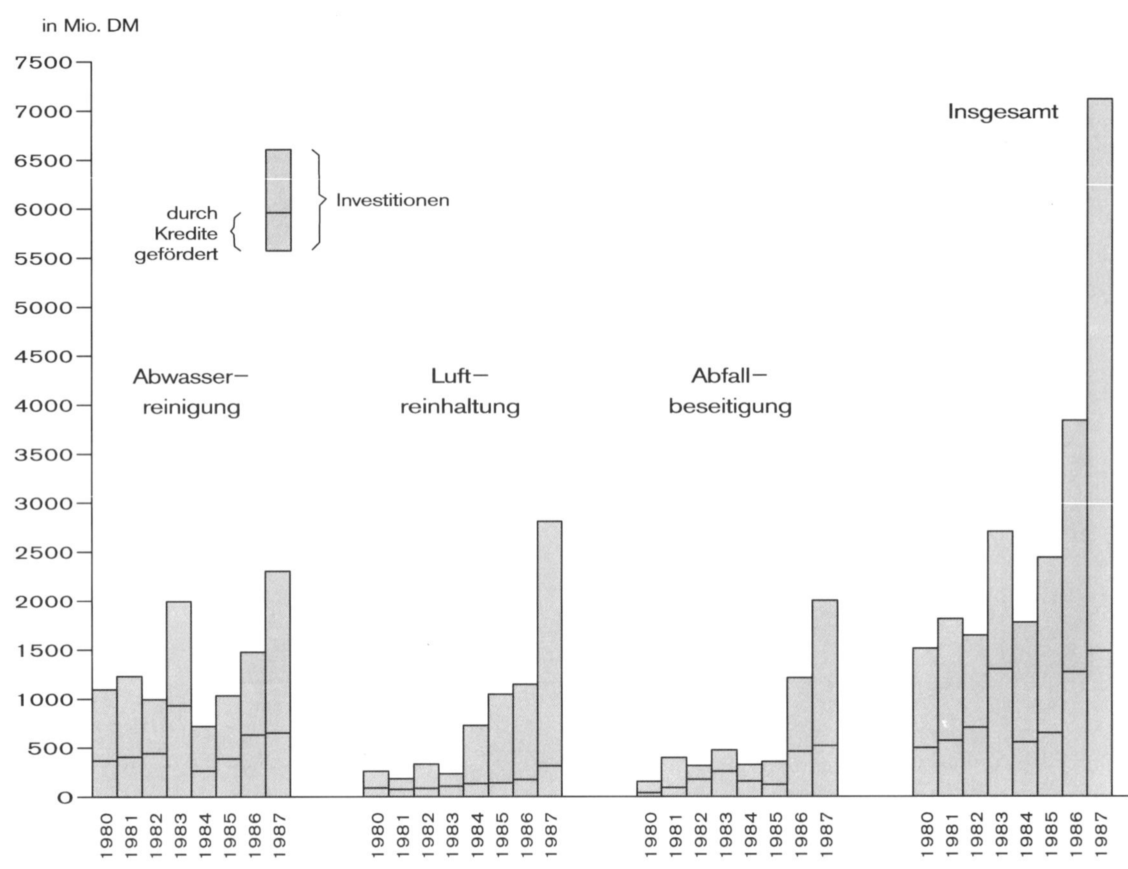

Quelle: Bundesminister für Umwelt, Naturschutz und Reaktorsicherheit

Kredite für Umweltschutzinvestitionen aus dem Europäischen Wiederaufbauprogramm (ERP)

Mit Mitteln aus dem ERP-Sondervermögen werden zinsverbilligte Kredite

für Abwasserreinigung (seit 1954),
Luftreinhalte- (seit 1962) und
Abfallbeseitigungsinvestitionen (seit 1973)

von Unternehmen und Kommunen zur Verfügung gestellt.

Das Kreditvolumen betrug 8,5 Mrd. DM. Für 1988 wurden folgende Investitionen zugesagt:

Bereich	Kredite	Investitionen
	in Mio. DM	
Abwasserbeseitigung	416	1 660
Luftreinhaltung	199	825
Abfallbeseitigung	316	906
Gesamt	931	3 391

Quelle: Bundesminister für Umwelt, Naturschutz und Reaktorsicherheit

Investitionsförderungsprogramm zur Verminderung von Umweltbelastungen

Das Programm „Investitionen zur Verminderung der Umweltbelastungen“ ist aus dem 1979 gestarteten Programm „Investitionen auf dem Gebiet der Luftreinhaltung bei Altanlagen“ hervorgegangen. Gefördert wurden damals Demonstrationsprojekte zum Nachweis, wie und mit welchem Aufwand bestehende Anlagen auf einen fortschrittlichen Stand der Luftreinhaltetechnik gebracht, optimiert und damit umweltfreundlich gestaltet werden können. Die Ergebnisse sind weitgehend in die Technische Anleitung zur Reinhaltung der Luft (TA Luft) ’86 eingeflossen.

Gestützt auf die positiven Erfahrungen wurde das Programm ab 1985 im Interesse der dringend notwendigen übergreifenden Umweltentlastung insbesondere bei Altanlagen durch Einbeziehung von Demonstrationsvorhaben zur Wasserreinhaltung, Abfallwirtschaft und Lärmminderung wesentlich erweitert. 1987 wurde der Bereich Bodenschutz miteinbezogen. Zunehmend werden Demonstrationsprojekte mit der Zielrichtung der Vermeidung von Umweltbelastungen gefördert.

Von 1979 bis 1988 wurden für 291 Projekte Zuwendungen von insgesamt 874 Mio. DM bereitgestellt, denen ein Investitionsvolumen von fast 2,5 Mrd DM zugrunde lag. Diese verteilen sich auf die einzelnen Bereiche wie folgt:

Umweltbereich	Anzahl der Projekte	Investitions-volumen	Förder-betrag
		– in Mio. DM –	
Luftreinhaltung	235	2 059	643
Wasserreinhaltung	26	277	98
Abfallwirtschaft	20	115	115
Lärmminderung	9	28	9
Bodenschutz	1	18	9

Quelle: Bundesminister für Umwelt, Naturschutz und Reaktorsicherheit

Umweltdelikte

Das Bundeskriminalamt stellt seit 1973 aufgrund der Angaben der Landeskriminalämter jährlich die polizeiliche Kriminalstatistik zusammen. Diese enthält seit 1973 auch Umweltdelikte.

Die wichtigsten Strafvorschriften des Umweltstrafrechts wurden durch das Achtzehnte Strafrechtsänderungsgesetz in das Strafgesetzbuch aufgenommen und im Abschnitt „Straftaten gegen die Umwelt" zusammengefaßt. Dementsprechend ist die polizeiliche Kriminalstatistik seit 1981 wie folgt unterteilt:

Straftatbestand	1981	1982	1983	1984	1985	1986	1987
Verunreinigung eines Gewässers (§ 324 StGB)	4 531	5 352	5 769	6 992	8 562	9 294	10 529
Luftverunreinigung (§ 325 StGB)	163	148	118	415	406	338	406
Lärmverursachung (§ 325 StGB)	27	24	20	23	37	35	59
Umweltgefährdende Abfallbeseitigung (§ 326 StGB)	656	859	1 165	1 699	2 750	3 682	5 390
Unerlaubtes Betreiben von Anlagen (§ 327 StGB)	282	257	301	524	901	1 161	1 311
Unerlaubter Umgang mit Kernbrennstoffen (§ 328 StGB)	1	1	1	⁒	⁒	1	2
Gefährdung schutzbedürftiger Gebiete (§ 329 StGB)	17	19	24	16	36	56	38
Schwere Umweltgefährdung (§ 330 StGB)	79	64	86	85	136	232	152
Schwere Gefährdung durch Freisetzen von Giften (§ 330 a StGB)	25	26	23	51	47	54	43

Quelle: Umweltbundesamt

Seit 1979 ist ein stetiger Anstieg der polizeilich erfaßten Umweltdelikte zu verzeichnen. Die wesentlichen Gründe liegen in einer gestiegenen Aufmerksamkeit und Anzeigebereitschaft der Bevölkerung und in einer verstärkten Überwachung durch die Polizei.

Aus dem Anstieg der statistisch erfaßten Delikte kann nicht geschlossen werden, daß auch die Häufigkeit der tatsächlich *begangenen* Delikte entsprechend zugenommen hat.

Gewässerverunreinigungsdelikte machen nach dieser Statistik den Hauptanteil aller Umweltstraftaten aus, gefolgt von Delikten der umweltgefährdenden Abfallbeseitigung, des unerlaubten Betreibens von Anlagen und der Luftverunreinigung. Die sonstigen Straftatbestände haben nur sehr geringe Anteile.

Entwicklung der bekanntgewordenen und erfaßten Umweltdelikte 1973 bis 1987

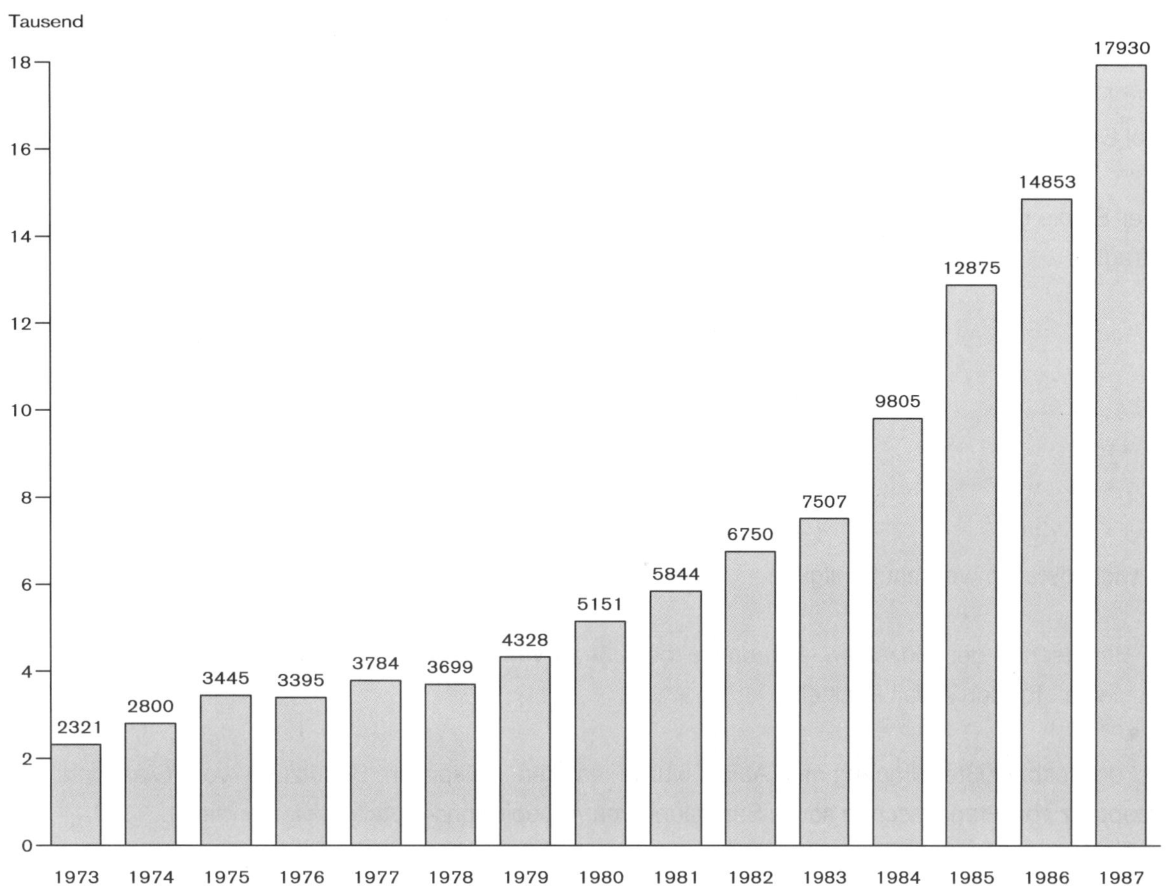

Quelle: Umweltbundesamt

Umweltbewußtsein der Bürger

Seit den siebziger Jahren mißt die Bevölkerung der Bundesrepublik Deutschland dem Umweltschutz sehr hohe Bedeutung zu. Nach Umfragen zur Bedeutung politischer Aufgaben nimmt der Umweltschutz einen vorderen Rang ein.

Zwei Drittel der Befragten stufen wirksamen Umweltschutz als sehr wichtige Aufgabe ein.

Einer Studie des „Instituts für praxisorientierte Sozialforschung" aus dem Jahr 1986 zufolge, war für die Befragten

die Luftreinhaltung	(55%)
der Gewässerschutz	(18%)
der Bodenschutz	(12%)
die Lärmminderung	(5%)
die Abfallentsorgung	(5%)

die wichtigste Umweltschutzaufgabe.

Die Bereitschaft des einzelnen, sich umweltbewußt zu verhalten, wurde im Rahmen der Untersuchung beispielhaft für den Abfall ermittelt.

Der umweltbewußte Umgang mit Abfall wurde an den Beispielen Benutzung von Glascontainern, Akzeptanz von Pfandflaschen sowie Sammlung von Altpapier und Metallabfällen ermittelt.

Nach den Befragungsergebnissen zu urteilen, verhalten sich die Bundesbürger sehr umweltbewußt:

- mehr als dreiviertel der Befragten benutzen für ihr Altglas die dafür vorgesehenen Glascontainer,
- mehr als 80% von ihnen kaufen Pfandflaschen und geben ihr Altpapier in die Altpapiersammlung,
- 86% der Befragten entsorgen ihren Metallabfall getrennt.

Nicht so günstig verhält es sich indessen bei der Entsorgung von „Sondermüll" aus Haushaltungen, wie alte Batterien, Medikamente, Lacke, Farben und Altöl. Im Durchschnitt benutzen nur ca. ein Drittel der Befragten die hierfür eingerichteten Sammelstellen. Allerdings ist mit rund 55% die Unkenntnis über das Vorhandensein derartiger Einrichtungen auch besonders groß.

Obgleich nur eine geringe Minderheit von 5,4% Lärmminderung für die wichtigste Umweltschutzmaßnahme hält, fühlen sich immer noch viele Menschen durch Lärm belästigt. Die größte Belästigung geht vom Straßenverkehr aus:

- 25% der Befragten fühlen sich stark,
- 40,1% nicht so stark und
- 34,9% fühlen sich gar nicht belästigt.

Siehe auch:
Kapitel Lärm, Abschnitt Lärmbelastung

Umweltbewußtsein der Bürger in der Bundesrepublik Deutschland

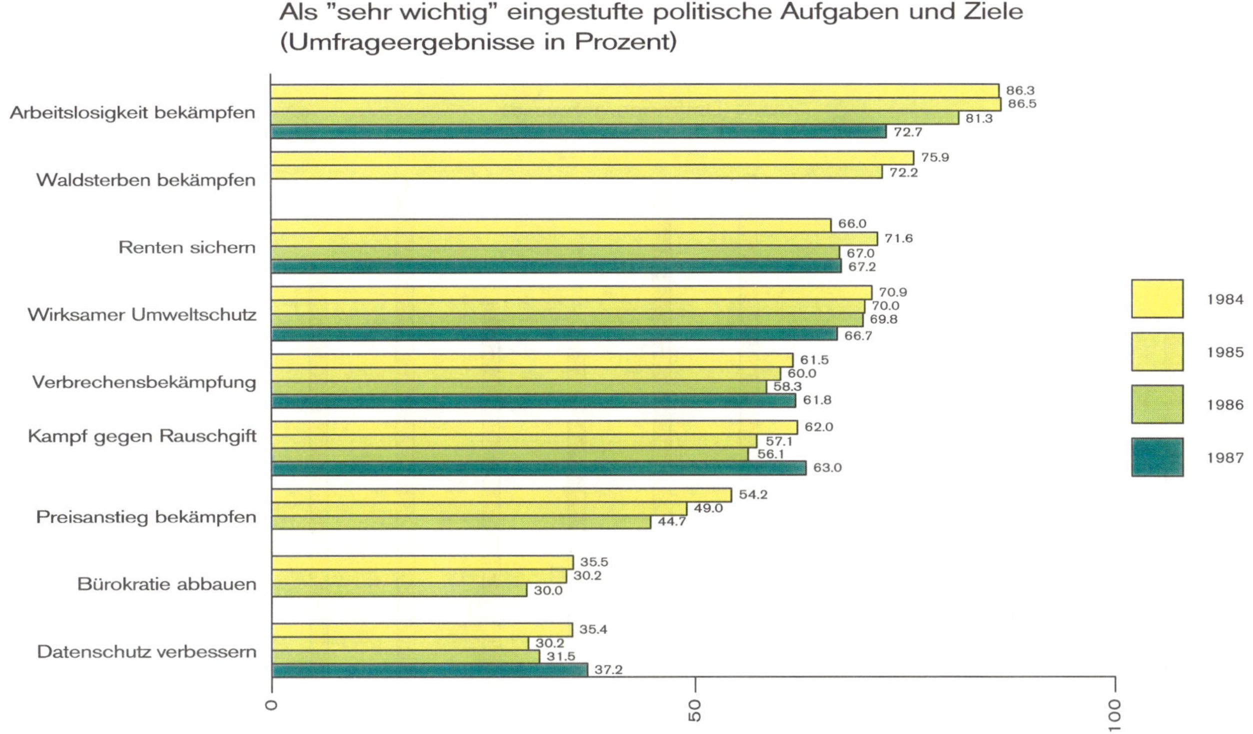

Quelle: Institut für praxisorientierte Sozialforschung

Umweltbewußtsein der Bürger in den Mitgliedstaaten der Europäischen Gemeinschaft 1986 Umfrageergebnisse in Prozent

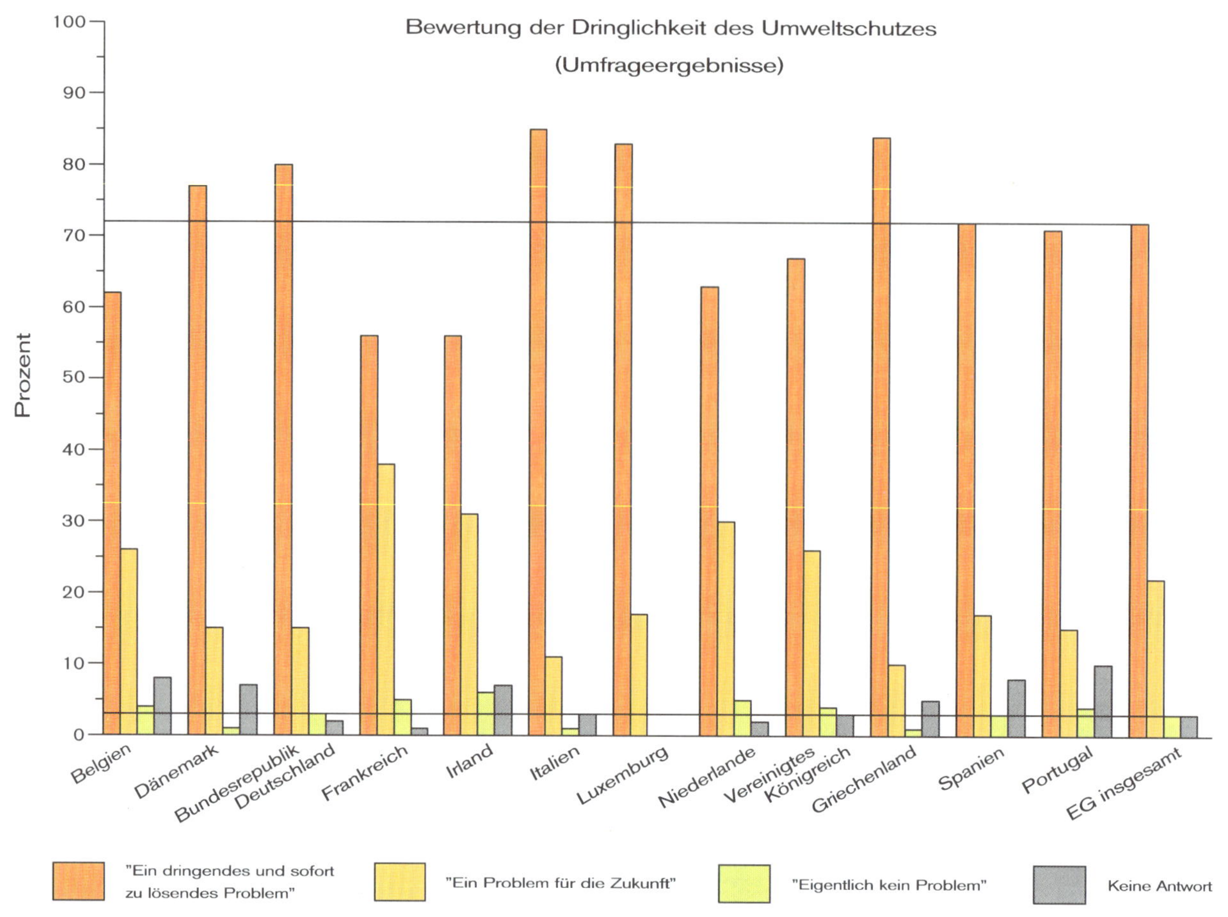

Quelle: Kommission der Europäischen Gemeinschaften

Umweltbewußtsein in den Mitgliedstaaten der Europäischen Gemeinschaft

Eine im Frühjahr 1986 im Auftrag der Kommission der Europäischen Gemeinschaften erstellte Repräsentativbefragung ergab, daß für 72% der Bevölkerung aller EG-Länder der Umweltschutz „ein dringendes und sofort zu lösendes Problem" darstellt. Dabei ergab sich, daß

- 59% der Befragten die Luftverunreinigung durch chemische Produkte,
- 37% der Befragten die Abfallentsorgung
- 23% der Befragten die Luftverunreinigung durch Kfz und
- 20% der Befragten das Waldsterben

als größte Gefahr für die Umwelt sehen.

Überdurchschnittlich hoch war die Einschätzung des Umweltschutzes als dringlich, nicht nur in der Bundesrepublik Deutschland, sondern auch in Italien, Griechenland, Luxemburg und Dänemark.

Beurteilung der Umweltqualität im Wohngebiet

Umweltqualität ist ein herausragendes Kriterium für die Bewertung des Wohnumfeldes geworden. Einer Umfrage der Bundesforschungsanstalt für Landeskunde und Raumordnung zufolge, hielten fast 50% der Anwohner Ende 1987 / Anfang 1988 die Umweltbedingungen (Lärm, Luft) und 43% das Vorhandensein von „Grün" (Bäume, Gärten, Plätze) als „sehr wichtig", um sich im Wohngebiet wohl zu fühlen. Die Umweltqualität hat im bundesweiten Vergleich eine zumindest ebenso hohe Bedeutung wie das Infrastruktur- (42% „sehr wichtig") und Verkehrsangebot (41%). Demgegenüber treten das äußere Erscheinungsbild der Straßen (22%) und die Möglichkeiten zum Ausgehen (17%) deutlich in den Hintergrund.

Bei der Beurteilung der Umweltqualität klaffen Wichtigkeit und Zufriedenheit jedoch sehr stark auseinander, während bei den anderen Merkmalen die Zufriedenheit in etwa der zugewiesenen Wichtigkeit entspricht. Vor allem in hochverdichteten Regionen halten 50% die Umweltbedingungen für „sehr wichtig", doch nur 14% sind mit ihnen „sehr zufrieden". In ländlichen Regionen werden die Umweltbedingungen zwar ebenfalls als defizitär empfunden. Die Beurteilung liegt jedoch in vergleichbarer Größenordnung wie die Bewertung von Versorgung und Verkehrsverbindungen.

Siehe auch:
- Kapitel Natur und Landschaft, Abschnitt Freizeit und Erholung
- Kapitel Boden, Abschnitt Flächennutzung

Subjektive Einschätzung der Umweltbelastungen im Wohngebiet 1978[1]) und 1986[2]), in %

	Regionen mit großem Verdichtungsraum						Regionen mit Verdichtungsansätzen				Ländliche Regionen	
	über 100 000 E.		50–100 000 E.		unter 50 000		über 50 000		unter 50 000			
	1978	1986	1978	1986	1978	1986	1978	1986	1978	1986	1978	1986
Belastung durch Straßenlärm												
keine Belastung	27	29	30	29	32	39	28	30	32	48	35	41
erhebliche[3]) Belastung	49	51	47	55	40	37	47	49	39	37	39	36
darunter: dauernd stark	27	19	25	13	19	10	25	15	17	13	17	12
Belastung durch Luftverschmutzung												
keine Belastung	50	49	51	57	63	64	55	63	64	62	65	64
erhebliche Belastung	31	36	28	30	20	18	27	22	20	25	19	19
darunter: dauernd stark	12	10	9	9	6	2	10	6	6	6	6	6

[1]) Quelle: 1%-Wohnungsstichprobe 1978

[2]) Quelle: BfLR-Umfrage 1986; Wegen der relativ geringen Fallzahl (n = 2100) und wegen der freiwilligen Teilnahme an dieser Umfrage können im Vergleich zur Wohnungsstichprobe in Einzelfällen Verzerrungen nicht ausgeschlossen werden

[3]) „erhebliche" – dauernd stark, dauernd etwas stark, gelegentlich stark

Subjektiv "erhebliche" Umweltbelastung[1)] im Wohngebiet

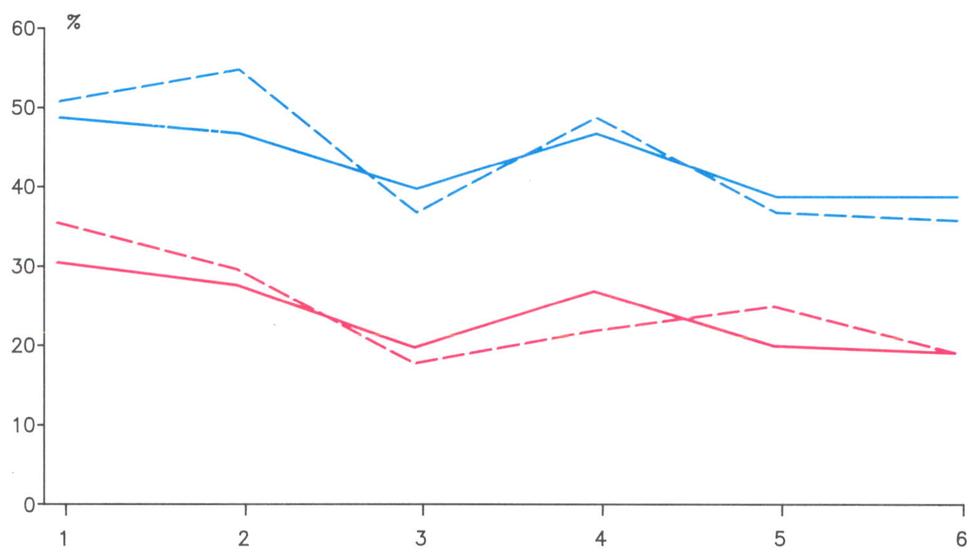

1) %-Anteil von Befragten, die "dauernd starke", "dauernd etwas" und "gelegentlich starke" Belastung angeben

- Luftbelastung (Abgase, Staub) 1978
- Luftbelastung (Abgase, Staub) 1986
- Verkehrslärm 1978
- Verkehrslärm 1986

Quelle: 1% Wohnungsstichprobe 1978
BfLR-Umfrage 1986 (n = 2100)

Regionen mit großen Verdichtungsräumen

1 = Gemeinden mit 100 000 Einwohner u.m.
2 = Gemeinden mit 50 – < 100 000 Einwohner
3 = Gemeinden unter 50 000 Einwohner

Regionen mit Verdichtungsansätzen

4 = Gemeinden mit 50 000 Einwohner u.m.
5 = Gemeinden unter 50 000 Einwohner

Ländliche Regionen

6 = Gemeinden in ländlichen Regionen

Wohnqualität im Wohngebiet

Subjektive Einschätzung der Verhältnisse im Wohngebiet, nach Wichtigkeit und Zufriedenheit[1)]

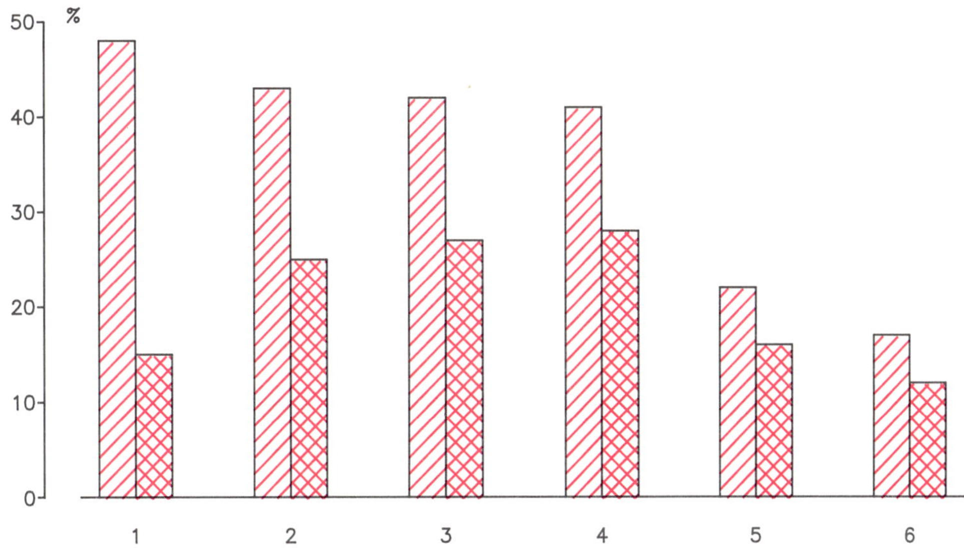

1) Wichtigkeit und Zufriedenheit: %-Anteile der Angaben "sehr wichtig" und "sehr zufrieden"

%-Anteil: "sehr wichtig"
%-Anteil: "sehr zufrieden"

1 = Umwelt (Lärm, Luft)
2 = Grün (Bäume, Gärten, Plätze)
3 = Versorgung
4 = Verkehrsverbindungen
5 = Straßenbild, Gebäude
6 = Ausgehmöglichkeiten (Gaststätten)

Subjektive Defizite im Wohngebiet, nach siedlungsstrukturellen Regionstypen

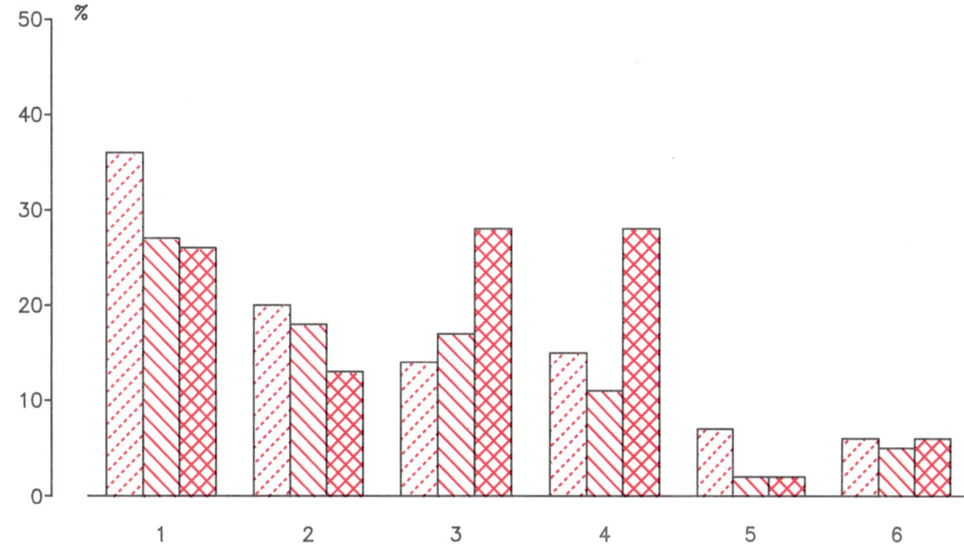

Defizite: %-Anteil "sehr wichtig" minus %-Anteil "sehr zufrieden"

Regionen mit großen Verdichtungsräumen
Regionen mit Verdichtungsansätzen
Ländliche Regionen

1 = Umwelt (Lärm, Luft)
2 = Grün (Bäume, Gärten, Plätze)
3 = Versorgung
4 = Verkehrsverbindungen
5 = Straßenbild, Gebäude
6 = Ausgehmöglichkeiten (Gaststätten)

Quelle: BfLR-Umfrage 1987/88 (n = 3000)

Natur und Landschaft

Datengrundlage

Aufgrund des öffentlichen und wissenschaftlichen Interesses an der Tier- und Pflanzenwelt, an den natürlichen und anthropogenen Lebensräumen und ihren Veränderungen liegen vielfältige Daten über den Zustand von Natur und Landschaft in der Bundesrepublik Deutschland vor. Viele dieser Daten sind aufgrund unterschiedlicher Erhebungsmethodik nur bedingt vergleichbar. Eine Harmonisierung der Methodik steht noch bevor.

Zur Erhaltung der Pflanzen- und Tierarten sind zuverlässige Daten über ihre Populationen und deren geographische Verteilung erforderlich. Nur mit diesem Wissen können die Bedrohungen für die einzelnen Arten bestimmt und die Wirksamkeit von Erhaltungsmaßnahmen beurteilt werden. Nur für wenige Arten sind bisher vollständige Erhebungen vorhanden.

Neben der Darstellung der Roten Liste für verschiedene Arten der Fauna und Flora können auch Ursachen und Verursacher des Rückgangs von Arten aufgezeigt werden.

Die in den Bundesländern durchgeführten Biotopkartierungen sollen besonders die noch vorhandenen naturnahen und halbnatürlichen Lebensräume erfassen, kartieren und beschreiben, da eine wesentliche Ursache des Artenrückganges der Verlust dieser Biotope ist.

Durch die Biotopkartierung werden die für den Naturschutz wichtigsten Biotope erfaßt. Eine Gesamtbilanz der einzelnen Biotoptypen kann jedoch noch nicht vorgenommen werden, da erst für einige Bundesländer abgeschlossene Biotopkartierungen vorliegen.

Die Daten zu den ausgewiesenen Naturschutzgebieten, Naturparken, Landschaftsschutzgebieten u. a. geben Auskunft über den Stand des Schutzes von Lebensräumen.

Daten über Freizeit und Erholung zeigen, welchen Belastungen Naturschutzgebiete durch die Freizeitaktivitäten des Menschen ausgesetzt sind.

Die Daten sind im wesentlichen dem Landschafts-Informationssystem (LANIS) der Bundesforschungsanstalt für Naturschutz und Landschaftsökologie (BFANL) entnommen. LANIS ist ein computergestütztes geographisches Informationssystem für den Bereich Naturschutz und Landschaftspflege sowie verwandte Bereiche.

Die Daten zur Europäischen Gemeinschaft wurden dem Bericht der EG-Kommission „Die Lage der Umwelt in der Europäischen Gemeinschaft 1986“ entnommen. Sie enthalten keine Angaben zu Berlin (West), Spanien und Portugal.

Der Bestand an Arten

Die Artenzahlenübersicht der *Fauna* weist für die Bundesrepublik Deutschland etwa 45 000 Tierarten aus. Darunter sind ca. 5000 Protozoen (Einzeller), die zum Teil als Übergang zwischen der Tier- und Pflanzenwelt zu betrachten sind, sowie ca. 40 000 Metazoen (vielzellige Tiere). In der Bundesrepublik Deutschland kommen lediglich 600 Arten an Wirbeltieren wildlebend vor. Die Weltfauna umfaßt dagegen knapp 42 000 Arten von Wirbeltieren.

Noch nicht alle in Mitteleuropa wildlebenden Tierarten sind bekannt und beschrieben. Ebenso ist zu vermuten, daß auf der ganzen Welt weit mehr als die bisher beschriebenen 1,1 Mio. Arten leben.

Von den etwa 371 500 Arten der *Weltflora* gehören ca. 226 000 Arten den Angiospermen (Bedecktsamer) an. Obwohl vor allem in den Tropen Südamerikas, aber auch in fast allen anderen Teilen der Erde, ständig neue Arten und Gattungen bestimmt werden, steigt die Gesamtartenzahl gegenüber früheren Schätzungen nicht an, da viele Arten sich als Synonyme erweisen oder nur als Unterarten zu klassifizieren sind.

Von den innerhalb der Pflanzen eine Sonderstellung einnehmenden Pilzen sind bis heute etwa 50 000 Arten bekannt. Die Schätzungen der Gesamtzahl reichen von 100 000–300 000 Arten.

Die Erforschung der Weltflora kann nur für die Bestimmung und Beschreibung der Farnpflanzen, Moose (vor allem Laubmoose) und eines Teils der Algen als weitgehend abgeschlossen angesehen werden.

Für die Bundesrepublik Deutschland ergibt sich folgender Artenbestand:

- Farn- und Blütenpflanzen: 2728 Arten
- Moosflora: 1000 Moosarten, davon knapp 750 Laubmoose und 250 Lebemoose
- Flechten: ca. 1850 Arten
- Großpilze: 2337 Arten
- Algen: 4 Braunalgen-, 28 Rotalgen- und 34 Armleuchteralgenarten.

Für die übrigen Gruppen der niederen Pflanzen (übrige Pilze und Algen, Bakterien) können wegen fehlender Kenntnisse keine Zahlen genannt werden. Beim Gesamtartenbestand der einheimischen Gefäßpflanzenarten wurden die Neophyten (Neubürger) nicht mitgezählt.

Tierarten der Welt und der Bundesrepublik Deutschland

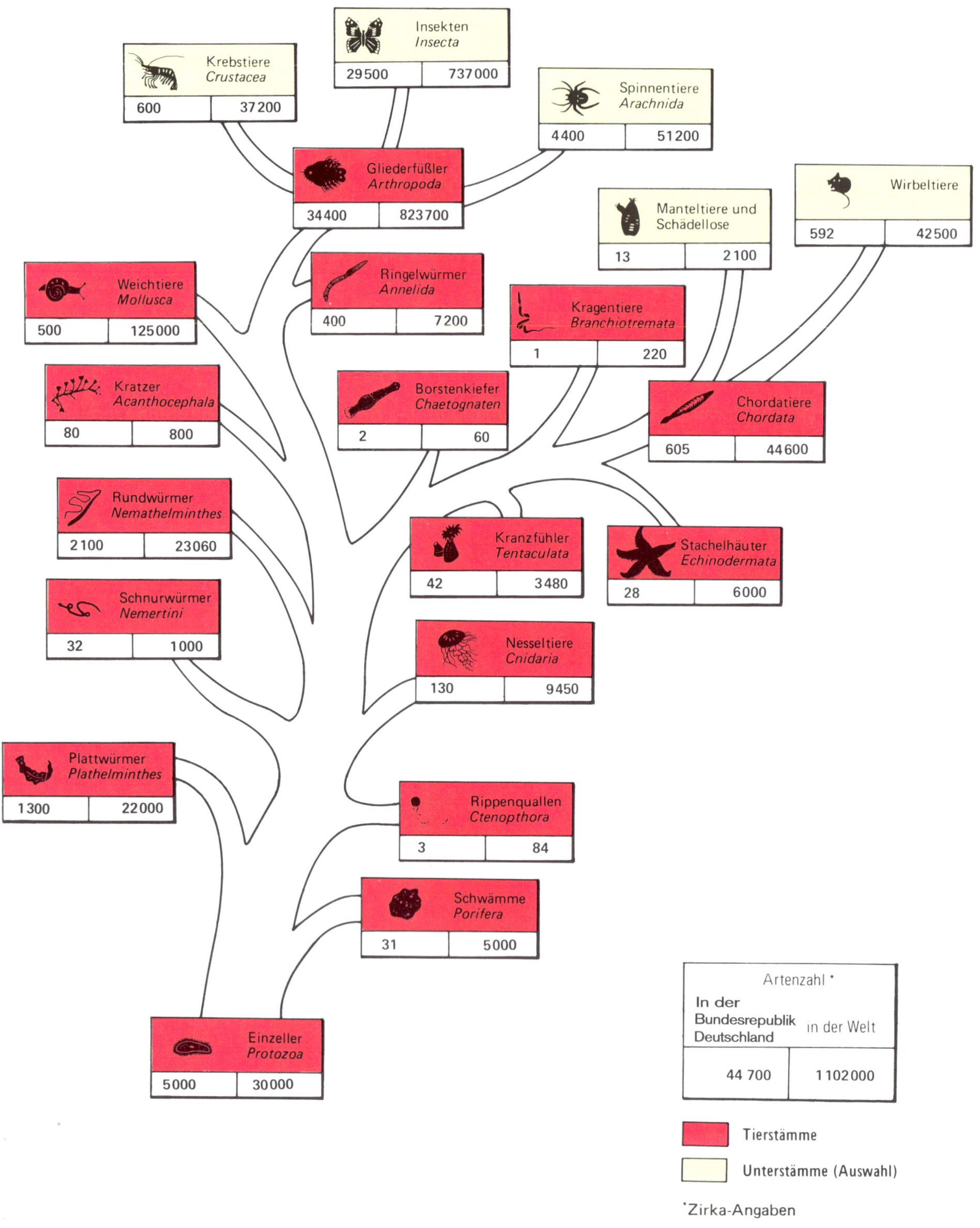

Quelle: Bundesforschungsanstalt für Naturschutz und Landschaftsökologie

Pflanzenarten der Welt und der Bundesrepublik Deutschland

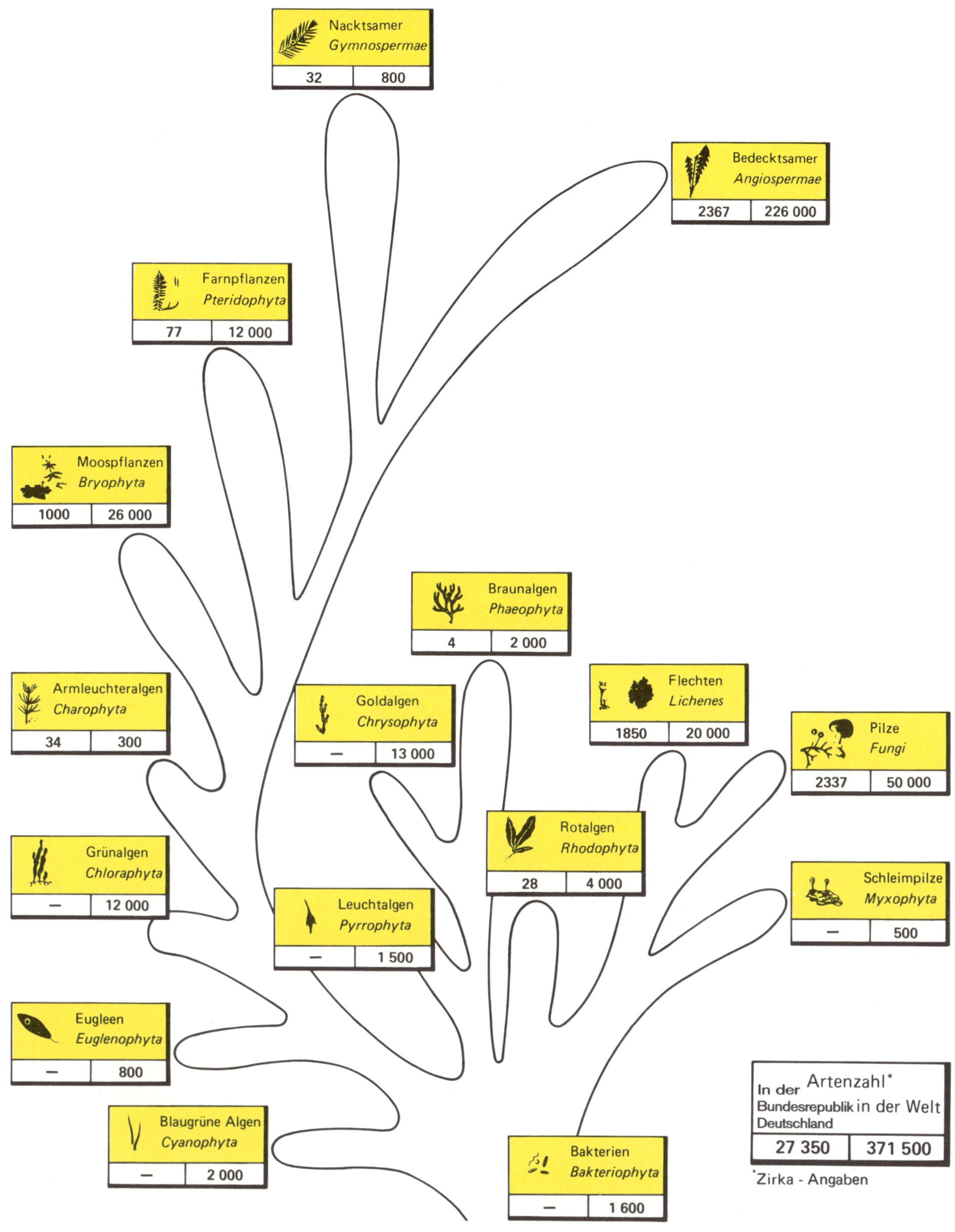

Quelle: Bundesforschungsanstalt für Naturschutz und Landschaftsökologie

Gefährdete Arten

Der Grad der Seltenheit und der Bedrohung von gefährdeten Arten wurde erstmals 1977 und 1984 in einer erweiterten und überarbeiteten Fassung der „Roten Liste der gefährdeten Tiere und Pflanzen in der Bundesrepublik Deutschland" dargestellt. Sie weist folgende Gefährdungsstufen aus:

0 Ausgestorben oder verschollen
1 Vom Aussterben bedroht
2 Stark gefährdet
3 Gefährdet
4 Potentiell gefährdet

Die Listen gefährdeter Arten werden in längeren Zeitabständen überprüft (7–10 Jahre).

Bei einigen Artengruppen, z. B. bei den gut erforschten einheimischen Brutvogelarten der Bundesrepublik Deutschland, wurden aber in der Zeitperiode 1971 bis 1986 Listen der gefährdeten Arten bereits sechsmal neu verfaßt.

1988 wurde eine neu bearbeitete Rote Liste der einheimischen Farn- und Blütenpflanzen vorgelegt. Danach sind von 2728 Arten einheimischer Farn- und Blütenpflanzen 27% aktuell und 5% potentiell gefährdet.

Gefährdete Wirbeltiere in der Bundesrepublik Deutschland

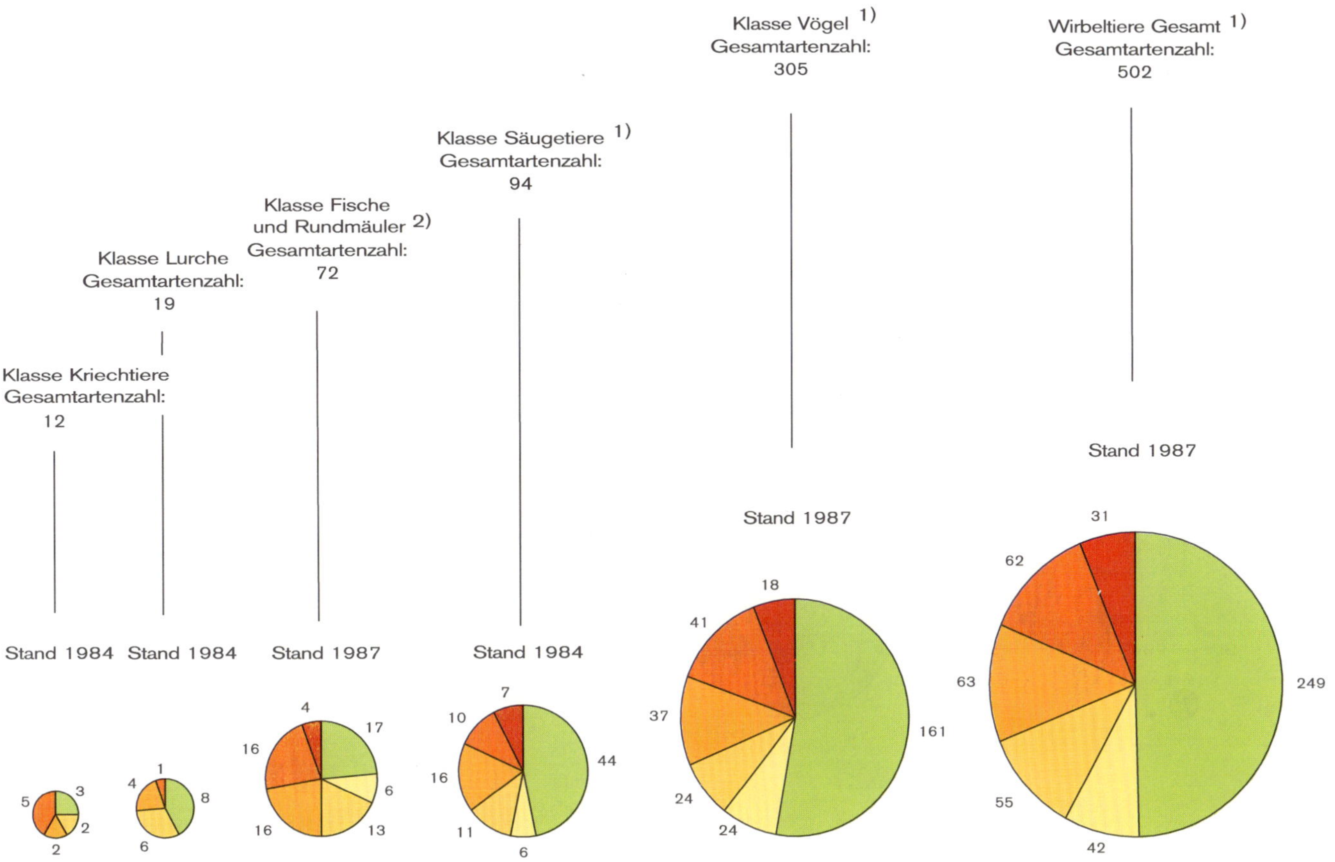

Klasse Kriechtiere
Gesamtartenzahl:
12
Stand 1984
5
3
2
2
Klasse Lurche
Gesamtartenzahl:
19
Stand 1984
1
4
8
6
Klasse Fische
und Rundmäuler 2)
Gesamtartenzahl:
72
Stand 1987
4
17
16
6
16
13
Klasse Säugetiere 1)
Gesamtartenzahl:
94
Stand 1984
7
10
44
16
11
6
Klasse Vögel 1)
Gesamtartenzahl:
305
Stand 1987
18
41
37
161
24
24
Wirbeltiere Gesamt 1)
Gesamtartenzahl:
502
Stand 1987
31
62
63
249
55
42

Ausgestorben oder verschollen

Vom Aussterben bedroht

Stark gefährdet

Gefährdet

Potentiell gefährdet

Nicht gefährdet

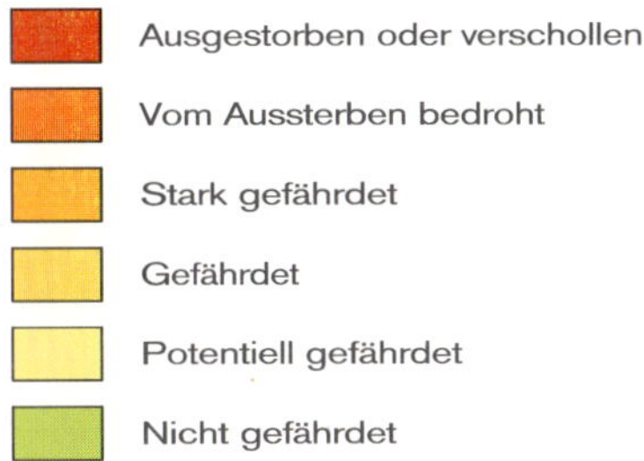

der einheimischen Arten mit und ohne
Reproduktionen im Gebiet der Bundesrepublik Deutschland

2) Die etwa 90 einheimischen marinen Fischarten
sind hier nicht berücksichtigt

Quelle: Bundesforschungsanstalt für Naturschutz und Landschaftsökologie

Gefährdete Pflanzenarten in der Bundesrepublik Deutschland

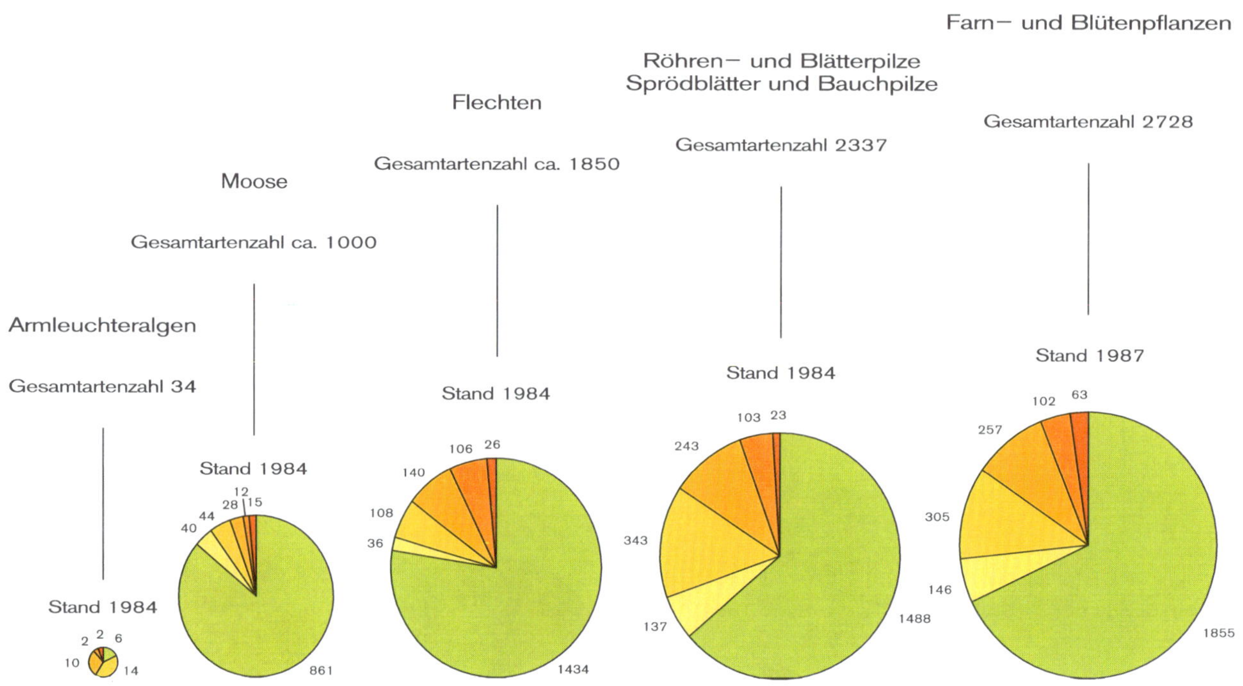

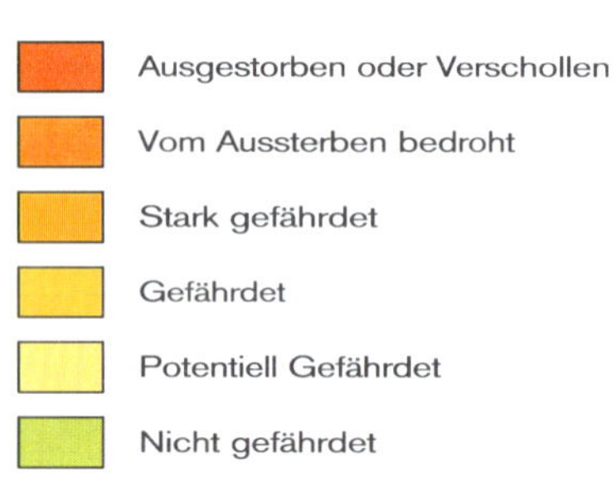

Quelle: Bundesforschungsanstalt für Naturschutz und Landschaftsökologie

Gefährdete Farn- und Blütenpflanzen nach Bundesländern

Aufgrund geographischer und erdgeschichtlicher Faktoren sowie des Einflusses der menschlichen Landnutzung hat jede einzelne Pflanzen- und Tierart ihr eigenes spezifisches Verbreitungsgebiet (Areal).

Innerhalb dieses Areals kommen sie nach Individuenmenge und -häufung und den lokalen und regionalen Lebensbedingungen unterschiedlich verteilt vor. Bestandsgefährdete Faktoren wirken sich nicht immer im gesamten Verbreitungsgebiet gleichmäßig aus. Deshalb variiert die Gefährdungssituation vieler Arten lokal und regional.

In den letzten Jahren sind für alle Bundesländer Rote Listen der gefährdeten Farn- und Blütenpflanzen erstellt und veröffentlicht worden. Dadurch konnte die regionale Situation jeder einzelnen Art wesentlich differenzierter dokumentiert werden als in der Roten Liste des Bundesgebietes.

Eine weitergehende „Regionalisierung" der Roten Listen, wie sie z. B. für die Farn- und Blütenpflanzen in Nordrhein-Westfalen nach Naturräumen durchgeführt wurde, liegt noch nicht für alle Bundesländer vor.

Gefährdete Farn- und Blütenpflanzen nach Bundesländern [1)]

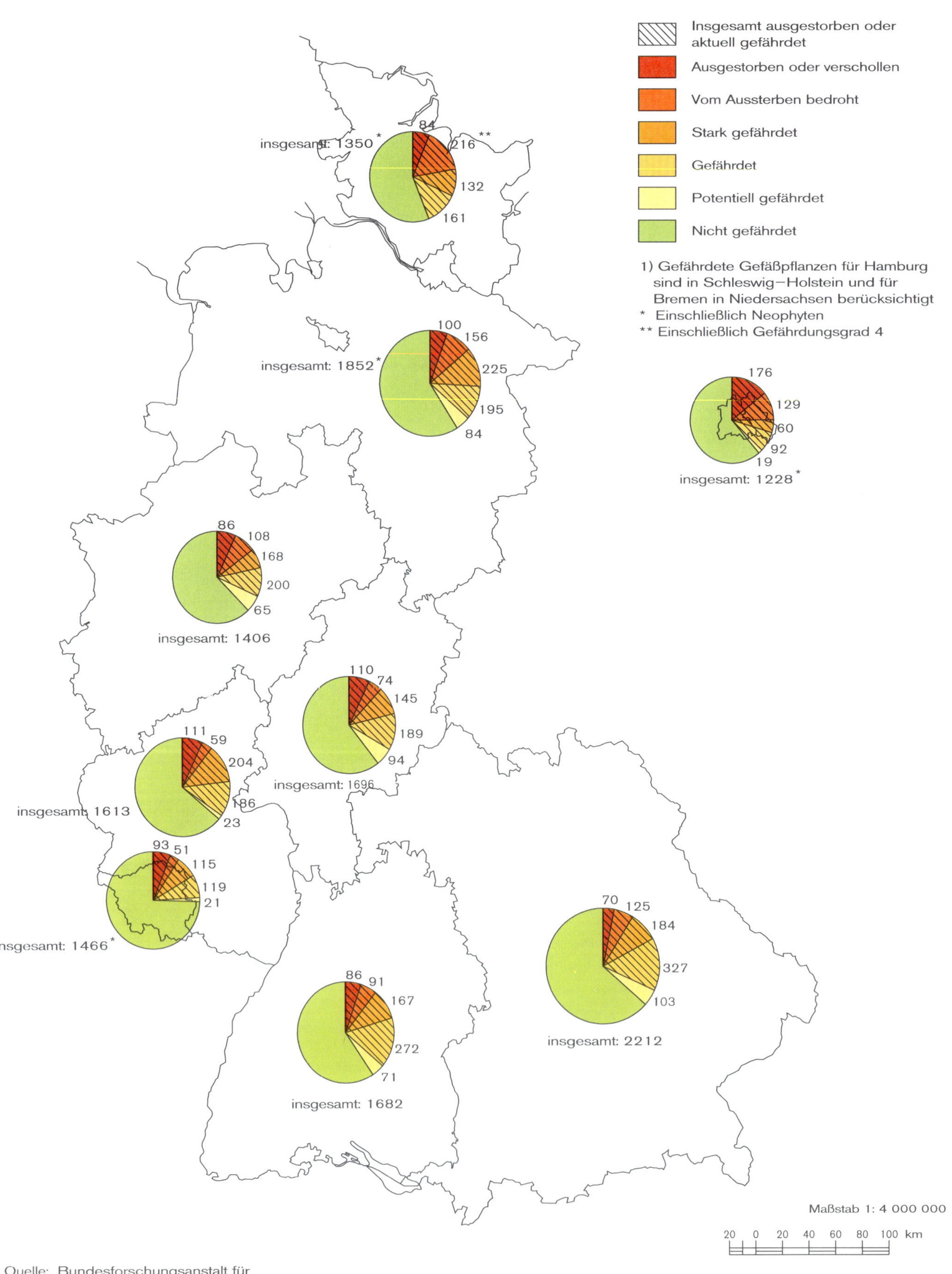

Quelle: Bundesforschungsanstalt für Naturschutz und Landschaftsökologie

Gefährdete Pflanzenarten in der Europäischen Gemeinschaft

Mehr als 6000 Pflanzen kommen natürlicherweise in der Europäischen Gemeinschaft vor. Die Information über die überwiegende Mehrheit dieser Arten ist jedoch begrenzt, da nur sehr wenige vollständige Erhebungen für die Gemeinschaft vorliegen. Mehr als 1000 Arten gelten als gefährdet und mehr als 200 vom Aussterben bedroht.

Um die Vergleichbarkeit zu wahren, wurden in der Grafik nur Daten aus einer Studie des britischen Nature Conservancy Council verwendet. Unter Berücksichtigung der eingeschränkten Aussagekraft dieser Daten kann doch festgestellt werden, daß in den Mittelmeerländern mehr Pflanzen bedroht sind als in den übrigen Ländern der EG. So sind z. B. in Griechenland allein mehr als 500 Pflanzen in der Kategorie selten und 104 in den Katagorien anfällig und gefährdet eingeordnet. Dagegen sind im flächenmäßig größeren Vereinigten Königreich nur 25 Pflanzenarten bedroht.

Dies ist zum einen auf die unterschiedliche natürliche Verteilung der Pflanzenarten in der Gemeinschaft zurückzuführen. Die Artenvielfalt ist im Norden wegen des rauheren Klimas und der Auswirkungen der Eiszeiten viel geringer. Sie ist größer in südlichen Gegenden, die nicht von den Auswirkungen der Vergletscherung betroffen waren und ein vergleichsweise mildes Klima haben.

Zum anderen wirken sich menschliche Aktivitäten auf die Artenvielfalt aus. In nördlichen Gegenden haben Entwaldung, die Ausdehnung der intensiven landwirtschaftlichen Nutzung und die massive Industrialisierung zusammen in den letzten 200 Jahren das Aussterben einer großen Zahl von Pflanzen verursacht. Im Gegensatz dazu sind in den südlichen Gegenden ein weiteres Anwachsen der Belastungen durch Erschließung für Tourismus, industrielles Wachstum oder landwirtschaftliche Intensivierung zu erwarten.

Die Darstellung der Ursachen zur Bedrohung von Pflanzenarten in der Europäischen Gemeinschaft beziehen sich auf die 1982 vom Nature Conservancy Council in der Europäischen Gemeinschaft als „gefährdet“ bestimmten Pflanzenarten. Unter den bekannten Bedrohungen überwiegen Tourismus, Landwirtschaft und Urbanisierung.

Bedrohte und ausgestorbene Pflanzenarten in den Mitgliedsstaaten der Europäischen Gemeinschaft

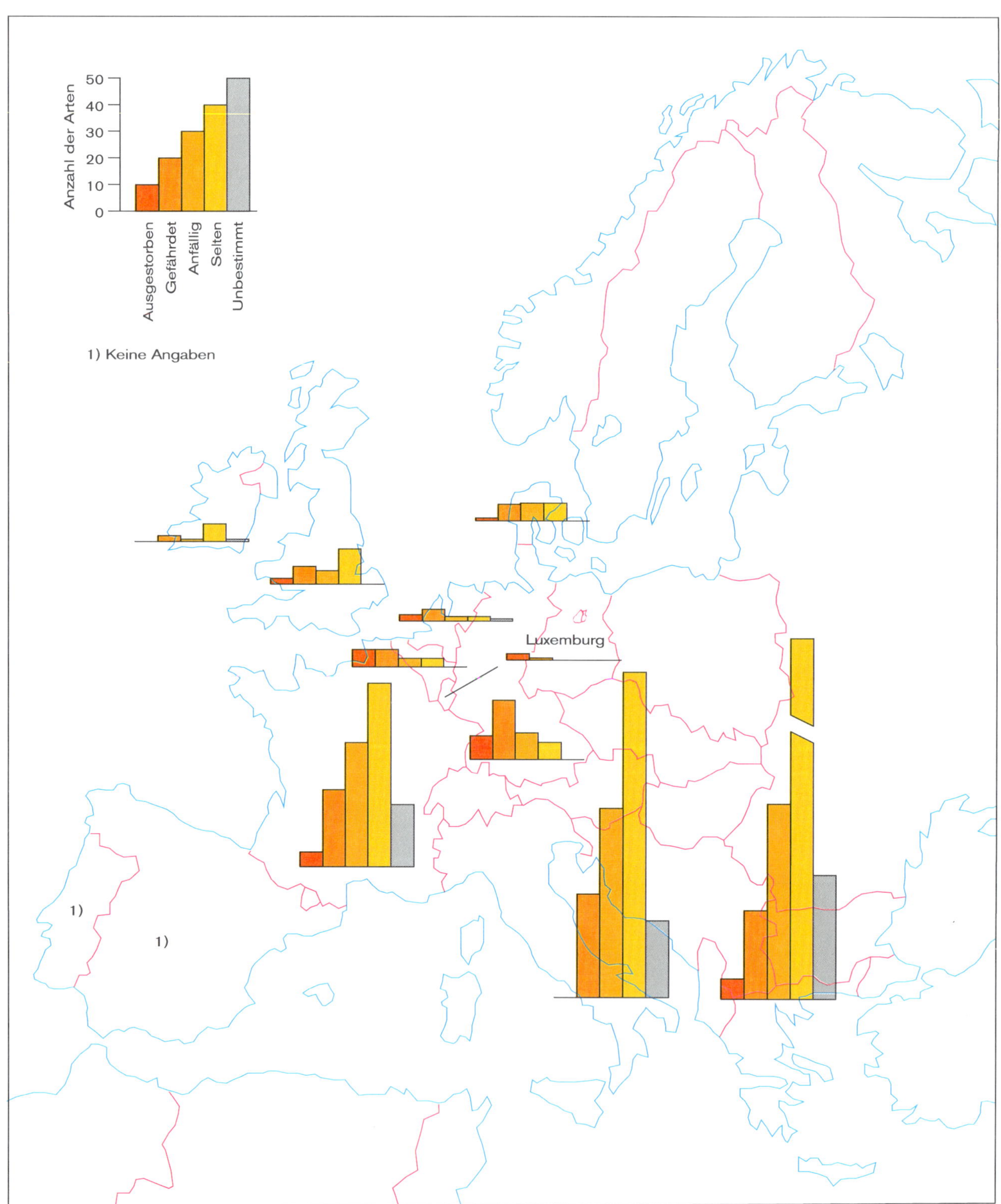

Quelle: Europäische Gemeinschaft

Ursachen der Gefährdung von Pflanzenarten in den Mitgliedstaaten der Europäischen Gemeinschaft

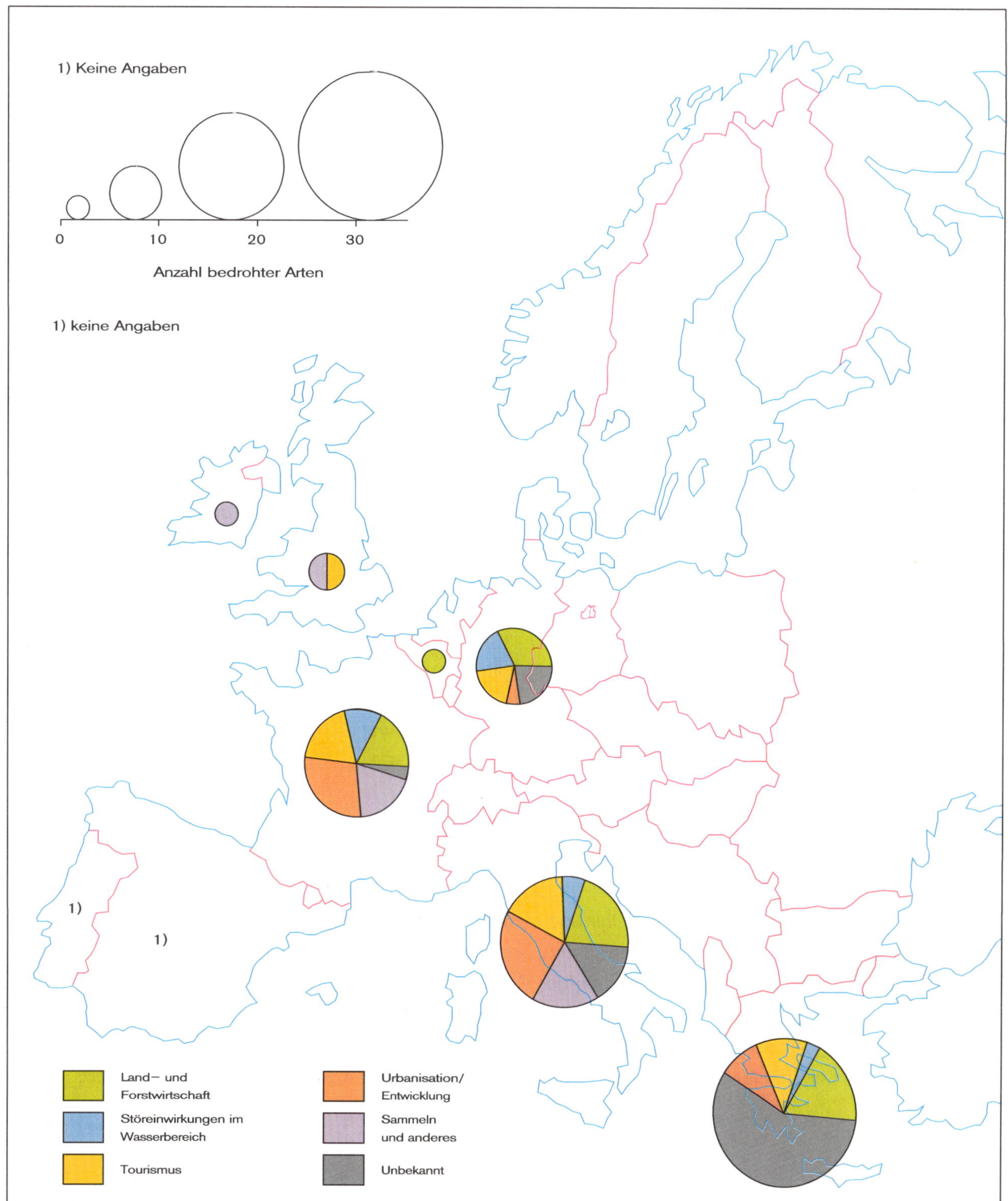

Quelle: Europäische Gemeinschaft

Gefährdung heimischer Pflanzenformationen

Um die Zusammenhänge zwischen Gefährdung der Arten und ihrer Lebensstätten aufzuzeigen, wurde für die wildwachsenden Farn- und Blütenpflanzen der Bundesrepublik Deutschland eine Aufgliederung nach Schwerpunktvorkommen in überschaubaren und gut charakterisierten Lebensräumen (= Pflanzenformationen) vorgenommen sowie der jeweilige Anteil an verschollenen und gefährdeten Arten ermittelt.

Die 2728 im Bundesgebiet heimischen Arten von Farn- und Blütenpflanzen (ohne eingebürgerte Neophyten) wurden 24 standörtlich differenzierten, aber in sich komplexen „Pflanzenformationen" zugeordnet. Dabei wurden jeweils nur die Hauptvorkommen berücksichtigt, die sich jedoch bei etlichen Arten auf mehrere Formationen verteilen. Die Gesamtartenzahl der einzelnen Formationen differiert wegen der unterschiedlichen Komplexität, Flächenausdehnung und Artenausstattung zwischen 16 Arten bei Küstendünen und 477 Arten bei Trocken- und Halbtrockenrasen.

Weitere sehr artenreiche Formationen sind die Alpine Vegetation und die Mesophilen Fallaubwälder als überwiegend natürliche Einheiten, ferner die Ackerunkraut- und nitrophile Staudenvegetation als vorwiegend anthropogene Formationen.

Auch von den gefährdeten und verschollenen Pflanzenarten kommen etliche in mehreren Formationen vor, können dort aber unterschiedlich stark gefährdet sein. Deshalb ergibt sich in Spalte 2 der Abb. eine höhere Summe als 711 Arten. Die meisten Arten der Roten Liste besitzen allerdings eine relativ enge ökologische Amplitude. Dies wirkt mit zu Verwundbarkeit und Rückgang von Arten bei.

Zum Gefährdungsgrad der heimischen Pflanzenformationen aufgrund ihres Anteils verschollener und bedrohter Arten ist festzustellen, daß die Lebensgemeinschaften feuchter bis nasser und nährstoffarmer Standorte bei weitem am stärksten dezimiert und in ihrer Artenstruktur verändert wurden. Besonders betroffen sind die relativ artenarmen und hochspezialisierten Formationen, die an oligotrophe Gewässer, Moore und Schlammböden gebunden sind. Bei ihnen gelten 56–81% des Artenbestandes als gefährdet. Unter den artenreichen Formationen sind vor allem die Trocken- und Halbtrockenrasen, die mit 195 auch absolut die höchste Zahl gefährdeter Arten aufweisen, die Feuchtwiesen und -weiden sowie die Ackerunkrautvegetation betroffen.

Hauptursachen für den gravierenden Artenrückgang und die akute Bestandsbedrohung sind:

- Eutrophierung der Oberflächengewässer und Beseitigung kleiner Stillgewässer,
- Regulierung und Aufstau von Fließgewässern, Änderung der Fischteichbewirtschaftung,
- Entwässerung, Abtorfung und Kultivierung der Moore,
- Düngung, Aufforstung oder Nutzungsaufgabe bei Magerrasen,
- Entwässerung, Düngung und sonstige Nutzungsintensivierung bei Feuchtgrünland,
- Düngung, Saatgutreinigung und vor allem Herbizidanwendung bei Ackerunkräutern.

Siehe auch:
Kapitel Boden, Abschnitte Flächennutzung, Bodenschutz und Landwirtschaft

Gefährdungsgrad der heimischen Pflanzenformationen

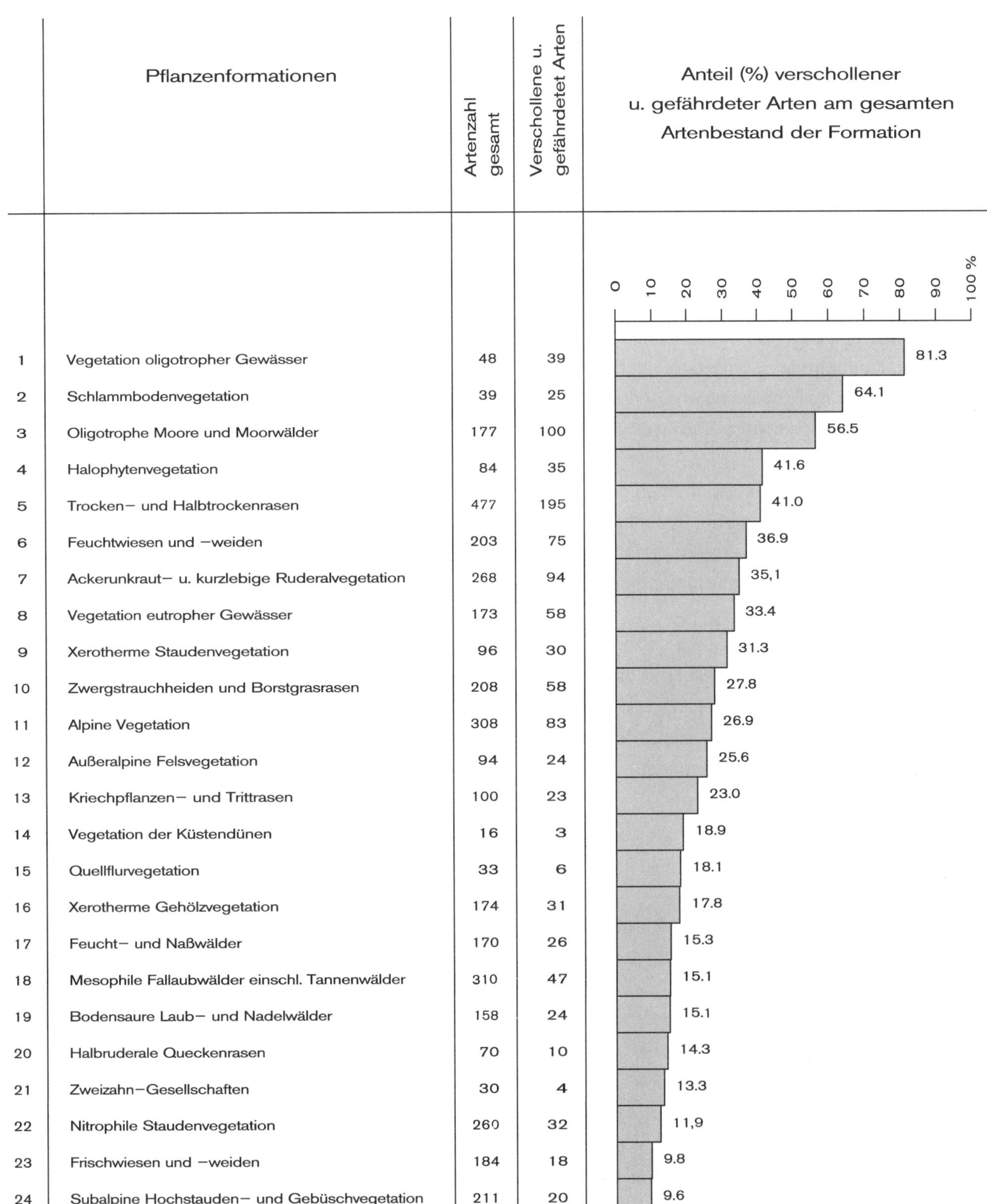

	Pflanzenformationen	Artenzahl gesamt	Verschollene u. gefährdetet Arten	Anteil (%) verschollener u. gefährdeter Arten am gesamten Artenbestand der Formation
1	Vegetation oligotropher Gewässer	48	39	81.3
2	Schlammbodenvegetation	39	25	64.1
3	Oligotrophe Moore und Moorwälder	177	100	56.5
4	Halophytenvegetation	84	35	41.6
5	Trocken- und Halbtrockenrasen	477	195	41.0
6	Feuchtwiesen und -weiden	203	75	36.9
7	Ackerunkraut- u. kurzlebige Ruderalvegetation	268	94	35,1
8	Vegetation eutropher Gewässer	173	58	33.4
9	Xerotherme Staudenvegetation	96	30	31.3
10	Zwergstrauchheiden und Borstgrasrasen	208	58	27.8
11	Alpine Vegetation	308	83	26.9
12	Außeralpine Felsvegetation	94	24	25.6
13	Kriechpflanzen- und Trittrasen	100	23	23.0
14	Vegetation der Küstendünen	16	3	18.9
15	Quellflurvegetation	33	6	18.1
16	Xerotherme Gehölzvegetation	174	31	17.8
17	Feucht- und Naßwälder	170	26	15.3
18	Mesophile Fallaubwälder einschl. Tannenwälder	310	47	15.1
19	Bodensaure Laub- und Nadelwälder	158	24	15.1
20	Halbruderale Queckenrasen	70	10	14.3
21	Zweizahn-Gesellschaften	30	4	13.3
22	Nitrophile Staudenvegetation	260	32	11,9
23	Frischwiesen und -weiden	184	18	9.8
24	Subalpine Hochstauden- und Gebüschvegetation	211	20	9.6

Quelle: Bundesforschungsanstalt für Naturschutz und Landschaftsökologie

Gefährdung der Brutvogelarten

Die Vogelfauna der Bundesrepublik Deutschland besteht aus 255 Brutvogelarten (einschließlich der Brutgäste – diese sind in der Grafik nicht berücksichtigt –), 50 regelmäßigen, hier nicht brütenden Gastvogelarten und ca. 150 mehr oder weniger sporadischen Gastarten. Nur ca. 30 Arten der Brutvogelfauna bleiben ganzjährig im Gebiet. Die übrigen unternehmen jahreszeitlich gebundene Wanderungen über oft weite Strecken. Größere Bestände von etwa 200 Arten, die außerhalb der Bundesrepublik Deutschland brüten, aber auch zur heimischen Brutvogelfauna zählen, erscheinen bei uns regelmäßig während des Zuges oder überwintern hier.

Von den Brutvögeln sind die Nicht-Singvögel zu 76% (110 von 145) in der Roten Liste vertreten und damit ungleich stärker gefährdet als die Singvögel (39 von 110 Arten). Der Grund ist, daß es sich überwiegend um Großvögel (z. B. Störche, Reiher, Hühner) handelt, die großflächige, ruhige, wenig belastete und ökologisch recht spezifische Lebensräume benötigen (z. B. Kranich, Birkhuhn). Andere Arten, wie etwa die Greifvögel und Eulen, haben als Spitzenglieder der Nahrungskette wenige natürliche Feinde und eine entsprechend geringe Fortpflanzungsrate. Sie sind damit vom Raubbau durch den Menschen besonders nachhaltig betroffen. Singvögel (z. B. Finken, Krähen, Grasmücken) können sich dagegen in der Mehrzahl zivilisationsbedingten Landschaftsveränderungen meist besser anpassen und weisen zudem in der Regel deutlich höhere Nachwuchsraten auf.

Gegliedert nach den Lebensräumen der einzelnen Arten sind die Vogelarten der Gewässer, Sümpfe und Moore (72 von 93 Arten), die Bodenbrüter und „Ödflächen"-Arten (62 von 66 Arten) sowie die zwingend an Altholzbestände (Waldteile altersmäßig jenseits der Hiebreife, alte Obstbäume u. ä.) gebundenen Arten (29 von 30) ungleich stärker gefährdet als etwa die Gruppe der Baum- und Gebüschbrüter (47 von 110 Arten).

Gemessen am Kriterium Stellung in der Nahrungskette sind zu Wasser und zu Land, sowohl die Position vornehmlich von Wirbeltieren (z. B. Greifvögel, Eulen, Gänsesäger, Graureiher, Eisvogel, Taucher) als auch von Großinsekten lebenden Arten (Würger, Wiedehopf, Blauracke) stark bedroht. Dagegen ist bei Pflanzenfressern (z. B. Finkenarten) und Allesfressern (z. B. Krähen, Möwen, Bläßhühner) die Erhaltungssituation ungleich günstiger.

Vergleich der Anzahl gefährdeter Brutvogelarten in der Bundesrepublik Deutschland 1971 – 1986 (Rote Listen)

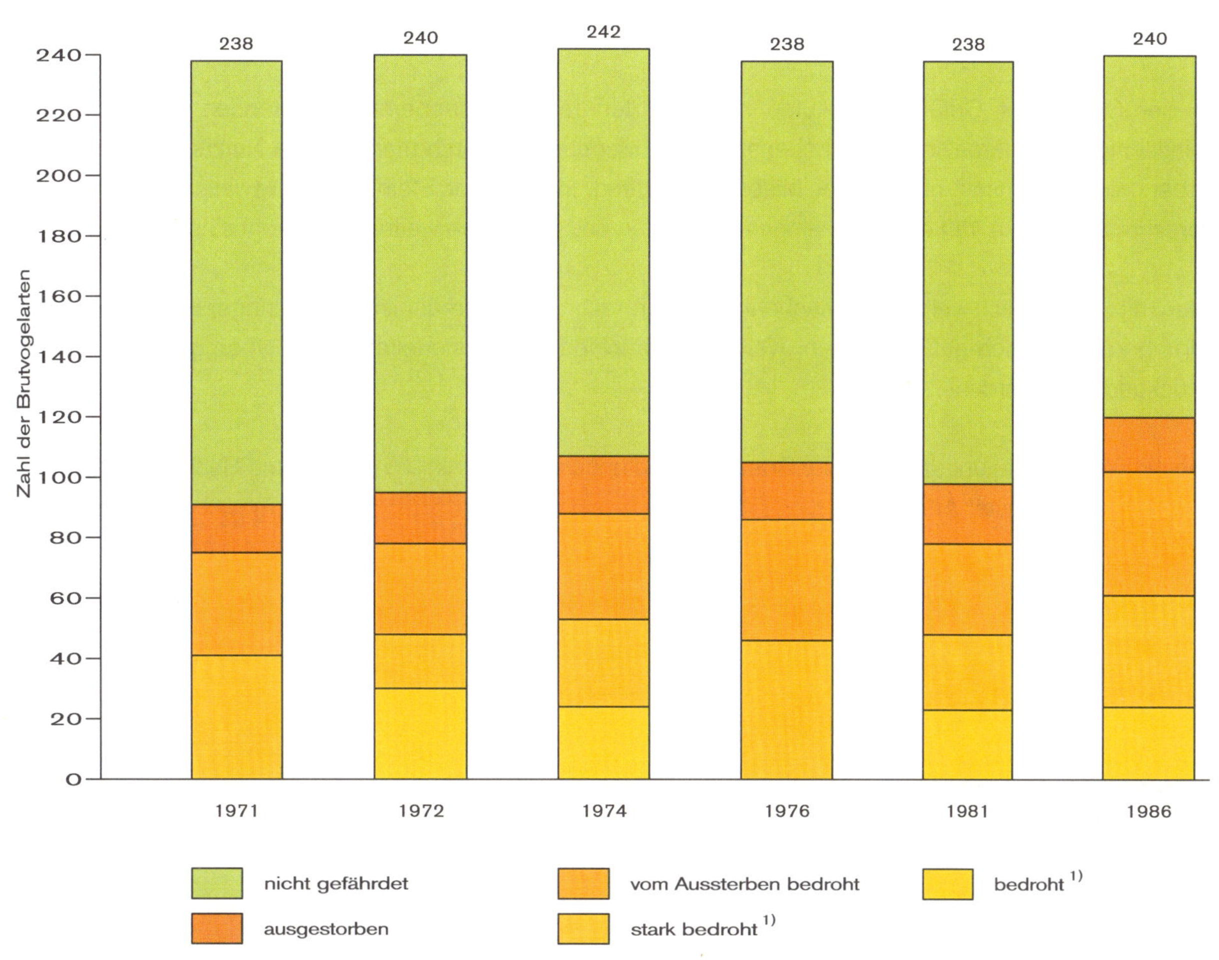

[1] 1971 und 1976 wurde nach "stark bedroht" und "bedroht" nicht differenziert

Quelle: Bundesforschungsanstalt für Naturschutz und Landschaftsökologie

Gefährdung der Reptilienarten

Reptilien sind in der Bundesrepublik Deutschland nahezu in ihrer Gesamtheit im Rückgang begriffen, da keine Art auf vollständig oder ausschließlich intensiv genutzten Flächen langfristig überleben kann.

An der Spitze der Gefährdungsstufen stehen Arten mit individuenarmen Beständen und lediglich kleinflächigen Inselarealen, deren Lebensstätten zudem bereits durch menschliche Nutzung (Weinbergflurbereinigung, Einsatz chemischer Mittel, Aufforstung, industrieller Steinabbau, Gewässerausbau und -verschmutzung u. a. m.) erheblich eingeengt wurden und z. T. auch weiterhin bedroht sind.

Arten mit ursprünglich weitgehend flächenhafter Verbreitung und verhältnismäßig geringer Biotopspezialisierung können auch gefährdet sein, wenn die verschiedenen besiedelten Biotoptypen gleichermaßen zurückgedrängt werden.

Günstig ist die Erhaltungssituation für Arten mit Siedlungsschwerpunkt in Wäldern und Heckenlandschaften unterschiedlichster Art.

1. Vom Aussterben bedroht:
   Äskulapnatter
   Sumpfschildkröte
   Smaragdeidechse
   Würfelnatter
   Aspisviper

2. Stark gefährdet:
   Mauereidechse
   Kreuzotter
3. Gefährdet
   Schlingnatter
   Ringelnatter

Gesamtartenzahlen und Anteile gefährdeter Reptilien nach Bundesländern [1)]

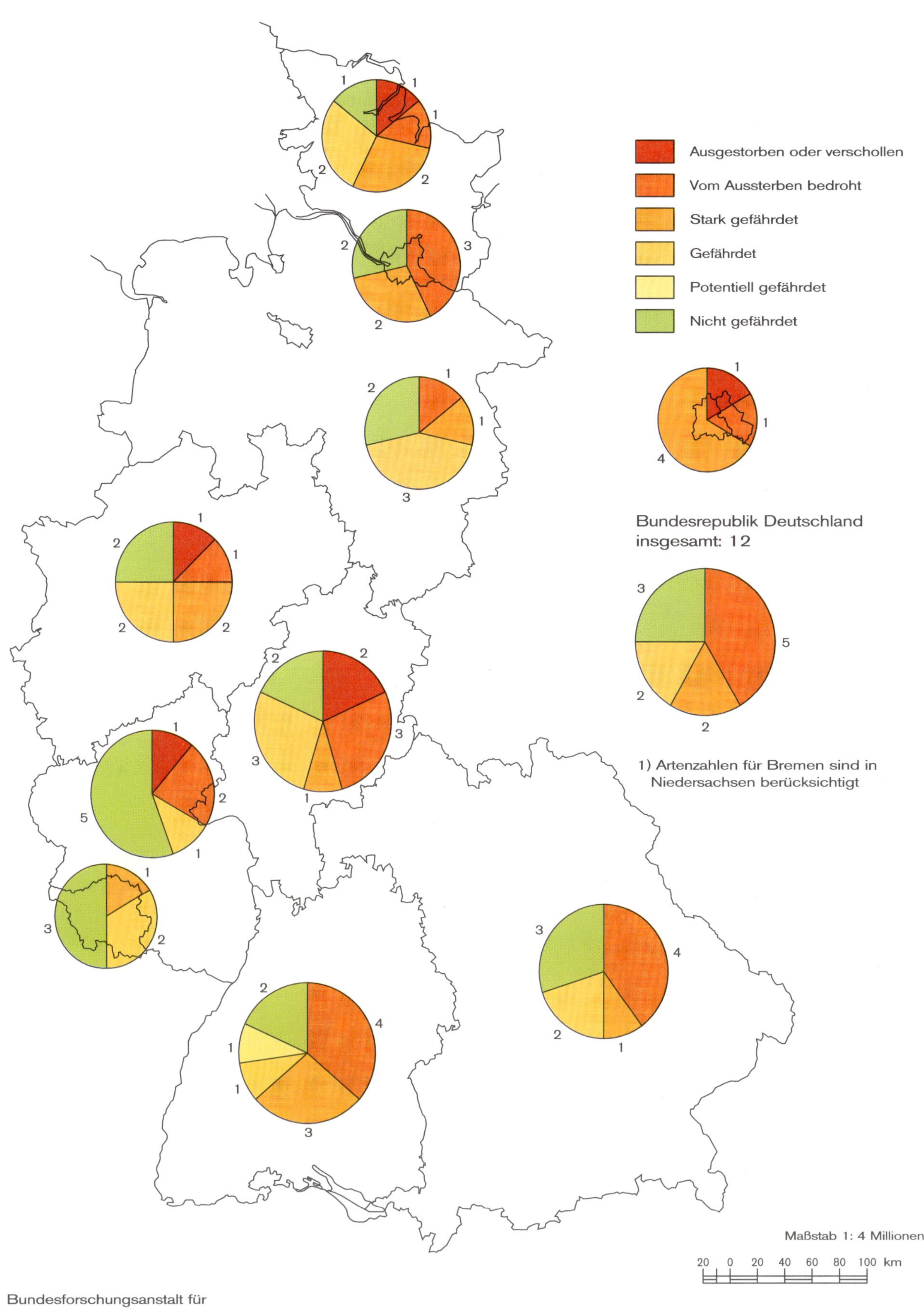

Quelle: Bundesforschungsanstalt für Naturschutz und Landschaftsökologie

Gefährdung der Amphibienarten

Die 19 einheimischen Amphibienarten sind nahezu in ihrer Gesamtheit im Rückgang begriffen.

An der Spitze der Gefährdungsstufen stehen Arten, welche:

- sehr enge Bindung an Biotope mit hohem Grundwasserstand zeigen (Moorfrosch, Rotbauchunke, eingeschränkt auch Laubfrosch);
- durch eine enge Bindung an Laubwald-Altholzkomplexe der tieferen Lagen ausgezeichnet sind (Springfrosch);
- besonders anfällig auf chemische Bekämpfungsmittel (Rotbauchunke, Laubfrosch, wohl auch Gelbbauchunke) oder auf säurehaltige Niederschläge (Moorfrosch) reagieren;
- nur ein beschränktes natürliches Verbreitungsgebiet vor allem im flachen bis bergigen Bereich (0–300 m über NN) besitzen (Rotbauchunke).

In Gebieten, die vom Menschen noch nicht nachhaltig verändert worden sind, sind die einzelnen Arten am wenigsten gefährdet.

1. Vom Aussterben bedroht
   Rotbauchunke

2. Stark gefährdet
   Wechselkröte
   Laubfrosch
   Moorfrosch
   Springfrosch

3. Gefährdet
   Geburtshelferkröte
   Gelbbauchunke
   Kreuzotter
   Knoblauchkröte
   Seefrosch
   Kammolch

Gesamtartenzahlen und Anteile gefährdeter Amphibien nach Bundesländern [1)]

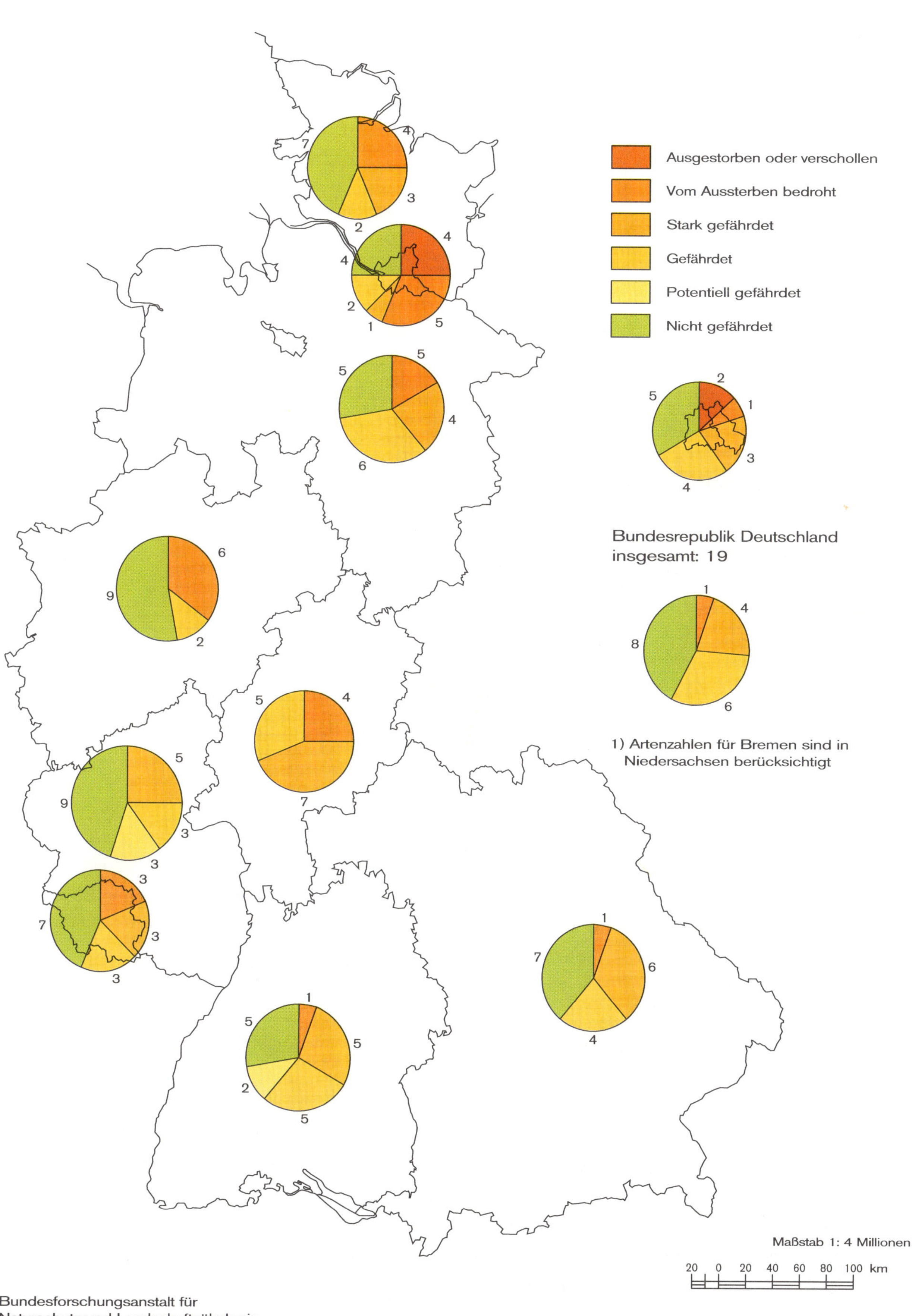

1) Artenzahlen für Bremen sind in Niedersachsen berücksichtigt

Quelle: Bundesforschungsanstalt für Naturschutz und Landschaftsökologie

Gefährdung der Fische nach Lebensraumtypen

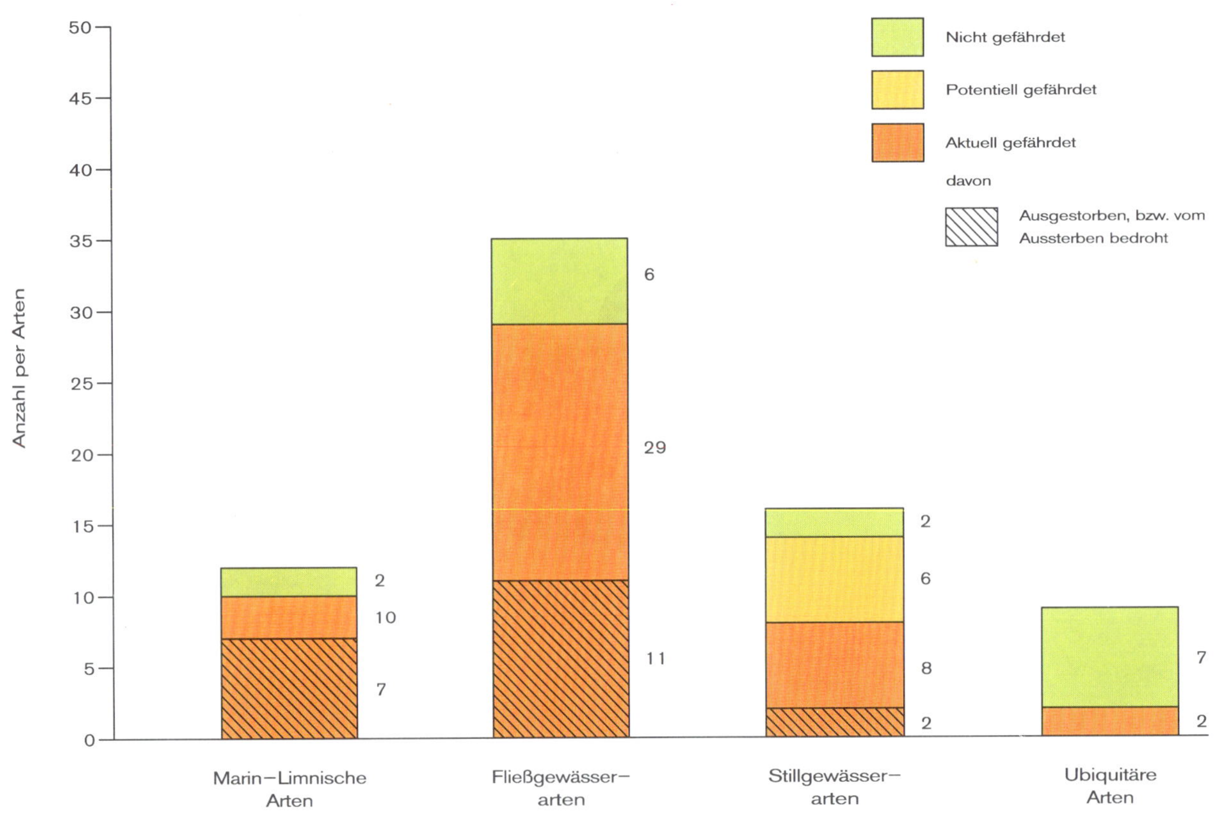

Quelle: Bundesforschungsanstalt für Naturschutz und Landschaftsökologie

Gefährdung der Süßwasserfische und ihrer Lebensraumtypen

Die aktuelle Gefährdungssituation der Süßwasserfischfauna ist gravierend. Sowohl in der Roten Liste der gefährdeten Fischarten des Bundes als auch in den entsprechenden Listen der einzelnen Bundesländer liegt der Anteil gefährdeter Arten bzw. Unterarten am Gesamtartenspektrum weit über 50%. Im Durchschnitt sind 27% der Gebietsfaunen in die Gefährdungsstufen „ausgestorben" oder „vom Aussterben bedroht" eingeordnet. Unterschiede der hier vorgelegten Artenzahlen zu den Angaben der einzelnen Roten Listen und der Gebietsfaunen ergeben sich u. a. durch Zugrundelegen anderer Gesamtartenzahlen aufgrund neuer Erkenntnisse sowie durch Nichtberücksichtigung eingebürgerter Arten.

Ordnet man die aktuell gefährdeten Fischarten den Lebensraumtypen zu, so zeigen sich bei allen Listen ähnliche Trends. Allgemein wird ein Gefährdungsgradient sichtbar, der von den extrem bedrohten marin-limnischen Wanderfischarten über die Arten der Fließgewässer und der Stillgewässer zu den ubiquitären Arten führt. Im Vergleich wird die unterschiedliche Gefährdungssituation der einzelnen Gruppen durch abnehmende Artenzahlen bei den ausgestorbenen bzw. vom Aussterben bedrohten und die Zunahme des Anteils der potentiell gefährdeten Arten gekennzeichnet.

Gefährdung der Fische nach Bundesländern

Gesamtartenzahlen und aktueller Bestand der in den Roten Listen geführten Fischarten

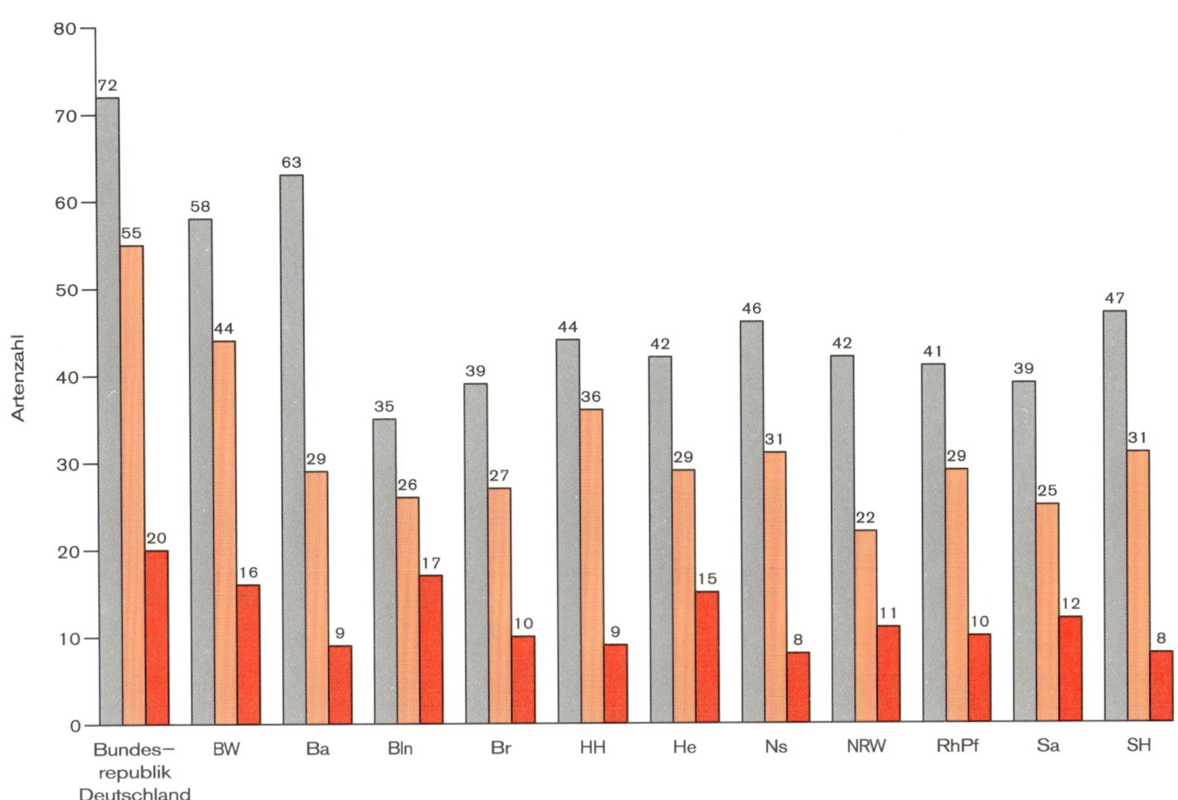

Relativer Anteil von Roten–Listen–Arten an der Gebietsfauna in Prozent

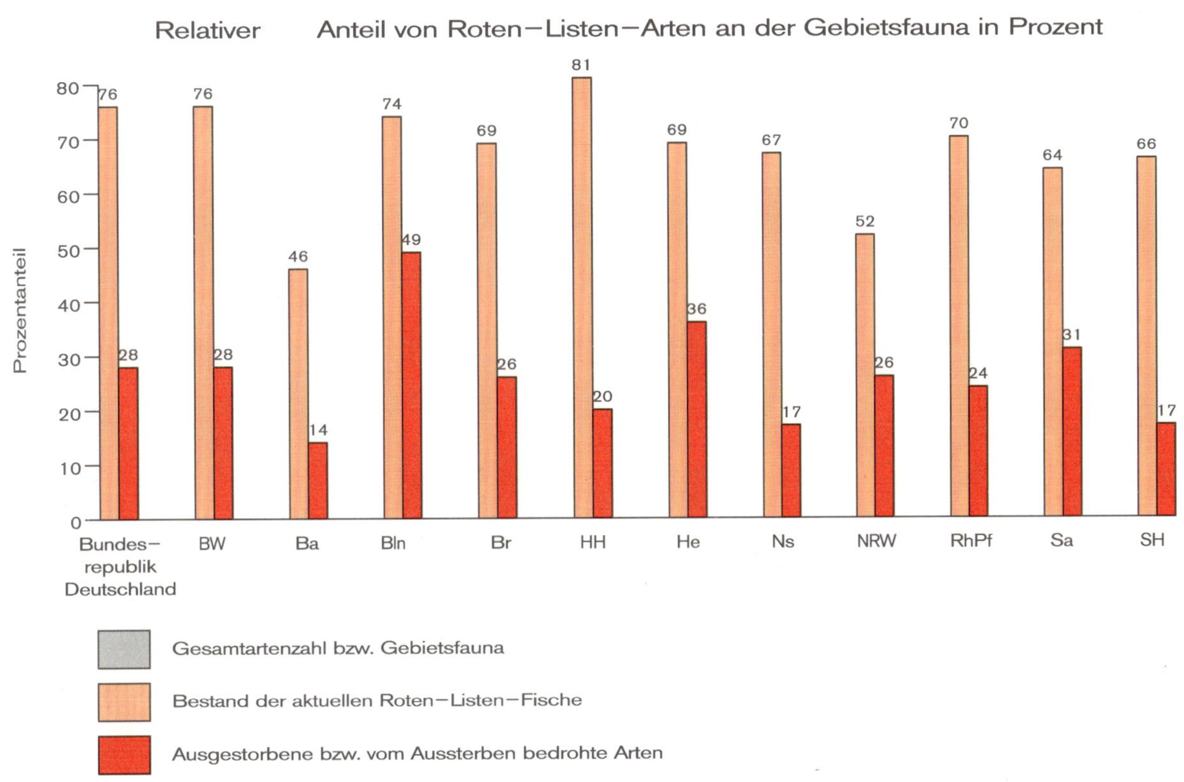

Gesamtartenzahl bzw. Gebietsfauna

Bestand der aktuellen Roten–Listen–Fische

Ausgestorbene bzw. vom Aussterben bedrohte Arten

Quelle: Bundesforschungsanstalt für Naturschutz und Landschaftsökologie

Gefährdete wirbellose Tierarten

Die Zuordnung dieser Arten zu den einzelnen Gefährdungskategorien beruht aus Mangel an älterem Vergleichsmaterial und exakten Bestandszahlen vornehmlich auf Schätzungen. Diese basieren ihrerseits zum einen auf faunistischen, arealkundlichen, ökologischen und populationsdynamischen Untersuchungen der einzelnen Arten, zum anderen auch auf der Berücksichtigung der zivilisationsbedingten, flächenmäßigen Abnahme empfindlicher und seltener Biotope und Habitate sowie dem Schwinden der Nahrungsgrundlage.

Gefährdete wirbellose Tierarten in der Bundesrepublik Deutschland

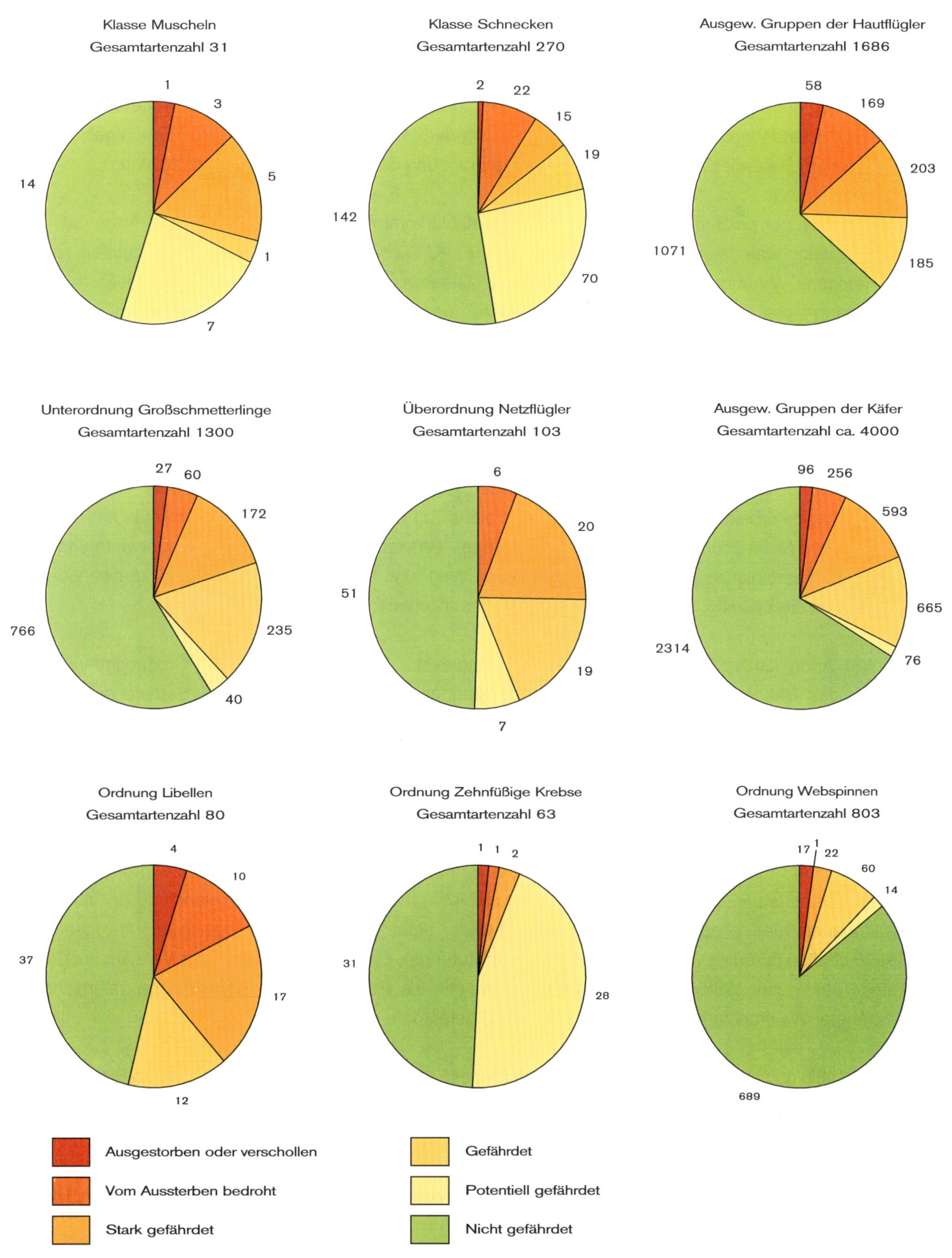

Quelle: Bundesforschungsanstalt für Naturschutz und Landschaftsökologie

Gefährdung der Schmetterlinge

Von den rund 3000 einheimischen Schmetterlingsarten (Lepidoptera) zählen etwa 1300*) Arten zu den Großschmetterlingen. Davon sind 28 Arten (2%) ausgestorben oder verschollen und 507**) Arten (39%) gefährdet.

Eine gewichtete Zuordnung der gefährdeten Arten zu bestimmten Lebensraumtypen verdeutlicht, daß sich die bestandsbedrohten Arten vorwiegend in Sonderbiotopen (z. B. Trocken- und Feuchtgebieten) massieren, die überdies zumeist kleinflächig ausgeprägt und daher besonders störanfällig sind.

An der Spitze der gefährdeten Arten (nur Schwerpunktvorkommen gezählt) stehen mit 229 Arten (58%) die Bewohner waldfreier Biozönosen (ohne Moore). Ursache für diesen hohen Prozentanteil sind anthropogene Veränderungen (starke Düngung, Giftanwendung, Meliorationen) einschließlich der Beseitigung vieler Offenlandbereiche, insbesondere des blütenreichen Extensivgrünlandes mit seinem vielfältigen Angebot an Raupenfutterpflanzen und Nektarspendern für zahlreiche Falterarten. Ferner ist hierfür die natürliche Sukzession (Verbuschung usw.) von Heiden und Halbtrockenrasen infolge aufgegebener extensiver Nutzungsformen (Beweidung, Plaggenhieb u. a.) verantwortlich.

Mit rund 200 Arten (39%) folgen die Falter der Trockenbiotope (Trocken- und Halbtrockenrasen, Sandrasen, Felsbandgesellschaften, Trockenwälder, Ruderalfluren, Felsengebüsche, Sand-Kiefernwälder, Besenginsterheiden u. a.). Diese Lebensbereiche (oft dem Offenland angehörend) werden durch Einsatz von Mineraldünger und Gülle, Dränierung, Grünlandaufforstung, Rebflächenerweiterungen Weinbergflurbereinigung, Wildkräutervernichtung an Weg- und Ackerrändern durch Herbizidanwendung sowie durch die Beseitigung von Trümmer- und Ödlandflächen fortlaufend zurückgedrängt.

Mit 109 Arten (21%) folgen die Falter der Feuchtgebiete (Moore, Feuchtwiesen, Großseggenriede, Auenwälder, Birken- und Erlenbrüche, Ufer-Hochstaudengesellschaften, Röhrichte, Salzwiesen u. a.). Die massiven Biotopeinbußen sind hier zurückzuführen auf Großflächenentwässerungen, Quellwasserbeseitigung, Feuchtsenken-Dränage, Abtorfung, Flußbegradigung mit Uferverbau, Erholungserschließung und Eindeichungsmaßnahmen an der Küste, mechanische und chemische Entkrautung von Stillgewässern usw.

87 Waldfalterarten (17%) sind gefährdet. Ihre Bedrohung ist überwiegend auf die großflächigen Nadelholzaufforstungen in ehemaligen Laubwaldgebieten, aber auch auf die Umwandlung der reicher strukturierten Nieder- oder Mittelwälder in Hochwälder unter Verzicht auf ökologisch ausgewogenere Bewirtschaftungsformen (z. B. Femelschlag) zurückzuführen. Die Beseitigung oder der Verzicht auf den Aufbau naturnaher Waldmäntel und -gebüsche, welche als Rückzugs- und Ersatzbiotope zahlreicher verdrängter Waldfalterarten fungieren, trifft 40 (8%) gefährdete Arten.

Zahlenmäßig noch kaum übersehbar ist der Anteil jener Falterarten, die durch den Einsatz von Bioziden in Land- und Forstwirtschaft, Wein- und Gartenbau (vermutlich etwa 35%) gefährdet sind.

*) Unterarten, Varietäten und Lokalrassen (z. B. vom Apollofalter) werden hier nicht berücksichtigt. Sie sollten regionalen Roten Listen vorbehalten bleiben.

**) Arten, welche beispielsweise in Baden-Württemberg oder Niedersachsen gefährdet sind (z. B. Euchalcia variabilis), aber im vergleichsweise noch unbelasteten Alpenraum über intakte Populationen verfügen, werden in dieser bundesweiten Liste nicht mehr genannt. Dies bleibt regionalen Listen vorbehalten.

Verteilung der in der Roten Liste enthaltenen Schmetterlingsarten und ihre gefährdeten Lebensräume

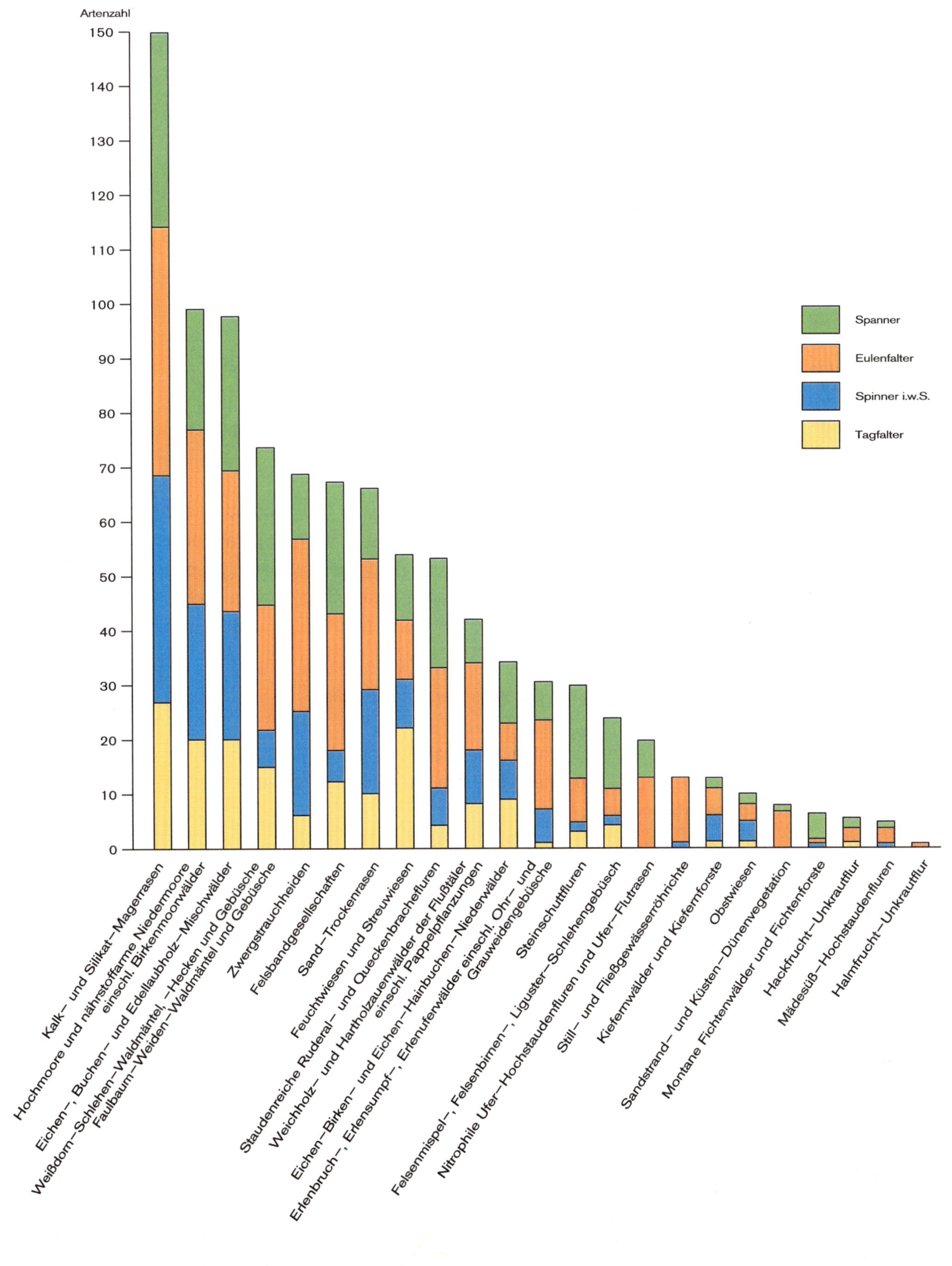

Quelle: Bundesforschungsanstalt für Naturschutz und Landschaftsökologie

Gefährdete Vogelarten in den Mitgliedstaaten der Europäischen Gemeinschaft

Die Vogelschutzrichtlinie der EG, die auf Erhaltung der wildlebenden Vogelarten und aktiven Schutz bedrohter Arten ausgerichtet ist, nennt 144 Arten als besonders anfällig gegen die Zerstörung des Lebensraumes.

In den beiden Abbildungen werden nur diese Vogelarten in der Anzahl ihres Vorkommens in Regionen der EG dargestellt, wobei die zweite Grafik nur die innerhalb der EG brütenden Vögel erfaßt.

Eine Konzentration dieser Arten ist im südlichen Teil der Gemeinschaft erkennbar, insbesondere in Südfrankreich und Griechenland. Meistens sind sie in Küsten-, Flußmündungs- und Gebirgsgebieten konzentriert, da viele der bedrohten Arten Feuchtgebiete als Lebensräume haben (z. B. Pelikane, Enten, Gänse, Schwäne, Wattvögel, Seeschwalben, Rallen und Rohrsänger). Die meisten in sonstigen Gebieten gefährdeten Vögel sind Greife, vor allem Falken, Adler, Habichte und Fischadler.

Bedrohung der Amphibien- und Reptilienarten in der Europäischen Gemeinschaft

Man nimmt an, daß insgesamt 111 Reptilien- und Amphibienarten in der Europäischen Gemeinschaft freilebend vorkommen.

Die Hauptursachen der Bedrohung sind auf Habitatvernichtung und -degradation zurückzuführen: Entwässerung von Feuchtgebieten, Ausweitung des Kulturlandes, Rodung von Waldflächen, Ausbaggern von Fließgewässern und Urbanisierung usw. Reptilien und Amphibien reagieren besonders anfällig auf diese Veränderungen, weil sie relativ immobil und stark an ihre Habitate gebunden sind. Einige Arten sind zudem von anderen Aktivitäten wie Tourismus, Verschmutzung des Wassers und Sammeln bedroht.

Bedrohung der wirbellosen Tierarten in der Europäischen Gemeinschaft

Wirbellose Tierarten sind bei weitem die größte biologische Gruppe der Welt. Allein in der Europäischen Gemeinschaft kommen an die 100 000 Arten vor. Verglichen mit allen anderen Gruppen, ist indessen relativ wenig über diese Arten bekannt.

Nur wenige Mitgliedstaaten der Europäischen Gemeinschaft haben bisher versucht, eine detaillierte „Rote Liste" von Wirbellosen Tierarten aufzustellen. Die Niederlande haben 589 bedrohte Arten aufgelistet, darunter 202 Mollusken (Gehäuseschnecken, Nacktschnecken usw.). 134 sind Trichoptera (Köcherfliegen) und 105 Lepidoptera (Schmetterlinge). Auch im Vereinigten Königreich sind schätzungsweise 1108 Insekten und 23 nicht-marine Mollusken bedroht.

Für die Europäische Gemeinschaft nimmt man an, daß rund 20% der Wirbellosenarten bedroht sind – insgesamt vielleicht 20 000 Arten. Die Situation der Schmetterlinge ist weitgehend bekannt.

Die wichtigsten Bedrohungsursachen sind Habitatstörungen und -vernichtung infolge von Urbanisierung, landwirtschaftlicher Entwicklung und Aufforstung. Feuchtgebiete, natürliches Grasland und sommergrüne Mischwälder sind besonders stark betroffen. Die Verwendung von Düngern und Pestiziden führt ebenfalls zu Bedrohungen. So werden einige Arten durch Insektizide und Nematizide direkt angegriffen, während das Einbringen von Düngern und Pestiziden zu Veränderungen in der Pflanzenartenzusammensetzung führt. Außerdem werden einige Arten von Bodenbelastung, Tourismus und Sammlern bedroht.

Gefährdete Vogelarten in den Mitgliedstaaten der Europäischen Gemeinschaft

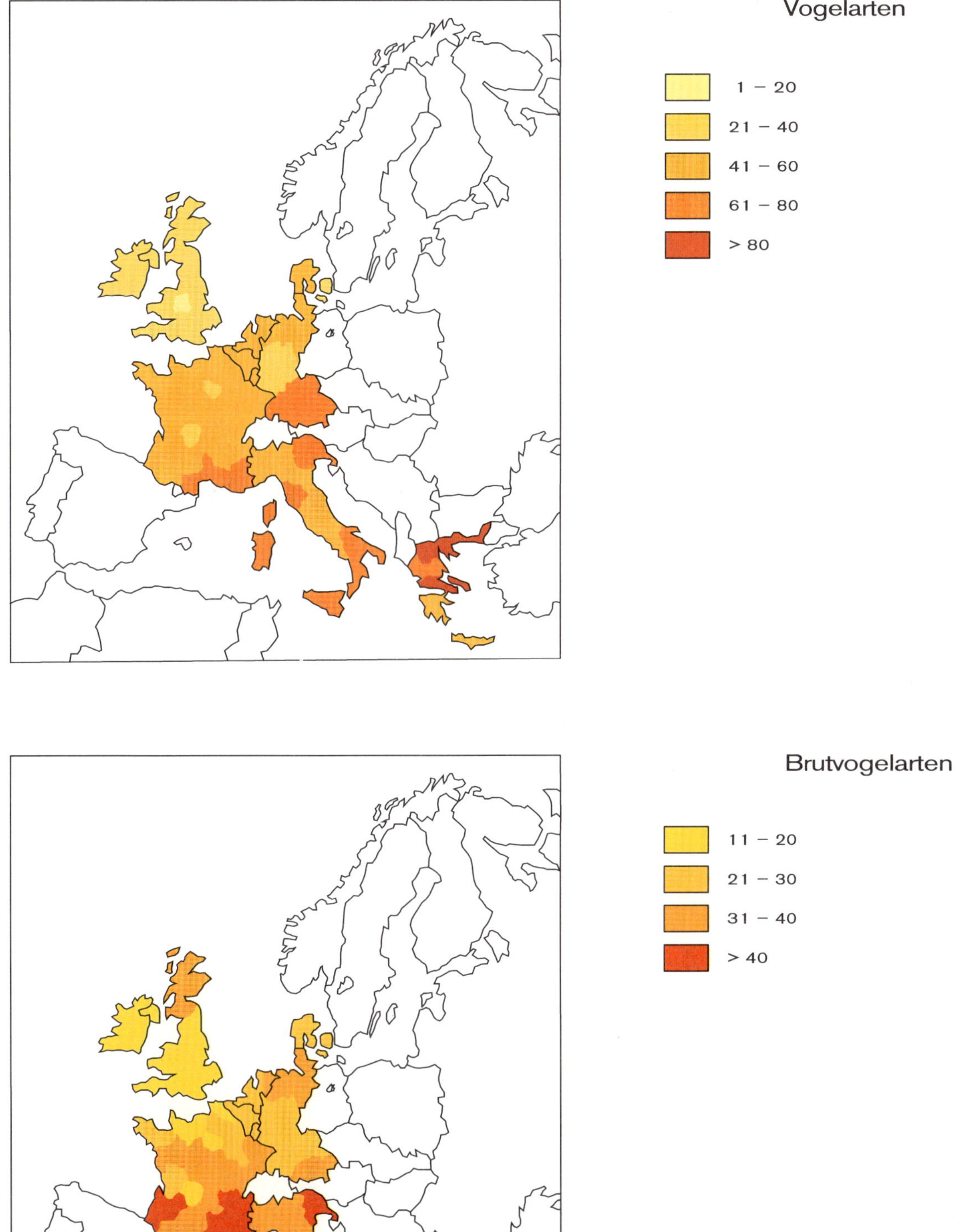

Quelle: Europäische Gemeinschaft

Bedrohte und ausgestorbene Reptilien– und Amphibienarten in den Mitgliedsstaaten der Europäischen Gemeinschaft

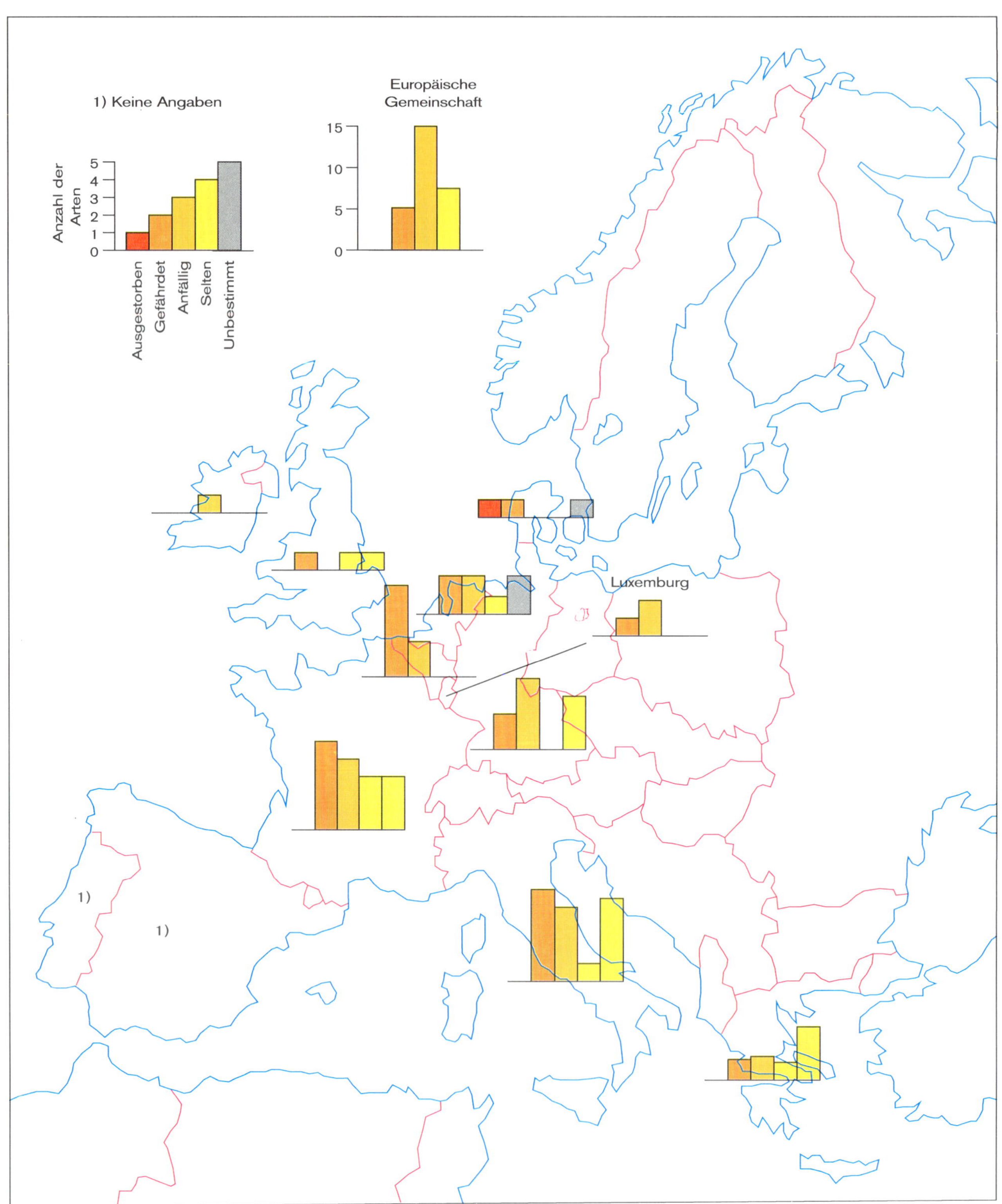

Quelle: Europäische Gemeinschaft

Bedrohte und ausgestorbene Schmetterlingsarten in den Mitgliedsstaaten der Europäischen Gemeinschaft

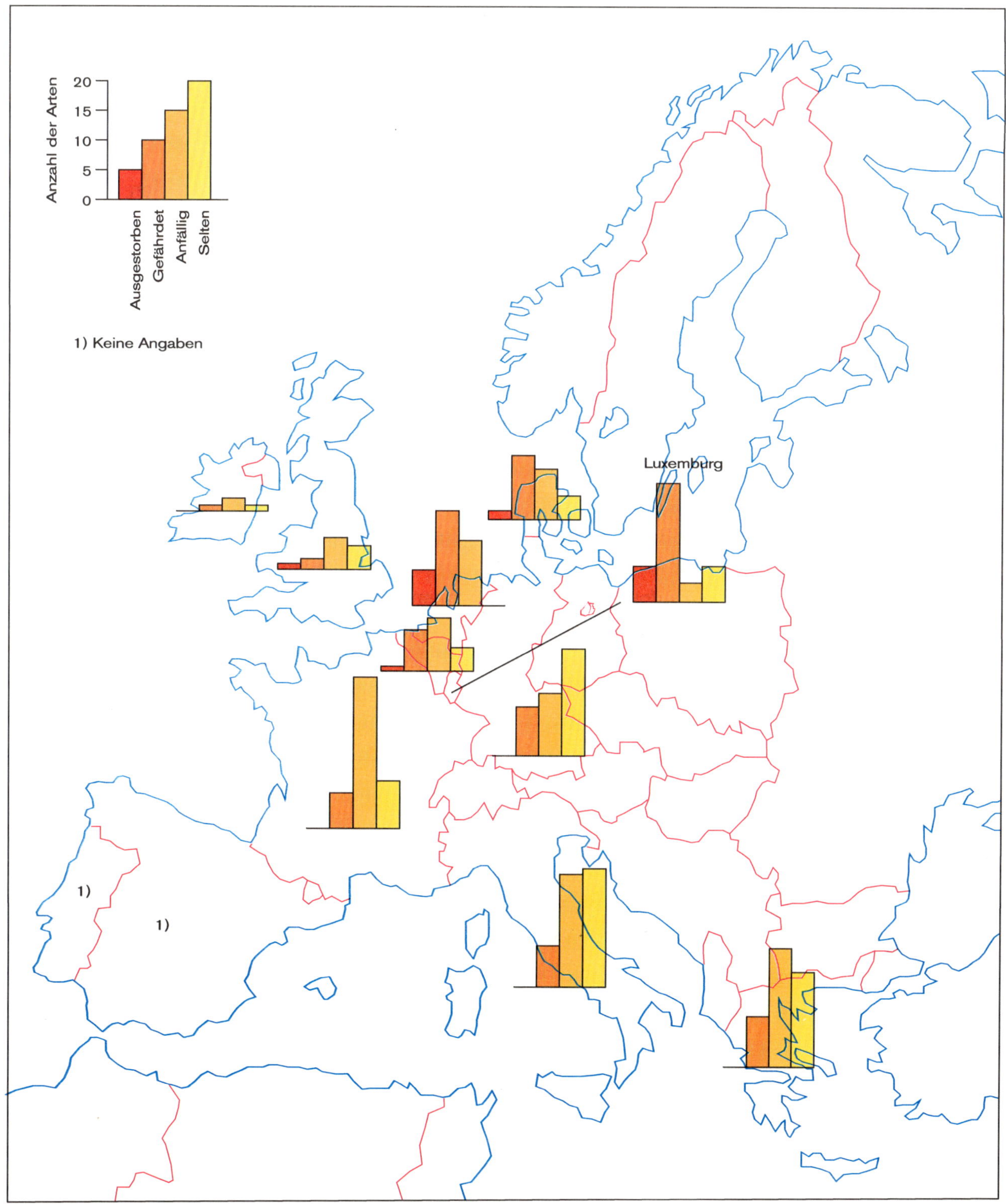

Quelle: Europäische Gemeinschaft

Seehundsterben

An den Küsten Europas, von Süd-Norwegen über Südwest-Schweden, Dänemark, Bundesrepublik Deutschland, Niederlande und Großbritannien bis einschließlich der Irischen See wurden im Zeitraum April bis Mitte November 1988 an die 18 000 Robben bzw. Seehunde tot aufgefunden. Davon wurden allein im Wattenmeer Schleswig-Holsteins, Niedersachsens, Dänemarks und Hollands ca. 8300 Totfunde registriert.

Zu den Auswirkungen der Epidemie auf den gesamten Seehundbestand an den Küsten der Nord- und Ostsee sind bei dem gegenwärtigen Wissensstand noch keine zuverlässigen Aussagen zu treffen, zumal für die gesamte Populationsstärke der Seehunde vor der Epidemie keine eindeutigen Zahlen vorlagen. Auch die über Jahre hinweg durchgeführten Zählungen der Robben im Bereich des Wattenmeeres lassen keine zuverlässigen Angaben über die Populationsstärke der Seehunde im Wattenmeer zu. Da auch hier die Zählungen aus der Luft bzw. mit Hilfe von Luftbildauswertungen vorgenommen wurden, werden in der Regel nicht alle Tiere erfaßt, da ein großer Teil der Tiere sich womöglich im Wasser und nicht auf den Bänken befindet. Die sechs Zählungen an Seehunden die im Jahre 1988 im Wattenmeer Schleswig-Holstein vorgenommen wurden, um die Auswirkungen der Epidemie auf den Gesamtbestand besser beurteilen zu können, deuten – obwohl die Ergebnisse noch nicht näher analysiert worden sind – darauf hin, daß offenbar mehr Seehunde im Wattenmeer gelebt haben bzw. leben als bisher angenommen worden war. Der räumliche und zeitliche Verlauf der Seuche und die räumliche Verteilung der Totfunde für den schleswig-holsteinischen Küstenraum sind den Abbildungen zu entnehmen.

In Schleswig-Holstein begann der Seuchenzug im Großraum Sylt und erfaßte schon bald die Bestände Dithmarschens. Während bis etwa Mitte Mai nur relativ wenige Todesfälle registriert und als unauffällig gewertet wurden, stieg in der darauffolgenden Zeit das Robbensterben dramatisch an. Die Schwankungen in der pro Woche registrierten Menge toter Seehunde ist auf möglicherweise auftretende Infektionsschübe und sich ändernde Strömungs- und Windverhältnisse im Wattenmeer und in der offenen See zurückzuführen.

Von den bis 3. 10. 1988 registrierten Totfunden entfiel ein besonders hoher Anteil (3363) von toten Tieren auf Nordfriesland. Ein Teil der in Schleswig-Holstein aufgefundenen Tiere ist aus anderen Gebieten der Nordsee angeschwemmt worden. Folgende Befunde für das Robbensterben sind vorläufig zu verzeichnen: Alle die sezierten Tiere litten unter einer schweren Allgemeinerkrankung. Im Vordergrund standen dabei pathologische Prozesse in der Lunge und im Verdauungssystem. Das makroskopische Erscheinungsbild der näher untersuchten Tiere deutet auf eine Infektion im Zusammenhang mit weiteren belastenden Faktoren hin.

Siehe auch:
Kapitel Nordsee

Seehundsterben

Ergebnisse der Zählungen von Seehunden auf den Liegeplätzen im Schleswig-Holsteinischen Wattenmeer

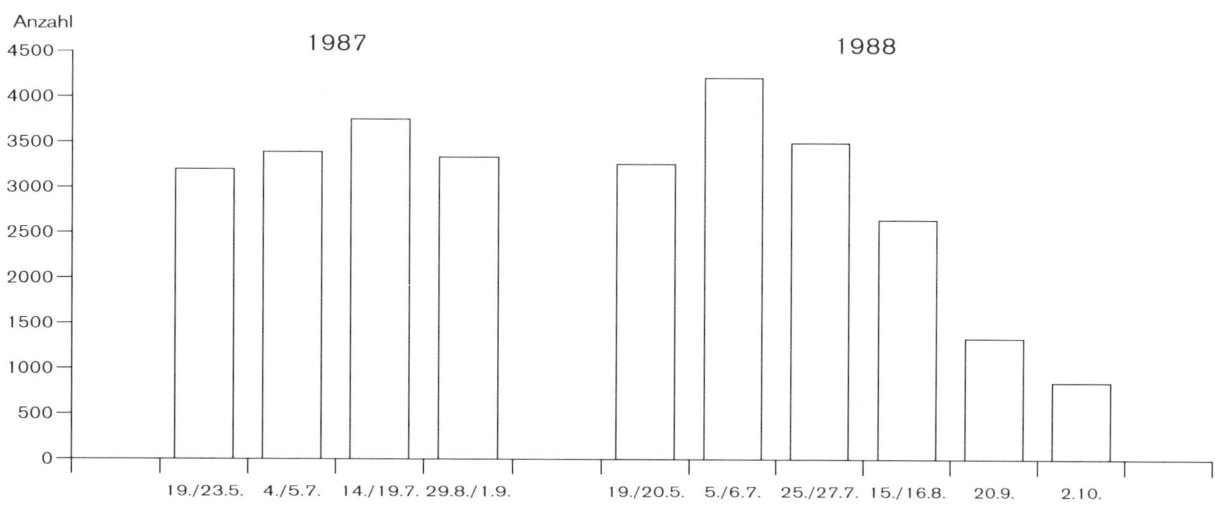

Quelle: Bundesforschungsanstalt für Naturschutz und Landschaftsökologie

Tot aufgefundene Seehunde an der Schleswig-Holsteinischen Westküste seit dem 01.05.1988

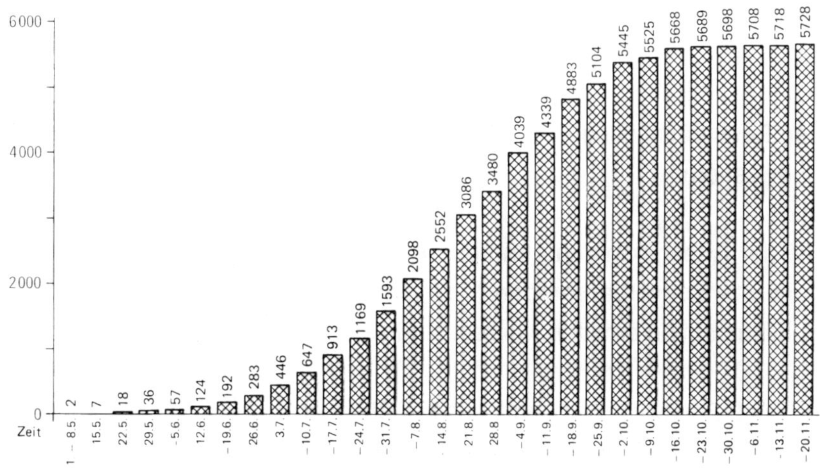

Quelle: Institut für Haustierkunde/Forschungsstelle Wildbiologie, Kiel

Ursachen und Verursacher des Artenrückganges

Farn- und Blütenpflanzen

In der Bundesrepublik Deutschland gelten 727 der rund 2700 einheimischen Arten der Farn- und Blütenpflanzen als ausgestorben oder gefährdet. Von diesen konnten für 711 Arten bestimmte Gefährdungsursachen festgestellt werden. Viele Arten sind durch mehrere Faktoren gefährdet, wobei die Kombination mehrerer Ursachen zu einer Verstärkung des Gefährdungsgrades führt.

An erster Stelle der Gefährdungsursachen steht die Aufgabe von Nutzungen auf früher extensiv bewirtschafteten Flächen wie Streuwiesen, Schaftriften oder Magerrasen und deren Umwandlung u. a. in intensiv genutztes Acker- und Grünland mit weniger Arten.

Fast ebenso stark wirken sich Eingriffe in den Standort wie die Beseitigung von Übergangsflächen zwischen zwei Nutzungsformen und von Sonderstandorten aus. Mit wachsender Nutzungsintensität, vor allem in den landwirtschaftlich genutzten Regionen, verschwinden Acker- und Weinbergterrassen, Trockenmauern, Böschungen, Teiche in der Feldflur, breite Wald- und Wegränder etc. Davon sind fast alle Pflanzenformationen betroffen, am stärksten Trockenrasen, Feuchtwiesen und Ruderalvegetation.

Standortzerstörung durch Bodenauffüllung, Aufschüttung, Ablagerung und Einebnung, häufig in Verbindung mit der Anlage von Siedlungen, Industrie und Straßen, hat eine ähnliche Auswirkung wie Abbau und Abgrabung, und zwar vor allem auf Trockenrasen, Moore und Feuchtwiesen und deren Arten.

Die Entwässerung zählt ebenfalls zu den häufigsten Eingriffen in den Standort. Von ihr sind vor allem die Pflanzen der Feucht- und Naßbiotope, namentlich der Moore, Sümpfe, Gewässer und Naßwälder betroffen.

Direkte Eingriffe in Pflanzenbestände haben weniger einschneidende Folgen für die Arten als die genannten indirekten Einwirkungen wie Standortveränderung und Standortzerstörung. Wichtigste Faktoren direkter Einwirkung sind neben Nutzungsänderungen Tritt, Lagern, Wellenschlag durch Motorboote, mechanische Entkrautung in Gewässern, Herbizidanwendung, Brand, Rodung und schließlich Sammeln attraktiver Arten.

Weitere Faktoren der Beeinträchtigung von Pflanzenarten sind Ausbau, Pflege, Eutrophierung und Verunreinigung von Gewässern.

Der Hauptverursacher der Artengefährdung und des Artenrückganges ist die Landwirtschaft, vor allem durch ihre struktur- und standortverbessernden Maßnahmen. 513 Arten, 72,2% aller Arten der Roten Liste, deren Gefährdungsursachen ermittelt wurden, sind davon betroffen.

Weitere Verursacher sind Forstwirtschaft und Jagd (338 Arten), besonders durch Aufforstung von Trockenrasen- und Heideflächen sowie durch die Umwandlung von Laubwäldern in Nadelholzforste. Hinzu kommen Vollumbruch, Entwässerung, Forstwegebau, Wildäcker u. a. Es folgen Tourismus, Freizeit, Sport (161 Arten) sowie Rohstoffgewinnung und Kleintagebau, vor allem Kiesabbau (158 Arten), Gewerbe, Siedlung und Industrie (155) und Wasserwirtschaft (112).

Tagfalter

Die Einschätzung der Rückgangsursachen und der Verursacher stützt sich überwiegend auf eine summarische Auswertung und auf Einzelbeobachtungen. Schwerpunktmäßig wird die Entwicklung der letzten drei Jahre berücksichtigt. 19 Schadfaktoren und Verursacher werden unterschieden. Ein und derselbe Schadfaktor kann auf unterschiedliche Verursacher zurückgehen (z. B. Entwässerung auf Land- bzw. Forstwirtschaft) und sehr verschiedene Arten betreffen. Eine Art wird zumeist durch mehrere Ursachen, nicht selten auch durch mehr als einen Verursacher bedroht. Entsprechend übersteigt die Summe der Nennungen bei Schadfaktoren und Verursachern die Anzahl der gefährdeten Falterarten.

Wichtigste Ursachen für den Tagfalterrückgang sind Grünlandintensivierung (Mineraldüngereinsatz), Entwässerungsmaßnahmen und Abtorfung, waldbauliche Umstrukturierungen zugunsten der Nadelhölzer, Entfernung der pioniergehölzreichen (Weiden-, Espen-, Faulbaum) Waldmäntel und Gebüsche, Aufforstung von Wieseninseln in Waldgebieten, Zerstörung der Ameisennester (Walzen, Verdichtung) myrmehophiler Falterarten.

Vögel

Die Gefährdungsursachen für die Vogelwelt reichen von dem direkten Verlust durch Kollision mit Autos, Zäunen, Fensterscheiben, Leitungsdrähten und Stützseilen bis hin zur Habitatvernichtung durch Bebauung, Land-, Forst- und Wasserwirtschaft. Hinzu kommen Stromschläge, Störungen durch Freizeitaktivitäten und Verlust durch Nachstellungen (Jagd, Gelegezerstörung usw.).

Hauptverursacher ist auch hier die Landwirtschaft, wobei die Gefährdung hauptsächlich von Entwässerungen, Ausräumen der Landschaft, Aufgabe der extensiven Nutzung und der Umwandlung von Grünland in Ackerland ausgeht.

Siehe auch:
Kapitel Boden

Ursachen und Verursacher des Artenrückgangs nach Zahl der betroffenen Pflanzenarten der Roten Liste

Ursachen (Ökofaktoren) des Artenrückgangs [1)]

Anzahl	Ursache
305	Änderung der Nutzung
284	Aufgabe der Nutzung
255	Beseitigung von Sonderstandorten
247	Auffüllung,Bebauung
201	Entwässerung
176	Bodeneutrophierung
163	Abbau und Abgrabung
123	Mechanische Einwirkungen
115	Eingriffe wie Entkrautung, Rodung, Brand
103	Sammeln
68	Gewässerausbau und Unterhaltung
59	Aufhören von Bodenverwundungen
43	Einführung von Exoten
38	Luft- und Bodenverunreinigung
36	Gewässereutrophierung
35	Gewässerverunreinigung
27	Schaffung künstlicher Gewässer
26	Herbizidanwendung, Saatgutreinigung
22	Verstädterung von Dörfern
8	Aufgabe bestimmter Feldfrüchte

1) Infolge Mehrfachnennungen der Arten, die durch mehrere Faktoren gefährdet sind, liegt die Summe der angegebenen Zahlen höher als die Gesamtzahl (=711) der untersuchten Arten

Verursacher (Landnutzer und Wirtschaftszweige) des Artenrückganges

Anzahl	Verursacher
513	Landwirtschaft
338	Forstwirtschaft und Jagd
161	Tourismus und Erholung
158	Rohstoffgewinnung, Kleintagebau
155	Gewerbe, Siedlung und Industrie
112	Wasserwirtschaft
79	Teichwirtschaft
71	Verkehr und Transport
71	Abfall- und Abwasserbeseitigung
53	Militär
40	Wissenschaft, Bildung, Kultus
8	Lebensmittel- und Pharmazeutische Industrie

Quelle: Bundesforschungsanstalt für Naturschutz und Landschaftsökologie

Rangfolge der Verursacher für die Gefährdung von Tagfaltern und Vögeln

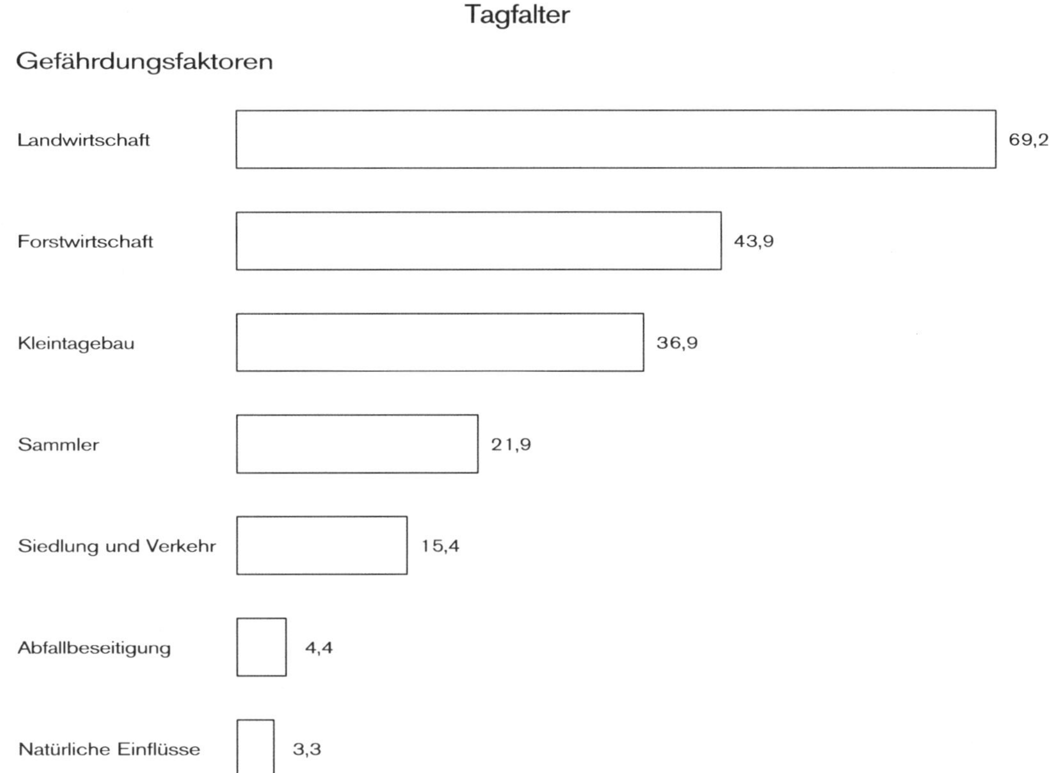

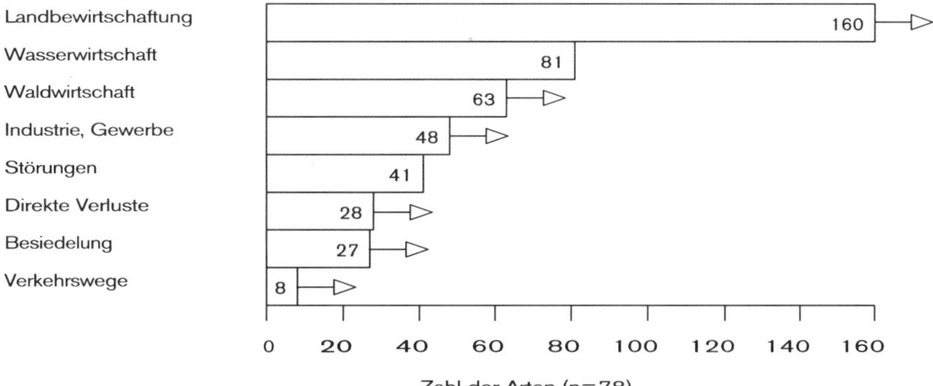

Gefährdungsfaktoren für die 78 einheimischen Vogelarten der Rote–Liste–Kategorien 2–4. Die Gefährdungsfaktoren sind jeweils mehrfach unterteilt, außer Störungen und Verkehrswege. Da fast alle Arten durch mehrere Faktoren gefährdet sind, ist die Summe viel höher (454) als die Zahl der gefährdeten Arten (78). Außerdem wurden die Biozideinwirkungen sowohl bei den Gefährdungsfaktoren der Landbewirtschaftung als auch bei Industrie–Schadstoffen angeführt, ebenso Grundwasserabsenkungen sowohl bei der Wasserwirtschaft als auch bei der Landwirtschaft. Gefährdungsfaktoren, die vermutlich auf mehr Arten bestandsgefährdend wirken als angegeben, sind mit einem Pfeil gekennzeichnet.

Quelle: Bundesforschungsanstalt für Naturschutz und Landschaftsökologie.

Internationales Übereinkommen zur Erhaltung der wandernden wildlebenden Tierarten (Bonner Konvention)

Eine Empfehlung der Stockholmer UNO-Konferenz von 1972 über den Schutz der menschlichen Umwelt aufgreifend, hat die Bundesrepublik Deutschland 1979 alle Staaten zu einer Konferenz nach Bonn eingeladen, auf der die Bonner Konvention ausgearbeitet wurde.

Die Bonner Konvention enthält insbesondere folgende Regelungen:

(1) Eine Anzahl von wandernden Tierarten, die in ihrem gesamten Areal vom Aussterben bedroht sind (Auflistung in Anhang I der Konvention), soll durch die Konventionsparteien sofort nach dem Beitritt einem wirksamen Schutz unterzogen werden. Die Maßnahmen des Schutzes sind in der Konvention (Artikel 3) allgemein beschrieben. Die speziellen Schutzprogramme hat jedes Land selbst aufzustellen.

(2) Eine weitere Gruppe von Tierarten, deren Erhaltungsstand von koordinierten Maßnahmen zweier oder mehrerer Staaten abhängig ist, ist in Anhang II der Bonner Konvention aufgelistet. Durch den Abschluß von Regionalabkommen zwischen Staatengruppen, innerhalb deren Territorien die Wanderungen erfolgen, sollen sie einem wirksamen Schutz unterzogen werden (Artikel 5).

Die Konvention ist 1983 völkerrechtlich in Kraft getreten. In der Bundesrepublik Deutschland erhielt sie 1984 Gesetzeskraft. Heute gehören der Konvention 28 Staaten bzw. Staatengruppen an (Stand: Januar 1989).

Ägypten
Benin
Bundesrepublik Deutschland
Chile
Dänemark
Europäische Gemeinschaften
Finnland
Ghana
Indien
Irland
Israel
Italien
Kamerun
Luxemburg
Mali
Niederlande
Niger
Nigeria
Norwegen
Pakistan
Portugal
Schweden
Somalia
Spanien
Senegal
Tunesien
Ungarn
Vereinigtes Königreich.

13 weitere Staaten haben die Konvention zwar unterzeichnet, aber noch nicht ratifiziert:

Elfenbeinküste
Frankreich
Griechenland
Jamaika
Madagaskar
Marokko
Paraguay
Philippinen
Sri Lanka
Tschad
Togo
Uganda
Zentralafrikanische Republik.

Derzeit ist der Abschluß der folgenden fünf Regionalabkommen vorgesehen:

- Regionalabkommen zum Schutz der Seehundpopulation im Wattenmeer,
- Regionalabkommen zum Schutz der Fledermäuse in Europa,
- Regionalabkommen zum Schutz des Weißstorches in Europa und Afrika,
- Regionalabkommen zum Schutz westpaläarktischer Wasservogelarten und
- Regionalabkommen zum Schutz kleiner Wale der Nord- und Ostsee.

Mitgliedsländer der Bonner Konvention 1988

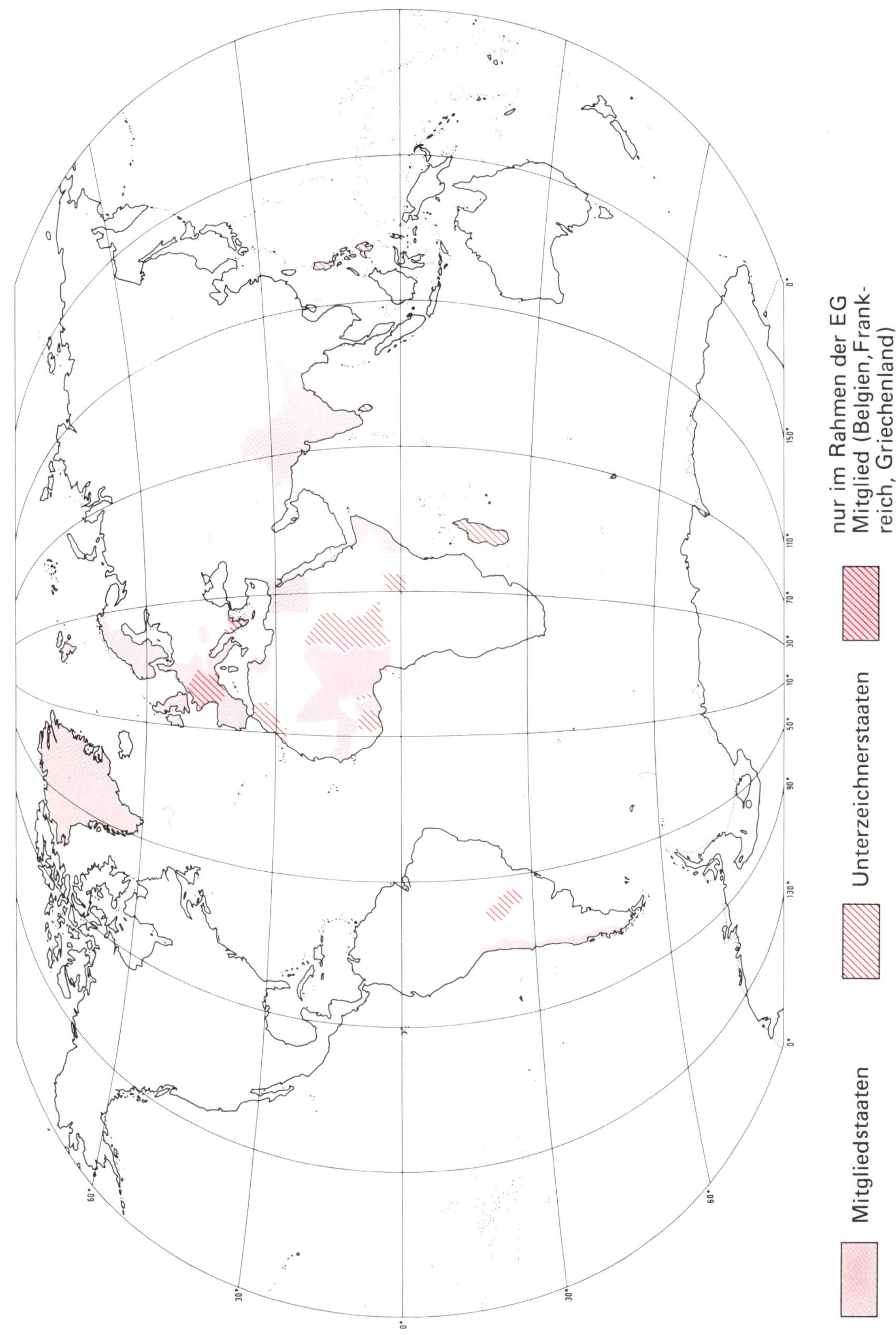

Quelle: Bundesforschungsanstalt für Naturschutz und Landschaftsökologie

Washingtoner Artenschutzübereinkommen

Viele Tier- und Pflanzenarten sind heute als Folge von Handelsinteressen in ihrem Bestand gefährdet oder vom Aussterben bedroht. Dieser Gefährdung kann nur durch eine weltweite Zusammenarbeit wirksam begegnet werden. Deshalb ist es 1973 aufgrund einer Empfehlung der Stockholm-Konferenz der Vereinten Nationen über die Umwelt des Menschen von 1972 zum Abschluß des Washingtoner Artenschutzübereinkommens (WA) gekommen, dem bis zum 1. 8. 1987 bereits 96 Staaten, darunter die Bundesrepublik Deutschland, beigetreten sind. Mit der „Verordnung zur Anwendung des Übereinkommens über den internationalen Handel mit gefährdeten Arten freilebender Tiere und Pflanzen in der Europäischen Gemeinschaft“, die am 1. 1. 1984 in Kraft getreten ist, wird das WA in der gesamten EG nach gemeinschaftlichen Regeln durchgeführt.

Ziel des Übereinkommens ist es, durch Einschränkung des internationalen Handels eine der Hauptursachen der Gefährdung bestimmter Tier- und Pflanzenarten zu beseitigen.

Das Übereinkommen sieht ein umfassendes internationales Kontrollsystem für den grenzüberschreitenden Handel mit Tieren und Pflanzen der geschützten Arten vor.

Entsprechend dem Grad der Schutzbedürftigkeit sind die geschützten Arten in drei Listen zum Übereinkommen aufgeführt. Diese Listen werden ständig überprüft und den Erfordernissen angeglichen. Das Abkommen erfaßt auch die ohne weiteres erkennbaren Teile und die hieraus erkennbar gewonnenen Erzeugnisse der geschützten Arten.

Anhang I enthält die von der Ausrottung bedrohten Tiere und Pflanzen, die durch den Handel beeinträchtigt werden oder beeinträchtigt werden können; hierzu gehören z. B. die verschiedenen Arten der Meeresschildkröte. In Anhang II sind solche Tier- und Pflanzenarten erfaßt, deren Erhaltungssituation zumeist noch einen geordneten Handel unter wissenschaftlicher Kontrolle zuläßt. Zu den hier aufgeführten Tierarten zählt u. a. der afrikanische Elefant. Schließlich sind in Anhang III die Arten aufgeführt, die von einer der Vertragsparteien in ihrem Hoheitsbereich einer besonderen Regelung unterworfen sind.

Washingtoner Artenschutzübereinkommen

Durch Bundesbehörden eingezogene tote Exemplare 1986

Tote Exemplare (Anhang I WA/Anhang C Teil 1 EG–VO)

Anzahl	Exemplare
761	Elefantenstoßzähne, Elfenbeinerzeugnisse, Elfenbeinschmuck
302	Vogelflügler
70	Meeresschildkröten, Erzeugnisse und Präperate (z.B. Panzer)
59	präparierte Greif– und Eulenvögel
32	Reptilienhäute u. Erzeugnisse, Präparate
17	Katzen–, Otter–, Zebrafelle u.a. sowie Erzeugnisse
10	andere Vögel, Eier

Tote Exemplare (Anhang II WA)

Anzahl	Exemplare
551	Katzen–, Otter–, Seebärenfelle u.a. sowie Erzeugnisse
500	Korallen
141	Elefantenstoßzähne, Elfenbeinerzeugnisse und Präparate
123	Reptilienuhrarmbänder
119	Reptilienhäute und Erzeugnisse
6	Schildkrötenpanzer

Durch Bundesbehörden eingezogene lebende Exemplare 1986

Lebende Exemplare (Anhang I WA/Anhang C Teil 1 EG–VO)

Anzahl	Exemplare
4	Reptilien
12	Greif– und Eulenvögel

Lebende Exemplare (Anhang II WA): Tiere

Anzahl	Exemplare
2	Reptilien
4	Säugetiere
80	Papageien

Lebende Exemplare (Anhang II WA): Pflanzen

Anzahl	Exemplare
74	Orchideen
1036	Kakteen

Quelle: Bundesforschungsanstalt für Naturschutz und Landschaftsökologie

Erfassung gefährdeter und schutzwürdiger Biotope

Die Bundesländer führen seit 1973 Biotopkartierungen durch. Ziel ist es, Bestand, Zustand und Lage biologisch-ökologisch besonders wertvoller Lebensräume (Biotope), die zunehmend in ihrer Existenz bedroht sind und die Heimstätte gefährdeter Pflanzen- und Tierarten bilden, flächenscharf und differenziert zu erfassen. Mit Hilfe der gewonnenen Geländedaten werden gezielt Strategien, Planungen und Maßnahmen zu Schutz, Förderung und Wiederherstellung dieser bedrohten Lebensräume entwickelt.

Während für mehrere Länder (Bayern, Niedersachsen, Nordrhein-Westfalen, Hessen, Saarland und Berlin), bereits Gesamtergebnisse und Abschlußberichte des ersten Durchganges vorliegen, arbeiten die übrigen Länder noch an der Auswertung oder führen Geländeerhebungen durch. In Bayern und Niedersachsen läuft derzeit ein differenzierter und intensivierter (großmaßstäblicher) zweiter Durchgang der Biotopkartierung. Ergänzend hierzu erstellen seit mehreren Jahren auch viele Städte eigene Biotopkartierungen. Auch die Bundeswehr hat 1986 begonnen, die Naturausstattung auf den militärisch genutzten Flächen zu erfassen.

Die im ersten Durchgang als besonders schutzwürdig ausgewiesenen Biotope nehmen in den Bundesländern Bayern, Hessen, Niedersachsen, Nordrhein-Westfalen und Saarland zwischen 5 und 10% der Landesfläche ein. Unterschiede in den Kartierungsergebnissen sind nicht nur durch verschiedene Erhaltungszustände und Naturausstattungen bedingt, sondern auch durch abweichende Erhebungsmethoden und unterschiedliche Berücksichtigung der Wälder, die bisher noch in keinem Bundesland umfassend hinsichtlich ihres Naturschutzwertes untersucht wurden.

Eine fundierte Aussage zum Rückgang und zur aktuellen Gefährdung der einzelnen Biotoptypen ist erst möglich, wenn der heutige Bestand mit dem Zustand von vor ca. 50 bis 100 Jahren verglichen wird. Danach sind bei Moor- und oligotrophen Binnengewässerbiotopen, Feucht- und Naßwiesen, Zwergstrauchheiden, Magerwiesen, naturnahen Wäldern, Waldmänteln einschließlich Staudensäumen sowie Strukturelementen der freien Landschaft gravierende Einbußen zu verzeichnen.

Von den vor 100 Jahren schätzungsweise noch 400 000 ha intakter Hochmoorflächen in Niedersachsen sind gerade noch 2300 ha, also 0,6%, einigermaßen erhalten geblieben. Im außeralpinen Bayern sind dagegen immerhin noch ca. 10% weitgehend intakt. Ähnlich sieht die Bilanz bei Niedermooren aus. Hier sind in Bayern nur noch knapp 30% des ursprünglichen Bestandes erhalten.

Siehe auch:
Kapitel Boden, Abschnitt Flächennutzung

Erfassung gefährdeter und schutzwürdiger Biotope in den Bundesländern Niedersachsen, Nordrhein–Westfalen, Hessen, Bayern und Saarland (Gesamtflächenbilanz)

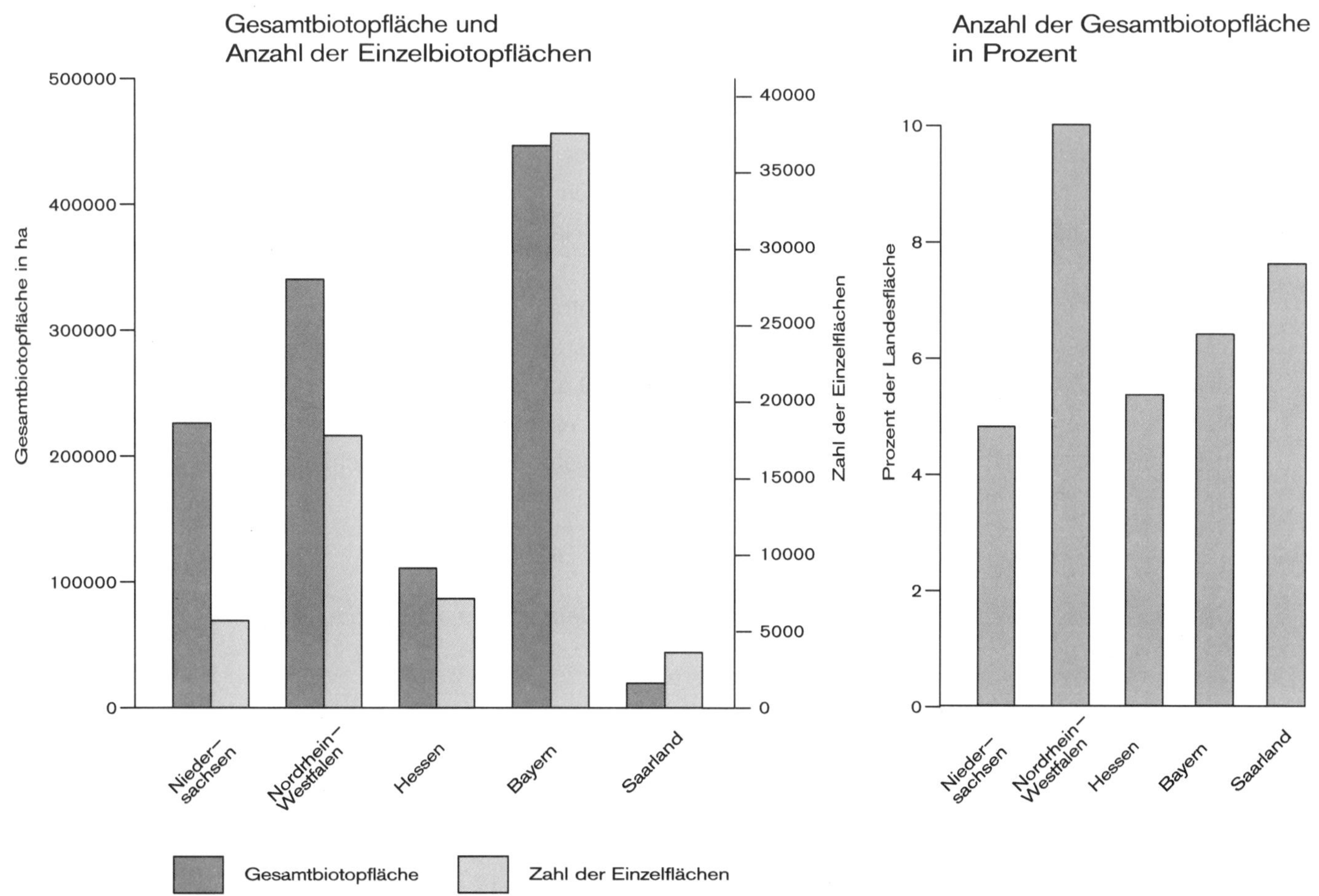

Quelle: Bundesforschungsanstalt für Naturschutz und Landschaftsökologie

Schutzgebiete

Naturschutzgebiete

Naturschutzgebiete sind rechtsverbindlich festgesetzte Gebiete, in denen ein „besonderer Schutz von Natur und Landschaft in ihrer Ganzheit oder in einzelnen Teilen zur Erhaltung von Lebensgemeinschaften oder Lebensstätten bestimmter wildwachsender Pflanzen oder wildlebender Tierarten, aus wissenschaftlichen, naturgeschichtlichen oder landeskundlichen Gründen oder wegen ihrer Seltenheit, besonderen Eigenart oder hervorragenden Schönheit erforderlich ist" (BNatSchG, § 13, 1).

Die gesamte Naturschutzgebietsfläche (Land und Meer) beträgt in der Bundesrepublik Deutschland ca. 324 000 ha. 49% aller Naturschutzgebiete sind kleiner als 20 ha, 71% aller Naturschutzgebiete sind kleiner als 50 ha, 9% umfassen eine Fläche von 200 ha und mehr. Zwar steigt die Zahl der Naturschutzgebiete pro Jahr durch Neuausweisungen um etwa 150 bis 200, doch ist erkennbar, daß insbesondere kleinflächige Gebiete neu ausgewiesen werden, da der Flächenumfang wesentlich langsamer als die Zahl der Gebiete zunimmt.

Gliederung der Naturschutzgebiete in der Bundesrepublik Deutschland nach Größenklassen (Stand: 1. 1. 1987)

Bundesland	Größe (ha); incl. Wasserflächen												
	bis 0,9	1–4,9	5–9,9	10–19,9	20–49,9	50–99,9	100–199,9	200–499,9	500–999,9	1 000–4 999,9	5 000–9 999,9	10 000 u. mehr	Gesamt
Baden-Württemberg	13	80	98	100	108	57	26	14	11	5	–	–	512
Bayern	2	19	39	68	94	37	37	18	7	11	1	2	335
Berlin	1	2	4	4	2	1	–	–	–	–	–	–	14
Bremen	–	4	–	–	2	–	–	1	–	–	–	–	7
Hamburg	–	–	1	4	3	5	3	1	3	–	1	–	21
Hessen	–	26	71	76	93	46	22	7	2	1	–	–	344
Niedersachsen	–	48	61	79	92	61	55	47	22	9	1	1	476
Nordrhein-Westfalen	13	108	88	79	81	45	29	21	3	2	–	–	469
Rheinland-Pfalz	4	30	41	48	73	33	18	14	4	1	–	–	266
Saarland	3	10	1	7	9	1	1	–	–	–	–	–	32
Schleswig-Holstein	–	7	7	17	23	20	15	16	8	3	1	–	117
Bundesrepublik Deutschland	36	334	411	482	580	306	206	139	60	32	4	3	2 593
%-Anteil	1,3	12,8	15,8	18,5	22,3	11,8	7,9	5,3	2,3	1,2	0,15	0,11	
Zum Vergleich 1976:													
%-Anteil	2,6	19,0	15,1	16,8	19,2	10,6	7,0	4,3	2,3	1,8	0,27	0,63	

Fast 49% aller Naturschutzgebiete sind kleiner als 20 ha, fast 83% erreichen nicht 100 ha (= 1 qkm). Knapp über 9% umfassen mehr als 200 ha Fläche

Quelle: Bundesforschungsanstalt für Naturschutz und Landschaftsökologie

Entwicklung der Zahl und Fläche der Naturschutzgebiete 1936–1986

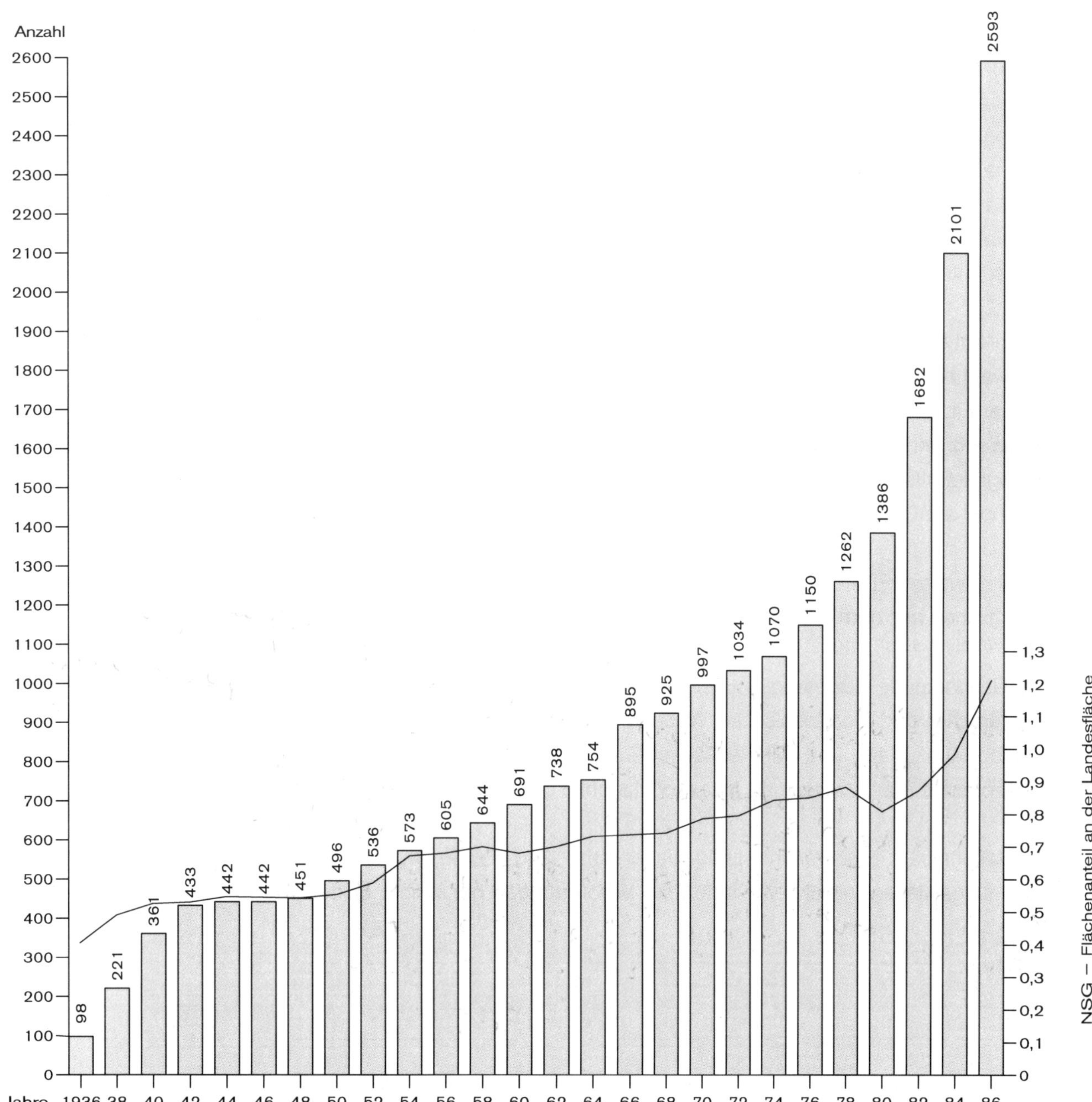

Quelle: Bundesforschungsanstalt für Naturschutz und Landschaftsökologie

Nationalparke

Nationalparke sind rechtsverbindlich festgesetzte, einheitlich zu schützende Gebiete, die „großräumig und von besonderer Eigenart sind, im überwiegenden Teil ihres Gebietes die Voraussetzungen eines Naturschutzgebietes erfüllen, sich in einem vom Menschen nicht oder wenig beeinflußten Zustand befinden und vornehmlich der Erhaltung eines möglichst artenreichen heimischen Pflanzen- und Tierbestandes dienen“ (BNatSchG § 14, 1).
Die vier deutschen Nationalparke (2,3% der Gesamtfläche der Bundesrepublik Deutschland) entsprechen noch nicht den Anforderungen des Bundesnaturschutzgesetzes. Man kann sie darum als „Ziel-Nationalparke“ bezeichnen, als Gebiete, die sich im Laufe der Zeit durch Pflege und Ausbau zu echten Nationalparken entwickeln werden.

Der Nationalpark Bayerischer Wald (13 000 ha) ist 1970 ausgewiesen worden. In ihm liegen sechs Naturschutzgebiete:

Rachel mit Rachelsee (106,5 ha),
Moorwald beim Bahnhof Klingenbrunn (1,0 ha),
Förauer Filz (10,1 ha),
Großer Filz und Klosterfilz mit umgebenden Filzteilen (370,9 ha),
Lusengipfel mit Hochwald (419,1 ha) und
Felsriegel am Großen Schwarzbach (20,0 ha).

Der Nationalpark Berchtesgaden (20 800 ha) wurde per Verordnung 1978 eingerichtet. Er besteht im wesentlichen aus dem ehemaligen Naturschutzgebiet Königssee (20 000 ha).

Der Nationalpark Schleswig-Holsteinisches Wattenmeer ist per Landesgesetz am 1. 10. 1985 im Dithmarscher und Nordfriesischen Wattenmeer geschaffen worden. Auf 285 000 ha besteht er hauptsächlich aus Watt- und Meeresflächen; außerdem wurden Sände, Vorland und kleine Halligen einbezogen, die z. T. bereits als Naturschutzgebiet geschützt waren.

Der Nationalpark Niedersächsisches Wattenmeer (240 000 ha) wurde durch eine Verordnung am 1. 1. 1986 ausgewiesen, gleichzeitig traten die Verordnungen der in ihm gelegenen 19 Naturschutzgebiete außer Kraft.

Anzahl und Fläche der Landschaftsschutzgebiete in der Bundesrepublik Deutschland (Stand 1.1.1988)

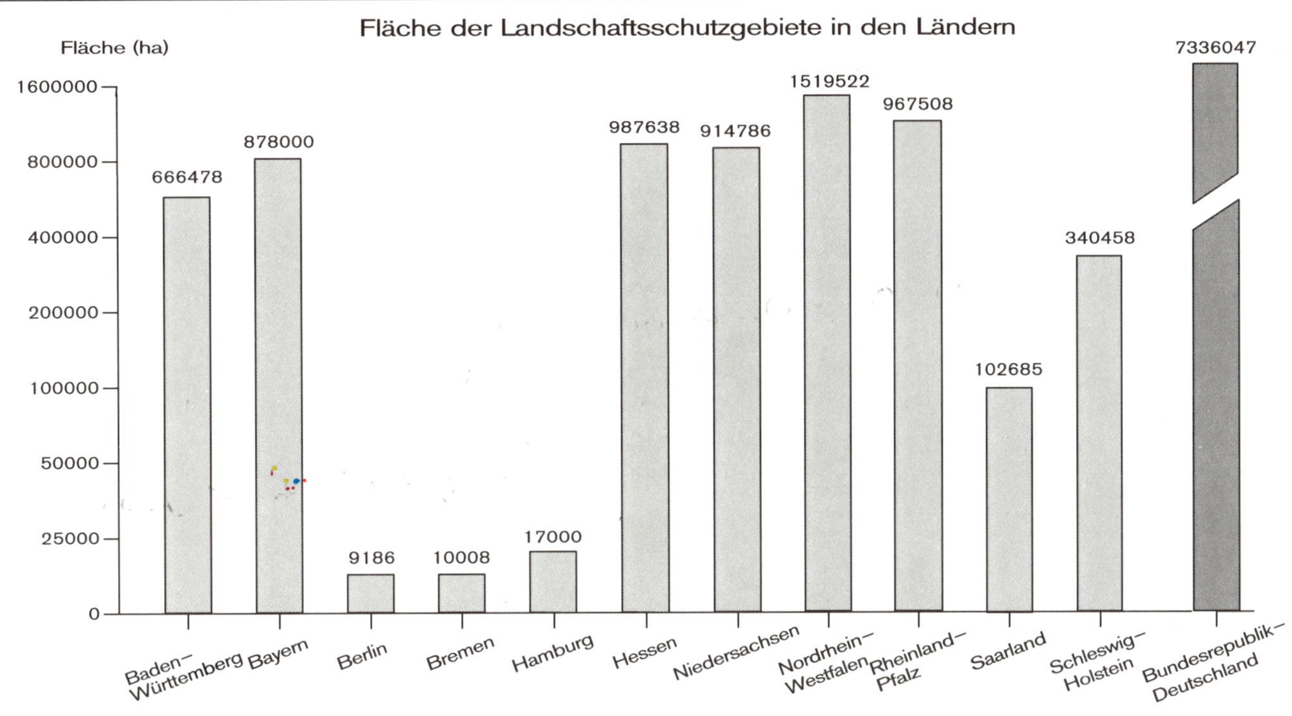

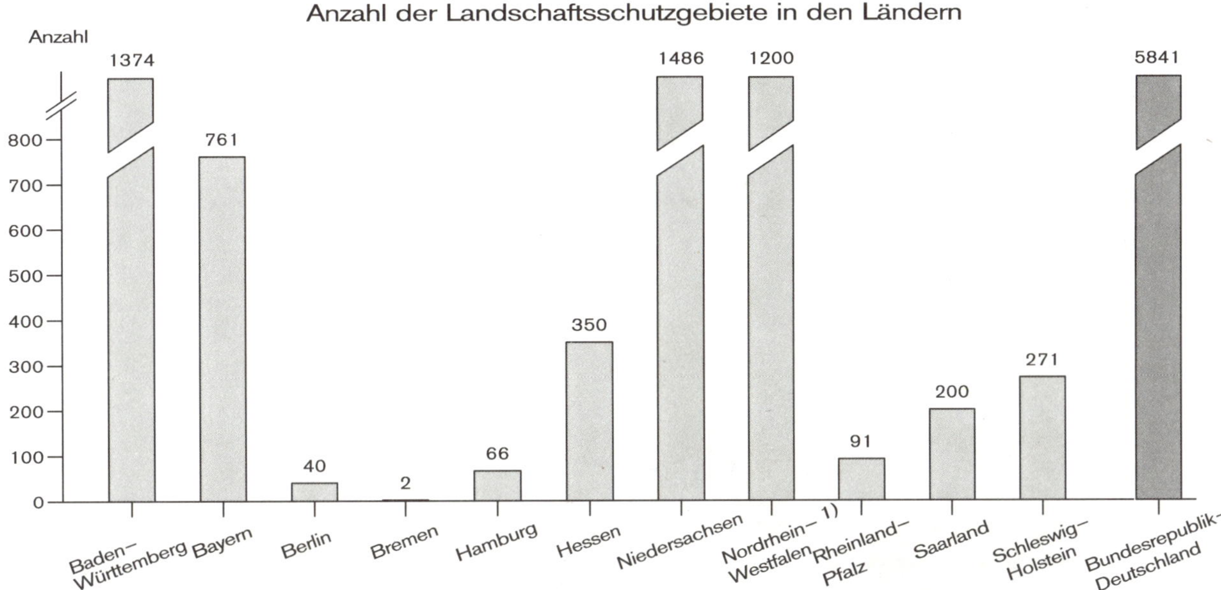

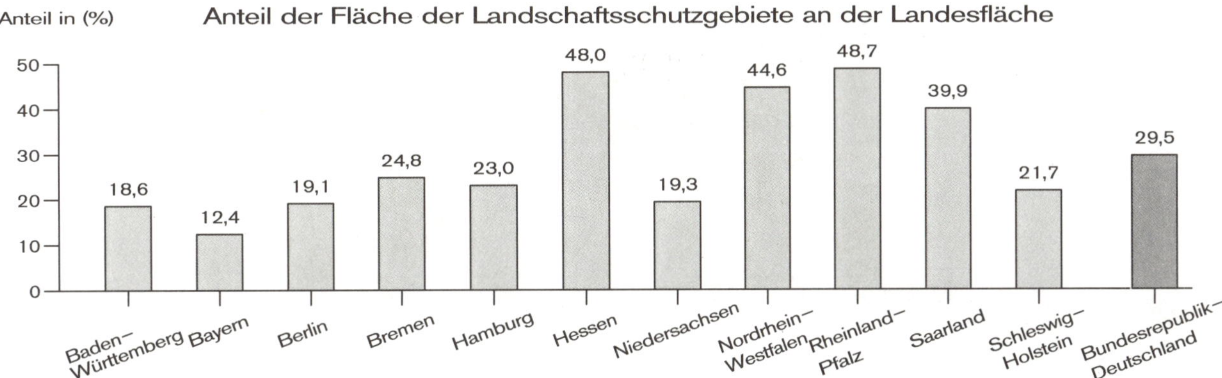

1) Anzahl der Landschaftschutzgebiete wurde geschätzt

Quelle: Bundesforschungsanstalt für Naturschutz und Landschaftsökologie

Landschaftsschutzgebiete in der Bundesrepublik Deutschland

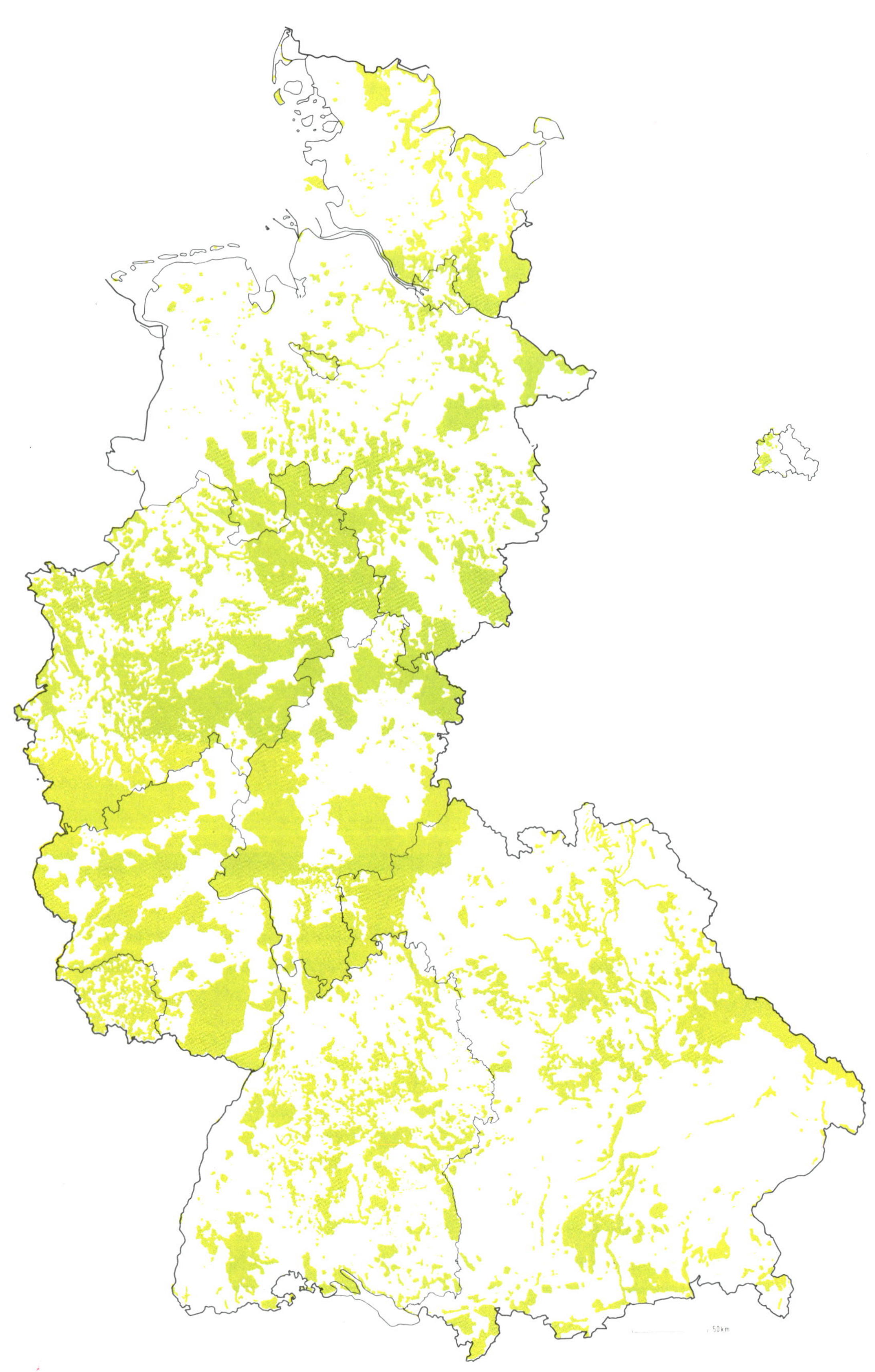

Quelle: Bundesforschungsanstalt für Naturschutz und Landschaftsökologie

Entwicklung der Naturparke in der Bundesrepublik Deutschland

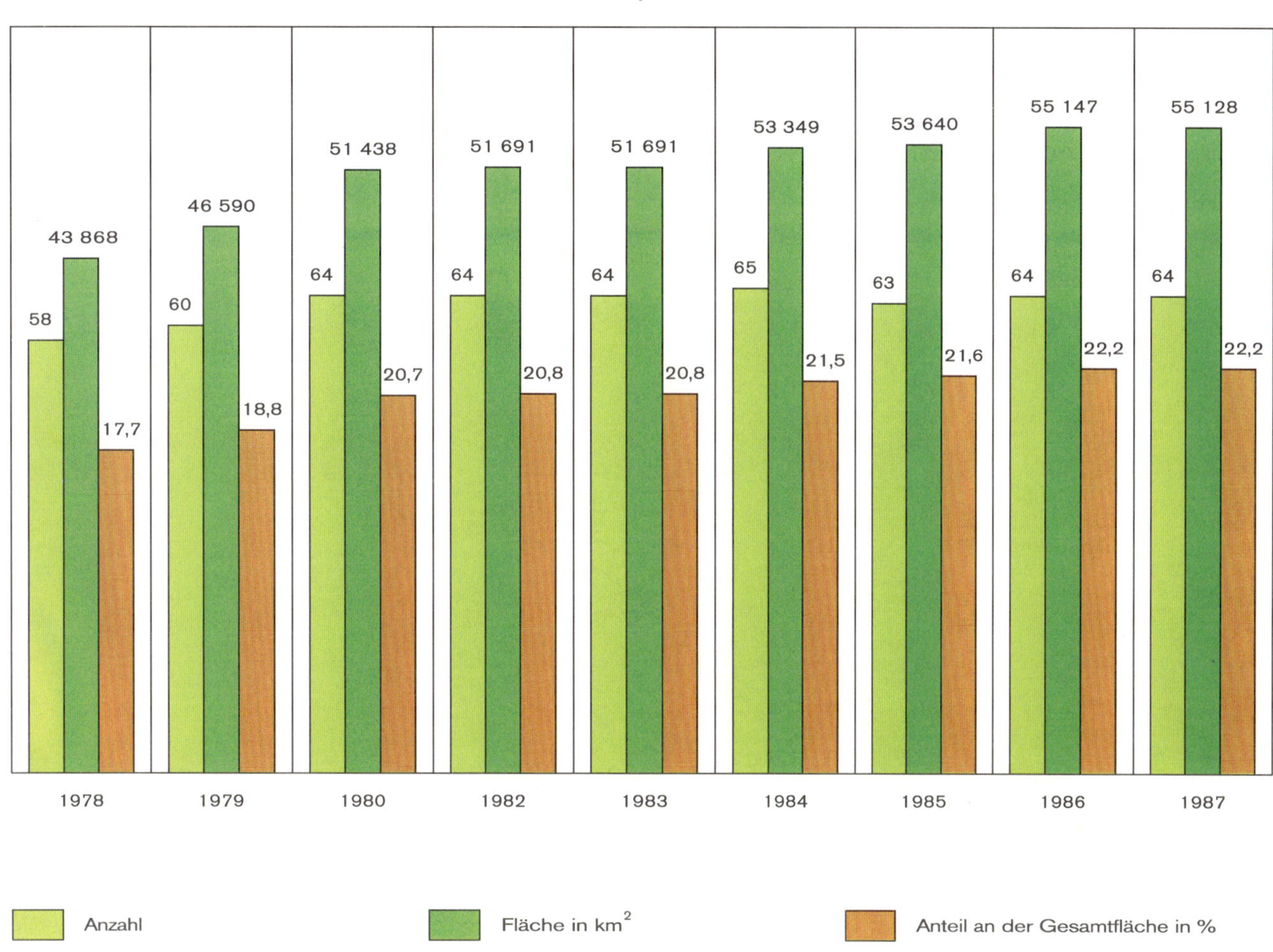

Quelle: Bundesforschungsanstalt für Naturschutz und Landschaftsökologie

Naturparke

Naturparke sind einheitlich zu entwickelnde und zu pflegende Gebiete, die „großräumig sind, überwiegend Landschaftsschutzgebiete oder Naturschutzgebiete sind, sich wegen ihrer landschaftlichen Voraussetzungen für die Erholung besonders eignen und nach den Grundsätzen und Zielen der Raumordnung und Landschaftsplanung für die Erholung oder den Fremdenverkehr vorgesehen sind" (BNatSchG, § 16, 1).

1987 hat sich die Anzahl der Naturparke in der Bundesrepublik Deutschland durch die Ausweisung des Naturparks „Holsteinische Schweiz" auf 64 Naturparke erhöht. Dies und die Erweiterung von 8 Naturparken führten gegenüber 1985 insgesamt zu einem Flächenzuwachs der Naturparke in der Bundesrepublik Deutschland von 1488 km² (= 2,77%).

Zur Zeit sind ca. 60% der Naturparkfläche unter Landschaftsschutz gestellt.

Natur und Landschaft

Naturparke in der Bundesrepublik Deutschland

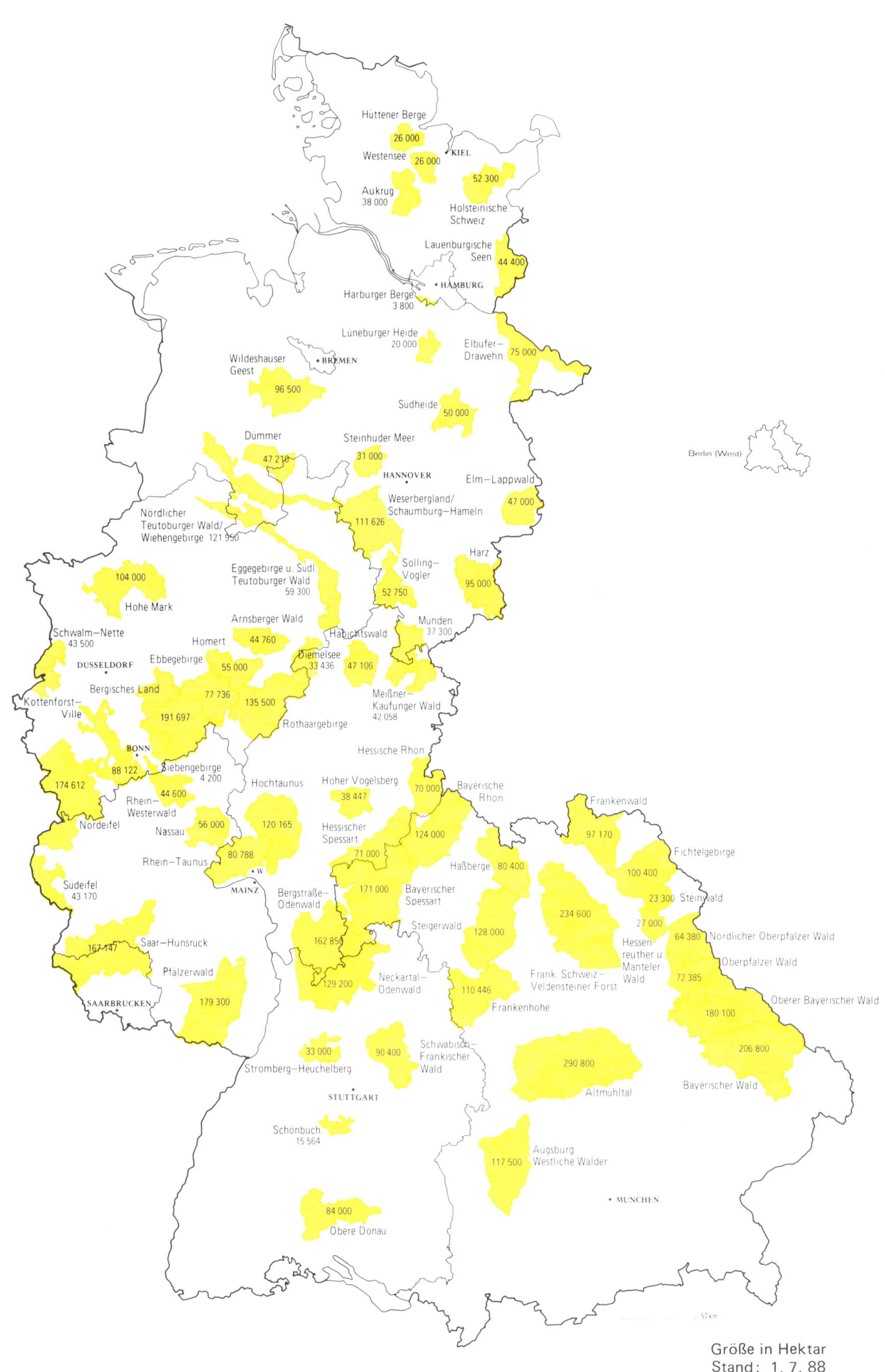

Größe in Hektar
Stand: 1. 7. 88

Quelle: Bundesforschungsanstalt für Naturschutz und Landschaftsökologie

LANIS
BFANL

Moore („TELMA-Gebiete") und Gewässer („AQUA-Gebiete") internationaler Bedeutung

Das internationale Projekt TELMA dient der wissenschaftlichen Zusammenarbeit zur Erhaltung der Moore. Es nahm seit 1966 Konturen an, wurde vom Internationalen Biologischen Programm der UNESCO gefördert und zielt u. a. auf eine Weltliste mit Vorschlägen für Moore internationaler Bedeutung ab, die vorrangig zu schützen sind.

Diese Weltliste ist im Gegensatz zum ganz ähnlich gelagerten Projekt AQUA bisher nicht vollständig realisiert worden. Für den Europarat ist hingegen eine Studie über Europäische Moore internationaler Bedeutung angefertigt worden. Sie enthält 114 Bereiche, die auch als biogenetische Reservate in Frage kommen. 13 davon liegen in der Bundesrepublik Deutschland. Sie wurden teilweise als Naturschutzgebiet ausgewiesen.

Im Rahmen des von der UNESCO geförderten Internationalen Biologischen Programms (IBP, 1964 bis 1974) wurde das seit 1959 von der Societas Internationalis Limnology (SIL) verfolgte Projekt AQUA aufgegriffen. Eines seiner wesentlichen Ziele war die Aufstellung einer weltweiten Liste derjenigen Süß- und Brackwassergebiete, die wegen ihres Wertes für die limnologische Forschung schutzbedürftig sind. 1971 wurde diese Weltliste publiziert, die sich als ein Appell an die Verantwortlichen versteht, diese Schutzgebietsvorschläge auch zu verwirklichen.

In der Bundesrepublik Deutschland sind von den Limnologen 20 Gewässer, Quellen und Brunnen als international bedeutend ausgewählt worden. Diese Einstufung hatte aber anscheinend keine direkten Auswirkungen auf die Praxis der Unterschutzstellung. Nur neun dieser Gewässer stehen teils aus anderen Gründen und oft nur teilweise (bestimmte Uferstrecken und ufernahe Wasserflächen) unter Naturschutz.

Moore und Gewässer von internationaler Bedeutung in der Bundesrepublik Deutschland

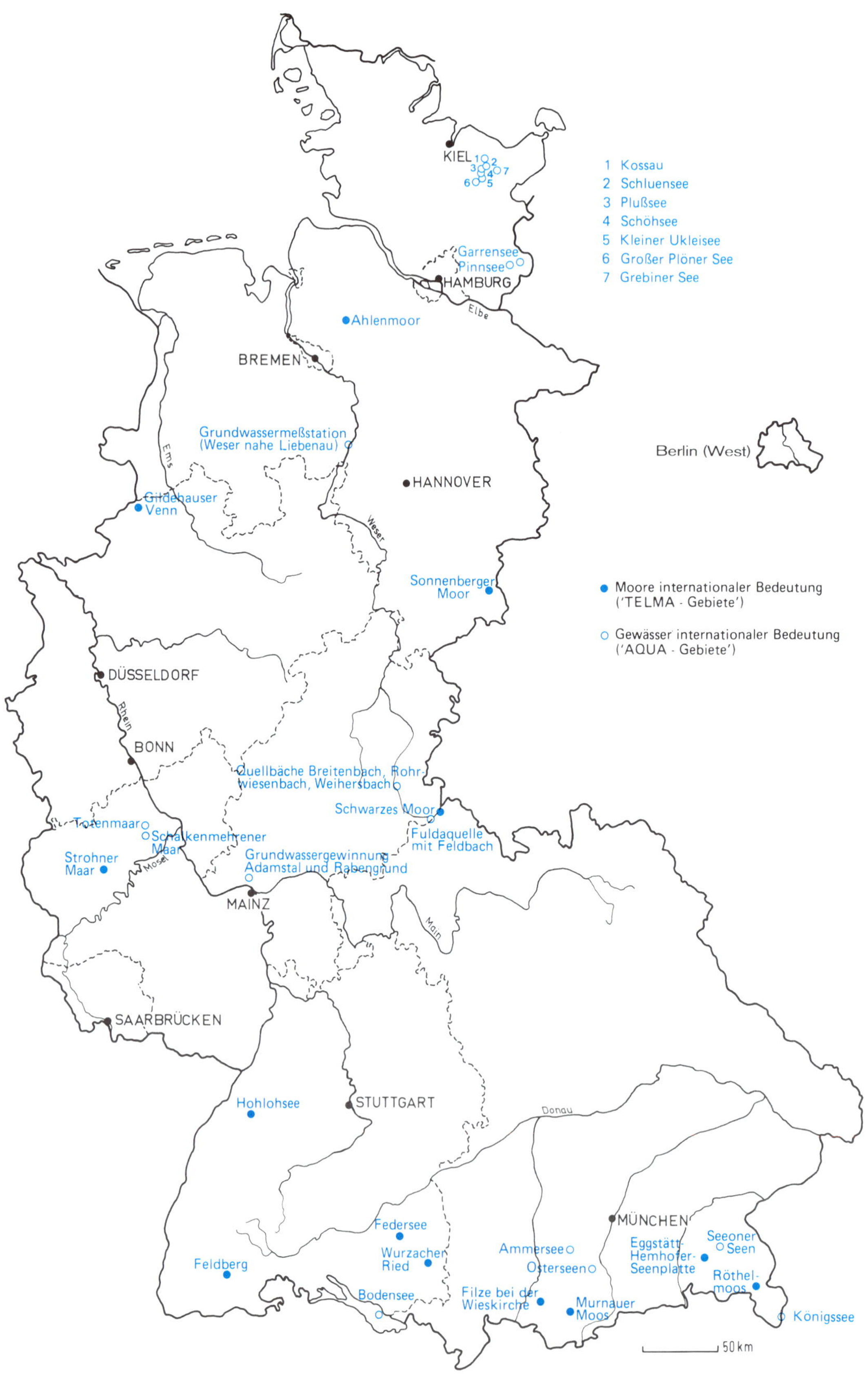

Quelle: Bundesforschungsanstalt für Naturschutz und Landschaftsökologie

Vogelgebiete von besonderer Bedeutung in Mitgliedstaaten der Europäischen Gemeinschaft

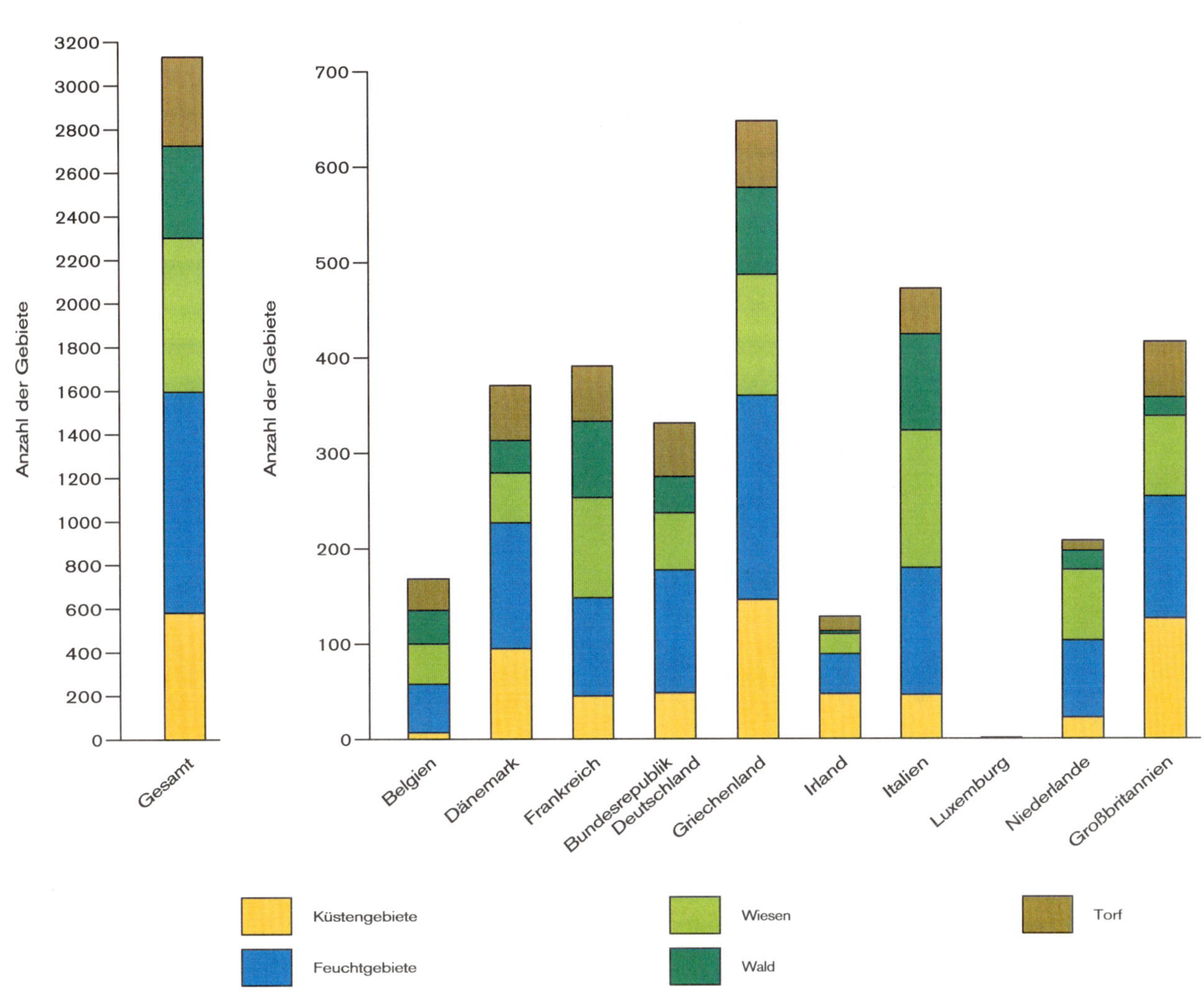

Quelle: Kommission der Europäischen Gemeinschaft

Vogelgebiete von besonderer Bedeutung in der Europäischen Gemeinschaft

Am 2. 4. 1979 erließ der Rat der Europäischen Gemeinschaften die Richtlinie über die Erhaltung der wildlebenden Vogelarten. Sie trat 1981 in Kraft. Abgesehen von Regelungen des direkten menschlichen Zugriffs einschließlich der Jagd auf die in drei Anhängen aufgelisteten schutzbedürftigen Vorgelarten werden Schutzmaßnahmen vorgeschrieben, die auf die Erhaltung, Wiederherstellung und Neuschaffung von Lebensstätten sowie auf die Einrichtung von Schutzgebieten für gefährdete Vogelarten abzielen.

Die EG-Arbeitsgruppe des Internationalen Rates für Vogelschutz hat deshalb 1980 den Auftrag bekommen, eine Vorschlagsliste derartiger Gebiete vorzulegen. Daraus ergeben sich für die Bundesrepublik Deutschland 166 „Vogelschutzgebiete besonderer Bedeutung“. Insgesamt umfaßt die Liste 331 Vogelgebiete.

Landschaftspläne

In Landschaftsplänen werden – soweit erforderlich – „die örtlichen Erfordernisse und Maßnahmen zur Verwirklichung der Ziele des Naturschutzes und der Landschaftspflege" dargestellt (§ 6 Abs. 1 BNatSchG). Landschaftspläne enthalten u. a. Darstellungen zum Zustand der Landschaft und zu Schutz-, Pflege- und Entwicklungsmaßnahmen.

Bis Ende 1979 waren bundesweit 688 Landschaftspläne fertiggestellt. Von 1980 bis 1987 erhöhte sich diese Anzahl um weitere 754 Landschaftspläne auf 1442. Zur Zeit befinden sich weitere 475 Landschaftspläne in Bearbeitung und weitere 100 sind in Vorbereitung (Stand Mai 1987). Die in den Naturschutzgesetzen von Hessen, Nordrhein-Westfalen und Bayern vorgenommene besondere Zuerkennung und verstärkte Berücksichtigung der Landschaftsplanung spiegelt sich in der hohen Anzahl der fertiggestellten und in Bearbeitung befindlichen Pläne wieder.

Entwicklung der Erstellung von Landschaftsplänen 1980 bis 1987 (Stand Mai 1987)

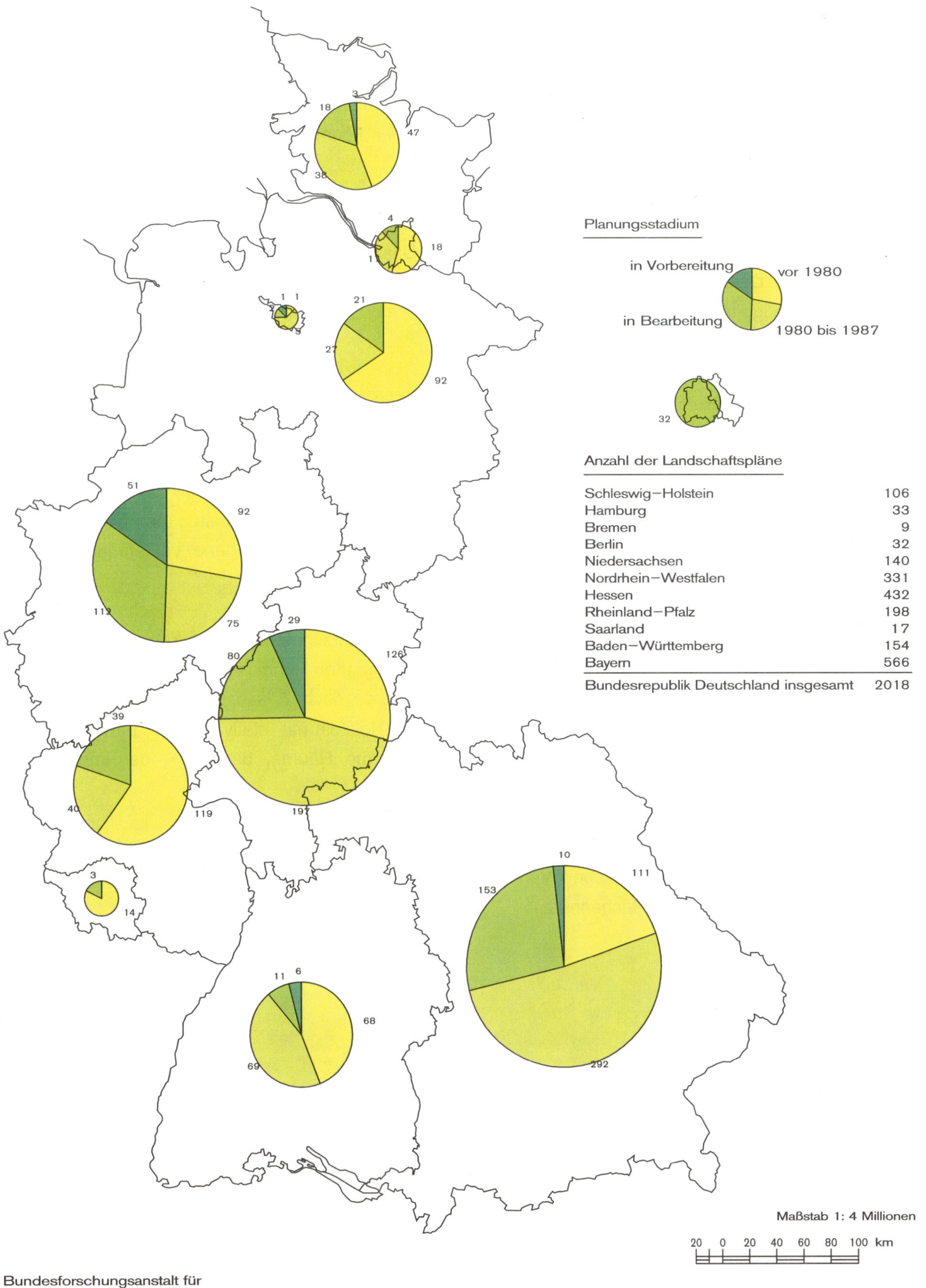

Anzahl der Landschaftspläne

Land	Anzahl
Schleswig-Holstein	106
Hamburg	33
Bremen	9
Berlin	32
Niedersachsen	140
Nordrhein-Westfalen	331
Hessen	432
Rheinland-Pfalz	198
Saarland	17
Baden-Württemberg	154
Bayern	566
Bundesrepublik Deutschland insgesamt	2018

Quelle: Bundesforschungsanstalt für Naturschutz und Landschaftsökologie

Unzerschnittene verkehrsarme Räume über 100 km² Flächengröße

Zehn Jahre nach der Datenerhebung für die 1979 veröffentlichte Karte „Unzerschnittene, verkehrsarme Räume in der Bundesrepublik Deutschland" wurde 1988 eine Fortschreibung dieser Räume durchgeführt und eine völlig überarbeitete Karte erstellt.

Eine Fläche von mindestens 100 km², die nicht von Autobahnen, Hauptverkehrsstraßen und Eisenbahnstrecken zerschnitten ist, wird als unzerschnittener verkehrsarmer Raum bezeichnet, weil innerhalb solcher Flächen Tageswanderungen unternommen werden können, die vom Verkehr weder akustisch noch visuell beeinträchtigt werden.

1977 wurden 349 Räume in der Bundesrepublik Deutschland mit einer Gesamtfläche von 56 184,7 km² als unzerschnittene, verkehrsarme Räume klassifiziert. Das waren 22,6 % der Fläche der Bundesrepublik Deutschland. Durch neue Zerschneidung oder Zunahme an Verkehrsmengen auf kleineren Straßen über 1000 Fahrzeuge täglich reduzierte sich diese Zahl bei der neuen Erhebung um 53 Räume mit 7453,5 km² Fläche.

Die durchschnittliche Raumgröße beträgt heute noch 150,5 km². Dagegen liegt die durchschnittliche Raumgröße der zwischenzeitlich durch Zerschneidung entfallenen Räume bei 140,6 km². Insgesamt werden somit eher die kleineren Räume von weiterer Zerschneidung bedroht, da sie häufig in der Nähe von Ballungsgebieten liegen und dort mehr Straßenbaumaßnahmen stattfinden. Die großen Räume hingegen befinden sich weitab der Großstädte in der Mehrzahl im Südosten der Bundesrepublik Deutschland. Im westlichen Bundesgebiet sind nur sehr wenige unzerschnittene, verkehrsarme Räume über 100 km² erhalten geblieben.

Bayern ist auf einem Drittel seiner Landesfläche noch als unzerschnitten und verkehrsarm anzusehen; das Saarland dagegen weist überhaupt keinen ausreichend großen Raum mehr auf. Im bevölkerungsreichen Nordrhein-Westfalen beträgt der Flächenanteil gerade noch 7 % bzw. 19 Räume, zumeist in größerer Entfernung zu den Ballungsgebieten. Schleswig-Holstein mit relativ geringer Einwohnerdichte besitzt ebenfalls nur noch 9 unzerschnittene verkehrsarme Räume, die 8,3 % der Landesfläche entsprechen.

Siehe auch:
- Kapitel Allgemeine Daten, Abschnitt Verkehr
- Kapitel Boden, Abschnitt Flächennutzung

Unzerschnittene verkehrsarme Räume über 100 km² Flächengröße

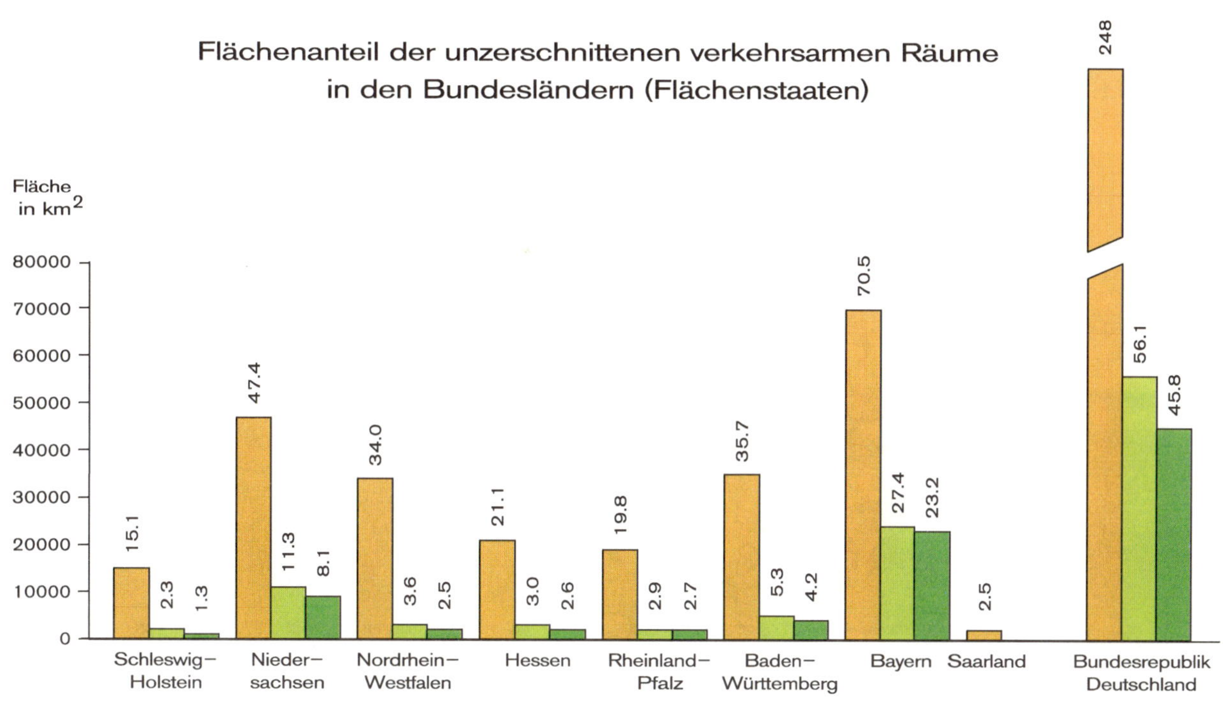

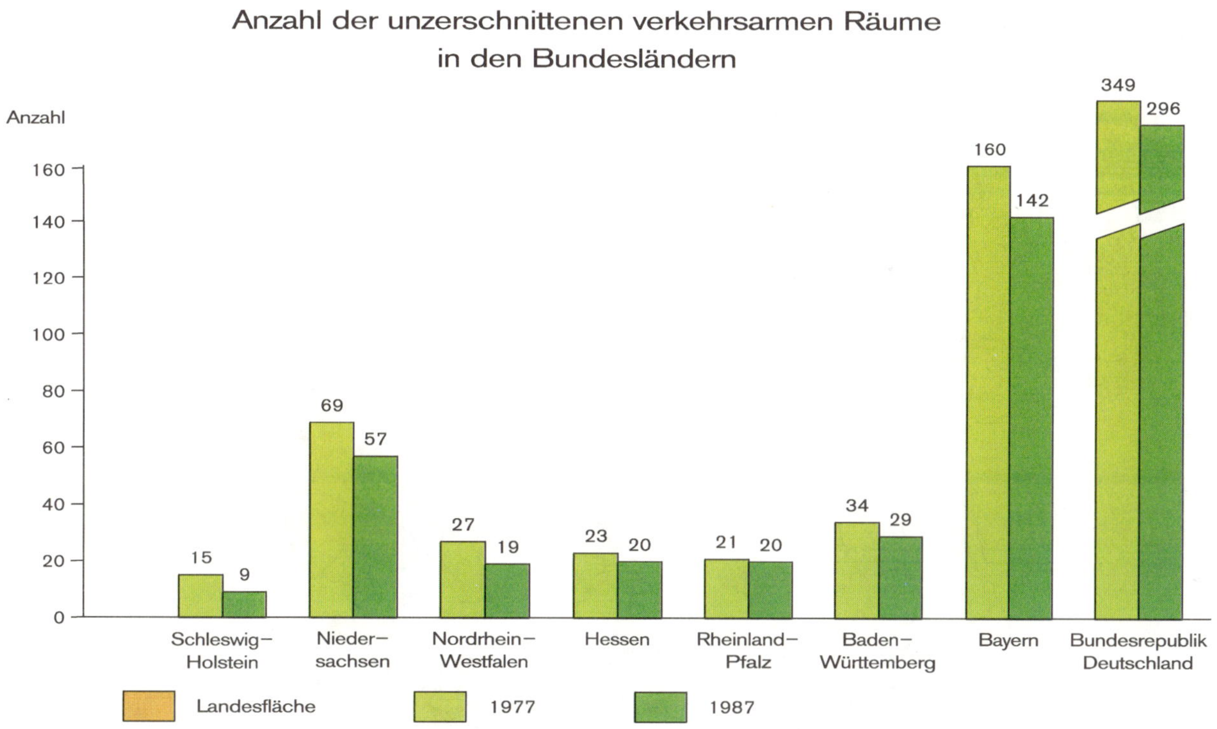

Quelle: Bundesforschungsanstalt für Naturschutz und Landschaftsökologie

Unzerschnittene verkehrsarme Räume in der Bundesrepublik Deutschland

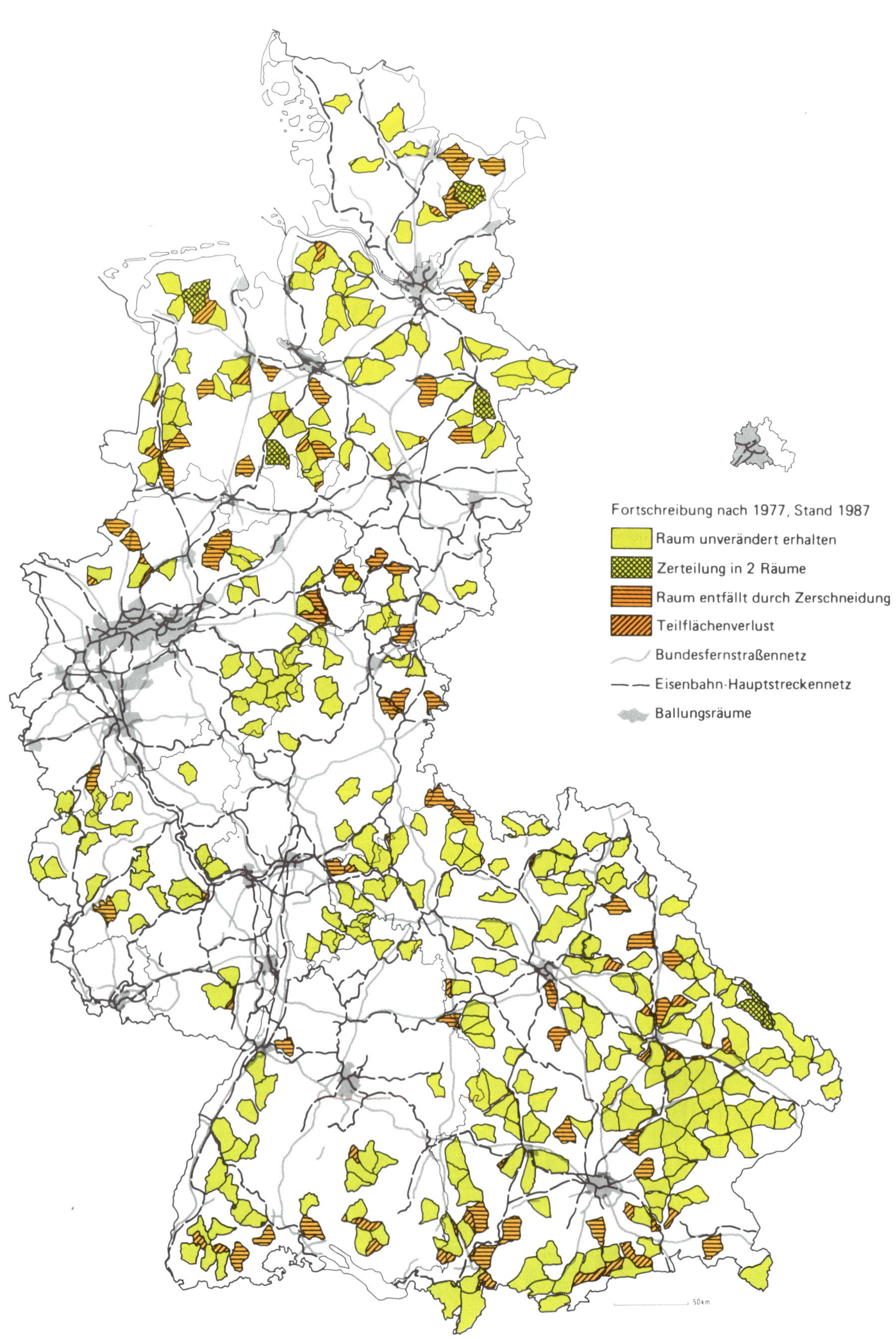

Quelle: Bundesforschungsanstalt für Naturschutz und Landschaftsökologie

Umfang und Art der Inanspruchnahme von Freizeiteinrichtungen innerhalb von Naturschutzgebieten* und in ihrer Nähe

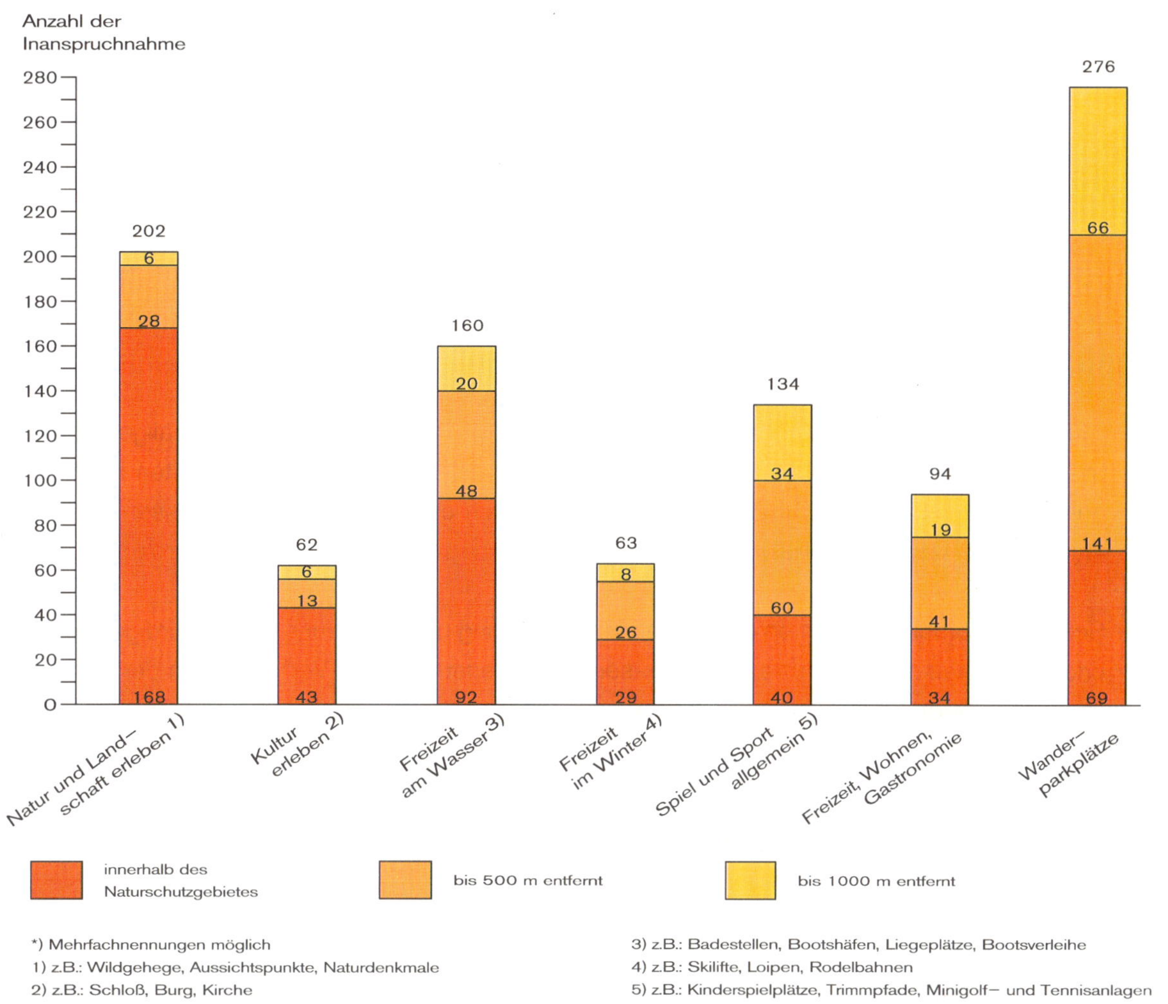

*) Mehrfachnennungen möglich
1) z.B.: Wildgehege, Aussichtspunkte, Naturdenkmale
2) z.B.: Schloß, Burg, Kirche
3) z.B.: Badestellen, Bootshäfen, Liegeplätze, Bootsverleihe
4) z.B.: Skilifte, Loipen, Rodelbahnen
5) z.B.: Kinderspielplätze, Trimmpfade, Minigolf- und Tennisanlagen

Quelle: Bundesforschungsanstalt für Naturschutz und Landschaftsökologie

Belastung der Naturschutzgebiete durch Freizeit und Erholung

Untersuchungen über die Belastung naturnaher Gebiete liegen als großflächige Erhebung über das gesamte Bundesgebiet für Naturschutzgebiete vor. Aus Untersuchungen des Jahres 1975 und weiterer Jahre bis 1984 geht hervor, daß etwa die Hälfte aller Naturschutzgebiete mit Freizeiteinrichtungen ausgestattet und durch Folgen ihrer Nutzung (Trittschäden, Eutrophierung, Bodenversiegelung usw.) gekennzeichnet sind. Jedes sechste Naturschutzgebiet wurde schon 1975 durch die Freizeitnutzung nachhaltig beeinträchtigt. Hieran hat sich bis heute nichts wesentliches geändert, obwohl die Zahl der Naturschutzgebiete von 12 000 kontinuierlich erhöht und innerhalb von 10 Jahren ungefähr verdoppelt wurde.
Die Unterschutzstellung und praktische Schutzmaßnahmen haben nur bewirkt, daß trotz der Belastung durch den stark gestiegenen Erholungsverkehr keine Verschlechterung eingetreten ist.
In Gebieten, die weniger im Blickfeld der Naturschutzbehörden liegen, hat die individuelle, ungelenkte Freizeitnutzung zugenommen. Die Konkurrenz zwischen Naturschutz und Freizeitnutzung hat sich verstärkt. Dies ist einerseits auf die Verknappung des Flächenpotentials und die Zunahme der Nachfrage, andererseits in dem gestiegenen politischen Stellenwert des Naturschutzes begründet.
Siehe auch:
Kapitel Allgemeine Daten, Abschnitte Bevölkerung, Umweltbewußtsein

Förderprogramme des Bundes im Bereich Natur- und Landschaftspflege

Fördergebiete gesamtstaatlich repräsentativer Bedeutung

Der Erhaltung der natürlichen Umwelt muß heute der gleiche Stellenwert zukommen wie etwa der Wahrung des gemeinsamen kulturellen Erbes. Der Schutz gesamtstaatlich repräsentativer Teile von Natur und Landschaft ist daher als nationales Anliegen anzusehen. Die Bundesrepublik Deutschland fördert seit 1979 national bedeutsame Naturschutzprojekte.

Für diese Förderung können Moore, naturnahe und unverbaute Fließgewässersysteme, Auenwälder und -landschaften, Feuchtwiesenbereiche und Magerrasen sowie naturnahe Bereiche der Alpen und der Küsten in Frage kommen, sofern sie großräumig stark gefährdet und von typischer Ausprägung sind und einen letzten Lebensraum für viele gefährdete Pflanzen und Tiere darstellen.

Die Fördermittel werden vornehmlich für den Ankauf und die Durchführung einmaliger biotoplenkender Maßnahmen verwendet. Die Bundesregierung steuert zu den geförderten Projekten maximal 75% der anfallenden Kosten bei. Das einzelne Projekt soll nach ca. 5 Jahren abgeschlossen sein und danach eigenständig vom Träger weitergeführt werden.

Seit 1979 wurden im Rahmen der Förderung „Errichtung und Sicherung schutzwürdiger Teile von Natur und Landschaft mit gesamtstaatlich repräsentativer Bedeutung“ 17 Vorhaben von der Bundesregierung finanziell unterstützt.

Fördergebiete gesamtstaatlich repräsentativer Bedeutung

1	Alte-Sorge-Schleife (Schleswig-Holstein)	Flußlauf mit Mäanderschleifen und angrenzendem Feuchtgrünland; Lebensraum für Wiesenvögel und Fischotter, Rastgebiet von Watt- und Wasservögeln.
2	Haseldorfer Marsch (Schleswig-Holstein)	Feuchtgebiete im Übergangsbereich der Flußmarschen zu den Seemarschen; international bedeutendes Rastgebiet von Watt- und Wasservögeln.
3	Borgfelder Wümmewiesen (Bremen)	Periodisch überflutetes Feuchtgrünland im Bereich einer Flußniederung; Lebensraum für rastende und brütende Watt- und Wasservögel.
4	Dannenberger Marsch (Niedersachsen)	Flußmarsch mit Feuchtgrünland, Altarmen, Qualmwassertümpeln; Feuchtgebiet internationaler Bedeutung.
5	Elbniederungsgebiet Gartow-Höhbeck (Niedersachsen)	Feuchtgebiet im Hochwasserbereich der Elbe mit Flutmulden, Auwald, Feuchtgrünland, Dünen; Feuchtgebiet internationaler Bedeutung.
6	Meißendorfer Teiche (Niedersachsen)	Fischteichgebiet mit Verlandungszonen, Bruchwald, Moorbereichen und Feuchtgrünland; Feuchtgebiet internationaler Bedeutung.
7	Neustädter Moor (Niedersachsen)	Komplex aus Hoch- und Niedermoorresten sowie Feuchtwiesen; Feuchtgebiet internationaler Bedeutung.
8	Ochsenmoor (Niedersachsen)	Flachwasserzone, Röhricht (Naß- und Feuchtgrünland); Feuchtgebiet internationaler Bedeutung.
9	Altrheinarm Bienen-Praest (Nordrhein-Westfalen)	Altwasser mit Verlandungszone, Grünland; Feuchtgebiet internationaler Bedeutung
10	Bislicher Insel (Nordrhein-Westfalen)	Feuchtgrünland im Bereich der Rheinaue; Gänserastplatz, Feuchtgebiet internationaler Bedeutung.
11	Mündungsgebiet der Ahr (Rheinland-Pfalz)	Naturnahe Flußmündung eines Rheinnebenflusses mit Kiesinseln und Nebenarmbildung.
12	Hohe Rhön / Lange Rhön (Bayern)	Offene Landschaft mit trockenem bis nassem Magergrünland, Moore, Laubwaldreste der Hochlagen; bedeutendstes Birkhuhnvorkommen außerhalb der Alpen.
13	Zinnbach (Bayern)	Naturnaher Bachlauf; Lebensraum der Flußperlmuschel.
14	Westliche Vulkaneifel (Rheinland-Pfalz)	Offene und vermoorte Maarseen, Vulkankrater; neben biologischer auch geologische Bedeutung.
15	Meerfelder Maar (Rheinland-Pfalz)	Maarsee, auch geologische Bedeutung
16	Mechtersheimer Tongruben (Rheinland-Pfalz)	Aufgelassene Ton- und Kiesgrube mit Flachwasserzonen, Röhricht, Naßwiesen; Lebensraum für gefährdete Amphibien- und Vogelarten, Brutvorkommen des Purpurreihers
17	Wurzacher Ried (Baden-Württemberg)	Hochmoor, z. T. mit Moorwald; größte erhaltene Hochmoorfläche Süddeutschlands.

Erprobungs- und Entwicklungsvorhaben im Bereich Naturschutz und Landschaftspflege

Der Bundesminister für Umwelt, Naturschutz und Reaktorsicherheit fördert Erprobungs- und Entwicklungsvorhaben auf dem Gebiet des Naturschutzes. Mit der Förderung sollen Forschungsergebnisse und neue Verfahren, die der Verbesserung des Naturschutzes und der Landschaftspflege dienen, in der Praxis erprobt und entwickelt werden. Sie sollen dazu beitragen, Natur und Landschaft im besiedelten und unbesiedelten Bereich so zu schützen, zu pflegen oder zu entwickeln, daß die Leistungsfähigkeit des Naturhaushalts, die Nutzungsfähigkeit der Naturgüter, die Pflanzen- und Tierwelt sowie die Vielfalt, Eigenart und Schönheit von Natur und Landschaft als Lebensgrundlagen des Menschen und als Voraussetzung für seine Erholung in Natur und Landschaft nachhaltig gesichert werden. Die Vorhaben werden wissenschaftlich betreut.

Laufende Erprobungs- und Entwicklungsvorhaben

1	Oldenburger Graben:	Wiederherstellung großflächig vernäßter Bereiche als Lebensraum für Vögel und Niedermoorvegetation.
2	Leegmoor:	Wiedervernässung von industriell abgebauten Schwarztorfgewinnungsflächen und Versuche zur Hochmoorregeneration.
3	Weserniederung:	Regeneration landschaftstypischer Auenstandorte.
4	Rheinisch-Bergischer Kreis:	Neuanlage sowie Erhaltung und Pflege von Obstwiesen.
5	Lommersum:	Optimierung von Ausgleichsmaßnahmen in der Flurbereinigung unter tierökologischen Gesichtspunkten.
6	Wachtberg:	Vernetzung von Amphibien-Lebensräumen.
7	Hohe Rhön:	Renaturierung eines teilabgetorften und entwässerten Hochmoores sowie Erhaltung und Wiederherstellung von Magerwiesen und naturnahen Wäldern im Naturschutzgebiet „Rotes Moor“.
8	Ottweiler:	Entwicklung halbnatürlicher Biotope auf bisher landwirtschaftlich genutzten Flächen am Beispiel des Pappelhofes.
9	Schwarzach bei Freystadt:	Optimierung eines Auenabschnittes am Beispiel der Schwarzach.
10	Bodensee:	Ermittlung geeigneter Methoden zum Schutz und zur Wiederansiedlung des Uferröhrichts.
11	Akademie für Naturschutz und Landschaftspflege:	Entwicklung und Erprobung einer „Informationseinheit Naturschutz mit Medienpaket“ zur besseren Aufklärung der Öffentlichkeit über Inhalte des Naturschutzes.

Fördergebiete bedeutsamer Naturschutzprojekte

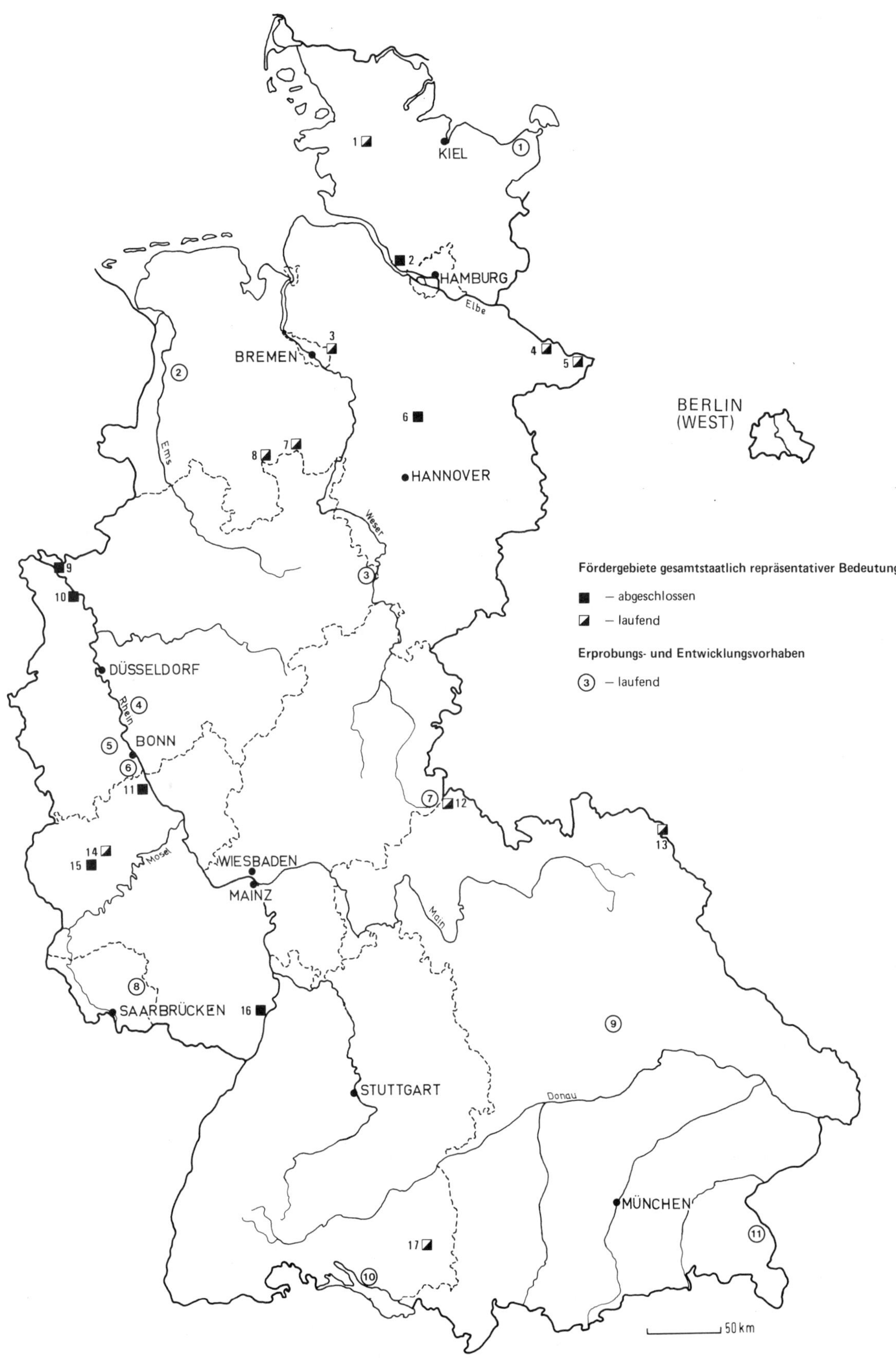

Quelle: Bundesministerium für Umwelt, Naturschutz und Reaktorsicherheit,
Bundesforschungsanstalt für Naturschutz und Landschaftsökologie

Boden

Seite

Datengrundlage

Die Datengrundlage zu Funktion, Nutzung und Belastung des Bodens muß noch wesentlich verbessert werden. Flächendeckende Bestandsaufnahmen liegen bisher allenfalls für einzelne Merkmale der Flächennutzung, jedoch kaum für den Stoffhaushalt von Böden vor.

Die Abschätzung des Grades der Nitrat-Auswaschung aus landwirtschaftlichen Einträgen stammt ebenso wie die Daten zum Dünger- und Pflanzenschutzmitteleinsatz aus vom Bund geförderten Forschungsvorhaben.

Die Bodenerosion ist in der Bundesrepublik Deutschland ein regional bedeutsames Problem, das hier am Beispiel Bayerns dargestellt wird. Die Karten wurden vom Geologischen Landesamt Bayern zur Verfügung gestellt, das als einziges Bundesland über eine flächendeckende Darstellung der Bodenerosion verfügt.

Daten zur Entwicklung der Unfälle mit wassergefährdenden Stoffen entstammen der in Zusammenarbeit von Statistischem Bundesamt und dem Beirat „Lagerung und Transport wassergefährdender Stoffe“ beim Bundesminister für Umwelt, Naturschutz und Reaktorsicherheit jährlich publizierten Auswertung von Länderdaten.

Flächennutzung

Der Beitrag Flächennutzung und die dazu gehörenden Grafiken wurden von der Bundesforschungsanstalt für Landeskunde und Raumordnung mit Hilfe ihres Informationssystems „Laufende Raumbeobachtung" erstellt.

Daten zur Flächennutzung wurden für 1950–1977 im Rahmen der Bodennutzungsvorerhebung ermittelt. Die Erhebung diente vorwiegend der Klassifizierung landwirtschaftlicher Produktionsflächen. Siedlungsflächen wurden nur sehr pauschal erfaßt und häufig überschlägig geschätzt. Mit der ab 1979 vorgenommenen Flächenerhebung anhand von Liegenschaftskatasterunterlagen werden die nichtlandwirtschaftlichen Flächen nunmehr differenzierter erfaßt. Die jetzt verwendeten Nutzungskategorien sind – z. B. hinsichtlich einer Trennung der bisher zusammengefaßten Kategorie „Gebäude- und Freifläche" – für Zwecke des Bodenschutzes jedoch noch verbesserungsbedürftig.

Begriffe der Flächennutzung:		
Gebäudefläche:	a:	Gebäude- und Hoffläche
	b:	Gebäude- und Freifläche; Betriebsfläche ohne Abbauland
Verkehrsfläche:	a:	Wegeland und Eisenbahnen
	b:	Verkehrsfläche
Erholungsfläche:	a:	Private Parkanlagen, Rasenflächen, Ziergärten; Friedhöfe, öffentliche Parkanlagen
	b:	Erholungsfläche
Siedlungs- und Verkehrsfläche:		Gebäudefläche; Verkehrsfläche; Erholungsfläche
Landwirtschaftsfläche:	a:	Ackerland; Gartenland; Obstanlagen; Baumschulen; Dauergrünland; Korbweiden- und Pappelanlagen, Weihnachtsbaumkulturen; nicht mehr genutzte landwirtschaftliche Fläche
	b:	Landwirtschaftsfläche ohne Moor und ohne Heide
Waldfläche:	a:	Waldflächen, Forsten, Holzungen
	b:	Waldfläche
Wasserfläche:	a:	Gewässer
	b:	Wasserfläche
Sonstige Fläche:	a:	Unkultivierte Moorfläche; Öd- und Unland; Sport-, Flug- und Militärübungsplätze
	b:	Moor; Heide; Abbauland; Flächen anderer Nutzung
Gesamtfläche:	a:	Wirtschaftsfläche
	b:	Katasterfläche

a: Nutzungsarten gemäß Bodennutzungsvorerhebung 1950–1977
b: Nutzungsarten gemäß Flächenerhebung ab 1979

Die jeweiligen Daten sind aufgrund unterschiedlicher Erhebungsverfahren (Betriebsprinzip/Belegenheitsprinzip) und aufgrund z. T. abweichender Definitionen der Nutzungsarten nur annäherungsweise miteinander vergleichbar.

Siehe auch:

- Kapitel Allgemeine Daten, Abschnitt Verkehr
- Kapitel Natur und Landschaft, Abschnitt Schutzgebiete
- Kapitel Wald

Struktur der Flächennutzung

Der Anteil der Landwirtschaftsfläche betrug 1985 trotz erheblicher Arealverluste seit 1950 noch 54,5% der Fläche der Bundesrepublik Deutschland. Selbst in Regionen mit großen Verdichtungsräumen liegt der Anteil noch bei 53,4%. Lediglich in den Kernstädten der ansatzweise verdichteten Regionen sinkt der Anteil auf 41,3% und in den Kernstädten der stark verdichteten Regionen auf 29,9%.

Die Waldfläche stellt mit einem Anteil von 29,6% an der Gesamtfläche der Bundesrepublik Deutschland die zweitgrößte Nutzungsart dar. Auf die Wasserfläche (1,8%) und „sonstige", meist naturnahe Flächen wie Moor, Heide (1,6%) entfallen nur geringe Flächenanteile des Bundesgebietes.

Die Siedlungs- und Verkehrsfläche umfaßt im Durchschnitt 11,6% der Fläche des Bundesgebietes. In den Regionen mit großen Verdichtungsräumen steigt der Anteil auf 17,6%, in ihren Kernstädten auf 48,7%.

Entwicklung der Flächennutzung

Die Entwicklung der Flächennutzung in der Bundesrepublik Deutschland seit 1950 wird durch stetige Zunahme der Siedlungs- und Verkehrsfläche bestimmt. Ihr Zuwachs erfolgte vorwiegend zu Lasten naturnaher Flächen wie Moor, Heide sowie der Landwirtschaftsfläche. Diese Erscheinung ist in den Kernstädten der großen Verdichtungsräume besonders stark ausgeprägt. Sie hat sich in den letzten Jahren eher verstärkt als abgeschwächt. Die quantitative Flächenbilanz gibt zudem nicht die qualitativen Veränderungen wieder, die sich – z. B. durch Entwässerungsmaßnahmen oder die Beseitigung von Hecken und Buschreihen – auf vielen Flächen vollzogen haben.

Struktur der Flächennutzung in den siedlungsstrukturellen Gebietstypen 1985

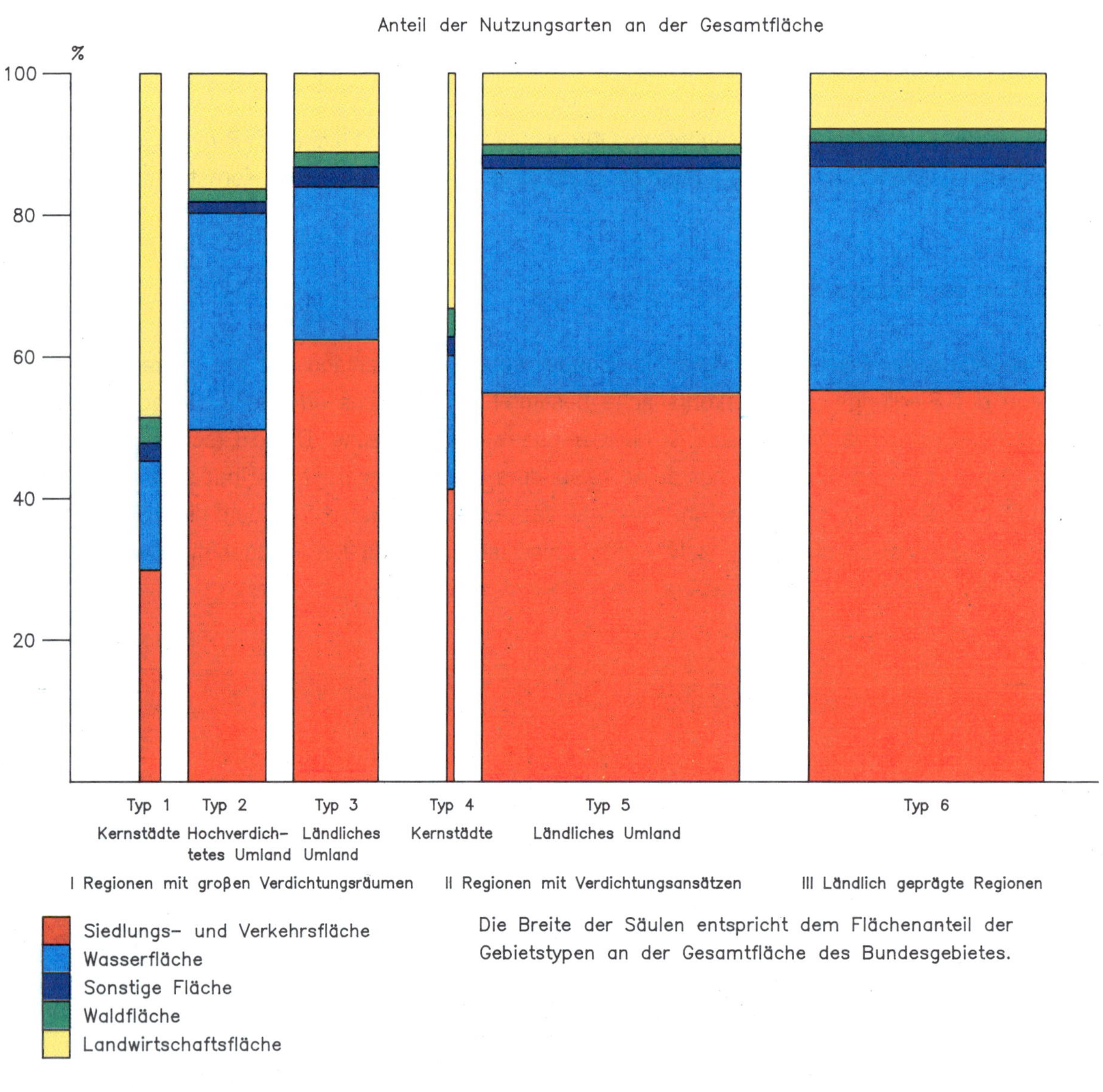

Die Breite der Säulen entspricht dem Flächenanteil der Gebietstypen an der Gesamtfläche des Bundesgebietes.

LANDES KUNDE UND RAUM ORDNUNG

Quelle: Laufende Raumbeobachtung der Bundesforschungsanstalt für Landeskunde und Raumordnung

Entwicklung der Flächenstruktur der Bundesrepublik Deutschland 1950 – 1985

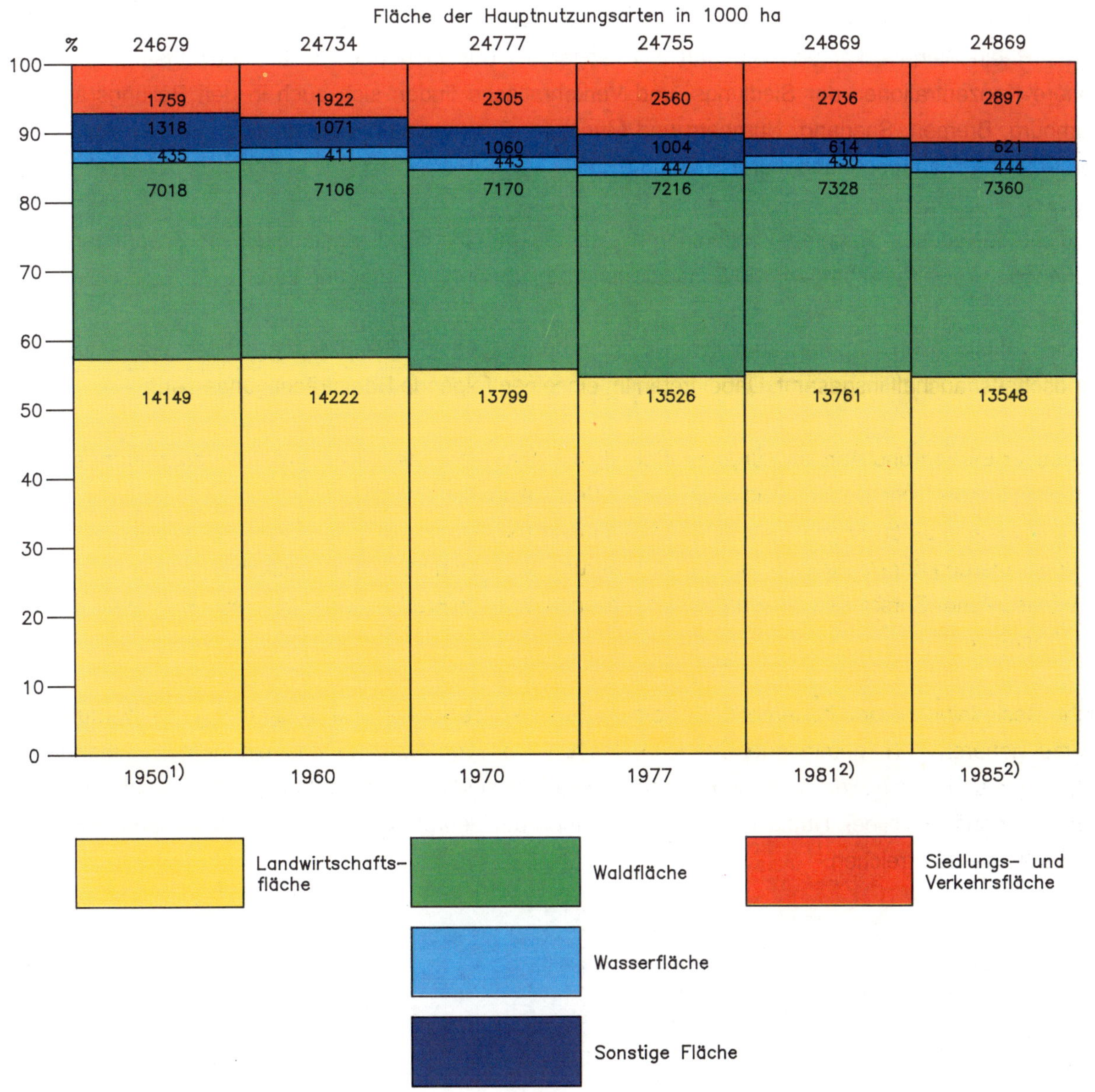
Fläche der Hauptnutzungsarten in 1000 ha
%
24679
24734
24777
24755
24869
24869
100
90
80
70
60
50
40
30
20
10
0
1759
1922
2305
2560
2736
2897
1318
1071
1060
1004
614
621
435
411
443
447
430
444
7018
7106
7170
7216
7328
7360
14149
14222
13799
13526
13761
13548
1950 1)
1960
1970
1977
1981 2)
1985 2)
Landwirtschafts-fläche
Waldfläche
Siedlungs- und Verkehrsfläche
Wasserfläche
Sonstige Fläche

1) Angaben teilweise geschätzt für Saarland und Berlin (West)

2) Die Angaben für 1981 und 1985 sind aufgrund eines erheblich geänderten Erhebungsverfahrens inhaltlich nicht voll mit den Werten bis 1977 vergleichbar.

LANDES KUNDE UND RAUM ORDNUNG

Quelle: Laufende Raumbeobachtung der Bundesforschungsanstalt für Landeskunde und Raumordnung

Siedlungs- und Verkehrsfläche

Auf die Siedlungs- und Verkehrsfläche entfielen 1985 11,7% der Gesamtfläche des Bundesgebietes. Im Vergleich zur Landwirtschafts- (54,5%) und Waldfläche (29,6%) ist dieser Anteil scheinbar gering. Zum einen bestehen jedoch starke regionale Unterschiede im Siedlungsflächenanteil. Mit Spitzenwerten bis über 70% des jeweiligen Gemeindegebietes ist die Siedlungs- und Verkehrsfläche in einem ausgeprägten Verdichtungsband von Braunschweig über Hannover, Bielefeld, die Ballungsräume von Rhein und Ruhr sowie Rhein-Main-Neckar und Stuttgart z. T. sogar die überwiegende Flächennutzungsart. Regional höhere Konzentrationen der Siedlungs- und Verkehrsfläche finden sich auch in den Ballungsräumen Hamburg, Bremen, Saarland, Nürnberg und München. Zum anderen zerschneiden Verkehrslinien die verbliebenen zusammenhängenden Freiräume.

In dicht besiedelten Räumen konzentrieren sich die mit der Siedlungstätigkeit im Zusammenhang stehenden Umweltbelastungen, wie Schadstoffeintrag in Boden, Wasser und Luft.

In dicht besiedelten Räumen kumulieren Gefahrenpotentiale für Bevölkerung, Boden sowie für den Landschaftshaushalt insgesamt. Dabei treten im einzelnen folgende Beeinträchtigungen auf:

- stetiger Eintrag und Anreicherung von Schadstoffen in den Boden mit negativen Veränderungen der physikalischen, chemischen und biologischen Bodeneigenschaften,
- Grundwasserabsenkungen, Erhöhung der Abflußspitzen,
- Verminderung der Pflanzendecke und Reduzierung biologisch aktiver Bodenflächen,
- Versiegelung, Zerschneidung und Verbrauch noch intakter Freiräume durch Gebäude, Verkehr und Infrastruktur.

Hohe Besiedelungsgrade haben neben ökologischen auch sozioökonomisch nachteilige Auswirkungen. Hierzu gehören z. B. geminderte Chancen des Erwerbs von Bauland und ein deutlich niedrigerer Erholungs- und Freizeitwert. Verfügbare Erholungsflächen sind oft nur mit erhöhtem Zeit- und Finanzaufwand – häufig nur bei Nutzung motorisierter Individualverkehrsmittel und entsprechend höheren Emissionen – zu erreichen.

Gebäudefläche

Die quantitativ wichtigste Teilnutzungsart der Siedlungs- und Verkehrsfläche ist die „Gebäudefläche". Ihr Anteil betrug 1985 53,2% der gesamten Siedlungs- und Verkehrsfläche bzw. 6,2% der Gesamtfläche der Bundesrepublik Deutschland.

Die Nutzungsart Gebäudefläche umfaßt sowohl die Flächen der Gebäude und baulichen Anlagen (versiegelt im engeren Sinne) sowie unbebaute Betriebsflächen (wie Halden, Lagerplätze usw.), die in ihrer siedlungsstrukturellen und ökologischen Wirkung den versiegelten Flächen nahezu gleichzusetzen sind. Die Gebäudefläche enthält aber auch unbebaute Flächen (Freiflächen), die den Zwecken der Gebäude untergeordnet und nicht oder nur teilweise versiegelt sind (z. B. Vorgärten, Hausgärten, Spiel- und Stellplätze).

Hohe Anteile der Gebäudefläche an der Siedlungs- und Verkehrfläche von 50 % und mehr, bei einem Anteil von 10,4% der Gesamtfläche, finden sich in allen größeren Verdichtungsräumen, insbesondere im Rhein-Ruhr- und Rhein-Main-Neckar-Raum. In den Verdichtungsräumen ist zudem die bauliche Ausnutzung der Grundstücke zu Lasten der unbebauten Ergänzungsflächen meist höher.

Höhere Anteile der Gebäudefläche an der Siedlungs- und Verkehrsfläche, bei einem durchschnittlichen Anteil von lediglich 3,8% an der Gesamtfläche der ländlich geprägten Regionen, finden sich ferner in weiten, eher ländlich strukturierten Teilen von Schleswig-Holstein und Niedersachsen (vor allem im Küstenbereich), Baden-Württemberg (Schwarzwald- und Bodenseebereich) und Bayern (Alpenvorland). Sie sind Folge der verstärkten Besiedelung dieser Räume durch den Fremdenverkehr mit Zweit- und Alterswohnsitzen, sowie Freizeit- und Fremdenverkehrsinfrastruktureinrichtungen. Auch sind hier Streusiedlungen mit jeweils höheren Anteilen von unbebauten Ergänzungsflächen im Verhältnis zu den bebauten, definitiv versiegelten Flächen häufiger. Umweltbelastungen gehen hier vor allem von fortschreitender Zersiedlung aus.

Siedlungs- und Verkehrsfläche 1985

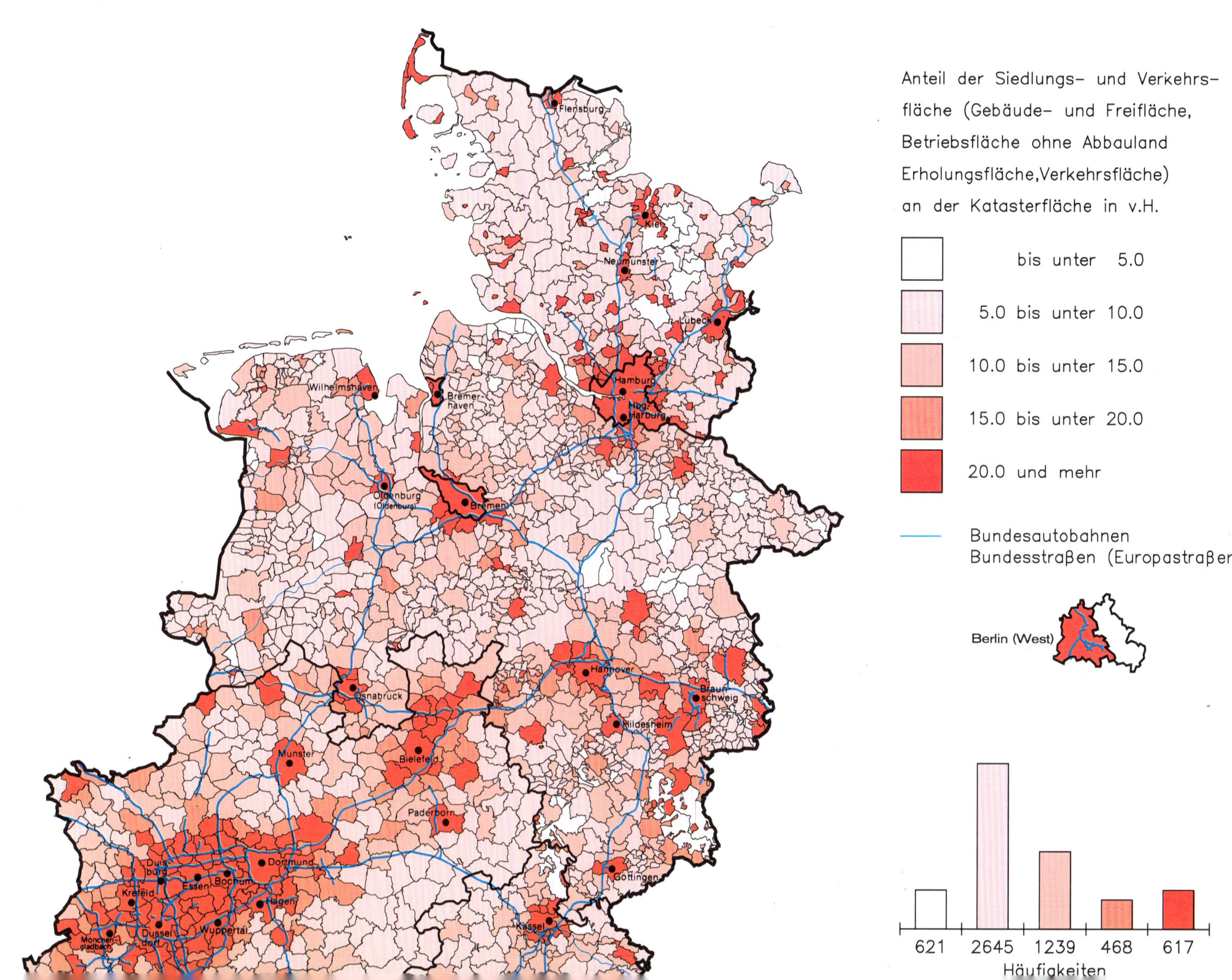

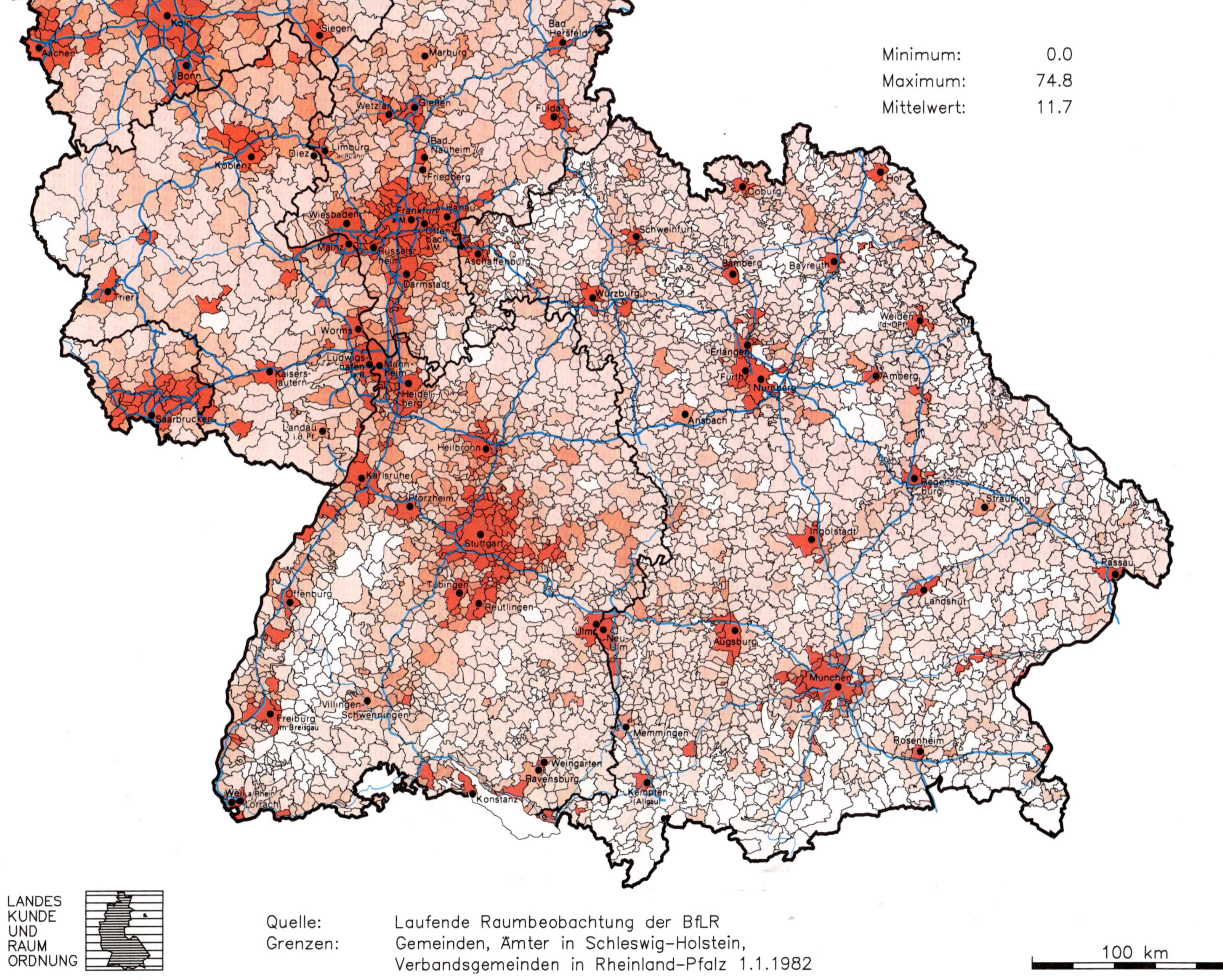

Minimum:	0.0
Maximum:	74.8
Mittelwert:	11.7

LANDES
KUNDE
UND
RAUM
ORDNUNG

Quelle: Laufende Raumbeobachtung der BfLR

Grenzen: Gemeinden, Ämter in Schleswig-Holstein, Verbandsgemeinden in Rheinland-Pfalz 1.1.1982

Verkehrsfläche

Die Verkehrsfläche (dem Straßen-, Schienen-, Luft- oder Schiffsverkehr dienenden Flächen) hatte 1985 einen Anteil von 41,8% der Siedlungs- und Verkehrsfläche der Gemeinden bzw. 4,9% der Gesamtfläche des Bundesgebietes. In den stark verdichteten Regionen (rd. 410 000 ha; 6,1% der Gesamtfläche) und in den Regionen mit Verdichtungsansätzen (rd. 470 000 ha; 4,9% der Gesamtfläche) ist der Anteil der Verkehrsfläche deutlich höher als in ländlich geprägten Regionen (rd. 330 000 ha; 3,9% der Gesamtfläche). Da jedoch die Gemeinden der ländlich geprägten Regionen oft nur verhältnismäßig geringe Gebäudeflächen aufweisen, ist hier in einzelnen Gemeinden der Anteil der Verkehrsfläche an der Gesamtfläche größer als der Anteil der Gebäudefläche.

Mit den Verkehrsflächen sind erhebliche Schadstoffemissionen verbunden, die zur Kontamination der Böden und der dort produzierten Nahrungsgüter beitragen.

Die ökologischen Risiken sind in den Verdichtungsräumen aufgrund der dort bereits seit langem bestehenden außerordentlich hohen Verkehrsbelastungen besonders ausgeprägt. Sie werden hier zudem durch die intensive Bebauung weiter verstärkt. Entsprechende Risiken, vor allem die Zerschneidungs- und Verinselungseffekte, gelten aber auch für die eher ländlich geprägten Regionen mit überproportionaler Ausstattung an überörtlichen Gemeindeverbindungsstraßen und raumerschließenden Fernverkehrswegen.

Gebäudefläche 1985

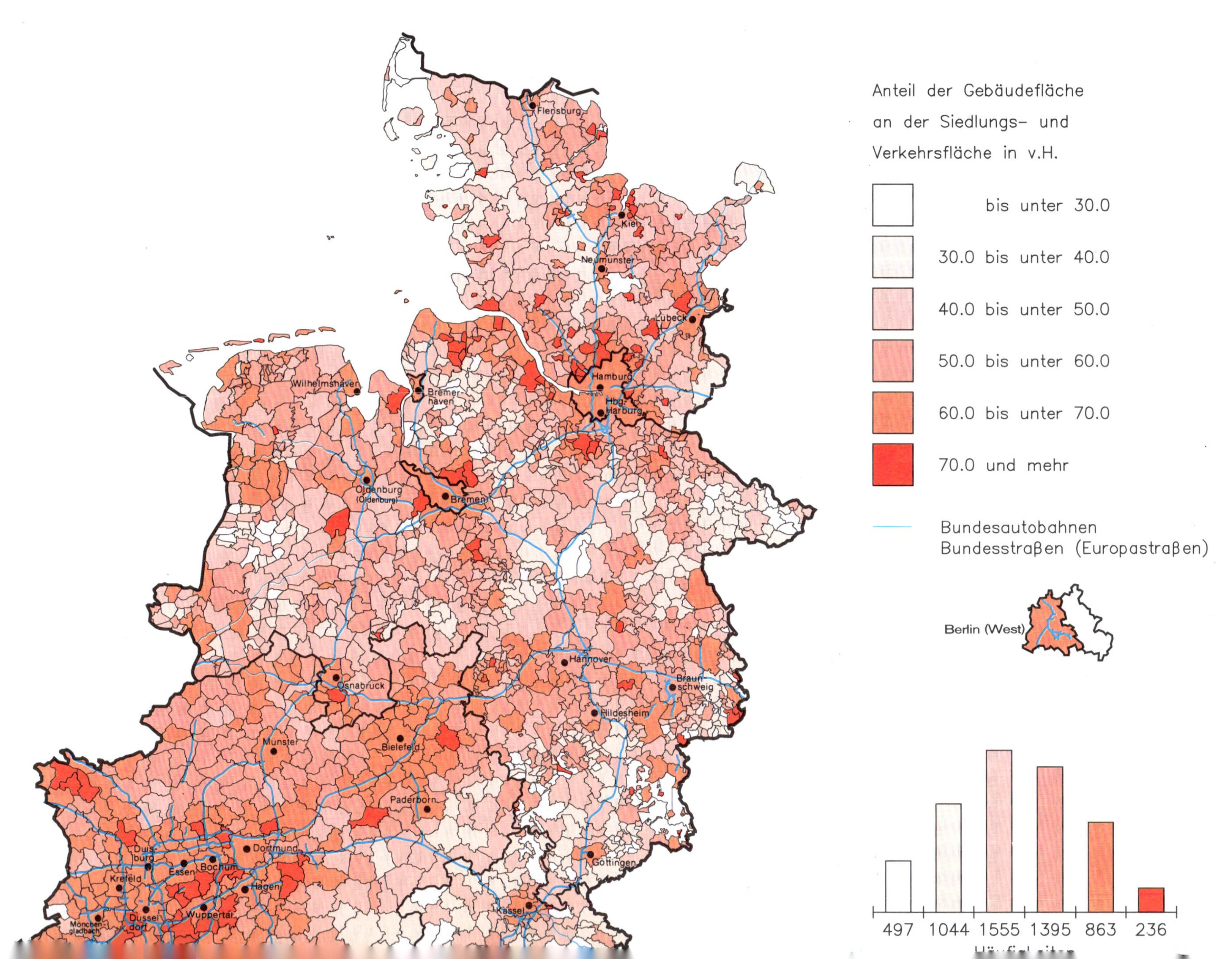

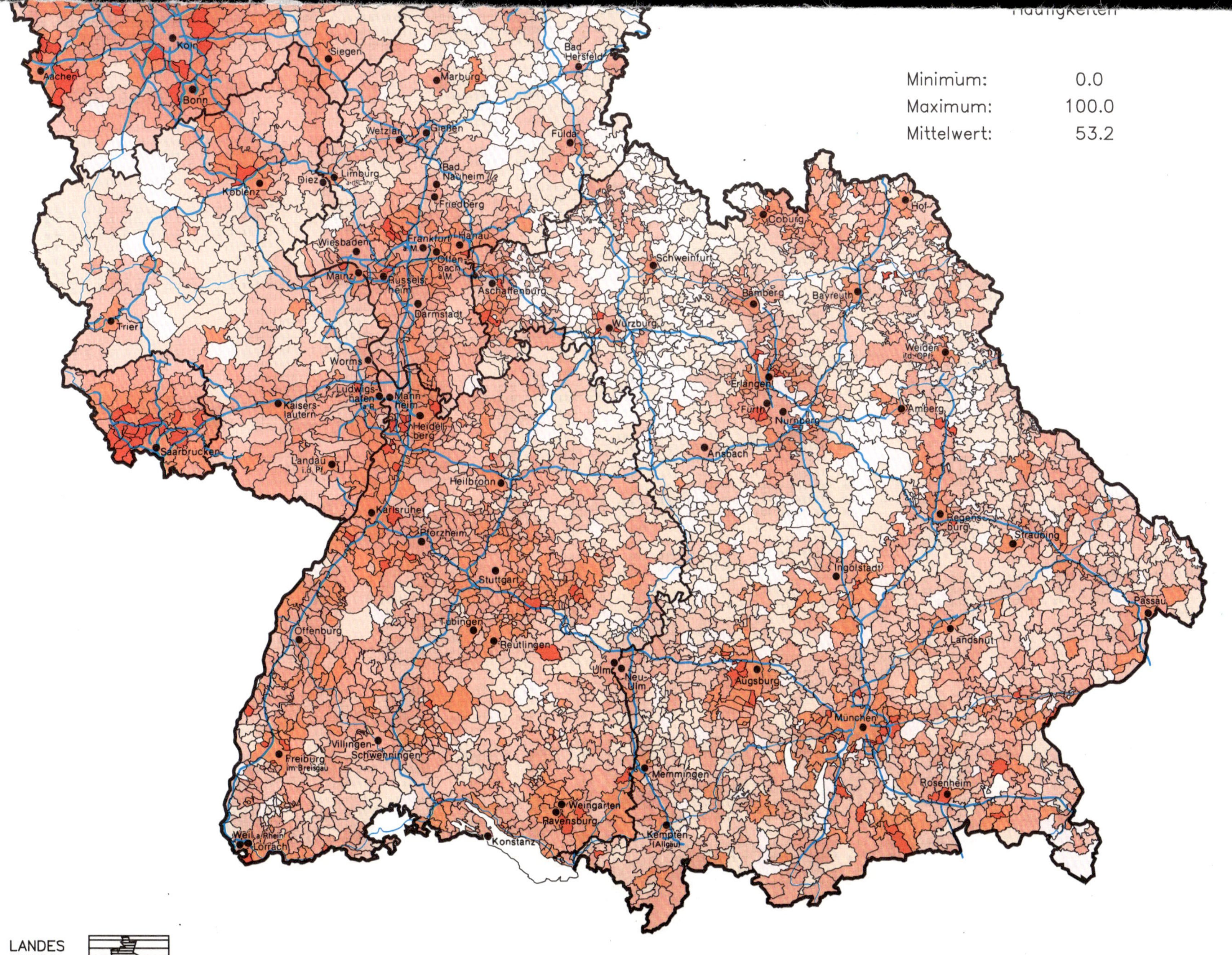

LANDES
KUNDE
UND
RAUM
ORDNUNG

Quelle: Laufende Raumbeobachtung der BfLR

Grenzen: Gemeinden, Ämter in Schleswig-Holstein, Verbandsgemeinden in Rheinland-Pfalz 1.1.1982

100 km

Waldfläche

Die Waldfläche hatte 1985 einen Anteil von 29,6% des Bundesgebietes. Die großen Verdichtungsräume und die intensiv landwirtschaftlich genutzten Gebiete vor allem der norddeutschen Tiefebene und der bayerischen Gäuflächen weisen geringe Waldanteile von weniger als 20% der Gemeindefläche auf. Überdurchschnittliche Waldflächenanteile finden sich hingegen in den siedlungsarmen, für eine intensivere Landbewirtschaftung meist weniger geeigneten Mittel- und Hochgebirgslagen, etwa dem Harz, dem Sauerland, der Eifel, dem Schwarzwald, dem Bayerischen Wald und den Alpen.

Waldflächen kommt neben Wasser-, Moor- und Heideflächen ein besonderer ökologischer Stellenwert zu. Daneben dienen sie vorrangig freiraumbezogenen Regenerations- und Freizeitbedürfnissen der Bevölkerung.

In den intensiv agrarisch genutzten Räumen bietet die derzeitige Politik der Stillegung landwirtschaftlicher Produktionsflächen verbesserte Möglichkeiten, Aufforstungsprogramme zu realisieren und bestehende Waldflächendefizite abzubauen. In den Verdichtungsräumen, insbesondere in der Nähe der Kernstädte, werden die derzeitigen Benachteiligungen hingegen eher durch qualitativ hochwertige Gestaltung etwa der „Erholungswälder" auszugleichen sein.

Verkehrsfläche 1985

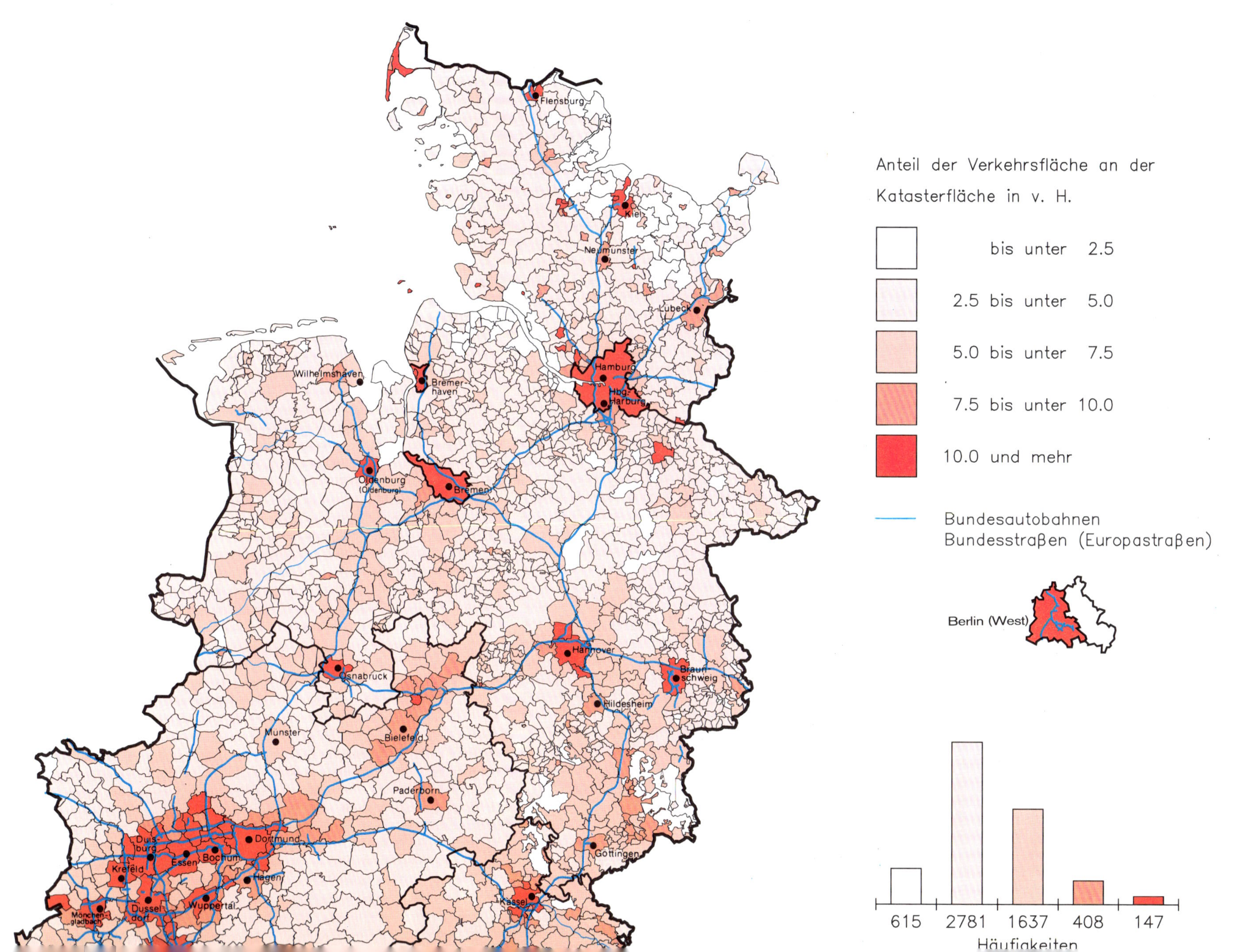

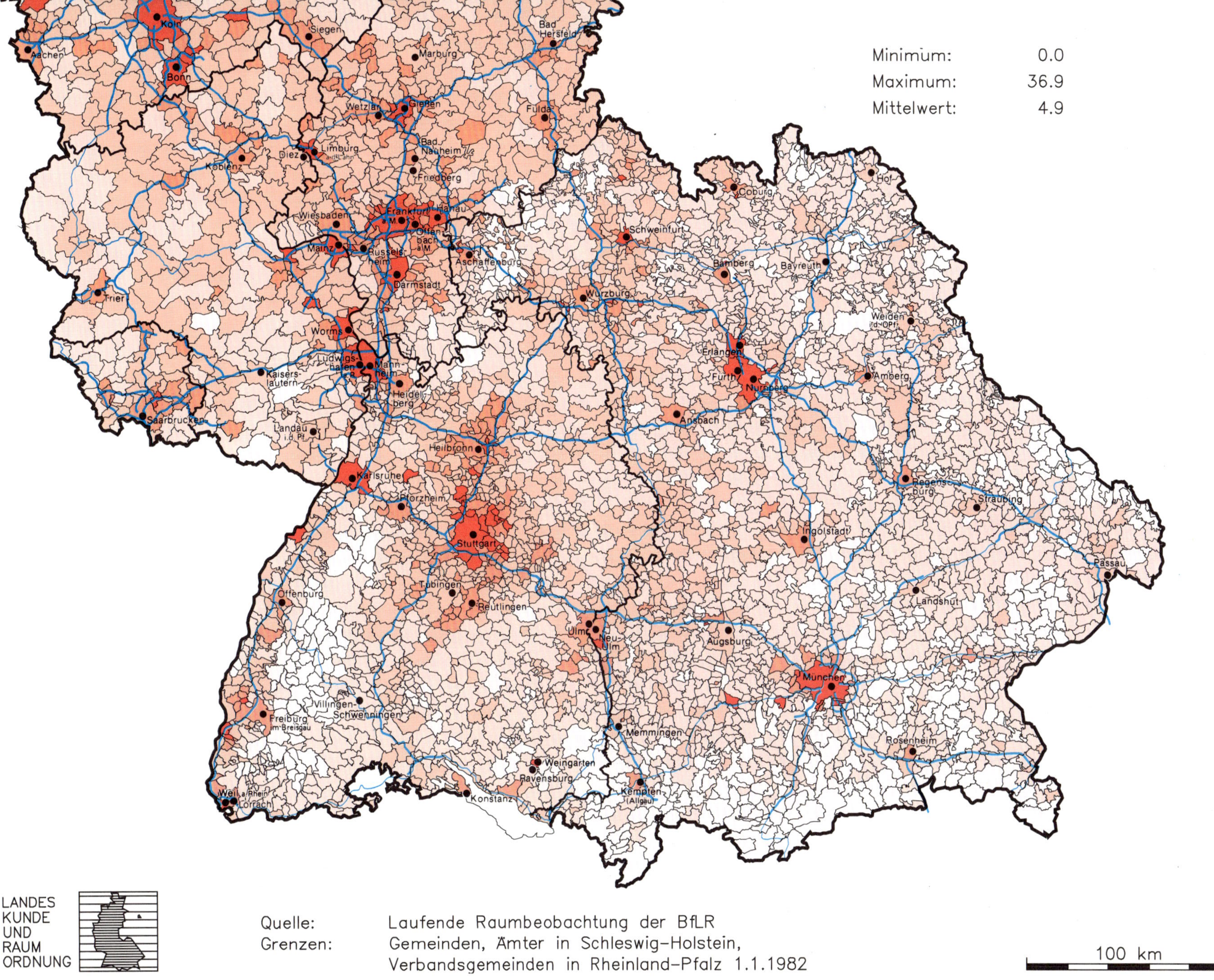

Quelle: Laufende Raumbeobachtung der BfLR

Grenzen: Gemeinden, Ämter in Schleswig-Holstein, Verbandsgemeinden in Rheinland-Pfalz 1.1.1982

Landwirtschaftsfläche

Die Landwirtschaftsfläche umfaßte 1985 rd. 13,5 Mill. ha bzw. 54,5% der Gesamtfläche des Bundesgebietes. Regionale Schwerpunkte mit Anteilswerten zwischen 60% und mehr als 90% liegen in der nordwestdeutschen Tiefebene und den süddeutschen, vor allem bayerischen Gäuflächen.

Die Entwicklung der Landwirtschaftsfläche war in den letzten Jahren rückläufig. Parallel zur Expansion der siedlungswirtschaftlichen Nutzungen vollzog sich der Flächenverlust vorrangig in den größeren Verdichtungsräumen. Auch in Zukunft wird – verstärkt vor allem durch ökonomisch, aber auch ökologisch begründete Flächenstillegungsprogramme – mit einem anhaltenden Ausscheiden landwirtschaftlicher Produktionsfläche zu rechnen sein.

Die Umwidmung landwirtschaftlicher Nutzfläche ist unter Umweltaspekten nicht generell als nachteilig einzustufen. Von landwirtschaftlichen Flächen selbst können bei intensiver Bewirtschaftung mit erheblichem Einsatz von Pflanzenschutzmitteln hohe Belastungen auf den Naturhaushalt ausgehen. Auch die mit der Intensivierung der Landwirtschaft oft einhergehende Ausräumung ökologisch wertvoller Landschaftsteile (Beseitigung von Knicks, Wällen, Baumgruppen; Begradigung der Gewässer- und landwirtschaftlichen Wegenetze usw.) trägt zur Beeinträchtigung von Umweltfunktionen des Bodens bei (Erhöhung der Bodenerosion, Störung oder Beseitigung von erhaltenswerten Biotopen, Eutrophierung der Gewässer, Belastung des Grundwassers usw.).

Der größte freiwerdende Teil der Landwirtschaft wird voraussichtlich in andere Freiflächennutzungen, insbesondere in Wald, aber auch in die den Siedlungs- und Verkehrsflächen zugehörige Erholungsfläche umgewidmet. Diesen Nutzungen ist unter ökologischen wie unter freizeit- und erholungsorientierten Aspekten ein hoher Stellenwert zuzumessen.

Waldfläche 1985

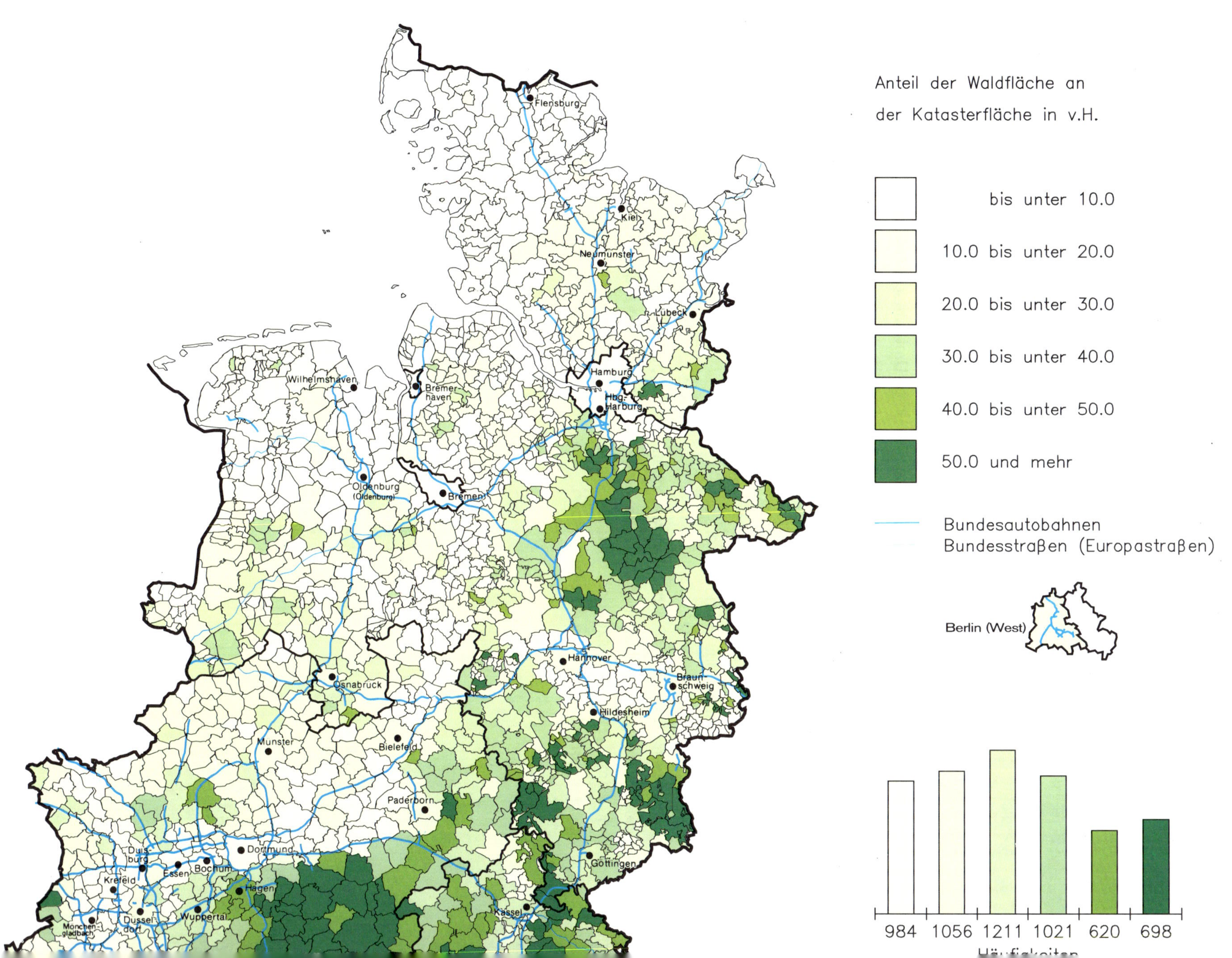

LANDES
KUNDE
UND
RAUM

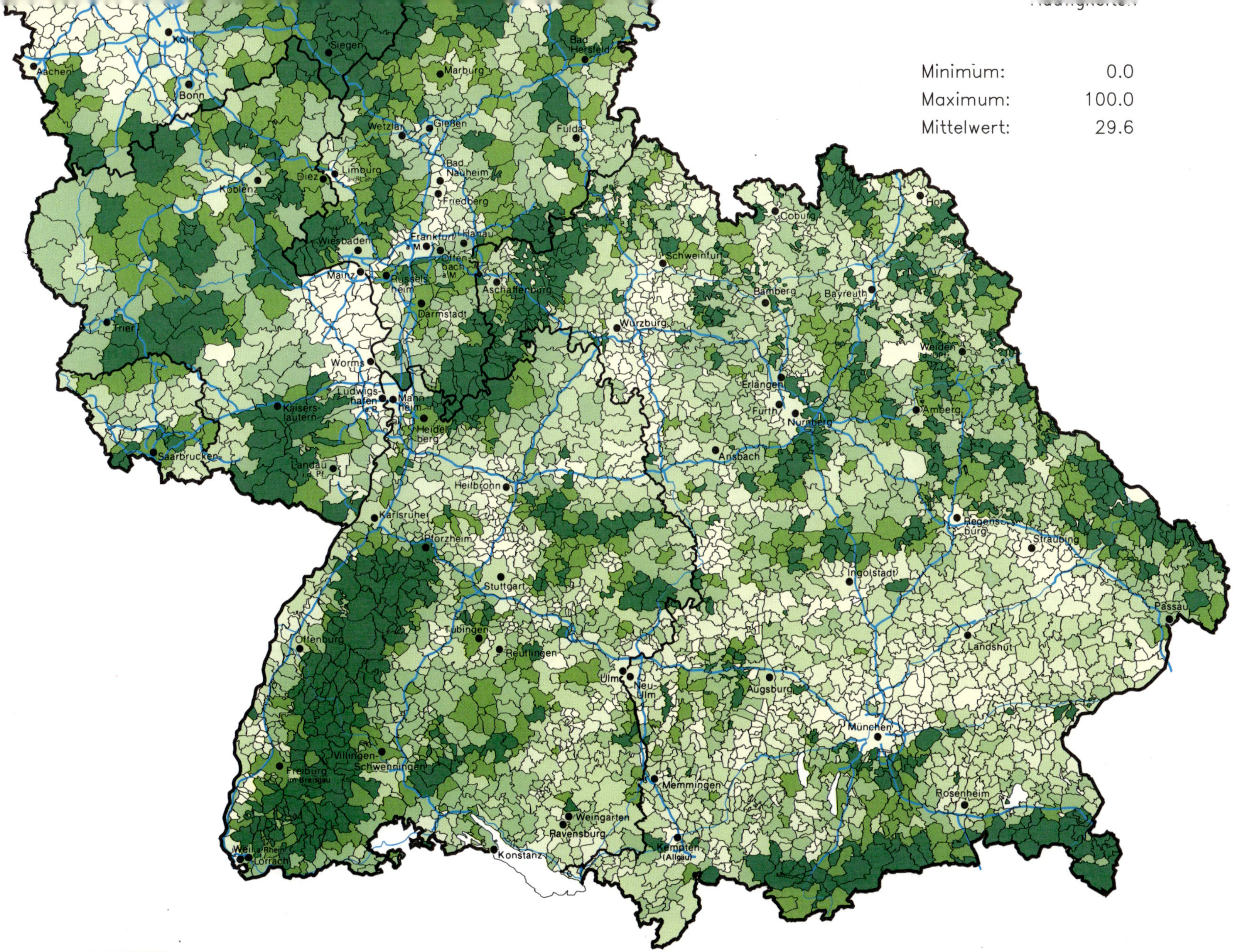

Quelle: Laufende Raumbeobachtung der BfLR

Grenzen: Gemeinden, Ämter in Schleswig-Holstein, [illegible] in Rheinland-Pfalz 1.1.1982

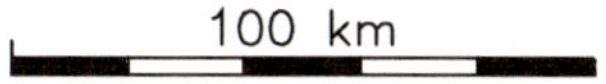

Flächenanteil von Kleingärten nach Gemeindegrößenklassen 1981

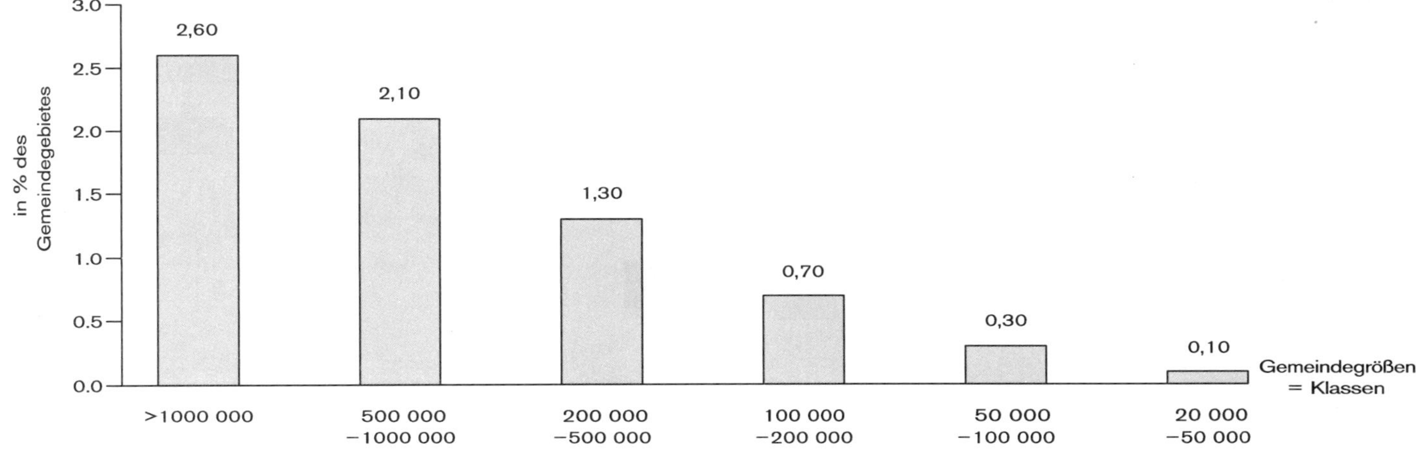

Quelle: Deutscher Städtetag

Flächenanteil von Kleingärten

Kleingärten gleichen insbesondere in den dichter bebauten Großstädten das Fehlen von Hausgärten aus. Hier ist der Anteil der Kleingartenfläche am Gemeindegebiet im Durchschnitt deutlich höher als in Mittelstädten. Problematisch ist allerdings, daß die Kleingartennutzung häufig nur eine Form der Zwischennutzung innerstädtischer Flächen darstellt, die als Baulandreserven dienen. Der Sicherung und Schaffung von Dauerkleingartenflächen kommt im Rahmen des kommunalen Umweltschutzes deshalb besondere Bedeutung zu.

Die Bedeutung von Kleingartenflächen für die Umwelt hängt maßgeblich von der Art und Weise ihrer Gestaltung und Nutzung ab. Einerseits werden Dünger und Pflanzenschutzmittel oft im Übermaß angewandt und andererseits wird durch das Angebot wohnungsnaher Freizeitgestaltungsmöglichkeiten der Freizeit- und Erholungsdruck auf naturnahe Flächen im städtischen Umland verringert.

Landwirtschaftsfläche 1985

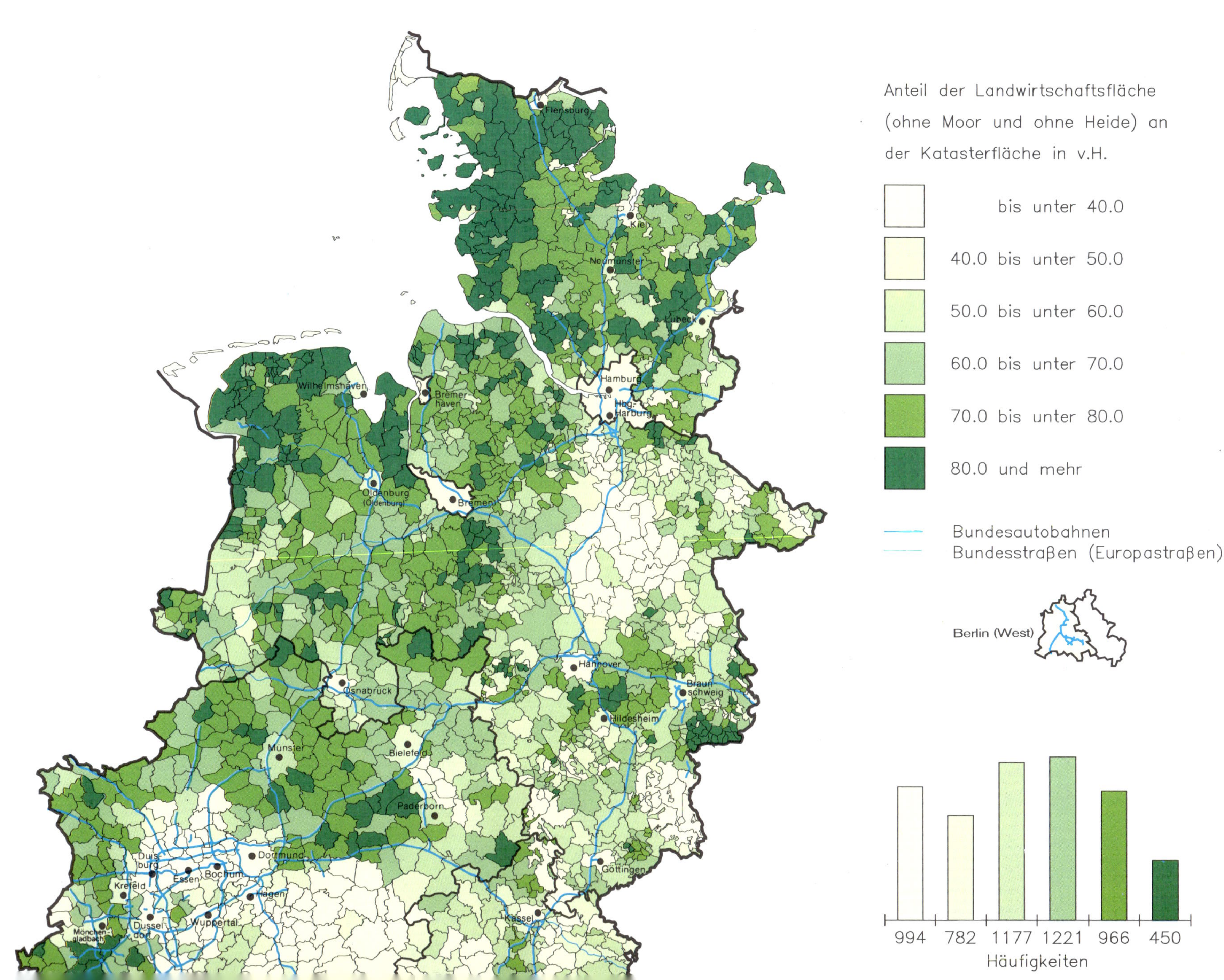

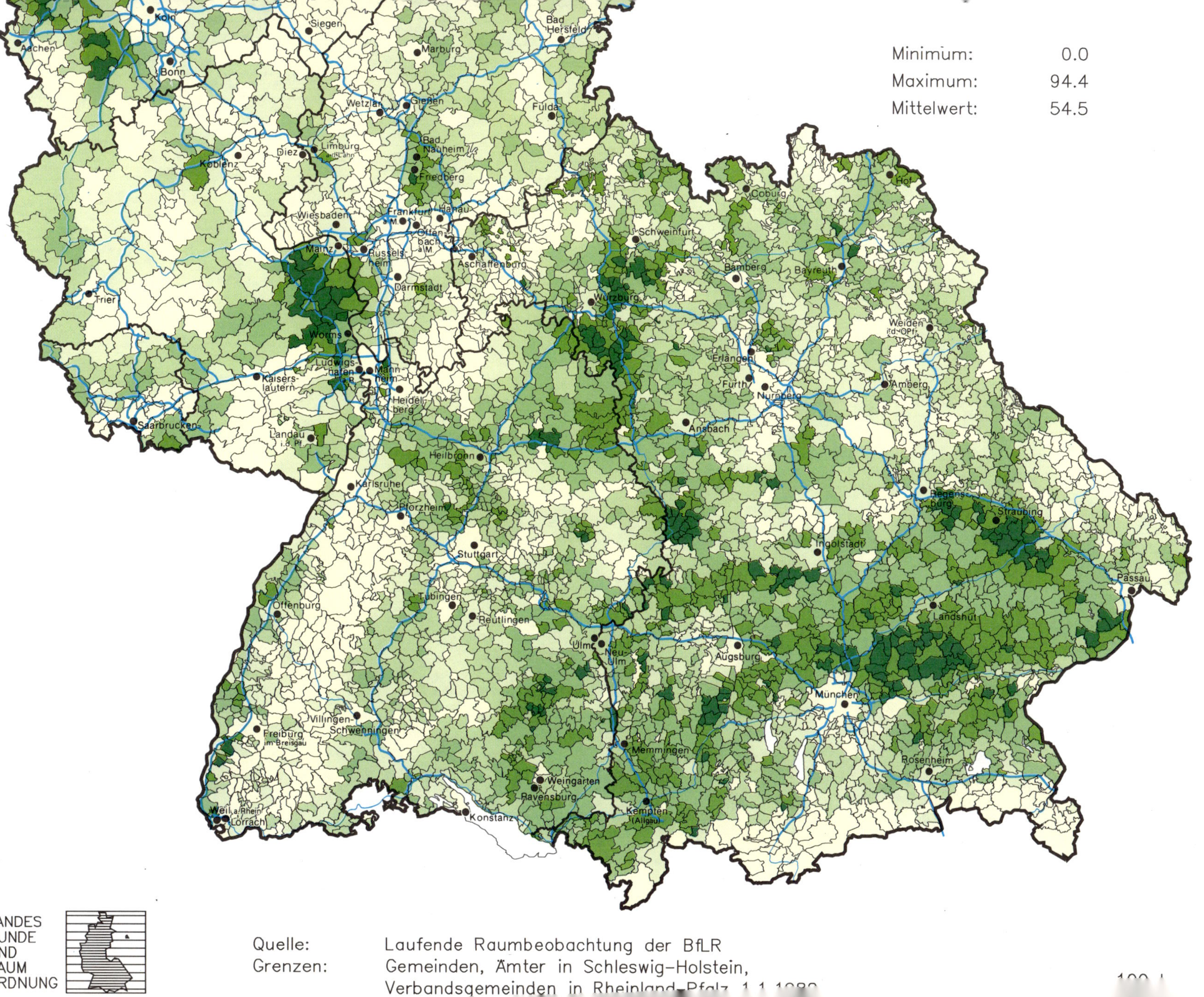
Minimum: 0.0
Maximum: 94.4
Mittelwert: 54.5
Köln
Aachen
Bonn
Siegen
Marburg
Bad Hersfeld
Wetzlar
Gießen
Fulda
Koblenz
Diez
Limburg a.d. Lahn
Bad Nauheim
Friedberg
Wiesbaden
Frankfurt a.M.
Hanau
Offenbach a.M.
Mainz
Rüsselsheim
Aschaffenburg
Darmstadt
Trier
Worms
Ludwigshafen a. Rh.
Mannheim
Heidelberg
Kaiserslautern
Saarbrücken
Landau i.d. Pf.
Heilbronn
Karlsruhe
Pforzheim
Stuttgart
Tübingen
Reutlingen
Offenburg
Ulm
Neu-Ulm
Villingen-Schwenningen
Freiburg im Breisgau
Weingarten
Ravensburg
Weil a. Rhein
Lörrach
Konstanz
Memmingen
Kempten (Allgäu)
Schweinfurt
Coburg
Hof
Bamberg
Bayreuth
Würzburg
Erlangen
Fürth
Nürnberg
Weiden i.d. OPf.
Amberg
Ansbach
Regensburg
Straubing
Ingolstadt
Passau
Landshut
Augsburg
München
Rosenheim
LANDES
KUNDE
UND
RAUM
ORDNUNG
Quelle: Laufende Raumbeobachtung der BfLR
Grenzen: Gemeinden, Ämter in Schleswig-Holstein,
Verbandsgemeinden in Rheinland-Pfalz

Bodenschutz und Landwirtschaft

Knapp 55% der Fläche des Bundesgebietes entfällt auf die Landwirtschaft. Dem Boden kommt für die landwirtschaftliche Produktion entscheidende Bedeutung zu. Umgekehrt wirkt die landwirtschaftliche Bodennutzung großflächig auf den Naturhaushalt zurück. Sie ist ordnungsgemäß, wenn sie u. a. die Bodenfruchtbarkeit, insbesondere durch Aufrechterhaltung eines geordneten Nährstoff- und Humushaushalts, dauerhaft sichert. Gleichzeitig muß eine ordnungsgemäße Land- und Forstwirtschaft auch ihre Auswirkungen auf natürliche Ökosysteme soweit beachten, daß die Stabilität des Naturhaushalts insgesamt nicht gefährdet wird. Für den Schutz des Bodens stehen die Begrenzung seiner stofflichen und mechanischen Belastung (Einsatz von Dünge- und Pflanzenschutzmitteln; Bodenerosion und -verdichtung) im Vordergrund.

Die agrarpolitischen und -ökonomischen Rahmenbedingungen haben in den letzten Jahrzehnten dazu geführt, daß immer mehr Landwirte vor die Alternative gestellt wurden, entweder ihre Produktion zu intensivieren oder aus der Produktion auszuscheiden. Durch die Flurbereinigung wurden „unproduktive" Landschaftselemente wie Hecken, Knicks, Feldraine und -gehölze, Uferrandstreifen etc. ausgeräumt, die für den Naturhaushalt (Biotope, Erosionsschutz) eine wichtige Rolle spielen. Außerdem wurden maschinengerechte, große Schläge geschaffen. Ferner wurde die Spezialisierung (d. h. Trennung von Ackerbau und Viehzucht) sowie die flächenunabhängige Massentierhaltung begünstigt.

Diese Entwicklungstendenzen hatten schwerwiegende Auswirkungen auf den Boden:

– Der Einsatz mineralischer Düngemittel ist stark angestiegen. Eine Folge davon ist, daß das Grundwasser zunehmende Nitratgehalte aufweist. Auch die Stickstofffracht der Nordsee stammt zu einem bedeutenden Teil aus der Landwirtschaft.

– Der Einsatz von Pflanzenschutzmitteln hat erheblich zugenommen. Heute wird gut ein Viertel der Gesamtfläche der Bundesrepublik, das sind über 85% der Ackerfläche, regelmäßig mit Pflanzenschutzmitteln behandelt. Auch diese Stoffe werden in letzter Zeit zunehmend im Grundwasser gefunden. Der Boden kann sie nicht mehr vollständig speichern und abbauen und ist überlastet. Außerdem können Pflanzenschutzmittel Wildpflanzen, Kleinlebewesen, Insekten, Vögel und unter Umständen auch den Menschen schädigen.

– In Regionen mit intensiver Massentierhaltung werden die Böden mit Gülle überlastet, was zur Verschärfung des Nitrat-Problems im Grundwasser beiträgt. Außerdem werden bei unsachgemäßer Ausbringung die Oberflächengewässer durch Abschwemmungen belastet.

– Der Abbau spätschließender Reihenfrüchte (Mais, Zuckerrüben), die Vergrößerung der Schläge sowie der Umbruch von Grünland fördern die Bodenerosion. Dadurch geht fruchtbarer Boden verloren, außerdem werden Entwässerungssysteme und Wirtschaftswege verschüttet.

– Der Einsatz immer schwererer Maschinen kann zu Bodenverdichtungen führen, die ihrerseits die Durchwurzelbarkeit des Bodens und die Grundwasserneubildung beeinträchtigen sowie die Erosion fördern.

Siehe auch:
– Kapitel Allgemeine Daten, Abschnitt chemische Produkte
– Kapitel Natur und Landschaft, Abschnitt Artengefährdung
– Kapitel Wasser, Abschnitt Pflanzenschutzmittel im Grundwasser

Nitratbelastung des Sickerwasser

Stickstoff-Anfall aus der Viehhaltung

Mit der Tierhaltung in landwirtschaftlichen Betrieben ist zwangsläufig der Anfall von z. T. erheblichen Stickstoff-Mengen verbunden, die in den tierischen Ausscheidungen enthalten sind. In Wirtschaftsdüngern (Gülle, Jauche, Festmist) liegt Stickstoff (N) zu ca. 50–70% als Ammonium-N vor, der Rest ist organisch gebunden.

Innerhalb einer Gebietseinheit kann die Höhe des N-Anfalls aus dem Viehbestand ermittelt werden, indem man die Stückzahlen der verschiedenen Tierarten nach einem festen Schlüssel in sogenannte Dung-Vieheinheiten (DVE) umrechnet (eine DVE = 1 Kuh bzw. Rind über 2 Jahre oder 7 Mastschweine oder 30 Hühner) und dann auf die landwirtschaftlich genutzte Fläche (LF) einer Gebietseinheit umgelegt (= Viehbestand in DVE/ha LF).

Der Stickstoff-Anfall in den Exkrementen verschiedener Tiergruppen (wie auch der Anteil des Ammonium-N an der gesamten N-Ausscheidung) ist naturgemäß keine feste Größe, sondern variiert mit der Nutzungsrichtung, dem Leistungsniveau, der Futterzusammensetzung und ähnlichen Faktoren. Für die Darstellung der Grafik wird eine DVE dem Anfall von 80 kg Stickstoff pro Jahr gleichgesetzt. Hieraus ergibt sich im Mittel der Jahre 1979 bis 1983 ein durchschnittlicher Stickstoff-Anfall von 78 kg N pro ha und Jahr.

Zwischen verschiedenen Landschaftsräumen treten aber große Abweichungen von diesem Mittelwert auf. Während der N-Anfall in Gebieten mit vorherrschendem Marktfrucht-Anbau meist weniger als 50 kg N/ha LF beträgt, steigt dieser Wert in Regionen mit intensiver Milchwirtschaft auf rund das Doppelte und erreicht dort, wo sich flächenunabhängige tierische Veredelung konzentriert (Vechta-Cloppenburg, Münsterland), teilweise mehr als 250 kg N/ha LF.

Ein Grenzwert, oberhalb dessen der Stickstoff aus Gülle- und Stallmistdüngung pflanzenbaulich nicht mehr sinnvoll verwertet werden kann, läßt sich nicht exakt festlegen. Spätestens ab einer Ausbringung von mehr als 3 DVE/ha kann diese Düngung nicht mehr als ordnungsgemäße Landbewirtschaftung bezeichnet werden.

Der N-Anfall aus der Viehhaltung ist jedoch nicht in voller Höhe mit der N-Zufuhr zur landwirtschaftlich genutzten Fläche mit Wirtschaftsdüngern gleichzusetzen. Während der Lagerung und der Ausbringung von Wirtschaftsdüngern entstehen vielmehr Stickstoff-Verluste durch die Freisetzung von gasförmigen N-Verbindungen, vor allem in Form von Ammoniak.

Infolge der Ammoniak-Entbindung wird (zunächst) die Gefährdung des Sicker- und Grundwassers durch Nitrat-Auswaschung verringert, da dieser Vorgang die N-Menge reduziert, die dem Boden mit Wirtschaftsdüngern zugeführt wird. Andererseits liefert die Ammoniak-Freisetzung aus der Tierhaltung den weitaus größten Beitrag zur gesamten Ammoniak-Emission in die Atmosphäre. Dadurch erhöht sich zum einen der diffuse Stickstoff-Eintrag in Ökosysteme aus atmosphärischen N-Depositionen, zum anderen spielen die atmosphärischen N-Verbindungen (NH_x, NO_x) bei der Entstehung der „neuartigen Waldschäden" vermutlich eine besondere Rolle.

Stickstoff-Zufuhr mit mineralischen Düngemitteln

Obwohl die Bedeutung der mineralischen Stickstoff-Düngung für die Nitrat-Auswaschung seit langem bekannt ist, fehlen bislang detaillierte Informationen über die regionale Verteilung dieser Größe im Bundesgebiet.

Die Höhe der N-Düngung wird gewöhnlich vom Stickstoff-Bedarf der angebauten Feldfrucht bestimmt, der wiederum von pflanzenphysiologischen Faktoren, den Standortvoraussetzungen und dem Ertragsniveau abhängt.

Die Graphik zeigt die Situation im Mittel der Jahre 1979 bis 1983.

Die mineralische Stickstoff-Düngung hat in der Regel, mit Ausnahme der viehstarken Gebiete, den größten Anteil am Stickstoff-Eintrag in landwirtschaftlich genutzte Böden. Die regionale Verteilung der N-Düngungsintensität bildet großräumig ebenfalls die Agrarstruktur im Bundesgebiet ab. Gebiete mit Anbau von Intensiv-Marktfrüchten auf Standorten mit hohem Ertragspotential verzeichnen auch die höchste N-Mineraldüngung (180 kg N/ha LF und mehr, Spitzenwerte über 250 kg N/ha LF). Dazu gehören unter anderem Ostholstein, Braunschweig-Hildesheimer Lößbörde, Hellweg-Börde, Köln-Aachener Bucht, Wetterau und der Raum Regensburg-Straubing.

Eine vergleichsweise geringe N-Mineraldüngung ist zum einen für die Mittelgebirgsregionen (Rindvieh haltende Betriebe mit Grünlandwirtschaft) und zum anderen für die Gebiete mit intensiver tierischer Veredelungswirtschaft kennzeichnend. Dabei ist allerdings festzustellen, daß auch in solchen Gebieten, in denen die N-Zufuhr mit Wirtschaftsdüngern zur Deckung des N-Bedarfs der Feldfrüchte vollständig ausreichen würde, noch zuätzlich mineralischer Stickstoff gedüngt wird.

Im Durchschnitt des Bundesgebietes sind im oben genannten Zeitraum rund 120 kg N pro ha LF und Jahr Mineralstickstoff gedüngt worden. Zu Beginn der siebziger Jahre betrug dieser Wert noch weniger als 80 kg N/ha LF; seit Anfang der achtziger Jahre hat sich der bis dahin stark steigende Trend der N-Mineraldüngung aber abgeschwächt und weist nur noch geringe Zunahmen auf. Zu dieser Entwicklung dürften sowohl die veränderten ökonomischen Rahmenbedingungen für die Landwirtschaft als auch ein gewachsenes Problembewußtsein bezüglich der Nitrat-Gefährdung von Wasservorkommen beigetragen haben.

Stickstoffanfall aus der Viehhaltung

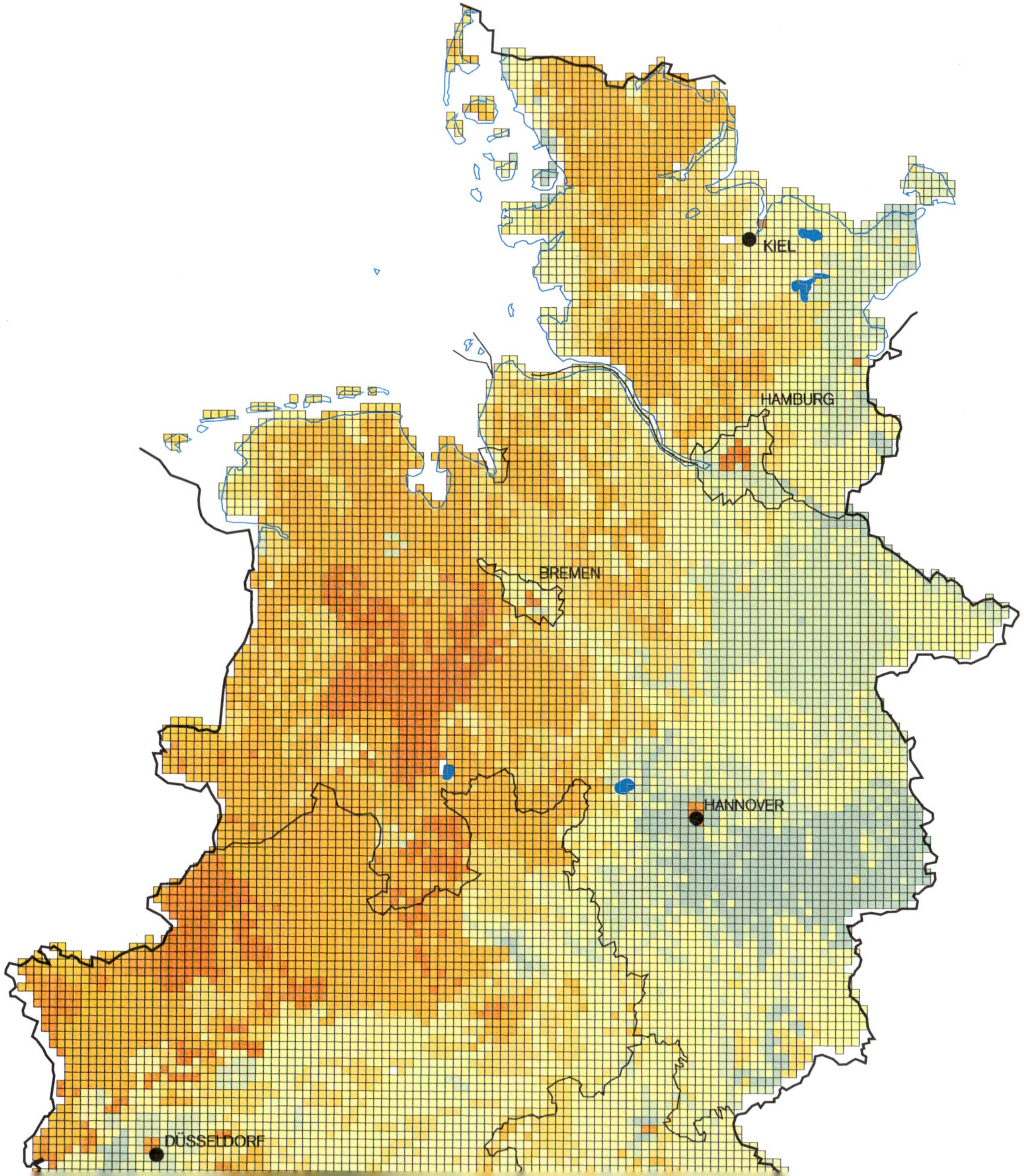

Jährlicher N–Anfall in den tierischen Exkrementen (berechnet aus der Viehzählung im Durchschnitt der Jahre 1979–1983)

	Anzahl von Rasterelementen	%
unter 40 kg N/ha LF	1817	6,63
40 bis unter 60 kg N/ha LF	3013	11,00
60 bis unter 80 kg N/ha LF	5358	19,56
80 bis unter 100 kg N/ha LF	6133	22,39
100 bis unter 120 kg N/ha LF	4980	18,18
120 bis unter 160 kg N/ha LF	5228	19,08
160 und mehr kg N/ha LF	868	3,17

Nicht eingefärbte Flächen und Rasterelemente: Hier befinden sich Seen, Städte oder Gebiete, deren landwirtschaftlich genutzte Fläche weniger als 1% der jeweiligen Gesamtfläche ausmacht.

BERLIN (West)

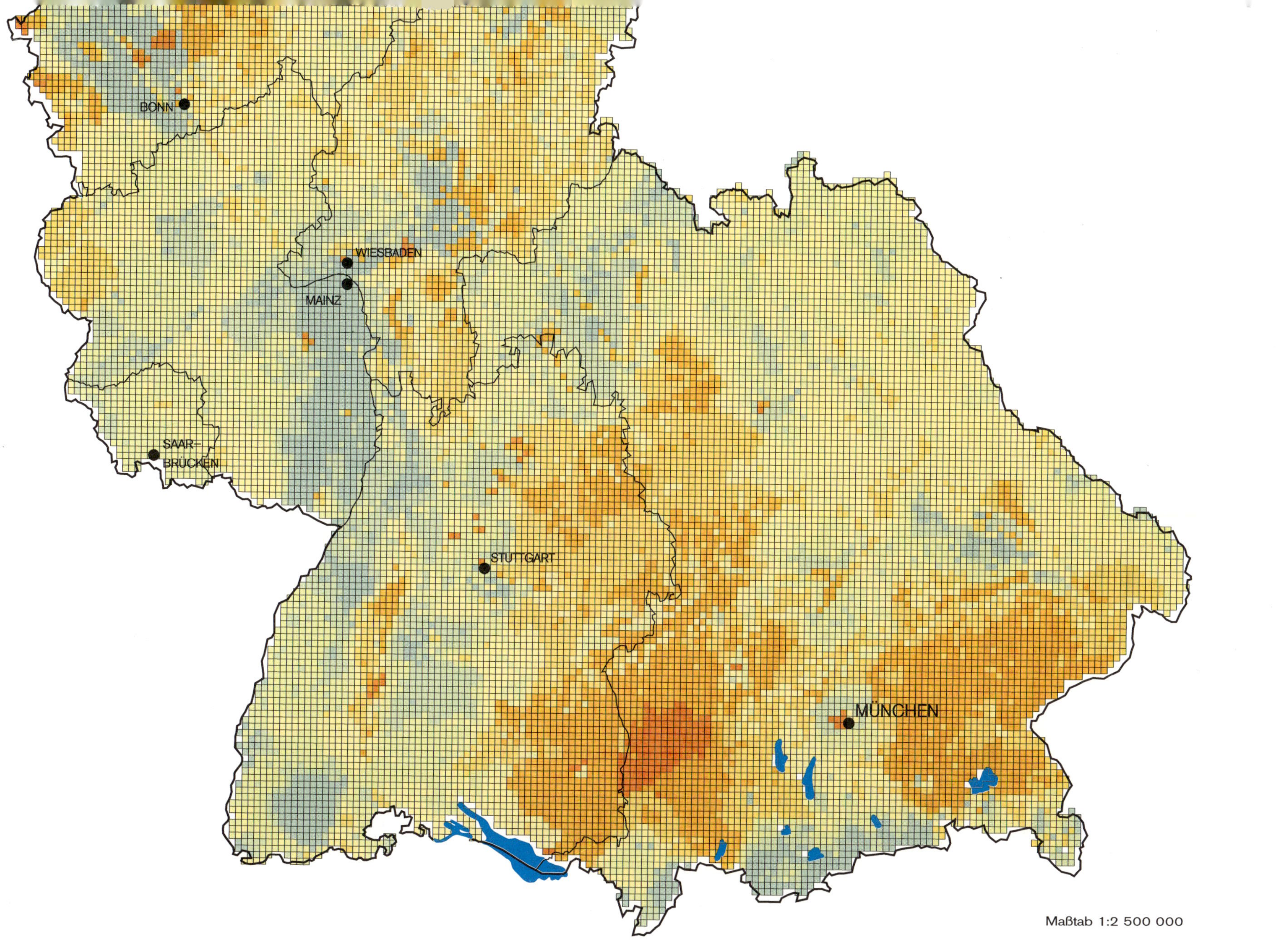

BONN

WIESBADEN

MAINZ

SAAR-
BRÜCKEN

STUTTGART

MÜNCHEN

Maßtab 1:2 500 000

20 0 20 40 60 80 100 km

wirtschaft und Forsten

Quelle: Bundesminister für Ernährung, Landwirtsch

Stickstoff-Überschuß aus der Stickstoff-Bilanz

Aus der Summierung der N-Zufuhren und der N-Entzüge, bezogen auf die landwirtschaftlich genutzten Fläche einer Gebietseinheit, ergibt sich ein (in der Regel positiver) Bilanz-Saldo. Für die Darstellung wurden die folgenden Bilanz-Posten in die Berechnung einbezogen:

N-Zufuhren:	mineralische N-Handelsdünger, wirtschaftseigene Dünger aus der Viehhaltung (vermindert um deren N-Verluste während der Lagerung und Ausbringung), N im Niederschlag.
– N-Entzug:	Erntesubstanz, die von der landwirtschaftlich genutzten Fläche abgefahren wird.
= N-Saldo:	N-Verluste durch Denitrifikation und Auswaschung

Der rechnerische N-Bilanzsaldo beträgt im Durchschnitt für die Jahre 1979 bis 1983 rund 100 kg N-Überschuß/ha LF. Hohe bis sehr hohe N-Überschüsse kennzeichnen zum einen die Regionen mit lößbürtigen und vergleichbaren Bodengesellschaften in klimatisch begünstigten Lagen, die zu den klassischen Marktfrucht-Anbaugebieten zählen. In diesen Situationen wird der N-Überschuß vor allem durch die hohe N-Mineraldüngung verursacht, die bei steigendem Ertragsniveau überproportional zunimmt. Zum anderen weisen die Regionen mit intensiver tierischer Veredelung z. T. extrem hohe N-Überschüsse (über 200 kg N/ha LF) auf. In den Futterbau- und Veredelungsbetrieben wächst der N-Überschuß praktisch linear mit dem Viehbesatz (d. h. mit der N-Zufuhr durch Wirtschaftsdünger), da der N-Entzug mit der Erntesubstanz auch beim Anbau entzugsstarker Feldfrüchte (Silomais, Grünland) ab einer bestimmten Grenze nicht weiter steigt.

Stickstoff–Zufuhr mit mineralischen Düngemitteln

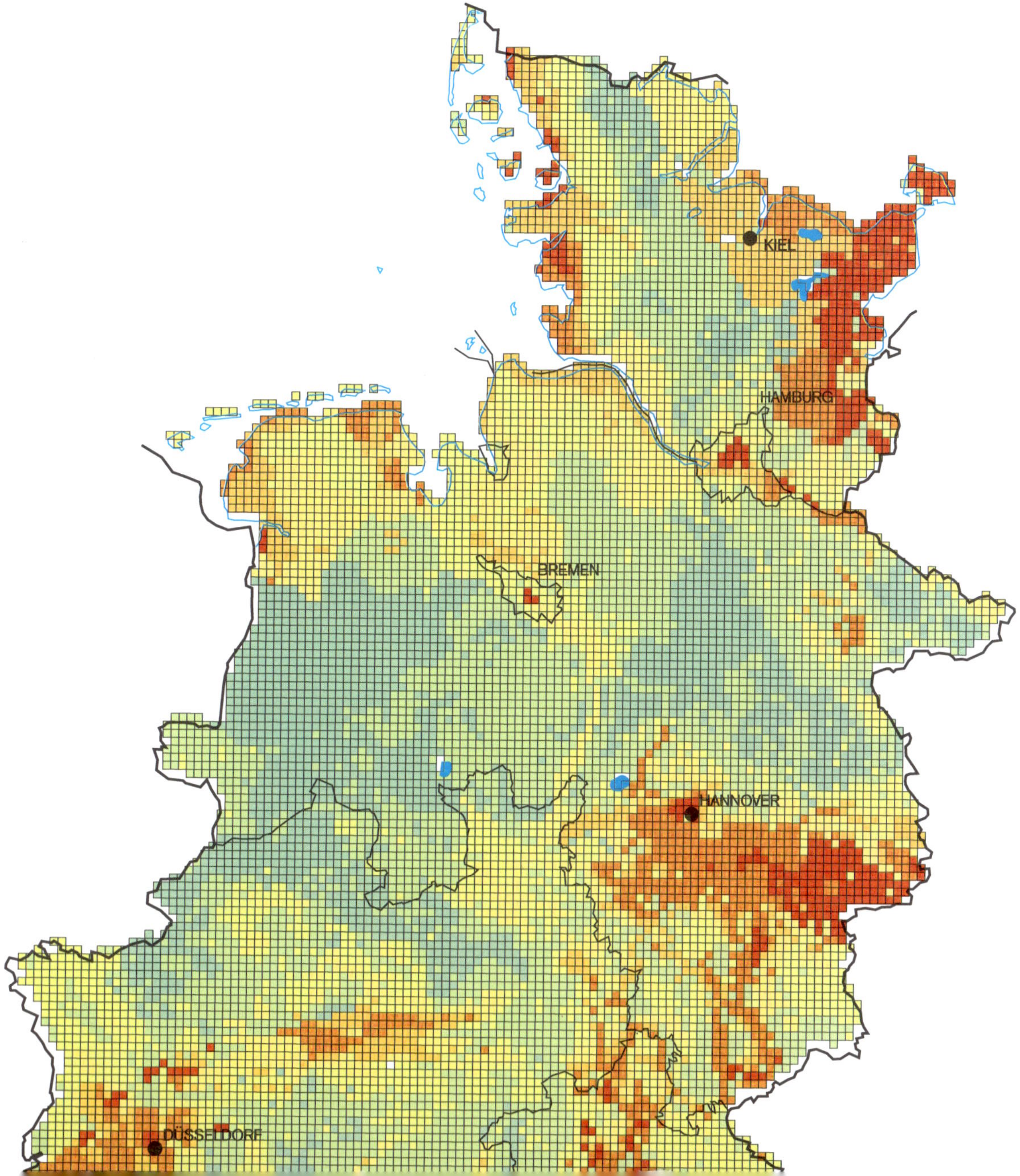

Jährliche N–Zufuhr mit Mineraldüngern
(im Durchschnitt der Jahre 1979–1983)

		Anzahl von Rasterelementen	%
	unter 90 kg N/ha LF	4368	15,94
	90 bis unter 110 kg N/ha LF	8880	32,41
	110 bis unter 130 kg N/ha LF	5641	20,59
	130 bis unter 150 kg N/ha LF	3557	12,98
	150 bis unter 170 kg N/ha LF	2216	8,09
	170 bis unter 200 kg N/ha LF	1955	7,14
	200 und mehr kg N/ha LF	780	2,85

Nicht eingefärbte Flächen und Rasterelemente: Hier befinden sich Seen, Städte oder Gebiete, deren landwirtschaftlich genutzte Fläche weniger als 1% der jeweiligen Gesamtfläche ausmacht.

BERLIN (West)

KIEL

HAMBURG

BREMEN

HANNOVER

DÜSSELDORF

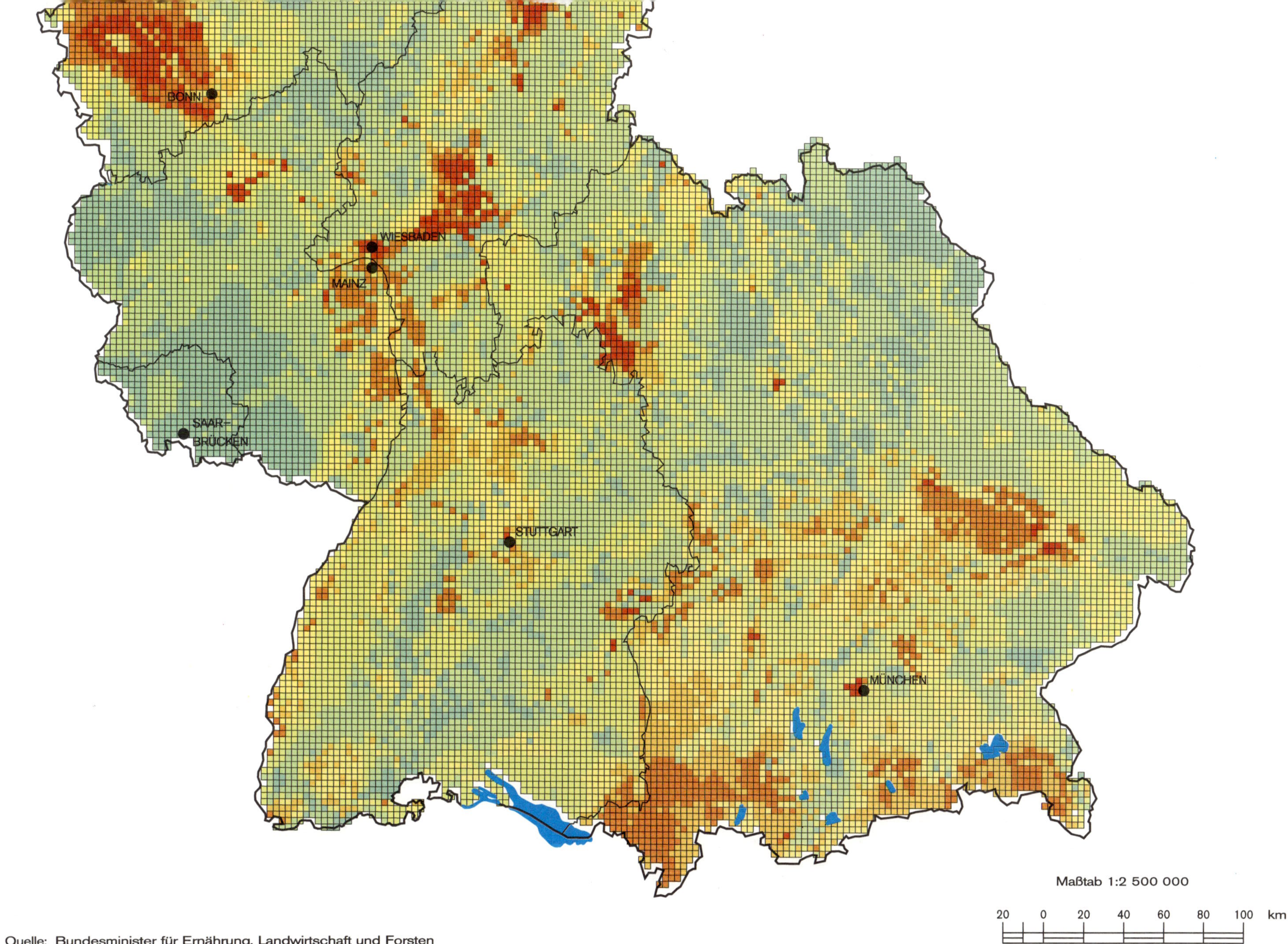

Quelle: Bundesminister für Ernährung, Landwirtschaft und Forsten

Potentielle Nitrat-Konzentration im Sickerwasser (Modellrechnung)

Aus dem N-Überschuß der Stickstoff-Bilanz und der jährlichen Sickerwasser-Spende läßt sich die potentielle Nitrat-Konzentration im Sickerwasser berechnen. Diese Größe bringt zum Ausdruck, welche mittlere NO_3-Konzentration im Sickerwasser aus landwirtschaftlich genutzten Flächen bei gleichbleibenden Bewirtschaftungsverhältnissen längerfristig zu erwarten wäre, wenn keine Denitrifikations-Verluste auftreten. Pro 100 mm Sickerwasser-Spende/ha ergibt 1 kg N-Überschuß rechnerisch eine Konzentration von 1 mg NO_3-N/l.

Mit dieser Voraussetzung ergibt sich im Bundesgebiet ein Jahres-Mittelwert der potentiellen Nitrat-Konzentration im Sickerwasser aus landwirtschaftlich genutzten Flächen von 21,1 mg N/l (zur Umrechnung: 1 mg N/l entspricht 4,43 mg NO_3/l). In der folgenden Abbildung wird nur für diejenigen Rasterelemente ein Wert ausgewiesen, die mehr als 1% landwirtschaftlich genutzte Fläche an der Gesamtfläche aufweisen.

Die regionale Differenzierung der potentiellen Nitrat-Konzentration zeichnet in vielen Gebieten die Höhe der N-Überschüsse nach. Hohe bis sehr hohe Werte der potentiellen Nitrat-Konzentration (über 30 mg N/l) treten danach in allen Regionen auf, in denen der Intensiv-Anbau von Marktfrüchten dominiert. Dazu kommen wiederum die Gebiete mit hohem Viehbesatz, in denen z. T. auch mit extremen Werten (über 60 mg N/l) gerechnet werden muß.

Die klimatische Situation (geringe Sickerwasser-Spende) führt in Regionen wie z. B. dem Mainzer Becken und im Raum Würzburg-Schweinfurt dazu, daß auch bei einem mittleren N-Überschuß hohe potentielle Nitrat-Konzentrationen im Sickerwasser zu erwarten sind. Die umgekehrten Verhältnisse kennzeichnen z. B. das Voralpengebiet und das Allgäu, wo trotz hoher N-Überschüsse infolge der großen Sickerwasser-Menge nur eine vergleichsweise niedrige potentielle Nitrat-Konzentration auftritt.

Die hinsichtlich der Nitrat-Belastung günstigsten Bedingungen sind in den Mittelgebirgslagen anzutreffen. Relativ geringe N-Überschüsse kombiniert mit mittleren bis großen Sickerwasser-Spenden führen zu einer niedrigen bis sehr niedrigen potentiellen Nitrat-Konzentration. In vielen Regionen ist das Verteilungsmuster sehr kleinräumig aufgelöst. Es zeichnet damit die große Variabilität der Klima- und Bodennutzungs-Verhältnisse nach, die dort innerhalb eines Landschaftsraums vertreten sind.

Es ergibt sich für nur rund 15% der dargestellten Rasterelemente ein Wert, der unter dem Grenzwert für die zulässige NO_3-Konzentration im Trinkwasser (11 mg NO_3 N/l) liegt. Von diesem Flächenanteil ausgehend, müßte die Nitrat-Belastung des Grundwassers wesentlich gravierender ausfallen, als derzeit festzustellen ist. Für diese Diskrepanz zwischen der theoretisch ermittelten und der beobachteten Belastungssituation kommen mehrere Ursachen in Frage. Zum einen sind die Denitrifikations-Verluste u. U größer als 50% des N-Überschusses, wie hier angenommen wurde. Das könnte insbesondere dann der Fall sein, wenn man den Nitrat-Abbau mit hinzurechnet, der im Verlauf der Wasserpassage im Grundwasserleiter stattfindet. Zum anderen stehen für die Trinkwassergewinnung in vielen Regionen gegenwärtig noch ausreichende Mengen von Nitrat-unbelastetem Grundwasser zur Verfügung, das entweder aus tieferen Grundwasserstockwerken gefördert wird oder das von Nitrat-armem Sickerwasser aus Waldgebieten gespeist wird.

Die Modellrechnung zu N-Überschüssen weist zum einen auf die Notwendigkeit eines in der Bundesrepublik Deutschland bisher noch nicht installierten flächendeckenden Grundwasser-Monitoring-Systems hin. Zum anderen kommt es vorrangig darauf an, geeignete Maßnahmen zur Vermeidung von Nitrat-Überschüssen zu treffen.

Stickstoff–Überschuß aus der Stickstoff–Bilanz

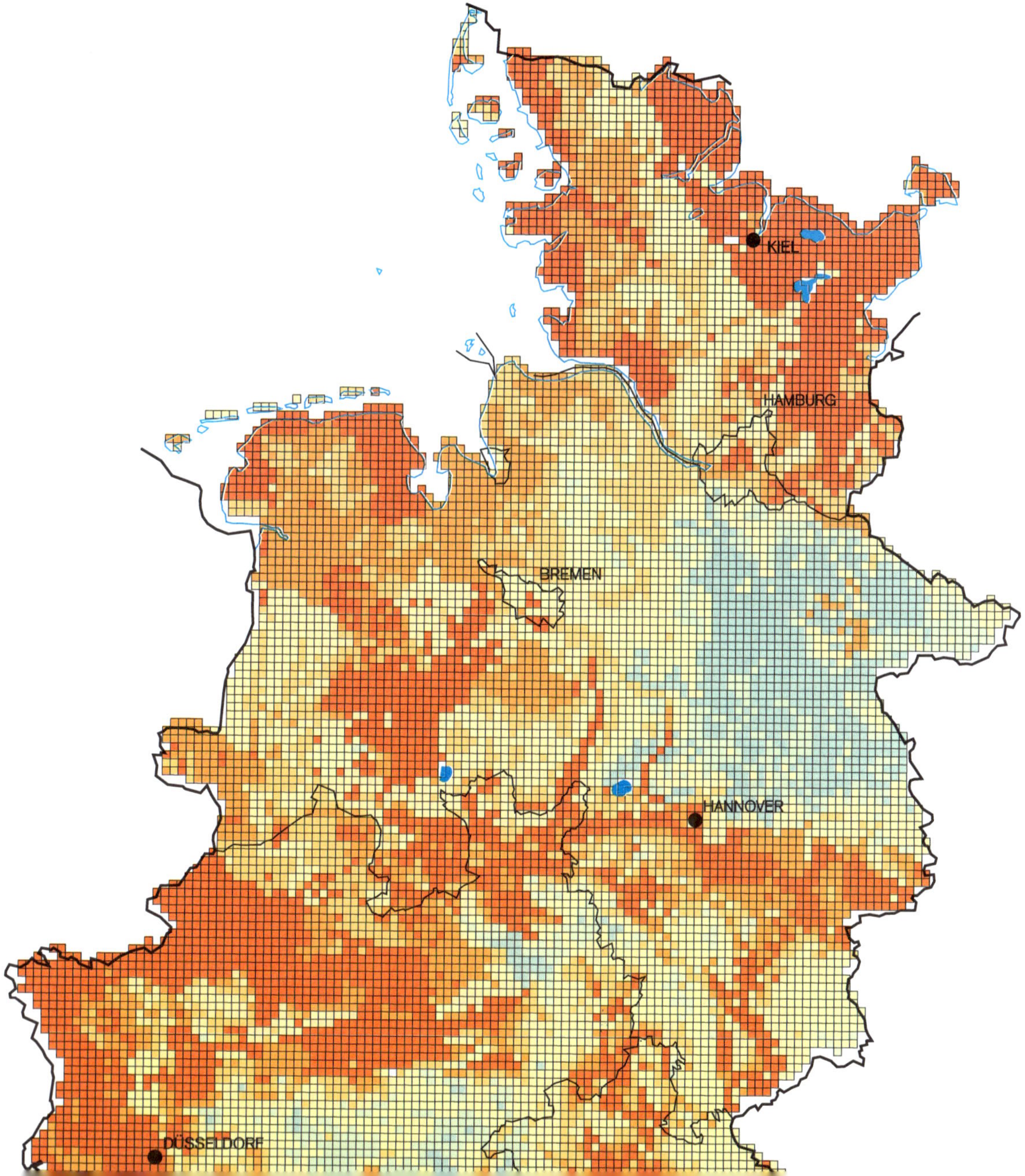

Jährlicher N–Überschuß, berechnet aus der N–Bilanz (im Durchschnitt der Jahre 1979–1983)

		Anzahl von Rasterelementen	%
	unter 70 kg N/ha LF	2011	7,34
	70 bis unter 80 kg N/ha LF	3896	14,22
	80 bis unter 90 kg N/ha LF	4227	15,43
	90 bis unter 100 kg N/ha LF	5197	18,97
	100 bis unter 110 kg N/ha LF	4420	16,13
	110 bis unter 120 kg N/ha LF	3505	12,79
	120 und mehr kg N/ha LF	4141	15,11

Nicht eingefärbte Flächen und Rasterelemente: Hier befinden sich Seen, Städte oder Gebiete, deren landwirtschaftlich genutzte Fläche weniger als 1% der jeweiligen Gesamtfläche ausmacht.

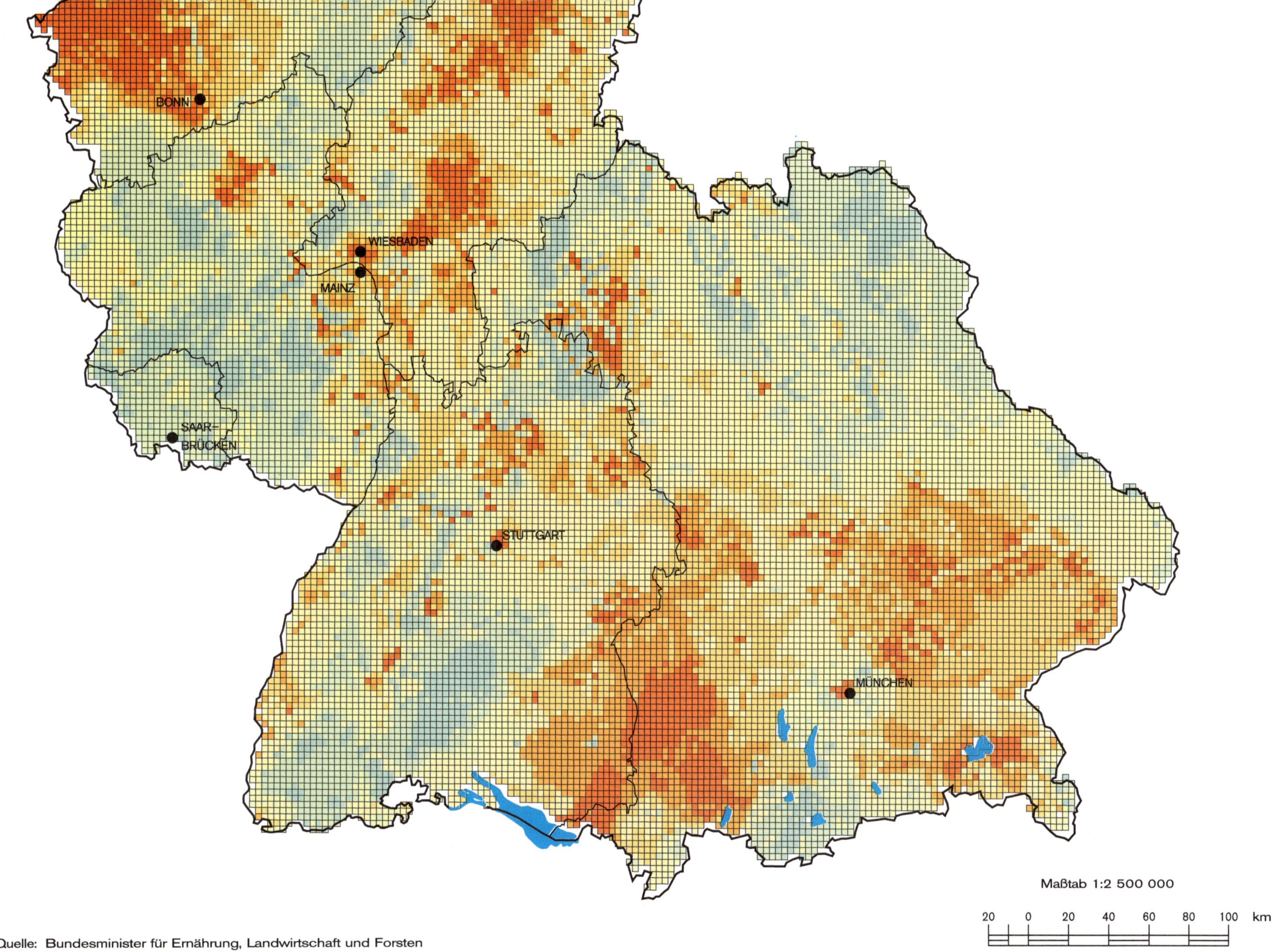

Quelle: Bundesminister für Ernährung, Landwirtschaft und Forsten

Pflanzenschutzmittel

Der Einsatz von Pflanzenschutzmitteln ist einer von mehreren Gradmessern für die Intensität landwirtschaftlicher Nutzung. Aus Sicht des Bodenschutzes stellt er eine Quelle stofflicher Belastung der Böden dar. Die Biologische Bundesanstalt (BBA) hat zur Art und Menge der in den verschiedenen Ackerbaukulturen ausgebrachten Pflanzenschutzmittel-Wirkstoffe eine repräsentative Erhebung für das Erntejahr 1987 durchgeführt.

Die Tabelle zeigt für verschiedene Früchte den Anteil der behandelten Fläche an der mit der jeweiligen Frucht bestellten Gesamtfläche. Während Nahrungsmittel wie Getreide, Kartoffeln und Zuckerrüben fast immer mit Pflanzenschutzmitteln behandelt werden, ergibt sich ein bei Futterpflanzen differenziertes Bild. Bei Mais und Futterrüben liegt der behandelte Flächenanteil bei ca. 95%, sonstige Futterpflanzen werden nicht flächendeckend (62,5%) und Wiesen, Weiden, Klee und Luzerne werden äußerst selten mit Pflanzenschutzmitteln behandelt.

Die Verteilung der Pflanzenschutzmittel-Wirkstoffe auf die Kulturen nach Art und Menge entspricht den kulturspezifischen Pflanzenschutzproblemen. Der Einsatz von Herbizid-Wirkstoffen war im Winterweizen und in der Wintergerste mit 2,8 kg/ha am höchsten. Am meisten verwendet wurden im Winterweizen Mecoprop und Dichlorprop und in der Wintergerste Mecoprop, Chlortoluron und Pendimethalin. Im Mais wurden 1,48 kg/ha Herbizid-Wirkstoffe eingesetzt (überwiegend Atrazin).

Fungizid-Wirkstoffe haben eine besondere Bedeutung im Kartoffelbau, wo mit 7,45 kg/ha (vor allem Maneb und Mancozeb) der höchste Pflanzenschutzmittel-Wirkstoffeinsatz/ha registriert wurde. Im Winterweizen wurden 2,52 kg/ha Fungizid-Wirkstoffe eingesetzt.

Insektizid-Wirkstoffe sind mengenmäßig von geringer Bedeutung. Die höchsten Wirkstoffaufwandmengen waren 0,34 kg/ha bei Kartoffeln und 0,23 kg/ha bei Zuckerrüben.

Von den im Handel angebotenen Präparaten wird, bezogen auf den Wirkstoff, sehr unterschiedlich Gebrauch gemacht. So werden etwa für Winterweizen insgesamt 40 herbizide Wirkstoffe angeboten. Davon werden 4 in über 25% der Betriebe eingesetzt, 21 dagegen in weniger als 5% der Betriebe. 5 Wirkstoffe kommen praktisch überhaupt nicht zum Einsatz. Bei Mais ist die Situation noch extremer: Nur ein Wirkstoff (Atrazin) wird vorwiegend angewandt. Die restlichen 14 folgen mit Abstand.

Pflanzenschutzmittel werden nach dem Pflanzenschutzgesetz von der BBA im Einvernehmen mit dem Bundesgesundheitsamt und dem Umweltbundesamt zugelassen. Sie dürfen nur nach guter fachlicher Praxis angewandt werden. Dazu gehört, daß die Grundsätze des integrierten Pflanzenschutzes berücksichtigt werden. Ferner dürfen Pflanzenschutzmittel nicht in oder unmittelbar an oberirdischen Gewässern und Küstengewässern angewandt werden. Wer Pflanzenschutzmittel anwendet, muß einen entsprechenden Sachkundenachweis erbringen. Für Pflanzenschutzgeräte wurde eine technische Überprüfung (vergleichbar dem TÜV) eingeführt.

Für das Trinkwasser wurden in der Trinkwasserverordnung strenge Grenzwerte für den Gehalt an Pflanzenschutzmitteln festgesetzt. Ab 1. Oktober 1989 darf der Gehalt je Einzelwirkstoff höchstens 0,1 μg/l betragen. Der Summengrenzwert wurde auf 0,5 μg/l festgesetzt. Es wird damit gerechnet, daß eine Vielzahl von Wasserwerken Probleme mit der Einhaltung der Grenzwerte haben werden. Flächendeckende Daten zum Vorkommen von Pflanzenschutzmitteln im Rohwasser der Wasserwerke liegen jedoch derzeit nicht vor.

Potentielle Nitrat–N–Konzentration im Sickerwasser

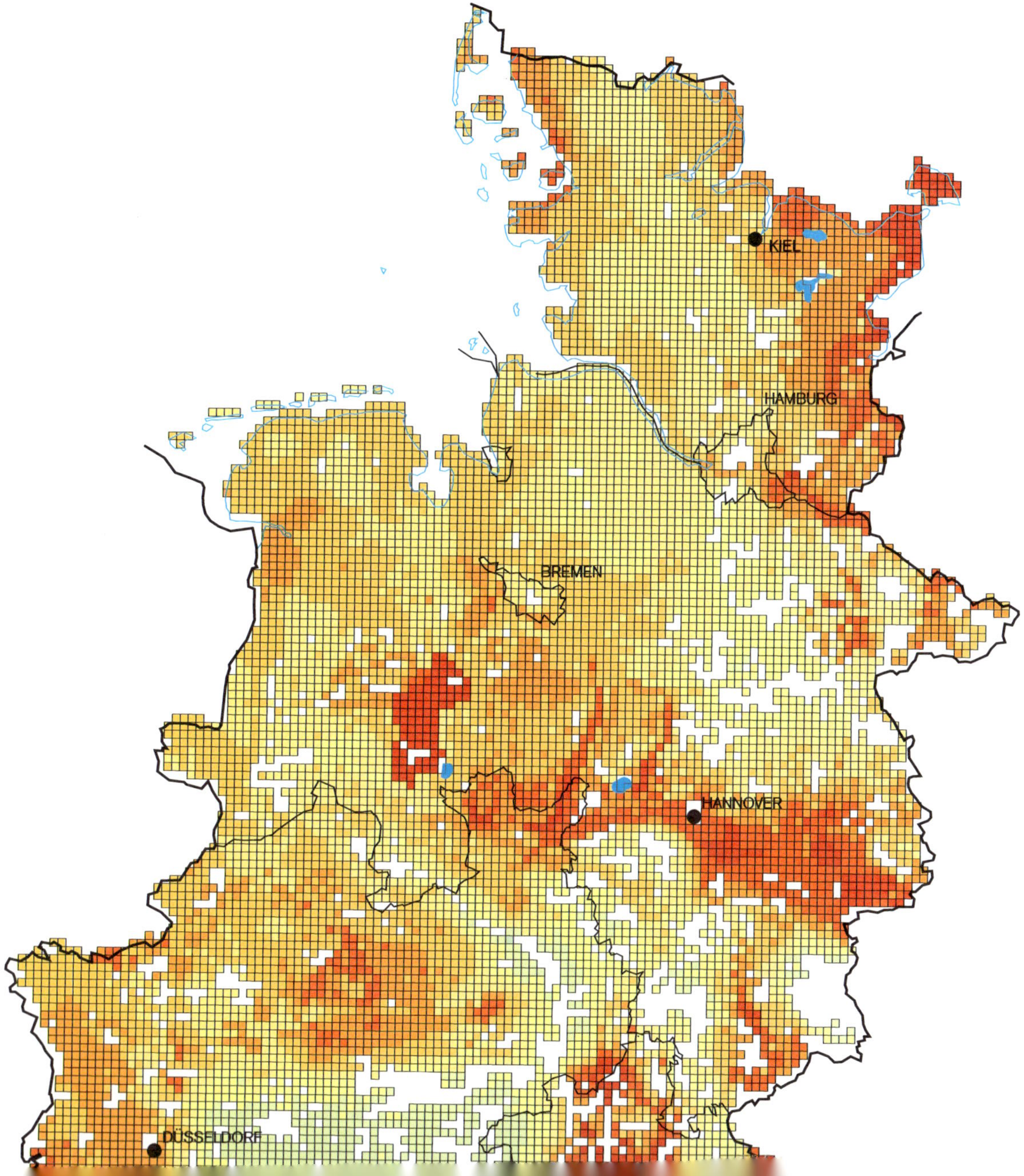

Potentielle Nitrat–N–Konzentration im Sickerwasser aus landwirtschaftlich genutzten Flächen bei Annahme eines Denitrifikationsverlustes in Höhe von 50% des N–Überschusses

	Anzahl von Rasterelementen	%
unter 5 mg N/l	184	0,84
5 bis unter 10 mg N/l	2328	10,65
10 bis unter 15 mg N/l	3999	18,30
15 bis unter 20 mg N/l	5093	23,31
20 bis unter 25 mg N/l	4777	21,86
25 bis unter 30 mg N/l	2706	12,38
30 bis unter 40 mg N/l	1825	8,35
40 und mehr mg N/l	940	4,30
Nicht eingefärbte Flächen und Rasterelemente: Hier befinden sich Seen, Städte oder Gebiete, deren landwirtschaftlich genutzte Fläche weniger als 1% der jeweiligen Gesamtfläche ausmacht.	5625	

BERLIN (West)

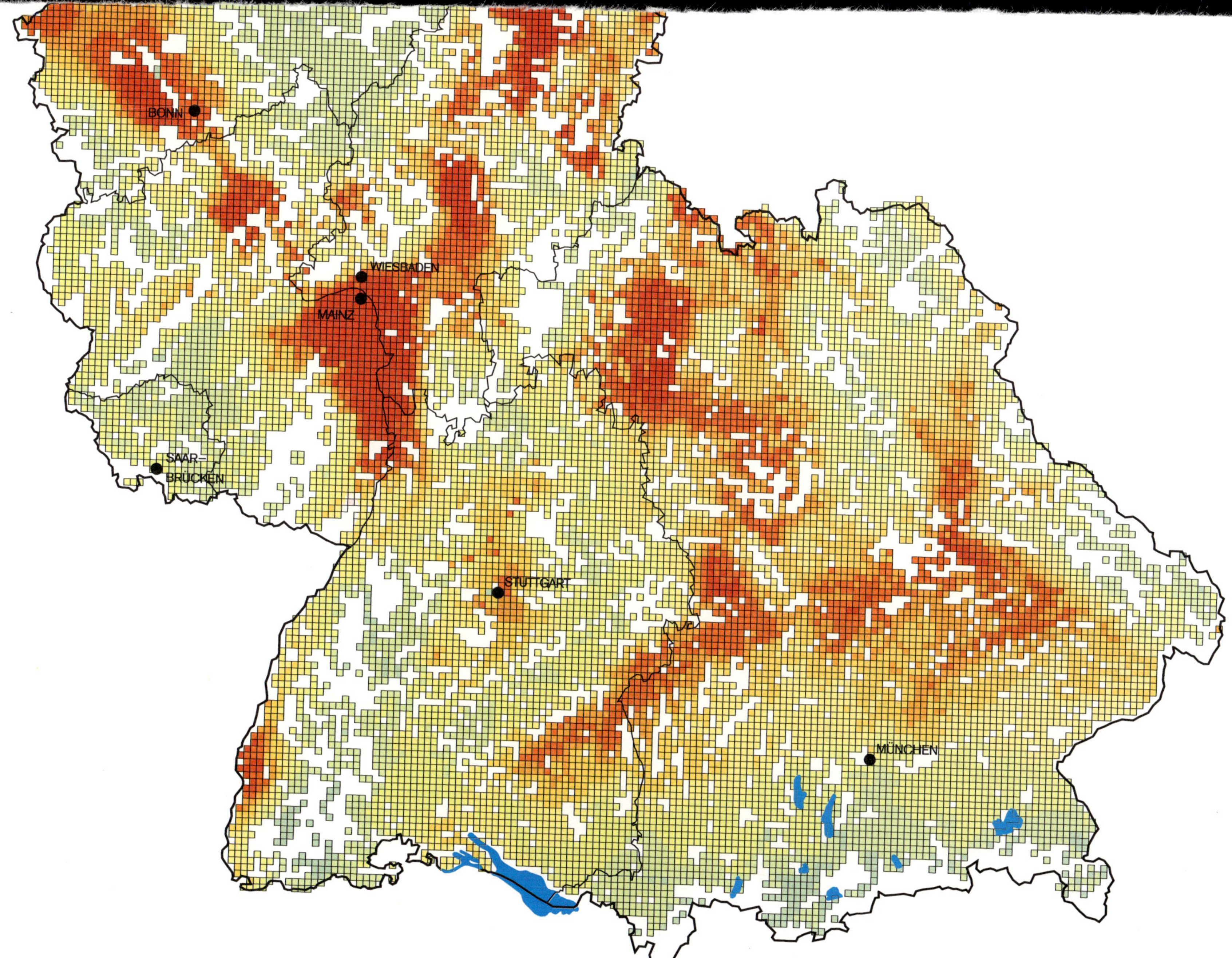

BONN
WIESBADEN
MAINZ
SAAR-
BRÜCKEN
STUTTGART
MÜNCHEN

Maßtab 1:2 500 000

20 0 20 40 60 80 100 km

Quelle: Bundesminister für Ernährung, Landwirtschaft und Forsten

Angebaute und behandelte Flächen (ha) je Kultur in der Bundesrepublik Deutschland jeweils ergänzt durch Angabe der Anzahl der erhobenen Betriebe

	angebaute Fläche (ha)	Anzahl Betriebe	davon behandelte Fläche (ha)	in %	Anzahl Betriebe	in %
Winterweizen	5 145,13	412	5 091,23	98,95	406	98,54
Sommerweizen	205,52	51	188,22	91,58	47	92,15
Wintergerste	3 241,94	394	3 239,99	99,93	393	99,74
Sommergerste	1 095,64	200	1 072,90	97,92	197	98,50
Roggen	1 026,44	152	1 010,09	98,10	145	95,39
Hafer	570,64	215	542,15	95,00	199	92,55
Körnermais	489,51	54	485,51	99,18	53	98,14
Raps	2 094,13	179	2 085,13	99,57	177	98,88
Kartoffeln	580,62	137	579,96	98,52	107	78,10
Zuckerrüben	1 740,07	174	1 712,98	98,40	173	99,42
Wiesen – Weiden	3 306,62	297	232,30	7,02	50	16,83
Futterrüben	87,21	119	82,76	94,89	108	90,75
Klee	92,31	51	1,67	1,80	1	1,96
Luzerne	51,88	25	1,45	2,79	1	4,00
Grassamen	73,45	11	18,80	25,59	3	27,27
Sonstige Futterpflanzen	539,00	106	337,28	62,57	64	60,37
Bohnen	104,90	30	102,90	98,09	28	93,33
Silomais – Grünmais	1 218,84	223	1 205,46	98,90	219	98,20
Getreidemenge	85,24	32	67,14	78,87	27	84,37

Quelle: Der Rat von Sachverständigen für Umweltfragen

Anzahl der Wirkstoffe je Kultur in angebotenen Herbiziden sowie Anzahl und Häufigkeit der von der Stichprobe im Erntejahr 1987 jeweils angewendeten herbiziden Wirkstoffe

Kultur	in angebotenen Herbiziden	Wirkstoffe aus angebotenen Herbiziden	aus nicht angebotenen Herbiziden	Wirkstoffe angewendet in über 25 % der Betriebe	in 5–25% der Betriebe	in unter 5% der Betriebe
Wintergetreide:						
– Weizen	40	33	2	4	10	21
– Gerste	38	27	4	5	8	18
– Roggen	36	23	1	2	11	11
Sommergetreide:						
– Weizen	33	22	2	3	5	16
– Gerste	30	23	3	4	5	17
– Hafer	24	17	4	3	5	13
Körnermais	15	9	2	1	3	7
Silomais	15	12	3	1	2	12
Raps	17	13	3	2	7	7
Kartoffeln	14	9	2	2	5	4
Zuckerrüben	21	17	1	4	4	10
Futterrüben	20	14	–	5	–	9
Ackerbohnen	9	2	7	2	5	2

Quelle: Der Rat von Sachverständigen für Umweltfragen

Bodenerosion

Erosion ist der Abtrag von Boden- und Gesteinsmaterial durch fließendes Wasser oder Wind. In gewissem Umfang ist Erosion ein natürlicher Vorgang. Sie wird jedoch durch viele Formen der Landnutzung beschleunigt.

Durch Bodenerosion wird die Bodenfruchtbarkeit beeinträchtigt. Zum einen geht humus- und nährstoffhaltige Feinerde verloren, und zum anderen werden Pflanzen mechanisch beschädigt.

Das Ausmaß der Bodenerosion kann annähernd berechnet werden. In diese Berechnung gehen sowohl standortabhängige (Regen- und Oberflächenabfluß, Erodierbarkeit des Bodens, Hangneigung) als auch nutzungsbedingte (Hanglänge, Bedeckung und Bewirtschaftung der Fläche, Wirkung von Schutzmaßnahmen) Faktoren ein.

Für Bayern hat das Geologische Landesamt mit Hilfe der Bodenabtragsgleichung Karten erstellt, die die regionale Bedeutung der verschiedenen erosionsbeeinflussenden Parameter beleuchten und das zu erwartende Ausmaß des Bodenabtrages aufzeigen. Diese Karten dienen der Risikovorhersage und sollen insbesondere den Fachbehörden Informationen darüber liefern, in welchen Landschaften erosionsmindernde Maßnahmen notwendig werden, welche Einflußgrößen jeweils verantwortlich sind und worauf daher die zu ergreifenden Maßnahmen abzielen sollten.

Die Übersichtskarte zeigt die mittleren Abträge auf der Gesamtfläche Bayerns. Im Durchschnitt unterliegen jährlich 2,2 t/ha Boden der Erosion (insgesamt ca. 14 Millionen Tonnen Boden). Besonders stark betroffen sind Gebiete in Südostbayern, im Bayerischen Wald sowie in Unterfranken. Dort wird zum Teil großflächig intensiver Ackerbau betrieben, wobei besonders der hohe Anteil von Reihenfrüchten wie Mais und Zuckerrüben in hängigem Gelände (tertiäres Hügelland) die Erosion fördert. Der konzentrierte Hopfenanbau in der Hallertau ist aufgrund der hohen natürlichen Erosionsdisposition dieser Landschaft ebenfalls gefährdend. Ebenso die Ackernutzung in Teilen des Bayerischen Waldes.

In der Karte „Erosionsrisiko unter den gegenwärtigen Nutzungsbedingungen" ergibt sich das Risiko als Quotient aus mittlerem jährlichem Abtrag und tolerierbarem Abtrag. Ein Risiko von 1 oder 100% bedeutet demnach, daß die tolerierbare Grenze des Bodenabtrages erreicht wird. Zusätzlich zu den bereits erwähnten Gebieten kommt dabei der Alpenraum hinzu: Hier treffen flachgründige, empfindliche Böden mit stark erosionsfördernden natürlichen Gegebenheiten (hohe Niederschläge, steile Hänge) zusammen.

Zur Begrenzung der Erosionsgefahren muß u. a.

- die Bodennutzung an spezielle Standortbedingungen angepaßt werden (Bodenbedeckung, konservierende Bodenbearbeitung, Schutzmaßnahmen),
- der Einsatz schwerer Maschinen in der Forstwirtschaft und in der Landwirtschaft auf empfindlichen Böden vermieden werden,
- der Kahlschlag in Waldbeständen auf gefährdeten Standorten eingestellt werden,
- der Einschwämmung von Bodenteilen in Oberflächengewässer entgegengewirkt werden, u. a. durch Anlage von Schutzstreifen,
- die Übernutzung von Flächen durch Skisport und Trittschäden im Hinblick auf eine Verdichtung des Oberbodens und von Erosionsschäden bei Hang- und Steillagen verhindert werden.

Übersichtskarte der mittleren Abträge

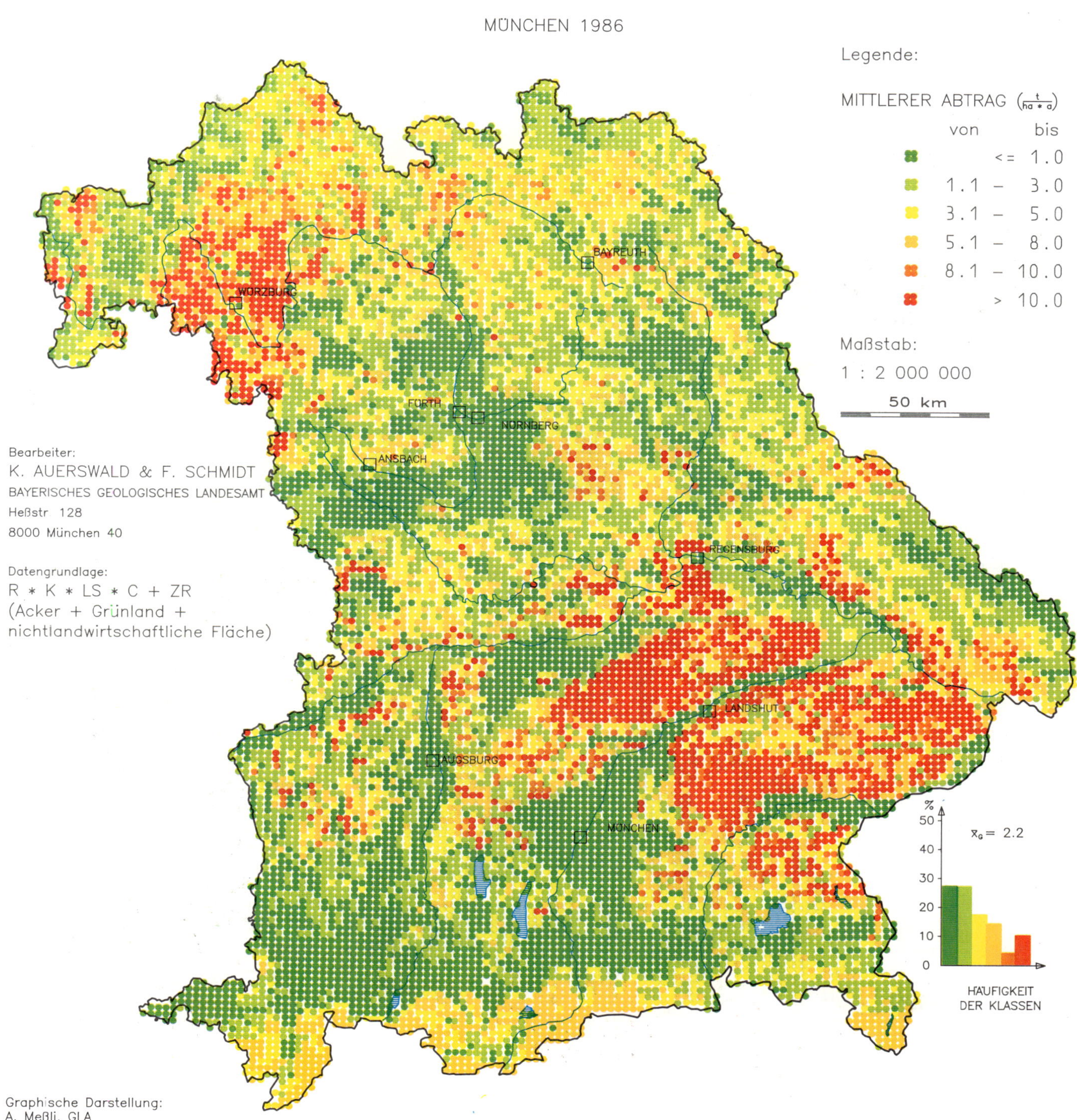

Quelle: Atlas der Erosionsgefährdung in Bayern, Bayrisches Geologisches Landesamt

Übersichtskarte des Erosionsrisikos unter gegenwärtigen Nutzungsbedingungen

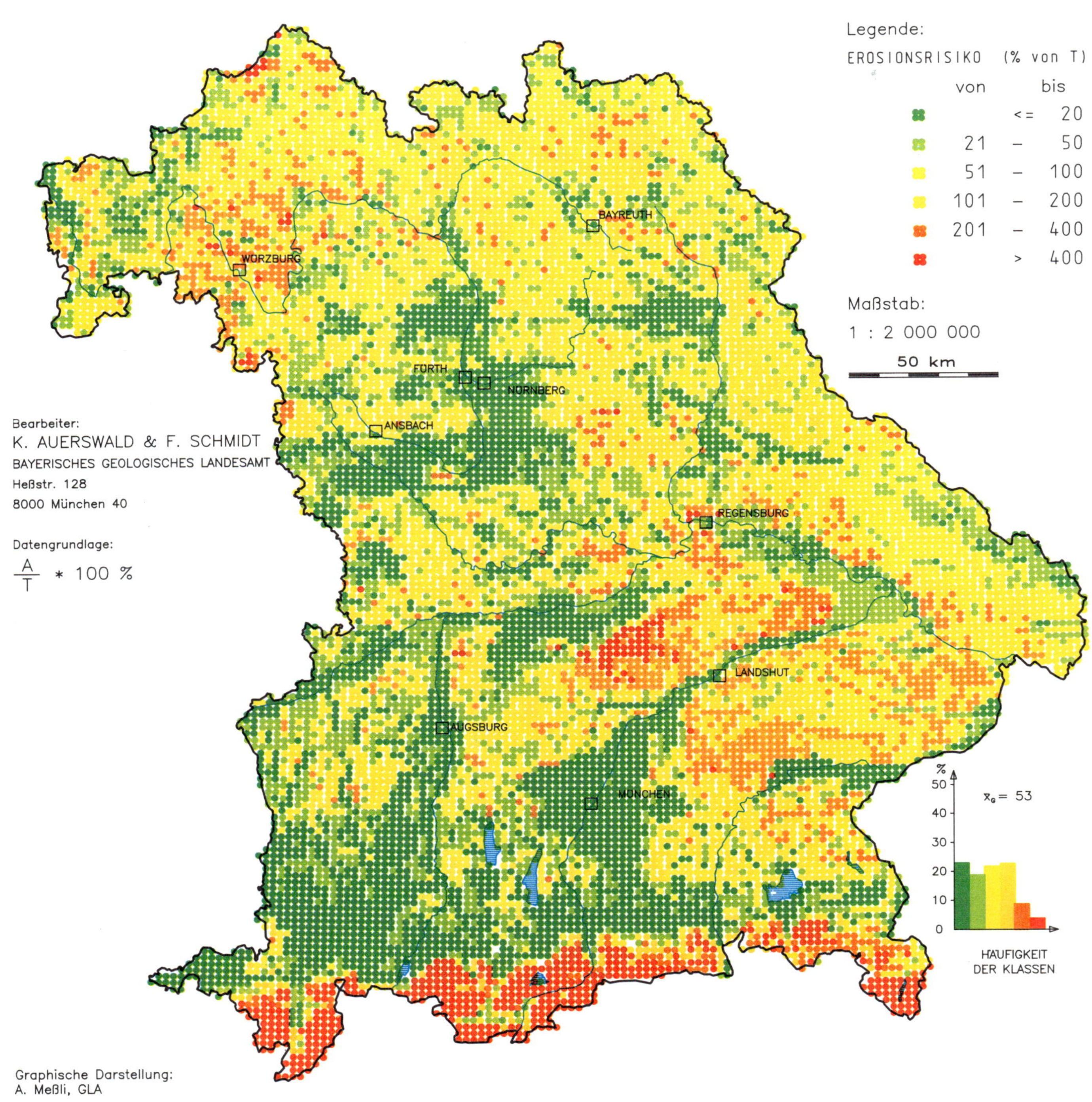

Quelle: Atlas der Erosionsgefährdung in Bayern, Bayrisches Geologisches Landesamt

Entwicklung des Kompostabsatzes und der Klärschlammengen

Die Verwendung von Komposten im Gartenbau und in der Landwirtschaft ist unter Umweltschutzaspekten in zweierlei Hinsicht erwünscht:

- Sie stellt eine ökologisch sinnvolle Kreislaufführung von Nährstoffen dar und verringert die zu verbrennende oder zu deponierende Abfallmenge.
- Sie kann dazu beitragen, den Abbau von Torf zu verringern und damit die Moore zu schützen.

Andererseits können Komposte, die aus Siedlungsabfällen gewonnen werden, Schadstoffe enthalten und dadurch den Boden belasten.

Bei der Reinigung von Abwässern fallen erhebliche Klärschlammengen an. 1984 sind bei der Reinigung von kommunalen Abwässern 42 Mio. m³ Klärschlamm mit 5% Trockenmasse (entspricht 2,1 Mio. t TM/a) angefallen. 1986 wurden diese Mengen folgendermaßen verwertet bzw. sonst entsorgt:

Landwirtschaft	29%	Verbrennung	9%
Ablagerung	59%	Kompostierung	3%

In der Klärschlammverordnung vom 25. Juni 1982 (AbfKlärV) wurden Grenzwerte für Schwermetalle in Klärschlämmen und Böden eingeführt:

Element	Klärschlamm	Boden
	Grenzwerte in mg/kg	
Blei (Pb)	1200	100
Cadmium (Ca)	20	3
Chrom (Cr)	1200	100
Kupfer (Cu)	1200	100
Nickel (Ni)	200	50
Quecksilber (Hg)	25	2
Zink (Zn)	3000	300

Gleichzeitig wurde die Ausbringungsmenge auf 5 t Trockensubstanz/ha in 3 Jahren begrenzt.

Die Bodengrenzwerte sollen gewährleisten, daß über das übliche (unvermeidbare) Maß hinaus kein nennenswerter Schwermetall-Transfer in Nahrungs- und Futterpflanzen stattfindet. Die Grenzwerte für die Gehalte in den Schlämmen führen zusammen mit der Mengenbegrenzung dazu, daß die Bodengrenzwerte im Durchschnitt erst nach weit mehr als 100 Jahren Akkumulationszeitraum erreicht werden.

Neuere Untersuchungen haben gezeigt, daß Klärschlämme durchgängig eine geringere Grundbelastung mit Dioxine und Furane aufweisen und daß vereinzelte Schlämme deutlich erhöhte Belastungen zeigen. Zwar wurde ein Transfer vom Boden auf die Pflanze für diese Stoffe in der Regel nicht nachgewiesen, sie können aber bei der Klärschlammanwendung zur Futtermittelerzeugung dadurch in die Nahrungskette gelangen, daß das Vieh mit dem Futter immer auch einen gewissen Anteil an Bodenpartikeln aufnimmt. Angesichts der noch nicht ausreichend aufgeklärten Zusammenhänge hat der Bundesminister für Umwelt, Naturschutz und Reaktorsicherheit im September 1988 den Ländern empfohlen, aus Vorsorgegründen auf die Anwendung von Klärschlämmen auf Grünland und im Feldfutteranbau zu verzichten.

Siehe auch:
Kapitel Abfall, Abschnitt Verwertung

Entwicklung des Kompostabsatzes 1975 bis 1985

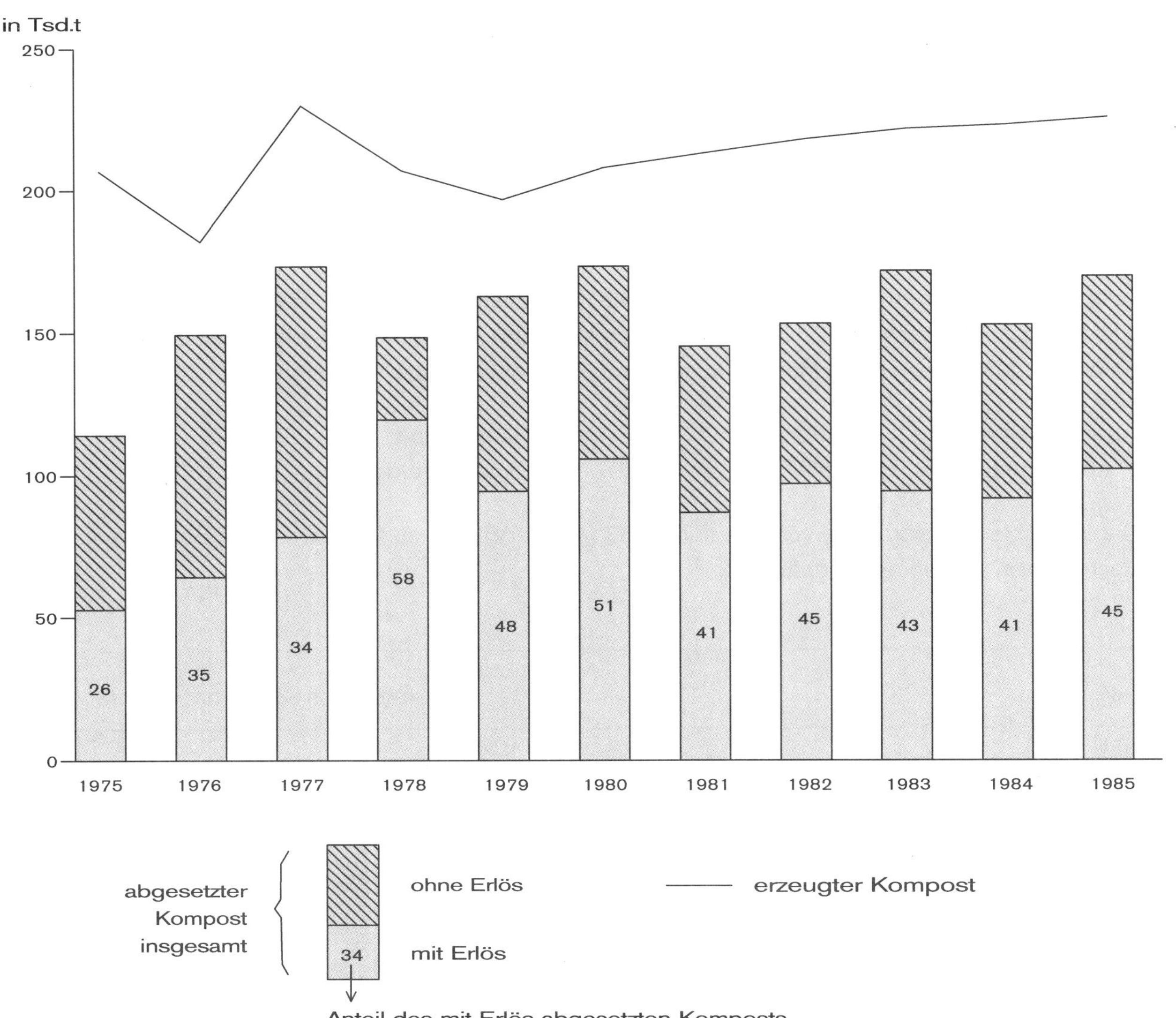

Quelle: Umweltbundesamt

Altlasten

Verlassene und stillgelegte Abfallablagerungen, Aufhaldungen und Verfüllungen, Industrie- und Gewerbestandorte, undichte Leitungssysteme und defekte Abwasserkanäle, unsachgemäß gelagerte wassergefährdende Stoffe und Kampfstoffreste können zu Bodenverunreinigungen führen. Nicht jede vermutete Bodenverunreinigung erweist sich jedoch nach genauerer Untersuchung als tatsächlich kontaminierter Standort. Deshalb ist zwischen Verdachtsflächen und Altlasten zu unterscheiden.

Altlasten sind nach der Terminologie der „Länderarbeitsgemeinschaft Abfall“ (LAGA) Altablagerungen oder Altstandorte, die sich nach einer Gefährdungsabschätzung als problematisch herausgestellt haben.

Derzeit beträgt die Anzahl sogenannter „Verdachtsflächen“ nach Angaben der Länder ca. 42 000. Da die Erfassungen noch nicht abgeschlossen sind, ist davon auszugehen, daß sich diese Zahl weiter erhöhen wird.

Bei Maßnahmen zur Beherrschung der Umweltbeeinträchtigungen, die von Altlasten ausgehen können, ist zwischen Sicherungsmaßnahmen und Sanierungsmaßnahmen zu unterscheiden.

Unter *Sicherungsmaßnahmen* werden Maßnahmen verstanden, welche die Gefährdung der Umwelt vermindern oder auch zeitlich befristet unterbinden, die allerdings das Gefährdungspotential nicht beseitigen.

Unter *Sanierungsmaßnahmen* versteht man Maßnahmen, die zu einer Beseitigung des Gefährdungspotentials der Altlast führen. Einheitliche Kriterien für die Bestimmung der Dringlichkeit eines Sanierungsbedarfs sowie für die Festlegung von Sanierungszielen fehlen bisher.

Erfaßte und prognostizierte Verdachtsflächen (VF) in der Bundesrepublik Deutschland

Land	Anzahl	Erläuterungen	Stand
Schleswig-Holstein	2 358	Altablagerungen festgestellt.	Dez. 1987
Hamburg	1 860	Verdachtsflächen im Kataster (ohne Auswertung der Gewerbegebiete). Prognose: 2400 VF	April 1988
Bremen	70	Altablagerungen erfaßt. Erfassung Altstandorte ist eingeleitet, noch keine Ergebnisse.	März 1988
Niedersachsen	6 500	6000 Altablagerungen im Zentralregister, 500 weitere als Vorabmeldung. Erfassung der Altstandorte dezentral, noch keine Liste.	Febr. 1988
Nordrhein-Westfalen	11 000	Verdachtsflächen (Altablagerungen und Altstandorte erfaßt. Erfassung der Altstandorte noch nicht abgeschlossen)	Jan. 1988
Hessen	4 823	Verdachtsflächen im Kataster. Prognose: 5000 Altablagerungen, 1000 altlastverdächtige Altstandorte.	Febr. 1988
Rheinland-Pfalz	5 278	Altablagerungen. Aufgrund abschließender Erhebungen in 14 Stadt- und Landkreisen: 3008 Altablagerungen. In Bearbeitung 5 Landkreise und 1 Regierungsbezirk: 1670 Altablagerungen. 600 weitere landesweit bekannt.	Febr. 1988
Baden-Württemberg	6 500	Ablagerungsplätze erfaßt, davon 1000 in Wassereinzugsgebieten. Prognose: weit mehr als 10 000 gefahrverdächtige Flächen.	Juni 1987
Bayern	550	480 Altablagerungen und 70 Altstandorte bei der Hälfte der Landkreise aufgrund gezielter Ermittlung bei Gebietskörperschaften seit 1985. Bereits 1972 rd. 5.000 Müllablagerungsplätze erfaßt und bewertet, von denen rd. 80% geschlossen und rekultiviert und ca. 20% für Bauschutt- und Erdaushubablagerung weitergenutzt wurden.	März 1988
Saarland	756	Ablagerungen aufgrund erster Ergebnisse des kommunalen Abfallbeseitigungsverbandes Saar. Landesweite Erfassung ab 1987, noch nicht abgeschlossen. Prognose: Verdoppelung der Altablagerungen, im Stadtverband Saarbrücken wird mit über 2100 VF gerechnet.	März 1988
Berlin	1 600	Verdachtsflächen im Altlastenkataster. Prognose: bis Ende 1989 wird mit 4000 VF gerechnet.	März 1988
rd. 42 000 erfaßte VF. Prognose: rd. 50 000 VF bis rd. 80 000 VF			

Quelle: Bundesminister für Umwelt, Naturschutz und Reaktorsicherheit

Unfälle mit wassergefährdenden Stoffen 1980 bis 1986

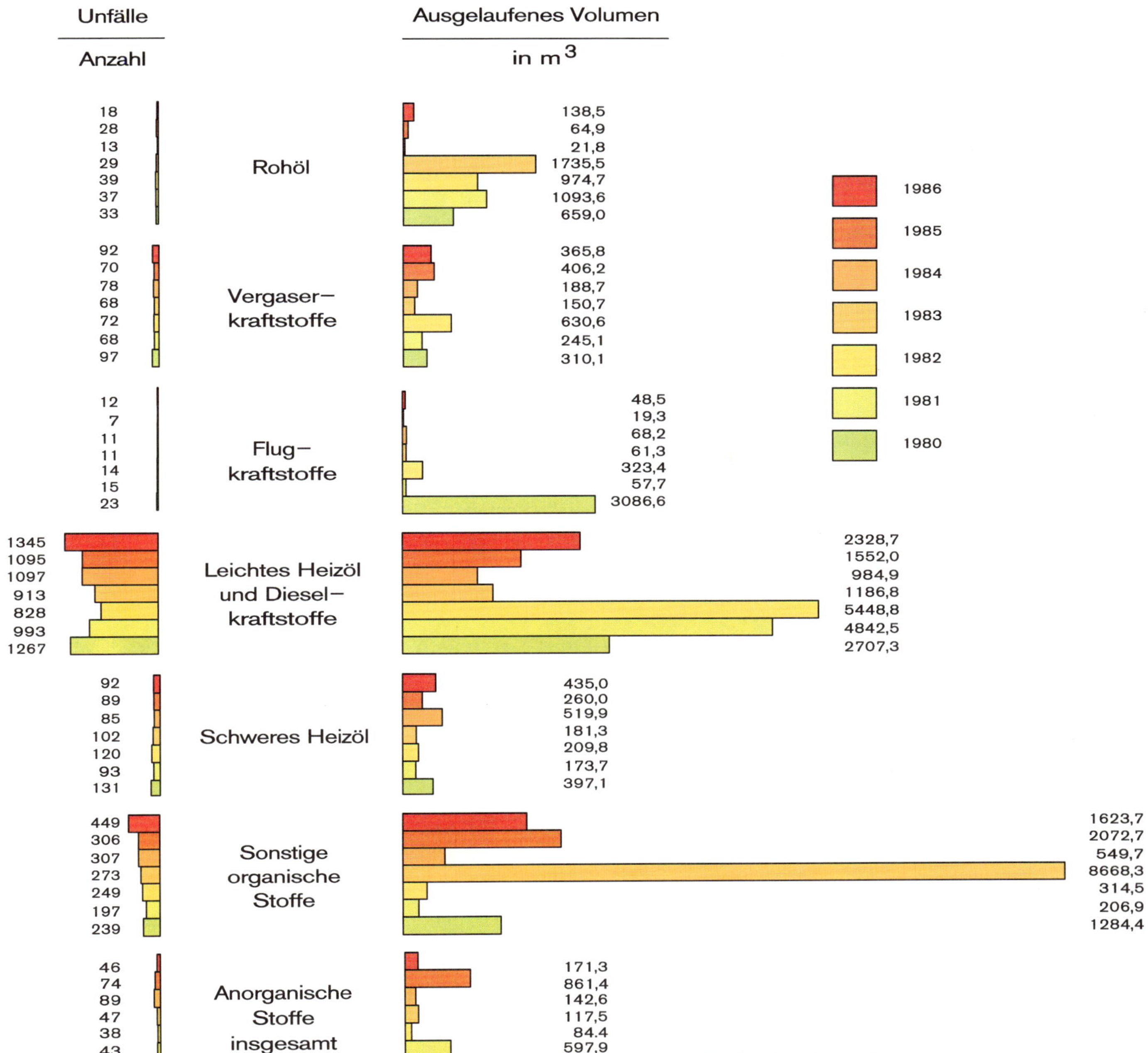

Quelle: Statistisches Bundesamt

Unfälle mit wassergefährdenden Stoffen

Im Rahmen des Gesetzes über Umweltstatistiken werden Daten zu Unfällen bei Lagerung und Transport wassergefährdender Stoffe erhoben.

Die Darstellung zeigt für den Zeitraum 1980 bis 1986

– Zahl der Unfälle, die sich mit diesen Stoffgruppen ereignet haben, und die
– jeweils ausgelaufenen Stoffmengen.

Die Gesamtzahl der Unfälle pro Jahr schwankt etwa zwischen 1 500 und 1 800, wobei ca. ⅔ der Unfälle der Lagerung und ca. ⅓ dem Transport wassergefährdender Stoffe zugeordnet werden können. Bei den Unfällen war als häufigste Unfallursache menschliches Verhalten festzustellen.

Wald

Seite

Datengrundlage

Seit Ende der siebziger Jahre, insbesondere aber seit 1981, werden in der Bundesrepublik Deutschland großflächige Waldschäden beobachtet, die sich nicht in das Bild früherer Schäden einordnen lassen. Alle Indizien sprechen dafür, daß Luftverunreinigungen eine wesentliche Ursache dieser Schäden sind. Zusätzlich können auch natürliche Vorkommnisse, wie Schädlingsbefall, Windwurf, Schneebruch, Trockenheit, Wildverbiß usw., an der Schadensausprägung beteiligt sein.

Erhebungsmethode

Im Rahmen einer zwischen dem Bundesminister für Ernährung, Landwirtschaft und Forsten und den Forstverwaltungen der Länder getroffenen Vereinbarung werden seit 1983 jährlich flächendeckende Erhebungen von Waldschäden durchgeführt.

Seit 1984 wenden alle Länder ein einheitliches Stichprobenverfahren an. Dieses basiert auf einem Gitternetz, bis 1986 im 4 × 4-km-Raster, seit 1987 mit einer Mindestdichte der Stichprobenpunkte von 8 × 12 km. Der Gesundheitszustand des Waldes wird am Umfang des Nadel- bzw. Blattverlustes und am Ausmaß der Vergilbung der Nadel- bzw. Blattmasse der Bäume beurteilt.

Schäden infolge Insekten- und Pilzbefall werden – soweit erkennbar – zusätzlich erhoben.

Auswertung der Schadensdaten

Für die weitere Auswertung wird der Waldzustand nach Baumarten und Schadensausprägung in vier Schadstufen klassifiziert:

- Schadstufe 1: schwach geschädigt
- Schadstufe 2: mittelstark geschädigt
- Schadstufe 3: stark geschädigt
- Schadstufe 4: abgestorben

Die Schadstufe 1 ist eine Warnstufe. Sie umfaßt Vitalitätsverluste in einem frühen Stadium, bei dem gute Chancen für eine Revitalisierung bestehen. Unter günstigen Rahmenbedingungen ist, wie sich gezeigt hat, auch für Bäume der Schadstufe 2 und sogar der Schadstufe 3 eine Erholung möglich.

Neben der Verlichtung (Nadel-/Blattverlust) wird auch die Vergilbung der Nadeln und Blätter, die vor allem in einigen höheren Lagen eine größere Rolle spielt, als Schadkriterium bei der Schadstufenermittlung berücksichtigt.

Die Darstellungen zeigen die Lage der größeren zusammenhängenden Waldflächen in der Bundesrepublik Deutschland sowie den prozentualen Anteil der geschädigten Fläche an der gesamten Waldfläche des jeweiligen Landes.

Siehe auch:
- Kapitel Boden, Abschnitt Flächennutzung
- Kapitel Luft, Abschnitte Immissionen, Depositionen
- Kapitel Wasser, Abschnitt Versauerung von Gewässern.

Waldschäden

Wesentliche Ergebnisse der Waldschadenserhebung 1988 sind:

Die gegenläufige Schadensentwicklung bei Nadel- und Laubbäumen, die bereits 1986 erkennbar war, hat sich 1987 und 1988 fortgesetzt: Der Zustand von Tanne und jetzt auch der Fichte hat sich, bundesweit gesehen, etwas verbessert. Bei den Laubbäumen, vor allem bei Buche und Eiche, haben die Schäden dagegen weiter zugenommen. Sie sind jetzt stärker geschädigt als Fichte und Kiefer.

Die Witterungsbedingungen der Jahre 1984 und 1985, mit gewissen Einschränkungen auch 1986 und 1987, waren im allgemeinen für das Waldwachstum günstig. 1988 dürfte die regional vor allem in Norddeutschland aufgetretene trockene, warme Witterung in der Vegetationsperiode zwischen April und August einen erheblichen Einfluß auf die Schadensentwicklung ausgeübt haben. Im süddeutschen Raum waren die Bedingungen für das Baumwachstum insgesamt gut.

Nach nunmehr sechs aufeinanderfolgenden jährlichen Erhebungen zeigt die Entwicklung der Waldschäden einen starken Anstieg von 1983 nach 1984, weitere leichte Schadenszunahmen 1985 und 1986 von jeweils fast 2% sowie – nach einem leichten Rückgang 1987 – im Jahr 1988 bei regional unterschiedlichem Verlauf ein Stagnieren auf hohem Schadensniveau.

Der Zustand der Wälder hat sich je nach Baumart, Bestandsalter und Standort unterschiedlich entwickelt. Neben deutlichen Verbesserungen des Erscheinungsbildes wurden zum Teil auch erhebliche Verschlechterungen festgestellt.

Die Nadelbäume nehmen fast zwei Drittel der Waldfläche ein. Ihr Schadensrückgang bestimmt daher das Gesamtergebnis stärker als die Schadenszunahme der Laubbäume. So hat 1987 der Anteil der in ihrer Vitalität geschwächten und geschädigten Bäume im Bundesgebiet erstmals um 1,4%-Punkte auf 52,3% abgenommen. Mit 52,4% der Schadfläche ist ihr Anteil 1988 etwa gleichgeblieben. Im Bundesdurchschnitt haben die mittelstarken und starken Schäden gegenüber dem Vorjahr um 2,2%-Punkte auf 15,1% abgenommen. Sie liegen mit mehr als 17% in Baden-Württemberg, Bayern, Berlin, Bremen, Schleswig-Holstein und im Saarland besonders hoch. Das Süd-Nord-Gefälle im Schadensniveau hat sich weiter verringert.

Schäden bei den einzelnen Baumarten

Bei den einzelnen Baumarten ist die Schadensentwicklung unterschiedlich verlaufen.

Zusammenfassend läßt sich folgendes feststellen: Trotz deutlicher Erholung ist die Tanne die am stärksten geschädigte Baumart. Zugenommen haben die Schäden bei der Kiefer und vor allem bei der Eiche. Bei allen Baumarten sind die über 60jährigen Bestände stärker geschädigt als die jüngeren.

Bundesweit hat sich der Zustand der Tanne deutlich, der Zustand der Fichte und Buche leicht gebessert. Zugenommen haben die Schäden bei der Kiefer und vor allem bei der Eiche.

Im Bundesgebiet nahm die Schadfläche der *Fichte* von 1986 bis 1988 um 5,3%-Punkte ab. Nunmehr sind 48,8% der Fichtenfläche in den Schadstufen 1–4 geschädigt. Die mittleren bis starken Schäden (Schadstufen 2–4) betragen 14,6% der Baumartenfläche. Die älteren Fichten sind bedeutend stärker geschädigt als die jüngeren. Nach den Ergebnissen von 1988 zeigen die über 60jährigen Bestände zu 82% und die unter 60jährigen zu 28% Schadsymptome.

Bei der *Kiefer* ist nach einem 3 Jahre andauernden Rückgang wieder ein Anstieg der Schäden festzustellen. Bundesweit erhöhte sich der Anteil der Schadfläche (Schadstufen 1–4) zum Vorjahr um 3,8%-Punkte auf über 53%. Die Fläche der mittel bis stark geschädigten Kiefern stieg geringfügig auf 12,2% an. Im Gegensatz zur langjährigen Entwicklung sind von dem Schadensanstieg hauptsächlich die jüngeren Kiefern betroffen.

Die *Tanne* ist trotz einer merklichen Erholung immer noch die am meisten geschädigte Baumart. Einem Schadensrückgang bei den 60jährigen Tannen um fast 20%-Punkte steht ein Anstieg um 1,7%-Punkte auf 95% bei den der über 60jährigen Tannenbestände gegenüber. Allerdings hat sich das Ausmaß der mittleren und starken Schäden im Verhältnis zum Vorjahr um 7%-Punkte vermindert.

Die *sonstigen Nadelbaumarten* (u.a. Lärche und Douglasie) sind mit 26,5% (Schadstufen 1–4) deutlich geringer geschädigt als Fichte, Kiefer und Tanne. Hier haben die Schäden um 2,4%-Punkte abgenommen.

Der Schädigungsgrad der *Buche* nahm in den Schadstufen 1–4 um 2,3%-Punkte auf 63,4% ab. Die mittleren und starken Schäden (Schadstufen 2–4) verminderten sich um 4,9%-Punkte auf 16,9%. Auch bei der Buche sind die älteren Bestände in einem erheblich schlechteren Zustand als die jüngeren.

Die Schadflächen der *Eiche* stieg um 5,1%-Punkte auf 69,6% in den Schadstufen 1–4 und um 2,5%-Punkte auf 24,2% in den Schadstufen 2–4. Damit ist die Eiche nach der Tanne die am stärksten geschädigte Baumart. Vergleichsweise hoch ist der Anteil der Schäden in den unter 60jährigen Beständen (48%). Die Zunahme der Schäden bei der Eiche dürfte regional durch starken Insektenbefall beeinflußt worden sein.

Die *sonstigen Laubbaumarten* (u.a. Ahorn, Esche, Linde, Roteiche, Pappel) sind mit 37% (Schadstufen 1–4) nicht so stark geschädigt wie Eiche und Buche, jedoch stärker als die sonstigen Nadelbaumarten.

Waldschäden und jährliche Veränderungen 1983 – 1988

Jahr	Schadstufen				
	1 schwach	2 mittel	3 + 4 stark	2 – 4 mittel und stark	1 – 4 Schäden insges.
			in % der Waldfläche		
1983*)	24,7	8,7	1,0	9,7	34,4
1984	32,9	15,8	1,5	17,3	50,2
1985	32,7	17,0	2,2	19,2	51,9
1986	34,8	17,3	1,6	18,9	53,7
1987	35,0	16,2	1,1	17,3	52,3
1988	37,3	13,8	1,3	15,1	52,4

*) Erhebungen 1983 nur bedingt vergleichbar mit den späteren Erhebungen

Quelle: Bundesminister für Ernährung, Landwirtschaft und Forsten

Regionale Schadensschwerpunkte

Die bisherigen Waldschadenserhebungen haben gezeigt, daß das Ausmaß der Waldschäden regional sehr unterschiedlich ist. Vor allem höhere Lagen der Mittelgebirge und der Alpen haben sich als Hauptschadgebiete herausgebildet.

Die größten Schäden wurden 1988 im Harz, im nordwesthessischen Bergland, im hessischen Teil des Odenwaldes, in der Rhön, im Schwarzwald, im Fichtelgebirge und Frankenwald, im Bayerischen Wald sowie in den Bayerischen Alpen festgestellt. Hier zeigten mehr als 85% der Bäume über 60 Jahre Schadsymptome (Schadstufen 1–4) und über 35% der Bäume sind mittel bis stark geschädigt.

In einigen süddeutschen Schadensschwerpunkten hat der Anteil der mittleren und starken Schäden (Schadstufen 2–4) in den älteren Beständen um 12% und mehr abgenommen. Dazu zählen die Rhön, der Schwarzwald, der Oberpfälzer Wald und die Bayerischen Alpen.

Als besorgniserregend muß die starke Zunahme der Schäden im Harz bewertet werden. Die mittleren und starken Schäden haben in den älteren Beständen um 20%-Punkte auf 59%-Punkte zugenommen. Damit ist der Harz zur Zeit das am stärksten von Waldschäden betroffene Gebiet.

Kennzeichnend für die schwierige Situation in einigen Schadensschwerpunkten ist, daß dort die Waldschäden in hohen Lagen besonders gravierend sind. So muß z.B. im Harz und im Fichtelgebirge verstärkt mit einem Absterben von Waldbeständen auf einigen tausend Hektar gerechnet werden.

Waldschäden an über 60jährigen Bäumen in stark geschädigten Gebieten (Schadensschwerpunkte) 1986–1988

	Schadstufen 2 – 4			Schadstufen 1 – 4		
Schadens-schwerpunkte	1986	1988	Veränd. 86–88	1986	1988	Veränd. 86–88
	in % der Fläche über 60jähriger Bäume					
Harz	38,4	58,5	+ 20,1	85,9	97,1	+ 11,2
Nordwesthessisches Bergland	32,0	36,3	+ 4,3	75,8	85,9	+ 10,1
Südliches Weserbergland (hess. Teil)	37,2	26,5	– 10,7	76,0	81,6	+ 5,6
Eggegebirge	–	22	–	–	64,0	–
Odenwald (hess. Teil)	27,6	36,1	+ 8,5	71,1	87,1	+ 16,0
Rhön	53,2	38,5	– 14,7	90,3	91,8	+ 1,5
Hunsrück	16,3	22,7	+ 6,4	70,2	76,9	+ 6,7
Pfälzerwald	15,5	16,5	+ 1,0	78,8	81,3	+ 2,5
Schwarzwald	57,0	41,3	– 15,7	92,0	86,9	– 5,1
Fichtelgebirge und Frankenwald	49,9	41,2	– 8,7	89,7	90,4	+ 0,7
Oberpfälzer Wald	31,7	19,5	– 12,2	75,9	73,0	– 2,9
Bayerischer Wald	46,7	45,2	– 1,5	88,7	88,5	– 0,2
Bayerische Alpen	74,2	47,5	– 26,7	95,8	92,9	– 2,9

Quelle: Bundesminister für Ernährung, Landwirtschaft und Forsten

Waldschäden in der Bundesrepublik Deutschland 1988
Alle Baumarten (Schadstufen 1 bis 4)
– Ländererergebnisse –

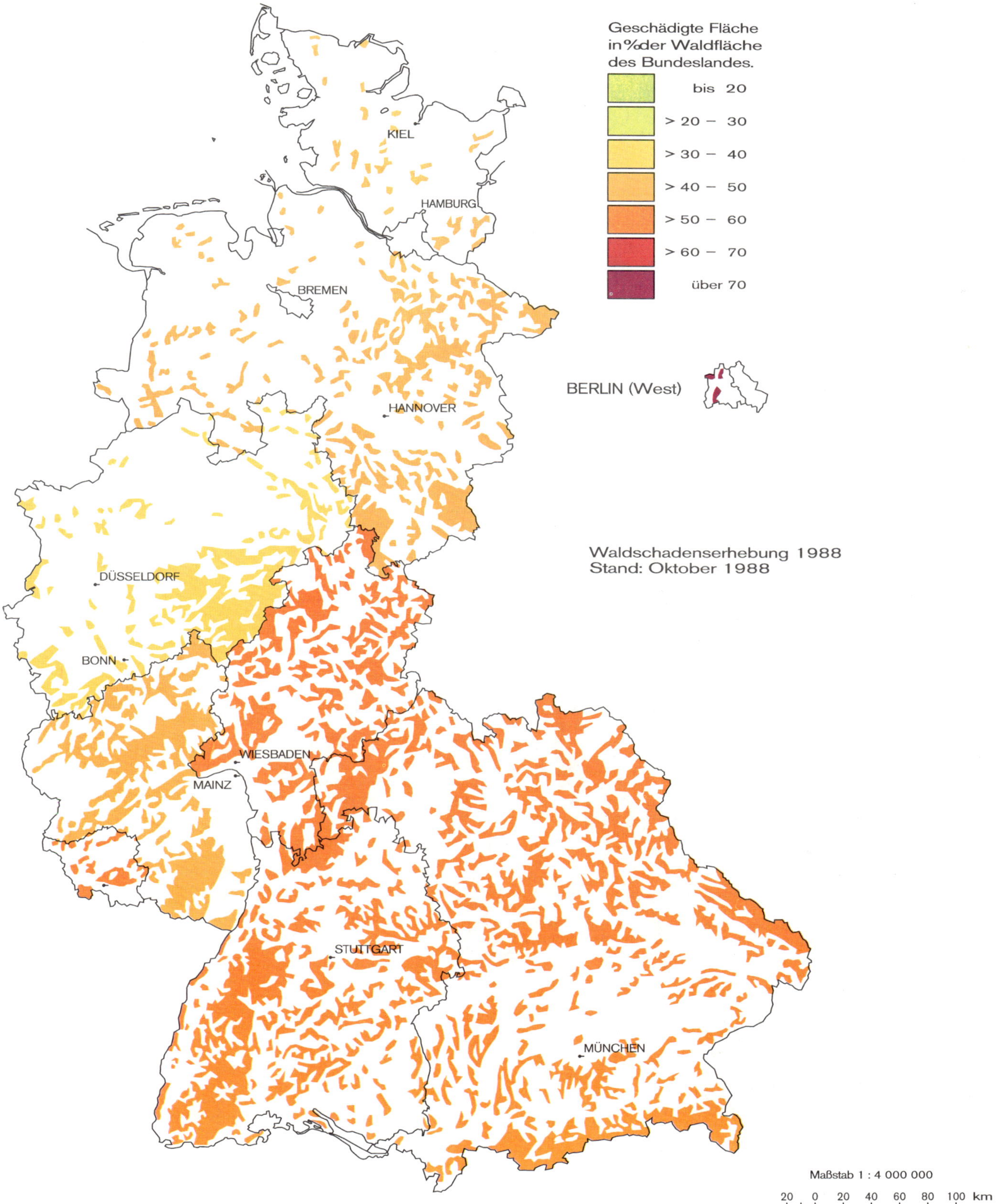

Geschädigte Fläche
in % der Waldfläche
des Bundeslandes.

- bis 20
- > 20 – 30
- > 30 – 40
- > 40 – 50
- > 50 – 60
- > 60 – 70
- über 70

KIEL
HAMBURG
BREMEN
HANNOVER
BERLIN (West)
DÜSSELDORF
BONN
WIESBADEN
MAINZ
STUTTGART
MÜNCHEN

Waldschadenserhebung 1988
Stand: Oktober 1988

Maßstab 1 : 4 000 000

20 0 20 40 60 80 100 km

Quelle: Bundesminister für Ernährung, Landwirtschaft und Forsten

Waldschäden in der Bundesrepublik Deutschland 1987
Alle Baumarten (Schadstufen 1 bis 4)
– Ländererergebnisse –

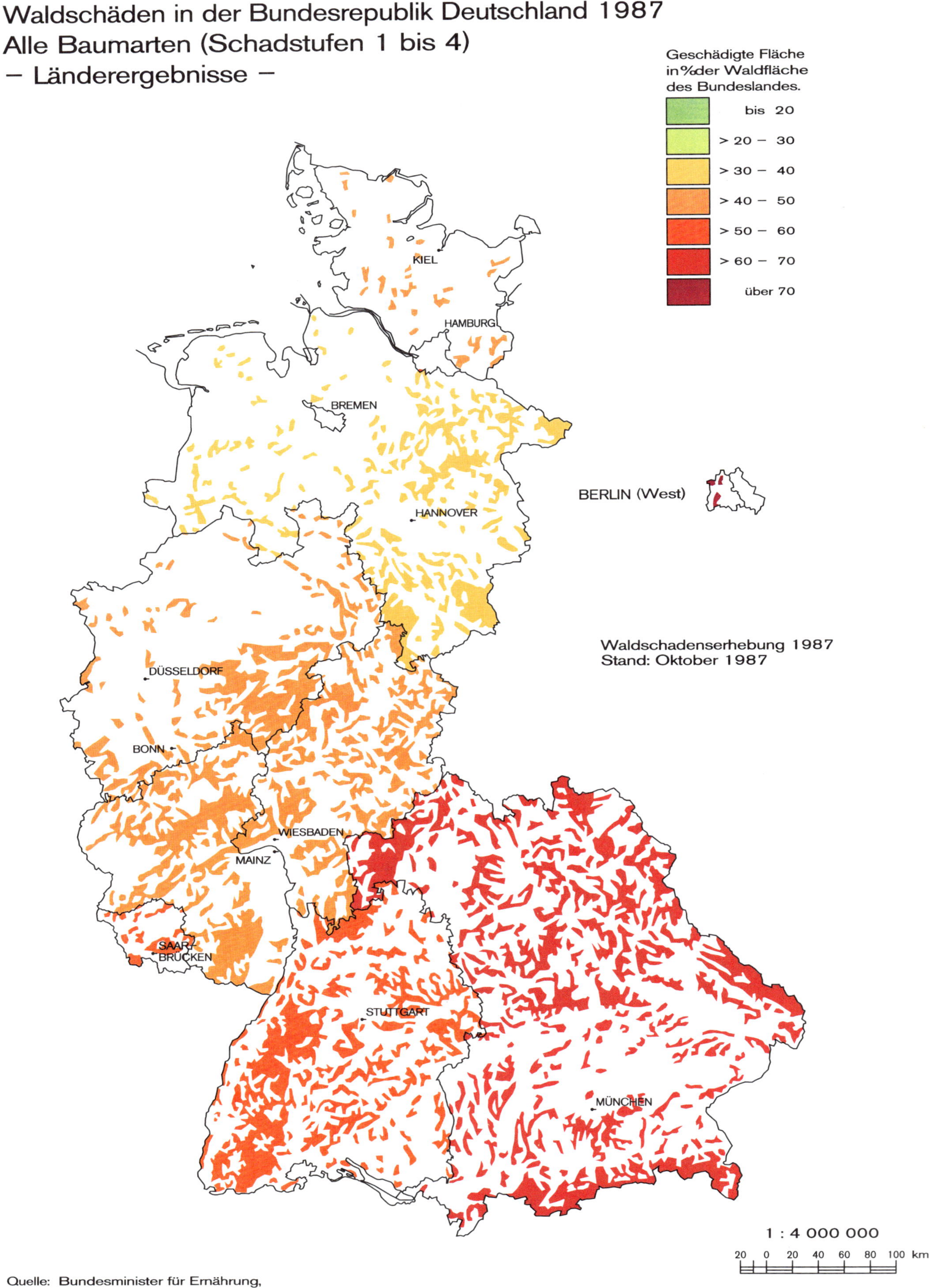

Quelle: Bundesminister für Ernährung, Landwirtschaft und Forsten

Waldschäden in der Bundesrepublik Deutschland von 1983 bis 1986
Alle Baumarten (Schadstufen 1 bis 4)
– Ländererergebnisse –

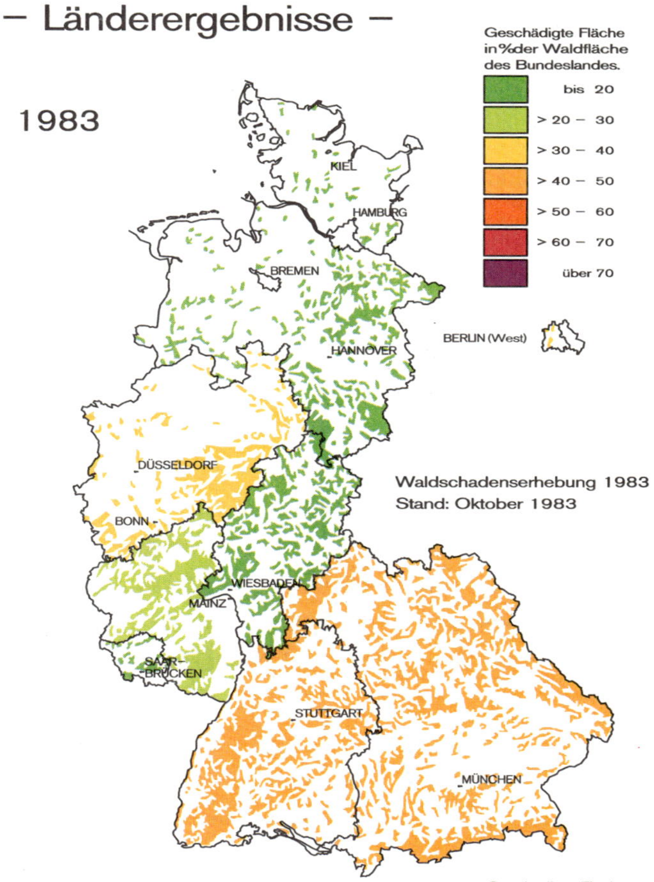
1983
Geschädigte Fläche in % der Waldfläche des Bundeslandes.
bis 20
> 20 – 30
> 30 – 40
> 40 – 50
> 50 – 60
> 60 – 70
über 70
KIEL
HAMBURG
BREMEN
BERLIN (West)
HANNOVER
DÜSSELDORF
BONN
WIESBADEN
MAINZ
SAAR-BRÜCKEN
STUTTGART
MÜNCHEN
Waldschadenserhebung 1983
Stand: Oktober 1983

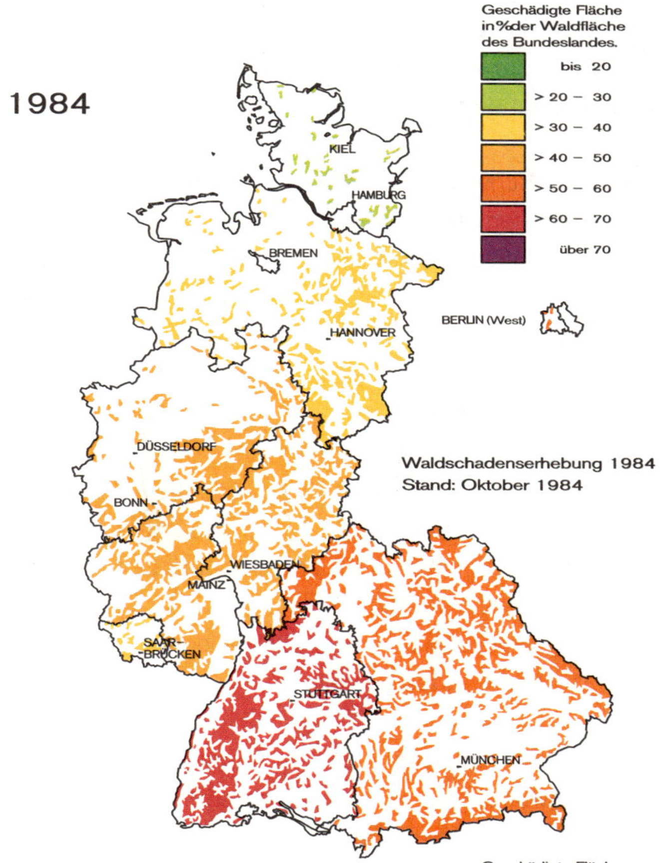
1984
Geschädigte Fläche in % der Waldfläche des Bundeslandes.
bis 20
> 20 – 30
> 30 – 40
> 40 – 50
> 50 – 60
> 60 – 70
über 70
KIEL
HAMBURG
BREMEN
BERLIN (West)
HANNOVER
DÜSSELDORF
BONN
WIESBADEN
MAINZ
SAAR-BRÜCKEN
STUTTGART
MÜNCHEN
Waldschadenserhebung 1984
Stand: Oktober 1984

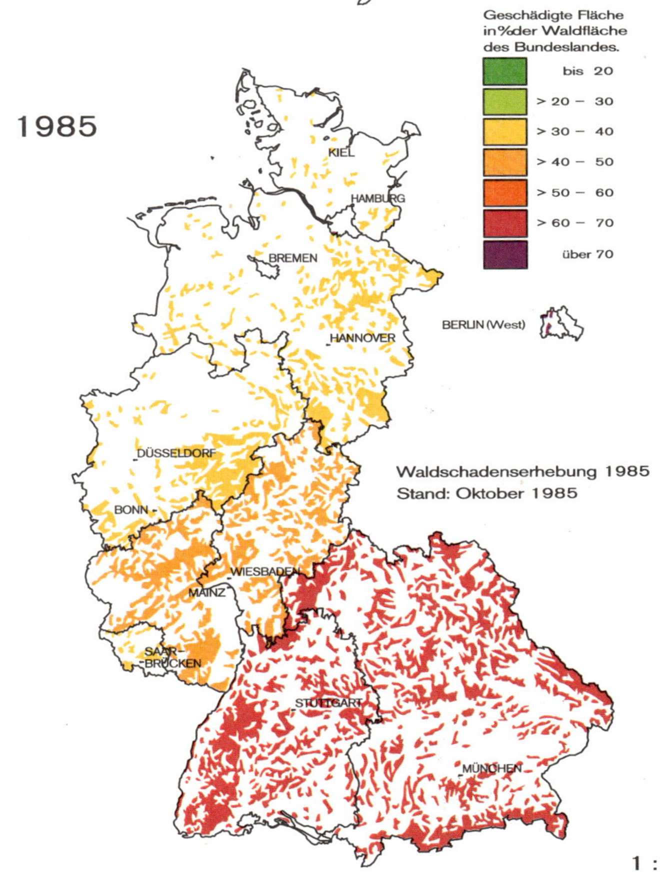
1985
Geschädigte Fläche in % der Waldfläche des Bundeslandes.
bis 20
> 20 – 30
> 30 – 40
> 40 – 50
> 50 – 60
> 60 – 70
über 70
KIEL
HAMBURG
BREMEN
BERLIN (West)
HANNOVER
DÜSSELDORF
BONN
WIESBADEN
MAINZ
SAAR-BRÜCKEN
STUTTGART
MÜNCHEN
Waldschadenserhebung 1985
Stand: Oktober 1985

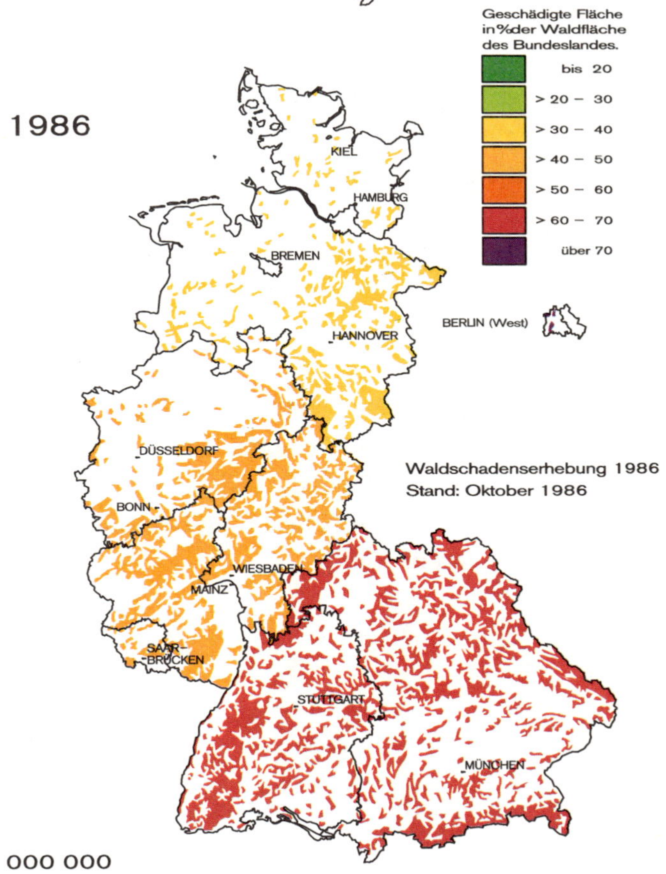
1986
Geschädigte Fläche in % der Waldfläche des Bundeslandes.
bis 20
> 20 – 30
> 30 – 40
> 40 – 50
> 50 – 60
> 60 – 70
über 70
KIEL
HAMBURG
BREMEN
BERLIN (West)
HANNOVER
DÜSSELDORF
BONN
WIESBADEN
MAINZ
SAAR-BRÜCKEN
STUTTGART
MÜNCHEN
Waldschadenserhebung 1986
Stand: Oktober 1986

1 : 8 000 000

20 0 20 40 60 80 100 km

Quelle: Bundesminister für Ernährung, Landwirtschaft und Forsten

Regionale Verteilung der Stoffgehalte in dreijährigen Fichtennadeln

Bei Sichtbarwerden weit verbreiteter Waldschäden wurde die Ursachenforschung verstärkt. Die ergänzend zur Waldschadenserhebung entwickelte immissionsökologische Waldzustandserfassung zeigt eine mögliche Immissionsbelastung und -gefährdung der Wälder mit Hilfe von Bioindikatoren.

Der Schwerpunkt liegt bei der kartografischen Darstellung der Gehalte ausgewählter Elemente in 3jährigen Nadeln mittelalter Fichten. Diese Meßwerte geben einen Überblick über die bundesweite Verteilung der Calcium-, Kalium-, Phosphor-, Magnesium-, Schwefel- und Chlorgehalte.

Bei einer zusammenfassenden Betrachtung der vorliegenden Ergebnisse zeigen sich regional Schwerpunkte, in denen die Einstufung hinsichtlich der Versorgung der Nadeln mit bestimmten Nährstoffen bzw. hinsichtlich der Belastung mit bestimmten Schadstoffen übereinstimmen. Eine Unterversorgung mit Magnesium wird beispielsweise in den Wuchsgebieten Niedersächsischer Küstenraum (5), Südniedersächsisches Bergland (13), Niedersächsischer Harz (14) und Nordeifel (22) festgestellt. Auch für Calcium ergeben sich derartige Übereinstimmungen für die Wuchsgebiete Niedersächsischer Küstenraum (5), Bayerischer Wald (50) und Schwarzwald (51). Eine erhöhte Anreicherung des Schadstoffes Schwefel in den Nadeln wird übereinstimmend für Frankenwald und Fichtelgebirge (43), Oberpfälzer Wald (45) und Pfälzerwald (48) sowie für Teile der Wuchsgebiete Westfälische Bucht (10) und Niederrheinisches Tiefland (15) festgestellt.

Bei der Interpretation der vorliegenden Untersuchungsergebnisse ist zu berücksichtigen, daß die Auswertung durch uneinheitliche Verfahren der Probenahme und unterschiedliche Methoden der Nadelanalyse beeinträchtigt war.

Am Beispiel Fichte wurden für den Bereich des Großraums Westfälische Bucht (10), Niederrheinisches Tiefland (15), Niederrheinische Bucht (16) und Bergisches Land (17) sowie für Frankenwald und Fichtelgebirge (43), Oberpfälzer Wald (45) und Pfälzerwald (48) die bisherigen Erkenntnisse bestätigt, daß höhere Waldschäden u. a. auch mit höheren Schwefelbelastungen korrelieren.

Teilweise zeigen sich auch Abweichungen zwischen regionaler Verteilung der untersuchten Nähr- und Schadstoffe bei der Fichte und den für alle Baumarten und Altersklassen erfaßten Waldschäden. Das trifft beispielsweise sowohl für das Überwiegen der Waldschäden im ganzen Süddeutschen Raum als auch auf die starke Belastung mit Chlor im gesamten Norddeutschen Raum bei teilweise gleichzeitiger Unterversorgung mit Calcium oder Phosphor zu. Es wird damit bestätigt, daß die auf der Ebene von Zellen, Baumorganen, Bäumen oder Populationen gewonnenen Erkenntnisse nicht ausreichen, um allgemein gültige Folgerungen für die Vorgänge im Ökosystem Wald zu ziehen. Die vorliegende Auswertung kann deshalb nur ein Baustein bei den Bemühungen zur Klärung der Waldschadensproblematik darstellen.

Regionale Verteilung der Stoffgehalte in dreijährigen Fichtennadeln 1983

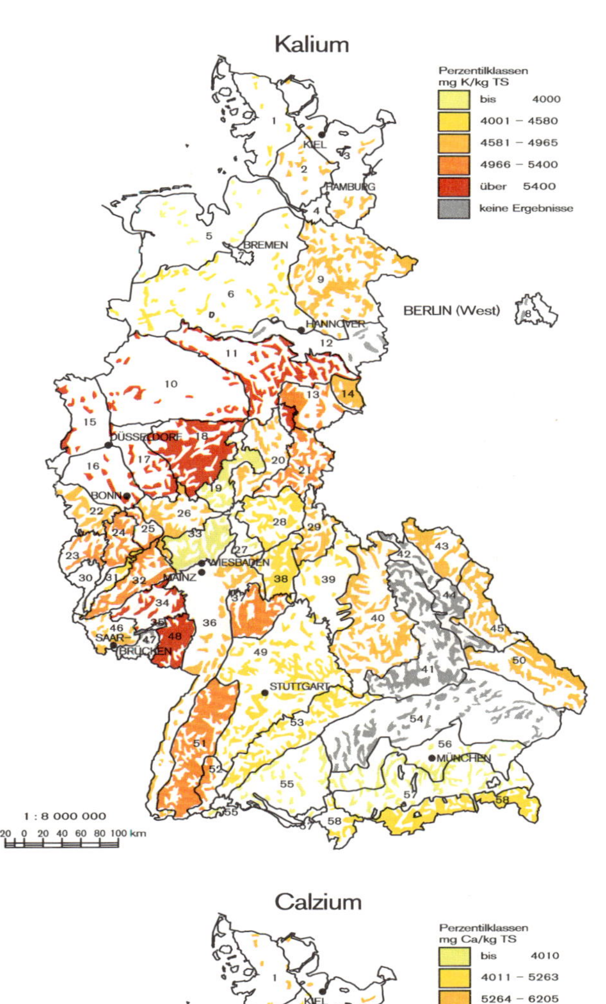

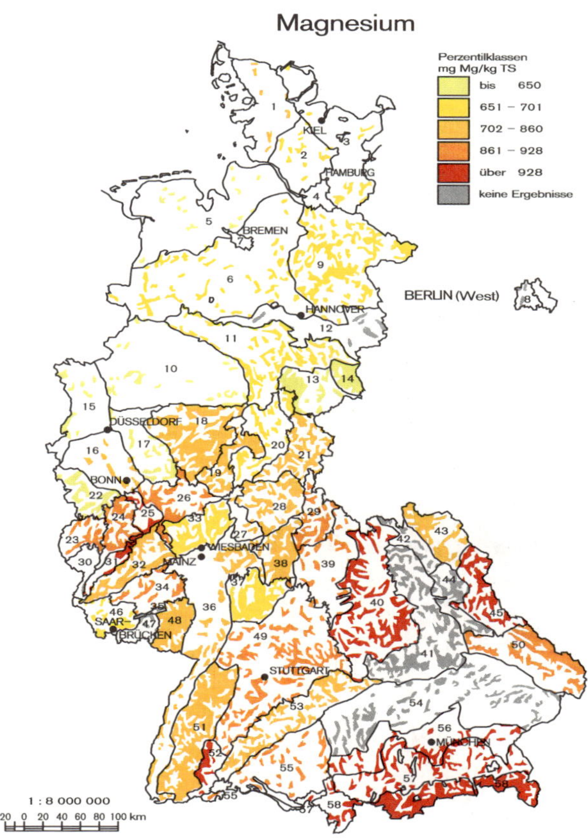

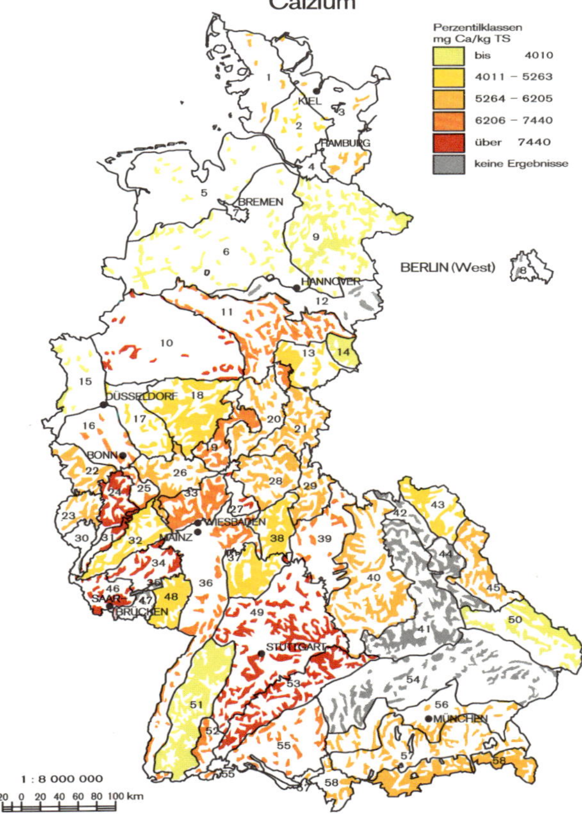

Quelle: Arbeitsgruppe Immissionsökologische Waldzustandserfassung (IWE)

Regionale Verteilung der Stoffgehalte in dreijährigen Fichtennadeln 1983

Chlor

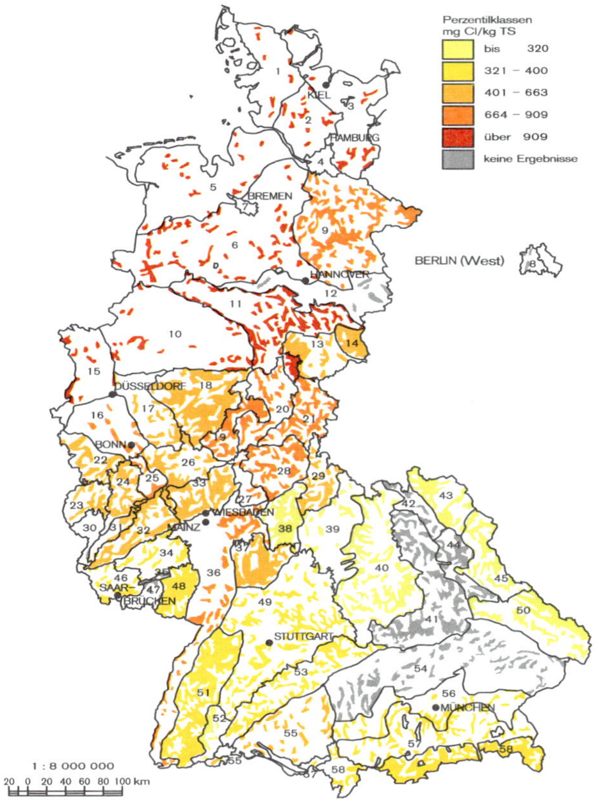
Perzentilklassen
mg Cl/kg TS
bis 320
321 – 400
401 – 663
664 – 909
über 909
keine Ergebnisse
KIEL
HAMBURG
BREMEN
HANNOVER
BERLIN (West)
DÜSSELDORF
BONN
WIESBADEN
MAINZ
SAARBRÜCKEN
STUTTGART
MÜNCHEN
1 : 8 000 000
20 0 20 40 60 80 100 km

Schwefel

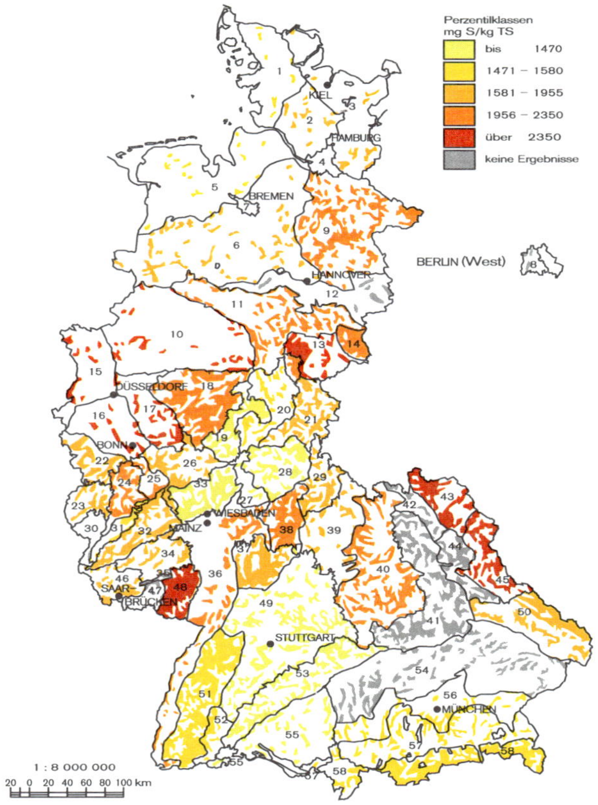
Perzentilklassen
mg S/kg TS
bis 1470
1471 – 1580
1581 – 1955
1956 – 2350
über 2350
keine Ergebnisse
KIEL
HAMBURG
BREMEN
HANNOVER
BERLIN (West)
DÜSSELDORF
BONN
WIESBADEN
MAINZ
SAARBRÜCKEN
STUTTGART
MÜNCHEN
1 : 8 000 000
20 0 20 40 60 80 100 km

Phosphor

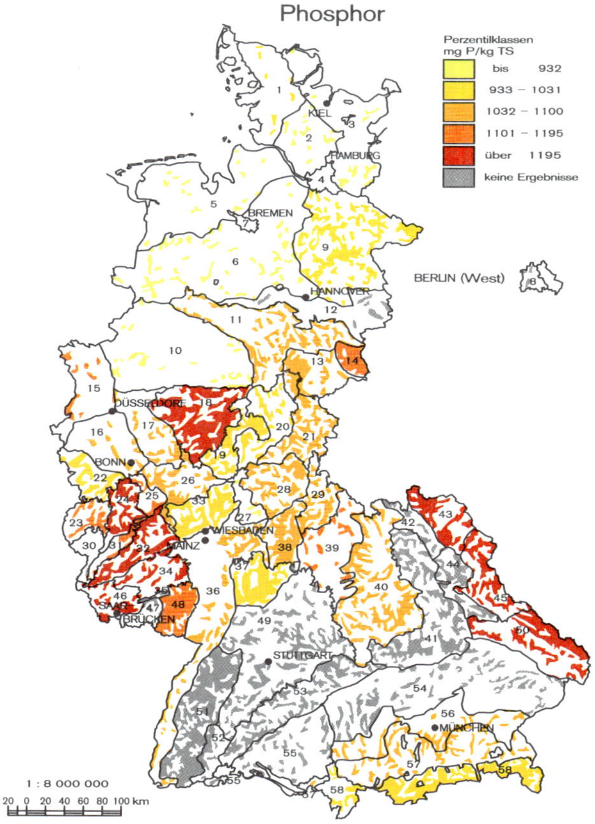
Perzentilklassen
mg P/kg TS
bis 932
933 – 1031
1032 – 1100
1101 – 1195
über 1195
keine Ergebnisse
KIEL
HAMBURG
BREMEN
HANNOVER
BERLIN (West)
DÜSSELDORF
BONN
WIESBADEN
MAINZ
SAARBRÜCKEN
STUTTGART
MÜNCHEN
1 : 8 000 000
20 0 20 40 60 80 100 km

Quelle: Arbeitsgruppe Immissionsökologische Waldzustandserfassung (IWE)

Waldschäden in Europa

1986 begann im Rahmen der UN-Wirtschaftskommission für Europa (ECE) ein Progamm zur Waldschadenserhebung, an dem sich zuerst 16 und 1988 22 europäische Staaten beteiligten, einige davon vorerst nur mit regionalen Erhebungen.

Die Ergebnisse zeigen, daß – bezogen auf Fichten – mit Ausnahme von Irland in allen Ländern Waldschäden auftreten. Die Wälder Mitteleuropas sind besonders stark betroffen. Von den 14 Staaten, die landesweite Ergebnisse mitgeteilt haben, verzeichneten acht einen Schädigungsanteil zwischen 45 und 60 % (Bundesrepublik Deutschland, Dänemark, Großbritannien, Jugoslawien, Liechtenstein, Niederlande, Schweiz und CSSR). Die unterschiedliche Schadensentwicklung bei Laub- und Nadelbäumen wurde auch in nahezu allen anderen europäischen Staaten beobachtet. Besonders stark haben die Schäden in den Niederlanden und in der Schweiz zugenommen.

Schädigung der Nadelbäume in europäischen Staaten[1])

Land	Nadelwaldfläche in 1 000 ha	Schadstufen 1 – 4[2])	Schadstufen 2 – 4[2])
	– auf der Grundlage von repräsentativen Erhebungen –		
Irland	334	4,1	0,0
Bulgarien	1 200	18,3	3,8
Luxemburg	31	19,6	3,8
Schweden	19 400	31,7	5,6
Österreich	3 040	32,6	3,5
Deutsche Demokratische Republik	2 275	37,0	
Dänemark	308	46,0	24,0
Bundesrepublik Deutschland	5 078	48,6	15,9
Jugoslawien	1 210	48,8	18,3
Tschechoslowakei	2 942	52,3	15,6
Niederlande	182	52,5	18,7
Schweiz	777	55,0	14,0
Großbritannien	1 550	57,0	23,0
Liechtenstein	6	60,0	22,0
	– auf der Grundlage von Erhebungen in ausgewählten Regionen –[3])		
Italien (Bolzano-Alto-Adige)	292	15,3	3,0
Ungarn	227	17,6	5,5
Spanien	5 634	31,7	10,7
Frankreich	4 840	34,8	12,0
Norwegen	5 925	35,9	17,8
Belgien (Flandern)	57	47,0	4,7
UdSSR (Litauische SSR)	538 900	58,5	14,8

[1]) Waldschadenserhebung der ECE 1987.
[2]) Nur Nadelverlust ohne Berücksichtigung der Vergilbung.
[3]) Die Zahlenangaben sind nicht repräsentativ für das gesamte Gebiet des jeweiligen Landes.

Baumartenverteilung in Europa
– Alle Baumarten –

- Vorwiegend Nadelwald
- Mischwald
- Vorwiegend Laubwald
- Mediterrane Hartlaubgehölze

Quelle: Weltforstatlas, Bundesforschungsanstalt für Forst- und Holzwirtschaft, Reinbek b. Hamburg, 1975
Großbritannien: Forestry Commission Conservancies and Forest Districts, 1985
Türkei: Türkiye Atlasi, Milli Egitim Basimevi, Istanbul Universitesi, Istanbul 1961

BARENTS-SEE
Weißes Meer
FINNLAND
Helsinki
Moskau
SOWJETUNION
Warschau
RUMÄNIEN
Bukarest
Belgrad
BULGARIEN
Sofia
Asowsches Meer
Schwarzes Meer
KASPISCHES MEER
Istanbul
TÜRKEI
GRIECHEN-LAND
Ägäisches Meer
Athen
Zypern
MEER
1 : 20 000 000
0 80 160 240 320 400 km
Kartennetz: Flächentreue azimutale Abbildung

Waldschäden in Europa 1986
– Alle Baumarten –

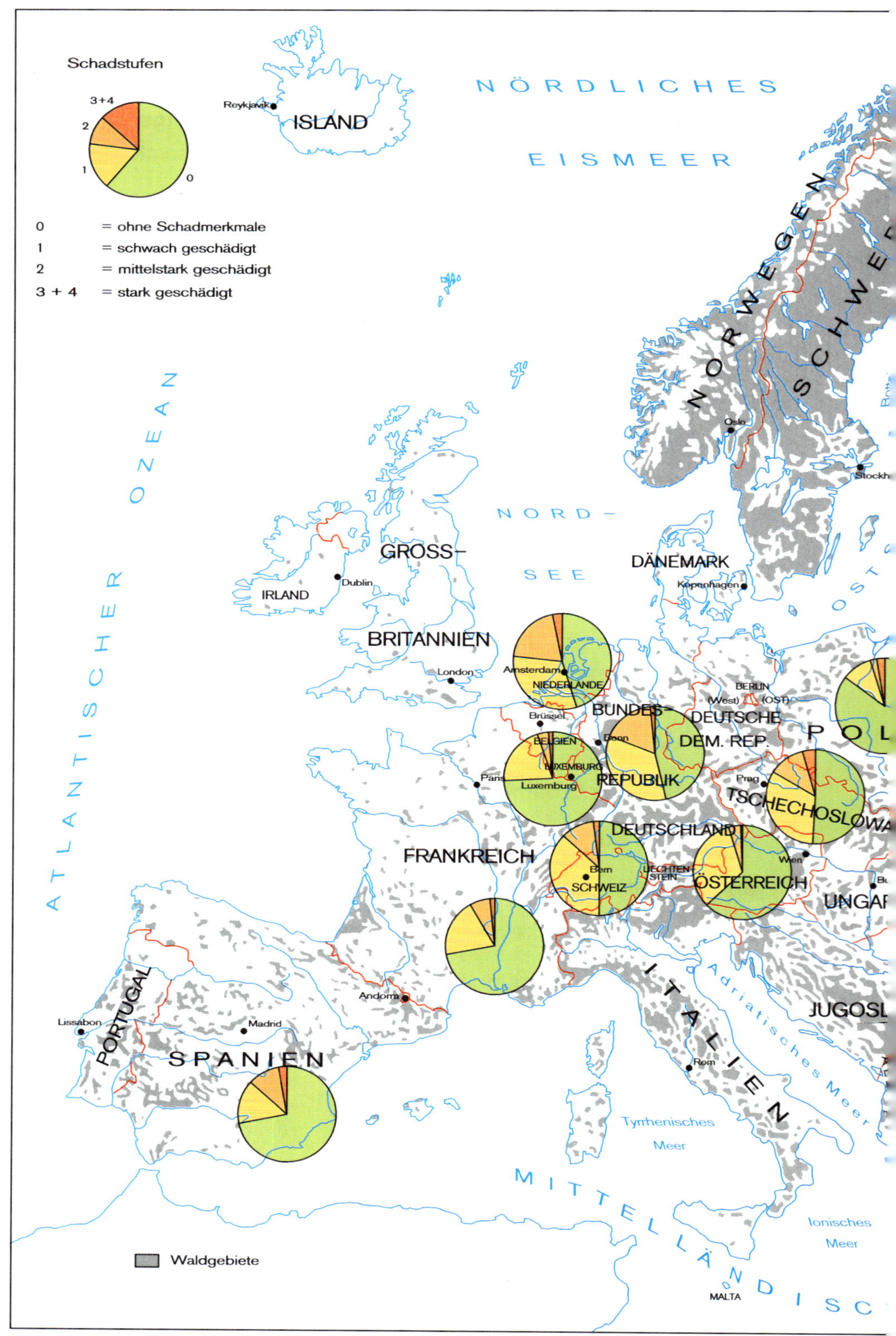

Quelle: Wirtschaftskommission für Europa der Vereinten Nationen
Weltforstatlas, Bundesforschungsanstalt für Forst– und Holzwirtschaft, Reinbek b. Hamburg, 1975
Großbritannien: Forestry Commission Conservancies and Forest Districts, 1985
Türkei: Türkiye Atlasi, Milli Egitim Basimevi, Istanbul Universitesi, Istanbul 1961

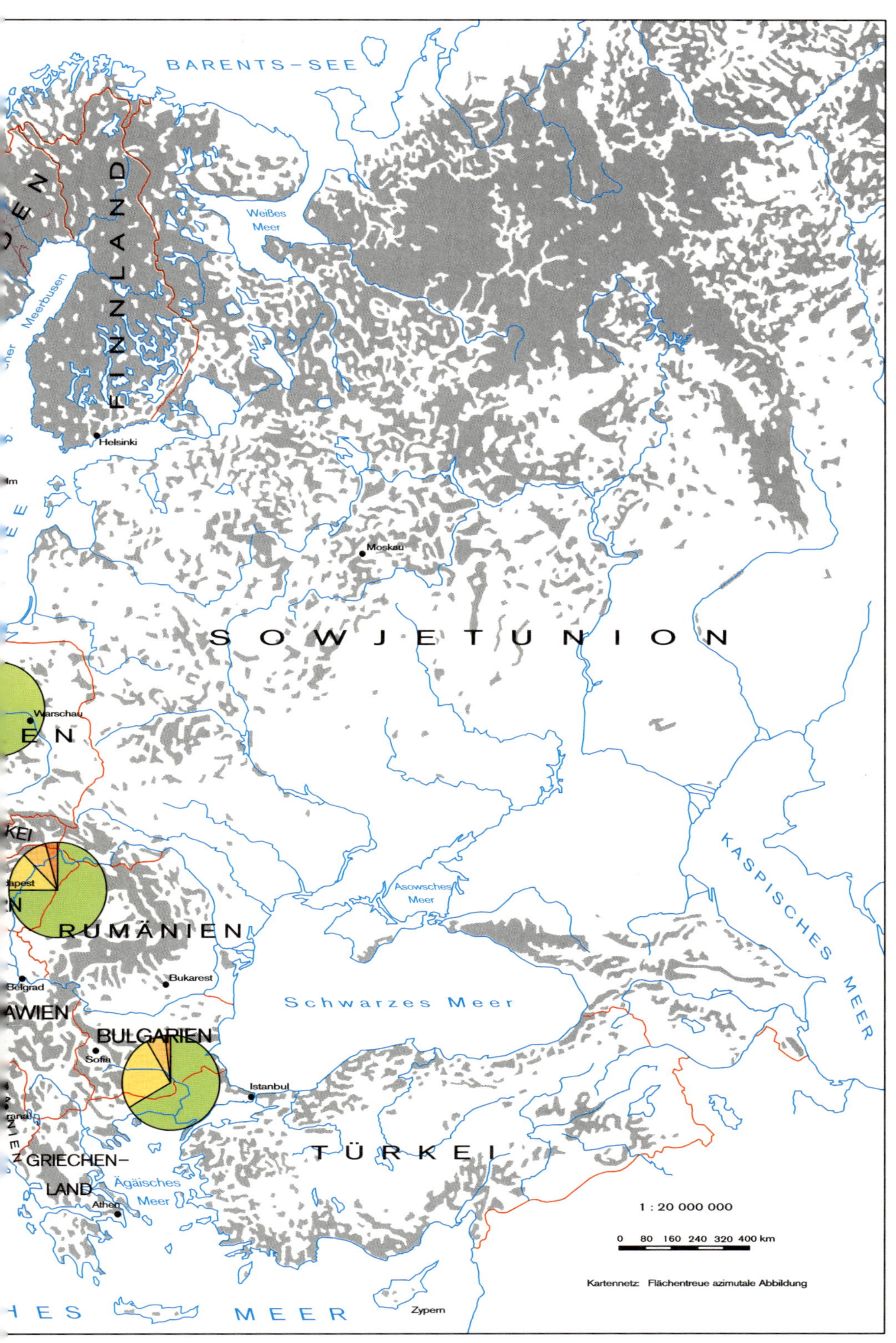

BARENTS-SEE
FINNLAND
Weißes Meer
Helsinki
Moskau
SOWJETUNION
Warschau
RUMÄNIEN
Bukarest
Belgrad
BULGARIEN
Sofia
Asowsches Meer
Schwarzes Meer
KASPISCHES MEER
Istanbul
TÜRKEI
GRIECHEN-LAND
Ägäisches Meer
Athen
Zypern
MEER
1 : 20 000 000
0 80 160 240 320 400 km
Kartennetz: Flächentreue azimutale Abbildung

Datengrundlage

Die Überwachung der Luftverunreinigungen ist Aufgabe der Bundesländer. Das Bundes-Immissionsschutzgesetz schreibt für Belastungsgebiete die Feststellung des Standes und der Entwicklung von Luftverunreinigungen vor. Dieses geschieht durch den Betrieb der Luftmeßnetze. Über diese Messungen hinaus betreiben einige Länder auch Meßstationen, ohne Belastungsgebiete ausgewiesen zu haben sowie Stationen außerhalb von Belastungsgebieten. Die Meßnetze wurden etwa in der Mitte der siebziger Jahre eingerichtet und sind zum Teil aus früher bestehenden Netzen hervorgegangen. Die ausgewerteten Daten werden von den Behörden in Form von Monats- oder Jahresberichten veröffentlicht.

Neben den Immissionsmeßnetzen in den Belastungs- und Ballungsgebieten betreiben die Länder auch Stationen in den Gebieten, in denen in den letzten Jahren die neuartigen Waldschäden festgestellt worden sind.

Zur Untersuchung des großräumigen und grenzüberschreitenden Transportes und des Verbleibs von Luftverunreinigungen betreibt das Umweltbundesamt ein Meßnetz in den ländlichen Gebieten der Bundesrepublik Deutschland. Der Feststellung grenzüberschreitender Luftverunreinigungen kommt im Hinblick auf die Durchführung des Übereinkommens zum weiträumigen grenzüberschreitenden Transport von Luftverunreinigungen der Wirtschaftskommission für Europa der Vereinten Nationen (ECE-Luftreinhalteübereinkommen) zur Begrenzung der Luftverunreinigung eine erhebliche Bedeutung zu.

Daten zu *Immissionen* werden auf der Grundlage von Meßwerten der Immissionsmeßnetze in der Bundesrepublik Deutschland ermittelt. Basisdaten sind die in den Monatsberichten der Länder und des Bundes veröffentlichten Monatsmittelwerte der Immissionsbelastung, die zu Jahresmittelwerten zusammengefaßt wurden. Sofern für einzelne Stationen keine Monatsmittelwerte vorlagen, wurden diese entweder aus langjährigen Monatsmittelwerten der entsprechenden Station oder aus Werten benachbarter Stationen geschätzt.

Die Immissionsmeßnetze weisen eine unregelmäßige räumliche Verteilung mit zumeist engeren Abständen zwischen den Meßstationen in den städtischen Ballungsräumen und weiteren Abständen der Stationen im ländlichen Raum auf. Um die gemessenen Werte in ein regelmäßiges Rasternetz übertragen zu können, das die gesamte Fläche der Bundesrepublik Deutschland abdeckt, sind deshalb Interpolationen von den Standorten der Meßstationen auf die Eckpunkte des Rasternetzes erforderlich. Für die hier vorgelegten Darstellungen wurde das Interpolationsverfahren IDW (Inverse Distance Weighting) angewandt. Dieses Verfahren berechnet innerhalb eines festgelegten Abschneideradius (hier: 40 km) den Interpolationswert für den Kreismittelpunkt aus den Meßwerten aller Stationen, die sich innerhalb des Abschneideradius befinden. Dabei wird jeder Meßwert mit einem Faktor gewichtet, der dem umgekehrt proportionalen Verhältnis des Abstandes der Meßstation zum Interpolationspunkt entspricht. Bei dieser Gewichtung wird somit Meßwerten von Stationen, die nahe beim Interpolationspunkt liegen, ein höheres Gewicht eingeräumt als den weiter entfernten Stationen. Zugleich tritt durch das Verfahren dann eine „Glättung" von Belastungsspitzen ein, wenn innerhalb des Abschneideradius Stationen mit deutlich unterschiedlichen Immissionswerten liegen, deren Spitzenwerte dann durch die Bildung eines – wenn auch nach Entfernung gewichteten – Durchschnittswertes „weggemittelt" werden.

Die dargestellten Immissionswerte sind somit Näherungswerte der tatsächlichen Immissionssituation, wobei die Güte der Annäherung sowohl von der Zahl als auch vom Standort der Meßstationen innerhalb des Abschneideradius sowie von der gewählten Größe des Abschneideradius selbst abhängig ist. Ziel des

Verfahrens ist es, ein Gesamtbild der räumlichen Verteilung der Immissionsbelastung in der Bundesrepublik Deutschland wiederzugeben, nicht jedoch die exakte mittlere Belastung für einzelne Standorte innerhalb dieses Rasters anzugeben. Insofern ist es auch methodisch nicht zulässig, aus der Identifizierung von Einzelpunkten dieser Karte z. B. die Aussage abzuleiten, am Ort A habe im Jahresmittel exakt eine Belastung a bestanden, die um a-b höher sei als am Ort B im benachbarten Rasterfeld.

Im Gegensatz zu den in den Katasterdarstellungen enthaltenen, aufgrund von Messungen berechneten Interpolationswerten sind die wiedergegebenen Werte zur Darstellung längerfristiger Trends der Immissionsbelastung Mittelwerte von Messungen an bestimmten ausgewählten Meßstationen.

Auf Messungen an verschiedenen Stationen sowie deren räumlicher Interpolation durch Berechnungen basieren auch die Darstellungen unterschiedlicher Smogsituationen, die aus Daten des vom Umweltbundesamt zusammen mit den Ländern betriebenen *Smog-Frühwarnsystem* übernommen worden sind.

Daten zur *Gesamtemission* werden auf der Grundlage von Energieverbrauchsdaten und Daten zur Produktion ausgewählter Güter aus der amtlichen Statistik unter Verwendung von Emissionsfaktoren aus Veröffentlichungen und internen Unterlagen des Umweltbundesamtes ermittelt. Die Schätzverfahren sind bei den entsprechenden Abschnitten genauer beschrieben. Die räumliche Aufgliederung der Gesamtemission in ein *Emissionskataster* für die Bundesrepublik Deutschland erfolgt mit Hilfe des vom Umweltbundesamt erstellten Emissionsursachenkatasters (EMUKAT). Auch hier wird die Methodik als Einleitung zur Katasterdarstellung genauer erläutert.

Gerade im Bereich der Luftreinhaltung hat sich die *zwischenstaatliche und internationale Zusammenarbeit* in den letzten Jahren wesentlich verbessert, so daß nunmehr auch in größerem Umfang Daten zu grenzüberschreitenden Luftverunreinigungen und zu Schadstoffkonzentrationen in verschiedenen Schichten der Atmosphäre verfügbar sind. Entsprechende Daten stammen entweder aus Immissionsmessungen an den Stationen der gemeinsam betriebenen Meßnetze oder aus Berechnungen auf der Grundlage nationaler Angaben zu Energieverbrauch und Produktion oder zu Emissionen unter Verwendung standardisierter meteorologischer Modelle zu Ausbreitung, atmosphärischer Umwandlung und Niederschlag von Luftschadstoffen. Einzelheiten sind jeweils den Erläuterungen der Darstellungen zu entnehmen.

Luftmeßnetze in der Bundesrepublik Deutschland

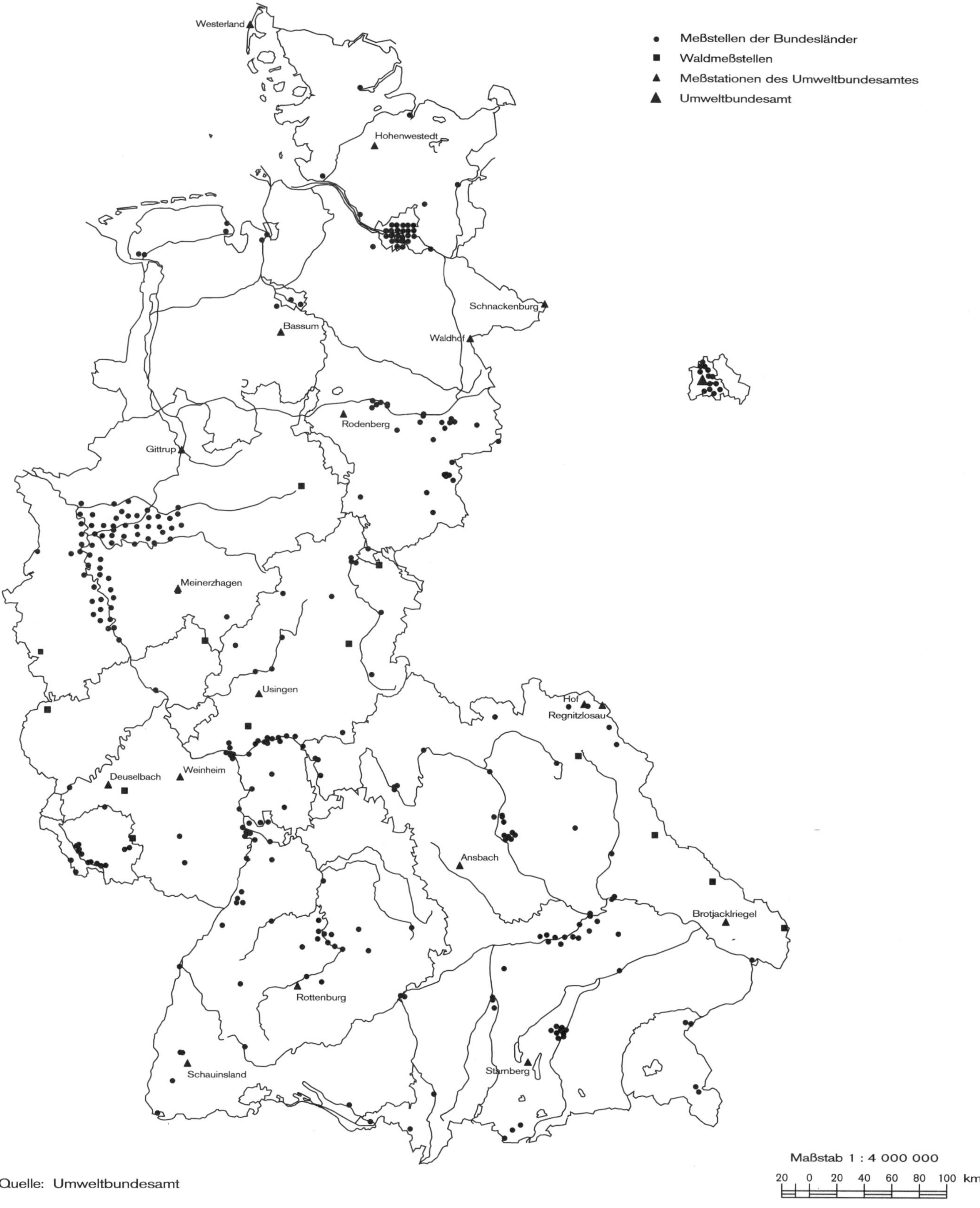

Quelle: Umweltbundesamt

Flächendeckende Darstellung von Immissionen

Schwefeldioxid-Immissionen

Die seit Jahrzehnten am häufigsten überwachte Luftverunreinigung ist das Schwefeldioxid (SO_2). Einzelne kontinuierlich messende Stationen bestanden in den Ballungsräumen schon in den fünfziger Jahren; in den frühen sechziger Jahren wurden in Ballungsgebieten bereits Meßnetze zur Smogwarnung eingerichtet. Die heutigen Meßnetze überwachen weitgehend lückenlos die SO_2-Konzentration in der Bundesrepublik Deutschland an etwa 350 Meßstationen, wobei für Untersuchungen des großräumigen grenzüberschreitenden Transportes von SO_2 und der Ursachen von Waldschäden Meßstationen auch außerhalb der Ballungsräume eingerichtet worden sind.

Die Jahresmittelwerte liegen zwischen 10 und 80 $\mu g/m^3$. Insbesondere das norddeutsche Flachland zeigt wegen günstiger meteorologischer Verhältnisse Jahresmittelwerte von nur etwa 10–20 $\mu g/m^3$. Ähnliche Werte sind in den süddeutschen Mittelgebirgen (Schwarzwald, Bayerischer Wald) und in den Alpenregionen festzustellen.

Höhere Werte zwischen 60 und 80 $\mu g/m^3$ sind in den Ballungsräumen wie z. B. dem Ruhrgebiet, dem Rhein/Main-Gebiet oder in Berlin anzutreffen. Hier ist ein größerer Anteil des Jahresmittelwertes auf lokale oder regionale Emittenten zurückzuführen, während nur ein geringerer Anteil auf die ferntransportierten Schadstoffe entfällt.

Anders sind die Verhältnisse zwischen dem „hausgemachten“ und den transportierten Anteilen am Jahresmittelwert in den Regionen am Ostrand der Bundesrepublik Deutschland im Gebiet südöstliches Niedersachsen, Osthessen und Nordostbayern. Daneben tragen Emissionen aus regionalen Quellen, vor allem östlich gelegene Quellen (DDR, CSSR, Polen), in hohem Maße zur SO_2-Immission in diesen Gebieten bei. In episodenartigen Fällen erreicht die SO_2-Konzentration in diesen ländlichen Regionen Werte bis 2 mg/m^3 und erreicht somit die Werte der Alarmstufen in den Smogverordnungen der betroffenen Länder.

Diese grenzüberschreitenden Schadstofftransporte reichen z. B. nach Westen über das Ruhrgebiet hinaus in die Niederlande oder nach Norden bis nach Dänemark und Schweden. Der Verminderung dieser überregionalen Transporte kommt in Europa eine große Bedeutung zu, die sich in den KSZE-Verhandlungen der letzten Jahre, in der ECE-Luftreinhaltekonvention von 1979 mit Protokollen zur Verminderung und Begrenzung der SO_2-Emissionen (1985) und NO_x-Emissionen (1988) und insbesondere in den bilateralen Abkommen zwischen der Bundesrepublik Deutschland und der DDR bzw. CSSR zeigt. Diese Protokolle, in denen sich die Unterzeichnerstaaten zu Maßnahmen zur Emissionsminderung verpflichten, gehen nicht zuletzt auf die Ergebnisse von europaweiten Messungen der Luftverunreinigungen zurück.

Siehe auch:
- Kapitel Allgemeine Daten, Abschnitte Wirtschaft, Verkehr
- Kapitel Wald
- Kapitel Wasser, Abschnitt zur Versauerung neigende Gebiete
- Kapitel Nordsee, Abschnitt Stoffeinträge

Schwefeldioxid–Immissionen (Jahresmittelwerte)

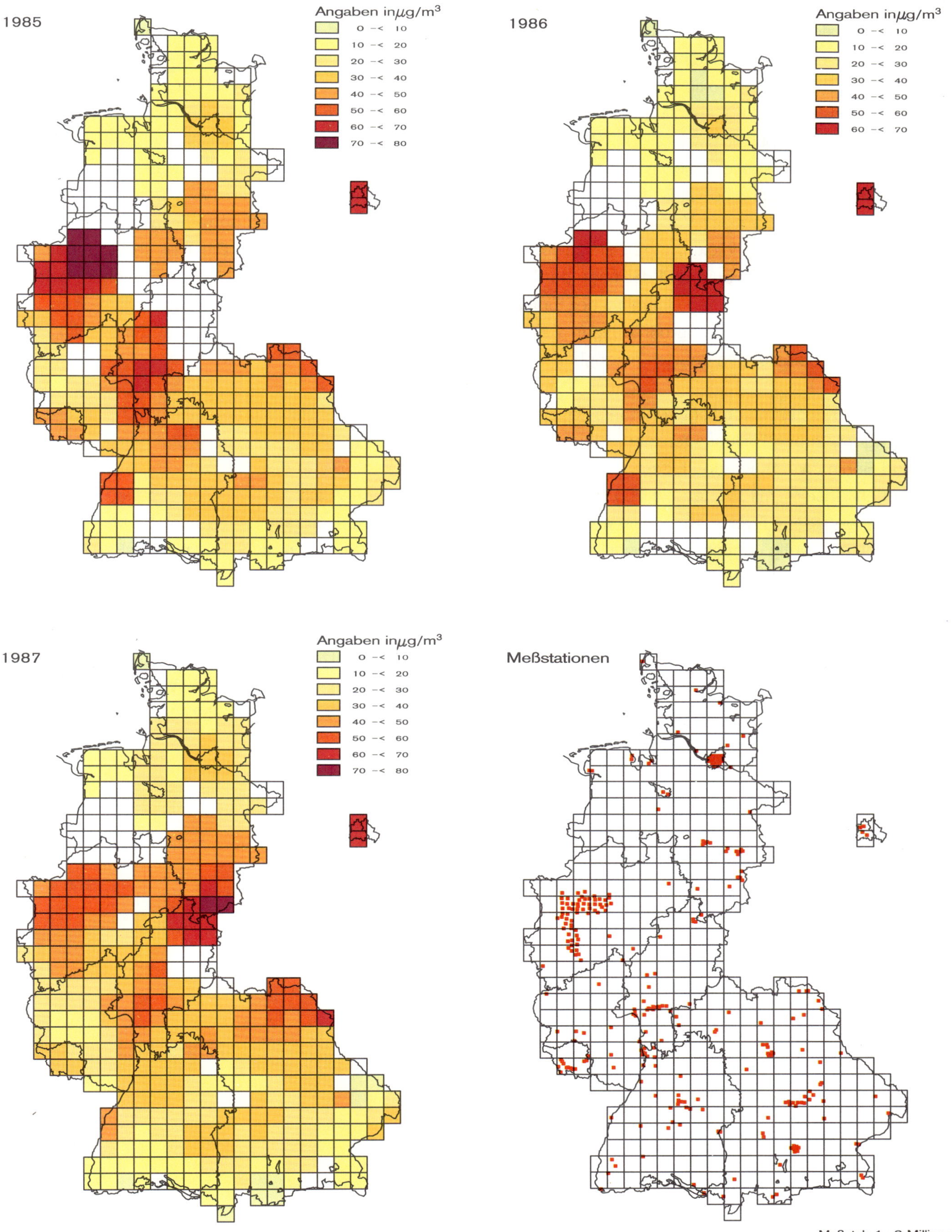

Quelle: Luftqualitätsberichte der Bundesländer und des Umweltbundesamtes

Stickstoffdioxid-Immission

Die Stickstoffoxide (NO_x) werden überwiegend als Stickstoffmonoxid (NO) emittiert und in der Atmosphäre je nach Wetterbedingungen und Ausmaß der Luftverunreinigungen innerhalb von Minuten bzw. Stunden zu Stickstoffdioxid (NO_2) oxidiert. Kfz-Verkehr und Kraftwerke sind die wichtigsten Quellen für NO_x-Emissionen. Die Darstellung enthält die Meßergebnisse aller verfügbaren Immissionsmeßstationen in der Bundesrepublik Deutschland. Bei der Interpretation der Karte ist zu berücksichtigen, daß einige Meßstationen, insbesondere im Süden der Bundesrepublik Deutschland, in der Nähe verkehrsreicher Straßen aufgestellt sind (z. B. Augsburg, Königsplatz und München, Karlsplatz bzw. Effnerplatz). Die Emissionen aus dem Kfz-Verkehr führen an verkehrsreichen Straßen zu relativ hohen Immissionsbelastungen an Stickstoffdioxid, deren Reichweite jedoch örtlich stark begrenzt ist. Die hier gemessenen Werte fallen deshalb aufgrund der Lage der Meßstationen höher aus als bei den übrigen Stationen, bei denen in der großräumigen Übersicht der Einfluß lokaler Quellen des Kfz-Verkehrs nicht mehr hervortritt. Dagegen sind auch bei großräumiger Rasterung die großen Ballungsgebiete mit erhöhten NO_2-Immissionsbelastungen deutlich erkennbar.

Die NO_2-Konzentration liegt außerhalb der Ballungsräume im großräumigen Jahresmittel zwischen 0 und 20 $\mu g/m^3$. In den Ballungsgebieten, wie dem Ruhrgebiet, dem Rhein/Maingebiet, dem Stuttgarter Raum und Berlin (West), wurden Mittelwerte um 40–50 $\mu g/m^3$ festgestellt. Die in den Darstellungen heraustretenden „Inseln" mit Werten bis 80 $\mu g/m^3$ beruhen auf Ergebnissen verkehrsnaher Meßstationen für die hier angegebene Fläche. Kurzzeitig werden sehr viel höhere NO_2-Konzentrationen erreicht. So können in Jahren mit häufig ungünstigen Ausbreitungsbedingungen in der Nähe von verkehrsreichen Straßen mehr als 2% aller ½-Stunden-Mittelwerte über 200 μg NO_2/m^3 liegen.

Die noch im Jahr 1985 erkennbaren Lücken in der flächendeckenden Darstellung der NO_2-Konzentration sind im Jahr 1987 bereits durch den fortlaufenden Ausbau der Meßnetze weitgehend geschlossen. Noch bestehende Lücken im Nordwesten (Niedersachsen) und Südosten (Hessen und Bayern) sind zum großen Teil im Jahr 1988 abgedeckt worden. Künftige Auswertungen werden nach der lokal begrenzten Belastung (z. B. Straßenkreuzung) und gebietsweiter Belastung unterscheiden.

Stickstoffdioxid–Immissionen (Jahresmittelwerte)

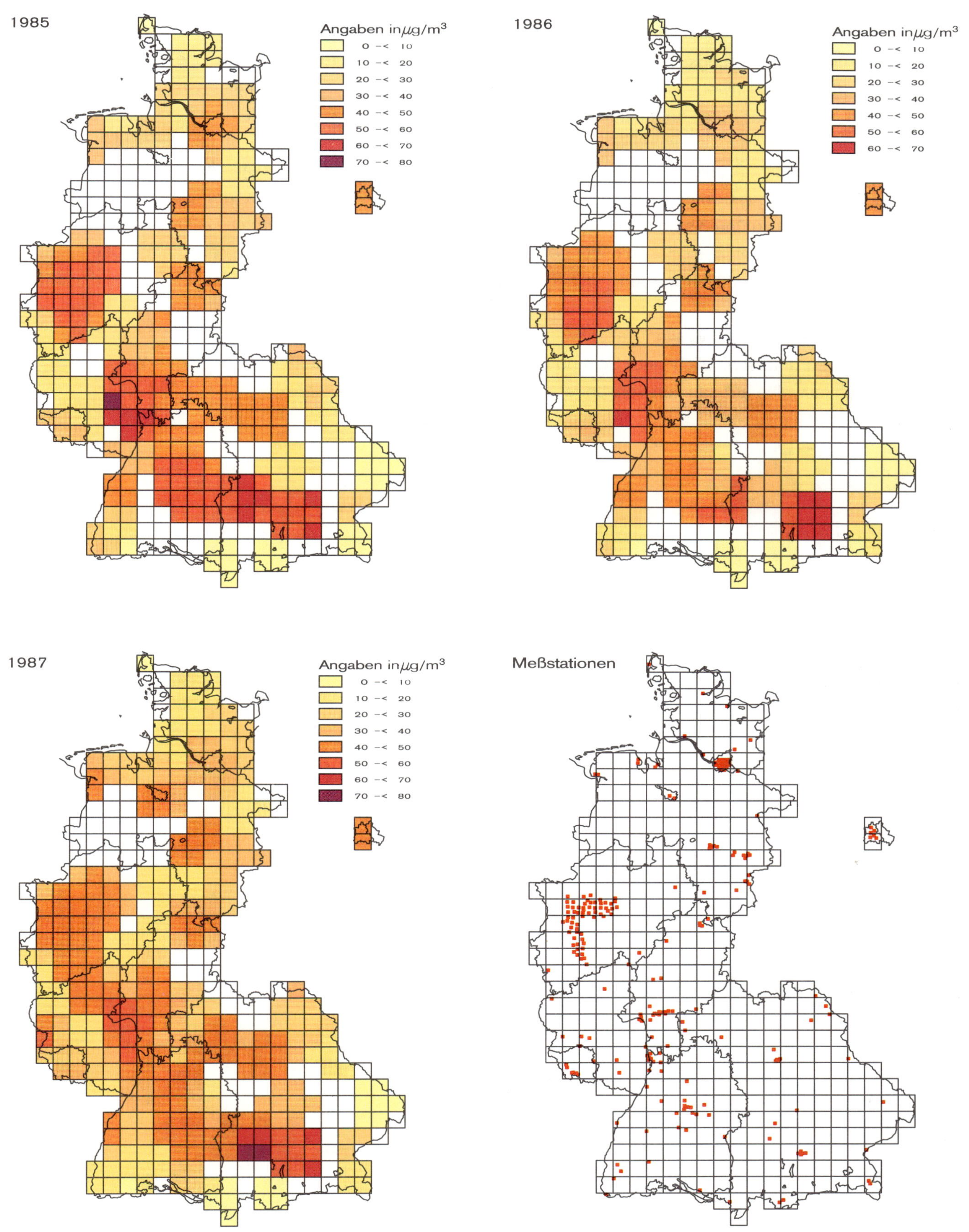

Quelle: Luftqualitätsberichte der Bundesländer und des Umweltbundesamtes

Schwebstaub-Immission

Die in den Meßnetzen in ländlichen Gebieten gemessenen Schwebstaubkonzentrationen sind weitgehend natürlichen Ursprungs, wobei hierunter auch die allerdings nur teilweise natürliche Bodenerosion subsumiert ist. Die Schwebstaubkonzentrationen sind in den Ballungsräumen höher als in den ländlichen Gebieten, da dort der Anteil an emittiertem Staub zum natürlichen Anteil hinzutritt.

Ähnlich wie beim SO_2 zeigen sich auch beim Schwebstaub höhere Konzentrationen in den östlichen Regionen der Bundesrepublik Deutschland, die zu einem großen Anteil auf grenzüberschreitende Transporte zurückzuführen sind. Diese Ferntransporte tragen auch in den entfernten Ballungsräumen wie z. B. dem Ruhrgebiet episodenartig zu erhöhten Konzentrationen bei und können oft auslösendes Element in Smogalarmfällen werden.

Ein Vergleich der Meßwerte aller Stationen ist dadurch erschwert, daß die von den Ländern eingesetzten Meßverfahren unterschiedlich sind. So sind die in Baden-Württemberg auffallend niedrigen Werte auch 1987 noch teilweise auf das dort verwendete Meßverfahren zurückzuführen.

Schwebstaub–Immissionen (Jahresmittelwerte)

1985

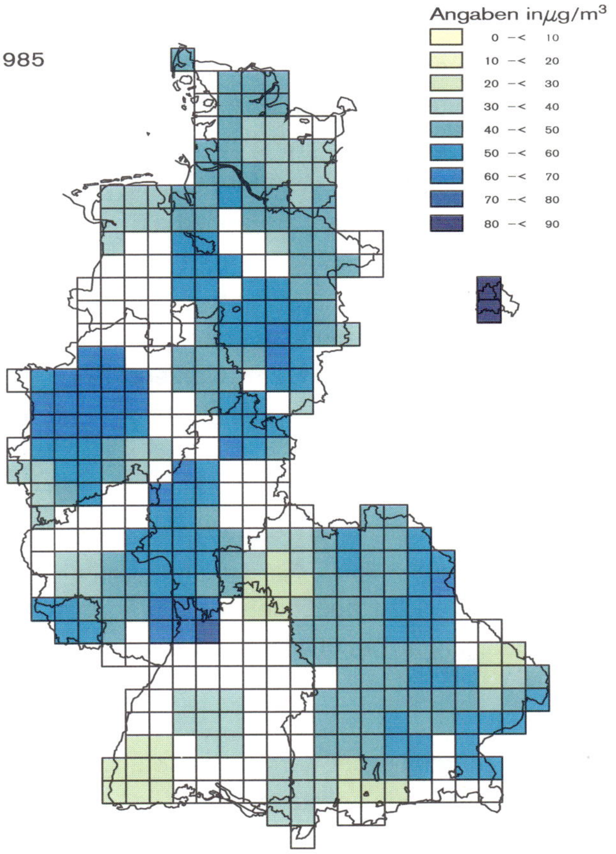

Angaben in $\mu g/m^3$

0 –< 10
10 –< 20
20 –< 30
30 –< 40
40 –< 50
50 –< 60
60 –< 70
70 –< 80
80 –< 90

1986

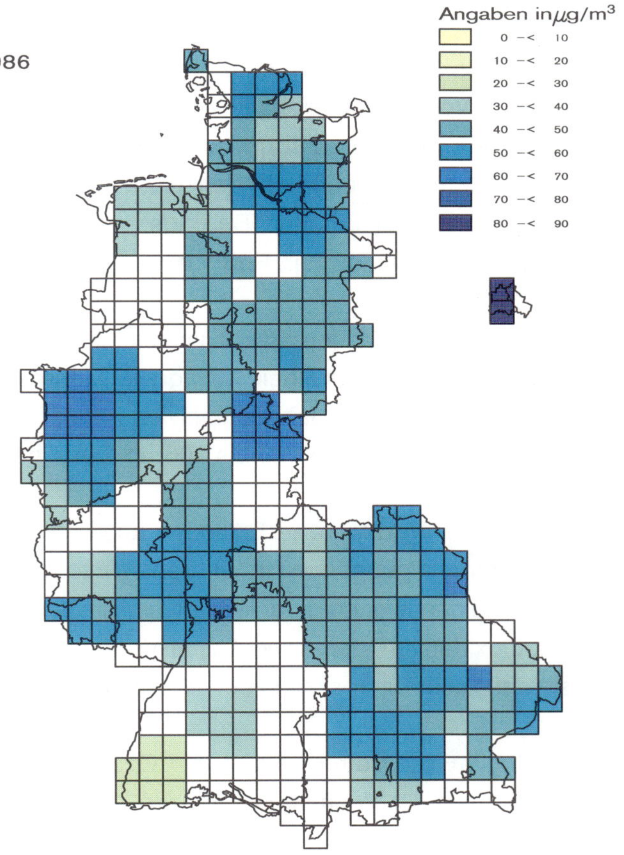

Angaben in $\mu g/m^3$

0 –< 10
10 –< 20
20 –< 30
30 –< 40
40 –< 50
50 –< 60
60 –< 70
70 –< 80
80 –< 90

1987

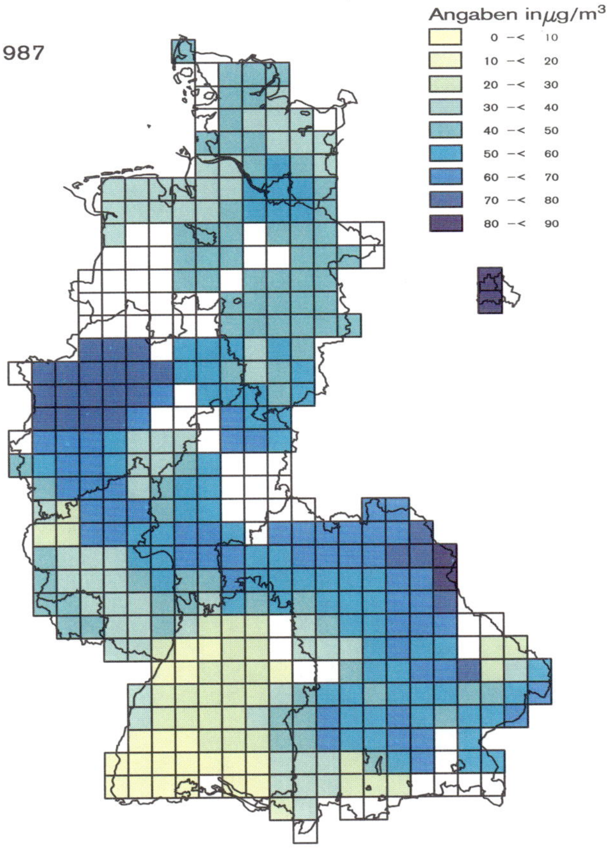

Angaben in $\mu g/m^3$

0 –< 10
10 –< 20
20 –< 30
30 –< 40
40 –< 50
50 –< 60
60 –< 70
70 –< 80
80 –< 90

Meßstationen

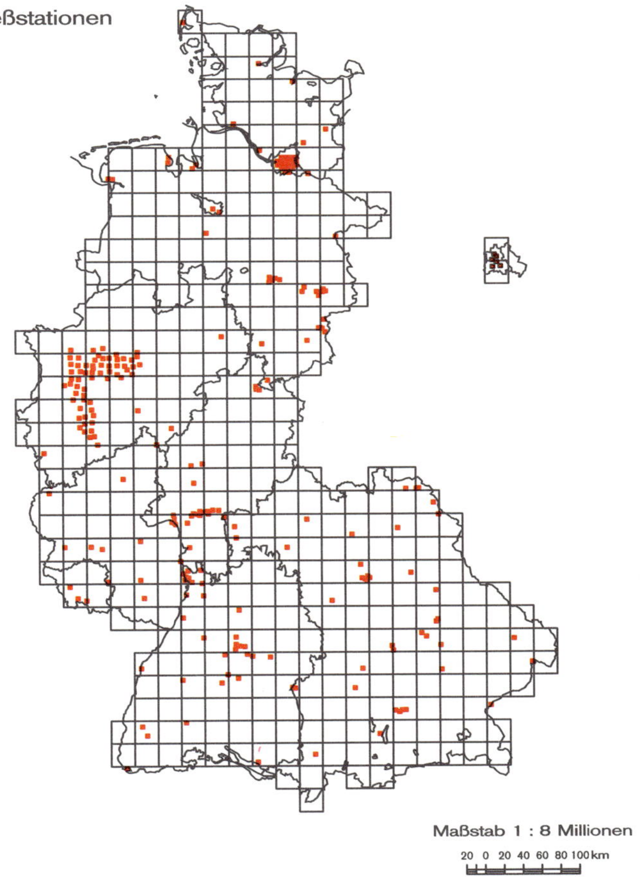

Maßstab 1 : 8 Millionen

20 0 20 40 60 80 100 km

Quelle: Luftqualitätsberichte der Bundesländer und des Umweltbundesamtes

Ozon-Immission

Das Ozon (O_3) ist kein primär emittierter Schadstoff. Es entsteht vielmehr in komplexen Reaktionsabläufen aus Vorläufersubstanzen, zu denen insbesondere Stickstoffoxide und Kohlenwasserstoffe gehören, unter dem Einfluß von Sonnenstrahlung in Verbindung mit dem Luftsauerstoff. Aufgrund der Reaktion von O_3 mit dem vorwiegend aus dem Kfz-Verkehr stammenden Stickstoffmonoxid (NO) sind die Ozonkonzentrationen in den urbanen Ballungsräumen im allgemeinen wesentlich niedriger als außerhalb dieser Räume in den ländlichen Regionen.

So findet man in den Ballungsgebieten mit üblicherweise erhöhten Schadstoffemissionen, wie dem Ruhrgebiet oder dem Rhein/Maingebiet, Jahresmittelwerte zwischen 10 und 40 $\mu g\ O_3/m^3$, während in den ländlichen Räumen Jahresmittelwerte zwischen 40 und 80 $\mu g\ O_3/m^3$ und in den Mittelgebirgs- und Alpenregionen auch Werte bis 100 $\mu g\ O_3/m^3$ beobachtet werden.

Da höhere Werte, die in Episoden auch etwa 300 $\mu g/m^3$ und mehr erreichen, anders als die üblichen Luftverunreinigungen nicht in den Wintermonaten auftreten, sondern wegen der zu ihrer Bildung notwendigen Sonnenstrahlung ausschließlich in den Sommermonaten zu beobachten sind, können Photooxidantien, deren wichtigster Vertreter Ozon ist, ernste Schädigungen bei Pflanzen hervorrufen, die sich in dieser Jahreszeit in der Wachstumsphase befinden.

Strategien zur Verminderung der Ozonkonzentrationen müssen vorrangig bei der Verminderung der Emissionen der Vorläufersubstanzen Kohlenwasserstoffe und Stickstoffoxide ansetzen.

Ozon-Immissionen (Jahresmittelwerte)

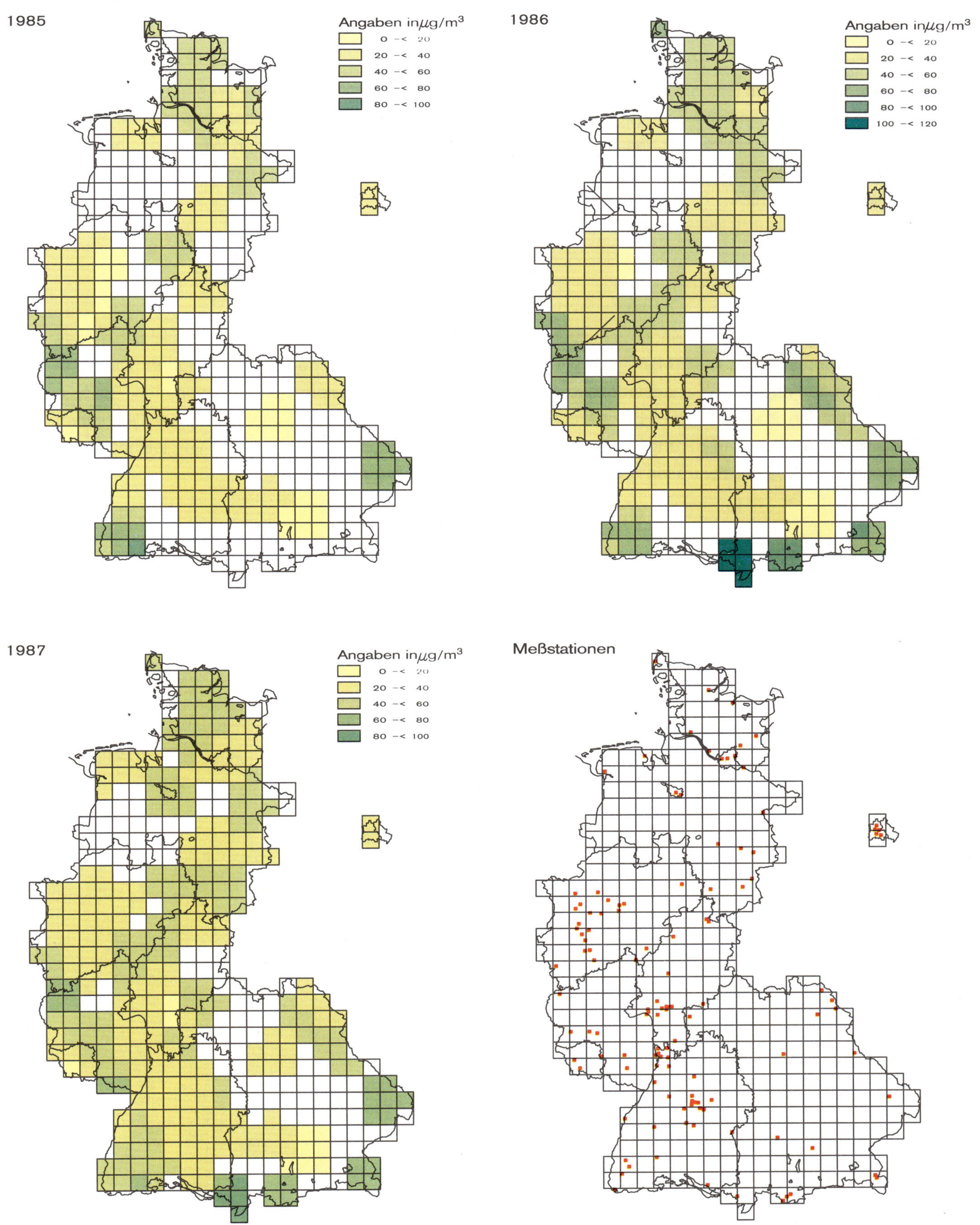

Quelle: Luftqualitätsberichte der Bundesländer und des Umweltbundesamtes

Luftbelastung im ländlichen Raum und in einem Ballungsraum

Luftbelastung an den Meßstationen des Umweltbundesamtes im ländlichen Raum

Die hier dargestellten Daten stellen den Mittelwert der an den fünf UBA-Meßstellen Westerland, Waldhof, Deuselbach, Schauinsland und Brotjacklriegel jeweils gemessenen Jahresmittelwerte der einzelnen Schadstoffe dar. Der Mittelwert des Jahres 1973 ist auf 100 gesetzt, die folgenden Werte beziehen sich auf diese Zahl. Aus diesen Daten sind Trends zur Luftqualität im ländlichen Raum der Bundesrepublik Deutschland erkennbar.

Luftbelastung in einem Ballungsraum

Die hier dargestellten Zeitreihen verschiedener luftverunreinigender Stoffe zeigen am Beispiel des Ballungsraumes Ruhrgebiet (Meßstation Gelsenkirchen) Trends der Schadstoffimmissionen. Die Messungen an den einzelnen Schadstoffen wurde zu unterschiedlichen Zeitpunkten aufgenommen. Bei NO_x wurden für den Zeitraum 1967 bis 1976 Meßwerte der Station Gelsenkirchen-Horst der Deutschen Forschungsgemeinschaft herangezogen, die nur beschränkt mit den späteren Daten vergleichbar sind. Meßwerte der SO_2-Konzentration liegen im Ruhrgebiet bereits seit etwa 1960 vor.

Trends der Luftbelastung an den Meßstationen des Umweltbundesamtes im ländlichen Raum 1973 – 1987 (Index 1973=100)

Schwefeldioxid

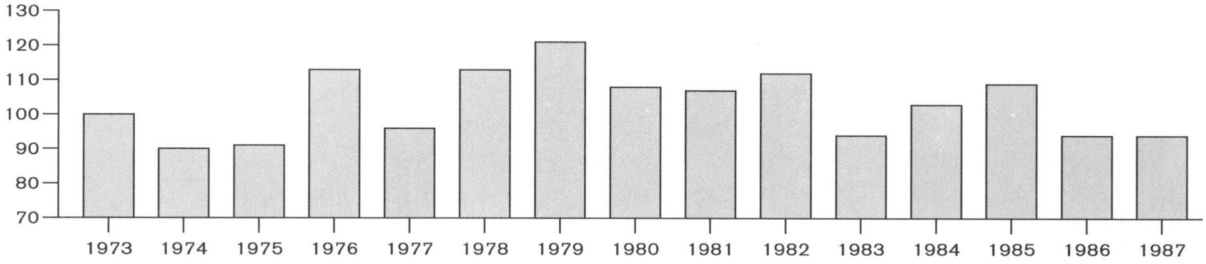

130 120 110 100 90 80 70

1973 1974 1975 1976 1977 1978 1979 1980 1981 1982 1983 1984 1985 1986 1987

Stickstoffdioxid

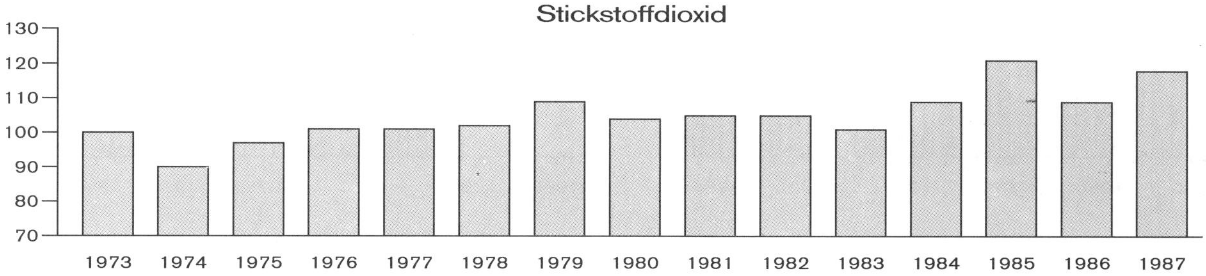

130 120 110 100 90 80 70

1973 1974 1975 1976 1977 1978 1979 1980 1981 1982 1983 1984 1985 1986 1987

Kohlendioxid

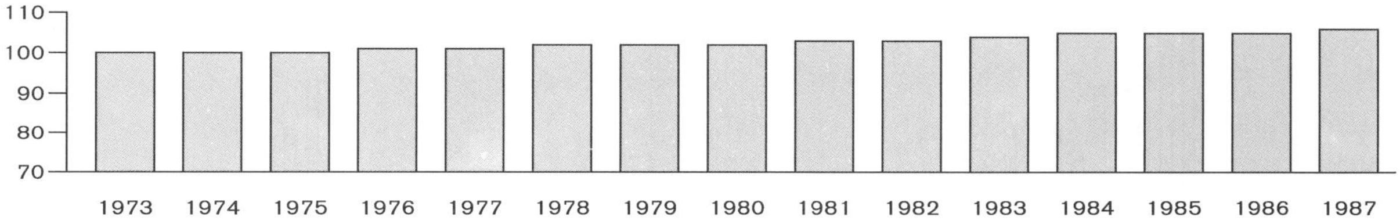

110 100 90 80 70

1973 1974 1975 1976 1977 1978 1979 1980 1981 1982 1983 1984 1985 1986 1987

Schwebstaub

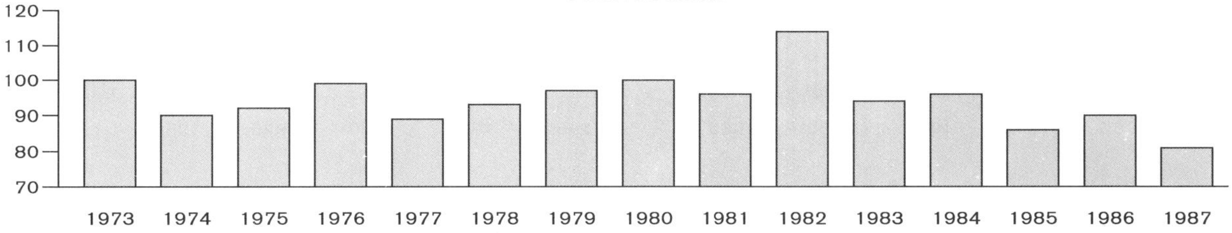

120 110 100 90 80 70

1973 1974 1975 1976 1977 1978 1979 1980 1981 1982 1983 1984 1985 1986 1987

Blei im Schwebstaub

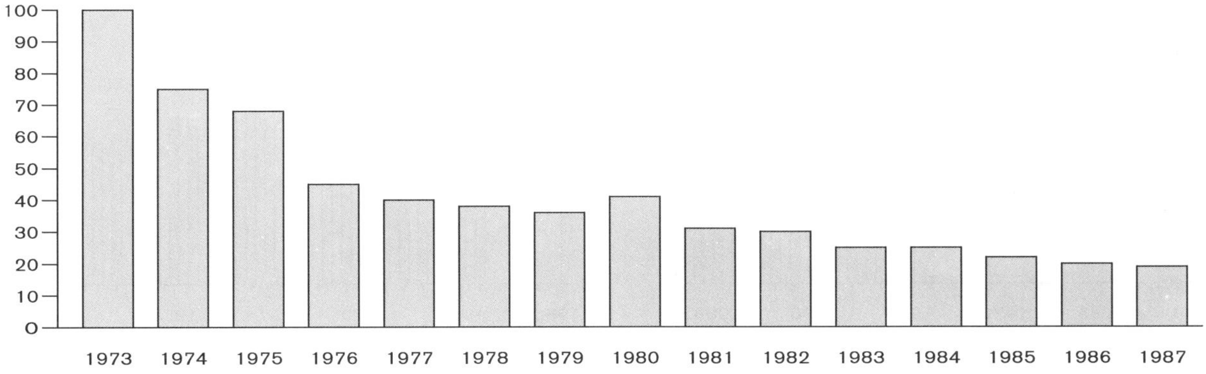

100 90 80 70 60 50 40 30 20 10 0

1973 1974 1975 1976 1977 1978 1979 1980 1981 1982 1983 1984 1985 1986 1987

Quelle: Umweltbundesamt

Zeitreihen für die Luftbelastung anhand eines Ballungsraumes (Trends) von 1960 bis 1987

SO_2 – Konzentrationen

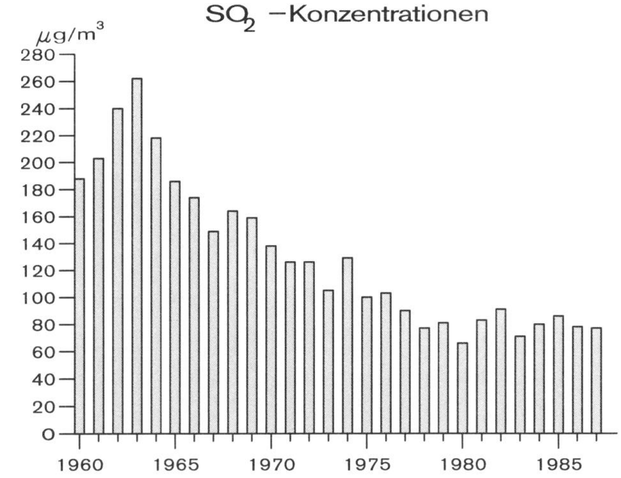

µg/m³

NO_2 – Konzentrationen

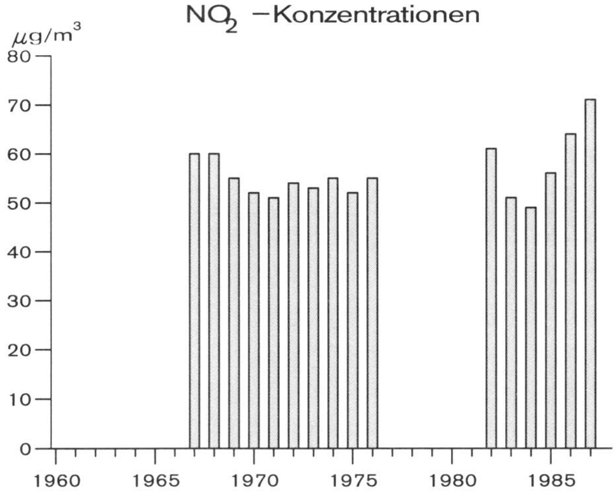

µg/m³

Schwebstaub

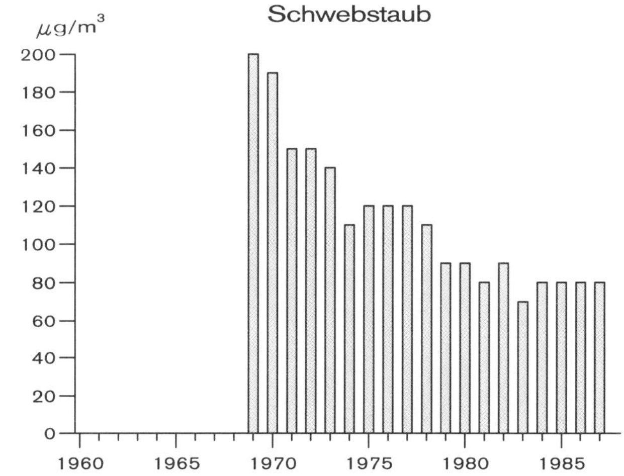

µg/m³

Blei – Konzentrationen

µg/m³

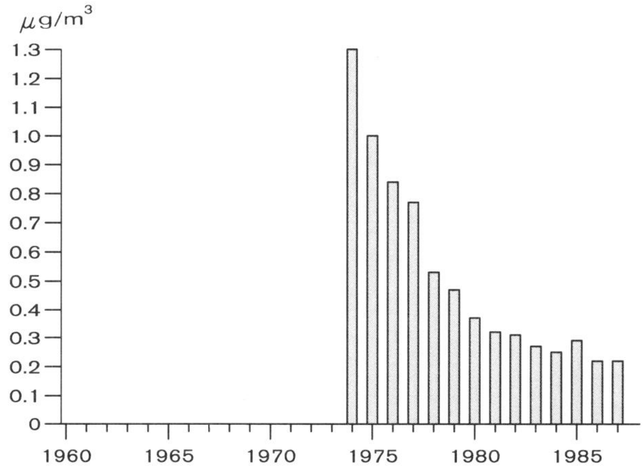

Cadmium – Konzentrationen

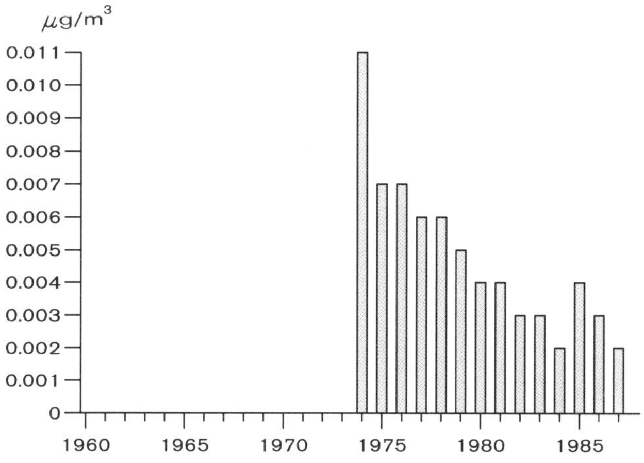

µg/m³

Staubdepositionen

mg/Tag × m²

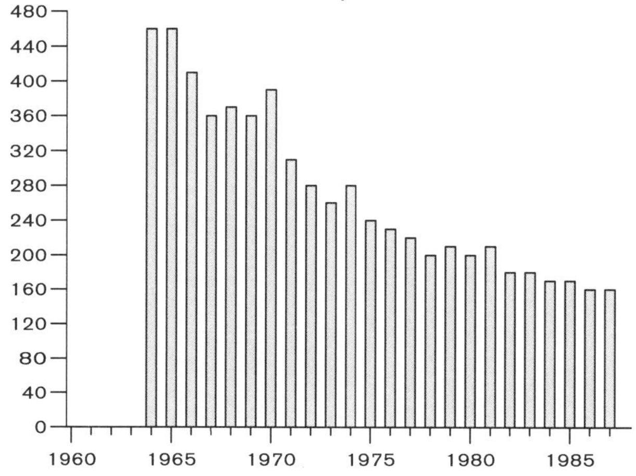

Quelle: Umweltbundesamt
Hygiene – Institut des Ruhrgebietes
Landesanstalt für Immissionsschutz Essen

Episoden hoher Schadstoffkonzentrationen

Bei ungünstigen atmosphärischen Ausbreitungsbedingungen ist der horizontale und insbesondere der vertikale Austausch von verunreinigter Luft unterbrochen. Hierdurch können sich in den Ballungsräumen und in industriellen Belastungsgebieten hohe Schadstoffkonzentrationen ansammeln, die die Schwellenwerte zum Smogalarm überschreiten.

Neben dem „hausgemachtem" Smog spielt in der Bundesrepublik Deutschland der ferntransportierte Smog durch grenzüberschreitende Zufuhr schadstoffbelasteter Luft in vielen Fällen eine dominierende Rolle.

Ein Beispiel für den zu größeren Teilen durch lokale Emissionen „hausgemachten" Smog ist dieEpisode vom Januar 1987, von der in der Abbildung drei zeitliche Ausschnitte dargestellt sind. Die Smogsituation entstand durch ein ausgeprägtes Hochdruckgebiet über Osteuropa, mit einer ausgeprägten Temperaturinversion (Überlagerung kälterer durch wärmere Luftschichten) in ca. 800–1000 Meter Höhe. Diese Inversion verhinderte den vertikalen Austausch der Luftmassen. Bei vollständig geschlossener Schneedecke und Temperatur um −7 bis −20 Grad Celsius waren die Voraussetzungen für hohe Schadstoffkonzentrationen am Boden gegeben. Ein horizontaler Luftmassenaustausch war bei durchschnittlichen Windgeschwindigkeiten um 1 bis 2 m/s in nur geringem Maße möglich. Diese Smogsituation wurde dadurch aufgelöst, daß mit nordwestlicher Luftströmung geringer schadstoffbelastete Luft herangeführt wurde.

Ein Beispiel aus dem Februar 1987 ist in den Abbildungen in zeitlichen Ausschnitten wiedergegeben.

Im gesamten Bundesgebiet lagen die SO_2-Konzentrationen am 2. 2. 1987 um 15 : 00 unter 200 $\mu g/m^3$. Lediglich ein kleines Gebiet im Südosten von Niedersachsen wurde durch Transportvorgänge von Schadstoffen beeinflußt, wobei im äußersten Osten Werte bis 1000$\mu g/m^3$ zu beobachten waren. Kurze Zeit später hatte sich eine „Schadstoffwolke" nach Norden hin ausgebreitet und erfaßte bereits um 18 : 00 Uhr Teile von Schleswig-Holstein. Die Ausbreitung setzte sich bis Mitternacht fort und griff auf größere Gebiete bis zum äußersten Norden Schleswig-Holsteins mit Werten bis 400–600 $\mu g/m^3$ über. Erst ab 3 : 00 Uhr des folgenden Tages wurde ein Rückgang der Konzentrationen erkennbar und damit das Ende dieser Transportepisode ersichtlich.

Zur Entstehung dieser Smogsituation haben folgende meteorologische Bedingungen mit beigetragen: Seit dem 30. Januar bestand ein Hochdruckgebiet mit Zentrum über dem östlichen Mitteleuropa. Kalte bis extrem kalte Luftmassen (30. Januar: Polen unter −30 Grad Celsius) und eine geschlossene Schneedecke führten zu intensivem Brennstoffverbrauch. Am 2. Februar 1987 traten im nordöstlichen Bereich der Bundesrepublik Deutschland Luftströmungen aus südöstlicher bis südlicher Richtung auf und bedingten damit einen grenzüberschreitenden Transport von Luftmassen.

Transport–Smog–Situtation im Februar 1987

2.2.1987 15.00 Uhr

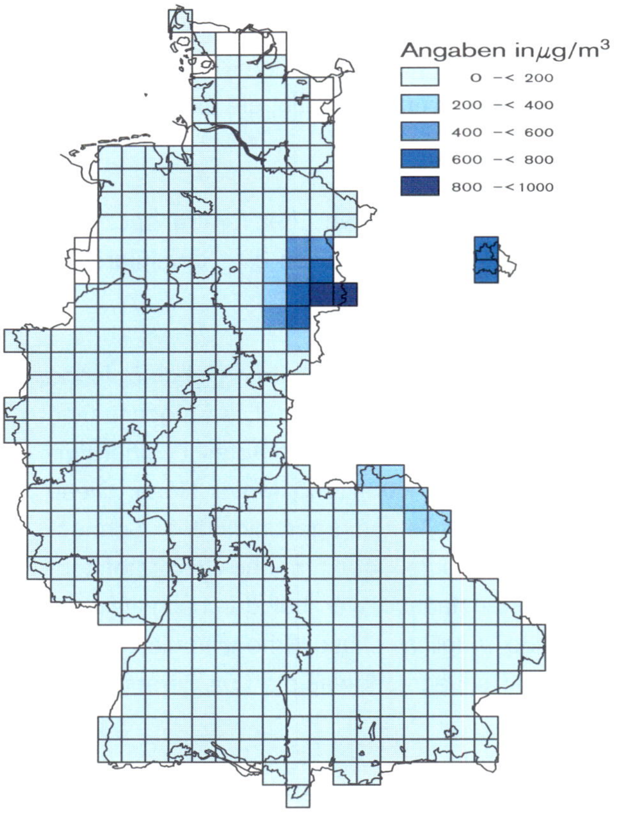

Angaben in $\mu g/m^3$
0 –< 200
200 –< 400
400 –< 600
600 –< 800
800 –< 1000

2.2.1987 18.00 Uhr

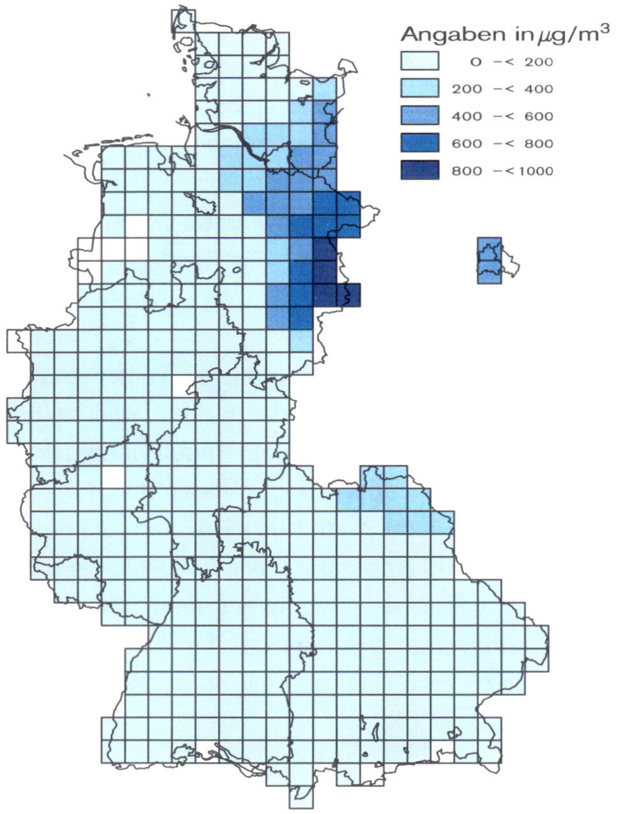

Angaben in $\mu g/m^3$
0 –< 200
200 –< 400
400 –< 600
600 –< 800
800 –< 1000

2.2.1987 21.00 Uhr

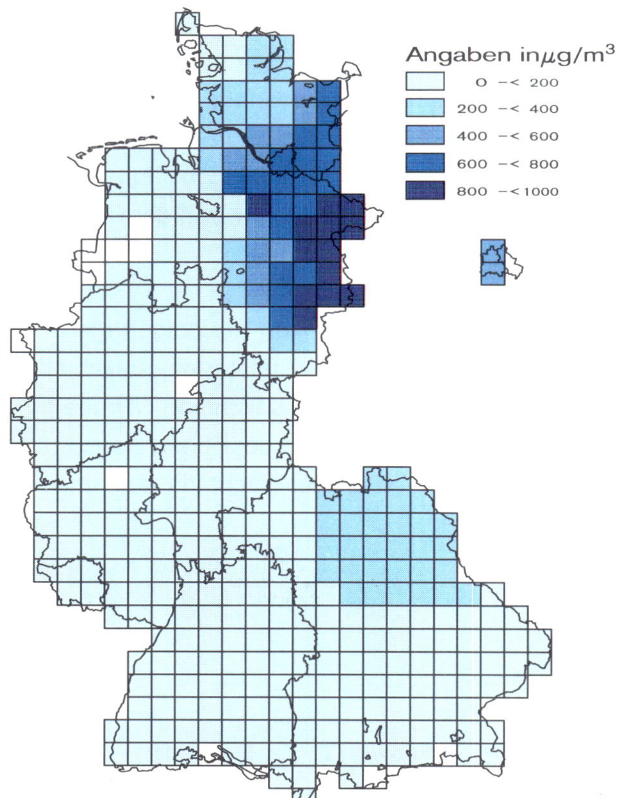

Meßstationen

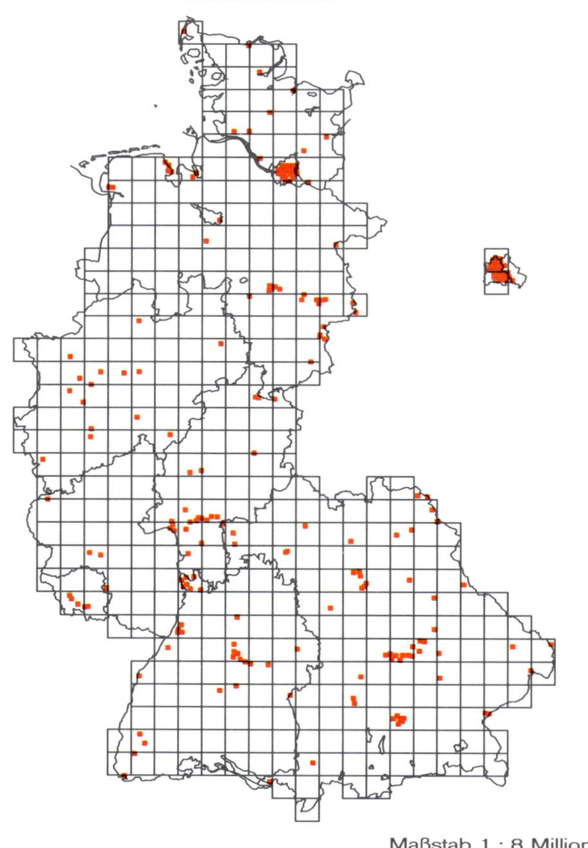

Maßstab 1 : 8 Millionen
20 0 20 40 60 80 100 km

Quelle: Meßnetze der Bundesländer und des Umweltbundesamtes

Transport–Smog–Situation im Februar 1987

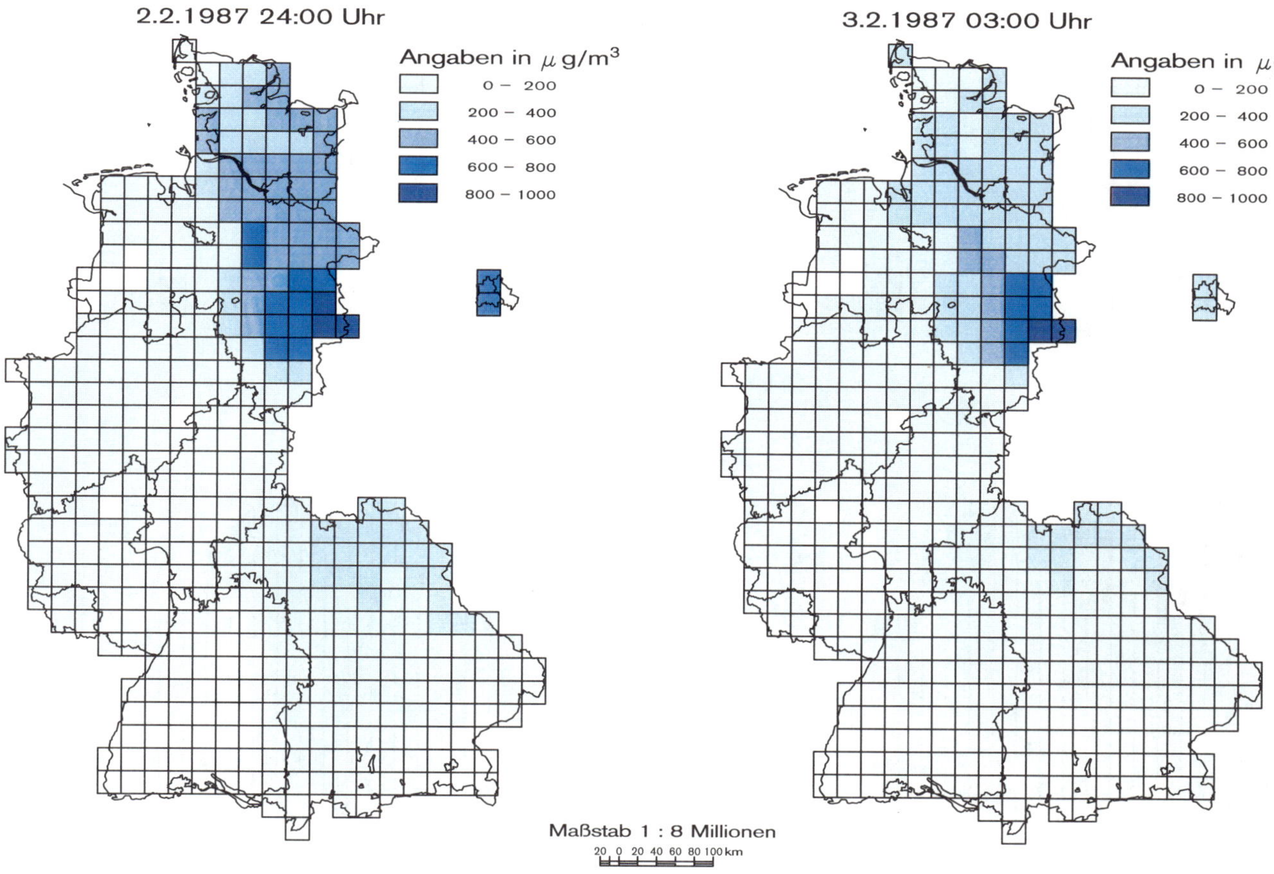

Quelle: Meßnetz der Bundesländer und des Umweltbundesamtes

Smog-Situation vom Januar 1987

18. Januar 1987 24.00 Uhr

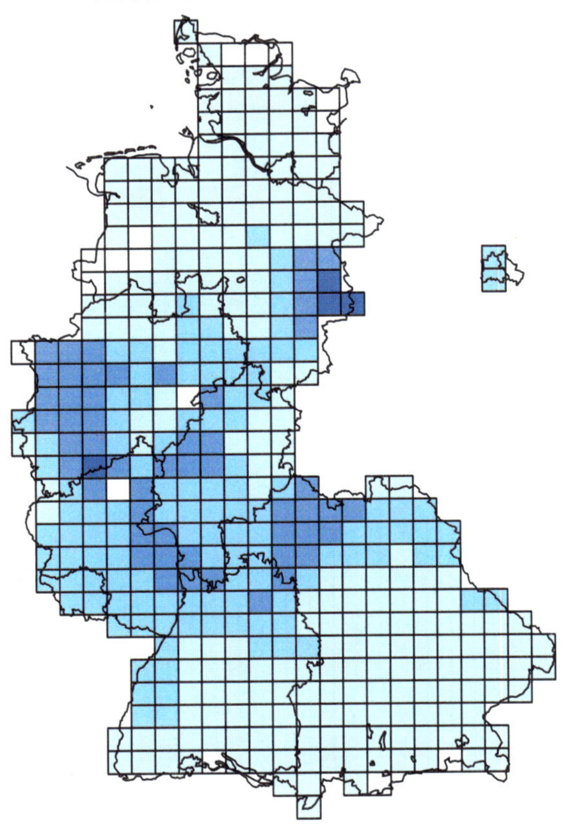

19. Januar 1987 24.00 Uhr

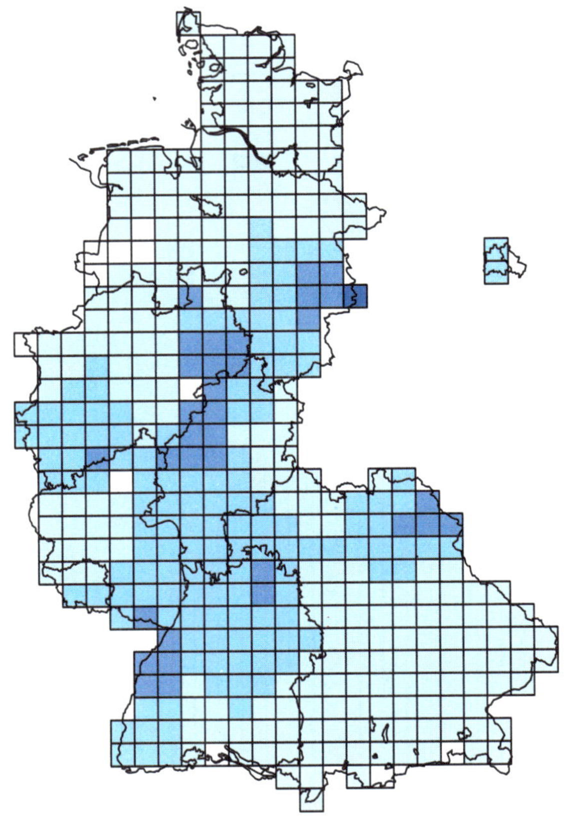

20. Januar 1987 24.00 Uhr

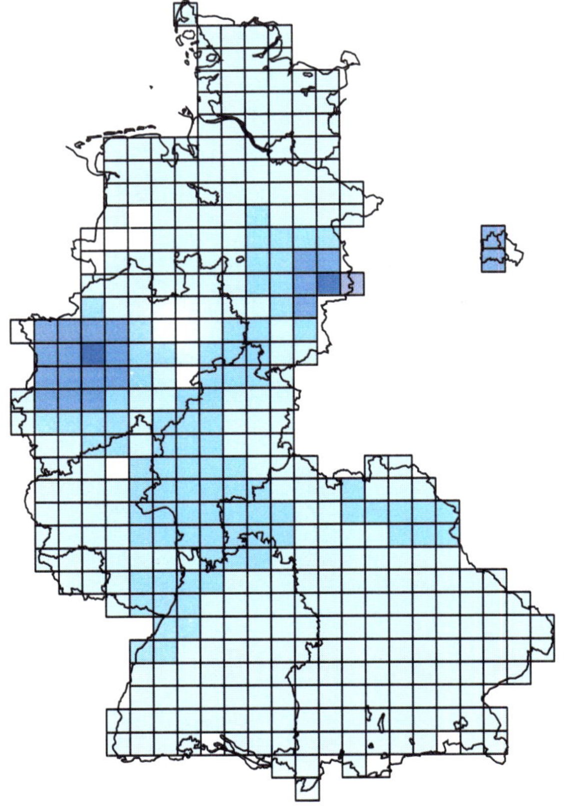

Angaben in $\mu g/m^3$

	0 –< 200
	200 –< 400
	400 –< 600
	600 –< 800

Maßstab 1 : 8 Millionen

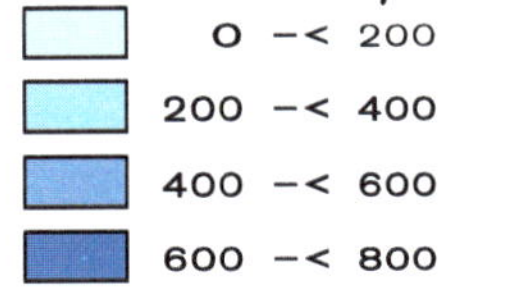

Quelle: Meßnetze der Bundesländer und des Umweltbundesamtes

Luftverunreinigungen in europäischen Großstädten

Auf einem Kongreß „Luftreinhaltung in Europäischen Großstädten", den der Senator für Stadtentwicklung und Umweltschutz und die EG-Kommission 1987 in Berlin veranstalteten, wurde auch über Schadstoffkonzentrationen berichtet. Die mittleren Belastungen für SO_2, Staub und NO_2 sind tabellarisch zusammengestellt. Da die Meßverfahren nicht immer vergleichbar sind, dürfen die Zahlen nur mit Vorbehalt zueinander in Relation gesetzt werden. Wegen fehlender Vergleichbarkeit sind zudem für einige Länder wie Frankreich oder Großbritannien, keine Staubwerte angeführt.

Die Höhe der SO_2-Belastung ist für die Städte recht ähnlich. Die geringsten Belastungen weisen Marseille, Athen und Lissabon auf. Dies ist überwiegend auf deren südliche Lage und die vergleichsweise geringe Heiztätigkeit im Winter zurückzuführen. Madrid, im Landesinnern in ca. 640 m Höhe gelegen, hat demgegenüber recht kalte Winter, die sich in höheren SO_2-Werten widerspiegeln.

Die relativ hohen Staubwerte in Athen und Lissabon dürften durch industrielle Prozesse bei geringeren Staubabscheidegraden sowie durch Verkehr bedingt sein. Bei Berlin (West) spielt auch die Staubbelastung aus Berlin (Ost) eine Rolle.

Die NO_2-Werte sind in allen Städten in etwa vergleichbar. Sie gehen hauptsächlich auf den in allen europäischen Großstädten starken Kfz-Verkehr zurück. Die Höhe der Meßwerte wird zudem durch die relative Lage der Meßstelle zum Kfz-Verkehr erheblich beeinflußt. Meßwerte von Berlin (West) sind im Bereich einer vielbefahrenen Straße ermittelt worden.

Luftverunreinigungen in Europäischen Großstädten

	SO_2		Staub		NO_2	
Städte	1985	1986	1985	1986	1985	1986
Paris	54	50	ca. 60		50*	
Straßburg	74	66				
Marseille	38	34				
Lyon	61	58				
Brüssel	ca. 50	ca. 45			55	50
Rotterdam	ca. 35		ca. 50			
London	ca. 45					45–78*
Manchester	40–76					
Athen (1981)	36–46		215			
Madrid	81	85	60	57		84
Lissabon	17–52	14–43	102–108	80–105		
Berlin (West)	67	65		60–111		77

* Median

Angegeben wurden die Jahresmittelwerte in $\mu g/m^3$ – Werte in ca.-Angaben wurden aus grafischen Darstellungen entnommen.

Quelle: Senator für Stadtentwicklung und Umweltschutz

Meßprogramm des ECE-Luftreinhalteübereinkommens

Das ECE-Luftreinhalteübereinkommen von 1979 fordert die Unterzeichnerstaaten auf, die weiträumige grenzüberschreitende Luftverunreinigung zu begrenzen und zu vermindern. Das Ausmaß der weiträumigen Luftverunreinigung in Europa wird in den Ergebnissen des Untersuchungsprogramms EMEP (European Monitoring and Evaluation Programme) dokumentiert. Im wesentlichen ist in diesem Programm die Berechnung der über die Ländergrenzen transportierten Stoffflüsse und die Depositionen von Schadstoffen vorgesehen und ergänzend hierzu die Messung der großräumig auftretenden Schadstoffe (Konzentration und Deposition). An diesem Meßprogramm beteiligen sich Länder aus Ost- und Westeuropa. 1986 wurden insgesamt 91 Meßstationen betrieben, die wegen der großräumig angelegten Meßaufgaben außerhalb der Ballungsräume in ländlichen Regionen angesiedelt sind. Die Bundesrepublik Deutschland ist an diesem Programm mit den 15 Stationen des UBA-Meßnetzes beteiligt.

Durch Vergleichsmessungen zwischen den beteiligten Laboratorien und in „Feldversuchen" werden umfangreiche Qualitätssicherungsprogramme durchgeführt, die eine gute Vergleichbarkeit der Meßergebnisse gewährleisten. Damit wird sichergestellt, daß nicht etwa systematische Unterschiede der Analysenverfahren innerhalb der beteiligten Meßnetze als räumliche Struktur im Immissionsfeld bewertet werden.

Das Meßprogramm wird ständig erweitert und umfaßt in der heutigen 4. Phase die Gase SO_2, NO_2 und O_3 sowie den Schwebstaub und den Niederschlag jeweils mit einigen Inhaltsstoffen. Hiermit sollen Informationen über die großräumige Belastungsstruktur in Europa erzielt werden. Zugleich werden mit Hilfe von Ausbreitungsrechnungen nationale Schadstoffbilanzen geschätzt. Diese Qualitätssicherungsprogramme werden vom Chemical Coordinating Centre (CCC) von EMEP, das im Norwegian Institute for Air Research (NILU) in Lillestrom bei Oslo angesiedelt ist, ausgearbeitet und organisiert. Eine weitere wesentliche Aufgabe des CCC besteht in der Sammlung und Überprüfung der Meßdaten aus den beteiligten Staaten und in der Berichterstattung bezüglich der Meßergebnisse.

Meßprogramm des ECE–Luftreinhalteübereinkommens 1986

Quelle: EMEP

SO_2-Konzentrationen an Europäischen Meßstationen

Der Schadstoff SO_2 wird von den meisten der beteiligten Stationen (im Jahr 1986 waren es 86 Stationen) gemessen. Die Daten werden an das Koordinierungszentrum im Norwegian Institute for Air Research (NILU) in Norwegen gemeldet, hier ausgewertet und den beteiligten Staaten als Berichte zur Verfügung gestellt. Diese Daten bilden die Grundlage zu der Karte der großräumigen Verteilung von Schwefeldioxid in Europa.

In den Gebieten in Zentraleuropa zeigen sich Jahresmittelwerte zwischen 30 und 50 $\mu g/m^3$. Diese Werte beziehen sich auf ländliche Regionen außerhalb der Ballungsräume, die in diesem Meßprogramm nicht berücksichtigt werden. Zu diesen Gebieten zählen Bundesrepublik Deutschland, DDR, CSSR und Polen. In den nördlichen Gebieten Europas (Skandinavien) und den Mittelmeerländern Spanien, Italien und Griechenland zeigen die Stationen Werte zwischen 0 und 10 $\mu g/m^3$.
Allerdings ist bei diesem Vergleich die Repräsentativität der Meßstationen von wesentlicher Bedeutung. So zeigen beispielsweise die Stationen Schauinsland (Bundesrepublik Deutschland) oder Chopok (CSSR) in etwa 1200 bzw. 2000 m Höhe ebenfalls Werte kleiner als 10 $\mu g/m^3$ als Jahresmittelwert, ohne daß diese Stationen wegen ihrer extremen Höhenlage Anspruch auf eine Repräsentativität für die jeweilige Region erheben könnten. Das gleiche trifft auf die in den Hochlagen der Alpen gelegenen Stationen und andere zu.

SO_2–Konzentrationen an europäischen Meßstationen

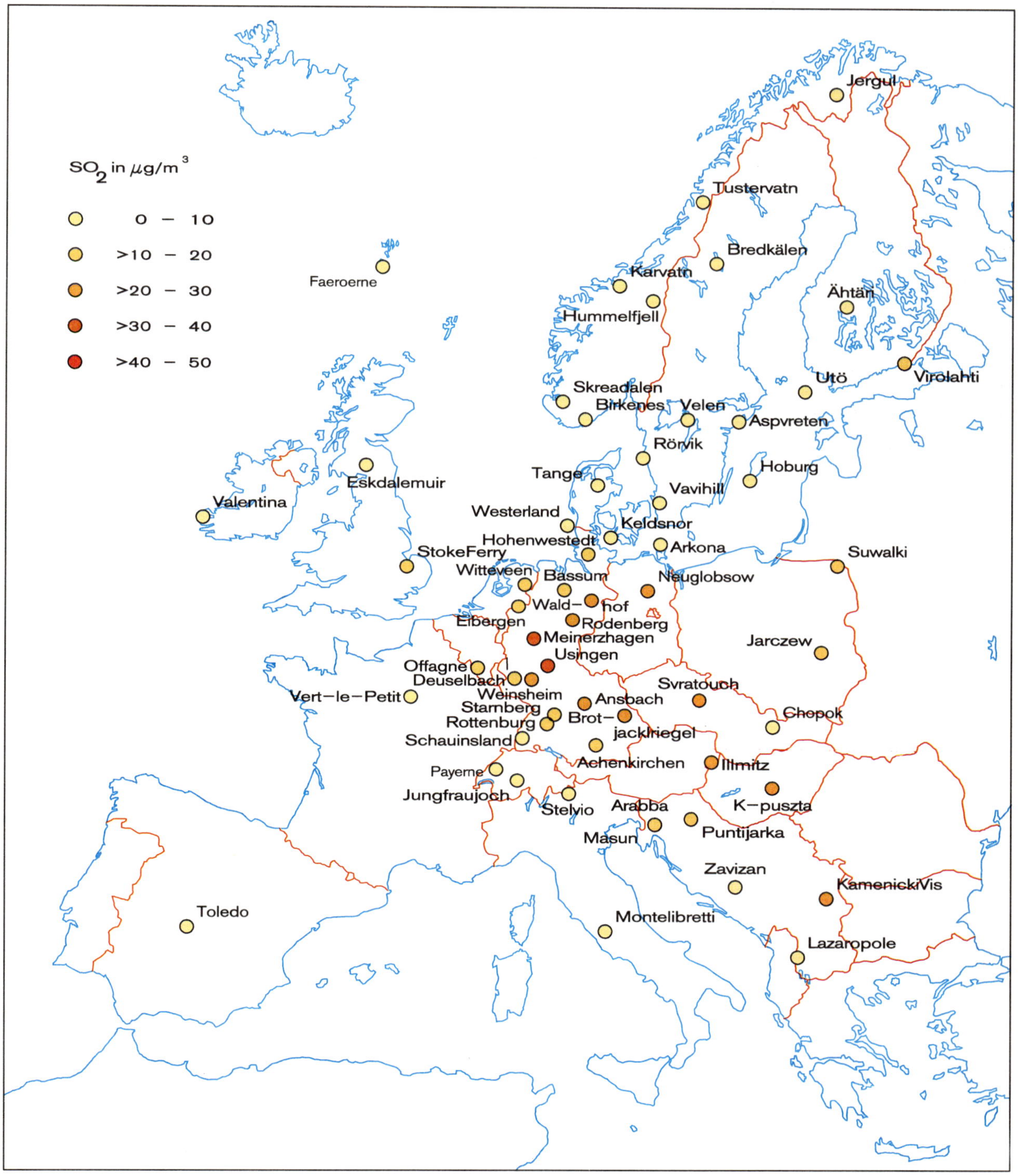

SO_2 in µg/m³

- 0 – 10
- >10 – 20
- >20 – 30
- >30 – 40
- >40 – 50

Jergul
Tustervatn
Bredkälen
Karvatn
Hummelfjell
Ähtäri
Faeroerne
Virolahti
Utö
Skreadalen
Birkenes
Velen
Aspvreten
Rörvik
Hoburg
Tange
Vavihill
Eskdalemuir
Valentina
Westerland
Keldsnor
Hohenwestedt
Arkona
StokeFerry
Suwalki
Witteveen
Bassum
Neuglobsow
Wald–hof
Elbergen
Rodenberg
Meinerzhagen
Jarczew
Usingen
Offagne
Deuselbach
Svratouch
Vert–le–Petit
Weinsheim
Ansbach
Starnberg
Brot–
Chopok
Rottenburg
jacklriegel
Schauinsland
Achenkirchen
Illmitz
Payerne
K–puszta
Jungfraujoch
Stelvio
Arabba
Masun
Puntijarka
Zavizan
KamenickiVis
Toledo
Montelibretti
Lazaropole

Quelle: EMEP

Atmosphärische Schwefelflüsse 1986

Im Rahmen des Untersuchungsprogramms EMEP des ECE Luftreinhalteübereinkommens von 1979 werden auf der Grundlage der von den europäischen Staaten mitgeteilten jährlichen Schwefeldioxidemissionen die grenzüberschreitenden Flüsse von Schwefel (Schwefeldioxid und Sulfaten) modellmäßig berechnet. Die vom Meteorologischen Synthesezentrum West (MSC-W) in Oslo durchgeführten Modellrechnungen berücksichtigen die Prozesse der Advektion, chemischen Umwandlung, Trockendeposition und Naßdeposition.

Aus diesen Berechnungen lassen sich für jedes Land die jährlichen grenzüberschreitenden, zu Depositionen führenden, atmosphärischen Schwefelflüsse zusammenfassen. Die Darstellung zeigt diese Schwefelflüsse für das Jahr 1986 für die Bundesrepublik Deutschland. Für 1986 zeigt sich ein leichter Überschuß an exportiertem atmosphärischem Schwefel gegenüber importiertem.

Durch das Protokoll 1985 zum Übereinkommen über die Reduzierung der Schwefelemissionen oder ihrer grenzüberschreitenden Flüsse von mindestens 30 % wird eine weitere Absenkung der Schwefelflüsse erwartet. In der Bundesrepublik Deutschland wird bis 1995, hauptsächlich infolge der Anforderungen durch die Großfeuerungsanlagen-Verordnung (1983) und die Technische Anleitung zur Reinhaltung der Luft (1986), mit einem Absinken der Emissionen gegenüber 1980 auf weniger als 1 Mio. t SO_2/a gerechnet (1986: 2,2 Mio. t SO_2/a). Dementsprechend dürften auch die grenzüberschreitenden Exporte geringer werden.

Atmosphärische Schwefelflüsse 1988 86

Atmosphärische Schwefelflüsse aus der Bundesrepublik Deutschland in andere europäische Länder und in Restgebiete des ECE/EMEP–Raumes für 1988

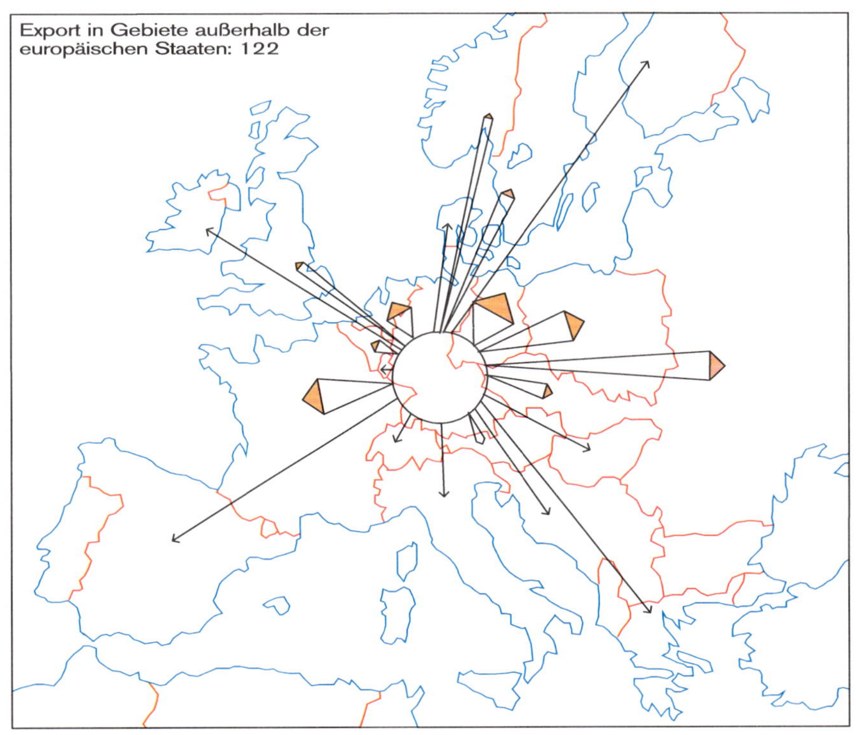

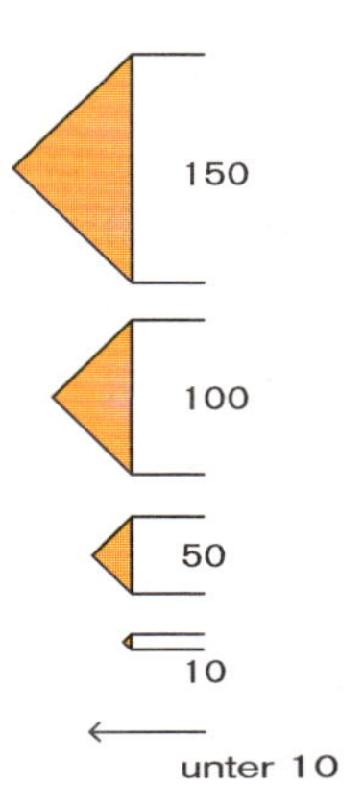

Atmosphärische Schwefelflüsse aus anderen europäischen und außer-europäischen Ländern in die Bundesrepublik Deutschland für 1988

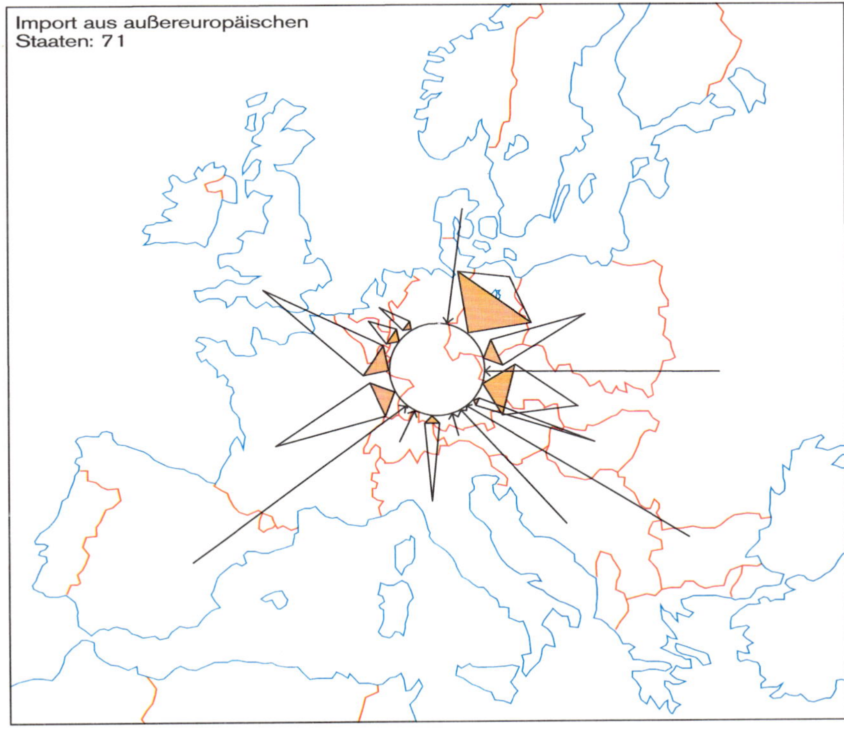

Quelle: Wirtschaftskommission der Vereinten Nationen für Europa (UN–ECE)

Atmosphärische Schwefelflüsse Kt S/a zwischen der Bundesrepublik Deutschland und anderen Ländern/ Gebieten für das Jahr 1986

	von Bundesrepublik Deutschland nach . . .	nach Bundesrepublik Deutschland von . . .
Albanien	0	0
Österreich	10	4
Belgien	13	22
Bulgarien	0	0
CSSR	18	62
Dänemark	7	3
Finnland	3	0
Frankreich	42	46
DDR	51	137
Bundesrepublik Deutschland	331	331
Griechenland	0	0
Ungarn	2	10
Island	0	0
Irland	1	0
Italien	5	14
Luxemburg	1	1
Niederlande	30	12
Norwegen	10	0
Polen	35	36
Portugal	0	0
Rumänien	2	0
Spanien	4	2
Schweden	16	0
Schweiz	5	2
Türkei	0	0
UdSSR (europ. Teil)	34	2
Großbritannien	11	47
Yugoslawien	2	5
Rest	122	0
Unbestimmt	0	71
Summe	755	807

Quelle: Vorläufige Angaben aus dem EMEP-Programm der ECE

Anmerkung: Rest bedeutet den Schwefeltransport in Meeresgebiete des EMEP-Untersuchungsgebietes und aus dem Untersuchungsgebiet hinaus, Unbestimmt bedeutet Schwefeltransporte aus unbestimmten Quellgebieten

Konzentrationsbereiche nicht routinemäßig erfaßter Luftverunreinigungen

Neben den inzwischen durch Meßprogramme erfaßten Stoffen kommt in der Luft eine große Anzahl weiterer Stoffe vor, für die keine flächendeckenden und regelmäßigen Messungen durchgeführt werden. Mit den beiden Tabellen soll ein Einblick in die Größenordnungen der Konzentrationen einiger dieser Stoffe vermittelt werden, die üblicherweise in städtischen und ländlichen Bereichen auftreten. Bei den Tabellen wurde danach unterschieden, ob die Stoffe in der Außenluft gasförmig (flüchtige Verbindungen) oder als Bestandteile des Staubs vorkommen. Die Quellen sind für Kohlenwasserstoffe vor allem der Kfz-Verkehr, für die sonstigen organischen Verbindungen Chemische Industrie und der Gehalt in Produkten, für Schwermetalle Verbrennungsprozesse und Metallurgie (Blei: Kfz-Verkehr) und für polyzyclische Kohlenwasserstoffe Hausbrand, Diesel-Abgas und Kokereien.

Wegen der sehr großen Zahl der Stoffe, insbesondere bei den organischen Verbindungen, wurden für einige wichtige Substanzklassen einige wenige, möglichst typische Vertreter ausgewählt. Die aufgeführten Stoffe stellen also nur eine kleine Auswahl aller in der Außenluft auftretenden Verunreinigungen dar. Da diese Stoffe nur selten regelmäßig gemessen werden, können keine statistischen Verteilungswerte angegeben werden. Stattdessen sind jeweils Konzentrationsbereiche angegeben, in die die meisten vorliegenden Meßwerte unter Bereinigung um einzelne extreme Abweichungen nach oben oder unten fallen. Die Zahl der zugrundeliegenden Meßwerte ist für die verschiedenen Stoffe sehr unterschiedlich, z. T. liegen nur einige wenige Einzelresultate vor.

Typische Konzentrationsbereiche von nicht routinemäßig erfaßten Luftverunreinigungen – Schwermetalle und polyzyklische Kohlenwasserstoffe

	Stoff	Staubinhaltsstoffe / ng/m³ / Konz. Bereich	
		ländliches	städtisches Gebiet
Arsen	As	1 – 5	3 – 30
Beryllium	Be		0,01 – 2
Blei	Pb	20 – 60	200 – 1000
Cadmium	Cd	0,2 – 2	2 – 20
Chrom	Cr	1 – 5	5 – 30
Kobalt	Co	0,1 – 1	0,5 – 5
Kupfer	Cu	1 – 10	20 – 150
Mangan	Mn	10 – 50	20 – 100
Nickel	Ni	1 – 10	5 – 20
Quecksilber	Hg (part.)	0,05 – 3	0,2 – 2
Antimon	Sb	0,5 – 2	2 – 30
Selen	Se	0,5 – 3	1 – 10
Vanadium	V	1 – 10	10 – 50
Zink	Zn	50 – 100	100 – 1000
Benzo(a)pyren	BaP	0,5 – 3	2 – 20
Dibenzo(ah)anthracen	Db (ah) A		1 – 15
Benzopaphtothiophen	BNT	0,5 – 3	1 – 15
Benzo(a)anthraden	BaA	0,5 – 3	2 – 40
Chrysen	CHR	1 – 10	5 – 50
Indenopyren	IND	1 – 5	2 – 30

Quelle: Umweltbundesamt

Typische Konzentrationsbereiche von nicht routinemäßig erfaßten Luftverunreinigungen in städtischen und ländlichen Gebieten – flüchtige Verbindungen

	Komponente	Konzentrationsbereiche (μ/m^3) in ländlichen	städtischen Gebieten
Schwefelwasserstoff	H_2S	0,05 – 1	0,1 – 5
Dimethylsulfid	$(CH_3)_2S$	0,005 – 0,1	0,02 – 0,2
Schwefelkohlenstoff	$C\ S_2$	0,1 – 1	0,1 – 1
Kohlenstoffoxisulfid	$CO\ S$	0,5 – 3	0,5 – 3
Methan	CH_4	1200	1200 – 3000
Ethan	C_2H_6	1 – 5	3 – 15
n-Pentan	n-C_5H_{12}	1 – 3	5 – 50
n-Octan	n-C_8H_{18}	0,2 – 1	2 – 10
Cyclo-Hexan	cyclo-C_6H_{12}	0,1 – 1	1 –10
Ethen	C_2H_4	0,5 – 5	5 – 30
Buten	C_4H_8	1 – 2	1 – 10
Ethin	C_2H_2	0,2 – 3	5 – 30
Isopren		1 – 10	
Benzol	C_6H_6	1 – 5	5 – 30
Toluol	$C_6H_5CH_3$	0,5 – 2	5 – 50
Xylole	$C_6H_4\ (CH_3)_2$	0,1 – 1	5 – 50
Methanol	CH_3OH		10 – 20
Ethanol	C_2H_5OH		10 – 50
Formaldehyd	$H\ CHO$	0,5 – 2	10 – 20
Acetaldehyd	CH_3CHO	1 – 2	0,5 – 15
Aceton	$CH_3CO\ CH_3$	0,1 – 1	10 – 50
Methylchlorid	CH_3Cl	1 – 2	1 – 2
Dichlormethan	CH_2Cl_2	0,2 – 0,5	1 – 5
Chloroform	$CH\ Cl_3$	0,2 – 0,5	0,5 – 3
Tetrachlorkohlenstoff	$C\ Cl_4$	0,5 – 1	1 – 3
1,1,1 Trichlorethan	$CH_3C\ Cl_3$	1 – 3	5 – 10
Vinylchlorid	CH_2CHCl	0,1	0,1 – 1
Trichlorethen	C_2HCl_3	0,2 – 1	2 – 15
Perchlorethen	C_2Cl_4	0,5 – 2	2 – 15
Dichlorbenzol	$C_6H_4Cl_2$		1 – 10
Difluordichlormethan (F 12)	$CF_2\ Cl_2$	1 – 2	1 – 5
Trichlorfluormethan (F 11)	$CF\ Cl_3$	1 – 2	1 – 4
Ammoniak	NH_3	2 – 20	
Salpetersäure	HNO_3	0,05 – 1	0,1 – 20
Wasserstoffperoxid	H_2O_2 (Gas)	0,1 – 3	0,1 – 0,5

Quelle: Umweltbundesamt

Hintergrundkonzentrationen von ubiquitären Stoffen

Unter Hintergrundkonzentrationen sind die Konzentrationen in sehr entlegenen, emittentenfernen Regionen wie Südpol, Pazifischer Ozean etc. zu verstehen. Wegen der relativ schweren Zugänglichkeit basieren die angegebenen Werte überwiegend auf mehreren Einzelmessungen.

Überall auftretende (ubiquitäre) Stoffe zeichnen sich meist durch eine hohe Persistenz aus. Bedingt durch deren thermodynamische Stabilität erfolgen Abbauprozesse, insbesondere der photochemische Abbau bei diesen Stoffen erfolgt nur sehr langsam. Weitere Voraussetzungen sind niedrige Wasserlöslichkeit und relativ hohe Flüchtigkeit. Weiterhin ist es erforderlich, daß die Stoffe in hinreichend großen Mengen an die Umwelt abgegeben werden. Dies alles ist vor allem für die aufgeführten chlorierten organischen Verbindungen sowie für die Phtalate der Fall. Bei Formaldehyd ist das ubiquitäre Auftreten dagegen nicht auf dessen Persistenz, sondern auf dessen weltweite Bildung als intermediäres Zwischenprodukt beim Abbau von Methan und höheren Kohlenwasserstoffen zurückzuführen.

Hintergrundkonzentrationen von ubiquitären Stoffen

Stoff	Konzentration ng/m^3
Chlormethan	1350
Dichlormethan	170
Chloroform	100
Tetrachlorkohlenstoff	850
F 11 Trichlorfluormethan	1300
F 12 Dichloridfluormethan	1670
1,1,1-Trichlorethan	760
Trichlorethen	90
Perchlorethen	660
Formaldehyd	500
Kohlenstoffoxisulfid	1300
Schwefelhexafluorid	1,5
Hexachlorbenzol	0,1 – 0,15
α– Hexachlorcyclohexan	0,3 – 1,15
β– Hexachlorcyclohexan	0,02 – 0,1
PCB	0,1 – 1
Di-(2-ethylhexylphtalat)	1 – 3
Di-(n-butylphtalat)	0,5 – 1,5
pp-DDT	0,05 – 0,5

Quelle: WMO-Report

Flechten als Bioindikatoren der Immissionsbelastung

Die Baumrinden bewohnenden Flechten reagieren sehr empfindlich auf Luftverunreinigungen. Daher werden sie schon seit Jahrzehnten als Bioindikatoren zur Erfassung der Immissionsbelastung verwendet.

Als wichtigster und lange Zeit dominierender Schadfaktor für die Flechtenvegetation wird das Schwefeldioxid angesehen. In Laborversuchen und bei emittentenbezogenen Untersuchungen stellten sich aber auch weitere Luftbeimengungen wie Stäube, Fluoride und Chloride sowie in geringerem Ausmaß auch Stickstoffdioxid, Ozon und Schwermetalle als zumindest potentiell flechtenschädigend heraus. Diese Stoffe treten heute als komplexes Gemisch in unterschiedlicher Zusammensetzung neben vielen weiteren Substanzen in der Atmosphäre auf. Es ist daher davon auszugehen, daß die Flechtenvegetation heute durch das gleichzeitige Einwirken mehrerer sich in ihrer Wirkung möglicherweise verstärkenden Schadstoffe beeinflußt wird. Flechten eignen sich damit besonders zur Anzeige der biologisch wirksamen Gesamtbelastung.

Da die einzelnen Flechtenarten unterschiedlich empfindlich auf Luftverunreinigungen reagieren, lassen sich aus der Artenzusammensetzung der Flechtengemeinschaften unter Berücksichtigung der Häufigkeit und Immissionsempfindlichkeit der einzelnen Flechtenarten Hinweise auf die Höhe der Schadstoffbelastung ableiten.

In der Karte ist die durch Flechten angezeigte Immissionsbelastung in sieben Stufen dargestellt. Die Darstellung basiert auf Daten, die in den Jahren 1985 bis 1987 vom Rheinisch-Westfälischen TÜV in Essen im Rahmen eines Forschungsvorhabens zur Repräsentativität des natürlichen Flechtenbewuchses auf Bäumen hinsichtlich der einwirkenden Immissionen an 67 Stellen in der Umgebung von Immissionsmeßstationen erhoben worden sind. 47 Untersuchungsstandorte liegen in ländlicher Umgebung oder in Städten (in der Karte zusammengefaßt und als Stadt-/Landstandorte bezeichnet) und 20 in Waldgebieten (im folgenden Text und in der Karte als Waldstandorte bezeichnet).

Die höchste Belastungsstufe („sehr hoch belastet"), die durch das Fehlen jeglichen rindenbewohnenden Flechtenbewuchses charakterisiert ist, ist an keinem der Untersuchungsstandorte vertreten.

Als „hoch belastet" erweisen sich vor allem Großstädte und Ballungsräume, aber auch einige durch lokale Industrie- und Kraftwerksstandorte oder Ferntransport von Luftschadstoffen belastete ländliche oder kleinstädtische Standorte.

Eine „ziemlich hohe Belastung" weisen Randlagen von Großstädten sowie kleinere industriell geprägte Städte auf, wo vor allem lokale Emissionsquellen (Industrie, Hausbrand o. ä.) für die Höhe der Schadstoffbelastung von ausschlaggebender Bedeutung sein dürften. Aber auch dort, wo die Immissionen überwiegend aus dem Ferntransport stammen, wird diese Belastungsstufe vorgefunden.

„Mittlere Belastungen", findet man in einigen mittelgroßen Städten und ihren Randbezirken, aber auch in ländlich geprägten Gebieten.

„Ziemlich niedrige Belastungen" treten in einigen Kleinstädten und an Waldstandorten auf, deren Immissionsbelastung überwiegend aus dem Ferntransport bzw. aus benachbarten Ballungsräumen stammen dürfte.

Die beiden niedrigsten Belastungsstufen konzentrieren sich auf den Süden des Bundesgebietes. Als „niedrig belastet" erweisen sich kleinere Gemeinden, Randlagen größerer Städte sowie ländlich geprägte Standorte.

Als „ sehr niedrig belastet" können einige Waldstandorte eingestuft werden.

Flechten als Bioindikatoren der Immissionsbelastung an ausgewählten Standorten in der Bundesrepublik Deutschland (1985 bis 1987)

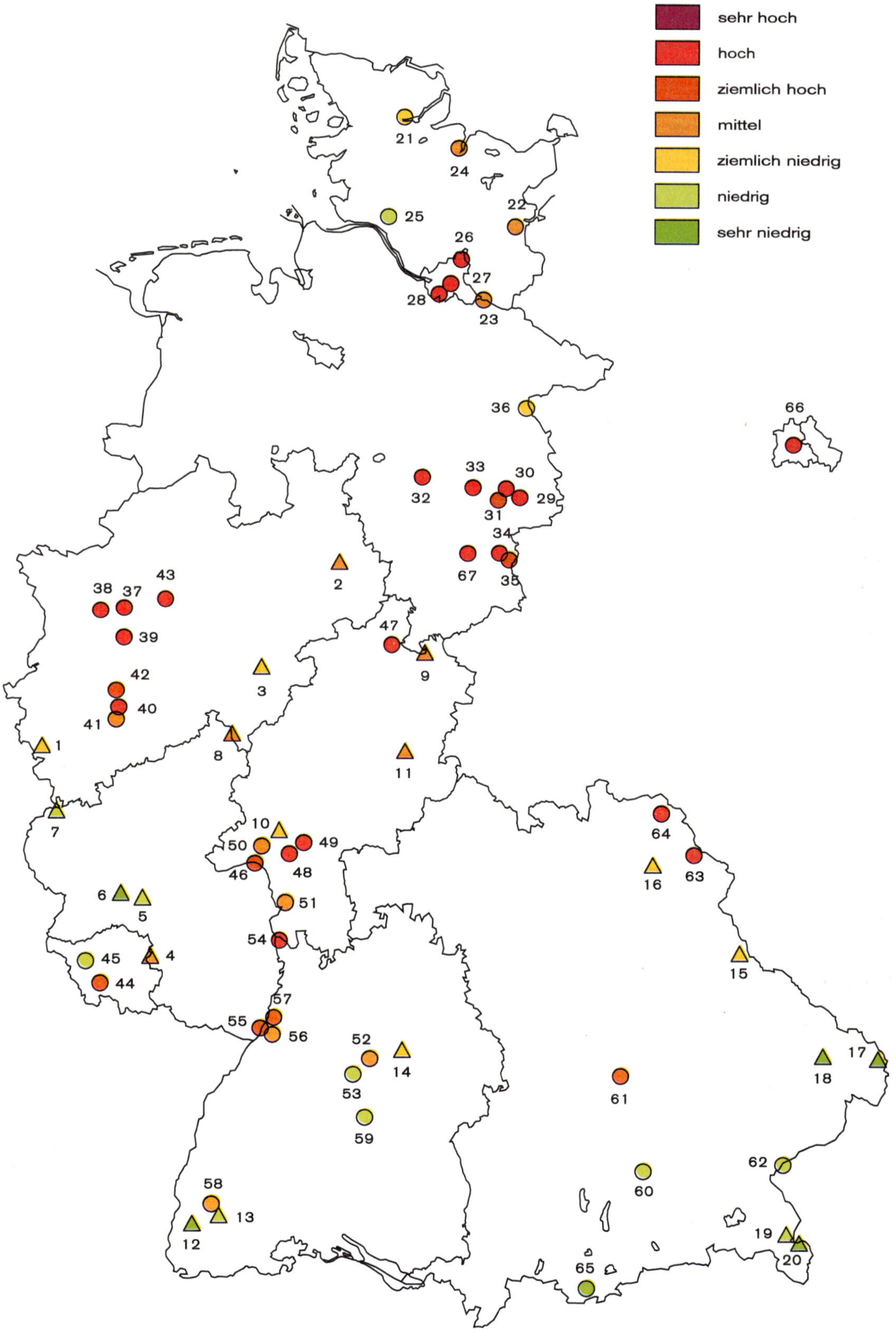

Belastungsstufen

- sehr hoch
- hoch
- ziemlich hoch
- mittel
- ziemlich niedrig
- niedrig
- sehr niedrig

△ Waldstandorte

1 Lammersdorf
2 Eggegebirge
3 Schmallenberg
4 Waldmohr
5 Idar–Oberstein
6 Deuselbach
7 Prüm
8 Kirchen
9 Witzenhausen
10 Königstein
11 Grebenau
12 Kälbelescheuer
13 Schauinsland
14 Edelmannshof
15 Tiefenbach
16 Warmensteinach
17 Haidmühle
18 Brotjacklriegel
19 Bad Reichenhall
20 Predigtstuhl

○ Stadt– und Landstandorte

21 Schleswig
22 Lübeck
23 Geesthacht
24 Kiel
25 Hoove
26 Hamburg – Sasel
27 Hamburg – Lübecker Straße
28 Hamburg – Waltershof
29 Braunschweig – Schloßpark
30 Braunschweig – Nehrkornweg
31 Braunschweig – Broitzem
32 Hannover – Vinnhorst
33 Peine – Am Silberkamp
34 Oker – Bei der Eiche
35 Bad Harzburg – Kurpark
36 Langenbrügge
37 Bottrop – Welheim
38 Duisburg – Walsum
39 Essen – Bredeney
40 Köln – Eifelwall
41 Köln – Godorf
42 Köln – Worringen
43 Castrop – Rauxel –Ickern
44 Völklingen – City
45 Dillingen – City
46 Mainz – Mombach
47 Kassel – Nord
48 Frankfurt – Westend
49 Frankfurt – Sindlingen
50 Wiesbaden – Süd
51 Biebesheim
52 Stuttgart – Bad Cannstadt
53 Stuttgart – Vaihingen
54 Mannheim – Nord
55 Karlsruhe – Neureuth
56 Karlsruhe – West
57 Eggenstein
58 Freiburg – West
59 Reutlingen
60 München – Effnerplatz
61 Ingolstadt – Beckerstraße
62 Burghausen – Marktlerstraße
63 Arzberg
64 Hof – Wetteramt
65 Garmisch – Partenkirchen
66 Berlin – Wedding
67 Seesen

Maßstab 1:4 000 000

20 0 20 40 60 80 100 km

Quelle: Umweltbundesamt

Sulfat- und Nitratdeposition

In den Jahren 1985 und 1986 wurde in der Bundesrepublik Deutschland im Rahmen eines Forschungsvorhabens ein Meßnetz in einem 20 × 20-km-Raster eingerichtet, das die Immissionsrate für Schwefelverbindungen sowie die Deposition von Sulfat und Nitrat im Niederschlag erfaßt. Aus organisatorischen und finanziellen Gründen kommen nur einfache Meßverfahren zum Einsatz. Im Bundesgebiet wurden 630 Meßstationen eingerichtet.

Erste Meßergebnisse für den nördlichen Teil des Meßnetzes liegen seit April 1986 vor; seit Ablauf des Monats März 1988 stehen Meßwerte für das gesamte Meßnetz für einen Beobachtungszeitraum von einem Jahr zur Verfügung.

Während die Auswertung der Immissionsrate noch nicht abgeschlossen ist, liegen erste Ergebnisse für die Deposition von Sulfat und Nitrat für das Jahr 1987 vor.

Sulfatdeposition

Das Datenkollektiv der Sulfatdeposition zeigt ein deutliches Nord-Südgefälle mit höheren Depositionen im Norden der Bundesrepublik Deutschland und niedrigeren Werten in den süddeutschen Regionen. Dieser räumliche Trend ist – anders als es in den Abbildungen zum Ausdruck kommt – kontinuierlich. In den Abbildungen wird durch die notwendige Einteilung in Klassen eine „Zweiteilung“ vorgetäuscht.

Im norddeutschen Raum liegen die Depositionen bei etwa 10–15 mg/Tag × m^2 und nehmen nach Süden hin bis auf etwa 5 mg/Tag × m^2 ab. Die Ballungsräume Ruhrgebiet und Rhein/Maingebiet weisen höhere Werte aus. Dies gilt auch für die Küstenbereiche im Norden, die durch Meeresaerosole beeinflußt werden.

Nitratdeposition

Der räumliche Trend, der bereits bei der Sulfatdeposition festzustellen ist, zeichnet sich auch bei der Nitratdeposition ab. Von Werten zwischen 4 und 7 mg/Tag × m^2 im Norden der Bundesrepublik nehmen die Depositionswerte auf etwa 2–4 mg/Tag × m^2 in Süddeutschland ab, wobei wie beim Sulfat auch hier der Trend kontinuierlich abnimmt.

Anders als beim Sulfat zeigt die Abbildung für die Nitratdeposition keine ausgeprägten Belastungsschwerpunkte in den Ballungsräumen.

Siehe auch:
Kapitel Wald

Depositionen in der Bundesrepublik Deutschland 1987

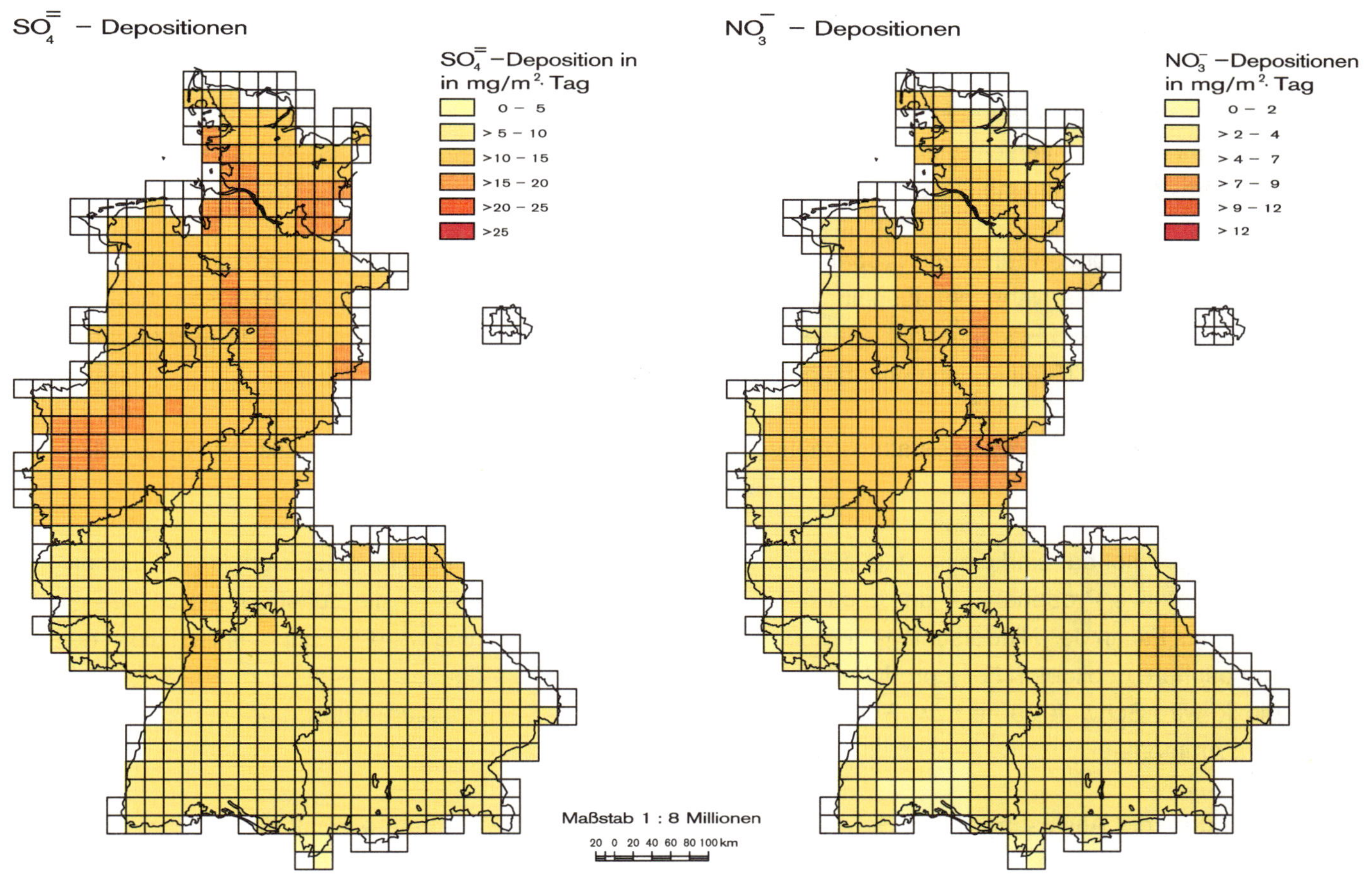

Quelle: Umweltbundesamt, Hygiene–Institut des Ruhrgebiets

Schadstoffe im Niederschlag

Luftschadstoffe können sich sowohl direkt als auch indirekt auf Pflanzen und Ökosysteme auswirken.

Auf direktem Wege können Blätter oder Nadeln geschädigt werden. Dabei ist insbesondere die Konzentration der verschiedenen Schadstoffe in der Luft ausschlaggebend. Zudem spielen auch die Anströmverhältnisse eine Rolle.

Indirekte Wirkungen entstehen über den Eintrag von Luftschadstoffen in den Boden sowie die Beeinflussung des Nährstoffhaushalts von Pflanzen. Entscheidende Faktoren sind dabei sowohl die in einem Zeitraum pro Fläche eingetragenen Mengen der verschiedenen Stoffe als auch die Beschaffenheit der Böden selbst (Stoffzusammensetzung).

Die einzelnen Teilbeiträge des atmosphärischen Stoffeintrags lassen sich meßtechnisch unterschiedlich genau erfassen.

Relativ gut meßbar sind die Stoffkonzentrationen im Freilandniederschlag. Hauptschwierigkeit ist hier die repräsentative Probenahme, da durch das Aufstellen der Sammelbehälter die Luftströmung und damit auch das Fallen des Niederschlags verändert wird. Mit dem Niederschlag werden hauptsächlich die in der Atmosphäre gebildeten Folgeprodukte der zunächst emittierten Schadgase abgeschieden. Aus Schwefeldioxid wird Schwefelsäure bzw. Sulfat, aus Stickstoffoxid wird Salpetersäure/Nitrat, und aus Ammoniak wird Ammonium.

Der durch die Anwesenheit von Schwefel- und Salpetersäure bedingte Säuregehalt des Niederschlags („Saurer Regen") trägt wesentlich zur Versauerung von Böden bei.

Gas- oder aerosolförmige Luftverunreinigungen setzen sich aufgrund verschiedener physikalischer Prozesse an den Pflanzenoberflächen, hauptsächlich an Nadeln und Blättern, ab. Diese Prozesse sind meßtechnisch äußerst schwer zu erfassen. Üblicherweise wird deshalb diese unter dem Begriff „trockene Deposition" zusammengefaßte Abscheidung in die Überwachung der Luftverunreinigung nicht mit einbezogen.

Allerdings werden die an den Pflanzenoberflächen abgelagerten Schadstoffe bei folgendem stärkeren Regen weitgehend abgespült und gelangen mit der Kronentraufe und dem Stammablauf in den Boden. Der im Wald fallende „Bestandsniederschlag" enthält somit zusätzlich zur atmosphärischen Stofffracht, wie sie im Freilandniederschlag festzustellen ist, die seit dem letzten Niederschlag an den Pflanzenoberflächen abgeschiedene Stoffmasse. Die Differenz zwischen den Depositionsraten im Bestandsniederschlag und im Freilandniederschlag liefert Anhaltspunkte für das Ausmaß der trockenen Deposition.

Wie aus den Daten erkennbar wird, ist die trockene Deposition bei Fichtenbeständen deutlich höher als bei Buchenbeständen. Dies ist zum einen darauf zurückzuführen, daß Fichten mit ihren Nadeln eine größere Blattoberfläche als Buchen aufweisen. Zum anderen ist bei den Laubbäumen wegen des Blattverlustes in Herbst und Winter die für trockene Deposition zur Verfügung stehende Oberfläche weiter verringert.

Siehe auch:
Kapitel Wald

Verteilung der Meßprojekte zur Erhebung von Freiland- und Bestandsdeposition im Niederschlag

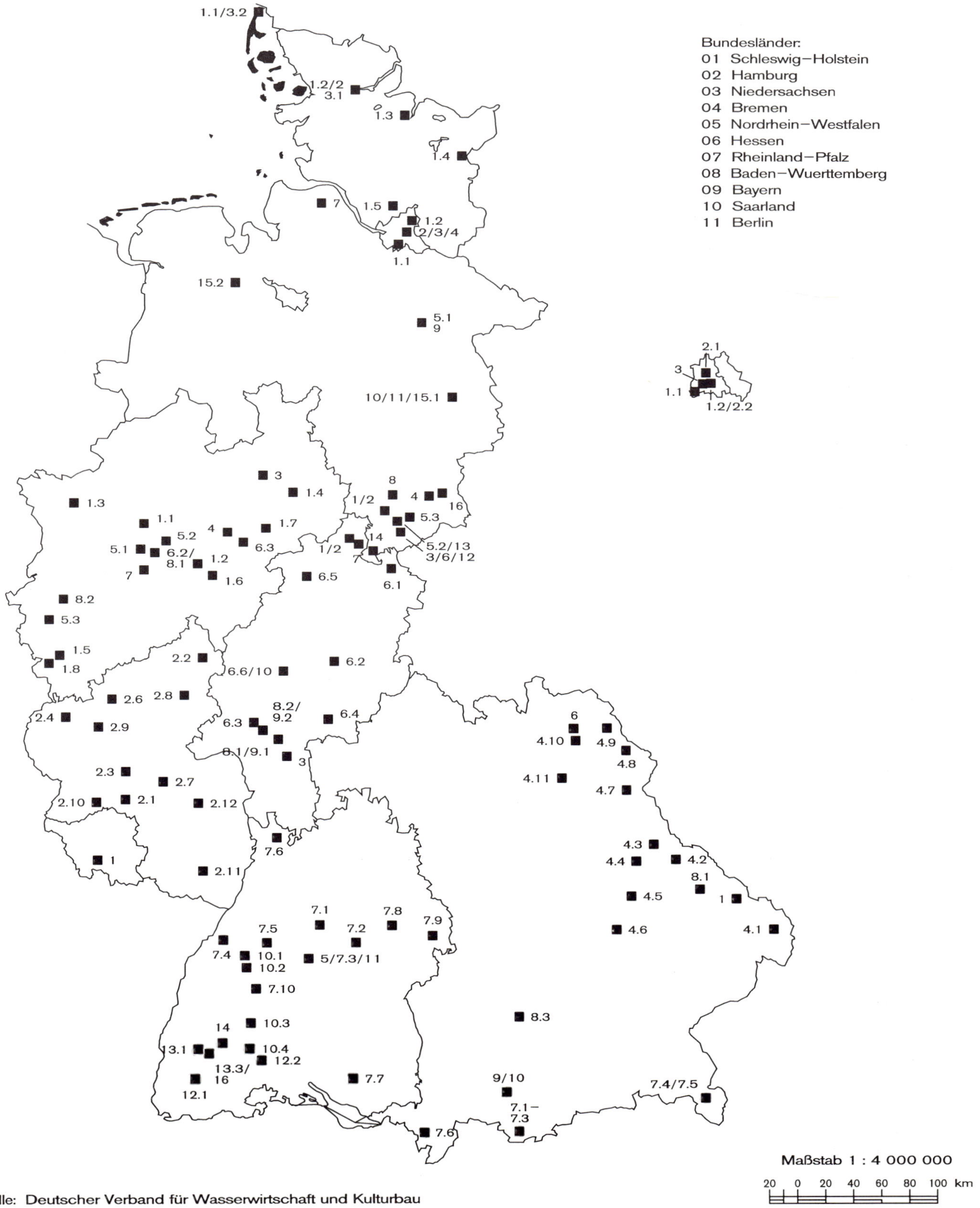

Bundesländer:

01 Schleswig-Holstein
02 Hamburg
03 Niedersachsen
04 Bremen
05 Nordrhein-Westfalen
06 Hessen
07 Rheinland-Pfalz
08 Baden-Wuerttemberg
09 Bayern
10 Saarland
11 Berlin

Maßstab 1 : 4 000 000

20 0 20 40 60 80 100 km

Quelle: Deutscher Verband für Wasserwirtschaft und Kulturbau

Vergleich der unterschiedlichen Depositionen von Freiland- und Bestandsniederschlag (Kronendurchlaß) bei Buche und Fichte in kg/ha/Jahr

Nitrat (NO_3-N)

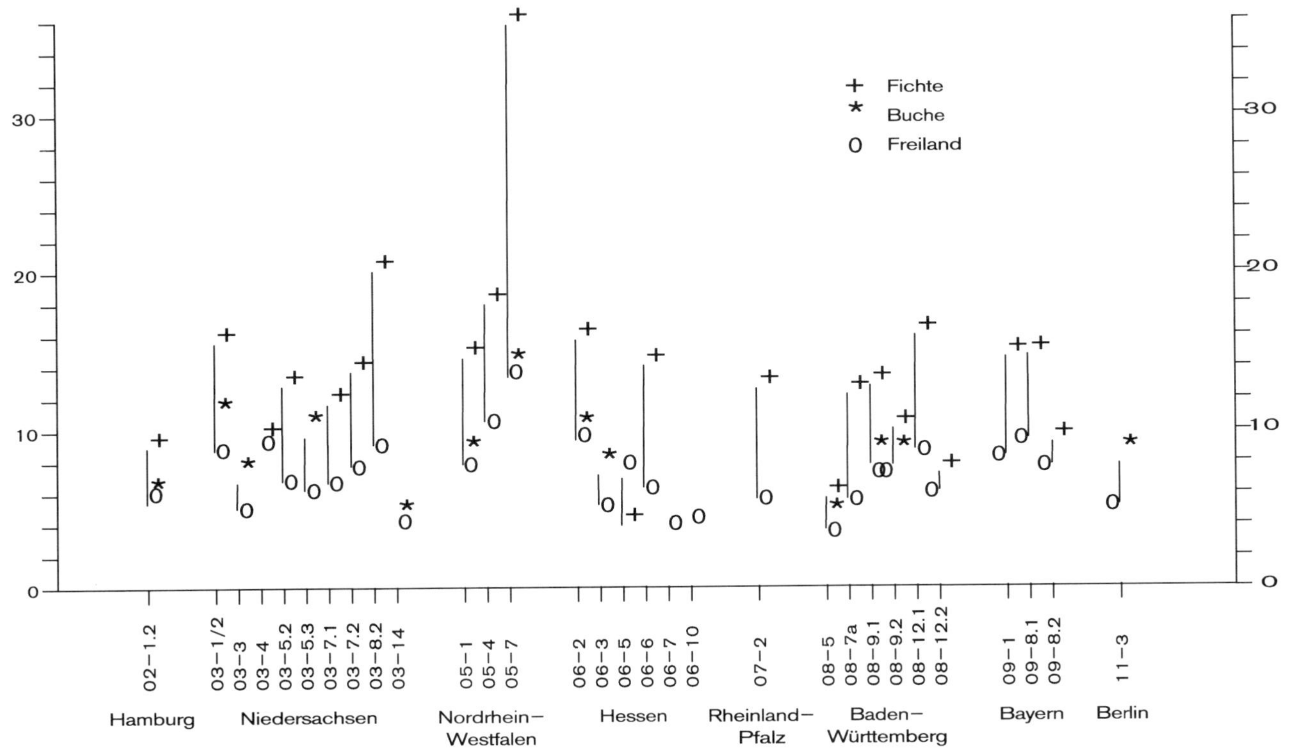

+ Fichte
* Buche
0 Freiland

02-1.2, 03-1/2, 03-3, 03-4, 03-5.2, 03-5.3, 03-7.1, 03-7.2, 03-8.2, 03-14, 05-1, 05-4, 05-7, 06-2, 06-3, 06-5, 06-6, 06-7, 06-10, 07-2, 08-5, 08-7a, 08-9.1, 08-9.2, 08-12.1, 08-12.2, 09-1, 09-8.1, 09-8.2, 11-3

Hamburg, Niedersachsen, Nordrhein-Westfalen, Hessen, Rheinland-Pfalz, Baden-Württemberg, Bayern, Berlin

Sulfat (SO_4-S)

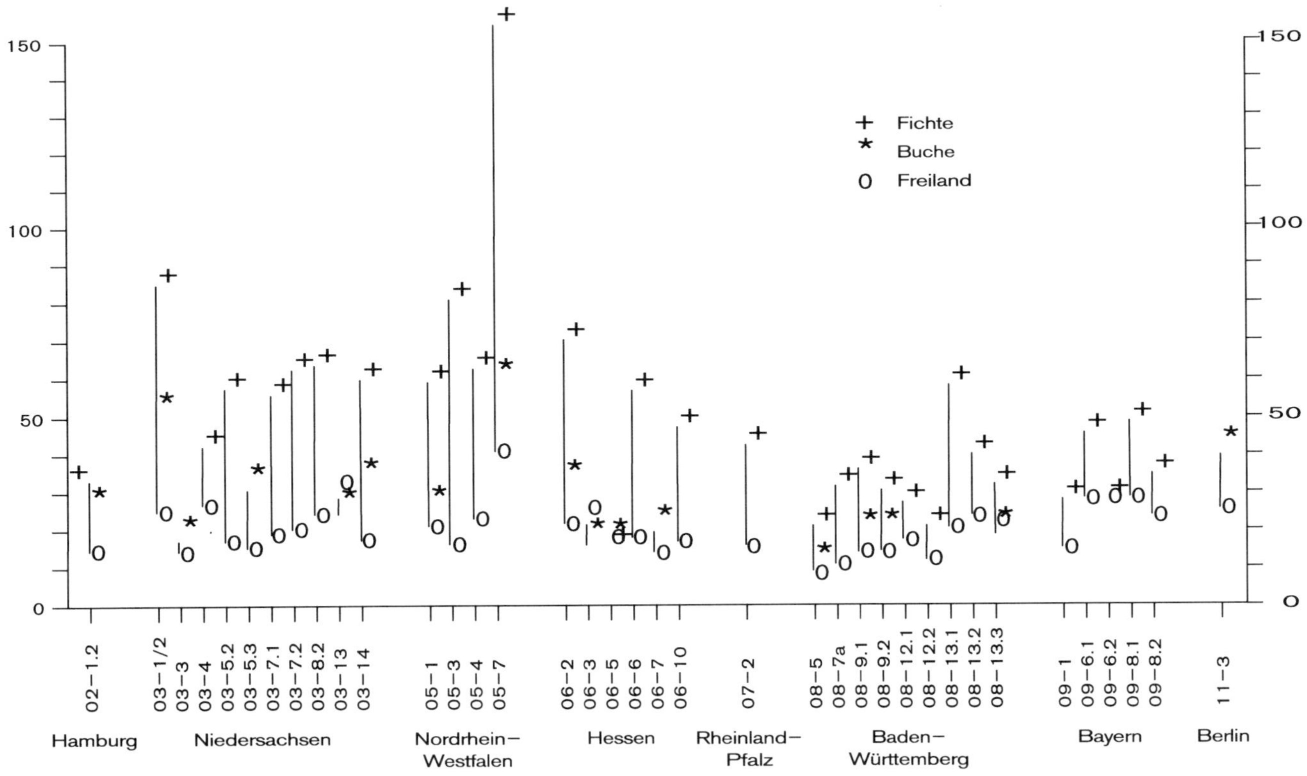

+ Fichte
* Buche
0 Freiland

02-1.2, 03-1/2, 03-3, 03-4, 03-5.2, 03-5.3, 03-7.1, 03-7.2, 03-8.2, 03-13, 03-14, 05-1, 05-3, 05-4, 05-7, 06-2, 06-3, 06-5, 06-6, 06-7, 06-10, 07-2, 08-5, 08-7a, 08-9.1, 08-9.2, 08-12.1, 08-12.2, 08-13.1, 08-13.2, 08-13.3, 09-1, 09-6.1, 09-6.2, 09-8.1, 09-8.2, 11-3

Hamburg, Niedersachsen, Nordrhein-Westfalen, Hessen, Rheinland-Pfalz, Baden-Württemberg, Bayern, Berlin

Quelle: Deutscher Verband für Wasserwirtschaft und Kulturbau

Vergleich der unterschiedlichen Depositionen von Freiland- und Bestandsniederschlag (Kronendurchlaß) bei Buche und Fichte in kg/ha/Jahr

Wasserstoff (H^+)

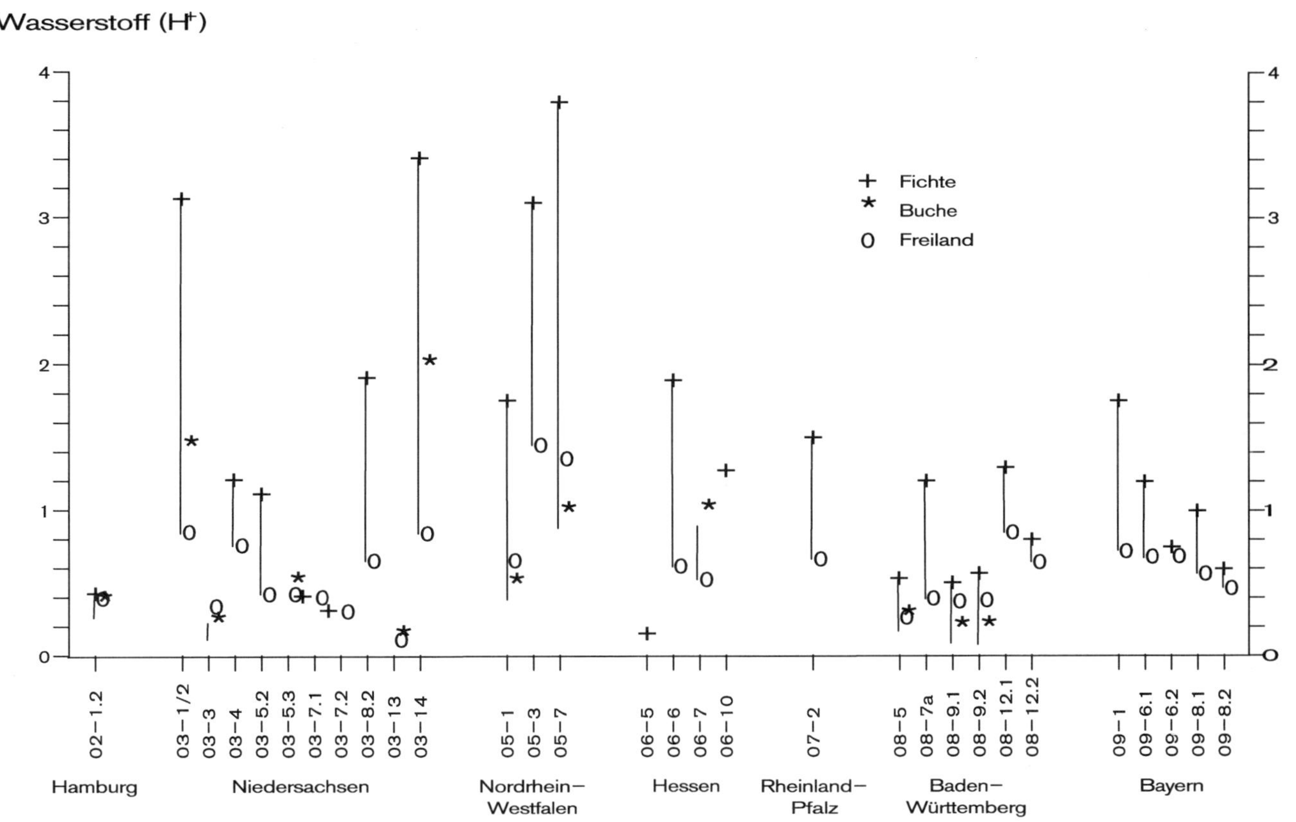

Ammonium (NH_4^+-N)

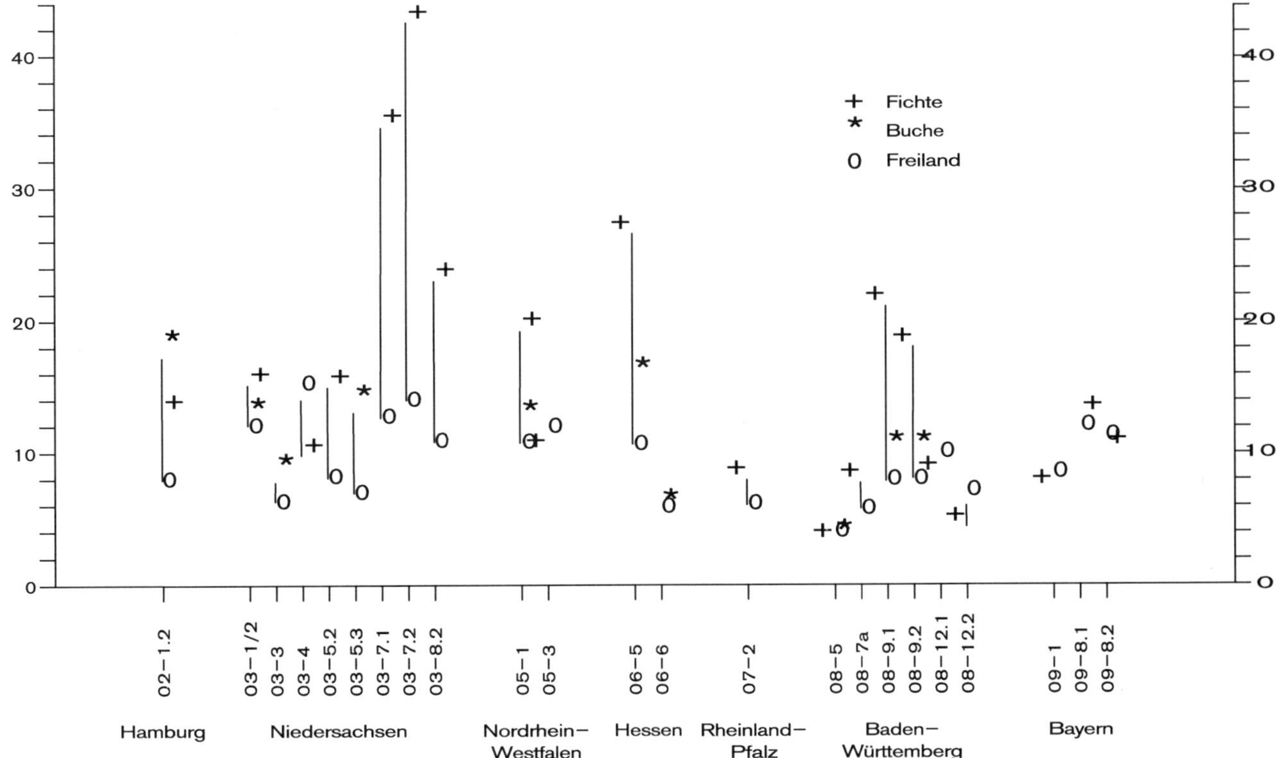

Quelle: Deutscher Verband für Wasserwirtschaft und Kulturbau

Sulfat- und Nitratdepositionen in Europa

Sulfate und Nitrate sind die Reaktionsprodukte aus den primär in die Atmosphäre emittierten Schadgasen Schwefeldioxid und Stickoxid. Die Umsetzung erfolgt nach verschiedenen Mechanismen, wobei in der Gasphase den OH-Radikalen und in der flüssigen Phase vor allem für SO_2, dem Wasserstoffperoxid wesentliche Bedeutung zukommt. Die Oxidation von SO_2 und NO_x erfolgt in einem Zeitraum von einigen Tagen, so daß die Bildung und auch der weitere Transport der Reaktionsprodukte großräumig stattfindet.

Die Abscheidung der meist wasserlöslichen Aerosolbestandteile Sulfat und Nitrat geschieht vornehmlich durch den „rain-out-Effekt", d. h. durch die Inkorporation in Wolkentröpfchen und nachfolgendem Niederschlag.

Erwartungsgemäß sind die Depositionen von Sulfat und Nitrat in Mitteleuropa als hauptsächlichen Quellregionen von SO_2 und NO_x höher als in den Randgebieten im Norden und Süden. Sowohl für SO_4, als auch für NO_3, ergeben sich in diesen Randgebieten (Skandinavien und Mittelmeerländer) Werte 0–1 g/Jahr × m², während die Werte in Zentraleuropa um 3–4 g/Jahr × m² liegen.

SO_4 – Depositionen

Quelle: EMEP

NO_3 – Depositionen

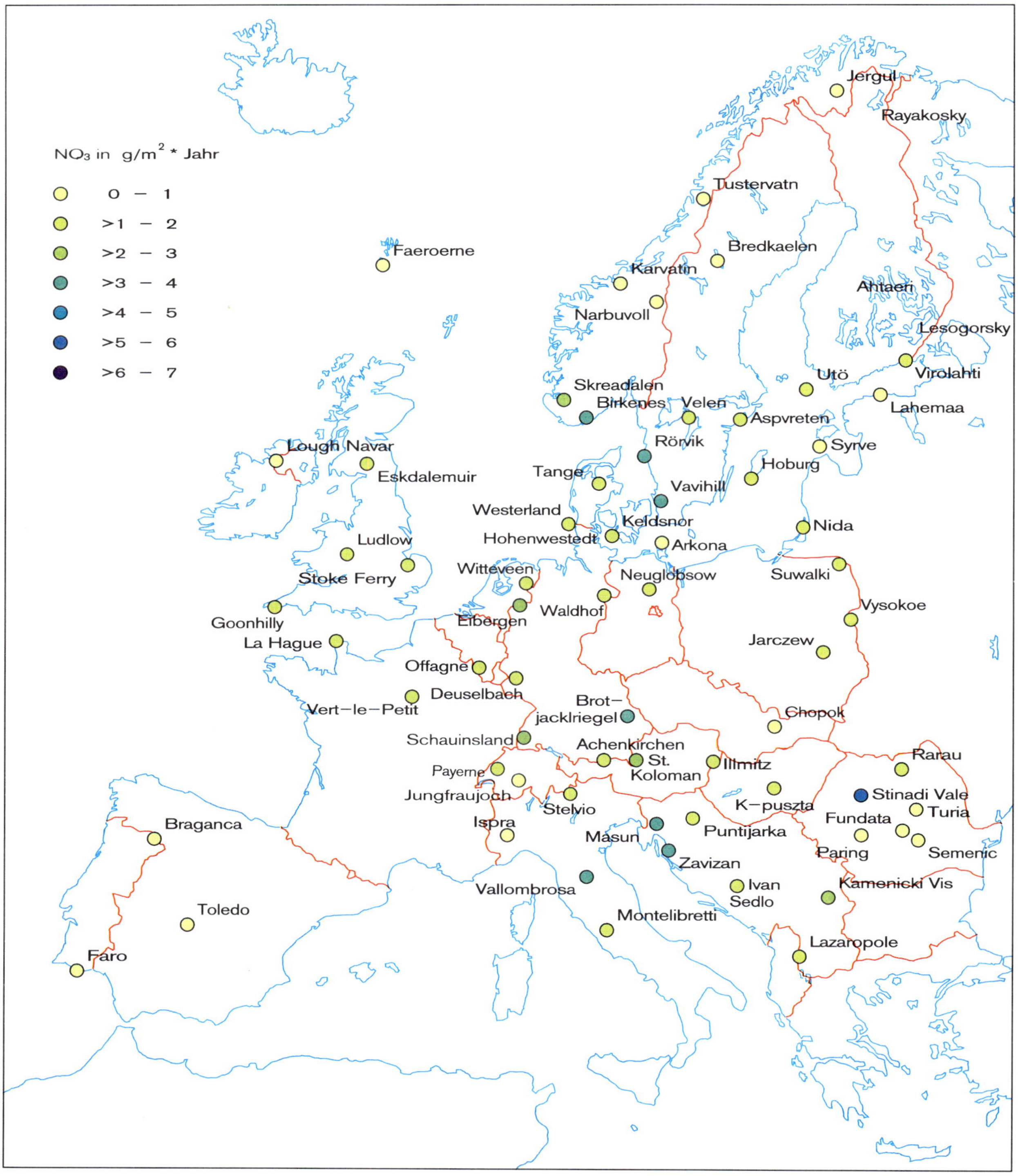

Quelle: EMEP

Erwärmung der Erdatmosphäre („Treibhauseffekt“)

Wirkungen der Treibhausgase

Als eine Folge des natürlichen „Treibhauseffektes“ der Erdatmosphäre beträgt die Oberflächentemperatur der Erde durchschnittlich 15° C. Der Treibhauseffekt entsteht dadurch, daß die kurzwellige Sonnenstrahlung mehr oder weniger ungehindert durch die Atmosphäre dringt und die Erdoberfläche aufheizt. Die von der Erdoberfläche zurückgesandte Energie wird dagegen im längerwelligen infraroten Spektralbereich emittiert. In diesem Spektralbereich absorbieren insbesondere Wasserdampf, Ozon und Kohlendioxid die Strahlung und senden einen Teil davon wieder zur Erdoberfläche zurück. Hierdurch entsteht eine zusätzliche Erwärmung, der Treibhauseffekt.

Durch menschliche Aktivitäten werden, insbesondere durch Verbrennung fossiler Energieträger, aber auch durch Freisetzung chemischer Produkte und durch landwirtschaftliche Produktion (Methan-Emissionen) mit ansteigender Tendenz Spurengase mit infrarotabsorbierenden Eigenschaften freigesetzt. Diese verändern die Stoffzusammensetzung der Erdatmosphäre, so daß sie den natürlichen Treibhauseffekt verstärken und folglich zu einer Temperaturerhöhung an der Erdoberfläche beitragen.

Zu dem anthropogen verursachten zusätzlichen Treibhauseffekt tragen gegenwärtig bei:

Kohlendioxid (CO_2)	zu etwa 50%
Fluorchlorkohlenwasserstoffe (FCKW)	zu etwa 20%
Methan (CH_4)	zu etwa 15%
Ozon (O_3)	zu etwa 10%
Distickstoffoxid (N_2O)	zu etwa 5%

Die folgende Tabelle zeigt die gegenwärtigen Konzentrationen der Treibhausgase in der Troposphäre (Erdatmosphärenschicht bis ca. 12 km Höhe) sowie Schätzungen zur jährlichen Anstiegsrate der Konzentrationen und zur Stärke der Treibhauswirkung eines Spurengas-Moleküls, bezogen auf die Wirkung CO_2-Moleküls.

	CO_2	CH_4	N_2O	O_3	CF_2Cl_2
Konzentration ppb	346 000	1 700	310	10 – 20	0,32
Konzentrationsanstieg %/Jahr (Abschätzung)	0,3	1	0,2	z. Zt. nicht angebbar	5
Relativer Treibhauseffekt pro Molekül (Abschätzung)	1	20	200	2 000	10 000

Quelle: C.-D. Schönwiese, B. Dieckmann

Beim Vergleich mit dem CO_2 wird deutlich, daß die übrigen Treibhausgase trotz ihrer wesentlich geringeren weltweiten Konzentration und Emission aufgrund ihrer wesentlich stärkeren Treibhauswirkung ebenfalls einen erheblichen Einfluß auf das Klima ausüben. Es wird vermutet, daß die übrigen Treibhausgase insgesamt, wenn ihre Emission fortschreitet, einen ebenso großen Treibhauseffekt bewirken wie das CO_2 allein.

Messungen des CO_2-Anstiegs

Seit 1958 wird auf dem Mauna Loa/Hawaii der Kohlendioxidgehalt der Luft ständig direkt gemessen. In diesem Zeitraum wurde eine Zunahme von 315 ppm auf 348 ppm festgestellt. Dies ist vorwiegend auf die Verbrennung fossiler Brennstoffe zurückzuführen.

Anhand von antarktischen Bohrkernen lassen sich jetzt die CO_2-Verhältnisse der Erdatmosphäre bis zur Mitte des 18. Jh. zurückverfolgen, indem die Kohlendioxidkonzentrationen in den eingeschlossenen Luftblasen bestimmt werden. Vor dem Jahr 1800 betrug der Kohlendioxidgehalt 280 ppm, aber schon im 19. Jh., noch bevor der Verbrauch fossiler Brennstoffe eine merkliche Rolle spielte, ist die Kohlendioxidkonzentration deutlich angestiegen. Diese Kohlendioxidkonzentration stammt zum überwiegenden Teil aus der Biosphäre, ist also auf die Abholzung von Wäldern und auf wachsende landwirtschaftliche Aktivitäten zurückzuführen. Erst im 20. Jh. beginnt die Nutzung fossiler Brennstoffe eine vorherrschende Rolle zu spielen.

Für die Zuverlässigkeit der an den Eisbohrkernen gewonnenen Daten spricht die Tatsache, daß sich die einzelnen Meßpunkte an die auf dem Mauna Loa direkt gemessenen Werte nahtlos anschließen.

Verlauf der Temperatur

Die jährlichen Mittelwerte der seit 1851 gemessenen bodennahen Lufttemperatur der Landgebiete der Nordhalbkugel der Erde sind in Form relativer Abweichungen vom Mittelwert 1951 – 1979 dargestellt. Die Abbildung zeigt

- einen Temperaturanstieg, der von etwa 1885 bis etwa 1940 ungefähr 0,7 K ausmacht,
- danach einen Temperaturrückgang um etwa 0,3 K,
- und in jüngster Zeit wieder einen ansteigenden Temperaturtrend.

Dieser Temperaturverlauf könnte durch den Treibhauseffekt der anthropogenen Spurengase beeinflußt sein. Noch bedeutsamer als eine Temperaturerhöhung dürften die befürchteten Auswirkungen weiterer Klimaveränderungen sein, wie z. B. Verlagerung der Klimaregionen, Änderungen der Niederschlagstätigkeit, vermehrte Unwetter.

Prognose

Für die nächsten 50 – 100 Jahre halten Experten, sofern die CO_2-Emissionen wie bisher weiter ansteigen, eine Erhöhung der globalen Mitteltemperatur um 1,5 – 4,5 K für möglich. Dies wird einhergehen mit einem Anstieg des Meeresspiegels um 25 – 165 cm. Falls darüber hinaus auch keine geeigneten Maßnahmen bei den anderen Treibhausgasen ergriffen werden, könnten sich diese Auswirkungen sogar verdoppeln.

Die politischen Konsequenzen aus diesen aktuellen Kenntnissen werden zur Zeit in der Enquete-Kommission des Deutschen Bundestages „Vorsorge zum Schutz der Erdatmosphäre" erörtert.

Siehe auch:
Kapitel Allgemeine Daten, Abschnitte Energie, chemische Produkte

Atmosphärische CO_2-Konzentration im Vergleich zum langjährigen Temperaturverlauf

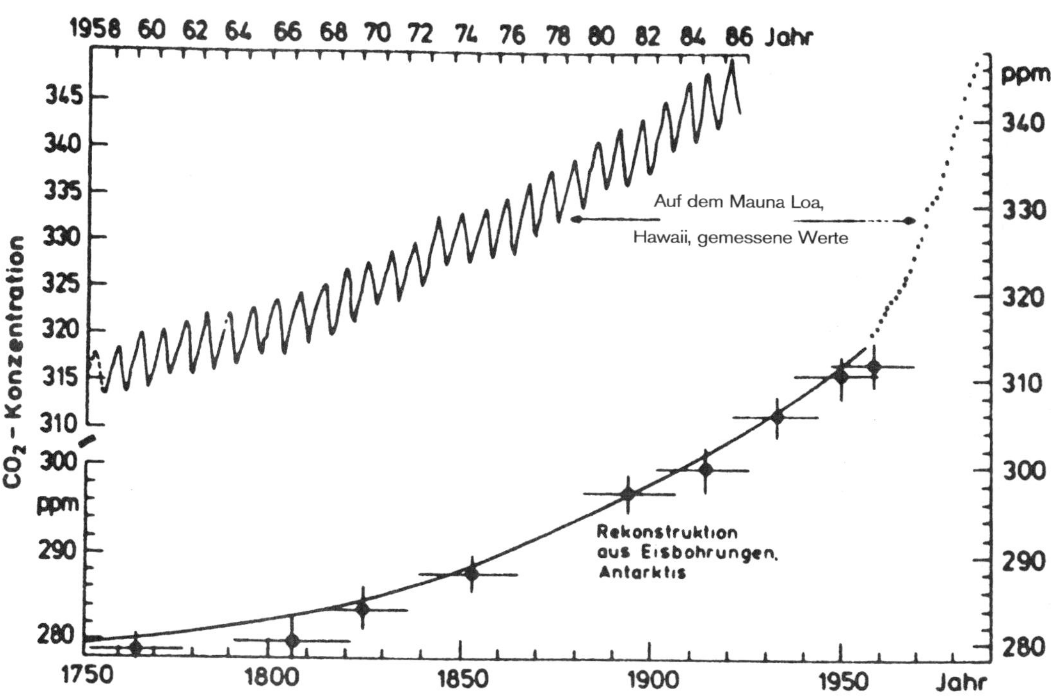

Jahr-zu-Jahr-Variation der nordhemisphärischen gemittelten Lufttemperatur

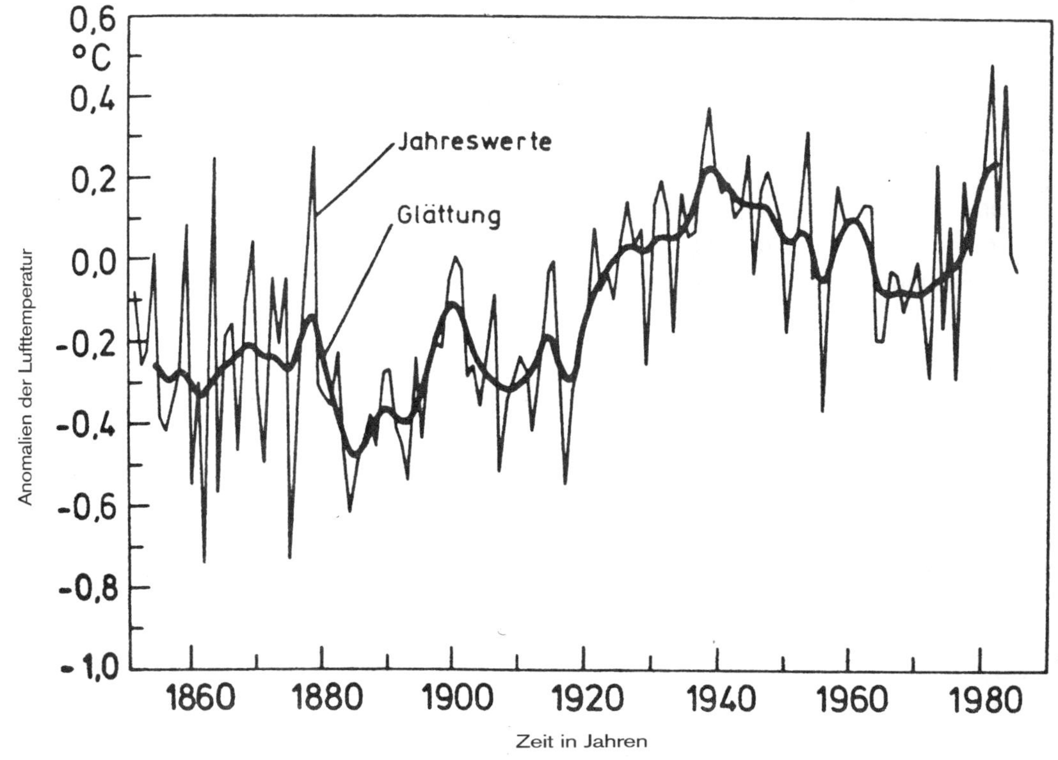

Quelle: C, – D, B. Dieckmann 1987

Ozon in der Stratosphäre

In die Chemie der Stratosphäre und in den Ozonabau greifen als Luftverunreinigungen hauptsächlich die Fluorchlorkohlenwasserstoffe (FCKW) ein. FCKW sind sehr reaktionsträge chemische Verbindungen. Sie haben eine Lebensdauer in der Atmosphäre von zum Teil über 100 Jahren. Emittierte FCKW werden deshalb in den unteren Schichten der Atmosphäre kaum abgebaut und können bis in die Stratosphäre (15–50 km Höhe) aufsteigen. Dort werden sie durch ultraviolette Strahlung zerlegt und setzen Chlor frei, das die Ozonmolekühle angreift. Entscheidend ist dabei, daß dieser Zersetzungsprozeß zyklisch erfolgt: Als Endprodukt der Reaktion entsteht wieder ein Chloratom, das erneut Ozon angreifen kann. Dieser Prozeß kann pro Chloratom tausend- bis hunderttausendmal durchlaufen werden und kommt nur zum Stillstand, wenn sich andere Reaktionspartner finden, die das Chlor binden und so aus dem Zyklus entfernen.

Aus den abgebildeten Meßergebnissen der FCKW-Konzentration an mehreren Bodenstationen lassen sich zwei Sachverhalte ableiten:

a) Der Konzentrationsanstieg von F 11 bzw. F 12 ist an allen Meßstellen etwa gleich; er liegt zwischen 4,4% und 6,2% pro Jahr für F 11 bzw. zwischen 4,7% und 5,2% für F 12. Aufgrund der Langlebigkeit der FCKW blieb der *gleichförmige Anstieg der Konzentrationen* auch für die Periode ab Mitte der siebziger Jahre bestehen, in der die *Emissionen bereits abgenommen* haben.

b) Das Konzentrationsniveau ist ebenfalls an allen Meßstellen etwa gleich. Da FCKW hauptsächlich von den Industrienationen emittiert werden, weist dies auf den schnellen hemisphärischen Transport von F 11 und F 12 hin, diese Stoffe werden auch, in guter Durchmischung, fern von den hauptsächlichen Emissionsgebieten etwa in gleicher Konzentration gefunden.

Neben FCKW können auch andere Spurengase, wie das bei jedem Verbrennungsprozeß entstehende Kohlendioxid (CO_2), das bei der Viehhaltung und dem Reisanbau entstehende Methan (CH_4) und das durch Überdüngung entstehende Distickstoffoxid (N_2O), auf die Ozonschicht einwirken. Wenn eine Untersuchung die künftige Entwicklung der Ozonschicht in der Zukunft bestimmen will, muß man alle diese Stoffe berücksichtigen, die zum Teil gegenläufige Effekte auf die Ozonschicht haben. CO_2 und CH_4 führen zu einer Ozonzunahme, während N_2O Ozon abbaut.

Die folgende Tabelle gibt einige Informationen über das Vorkommen ozonabbauender Stoffe in der Atmosphäre. Neben der Konzentration und der Trendentwicklung ist auch das relative Ozonschädigungspotential bezogen auf F 11 (= 1 gesetzt), dargestellt. Dabei wird das sehr große Ozonschädigungspotential der Halone deutlich, daß z. B. bei Halon 1301 dem zehnfachen Wert von F 11 entspricht.

Ozonabbauende Stoffe

	Hintergrund-konzentration	jährl. Zunahme in %	relatives Ozon-schädigungspotential
Trichlorfluormethan (F 11)	0,2 ppb	5,7	1,0
Dichlordifluormethan (F 12)	0,32 ppb	6,0	1,0
Dichlorfluormethan (22)	0,05 ppb	11,7	0,05 – 0,10
Trifluortrichlorethan (F 113)	0,03 ppb	10,0	0,8
Tetrachlorkohlenstoff	0,14 ppb	2,1	1,0
1,1,1-Trichlorethan	0,12 ppb	13,0	0,2
Halon 1211 (CF_2BrCl)	2,0 ppt	10 – 30	3,0
Halon 1301 (CF_3Br)	1,0 ppt		10,0
Distickstoffoxid	304 ppb	0,25	

Quelle: WMO-Report No. 16 „Atmospheric Ozone", 1985

Die Auswirkungen einer Ausdünnung der Ozonschicht sind erheblich:

Bereits 1% Ozonabnahme läßt rund 2% mehr Ultraviolette-B-Strahlung zur Erdoberfläche durchdringen. Als Folgen einer erhöhten UV-B-Strahlung werden zusätzliche Krebsfälle, eine Schwächung des menschlichen Immunsystems, die Zunahme bestimmter Augenerkrankungen, geringere Ernteerträge in der Landwirtschaft und eine Beeinflussung der Meeresökosysteme befürchtet.

Die berechneten Ozonabnahmen sind in mehrfacher Hinsicht Mittelwerte:

Das Ausmaß der Ozonabnahme wächst vom Äquator zu Polen hin an und ist bereits bei 50° N, dem Breitengradbereich des Köln-Bonner-Raumes, etwa doppelt so groß wie der globale Mittelwert. Entsprechend größer sind die Auswirkungen.

Zudem setzt sich die berechnete Abnahme der *Gesamt*ozonschicht in 100 Jahren zusammen aus einer sehr großen Abnahme von über 40% im Höhenbereich um 40 km. Dieser Abbau wird durch die auf photochemischer Umwandlung organischer Luftverunreinigung beruhende Zunahme des Ozons in der Troposphäre (Schicht bis 12 km) nicht ausgeglichen. Zudem ist die troposphärische, bodennahe Ozonzunahme wegen ihrer pflanzenschädigenden Wirkung unerwünscht.

Die auffälligste Veränderung der stratosphärischen Ozonschicht der letzten Jahre ist der rapide, jährlich wiederkehrende Schwund der antarktischen Ozonschicht. Nach dem Ende der Polarnacht, im antarktischen Frühling (September/Oktober), nehmen die Gesamtozonwerte um inzwischen ca. 60% ab. Diese Abnahmen werden seit Mitte der siebziger Jahre von antarktischen Bodenstationen gemessen und sind inzwischen durch Satellitenmessungen bestätigt worden. Das Tempo der Abnahme hat sich im Laufe der Zeit weiter beschleunigt. Der vorläufige Wert von 1987 liegt unter 150 Dobson-Einheiten (1 Dobson-Einheit entspricht einem Hundertstel Millimeter Ozonsäule) bei Normalbedingungen. Im Höhenbereich zwischen 15 und 20 km sind die Ozonabnahmen noch gravierender; dort sind über 90% des Ozons verschwunden. Die Ozonabnahmen sind auch keineswegs nur auf die Antarktis oder auf den Zeitraum des antarktischen Frühlings beschränkt. Sie werden bereits bis hinauf zur geographischen Breite von 50° S das ganze Jahr über beobachtet. Auch über der Arktis hat das Ozon im Jahresmittel stärker abgenommen als in mittleren Bereichen.

Es gibt inzwischen keine Zweifel mehr, daß die Atmosphärenchemie über der Antarktis stark gestört ist. Die meteorologischen Bedingungen der Antarktis und die dort geringen Stratosphärentemperaturen schaffen den Rahmen, in dem die störende Chlorchemie wirken kann. Ohne die antarktische stratosphärische Chlorkonzentration gäbe es kein Ozonloch.

Siehe auch:
Kapitel Allgemeine Daten, Abschnitt chemische Produkte

Konzentrationszunahme von Ozonabbauenden halogenierten Kohlen – wasserstoffen

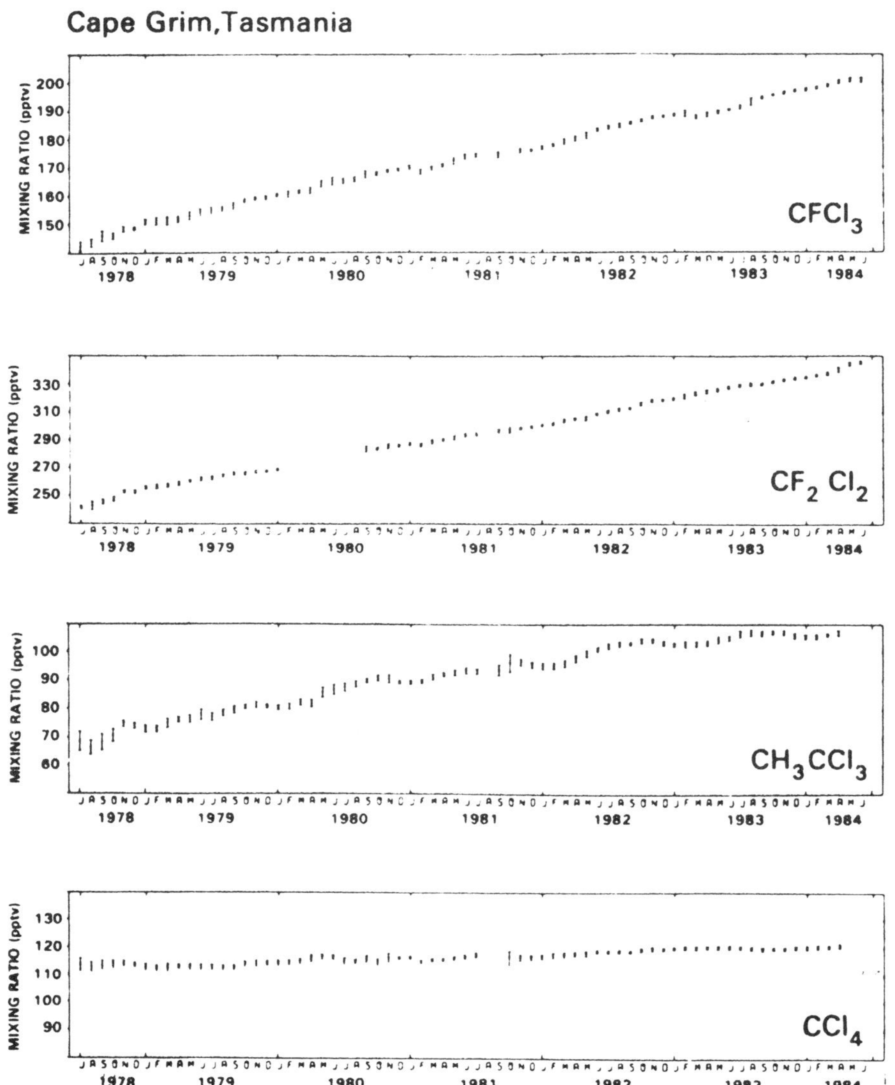

Quelle: World Meteorological Organization (WMO)

Entwicklung des Ozonhöhenprofils über der Antarktis in einem eng umgrenzten Höhenband

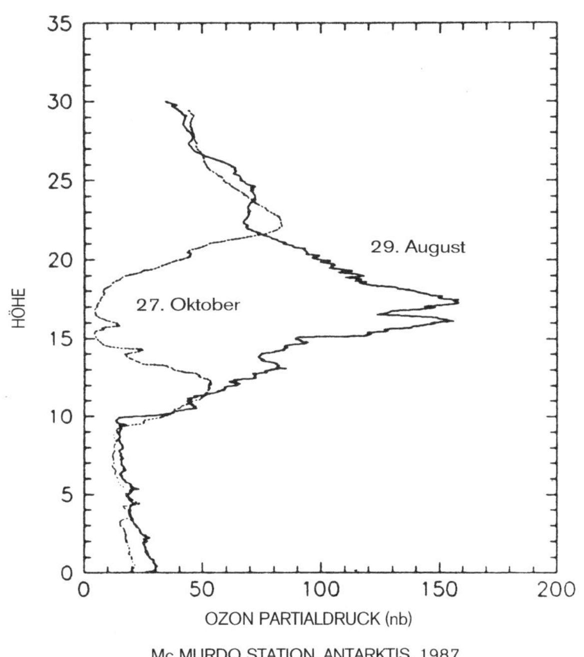

Quelle: Polar Ozone Workshop, 1988

Smoggebiete

Zur Verminderung schädlicher Umwelteinwirkungen bei austauscharmen Wetterlagen haben die Bundesländer – ausgenommen Bremen und Schleswig-Holstein – gefährdete industrielle und städtische Ballungsgebiete gemäß §§ 40 (1) und 49 (2) Bundes-Immissionsschutzgesetz (BImSchG) mittels Rechtsverordnung als „Smoggebiete" ausgewiesen und Smogalarmpläne aufgestellt, die in Abhängigkeit von dem Ausmaß der Luftverschmutzung kurzfristig wirkende Maßnahmen zur zeitlich begrenzten Minderung der Schadstoffemissionen in diesen Gebieten vorsehen. Die in den Jahren 1985/86 in Anlehnung an die Muster-Smogverordnung des Länderausschusses für Immissionsschutz vom Oktober 1984 von den Ländern vorgenommene Vereinheitlichung und Verschärfung ihrer Smogverordnungen hat in den Winterhalbjahren 1985/86 und 1986/87 zur häufigeren Auslösung von Smogalarm geführt. Hierbei kam es erstmals zu Verkehrsverboten und Stillegungen von Anlagen. Betroffen waren insbesondere die Länder Nordrhein-Westfalen, Berlin, Hessen und Niedersachsen.

Im September 1987 wurde vom Länderausschuß für Immissionsschutz eine überarbeitete Muster-Smogverordnung vorgelegt, deren wesentliches Ziel eine weitere Vereinheitlichung der Länderregelungen ist, insbesondere hinsichtlich der Ausnahmen vom Fahrverbot bei Smogalarm.

Smog-Gebiete

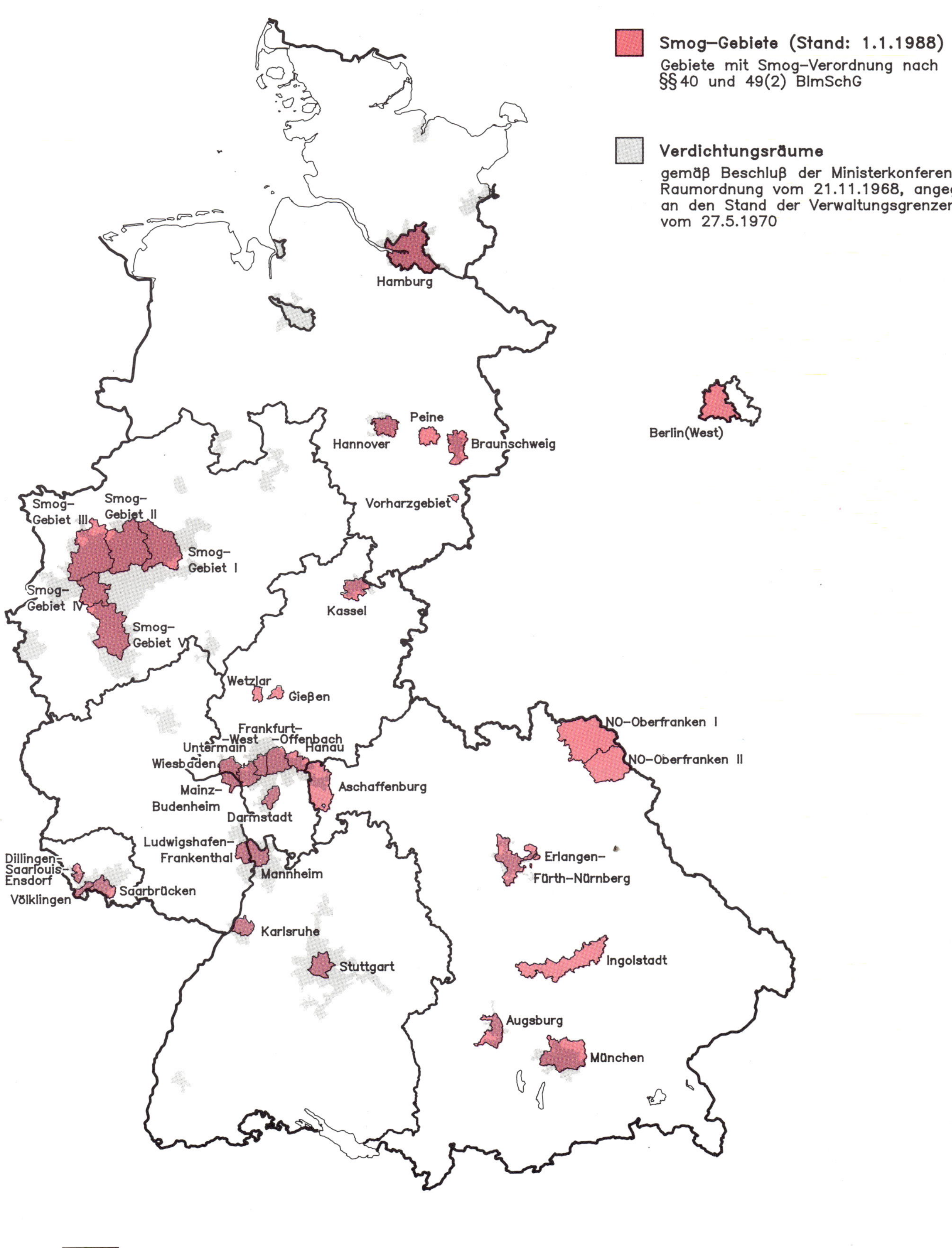

LANDES KUNDE UND RAUM ORDNUNG

Quelle: Laufende Raumbeobachtung der BfLR -Berichtssystem Umwelt-

Grenzen: Bundesländer

Emissionssituation – Entwicklung 1966 bis 1986 mit Prognose für 1998

Art der Darstellungen

Im folgenden wird die Emissionssituation der Bundesrepublik Deutschland, soweit sie anthropogen bedingt ist, in ihrer zeitlichen Entwicklung dargestellt. Die Angaben erfolgen in zeitlich und räumlich zusammenfassender Form als Jahreswerte. Sie wurden auf der Grundlage statistischer Angaben zu den emissionsrelevanten Vorgängen (Energieverbrauch, Produktionsmengen) rechnerisch ermittelt.

Betrachtet werden sämtliche Stoffgruppen der Luftverunreinigung: die anorganischen und die organischen gasförmigen Verbindungen und die Feststoffe (Stäube). Im Bereich der anorganischen Gase erfolgt eine Auswahl der Komponenten Schwefeldioxid (SO_2), Stickstoffoxide (NO_x, angegeben als NO_2) und Kohlenmonoxid (CO). Diese machen den weit überwiegenden Anteil der Gesamtemissionen anorganischer Gase aus. Die Stoffgruppen der organischen Gase und der Feststoffe hingegen werden vollständig als Summenwerte ohne Differenzierung einzelner Stoffgruppen bzw. Stoffe berechnet. Die Kohlendioxid(CO_2)-Emissionen sind auf Seite 20 im Kapitel „Allgemeine Daten, Abschnitt Energie" dargestellt.

Im Hinblick auf die Entstehung der Emissionen kommt dem Energieverbrauch – insbesondere bei den anorganischen Gasen – eine herausragende Bedeutung zu, denn die Emissionen werden zu einem ganz wesentlichen Teil durch Verbrennungsvorgänge in häuslichen, gewerblichen und industriellen Feuerungsanlagen sowie in Verbrennungsmotoren verursacht. Der auf diese Verbrennungsvorgänge zurückzuführende Anteil der Emissionen beträgt zwischen ca. 50% (bei den organischen Verbindungen) und nahezu 100% (bei den Stickstoffoxiden) der insgesamt emittierten Mengen.

Weitere Emissionen entstehen u. a. bei den Produktionsprozessen (z. B. Erzeugung von Metallen) und bei der Verwendung von organischen Lösungsmitteln in Gewerbe und Haushalten.

Die Emissionen werden in direkten Bezug zu den für ihr Entstehen ursächlichen Aktivitäten gebracht. Es erfolgt die grafische Gegenüberstellung zwischen dem emissionsrelevanten Energieverbrauch und den jeweils resultierenden Emissionen. Aus dem Vergleich wird deutlich, wie die Abhängigkeiten im einzelnen liegen und welche Faktoren die Entwicklung der Emissionen prägen. Insbesondere wird augenfällig, daß die Luftverunreinigung wegen der bedeutenden Unterschiede zwischen den Komponenten sehr differenziert zu betrachten ist.

Charakteristisch für die Art der Darstellung ist zunächst die konsequente Unterscheidung zwischen energiebedingten Emissionen – symbolisiert durch Farben – und weiteren Emissionen – symbolisiert durch Schraffur. Entsprechend erscheinen die energiebedingten Emissionen aus industriellen Produktionsprozessen im Bereich Energieverbrauch. Des weiteren ist auf die den Abbildungen des Energieverbrauchs und der Emissionen zugrundeliegende einheitliche sektorale Struktur hinzuweisen. Für die Zuordnung zu Sektoren ist nicht die Nutzung der bereitgestellten Energie, sondern die Art der Emissionsquelle maßgeblich. Entsprechend gehören die den Haushaltsbereich versorgenden Heizwerke ebenso wie die dem Verkehr dienenden Bundesbahn-Kraftwerke dem Sektor Kraft- und Fernheizwerke an. Die weitere Aufschlüsselung in Subsektoren orientiert sich an den jeweiligen Gegebenheiten.

Eine weitere Besonderheit der speziell im Hinblick auf den Vergleich der Entwicklungsverläufe konzipierten Darstellung ist die Normierung mittels eines Energie-Emissions-Index. Es werden die jeweiligen Gesamtwerte des emissionsrelevanten Energieeinsatzes und der energiebedingten Emissionen im Bezugsjahr 1966 zu Hundert gesetzt. Zusätzlich sind die entsprechenden Absolutwerte aus den Energie- bzw. Emissionsskalen zu ersehen.

Aus Gründen der Vollständigkeit enthalten die Darstellungen in ihrem oberen Teil auch die restlichen Anteile des Primärenergieverbrauchs bzw. die weiteren Emissionen. Auf diese Weise treten die Emissionsbeiträge aus dem Prozeß- und Lösemittelsektor besonders hervor.

Der retrospektive Teil der Emissionsangaben gibt den aktuellen Erkenntnisstand des Umweltbundesamtes wieder. Da die Erkenntnisse hinsichtlich der emissionsrelevanten Aktivitäten und ihres Emissionsverhaltens laufend vertieft werden, müssen ggf. auch nachträgliche Änderungen vorgenommen werden, um die zeitliche Konsistenz zu gewährleisten. Aus diesem Grunde können neuere Angaben von älteren abweichen.

Den prognostischen Angaben zum Energieverbrauch liegt im wesentlichen die Sensitivitätsanalyse 1985 zur Energieprognose 1984 der PROGNOS AG zugrunde. Die Annahmen zum Verkehrsbereich wurden entsprechend dem bisherigen Verlauf und der mutmaßlichen weiteren Entwicklung modifiziert.

Als Emissionsprognose werden mittels einer Doppelsäule für das Jahr 1998 zwei Varianten angegeben, deren Differenz nahezu vollständig durch unterschiedliche Annahmen zur Entwicklung im Verkehrsbereich bedingt ist. Für den Bereich der stationären Anlagen liegen der Abschätzung neben der Energieprognose und bestimmten Annahmen zur Entwicklung der Industrieproduktion die voraussichtlichen Auswirkungen der Maßnahmen der Bundesregierung zur Luftreinhaltung zugrunde.

Für den Verkehrsbereich wird dem voraussichtlich ungünstigsten Fall – Variante I – eine bedeutend günstigere Variante II gegenübergestellt, die bei entsprechendem politischem Willen erreichbar erscheint. Variante I entspricht den in Kraft befindlichen Grenzwertregelungen und berücksichtigt eine durch die Einführung des Europäischen Binnenmarktes zu erwartende Steigerung der Gütertransporte auf der Straße. Variante II errechnet sich bei Berücksichtigung zusätzlicher verkehrlicher Regelungen wie der steuerlichen Förderung schadstoffarmer Pkw gemäß US-Norm, der Verschärfung der Abgasgrenzwerte für Lkw sowie der Absenkung des Schwefelgehaltes in Heizöl EL und Dieselkraftstoff. Nicht berücksichtigt ist die Auswirkung des „Binnenmarktes" auf den Straßengüterverkehr. Zudem sind bei beiden Varianten mögliche strukturelle Maßnahmen im Verkehrsbereich, wie z. B. die Verlagerung von Personen- und Güterverkehr auf die Schiene, außer Betracht geblieben.

Den ausführlichen Einzeldarstellungen sind ergänzende stofflich zusammenfassende Emissionsdiagramme mit spezieller Zielsetzung beigefügt. Während die großformatigen Emissionsdarstellungen betont die zeitliche Entwicklung veranschaulichen, gehen aus der Darstellung auf Seite 280 insbesondere die Mengenverhältnisse hervor. Hinsichtlich der Verursacher wird hier nach stationären und mobilen Emittenten unterschieden. In derselben sektoralen Struktur bietet die Abbildung auf Seite 278 oben, wieder in einer Indexdarstellung, den direkten Entwicklungsvergleich der fünf Komponenten. Aus der Relativdarstellung auf Seite 279 in voller sektoraler Aufschlüsselung sind die Unterschiede der Emissionsstrukturen und ihr Wandel abzulesen. In voller zeitlicher Auflösung sind schließlich sämtliche Angaben der stofflich zusammenfassenden Grafiken aus der Tabelle Seite 281 zu ersehen.

Emissionsursache Energieverbrauch

Als emissionsrelevant ist derjenige Teil des Energieverbrauchs zu verstehen, der im Zuge des Einsatzes fossiler Brenn- und Treibstoffe in den Bereichen Umwandlung und Endenergieverbrauch (siehe auch Abschnitt Energie) energetisch genutzt wird. Die Differenz zum Primärenergieverbrauch machen im wesentlichen der nichtenergetische Verbrauch, z. B. als Rohstoff in der Chemischen Industrie, sowie die nichtfossilen Energieträger Kern- und Wasserkraft aus.

Datengrundlage ist die Energiebilanz der Arbeitsgemeinschaft Energiebilanzen. Da diese insbesondere hinsichtlich der nichtkommerziellen Brennstoffe und des militärischen Bereichs unvollständig ist, sind Ergänzungen erforderlich. Berücksichtigt werden ferner der Schiffsverkehr auf inländischen Seefahrtswegen, der Gaseinsatz in Erdgasverdichtern und der Umwandlungseinsatz in Braunkohlebrikettfabriken. Abweichend von der Energiebilanz sind die Sektoren Haushalte, Kleinverbraucher und Verkehr definiert: Stationäre Emittenten werden unter Haushalten bzw. Kleinverbrauchern, mobile Emittenten unter Verkehr zusammengefaßt. Ferner werden dem Sektor Straßenverkehr neben den Emissionen aus der Verdunstung auch diejenigen aus der Verteilung von Ottokraftstoff zugerechnet.

Ermittlung von Emissionsdaten

Die Emissionsangaben werden grundsätzlich mittels Emissionsfaktoren aus den jeweiligen emissionsrelevanten Aktivitäten berechnet. Die Emissionsfaktoren als Kennwerte für das mittlere Emissionsverhalten der Brenn- und Treibstoffe in Anlagen und Motoren sowie der Produktionsprozesse sind für die Bundesrepublik Deutschland repräsentativ angesetzt. Sie werden im Umweltbundesamt im wesentlichen auf der Grundlage stichprobenhafter Messungen und Analysen festgelegt. Ihr Näherungscharakter überträgt sich entsprechend auf die Emissionsangaben. Die Auswirkungen der Maßnahmen zur Verminderung der SO_2- und NO_x-Emissionen aus Großfeuerungsanlagen ergeben sich im wesentlichen durch anlagenbezogene Abschätzung auf der Grundlage der entsprechenden Veröffentlichungen. Hingegen werden die Primärmaßnahmen zur NO_x-Minderung pauschal behandelt.

Die Zuverlässigkeit der Emissionsschätzungen ist bei SO_2 höher als bei NO_2. Als am wenigsten gesichert sind die Angaben zu den organischen Emissionen anzusehen. Untersuchungsbedarf besteht insbesondere für den weiten Bereich der Verwendung von Lösemitteln. Für die Chemische Industrie mit ihrer Vielfalt von Produktionsprozessen sind bislang nur pauschale Abschätzungen möglich. Bestimmte weitere Bereiche erlauben grundsätzlich nur näherungsweise Abschätzungen, so z. B. die Staubemissionen aus dem Umschlag von Schüttgütern oder die organischen Emissionen aus der Verdunstung und Verteilung von Ottokraftstoff.

Siehe auch:
Kapitel Allgemeine Daten, Abschnitte Energie, Verkehr, chemische Produkte

Energieverbrauch in der Bundesrepublik Deutschland nach Sektoren und Energieträgern 1966 bis 1986 mit Prognose 1998

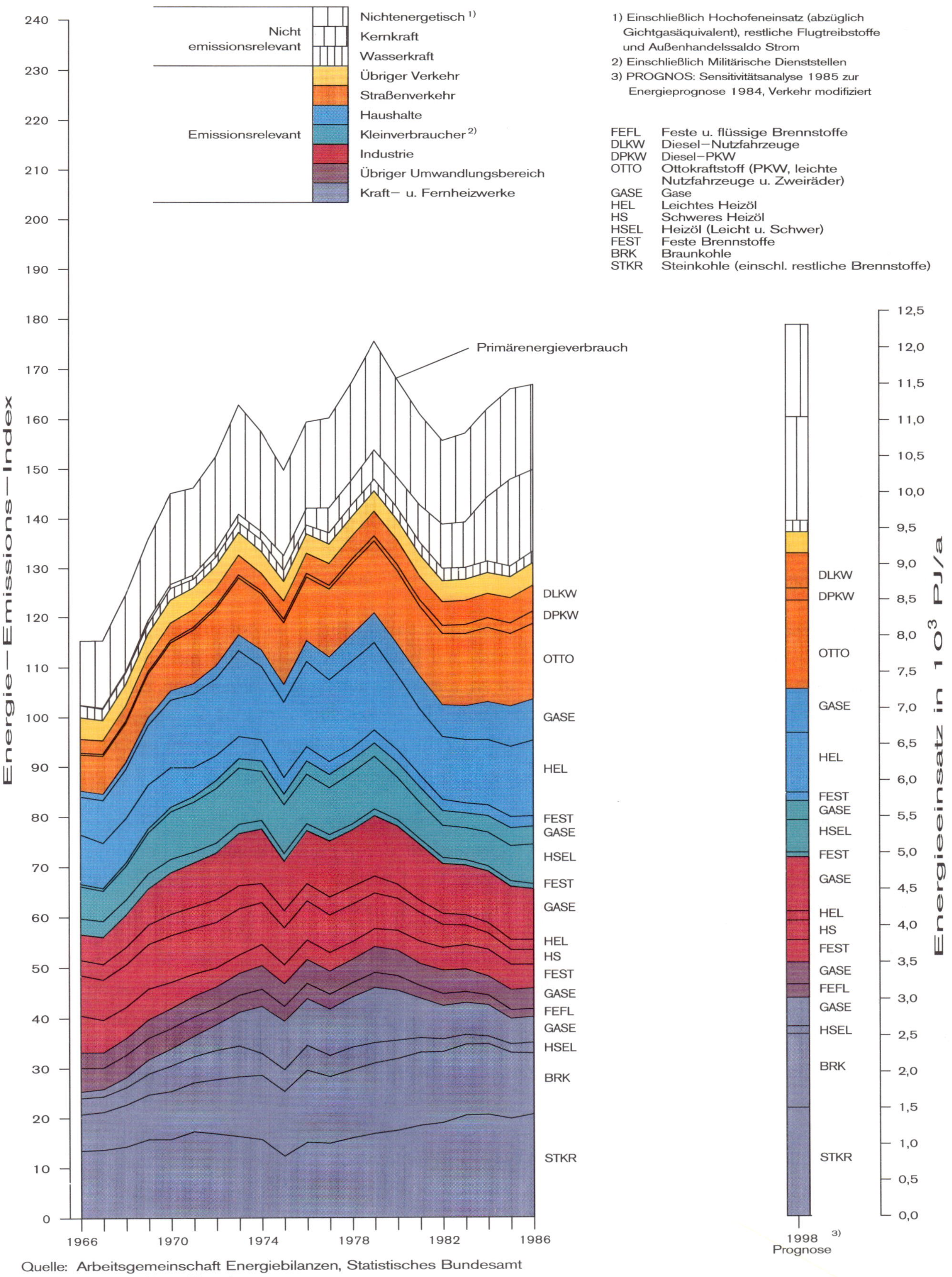

Quelle: Arbeitsgemeinschaft Energiebilanzen, Statistisches Bundesamt Prognos, Umweltbundesamt

Entwicklung der Emissionen

Stickstoffoxide

Stickstoffoxide (NO_x) entstehen fast ausschließlich bei Verbrennungsvorgängen in Anlagen und Motoren durch teilweise Oxidation des in Brennstoff und Verbrennungsluft enthaltenen Stickstoffes. Sie werden überwiegend als Stickstoffmonoxid (NO) emittiert und anschließend zu Stickstoffdioxid (NO_2) oxidiert. Ein relativ geringer prozeßbedingter Anteil ist dem Bereich Chemie (Salpetersäureherstellung) zuzuordnen. Die Mengenangaben sind als NO_2 berechnet.

Die Verbrennungsbedingungen sind in den einzelnen Sektoren verschieden, so daß der Verbrauch der gleichen Menge Brennstoff zu stark unterschiedlichen Emissionsmengen führt: Verbrennungsmotoren verursachen z. B. beträchtlich höhere energiespezifische Emissionen als stationäre Feuerungsanlagen.

Bis Mitte der 70er Jahre steigen die *Gesamtemissionen* entsprechend der Zunahme des emissionsrelevanten Energieverbrauchs. Dann jedoch nehmen sie insbesondere bei Pkw aus verbrennungstechnischen Gründen stärker zu. Hierbei verschieben sich die Anteile der Sektoren: im wesentlichen steht einer Zunahme im Verkehr eine Abnahme bei der Industrie gegenüber. In Zukunft ist mit einer beträchtlichen Entlastung zu rechnen.

Bei den *Kraft- und Fernheizwerken* steigen bis Mitte der 70er Jahre die Emissionen entsprechend dem Energieverbrauch an; seither verlaufen sie im wesentlichen unverändert. Durch die Regelungen der Großfeuerungsanlagenverordnung in Verbindung mit dem Beschluß der Umweltministerkonferenz zur NO_x-Minderung werden die Emissionen stark abnehmen. Seit 1985 erfolgt verstärkt der Umbau auf emissionsarme Feuerungssysteme, seit 1986 auch die Abgasentstickung.

In der *Industrie* gehen die Emissionen seit Mitte der 70er Jahre stärker zurück als der emissionsrelevante Energieverbrauch, da zum einen zunehmend flüssige und gasförmige Brennstoffe mit günstigerem Emissionsverhalten eingesetzt werden und zum anderen, ausgelöst durch die Energiekrisen, Einsparungen des Energieverbrauchs vorgenommen werden. Auch bei der Industrie wird eine Verringerung der Emissionen infolge der verschärften Anforderungen der Großfeuerungsanlagenverordnung und der TA Luft eintreten.

Die *Haushalte und Kleinverbraucher* weisen gemessen am Energieverbrauch relativ geringe Emissionen auf. Die Ursache liegt in den im Vergleich mit den wesentlich größeren Feuerungsanlagen der Industrie und der Kraftwerke niedrigen Verbrennungstemperaturen. Die Emissionen werden infolge verschärfter Anforderungen und eines rückläufigen Energieverbrauchs zurückgehen.

Umgekehrt ist der Sektor *Straßenverkehr* durch relativ hohe Emissionen gekennzeichnet. Bedingt durch motorische Maßnahmen zur Senkung von Kraftstoffverbrauch und Kohlenmonoxidausstoß steigen im Pkw-Bereich die Emissionen stärker als der Energieverbrauch an. Dessen Zunahme ist auf das beträchtliche Ansteigen der Fahrleistung (bei wachsendem Fahrzeugbestand) zurückzuführen. Bei den Pkw werden die Emissionen infolge der getroffenen Maßnahmen zurückgehen. Das Ausmaß wird insbesondere davon abhängen, wie weitgehend die Einführung schadstoffarmer Fahrzeuge mit Dreiwegkatalysator gelingt. Bei den Lkw ist dagegen trotz der vorgesehenen Verschärfung der Abgasgrenzwerte infolge der Ausweitung der Straßengütertransporte mit einer Zunahme der Emissionen zu rechnen.

Siehe auch:
Kapitel Allgemeine Daten, Abschnitt Verkehr

Stickstoffoxid-Emissionen (NO_x, angegeben als NO_2) nach Sektoren und Subsektoren 1966 bis 1986 mit Prognose 1998

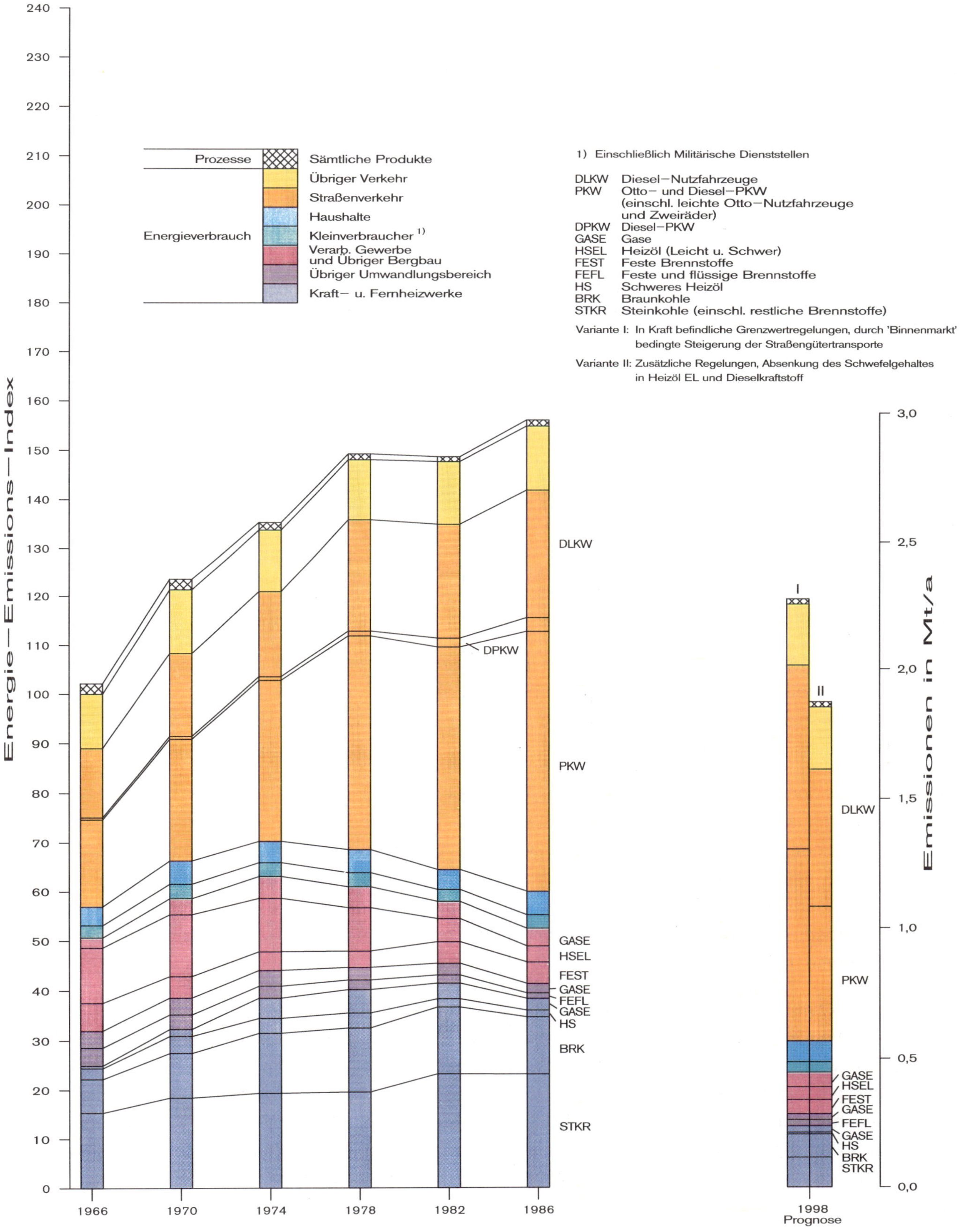
Prozesse
Sämtliche Produkte
Energieverbrauch
Übriger Verkehr
Straßenverkehr
Haushalte
Kleinverbraucher 1)
Verarb. Gewerbe und Übriger Bergbau
Übriger Umwandlungsbereich
Kraft- u. Fernheizwerke
1) Einschließlich Militärische Dienststellen
DLKW Diesel-Nutzfahrzeuge
PKW Otto- und Diesel-PKW (einschl. leichte Otto-Nutzfahrzeuge und Zweiräder)
DPKW Diesel-PKW
GASE Gase
HSEL Heizöl (Leicht u. Schwer)
FEST Feste Brennstoffe
FEFL Feste und flüssige Brennstoffe
HS Schweres Heizöl
BRK Braunkohle
STKR Steinkohle (einschl. restliche Brennstoffe)
Variante I: In Kraft befindliche Grenzwertregelungen, durch 'Binnenmarkt' bedingte Steigerung der Straßengütertransporte
Variante II: Zusätzliche Regelungen, Absenkung des Schwefelgehaltes in Heizöl EL und Dieselkraftstoff
Energie-Emissions-Index
Emissionen in Mt/a
0
10
20
30
40
50
60
70
80
90
100
110
120
130
140
150
160
170
180
190
200
210
220
230
240
0,0
0,5
1,0
1,5
2,0
2,5
3,0
DLKW
DPKW
PKW
GASE
HSEL
FEST
GASE
FEFL
GASE
HS
BRK
STKR
I
II
1966
1970
1974
1978
1982
1986
1998
Prognose

Quelle: Umweltbundesamt

Flüchtige organische Verbindungen

Emissionen flüchtiger organischer Verbindungen entstehen etwa zur Hälfte bei unvollständig ablaufenden, insbesondere motorischen Verbrennungsvorgängen. Aus dem Verkehr stammen neben den Abgasemissionen noch weitere Emissionen durch Verdunstung am Fahrzeug aufgrund der Tankbelüftung und von Undichtigkeiten (insbesondere am Vergaser) sowie bei der Verteilung des leichtflüchtigen Ottokraftstoffes (Lagerung, Umschlag und Betankung). Weitere emissionserhebliche Vorgänge sind insbesondere die Verwendung von Lösemitteln sowie in relativ geringem Maße Produktionsprozesse vor allem in der Mineralölindustrie, Chemischen Industrie sowie Nahrungs- und Genußmittelindustrie. Nicht berücksichtigt sind Emissionsquellen, die speziell die Komponente Methan freisetzen, wie z. B. Bergbau, Landwirtschaft und Deponien.

Die organischen Emissionen umfassen eine Vielzahl von Stoffen, deren direkte Einwirkung auf die Umwelt sehr unterschiedlich zu beurteilen ist. Hochtoxische Verbindungen treten in relativ geringen Mengen auf. Folglich kann aus der Gesamtemission allein nicht direkt auf das entsprechende Wirkungspotential geschlossen werden.

Seit Anfang der 70er Jahre sind die *Gesamtemissionen* leicht rückläufig. Der Anteil des Verkehrs nimmt beständig zu, während bei den Haushalten und Kleinverbrauchern bis Ende der 70er Jahre ein Rückgang zu verzeichnen ist. Zukünftig werden beträchtliche Entlastungen eintreten, insbesondere in den Sektoren Verkehr und Lösemittel.

Hinsichtlich der *Kraft- und Fernheizwerke* sowie *Industriefeuerungen* sind die organischen Emissionen von untergeordneter Bedeutung.

Im *Prozeßsektor* sind die Produktionsprozesse der Chemischen und Mineralölverarbeitenden Industrie und die teilweise auch im kleingewerblichen Bereich erfolgenden Vorgänge der Gärung zusammengefaßt. Verschärfte Regelungen der TA Luft lassen einen Rückgang der Emissionen erwarten.

Die energiebedingten Emissionen der *Haushalte und Kleinverbraucher* gehen infolge der Umstellung von festen auf flüssige und gasförmige Brennstoffe bis Ende der 70er Jahre stark zurück und sind seither praktisch unverändert. Eine weitere Abnahme kann durch eine Senkung des emissionsrelevanten Energieverbrauchs erzielt werden.

Im *Verkehrssektor* umfassen die Emissionen neben den Abgasemissionen die bei Ottokraftstoff auftretenden Verluste aus Lagerung und Umschlag und aus Verdampfung am Fahrzeug. Bis Anfang der 70er Jahre steigen die Emissionen infolge der Ausdehnung des Pkw-Verkehrs, während im weiteren infolge der Abgasregelungen der Zuwachs unter demjenigen des emissionsrelevanten Energieverbrauchs liegt. Seit Mitte der 70er Jahre ist der Verkehr die emissionsstärkste Emittentengruppe. Die Einführung schadstoffarmer Fahrzeuge insbesondere mit geregeltem Dreiwegkatalysator wird zu einer starken Abnahme der Emissionen führen.

Lösemittel gelangen in der Industrie, im Gewerbe und im Haushalt zur Anwendung, überwiegend als Bestandteile von *Produkten.* Die Emissionen werden als praktisch gleichbleibend ermittelt. Aus dem Vergleich der Produktionsmengen derjenigen Stoffe, die als Lösemittel verwendet werden, mit den bisher prozeß- und produktbezogen nachgewiesenen Verbrauchsmengen folgt, daß diese Emissionen offensichtlich noch unterschätzt werden. Eingeleitete Untersuchungen des Verbleibs der produzierten Lösemittel sollen diese Unsicherheiten der Emissionserfassung abbauen helfen. Eine Entlastung der Emissionssituation wird durch gesetzliche Maßnahmen (2. BImSchV) sowie die steigende Verwendung lösemittelärmerer Produkte eintreten.

Emissionen flüchtiger organischer Verbindungen nach Sektoren 1966 bis 1986 mit Prognose 1998

1) Gemessen an der Produktion als Lösemittel verwendeter Stoffe sind die Emissionen bislang unvollständig erfaßt
2) Einschließlich Militärische Dienststellen
3) Einschließlich Übriger Umwandlungsbereich und Kraftwerke
Energie–Emissions–Index
0
10
20
30
40
50
60
70
80
90
100
110
120
130
140
150
160
170
180
190
200
210
220
230
240
1966
1970
1974
1978
1982
1986
DLKW
DPKW
PKW
VERD
MARK
Lösemittel–[1] verwendung
Übrige Produkte
Lacke/Lackieranlagen
Halogenkohlenwasserstoffe
Prozesse[4]
Übrige Produkte
Mineralölverarbeitung
Chemische Industrie
Brot, Bier, Wein
Energie–[5] verbrauch
Übriger Verkehr
Straßenverkehr[5]
Haushalte
Kleinverbraucher[2]
Industrie[3]
DLKW Diesel–Nutzfahrzeuge
PKW Otto– u. Diesel–PKW (einschl. leichte Otto–Nutzfahrzeuge und Zweiräder)
DPKW Diesel–PKW
VERD Verdunstung von Ottokraftstoff
MARK Verteilung (Marketing) von Ottokraftstoff
4) Ohne Methan–Emittenten wie Bergbau, Landwirtschaft, Deponien
5) Einschließlich Verteilung und Verdunstung von Ottokraftstoff
Variante I: In Kraft befindliche Grenzwertregelungen, durch 'Binnenmarkt' bedingte Steigerung der Straßengütertransporte
Variante II: Zusätzliche Regelungen, Absenkung des Schwefelgehaltes in Heizöl EL und Dieselkraftstoff
Emissionen in Mt/a
0,0
0,5
1,0
1,5
2,0
2,5
I
II
DLKW
PKW
VERD
MARK
1998 Prognose

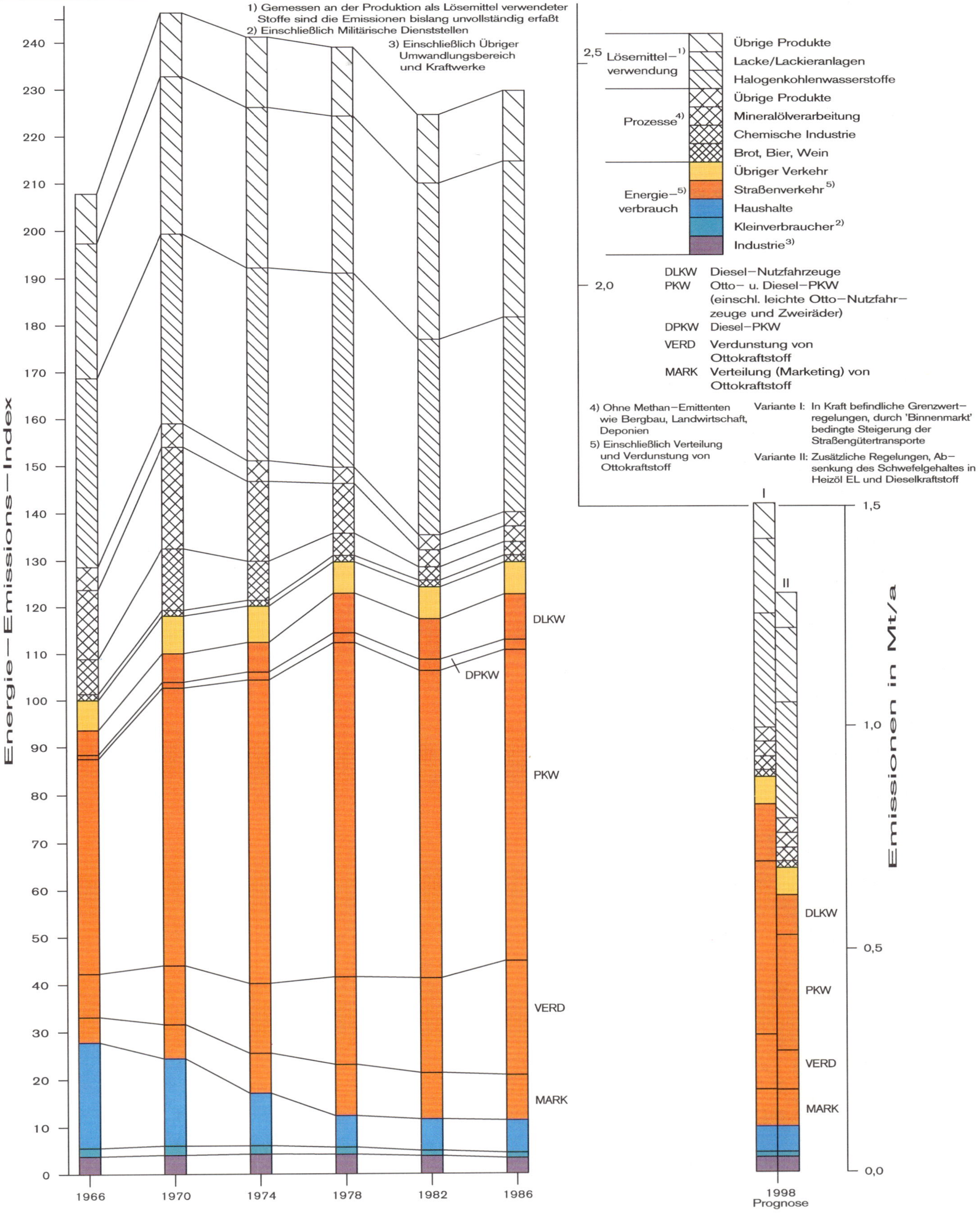

Quelle: Umweltbundesamt

Kohlenmonoxid

Kohlenmonoxid (CO) entsteht überwiegend bei unvollständiger Verbrennung in Motoren und kleineren Feuerungsanlagen. Prozeßbedingte Emissionen treten im wesentlichen in den Bereichen Eisen und Stahl, Steine und Erden sowie Aluminium auf.

Seit Anfang der 70er Jahre ist ein starker Rückgang der *Gesamtemissionen* zu verzeichnen, der insbesondere durch die Abnahme der festen Brennstoffe in kleineren Feuerungen bewirkt wird. Während entsprechend die Anteile der Haushalte und Kleinverbraucher wesentlich zurückgehen, erhöht sich der Anteil des Verkehrs. Es ist mit einer weiteren beträchtlichen Entlastung aus dem Verkehrsbereich zu rechnen.

Die Emissionen aus *Kraft- und Fernheizwerken sowie Industriefeuerungen* sind von untergeordneter Bedeutung; entsprechend dominieren in der *Industrie* die Produktionsprozesse, insbesondere der Bereich Eisen und Stahl. Nach einem leichten Anstieg bis Mitte der 70er Jahre liegt nunmehr ein Rückgang vor. Dieser wird sich auch zukünftig fortsetzen.

Im Bereich *Haushalte und Kleinverbraucher* zieht die Umstellung von festen auf flüssige und gasförmige Brennstoffe eine merkliche Emissionsentlastung nach sich. Im gleichen Sinne wirkt sich die laufende Verbesserung der Verbrennungsbedingungen infolge der 1. BImSchV aus. Mit weiteren Emissionsreduzierungen insbesondere bei festen Brennstoffen ist zu rechnen.

Im *Verkehrssektor* steigen infolge der Ausweitung des Pkw-Verkehrs die Emissionen bis Anfang der 70er Jahre. Seither sind sie infolge der Abgasregelungen trotz weiteren Anwachsens des Kraftstoffverbrauchs rückläufig und werden auch in Zukunft weiter deutlich abnehmen.

Kohlenmonoxid–Emissionen nach Sektoren und Subsektoren 1966 bis 1986 mit Prognose 1998

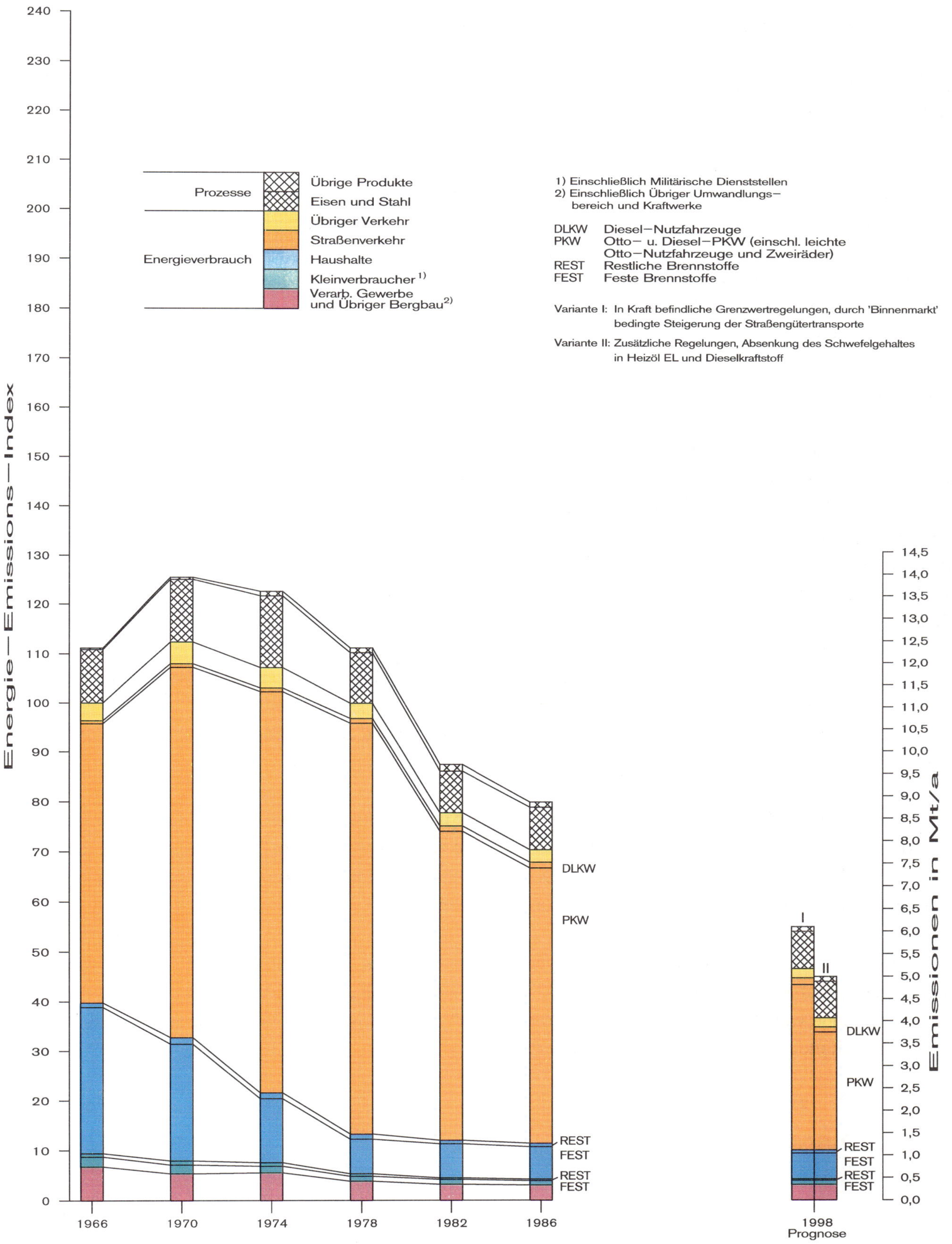

Quelle: Umweltbundesamt

Schwefeldioxid

Schwefeldioxid (SO_2) entsteht überwiegend bei Verbrennungsvorgängen durch Oxidation des im Brennstoff enthaltenen Schwefels. Prozeßbedingte Emissionen treten vornehmlich in dem Bereich Erdöl/ Erdgas, Metallerzeugung und Chemie auf.

Die Sektoren unterscheiden sich erheblich hinsichtlich des mittleren Schwefelgehaltes der eingesetzten Brennstoffe. Dieser liegt für Kraftwerke am höchsten und nimmt in der Reihenfolge Industrie, Kleinverbraucher, Haushalte bis zum Verkehr ab.

Die *Gesamtemissionen* bleiben deutlich hinter dem Anwachsen des emissionsrelevanten Energieverbrauchs zurück. Seit Anfang der 70er Jahre nehmen sie beständig ab. Ursächlich hierfür sind neben der teilweisen Umstellung auf schwefelarme Brennstoffe gesetzliche Maßnahmen zur Absenkung des Schwefelgehaltes in Brenn- und Treibstoffen sowie zur Abgasentschwefelung. Während der Anteil der Kraft- und Fernheizwerke beständig ansteigt und inzwischen bei rund ⅔ liegt, gehen die Anteile der restlichen Sektoren zurück. Die Emissionen werden stark abnehmen, insbesondere bei den Kraft- und Fernheizwerken.

Im Sektor *Kraft- und Fernheizwerke* steigen die Emissionen bis Anfang der 70er Jahre infolge des zunehmenden Einsatzes schwefelärmerer Brennstoffe langsamer als der emissionsrelevante Energieverbrauch. Seit Ende der 70er Jahre sind sie rückläufig. Diese Entwicklung wird durch schwefelärmere Brennstoffe und die Abgasentschwefelung entsprechend den Anforderungen der Großfeuerungsanlagenverordnung verursacht. Für die Zukunft ist mit einer weiteren beträchtlichen Abnahme der Emissionen zu rechnen.

Für die energiebedingten Emissionen der *Industrie* ist seit Mitte der 70er Jahre ein Rückgang infolge abnehmenden Energieeinsatzes zu verzeichnen. Hingegen verlaufen die prozeßbedingten Emissionen im wesentlichen unverändert. Im Sektor des Übrigen Umwandlungsbereichs ist infolge des verstärkten Einsatzes von schwerem Heizöl mit einer leichten Anhebung der Emissionen zu rechnen. Dennoch werden für die Industrie insgesamt die Neuregelungen der TA Luft und der Großfeuerungsanlagenverordnung einen Rückgang der Emissionen bewirken.

Maßgeblich für die Abnahme der Emissionen der *Haushalte* und *Kleinverbraucher* seit den 70er Jahren ist das Vordringen der flüssigen und gasförmigen Brennstoffe mit relativ geringem Schwefelgehalt und die Begrenzung des Schwefels im leichten Heizöl. Durch verschärfte Anforderungen und den Rückgang des Energieverbrauchs werden die Emissionen weiter abnehmen.

Im *Verkehrssektor* spiegelt sich die beträchtliche Zunahme des Kraftstoffverbrauchs infolge der schrittweisen Reduzierung des Schwefelgehaltes im Dieselkraftstoff nicht im Verlauf der Emissionen wider. Falls keine weitere Reduzierung des Schwefelgehaltes erfolgt, werden die Emissionen in Zukunft infolge zunehmenden Kraftstoffeinsatzes ansteigen.

Schwefeldioxid (SO_2) –Emissionen nach Sektoren und Subsektoren 1966 bis 1986 mit Prognose 1998

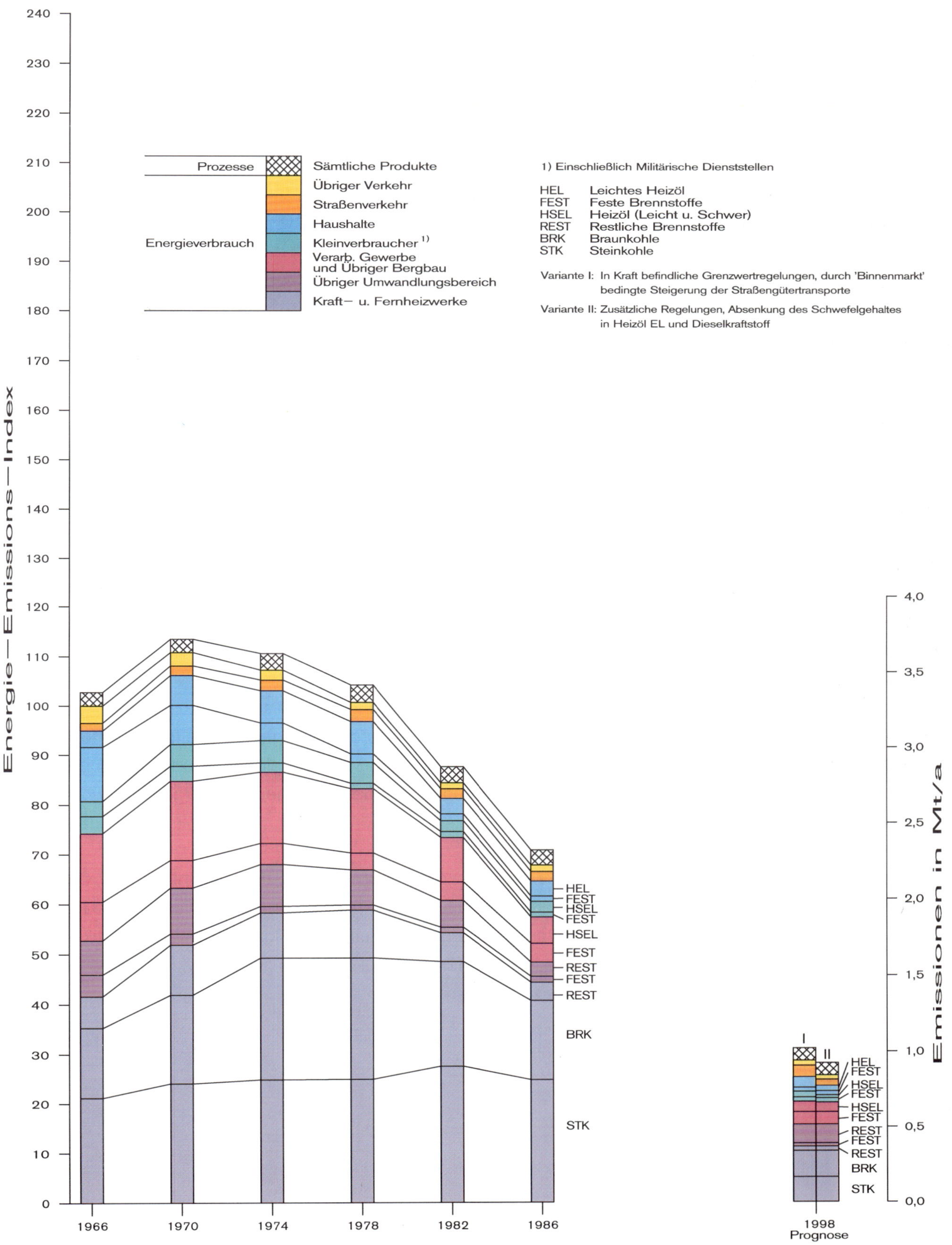

Quelle: Umweltbundesamt

Gesamtstaub

Staub bezeichnet die Gesamtheit der Feststoffe, ungeachtet ihrer chemischen Zusammensetzung. Unter derzeitigen Bedingungen entstehen die Emissionen zu etwa gleichen Teilen bei Verbrennungsvorgängen (als Flugasche und Ruß) und bei sonstigen Vorgängen, denen vorrangig der Umschlag von Schüttgütern und Produktionsprozesse in den Bereichen Eisen und Stahl sowie Steine und Erden zuzurechnen sind. Staub liegt heutzutage fast ausschließlich als Feinstaub vor.

Stäube unterscheiden sich hinsichtlich ihrer physikalischen (insbesondere Korngröße) und chemischen Zusammensetzung, wobei toxische Bestandteile in relativ geringen Mengen auftreten. Entsprechend der unterschiedlichen Wirkungsweise kann aus der Gesamtemission allein nicht direkt auf die Umweltrelevanz geschlossen werden.

Die zunächst sehr schnelle Abnahme der *Gesamtemissionen* im wesentlichen infolge verbesserter Entstaubung hat sich inzwischen deutlich verlangsamt, da Abscheidegrade von > 99,5 % schon erreicht sind. Da diese Erfolge weit stärker bei den Feuerungsanlagen als im Prozeßsektor erzielt wurden, macht dessen Anteil bereits mehr als die Hälfte aus. Die Emissionen werden weiter zurückgehen.

Im *Prozeßsektor* sind die Emissionen aus dem Umschlag von Schüttgütern weitgehend unverändert geblieben, so daß sie inzwischen dominieren; voraussichtlich werden sie noch weiter ansteigen. Insgesamt gesehen werden die Prozeß-Emissionen jedoch infolge der verschärften Anforderungen auch weiterhin zurückgehen.

Die Emissionen aus den Feuerungsanlagen der *Kraft- und Fernheizwerke* sowie der *Industrie* haben infolge der Großfeuerungsanlagenverordnung und der TA Luft in Verbindung mit dem Rückgang des Einsatzes fester Brennstoffe für industrielle Zwecke stark abgenommen. Die Zukunft wird kraft der gesetzlichen Maßnahmen einen weiteren deutlichen Rückgang bringen.

Bei den *Haushalten und Kleinverbrauchern* ist ein ständiger Rückgang der Emissionen zu verzeichnen. Ursache hierfür ist die Umstellung von festen auf emissionsärmere flüssige und gasförmige Brennstoffe in Verbindung mit der Verbesserung der Verbrennungsvorgänge infolge der Regelungen der 1. BImSchV. Mit der weiteren Abnahme infolge verschärfter Anforderungen und des verringerten Energieverbrauchs insbesondere bei festen Brennstoffen ist zu rechnen.

Im *Verkehrsbereich* sind die Emissionen bis Mitte der 70er Jahre wegen der Elektrifizierung des Schienenverkehrs stark zurückgegangen, um dann jedoch – im wesentlichen durch die Dieselfahrzeuge bestimmt – der Entwicklung des emissionsrelevanten Energieverbrauchs zu folgen. Sofern die Partikelemissionen nicht entsprechend begrenzt werden, ist für die Zukunft infolge des Zuwachses im Straßengüterverkehr mit steigenden Emissionen zu rechnen.

Staub–Emissionen nach Sektoren und Subsektoren 1966 bis 1986 mit Prognose 1998

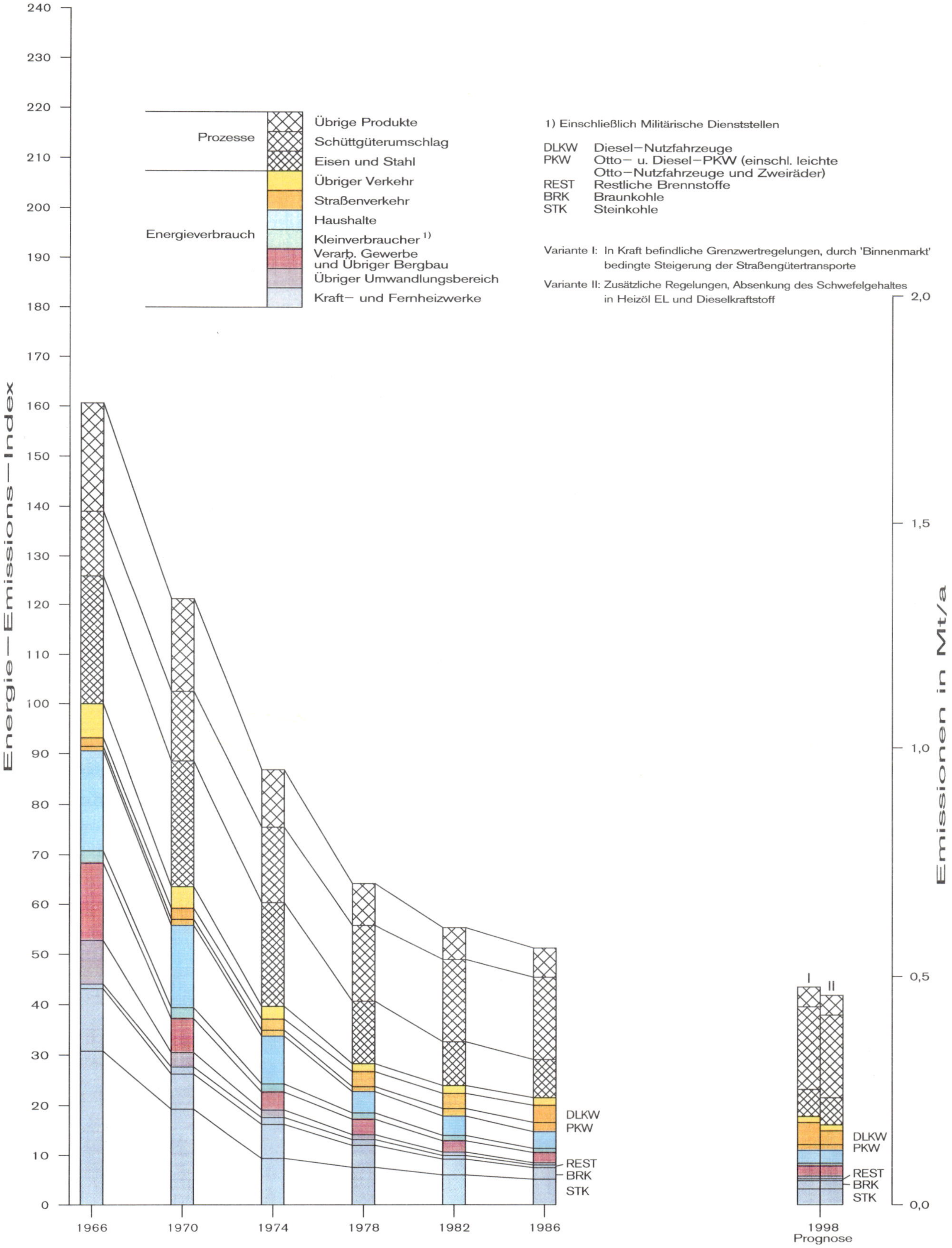

Quelle: Umweltbundesamt

Entwicklung der Jahresemissionen 1966 bis 1986 mit Prognose 1998

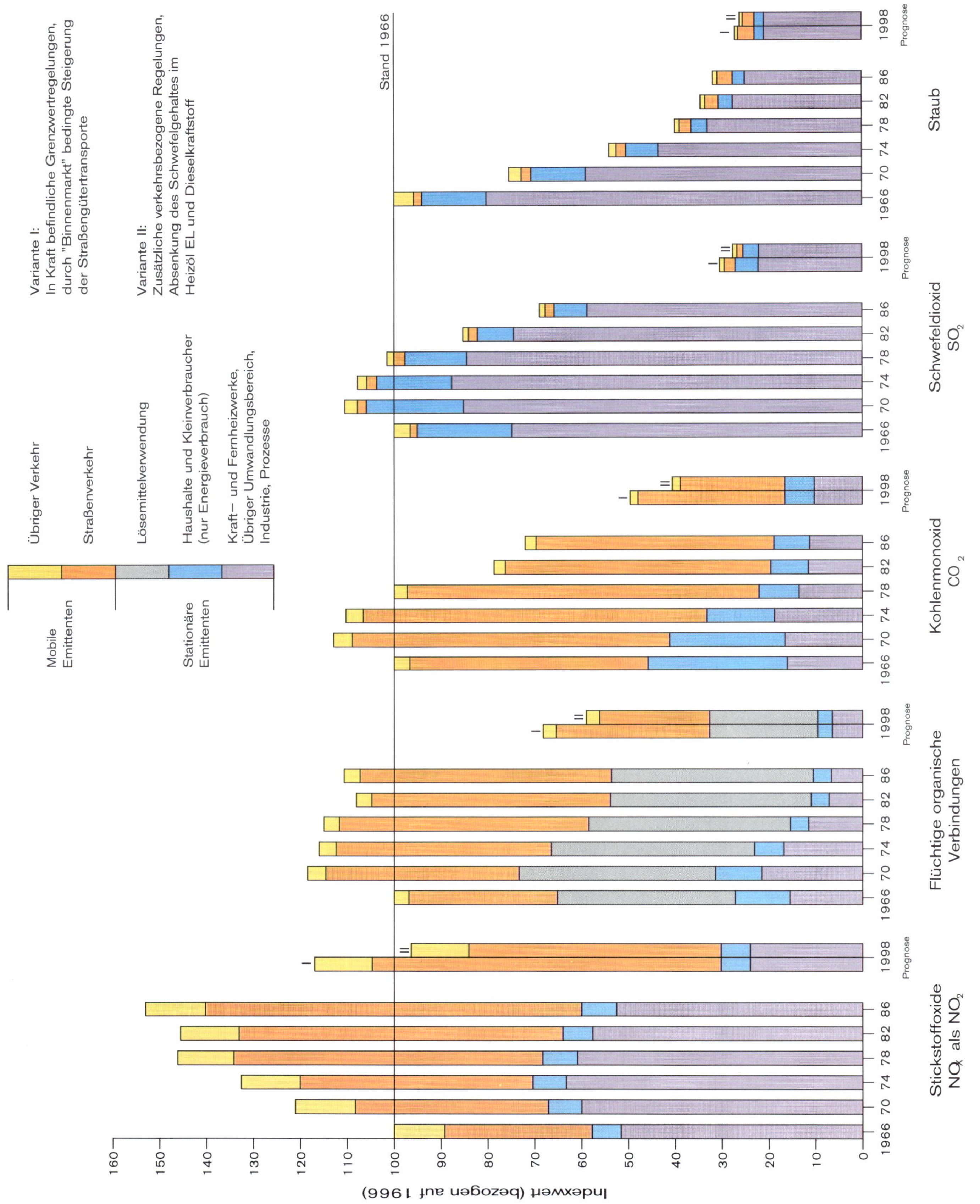

Mobile Emittenten: Übriger Verkehr; Straßenverkehr

Lösemittelverwendung

Stationäre Emittenten: Haushalte und Kleinverbraucher (nur Energieverbrauch); Kraft- und Fernheizwerke, Übriger Umwandlungsbereich, Industrie, Prozesse

Variante I: In Kraft befindliche Grenzwertregelungen, durch "Binnenmarkt" bedingte Steigerung der Straßengütertransporte

Variante II: Zusätzliche verkehrsbezogene Regelungen, Absenkung des Schwefelgehaltes im Heizöl EL und Dieselkraftstoff

Stand 1966

Stickstoffoxide NO_x als NO_2 — 1966, 70, 74, 78, 82, 86, 1998 Prognose (I, II)

Flüchtige organische Verbindungen — 1966, 70, 74, 78, 82, 86, 1998 Prognose (I, II)

Kohlenmonoxid CO — 1966, 70, 74, 78, 82, 86, 1998 Prognose (I, II)

Schwefeldioxid SO_2 — 1966, 70, 74, 78, 82, 86, 1998 Prognose (I, II)

Staub — 1966, 70, 74, 78, 82, 86, 1998 Prognose (I, II)

Indexwert (bezogen auf 1966): 0, 10, 20, 30, 40, 50, 60, 70, 80, 90, 100, 110, 120, 130, 140, 150, 160

Quelle: Umweltbundesamt

Entwicklung der Jahresemissionen 1966 bis 1986 mit Prognose 1998

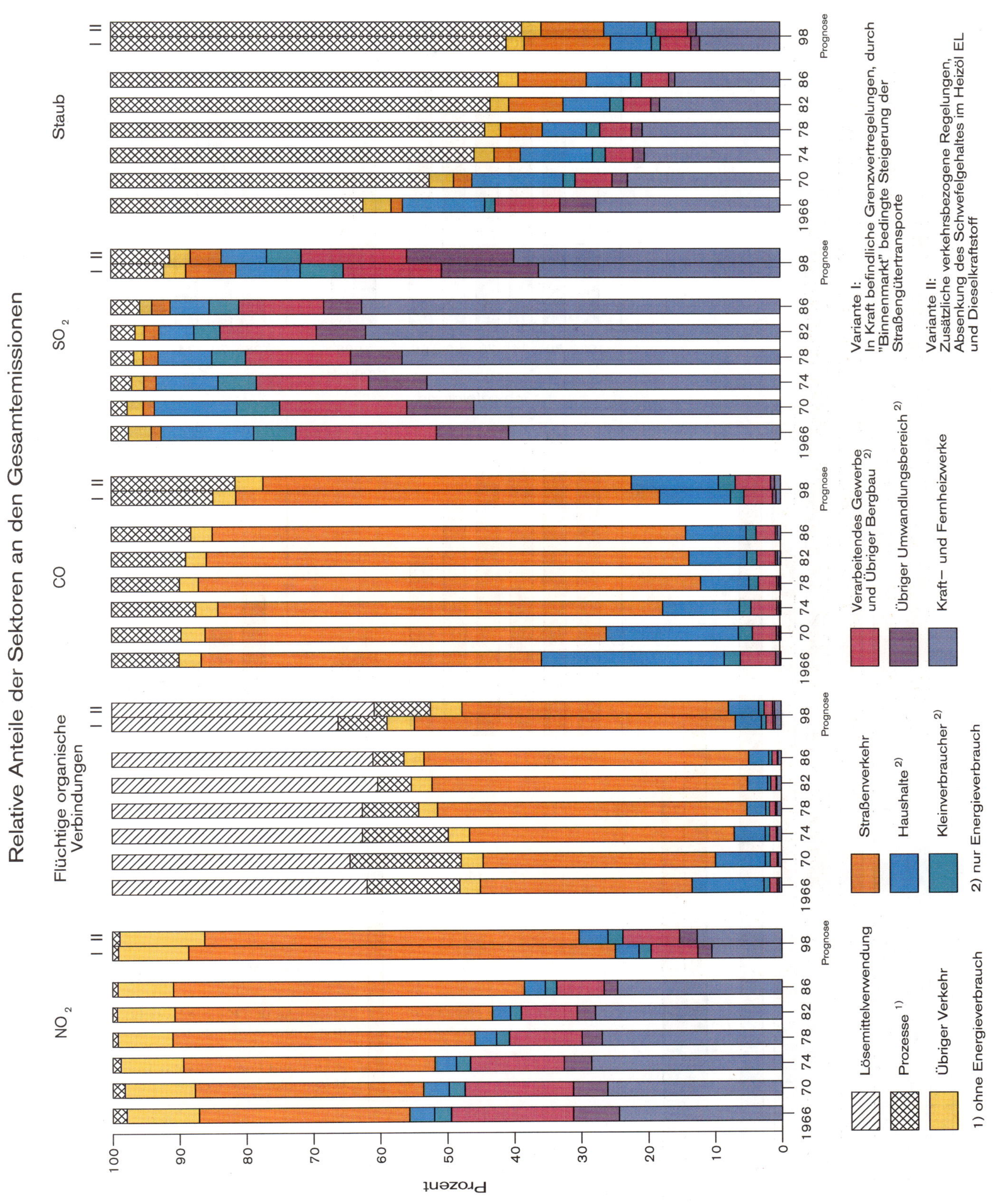

Quelle: Umweltbundesamt

Entwicklung der Jahresemissionen 1966 bis 1986 mit Prognose 1998

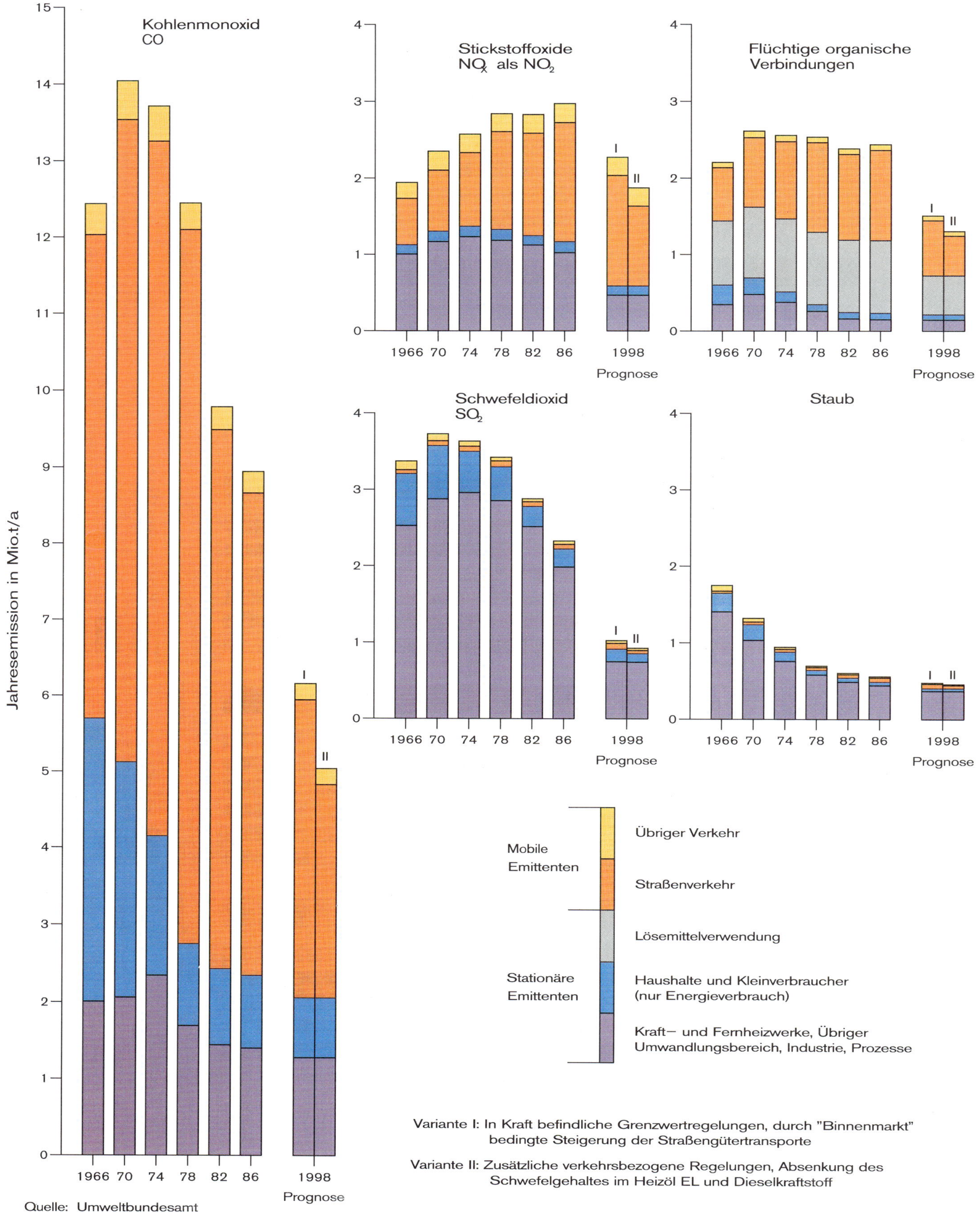

Variante I: In Kraft befindliche Grenzwertregelungen, durch "Binnenmarkt" bedingte Steigerung der Straßengütertransporte

Variante II: Zusätzliche verkehrsbezogene Regelungen, Absenkung des Schwefelgehaltes im Heizöl EL und Dieselkraftstoff

Quelle: Umweltbundesamt

Emissionskataster nach Emittentengruppen

Form der Darstellung

Das Emissionsursachenkataster EMUKAT des Umweltbundesamtes enthält vollständige Emissionskataster für die Komponenten Schwefeldioxid (SO_2) und Stickstoffoxide (NO_x, angegeben als NO_2) mit dem Bezugsjahr 1986. Die Daten wurden im wesentlichen durch Fortschreibung der Piloterhebung für 1980 ermittelt.

Die Emissionssituation wird sowohl in der Zusammenfassung aller Emittentengruppen als auch nach einzelnen Emittentengruppen in hoher regionaler Auflösung im UTM-Gitternetz 10 km × 10 km kartographisch dargeboten. Ausgewiesen ist für jedes Rasterelement die entsprechend dem Ermittlungsverfahren festgestellte mittlere Emissionsdichte in der Einheit Tonnen Schadstoff je km^2 und Jahr. Teilweise außerhalb der Bundesrepublik Deutschland oder auf See liegenden Rasterelementen werden die Emissionen in Inland bzw. auf dem Festland zugerechnet.

Um neben der räumlichen auch die sektorale Struktur der Emissionen zur Geltung zu bringen, wurden für jede Komponente zur Darstellung der Gesamt- und der Sektor-Emissionen einheitliche Klassen der Emissionsdichte festgelegt. Dieses System von insgesamt 10 Klassen baut sich auf folgenden Eckwerten der Verteilung der Gesamtemissionen auf:

a) Die Klasse der emissionsschwächsten Elemente nimmt einen Anteil von 10% an der Fläche der Bundesrepublik Deutschland ein.
b) Die drei Klassen der emissionsstärksten Elemente liegen oberhalb der mittleren Flächendichte der Gesamtemissionen. Diese Emissionsdichte ist ein international gebräuchlicher Vergleichswert (siehe Tab. Seite 295)

Die weitere Unterteilung folgt dem Prinzip der geometrischen Reihe. Hierbei erstreckt sich die oberste Klasse bis zum jeweiligen Spitzenwert der Emissionsdichte.

Aus den Legenden sind die Ober- und Untergrenzen der Emissionsdichte-Klassen in der Einheit Tonnen Schadstoff je km^2 (und Jahr) zu ersehen. Des weiteren werden sie in Prozent der mittleren Emissionsdichte der Gesamtemissionen angegeben.

Die Häufigkeitsverteilung der Dichteklassen wird jeweils in zwei bzw. drei Diagrammen veranschaulicht. Hier ist zum einen angegeben, wieviel Prozent der Gesamtfläche der Bundesrepublik Deutschland in die jeweiligen Dichteklassen fallen. Zum anderen ist der jeweilige Prozentsatz sowohl der Emissionen der Emittentengruppe als auch der Gesamtemissionen eingetragen. (Im Fall der Gesamtemissionen entfallen entsprechend die Angaben zur Emittentengruppe.)

Ermittlung der Daten

Grundlage der rechnerischen Ermittlung ist die räumliche Verteilung der Emissionsursachen: Energieverbrauch, Produktionsmenge und Verkehrsaufkommen. Diese Daten entstammen im wesentlichen den öffentlichen und weiteren Statistiken sowie ergänzenden Angaben von Verbänden und Institutionen.

Emissionen nach Sektoren in der Bundesrepublik Deutschland 1966–1986 mit Prognose 1998

(Angaben gerundet · Abweichungen von älteren Angaben infolge neuer Sektorenstruktur und Aktualisierung)

Luftverunreinigung Bereich/Sektor	1966 kt/a	%	1967 kt/a	%	1968 kt/a	%	1969 kt/a	%	1970 kt/a	%
Stickstoffoxide NO_x, ber. als NO_2										
Insgesamt Mt/a	1,95		1,95		2,05		2,20		2,35	
Energieverbrauch	1 900	97,9	1 900	97,9	2 000	98,1	2 150	98,1	2 300	98,2
Kraft- und Fernheizwerke[1])	480	24,4	490	25,2	530	25,5	580	26,3	610	26,1
Übriger Umwandlungsbereich[2]),[3])	130	6,8	120	6,1	120	5,9	120	5,5	120	5,1
Verarb. Gewerbe und Übr. Bergbau[3])	360	18,3	350	17,9	360	17,5	380	17,1	380	16,2
Kleinverbraucher[4])	50	2,5	45	2,3	45	2,2	50	2,3	55	2,4
Haushalte	70	3,7	75	3,8	75	3,7	85	3,9	90	3,8
Straßenverkehr	610	31,4	620	32,1	670	32,4	720	32,5	800	34,1
Übriger Verkehr[5])	210	10,8	200	10,5	220	10,9	230	10,5	250	10,5
Prozesse[3]),[6])	40	2,1	40	2,1	40	1,9	45	1,9	40	1,8
Flüchtige organische Verbindungen										
Insgesamt Mt/a	2,20		2,25		2,35		2,50		2,60	
Energieverbrauch	1 050	48,1	1 050	47,4	1 100	47,2	1 200	47,6	1 250	47,9
Kraft- und Fernheizwerke[1])	9	0,4	10	0,4	11	0,5	12	0,5	13	0,5
Übriger Umwandlungsbereich[2]),[3])	7	0,3	6	0,3	6	0,3	6	0,2	5	0,2
Verarb. Gewerbe und Übr. Bergbau[3])	25	1,1	25	1,0	25	1,0	25	1,0	25	1,0
Kleinverbraucher[4])	20	0,9	20	0,8	20	0,8	20	0,8	20	0,8
Haushalte	240	10,7	220	9,6	210	8,9	210	8,5	200	7,5
Straßenverkehr[7])	700	31,6	730	32,3	770	32,4	830	33,3	910	34,6
Übriger Verkehr[5]),[7])	70	3,1	70	3,0	75	3,3	80	3,3	85	3,3
Prozesse[3]),[6]),[8])	300	13,8	330	14,4	370	15,5	400	16,0	430	16,6
Lösemittelverwendung[9])	840	38,1	860	38,2	880	37,3	910	36,4	930	35,5
Kohlenmonoxid CO										
Insgesamt Mt/a	12,4		12,4		12,9		13,7		14,0	
Energieverbrauch	11 200	89,9	11 100	89,6	11 500	89,2	12 200	89,0	12 600	89,6
Kraft- und Fernheizwerke[1])	30	0,2	30	0,2	30	0,2	35	0,2	35	0,3
Übriger Umwandlungsbereich[2]),[3])	70	0,6	60	0,5	60	0,5	60	0,4	55	0,4
Verarb. Gewerbe und Übr. Bergbau[3])	650	5,3	550	4,4	530	4,1	520	3,8	510	3,6
Kleinverbraucher[4])	300	2,4	290	2,3	290	2,2	300	2,2	290	2,1
Haushalte	3 400	27,3	3 150	25,2	3 100	23,9	3 100	22,5	2 750	19,7
Straßenverkehr	6 350	50,8	6 650	53,7	7 050	54,7	7 700	56,2	8 400	59,9
Übriger Verkehr[5])	410	3,3	410	3,3	460	3,6	500	3,7	500	3,6
Prozesse[3]),[6])	1 250	10,1	1 300	10,4	1 400	10,8	1 500	11,0	1 450	10,4
Schwefeldioxid SO_2										
Insgesamt Mt/a	3,35		3,30		3,40		3,65		3,75	
Energieverbrauch	3 300	97,4	3 200	97,4	3 350	97,7	3 550	97,6	3 650	97,6
Kraft- und Fernheizwerke[1])	1 350	40,6	1 400	42,3	1 500	43,4	1 600	44,2	1 700	45,9
Übriger Umwandlungsbereich[2]),[3])	370	10,8	340	10,3	360	10,5	380	10,3	370	10,0
Verarb. Gewerbe und Übr. Bergbau[3])	700	20,8	680	20,6	690	20,2	710	19,6	710	18,9
Kleinverbraucher[4])	210	6,4	210	6,3	210	6,0	230	6,3	240	6,4
Haushalte	470	13,9	440	13,4	450	13,1	480	13,1	460	12,3
Straßenverkehr	50	1,5	50	1,6	55	1,7	60	1,6	65	1,7
Übriger Verkehr[5])	110	3,4	95	2,9	95	2,8	90	2,5	90	2,4
Prozesse[3]),[6])	90	2,6	85	2,6	80	2,3	90	2,4	90	2,4
Staub										
Insgesamt Mt/a	1,75		1,55		1,50		1,45		1,30	
Energieverbrauch	1 100	62,3	950	60,3	880	57,9	810	55,4	690	52,5
Kraft- und Fernheizwerke[1])	480	27,4	430	27,4	390	26,0	360	24,8	300	22,8
Übriger Umwandlungsbereich[2]),[3])	100	5,6	70	4,4	60	4,1	45	3,0	30	2,4
Verarb. Gewerbe und Übr. Bergbau[3])	170	9,6	140	8,7	120	7,7	95	6,7	75	5,5
Kleinverbraucher[4])	25	1,5	25	1,7	25	1,7	25	1,8	25	1,8
Haushalte	220	12,3	200	12,5	190	12,8	200	13,6	180	13,6
Straßenverkehr[10])	30	1,7	30	1,8	30	2,1	35	2,3	35	2,8
Übriger Verkehr[5])	75	4,2	60	3,7	55	3,5	45	3,2	45	3,6
Prozesse[3]),[11]),[12])	660	37,7	630	39,7	640	42,1	650	44,6	630	47,5

Luftverunreinigung Bereich/Sektor	1971 kt/a	%	1972 kt/a	%	1973 kt/a	%	1974 kt/a	%	1975 kt/a	%	197 kt/a
Stickstoffoxide NO_x, ber. als NO_2											
Insgesamt Mt/a	2,45		2,50		2,65		2,60		2,55		2,7
Energieverbrauch	2 400	98,5	2 500	98,7	2 600	98,8	2 550	98,8	2 500	99,0	2 700
Kraft- und Fernheizwerke[1])	670	27,4	700	27,6	730	27,5	730	28,5	660	25,9	760
Übriger Umwandlungsbereich[2]),[3])	120	4,7	110	4,2	100	3,9	110	4,1	95	3,8	95
Verarb. Gewerbe und Übr. Bergbau[3])	360	14,9	360	14,3	370	14,0	360	14,0	320	12,6	330
Kleinverbraucher[4])	55	2,3	65	2,5	65	2,4	55	2,1	55	2,2	55
Haushalte	85	3,5	85	3,4	90	3,5	85	3,2	80	3,2	90
Straßenverkehr	870	35,9	930	36,9	1 000	37,8	970	37,5	1 050	41,8	1 150
Übriger Verkehr[5])	240	9,8	250	9,8	260	9,7	240	9,4	240	9,5	230
Prozesse[3]),[6])	35	1,5	30	1,3	30	1,2	30	1,2	25	1,0	20
Flüchtige organische Verbindungen											
Insgesamt Mt/a	2,65		2,65		2,65		2,55		2,55		2,5
Energieverbrauch	1 300	49,1	1 300	49,9	1 350	50,1	1 300	49,8	1 300	51,7	1 300
Kraft- und Fernheizwerke[1])	14	0,5	16	0,6	16	0,6	16	0,6	16	0,6	17
Übriger Umwandlungsbereich[2]),[3])	5	0,2	4	0,2	4	0,2	4	0,2	4	0,2	4
Verarb. Gewerbe und Übr. Bergbau[3])	25	0,9	20	0,8	25	0,9	25	1,0	20	0,9	25
Kleinverbraucher[4])	20	0,8	20	0,8	20	0,8	20	0,7	18	0,7	18
Haushalte	150	5,8	140	5,1	130	4,7	120	4,6	95	3,7	85
Straßenverkehr[7])	1 000	37,7	1 050	39,1	1 050	39,7	1 000	39,5	1 100	42,5	1 100
Übriger Verkehr[5]),[7])	85	3,2	85	3,3	85	3,2	80	3,2	80	3,1	75
Prozesse[3]),[6]),[8])	410	15,4	380	14,5	370	14,0	330	12,8	280	11,0	270
Lösemittelverwendung[9])	940	35,5	940	35,6	950	35,9	960	37,4	950	37,3	950
Kohlenmonoxid CO											
Insgesamt Mt/a	14,0		14,0		14,1		13,7		13,4		13,
Energieverbrauch	12 700	90,6	12 600	90,0	12 500	88,7	12 000	87,4	12 100	90,2	11 700
Kraft- und Fernheizwerke[1])	40	0,3	40	0,3	40	0,3	40	0,3	35	0,3	40
Übriger Umwandlungsbereich[2]),[3])	55	0,4	45	0,3	45	0,3	45	0,3	40	0,3	40
Verarb. Gewerbe und Übr. Bergbau[3])	470	3,3	430	3,1	440	3,1	530	3,9	410	3,1	410
Kleinverbraucher[4])	260	1,8	250	1,8	240	1,7	230	1,7	210	1,5	200
Haushalte	2 050	14,7	1 800	12,9	1 650	11,8	1 550	11,5	1 250	9,2	1 100
Straßenverkehr	9 300	66,5	9 500	67,9	9 600	68,1	9 100	66,4	9 700	72,6	9 550
Übriger Verkehr[5])	510	3,6	520	3,7	480	3,4	460	3,3	430	3,2	380
Prozesse[3]),[6])	1 300	9,4	1 400	10,0	1 600	11,3	1 750	12,6	1 300	9,8	1 350
Schwefeldioxid SO_2											
Insgesamt Mt/a	3,70		3,75		3,85		3,65		3,35		3,5
Energieverbrauch	3 600	97,7	3 650	97,7	3 750	97,4	3 500	96,9	3 250	97,0	3 450
Kraft- und Fernheizwerke[1])	1 850	49,6	1 950	51,5	2 050	52,4	1 900	52,8	1 750	52,8	1 950
Übriger Umwandlungsbereich[2]),[3])	350	9,4	320	8,4	320	8,3	320	8,8	290	8,6	290
Verarb. Gewerbe und Übr. Bergbau[3])	660	17,7	640	17,1	640	16,5	610	16,7	550	16,5	570
Kleinverbraucher[4])	230	6,2	240	6,5	240	6,2	210	5,7	200	6,1	190
Haushalte	400	10,7	380	10,1	390	10,0	330	9,2	300	9,0	320
Straßenverkehr	70	1,8	70	1,9	75	1,9	70	1,9	75	2,2	80
Übriger Verkehr[5])	85	2,3	80	2,2	75	2,0	65	1,8	60	1,8	55
Prozesse[3]),[6])	85	2,3	85	2,3	100	2,6	110	3,1	100	3,0	110
Staub											
Insgesamt Mt/a	1,20		1,10		1,05		0,95		0,81		0,7
Energieverbrauch	610	51,2	540	49,7	490	47,0	430	45,7	360	45,0	350
Kraft- und Fernheizwerke[1])	290	24,2	260	23,9	230	22,1	190	20,3	160	19,7	170
Übriger Umwandlungsbereich[2]),[3])	30	2,4	20	1,9	18	1,7	16	1,7	13	1,6	12
Verarb. Gewerbe und Übr. Bergbau[3])	60	4,9	45	4,1	40	3,8	40	4,1	35	4,3	35
Kleinverbraucher[4])	20	1,8	20	2,0	20	2,0	18	1,9	17	2,1	15
Haushalte	130	11,2	120	10,7	110	10,3	100	10,8	80	9,8	55
Straßenverkehr[10])	40	3,3	40	3,8	40	3,9	35	3,9	40	4,8	35
Übriger Verkehr[5])	40	3,4	35	3,3	35	3,2	30	3,0	20	2,7	18
Prozesse[3]),[11]),[12])	580	48,8	550	50,3	550	53,0	510	54,3	440	55,0	440

[1]) Bei Industriekraftwerken nur Stromerzeugung
[2]) Zum Beispiel: Raffinerien, Kokereien, Brikettfabriken
[3]) Industrie: Übriger Umwandlungsbereich, Verarbeitendes Gewerbe und Übriger Bergbau , Prozesse (soweit industriell)
[4]) Einschließlich militärischer Dienststellen
[5]) Land-, Forst- und Bauwirtschaft, Militär-, Schienen-, Wasser- und Luftverkehr
[6]) Ohne energiebedingte Emissionen
[7]) Einschließlich Verteilung und Verdunstung von Ottokraftstoff

																					Prognose 1998			
	1977		1978		1979		1980		1981		1982		1983		1984		1985		1986					
%	Kt/a	%	kt/a	%	kt/a	%	kt/a	%	kt/a	%	kt/a	%	kt/a	%	kt/a	%	kt/a	%	kt/a	%	kt/a	%	kt/a	%
)	2,75		2,85		2,95		2,95		2,85		2,85		2,85		2,95		2,95		2,95		Variante I*) 2,25		Variante II*) 1,85	
99,2	2 700	99,2	2 800	99,2	2 900	99,2	2 900	99,1	2 850	99,2	2 800	99,3	2 850	99,3	2 900	99,2	2 900	99,2	2 950	99,2	2 250	99,6	1 850	99,6
28,0	720	26,4	770	26,9	800	27,1	800	27,2	800	28,0	790	27,9	810	28,3	810	27,5	760	26,0	730	24,6	240	10,6	240	12,8
3,5	90	3,2	85	3,0	90	3,1	90	3,0	75	2,7	75	2,7	70	2,4	60	2,1	60	2,1	60	2,0	50	2,1	50	2,6
.2,1	330	11,9	310	10,9	300	10,3	290	9,8	270	9,3	240	8,4	230	7,9	230	7,8	220	7,6	210	7,1	160	7,0	160	8,5
2,0	50	1,9	55	1,9	60	2,0	55	1,9	45	1,6	45	1,6	45	1,6	50	1,7	50	1,7	50	1,7	40	1,8	40	2,2
3,3	85	3,1	90	3,2	95	3,2	85	3,0	80	2,8	75	2,7	75	2,7	80	2,8	90	3,0	90	3,1	80	3,5	80	4,3
41,7	1 200	44,0	1 300	45,1	1 350	45,3	1 350	46,3	1 300	46,3	1 350	47,4	1 350	47,9	1 450	49,4	1 500	50,7	1 550	52,4	1 450	64,0	1 050	56,4
8,6	240	8,7	230	8,2	240	8,2	230	7,9	240	8,5	240	8,6	250	8,5	230	7,9	240	8,1	250	8,3	240	10,6	240	12,8
0,8	20	0,8	25	0,8	25	0,8	25	0,9	25	0,8	20	0,7	20	0,7	25	0,8	25	0,8	25	0,8	8	0,4	8	0,4
	2,50		2,55		2,55		2,50		2,40		2,40		2,40		2,40		2,40		2,45		1,55		1,35	
52,0	1 350	52,9	1 400	54,2	1 400	54,7	1 400	55,5	1 300	54,8	1 300	55,3	1 300	55,4	1 350	55,8	1 350	55,5	1 400	56,4	950	60,4	740	54,5
0,7	17	0,7	18	0,7	18	0,7	18	0,7	18	0,7	17	0,7	17	0,7	15	0,6	14	0,6	13	0,5	13	0,8	13	1,0
0,2	4	0,2	4	0,2	4	0,2	4	0,2	3	0,1	3	0,1	3	0,1	3	0,1	3	0,1	3	0,1	4	0,3	4	0,3
0,9	20	0,9	20	0,9	20	0,9	20	0,9	20	0,9	20	0,8	20	0,8	20	0,9	20	0,8	20	0,8	17	1,1	17	1,2
0,7	16	0,6	16	0,6	16	0,6	14	0,6	13	0,5	12	0,5	12	0,5	12	0,5	12	0,5	12	0,5	11	0,7	11	0,8
3,4	75	3,0	70	2,8	75	3,0	75	3,0	75	3,1	70	3,0	65	2,7	75	3,0	75	3,2	75	3,0	60	3,7	60	4,3
43,2	1 150	44,6	1 150	46,2	1 200	46,5	1 200	47,3	1 100	46,5	1 100	47,1	1 150	47,5	1 150	47,7	1 150	47,3	1 200	48,5	780	49,9	580	42,4
2,9	75	2,9	70	2,8	70	2,8	70	2,8	75	3,0	75	3,1	75	3,1	70	3,0	70	3,0	75	3,0	60	3,9	60	4,5
10,5	240	9,5	210	8,4	200	8,0	170	6,9	140	5,9	120	5,0	110	4,7	110	4,6	110	4,6	110	4,6	110	7,0	110	8,1
37,5	950	37,6	950	37,4	940	37,3	940	37,6	940	39,3	950	39,7	950	39,9	950	39,6	950	39,9	950	39,0	510	32,6	510	37,4
	12,6		12,4		12,3		11,7		10,5		9,80		9,20		9,20		8,80		8,90		6,20		5,10	
89,8	11 400	90,4	11 200	89,8	10 900	88,5	10 400	88,6	9 250	88,0	8 700	88,9	8 150	88,5	8 100	87,7	7 650	87,0	7 850	88,1	5 300	85,0	4 200	81,8
0,3	40	0,3	40	0,3	45	0,4	45	0,4	45	0,4	45	0,5	45	0,5	45	0,5	45	0,5	45	0,5	45	0,7	45	0,9
0,3	35	0,3	35	0,3	35	0,3	35	0,3	35	0,3	30	0,3	30	0,3	25	0,3	30	0,3	30	0,3	30	0,5	30	0,6
3,2	390	3,1	350	2,8	380	3,1	360	3,1	350	3,3	280	2,8	280	3,0	290	3,1	270	3,1	260	2,9	270	4,3	270	5,2
1,5	180	1,4	170	1,4	180	1,5	160	1,4	150	1,4	140	1,5	130	1,4	130	1,4	140	1,5	140	1,5	130	2,0	130	2,4
8,4	980	7,7	890	7,2	990	8,1	960	8,2	900	8,6	850	8,6	760	8,2	840	9,1	880	9,9	810	9,0	650	10,5	650	12,8
73,2	9 400	74,7	9 350	75,0	8 900	72,4	8 500	72,5	7 450	71,0	7 050	72,1	6 600	72,0	6 450	70,2	6 050	68,6	6 300	70,7	3 950	63,6	2 850	55,8
2,9	370	2,9	350	2,8	330	2,7	320	2,7	310	3,0	300	3,1	290	3,1	290	3,1	280	3,1	280	3,2	210	3,4	210	4,1
10,2	1 200	9,6	1 250	10,2	1 400	11,5	1 350	11,4	1 250	12,0	1 100	11,1	1 050	11,5	1 150	12,3	1 150	13,0	1 050	11,9	940	15,0	940	18,2
	3,40		3,40		3,40		3,20		3,05		2,85		2,70		2,65		2,45		2,30		1,00		0,93	
97,0	3 250	96,5	3 300	96,6	3 250	96,4	3 050	96,3	2 900	96,3	2 750	96,3	2 600	96,5	2 550	96,1	2 350	95,8	2 200	95,7	940	92,1	850	91,3
54,6	1 850	54,7	1 950	56,5	1 950	57,5	1 900	58,8	1 850	61,2	1 800	62,0	1 700	62,9	1 650	63,0	1 550	63,5	1 450	62,6	370	36,1	370	39,9
8,3	280	8,3	270	7,8	270	8,1	270	8,5	220	7,4	210	7,4	190	7,1	170	6,5	150	6,2	130	5,7	150	14,5	150	16,0
16,0	550	16,2	530	15,6	510	14,9	480	15,0	460	15,1	410	14,2	380	13,8	350	13,4	310	12,8	290	12,6	150	14,7	150	15,8
5,4	170	5,0	170	5,0	170	5,1	140	4,5	110	3,7	110	3,9	100	3,8	110	4,2	100	4,1	100	4,4	65	6,4	45	5,1
9,0	280	8,4	270	8,0	250	7,3	190	6,1	170	5,4	150	5,2	140	5,2	140	5,3	130	5,4	130	5,8	100	9,6	65	6,8
2,2	80	2,4	80	2,3	75	2,2	65	2,1	65	2,1	65	2,2	65	2,4	65	2,5	60	2,4	65	2,8	75	7,5	45	4,6
1,5	50	1,5	45	1,4	45	1,3	40	1,3	40	1,4	40	1,4	35	1,3	35	1,2	35	1,4	40	1,8	35	3,3	30	3,1
3,0	120	3,5	120	3,4	120	3,6	120	3,7	110	3,7	110	3,7	95	3,5	100	3,9	100	4,2	100	4,3	80	7,9	80	8,7
	0,73		0,70		0,72		0,69		0,65		0,60		0,58		0,59		0,57		0,56		0,47		0,46	
44,3	320	44,2	310	44,1	310	42,9	300	43,0	280	42,7	260	43,3	260	43,7	250	42,8	240	42,0	240	42,3	190	40,9	180	38,6
21,9	150	20,7	140	20,6	140	19,0	130	18,5	120	18,5	110	18,0	110	18,1	100	16,8	90	15,6	85	15,6	55	12,0	55	12,5
1,5	11	1,5	11	1,6	11	1,5	10	1,5	8	1,2	8	1,3	7	1,2	6	1,0	6	1,0	5	0,9	6	1,3	6	1,3
4,7	35	5,1	35	4,7	30	4,3	30	4,4	30	4,3	25	4,1	30	4,8	30	4,8	25	4,4	25	4,1	20	4,6	20	4,8
1,9	14	1,9	14	2,0	15	2,1	15	2,2	12	1,8	12	2,0	11	1,9	11	1,9	9	1,6	9	1,6	6	1,3	6	1,3
7,3	50	6,9	45	6,6	50	7,1	50	7,1	45	6,9	40	7,0	35	6,2	40	6,7	40	7,2	35	6,7	30	6,1	30	6,4
4,7	40	5,6	45	6,2	45	6,4	45	6,8	50	7,4	50	8,1	50	8,6	50	8,9	55	9,4	55	10,3	60	12,9	45	9,4
2,3	18	2,5	17	2,4	18	2,5	17	2,5	17	2,6	17	2,8	17	2,9	16	2,7	16	2,8	17	3,1	13	2,7	13	2,9
55,7	410	55,8	390	55,9	410	57,1	390	57,0	370	57,3	340	56,7	330	56,3	340	57,2	330	58,0	320	57,7	280	59,1	280	61,4

8) Ohne Methan-Emittenten wie Bergbau, Landwirtschaft, Deponien
9) In Industrie, Gewerbe und Haushalten. Gemessen an der Produktion als Lösemittel verwendeter Stoffe sind die Emissionen bislang unvollständig erfaßt
10) Nur Abgasemissionen
11) Einschließlich energiebedingter Emissionen
12) Einschließlich Umschlag von Schüttgütern
*) Variante I: In Kraft befindliche Grenzwertregelungen, durch „Binnenmarkt" bedingtes Steigen der Straßengütertransporte
**) Variante II: Zusätzliche verkehrsbezogene Regelungen, Absenkung des Schwefelgehaltes in Heizöl EL und Dieselkraftstoff

Für die Kraftwerke und Industrieanlagen konnte im Zuge der Piloterhebung der überwiegende Teil der Emissionsursachen standortgetreu lokalisiert und der Rest näherungsweise Industriestandorten der entsprechenden Kreise zugeordnet werden. Für die Haushalte und Kleinverbraucher wurde eine näherungsweise Verteilung auf Kreise erzielt. Die Fortschreibung erfolgte an Hand der entsprechenden Verbrauchs- und Produktionsstatistiken. Die Auswirkungen der Maßnahmen zur Minderung der SO_2-Emissionen aus Großfeuerungsanlagen wurden auf der Grundlage der entsprechenden Veröffentlichungen anlagenbezogen abgeschätzt.

In der Emittentengruppe Verkehr dominiert der Straßenverkehr. Die Ermittlungsgrundlage bildete eine kreisbezogene Verteilung des Verkehrsaufkommens nach Fahrzeugarten auf Autobahnen, Bundes- und Landstraßen sowie innerorts.

Zur Gewinnung der Rasterdarstellung wurden Punkt- und Linienquellen den Rasterelementen direkt zugeordnet. Flächenquellen wurden im Regelfall zunächst auf Kreisebene anhand der Bevölkerungsverteilung feinregionalisiert. Hierauf erfolgt die Zusammenfassung zu Rasterflächen.

Zur Berechnung der Jahresemissionen wurden die aktuellen Emissionsfaktoren des Umweltbundesamtes herangezogen.

Diese für den gesamten Untersuchungsraum einheitliche Vorgehensweise ist eine Voraussetzung für vergleichbare Ergebnisse. Die räumliche Übereinstimmung mit den tatsächlichen Gegebenheiten hängt zum einen von der Datenbasis und dem Aufwand für Erhebung und Fortschreibung ab. Zum anderen sind bei gegebener Methodik Abweichungen in umso stärkerem Maße zu erwarten, je kleinräumiger die Auswertung erfolgt. Hinsichtlich der Emissionsursachen ist die Übereinstimmung im übrigen grundsätzlicher befriedigender anzunehmen als hinsichtlich der hieraus mittels Emissionsfaktoren abgeleiteten Emissionen.

Die Darstellungen für die Emittentengruppen vermitteln ein anschauliches Bild der jeweiligen räumlichen Verteilung der Emissionen, geprägt durch Kraftwerks- und Industriestandorte, Ballungs- und ländliche Gebiete sowie Verkehrswege. Im Bereich der Kraftwerke und Industrieanlagen erfolgen Angaben nur für besetzte Rasterelemente. Da beide Komponenten denselben Quellen entstammen – Energieverbrauch in Anlagen und Fahrzeugen als nahezu alleinige Emissionsursache –, weisen die Emittentengruppen jeweils recht ähnliche Verteilungsmuster auf.

Die sektorale Belastungsstruktur hingegen erschließt sich aus dem Vergleich der Emittentengruppen untereinander und mit den Gesamtwerten. Hier treten deutliche Unterschiede hervor: Während insgesamt gesehen bei SO_2 die Kraftwerke dominieren und der Verkehr eine untergeordnete Rolle spielt, steht bei den NO_x der Verkehr eindeutig im Vordergrund und treten die Haushalte und Kleinverbraucher zurück. Somit ergeben sich merkliche Abweichungen im Belastungsniveau unterschiedlicher Gebietstypen und entsprechend in der Verteilung der Gesamtemissionen.

Emissionskataster für Stickstoffoxide (NO_x als NO_2) 1986
Alle Emittentengruppen

Klassen der Emissionsdichte

Dichte-klasse	Tonnen je km² [1]	% des Mittelwertes [1,2]
	0 – 1,7	0 – 15
	> 1,7 – 2,4	> 15 – 20
	> 2,4 – 3,3	> 20 – 28
	> 3,3 – 4,5	> 28 – 38
	> 4,5 – 6,2	> 38 – 53
	> 6,2 – 8,6	> 53 – 73
	> 8,6 – 12	> 73 – 100
	> 12 – 16	> 100 – 140
	> 16 – 22	> 140 – 190
	> 22 – 910	> 190 – 7800

1) Werte gerundet
2) Arithmetischer Mittelwert der Flächendichte der Gesamtemissionen (Alle Emittentengruppen)

KIEL
HAMBURG
BREMEN
HANNOVER
BERLIN (West)
DÜSSELDORF
BONN
WIESBADEN
MAINZ
SAAR-BRÜCKEN
STUTTGART
MÜNCHEN
5400
3340
5300
3240

Klassenanteil in % an

Dichte-klasse | Gesamtfläche: 0 5 10 15 20 | Gesamtemissionen: 0 10 20 30 40 50

Quelle: Umweltbundesamt
Emissionskataster EMUKAT

UTM–Rastersystem 10 km x 10 km

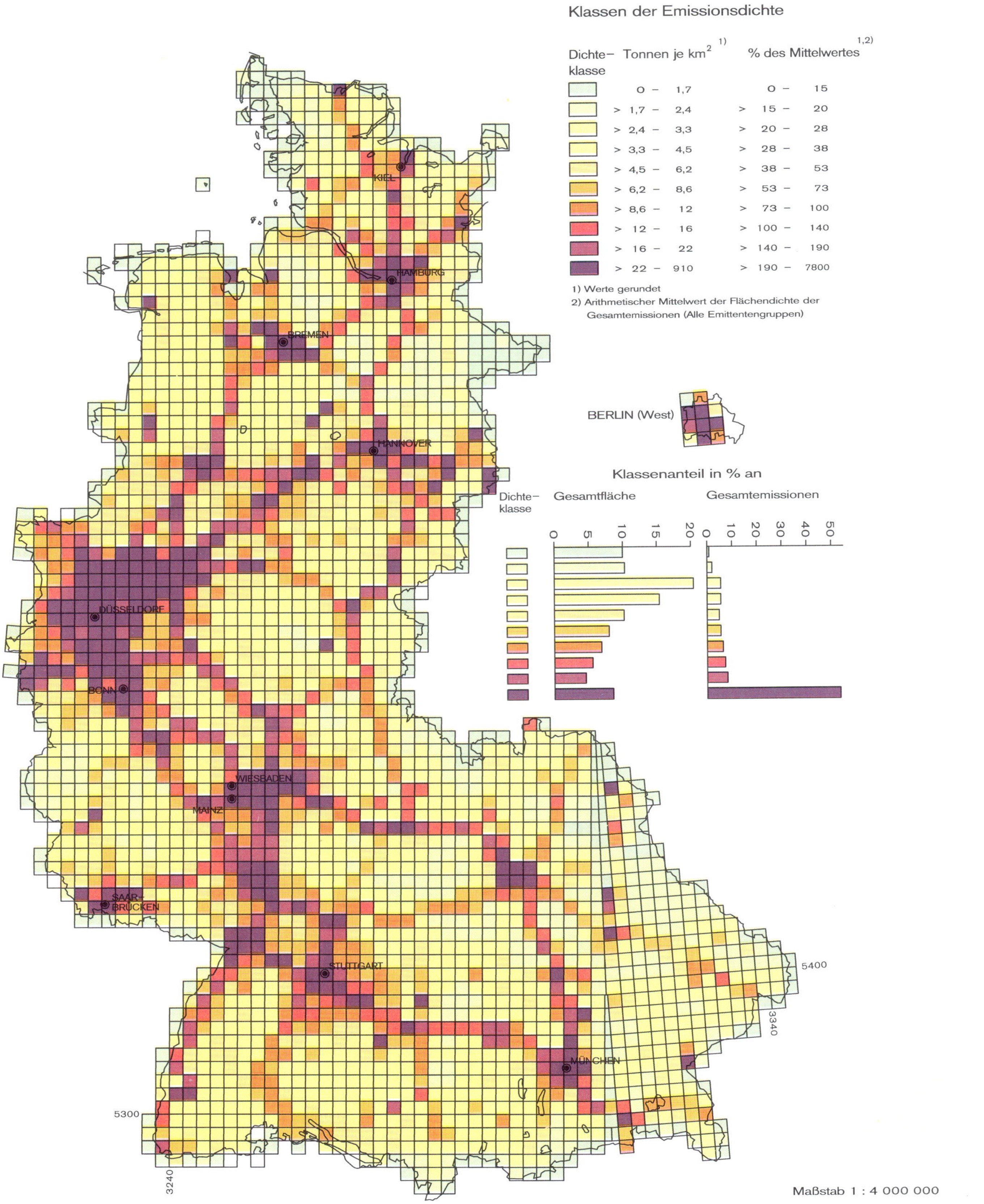

Maßstab 1 : 4 000 000
20 0 20 40 60 80 100 km

Emissionskataster für Stickstoffoxide (NO_x als NO_2) 1986
Emittentengruppe Öffentliche Kraft– und Heizkraftwerke

Klassen der Emissionsdichte

Dichte-klasse	Tonnen je km² [1)]	% des Mittelwertes [1,2)]
	0 – 1,7	0 – 15
	> 1,7 – 2,4	> 15 – 20
	> 2,4 – 3,3	> 20 – 28
	> 3,3 – 4,5	> 28 – 38
	> 4,5 – 6,2	> 38 – 53
	> 6,2 – 8,6	> 53 – 73
	> 8,6 – 12	> 73 – 100
	> 12 – 16	> 100 – 140
	> 16 – 22	> 140 – 190
	> 22 – 880	> 190 – 7500

1) Werte gerundet
2) Arithmetischer Mittelwert der Flächendichte der Gesamtemissionen (Alle Emittentengruppen)

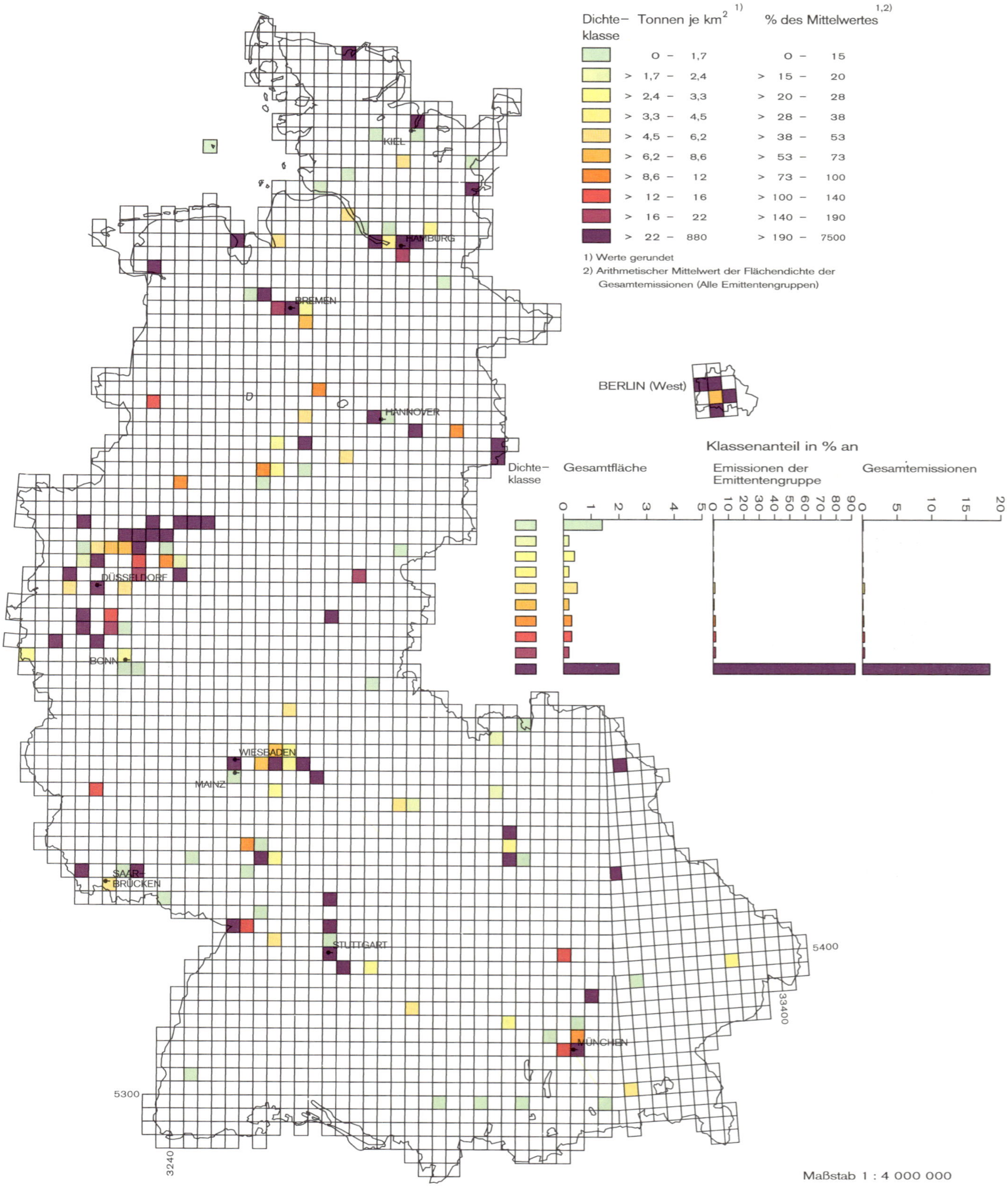

Quelle: Umweltbundesamt
Emissionskataster EMUKAT

UTM–Rastersystem 10 km x 10 km

Emissionskataster für Stickstoffoxide (NO_x als NO_2) 1986 Emittentengruppe Verarb. Gewerbe, Übriger Bergbau, Übriger Umwandlungsbereich einschl. Industriekraftwerke und Prozesse

Klassen der Emissionsdichte

Dichte-klasse	Tonnen je km² [1]	% des Mittelwertes [1,2]
	0 – 1,7	0 – 15
	> 1,7 – 2,4	> 15 – 20
	> 2,4 – 3,3	> 20 – 28
	> 3,3 – 4,5	> 28 – 38
	> 4,5 – 6,2	> 38 – 53
	> 6,2 – 8,6	> 53 – 73
	> 8,6 – 12	> 73 – 100
	> 12 – 16	> 100 – 140
	> 16 – 22	> 140 – 190
	> 22 – 200	> 190 – 1700

1) Werte gerundet
2) Arithmetischer Mittelwert der Flächendichte der Gesamtemissionen (Alle Emittentengruppen)

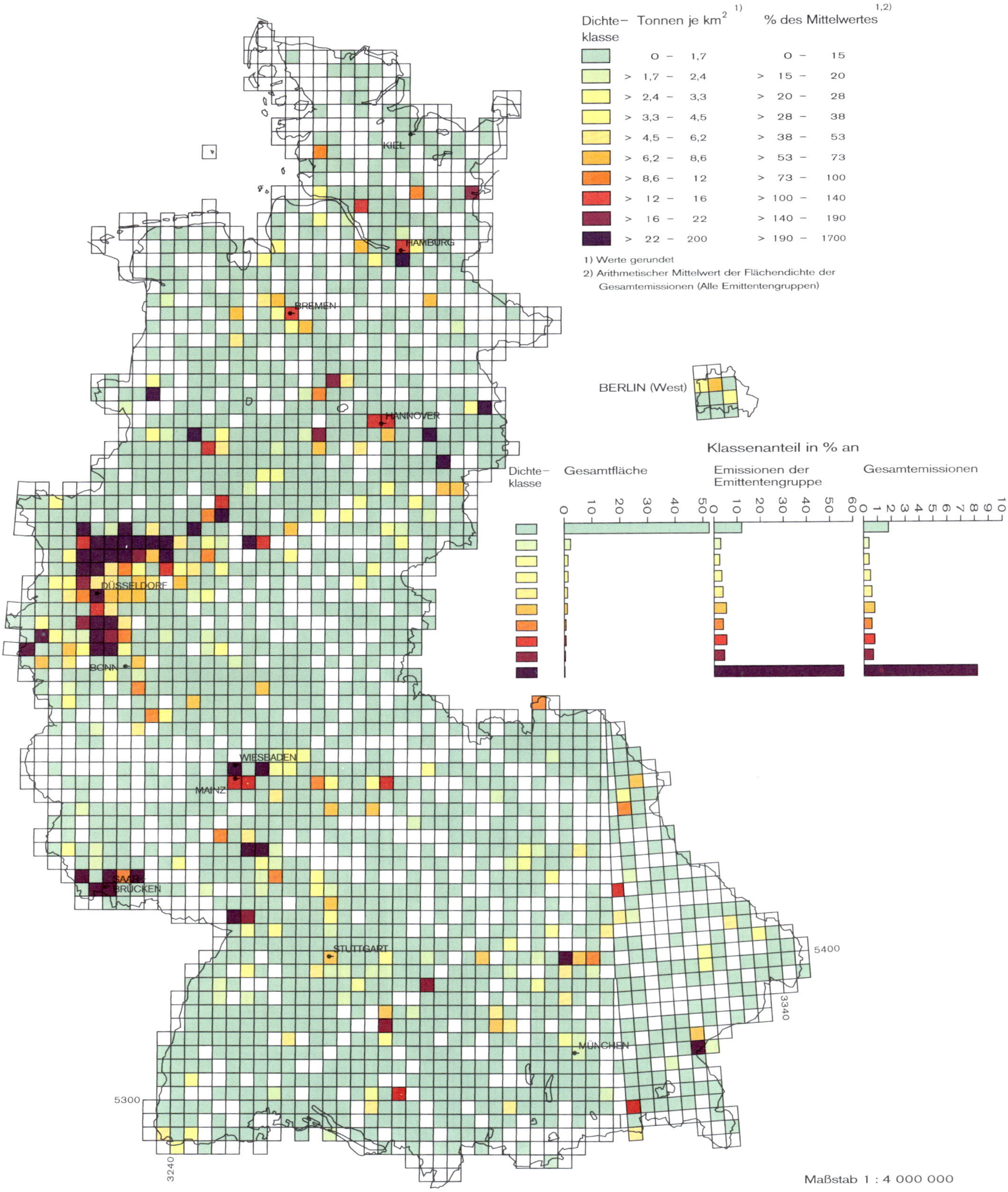

Klassenanteil in % an

Maßstab 1 : 4 000 000

20 0 20 40 60 80 100 km

Quelle: Umweltbundesamt
Emissionskataster EMUKAT

UTM-Rastersystem 10 km x 10 km

Emissionskataster für Stickstoffoxide (NO_x als NO_2) 1986
Emittentengruppe Haushalte, Kleinverbraucher und Fernheizwerke

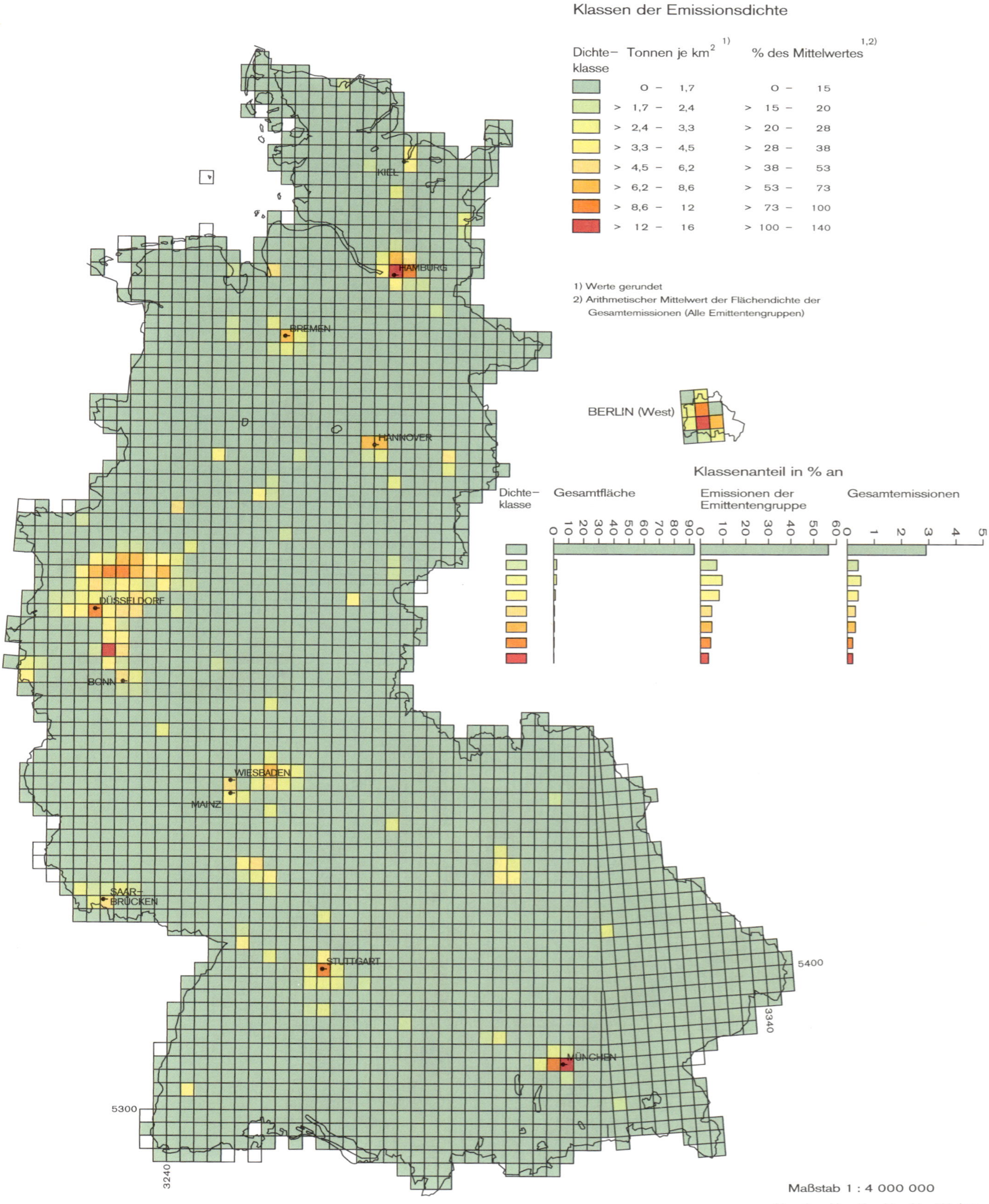

Klassen der Emissionsdichte

Dichte-klasse	Tonnen je km² [1)]	% des Mittelwertes [1,2)]
	0 – 1,7	0 – 15
	> 1,7 – 2,4	> 15 – 20
	> 2,4 – 3,3	> 20 – 28
	> 3,3 – 4,5	> 28 – 38
	> 4,5 – 6,2	> 38 – 53
	> 6,2 – 8,6	> 53 – 73
	> 8,6 – 12	> 73 – 100
	> 12 – 16	> 100 – 140

1) Werte gerundet
2) Arithmetischer Mittelwert der Flächendichte der Gesamtemissionen (Alle Emittentengruppen)

Quelle: Umweltbundesamt
Emissionskataster EMUKAT

UTM–Rastersystem 10 km x 10 km

Emissionskataster für Stickstoffoxide (NO_x als NO_2) 1986
Emittentengruppe Straßen- und Übriger Verkehr

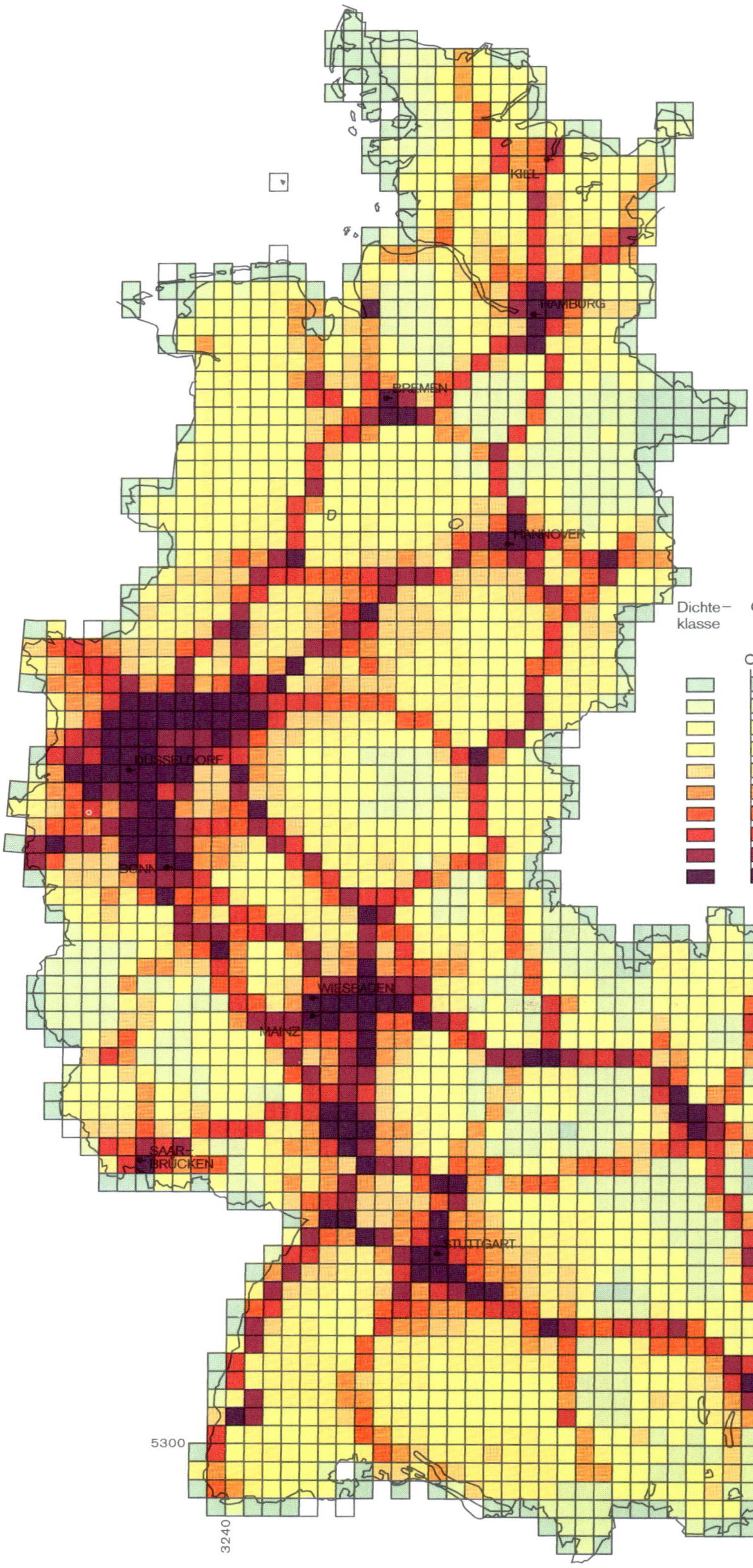

Klassen der Emissionsdichte

Dichte- klasse	Tonnen je km² [1]	% des Mittelwertes [1,2]
	0 – 1,7	0 – 15
	> 1,7 – 2,4	> 15 – 20
	> 2,4 – 3,3	> 20 – 28
	> 3,3 – 4,5	> 28 – 38
	> 4,5 – 6,2	> 38 – 53
	> 6,2 – 8,6	> 53 – 73
	> 8,6 – 12	> 73 – 100
	> 12 – 16	> 100 – 140
	> 16 – 22	> 140 – 190
	> 22 – 82	> 190 – 890

1) Werte gerundet
2) Arithmetischer Mittelwert der Flächendichte der Gesamtemissionen (Alle Emittentengruppen)

KIEL
HAMBURG
BREMEN
HANNOVER
BERLIN (West)
DÜSSELDORF
BONN
WIESBADEN
MAINZ
SAARBRÜCKEN
STUTTGART
MÜNCHEN
5400
3340
5300
3240

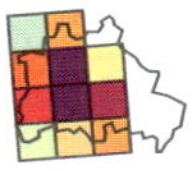

Klassenanteil in % an

Dichte- klasse | Gesamtfläche (0 5 10 15 20 25) | Emissionen der Emittentengruppe (0 5 10 15 20 25) | Gesamtemissionen (0 5 10 15)

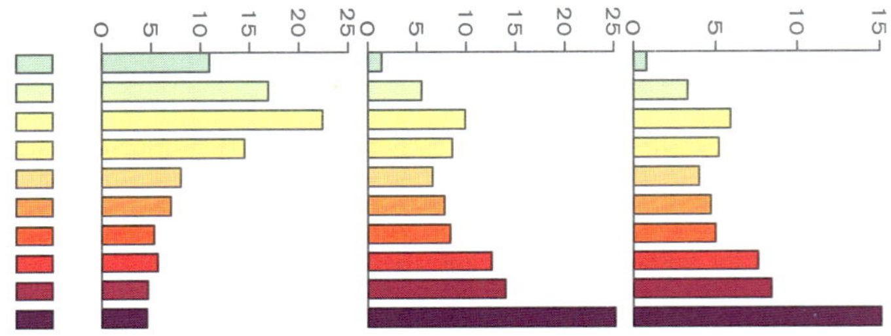

Maßstab 1 : 4 000 000

20 0 20 40 60 80 100 km

Quelle: Umweltbundesamt
Emissionskataster EMUKAT

UTM-Rastersystem 10 km x 10 km

Emissionskataster für Schwefeldioxid (SO_2) 1986
Alle Emittentengruppen

KIEL
HAMBURG
BREMEN
HANNOVER
DÜSSELDORF
BONN
WIESBADEN
MAINZ
SAAR-BRÜCKEN
STUTTGART
MÜNCHEN
5400
3340
5300
3240

Klassen der Emissionsdichte

Dichte-klasse	Tonnen je km² [1)]	% des Mittelwertes [1,2)]
	0 – 0,16	0 – 1,7
	> 0,16 – 0,32	> 1,7 – 3,4
	> 0,32 – 0,62	> 3,4 – 6,6
	> 0,62 – 1,2	> 6,6 – 13
	> 1,2 – 2,4	> 13 – 26
	> 2,4 – 4,8	> 26 – 51
	> 4,8 – 9,5	> 51 – 100
	> 9,5 – 19	> 100 – 200
	> 19 – 37	> 200 – 390
	> 37 – 2300	> 390 – 24000

1) Werte gerundet

2) Arithmetischer Mittelwert der Flächendichte der Gesamtemissionen (Alle Emittentengruppen)

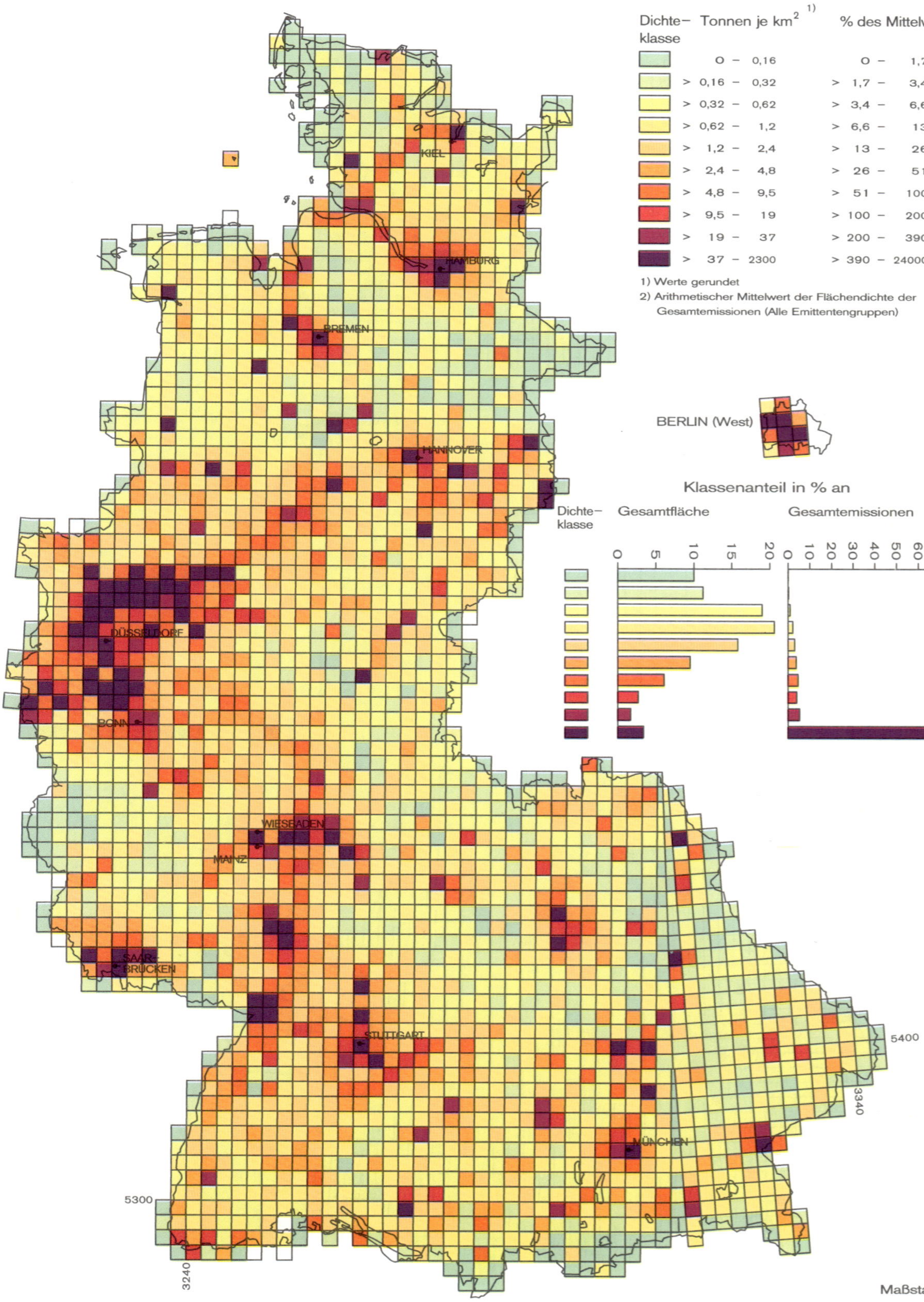

BERLIN (West)

Klassenanteil in % an

Dichte-klasse

Gesamtfläche: 0 5 10 15 20

Gesamtemissionen: 0 10 20 30 40 50 60 70

Quelle: Umweltbundesamt
Emissionskataster EMUKAT

UTM–Rastersystem 10 km x 10 km

Maßstab 1 : 4 000 000

20 0 20 40 60 80 100 km

Emissionskataster für Schwefeldioxid (SO_2) 1986
Emittentengruppe Öffentliche Kraft– Heizkraftwerke

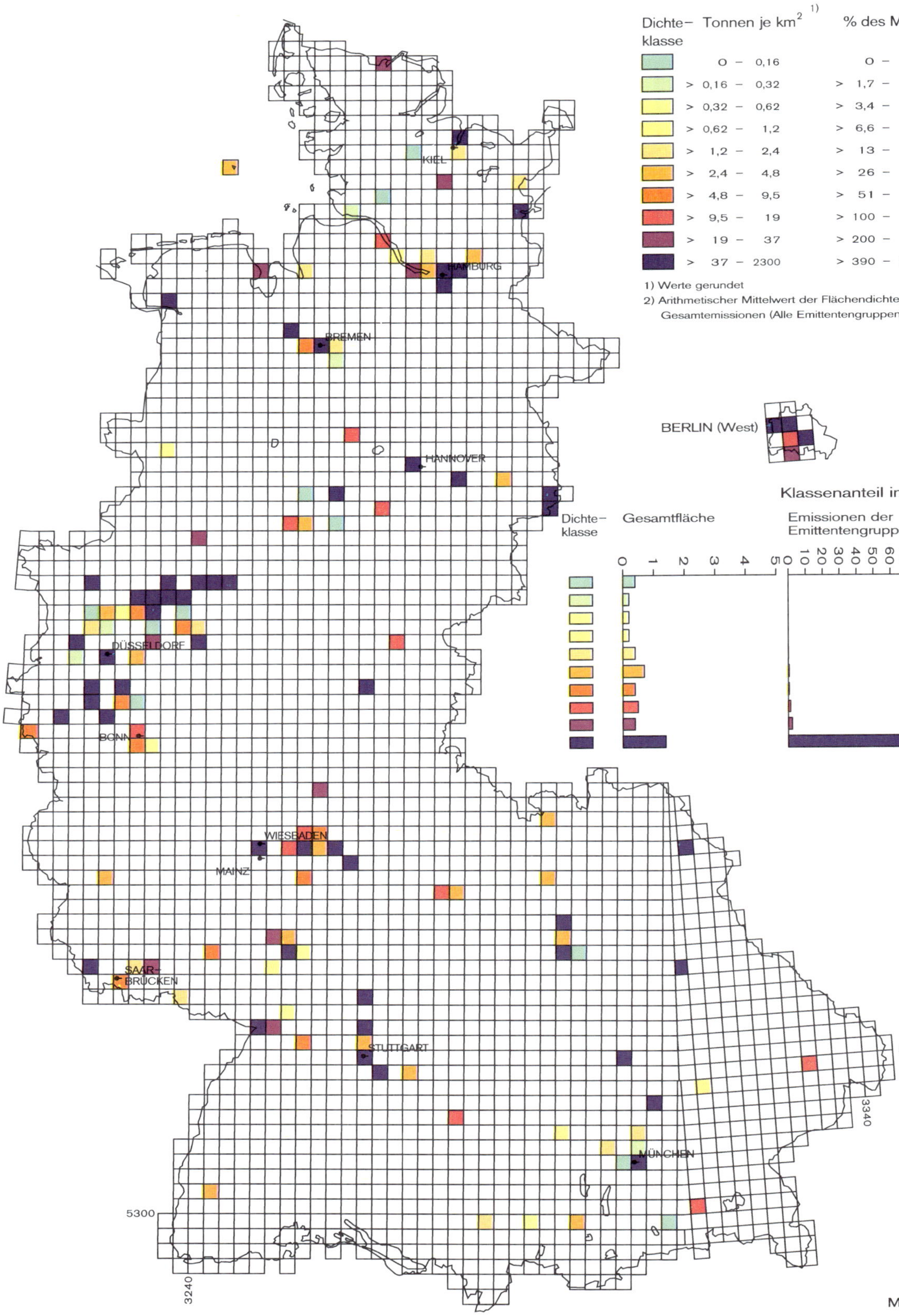

Klassen der Emissionsdichte

Dichte-klasse	Tonnen je km² [1]	% des Mittelwertes [1,2]
1	0 – 0,16	0 – 1,7
2	> 0,16 – 0,32	> 1,7 – 3,4
3	> 0,32 – 0,62	> 3,4 – 6,6
4	> 0,62 – 1,2	> 6,6 – 13
5	> 1,2 – 2,4	> 13 – 26
6	> 2,4 – 4,8	> 26 – 51
7	> 4,8 – 9,5	> 51 – 100
8	> 9,5 – 19	> 100 – 200
9	> 19 – 37	> 200 – 390
10	> 37 – 2300	> 390 – 24000

1) Werte gerundet
2) Arithmetischer Mittelwert der Flächendichte der Gesamtemissionen (Alle Emittentengruppen)

Klassenanteil in % an

Maßstab 1 : 4 000 000

Quelle: Umweltbundesamt Emissionskataster EMUKAT

UTM–Rastersystem 10 km x 10 km

Emissionskataster für Schwefeldioxid (SO_2) 1986
Emittentengruppe Verarb. Gewerbe, Übriger Bergbau, Übriger Umwandlungsbereich einschl. Industriekraftwerke und Prozesse

Klassen der Emissionsdichte

Dichteklasse	Tonnen je km² [1]	% des Mittelwertes [1,2]
	0 – 0,16	0 – 1,7
	> 0,16 – 0,32	> 1,7 – 3,4
	> 0,32 – 0,62	> 3,4 – 6,6
	> 0,62 – 1,2	> 6,6 – 13
	> 1,2 – 2,4	> 13 – 26
	> 2,4 – 4,8	> 26 – 51
	> 4,8 – 9,5	> 51 – 100
	> 9,5 – 19	> 100 – 200
	> 19 – 37	> 200 – 390
	> 37 – 430	> 390 – 4600

1) Werte gerundet
2) Arithmetischer Mittelwert der Flächendichte der Gesamtemissionen (Alle Emittentengruppen)

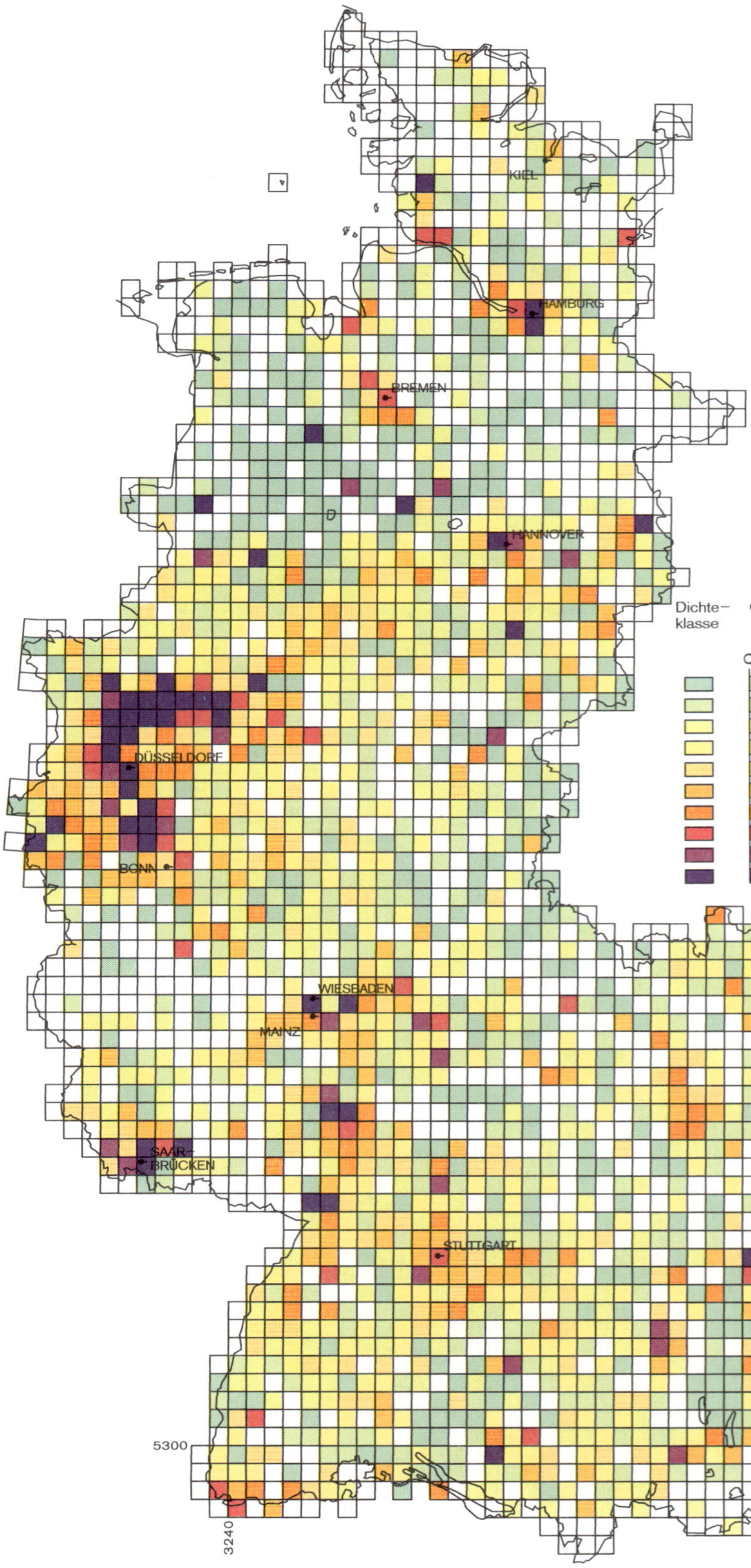

KIEL

HAMBURG

BREMEN

HANNOVER

BERLIN (West)

DÜSSELDORF

BONN

WIESBADEN

MAINZ

SAAR-BRÜCKEN

STUTTGART

MÜNCHEN

5400

3340

5300

3240

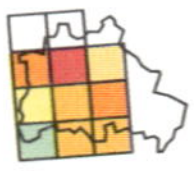

Klassenanteil in % an

Dichteklasse | Gesamtfläche | Emissionen der Emittentengruppe | Gesamtemissionen

0 5 10 15 | 0 10 20 30 40 50 60 | 0 5 10 15 20 25

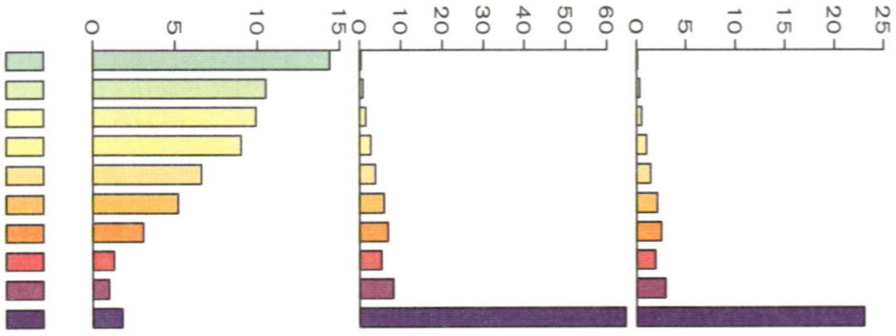

Maßstab 1 : 4 000 000

20 0 20 40 60 80 100 km

Quelle: Umweltbundesamt
Emissionskataster EMUKAT

UTM–Rastersystem 10 km x 10 km

Emissionskataster für Schwefeldioxid (SO_2) 1986
Emittentengruppe Haushalte, Kleinverbraucher und Fernheizwerke

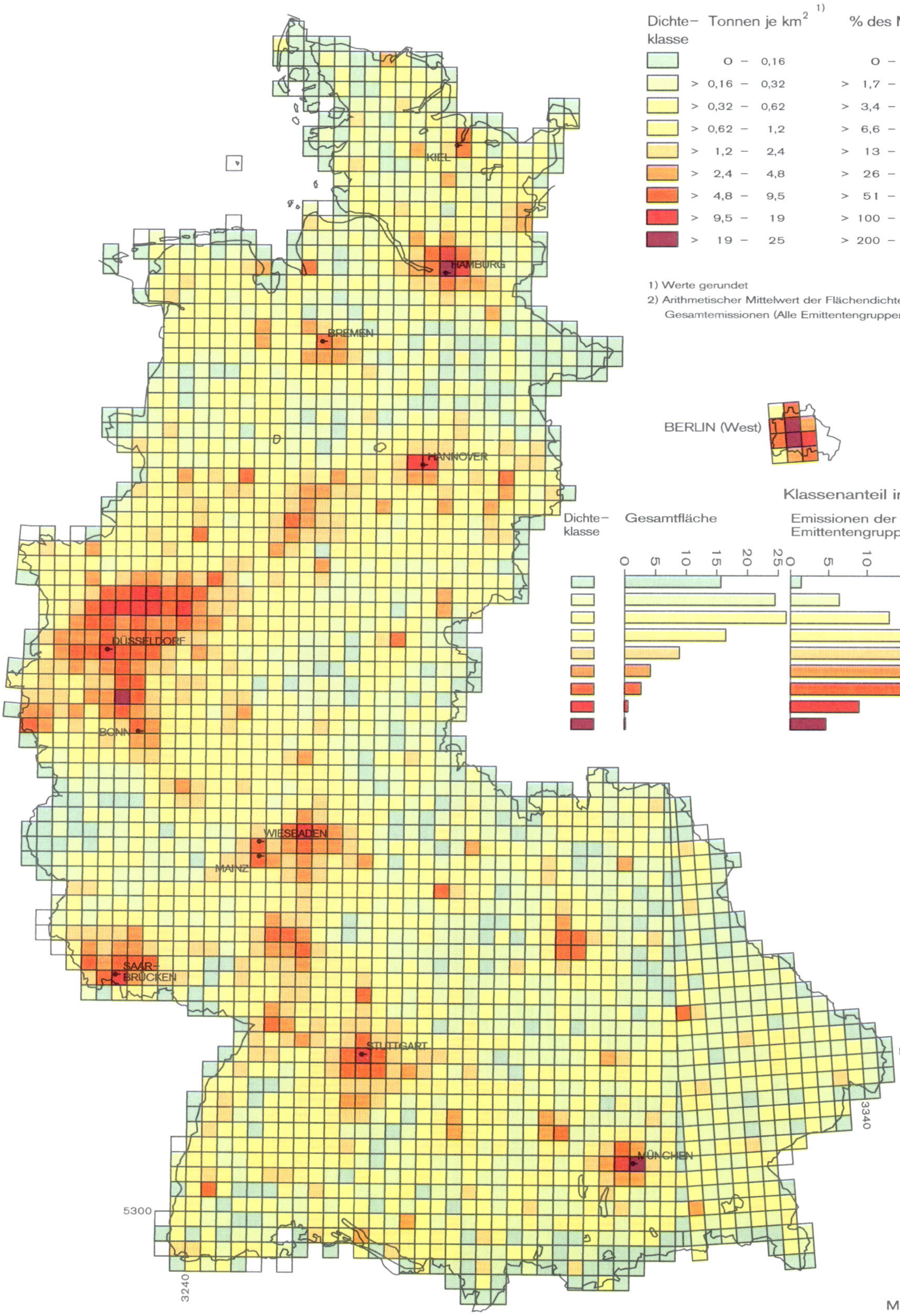

Klassen der Emissionsdichte

Dichte-klasse	Tonnen je km[2] 1)	% des Mittelwertes 1,2)
1	0 – 0,16	0 – 1,7
2	> 0,16 – 0,32	> 1,7 – 3,4
3	> 0,32 – 0,62	> 3,4 – 6,6
4	> 0,62 – 1,2	> 6,6 – 13
5	> 1,2 – 2,4	> 13 – 26
6	> 2,4 – 4,8	> 26 – 51
7	> 4,8 – 9,5	> 51 – 100
8	> 9,5 – 19	> 100 – 200
9	> 19 – 25	> 200 – 270

1) Werte gerundet
2) Arithmetischer Mittelwert der Flächendichte der Gesamtemissionen (Alle Emittentengruppen)

KIEL
HAMBURG
BREMEN
HANNOVER
BERLIN (West)
DÜSSELDORF
BONN
WIESBADEN
MAINZ
SAAR-BRÜCKEN
STUTTGART
MÜNCHEN
5400
3340
5300
3240

Klassenanteil in % an

Dichte-klasse
Gesamtfläche: 0 5 10 15 20 25
Emissionen der Emittentengruppe: 0 5 10 15 20
Gesamtemissionen: 0 1 2 3 4 5

Maßstab 1 : 4 000 000
20 0 20 40 60 80 100 km

Quelle: Umweltbundesamt
Emissionskataster EMUKAT

UTM–Rastersystem 10 km x 10 km

Emissionskataster für Schwefeldioxid (SO_2) 1986
Emittentengruppe Straßen- und Übriger Verkehr

KIEL
HAMBURG
BREMEN
HANNOVER
DÜSSELDORF
BONN
WIESBADEN
MAINZ
SAAR-BRÜCKEN
STUTTGART
MÜNCHEN
5400
3340
5300
3240

Klassen der Emissionsdichte

Dichte-klasse	Tonnen je km² [1)]	% des Mittelwertes [1,2)]
	0 – 0,16	0 – 1,7
	> 0,16 – 0,32	> 1,7 – 3,4
	> 0,32 – 0,62	> 3,4 – 6,6
	> 0,62 – 1,2	> 6,6 – 13
	> 1,2 – 2,4	> 13 – 26
	> 2,4 – 4,8	> 26 – 51
	> 4,8 – 9,5	> 51 – 100
	> 9,5 – 18	> 100 – 190

1) Werte gerundet
2) Arithmetischer Mittelwert der Flächendichte der Gesamtemissionen (Alle Emittentengruppen)

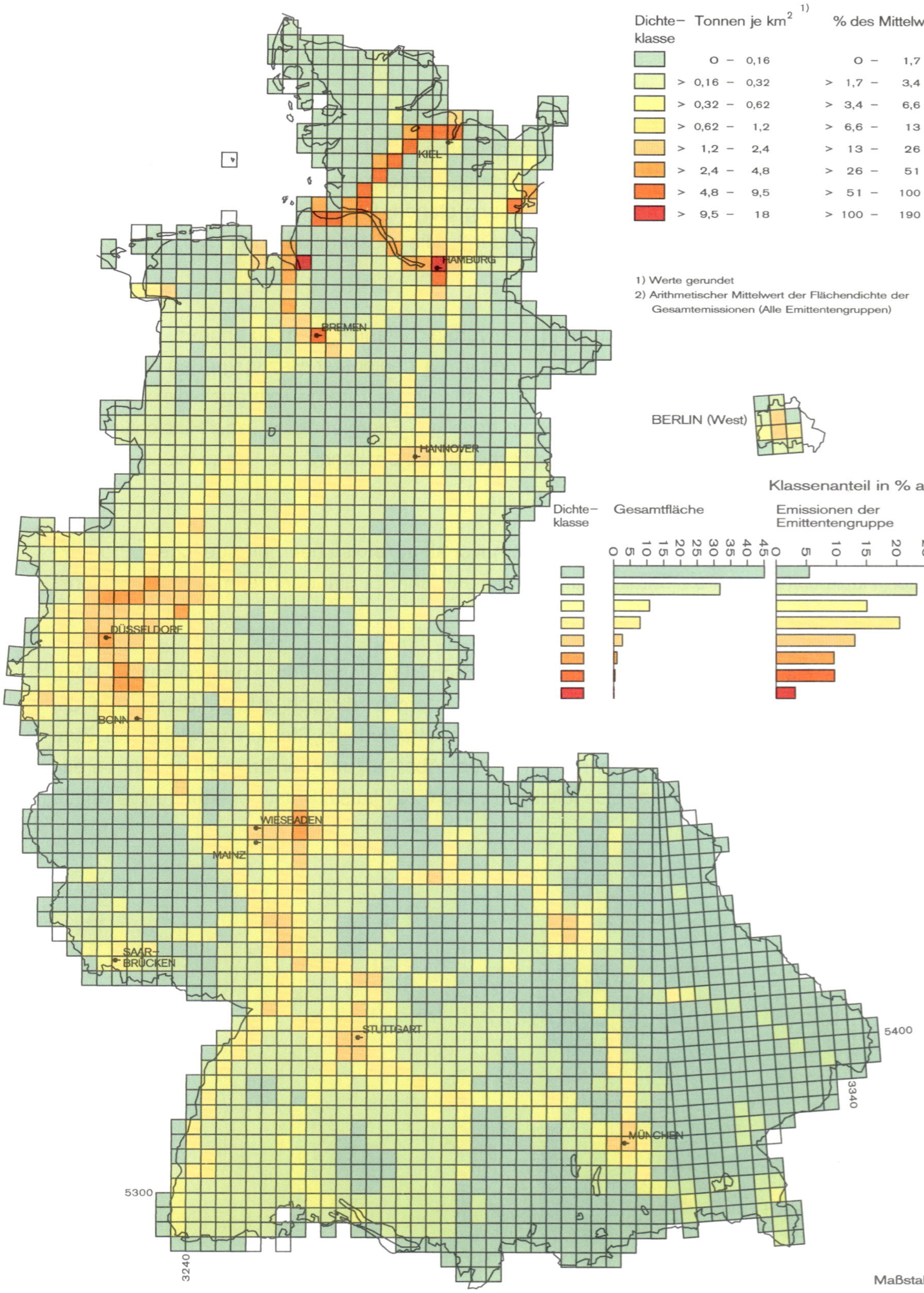

BERLIN (West)

Klassenanteil in % an

Dichte-klasse
Gesamtfläche
0 5 10 15 20 25 30 35 40 45
Emissionen der Emittentengruppe
0 5 10 15 20 25
Gesamtemissionen
0 1 2 3 4 5

Quelle: Umweltbundesamt
Emissionskataster EMUKAT

UTM-Rastersystem 10 km x 10 km

Maßstab 1 : 4 000 000
20 0 20 40 60 80 100 km

Emissionen in Europa

Ein nahezu vollständiger Überblick über die europäische Emissionssituation besteht inzwischen für die Komponenten SO_2, und NO_x. Die Emissionsangaben wurden im Rahmen von EMEP ermittelt.

Die Angaben zu den SO_2-Emissionen stammen von den ECE-Mitgliedsstaaten. NO_x-Angaben sind nur dann offizielle Angaben, wenn ein Bezugsjahr genannt wird. Die restlichen Angaben wurden näherungsweise ermittelt.

Die unter Heranziehung von Brennstoffanalysen ermittelbaren SO_2-Daten weisen in der Regel eine wesentlich höhere Verläßlichkeit auf als NO_x-Angaben. Hier bedarf es spezieller Abgasmessungen, die im allgemeinen nur in unzureichendem Umfang zur Verfügung stehen. Wegen erheblicher Abweichungen der Ermittlungsmethoden in den einzelnen Staaten dürfte die Aussagekraft der NO_x-Daten recht unterschiedlich sein.

Um die Emissionsangaben der einzelnen Staaten in eine vergleichsfähige Form zu bringen, an die auch Plausibilitätsüberlegungen geknüpft werden können, bedarf es geeigneter Bezugsgrößen. Als solche bieten sich die Landesfläche die Bevölkerungszahl und, soweit der Energieverbrauch die vorrangige Emissionsursache darstellt, auch der Verbrauch an fossilen Energieträgern an. Hinsichtlich der Komponente SO_2, erlaubt der Vergleich energiespezifischer Emissionskennwerte Rückschlüsse auf den mittleren Schwefelgehalt der Brennstoffe.

Pro-Kopf-Werte der Emissionen werden bereits zu internationalen Vergleichen herangezogen. Pro-km^2-Werte erlauben Rückschlüsse auf die Immissionen nur bei ähnlicher Struktur der räumlichen Emissionsverteilung.

Problematischer ist die Vergleichbarkeit der energiespezifischen NO_x-Werte. Zum einen variiert die Höhe der Emission sehr stark danach, in welchem Sektor der Energieverbrauch erfolgt. Somit sind die Kennwerte strenggenommen nur für energetisch gleichartig strukturierte Staaten vergleichbar. Zum anderen wurde auf die beträchtlichen Unsicherheiten bei der Abschätzung der Emissionspegel bereits hingewiesen. Bei einem Vergleich wird man sich folglich vor allem zu Plausibilitätsüberlegungen veranlaßt sehen.

Emissionen an Schwefeldioxid (SO_2) und Stickstoffoxiden (NO_n als NO_2) im internationalen Vergleich

Land	Bezugsdaten 1985				SO_2-Emissionen 1985				NO_x-Emissionen (als NO_2)					
	Einwohner	Fläche	Verbrauch an fossilen Energieträgern											Anteil des Verkehrs
	Mio.	10^3 km²	PJ/a	GJ/EW	kt/a	kg/a·TJ	t/a·km²	kg/a·EW	Jahr	kt/a	kg[1])/a·TJ	t/a·km²	kg/a·EW	%
Albanien	3,0	28,7	108	36	50	463	1,7	17						
Belgien	9,9	30,5	1 325	134	468	353	15,3	47	1984	385	290	12,6	39	65
Bulgarien	9,0	110,9	1 450	162	1 140	786	10,3	127		200	138	1,8	22	
Bundesrepublik Deutschland	61,0	248,6	9 738	160	2 440	251	9,8	40	1985	2 930	301	11,8	48	59
Dänemark	5,1	43,1	799	156	326	408	7,6	64	1985	290	363	6,7	57	37
DDR	16,6	108,2	3 775	227	5 000	1 325	46,2	301	1986	955	253	8,8	58	36
Finnland	4,9	337,0	625	127	370	592	1,1	75	1983	250	463	0,7	51	62
Frankreich	55,3	547,0	5 524	100	1 846	334	3,4	33	1985	1 693	306	3,1	31	67
Griechenland	9,9	131,9	662	67	360	544	2,7	36		150	227	1,1	15	
Großbritannien	56,1	244,0	7 877	140	3 540	449	14,5	63	1984	1 690	224	6,9	30	44
Irland	3,5	70,2	323	91	138	427	2,0	39	1984	75	223	1,1	21	26
Island	0,24	103,0	21	87	6	286	0,1	25		10	476	0,1	41	
Italien	57,1	301,2	5 260	92	3 150	549	10,5	55	1983	1 462	302	4,9	26	48
Jugoslawien	23,1	255,8	1 600	69	1 800	1 125	7,0	78		190	119	0,7	8	
Luxemburg	0,37	2,6	110	301	14	127	5,4	38	1985	22	200	8,5	60	65
Niederlande	14,5	40,8	2 415	167	316	131	7,7	22	1983	480	175	11,8	33	58
Norwegen	4,2	208,0	422	102	100	237	0,5	24	1984	138	309	0,7	33	75
Österreich	7,6	83,8	765	101	170	222	2,0	22	1985	216	282	2,6	29	69
Polen	37,2	312,7	5 046	136	4 300	852	13,8	116		840	166	2,7	23	
Portugal	10,2	88,8	343	34	306	892	3,4	30	1983	330	932	3,7	32	83
Rumänien	23,0	237,5	3 171	138	200	63	0,8	9		390	123	1,6	17	
Schweden	8,4	450,0	752	90	272	362	0,6	33	1984	289	406	0,6	35	71
Schweiz	6,4	41,3	555	87	96	173	2,3	15	1984	214	396	5,2	34	
Spanien	39,0	504,7	2 256	58	3 250	1 441	6,4	83	1983	950	408	1,9	24	43
Türkei	49,3	780,6	1 282	26	322	251	0,4	7		175	137	0,2	4	
Tschechoslowakei	15,5	127,9	2 774	179	3 150	1 136	24,6	203	1985	1 120	404	8,8	72	17
UdSSR, europ. Teil gem. EMEP	195,3	3 400,0			11 100		3,3	57	1985	2 930		0,9	15	29
davon: – Weißrussische SSR	10,0	207,6							1985	220		1,1	22	61
– Ukrainische SSR	50,7	603,7							1985	913		1,5	18	
Ungarn	10,6	93,0	1 157	108	1 420	1 227	15,3	133	1985	300	259	3,2	28	30
USA	239,3	9 372,6	64 128	268	20 700	323	2,2	87	1985	20 000	312	2,1	84	45
Japan	121,0	372,3	13 249	109	1 079[2])	94[2])	2,9[2])	9[2])	1983	1 416	107	3,8	12	49

[1]) Emissionen ohne Jahresangabe wurden Bezugsdaten von 1985 zugrundegelegt
[2]) Bezugsjahr 1983

Quellen:
a) Bevölkerungsangaben gemäß Statistisches Jahrbuch für die Bundesrepublik Deutschland 1986 f., Stuttgart-Mainz
b) Energieverbrauch gemäß 1985 Energy Statistics Yearbook, United Nations, New York 1987
c) SO_2-Emissionsangaben für Europa gemäß EMEP/MSL-W Note 4, August 1987; für die Bundesrepublik Deutschland gemäß Umweltbundesamt; für die DDR gemäß Statistisches Jahrbuch der DDR, 1988
d) NO_x-Emissionsangaben für Europa gemäß UN ECE, EB Air WG 3/R 15 vom 10. 2. 1987; für die Bundesrepublik Deutschland gemäß Umweltbundesamt; für die DDR gemäß Statistisches Jahrbuch der DDR, 1988
e) Emissionsangaben für Japan und USA gemäß OECD Environmental Data, Compendium 1987, Paris 1987

Entwicklung der Abgasentschwefelung bei Feuerungsanlagen 1980 bis 1988 mit Prognose 1993

Aufgrund der Anforderungen der Großfeuerungsanlagen-Verordnung müssen spätestens seit dem 1. Juli '88 alle Großfeuerungsanlagen mit einer Wärmeleistung über 300 MW einen Emissionsgrenzwert von 400 mg SO_2/m^3 Abgas und einen Entschwefelungsgrad von mindestens 85% einhalten. Diese Anforderungen können bei Steinkohle-, Braunkohle- und Schwerölfeuerungsanlagen nur durch Abgasentschwefelung erfüllt werden. An über 70 Standorten wurden bis Mitte 1988 etwa 165 Entschwefelungsanlagen für einen Abgasdurchsatz von insgesamt 135 Mio. m^3 pro Std. errichtet. In den meisten Anwendungsfällen sind die durch die Abgasentschwefelung erreichten Emissionswerte deutlich niedriger als die gesetzlichen Anforderungen.

Insgesamt wurde durch die Großfeuerungsanlagen-Verordnung eine drastische Emissionsminderung erreicht. SO_2-Emissionen wurden 1988 gegenüber 1983 um 64% auf ca. 0,7 Mio. t/a vermindert und werden sich nach dem vollen Wirksamwerden der Verordnung im Jahr 1993 voraussichtlich um insgesamt 80% auf ca. 0,4 Mio. t/a verringern. Die Stickstoffoxidemissionen wurden von 1983 bis 1988 um 38% auf 0,6 Mio t und werden voraussichtlich bis Anfang der 90er Jahre um 74% auf 0,25 Mio t abgesenkt.

Bei etwa 87% der Feuerungskapazität werden zur Abgasentschwefelung Kalk-/Kalksteinwaschverfahren mit Gips als Endprodukt eingesetzt. Das jährliche Gipsaufkommen aus diesen Anlagen wird ab 1990 etwa 3,3 Mio. t betragen. Dieser Gips hat eine hohe Qualität, so daß er bei der Herstellung von Gipsprodukten und Zement wie Naturgips verwendet werden kann. Hinzu kommen für den Entschwefelungsgips noch neue Anwendungsmöglichkeiten, z. B. für gipsgebundene Faser- und Holzspanplatten.

Einen Marktanteil von fast 7% haben die Trockenabsorptions- oder Sprühabsorptionsverfahren mit kalkhaltigen Sorbentien an der Abgasentschwefelung von Kraftwerken. Als Endprodukt fällt ein Gemisch mit bis zu 70 Gew. % Kalziumsulfit an, das vor einer Verwertung besonders aufbereitet werden muß (z. B. zu Anhydrit). Weiterhin sind in der Bundesrepublik Deutschland Abgasentschwefelungsanlagen nach dem Bergbau-Forschungs-Verfahren (SO_2-Adsorpition an Aktivkoks) und Wellman-Lord-Verfahren (Wäsche mit Natriumsulfit) mit den Endprodukten Schwefel oder Schwefelsäure sowie dem Wattker-Verfahren (Wäsche mit Ammoniak) mit dem Produkt Ammoniumsulfat gebaut worden.

Entwicklung der Abgasentschwefelung bei Feuerungsanlagen 1980 bis 1988 mit Prognose 1993

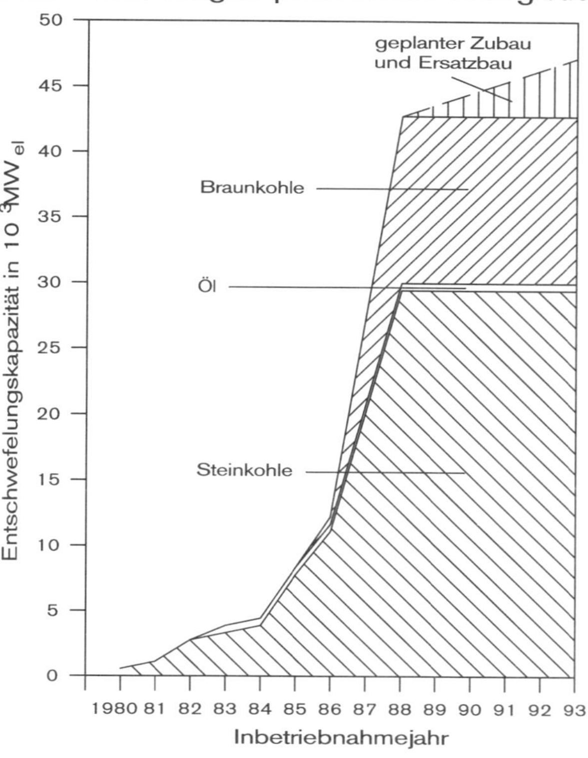

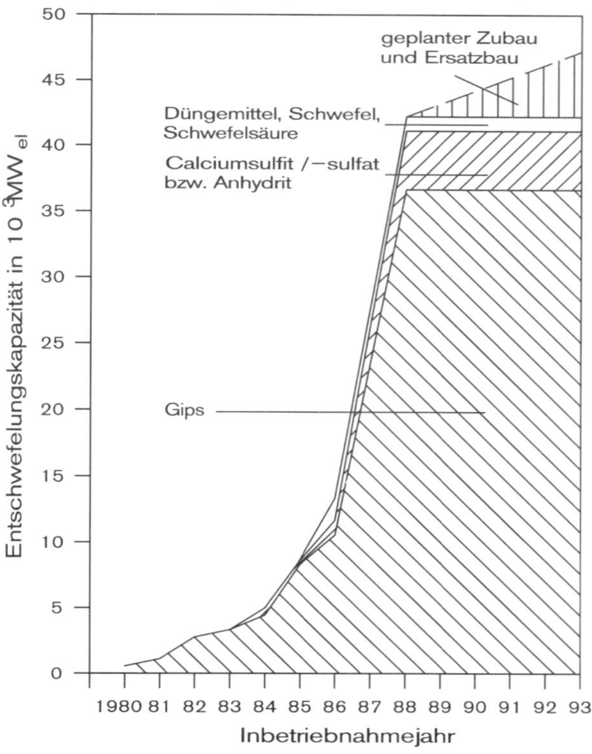

Quelle: Umweltbundesamt

Bedarf an Verbesserungen genehmigungsbedürftiger Anlagen aufgrund der Neufassung der Technischen Anleitung zur Reinhaltung der Luft (TA Luft) 1986

Am 1. März 1986 ist die Novelle der TA Luft in Kraft getreten. Sie wurde – mit Ausnahme von Großfeuerungsanlagen – für alle nach dem Bundes-Immissionsschutzgesetz genehmigungsbedürftigen Anlagen neu gefaßt. Die TA Luft enthält u. a. ein Altanlagensanierungskonzept, nach dem bereits bestehende genehmigungsbedürftige Anlagen innerhalb bestimmter Fristen dem fortgeschrittenen Stand der Luftreinhaltetechnik angepaßt werden müssen. Die Fristen sind um so kürzer, je höher die Emissionen und je gefährlicher die emittierten Stoffe sind.

Nach dem Altanlagensanierungskonzept der TA Luft gelten folgende Fristen:

- Altanlagen sind im Regelfall innerhalb von 5 Jahren (bis spätestens 1. März 1991) nachzubessern.
- Altanlagen, die Stoffe mit hohem Risikopotential emittieren oder mit geringem technischen Aufwand umrüstbar sind, sind bereits innerhalb von 3 Jahren (bis spätestens 1. März 1989) nachzubessern.
- Altanlagen, die nur geringfügig über dem für Neuanlagen geltenden Wert emittieren, müssen innerhalb von 8 Jahren (bis spätestens 1. März 1994) nachgerüstet werden, es sei denn, sie sollen innerhalb dieser 8 Jahre stillgelegt werden.

Für Altanlagen wird zudem eine Ausgleichsregelung (Kompensationsregelung) geschaffen, nach der sich mehrere benachbarte Betreiber zu einer Sanierungsgemeinschaft zusammenfinden können mit dem Ziel, über unterschiedliche Maßnahmen bei einzelnen Anlagen zwar befristet von den festgelegten Anforderungen abzuweichen, insgesamt aber eine weitergehende Emissionsminderung zu erreichen.

Die Länder haben inzwischen rund 30 000 Anlagen aus dem industriellen und gewerblichen Bereich im Hinblick auf die verschärften Anforderungen zur Luftreinhaltung überprüft. Ca. 50% dieser Anlagen sind nach Auskunft der Länder sanierungsbedürftig.

Erforderlichkeit von Emissionsminderungsmaßnahmen nach der TA Luft bei genehmigungsbedürftigen Altanlagen

	BaWü	Bay	Berl	HB	HH	Hess	Nds	NRW	RhPf	Saar	SH
	[1]	[1]			[2]	[1]	[1]				
Gesamtzahl der Anlagen (Alt- und Neuanlagen)		8 516	933	759		4 980	5 031	12 998		533	2 783
Altanlagen i. S. v. Nr. 4.2.1 TA Luft	4 582		842	699	800	3 554	4 839	9 033	2 149	443	2 544
davon Anlagen											
– die den Anforderungen entsprechen	1 941		251	422	70	1 609	2 380	4 905	1 355	214	1 055
– die durch Änderungsgenehmigungen die Anforderungen erfüllen	53	125	19	33		39	[3]	303	37	21	103
– bei denen behördl. Maßnahmen unverhältnismäßig sind	–	–	–		–	–	51	[4]	6	–	35
– bei denen Maßnahmen zu treffen sind	1 946[5]	1 958	549[6]	244	730	1 906	2 408	3 825	794	208	1 046
Soweit Maßnahmen zu treffen sind:											
– Anlagen, bei denen auf Genehmigungsberechtigungen verzichtet wurde	168	30	38	4	3	83	90	353	31	9	150
– Anlagen, die spätestens am 28. Februar 1994 stillzulegen sind	23	47	1	1	1	31	112	[7]	15	9	13
– Anlagen, für die Kompensationsregelungen vorgesehen sind	–	3	–		–	–	6	0	10	–	–
– Anlagen, für die nachträgliche Anordnungen zu treffen sind zur	[8]										
a) Verhinderung schädlicher Umwelteinwirkungen	25	240	60		200	245	98	261	128	1	–
b) Vorsorge											
○ spätestens am 1. März 1989	158	358	31	8	300	292	338	472	181	15	100
○ spätestens am 1. März 1991	528	801	208	85	400	992	1 457	1 767	262	68	145
○ spätestens am 1. März 1994	150	253	107	50	500	186	430	1 187	106	86	335
○ Anlagen, für die sonst. baul./betriebl. Maßnahmen erforderlich sind	207	47	2	96	150	77	28	2 488	22	7	20
– Anlagen, die mit Meßgeräten auszurüsten sind	44	179	–	30	40	58	85	178	107	13	40

1) Sämtl. Angabe nach bisher vorliegenen Meldungen der Vollzugsbehörden, daher nicht abschließend
2) Angaben geschätzt, Mehrfachnennungen bei Maßnahmen möglich
3) Nicht gesondert erfaßt
4) Angaben sind bisher nicht möglich
5) Davon entsprechen 610 Anlagen bereits den materiellen Anforderungen der TA Luft
6) Incl. 103 Meßanordnungen zur Feststellkung des Handlungsbedarfs
7) Angaben sind in Spalte über Anlagen, bei denen auf die Genehmigungsberechtigung verzichtet wurde, enthalten
8) 51 Anlagen sind bereits saniert

Datengrundlage

Daten zu *Oberflächengewässern* werden von den Bundesländern an verschiedenen Meßstationen ermittelt und von der Bundesanstalt für Gewässerkunde im Rahmen der hydrologischen Datenbank HYDABA gesammelt und ausgewertet.

Die Länderarbeitsgemeinschaft Wasser (LAWA) gibt in regelmäßigen Abständen eine Karte zur Bewertung der biologischen Gewässergüte der Fließgewässer heraus. In diesem Jahr hat die LAWA mit Unterstützung des Umweltbundesamtes zudem auch erstmals eine zusammenfassende Darstellung der an den einzelnen Meßstationen ermittelten physikalischen und chemischen Kenngrößen der Beschaffenheit der Fließgewässer veröffentlicht. Die wesentlichen Ergebnisse dieser Darstellung sind in die „Daten zur Umwelt" übernommen worden.

Die Beispiele für die Belastung einzelner Fließgewässer sind verschiedenen Forschungsvorhaben bzw. den im jeweiligen Einführungstext dargelegten sonstigen Quellen, insbesondere Ergebnissen von Messungen und Berechnungen, entnommen.

Daten zur *Abwasserbeseitigung* und *Wasserversorgung* in der Bundesrepublik Deutschland werden vom Statistischen Bundesamt in regelmäßigen Abständen aufgrund des Gesetzes über Umweltstatistiken erhoben und ausgewertet. Da die Erhebungen von 1987 zum Veröffentlichungszeitpunkt noch nicht ausgewertet waren und somit keine neueren Daten als die bereits in den **Daten zur Umwelt 1986/87** veröffentlichten Ergebnisse der Erhebung 1984 verfügbar waren, wurde auf eine Wiederholung der Ergebnisse verzichtet und nur in einleitenden Texten kurz auf die Ergebnisse eingegangen. Die bis zum Jahre 1987 vorliegenden Daten des Bundesverbandes der deutschen Gas- und Wasserwirtschaft zur öffentlichen Wasserversorgung haben eine andere Systematik als die Erhebungen nach dem Gesetz über Umweltstatistiken und sind deshalb hier ebenfalls nur im Text wiedergegeben worden.

Probleme bereitet zunehmend die Belastung des *Grundwassers* sowie des Rohwassers für die Trinkwassernutzung mit Schadstoffen, insbesondere Pflanzenschutzmittelrückständen und Nitrat. Die LAWA hat ein „Rahmenkonzept zur Erfassung und Überwachung der Grundwasserbeschaffenheit" erarbeitet und den Ländern Ende 1983 zur Einführung empfohlen. Bisher konnten jedoch noch keine für die Bundesrepublik Deutschland flächendeckenden Ergebnisse vorgelegt werden.

Wasserdargebot

Die Bundesrepublik Deutschland ist – verglichen mit vielen anderen Staaten der Welt – ein verhältnismäßig wasserreiches Land.

Der jährliche Niederschlag beträgt durchschnittlich 837 mm/Jahr, entsprechend 208 Mrd. m³ für die Fläche des Bundesgebietes. Hiervon verdunsten 129 Mrd. m³, so daß 79 Mrd. m³ ober- oder unterirdisch abfließen. Mit dem Zufluß von außerhalb beträgt das Wasserdargebot der Bundesrepublik Deutschland im langjährigen Mittel 161 Mrd. m³ jährlich.

Von dem Wasserdargebot werden derzeit etwa 42 Mrd. m³ gewonnen und verwendet.

Der größte Teil (26 Mrd. m³) wird von Wärmekraftwerken (Kühlwasser) beansprucht. Die Verwendung im Verarbeitenden Gewerbe und im Bergbau liegt bei 11 Mrd. m³. Auf die Wasserversorgung entfallen 5 Mrd. m³.

Da verwendetes Wasser – z. B. durch Kreislaufführung in industriellen Prozessen – häufig mehrfach genutzt werden kann, liegt der Wert der jährlichen Wassernutzung höher als der Wert der Wassergewinnung. Er beträgt z. B. im Verarbeitenden Gewerbe und im Bergbau etwa 55 Mrd. m³.

Grundwasser von natürlicher Beschaffenheit ist in der Regel die beste Grundlage für die Trinkwassergewinnung. Zu beobachten ist eine zunehmende Qualitätsverschlechterung des nutzbaren Wasseraufkommens durch Schadstoffbelastungen, die örtlich bereits zu Problemen geführt hat.

Für die Entnahme kann nur ein Teil des sich neu bildenden Grundwassers genutzt werden, da nicht alle Grundwasservorkommen, z. B. wegen zu geringer Ergiebigkeit, nutzbar sind und der natürliche Wasserkreislauf nicht wesentlich gestört werden darf. Selbst wenn man unterstellt, daß nur 25% der jährlichen Grundwasserneubildung nutzbar wären, bestünden bei der derzeitigen Nutzung von 7,5 Mrd. m³ in der bundesweiten Bilanz keine Mengenprobleme für die öffentliche Wasserversorgung. Die nutzbaren Grundwasservorkommen sind jedoch regional sehr unterschiedlich verteilt, so daß ein Ausgleich zwischen Wasserüberschuß- und Wassermangelgebieten erforderlich ist.

Das Wasserhaushaltsgesetz schafft die Voraussetzung, im Interesse der derzeit bestehenden und zukünftigen Wasserversorgung Wasserschutzgebiete festzusetzen. Der Flächenbedarf für Wasserschutzgebiete wird auf ca. 11% der Fläche der Bundesrepublik Deutschland geschätzt. Tatsächlich ausgewiesen sind jedoch erst 6%.

Erhebungen der Länderarbeitsgemeinschaft Wasser (LAWA) aus dem Jahre 1986 weisen aus, daß 62% der insgesamt derzeit notwendigen Schutzgebietsfläche von etwa 21 100 km² wasserrechtlich festgesetzt sind. Der Stand der Schutzgebietsfestsetzung in den Bundesländern ist sehr unterschiedlich.

Das Trinkwasser wird derzeit zu etwa

63,3% aus Grundwasser	unterirdisches Wasser
11 6% aus Quellwasser	
10,0% aus angereichertem Grundwasser	
5,1% aus Uferfiltrat	oberirdisches Wasser
8,9% aus See- und Talsperrenwasser	
1,1% aus Flußwasser	

gewonnen.

Die im Bundesverband der deutschen Gas- und Wasserwirtschaft zusammengeschlossenen Versorgungsunternehmen haben nach eigenen Angaben rund 4 Mrd. m³ Wasser gefördert. Rund 3,6 Mrd. m³ Wasser wurden 1987 an Verbraucher abgegeben. Davon entfielen 75% auf Haushalte und Kleingewerbe, der Rest auf Industrie (18%) und öffentliche Einrichtungen (7%). Die Wasserförderung blieb seit Beginn der achtziger Jahre in etwa konstant.

Abwasserbehandlung

1983 waren mehr als 90% der Einwohner der Bundesrepublik Deutschland an die öffentliche Kanalisation angeschlossen. Der Anschlußgrad der Bevölkerung hängt stark von der Gemeindegröße ab. Insbesondere in Gemeinden mit weniger als 1000 Einwohnern lag der Anschlußanteil nur bei 60%. Die Abwässer von rund 95% der an die Kanalisation angeschlossenen Einwohner wurden in öffentlichen Kläranlagen behandelt. Hieraus ergibt sich ein Gesamtanteil von rund 86% der Wohnbevölkerung, die an öffentliche Kläranlagen angeschlossen sind.

In den öffentlichen Kläranlagen wurden 1983 rund 7,8 Mrd. m^3 Abwasser behandelt. Hiervon stammen rund 41% aus häuslichen und 16% aus gewerblich-industriellen Abwässern. Der übrige Anteil waren Regenabflüsse, Grundwasser, Badewasser und sonstiges Fremdwasser, das über öffentliche Kläranlagen in die Gewässer eingeleitet wurde. Der überwiegende Anteil des eingeleiteten Abwassers (86%) wurde mechanisch-biologisch gereinigt. Einer weitergehenden Abwasserreinigung (z. B. durch chemische Fällung von Phosphaten) wurden rund 8% der Abwässer unterzogen. Bei 6% der Abwässer erfolgte dagegen lediglich eine mechanische Entfernung von Schwimm-, Schweb- und Sinkstoffen.

Viele der meist über Jahrzehnte hinweg gewachsenen öffentlichen Kanalisations- und Abwasserbehandlungssysteme sind heute aus Umweltschutzgründen weiter verbesserungsbedürftig. So weisen ältere Kanalisationssysteme aufgrund von Undichtigkeiten oft einen großen Sanierungsbedarf auf; die wegen des hohen Versiegelungsgrades städtischer Gebiete häufiger werdenden Abflußspitzen bei Regen müssen durch Regenrückhaltebecken oder Sanierung vorhandener Regenüberläufe aufgefangen werden. Angesichts anhaltender Nährstoffbelastungen der Gewässer und der Meere ist die breitere Einführung weitergehender Reinigungsverfahren erforderlich. Zu bewältigen ist auch der bei verbesserten Reinigungsleistungen von Kläranlagen steigende Anfall von Klärschlamm.

Im Rahmen der Erhebungen nach dem Gesetz über Umweltstatistiken wurden 1983 auch 44 000 Betriebe des Bergbaus und des verarbeitenden Gewerbes nach der Art ihrer Abwasserbehandlung befragt. Während 20% als Indirekteinleiter ihre Abwässer an die öffentliche Kanalisation weitergaben, verfügten 80% über betriebseigene Abwasserbehandlungsanlagen. Über diese Anlagen wurden rund 2,3 Mrd. m^3 Abwasser eingeleitet, von denen 43% mechanisch, 8% biologisch, 18% biologisch mit weitergehender Abwasserbehandlung sowie 31% chemisch oder chemisch-physikalisch behandelt wurden. Auch die Reinigungsleistung der industriellen Abwasserbehandlungsanlagen ist – nicht zuletzt auch im Hinblick auf die Vermeidung von Betriebsstörungen mit der Folge ungereinigter Abwassereinleitungen – weiterhin verbesserungsbedürftig.

Pflanzenschutzmittel im Grundwasser

In den letzten Jahren haben Untersuchungsergebnisse von Trink- und Grundwasser immer häufiger Überschreitungen der ab 1. Oktober 1989 geltenden Grenzwerte der Trinkwasserverordnung für einzelne Pflanzenschutzmittel (0,1 μg/l je Einzelsubstanz und 0,5 μg/l für die Summe aller Pflanzenschutzmittel) aufgezeigt.

Die meisten Überschreitungen sind bei den Wirkstoffen Atrazin, Dichlorpropen, Dichlorpropan und Simazin festzustellen.

Nach der Auflistung „Vorkommen von Pflanzenschutzmittel-Wirkstoffen in Brunnen, Uferfiltrat, Quellen, Grund- und Trinkwasser" des Bundesverbandes der deutschen Gas- und Wasserwirtschaft sind für über 40 Wirkstoffe mancherorts Überschreitungen des Grenzwertes der Trinkwasserverordnung festgestellt worden.

Die vom Industrieverband Pflanzenschutz e. V. (jetzt: Industrieverband Agrar e. V.) aufgrund eines zweijährigen „Rohwasser-Monitoring" vorgelegten Ergebnisse zeigen, daß in etwa 10% der untersuchten Brunnen Pflanzenschutzmittelwirkstoffe in Konzentrationen oberhalb des zukünftigen Grenzwertes der Trinkwasserversorgung festgestellt wurden. Dabei wurde u. a. festgestellt, daß

- in 20 von insgesamt untersuchten 206 Rohwasser-Entnahmestellen Pflanzenschutzwirkstoffe oberhalb von 0,1 μg/l nachgewiesen wurden,
- 7 der insgesamt untersuchten 35 Pflanzenschutzmittelwirkstoffe im Rohwasser in Konzentrationen über dem Grenzwert der Trinkwasserverordnung ermittelt wurden,
- bei den im Rohwasser in Konzentrationen oberhalb des EG-Grenzwertes von 0,1 μg/l (Einzelstoff) bis ca. 0,5 μg/l (Summengrenzwert) gefundenen Wirkstoffen es sich um Atrazin, Bentazon, Pyridate (CL 9673), Chloridazon, CMPP, 1,2-Dichlorpropan und Simazin handelt.

Das Rohwasser-Monitoring des IPS stellt keine flächendeckende und repräsentative Erhebung für die Bundesrepublik Deutschland dar. Es beschränkte sich auf etwa 1% aller Rohwasserbrunnen; in den norddeutschen Ländern wurden z. B. keine Untersuchungen auf Atrazin vorgenommen.

Zusammenfassende Darstellung der Rohwasser-Untersuchungsreihe

Land	Anzahl				Analysenbefunde über Grenzwert 0,1 μg/l			
	Brunnen	Beprobungen	gesuchte Wirkstoffe	durchgeführte Wasseranalysen	Brunnen	Wasseranalysen	gefundene Wirkstoffe	
					Anzahl	Anzahl	Anzahl	
Baden-Württemberg	65	403	32	5 308	6	12	2	Atrazin Bentazon
Bayern	21	126	20	739	5	10	4	Atrazin Centazon Chloridazon Simazin
Hessen	10	98	17	438	0	0	0	
Nordrhein-Westfalen	45	404	19	1 617	3	1	1	Bentazon
Niedersachsen	38	209	28	3 382	1	3	1	Pyridate
Rheinland-Pfalz	5	58	12	286	1	4	2	Bentazon CMPP
Schleswig-Holstein	22	236	13	904	4	24	1	Dichlorpropan
	206	1 534		12 674	20	54		

Quelle: Industrieverband Pflanzenschutz e. V.

Siehe auch:
- Kapitel Allgemeine Daten, Abschnitt Chemische Produkte
- Kapitel Natur und Landschaft, Abschnitt Artenbestand
- Kapitel Boden, Abschnitt Bodenschutz und Landwirtschaft

Biologische Gewässergüte der Fließgewässer

Die Biologische Gewässergüte der Fließgewässer in der Bundesrepublik Deutschland wird nach einem siebenstufigen Beurteilungsraster bewertet. Die von der Länderarbeitsgemeinschaft Wasser herausgegebene Gewässergütekarte unterscheidet folgende Güteklassen:

Güteklasse I: unbelastet bis sehr gering belastet

Gewässerabschnitte mit reinem, stets annähernd sauerstoffgesättigtem und nährstoffarmen Wasser; geringer Bakteriengehalt; mäßig dicht besiedelt, vorwiegend von Algen, Moosen, Strudelwürmern und Insektenlarven; sofern sommerkühl, Laichgewässer für Salmonidien.

Güteklasse I–II: gering belastet

Gewässerabschnitte mit geringer anorganischer oder organischer Nährstoffzufuhr ohne nennenswerte Sauerstoffzehrung; dicht und meist in großer Artenvielfalt besiedelt; sofern sommerkühl, Salmonidengewässer.

Güteklasse II: mäßig belastet

Gewässerabschnitte mit mäßiger Verunreinigung und guter Sauerstoffversorgung; sehr große Artenvielfalt und Individuendichte von Algen, Schnecken, Kleinkrebsen, Insektenlarven; Wasserpflanzenbestände decken größere Flächen; ertragreiche Fischgewässer.

Güteklasse II–III: kritisch belastet

Gewässerabschnitte, deren Belastung mit organischen sauerstoffzehrenden Stoffen einen kritischen Zustand bewirkt; Fischsterben infolge Sauerstoffmangels möglich; Rückgang der Artenzahl bei Makroorganismen; gewisse Arten zu Massenentwicklung; Algen bilden häufig größere flächendekkende Bestände. Meist noch ertragreiche Fischgewässer.

Güteklasse III: stark verschmutzt

Gewässerabschnitte mit starker organischer, sauerstoffzehrender Verschmutzung und meist niedrigem Sauerstoffgehalt; örtlich Faulschlammablagerungen; flächendeckende Kolonien von fadenförmigen Abwasserbakterien und festsitzenden Wimpertieren übertreffen das Vorkommen von Algen und höheren Pflanzen; nur wenige gegen Sauerstoffmangel unempfindliche tierische Makroorganismen wie Schwämme, Egel, Wasserasseln kommen bisweilen massenhaft vor; geringe Fischereierträge; mit periodischem Fischsterben ist zu rechnen.

Güteklasse III–IV: sehr stark verschmutzt

Gewässerabschnitte mit weitgehend eingeschränkten Lebensbedingungen durch sehr starke Verschmutzung mit organischen sauerstoffzehrenden Stoffen, oft durch toxische Einflüsse verstärkt; zeitweilig totaler Sauerstoffschwund; Trübung durch Abwasserschwebstoffe; ausgedehnte Faulschlammablagerungen, durch rote Zuckmückenlarven oder Schlammröhrenwürmer dicht besiedelt; Rückgang fadenförmiger Abwasserbakterien; Fische nicht auf Dauer und dann nur örtlich begrenzt anzutreffen.

Güteklasse IV: übermäßig verschmutzt

Gewässerabschnitt mit übermäßiger Verschmutzung durch organische sauerstoffzehrende Abwässer; Fäulnisprozesse herrschen vor; Sauerstoff über lange Zeit in sehr niedrigen Konzentrationen vorhanden oder gänzlich fehlend; Besiedlung vorwiegend durch Bakterien, Geißeltierchen und freilebende Wimpertierchen; Fische fehlen; bei starker toxischer Belastung biologische Verödung.

Der Gewässergütekarte liegen biologisch-ökologische Untersuchungen der Fließgewässeer zugrunde. Sie werden an repräsentativen, hydrologisch vergleichbaren Probenstellen bei Niedrig- bis Mittelwasserabfluß vorgenommen. Dabei werden alle für den zu untersuchenden Abschnitt charakteristischen Kleinbiotope (Steine, Schlammablagerungen, Bestände von Wasserpflanzen) erfaßt. Zur Beurteilung werden die ortsfesten bzw. substratgebundenen Makro- und Mikroorganismen herangezogen. Zusätzlich können chemische und physikalische Messungen zur Stützung des biologischen Befundes herangezogen werden. Für Detailbeurteilungen ist die Gewässerkarte nicht gedacht. Hierzu bedarf es einer differenzierten Bewertung auf der Grundlage möglichst vieler Parameter.

In der Karte sind die wichtigsten Fließgewässer dargestellt. Auf kleinere Gewässer wurde im Interesse der Übersichtlichkeit verzichtet; sie sind zum Teil in der Originalkarte der LAWA sowie in den entsprechenden Gütekarten der Länder enthalten. Im Küstenbereich werden die Gewässer nur bis zur Süßwassergrenze*) dargestellt, da sich die Kriterien der Gütebeurteilung im Brack- und Seewasserbereich unterscheiden.

Bei den Gewässergütekarten handelt es sich um eine thematische Karte, wobei die Abflußmengen der Flüsse als Band dargestellt werden. Diese Darstellung läßt keine Rückschlüsse auf die Flußbreite und deren genauen Verlauf zu.

Die seit den 70er Jahren verstärkten Abwasserreinigungsmaßnahmen haben inzwischen ihren Niederschlag in einer Verbesserung der biologischen Gewässergüte gefunden, wie vor allem der Vergleich der Gütekarten 1980 und 1985 zeigt. So sind bei der Donau im Raum Regensburg, beim Neckar unterhalb von Stuttgart, am hessischen Untermain, bei Weser und Leine deutliche Verbesserungen des biologischen Gütebildes eingetreten. Auf den Gewässergütezustand des Rheins wird gesondert eingegangen. Auch bei vielen in der Karte nicht dargestellten Gewässern haben sich die Gewässerbelastungen verringert. Allerdings hat sich bei manchen, insbesondere staugeregelten und langsam fließenden Gewässern trotz erheblicher Gewässerschutzinvestitionen die Gewässerbeschaffenheit nicht im gewünschten Umfang entwickelt. Diffuse Einflüsse, wie Abschwemmungen von landwirtschaftlichen Nutzflächen und Schadstoffeinträge aus der Luft, führen hier zusammen mit den Restschmutzfrachten aus den Kläranlagen und den Regenwassereinleitungen immer noch zu kritischen Belastungen.

Zunehmende Beachtung bei Gewässerschutzmaßnahmen verdienen zudem jene Stoffgruppen und Veränderungen des Gewässerzustandes, die bei der Biologischen Gewässergütebewertung nicht erfaßt werden, wie etwa Schwermetalleinleitungen, Salzfrachten oder die Erwärmung von Gewässern.

*) Süßwassergrenze ist die Stelle im Wasserverlauf, an der bei Ebbe und zu einer Zeit schwachen Süßwasserabflusses, wegen des Vorhandenseins von Meerwasser, eine erhebliche Zunahme des Salzgehaltes festzustellen ist.

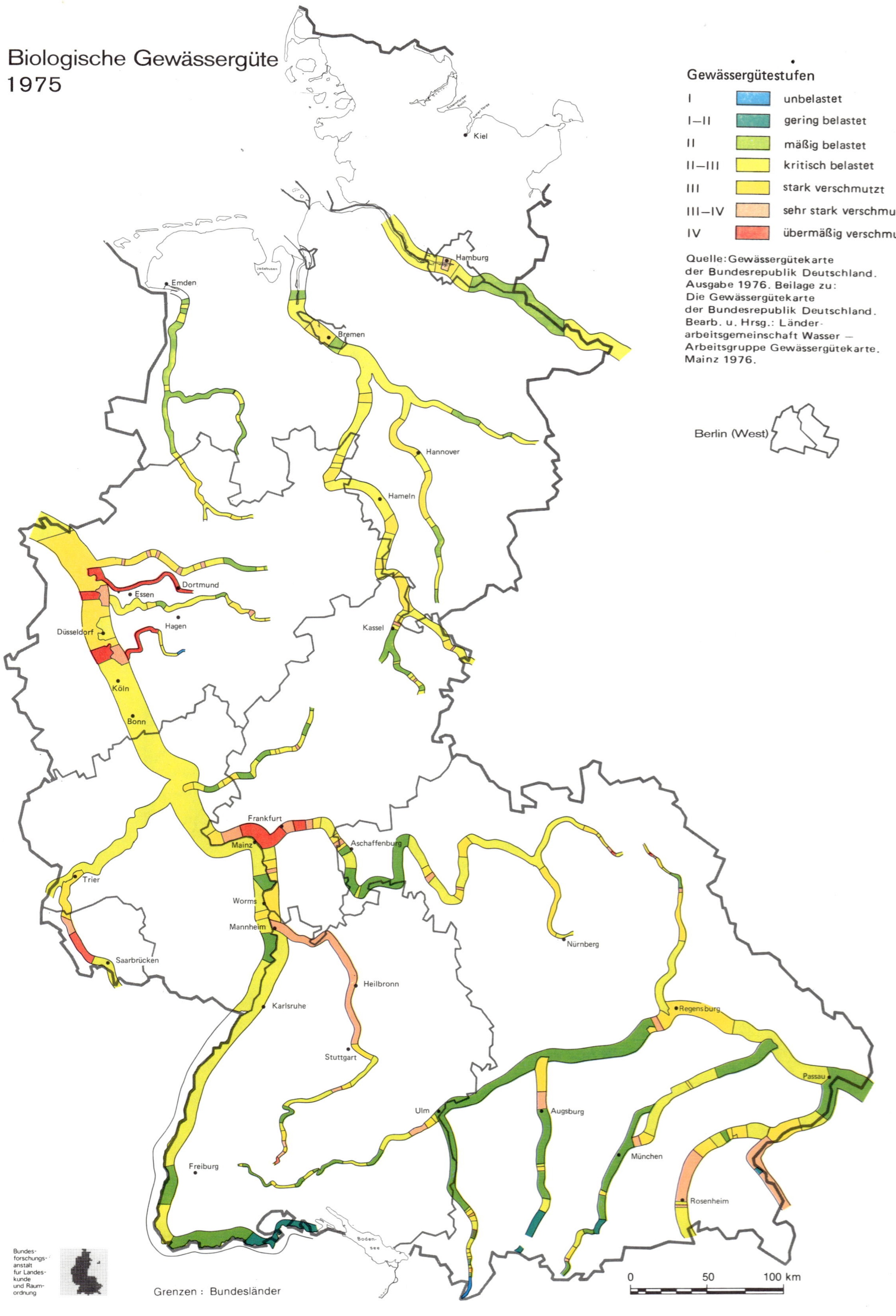

Biologische Gewässergüte
1975
Gewässergütestufen
I unbelastet
I–II gering belastet
II mäßig belastet
II–III kritisch belastet
III stark verschmutzt
III–IV sehr stark verschmutzt
IV übermäßig verschmutzt
Quelle: Gewässergütekarte
der Bundesrepublik Deutschland.
Ausgabe 1976. Beilage zu:
Die Gewässergütekarte
der Bundesrepublik Deutschland.
Bearb. u. Hrsg.: Länder-
arbeitsgemeinschaft Wasser –
Arbeitsgruppe Gewässergütekarte.
Mainz 1976.
Kiel
Hamburg
Emden
Bremen
Hannover
Hameln
Berlin (West)
Dortmund
Essen
Hagen
Düsseldorf
Kassel
Köln
Bonn
Frankfurt
Mainz
Aschaffenburg
Trier
Worms
Mannheim
Nürnberg
Saarbrücken
Heilbronn
Karlsruhe
Regensburg
Stuttgart
Passau
Ulm
Augsburg
München
Freiburg
Rosenheim
Boden-
see
Bundes-
forschungs-
anstalt
für Landes-
kunde
und Raum-
ordnung
Grenzen: Bundesländer
0 50 100 km

Biologische Gewässergüte 1980

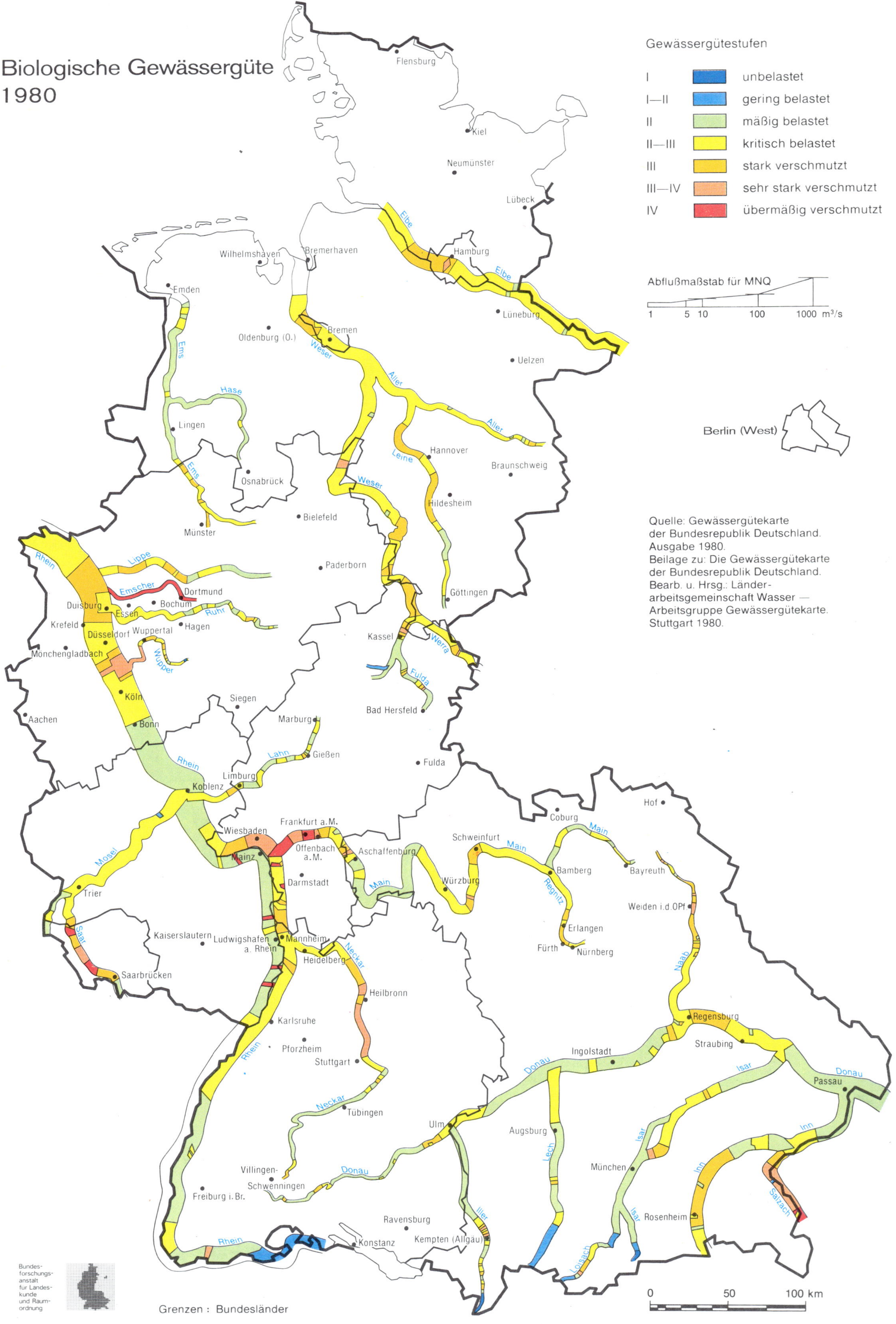

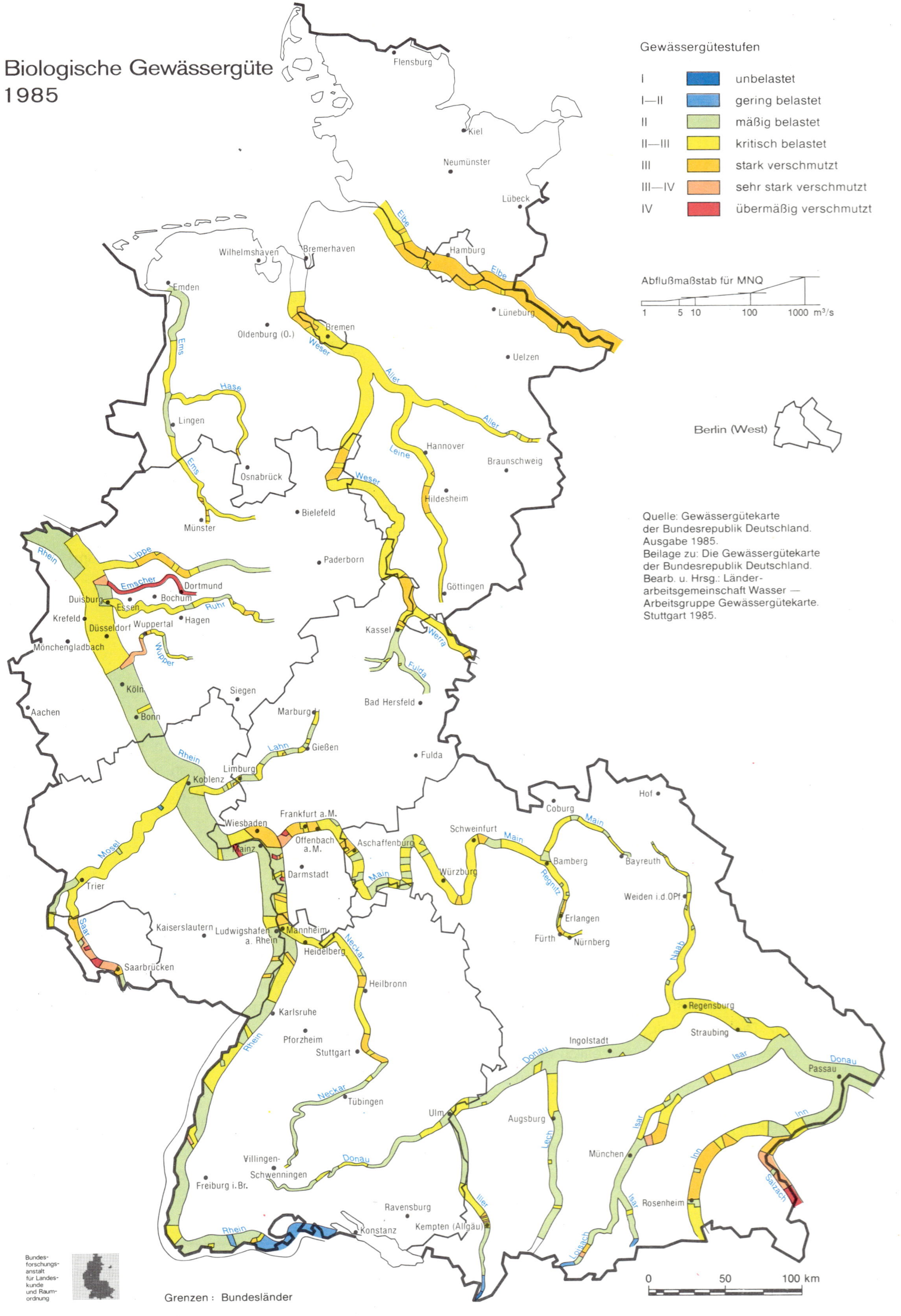
Biologische Gewässergüte
1985
Gewässergütestufen
I unbelastet
I—II gering belastet
II mäßig belastet
II—III kritisch belastet
III stark verschmutzt
III—IV sehr stark verschmutzt
IV übermäßig verschmutzt
Abflußmaßstab für MNQ
1 5 10 100 1000 m³/s
Berlin (West)
Quelle: Gewässergütekarte der Bundesrepublik Deutschland. Ausgabe 1985.
Beilage zu: Die Gewässergütekarte der Bundesrepublik Deutschland.
Bearb. u. Hrsg.: Länderarbeitsgemeinschaft Wasser — Arbeitsgruppe Gewässergütekarte.
Stuttgart 1985.
Flensburg
Kiel
Neumünster
Lübeck
Elbe
Hamburg
Lüneburg
Uelzen
Wilhelmshaven
Bremerhaven
Emden
Oldenburg (O.)
Bremen
Weser
Aller
Ems
Hase
Lingen
Osnabrück
Hannover
Leine
Braunschweig
Hildesheim
Münster
Bielefeld
Paderborn
Göttingen
Lippe
Emscher
Dortmund
Duisburg
Bochum
Essen
Ruhr
Krefeld
Düsseldorf
Wuppertal
Hagen
Mönchengladbach
Wupper
Kassel
Werra
Fulda
Köln
Bonn
Aachen
Siegen
Marburg
Bad Hersfeld
Lahn
Gießen
Fulda
Rhein
Limburg
Koblenz
Hof
Coburg
Wiesbaden
Frankfurt a.M.
Offenbach a.M.
Mainz
Aschaffenburg
Schweinfurt
Main
Bamberg
Bayreuth
Mosel
Darmstadt
Würzburg
Regnitz
Trier
Weiden i.d.OPf.
Erlangen
Kaiserslautern
Ludwigshafen a. Rhein
Mannheim
Fürth
Nürnberg
Saar
Heidelberg
Neckar
Naab
Saarbrücken
Heilbronn
Regensburg
Karlsruhe
Straubing
Ingolstadt
Pforzheim
Stuttgart
Donau
Passau
Isar
Tübingen
Ulm
Augsburg
Inn
Lech
München
Villingen-Schwenningen
Freiburg i.Br.
Iller
Rosenheim
Salzach
Ravensburg
Kempten (Allgäu)
Konstanz
Loisach
0 50 100 km
Bundesforschungsanstalt für Landeskunde und Raumordnung
Grenzen: Bundesländer

Physikalisch-chemische Kenngrößen der Beschaffenheit von Fließgewässern

Datengrundlage

Die Länderarbeitsgemeinschaft Wasser (LAWA) gibt seit kurzem – in Ergänzung zur Gewässergütekarte – Karten chemischer und physikalischer Daten der Fließgewässer heraus. Diese beruhen auf Meßwerten der Jahre 1982–1987 aus 105 Meßstellen der Länder.

Die Meßwerte sind aufgrund unterschiedlicher Meßprogramme der einzelnen Länder derzeit z. T. noch nicht vollständig vergleichbar. Neben der Meßmethodik ist die Probenahmehäufigkeit (nach LAWA-Empfehlung mindestens 13 Proben gleichmäßig über das Jahr verteilt) zu vereinheitlichen.

Bei Rhein, Weser und Elbe jedoch ist eine gute Vergleichbarkeit der Meßergebnisse bereits gegeben.

Erläuterungen zu den Abbildungen

Von den ausgewählten 16 Meßgrößen wurden auf der Basis von Einzelproben bzw. Mischproben oder kontinuierlichen Messungen das jährliche Maximum, Minimum und 50-Perzentil für die Jahre 1982 bis 1987 ermittelt. Diese Hauptzahlen sind – nach Meßgrößen getrennt – auf Karten im Maßstab von ca. 1:2 200 000 in der Form nebeneinander gestellter Säulen graphisch dargestellt. Dabei werden Maximum, Minimum und Median farblich differenziert abgebildet:

Bestimmungsgrenze:	schwarz
Minimum:	blau
Median:	rot
Maximum:	gelb.

Von Sauerstoff, pH-Wert, Leitfähigkeit und Temperatur liegen von einigen Meßstellen sowohl Werte aus kontinuierlichen Messungen als auch Ergebnisse von Einzelproben oder Mischproben vor. Für die Darstellungen wurden die Werte von kontinuierlichen Messungen den Einzelproben bzw. Mischproben vorgezogen. Ebenso wurden Einzelproben den Mischproben vorgezogen.

Erläuterungen zu den Tabellen

Die Probenahmeart gibt eine Aussage zur Meßart (E = Einzelprobe, M = Mischprobe, K = kontinuierliche Messung) und zum Probenahmeintervall (7 = 7 Tage = 1 Woche; 14 = 2 Wochen; 28 = 4 Wochen; 56 = 8 Wochen; 30 = 1 Monat; 61 = 2 Monate; 91 = 3 Monate, 182 = 6 Monate; 365 = 1 Jahr). Entsprechend bedeutet z. B. die Probenahmeart E7, daß eine Einzelprobe in einem Intervall von 7 Tagen durchgeführt wird; eine Probenart von M 14 bedeutet, daß es sich um eine Mischprobe in einem Zeitraum von 14 Tagen handelt. In Einzelfällen kommt eine weitere Angabe hinzu, wenn es innerhalb des Probenahmezeitraums keine zeitlich äquidistanten Probeentnahmen gibt. So bedeutet z. B. 7M56 eine 7-Tagesmischprobe in einem Zeitraum von 56 Tagen.

Bei kontinuierlich gemessenen Werten entfällt die Angabe zum Untersuchungsintervall (z. B. minütlich). Es wird lediglich die Kennzeichnung „K“ verwendet. In einigen Fällen wird auch bei Einzelproben lediglich die Bezeichnung „E“ verwendet, und zwar dann, wenn es keine festgelegten Probenahmeintervalle gibt.

Die Ausgabe der Werte erfolgt – trotz unterschiedlicher Erhebungsgenauigkeit – mit einer einheitlichen Dezimalstelle. Hierzu wurde ein Teil der Werte gerundet, ein anderer Teil wird mit nachstehenden Nullen ausgegeben (z. B. 29.0 statt 29).

Bei Hauptzahlen, die unter der analytischen Bestimmungsgrenze liegen, wird stattdessen die Bestimmungsgrenze angegeben. Dieser Betrag geht in die Abbildung ein.

Eine Angabe von xxxxx in den Tabellen bedeutet, daß entweder kein Wert vorliegt oder die Angabe des Wertes aus bestimmten Gründen unterbleibt, z. B. weil seine Berechnung statistisch nicht gesichert ist. Liegt die Anzahl der Werte unter 4, so gibt es für den Median keine statistische Sicherheit mehr. In diesen Fällen wird kein 50-Perzentil ausgegeben, sondern xxxxx. Bei 2 Werten wird der niedrigere der beiden als Minimalwert, der höhere als Maximalwert ausgegeben; bei einem Wert pro Jahr, wird dieser sowohl als Minimum als auch als Maximum verwertet.

In den Grafiken erfolgt keine Darstellung bei weniger als 4 Werten.

Zur Interpretation der Daten

Bei der Interpretation der Daten ist zum einen die z. T. geringe Zahl zugrunde liegender Meßwerte zu beachten. Zum anderen sollten aus dem Vergleich der Jahreswerte 1982–1987 noch keine Rückschlüsse auf Belastungstrends gezogen werden, da die Wasserbeschaffenheit sowohl von Stoffeinträgen als auch von einer Vielzahl hydrologischer und meteorologischer Faktoren beeinflußt wird. So erhöhen z. B. bei intensiven Niederschlägen mit steigenden Wasserständen, Abschwemmungen aus der Fläche (diffuse Quellen) die Stofffrachten in den Gewässern, während gleichzeitig durch Verdünnung der Stoffkonzentrationen eine positive Entwicklung der Wasserbeschaffenheit vorgetäuscht wird. Demgegenüber bewirken abnehmende Abflüsse eine Konzentrationserhöhung, wie dies z. B. 1985 für bestimmte Wasserinhaltsstoffe augenfällig wurde.

Zur Verdeutlichung der Schwankungen des Abflußgeschehens sind für 10 Pegel der größten Flußgebiete langjährige mittlere Jahresabflüsse dargestellt. Die durch den jeweiligen langjährigen Mittelwert dividierten Jahresabflußwerte 1982 bis 1987 geben an, um wieviel Prozent der Jahresabfluß jeweils größer (Werte größer 100) oder geringer als das langjährige Mittel ausfiel.

1985 war ein Trockenjahr mit Abflußdefiziten von 10–25% für die ausgewählten Pegel, während im Feuchtjahr 1975 mit 20–50% höheren Abflüssen ein Ausgleich gebildet wurde. Für die übrigen Jahre waren bei Weser und Elbe überwiegend Unterschreitungen, bei Donau und Rhein Überschreitungen des langjährigen Mittels zu verzeichnen.

Siehe auch:
Kapitel Nordsee, Abschnitt Stoffeinträge

Meßstellen des LAWA-Meßstellennetzes und ihre Stammdaten

Land	LAWA-Bezeichnung	Gewässerbezeichnung	LAWA-Meßstellenname	Landesnumerierung	Lage im Flußquerschnitt	Autom. Meßwerterfassung	Autom. Probenahme	Einzugsgebietsgröße in km2	Höhenlage in m
Baden-Württemberg	BW01	Rhein	Öhningen	X 022.9	rechts	nein	ja	11514	400
	BW01	Rhein	Dogern	X 113.0	rechts	nein	ja	33987	310
	BW03	Rhein	Weisweil	X 248.9	rechts	nein	ja	37798	175
	BW04	Rhein	Maxau	X 359.2	rechts	ja	ja	50196	108
	BW05	Rhein	Mannheim	X 426.2	rechts	nein	ja	54029	95
	BW06	Neckar	Mannheim	Y 003.0	links	ja	ja	13957	95
	BW07	Neckar	Kochendorf	Y 104.1	Mitte	ja	ja	8510	151
	BW08	Neckar	Poppenweiler	Y 165.0	rechts	ja	ja	4982	205
	BW09	Neckar	Deizisau	Y 199.8	links	nein	ja	3995	245
	BW10	Neckar	Tübingen	YS 001	links	nein	nein	2067	310
	BW11	Neckar	Starzach-Börstingen	YT 001	Mitte	nein	nein	1512	365
	BW12	Donau	Ulm	QQ 902	links	ja	ja	7578	466
	BW13	Donau	Mengen-Blochingen	QQ 405	Mitte	nein	nein	2599	550
	BW14	Donau	Ehingen	QQ 701	Mitte	nein	nein	4038	490
	BW15	Schussen	Meckenbeuren-Gerbertshaus	SN 021	rechts	ja	ja	790	405
	BW16	Argen	Tettnang-Gießen	AR 028	links	nein	ja	625	425
	BW17	Rotach	Friedrichshafen	CC 013	links	nein	ja	397	400
	BW18	Radolfzeller Aach	Aach	AZ 001	Quelle	nein	ja	Karstgeb	475
Bayern	BY01	Main	Kahl a. Main	F613	rechts	ja	ja	23152	102
	BY02	Main	Erlabrunn	F604	links	ja	ja	14244	166
	BY03	Main	Viereth	F415	rechts	nein	nein	11956	231
	BY04	Main	Hallstadt	F409	Mitte	nein	nein	4399	231
	BY05	Tauber	Waldenhausen	F610	links	nein	nein	1798	140
	BY06	Fränkische Saale	Gemünden	F607	links	nein	nein	2141	153
	BY07	Regnitz	Hausen	F410	rechts	ja	ja	4472	254
	BY08	Sächsische Saale	Joditz	F418	Mitte	nein	nein	644	457
	BY09	Donau	Dillingen	F707	links	ja	ja	11315	420
	BY10	Donau	Neustadt	F201	Mitte	nein	nein	21792	346
	BY11	Donau	Jochenstein	F219	Mitte	ja	ja	77086	290
	BY12	Iller	Wiblingen	F702	rechts	nein	nein	2115	470
	BY13	Lech	Feldheim	F717	Mitte	nein	nein	3926	398
	BY14	Lech	Füssen	F713	links	nein	nein	1417	785
	BY15	Altmühl	Grögling	F301	Mitte	nein	nein	2504	360
	BY16	Naab	Heitzenhofen	F311	Mitte	nein	nein	5426	337
	BY17	Isar	Plattling	F209	Mitte	nein	nein	8839	316
	BY18	Amper	Moosburg	F110	rechts	nein	nein	3088	413
	BY19	Loisach	Schlehdorf	F104	rechts	ja	ja	640	601
	BY20	Inn	Passau-Ingling	F218	Mitte	nein	nein	26049	300
	BY21	Inn	Kirchdorf	F111	Mitte	nein	nein	9905	452
	BY22	Salzach	Laufen	F116	links	nein	nein	6113	390
	BY23	Große Ohe	Taferlruck	F213	Mitte	ja	ja	19	770
Berlin (West)	B 01	Spree	Spandau	11007	Mitte	nein	nein		30 1)
	B 02	Havel	Krughorn	25014	links	nein	nein		30
Freie Hansestadt Bremen	HB01	Weser	Bremen	entfällt	rechts	ja	ja	38415	3.5
Freie und Hansestadt Hamburg	HH01	Elbe	Teufelsbrück	Uetb/Uesh	re./li.	j./n.	nein	139900	5 2)
	HH02	Alster	Mellingburger Schleuse	Ae4 /Ae3	re./li.	j./n.	nein	307/269	13 3)
Hessen	HE01	Main	Kostheim	HE01	links	ja	ja	27142	83
	HE02	Fulda	Wahnhausen	HE02	links	ja	ja	6933	118
	HE03	Werra	Letzter Heller	HE03	rechts	ja	ja	5487	118
	HE04	Schwarzbach	Trebur-Astheim	HE04	rechts	ja	ja	512	85
	HE05	Nidda	Frankfurt-Nied	HE05	links	ja	ja	1619	102
	HE06	Lahn	Limburg	HE06	Mitte	nein	nein	3884	107
	HE07	Kinzig	Hanau	HE07	links	ja	ja	921	102
	HE08	Weschnitz	Wattenheim	HE08	Mitte	nein	nein	402	90

Erläuterungen: 1) Werte für Cd,Cr,Ni und Pb aus dem Jahr 1986 stammen von der Meßstelle Moltkestraße an der Spree (km 11.0)
2) Werte für T,pH,Lf und O2 stammen von der automatischen Meßstation Seemannshöft (Uesh), 1.3 km oberhalb
3) Werte für T,pH,Lf und O2 stammen von der automatischen Meßstation Haselknick (Ae 3), 4.4 km oberhalb

Meßstellen des LAWA-Meßstellennetzes und ihre Stammdaten

Land	LAWA-Bezeichnung	Gewässerbezeichnung	LAWA-Meßstellenname	Landesnumerierung	Lage im Flußquerschnitt	Autom. Meßwerterfassung	Autom. Probenahme	Einzugsgebietsgröße in km2	Höhenlage in m
Niedersachsen	NS01	Elbe	Schnackenburg	5915201	links	ja	ja	125482	15
	NS02	Elbe	Geesthacht	5939201	Mitte	nein	nein	135013	4
	NS03	Elbe	Grauerort	5975205	links	ja	ja	141327	0
	NS04	Weser	Hemeln	4335201	rechts	ja	ja	12550	125
	NS05	Weser	Intschede	4911201	Mitte	ja	ja	37495	7
	NS06	Weser	Nordenham	4979214	links	ja	ja	45025	0
	NS07	Aller	Grafhorst	4813205	links	ja	ja	520	56
	NS08	Aller	Langlingen	4833201	links	ja	ja	3288	40
	NS09	Aller	Verden	4899209	rechts	ja	ja	15220	11
	NS10	Leine	Reckershausen	4881221	rechts	ja	ja	321	180
	NS11	Leine	Poppenburg	4885254	rechts	ja	ja	3463	65
	NS12	Leine	Neustadt	4889202	rechts	ja	ja	6043	35
	NS13	Oker	Groß Schwülper	4829201	rechts	ja	ja	1734	55
	NS14	Hunte	Reithörne	4969215	links	ja	ja	2344	0
	NS15	Ems	Herbrum	3771201	links	ja	ja	9207	1.5
	NS16	Vechte	Laar	9286253	links	ja	ja	1762	7
Nordrhein-Westfalen	NW01	Rhein	Bad Honnef	000103	rechts	ja	ja	140756	48
	NW02	Rhein	Kleve-Bimmen	000504	links	ja	ja	159127	8
	NW03	Sieg	Bergheim	001004	rechts	nein	nein	2862	43
	NW04	Sieg	Au	212350	links	nein	nein	1257	127
	NW05	Sieg	Netphen	549952	links	nein	nein	3.5	600
	NW06	Wupper	Leverkusen-Rheindorf	002008	Mitte	nein	nein	827	34
	NW07	Erft	Neuss	003001	Mitte	nein	nein	1828	28
	NW08	Swist	Weilerswist	265901	rechts	nein	nein	284	115
	NW09	Ruhr	Duisburg-Ruhrort	004005	Mitte	nein	nein	4485	19
	NW10	Ruhr	Villigst	502807	links	nein	nein	1988	101
	NW11	Lenne	Hohenlimburg	522806	links	nein	nein	1316	107
	NW12	Möhne	Völlinghausen	628700	rechts	nein	nein	436	220
	NW13	Lippe	Wesel	006002	Mitte	nein	nein	4886	14
	NW14	Lippe	Lünen	615109	rechts	nein	nein	2834	50
	NW15	Stever	Olfen	801562	rechts	nein	nein	567	47
	NW16	Weser	Petershagen	000008	rechts	ja	ja	19347	38
	NW17	Werre	Rehme	731808	links	nein	nein	1482	50
	NW18	Ems	Rheine	803005	links	nein	nein	3749	33
	NW19	Niers	Goch	315310	re./li.	nein	nein	1203	16
	NW20	Schwalm	Neumühle	318103	re./li.	nein	nein	83	55
	NW21	Rur	End-Steinkirchen	107610	rechts	nein	nein	2300	30
	NW22	Rur	Einruhr	102904	Mitte	nein	nein	198	282
Rheinland-Pfalz	RP01	Rhein	Koblenz	25995111	links	ja	ja	138231	58
	RP02	Rhein	Mainz	25115105	links	ja	ja	98499	74
	RP03	Mosel	Koblenz	26995117	Mitte	ja	ja	28100	64
	RP04	Mosel	Palzem	26195212	rechts	ja	ja	11623	141
	RP05	Saar	Kanzem	26495250	links	ja	ja	7389	133
	RP06	Nahe	Grolsheim	25495232	rechts	ja	ja	4013	85
Saarland	S 01	Saar	Saarbrücken-Güdingen		links				
Schleswig-Holstein	SH01	Bille	Reinbek	120003	Mitte	nein	nein	335	4
	SH02	Stör	Willenscharen	120015	Mitte	nein	nein	476	4
	SH03	Treene	Friedrichstadt	123016	Mitte	nein	nein	800	1
	SH04	Bongsieler Kanal	Schlüttsiel	123030	Mitte	nein	nein	722	0
	SH05	Schwentine	Kiel	126029	Mitte	nein	nein	727	2
	SH06	Trave	Sehmsdorf	126047	Mitte	nein	nein	726	2

Langjährige mittlere Jahresabflüsse in m³/s und prozentuale Abweichungen der mittleren Jahresabflüsse 1982 bis 1987

Gewässer	Pegel	Langjähriges Mittel (Zeitraum)		Prozentuale Abweichungen der Jahresabflüsse vom langjährigen Mittel 1982	1983	1984	1985	1986	1987
Donau	Hofkirchen	637	(1901/87)	118	103	92	90	99	120
Rhein	Maxau	1 260	(1931/87)	122	108	98	89	106	122
	Rees	2 270	(1931/87)	123	118	110	89	111	130
Neckar	Rockenau	134	(1951/87)	132	143	105	83	123	141
Main	Frankfurt	188	(1966/87)	122	115	114	75	105	151
Mosel	Osthafen Cochem	313	(1931/87)	145	147	134	84	134	136
Ems	Versen	78,6	(1942/87)	89	97	118	104	107	151
Weser	Dörverden	209	(1954/87)	100	99	114	81	103	146
Aller	Rethem	117	(1941/87)	99	93	98	85	101	154
Elbe	Neu-Darchau	726	(1931/87)	104	86	80	77	99	151

Quelle: Länderarbeitsgemeinschaft Wasser

Erläuterungen zu den dargestellten Parametern

Die folgenden Karten beschreiben die Entwicklung der Wasserbeschaffenheit über einen Zeitraum von 6 Jahren. Dieser Zeitraum ist für eine langfristige Trendbeschreibung zu kurz. Hierzu wären Beobachtungsreihen von 10 oder mehr Jahren erforderlich, die aber nicht für alle Kenngrößen und Meßstellen verfügbar sind. Die Karten dokumentieren deshalb nicht die bereits erzielten erheblichen Verbesserungen der Wasserbeschaffenheit, die insbesondere seit Anfang der 70er Jahre erreicht worden sind. Erst weitere Fortschreibungen dieser Abbildungen werden diese signifikanten Veränderungen dokumentieren können. Aus den Karten sind dagegen z. T. noch bestehende Belastungen zu erkennen, die Hinweise auf Schwerpunkte künftiger Maßnahmen des Gewässerschutzes geben.

Temperatur

Im gemäßigten Klimabereich Europas haben Fließgewässer im Winter zumeist Temperaturen in der Nähe des Gefrierpunktes. Im Sommer steigt die Temperatur des Wassers mit zunehmender Entfernung vom Quellgebiet an und erreicht nach längerer Fließzeit unter natürlichen Bedingungen Werte bis 26° C, selten mehr. Gewässertemperaturen werden insbesondere durch Kühlwassereinleitungen erhöht.

Viele biologische, chemische und physikalische Vorgänge im Wasser sind temperaturabhängig, so etwa Zehrungs- und Produktionsprozesse, Adsorption und Löslichkeit gasförmiger, flüssiger und fester Substanzen. Ebenso werden Wechselwirkungen zwischen Wasser und Untergrund, Schwebstoffen und Sediment sowie zwischen Wasser und Atmosphäre (Verdunstung) durch die Temperatur beeinflußt.

Kritische Werte für die Lebensfähigkeit und Lebensaktivität der Wasserorganismen können insbesondere bei Sommertemperaturen erreicht werden, wenn z. B. bei entsprechender Nährstoffverfügbarkeit in den Gewässern – das Algenwachstum forciert und der Sauerstoffgehalt der Gewässer verringert wird.

pH-Wert

Der pH-Wert natürlicher Fließgewässer liegt in der Nähe des Neutralpunktes pH 7. Er schwankt meist bei kalkarmen Gewässern zwischen 6–7, bei mittlerer und höherer Wasserhärte zwischen 7 und 8,5. In Moorgewässern liegt der pH-Wert zwischen 5 und 6,5. Extrem niedrige und hohe pH-Werte rufen Fisch- und Kleintiersterben hervor.

Eine starke Herabsetzung des pH-Wertes – z. T. bis unter pH 4 – kann in kalkarmen Fließgewässern durch saure Niederschläge und Schneeschmelzen hervorgerufen werden. Dagegen wirken die meisten Abwassereinleitungen aufgrund ihrer stofflichen Zusammensetzung den Versauerungseffekten entgegen. Neben spezifischen Abwassereinleitungen kann auch die Kohlensäureaufnahme von Wasserpflanzen bei der Photosynthese tagesrhythmische Erhöhungen des pH-Wertes bis auf Werte über 10 hervorrufen.

Leitfähigkeit

Die spezifische elektrische Leitfähigkeit wässriger Lösungen ist abhängig von der Ionenleitfähigkeit, der Ionenkonzentration und der Temperatur. Sie kann als Maß für den Gesamtsalzgehalt eines Wassers herangezogen werden und eignet sich somit als Leit- und Summenparamenter zur Ermittlung zeitlicher oder räumlicher Änderungen des Salzgehalts, z. B. durch Einleitungen.

Chlorid

Chlorid kommt entsprechend den geochemischen Verhältnissen, in allen natürlichen Wässern in sehr unterschiedlichen Konzentrationen vor. In den meisten Flüssen liegt der natürliche Chloridgehalt unter 20 mg/l. Abweichungen aufgrund geogener Gegebenheiten können durch Einfluß von Grundwasser mit z. T. außerordentlich hohen Chloridkonzentrationen und durch die Einmischung von Meerwasser in den Ästuarien entstehen. Anthropogene Erhöhungen der Chloridkonzentration beruhen auf häuslichen und industriellen Abwassereinleitungen sowie auf der Verwendung von Streusalz. Hohe Chloridwerte können die Gewässerflora und -fauna nachhaltig verändern. Bei Chloridwerten über 200 mg/l können für die landwirtschaftliche Nutzung und die Trinkwasserversorgung Probleme auftreten.

Biochemischer Sauerstoffbedarf (BSB_5)

Der BSB gibt an, wieviel Sauerstoff in einer bestimmten Zeit (innerhalb von fünf Tagen: BSB_5) unter konstanten Bedingungen (bei 20° C und Dunkelheit) von den im Wasser lebenden Organismen für die Oxidation der in der Wasserprobe vorhandenen abbaubaren Substanz verbraucht wird. Er gibt einen Hinweis auf die Belastung des Sauerstoffhaushalts im Gewässer.

Chemischer Sauerstoffbedarf (CSB)

Mit dem CSB wird der Sauerstoffbedarf ermittelt, der für die chemische Oxidation der im Wasser enthaltenen oxidierbaren Stoffe unter festgelegten Bedingungen notwendig ist. Bei der Bestimmung des CSB mit Kaliumdichromat als starkem Oxidationsmittel, werden auch biologisch schwer oder kaum abbaubare Stoffe erfaßt. Beim CSB handelt es sich um einen Summenparameter der keine Rückschlüsse auf die Herkunft der oxidierbaren Stoffe zuläßt. Hohe CSB-Werte können durch anthropogene Stoffeinträge, aber auch durch hohe Gehalte an biogenen Substanzen, hier vor allem durch Huminstoffe hervorgerufen sein, so daß diese Meßgröße bei der Gewässerüberwachung häufig keinen sicheren Hinweis auf einen anthropogenen Eintrag oxidierbarer Substanzen in das Gewässer liefert. Letzterer läßt sich zuverlässig nur durch gezielte Einleiterüberwachung (Emissionskontrolle) ermitteln.

Gelöster organisch gebundener Kohlenstoff (DOC, dissolved organic carbon)

Mit der Meßgröße DOC wird der Kohlenstoffanteil der im Wasser gelösten organischen Stoffe bestimmt. Wie der CSB läßt auch dieser Summenparameter keine Rückschlüsse auf Zusammensetzung und Herkunft der Kohlenstoffverbindungen zu. Diese können sowohl durch anthropogene Einträge als auch durch den Eintrag von Huminstoffen natürlichen Ursprungs aus dem Einzugsgebiet hervorgerufen werden.

Orthophosphat-Phosphor (o-PO_4^{3-}—P) und Gesamt-Phosphor (Ges.-P)

Der Haupteintrag von Phosphorverbindungen in die Gewässer erfolgt durch häusliche und industrielle Abwässer sowie die Landwirtschaft. Die Verwendung von phosphathaltigen Wasch- und Reinigungsmittel trägt wesentlich zur hohen Phosphatbelastung der Abwässer bei.

Bei der Gewässerüberwachung werden die Komponenten Orthophosphat-P und Gesamtphosphor bestimmt. Orthophosphat gibt den gelösten, unmittelbar pflanzenverfügbaren Phosphoranteil an, während Gesamtphosphor die Summe aller Phosphorverbindungen erfaßt.

Unbelastete Quellbäche weisen Gesamtphosphorkonzentrationen von weniger als 1 bis 10 μg/l P auf; anthropogen nicht beeinträchtigte Gewässeroberläufe in Einzugsgebieten mit Laubwaldbeständen erreichen Werte von 20–50 μg/l P.

Sauerstoffgehalt

Der Sauerstoffgehalt des Wassers ist das Ergebnis sauerstoffliefernder und sauerstoffzehrender Vorgänge. Sauerstoff wird aus der Atmosphäre eingetragen, wobei die Sauerstoffaufnahme vor allem von der Größe der Wasseroberfläche, der Wassertemperatur, dem Sättigungsdefizit, der Luftbewegung und der Wasserturbulenz abhängt. Sauerstoff wird auch bei der Photosynthese der Wasserpflanzen freigesetzt. Dadurch können Sauerstoffübersättigungen auftreten. Beim natürlichen Abbau organischer Stoffe im Wasser wird durch die Tätigkeit der Mikororganismen und die Atmung von Tieren und Pflanzen Sauerstoff verbraucht. Dies kann zu Sauerstoffmangel im Gewässer führen.

Die Sauerstoffkonzentration ist zudem von verschiedenen physikalischen, chemischen und biochemischen Faktoren, wie etwa Temperatur und Stoffeinträgen abhängig.

Die Sauerstoffkonzentration im Gewässer, die im Lösungsgleichgewicht mit der Atmosphäre steht, wird als „Sättigungswert" bezeichnet (bei 0° C 14,6 mg/l und bei 20° C 9,1 mg/l 0_2).

Als „fischkritischer Wert" gilt der Mindestgehalt von 4 mg/l O_2. Unterhalb dieses Wertes können empfindliche Fischarten geschädigt werden.

Ammonium-Stickstoff (NH_4^+—N) und Nitrat-Stickstoff (NO_3^-—N)

Stickstoff tritt im Wasser sowohl molekular (N_2) als auch in anorganischen und organischen Verbindungen auf. Organisch gebunden ist er in pflanzlichem und tierischem Material (Biomasse) festgelegt. Anorganisch gebundener Stickstoff kommt vorwiegend als Ammonium (NH_4^+) und Nitrat (NO_3^-) vor.

Stickstoff im Gewässer kann aus natürlichen oder anthropogenen Quellen stammen. Wesentliche anthropogene Quellen sind industrielle und häusliche Abwässer sowie der Einsatz von Gülle und Mineraldünger in der Landwirtschaft über die Aufnahmefähigkeit von Pflanzen und Böden hinaus. Darüber hinaus ist der Eintrag von Stickstoffverbindungen über die Niederschläge nicht zu vernachlässigen.

Eine Besonderheit des Stickstoffeintrages ist die Stickstoffixierung, eine biochemische Stoffwechselleistung von Bakterien und Blaualgen, durch die molekularer gasförmiger Stickstoff aus der Atmosphäre in den Stoffwechsel eingeschleust wird. Unbelastete Oberflächengewässer weisen ganzjährig Ammonium-Stickstoffgehalte unter 0,1 mg/l auf.

Ammonium kann in höheren Konzentrationen erheblich zur Belastung des Sauerstoffhaushalts beitragen, da bei der mikrobiellen Oxidation (Nitrifikation) von 1 mg Ammonium-Stickstoff zu Nitrat rd. 4,5 mg Sauerstoff verbraucht werden. Dieser Prozeß ist allerdings stark temperaturabhängig. Erhebliche Umsätze erfolgen nur in der warmen Jahreszeit. Bisweilen überschreitet die Sauerstoffzehrung durch Nitrifikationsvorgänge die durch den Abbau von Kohlenstoffverbindungen erheblich.

Toxikologische Bedeutung kann das Ammonium bei Verschiebung des pH-Wertes in den alkalischen Bereich erlangen, wenn in Gewässern mit hohen Ammoniumgehalten das fischtoxische Ammoniak freigesetzt wird.

Nitrat gelangt durch Auswaschungen gedüngter landwirtschaftlich genutzter Flächen und mit Abwässern aus Kläranlagen mit Nitrifikationsstufe ins Gewässer. In den Gewässern selbst entsteht es durch mikrobielle Oxidation von Ammonium über Nitrit. Im allgemeinen liegen in unbelasteten Fließgewässern Nitratstickstoffkonzentrationen von 1 mg/l vor.

Schwermetalle

Schwermetallkonzentrationen wurden für Cadmium, Blei, Nickel und Chrom gemessen. Schwermetallverbindungen kommen in Gewässern in gelöster und ungelöster Form vor. Ein hoher Anteil ist in Schwebstoffen adsorbiert und sedimentiert in den Stillwasserzonen.

Der Haupteintrag von Schwermetallen erfolgt durch häusliche und industrielle Abwässer. Zudem kann die Remobilisierung sedimentierter Schwermetalle eine Rolle spielen.

Geogen und anthropogen unbelastete Gewässer weisen je nach geochemischen Verhältnissen im Wassereinzugsgebiet folgende Hintergrundkonzentrationen auf: Cadmium $<0{,}1$–$0{,}5$ μg/l, Chrom $<0{,}1$ μg/l, Nickel $<3{,}0$ μg/l, Blei $<0{,}2$–$3{,}0$ μg/l.

Die ökologische Bedeutung von Schwermetallen liegt darin, daß sich diese nicht abbaubaren Stoffe in Organismen anreichern und über verschiedene Belastungspfade in die Nahrungskette gelangen können.

Zusammenfassender Überblick über die wichtigsten Merkmale der Beschaffenheit einzelner Fließgewässer

Donaugebiet

Die *Donau* ist in der Bundesrepublik Deutschland nur gering belastet. Dennoch weist sie stellenweise erhöhte Werte für BSB_5, Orthophosphat, Nitrat und CSB auf. Der pH-Wert ist zum Teil erhöht. In Dillingen (BY09) wurden erhöhte Schwermetallwerte festgestellt.

Charakteristisch sind die erhöhten pH-Werte für die meisten Nebengewässer.

Hohe bis sehr hohe Schwermetallwerte wurden in *Inn* und *Salzach* unterhalb der österreichischen Grenze festgestellt. Die alpinen Nebenflüsse mit ihrer reichlichen Wasserführung weisen niedrige Konzentrationen an Nitrat und Phosphat auf (Ausnahme: Isar unterhalb des Ballungsraumes München).

Rheingebiet

Im *Rhein* wurden vom Auslauf des Bodensees bei Öhningen (BWO1) erhöhte pH-Werte gemessen. Diese stehen im Zusammenhang mit der sommerlichen Phytoplanktonentwicklung des Bodensees. Ab Weisweil (BWO3) macht sich, bedingt durch die Einleitung der elsässischen Kaliabwässer, eine erhöhte Chloridbelastung bemerkbar. Daneben finden sich an den Meßstellen oberhalb Mainz vereinzelt erhöhte CSB-Werte. An der Meßstation Mainz sind zum Teil niedrige Sauerstoffwerte und 1984 ein erhöhter Cadmium-Wert festzustellen. Im Unterlauf bis zur niederländischen Grenze liegen zum Teil erhöhte Werte für CSB, Nitrat, Blei, Chrom und Nickel vor; die Sauerstoffminima sind gelegentlich erniedrigt.

Der *Neckar* ist mit Nährstoffen meist erhöht belastet. Insbesondere im Mittellauf sind strecken- und zeitweise hohe Werte von Ammonium, Nitrat und Orthophosphat zu finden. Bei Orthophosphat sind sogar an allen Meßstellen hohe Werte festzustellen. Ebenso liegen temporär erhöhte BSB-Gehalte vor. Vereinzelt können auch für Cadmium und Blei erhöhte Werte gefunden werden. Die Sauerstoffgehalte sind gelegentlich in staugeregulierten Bereichen erniedrigt.

Der *Main* und seine *Nebengewässer* sind hoch mit Nährstoffen belastet. Der niedrigste 0_2-Gehalt im Main wurde 1982 mit 0,2 mg/l in Kostheim (HEO1) festgestellt. In den Folgejahren traten deutliche Verbesserungen infolge von kommunalen und industriellen Maßnahmen ein. Die hohe Schwermetallbelastung in *Regnitz* und *Nidda* rührt von den Ballungsgebieten Nürnberg und Frankfurt her.

Bei der *Nahe* liegen zum Teil erhöhte Meßwerte für CSB, Orthophosphat und Ammonium vor, während die Werte für Gesamtphosphor und Nitrat zum Teil hoch sind.

Die *Lahn* ist mit Nährstoffen zeitweise hoch belastet. Die BSB-Werte lagen 1982/83 hoch, zeigen seitdem eine rückläufige Tendenz, was zu einer Verbesserung des Sauerstoffhaushalts geführt hat.

Die *Mosel* ist aus Frankreich hoch mit Chlorid belastet. Der Sauerstoffgehalt unterliegt erheblichen Schwankungen mit zeitweise niedrigen Werten. BSB_5, DOC, Orthophosphat, Gesamtphosphor und Nitrat sind erhöht. CSB, Blei, Chrom und Cadmium machen sich gelegentlich mit hohen Werten bemerkbar.

In der *Saar* lassen sich durch Kühlwassernutzung erhöhte bis hohe Temperaturen feststellen. Im mittleren und unteren Saarabschnitt führen Abbauvorgänge des öfteren zu sehr niedrigem Sauerstoffgehalt. Für Gesamtphosphor treten wiederholt erhöhte bis hohe Konzentrationen in Erscheinung. Hohe Werte lassen sich insbesondere für Nitrat und Cadmium, aber auch für BSB_5 und CSB feststellen. Häufig werden sehr hohe Konzentrationen von Ammonium, DOC und Blei angetroffen.

Im Quellgebiet der *Sieg* liegt gelegentlich eine hohe Chrombelastung vor. Weiter abwärts sind z. T. hohe bis sehr hohe Gehalte an Blei, CSB und BSB_5 sowie erhöhte DOC-, Gesamtphosphor-, Ammonium-, Nitrat- und Schwermetallwerte festzustellen.

Die *Wupper* ist mit Ammonium, Blei, Chrom, Cadmium und Nickel sehr hoch belastet. Sie hat zum Teil hohe Werte für CSB, Gesamtphosphor und Nitrat. BSB_5 ist zum Teil erhöht.

Die *Erft* ist durch Sümpfungswässer des Braunkohletagebaus sehr hoch mit Chlorid belastet. Sehr hohe Werte liegen ebenfalls für Nickel und Blei vor. Die Werte für BSB_5, CSB, Gesamtphosphor, Chrom und Cadmium sind zum Teil erhöht.

An allen Meßstellen der *Ruhr* und ihrer Nebenflüsse sind erhöhte bzw. hohe oder sehr hohe Meßwerte für Cadmium, zum Teil auch für Nickel, Chrom und Blei festzustellen. Die Belastung mit Nitrat ist erhöht, hoch bzw. sehr hoch; pH und CSB sind größtenteils erhöht.

Die *Lippe* ist sehr hoch mit Chlorid aus Sümpfungswässern des Steinkohlebergbaus belastet. Ihre Belastung mit Nährstoffen ist hoch bzw. sehr hoch, der Sauerstoffhaushalt zum Teil beeinträchtigt.

Die *Zuflüsse des Bodensees* sind, abgesehen von einigen erhöhten Werte für BSB_5, DOC, Nitrat und Orthophosphat, relativ unbelastet.

Die *Ems* hat teilweise erniedrigte Sauerstoffwerte sowie zum Teil erhöhte bzw. hohe Werte für Chlorid, BSB_5, CSB, DOC, Schwermetalle und Nährstoffe.

Die *Weser* ist sehr hoch mit Chlorid aus der Werra belastet. Daneben sind zum Teil ebenfalls sehr hohe Werte für CSB, Nitrat, Gesamtphosphor sowie Schwermetalle festzustellen. Infolge der Planktonentwicklung treten in den Sommermonaten in den Stauhaltungen extreme Schwankungen des Sauerstoffgehalts auf. Der pH-Wert kann in einzelnen Jahren hohe Werte erreichen. Die übrigen Meßwerte liegen durchweg im erhöhten bzw. hohen Bereich.

Bei der *Fulda* liegen zeitweise sehr hohe Chrom- und Cadmiumkonzentrationen vor. CSB, Orthophosphat und Gesamtphosphor sind als hoch, Nitrat, Blei und Nickel als erhöht zu bezeichnen. Durch mehrere Reinhaltemaßnahmen sind Verbesserungen im Gewässerzustand eingetreten.

Der Zustand der *Werra* wird durch die Einleitungen der Kali-Industrie geprägt, die zu 90% ihren Ursprung in der DDR haben. pH-Wert, Chlorid, Gesamtphosphor, Blei, Chrom und Cadmium sind als sehr hoch zu bezeichnen. BSB_5, DOC, Orthophosphat und Nickel weisen durchweg hohe Werte auf. Nitrat ist erhöht.

Die *Werre* ist sehr hoch mit Orthophosphat, Gesamtphosphor und Ammonium belastet. Chlorid und CSB sind als hoch, BSB und Nitrat als erhöht zu bezeichnen. Der Sauerstoffgehalt ist erniedrigt.

Die *Aller* und ihre Zuflüsse aus dem Harz haben zum Teil hohe Schwermetallkonzentrationen. Insgesamt liegt auch eine erhöhte bzw. hohe Belastung mit allen Nährstoffen und organischen Verbindungen vor. Durch Vorbelastung aus der DDR und infolge Einleitung von Kaliabwässern treten in der Aller teilweise erhöhte Chloridgehalte auf. In der *Leine* wurden hohe Chloridgehalte aufgrund von Abwassereinleitungen aus der Kali-Industrie gemessen. Die Extremwerte des Sauerstoffgehalts zeigen im gesamten Gebiet deutlichen Photosyntheseeinfluß; örtlich treten sehr niedrige Werte auf.

Die *Hunte* hat zum Teil erhöhte pH-, Ammonium- und Nitratwerte; der Sauerstoffhaushalt ist zum Teil gestört. CSB und DOC sind als hoch zu bezeichnen. Durch Eindringen von Weserwasser in die Hunte wurden 1985 hohe Chloridwerte verursacht.

Die *Elbe* weist bereits beim Eintritt in die Bundesrepublik Deutschland eine sehr hohe CSB-Belastung auf. Es treten sehr hohe Konzentrationen an DOC, Ammonium, Chrom und Cadmium auf. Chlorid, BSB_5, Orthophosphat, Gesamtphosphor, Nitrat, Blei und Nickel sind als erhöht zu bezeichnen. Im Sommer bildet sich im Elbeästuar unterhalb Hamburgs ein „Sauerstofftal" aus, das sich in Abhängigkeit von Temperatur und Oberwasser elbaufwärts bis nach Hamburg bewegt. Zeitweilig sinkt der Sauerstoffgehalt in diesem „Sauerstoffloch" auf 0 mg/l. Zurückzuführen ist dies vorwiegend auf die hohe Vorbelastung der Elbe mit abbaubaren organischen Verbindungen, den hohen Ammoniumgehalt und die in der Unterelbe verstärkt ablaufenden Abbauprozesse (u. a. Nitrifikation).

Bis 1982 lagen die sommerlichen Sauerstoffminima im Oberlauf der *Alster* bei etwa 1 mg/l. In den darauffolgenden Jahren gingen dagegen die Gehalte selten unter 4 mg/l zurück. Zum Teil sind BSB_5-, DOC-, Ammonium -sowie Nitratwerte erhöht, wobei im Untersuchungszeitraum ein Anstieg der Nitratbelastung zu verzeichnen ist. In 1987 wurde für Nickel einmal ein erhöhter, für Cadmium einmal ein sehr hoher Wert ermittelt.

Die *Stör* ist an der Meßstelle SHO2 deutlich durch den Ablauf der Kläranlage Neumünster beeinflußt. Dadurch bedingt werden erhöhte BSB_5-, DOC-, und CSB-Werte und teilweise erhöhte Ammonium- und Nitratwerte sowie zum Teil hohe Orthophosphatwerte festgestellt.

Die *Sächsische Saale* ist durch abwassertechnische Maßnahmen bis Hof abwasserfrei. Unterhalb der dortigen Kläranlage sind insbesondere bei geringer Wasserführung noch hohe Belastungen verbunden mit sehr niedrigen Sauerstoffkonzentrationen gegeben. Auch die Belastung mit Schwermetallen ist noch sehr hoch. pH- und Nitratwerte sind zum Teil erhöht.

Die *Spree* hat zum Teil hohe Temperaturen und zeigt erhöhte DOC- sowie hohe Ammoniumwerte. Dementsprechend sind die Sauerstoffkonzentrationen zum Teil sehr niedrig. Die *Havel* weist erhöhte DOC- und Ammoniumkonzentrationen sowie zeitweise hohe Werte für pH, CSB und Orthophosphat und niedrige Werte für Sauerstoff auf.

Übrige Flußgebiete

Die *(Eifel)-Rur* ist gelegentlich sehr hoch mit Blei, Chrom und Cadmium belastet. Hohe Belastungen liegen für BSB_5, CSB, Ammonium und Nickel vor. pH-Wert, Chlorid, Gesamtphosphat und Nitrat sind zum Teil erhöht.

Die *Schwalm* ist sehr hoch belastet mit Orthophosphat, BSB_5, CSB und Ammonium. Ihre Belastung mit Nitrat und Chrom ist hoch. Ihre Sauerstoffwerte sind erniedrigt.

Die *Niers* ist sehr hoch mit Ammonium, Chrom, Nickel und Blei belastet. Ihre BSB_5- und CSB-Belastung ist hoch. Orthophosphat, Gesamtphosphor und Nitrat haben erhöhte Konzentrationen. Die Sauerstoffkonzentrationen sind zeitweise sehr niedrig.

Die Konzentrationen der *Vechte* für CSB, DOC, Nitrat und Cadmium sind zum Teil hoch, die für BSB_5, Chlorid, Orthophosphat, Gesamtphosphor, Ammonium und Blei zum Teil erhöht. Aufgrund geringer Fließgeschwindigkeiten treten Schwankungen der Sauerstoffkonzentrationen zwischen 0 und <30 mg/l auf. Der pH-Wert erreicht zeitweise hohe Werte.

Zum Teil sind Chlorid- und CSB-Werte der *Treene* hoch, DOC- und Nitrat-Werte erhöht. Der Schwankungsbereich der Sauerstoff- und pH-Werte ist aufgrund des seenartigen Charakters der Treene an der Meßstelle SHO3 relativ groß. 1982 ist einmalig ein erhöhter Cadmium-Wert festgestellt worden.

DOC-, CSB-, Gesamtphosphor-, Orthophosphat- und Nitrat-Werte der *Schwentine* sind zum Teil erhöht. Die Sauerstoffkonzentrationen sind zum Teil niedrig.

Neben zum Teil erhöhten Chlorid-, BSB_5-, DOC-, Orthophosphat- und Nitrat-Werten der *Trave* sind hohe CSB-Werte zu verzeichnen. Die Trave an der Meßstelle SHO6 ist beeinflußt durch den Ablauf der Kläranlage Bad Oldesloe. Dadurch bedingt sind BSB_5, DOC-, CSB-, Orthophosphat- und Nitrat-Werte erhöht.

T in Grad	BAYERN 1982	1983	1984	1985	1986	1987
BY01 Max	25.6	25.4	22.6	23.0	25.2	22.6
BY01 50P	13.2	12.2	11.9	11.7	11.1	12.5
BY01 Min	0.0	1.5	2.4	0.5	0.0	0.7
BY01 Anz	>1000	>1000	>1000	>1000	>1000	>1000
BY01 Art	K	K	K	K	K	K
BY02 Max	27.2	27.2	22.8	24.0	25.9	22.8
BY02 50P	14.1	12.3	12.7	14.3	12.6	13.1
BY02 Min	3.2	0.0	2.5	1.0	0.0	1.8
BY02 Anz	>1000	>1000	>1000	>1000	>1000	>1000
BY02 Art	K	K	K	K	K	K
BY03 Max	21.8	21.6	19.0	20.2	21.3	18.9
BY03 50P	10.0	9.5	8.7	8.6	9.3	9.0
BY03 Min	1.2	1.0	3.0	0.0	0.0	<0.1
BY03 Anz	26	26	26	25	27	26
BY03 Art	E14	E14	E14	E14	E14	E14
BY04 Max	21.6	20.8	16.4	19.2	19.9	17.2
BY04 50P	9.2	9.3	7.0	9.4	9.6	7.4
BY04 Min	1.0	0.2	1.5	0.6	0.0	0.1
BY04 Anz	26	25	25	22	26	26
BY04 Art	E14	E14	E14	E14	E14	E14
BY05 Max	19.0	16.9	16.9	17.5	18.7	16.7
BY05 50P	9.4	7.6	10.9	10.2	9.2	10.2
BY05 Min	3.2	0.9	3.2	0.1	0.3	0.1
BY05 Anz	26	26	26	26	27	26
BY05 Art	E14	E14	E14	E14	E14	E14
BY06 Max	22.0	20.6	17.6	18.7	20.7	18.1
BY06 50P	9.6	9.5	11.1	10.9	9.3	10.0
BY06 Min	1.2	1.9	2.7	0.2	0.2	0.1
BY06 Anz	26	25	26	25	26	26
BY06 Art	E14	E14	E14	E14	E14	E14
BY07 Max	25.0	24.3	25.6	23.5	25.9	22.5
BY07 50P	13.3	13.1	13.2	12.4	13.0	11.5
BY07 Min	<2.0	3.0	2.6	1.5	1.6	1.1
BY07 Anz	>1000	>1000	>1000	>1000	>1000	>1000
BY07 Art	K	K	K	K	K	K
BY08 Max	20.0	19.2	18.6	18.4	19.0	17.5
BY08 50P	7.5	8.1	8.0	7.4	9.8	7.7
BY08 Min	0.5	0.0	0.8	0.0	0.0	0.3
BY08 Anz	25	25	26	26	24	26
BY08 Art	E14	E14	E14	E14	E14	E14
BY09 Max	21.0	22.3	20.0	20.5	20.5	19.3
BY09 50P	13.3	10.3	9.7	9.7	9.9	9.9
BY09 Min	4.7	0.8	1.2	0.3	0.6	0.3
BY09 Anz	>1000	>1000	>1000	>1000	>1000	>1000
BY09 Art	K	K	K	K	K	K
BY10 Max	21.1	21.5	18.8	21.1	20.2	19.7
BY10 50P	10.3	9.4	11.3	9.8	9.5	8.3
BY10 Min	1.8	1.8	2.0	0.2	0.4	0.7
BY10 Anz	26	26	26	26	26	27
BY10 Art	E14	E14	E14	E14	E14	E14
BY11 Max	18.9	19.3	18.3	18.6	20.1	17.6
BY11 50P	10.3	9.8	9.2	10.1	9.4	9.6
BY11 Min	0.3	0.4	0.3	0.9	0.0	0.0
BY11 Anz	>1000	>1000	>1000	>1000	>1000	>1000
BY11 Art	K	K	K	K	K	K
BY12 Max	17.5	18.6	16.6	17.7	17.2	16.9
BY12 5CP	8.6	7.8	8.2	8.3	6.9	7.4
BY12 Min	1.4	1.5	1.2	0.0	<0.2	<0.7
BY12 Anz	26	26	26	25	27	26
BY12 Art	E14	E14	E14	E14	E14	E14
BY13 Max	20.7	22.2	18.7	19.8	19.3	18.5
BY13 50P	8.7	8.3	10.5	9.1	10.5	9.9
BY13 Min	0.7	0.5	0.8	0.0	0.0	1.4
BY13 Anz	26	26	26	25	26	26
BY13 Art	E14	E14	E14	E14	E14	E14
BY14 Max	10.7	11.7	10.0	11.0	11.8	10.4
BY14 50P	5.6	6.0	5.8	5.4	5.8	6.6
BY14 Min	2.0	2.4	2.4	1.5	1.4	1.8
BY14 Anz	26	26	25	26	26	26
BY14 Art	E14	E14	E14	E14	E14	E14
BY15 Max	22.3	22.1	18.8	18.0	20.0	18.9
BY15 50P	10.4	10.9	9.4	8.2	9.3	9.3
BY15 Min	0.4	0.1	2.4	0.0	0.2	0.0
BY15 Anz	26	26	25	26	27	26
BY15 Art	E14	E14	E14	E14	E14	E14

T in Grad	BAYERN 1982	1983	1984	1985	1986	1987
BY16 Max	20.6	20.5	19.4	19.8	20.5	18.8
BY16 50P	10.5	11.0	10.3	8.9	8.6	9.5
BY16 Min	0.6	1.1	1.8	0.1	0.3	0.2
BY16 Anz	26	26	25	26	27	26
BY16 Art	E14	E14	E14	E14	E14	E14
BY17 Max	21.4	23.8	22.0	22.4	21.8	22.0
BY17 50P	11.2	12.9	11.3	12.8	10.9	12.0
BY17 Min	1.5	4.0	3.5	1.9	3.0	<0.1
BY17 Anz	25	25	26	26	27	26
BY17 Art	E14	E14	E14	E14	E14	E14
BY18 Max	21.9	23.8	19.1	21.4	21.5	20.5
BY18 50P	10.7	9.3	11.0	10.0	10.1	10.4
BY18 Min	1.5	2.7	1.5	1.0	2.2	0.2
BY18 Anz	26	26	26	26	27	26
BY18 Art	E14	E14	E14	E14	E14	E14
BY19 Max	15.1	17.5	15.1	15.7	16.0	14.4
BY19 50P	8.0	8.1	7.5	7.5	7.6	7.4
BY19 Min	1.3	0.0	0.5	0.0	0.1	0.0
BY19 Anz	>1000	>1000	>1000	>1000	>1000	>1000
BY19 Art	K	K	K	K	K	K
BY20 Max	17.0	17.5	15.2	16.8	16.9	15.6
BY20 50P	8.1	9.2	9.4	9.4	9.4	8.5
BY20 Min	0.4	1.0	1.6	0.2	0.4	0.4
BY20 Anz	26	26	26	26	27	26
BY20 Art	E14	E14	E14	E14	E14	E14
BY21 Max	13.8	14.0	14.5	14.5	15.1	12.6
BY21 50P	7.8	7.5	7.9	8.2	6.5	8.3
BY21 Min	1.2	2.0	1.7	0.1	1.8	0.5
BY21 Anz	25	26	26	25	26	26
BY21 Art	E14	E14	E14	E14	E14	E14
BY22 Max	16.0	15.9	15.4	15.8	15.9	14.1
BY22 50P	7.7	7.6	7.7	7.7	7.4	7.5
BY22 Min	0.0	0.0	0.2	0.1	0.1	0.0
BY22 Anz	>1000	>1000	>1000	>1000	>1000	>1000
BY22 Art	K	K	K	K	K	K
BY23 Max	16.0	18.0	15.1	15.6	16.6	18.0
BY23 50P	5.7	5.8	4.7	4.9	5.1	5.0
BY23 Min	0.1	0.2	0.0	0.0	0.0	0.0
BY23 Anz	>1000	>1000	>1000	>1000	>1000	>1000
BY23 Art	K	K	K	K	K	K

T in Grad	RHEINLAND-PFALZ 1982	1983	1984	1985	1986	1987
RP01 Max	23.5	24.1	21.6	22.2	24.0	22.4
RP01 50P	14.3	14.1	13.5	13.4	12.5	13.2
RP01 Min	5.0	4.9	5.2	2.5	3.2	2.2
RP01 Anz	23	21	27	26	26	26
RP01 Art	M14	M14	M14	M14	M14	E14
RP02 Max	24.8	26.8	23.5	24.7	25.5	23.7
RP02 50P	13.7	14.9	15.0	14.1	15.5	14.3
RP02 Min	*****	*****	*****	*****	*****	*****
RP02 Anz	>1000	>1000	>1000	>1000	>1000	>1000
RP02 Art	K	K	K	K	K	K
RP03 Max	24.3	24.4	21.7	21.9	24.2	22.3
RP03 50P	11.9	11.8	12.0	11.6	11.4	12.4
RP03 Min	1.1	3.1	3.8	0.3	0.2	0.2
RP03 Anz	26	26	27	26	26	26
RP03 Art	M14	M14	M14	M14	M14	E14
RP04 Max	25.9	26.9	24.1	24.3	25.2	24.1
RP04 50P	13.3	13.8	13.2	12.6	11.5	14.1
RP04 Min	*****	*****	*****	*****	*****	*****
RP04 Anz	>1000	>1000	>1000	>1000	>1000	>1000
RP04 Art	K	K	K	K	K	K
RP05 Max	27.0	30.0	24.9	26.2	27.4	22.9
RP05 50P	18.5	13.8	14.4	14.9	17.1	13.8
RP05 Min	*****	*****	*****	*****	*****	*****
RP05 Anz	>1000	>1000	>1000	>1000	>1000	>1000
RP05 Art	K	K	K	K	K	K
RP06 Max	22.5	23.0	15.0	*****	*****	*****
RP06 50P	*****	*****	*****	*****	*****	*****
RP06 Min	4.0	3.5	2.2	*****	*****	*****
RP06 Anz	8	8	4	*****	*****	*****
RP06 Art	E	E	E	*****	*****	*****

T in Grad	BADEN-WURTTEMBERG 1982	1983	1984	1985	1986	1987
BW01 Max	24.0	25.0	21.0	22.5	22.8	22.9
BW01 50P	12.0	11.7	11.5	12.0	10.9	9.7
BW01 Min	3.2	3.8	4.6	2.5	3.0	2.4
BW01 Anz	26	26	26	24	24	24
BW01 Art	E14	E14	E14	E14	E14	E14
BW02 Max	22.0	24.0	21.5	21.0	22.0	20.2
BW02 50P	11.5	11.8	12.2	11.5	11.2	9.8
BW02 Min	3.5	4.0	4.0	2.0	2.8	2.0
BW02 Anz	26	26	26	24	24	24
BW02 Art	E14	E14	E14	E14	E14	E14
BW03 Max	22.5	25.0	22.0	21.5	22.5	20.8
BW03 50P	12.2	12.1	13.3	12.2	12.4	11.1
BW03 Min	3.5	4.0	4.5	1.0	2.7	2.5
BW03 Anz	26	26	26	24	25	24
BW03 Art	E14	E14	E14	E14	E14	E14
BW04 Max	22.0	25.5	21.0	21.8	22.3	21.8
BW04 50P	10.8	11.0	12.5	12.8	13.4	13.0
BW04 Min	3.0	4.9	4.0	2.0	3.5	2.9
BW04 Anz	26	25	26	24	25	22
BW04 Art	E14	E14	E14	E14	E14	E14
BW05 Max	22.0	24.5	22.0	22.9	23.6	22.5
BW05 50P	11.2	12.2	13.0	13.1	13.8	12.0
BW05 Min	3.2	4.2	5.0	2.5	3.0	3.5
BW05 Anz	26	26	26	24	25	24
BW05 Art	E14	E14	E14	E14	E14	E14
BW06 Max	25.0	25.5	24.0	23.0	24.6	21.6
BW06 50P	12.2	14.0	15.0	14.0	15.5	14.1
BW06 Min	3.4	6.5	5.5	2.0	3.0	3.4
BW06 Anz	26	25	26	25	25	23
BW06 Art	E14	E14	E14	E14	E14	E14
BW07 Max	25.5	25.5	23.5	24.5	24.5	22.3
BW07 50P	15.1	14.5	15.0	14.8	14.1	14.4
BW07 Min	4.5	8.0	7.5	5.0	7.5	5.6
BW07 Anz	26	25	25	25	24	25
BW07 Art	E14	E14	E14	E14	E14	E14
BW08 Max	*****	24.5	22.5	22.0	24.2	20.1
BW08 50P	*****	13.5	12.0	10.8	11.7	12.3
BW08 Min	*****	3.6	4.6	3.0	2.8	2.2
BW08 Anz	*****	24	25	25	24	25
BW08 Art	*****	E14	E14	E14	E14	E14
BW09 Max	23.8	23.5	20.5	20.0	20.9	16.8
BW09 50P	12.0	12.9	11.1	9.0	9.6	10.5
BW09 Min	2.0	3.2	3.4	0.1	1.5	1.4
BW09 Anz	26	25	26	25	24	24
BW09 Art	E14	E14	E14	E14	E14	E14
BW10 Max	*****	*****	*****	18.0	19.3	*****
BW10 50P	*****	*****	*****	10.7	10.2	*****
BW10 Min	*****	*****	*****	0.2	2.5	*****
BW10 Anz	*****	*****	*****	12	11	*****
BW10 Art	*****	*****	*****	E28	E28	*****
BW11 Max	*****	*****	*****	17.0	17.3	*****
BW11 50P	*****	*****	*****	9.7	9.0	*****
BW11 Min	*****	*****	*****	0.0	2.4	*****
BW11 Anz	*****	*****	*****	12	11	*****
BW11 Art	*****	*****	*****	E28	E28	*****
BW12 Max	*****	22.0	16.0	18.3	17.3	16.4
BW12 50P	*****	10.1	9.6	9.5	10.0	10.6
BW12 Min	*****	2.4	1.5	0.0	1.4	0.6
BW12 Anz	*****	22	19	18	19	23
BW12 Art	*****	E14	E14	E14	E14	E14
BW13 Max	*****	*****	*****	19.7	16.0	16.2
BW13 50P	*****	*****	*****	12.5	10.7	10.6
BW13 Min	*****	*****	*****	1.3	0.1	2.0
BW13 Anz	*****	*****	*****	11	10	12
BW13 Art	*****	*****	*****	E28	E28	E28
BW14 Max	*****	*****	*****	18.3	16.8	16.4
BW14 50P	*****	*****	*****	10.9	8.2	11.6
BW14 Min	*****	*****	*****	0.0	1.0	5.5
BW14 Anz	*****	*****	*****	12	11	11
BW14 Art	*****	*****	*****	E28	E28	E28
BW15 Max	*****	26.0	17.6	19.0	17.4	17.1
BW15 50P	*****	11.5	9.5	9.9	10.5	10.2
BW15 Min	*****	2.2	0.5	0.0	1.0	2.1
BW15 Anz	*****	20	19	16	19	23
BW15 Art	*****	E14	E14	E14	E14	E14

T in Grad	BADEN-WURTTEMBERG 1982	1983	1984	1985	1986	1987
BW16 Max	*****	*****	*****	*****	20.6	18.6
BW16 50P	*****	*****	*****	*****	9.5	10.3
BW16 Min	*****	*****	*****	*****	0.0	0.8
BW16 Anz	*****	*****	*****	*****	19	23
BW16 Art	*****	*****	*****	*****	E14	E14
BW17 Max	*****	*****	*****	*****	18.5	17.6
BW17 50P	*****	*****	*****	*****	9.0	10.3
BW17 Min	*****	*****	*****	*****	0.5	1.4
BW17 Anz	*****	*****	*****	*****	19	23
BW17 Art	*****	*****	*****	*****	E14	E14
BW18 Max	18.0	17.0	16.5	16.5	16.5	15.4
BW18 50P	9.7	11.2	10.0	10.2	9.9	9.9
BW18 Min	3.5	6.0	7.0	3.2	5.0	5.4
BW18 Anz	26	26	26	24	24	24
BW18 Art	E14	E14	E14	E14	E14	E14

T in Grad	HESSEN 1982	1983	1984	1985	1986	1987
HE01 Max	25.2	25.2	22.9	22.4	24.6	22.6
HE01 50P	12.8	13.6	13.1	13.5	12.7	13.4
HE01 Min	1.3	4.1	4.3	2.2	2.5	2.1
HE01 Anz	>1000	>1000	>1000	>1000	>1000	>1000
HE01 Art	K	K	K	K	K	K
HE02 Max	21.5	19.2	19.5	18.6	20.7	19.1
HE02 50P	11.4	7.1	11.9	10.1	13.6	11.3
HE02 Min	0.8	2.5	2.8	0.5	0.5	0.9
HE02 Anz	>1000	>1000	>1000	>1000	>1000	>1000
HE02 Art	K	K	K	K	K	K
HE03 Max	22.7	20.7	16.9	19.7	20.8	18.0
HE03 50P	11.3	12.4	12.6	10.5	10.9	10.7
HE03 Min	1.0	3.5	4.1	0.8	0.0	<0.1
HE03 Anz	>1000	>1000	>1000	>1000	>1000	>1000
HE03 Art	K	K	K	K	K	K
HE04 Max	*****	*****	21.2	20.7	22.9	22.7
HE04 50P	*****	*****	12.8	12.5	12.0	12.6
HE04 Min	*****	*****	4.9	1.2	1.9	1.4
HE04 Anz	*****	*****	>1000	>1000	>1000	>1000
HE04 Art	*****	*****	K	K	K	K
HE05 Max	22.7	22.4	19.4	19.1	21.9	20.2
HE05 50P	17.5	13.3	12.5	10.9	11.1	12.5
HE05 Min	6.3	3.5	3.9	2.3	1.0	1.5
HE05 Anz	>1000	>1000	>1000	>1000	>1000	>1000
HE05 Art	K	K	K	K	K	K
HE06 Max	24.0	25.0	20.2	18.3	22.0	20.1
HE06 50P	7.8	12.8	10.7	13.0	13.9	12.2
HE06 Min	0.0	3.0	2.0	4.0	0.7	0.8
HE06 Anz	13	12	12	12	12	12
HE06 Art	E30	E30	E30	E30	E30	E30
HE07 Max	24.4	22.0	18.5	20.7	21.9	17.7
HE07 50P	10.8	10.8	11.8	11.6	15.1	10.4
HE07 Min	2.0	1.0	2.0	3.0	0.4	1.3
HE07 Anz	13	12	12	12	12	>1000
HE07 Art	E30	E30	E30	E30	E30	K
HE08 Max	23.0	25.0	20.0	21.2	22.6	20.0
HE08 50P	14.0	12.0	14.9	10.6	13.4	12.9
HE08 Min	0.0	2.0	3.0	2.0	0.5	0.2
HE08 Anz	13	14	12	12	12	12
HE08 Art	E30	E30	E30	E30	E30	E30

T in Grad	SAARLAND 1982	1983	1984	1985	1986	1987
S 01 Max	26.5	22.5	23.7	20.1	20.1	*****
S 01 50P	12.5	15.3	12.5	13.9	13.1	*****
S 01 Min	6.2	8.8	4.9	5.7	3.6	*****
S 01 Anz	10	9	11	10	12	*****
S 01 Art	*****	*****	*****	*****	*****	*****

Allgemeine Erlauterungen im einfuhrenden Text

T	NORDRHEIN-WESTFALEN					
in Grad	1982	1983	1984	1985	1986	1987
NW01 Max	24.5	25.9	23.1	23.5	24.5	22.2
NW01 50P	13.3	13.2	12.4	12.7	12.7	12.3
NW01 Min	1.7	3.9	3.5	0.6	2.0	0.4
NW01 Anz	>1000	>1000	>1000	>1000	>1000	>1000
NW01 Art	K	K	K	K	K	K
NW02 Max	24.2	25.0	22.7	22.5	24.5	22.5
NW02 50P	13.2	13.2	12.2	12.6	12.7	12.5
NW02 Min	1.4	3.6	3.4	0.8	4.1	0.3
NW02 Anz	>1000	>1000	>1000	>1000	>1000	>1000
NW02 Art	K	K	K	K	K	K
NW03 Max	17.2	22.0	19.4	18.9	22.0	19.6
NW03 50P	12.1	12.2	14.2	11.3	10.2	10.2
NW03 Min	3.1	3.9	4.5	0.5	0.7	0.2
NW03 Anz	12	10	9	13	13	13
NW03 Art	E28	E28	E28	E28	E28	E28
NW04 Max	12.0	17.3	13.0	15.0	20.3	*****
NW04 50P	*****	*****	*****	*****	*****	*****
NW04 Min	12.0	17.3	13.0	7.1	13.1	*****
NW04 Anz	1	1	1	4	4	*****
NW04 Art	E365	E365	E365	E91	E91	*****
NW05 Max	*****	*****	*****	8.4	8.1	*****
NW05 50P	*****	*****	*****	7.5	7.2	*****
NW05 Min	*****	*****	*****	5.2	4.9	*****
NW05 Anz	*****	*****	*****	12	15	*****
NW05 Art	*****	*****	*****	E28	E28	*****
NW06 Max	19.8	24.5	18.5	18.7	22.0	19.9
NW06 50P	11.7	11.2	11.1	12.7	12.2	11.8
NW06 Min	3.9	4.2	4.6	0.5	2.5	0.5
NW06 Anz	12	10	9	13	13	13
NW06 Art	E28	E28	E28	E28	E28	E28
NW07 Max	*****	*****	*****	19.7	22.2	22.0
NW07 50P	*****	*****	*****	15.6	13.8	13.4
NW07 Min	*****	*****	*****	3.2	8.9	6.4
NW07 Anz	*****	*****	*****	E28	E28	E28
NW07 Art	E28	E28	E28	*****	*****	*****
NW08 Max	10.8	17.2	12.0	17.9	*****	*****
NW08 50P	*****	*****	*****	*****	*****	*****
NW08 Min	10.8	17.2	12.0	17.9	*****	*****
NW08 Anz	1	1	1	3	*****	*****
NW08 Art	E365	E365	E365	E91	*****	*****
NW09 Max	22.8	23.5	*****	*****	23.6	20.8
NW09 50P	10.9	13.0	*****	*****	14.8	11.6
NW09 Min	3.7	3.4	*****	*****	5.3	2.5
NW09 Anz	12	10	*****	*****	10	12
NW09 Art	E28	E28	*****	*****	E28	E28
NW10 Max	19.9	19.4	12.6	16.6	18.3	16.1
NW10 50P	*****	8.6	9.1	*****	12.9	*****
NW10 Min	4.5	4.8	4.8	0.2	0.5	2.8
NW10 Anz	4	4	5	3	9	3
NW10 Art	E91	E91	E91	E91	E28	E91
NW11 Max	17.5	17.2	20.3	16.6	18.7	17.7
NW11 50P	*****	*****	*****	*****	12.3	13.0
NW11 Min	5.9	5.9	7.0	7.6	4.1	3.0
NW11 Anz	4	4	5	4	4	4
NW11 Art	E91	E91	E91	E91	E91	E91
NW12 Max	16.4	16.6	15.1	10.3	14.6	10.8
NW12 50P	*****	8.3	13.9	6.7	11.5	2.4
NW12 Min	5.2	5.0	8.1	3.2	2.3	1.9
NW12 Anz	2	4	5	4	5	4
NW12 Art	E91	E91	E91	E91	E91	E91
NW13 Max	19.7	23.2	19.8	23.2	25.2	21.8
NW13 50P	14.0	14.0	13.1	12.9	15.2	13.1
NW13 Min	3.9	4.8	4.9	0.5	4.2	1.7
NW13 Anz	12	10	9	13	13	12
NW13 Art	E28	E28	E28	E28	E28	E28
NW14 Max	14.8	27.0	25.0	22.8	20.5	18.5
NW14 50P	*****	17.4	17.2	*****	17.4	15.0
NW14 Min	9.2	10.6	11.6	8.8	5.4	5.2
NW14 Anz	3	5	5	3	5	6
NW14 Art	E91	E91	E91	E91	E91	E91
NW15 Max	*****	24.7	13.6	16.9	19.7	18.3
NW15 50P	*****	7.7	7.1	6.6	5.3	9.1
NW15 Min	*****	6.7	3.6	3.1	0.3	1.6
NW15 Anz	*****	4	4	4	4	4
NW15 Art	*****	E91	E91	E91	E91	E91

T	NORDRHEIN-WESTFALEN					
in Grad	1982	1983	1984	1985	1986	1987
NW16 Max	23.2	23.5	25.5	23.4	25.2	22.9
NW16 50P	11.6	12.9	14.6	11.6	12.5	13.4
NW16 Min	4.4	4.8	3.6	1.5	2.1	1.2
NW16 Anz	26	26	>1000	>1000	>1000	>1000
NW16 Art	E14	E14	K	K	K	K
NW17 Max	17.4	22.0	19.8	18.4	21.4	21.9
NW17 50P	9.9	15.2	6.8	7.8	18.9	8.5
NW17 Min	4.5	3.9	5.6	7.2	7.5	7.7
NW17 Anz	4	4	4	4	4	4
NW17 Art	E91	E91	E91	E91	E91	E91
NW18 Max	15.5	17.9	18.0	17.5	20.7	20.0
NW18 50P	*****	6.2	*****	9.6	*****	2.4
NW18 Min	15.5	1.1	5.4	4.6	3.0	1.3
NW18 Anz	1	4	4	4	4	4
NW18 Art	E365	E365	E365	E91	E91	E91
NW19 Max	21.7	22.0	18.0	14.5	18.6	18.0
NW19 50P	11.2	11.0	10.8	7.4	14.0	9.7
NW19 Min	2.0	2.8	8.5	5.3	4.3	4.5
NW19 Anz	52	49	4	4	7	6
NW19 Art	E7	E7	E91	E91	E91	E91
NW20 Max	12.7	18.1	14.7	14.7	12.8	17.3
NW20 50P	8.0	14.8	10.4	6.1	11.1	12.6
NW20 Min	5.7	3.4	4.6	4.4	8.9	4.2
NW20 Anz	4	4	4	6	4	4
NW20 Art	E91	E91	E91	E91	E91	E91
NW21 Max	*****	*****	17.0	17.1	17.2	13.7
NW21 50P	*****	*****	9.7	8.8	7.3	6.2
NW21 Min	*****	*****	5.6	1.6	1.3	2.2
NW21 Anz	*****	*****	14	14	16	15
NW21 Art	*****	*****	E28	E28	E28	E28
NW22 Max	18.2	18.3	18.2	14.4	19.0	14.7
NW22 50P	7.1	4.0	6.3	4.6	2.5	2.4
NW22 Min	3.0	0.1	2.1	0.4	0.1	1.1
NW22 Anz	4	6	7	7	9	9
NW22 Art	E91	E91	E91	E91	E91	E91

T	BERLIN					
in Grad	1982	1983	1984	1985	1986	1987
B 01 Max	27.0	28.2	25.6	24.6	25.3	24.0
B 01 50P	16.2	14.4	14.2	16.4	14.9	15.1
B 01 Min	4.4	2.5	4.4	4.7	4.9	5.7
B 01 Anz	10	12	11	10	10	9
B 01 Art	E30	E30	E30	E30	E30	E30
B 02 Max	23.5	23.4	20.5	22.3	22.8	20.4
B 02 50P	14.2	12.7	11.1	14.1	12.9	13.9
B 02 Min	3.0	2.9	2.6	2.6	3.4	5.4
B 02 Anz	10	12	12	9	10	9
B 02 Art	E30	E30	E30	E30	E30	E30

T	HAMBURG					
in Grad	1982	1983	1984	1985	1986	1987
HH01 Max	24.0	24.0	22.1	22.3	24.7	22.6
HH01 50P	11.7	11.7	11.1	11.1	11.1	10.4
HH01 Min	0.1	0.2	0.8	0.0	0.0	<0.1
HH01 Anz	>1000	>1000	>1000	>1000	>1000	>1000
HH01 Art	K	K	K	K	K	K
HH02 Max	22.2	20.7	19.7	18.8	22.0	18.8
HH02 50P	8.3	9.4	10.1	10.3	9.6	9.7
HH02 Min	0.1	0.1	0.8	1.4	0.3	0.2
HH02 Anz	>1000	>1000	>1000	>1000	>1000	>1000
HH02 Art	K	K	K	K	K	K

T	BREMEN					
in Grad	1982	1983	1984	1985	1986	1987
HB01 Max	23.2	22.4	20.5	21.0	22.0	*****
HB01 50P	12.1	11.6	12.3	11.5	12.8	*****
HB01 Min	1.5	2.9	3.8	0.3	0.8	*****
HB01 Anz	>1000	>1000	>1000	>1000	>1000	*****
HB01 Art	K	K	K	K	K	*****

T	NIEDERSACHSEN					
in Grad	1982	1983	1984	1985	1986	1987
NS01 Max	24.9	27.0	23.9	23.4	25.5	22.9
NS01 50P	13.7	13.2	11.2	11.6	10.4	10.1
NS01 Min	0.1	0.0	0.0	<0.2	<0.1	<0.1
NS01 Anz	>1000	>1000	>1000	>1000	>1000	>1000
NS01 Art	K	K	K	K	K	K
NS02 Max	28.2	24.8	23.0	22.8	25.9	23.6
NS02 50P	10.1	11.0	12.9	11.7	10.3	12.4
NS02 Min	<0.4	0.6	0.0	<0.7	0.0	0.5
NS02 Anz	50	52	52	52	51	50
NS02 Art	E7	E7	E7	E7	E7	E7
NS03 Max	22.8	22.1	21.0	21.4	20.8	16.0
NS03 50P	8.3	12.2	8.1	14.3	14.0	9.1
NS03 Min	0.0	1.4	3.2	3.1	1.7	2.2
NS03 Anz	11	12	11	10	11	>1000
NS03 Art	E30	E30	E30	E30	E30	K
NS04 Max	24.1	24.9	22.9	22.1	21.3	19.7
NS04 50P	11.3	11.1	10.4	10.8	10.8	9.2
NS04 Min	1.6	2.7	3.3	0.2	0.9	0.4
NS04 Anz	>1000	>1000	>1000	>1000	>1000	>1000
NS04 Art	K	K	K	K	K	K
NS05 Max	24.7	24.9	22.2	21.8	22.4	22.4
NS05 50P	11.8	11.7	11.2	11.3	11.6	11.8
NS05 Min	1.2	2.9	3.7	0.0	0.9	0.2
NS05 Anz	>1000	>1000	>1000	>1000	>1000	>1000
NS05 Art	K	K	K	K	K	K
NS06 Max	23.9	23.5	23.1	21.9	22.1	22.7
NS06 50P	14.4	12.8	11.5	11.7	12.3	13.3
NS06 Min	1.2	2.5	3.4	<0.2	2.7	2.6
NS06 Anz	26	26	>1000	>1000	>1000	>1000
NS06 Art	E14	E14	K	K	K	K
NS07 Max	22.8	22.2	18.0	19.5	19.5	24.9
NS07 50P	11.0	11.0	4.2	14.0	10.5	12.3
NS07 Min	1.9	0.0	1.3	0.3	0.1	0.0
NS07 Anz	12	12	11	12	12	>1000
NS07 Art	E30	E30	E30	E30	E30	K
NS08 Max	20.0	17.7	18.4	19.9	23.6	21.4
NS08 50P	10.5	11.3	14.2	11.2	9.4	9.4
NS08 Min	1.0	1.3	4.9	0.6	0.1	0.1
NS08 Anz	13	14	7	>1000	>1000	>1000
NS08 Art	E30	E30	E30	K	K	K
NS09 Max	15.7	24.1	22.0	21.0	23.7	21.1
NS09 50P	11.4	10.2	10.6	10.6	9.6	9.8
NS09 Min	2.8	0.0	0.4	<0.1	0.0	0.0
NS09 Anz	>1000	>1000	>1000	>1000	>1000	>1000
NS09 Art	K	K	K	K	K	K
NS10 Max	19.6	19.8	20.0	18.1	19.5	17.1
NS10 50P	8.8	9.3	9.1	9.3	9.5	8.4
NS10 Min	1.8	0.5	1.0	0.0	0.0	0.0
NS10 Anz	>1000	>1000	>1000	>1000	>1000	>1000
NS10 Art	K	K	K	K	K	K
NS11 Max	20.6	20.0	18.5	18.2	19.7	19.2
NS11 50P	10.9	9.9	9.9	10.4	10.4	9.5
NS11 Min	0.2	0.0	2.0	<0.1	0.7	0.5
NS11 Anz	>1000	>1000	>1000	>1000	>1000	>1000
NS11 Art	K	K	K	K	K	K
NS12 Max	24.6	24.5	22.5	21.0	23.5	20.7
NS12 50P	10.2	10.6	10.8	11.3	10.8	11.6
NS12 Min	0.4	0.5	1.5	0.0	0.0	0.0
NS12 Anz	>1000	>1000	>1000	>1000	>1000	>1000
NS12 Art	K	K	K	K	K	K
NS13 Max	20.8	24.5	23.0	20.7	23.1	21.4
NS13 50P	10.6	9.8	9.8	12.6	9.9	9.3
NS13 Min	1.0	0.0	0.0	0.0	0.0	0.0
NS13 Anz	12	>1000	>1000	>1000	>1000	>1000
NS13 Art	E30	K	K	K	K	K
NS14 Max	*****	*****	*****	17.9	24.0	22.9
NS14 50P	*****	*****	*****	1.7	10.8	8.6
NS14 Min	*****	*****	*****	1.4	<0.2	0.0
NS14 Anz	*****	*****	*****	>1000	>1000	>1000
NS14 Art	*****	*****	*****	K	K	K
NS15 Max	24.9	25.5	22.5	21.4	24.7	22.9
NS15 50P	10.5	11.0	11.1	10.2	10.1	10.4
NS15 Min	0.2	0.5	1.0	0.2	0.1	0.0
NS15 Anz	>1000	>1000	>1000	>1000	>1000	>1000
NS15 Art	K	K	K	K	K	K

T	NIEDERSACHSEN					
in Grad	1982	1983	1984	1985	1986	1987
NS16 Max	26.2	27.0	23.0	22.4	26.1	24.0
NS16 50P	13.3	10.8	10.6	10.9	10.3	10.5
NS16 Min	0.0	0.1	0.5	0.0	0.4	0.0
NS16 Anz	>1000	>1000	>1000	>1000	>1000	>1000
NS16 Art	K	K	K	K	K	K

T	SCHLESWIG-HOLSTEIN					
in Grad	1982	1983	1984	1985	1986	1987
SH01 Max	17.2	16.5	14.9	15.6	19.0	17.7
SH01 50P	8.7	7.5	10.1	9.6	11.0	9.5
SH01 Min	0.6	3.0	0.9	0.1	0.3	0.1
SH01 Anz	12	11	12	12	12	12
SH01 Art	E30	E30	E30	E30	E30	E30
SH02 Max	19.4	19.2	18.5	17.0	19.1	13.5
SH02 50P	10.0	8.9	10.3	11.6	12.2	8.7
SH02 Min	1.4	3.8	4.3	1.2	0.1	0.0
SH02 Anz	12	12	12	11	12	12
SH02 Art	E30	E30	E30	E30	E30	E30
SH03 Max	21.2	16.0	20.3	20.9	24.7	20.9
SH03 50P	10.4	11.8	10.6	10.9	12.5	8.7
SH03 Min	0.0	3.0	0.3	0.2	0.3	0.0
SH03 Anz	11	5	25	24	23	22
SH03 Art	E14	E14	E14	E14	E14	E14
SH04 Max	17.2	13.9	16.4	19.8	24.2	23.5
SH04 50P	10.5	12.0	9.9	6.5	11.8	9.8
SH04 Min	0.4	5.5	0.4	0.4	0.6	0.8
SH04 Anz	7	4	12	14	11	13
SH04 Art	E91	E91	E30	E30	E30	E30
SH05 Max	22.4	24.4	17.9	19.3	19.7	19.6
SH05 50P	9.1	10.8	13.5	12.4	12.0	11.1
SH05 Min	1.6	1.7	1.5	0.3	0.7	0.3
SH05 Anz	12	12	12	12	14	13
SH05 Art	E30	E30	E30	E30	E30	E30
SH06 Max	19.5	20.2	19.1	19.6	19.3	19.9
SH06 50P	9.6	8.9	10.6	9.2	12.8	9.1
SH06 Min	0.2	2.9	0.2	0.0	0.1	0.1
SH06 Anz	12	12	21	25	22	23
SH06 Art	E30	E30	E14	E14	E14	E14

Allgemeine Erlauterungen im einfuhrenden Text

pH — NORDRHEIN-WESTFALEN

pH		1982	1983	1984	1985	1986	1987
NW01	Max	7.9	7.7	7.8	7.6	8.0	8.0
NW01	50P	7.5	7.3	7.3	7.4	7.7	7.7
NW01	Min	7.0	6.8	6.7	7.2	7.5	7.4
NW01	Anz	>1000	>1000	>1000	>1000	>1000	>1000
NW01	Art	K	K	K	K	K	K
NW02	Max	7.6	7.8	7.6	7.5	8.2	7.7
NW02	50P	7.3	7.4	7.4	7.3	7.6	7.4
NW02	Min	7.1	7.3	7.3	7.0	7.3	7.0
NW02	Anz	>1000	>1000	>1000	>1000	>1000	>1000
NW02	Art	K	K	K	K	K	K
NW03	Max	7.8	7.7	7.9	7.8	7.7	7.6
NW03	50P	7.4	7.4	7.4	7.6	7.6	7.1
NW03	Min	7.2	7.0	6.0	7.3	7.0	5.3
NW03	Anz	13	13	13	13	13	13
NW03	Art	E28	E28	E28	E28	E28	E28
NW04	Max	6.6	7.6	7.4	7.8	8.2	*****
NW04	50P	*****	*****	*****	7.3	7.7	*****
NW04	Min	6.6	7.6	7.4	7.2	7.4	*****
NW04	Anz	1	1	1	4	4	*****
NW04	Art	E365	E365	E365	E91	E91	*****
NW05	Max	*****	*****	*****	7.2	7.5	*****
NW05	50P	*****	*****	*****	6.9	7.0	*****
NW05	Min	*****	*****	*****	6.6	6.7	*****
NW05	Anz	*****	*****	*****	12	15	*****
NW05	Art	*****	*****	*****	E28	E28	*****
NW06	Max	7.5	7.8	7.8	7.7	7.8	7.6
NW06	50P	7.3	7.1	7.4	7.5	7.4	7.3
NW06	Min	7.0	7.0	6.3	7.2	7.2	6.2
NW06	Anz	13	13	13	13	13	13
NW06	Art	E28	E28	E28	E28	E28	E28
NW07	Max	*****	*****	*****	7.7	7.8	7.7
NW07	50P	*****	*****	*****	7.6	7.6	7.3
NW07	Min	*****	*****	*****	7.3	7.3	6.3
NW07	Anz	*****	*****	*****	13	13	13
NW07	Art	*****	*****	*****	E28	E28	E28
NW08	Max	7.7	7.7	7.5	8.5	*****	*****
NW08	50P	*****	*****	*****	*****	*****	*****
NW08	Min	7.7	7.7	7.5	7.6	*****	*****
NW08	Anz	1	1	1	3	*****	*****
NW08	Art	E365	E365	E365	E91	*****	*****
NW09	Max	7.9	8.2	8.7	8.1	8.6	7.6
NW09	50P	7.5	7.6	7.5	7.7	7.7	7.5
NW09	Min	7.3	7.3	6.4	7.5	7.5	7.3
NW09	Anz	13	13	13	13	13	13
NW09	Art	E28	E28	E28	E28	E28	E28
NW10	Max	8.0	8.5	7.9	7.8	7.9	7.7
NW10	50P	*****	7.6	7.9	*****	7.6	*****
NW10	Min	7.0	7.6	7.7	7.7	7.4	7.6
NW10	Anz	4	4	5	3	9	3
NW10	Art	E91	E91	E91	E91	E28	E91
NW11	Max	7.7	8.2	7.8	7.9	7.6	7.7
NW11	50P	*****	*****	*****	*****	7.6	7.7
NW11	Min	7.4	7.4	7.0	6.8	6.7	7.3
NW11	Anz	4	4	5	4	4	4
NW11	Art	E91	E91	E91	E91	E91	E91
NW12	Max	8.0	8.4	8.5	8.1	8.2	8.2
NW12	50P	*****	7.9	8.2	8.0	8.0	7.6
NW12	Min	7.5	7.6	7.8	7.9	7.8	7.4
NW12	Anz	4	4	5	4	5	4
NW12	Art	E91	E91	E91	E91	E91	E91
NW13	Max	7.7	7.9	8.0	7.9	8.0	7.7
NW13	50P	7.6	7.6	7.7	7.7	7.8	7.4
NW13	Min	7.2	7.3	7.2	7.5	7.5	6.6
NW13	Anz	13	13	13	13	13	12
NW13	Art	E28	E28	E28	E28	E28	E28
NW14	Max	7.6	7.8	7.8	7.9	7.8	7.8
NW14	50P	*****	7.6	7.6	*****	7.6	7.6
NW14	Min	7.4	7.3	7.6	7.6	7.5	7.4
NW14	Anz	3	5	5	3	5	6
NW14	Art	E91	E91	E91	E91	E91	E91
NW15	Max	*****	8.0	7.7	8.0	7.9	7.9
NW15	50P	*****	7.7	7.5	7.8	7.8	7.8
NW15	Min	*****	7.7	7.3	7.5	7.7	7.4
NW15	Anz	*****	4	4	4	4	4
NW15	Art	*****	E91	E91	E91	E91	E91

pH — NORDRHEIN-WESTFALEN

pH		1982	1983	1984	1985	1986	1987
NW16	Max	9.0	8.8	9.1	9.2	8.9	8.4
NW16	50P	8.1	7.7	7.9	7.8	7.8	7.7
NW16	Min	7.7	7.0	7.4	7.4	7.6	7.5
NW16	Anz	26	26	>1000	>1000	>1000	>1000
NW16	Art	E14	E14	K	K	K	K
NW17	Max	8.0	8.3	7.8	7.8	7.9	7.9
NW17	50P	7.7	7.6	7.8	7.7	7.7	*****
NW17	Min	7.6	7.6	7.7	7.6	6.9	7.5
NW17	Anz	4	4	4	4	4	3
NW17	Art	E91	E91	E91	E91	E91	E91
NW18	Max	8.0	8.0	8.5	8.0	8.1	8.7
NW18	50P	*****	7.9	*****	*****	*****	7.8
NW18	Min	8.0	7.5	7.8	7.8	7.6	7.6
NW18	Anz	1	4	4	3	4	4
NW18	Art	E365	E91	E91	E91	E91	E91
NW19	Max	7.7	7.5	7.8	7.3	7.6	7.4
NW19	50P	7.3	7.2	7.3	7.2	7.2	7.2
NW19	Min	7.0	6.9	7.2	7.0	7.1	7.1
NW19	Anz	52	50	4	4	7	6
NW19	Art	E7	E7	E91	E91	E91	E91
NW20	Max	7.5	7.4	7.3	7.5	7.4	7.4
NW20	50P	7.3	7.3	7.2	7.2	7.3	7.1
NW20	Min	7.2	7.3	7.1	7.1	7.2	7.0
NW20	Anz	4	4	4	6	4	4
NW20	Art	E91	E91	E91	E91	E91	E91
NW21	Max	*****	*****	7.9	7.9	8.0	7.8
NW21	50P	*****	*****	7.4	7.6	7.7	7.6
NW21	Min	*****	*****	6.8	7.3	7.4	7.4
NW21	Anz	*****	*****	14	14	16	15
NW21	Art	*****	*****	E28	E28	E28	E28
NW22	Max	7.2	8.5	8.1	8.6	8.3	8.6
NW22	50P	6.5	7.0	7.5	7.5	7.7	7.3
NW22	Min	6.5	6.7	6.3	6.8	7.1	6.7
NW22	Anz	4	6	7	7	9	9
NW22	Art	E91	E91	E91	E91	E91	E91

pH — BERLIN

pH		1982	1983	1984	1985	1986	1987
B 01	Max	8.8	8.1	7.9	8.2	8.4	8.1
B 01	50P	7.9	7.7	7.7	7.7	7.8	7.7
B 01	Min	7.5	7.0	7.4	7.4	7.5	7.5
B 01	Anz	10	12	11	10	10	9
B 01	Art	E30	E30	E30	E30	E30	E30
B 02	Max	9.1	8.7	8.5	8.4	8.6	8.4
B 02	50P	8.3	8.0	8.0	8.0	8.0	7.8
B 02	Min	7.7	6.8	7.6	7.7	7.5	7.5
B 02	Anz	10	12	12	9	10	9
B 02	Art	E30	E30	E30	E30	E30	E30

pH — HAMBURG

pH		1982	1983	1984	1985	1986	1987
HH01	Max	*****	7.6	7.7	7.7	7.8	7.5
HH01	50P	*****	7.2	7.3	7.3	7.3	7.2
HH01	Min	*****	6.8	6.9	6.8	6.9	6.8
HH01	Anz	*****	>1000	>1000	>1000	>1000	>1000
HH01	Art	*****	K	K	K	K	K
HH02	Max	8.7	7.7	8.2	7.8	7.8	7.7
HH02	50P	7.5	7.4	7.4	7.1	7.4	7.4
HH02	Min	6.9	6.9	6.8	6.6	6.6	6.9
HH02	Anz	>1000	>1000	>1000	>1000	>1000	>1000
HH02	Art	K	K	K	K	K	K

pH — BREMEN

pH		1982	1983	1984	1985	1986	1987
HB01	Max	8.2	8.3	8.1	7.9	8.1	*****
HB01	50P	7.6	7.6	7.6	7.5	7.6	*****
HB01	Min	7.2	7.4	7.4	7.4	7.4	*****
HB01	Anz	>1000	>1000	>1000	>1000	>1000	*****
HB01	Art	K	K	K	K	K	*****

pH — NIEDERSACHSEN

pH		1982	1983	1984	1985	1986	1987
NS01	Max	7.8	7.8	7.8	7.7	7.8	7.4
NS01	50P	7.5	7.3	7.4	7.3	7.3	7.4
NS01	Min	7.1	6.7	7.1	6.6	7.0	7.2
NS01	Anz	>1000	>1000	>1000	>1000	>1000	>1000
NS01	Art	K	K	K	K	K	K
NS02	Max	8.0	7.8	8.0	7.8	7.9	7.9
NS02	50P	7.6	7.5	7.6	7.6	7.7	7.6
NS02	Min	6.4	7.3	7.3	7.3	7.0	7.3
NS02	Anz	47	52	52	52	51	53
NS02	Art	E7	E7	E7	E7	E7	E7
NS03	Max	7.7	7.9	7.6	7.9	7.9	8.0
NS03	50P	7.4	7.5	7.4	7.7	7.6	7.6
NS03	Min	7.2	7.2	7.1	6.4	6.9	7.2
NS03	Anz	12	12	12	10	11	>1000
NS03	Art	E30	E30	E30	E30	E30	K
NS04	Max	8.8	8.9	7.9	9.2	8.6	8.0
NS04	50P	7.8	7.6	7.6	7.6	7.8	7.7
NS04	Min	7.2	7.3	7.4	7.2	7.4	7.3
NS04	Anz	>1000	>1000	>1000	>1000	>1000	>1000
NS04	Art	K	K	K	K	K	K
NS05	Max	8.3	8.4	8.1	8.5	8.2	8.8
NS05	50P	7.7	7.6	7.7	7.7	7.7	7.8
NS05	Min	7.4	7.4	7.4	7.3	7.6	7.4
NS05	Anz	>1000	>1000	>1000	>1000	>1000	>1000
NS05	Art	K	K	K	K	K	K
NS06	Max	7.8	8.3	7.8	8.1	8.0	8.1
NS06	50P	7.6	7.6	7.6	7.6	7.8	7.7
NS06	Min	6.4	7.4	7.5	7.3	7.5	7.4
NS06	Anz	26	26	>1000	>1000	>1000	>1000
NS06	Art	E14	E14	K	K	K	K
NS07	Max	8.5	8.1	7.8	8.2	7.9	9.0
NS07	50P	7.9	7.7	7.7	7.8	7.7	8.0
NS07	Min	7.4	7.4	7.2	7.5	7.5	7.7
NS07	Anz	12	12	11	12	12	>1000
NS07	Art	E30	E30	E30	E30	E30	K
NS08	Max	7.6	7.8	7.7	7.9	9.0	8.3
NS08	50P	7.3	7.5	7.5	7.6	7.6	7.6
NS08	Min	7.2	6.9	7.3	7.3	7.2	7.4
NS08	Anz	13	14	7	>1000	>1000	>1000
NS08	Art	E30	E30	E30	K	K	K
NS09	Max	7.8	8.6	8.3	8.4	8.7	8.3
NS09	50P	7.5	7.5	7.5	7.6	7.6	7.6
NS09	Min	7.2	7.1	7.1	7.3	7.2	7.1
NS09	Anz	>1000	>1000	>1000	>1000	>1000	>1000
NS09	Art	K	K	K	K	K	K
NS10	Max	8.7	8.7	9.0	8.8	9.0	9.1
NS10	50P	7.9	7.9	8.0	8.0	8.0	8.1
NS10	Min	7.7	7.5	7.7	7.6	7.7	7.6
NS10	Anz	>1000	>1000	>1000	>1000	>1000	>1000
NS10	Art	K	K	K	K	K	K
NS11	Max	8.2	8.2	8.1	8.1	8.3	8.7
NS11	50P	7.7	7.5	7.6	7.7	7.9	7.9
NS11	Min	7.1	7.0	7.0	7.1	7.4	7.4
NS11	Anz	>1000	>1000	>1000	>1000	>1000	>1000
NS11	Art	K	K	K	K	K	K
NS12	Max	8.0	8.0	7.9	8.0	8.0	8.2
NS12	50P	7.8	7.7	7.7	7.7	7.7	7.7
NS12	Min	7.4	7.3	7.0	7.3	7.3	7.4
NS12	Anz	>1000	>1000	>1000	>1000	>1000	>1000
NS12	Art	K	K	K	K	K	K
NS13	Max	7.9	8.6	8.8	7.9	8.4	8.3
NS13	50P	7.6	7.6	7.5	7.6	7.6	7.7
NS13	Min	7.2	7.3	7.2	7.0	7.1	6.2
NS13	Anz	11	>1000	>1000	>1000	>1000	>1000
NS13	Art	E30	K	K	K	K	K
NS14	Max	*****	*****	*****	7.4	8.8	8.0
NS14	50P	*****	*****	*****	7.2	7.3	7.2
NS14	Min	*****	*****	*****	6.8	6.6	6.5
NS14	Anz	*****	*****	*****	>1000	>1000	>1000
NS14	Art	*****	*****	*****	K	K	K
NS15	Max	9.2	7.9	8.6	8.8	8.8	8.5
NS15	50P	7.6	7.3	7.4	7.4	7.4	7.4
NS15	Min	7.0	7.0	7.0	7.0	7.0	6.9
NS15	Anz	>1000	>1000	>1000	>1000	>1000	>1000
NS15	Art	K	K	K	K	K	K

pH — NIEDERSACHSEN

pH		1982	1983	1984	1985	1986	1987
NS16	Max	8.8	8.8	9.2	8.8	9.4	9.3
NS16	50P	7.6	7.4	7.3	7.4	7.5	7.5
NS16	Min	7.0	7.0	7.0	7.1	7.1	7.0
NS16	Anz	>1000	>1000	>1000	>1000	>1000	>1000
NS16	Art	K	K	K	K	K	K

pH — SCHLESWIG-HOLSTEIN

pH		1982	1983	1984	1985	1986	1987
SH01	Max	7.8	7.8	8.0	8.0	8.2	8.0
SH01	50P	7.5	7.6	7.8	7.7	7.8	7.7
SH01	Min	6.7	7.3	7.5	7.1	7.6	7.5
SH01	Anz	11	11	12	12	12	12
SH01	Art	E30	E30	E30	E30	E30	E30
SH02	Max	8.4	8.3	7.6	7.7	7.5	7.5
SH02	50P	7.5	7.4	7.2	7.4	7.5	7.3
SH02	Min	6.7	7.2	6.6	7.0	7.1	7.2
SH02	Anz	12	12	12	11	12	12
SH02	Art	E30	E30	E30	E30	E30	E30
SH03	Max	8.2	7.7	8.2	8.1	9.2	8.2
SH03	50P	7.7	7.6	7.7	7.5	7.7	7.6
SH03	Min	7.2	7.5	6.4	7.0	7.1	7.0
SH03	Anz	11	5	25	24	23	22
SH03	Art	E30	E30	E14	E14	E14	E14
SH04	Max	8.3	7.9	8.2	8.4	9.5	8.2
SH04	50P	7.5	7.8	7.7	7.3	8.0	7.4
SH04	Min	7.1	7.2	7.3	6.7	7.1	6.7
SH04	Anz	7	4	12	14	11	13
SH04	Art	E91	E91	E30	E30	E30	E30
SH05	Max	8.1	8.5	8.4	8.0	8.6	8.8
SH05	50P	7.8	7.7	7.7	7.7	7.8	7.8
SH05	Min	6.9	7.3	6.7	7.5	7.7	7.4
SH05	Anz	12	12	12	12	14	13
SH05	Art	E30	E30	E30	E30	E30	E30
SH06	Max	7.9	8.5	8.2	8.1	8.3	8.1
SH06	50P	7.7	7.8	7.7	7.8	7.8	7.8
SH06	Min	7.2	7.3	6.7	7.4	7.4	7.3
SH06	Anz	12	12	21	25	22	23
SH06	Art	E30	E30	E14	E14	E14	E14

Allgemeine Erläuterungen im einführenden Text

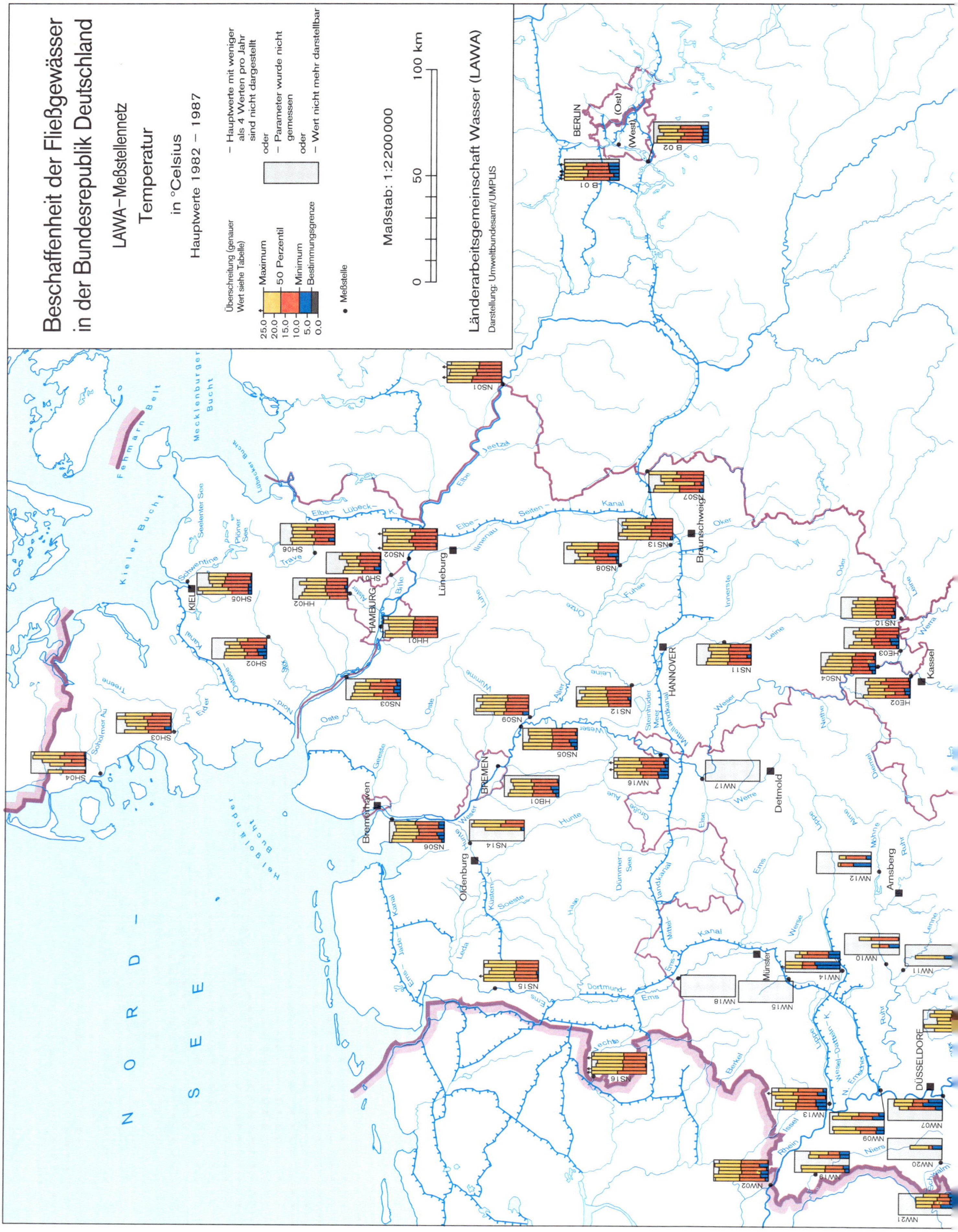

Beschaffenheit der Fließgewässer in der Bundesrepublik Deutschland

LAWA-Meßstellennetz

Temperatur

in °Celsius

Hauptwerte 1982 – 1987

Überschreitung (genauer Wert siehe Tabelle)

25.0 – Maximum
20.0
15.0 – 50 Perzentil
10.0
5.0 – Minimum
0.0 – Bestimmungsgrenze

• Meßstelle

– Hauptwerte mit weniger als 4 Werten pro Jahr sind nicht dargestellt
oder
– Parameter wurde nicht gemessen
oder
– Wert nicht mehr darstellbar

Maßstab: 1:2 200 000

0 50 100 km

Länderarbeitsgemeinschaft Wasser (LAWA)

Darstellung: Umweltbundesamt/UMPLIS

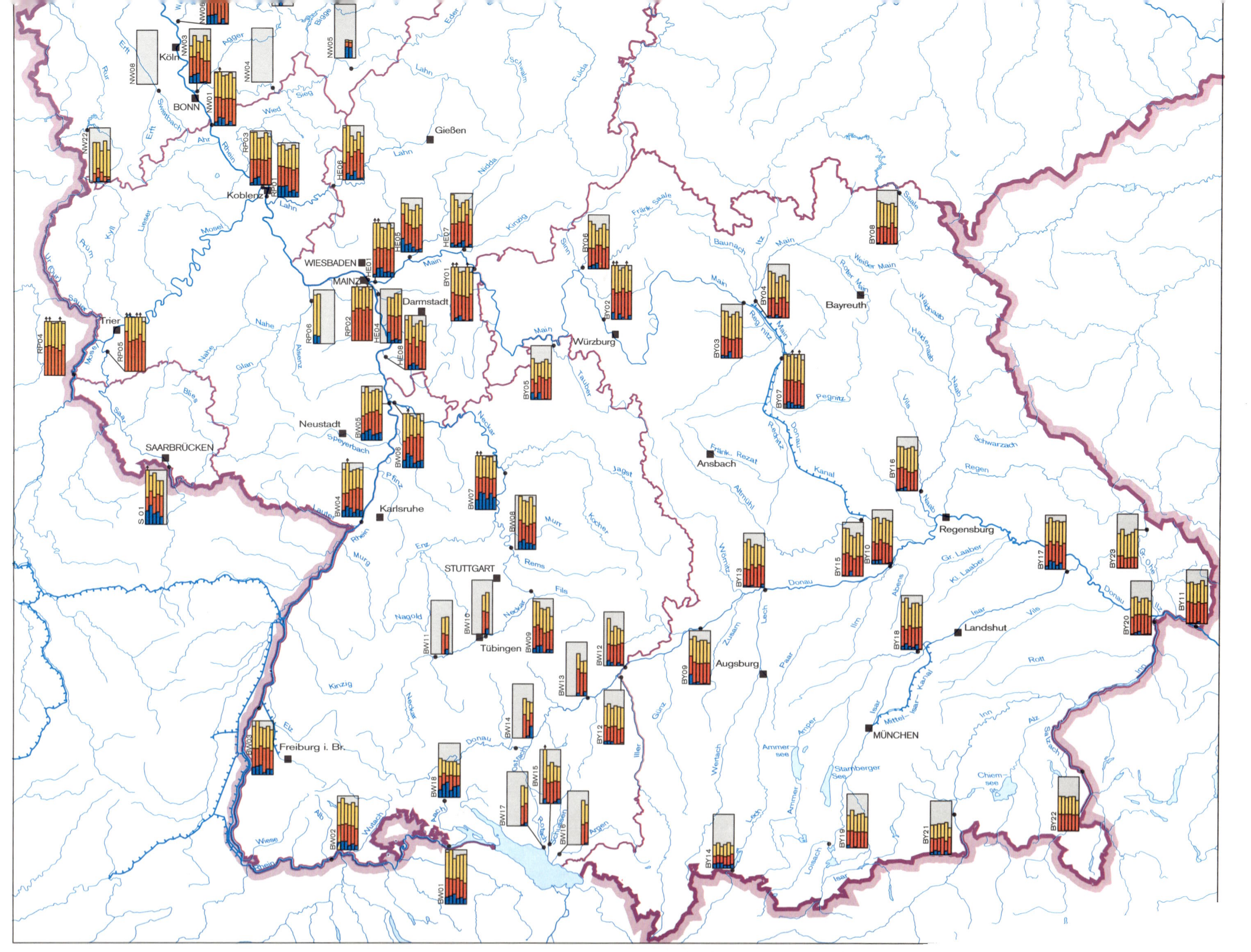

Köln
BONN
Koblenz
Gießen
WIESBADEN
MAINZ
Darmstadt
Trier
SAARBRÜCKEN
Neustadt
Karlsruhe
STUTTGART
Tübingen
Freiburg i. Br.
Würzburg
Bayreuth
Ansbach
Regensburg
Landshut
Augsburg
MÜNCHEN
NW01
NW03
NW04
NW05
NW08
NW22
RP01
RP02
RP03
RP04
RP05
RP06
S 01
HE01
HE04
HE05
HE06
HE07
HE08
BW01
BW02
BW03
BW04
BW05
BW06
BW07
BW08
BW09
BW10
BW11
BW12
BW13
BW14
BW15
BW16
BW17
BW18
BY01
BY02
BY03
BY04
BY05
BY06
BY07
BY08
BY09
BY10
BY11
BY12
BY13
BY14
BY15
BY16
BY17
BY18
BY19
BY20
BY21
BY22
BY23

pH BAYERN		1982	1983	1984	1985	1986	1987
BY01	Max	8.7	8.5	8.0	8.4	8.1	8.5
BY01	50P	7.9	7.8	7.7	7.7	7.7	7.9
BY01	Min	7.5	7.3	7.4	7.4	7.3	7.6
BY01	Anz	26	26	26	26	27	25
BY01	Art	E14	E14	E14	E14	E14	E14
BY02	Max	8.4	8.0	8.2	8.0	8.2	8.3
BY02	50P	7.8	7.8	7.7	7.7	7.7	7.8
BY02	Min	7.6	7.5	7.3	7.1	7.4	7.5
BY02	Anz	26	26	26	26	27	26
BY02	Art	E14	E14	E14	E14	E14	E14
BY03	Max	8.2	8.3	8.3	8.0	8.2	8.0
BY03	50P	7.9	8.1	7.8	7.8	7.7	7.8
BY03	Min	7.6	7.9	7.6	7.6	7.6	7.5
BY03	Anz	26	26	26	25	27	26
BY03	Art	E14	E14	E14	E14	E14	E14
BY04	Max	8.2	8.3	8.3	8.0	8.3	8.1
BY04	50P	7.9	8.1	7.9	7.8	7.7	7.8
BY04	Min	7.5	7.8	7.7	7.6	7.5	7.5
BY04	Anz	26	25	25	22	26	26
BY04	Art	E14	E14	E14	E14	E14	E14
BY05	Max	8.2	8.3	8.3	8.3	8.3	8.3
BY05	50P	8.1	8.1	8.1	8.1	8.0	8.1
BY05	Min	7.8	7.9	7.8	7.8	7.9	7.8
BY05	Anz	26	26	26	26	27	26
BY05	Art	E14	E14	E14	E14	E14	E14
BY06	Max	8.4	8.4	8.5	8.4	9.0	8.4
BY06	50P	8.0	8.1	7.9	8.1	7.9	8.0
BY06	Min	7.7	7.7	7.3	7.8	7.7	7.8
BY06	Anz	26	25	26	25	26	26
BY06	Art	E14	E14	E14	E14	E14	E14
BY07	Max	8.2	8.3	8.2	7.9	8.0	7.9
BY07	50P	7.9	8.0	7.8	7.7	7.7	7.7
BY07	Min	7.6	7.9	7.5	7.4	7.2	7.5
BY07	Anz	25	26	26	25	27	26
BY07	Art	E14	E14	E14	E14	E14	E14
BY08	Max	8.2	8.3	8.4	7.6	8.1	8.0
BY08	50P	7.3	7.4	7.6	7.3	7.4	7.3
BY08	Min	6.7	6.6	7.1	6.9	6.8	6.8
BY08	Anz	25	25	26	26	24	26
BY08	Art	E14	E14	E14	E14	E14	E14
BY09	Max	8.2	8.8	8.2	8.2	8.2	8.2
BY09	50P	8.1	8.2	8.0	8.0	7.9	8.0
BY09	Min	7.9	7.9	7.4	7.6	7.6	7.6
BY09	Anz	26	26	26	25	26	26
BY09	Art	E14	E14	E14	E14	E14	E14
BY10	Max	8.7	8.8	8.8	8.6	8.5	8.4
BY10	50P	8.4	8.2	8.2	8.1	8.1	8.1
BY10	Min	7.8	8.0	7.9	7.7	7.8	7.8
BY10	Anz	26	26	26	26	26	27
BY10	Art	E14	E14	E14	E14	E14	E14
BY11	Max	8.4	8.3	8.5	8.3	8.3	8.4
BY11	50P	7.9	7.8	7.8	7.8	7.7	7.9
BY11	Min	7.5	7.6	7.6	7.4	7.3	7.3
BY11	Anz	26	26	26	26	27	26
BY11	Art	E14	E14	E14	E14	E14	E14
BY12	Max	8.3	8.7	8.2	8.3	8.2	8.1
BY12	50P	8.1	8.1	8.0	7.9	8.0	8.0
BY12	Min	8.0	7.9	7.3	7.6	7.5	7.4
BY12	Anz	26	26	26	25	27	26
BY12	Art	E14	E14	E14	E14	E14	E14
BY13	Max	8.5	8.6	8.6	8.4	8.6	8.5
BY13	50P	8.2	8.2	8.2	8.1	8.2	8.1
BY13	Min	8.0	8.0	7.8	7.5	8.0	7.8
BY13	Anz	26	26	26	25	26	26
BY13	Art	E14	E14	E14	E14	E14	E14
BY14	Max	8.6	8.3	7.9	8.0	7.9	8.0
BY14	50P	8.1	7.7	7.3	7.2	7.3	7.6
BY14	Min	7.3	6.9	7.0	6.7	7.0	7.2
BY14	Anz	26	26	25	26	26	26
BY14	Art	E14	E14	E14	E14	E14	E14
BY15	Max	8.9	8.7	8.5	8.8	8.6	8.5
BY15	50P	8.3	8.3	8.1	8.1	8.1	8.2
BY15	Min	8.0	8.0	7.9	7.9	7.4	7.7
BY15	Anz	26	26	25	26	27	26
BY15	Art	E14	E14	E14	E14	E14	E14

pH BAYERN		1982	1983	1984	1985	1986	1987
BY16	Max	8.8	8.4	8.1	8.5	8.6	8.1
BY16	50P	7.9	7.8	7.7	7.8	7.8	7.8
BY16	Min	7.3	7.6	7.4	7.6	6.8	7.5
BY16	Anz	26	26	25	26	27	26
BY16	Art	E14	E14	E14	E14	E14	E14
BY17	Max	8.7	8.6	9.0	8.2	8.5	8.3
BY17	50P	7.8	7.8	7.8	7.8	7.7	7.9
BY17	Min	7.4	7.3	7.4	7.1	7.1	7.5
BY17	Anz	25	25	26	26	27	26
BY17	Art	E14	E14	E14	E14	E14	E14
BY18	Max	8.4	8.3	8.4	8.4	8.2	8.5
BY18	50P	8.1	8.1	8.1	8.1	8.0	8.0
BY18	Min	8.0	7.8	8.0	7.8	7.9	7.8
BY18	Anz	26	26	26	26	27	26
BY18	Art	E14	E14	E14	E14	E14	E14
BY19	Max	8.5	8.4	9.1	8.5	8.6	8.5
BY19	50P	8.2	8.3	8.2	8.3	8.2	8.3
BY19	Min	8.0	7.6	8.0	7.9	8.0	7.9
BY19	Anz	26	25	26	26	25	24
BY19	Art	E14	E14	E14	E14	E14	E14
BY20	Max	8.0	7.9	9.0	8.1	8.0	8.2
BY20	50P	7.7	7.6	7.8	7.7	7.6	7.8
BY20	Min	7.4	7.3	7.5	7.4	7.1	7.2
BY20	Anz	26	26	26	26	27	26
BY20	Art	E14	E14	E14	E14	E14	E14
BY21	Max	8.4	8.1	8.2	8.7	8.8	8.5
BY21	50P	7.9	7.9	7.8	7.9	7.9	8.0
BY21	Min	7.1	7.3	6.7	7.6	7.0	7.4
BY21	Anz	25	26	26	25	26	26
BY21	Art	E14	E14	E14	E14	E14	E14
BY22	Max	8.3	8.2	8.1	8.1	8.1	8.2
BY22	50P	8.0	8.0	7.9	7.8	7.8	7.9
BY22	Min	7.7	7.6	7.6	7.6	7.7	7.7
BY22	Anz	26	26	26	26	26	26
BY22	Art	E14	E14	E14	E14	E14	E14
BY23	Max	7.1	7.3	7.0	7.4	7.1	6.9
BY23	50P	6.6	6.2	6.4	6.0	6.0	5.9
BY23	Min	5.0	4.9	4.6	4.4	4.4	4.3
BY23	Anz	26	26	26	26	27	26
BY23	Art	E14	E14	E14	E14	E14	E14

pH RHEINLAND-PFALZ		1982	1983	1984	1985	1986	1987
RP01	Max	7.7	7.6	7.8	7.7	8.2	8.0
RP01	50P	7.6	7.5	7.5	7.4	7.7	7.9
RP01	Min	7.3	7.0	7.1	7.2	7.3	7.8
RP01	Anz	23	21	27	26	26	26
RP01	Art	M14	M14	M14	M14	M14	E14
RP02	Max	7.8	7.8	7.8	7.7	7.7	7.9
RP02	50P	7.5	7.6	7.6	7.5	7.5	7.6
RP02	Min	7.4	7.4	7.3	7.2	7.4	7.5
RP02	Anz	>1000	>1000	>1000	>1000	>1000	>1000
RP02	Art	K	K	K	K	K	K
RP03	Max	8.3	8.4	8.1	7.9	8.2	8.1
RP03	50P	7.7	7.7	7.6	7.6	7.7	7.8
RP03	Min	7.4	7.3	7.3	7.4	7.5	7.6
RP03	Anz	26	26	27	26	26	26
RP03	Art	M14	M14	M14	M14	M14	E14
RP04	Max	8.5	8.2	8.0	7.9	7.9	8.1
RP04	50P	7.5	7.6	7.6	7.5	7.5	7.9
RP04	Min	7.4	7.4	7.3	7.2	7.4	7.6
RP04	Anz	>1000	>1000	>1000	>1000	>1000	>1000
RP04	Art	K	K	K	K	K	K
RP05	Max	8.0	8.4	8.5	7.7	7.8	7.7
RP05	50P	7.5	8.0	7.5	7.4	7.5	7.5
RP05	Min	7.2	7.6	7.0	7.2	7.3	7.3
RP05	Anz	>1000	>1000	>1000	>1000	>1000	>1000
RP05	Art	K	K	K	K	K	K
RP06	Max	8.4	8.2	7.5	*****	*****	*****
RP06	50P	*****	*****	*****	*****	*****	*****
RP06	Min	7.3	7.5	7.0	*****	*****	*****
RP06	Anz	8	8	4	*****	*****	*****
RP06	Art	E	E	E	*****	*****	*****

pH BADEN-WÜRTTEMBERG		1982	1983	1984	1985	1986	1987
BW01	Max	8.8	8.8	8.8	8.9	8.8	8.5
BW01	50P	8.4	8.4	8.2	8.1	8.3	8.2
BW01	Min	7.9	7.6	7.9	7.6	7.8	7.7
BW01	Anz	26	25	26	25	25	24
BW01	Art	E14	E14	E14	E14	E14	E14
BW02	Max	8.5	8.5	8.3	8.4	8.4	8.3
BW02	50P	8.1	8.1	8.1	8.0	8.1	8.0
BW02	Min	7.8	7.9	7.7	7.8	7.9	7.7
BW02	Anz	26	26	26	25	25	24
BW02	Art	E14	E14	E14	E14	E14	E14
BW03	Max	8.5	8.6	8.4	8.4	8.4	8.4
BW03	50P	8.1	8.0	8.1	8.0	8.0	7.9
BW03	Min	7.7	7.8	7.8	7.5	7.8	7.6
BW03	Anz	26	26	26	25	25	24
BW03	Art	E14	E14	E14	E14	E14	E14
BW04	Max	8.5	8.5	8.3	8.2	8.4	8.3
BW04	50P	7.9	7.9	7.9	7.7	7.8	7.8
BW04	Min	7.7	7.7	7.8	7.2	7.6	7.4
BW04	Anz	26	26	26	25	24	22
BW04	Art	E14	E14	E14	E14	E14	E14
BW05	Max	8.5	8.5	8.1	8.3	8.4	8.3
BW05	50P	7.8	7.8	7.8	7.8	7.8	7.7
BW05	Min	7.6	7.6	7.5	7.5	7.6	7.5
BW05	Anz	26	26	26	25	24	24
BW05	Art	E14	E14	E14	E14	E14	E14
BW06	Max	8.5	8.5	8.3	8.3	8.5	8.4
BW06	50P	8.0	8.0	7.9	7.9	7.9	7.8
BW06	Min	7.7	7.7	7.5	7.5	7.8	7.6
BW06	Anz	25	25	26	24	24	23
BW06	Art	E14	E14	E14	E14	E14	E14
BW07	Max	8.4	8.4	8.4	8.3	8.4	8.3
BW07	50P	7.9	8.0	8.0	7.9	7.9	7.8
BW07	Min	7.7	7.8	7.7	7.5	7.7	7.6
BW07	Anz	26	24	26	24	24	25
BW07	Art	E14	E14	E14	E14	E14	E14
BW08	Max	8.2	8.2	8.2	8.4	8.5	8.4
BW08	50P	7.9	8.0	8.0	7.7	7.9	7.9
BW08	Min	7.7	7.6	7.6	7.4	7.7	7.6
BW08	Anz	26	24	26	25	24	25
BW08	Art	E14	E14	E14	E14	E14	E14
BW09	Max	8.6	8.4	8.5	8.4	8.4	8.4
BW09	50P	8.2	8.2	8.2	8.0	8.1	8.0
BW09	Min	8.0	7.8	7.9	7.7	8.0	7.9
BW09	Anz	26	24	26	25	24	25
BW09	Art	E14	E14	E14	E14	E14	E14
BW10	Max	*****	*****	*****	8.7	8.1	*****
BW10	50P	*****	*****	*****	8.2	8.1	*****
BW10	Min	*****	*****	*****	7.9	8.0	*****
BW10	Anz	*****	*****	*****	12	11	*****
BW10	Art	*****	*****	*****	E28	E28	*****
BW11	Max	*****	*****	*****	8.6	8.3	*****
BW11	50P	*****	*****	*****	8.3	8.1	*****
BW11	Min	*****	*****	*****	7.8	7.9	*****
BW11	Anz	*****	*****	*****	12	11	*****
BW11	Art	*****	*****	*****	E28	E28	*****
BW12	Max	*****	8.5	8.4	8.4	8.3	8.2
BW12	50P	*****	8.0	8.1	8.0	8.0	7.8
BW12	Min	*****	7.9	7.9	7.8	7.3	7.6
BW12	Anz	*****	26	20	19	18	22
BW12	Art	*****	E14	E14	E14	E14	E14
BW13	Max	*****	*****	*****	9.1	8.3	8.6
BW13	50P	*****	*****	*****	8.1	8.0	7.9
BW13	Min	*****	*****	*****	7.9	7.7	7.7
BW13	Anz	*****	*****	*****	11	10	12
BW13	Art	*****	*****	*****	E28	E28	E28
BW14	Max	*****	*****	*****	8.3	8.2	8.6
BW14	50P	*****	*****	*****	7.9	7.9	7.9
BW14	Min	*****	*****	*****	7.6	7.8	7.8
BW14	Anz	*****	*****	*****	12	11	11
BW14	Art	*****	*****	*****	E28	E28	E28
BW15	Max	*****	8.5	8.5	8.4	8.3	8.2
BW15	50P	*****	8.2	8.2	8.1	8.1	8.0
BW15	Min	*****	8.0	8.0	7.4	7.7	7.8
BW15	Anz	*****	26	20	18	19	22
BW15	Art	*****	E14	E14	E14	E14	E14

pH BADEN-WÜRTTEMBERG		1982	1983	1984	1985	1986	1987
BW16	Max	*****	*****	*****	*****	8.8	8.5
BW16	50P	*****	*****	*****	*****	8.3	8.2
BW16	Min	*****	*****	*****	*****	7.3	7.9
BW16	Anz	*****	*****	*****	*****	18	22
BW16	Art	*****	*****	*****	*****	E14	E14
BW17	Max	*****	*****	*****	*****	8.5	8.4
BW17	50P	*****	*****	*****	*****	8.3	8.2
BW17	Min	*****	*****	*****	*****	8.1	7.7
BW17	Anz	*****	*****	*****	*****	18	22
BW17	Art	*****	*****	*****	*****	E14	E14
BW18	Max	8.4	8.4	7.9	8.3	8.2	8.4
BW18	50P	7.5	7.4	7.4	7.4	7.4	7.3
BW18	Min	7.3	7.2	7.3	7.3	7.2	7.1
BW18	Anz	26	26	25	25	25	24
BW18	Art	E14	E14	E14	E14	E14	E14

pH HESSEN		1982	1983	1984	1985	1986	1987
HE01	Max	8.1	7.9	7.9	8.0	7.9	8.1
HE01	50P	7.6	7.6	7.6	7.6	7.6	7.6
HE01	Min	7.2	7.2	7.5	7.5	7.3	7.5
HE01	Anz	>1000	>1000	>1000	>1000	>1000	>1000
HE01	Art	K	K	K	K	K	K
HE02	Max	8.3	8.1	8.1	8.2	8.0	8.1
HE02	50P	7.8	7.8	7.6	7.6	7.6	7.6
HE02	Min	7.4	7.3	7.3	7.3	7.4	7.4
HE02	Anz	>1000	>1000	>1000	>1000	>1000	>1000
HE02	Art	K	K	K	K	K	K
HE03	Max	9.3	8.8	8.1	8.3	9.7	8.3
HE03	50P	7.9	7.9	7.8	7.7	7.8	7.7
HE03	Min	7.6	7.6	7.4	6.8	7.4	7.4
HE03	Anz	>1000	>1000	>1000	>1000	>1000	>1000
HE03	Art	K	K	K	K	K	K
HE04	Max	*****	*****	7.9	7.7	7.7	7.5
HE04	50P	*****	*****	7.5	7.6	7.5	7.3
HE04	Min	*****	*****	7.2	6.8	6.8	6.8
HE04	Anz	*****	*****	>1000	>1000	>1000	>1000
HE04	Art	*****	*****	K	K	K	K
HE05	Max	8.1	7.8	7.8	7.6	7.8	7.9
HE05	50P	7.6	7.6	7.6	7.5	7.5	7.6
HE05	Min	7.4	7.4	7.4	7.4	7.3	7.4
HE05	Anz	>1000	>1000	>1000	>1000	>1000	>1000
HE05	Art	K	K	K	K	K	K
HE06	Max	8.3	8.3	8.2	8.1	8.0	8.0
HE06	50P	7.9	8.0	7.8	7.8	7.8	7.8
HE06	Min	7.3	7.6	7.6	7.4	7.3	7.6
HE06	Anz	13	12	12	12	12	12
HE06	Art	E30	E30	E30	E30	E30	E30
HE07	Max	8.2	7.8	8.4	8.4	7.9	7.5
HE07	50P	7.9	7.6	7.8	7.8	7.8	7.3
HE07	Min	7.0	7.3	7.3	7.4	7.5	6.4
HE07	Anz	13	12	12	12	12	>1000
HE07	Art	E30	E30	E30	E30	E30	K
HE08	Max	8.3	8.0	7.9	8.0	7.9	7.9
HE08	50P	7.9	7.6	7.8	7.7	7.7	7.6
HE08	Min	7.4	7.5	7.0	7.2	7.3	7.5
HE08	Anz	13	13	12	12	12	12
HE08	Art	E30	E30	E30	E30	E30	E30

pH SAARLAND		1982	1983	1984	1985	1986	1987
S 01	Max	8.4	7.9	8.0	7.9	7.9	*****
S 01	50P	7.7	7.6	7.6	7.7	*****	*****
S 01	Min	7.4	7.2	7.5	6.8	7.6	*****
S 01	Anz	11	10	11	10	12	*****
S 01	Art	*****	*****	*****	*****	*****	*****

Allgemeine Erlauterungen im einfuhrenden Text

Lf in µS/cm	NORDRHEIN-WESTFALEN 1982	1983	1984	1985	1986	1987
NW01 Max	900	941	894	1180	909	870
NW01 50P	655	671	760	757	682	678
NW01 Min	441	563	640	578	491	514
NW01 Anz	13	13	13	13	13	12
NW01 Art	E28	E28	E28	E28	E28	E28
NW02 Max	928	1192	995	1426	1246	887
NW02 50P	797	730	860	919	892	871
NW02 Min	456	642	651	770	577	600
NW02 Anz	13	13	13	12	13	13
NW02 Art	E28	E28	E28	E28	E28	E28
NW03 Max	737	353	320	342	434	890
NW03 50P	306	304	259	274	326	373
NW03 Min	215	196	180	218	193	240
NW03 Anz	13	13	13	13	13	13
NW03 Art	E28	E28	E28	E28	E28	E28
NW04 Max	210	255	660	870	580	*****
NW04 50P	*****	*****	*****	*****	430	*****
NW04 Min	210	255	660	310	125	*****
NW04 Anz	1	1	1	3	4	*****
NW04 Art	E365	E365	E365	E91	E91	*****
NW05 Max	*****	*****	*****	110	110	*****
NW05 50P	*****	*****	*****	100	100	*****
NW05 Min	*****	*****	*****	100	100	*****
NW05 Anz	*****	*****	*****	12	15	*****
NW05 Art	*****	*****	*****	E28	E28	*****
NW06 Max	809	688	702	689	703	1450
NW06 50P	552	505	537	493	581	645
NW06 Min	299	267	243	350	283	410
NW06 Anz	13	13	13	13	13	13
NW06 Art	E28	E28	E28	E28	E28	E28
NW07 Max	*****	*****	*****	682	680	1100
NW07 50P	*****	*****	*****	628	646	730
NW07 Min	*****	*****	*****	516	576	470
NW07 Anz	*****	*****	*****	13	13	13
NW07 Art	*****	*****	*****	E28	E28	E28
NW08 Max	736	922	700	1190	*****	*****
NW08 50P	*****	*****	*****	*****	*****	*****
NW08 Min	736	922	700	830	*****	*****
NW08 Anz	1	1	1	3	*****	*****
NW08 Art	E365	E365	E365	E91	*****	*****
NW09 Max	874	720	628	589	712	810
NW09 50P	526	453	414	445	573	470
NW09 Min	296	315	333	323	325	380
NW09 Anz	13	13	13	13	13	13
NW09 Art	E28	E28	E28	E28	E28	E28
NW10 Max	418	410	410	470	500	420
NW10 50P	*****	*****	*****	*****	460	*****
NW10 Min	322	327	350	*****	400	350
NW10 Anz	4	4	5	3	9	3
NW10 Art	E91	E91	E91	E91	E28	E91
NW11 Max	344	340	370	430	410	400
NW11 50P	*****	*****	*****	*****	360	360
NW11 Min	230	230	42	310	340	310
NW11 Anz	4	4	5	4	4	4
NW11 Art	E91	E91	E91	E91	E91	E91
NW12 Max	659	820	770	760	810	560
NW12 50P	*****	439	530	470	500	350
NW12 Min	370	352	440	390	440	310
NW12 Anz	2	4	5	4	5	4
NW12 Art	E91	E91	E91	E91	E91	E91
NW13 Max	4150	3770	3420	3580	4090	4680
NW13 50P	3100	3090	2090	2750	3180	1494
NW13 Min	1040	1530	1410	1740	1023	750
NW13 Anz	13	13	13	13	13	12
NW13 Art	E28	E28	E28	E28	E28	E28
NW14 Max	3320	4130	3620	3530	3660	3400
NW14 50P	*****	3260	2650	*****	3000	2360
NW14 Min	1740	2860	1350	2620	2050	1560
NW14 Anz	3	5	5	3	5	6
NW14 Art	E91	E91	E91	E91	E91	E91
NW15 Max	*****	930	980	940	860	840
NW15 50P	*****	840	680	780	670	800
NW15 Min	*****	620	640	770	470	680
NW15 Anz	*****	4	4	4	4	4
NW15 Art	*****	E91	E91	E91	E91	E91

Lf in µS/cm	NORDRHEIN-WESTFALEN 1982	1983	1984	1985	1986	1987
NW16 Max	10000	9660	10400	10820	10800	6000
NW16 50P	4080	4100	4110	4830	4860	3800
NW16 Min	536	2100	880	1110	490	490
NW16 Anz	26	26	>1000	>1000	>1000	>1000
NW16 Art	E14	E14	K	K	K	K
NW17 Max	1250	2500	1700	1400	1970	1870
NW17 50P	900	1650	1500	1000	1520	1490
NW17 Min	830	900	1400	900	700	1230
NW17 Anz	4	4	4	4	4	4
NW17 Art	E91	E91	E91	E91	E91	E91
NW18 Max	*****	1180	990	1000	860	860
NW18 50P	*****	880	890	820	770	780
NW18 Min	*****	650	790	680	710	560
NW18 Anz	*****	4	4	4	4	4
NW18 Art	*****	E91	E91	E91	E91	E91
NW19 Max	1022	1036	940	1030	2510	970
NW19 50P	869	832	800	990	960	855
NW19 Min	759	684	770	890	860	730
NW19 Anz	52	50	4	4	7	6
NW19 Art	E7	E7	E91	E91	E91	E91
NW20 Max	680	840	830	960	950	890
NW20 50P	625	800	675	820	780	675
NW20 Min	460	690	610	620	740	570
NW20 Anz	4	4	4	6	4	4
NW20 Art	E91	E91	E91	E91	E91	E91
NW21 Max	*****	*****	1160	1950	1890	1280
NW21 50P	*****	*****	820	1170	1250	977
NW21 Min	*****	*****	350	860	630	589
NW21 Anz	*****	*****	14	14	16	15
NW21 Art	*****	*****	E28	E28	E28	E28
NW22 Max	148	136	120	136	169	133
NW22 50P	115	88	98	110	111	101
NW22 Min	107	71	84	91	93	98
NW22 Anz	4	6	7	7	9	9
NW22 Art	E91	E91	E91	E91	E91	E91

Lf in µS/cm	BERLIN 1982	1983	1984	1985	1986	1987
B 01 Max	750	740	926	924	967	766
B 01 50P	645	640	722	778	780	698
B 01 Min	510	440	552	629	615	642
B 01 Anz	10	12	11	10	10	9
B 01 Art	E30	E30	E30	E30	E30	E30
B 02 Max	710	780	941	983	877	740
B 02 50P	593	643	712	751	749	683
B 02 Min	440	550	596	626	665	651
B 02 Anz	10	12	12	9	10	9
B 02 Art	E30	E30	E30	E30	E30	E30

Lf in µS/cm	HAMBURG 1982	1983	1984	1985	1986	1987
HH01 Max	1414	1448	1201	1209	1460	1230
HH01 50P	1043	1065	1026	1053	1139	1008
HH01 Min	673	746	872	826	810	690
HH01 Anz	>1000	>1000	>1000	>1000	>1000	>1000
HH01 Art	K	K	K	K	K	K
HH02 Max	899	588	603	605	609	625
HH02 50P	404	413	438	463	471	447
HH02 Min	197	266	310	370	296	284
HH02 Anz	>1000	>1000	>1000	>1000	>1000	>1000
HH02 Art	K	K	K	K	K	K

Lf in µS/cm	BREMEN 1982	1983	1984	1985	1986	1987
HB01 Max	3783	14470	335	478	478	*****
HB01 50P	2980	2732	248	284	340	*****
HB01 Min	900	1079	102	148	117	*****
HB01 Anz	>1000	>1000	>1000	>1000	>1000	*****
HB01 Art	K	K	K	K	K	*****

Lf in µS/cm	NIEDERSACHSEN 1982	1983	1984	1985	1986	1987
NS01 Max	1652	1700	1500	1620	1640	1360
NS01 50P	1355	1090	1202	1230	1148	979
NS01 Min	330	500	700	780	678	578
NS01 Anz	>1000	>1000	>1000	>1000	>1000	>1000
NS01 Art	K	K	K	K	K	K
NS02 Max	1540	1820	1650	1800	1610	1290
NS02 50P	1170	1305	1180	1320	1130	1060
NS02 Min	776	836	987	880	585	740
NS02 Anz	47	52	52	52	51	53
NS02 Art	E7	E7	E7	E7	E7	E7
NS03 Max	1698	2276	1400	1850	1790	1560
NS03 50P	1366	1594	1280	1565	1480	1312
NS03 Min	768	945	1080	1270	1090	960
NS03 Anz	12	12	12	10	11	>1000
NS03 Art	E30	E30	E30	E30	E30	K
NS04 Max	9462	10131	7230	14816	8570	9504
NS04 50P	6950	5766	5340	6540	5880	4822
NS04 Min	1216	2192	2690	1120	2470	328
NS04 Anz	>1000	>1000	>1000	>1000	>1000	>1000
NS04 Art	K	K	K	K	K	K
NS05 Max	4205	4270	3500	5104	3780	3608
NS05 50P	3008	2850	2520	2910	2560	2203
NS05 Min	1272	1685	1730	964	1210	698
NS05 Anz	>1000	>1000	>1000	>1000	>1000	>1000
NS05 Art	K	K	K	K	K	K
NS06 Max	13362	17488	20000	22080	12800	16256
NS06 50P	6920	5447	5010	5930	6660	3619
NS06 Min	1247	997	2270	972	940	840
NS06 Anz	25	26	>1000	>1000	>1000	>1000
NS06 Art	E14	E14	K	K	K	K
NS07 Max	1512	1850	1860	1880	1870	1760
NS07 50P	1404	1665	1450	1660	1590	1429
NS07 Min	1217	1340	1340	1350	1100	980
NS07 Anz	12	12	11	12	12	>1000
NS07 Art	E30	E30	E30	E30	E30	K
NS08 Max	900	934	890	960	1080	1064
NS08 50P	750	865	820	760	780	789
NS08 Min	590	701	710	480	400	240
NS08 Anz	13	14	7	>1000	>1000	>1000
NS08 Art	E30	E30	E30	K	K	K
NS09 Max	1580	1800	1600	1400	1460	1140
NS09 50P	1050	1007	980	956	952	846
NS09 Min	820	700	700	640	580	271
NS09 Anz	>1000	>1000	>1000	>1000	>1000	>1000
NS09 Art	K	K	K	K	K	K
NS10 Max	900	1000	1000	726	950	902
NS10 50P	948	761	780	754	765	712
NS10 Min	534	500	500	371	371	348
NS10 Anz	>1000	>1000	>1000	>1000	>1000	>1000
NS10 Art	K	K	K	K	K	K
NS11 Max	1228	1200	1000	1040	1076	1250
NS11 50P	836	741	731	756	764	715
NS11 Min	540	400	500	478	375	386
NS11 Anz	>1000	>1000	>1000	>1000	>1000	>1000
NS11 Art	K	K	K	K	K	K
NS12 Max	2592	3500	2300	2064	2464	1700
NS12 50P	1645	1388	1351	1340	1218	1100
NS12 Min	600	700	750	860	580	600
NS12 Anz	>1000	>1000	>1000	>1000	>1000	>1000
NS12 Art	K	K	K	K	K	K
NS13 Max	1059	1000	1100	1040	1100	1040
NS13 50P	1010	844	786	784	848	857
NS13 Min	872	600	600	520	518	518
NS13 Anz	12	>1000	>1000	>1000	>1000	>1000
NS13 Art	E30	K	K	K	K	K
NS14 Max	*****	*****	*****	680	1400	600
NS14 50P	*****	*****	*****	401	425	417
NS14 Min	*****	*****	*****	316	295	203
NS14 Anz	*****	*****	*****	>1000	>1000	>1000
NS14 Art	*****	*****	*****	K	K	K
NS15 Max	1880	1700	1300	1420	1480	1040
NS15 50P	1033	804	753	773	831	712
NS15 Min	440	550	500	496	460	360
NS15 Anz	>1000	>1000	>1000	>1000	>1000	>1000
NS15 Art	K	K	K	K	K	K

Lf in µS/cm	NIEDERSACHSEN 1982	1983	1984	1985	1986	1987
NS16 Max	1060	1100	900	860	980	780
NS16 50P	756	615	596	620	585	536
NS16 Min	419	400	400	340	286	276
NS16 Anz	>1000	>1000	>1000	>1000	>1000	>1000
NS16 Art	K	K	K	K	K	K

Lf in S/cm	SCHLESWIG-HOLSTEIN 1982	1983	1984	1985	1986	1987
SH01 Max	490	620	550	780	560	544
SH01 50P	420	470	500	510	500	506
SH01 Min	380	440	470	450	450	396
SH01 Anz	11	11	12	12	12	12
SH01 Art	E30	E30	E30	E30	E30	E30
SH02 Max	640	620	650	630	670	610
SH02 50P	510	590	590	600	610	569
SH02 Min	400	520	490	560	480	517
SH02 Anz	12	12	12	11	12	12
SH02 Art	E30	E30	E30	E30	E30	E30
SH03 Max	800	1070	600	830	2290	589
SH03 50P	490	550	550	550	560	543
SH03 Min	435	460	470	380	430	400
SH03 Anz	11	5	25	24	23	22
SH03 Art	E30	E30	E14	E14	E14	E14
SH04 Max	2170	5600	4100	15100	4380	5820
SH04 50P	1600	2200	1670	1700	1390	831
SH04 Min	650	1560	1040	740	620	522
SH04 Anz	7	4	12	14	11	13
SH04 Art	E91	E91	E30	E30	E30	E30
SH05 Max	510	580	560	580	590	560
SH05 50P	480	570	540	560	530	523
SH05 Min	440	510	520	490	490	453
SH05 Anz	12	12	12	12	14	13
SH05 Art	E30	E30	E30	E30	E30	E30
SH06 Max	1000	1040	990	580	1060	890
SH06 50P	780	900	880	890	870	786
SH06 Min	680	500	670	980	650	577
SH06 Anz	12	12	21	25	22	23
SH06 Art	E30	E30	E14	E14	E14	E14

Allgemeine Erläuterungen im einführenden Text

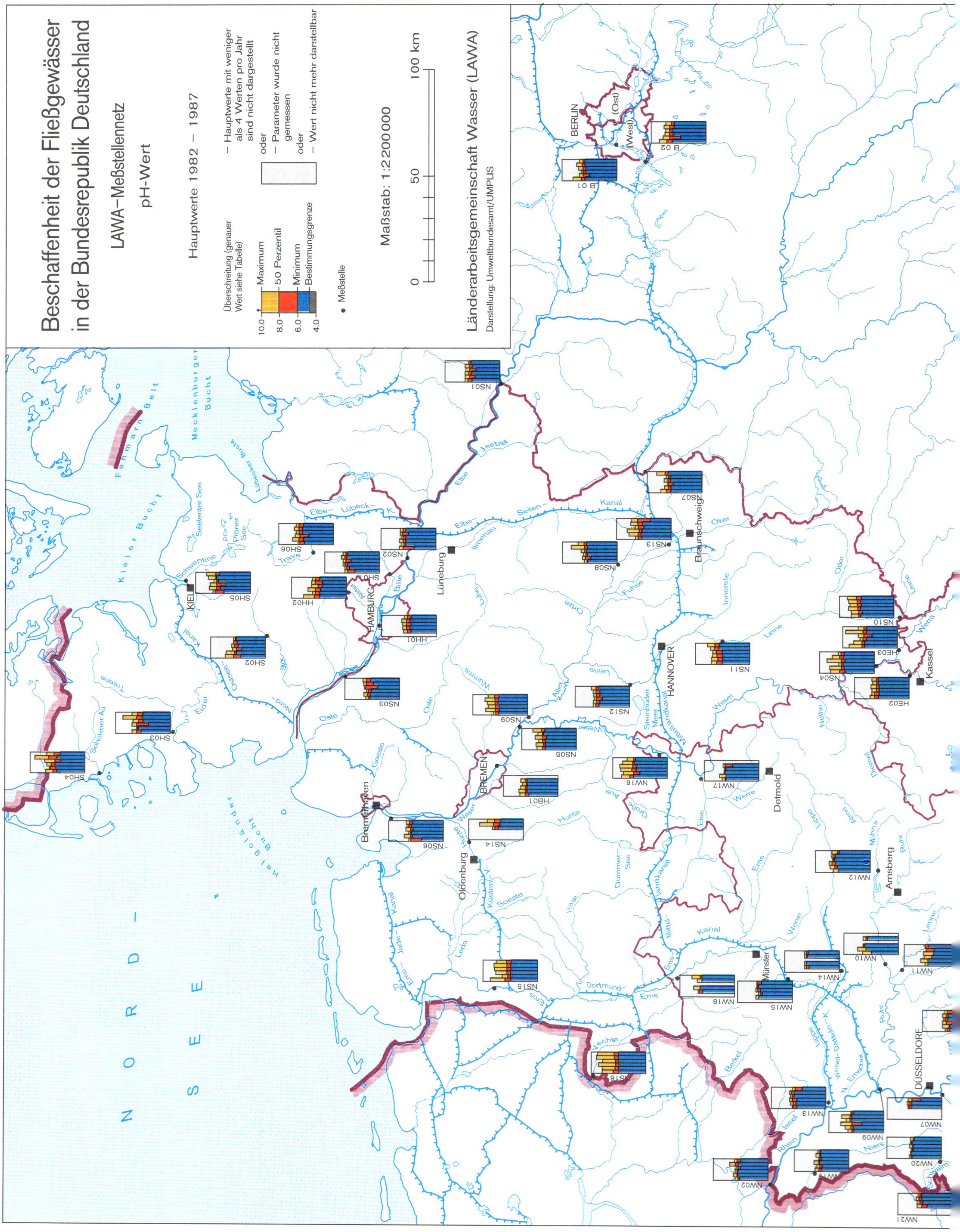
Beschaffenheit der Fließgewässer
in der Bundesrepublik Deutschland
LAWA-Meßstellennetz
pH-Wert
Hauptwerte 1982 – 1987
Überschreitung (genauer Wert siehe Tabelle)
10.0
8.0
6.0
4.0
Maximum
50 Perzentil
Minimum
Bestimmungsgrenze
• Meßstelle
– Hauptwerte mit weniger als 4 Werten pro Jahr sind nicht dargestellt
oder
– Parameter wurde nicht gemessen
oder
– Wert nicht mehr darstellbar
Maßstab: 1:2 200 000
0
50
100 km
Länderarbeitsgemeinschaft Wasser (LAWA)
Darstellung: Umweltbundesamt/UMPLIS
BERLIN
(Ost)
(West)
B 01
B 02
NS01
NS02
NS03
NS04
NS05
NS06
NS07
NS08
NS09
NS10
NS11
NS12
NS13
NS14
NS15
NS16
SH01
SH02
SH03
SH04
SH05
SH06
HH01
HH02
HB01
HE02
HE03
NW01
NW02
NW07
NW09
NW10
NW11
NW12
NW13
NW14
NW15
NW16
NW17
NW18
NW20
NW21
KIEL
HAMBURG
Lüneburg
Braunschweig
HANNOVER
BREMEN
Bremerhaven
Oldenburg
Detmold
Münster
Arnsberg
Kassel
DÜSSELDORF
Kieler Bucht
Fehmarn Belt
Mecklenburger Bucht
Lübecker Bucht
Helgoländer Bucht
NORD – SEE
Elbe
Elbe-Lübeck-K.
Elbe-Seiten-Kanal
Weser
Ems
Aller
Leine
Oker
Fuhse
Örtze
Ilmenau
Jeetzel
Oste
Wümme
Hunte
Hase
Vechte
Werre
Else
Diemel
Nethe
Fulda
Werra
Lippe
Ruhr
Möhne
Alme
Berkel
Issel
Rhein
Niers
Schwalm
Dortmund-Ems-Kanal
Mittellandkanal
Küsten-K.
Soeste
Leda
Jade
Geeste
Eider
Treene
Stör
Trave
Schwentine
Alster
Bille
Nord-Ostsee-Kanal
Dümmer-See
Steinhuder Meer
Seelenter See
Plöner See
Emscher
Wesel-Datteln-K.
Große Aue
Innerste

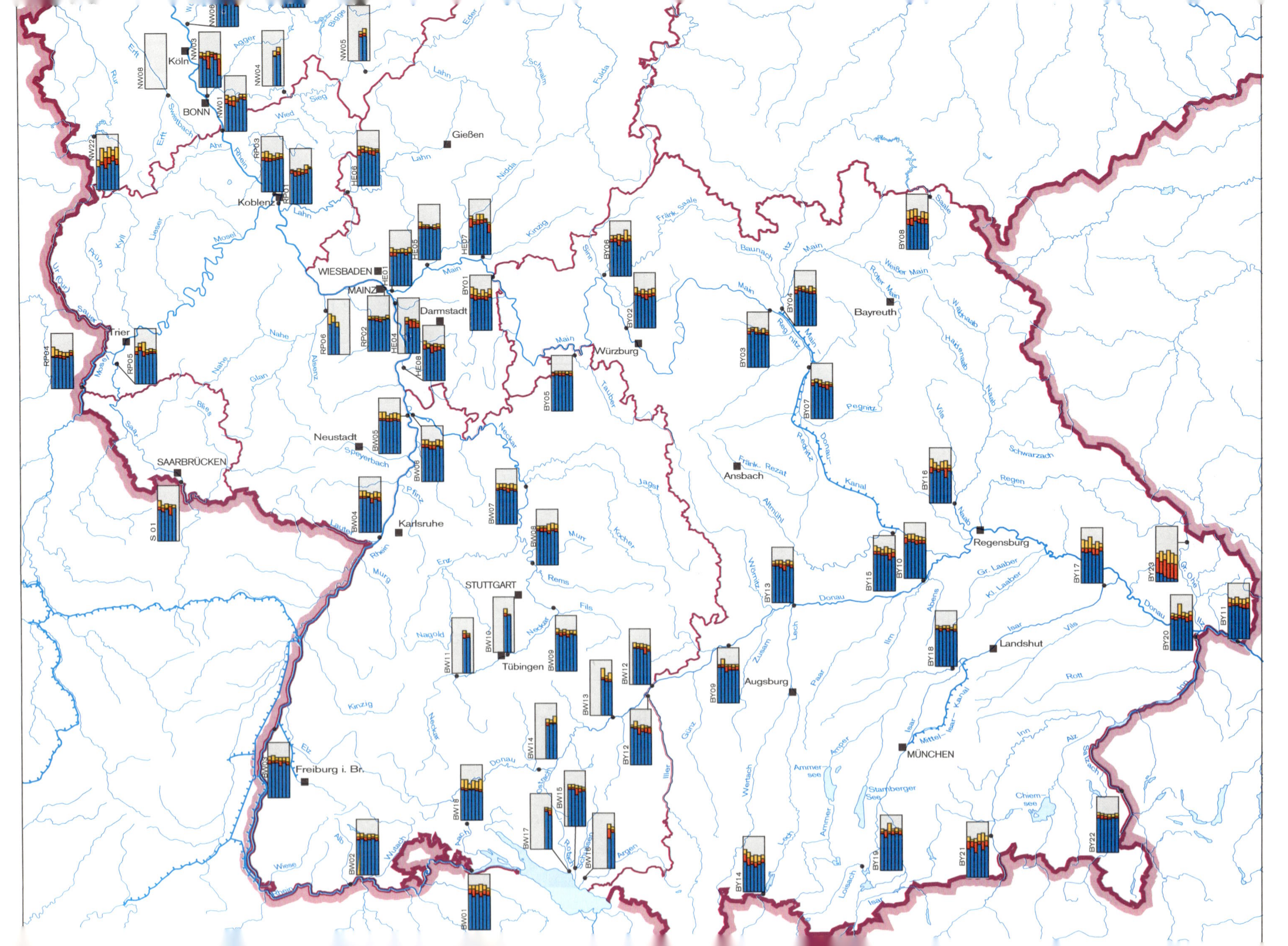
Köln
BONN
Gießen
Koblenz
WIESBADEN
MAINZ
Darmstadt
Trier
Würzburg
Bayreuth
Neustadt
SAARBRÜCKEN
Ansbach
Karlsruhe
Regensburg
STUTTGART
Tübingen
Landshut
Augsburg
MÜNCHEN
Freiburg i. Br.

Lf in µS/cm	BAYERN 1982	1983	1984	1985	1986	1987
BY01 Max	788	756	684	766	730	728
BY01 50P	613	659	582	647	593	597
BY01 Min	362	302	443	500	442	395
BY01 Anz	26	26	26	25	23	25
BY01 Art	E14	E14	E14	E14	E14	E14
BY02 Max	800	800	750	800	750	780
BY02 50P	710	640	650	700	650	630
BY02 Min	380	410	480	580	490	390
BY02 Anz	26	26	26	26	27	26
BY02 Art	E14	E14	E14	E14	E14	E14
BY03 Max	660	730	660	705	720	610
BY03 50P	530	590	550	590	580	540
BY03 Min	390	365	430	490	420	380
BY03 Anz	26	26	26	25	27	26
BY03 Art	E14	E14	E14	E14	E14	E14
BY04 Max	680	735	580	705	640	590
BY04 50P	460	505	440	540	490	440
BY04 Min	295	260	310	370	370	310
BY04 Anz	26	25	25	22	26	26
BY04 Art	E14	E14	E14	E14	E14	E14
BY05 Max	1060	1000	1050	1120	1120	1010
BY05 50P	900	880	890	930	870	890
BY05 Min	560	570	730	680	620	700
BY05 Anz	26	26	26	26	27	26
BY05 Art	E14	E14	E14	E14	E14	E14
BY06 Max	960	940	870	950	830	870
BY06 50P	650	660	650	715	650	670
BY06 Min	410	420	330	580	440	380
BY06 Anz	26	25	26	25	26	26
BY06 Art	E14	E14	E14	E14	E14	E14
BY07 Max	800	740	740	740	760	740
BY07 50P	573	600	620	630	630	580
BY07 Min	430	410	380	460	400	380
BY07 Anz	25	26	26	25	27	26
BY07 Art	E14	E14	E14	E14	E14	E14
BY08 Max	580	790	570	630	604	601
BY08 50P	383	388	340	395	360	345
BY08 Min	250	210	240	145	273	109
BY08 Anz	25	25	26	26	24	26
BY08 Art	E14	E14	E14	E14	E14	E14
BY09 Max	530	520	520	530	500	553
BY09 50P	410	445	400	440	425	465
BY09 Min	235	320	320	290	330	350
BY09 Anz	26	26	26	25	26	26
BY09 Art	E14	E14	E14	E14	E14	E14
BY10 Max	520	550	580	580	560	550
BY10 50P	410	460	450	460	460	470
BY10 Min	270	380	360	310	390	380
BY10 Anz	26	26	26	26	26	27
BY10 Art	E14	E14	E14	E14	E14	E14
BY11 Max	423	423	479	453	480	420
BY11 50P	351	344	340	362	335	350
BY11 Min	252	271	265	260	250	252
BY11 Anz	26	26	26	26	27	26
BY11 Art	E14	E14	E14	E14	E14	E14
BY12 Max	430	440	440	460	450	487
BY12 50P	340	360	290	360	365	380
BY12 Min	185	205	220	230	240	240
BY12 Anz	26	26	26	25	27	26
BY12 Art	E14	E14	E14	E14	E14	E14
BY13 Max	470	470	475	490	505	500
BY13 50P	380	375	375	405	415	400
BY13 Min	260	295	295	305	315	290
BY13 Anz	26	26	26	25	26	26
BY13 Art	E14	E14	E14	E14	E14	E14
BY14 Max	319	326	319	342	341	333
BY14 50P	256	234	239	238	234	232
BY14 Min	195	131	167	142	171	163
BY14 Anz	26	26	25	26	26	26
BY14 Art	E14	E14	E14	E14	E14	E14
BY15 Max	664	650	642	671	631	629
BY15 50P	522	563	575	553	550	571
BY15 Min	400	503	489	424	457	395
BY15 Anz	26	26	25	26	27	26
BY15 Art	E14	E14	E14	E14	E14	E14

Lf in µS/cm	BAYERN 1982	1983	1984	1985	1986	1987
BY16 Max	357	388	346	348	334	336
BY16 50P	268	299	292	295	292	285
BY16 Min	199	245	178	247	234	219
BY16 Anz	26	26	25	26	27	26
BY16 Art	E14	E14	E14	E14	E14	E14
BY17 Max	460	576	690	590	605	545
BY17 50P	319	486	500	500	509	490
BY17 Min	200	338	420	402	417	410
BY17 Anz	25	25	26	26	27	26
BY17 Art	E14	E14	E14	E14	E14	E14
BY18 Max	570	561	551	562	602	570
BY18 50P	466	513	481	519	496	490
BY18 Min	414	447	424	431	440	440
BY18 Anz	26	26	26	26	27	26
BY18 Art	E14	E14	E14	E14	E14	E14
BY19 Max	400	416	427	437	443	455
BY19 50P	340	345	367	390	376	364
BY19 Min	260	190	268	285	285	303
BY19 Anz	26	25	26	26	25	25
BY19 Art	E14	E14	E14	E14	E14	E14
BY20 Max	359	353	434	389	410	370
BY20 50P	305	272	303	312	283	277
BY20 Min	193	181	206	203	164	173
BY20 Anz	26	26	26	26	27	26
BY20 Art	E14	E14	E14	E14	E14	E14
BY21 Max	340	320	350	380	375	320
BY21 50P	205	220	230	248	242	224
BY21 Min	140	130	140	140	135	119
BY21 Anz	25	26	26	25	27	26
BY21 Art	E14	E14	E14	E14	E14	E14
BY22 Max	360	370	395	414	400	420
BY22 50P	275	285	281	296	284	278
BY22 Min	195	180	194	193	170	160
BY22 Anz	26	26	26	26	26	26
BY22 Art	E14	E14	E14	E14	E14	E14
BY23 Max	50	32	47	41	43	54
BY23 50P	29	28	29	29	27	26
BY23 Min	25	7	23	23	21	21
BY23 Anz	26	26	26	26	27	26
BY23 Art	E14	E14	E14	E14	E14	E14

Lf in µS/cm	RHEINLAND-PFALZ 1982	1983	1984	1985	1986	1987
RP01 Max	767	1120	980	1178	984	815
RP01 50P	666	628	718	771	643	562
RP01 Min	465	493	563	535	538	415
RP01 Anz	23	21	27	26	26	26
RP01 Art	M14	M14	M14	M14	M14	M14
RP02 Max	813	1182	1064	1166	972	806
RP02 50P	629	660	723	830	627	619
RP02 Min	480	529	586	600	538	440
RP02 Anz	>1000	>1000	>1000	>1000	>1000	>1000
RP02 Art	K	K	K	K	K	K
RP03 Max	1076	1056	1060	1123	1078	970
RP03 50P	869	826	858	942	879	728
RP03 Min	378	446	531	682	472	495
RP03 Anz	26	26	27	26	26	26
RP03 Art	M14	M14	M14	M14	M14	M14
RP04 Max	1329	1364	1546	1621	1326	1374
RP04 50P	958	1056	1104	1248	1062	1146
RP04 Min	426	526	876	858	603	762
RP04 Anz	>1000	>1000	>1000	>1000	>1000	>1000
RP04 Art	K	K	K	K	K	K
RP05 Max	1225	1331	1040	1100	970	780
RP05 50P	951	862	795	840	700	655
RP05 Min	475	560	598	580	520	490
RP05 Anz	>1000	>1000	>1000	>1000	>1000	>1000
RP05 Art	K	K	K	K	K	K
RP06 Max	1130	620	460	*****	*****	*****
RP06 50P	*****	*****	*****	*****	*****	*****
RP06 Min	460	280	280	*****	*****	*****
RP06 Anz	8	8	4	*****	*****	*****
RP06 Art	E	E	E	*****	*****	*****

Lf in µS/cm	BADEN-WÜRTTEMBERG 1982	1983	1984	1985	1986	1987
BW01 Max	341	275	250	240	266	268
BW01 50P	236	237	230	215	230	230
BW01 Min	189	200	205	190	180	204
BW01 Anz	26	26	27	26	26	26
BW01 Art	M14	M14	M14	M14	M14	M14
BW02 Max	311	305	290	285	304	319
BW02 50P	255	255	250	230	254	258
BW02 Min	216	205	210	200	175	225
BW02 Anz	26	26	26	26	25	26
BW02 Art	M14	M14	M14	M14	M14	M14
BW03 Max	840	1205	1155	1210	1050	923
BW03 50P	599	615	735	730	675	594
BW03 Min	357	425	410	410	335	312
BW03 Anz	26	26	27	26	26	26
BW03 Art	M14	M14	M14	M14	M14	M14
BW04 Max	729	1160	1020	1120	960	783
BW04 50P	561	537	602	715	565	508
BW04 Min	361	400	410	440	415	315
BW04 Anz	26	26	26	25	26	22
BW04 Art	M14	M14	M14	M14	M14	M14
BW05 Max	732	1140	1065	1190	945	758
BW05 50P	573	580	650	695	609	524
BW05 Min	348	305	485	447	408	340
BW05 Anz	26	26	27	25	25	26
BW05 Art	M14	M14	M14	M14	M14	M14
BW06 Max	994	1255	1055	1220	930	926
BW06 50P	754	745	787	862	744	662
BW06 Min	527	480	500	535	490	528
BW06 Anz	26	26	26	26	24	25
BW06 Art	M14	M14	M14	M14	M14	M14
BW07 Max	1117	1455	1220	1450	1090	1122
BW07 50P	796	800	840	965	810	732
BW07 Min	540	505	570	610	545	619
BW07 Anz	26	26	26	25	26	24
BW07 Art	M14	M14	M14	M14	M14	M14
BW08 Max	865	1130	955	1150	910	840
BW08 50P	629	750	725	740	660	634
BW08 Min	477	415	530	515	520	538
BW08 Anz	16	25	25	23	25	22
BW08 Art	M14	M14	M14	M14	M14	M14
BW09 Max	735	960	770	930	760	951
BW09 50P	611	652	617	660	570	587
BW09 Min	456	440	435	450	450	480
BW09 Anz	26	26	26	26	26	24
BW09 Art	M14	M14	M14	M14	M14	M14
BW10 Max	*****	*****	*****	1110	907	*****
BW10 50P	*****	*****	*****	948	803	*****
BW10 Min	*****	*****	*****	461	508	*****
BW10 Anz	*****	*****	*****	10	11	*****
BW10 Art	*****	*****	*****	E28	E28	*****
BW11 Max	*****	*****	*****	1069	965	*****
BW11 50P	*****	*****	*****	895	707	*****
BW11 Min	*****	*****	*****	478	47	*****9
BW11 Anz	*****	*****	*****	10	11	*****
BW11 Art	*****	*****	*****	E28	E28	*****
BW12 Max	429	579	435	470	460	578
BW12 50P	367	363	360	362	360	379
BW12 Min	254	281	315	305	295	327
BW12 Anz	26	25	25	22	23	20
BW12 Art	M14	M14	M14	M14	M14	M14
BW13 Max	*****	*****	*****	697	555	560
BW13 50P	*****	*****	*****	586	470	496
BW13 Min	*****	*****	*****	478	338	363
BW13 Anz	*****	*****	*****	11	10	12
BW13 Art	*****	*****	*****	E28	E28	E28
BW14 Max	*****	*****	*****	693	596	587
BW14 50P	*****	*****	*****	619	512	517
BW14 Min	*****	*****	*****	480	435	471
BW14 Anz	*****	*****	*****	12	11	11
BW14 Art	*****	*****	*****	E28	E28	E28
BW15 Max	*****	541	530	550	561	641
BW15 50P	*****	457	460	436	430	426
BW15 Min	*****	255	420	335	285	224
BW15 Anz	*****	22	24	18	21	19
BW15 Art	*****	M14	M14	M14	M14	M14

Lf in µS/cm	BADEN-WÜRTTEMBERG 1982	1983	1984	1985	1986	1987
BW16 Max	*****	*****	410	370	406	492
BW16 50P	*****	*****	310	272	294	277
BW16 Min	*****	*****	270	210	195	237
BW16 Anz	*****	*****	17	19	17	19
BW16 Art	*****	*****	M14	M14	M14	M14
BW17 Max	*****	*****	480	455	475	544
BW17 50P	*****	*****	400	363	370	361
BW17 Min	*****	*****	350	294	265	307
BW17 Anz	*****	*****	13	13	20	20
BW17 Art	*****	*****	M14	M14	M14	M14
BW18 Max	424	516	410	515	415	504
BW18 50P	343	367	345	360	335	321
BW18 Min	295	268	210	275	250	263
BW18 Anz	26	26	27	26	25	26
BW18 Art	M14	M14	M14	M14	M14	M14

Lf in µS/cm	HESSEN 1982	1983	1984	1985	1986	1987
HE01 Max	844	853	813	901	880	733
HE01 50P	662	687	618	679	635	590
HE01 Min	460	436	401	502	386	404
HE01 Anz	>1000	>1000	>1000	>1000	>1000	>1000
HE01 Art	K	K	K	K	K	K
HE02 Max	544	565	480	457	381	370
HE02 50P	421	399	355	370	340	310
HE02 Min	317	280	240	288	240	210
HE02 Anz	>1000	>1000	>1000	>1000	>1000	>1000
HE02 Art	K	K	K	K	K	K
HE03 Max	28699	22743	14150	29800	23900	14900
HE03 50P	10248	13615	9010	15060	13190	10650
HE03 Min	5528	3740	413	8100	2570	5050
HE03 Anz	>1000	>1000	>1000	>1000	>1000	>1000
HE03 Art	K	K	K	K	K	K
HE04 Max	*****	*****	2218	2776	2677	1684
HE04 50P	*****	*****	1380	1881	1610	1236
HE04 Min	*****	*****	658	1217	854	724
HE04 Anz	*****	*****	>1000	>1000	>1000	>1000
HE04 Art	*****	*****	K	K	K	K
HE05 Max	935	1376	851	904	1020	859
HE05 50P	840	709	647	705	689	679
HE05 Min	524	361	387	479	382	476
HE05 Anz	>1000	>1000	>1000	>1000	>1000	>1000
HE05 Art	K	K	K	K	K	K
HE06 Max	498	538	478	421	504	445
HE06 50P	419	402	324	246	389	359
HE06 Min	305	262	236	205	238	283
HE06 Anz	13	14	12	12	12	12
HE06 Art	E30	E30	E30	E30	E30	E30
HE07 Max	424	766	819	805	695	457
HE07 50P	370	364	440	465	469	331
HE07 Min	291	260	215	110	21	235
HE07 Anz	13	14	12	12	12	>1000
HE07 Art	E30	E30	E30	E30	E30	K
HE08 Max	965	838	889	816	917	560
HE08 50P	598	525	644	559	601	440
HE08 Min	440	420	376	457	254	338
HE08 Anz	13	14	12	12	12	12
HE08 Art	E30	E30	E30	E30	E30	E30

Lf in µS/cm	SAARLAND 1982	1983	1984	1985	1986	1987
S 01 Max	940	780	697	998	698	*****
S 01 50P	744	601	584	627	591	*****
S 01 Min	523	348	380	527	460	*****
S 01 Anz	11	10	11	10	12	*****
S 01 Art	*****	*****	*****	*****	*****	*****

Allgemeine Erläuterungen im einführenden Text

NORDRHEIN-WESTFALEN

Cl in mg/l		1982	1983	1984	1985	1986	1987
NW01	Max	144	176	176	272	208	146
NW01	50P	110	112	142	148	112	114
NW01	Min	38	76	106	80	78	70
NW01	Anz	13	13	13	13	13	13
NW01	Art	E28	E28	E28	E28	E28	E28
NW02	Max	183	268	213	351	242	189
NW02	50P	147	141	173	186	171	146
NW02	Min	54	106	145	128	92	93
NW02	Anz	13	13	13	13	13	13
NW02	Art	E28	E28	E28	E28	E28	E28
NW03	Max	34	35	45	34	36	34
NW03	50P	29	25	21	24	27	23
NW03	Min	19	18	11	17	17	17
NW03	Anz	13	13	13	13	13	13
NW03	Art	E28	E28	E28	E28	E28	E28
NW04	Max	*****	39	33	58	65	65
NW04	50P	*****	*****	*****	32	48	*****
NW04	Min	*****	39	33	24	43	43
NW04	Anz	*****	1	1	4	4	3
NW04	Art	*****	E365	E365	E91	E91	E91
NW05	Max	*****	*****	*****	<10	<10	*****
NW05	50P	*****	*****	*****	<10	<10	*****
NW05	Min	*****	*****	*****	<10	<10	*****
NW05	Anz	*****	*****	*****	12	15	*****
NW05	Art	*****	*****	*****	E28	E28	*****
NW06	Max	96	90	97	89	91	69
NW06	50P	64	61	69	65	64	54
NW06	Min	36	29	22	36	35	36
NW06	Anz	13	13	13	13	13	13
NW06	Art	E28	E28	E28	E28	E28	E28
NW07	Max	*****	*****	*****	66	62	54
NW07	50P	*****	*****	*****	56	52	51
NW07	Min	*****	*****	*****	52	40	36
NW07	Anz	*****	*****	*****	13	13	13
NW07	Art	*****	*****	*****	E28	E28	E28
NW08	Max	92	139	66	110	*****	*****
NW08	50P	*****	*****	*****	*****	*****	*****
NW08	Min	92	139	66	90	*****	*****
NW08	Anz	1	1	1	3	*****	*****
NW08	Art	E365	E365	E365	E91	*****	*****
NW09	Max	148	94	73	69	77	63
NW09	50P	55	52	36	41	53	39
NW09	Min	32	34	31	31	35	34
NW09	Anz	13	13	13	13	13	13
NW09	Art	E28	E28	E28	E28	E28	E28
NW10	Max	30	48	42	40	44	32
NW10	50P	*****	33	32	*****	38	*****
NW10	Min	23	28	24	36	32	24
NW10	Anz	4	4	5	3	9	3
NW10	Art	E91	E91	E91	E91	E28	E91
NW11	Max	30	31	34	39	37	30
NW11	50P	*****	*****	*****	*****	29	27
NW11	Min	19	22	16	31	25	20
NW11	Anz	4	4	5	4	4	4
NW11	Art	E91	E91	E91	E91	E91	E91
NW12	Max	100	118	98	100	81	57
NW12	50P	*****	56	57	51	55	30
NW12	Min	46	37	47	38	42	24
NW12	Anz	2	4	5	4	5	4
NW12	Art	E91	E91	E91	E91	E91	E91
NW13	Max	1215	1095	903	1170	1062	1040
NW13	50P	954	1009	506	732	774	395
NW13	Min	197	192	303	397	179	276
NW13	Anz	13	13	13	13	13	13
NW13	Art	E28	E28	E28	E28	E28	E28
NW14	Max	815	1156	1025	1050	705	1004
NW14	50P	*****	773	728	*****	674	531
NW14	Min	432	378	235	652	491	254
NW14	Anz	3	5	5	3	5	6
NW14	Art	E91	E91	E91	E91	E91	E91
NW15	Max	*****	71	59	65	61	54
NW15	50P	*****	57	46	48	51	47
NW15	Min	*****	57	35	45	40	43
NW15	Anz	*****	4	4	4	4	4
NW15	Art	*****	E91	E91	E91	E91	E91
NW16	Max	4072	3177	2172	2340	2210	1580
NW16	50P	1430	1270	1210	1510	1490	1030
NW16	Min	94	620	553	920	450	419
NW16	Anz	26	26	27	26	26	26
NW16	Art	E14	E14	M14	M14	M14	M14
NW17	Max	253	466	316	498	379	340
NW17	50P	187	197	280	214	327	324
NW17	Min	136	151	273	210	91	205
NW17	Anz	4	4	4	4	4	4
NW17	Art	E91	E91	E91	E91	E91	E91
NW18	Max	*****	134	92	109	107	324
NW18	50P	*****	*****	*****	84	*****	81
NW18	Min	*****	76	75	64	66	58
NW18	Anz	*****	2	4	4	4	4
NW18	Art	*****	E91	E91	E91	E91	E91
NW19	Max	114	116	79	102	106	83
NW19	50P	90	85	77	87	71	77
NW19	Min	74	60	70	78	69	63
NW19	Anz	52	50	4	4	7	6
NW19	Art	E7	E7	E91	E91	E91	E91
NW20	Max	118	91	116	122	93	120
NW20	50P	91	91	101	95	87	103
NW20	Min	62	89	78	62	78	63
NW20	Anz	4	4	4	6	4	4
NW20	Art	E91	E91	E91	E91	E91	E91
NW21	Max	*****	*****	217	406	397	250
NW21	50P	*****	*****	150	224	225	172
NW21	Min	*****	*****	48	168	103	87
NW21	Anz	*****	*****	14	14	16	15
NW21	Art	*****	*****	E28	E28	E28	E28
NW22	Max	28	13	13	13	18	15
NW22	50P	10	9	8	11	11	9
NW22	Min	7	5	7	9	7	8
NW22	Anz	4	6	7	7	9	9
NW22	Art	E91	E91	E91	E91	E91	E91

BERLIN

Cl in mg/l		1982	1983	1984	1985	1986	1987
B 01	Max	69	93	70	74	73	59
B 01	50P	53	62	58	63	56	47
B 01	Min	39	47	51	51	39	32
B 01	Anz	10	12	11	10	10	9
B 01	Art	E30	E30	E30	E30	E30	E30
B 02	Max	68	77	64	78	78	62
B 02	50P	51	57	58	61	59	50
B 02	Min	41	47	53	51	49	40
B 02	Anz	10	12	12	9	10	9
B 02	Art	E30	E30	E30	E30	E30	E30

HAMBURG

Cl in mg/l		1982	1983	1984	1985	1986	1987
HH01	Max	332	324	262	284	286	209
HH01	50P	196	197	186	202	183	145
HH01	Min	70	112	149	100	95	84
HH01	Anz	50	52	52	52	51	52
HH01	Art	E7	E7	E7	E7	E7	E7
HH02	Max	46	51	46	44	45	42
HH02	50P	41	44	41	40	38	37
HH02	Min	38	37	38	35	17	30
HH02	Anz	6	12	12	12	11	12
HH02	Art	E61	E30	E30	E30	E30	E30

BREMEN

Cl in mg/l		1982	1983	1984	1985	1986	1987
HB01	Max	1600	311	1190	1360	1290	*****
HB01	50P	985	206	780	880	840	*****
HB01	Min	300	125	390	514	330	*****
HB01	Anz	26	26	27	26	26	*****
HB01	Art	M14	M14	M14	M14	M14	*****

NIEDERSACHSEN

Cl in mg/l		1982	1983	1984	1985	1986	1987
NS01	Max	380	330	320	400	260	266
NS01	50P	210	250	250	220	230	211
NS01	Min	98	130	180	130	170	82
NS01	Anz	12	12	12	13	12	12
NS01	Art	E30	E30	E30	E30	E30	E30
NS02	Max	296	366	272	308	313	196
NS02	50P	189	231	187	207	189	146
NS02	Min	90	114	150	108	92	85
NS02	Anz	50	51	52	52	51	53
NS02	Art	E7	E7	E7	E7	E7	E7
NS03	Max	326	358	272	400	370	280
NS03	50P	314	203	211	315	270	230
NS03	Min	301	138	162	230	190	152
NS03	Anz	2	12	12	10	11	12
NS03	Art	E182	E30	E30	E30	E30	E30
NS04	Max	3650	5600	2400	3500	3150	2480
NS04	50P	2175	2000	1450	2050	1975	1785
NS04	Min	510	730	600	1100	610	825
NS04	Anz	26	26	27	26	26	26
NS04	Art	M14	M14	M14	M14	M14	M14
NS05	Max	1400	1500	1200	1350	1800	940
NS05	50P	950	900	765	840	840	665
NS05	Min	290	440	440	520	360	410
NS05	Anz	26	26	27	26	26	25
NS05	Art	M14	M14	M14	M14	M14	M14
NS06	Max	5000	6400	2950	4000	4150	2580
NS06	50P	2600	1375	1350	2000	1800	1105
NS06	Min	270	210	480	440	300	160
NS06	Anz	26	26	27	25	26	26
NS06	Art	E14	E14	M14	M14	M14	M14
NS07	Max	220	280	260	240	250	252
NS07	50P	165	190	170	200	210	168
NS07	Min	110	130	150	130	96	75
NS07	Anz	12	12	11	12	12	12
NS07	Art	E30	E30	E30	E30	E30	E30
NS08	Max	120	120	100	120	110	115
NS08	50P	*****	96	100	100	110	96
NS08	Min	120	70	86	84	80	53
NS08	Anz	1	13	7	11	12	12
NS08	Art	E365	E30	E30	E30	E30	E30
NS09	Max	250	290	240	260	250	200
NS09	50P	190	165	175	195	160	159
NS09	Min	130	77	100	120	87	53
NS09	Anz	12	12	12	12	12	12
NS09	Art	E30	E30	E30	E30	E30	E30
NS10	Max	68	56	60	60	58	46
NS10	50P	41	45	40	45	37	32
NS10	Min	28	29	28	32	28	23
NS10	Anz	12	12	11	12	12	12
NS10	Art	E30	E30	E30	E30	E30	E30
NS11	Max	170	130	90	130	120	105
NS11	50P	105	84	78	96	94	80
NS11	Min	70	39	50	64	44	36
NS11	Anz	12	12	12	12	12	12
NS11	Art	E30	E30	E30	E30	E30	E30
NS12	Max	480	520	350	540	420	286
NS12	50P	365	270	210	370	255	185
NS12	Min	170	73	150	180	86	79
NS12	Anz	12	12	12	12	12	12
NS12	Art	E30	E30	E30	E30	E30	E30
NS13	Max	150	150	130	140	130	125
NS13	50P	120	120	110	120	100	93
NS13	Min	88	76	78	70	66	64
NS13	Anz	12	12	11	12	12	12
NS13	Art	E30	E30	E30	E30	E30	E30
NS14	Max	*****	*****	*****	410	62	66
NS14	50P	*****	*****	*****	59	11	53
NS14	Min	*****	*****	*****	28	38	45
NS14	Anz	*****	*****	*****	12	12	12
NS14	Art	*****	*****	*****	E30	E30	E30
NS15	Max	380	420	240	290	340	221
NS15	50P	185	185	140	165	160	148
NS15	Min	98	120	100	80	74	82
NS15	Anz	12	12	12	12	12	12
NS15	Art	E30	E30	E30	E30	E30	E30
NS16	Max	150	160	100	280	140	96
NS16	50P	77	90	70	72	76	66
NS16	Min	56	60	52	48	50	53
NS16	Anz	12	12	12	12	12	12
NS16	Art	E30	E30	E30	E30	E30	E30

SCHLESWIG-HOLSTEIN

Cl in mg/l		1982	1983	1984	1985	1986	1987
SH01	Max	37	68	46	44	45	46
SH01	50P	32	35	35	37	38	37
SH01	Min	30	30	30	33	32	31
SH01	Anz	11	11	12	12	12	12
SH01	Art	E30	E30	E30	E30	E30	E30
SH02	Max	59	57	60	57	61	55
SH02	50P	47	48	48	53	54	50
SH02	Min	40	42	41	51	46	44
SH02	Anz	12	12	12	11	12	12
SH02	Art	E30	E30	E30	E30	E30	E30
SH03	Max	146	190	56	135	560	55
SH03	50P	45	46	46	52	51	48
SH03	Min	39	35	39	35	40	31
SH03	Anz	11	5	25	24	23	22
SH03	Art	E30	E30	E14	E14	E14	E14
SH04	Max	600	1600	1140	4960	1640	1677
SH04	50P	429	545	363	394	296	130
SH04	Min	111	343	173	122	106	69
SH04	Anz	7	4	12	14	11	13
SH04	Art	E91	E91	E30	E30	E30	E30
SH05	Max	66	58	53	55	61	55
SH05	50P	53	51	49	50	51	47
SH05	Min	38	41	43	43	46	39
SH05	Anz	12	12	12	12	14	13
SH05	Art	E30	E30	E30	E30	E30	E30
SH06	Max	209	187	172	167	191	128
SH06	50P	138	130	105	114	120	92
SH06	Min	92	48	61	50	63	54
SH06	Anz	12	11	21	25	22	23
SH06	Art	E30	E30	E14	E14	E14	E14

Allgemeine Erläuterungen im einführenden Text

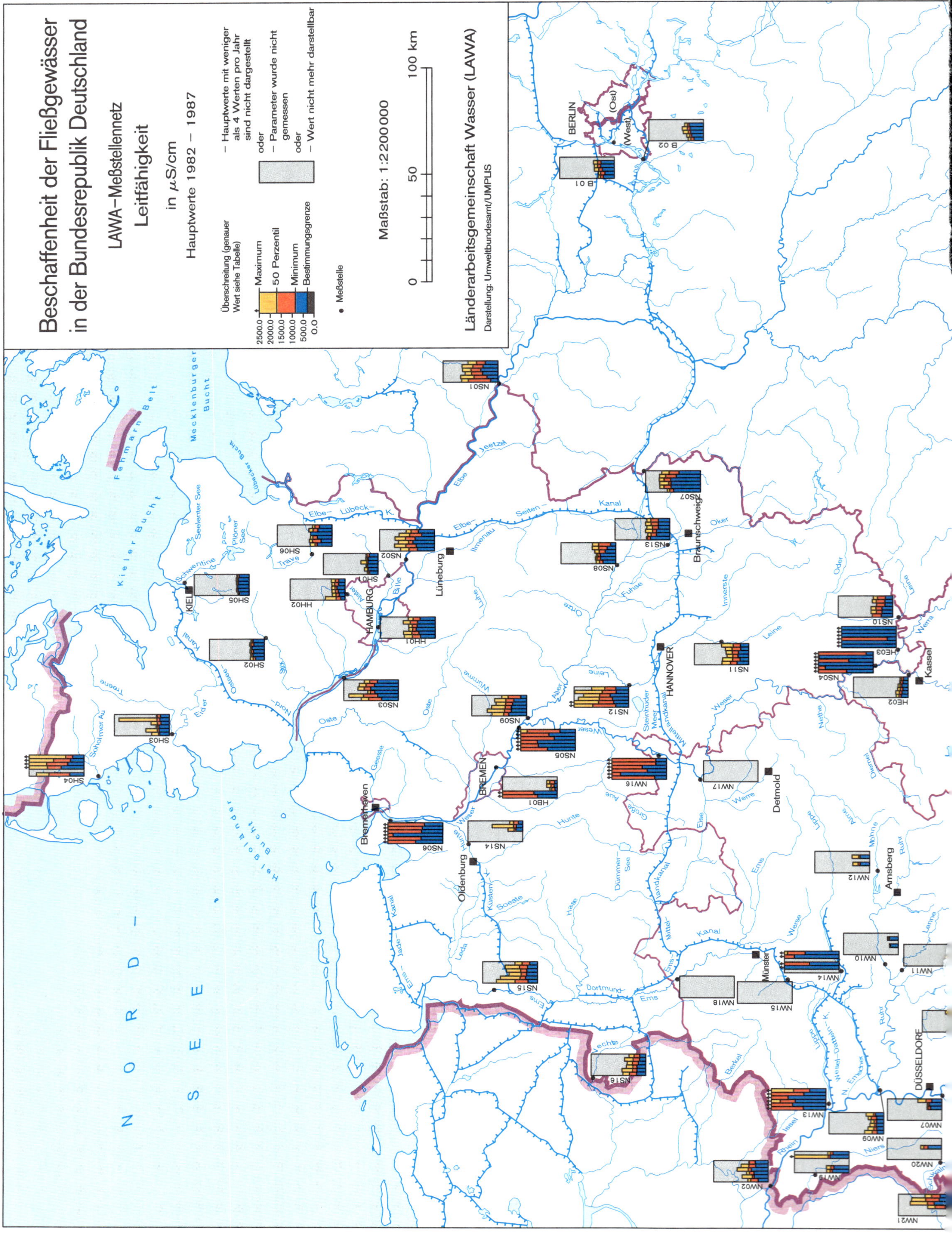

Beschaffenheit der Fließgewässer in der Bundesrepublik Deutschland

LAWA–Meßstellennetz

Leitfähigkeit

in μS/cm

Hauptwerte 1982 – 1987

Überschreitung (genauer Wert siehe Tabelle)

Wert	Legende
2500.0	Maximum
2000.0	
1500.0	50 Perzentil
1000.0	Minimum
500.0	
0.0	Bestimmungsgrenze

- Hauptwerte mit weniger als 4 Werten pro Jahr sind nicht dargestellt

oder

- Parameter wurde nicht gemessen

oder

- Wert nicht mehr darstellbar

• Meßstelle

Maßstab: 1:2 200 000

0 50 100 km

Länderarbeitsgemeinschaft Wasser (LAWA)

Darstellung: Umweltbundesamt/UMPLIS

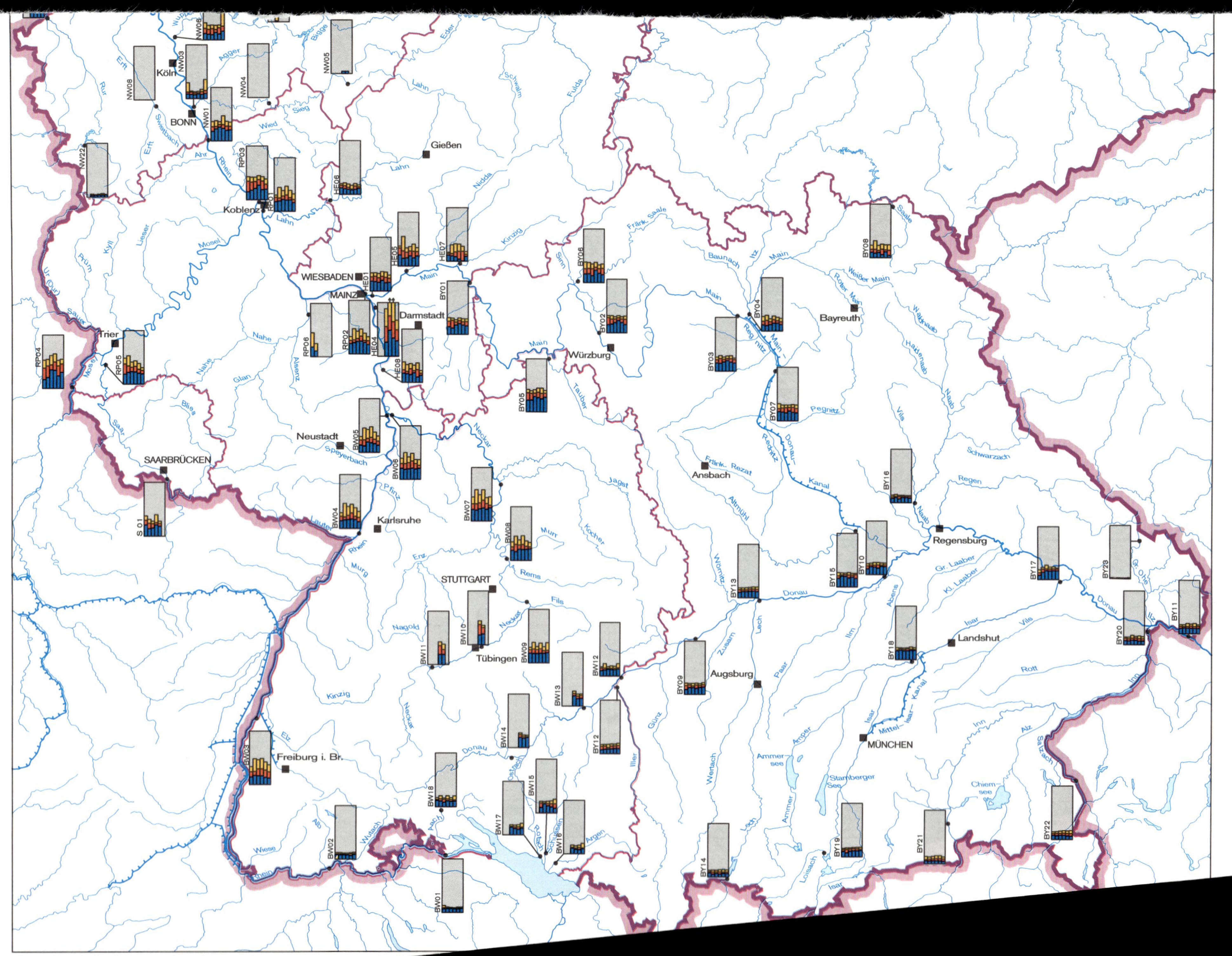

Köln
BONN
Koblenz
Gießen
WIESBADEN
MAINZ
Darmstadt
Trier
SAARBRÜCKEN
Neustadt
Karlsruhe
Würzburg
Bayreuth
Ansbach
Regensburg
Landshut
Augsburg
MÜNCHEN
STUTTGART
Tübingen
Freiburg i. Br.
NW03
NW04
NW05
NW06
NW08
NW01
NW22
RP01
RP02
RP03
RP04
RP05
RP06
HE01
HE04
HE05
HE06
HE07
HE08
S 01
BY01
BY02
BY03
BY04
BY05
BY06
BY07
BY08
BY09
BY10
BY11
BY12
BY13
BY14
BY15
BY16
BY17
BY18
BY19
BY20
BY21
BY22
BY23
BW01
BW02
BW03
BW04
BW05
BW06
BW07
BW08
BW09
BW10
BW11
BW12
BW13
BW14
BW15
BW16
BW17
BW18
Rhein
Mosel
Main
Neckar
Donau
Lahn
Nahe
Saar
Sieg
Erft
Ruhr
Wied
Ahr
Lieser
Kyll
Prüm
Sauer
Blies
Glan
Alsenz
Speyerbach
Nidda
Kinzig
Schwalm
Fulda
Eder
Agger
Bigge
Fränk. Saale
Sinn
Tauber
Jagst
Kocher
Murr
Rems
Fils
Enz
Nagold
Murg
Lauter
Pfinz
Elz
Wiese
Alb
Wutach
Baunach
Itz
Weißer Main
Roter Main
Regnitz
Rednitz
Pegnitz
Fränk. Rezat
Altmühl
Donau-Kanal
Waldnaab
Haidenaab
Naab
Vils
Schwarzach
Regen
Gr. Laaber
Kl. Laaber
Abens
Ilm
Isar
Mittel-Isar-Kanal
Rott
Inn
Alz
Salzach
Gr. Ohe
Ilz
Wörnitz
Zusam
Lech
Paar
Amper
Ammer
Ammersee
Starnberger See
Chiemsee
Loisach
Wertach
Günz
Iller
Argen
Schussen
Rotach
Ostrach

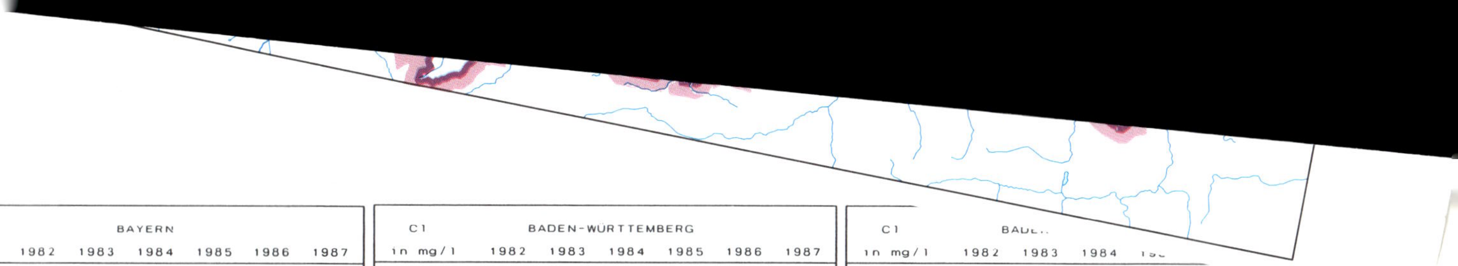

C1 in mg/l	BAYERN 1982	1983	1984	1985	1986	1987
BY01 Max	56	56	51	60	55	65
BY01 50P	39	42	43	48	44	43
BY01 Min	24	24	31	37	31	30
BY01 Anz	26	26	26	26	25	25
BY01 Art	E14	E14	E14	E14	E14	E14
BY02 Max	55	57	60	70	62	60
BY02 50P	44	45	43	50	45	41
BY02 Min	27	25	32	40	34	26
BY02 Anz	26	26	26	26	27	26
BY02 Art	E14	E14	E14	E14	E14	E14
BY03 Max	48	53	56	71	45	50
BY03 50P	38	40	37	40	38	32
BY03 Min	30	26	28	29	25	24
BY03 Anz	26	26	26	25	27	26
BY03 Art	E14	E14	E14	E14	E14	E14
BY04 Max	46	50	46	57	41	43
BY04 50P	32	35	30	33	29	27
BY04 Min	22	23	21	20	22	20
BY04 Anz	26	25	25	22	26	26
BY04 Art	E14	E14	E14	E14	E14	E14
BY05 Max	58	65	85	95	84	72
BY05 50P	50	50	50	52	53	50
BY05 Min	22	33	40	40	41	40
BY05 Anz	26	26	26	26	27	26
BY05 Art	E14	E14	E14	E14	E14	E14
BY06 Max	86	86	70	97	79	68
BY06 50P	46	49	47	58	47	47
BY06 Min	29	9	26	22	33	27
BY06 Anz	26	25	26	25	26	26
BY06 Art	E14	E14	E14	E14	E14	E14
BY07 Max	57	69	82	84	73	90
BY07 50P	49	50	50	48	50	43
BY07 Min	29	31	28	31	34	27
BY07 Anz	25	26	26	25	27	26
BY07 Art	E14	E14	E14	E14	E14	E14
BY08 Max	96	150	77	139	106	101
BY08 50P	56	59	43	66	48	48
BY08 Min	33	31	29	33	37	26
BY08 Anz	25	25	26	26	24	26
BY08 Art	E14	E14	E14	E14	E14	E14
BY09 Max	30	38	42	35	35	40
BY09 50P	23	24	22	25	24	23
BY09 Min	14	15	10	12	6	12
BY09 Anz	26	26	26	25	26	26
BY09 Art	E14	E14	E14	E14	E14	E14
BY10 Max	31	34	53	43	35	35
BY10 50P	21	23	23	26	26	25
BY10 Min	13	16	15	13	16	16
BY10 Anz	26	26	26	26	26	27
BY10 Art	E14	E14	E14	E14	E14	E14
BY11 Max	41	25	28	27	42	26
BY11 50P	17	16	15	11	18	16
BY11 Min	10	11	11	3	11	9
BY11 Anz	26	26	26	26	27	26
BY11 Art	E14	E14	E14	E14	E14	E14
BY12 Max	26	24	30	27	29	28
BY12 50P	14	14	13	16	15	14
BY12 Min	6	6	7	6	4	6
BY12 Anz	26	26	26	25	27	26
BY12 Art	E14	E14	E14	E14	E14	E14
BY13 Max	20	18	22	18	20	19
BY13 50P	12	10	12	15	14	11
BY13 Min	6	6	8	6	7	4
BY13 Anz	26	26	25	25	26	26
BY13 Art	E14	E14	E14	E14	E14	E14
BY14 Max	7	10	5	4	4	4
BY14 50P	4	3	3	4	3	3
BY14 Min	2	2	3	1	2	2
BY14 Anz	26	26	25	26	26	26
BY14 Art	E14	E14	E14	E14	E14	E14
BY15 Max	34	38	41	45	49	43
BY15 50P	29	29	31	32	32	30
BY15 Min	26	23	25	29	26	26
BY15 Anz	26	26	25	26	27	26
BY15 Art	E14	E14	E14	E14	E14	E14

C1 in mg/l	BAYERN 1982	1983	1984	1985	1986	1987
BY16 Max	23	26	34	29	40	32
BY16 50P	18	19	20	22	21	21
BY16 Min	14	16	12	18	16	18
BY16 Anz	26	26	25	25	27	26
BY16 Art	E14	E14	E14	E14	E14	E14
BY17 Max	24	23	29	39	30	29
BY17 50P	19	18	16	22	22	22
BY17 Min	10	12	12	14	14	15
BY17 Anz	25	25	26	26	27	26
BY17 Art	E14	E14	E14	E14	E14	E14
BY18 Max	27	39	29	45	63	43
BY18 50P	21	21	21	24	26	25
BY18 Min	17	16	16	17	18	20
BY18 Anz	26	26	26	26	27	26
BY18 Art	E14	E14	E14	E14	E14	E14
BY19 Max	11	8	8	9	11	11
BY19 50P	8	4	5	5	4	4
BY19 Min	4	2	1	2	2	2
BY19 Anz	26	25	26	25	25	25
BY19 Art	E14	E14	E14	E14	E14	E14
BY20 Max	27	18	30	17	30	24
BY20 50P	13	11	11	7	12	11
BY20 Min	6	5	6	2	6	4
BY20 Anz	26	26	26	26	27	26
BY20 Art	E14	E14	E14	E14	E14	E14
BY21 Max	9	8	8	16	8	7
BY21 50P	5	4	6	4	4	3
BY21 Min	3	3	3	2	2	<2
BY21 Anz	24	26	26	25	27	26
BY21 Art	E14	E14	E14	E14	E14	E14
BY22 Max	22	34	30	27	31	31
BY22 50P	12	13	13	8	10	7
BY22 Min	1	8	8	1	1	<1
BY22 Anz	26	26	26	26	26	26
BY22 Art	E14	E14	E14	E14	E14	E14
BY23 Max	5	4	3	3	4	5
BY23 50P	3	2	2	1	2	2
BY23 Min	2	1	<1	<1	1	1
BY23 Anz	26	26	26	25	26	26
BY23 Art	E14	E14	E14	E14	E14	E14

C1 in mg/l	RHEINLAND-PFALZ 1982	1983	1984	1985	1986	1987
RP01 Max	142	263	215	277	200	141
RP01 50P	99	96	128	152	104	89
RP01 Min	46	45	78	84	69	44
RP01 Anz	26	26	27	26	26	22
RP01 Art	M14	M14	M14	M14	M14	M14
RP02 Max	152	270	229	278	207	151
RP02 50P	100	100	128	151	101	93
RP02 Min	49	58	83	87	78	48
RP02 Anz	26	26	27	26	26	26
RP02 Art	M14	M14	M14	M14	M14	M14
RP03 Max	251	209	210	250	241	222
RP03 50P	165	145	162	190	180	141
RP03 Min	48	50	98	118	75	74
RP03 Anz	26	26	27	26	26	22
RP03 Art	M14	M14	M14	M14	M14	M14
RP04 Max	440	358	424	472	394	324
RP04 50P	278	216	320	336	310	274
RP04 Min	69	79	224	201	138	147
RP04 Anz	26	25	27	26	26	26
RP04 Art	M14	M14	M14	M14	M14	M14
RP05 Max	240	210	158	180	160	112
RP05 50P	117	110	95	116	88	75
RP05 Min	44	47	45	60	49	39
RP05 Anz	26	26	27	26	25	25
RP05 Art	M14	M14	M14	M14	M14	M14
RP06 Max	118	69	45	68	71	65
RP06 50P	*****	*****	*****	*****	44	45
RP06 Min	41	30	25	44	34	29
RP06 Anz	8	8	4	7	20	21
RP06 Art	E	E	E	M14	M14	M14

C1 in mg/l	BADEN-WÜRTTEMBERG 1982	1983	1984	1985	1986	1987
BW01 Max	11	10	9	12	8	10
BW01 50P	6	6	7	7	6	6
BW01 Min	5	<5	5	5	<5	4
BW01 Anz	26	26	27	26	26	27
BW01 Art	M14	M14	M14	M14	M14	M14
BW02 Max	15	13	21	15	17	15
BW02 50P	9	10	12	11	11	10
BW02 Min	7	6	8	7	7	5
BW02 Anz	26	25	26	26	25	27
BW02 Art	M14	M14	M14	M14	M14	M14
BW03 Max	173	304	298	325	256	218
BW03 50P	111	124	155	161	144	120
BW03 Min	36	61	63	67	52	31
BW03 Anz	26	26	27	26	26	27
BW03 Art	M14	M14	M14	M14	M14	M14
BW04 Max	160	294	244	307	228	174
BW04 50P	98	100	122	156	110	98
BW04 Min	35	58	62	73	68	37
BW04 Anz	26	26	26	26	26	23
BW04 Art	M14	M14	M14	M14	M14	M14
BW05 Max	156	277	247	305	219	172
BW05 50P	104	112	133	142	124	99
BW05 Min	38	56	77	73	62	39
BW05 Anz	26	25	27	25	25	27
BW05 Art	M14	M14	M14	M14	M14	M14
BW06 Max	152	201	163	217	135	157
BW06 50P	93	82	103	115	91	76
BW06 Min	47	36	48	59	50	53
BW06 Anz	26	26	27	26	23	26
BW06 Art	M14	M14	M14	M14	M14	M14
BW07 Max	204	289	248	303	198	226
BW07 50P	122	117	136	166	134	110
BW07 Min	65	61	84	80	74	41
BW07 Anz	26	25	27	26	26	27
BW07 Art	M14	M14	M14	M14	M14	M14
BW08 Max	88	121	124	151	103	93
BW08 50P	54	61	67	74	56	51
BW08 Min	30	26	34	39	36	35
BW08 Anz	18	26	27	24	25	25
BW08 Art	M14	M14	M14	M14	M14	M14
BW09 Max	68	97	78	142	70	56
BW09 50P	41	44	48	52	39	37
BW09 Min	21	20	27	27	24	26
BW09 Anz	26	26	27	26	26	27
BW09 Art	M14	M14	M14	M14	M14	M14
BW10 Max	*****	*****	*****	85	75	*****
BW10 50P	*****	*****	*****	49	40	*****
BW10 Min	*****	*****	*****	16	1	*****9
BW10 Anz	*****	*****	*****	12	11	*****
BW10 Art	*****	*****	*****	E28	E28	*****
BW11 Max	*****	*****	*****	67	88	*****
BW11 50P	*****	*****	*****	38	32	*****
BW11 Min	*****	*****	*****	16	16	*****
BW11 Anz	*****	*****	*****	12	11	*****
BW11 Art	*****	*****	*****	E28	E28	*****
BW12 Max	34	33	40	43	41	51
BW12 50P	23	22	25	26	24	25
BW12 Min	12	18	17	19	18	20
BW12 Anz	25	26	22	24	23	22
BW12 Art	M14	M14	M14	M14	M14	M14
BW13 Max	*****	*****	*****	89	36	33
BW13 50P	*****	*****	*****	34	28	24
BW13 Min	*****	*****	*****	21	17	16
BW13 Anz	*****	*****	*****	12	10	12
BW13 Art	*****	*****	*****	E28	E28	E28
BW14 Max	*****	*****	*****	51	44	35
BW14 50P	*****	*****	*****	35	28	25
BW14 Min	*****	*****	*****	25	21	20
BW14 Anz	*****	*****	*****	12	11	8
BW14 Art	*****	*****	*****	E28	E28	E28
BW15 Max	*****	38	47	36	32	38
BW15 50P	*****	29	29	27	25	25
BW15 Min	*****	12	17	20	16	16
BW15 Anz	*****	23	24	20	20	21
BW15 Art	*****	M14	M14	M14	M14	M14

C1 in mg/l	BADE[illegible] 1982	1983	1984	19[illegible]	[illegible]	[illegible]
BW16 Max	*****	*****	19	27	16	[illegible]
BW16 50P	*****	*****	12	12	11	9
BW16 Min	*****	*****	7	9	5	7
BW16 Anz	*****	*****	17	18	17	21
BW16 Art	*****	*****	M14	M14	M14	M14
BW17 Max	*****	*****	22	25	23	34
BW17 50P	*****	*****	20	19	18	19
BW17 Min	*****	*****	16	14	15	13
BW17 Anz	*****	*****	13	14	19	22
BW17 Art	*****	*****	M14	M14	M14	M14
BW18 Max	27	45	32	49	38	35
BW18 50P	19	20	23	30	21	20
BW18 Min	14	13	15	17	14	14
BW18 Anz	26	26	26	25	25	27
BW18 Art	M14	M14	M14	M14	M14	M14

C1 in mg/l	HESSEN 1982	1983	1984	1985	1986	1987
HE01 Max	86	106	111	114	97	72
HE01 50P	60	59	57	77	69	53
HE01 Min	35	9	35	29	38	33
HE01 Anz	25	26	27	26	26	26
HE01 Art	M14	M14	M14	M14	M14	M14
HE02 Max	124	92	53	67	60	60
HE02 50P	48	43	43	46	46	41
HE02 Min	32	30	21	27	12	10
HE02 Anz	26	25	27	25	26	26
HE02 Art	M14	M14	M14	M14	M14	M14
HE03 Max	12570	12640	6210	11720	9160	6030
HE03 50P	5276	5130	3490	5290	3595	3810
HE03 Min	1010	1635	1775	81	1630	1530
HE03 Anz	26	26	27	26	26	26
HE03 Art	M14	M14	M14	M14	M14	M14
HE04 Max	*****	*****	484	431	385	225
HE04 50P	*****	*****	202	254	213	169
HE04 Min	*****	*****	79	71	67	45
HE04 Anz	*****	*****	27	25	26	25
HE04 Art	*****	*****	M14	M14	M14	M14
HE05 Max	165	157	149	162	172	146
HE05 50P	116	107	92	111	105	81
HE05 Min	78	24	40	57	53	57
HE05 Anz	17	22	26	26	26	26
HE05 Art	M14	M14	M14	M14	M14	M14
HE06 Max	40	37	45	37	47	35
HE06 50P	32	23	19	13	36	29
HE06 Min	22	3	3	5	23	18
HE06 Anz	13	14	12	12	12	12
HE06 Art	E30	E30	E30	E30	E30	E30
HE07 Max	53	131	77	104	151	187
HE07 50P	16	30	47	47	79	48
HE07 Min	8	19	13	19	27	25
HE07 Anz	13	14	12	12	12	26
HE07 Art	E30	E30	E30	E30	E30	M14
HE08 Max	122	105	83	91	410	68
HE08 50P	47	32	44	37	62	44
HE08 Min	23	12	16	19	24	24
HE08 Anz	13	14	12	12	12	12
HE08 Art	E30	E30	E30	E30	E30	E30

C1 in mg/l	SAARLAND 1982	1983	1984	1985	1986	1987
S 01 Max	200	104	73	138	71	*****
S 01 50P	150	72	57	66	47	*****
S 01 Min	73	18	23	45	27	*****
S 01 Anz	11	10	11	10	12	*****
S 01 Art	*****	*****	*****	*****	*****	*****

Allgemeine Erläuterungen im einführenden Text

O2 in mg/l	NORDRHEIN-WESTFALEN 1982	1983	1984	1985	1986	1987
NW01 Max	13.1	11.7	13.5	11.6	12.9	12.5
NW01 50P	8.6	8.3	8.5	8.3	8.9	9.0
NW01 Min	4.9	5.2	5.3	5.5	5.2	5.7
NW01 Anz	>1000	>1000	>1000	>1000	>1000	>1000
NW01 Art	K	K	K	K	K	K
NW02 Max	13.8	14.5	14.1	12.6	12.6	13.6
NW02 50P	9.3	9.1	9.5	9.3	9.7	9.8
NW02 Min	5.3	5.3	5.7	6.0	5.8	6.1
NW02 Anz	>1000	>1000	>1000	>1000	>1000	>1000
NW02 Art	K	K	K	K	K	K
NW03 Max	13.0	14.0	12.0	14.2	13.8	13.3
NW03 50P	10.3	10.5	11.0	10.6	10.3	9.3
NW03 Min	8.2	7.9	8.8	9.1	7.9	6.6
NW03 Anz	13	12	12	13	13	11
NW03 Art	E28	E28	E28	E28	E28	E28
NW04 Max	7.9	6.3	9.4	7.9	12.0	11.2
NW04 50P	*****	*****	*****	*****	7.0	*****
NW04 Min	7.9	6.3	9.4	7.8	6.8	7.3
NW04 Anz	1	1	1	2	4	3
NW04 Art	E365	E365	E365	E91	E91	E91
NW05 Max	*****	*****	*****	12.7	13.0	*****
NW05 50P	*****	*****	*****	11.2	11.6	*****
NW05 Min	*****	*****	*****	10.2	10.9	*****
NW05 Anz	*****	*****	*****	11	15	*****
NW05 Art	*****	*****	*****	E28	E28	*****
NW06 Max	12.3	11.8	11.2	13.9	12.8	9.6
NW06 50P	9.3	8.9	10.0	10.1	9.5	8.6
NW06 Min	6.5	7.7	8.2	7.5	7.9	6.8
NW06 Anz	13	13	13	13	13	13
NW06 Art	E28	E28	E28	E28	E28	E28
NW07 Max	*****	*****	*****	10.0	9.8	9.8
NW07 50P	*****	*****	*****	8.4	8.7	7.7
NW07 Min	*****	*****	*****	7.8	7.8	6.4
NW07 Anz	*****	*****	*****	13	13	10
NW07 Art	*****	*****	*****	E28	E28	E28
NW08 Max	7.7	4.2	*****	11.4	*****	*****
NW08 50P	*****	*****	*****	*****	*****	*****
NW08 Min	7.7	4.2	*****	11.4	*****	*****
NW08 Anz	1	1	*****	2	*****	*****
NW08 Art	E365	E365	*****	E91	*****	*****
NW09 Max	13.4	13.2	12.7	15.2	15.0	15.6
NW09 50P	10.8	11.2	10.6	11.5	11.2	11.0
NW09 Min	6.7	6.4	9.1	9.3	7.7	8.1
NW09 Anz	13	13	12	13	13	13
NW09 Art	E28	E28	E28	E28	E28	E28
NW10 Max	11.4	12.9	12.0	13.0	13.0	12.5
NW10 50P	*****	12.0	11.1	*****	10.2	*****
NW10 Min	7.2	10.3	10.3	9.2	6.4	8.0
NW10 Anz	4	4	5	3	9	3
NW10 Art	E91	E91	E91	E91	E28	E91
NW11 Max	11.7	11.7	12.4	12.3	13.5	13.2
NW11 50P	*****	*****	*****	*****	10.0	9.8
NW11 Min	8.3	10.3	9.4	9.0	9.1	9.3
NW11 Anz	4	4	5	4	4	4
NW11 Art	E91	E91	E91	E91	E91	E91
NW12 Max	10.0	12.7	11.4	13.5	14.9	15.4
NW12 50P	*****	11.4	11.0	11.5	12.1	11.8
NW12 Min	9.0	9.8	9.3	10.7	9.7	10.9
NW12 Anz	2	4	5	4	5	4
NW12 Art	E91	E91	E91	E91	E91	E91
NW13 Max	10.4	9.6	9.1	9.8	10.6	10.1
NW13 50P	5.4	6.5	6.9	5.8	6.8	7.7
NW13 Min	3.0	4.7	5.6	4.7	4.8	6.4
NW13 Anz	13	13	13	13	13	13
NW13 Art	E28	E28	E28	E28	E28	E28
NW14 Max	9.1	6.9	8.1	9.7	10.9	13.4
NW14 50P	*****	5.6	6.5	*****	7.5	7.2
NW14 Min	6.7	5.4	5.6	5.9	6.0	5.7
NW14 Anz	3	5	5	3	5	6
NW14 Art	E91	E91	E91	E91	E91	E91
NW15 Max	*****	11.2	15.2	12.9	13.3	16.9
NW15 50P	*****	8.2	6.8	8.4	8.5	10.4
NW15 Min	*****	5.9	6.8	7.2	6.7	8.9
NW15 Anz	*****	4	4	4	4	4
NW15 Art	*****	E91	E91	E91	E91	E91

O2 in mg/l	NORDRHEIN-WESTFALEN 1982	1983	1984	1985	1986	1987
NW16 Max	11.8	12.0	13.8	13.3	14.2	15.0
NW16 50P	9.6	9.0	9.4	9.1	8.7	9.6
NW16 Min	7.4	5.0	4.0	5.1	1.0	5.2
NW16 Anz	26	26	>1000	>1000	>1000	>1000
NW16 Art	E14	E14	K	K	K	K
NW17 Max	11.8	12.6	10.7	10.2	7.4	10.3
NW17 50P	7.5	5.5	8.6	6.2	6.2	7.7
NW17 Min	7.2	5.2	6.9	5.2	4.3	5.9
NW17 Anz	4	4	4	4	4	4
NW17 Art	E91	E91	E91	E91	E91	E91
NW18 Max	11.8	14.0	12.8	11.8	12.9	14.2
NW18 50P	*****	10.1	*****	9.9	*****	11.4
NW18 Min	11.8	9.9	9.8	7.6	7.5	10.4
NW18 Anz	1	4	4	4	4	5
NW18 Art	E365	E91	E91	E91	E91	E91
NW19 Max	8.0	8.8	7.1	8.9	8.9	8.4
NW19 50P	4.9	4.8	4.7	6.7	4.6	5.8
NW19 Min	1.8	2.0	4.1	3.0	2.2	2.2
NW19 Anz	51	49	4	4	7	6
NW19 Art	E7	E7	E91	E91	E91	E91
NW20 Max	9.3	11.2	11.0	10.5	11.1	10.4
NW20 50P	6.6	7.1	8.3	9.4	7.4	7.3
NW20 Min	3.6	5.5	6.6	5.4	6.5	5.0
NW20 Anz	4	4	4	6	4	4
NW20 Art	E91	E91	E91	E91	E91	E91
NW21 Max	*****	*****	11.4	13.5	14.0	13.7
NW21 50P	*****	*****	10.3	10.4	11.4	11.6
NW21 Min	*****	*****	8.6	9.2	9.9	8.0
NW21 Anz	*****	*****	14	14	16	15
NW21 Art	*****	*****	E28	E28	E28	E28
NW22 Max	13.2	14.6	12.8	15.3	13.7	14.0
NW22 50P	10.3	11.0	11.3	13.1	12.2	13.0
NW22 Min	8.9	9.4	9.4	10.9	9.7	10.3
NW22 Anz	4	6	7	7	9	9
NW22 Art	E91	E91	E91	E91	E91	E91

O2 in mg/l	BERLIN 1982	1983	1984	1985	1986	1987
B 01 Max	12.6	13.0	13.2	12.3	11.9	10.8
B 01 50P	8.1	8.5	9.2	8.4	8.2	8.5
B 01 Min	1.7	5.0	5.1	5.0	6.4	6.5
B 01 Anz	10	12	11	10	10	9
B 01 Art	E30	E30	E30	E30	E30	E30
B 02 Max	14.0	12.4	14.1	13.3	11.8	10.4
B 02 50P	10.8	10.2	10.7	10.1	9.0	8.7
B 02 Min	8.6	6.9	8.1	7.4	3.4	5.2
B 02 Anz	10	12	12	9	10	9
B 02 Art	E30	E30	E30	E30	E30	E30

O2 in mg/l	HAMBURG 1982	1983	1984	1985	1986	1987
HH01 Max	10.8	11.1	10.7	10.3	11.2	11.2
HH01 50P	5.6	5.7	6.0	5.3	5.9	7.3
HH01 Min	0.0	0.3	0.4	0.3	0.1	2.6
HH01 Anz	>1000	>1000	>1000	>1000	>1000	>1000
HH01 Art	K	K	K	K	K	K
HH02 Max	14.0	13.0	15.5	15.2	15.1	12.9
HH02 50P	8.4	9.4	9.3	9.1	9.0	9.3
HH02 Min	0.9	1.0	3.7	4.7	2.8	5.0
HH02 Anz	>1000	>1000	>1000	>1000	>1000	>1000
HH02 Art	K	K	K	K	K	K

O2 in mg/l	BREMEN 1982	1983	1984	1985	1986	1987
HB01 Max	11.8	11.0	12.1	10.9	12.1	*****
HB01 50P	7.8	9.2	9.5	8.8	8.7	*****
HB01 Min	2.9	4.4	5.5	5.9	5.9	*****
HB01 Anz	>1000	>1000	>1000	>1000	>1000	*****
HB01 Art	K	K	K	K	K	*****

O2 in mg/l	NIEDERSACHSEN 1982	1983	1984	1985	1986	1987
NS01 Max	10.9	10.8	11.9	10.9	11.8	11.9
NS01 50P	6.6	4.6	5.5	5.1	5.5	6.6
NS01 Min	0.4	0.2	2.2	0.0	0.7	3.5
NS01 Anz	>1000	>1000	>1000	>1000	>1000	>1000
NS01 Art	K	K	K	K	K	K
NS02 Max	11.8	12.6	12.6	11.0	12.6	12.6
NS02 50P	8.8	8.3	7.9	8.3	8.3	9.2
NS02 Min	4.1	4.4	5.9	4.0	1.3	6.5
NS02 Anz	50	52	52	52	51	52
NS02 Art	E7	E7	E7	E7	E7	E7
NS03 Max	11.2	9.7	9.4	10.1	12.0	10.2
NS03 50P	3.7	6.1	5.4	8.7	8.2	6.6
NS03 Min	0.8	1.5	0.5	6.2	2.3	1.0
NS03 Anz	12	12	12	10	11	>1000
NS03 Art	E30	E30	E30	E30	E30	K
NS04 Max	12.7	13.4	13.2	14.2	12.3	13.5
NS04 50P	8.5	9.0	8.7	8.6	9.6	9.7
NS04 Min	2.4	1.3	1.9	3.3	6.6	5.3
NS04 Anz	>1000	>1000	>1000	>1000	>1000	>1000
NS04 Art	K	K	K	K	K	K
NS05 Max	12.3	11.9	11.6	12.8	12.2	14.1
NS05 50P	8.9	8.8	9.1	8.7	9.0	10.2
NS05 Min	2.5	2.9	4.1	4.3	6.5	5.9
NS05 Anz	>1000	>1000	>1000	>1000	>1000	>1000
NS05 Art	K	K	K	K	K	K
NS06 Max	12.4	11.6	12.5	12.8	11.9	11.3
NS06 50P	8.1	9.4	8.4	8.3	8.5	7.8
NS06 Min	6.0	6.3	3.9	4.0	5.1	5.5
NS06 Anz	26	26	>1000	>1000	>1000	>1000
NS06 Art	E14	E14	K	K	K	K
NS07 Max	12.4	15.8	13.5	12.6	13.3	17.4
NS07 50P	10.7	10.6	11.6	10.9	10.4	9.5
NS07 Min	8.8	7.0	7.2	7.2	7.5	4.4
NS07 Anz	12	12	11	12	12	>1000
NS07 Art	E30	E30	E30	E30	E30	K
NS08 Max	12.7	13.6	11.0	11.8	16.4	14.3
NS08 50P	9.6	10.1	9.1	8.4	9.4	10.3
NS08 Min	7.9	8.1	8.1	6.7	4.4	7.2
NS08 Anz	13	14	7	>1000	>1000	>1000
NS08 Art	E30	E30	E30	K	K	K
NS09 Max	10.8	15.0	12.5	11.4	17.6	13.9
NS09 50P	8.8	8.6	8.6	8.0	9.3	9.2
NS09 Min	2.8	5.0	3.9	5.1	5.5	5.6
NS09 Anz	>1000	>1000	>1000	>1000	>1000	>1000
NS09 Art	K	K	K	K	K	K
NS10 Max	13.7	14.0	15.0	15.3	14.9	13.4
NS10 50P	9.7	9.4	9.6	9.4	10.0	10.2
NS10 Min	4.5	5.0	6.0	3.6	5.0	6.1
NS10 Anz	>1000	>1000	>1000	>1000	>1000	>1000
NS10 Art	K	K	K	K	K	K
NS11 Max	13.3	12.5	13.0	13.2	13.1	14.0
NS11 50P	6.6	7.6	9.0	8.5	8.4	9.5
NS11 Min	3.0	2.0	3.5	3.5	1.8	4.3
NS11 Anz	>1000	>1000	>1000	>1000	>1000	>1000
NS11 Art	K	K	K	K	K	K
NS12 Max	12.7	12.5	12.2	13.7	13.8	13.6
NS12 50P	6.2	7.4	8.4	8.2	7.9	8.5
NS12 Min	2.0	3.5	2.5	3.4	3.2	3.8
NS12 Anz	>1000	>1000	>1000	>1000	>1000	>1000
NS12 Art	K	K	K	K	K	K
NS13 Max	12.0	12.0	12.5	12.6	12.7	12.6
NS13 50P	8.9	8.6	7.8	8.1	8.1	8.6
NS13 Min	6.3	2.5	3.0	2.7	1.1	2.0
NS13 Anz	12	>1000	>1000	>1000	>1000	>1000
NS13 Art	E30	K	K	K	K	K
NS14 Max	*****	*****	*****	12.6	14.4	13.0
NS14 50P	*****	*****	*****	7.8	8.2	9.0
NS14 Min	*****	*****	*****	3.3	2.4	2.2
NS14 Anz	*****	*****	*****	>1000	>1000	>1000
NS14 Art	*****	*****	*****	K	K	K
NS15 Max	14.9	13.5	13.5	13.6	14.5	14.8
NS15 50P	11.1	10.0	9.7	10.2	10.7	10.2
NS15 Min	6.2	5.5	5.5	4.6	5.1	4.9
NS15 Anz	>1000	>1000	>1000	>1000	>1000	>1000
NS15 Art	K	K	K	K	K	K

O2 in mg/l	NIEDERSACHSEN 1982	1983	1984	1985	1986	1987
NS16 Max	18.4	16.5	19.0	19.4	30.0	25.9
NS16 50P	11.0	8.3	8.9	8.4	9.5	9.8
NS16 Min	0.1	1.0	0.5	0.0	1.9	2.3
NS16 Anz	>1000	>1000	>1000	>1000	>1000	>1000
NS16 Art	K	K	K	K	K	K

O2 in mg/l	SCHLESWIG-HOLSTEIN 1982	1983	1984	1985	1986	1987
SH01 Max	12.7	12.3	12.7	11.7	13.4	13.7
SH01 50P	10.5	9.9	10.8	9.8	11.1	10.2
SH01 Min	8.0	7.5	6.6	7.5	7.7	8.2
SH01 Anz	12	11	12	12	12	12
SH01 Art	E30	E30	E30	E30	E30	E30
SH02 Max	11.3	10.9	10.8	10.4	11.7	11.7
SH02 50P	9.3	9.5	9.3	8.1	8.0	9.1
SH02 Min	7.3	7.0	6.5	6.3	5.8	7.2
SH02 Anz	12	12	12	11	11	12
SH02 Art	E30	E30	E30	E30	E30	E30
SH03 Max	14.8	11.9	13.5	11.8	20.0	12.7
SH03 50P	10.7	8.0	9.3	8.7	9.8	8.8
SH03 Min	6.3	7.2	6.2	5.8	6.6	6.6
SH03 Anz	11	5	25	24	23	22
SH03 Art	E30	E30	E14	E14	E14	E14
SH04 Max	11.8	11.7	13.1	12.3	14.1	11.5
SH04 50P	9.4	9.0	9.0	8.1	10.4	10.3
SH04 Min	8.2	8.4	6.0	6.2	9.2	8.3
SH04 Anz	7	4	12	14	11	13
SH04 Art	E91	E91	E30	E30	E30	E30
SH05 Max	12.8	13.6	15.4	14.0	13.8	18.5
SH05 50P	8.7	11.4	9.6	8.1	10.2	9.3
SH05 Min	2.7	4.9	5.7	5.1	6.8	7.4
SH05 Anz	12	12	12	11	14	13
SH05 Art	E30	E30	E30	E30	E30	E30
SH06 Max	13.0	12.6	12.7	12.0	13.2	13.0
SH06 50P	9.9	11.1	9.2	8.9	9.4	10.8
SH06 Min	6.7	7.8	7.4	4.2	7.6	8.1
SH06 Anz	12	12	21	25	22	22
SH06 Art	E30	E30	E14	E14	E14	E14

Allgemeine Erläuterungen im einführenden Text

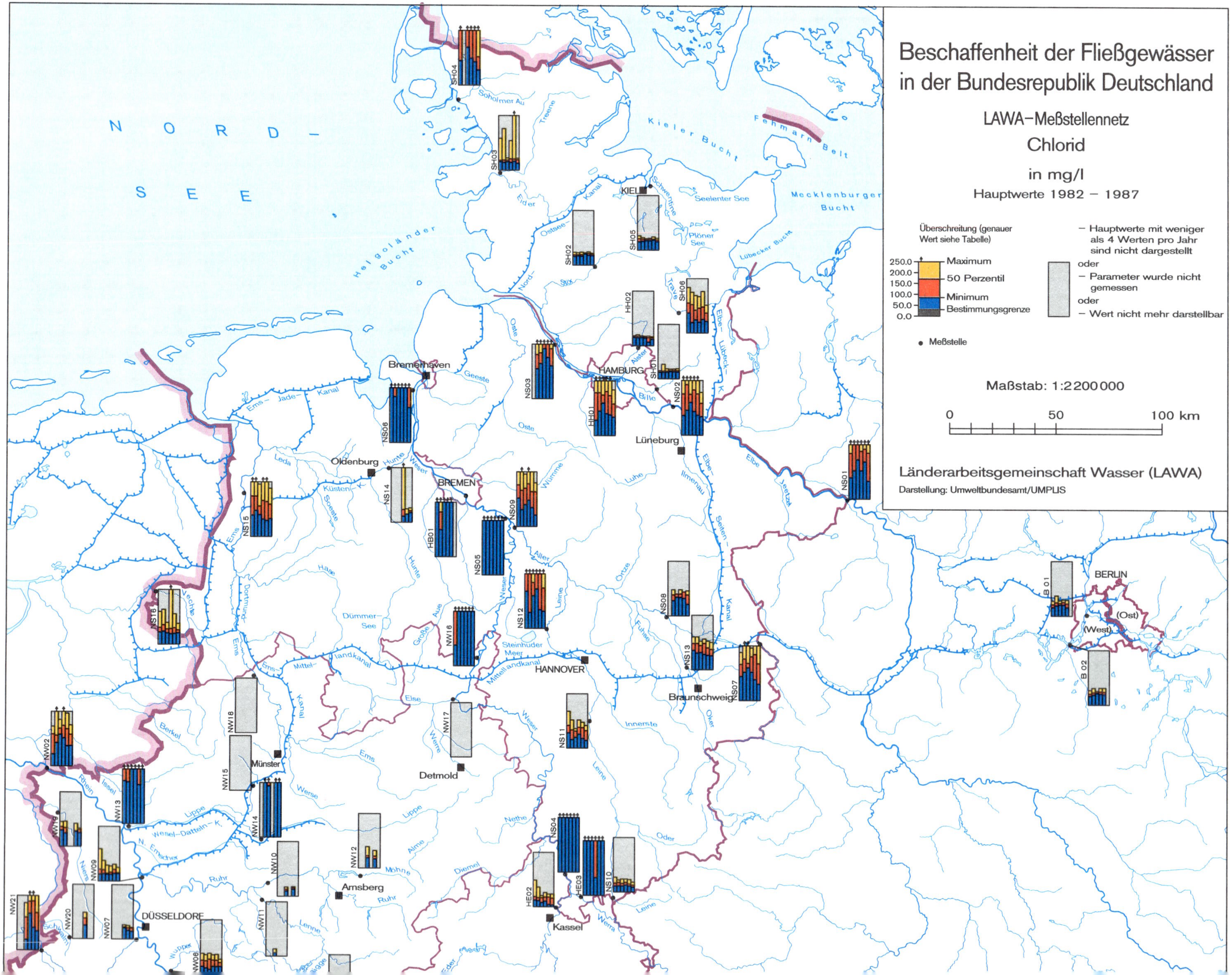
Beschaffenheit der Fließgewässer
in der Bundesrepublik Deutschland
LAWA–Meßstellennetz
Chlorid
in mg/l
Hauptwerte 1982 – 1987
Überschreitung (genauer Wert siehe Tabelle)
250.0
200.0
150.0
100.0
50.0
0.0
Maximum
50 Perzentil
Minimum
Bestimmungsgrenze
– Hauptwerte mit weniger als 4 Werten pro Jahr sind nicht dargestellt
oder
– Parameter wurde nicht gemessen
oder
– Wert nicht mehr darstellbar
• Meßstelle
Maßstab: 1:2200000
0
50
100 km
Länderarbeitsgemeinschaft Wasser (LAWA)
Darstellung: Umweltbundesamt/UMPLIS
N O R D – S E E
Kieler Bucht
Fehmarn Belt
Mecklenburger Bucht
Lübecker Bucht
Helgoländer Bucht
KIEL
HAMBURG
Bremerhaven
BREMEN
Oldenburg
Lüneburg
HANNOVER
Braunschweig
Detmold
Münster
Arnsberg
DÜSSELDORF
Kassel
BERLIN
(Ost)
(West)
SH01
SH02
SH03
SH04
SH05
SH06
HH01
HH02
HB01
NS01
NS02
NS03
NS05
NS06
NS07
NS08
NS09
NS10
NS11
NS12
NS13
NS14
NS15
NS16
NW02
NW07
NW09
NW10
NW11
NW12
NW13
NW14
NW15
NW16
NW17
NW18
NW19
NW20
NW21
HE02
HE03
NS04
B 01
B 02
Elbe
Elbe–Lübeck–K.
Elbe–Seiten–Kanal
Weser
Ems
Rhein
Aller
Leine
Oker
Hunte
Oste
Trave
Bille
Alster
Eider
Treene
Soholmer Au
Schwentine
Plöner See
Seelenter See
Ostsee-Kanal
Nord-
Stör
Geeste
Wümme
Ilmenau
Luhe
Jeetzel
Örtze
Fuhse
Innerste
Steinhuder Meer
Mittellandkanal
Dümmer-See
Hase
Vechte
Dortmund-Ems-Kanal
Küsten-K.
Soeste
Leda
Ems–Jade–Kanal
Große Aue
Else
Werre
Lippe
Wesel–Datteln–K.
Berkel
Issel
Niers
Ruhr
Lenne
Möhne
Alme
Diemel
Nethe
Werse
Werra
Wupper
Schwalm
Emscher

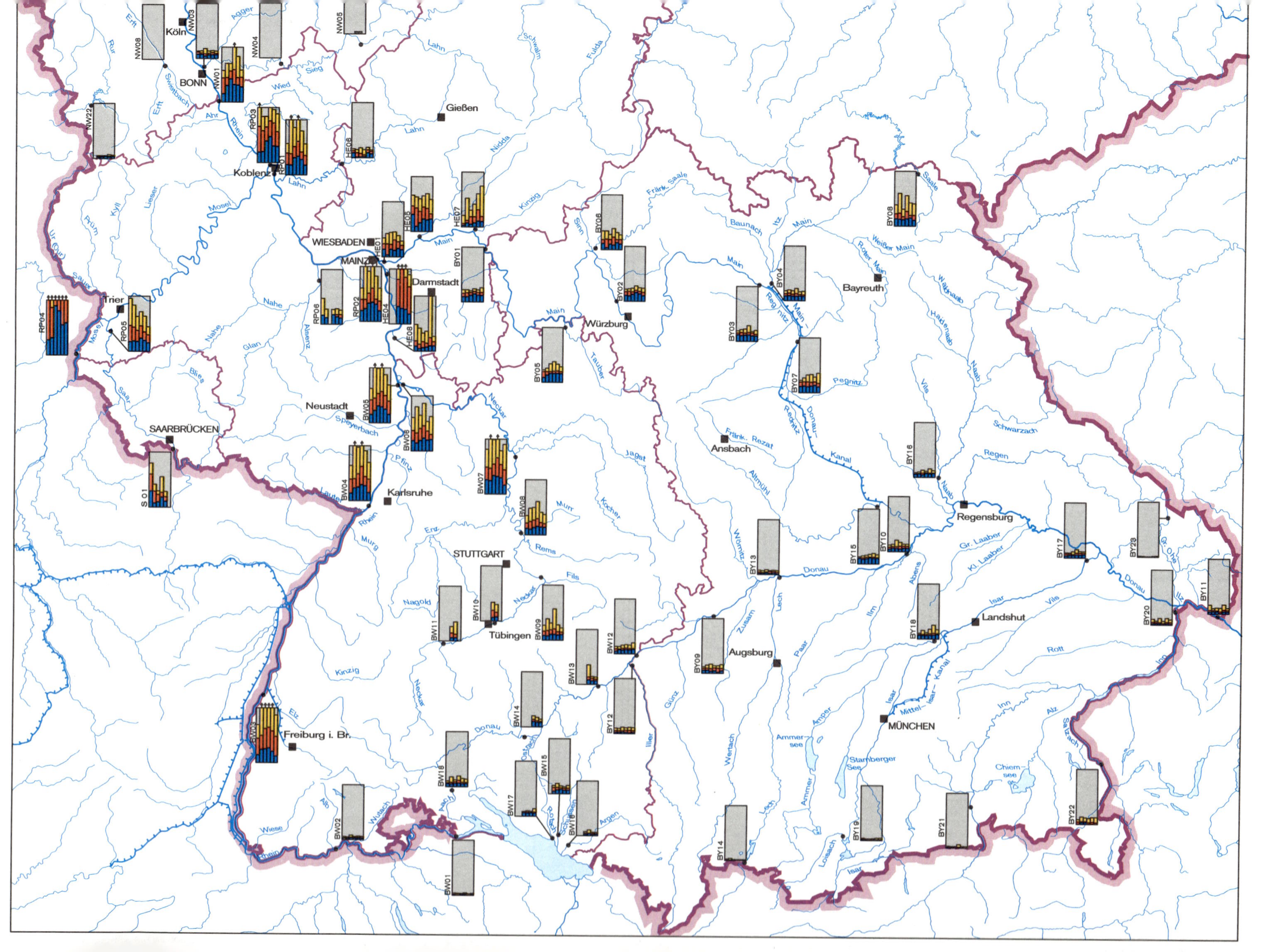

NW08
NW03
Köln
NW04
NW05
BONN
NW01
NW22
RP03
RP01
HE06
Gießen
Koblenz
HE05
HE07
WIESBADEN
HE01
MAINZ
Darmstadt
BY01
BY06
BY02
BY08
BY04
Bayreuth
BY03
Würzburg
RP04
Trier
RP05
RP06
RP02
HE04
HE08
BY05
BY07
BW05
Neustadt
SAARBRÜCKEN
BW06
Ansbach
BY16
S 01
BW04
Karlsruhe
BW07
BW08
Regensburg
BY15
BY10
BY17
BY23
BY13
STUTTGART
BW10
BW11
BW09
Tübingen
BW12
BW13
BY09
Augsburg
BY18
Landshut
BY20
BY11
BW14
BY12
MÜNCHEN
BW03
Freiburg i. Br.
BW18
BW15
BW17
BW16
BW02
BW01
BY14
BY19
BY21
BY22
Erft
Rur
Agger
Sieg
Wied
Ahr
Swistbach
Lahn
Schwalm
Fulda
Nidda
Kinzig
Rhein
Mosel
Kyll
Prüm
Lieser
Ur (Our)
Saar
Blies
Nahe
Glan
Alsenz
Sauer
Speyerbach
Pfinz
Lauter
Murg
Main
Sinn
Fränk. Saale
Baunach
Itz
Weißer Main
Roter Main
Saale
Waldnaab
Haidenaab
Naab
Vils
Schwarzach
Regen
Regnitz
Pegnitz
Rednitz
Main-Donau-Kanal
Fränk. Rezat
Altmühl
Tauber
Jagst
Kocher
Murr
Neckar
Rems
Fils
Enz
Nagold
Wörnitz
Donau
Zusam
Lech
Abens
Ilm
Gr. Laaber
Kl. Laaber
Gr. Ohe
Ilz
Isar
Paar
Rott
Inn
Mittel-Isar-Kanal
Amper
Ammersee
Ammer
Starnberger See
Chiemsee
Alz
Salzach
Loisach
Günz
Wertach
Iller
Argen
Schussen
Rotach
Ostrach
Aach
Wutach
Alb
Wiese
Elz

O2 — BAYERN

in mg/l	1982	1983	1984	1985	1986	1987
BY01 Max	17.8	13.2	16.3	15.4	19.6	16.5
BY01 50P	9.4	8.6	9.1	8.5	9.7	9.8
BY01 Min	2.0	2.9	3.3	3.2	4.3	5.0
BY01 Anz	>1000	>1000	>1000	>1000	>1000	>1000
BY01 Art	K	K	K	K	K	K
BY02 Max	20.0	14.7	19.5	17.6	15.2	13.8
BY02 50P	9.4	8.4	8.9	7.1	9.5	9.6
BY02 Min	4.2	4.5	3.6	3.1	3.0	5.7
BY02 Anz	>1000	>1000	>1000	>1000	>1000	>1000
BY02 Art	K	K	K	K	K	K
BY03 Max	13.9	14.0	12.7	12.4	13.6	13.3
BY03 50P	9.3	9.5	9.0	8.6	9.9	9.9
BY03 Min	5.8	7.0	7.0	6.2	6.8	8.3
BY03 Anz	26	26	26	25	27	26
BY03 Art	E14	E14	E14	E14	E14	E14
BY04 Max	13.3	13.8	13.5	12.6	13.4	13.5
BY04 50P	9.0	10.1	10.3	9.8	10.0	10.3
BY04 Min	6.1	6.2	6.7	7.2	7.1	8.3
BY04 Anz	26	25	25	22	26	26
BY04 Art	E14	E14	E14	E14	E14	E14
BY05 Max	13.5	15.1	13.4	14.6	14.2	14.9
BY05 50P	10.6	11.1	10.6	11.1	11.2	11.7
BY05 Min	8.2	9.2	9.4	7.9	7.8	9.1
BY05 Anz	26	26	26	26	27	26
BY05 Art	E14	E14	E14	E14	E14	E14
BY06 Max	14.3	14.6	15.7	14.8	23.4	14.5
BY06 50P	12.5	12.8	11.6	12.3	11.4	11.8
BY06 Min	9.3	10.6	9.4	9.4	7.3	8.0
BY06 Anz	26	25	26	25	25	26
BY06 Art	E14	E14	E14	E14	E14	E14
BY07 Max	16.0	12.5	12.7	13.6	13.8	15.8
BY07 50P	7.6	7.6	7.5	8.0	8.2	9.3
BY07 Min	1.4	2.3	2.1	3.3	3.6	3.8
BY07 Anz	>1000	>1000	>1000	>1000	>1000	>1000
BY07 Art	K	K	K	K	K	K
BY08 Max	14.0	14.2	14.1	14.4	12.8	13.2
BY08 50P	7.3	6.0	10.0	8.2	8.2	9.0
BY08 Min	2.0	2.4	6.1	1.4	3.8	3.8
BY08 Anz	25	25	26	26	24	26
BY08 Art	E14	E14	E14	E14	E14	E14
BY09 Max	16.5	15.4	17.1	14.0	13.4	14.0
BY09 50P	8.7	10.1	9.2	8.5	9.2	9.6
BY09 Min	3.7	6.9	5.6	3.4	5.6	6.7
BY09 Anz	>1000	>1000	>1000	>1000	>1000	>1000
BY09 Art	K	K	K	K	K	K
BY10 Max	14.2	15.4	14.5	14.0	13.1	12.7
BY10 50P	11.1	11.5	11.2	10.7	10.7	10.1
BY10 Min	8.1	6.9	8.9	8.5	7.9	8.4
BY10 Anz	26	26	26	26	26	27
BY10 Art	E14	E14	E14	E14	E14	E14
BY11 Max	14.2	14.1	15.2	15.5	13.6	13.6
BY11 50P	9.9	10.2	10.5	10.4	10.4	10.6
BY11 Min	7.3	6.7	7.3	7.5	7.1	8.1
BY11 Anz	>1000	>1000	>1000	>1000	>1000	>1000
BY11 Art	K	K	K	K	K	K
BY12 Max	13.4	16.0	12.5	12.8	15.0	14.4
BY12 50P	10.7	10.8	10.5	10.7	11.8	11.3
BY12 Min	8.5	7.7	8.1	8.9	7.9	9.0
BY12 Anz	26	26	26	25	26	26
BY12 Art	E14	E14	E14	E14	E14	E14
BY13 Max	13.0	12.5	13.2	13.1	13.6	12.6
BY13 50P	10.3	10.3	10.1	9.4	9.8	10.1
BY13 Min	8.4	7.0	7.9	6.4	7.3	6.6
BY13 Anz	26	26	26	25	25	26
BY13 Art	E14	E14	E14	E14	E14	E14
BY14 Max	14.5	11.5	13.6	12.0	12.7	14.4
BY14 50P	10.1	9.9	10.9	10.8	11.3	11.5
BY14 Min	8.6	8.0	9.7	8.8	9.1	10.4
BY14 Anz	26	26	25	26	26	26
BY14 Art	E14	E14	E14	E14	E14	E14
BY15 Max	18.3	14.1	12.9	19.8	17.5	13.9
BY15 50P	11.8	11.4	11.5	11.8	11.6	11.8
BY15 Min	9.1	9.7	8.7	9.6	8.7	9.4
BY15 Anz	26	26	25	26	27	26
BY15 Art	E14	E14	E14	E14	E14	E14

O2 — BAYERN

in mg/l	1982	1983	1984	1985	1986	1987
BY16 Max	15.5	12.8	12.5	12.9	13.3	14.0
BY16 50P	9.4	9.5	9.7	10.4	10.5	10.3
BY16 Min	7.4	7.2	8.2	7.9	7.5	8.1
BY16 Anz	26	26	25	26	27	26
BY16 Art	E14	E14	E14	E14	E14	E14
BY17 Max	13.5	11.6	13.9	12.1	12.9	12.7
BY17 50P	9.3	9.6	10.1	8.8	9.4	10.1
BY17 Min	7.1	7.7	6.9	5.7	6.7	7.6
BY17 Anz	25	25	26	26	27	26
BY17 Art	E14	E14	E14	E14	E14	E14
BY18 Max	12.9	12.8	12.4	12.8	12.5	13.2
BY18 50P	10.2	10.5	9.7	10.0	10.1	10.0
BY18 Min	7.7	7.0	7.8	7.5	8.0	7.8
BY18 Anz	26	25	26	26	27	26
BY18 Art	E14	E14	E14	E14	E14	E14
BY19 Max	12.7	13.3	17.4	15.6	15.5	11.9
BY19 50P	9.6	9.6	9.5	9.5	9.6	9.3
BY19 Min	7.9	6.8	6.6	6.9	6.0	6.7
BY19 Anz	>1000	>1000	>1000	>1000	>1000	>1000
BY19 Art	K	K	K	K	K	9
BY20 Max	13.1	12.4	11.8	12.3	12.6	12.3
BY20 50P	10.6	10.5	10.5	10.3	10.3	11.0
BY20 Min	9.0	8.8	9.5	8.5	8.4	8.9
BY20 Anz	26	26	26	26	27	26
BY20 Art	E14	E14	E14	E14	E14	E14
BY21 Max	13.6	13.0	13.1	12.8	13.0	13.3
BY21 50P	11.7	11.2	10.9	11.2	10.8	11.4
BY21 Min	9.8	9.3	9.6	9.9	8.6	10.0
BY21 Anz	25	26	26	25	27	25
BY21 Art	E14	E14	E14	E14	E14	E14
BY22 Max	12.7	12.8	13.1	12.8	14.2	15.1
BY22 50P	10.0	10.2	10.3	10.1	9.9	11.2
BY22 Min	6.2	6.0	7.3	5.8	5.0	6.5
BY22 Anz	>1000	>1000	>1000	>1000	>1000	>1000
BY22 Art	K	K	K	K	K	K
BY23 Max	13.4	12.8	12.7	13.6	13.5	11.6
BY23 50P	10.8	9.9	10.3	10.6	10.6	10.1
BY23 Min	8.8	8.3	8.1	8.5	8.4	8.6
BY23 Anz	>1000	>1000	>1000	>1000	>1000	>1000
BY23 Art	K	K	K	K	K	K

O2 — RHEINLAND-PFALZ

in mg/l	1982	1983	1984	1985	1986	1987
RP01 Max	11.4	10.8	11.0	11.9	11.3	13.2
RP01 50P	8.8	7.7	8.1	8.2	8.6	9.0
RP01 Min	6.3	5.7	5.4	6.0	6.7	6.9
RP01 Anz	23	21	27	26	26	26
RP01 Art	M14	M14	M14	M14	M14	E14
RP02 Max	11.5	10.3	10.4	10.1	10.7	11.2
RP02 50P	6.6	6.6	7.1	7.0	7.5	8.0
RP02 Min	3.5	4.3	4.7	4.3	4.8	5.2
RP02 Anz	>1000	>1000	>1000	>1000	>1000	>1000
RP02 Art	K	K	K	K	K	K
RP03 Max	12.5	12.0	12.8	12.8	12.6	14.4
RP03 50P	9.5	9.5	8.7	8.0	9.4	9.8
RP03 Min	6.5	4.1	3.6	4.1	6.7	6.5
RP03 Anz	26	26	27	26	26	26
RP03 Art	M14	M14	M14	M14	M14	E14
RP04 Max	10.2	10.1	10.8	10.0	9.0	10.1
RP04 50P	7.9	7.2	7.9	7.5	7.2	7.5
RP04 Min	5.0	2.3	3.3	3.3	3.2	5.9
RP04 Anz	>1000	>1000	>1000	>1000	>1000	>1000
RP04 Art	K	K	K	K	K	K
RP05 Max	8.3	10.0	10.7	10.8	9.3	9.4
RP05 50P	4.1	6.6	6.2	5.5	4.0	4.1
RP05 Min	4.2	2.5	2.1	2.6	1.7	1.4
RP05 Anz	>1000	>1000	>1000	>1000	>1000	>1000
RP05 Art	K	K	K	K	K	K
RP06 Max	13.1	12.1	16.6	*****	*****	*****
RP06 50P	*****	*****	*****	*****	*****	*****
RP06 Min	5.7	9.1	9.6	*****	*****	*****
RP06 Anz	8	8	4	*****	*****	*****
RP06 Art	E	E	E	*****	*****	*****

O2 — BADEN-WÜRTTEMBERG

in mg/l	1982	1983	1984	1985	1986	1987
BW01 Max	14.4	13.7	14.0	15.0	13.4	13.6
BW01 50P	11.4	11.3	11.7	11.3	11.3	11.4
BW01 Min	9.6	8.4	8.6	8.6	7.4	9.2
BW01 Anz	26	26	25	25	25	24
BW01 Art	E14	E14	E14	E14	E14	E14
BW02 Max	13.8	12.6	12.8	13.1	13.4	13.5
BW02 50P	11.0	10.7	10.4	10.6	10.7	10.7
BW02 Min	9.1	7.8	8.6	9.1	8.4	9.3
BW02 Anz	26	26	26	25	25	23
BW02 Art	E14	E14	E14	E14	E14	E14
BW03 Max	14.1	13.1	13.1	13.3	12.5	13.8
BW03 50P	10.3	10.4	10.7	10.4	10.4	10.6
BW03 Min	7.9	7.3	7.4	7.7	7.4	8.4
BW03 Anz	26	26	25	25	25	24
BW03 Art	E14	E14	E14	E14	E14	E14
BW04 Max	14.9	12.3	12.2	12.6	12.9	13.5
BW04 50P	9.5	9.6	9.2	9.6	9.5	9.7
BW04 Min	7.6	6.8	7.2	7.1	7.0	6.5
BW04 Anz	26	26	26	23	25	21
BW04 Art	E14	E14	E14	E14	E14	E14
BW05 Max	14.5	11.3	12.0	12.0	13.1	12.6
BW05 50P	8.9	9.1	8.8	9.2	8.9	9.5
BW05 Min	6.9	6.2	6.5	6.9	7.1	7.5
BW05 Anz	26	26	26	25	25	24
BW05 Art	E14	E14	E14	E14	E14	E14
BW06 Max	12.5	11.4	12.5	14.7	13.3	13.0
BW06 50P	9.4	9.6	8.1	9.3	8.7	9.4
BW06 Min	6.3	6.8	6.4	4.0	6.9	7.0
BW06 Anz	25	24	26	24	23	23
BW06 Art	E14	E14	E14	E14	E14	E14
BW07 Max	13.2	12.0	11.7	11.2	12.5	13.0
BW07 50P	9.2	9.1	8.9	9.0	9.7	9.5
BW07 Min	5.3	7.2	4.4	5.3	5.6	5.3
BW07 Anz	26	25	26	24	24	24
BW07 Art	E14	E14	E14	E14	E14	E14
BW08 Max	*****	12.4	12.9	12.0	12.5	12.1
BW08 50P	*****	8.8	9.3	9.2	8.7	9.1
BW08 Min	*****	4.8	5.3	6.7	5.5	6.7
BW08 Anz	*****	25	26	24	24	24
BW08 Art	*****	E14	E14	E14	E14	E14
BW09 Max	14.3	12.4	14.0	14.5	13.4	13.0
BW09 50P	10.2	10.3	9.9	10.3	10.3	10.1
BW09 Min	7.3	7.4	7.0	6.9	6.6	8.4
BW09 Anz	26	25	26	25	24	24
BW09 Art	E14	E14	E14	E14	E14	E14
BW10 Max	*****	*****	*****	15.2	13.3	*****
BW10 50P	*****	*****	*****	11.9	11.6	*****
BW10 Min	*****	*****	*****	8.7	8.3	*****
BW10 Anz	*****	*****	*****	12	11	*****
BW10 Art	*****	*****	*****	E28	E28	*****
BW11 Max	*****	*****	*****	13.6	12.9	*****
BW11 50P	*****	*****	*****	11.5	11.9	*****
BW11 Min	*****	*****	*****	9.6	8.0	*****
BW11 Anz	*****	*****	*****	12	11	*****
BW11 Art	*****	*****	*****	E28	E28	*****
BW12 Max	*****	*****	*****	*****	12.5	14.2
BW12 50P	*****	*****	*****	*****	9.4	9.9
BW12 Min	*****	*****	*****	*****	6.7	7.1
BW12 Anz	*****	*****	*****	*****	18	23
BW12 Art	*****	*****	*****	*****	E14	E14
BW13 Max	*****	*****	*****	13.0	12.9	14.6
BW13 50P	*****	*****	*****	10.9	10.7	10.5
BW13 Min	*****	*****	*****	7.0	9.4	9.7
BW13 Anz	*****	*****	*****	11	10	12
BW13 Art	*****	*****	*****	E28	E28	E28
BW14 Max	*****	*****	*****	11.9	12.4	11.9
BW14 50P	*****	*****	*****	9.2	11.5	10.1
BW14 Min	*****	*****	*****	5.8	7.7	6.5
BW14 Anz	*****	*****	*****	12	11	11
BW14 Art	*****	*****	*****	E28	E28	E28
BW15 Max	*****	*****	*****	*****	12.3	15.5
BW15 50P	*****	*****	*****	*****	10.3	10.3
BW15 Min	*****	*****	*****	*****	8.3	7.9
BW15 Anz	*****	*****	*****	*****	19	23
BW15 Art	*****	*****	*****	*****	E14	E14

O2 — BADEN-WÜRTTEMBERG

in mg/l	1982	1983	1984	1985	1986	1987
BW16 Max	*****	*****	*****	*****	14.7	15.2
BW16 50P	*****	*****	*****	*****	11.9	11.8
BW16 Min	*****	*****	*****	*****	8.7	8.8
BW16 Anz	*****	*****	*****	*****	19	23
BW16 Art	*****	*****	*****	*****	E14	E14
BW17 Max	*****	*****	*****	*****	15.2	14.0
BW17 50P	*****	*****	*****	*****	11.5	11.8
BW17 Min	*****	*****	*****	*****	8.8	9.9
BW17 Anz	*****	*****	*****	*****	18	23
BW17 Art	*****	*****	*****	*****	E14	E14
BW18 Max	10.9	13.1	11.9	11.7	14.0	11.1
BW18 50P	9.5	9.1	9.3	9.5	9.5	9.1
BW18 Min	7.1	7.5	6.8	5.7	7.9	6.9
BW18 Anz	25	26	26	25	25	24
BW18 Art	E14	E14	E14	E14	E14	E14

O2 — HESSEN

in mg/l	1982	1983	1984	1985	1986	1987
HE01 Max	11.8	10.4	10.8	12.3	11.7	12.3
HE01 50P	6.8	7.4	8.7	8.7	8.5	9.8
HE01 Min	2.0	3.0	6.3	6.6	5.3	7.1
HE01 Anz	>1000	>1000	>1000	>1000	>1000	>1000
HE01 Art	K	K	K	K	K	K
HE02 Max	13.2	12.8	11.5	12.7	15.0	13.0
HE02 50P	10.0	10.1	9.0	10.8	11.2	10.7
HE02 Min	6.8	7.5	7.4	9.1	8.6	8.7
HE02 Anz	>1000	>1000	>1000	>1000	>1000	>1000
HE02 Art	K	K	K	K	K	K
HE03 Max	14.6	14.2	13.2	14.6	24.3	14.5
HE03 50P	10.8	10.8	10.1	10.2	10.4	9.6
HE03 Min	7.6	9.1	7.7	8.7	8.4	8.1
HE03 Anz	>1000	>1000	>1000	>1000	>1000	>1000
HE03 Art	K	K	K	K	K	K
HE04 Max	*****	*****	7.0	7.8	6.9	7.3
HE04 50P	*****	*****	3.4	3.3	3.7	3.5
HE04 Min	*****	*****	0.2	0.6	0.3	0.6
HE04 Anz	*****	*****	>1000	>1000	>1000	>1000
HE04 Art	*****	*****	K	K	K	K
HE05 Max	9.9	11.3	11.5	13.1	12.4	13.3
HE05 50P	7.6	8.8	8.8	8.8	9.2	9.2
HE05 Min	6.3	7.0	7.5	7.1	7.8	7.6
HE05 Anz	>1000	>1000	>1000	>1000	>1000	>1000
HE05 Art	K	K	K	K	K	K
HE06 Max	15.0	10.8	11.1	14.1	10.5	12.0
HE06 50P	9.0	7.8	9.5	9.6	9.5	9.0
HE06 Min	4.8	4.0	7.7	8.8	6.8	8.0
HE06 Anz	13	12	12	12	12	12
HE06 Art	E30	E30	E30	E30	E30	E30
HE07 Max	12.1	10.5	11.0	10.4	11.3	12.7
HE07 50P	8.7	7.8	9.1	8.7	9.3	9.7
HE07 Min	6.4	3.1	6.4	7.1	4.4	7.5
HE07 Anz	13	14	12	12	12	>1000
HE07 Art	E30	E30	E30	E30	E30	K
HE08 Max	12.0	9.6	9.9	9.9	9.4	9.8
HE08 50P	7.6	7.9	8.6	8.3	8.1	8.6
HE08 Min	4.0	4.8	5.1	5.1	2.6	6.0
HE08 Anz	13	13	12	12	12	12
HE08 Art	E30	E30	E30	E30	E30	E30

O2 — SAARLAND

in mg/l	1982	1983	1984	1985	1986	1987
S 01 Max	11.2	10.3	12.3	11.4	10.9	*****
S 01 50P	9.3	8.9	9.4	9.0	8.9	*****
S 01 Min	6.0	7.3	6.8	7.2	7.3	*****
S 01 Anz	11	9	11	10	12	*****
S 01 Art	*****	*****	*****	*****	*****	*****

Allgemeine Erlauterungen im einfuhrenden Text

BSB5 in mg/l		1982	1983	1984	1985	1986	1987
NORDRHEIN-WESTFALEN							
NW01	Max	3.8	5.6	6.0	5.1	7.8	6.9
NW01	50P	2.4	3.5	3.6	3.3	3.6	3.5
NW01	Min	1.4	2.3	2.3	2.0	2.1	1.7
NW01	Anz	13	13	13	13	13	13
NW01	Art	E28	E28	E28	E28	E28	E28
NW02	Max	5.4	5.9	5.4	6.7	7.3	4.2
NW02	50P	3.0	2.9	3.5	3.9	3.2	2.2
NW02	Min	1.2	2.5	2.3	2.4	2.0	1.2
NW02	Anz	13	12	13	13	13	12
NW02	Art	E28	E28	E28	E28	E28	E28
NW03	Max	4.6	6.5	8.4	4.2	11.1	8.2
NW03	50P	2.3	3.6	2.5	2.3	4.1	2.6
NW03	Min	0.7	1.8	0.7	1.3	1.9	1.3
NW03	Anz	13	13	13	13	13	13
NW03	Art	E28	E28	E28	E28	E28	E28
NW04	Max	5.1	*****	17.0	30.0	<5.0	<5.0
NW04	50P	*****	*****	*****	*****	<5.0	*****
NW04	Min	5.1	*****	17.0	<5.0	<5.0	<5.0
NW04	Anz	1	*****	1	4	4	3
NW04	Art	E365	*****	E365	E91	E91	E91
NW05	Max	*****	*****	*****	1.0	<1.0	*****
NW05	50P	*****	*****	*****	<1.0	<1.0	*****
NW05	Min	*****	*****	*****	<1.0	<1.0	*****
NW05	Anz	*****	*****	*****	12	15	*****
NW05	Art	*****	*****	*****	E28	E28	*****
NW06	Max	6.2	15.5	18.5	12.1	17.0	12.8
NW06	50P	4.3	7.9	7.3	6.5	5.8	6.0
NW06	Min	2.5	5.4	4.8	2.9	4.0	2.8
NW06	Anz	13	13	13	13	13	13
NW06	Art	E28	E28	E28	E28	E28	E28
NW07	Max	*****	*****	*****	5.3	11.0	11.5
NW07	50P	*****	*****	*****	4.4	7.3	5.9
NW07	Min	*****	*****	*****	2.3	3.8	2.8
NW07	Anz	*****	*****	*****	13	13	13
NW07	Art	*****	*****	*****	E28	E28	E28
NW08	Max	9.0	<9.0	<2.0	5.0	*****	*****
NW08	50P	*****	*****	*****	*****	*****	*****
NW08	Min	9.0	<9.0	<2.0	<2.0	*****	*****
NW08	Anz	1	1	1	3	*****	*****
NW08	Art	E365	E365	E365	E91	*****	*****
NW09	Max	4.7	8.7	9.4	5.2	5.9	14.8
NW09	50P	3.0	3.0	3.4	3.4	3.4	3.6
NW09	Min	1.2	1.6	1.4	1.5	1.7	1.9
NW09	Anz	13	13	12	13	13	13
NW09	Art	E28	E28	E28	E28	E28	E28
NW10	Max	4.0	7.2	4.6	3.4	3.3	3.0
NW10	50P	*****	3.1	2.3	*****	2.8	*****
NW10	Min	3.2	2.8	1.8	2.2	1.9	2.0
NW10	Anz	4	4	5	3	9	3
NW10	Art	E91	E91	E91	E91	E91	E91
NW11	Max	5.6	4.7	5.3	5.3	3.0	4.0
NW11	50P	*****	*****	*****	*****	3.0	3.0
NW11	Min	<1.0	2.1	1.5	1.8	2.0	3.0
NW11	Anz	4	4	5	4	4	4
NW11	Art	E91	E91	E91	E91	E91	E91
NW12	Max	1.0	2.0	2.0	7.0	3.0	3.0
NW12	50P	*****	1.0	1.0	2.0	2.0	1.0
NW12	Min	<1.0	1.0	1.0	2.0	1.0	1.0
NW12	Anz	2	4	5	4	5	4
NW12	Art	E91	E91	E91	E91	E91	E91
NW13	Max	10.4	8.1	20.1	7.0	21.0	11.7
NW13	50P	3.1	3.9	4.8	4.7	4.9	6.1
NW13	Min	1.7	2.8	1.7	0.9	3.1	3.1
NW13	Anz	13	13	12	13	13	13
NW13	Art	E28	E28	E28	E28	E28	E28
NW14	Max	4.0	6.0	5.0	8.0	5.0	24.0
NW14	50P	*****	4.0	5.0	*****	2.0	4.0
NW14	Min	3.0	3.0	4.0	3.0	2.0	3.0
NW14	Anz	3	5	5	3	5	6
NW14	Art	E91	E91	E91	E91	E91	E91
NW15	Max	*****	6.0	5.0	6.0	3.0	9.0
NW15	50P	*****	3.0	2.0	3.0	2.0	2.0
NW15	Min	*****	3.0	<2.0	<2.0	2.0	2.0
NW15	Anz	*****	4	4	4	4	4
NW15	Art	*****	E91	E91	E91	E91	E91
NW16	Max	11.0	15.0	15.0	6.0	9.0	8.0
NW16	50P	6.0	4.0	4.0	4.0	4.0	3.0
NW16	Min	3.0	2.0	2.0	2.0	2.0	1.0
NW16	Anz	26	26	27	26	26	26
NW16	Art	E14	E14	E14	E14	E14	E14
NW17	Max	7.0	12.0	12.0	11.0	9.0	11.0
NW17	50P	4.0	9.0	9.0	8.5	*****	7.0
NW17	Min	4.0	7.0	8.0	8.0	7.0	6.0
NW17	Anz	4	4	4	4	3	4
NW17	Art	E91	E91	E91	E91	E91	E91
NW18	Max	12.0	6.0	5.0	3.0	11.0	7.0
NW18	50P	*****	3.5	*****	*****	*****	4.5
NW18	Min	12.0	2.0	2.0	<2.0	3.0	2.0
NW18	Anz	1	4	4	4	4	4
NW18	Art	E365	E91	E91	E91	E91	E91
NW19	Max	8.5	29.9	11.0	8.0	9.0	13.0
NW19	50P	3.9	5.9	5.0	7.0	7.0	9.0
NW19	Min	1.8	2.5	<5.0	<5.0	<5.0	<5.0
NW19	Anz	52	50	4	4	4	4
NW19	Art	E7	E7	E91	E91	E91	E91
NW20	Max	58.0	13.0	10.0	6.0	11.0	12.0
NW20	50P	31.0	6.0	8.0	6.0	7.0	11.5
NW20	Min	<5.0	<5.0	<5.0	<5.0	<5.0	<5.0
NW20	Anz	4	4	4	6	4	4
NW20	Art	E91	E91	E91	E91	E91	E91
NW21	Max	*****	*****	8.4	>9.3	26.0	>11.0
NW21	50P	*****	*****	4.9	4.6	8.4	7.0
NW21	Min	*****	*****	2.1	2.7	4.4	3.4
NW21	Anz	*****	*****	14	14	16	15
NW21	Art	*****	*****	E28	E28	E28	E28
NW22	Max	2.7	2.2	1.8	4.5	2.9	3.2
NW22	50P	2.0	1.5	1.2	1.8	2.0	2.3
NW22	Min	1.5	<1.0	<1.0	1.0	1.2	<1.0
NW22	Anz	4	6	7	7	9	9
NW22	Art	E91	E91	E91	E91	E91	E91

BSB1 in mg/l		1982	1983	1984	1985	1986	1987
BERLIN							
B 01	Max	2.0	2.9	3.3	2.7	2.6	1.4
B 01	50P	0.9	1.8	2.4	2.0	1.4	1.0
B 01	Min	0.1	0.9	1.1	1.0	0.2	0.5
B 01	Anz	10	11	10	10	9	8
B 01	Art	E30	E30	E30	E30	E30	E30
B 02	Max	3.5	2.7	3.6	4.3	2.6	1.6
B 02	50P	1.4	1.3	1.9	2.0	1.3	1.1
B 02	Min	0.4	0.1	1.0	0.8	0.2	0.4
B 02	Anz	10	12	12	9	10	8
B 02	Art	E30	E30	E30	E30	E30	E30

BSB5 in mg/l		1982	1983	1984	1985	1986	1987
HAMBURG							
HH01	Max	15.2	18.1	13.6	15.6	13.9	12.3
HH01	50P	7.9	7.5	8.4	9.3	6.3	4.9
HH01	Min	3.1	3.5	4.2	4.2	3.1	1.5
HH01	Anz	49	52	52	52	45	51
HH01	Art	E7	E7	E7	E7	E7	E7
HH02	Max	8.0	7.8	8.4	8.7	10.6	7.2
HH02	50P	6.3	5.9	4.1	4.6	4.1	3.3
HH02	Min	4.1	4.5	2.3	2.8	2.0	1.1
HH02	Anz	6	8	11	12	12	12
HH02	Art	E61	E30	E30	E30	E30	E30

BSB5 in mg/l		1982	1983	1984	1985	1986	1987
BREMEN							
HB01	Max	10.0	9.5	5.9	8.6	4.3	*****
HB01	50P	3.3	2.9	3.0	3.0	2.7	*****
HB01	Min	2.0	<2.0	<2.0	<2.0	0.9	*****
HB01	Anz	26	24	27	25	25	*****
HB01	Art	E14	E14	E14	E14	E14	*****

BSB5 in mg/l		1982	1983	1984	1985	1986	1987
NIEDERSACHSEN							
NS01	Max	>18.6	19.2	18.0	15.7	18.1	13.4
NS01	50P	8.4	8.3	8.2	8.8	7.8	7.3
NS01	Min	2.6	3.7	5.0	6.0	5.8	3.6
NS01	Anz	12	12	12	13	11	12
NS01	Art	E30	E30	E30	E30	E30	E30
NS02	Max	14.8	19.1	13.9	14.0	11.9	8.9
NS02	50P	8.1	8.7	7.8	8.6	7.0	5.5
NS02	Min	2.8	4.0	4.0	4.7	4.6	2.4
NS02	Anz	50	52	52	52	42	52
NS02	Art	E7	E7	E7	E7	E7	E7
NS03	Max	7.5	18.2	13.7	15.7	>11.5	>12.6
NS03	50P	4.1	5.2	5.4	7.5	7.1	9.0
NS03	Min	2.4	1.1	2.4	3.3	3.8	4.5
NS03	Anz	11	12	12	10	10	12
NS03	Art	E30	E30	E30	E30	E30	E30
NS04	Max	16.1	11.7	9.9	>8.7	9.1	13.6
NS04	50P	7.2	6.3	4.6	4.9	5.5	4.9
NS04	Min	2.8	3.3	3.0	0.8	3.0	2.7
NS04	Anz	24	25	27	26	25	26
NS04	Art	E14	E14	E14	E14	E14	E14
NS05	Max	11.4	11.1	8.3	9.6	8.7	6.7
NS05	50P	5.9	4.4	4.3	4.1	4.7	4.0
NS05	Min	2.3	2.3	1.5	2.2	1.7	1.8
NS05	Anz	26	26	27	26	26	25
NS05	Art	E14	E14	E14	E14	E14	E14
NS06	Max	9.9	13.4	9.3	9.3	10.9	8.3
NS06	50P	5.5	4.2	3.6	4.6	5.2	4.6
NS06	Min	2.4	1.8	2.3	1.4	2.2	2.1
NS06	Anz	26	26	27	26	25	24
NS06	Art	E14	E14	E14	E14	E14	E14
NS07	Max	8.9	7.7	7.2	10.0	9.1	9.7
NS07	50P	4.6	4.4	4.3	3.9	3.5	4.5
NS07	Min	2.4	2.1	2.3	2.4	1.8	2.4
NS07	Anz	11	12	11	12	12	12
NS07	Art	E30	E30	E30	E30	E30	E30
NS08	Max	8.4	8.0	7.8	11.4	7.8	7.1
NS08	50P	4.9	4.9	3.9	5.1	5.3	3.3
NS08	Min	2.3	3.0	2.4	2.9	2.7	2.0
NS08	Anz	13	14	7	11	12	12
NS08	Art	E30	E30	E30	E30	E30	E30
NS09	Max	8.1	9.1	8.7	>8.5	8.6	9.2
NS09	50P	6.2	5.9	4.5	4.1	5.8	3.8
NS09	Min	4.1	3.2	2.6	1.3	2.5	1.8
NS09	Anz	11	11	12	12	12	12
NS09	Art	E30	E30	E30	E30	E30	E30
NS10	Max	11.3	18.4	15.9	>9.9	14.7	7.0
NS10	50P	5.4	5.5	5.7	6.9	7.3	6.4
NS10	Min	2.5	3.2	3.9	4.0	4.3	3.2
NS10	Anz	12	12	11	11	12	11
NS10	Art	E30	E30	E30	E30	E30	E30
NS11	Max	7.4	8.6	14.8	10.3	>10.2	>9.9
NS11	50P	5.6	6.1	4.6	6.0	5.8	4.9
NS11	Min	5.1	4.2	2.6	3.4	4.0	4.2
NS11	Anz	11	12	12	12	12	12
NS11	Art	E30	E30	E30	E30	E30	E30
NS12	Max	8.5	10.6	12.2	11.8	12.6	8.7
NS12	50P	5.8	6.9	6.7	5.8	6.4	5.8
NS12	Min	4.0	3.3	4.5	4.4	2.4	3.8
NS12	Anz	11	11	12	12	12	11
NS12	Art	E30	E30	E30	E30	E30	E30
NS13	Max	12.9	10.9	10.4	>11.6	15.1	14.9
NS13	50P	5.5	5.8	5.4	5.6	7.5	5.9
NS13	Min	3.8	2.5	1.9	4.0	4.1	2.0
NS13	Anz	11	11	11	12	12	12
NS13	Art	E30	E30	E30	E30	E30	E30
NS14	Max	*****	*****	*****	16.0	>14.0	>10.4
NS14	50P	*****	*****	*****	6.4	8.8	8.3
NS14	Min	*****	*****	*****	3.6	4.5	5.1
NS14	Anz	*****	*****	*****	12	12	12
NS14	Art	*****	*****	*****	E30	E30	E30
NS15	Max	10.0	6.2	8.5	6.8	10.0	7.6
NS15	50P	5.8	4.2	4.3	3.8	4.6	4.2
NS15	Min	2.5	1.2	1.9	2.3	2.0	1.9
NS15	Anz	12	11	12	11	12	12
NS15	Art	E30	E30	E30	E30	E30	E30
NS16	Max	10.6	10.3	8.5	9.2	6.4	8.2
NS16	50P	5.5	5.1	3.3	5.3	5.0	4.9
NS16	Min	2.3	2.2	1.5	2.9	1.8	1.5
NS16	Anz	12	11	11	11	12	12
NS16	Art	E30	E30	E30	E30	E30	E30

BSB5 in mg/l		1982	1983	1984	1985	1986	1987
SCHLESWIG-HOLSTEIN							
SH01	Max	4.6	3.8	4.7	4.3	6.0	5.5
SH01	50P	3.1	3.2	2.5	2.8	3.6	3.2
SH01	Min	1.0	1.0	0.1	0.2	2.6	1.9
SH01	Anz	12	9	12	12	12	12
SH01	Art	E30	E30	E30	E30	E30	E30
SH02	Max	6.1	5.5	7.7	7.6	>13.5	7.1
SH02	50P	2.9	3.0	2.6	5.3	7.1	3.7
SH02	Min	1.5	1.7	0.5	1.7	1.8	2.2
SH02	Anz	12	11	12	11	12	12
SH02	Art	E30	E30	E30	E30	E30	E30
SH03	Max	5.9	3.5	3.1	5.1	>7.5	7.3
SH03	50P	2.1	2.1	1.5	2.6	3.2	3.3
SH03	Min	1.3	1.3	0.6	0.4	2.1	2.2
SH03	Anz	11	5	25	24	23	22
SH03	Art	E30	E30	E14	E14	E14	E14
SH04	Max	2.8	3.1	4.3	8.5	7.7	6.8
SH04	50P	2.5	2.7	2.4	4.3	4.8	3.9
SH04	Min	1.6	2.3	0.2	1.5	2.0	3.0
SH04	Anz	7	4	12	13	11	13
SH04	Art	E91	E91	E30	E30	E30	E30
SH05	Max	4.9	5.6	4.9	6.2	7.2	7.2
SH05	50P	3.3	3.4	2.6	3.2	3.9	4.4
SH05	Min	1.5	1.7	0.6	0.8	1.8	2.4
SH05	Anz	12	11	12	12	14	13
SH05	Art	E30	E30	E30	E30	E30	E30
SH06	Max	6.6	9.1	9.0	8.4	12.2	8.4
SH06	50P	4.7	5.4	3.5	4.7	7.0	5.2
SH06	Min	2.5	2.8	0.7	1.7	4.1	1.7
SH06	Anz	12	12	21	24	22	22
SH06	Art	E30	E30	E14	E14	E14	E14

Allgemeine Erläuterungen:

siehe einführenden Text

Besondere Erläuterungen:

Bei den Berliner Meßstellen B 01 und B 02 erfolgt als Ersatz fuer BSB5 die Angabe von BSB1.

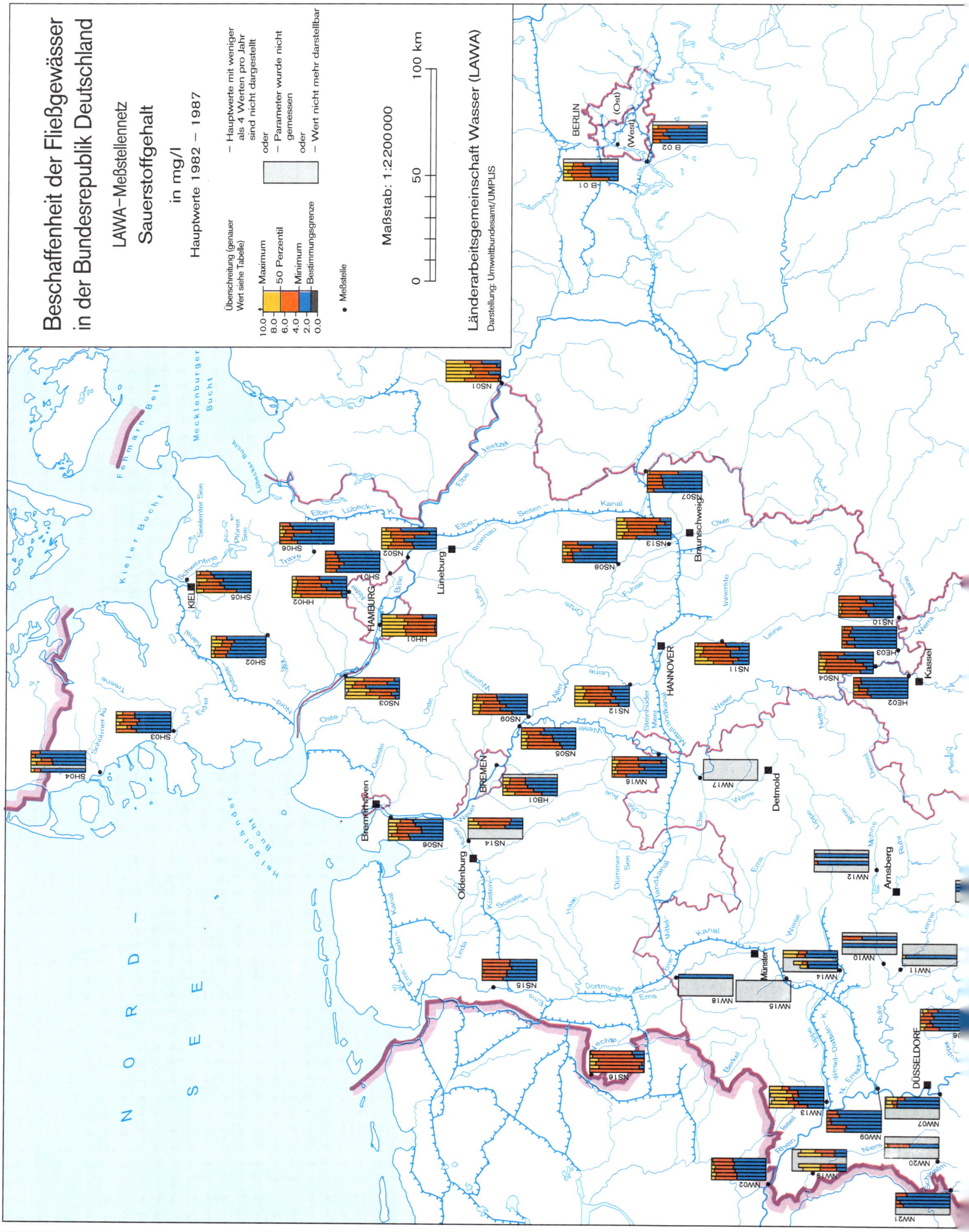

Beschaffenheit der Fließgewässer in der Bundesrepublik Deutschland

LAWA–Meßstellennetz

Sauerstoffgehalt

in mg/l

Hauptwerte 1982 – 1987

Überschreitung (genauer Wert siehe Tabelle)

10.0 – Maximum
8.0
6.0 – 50 Perzentil
4.0 – Minimum
2.0 – Bestimmungsgrenze
0.0

– Hauptwerte mit weniger als 4 Werten pro Jahr sind nicht dargestellt
oder
– Parameter wurde nicht gemessen
oder
– Wert nicht mehr darstellbar

• Meßstelle

Maßstab: 1:2200000

0 50 100 km

Länderarbeitsgemeinschaft Wasser (LAWA)

Darstellung: Umweltbundesamt/UMPLIS

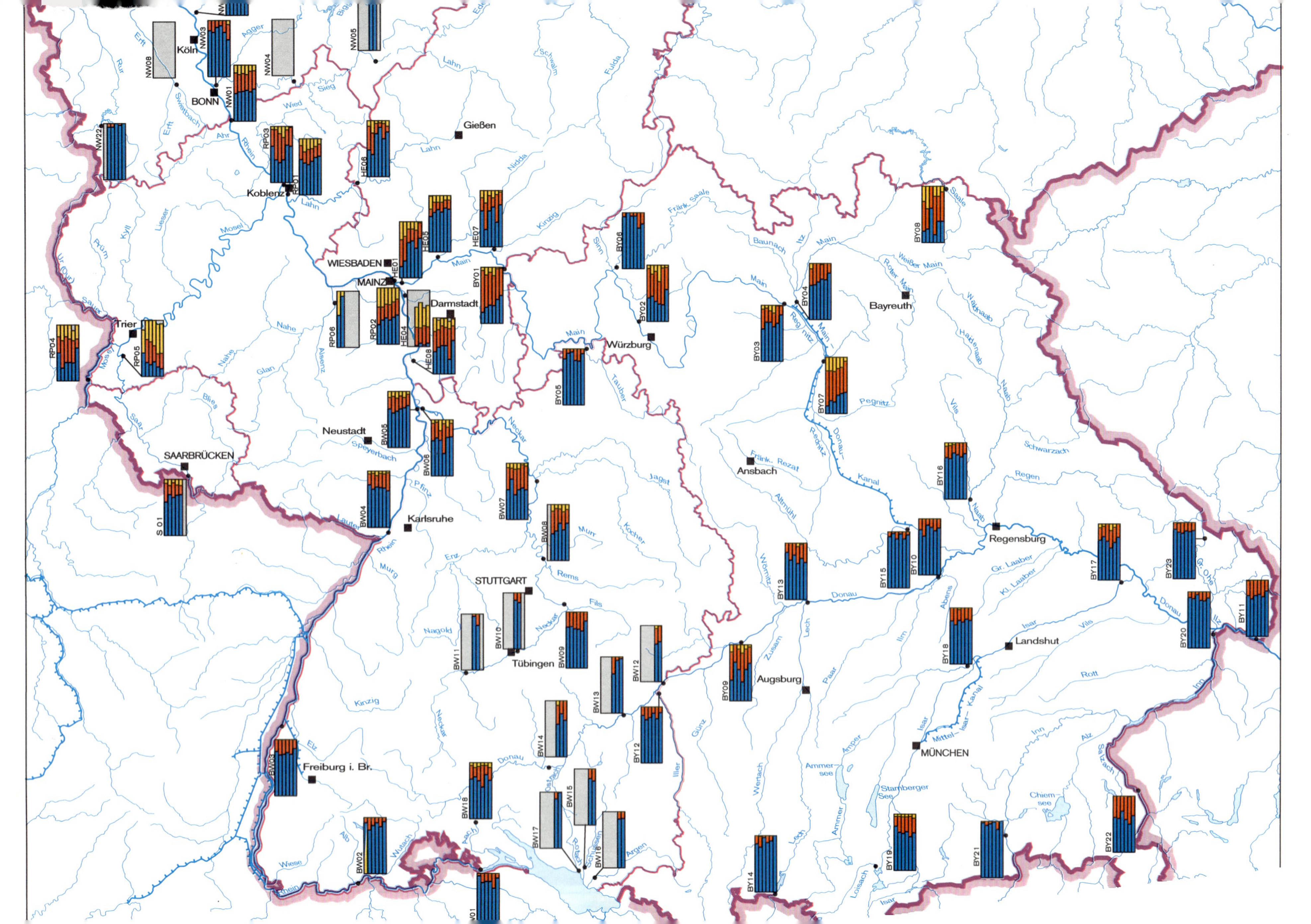

Köln
BONN
Koblenz
Gießen
WIESBADEN
MAINZ
Darmstadt
Trier
Neustadt
SAARBRÜCKEN
Karlsruhe
STUTTGART
Tübingen
Freiburg i. Br.
Würzburg
Bayreuth
Ansbach
Regensburg
Augsburg
Landshut
MÜNCHEN
NW01
NW03
NW04
NW05
NW08
NW22
RP01
RP02
RP03
RP04
RP05
RP06
HE01
HE04
HE05
HE06
HE07
HE08
S 01
BW02
BW03
BW04
BW05
BW06
BW07
BW08
BW09
BW10
BW11
BW12
BW13
BW14
BW15
BW16
BW17
BW18
BY01
BY02
BY03
BY04
BY05
BY06
BY07
BY08
BY09
BY10
BY11
BY12
BY13
BY14
BY15
BY16
BY17
BY18
BY19
BY20
BY21
BY22
BY23

BSB5 in mg/l – BAYERN	1982	1983	1984	1985	1986	1987
BY01 Max	9.0	10.8	7.8	7.1	7.3	8.9
BY01 50P	5.8	5.2	3.5	3.8	3.7	3.5
BY01 Min	3.1	3.1	1.7	1.4	1.7	2.6
BY01 Anz	26	26	26	26	26	23
BY01 Art	E14	E14	E14	E14	E14	E14
BY02 Max	8.1	10.0	8.5	7.4	8.9	10.5
BY02 50P	4.3	3.4	3.0	3.2	3.9	3.4
BY02 Min	2.4	1.6	1.8	2.1	1.9	1.3
BY02 Anz	26	26	26	26	27	26
BY02 Art	E14	E14	E14	E14	E14	E14
BY03 Max	9.5	7.6	8.4	8.8	8.7	7.5
BY03 50P	5.4	4.7	5.0	4.9	4.7	4.2
BY03 Min	3.9	3.4	3.1	3.1	2.0	2.0
BY03 Anz	26	26	26	25	27	26
BY03 Art	E14	E14	E14	E14	E14	E14
BY04 Max	10.0	7.1	6.9	6.4	7.6	6.5
BY04 50P	4.0	3.7	3.3	3.2	3.1	2.9
BY04 Min	2.7	2.3	1.7	2.1	1.7	1.8
BY04 Anz	26	25	25	22	26	25
BY04 Art	E14	E14	E14	E14	E14	E14
BY05 Max	6.1	6.4	7.0	4.4	8.0	9.0
BY05 50P	2.0	1.8	1.8	2.3	2.0	2.3
BY05 Min	0.8	0.9	0.8	1.1	0.4	1.1
BY05 Anz	26	26	26	26	27	26
BY05 Art	E14	E14	E14	E14	E14	E14
BY06 Max	5.1	5.9	6.1	5.2	16.2	5.6
BY06 50P	2.5	2.5	2.1	2.8	2.5	2.1
BY06 Min	1.5	1.1	0.9	1.4	1.4	0.8
BY06 Anz	26	25	26	25	25	26
BY06 Art	E14	E14	E14	E14	E14	E14
BY07 Max	15.8	17.6	18.0	21.0	23.9	15.1
BY07 50P	9.4	7.8	10.0	9.4	9.8	8.8
BY07 Min	6.4	4.5	6.1	5.8	5.7	5.5
BY07 Anz	25	26	26	25	27	25
BY07 Art	E14	E14	E14	E14	E14	E14
BY08 Max	24.0	18.0	14.0	17.0	9.2	8.0
BY08 50P	6.3	7.9	5.5	5.7	5.8	4.2
BY08 Min	3.0	3.1	2.7	2.2	4.1	2.3
BY08 Anz	25	25	26	26	18	22
BY08 Art	E14	E14	E14	E14	E14	E14
BY09 Max	3.7	5.5	3.9	4.8	7.2	4.1
BY09 50P	2.4	2.7	2.2	2.0	2.5	2.1
BY09 Min	1.0	1.4	1.3	0.4	1.4	1.2
BY09 Anz	26	26	26	25	25	26
BY09 Art	E14	E14	E14	E14	E14	E14
BY10 Max	5.1	5.6	6.2	6.6	5.9	4.0
BY10 50P	2.9	3.1	2.8	2.7	2.5	2.7
BY10 Min	1.6	1.3	1.3	1.2	1.3	1.3
BY10 Anz	26	26	26	26	26	27
BY10 Art	E14	E14	E14	E14	E14	E14
BY11 Max	7.8	6.8	5.1	5.9	7.2	4.0
BY11 50P	3.3	3.4	2.8	3.0	3.3	2.4
BY11 Min	2.4	2.0	1.5	1.5	1.5	1.5
BY11 Anz	26	26	26	26	26	26
BY11 Art	E14	E14	E14	E14	E14	E14
BY12 Max	4.6	3.2	4.2	3.4	6.8	4.3
BY12 50P	1.7	1.8	1.8	1.3	1.9	1.5
BY12 Min	0.8	1.0	0.5	0.1	0.6	0.6
BY12 Anz	26	26	26	25	26	25
BY12 Art	E14	E14	E14	E14	E14	E14
BY13 Max	5.7	6.3	5.0	6.5	6.8	5.5
BY13 50P	3.2	2.9	3.5	2.6	2.8	2.6
BY13 Min	1.7	1.5	1.5	1.4	1.3	1.7
BY13 Anz	26	26	26	18	26	26
BY13 Art	E14	E14	E14	E14	E14	E14
BY14 Max	3.7	3.7	2.6	3.8	1.8	2.0
BY14 50P	1.4	1.0	1.0	0.6	0.4	0.5
BY14 Min	0.2	0.1	<0.1	<0.1	<0.1	0.1
BY14 Anz	26	26	25	26	26	26
BY14 Art	E14	E14	E14	E14	E14	E14
BY15 Max	15.5	9.8	9.2	20.9	14.0	7.8
BY15 50P	3.8	2.8	3.4	4.0	3.7	2.9
BY15 Min	1.7	1.0	1.3	1.4	1.3	1.2
BY15 Anz	26	26	25	26	27	26
BY15 Art	E14	E14	E14	E14	E14	E14

BSB5 in mg/l – BAYERN	1982	1983	1984	1985	1986	1987
BY16 Max	8.0	7.5	6.8	7.4	7.8	6.0
BY16 50P	3.7	2.9	3.2	3.2	3.2	2.6
BY16 Min	1.4	1.6	2.0	1.9	1.4	1.5
BY16 Anz	26	26	25	26	27	26
BY16 Art	E14	E14	E14	E14	E14	E14
BY17 Max	8.1	7.8	8.7	7.1	8.0	7.4
BY17 50P	3.2	3.6	4.5	3.2	3.4	3.1
BY17 Min	2.0	1.4	1.4	1.3	1.9	1.9
BY17 Anz	25	25	26	26	27	26
BY17 Art	E14	E14	E14	E14	E14	E14
BY18 Max	5.5	6.7	4.5	6.1	7.9	5.9
BY18 50P	2.2	2.9	1.9	2.4	2.2	2.3
BY18 Min	1.2	0.9	0.2	1.0	0.5	0.6
BY18 Anz	26	25	26	26	27	26
BY18 Art	E14	E14	E14	E14	E14	E14
BY19 Max	2.0	4.8	3.0	4.0	4.0	3.0
BY19 50P	1.0	1.0	1.0	1.5	1.5	1.0
BY19 Min	0.4	0.8	0.9	1.0	1.0	<1.0
BY19 Anz	26	24	26	25	25	25
BY19 Art	E14	E14	E14	E14	E14	E14
BY20 Max	4.0	4.4	4.4	3.5	6.7	4.4
BY20 50P	2.4	2.6	2.2	2.5	2.2	2.2
BY20 Min	1.2	1.2	1.2	1.4	1.1	1.6
BY20 Anz	26	26	26	26	27	26
BY20 Art	E14	E14	E14	E14	E14	E14
BY21 Max	3.6	11.2	5.0	5.9	4.0	4.2
BY21 50P	2.9	3.1	2.5	3.0	2.4	2.7
BY21 Min	1.7	1.2	1.7	1.5	1.2	1.3
BY21 Anz	24	26	26	25	26	26
BY21 Art	E14	E14	E14	E14	E14	E14
BY22 Max	8.2	8.8	8.7	8.7	8.6	8.1
BY22 50P	3.8	4.9	5.4	5.3	6.2	5.4
BY22 Min	2.3	3.9	2.9	3.8	4.5	3.3
BY22 Anz	26	26	26	25	25	26
BY22 Art	E14	E14	E14	E14	E14	E14
BY23 Max	3.4	2.5	2.2	2.6	3.3	2.3
BY23 50P	1.6	1.4	1.5	1.3	1.6	1.5
BY23 Min	0.8	0.7	0.2	0.6	0.6	1.0
BY23 Anz	26	26	26	26	27	26
BY23 Art	E14	E14	E14	E14	E14	E14

BSB5 in mg/l – RHEINLAND-PFALZ	1982	1983	1984	1985	1986	1987
RP01 Max	5.4	7.4	8.2	6.2	5.4	3.7
RP01 50P	3.1	3.3	2.9	3.0	2.5	2.3
RP01 Min	0.9	1.8	1.3	1.3	1.8	0.9
RP01 Anz	26	26	27	26	26	26
RP01 Art	E14	E14	E14	E14	E14	E14
RP02 Max	7.1	4.8	8.0	5.9	5.4	5.2
RP02 50P	2.9	2.6	3.8	3.9	3.4	2.5
RP02 Min	1.2	1.5	1.8	1.5	1.1	<1.0
RP02 Anz	26	24	27	24	26	26
RP02 Art	E14	E14	E14	E14	E14	E14
RP03 Max	5.0	5.4	8.3	7.2	6.0	4.0
RP03 50P	2.5	2.4	2.1	2.3	2.7	1.7
RP03 Min	1.2	1.2	0.8	0.9	0.9	0.7
RP03 Anz	26	26	27	26	26	26
RP03 Art	E14	E14	E14	E14	E14	E14
RP04 Max	6.9	7.3	13.2	9.4	6.6	4.4
RP04 50P	3.8	3.2	3.8	3.5	3.5	2.8
RP04 Min	1.3	1.0	1.7	1.9	1.3	<1.0
RP04 Anz	26	24	27	25	26	24
RP04 Art	E30	E30	E30	E30	E30	E14
RP05 Max	23.3	25.9	31.5	31.0	33.4	12.9
RP05 50P	8.6	8.5	9.5	10.5	8.9	4.5
RP05 Min	2.2	4.6	3.5	4.6	2.8	1.6
RP05 Anz	26	24	27	26	26	24
RP05 Art	E30	E30	E30	E30	E30	E14
RP06 Max	13.0	7.1	4.6	5.0	6.8	4.1
RP06 50P	*****	*****	*****	*****	*****	2.4
RP06 Min	2.7	3.8	2.7	3.4	2.4	1.8
RP06 Anz	8	7	4	3	4	7
RP06 Art	E	E	E	E	E	E

BSB5 in mg/l – BADEN-WURTTEMBERG	1982	1983	1984	1985	1986	1987
BW01 Max	3.1	4.3	3.6	5.4	4.1	2.8
BW01 50P	1.3	1.7	1.8	1.6	1.3	1.1
BW01 Min	<0.8	<0.8	<0.8	<0.8	<0.8	0.7
BW01 Anz	26	26	26	23	24	23
BW01 Art	E14	E14	E14	E14	E14	E14
BW02 Max	2.8	4.6	3.2	5.3	3.2	3.9
BW02 50P	1.7	1.9	1.7	1.8	1.7	1.5
BW02 Min	0.8	1.1	0.9	0.9	0.8	1.1
BW02 Anz	26	26	26	23	24	23
BW02 Art	E14	E14	E14	E14	E14	E14
BW03 Max	4.4	3.4	2.6	3.6	2.6	2.0
BW03 50P	1.7	1.5	1.7	2.1	1.5	1.4
BW03 Min	0.9	0.9	1.0	<0.8	<0.8	0.6
BW03 Anz	26	26	26	23	25	24
BW03 Art	E14	E14	E14	E14	E14	E14
BW04 Max	2.9	5.7	2.7	3.7	6.3	2.8
BW04 50P	1.8	2.0	1.8	2.0	2.0	1.4
BW04 Min	1.0	0.7	1.1	0.9	<0.8	0.8
BW04 Anz	26	26	26	23	25	22
BW04 Art	E14	E14	E14	E14	E14	E14
BW05 Max	3.5	3.6	5.8	3.2	5.4	2.3
BW05 50P	2.3	2.3	2.2	2.1	2.4	1.5
BW05 Min	1.1	1.0	0.9	0.8	<0.8	1.1
BW05 Anz	26	26	26	22	25	24
BW05 Art	E14	E14	E14	E14	E14	E14
BW06 Max	9.1	13.5	10.4	10.4	11.2	7.2
BW06 50P	4.9	6.6	4.8	4.9	2.7	2.4
BW06 Min	2.2	1.9	2.0	1.9	<0.8	1.0
BW06 Anz	26	24	25	23	24	23
BW06 Art	E14	E14	E14	E14	E14	E14
BW07 Max	15.7	10.7	10.5	14.1	12.9	7.9
BW07 50P	6.3	5.7	6.5	6.8	4.7	4.6
BW07 Min	2.1	3.4	3.1	4.1	1.1	3.0
BW07 Anz	26	25	25	25	24	25
BW07 Art	E14	E14	E14	E14	E14	E14
BW08 Max	13.6	12.9	12.4	10.8	8.0	7.8
BW08 50P	6.9	5.9	7.1	6.4	4.7	5.2
BW08 Min	4.6	1.6	2.5	3.1	<0.8	2.6
BW08 Anz	23	25	24	25	24	25
BW08 Art	E14	E14	E14	E14	E14	E14
BW09 Max	12.0	8.7	8.7	8.7	6.9	5.2
BW09 50P	4.8	4.5	5.0	5.9	3.4	4.0
BW09 Min	2.4	2.0	2.3	2.5	<0.8	1.7
BW09 Anz	26	24	25	25	24	25
BW09 Art	E14	E14	E14	E14	E14	E14
BW10 Max	*****	*****	*****	6.5	8.7	*****
BW10 50P	*****	*****	*****	3.7	2.7	*****
BW10 Min	*****	*****	*****	0.9	1.2	*****
BW10 Anz	*****	*****	*****	10	10	*****
BW10 Art	*****	*****	*****	E28	E28	*****
BW11 Max	*****	*****	*****	6.7	5.3	*****
BW11 50P	*****	*****	*****	2.4	1.9	*****
BW11 Min	*****	*****	*****	1.0	1.0	*****
BW11 Anz	*****	*****	*****	10	10	*****
BW11 Art	*****	*****	*****	E28	E28	*****
BW12 Max	*****	6.3	7.6	5.7	5.3	4.2
BW12 50P	*****	2.5	3.8	3.1	2.7	1.7
BW12 Min	*****	1.0	1.3	1.1	1.6	1.1
BW12 Anz	*****	26	18	19	18	22
BW12 Art	*****	E14	E14	E14	E14	E14
BW13 Max	*****	*****	*****	9.2	5.4	3.2
BW13 50P	*****	*****	*****	3.6	1.6	1.3
BW13 Min	*****	*****	*****	0.9	1.1	<0.5
BW13 Anz	*****	*****	*****	10	10	12
BW13 Art	*****	*****	*****	E28	E28	E28
BW14 Max	*****	*****	*****	8.1	10.2	7.2
BW14 50P	*****	*****	*****	6.6	5.7	4.1
BW14 Min	*****	*****	*****	2.7	2.0	1.9
BW14 Anz	*****	*****	*****	12	9	11
BW14 Art	*****	*****	*****	E28	E28	E28
BW15 Max	*****	7.0	9.4	5.9	8.9	8.8
BW15 50P	*****	3.8	5.0	4.1	4.1	2.4
BW15 Min	*****	1.5	1.7	1.6	1.2	1.4
BW15 Anz	*****	26	18	18	19	22
BW15 Art	*****	E14	E14	E14	E14	E14

BSB5 in mg/l – BADEN-WURTTEMBERG	1982	1983	1984	1985	1986	1987
BW16 Max	*****	*****	*****	*****	5.1	5.3
BW16 50P	*****	*****	*****	*****	2.4	1.1
BW16 Min	*****	*****	*****	*****	1.0	0.6
BW16 Anz	*****	*****	*****	*****	18	22
BW16 Art	*****	*****	*****	*****	E14	E14
BW17 Max	*****	*****	*****	*****	4.9	8.5
BW17 50P	*****	*****	*****	*****	2.6	1.2
BW17 Min	*****	*****	*****	*****	0.8	0.7
BW17 Anz	*****	*****	*****	*****	18	22
BW17 Art	*****	*****	*****	*****	E14	E14
BW18 Max	2.3	2.8	2.5	4.3	3.8	1.6
BW18 50P	1.3	1.2	1.2	1.7	1.2	1.0
BW18 Min	<0.8	<0.8	<0.8	<0.8	<0.8	0.4
BW18 Anz	26	25	26	23	23	22
BW18 Art	E14	E14	E14	E14	E14	E14

BSB5 in mg/l – HESSEN	1982	1983	1984	1985	1986	1987
HE01 Max	12.0	9.0	13.0	10.0	9.0	7.0
HE01 50P	3.0	4.0	5.0	6.0	5.0	3.0
HE01 Min	1.0	2.0	2.0	4.0	3.0	<3.0
HE01 Anz	25	26	27	26	26	26
HE01 Art	E14	E14	E14	E14	E14	E14
HE02 Max	9.0	10.0	10.0	7.0	7.0	5.0
HE02 50P	5.0	4.0	4.0	3.0	3.0	2.0
HE02 Min	3.0	2.0	2.0	1.0	2.0	1.0
HE02 Anz	26	25	27	26	25	26
HE02 Art	E14	E14	E14	E14	E14	E14
HE03 Max	15.0	14.0	9.0	7.0	25.0	8.0
HE03 50P	3.5	4.0	3.0	3.0	3.0	2.0
HE03 Min	2.0	2.0	2.0	1.0	1.0	1.0
HE03 Anz	26	25	26	25	25	26
HE03 Art	E14	E14	E14	E14	E14	E14
HE04 Max	*****	*****	93.0	78.0	88.0	45.0
HE04 50P	*****	*****	27.0	31.0	19.0	19.0
HE04 Min	*****	*****	5.0	3.0	5.0	3.0
HE04 Anz	*****	*****	27	26	26	26
HE04 Art	*****	*****	E14	E14	E14	E14
HE05 Max	20.0	17.0	23.0	14.0	73.0	11.0
HE05 50P	7.0	5.5	7.0	8.0	6.0	5.0
HE05 Min	2.0	4.0	4.0	4.0	3.0	3.0
HE05 Anz	24	26	27	26	26	26
HE05 Art	E14	E14	E14	E14	E14	E14
HE06 Max	39.0	14.0	11.0	10.0	10.0	6.0
HE06 50P	4.0	2.0	2.0	2.0	2.0	3.0
HE06 Min	1.0	1.0	2.0	<1.0	<1.0	<1.0
HE06 Anz	13	14	12	12	12	11
HE06 Art	E30	E30	E30	E30	E30	E30
HE07 Max	8.0	8.0	6.0	11.0	16.0	14.0
HE07 50P	2.0	2.0	2.0	3.0	2.0	3.0
HE07 Min	1.0	1.0	1.0	<1.0	<1.0	<3.0
HE07 Anz	13	14	12	12	12	26
HE07 Art	E14	E14	E14	E14	E14	E14
HE08 Max	20.0	11.0	16.0	30.0	8.0	70.0
HE08 50P	2.5	3.5	2.0	2.0	4.0	30.0
HE08 Min	1.0	1.0	1.0	<1.0	<1.0	<1.0
HE08 Anz	13	14	12	12	12	11
HE08 Art	E30	E30	E30	E30	E30	E30

BSB5 in mg/l – SAARLAND	1982	1983	1984	1985	1986	1987
S 01 Max	13.5	7.9	4.9	5.5	6.0	*****
S 01 50P	5.7	4.5	3.5	3.9	3.8	*****
S 01 Min	3.9	2.7	2.7	2.8	2.8	*****
S 01 Anz	11	10	11	10	12	*****
S 01 Art	*****	*****	*****	*****	*****	*****

Allgemeine Erläuterungen im einführenden Text

Besondere Erläuterungen umseitig

CSB in mg/l		NORDRHEIN-WESTFALEN 1982	1983	1984	1985	1986	1987
NW01	Max	17	19	20	18	29	29
NW01	50P	11	14	12	<15	15	15
NW01	Min	6	9	<15	<15	<15	9
NW01	Anz	13	13	13	13	13	26
NW01	Art	E28	E28	E28	E28	E28	M14
NW02	Max	18	23	27	23	29	24
NW02	50P	16	15	18	16	17	13
NW02	Min	10	9	<15	<15	<15	5
NW02	Anz	13	13	13	13	13	13
NW02	Art	E28	E28	E28	E28	E28	E28
NW03	Max	29	24	19	<15	44	*****
NW03	50P	15	12	<15	<15	15	*****
NW03	Min	7	10	<15	<15	<15	*****
NW03	Anz	13	13	13	13	13	*****
NW03	Art	E28	E28	E28	E28	E28	*****
NW04	Max	*****	*****	*****	22	63	*****
NW04	50P	*****	*****	*****	16	<15	*****
NW04	Min	*****	*****	*****	<15	<15	*****
NW04	Anz	*****	*****	*****	4	4	*****
NW04	Art	*****	*****	*****	E91	E91	*****
NW05	Max	*****	*****	*****	<5	6	*****
NW05	50P	*****	*****	*****	<5	<5	*****
NW05	Min	*****	*****	*****	<5	<5	*****
NW05	Anz	*****	*****	*****	12	15	*****
NW05	Art	*****	*****	*****	E28	E28	*****
NW06	Max	35	43	39	26	36	*****
NW06	50P	25	25	21	19	22	*****
NW06	Min	13	12	15	<15	<15	*****
NW06	Anz	13	13	13	13	13	*****
NW06	Art	E28	E28	E28	E28	E28	*****
NW07	Max	*****	*****	*****	20	26	*****
NW07	50P	*****	*****	*****	<15	18	*****
NW07	Min	*****	*****	*****	<15	<15	*****
NW07	Anz	*****	*****	*****	13	13	*****
NW07	Art	*****	*****	*****	E28	E28	*****
NW08	Max	*****	35	16	26	*****	*****
NW08	50P	*****	*****	*****	*****	*****	*****
NW08	Min	*****	35	16	26	*****	*****
NW08	Anz	*****	1	1	3	*****	*****
NW08	Art	*****	E365	E365	E91	*****	*****
NW09	Max	27	26	31	24	37	*****
NW09	50P	15	15	21	<15	16	*****
NW09	Min	9	7	<15	<15	<15	*****
NW09	Anz	13	13	13	13	13	*****
NW09	Art	E28	E28	E28	E28	E28	*****
NW10	Max	14	12	14	9	14	11
NW10	50P	*****	10		*****9	11	*****
NW10	Min	9	8	6	8	7	10
NW10	Anz	4	4	4	3	9	2
NW10	Art	E91	E91	E91	E91	E91	E91
NW11	Max	14	12	12	15	12	12
NW11	50P	*****	*****	*****	*****	10	*****
NW11	Min	8	<5	<5	7	5	10
NW11	Anz	4	4	5	4	4	2
NW11	Art	E91	E91	E91	E91	E91	E91
NW12	Max	<15	<15	<15	20	17	31
NW12	50P	*****	<15	<15	<15	<15	<15
NW12	Min	<15	<15	<15	<15	<15	<15
NW12	Anz	2	4	5	4	5	4
NW12	Art	E91	E91	E91	E91	E91	E91
NW13	Max	49	54	58	48	46	*****
NW13	50P	27	29	31	28	24	*****
NW13	Min	18	15	21	19	5	*****
NW13	Anz	13	13	13	13	13	*****
NW13	Art	E28	E28	E28	E28	E28	*****
NW14	Max	27	57	54	38	26	28
NW14	50P	*****	32	28	*****	20	19
NW14	Min	23	26	23	26	18	<15
NW14	Anz	3	5	4	3	5	4
NW14	Art	E91	E91	E91	E91	E91	E91
NW15	Max	*****	33	54	42	26	34
NW15	50P	*****	26	27	21	17	17
NW15	Min	*****	24	24	18	16	15
NW15	Anz	*****	4	4	4	4	4
NW15	Art	*****	E91	E91	E91	E91	E91

CSB in mg/l		NORDRHEIN-WESTFALEN 1982	1983	1984	1985	1986	1987
NW16	Max	86	37	33	24	44	25
NW16	50P	22	15	15	<15	<15	<15
NW16	Min	<15	<15	<15	<15	<15	<15
NW16	Anz	26	26	27	26	26	26
NW16	Art	E14	E14	M14	M14	M14	M14
NW17	Max	28	40	29	28	31	21
NW17	50P	*****	23	20	20	22	20
NW17	Min	22	20	18	16	<15	<15
NW17	Anz	2	4	4	4	4	4
NW17	Art	E91	E91	E91	E91	E91	E91
NW18	Max	49	34	28	33	41	36
NW18	50P	*****	*****	*****	26	*****	24
NW18	Min	49	28	19	24	21	22
NW18	Anz	1	3	4	4	4	4
NW18	Art	E365	E91	E91	E91	E91	E91
NW19	Max	54	51	43	30	28	30
NW19	50P	31	30	23	25	22	25
NW19	Min	20	18	17	<15	21	<15
NW19	Anz	47	50	4	4	7	6
NW19	Art	E7	E7	E91	E91	E91	E91
NW20	Max	249	42	37	27	27	32
NW20	50P	98	30	29	24	25	27
NW20	Min	30	25	24	19	22	26
NW20	Anz	4	4	4	6	4	4
NW20	Art	E91	E91	E91	E91	E91	E91
NW21	Max	*****	*****	73	32	39	29
NW21	50P	*****	*****	21	20	<20	<20
NW21	Min	*****	*****	16	18	17	<20
NW21	Anz	*****	*****	14	14	16	15
NW21	Art	*****	*****	E28	E28	E28	E28
NW22	Max	16	25	<15	<20	<15	16
NW22	50P	<15	<15	<15	<20	<15	<15
NW22	Min	<15	<15	<15	<15	<15	<15
NW22	Anz	4	6	7	7	9	9
NW22	Art	E91	E91	E91	E91	E91	E91

CSB in mg/l		BERLIN 1982	1983	1984	1985	1986	1987
B 01	Max	25	28	27	33	26	24
B 01	50P	20	21	21	24	21	20
B 01	Min	15	16	15	18	15	15
B 01	Anz	8	12	11	10	10	9
B 01	Art	E30	E30	E30	E30	E30	E30
B 02	Max	37	29	25	28	43	47
B 02	50P	25	22	22	21	24	26
B 02	Min	19	17	17	15	15	17
B 02	Anz	8	11	12	8	10	9
B 02	Art	E30	E30	E30	E30	E30	E30

CSB in mg/l		HAMBURG 1982	1983	1984	1985	1986	1987
HH01	Max	52	64	48	51	72	53
HH01	50P	39	38	38	39	37	32
HH01	Min	22	27	24	25	17	21
HH01	Anz	50	51	51	51	48	52
HH01	Art	E7	E7	E7	E7	E7	E7
HH02	Max	29	40	38	35	*****	*****
HH02	50P	23	27	27	26	*****	*****
HH02	Min	18	20	18	21	*****	*****
HH02	Anz	6	12	12	12	*****	*****
HH02	Art	E61	E30	E30	E30	*****	*****

CSB in mg/l		BREMEN 1982	1983	1984	1985	1986	1987
HB01	Max	46	58	64	53	94	*****
HB01	50P	32	25	23	21	25	*****
HB01	Min	10	<15	<15	<15	<15	*****
HB01	Anz	17	26	27	26	26	*****
HB01	Art	M14	M14	M14	M14	M14	*****

CSB in mg/l		NIEDERSACHSEN 1982	1983	1984	1985	1986	1987
NS01	Max	64	82	55	59	55	37
NS01	50P	*****	48	45	46	44	29
NS01	Min	56	31	33	31	26	16
NS01	Anz	3	12	12	13	12	12
NS01	Art	E30	E30	E30	E30	E30	E30
NS02	Max	65	64	59	57	59	57
NS02	50P	40	42	43	43	42	34
NS02	Min	22	27	25	25	22	26
NS02	Anz	50	52	51	51	49	53
NS02	Art	E7	E7	E7	E7	E7	E7
NS03	Max	*****	*****	*****	44	40	33
NS03	50P	*****	*****	*****	35	31	26
NS03	Min	*****	*****	*****	23	25	19
NS03	Anz	*****	*****	*****	10	11	12
NS03	Art	*****	*****	*****	E30	E30	E30
NS04	Max	32	59	30	26	18	26
NS04	50P	21	<15	<15	<15	<15	<15
NS04	Min	15	15	<15	<15	<15	<15
NS04	Anz	14	26	27	26	26	26
NS04	Art	M14	M14	M14	M14	M14	M14
NS05	Max	30	30	29	34	25	28
NS05	50P	18	19	19	17	<15	<15
NS05	Min	15	<15	<15	<15	<15	<15
NS05	Anz	14	26	27	26	26	25
NS05	Art	M14	M14	M14	M14	M14	M14
NS06	Max	30	41	43	41	34	28
NS06	50P	19	22	19	17	<15	16
NS06	Min	15	<15	<15	<15	<15	<15
NS06	Anz	13	26	27	25	26	26
NS06	Art	E14	E14	M14	M14	M14	M14
NS07	Max	18	35	28	57	35	26
NS07	50P	16	21	22	19	22	17
NS07	Min	15	<15	19	<15	<15	<15
NS07	Anz	4	12	12	12	12	12
NS07	Art	E30	E30	E30	E30	E30	E30
NS08	Max	15	22	33	33	30	29
NS08	50P	*****	*****	22	19	18	<15
NS08	Min	15	21	<15	<15	<15	<15
NS08	Anz	1	2	7	11	12	12
NS08	Art	E365	E182	E30	E30	E30	E30
NS09	Max	27	32	36	29	40	24
NS09	50P	24	24	17	20	20	17
NS09	Min	18	15	<15	19	<15	<15
NS09	Anz	4	12	12	12	12	12
NS09	Art	E30	E30	E30	E30	E30	E30
NS10	Max	17	29	41	19	26	56
NS10	50P	*****	17	<15	16	<15	<15
NS10	Min	16	<15	<15	<15	<15	<15
NS10	Anz	3	12	12	12	12	12
NS10	Art	E30	E30	E30	E30	E30	E30
NS11	Max	35	50	24	36	75	29
NS11	50P	*****	23	18	23	16	<15
NS11	Min	27	16	<15	<15	<15	<15
NS11	Anz	3	12	12	12	12	12
NS11	Art	E30	E30	E30	E30	E30	E30
NS12	Max	35	45	25	40	43	28
NS12	50P	33	25	18	25	20	<15
NS12	Min	31	19	<15	17	15	<15
NS12	Anz	4	12	12	12	12	12
NS12	Art	E30	E30	E30	E30	E30	E30
NS13	Max	24	29	33	52	27	18
NS13	50P	18	21	18	17	16	<15
NS13	Min	<15	<15	<15	<15	<15	<15
NS13	Anz	4	12	11	12	12	12
NS13	Art	E30	E30	E30	E30	E30	E30
NS14	Max	*****	*****	*****	55	61	66
NS14	50P	*****	*****	*****	42	35	33
NS14	Min	*****	*****	*****	<15	<15	<15
NS14	Anz	*****	*****	*****	12	12	12
NS14	Art	*****	*****	*****	E30	E30	E30
NS15	Max	35	43	43	35	32	28
NS15	50P	*****	30	30	25	21	16
NS15	Min	18	19	17	<15	<15	<15
NS15	Anz	3	12	12	12	12	12
NS15	Art	E30	E30	E30	E30	E30	E30

CSB in mg/l		NIEDERSACHSEN 1982	1983	1984	1985	1986	1987
NS16	Max	57	60	45	40	62	39
NS16	50P	*****	36	31	34	34	25
NS16	Min	34	27	17	21	19	15
NS16	Anz	3	12	12	12	12	12
NS16	Art	E30	E30	E30	E30	E30	E30

CSB in mg/l		SCHLESWIG-HOLSTEIN 1982	1983	1984	1985	1986	1987
SH01	Max	42	41	26	*****	*****	*****
SH01	50P	26	20	20	*****	*****	*****
SH01	Min	<15	16	<15	*****	*****	*****
SH01	Anz	10	11	12	*****	*****	*****
SH01	Art	E30	E30	E30	*****	*****	*****
SH02	Max	46	38	49	*****	*****	*****
SH02	50P	26	23	25	*****	*****	*****
SH02	Min	17	15	17	*****	*****	*****
SH02	Anz	12	12	12	*****	*****	*****
SH02	Art	E30	E30	E30	*****	*****	*****
SH03	Max	37	54	48	*****	*****	*****
SH03	50P	25	41	30	*****	*****	*****
SH03	Min	18	21	21	*****	*****	*****
SH03	Anz	11	5	23	*****	*****	*****
SH03	Art	E30	E30	E14	*****	*****	*****
SH04	Max	42	45	50	*****	*****	*****
SH04	50P	37	*****	29	*****	*****	*****
SH04	Min	21	28	20	*****	*****	*****
SH04	Anz	7	3	12	*****	*****	*****
SH04	Art	E91	E91	E91	*****	*****	*****
SH05	Max	41	31	32	*****	*****	*****
SH05	50P	26	25	25	*****	*****	*****
SH05	Min	<15	18	21	*****	*****	*****
SH05	Anz	12	12	12	*****	*****	*****
SH05	Art	E30	E30	E30	*****	*****	*****
SH06	Max	61	39	44	*****	*****	*****
SH06	50P	30	29	26	*****	*****	*****
SH06	Min	<15	22	23	*****	*****	*****
SH06	Anz	12	12	21	*****	*****	*****
SH06	Art	E30	E30	E14	*****	*****	*****

Allgemeine Erläuterungen:

siehe einführenden Text

Sonstiges:

Bei den Berliner Meßstellen B 01 und B 02 handelt es sich um filtrierte Proben.

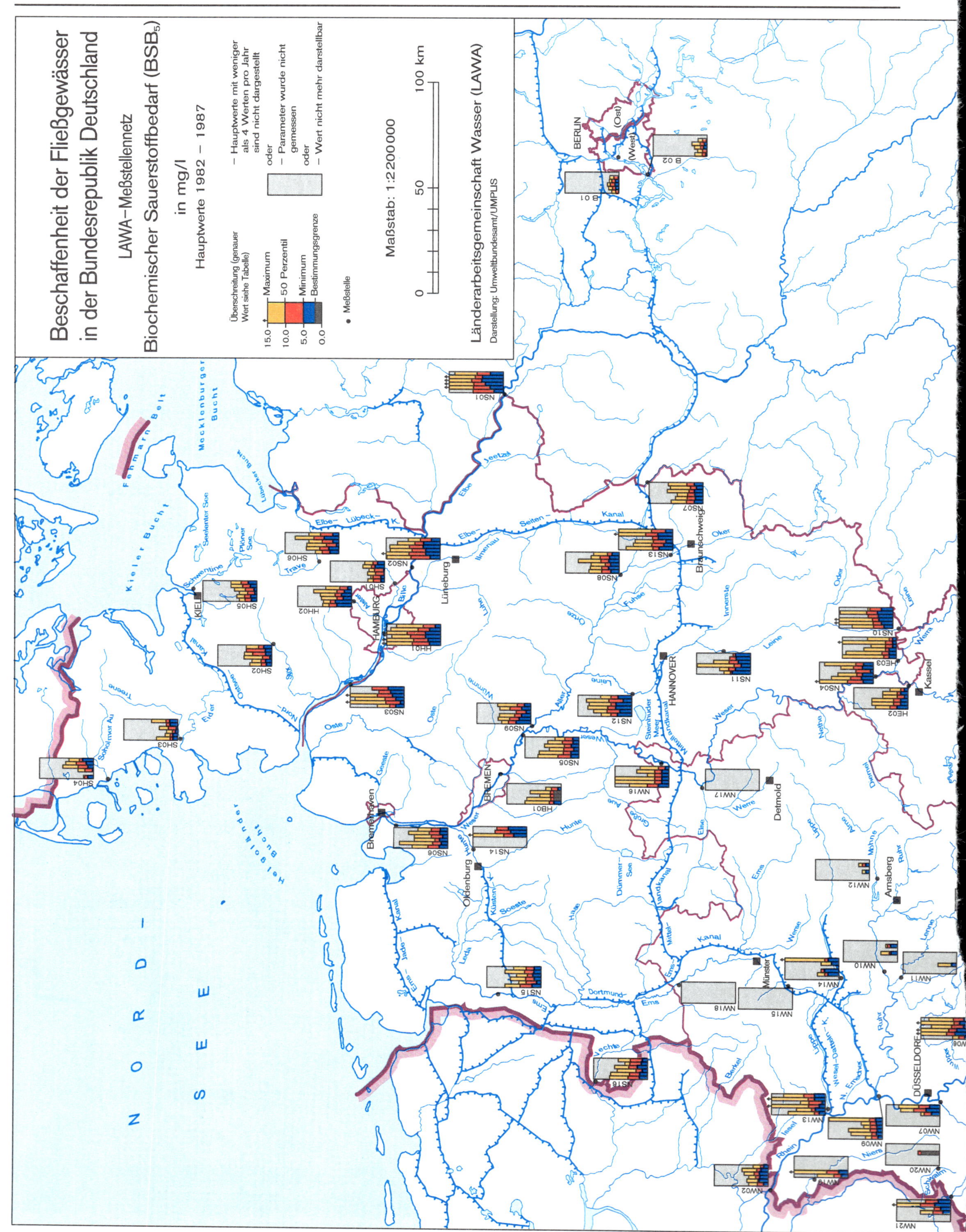
Beschaffenheit der Fließgewässer
in der Bundesrepublik Deutschland
LAWA-Meßstellennetz
Biochemischer Sauerstoffbedarf (BSB5)
in mg/l
Hauptwerte 1982 - 1987
Überschreitung (genauer Wert siehe Tabelle)
15.0
Maximum
10.0
50 Perzentil
5.0
Minimum
0.0
Bestimmungsgrenze
Meßstelle
- Hauptwerte mit weniger als 4 Werten pro Jahr sind nicht dargestellt
oder
- Parameter wurde nicht gemessen
oder
- Wert nicht mehr darstellbar
Maßstab: 1:2200000
0
50
100 km
Länderarbeitsgemeinschaft Wasser (LAWA)
Darstellung: Umweltbundesamt/UMPLIS

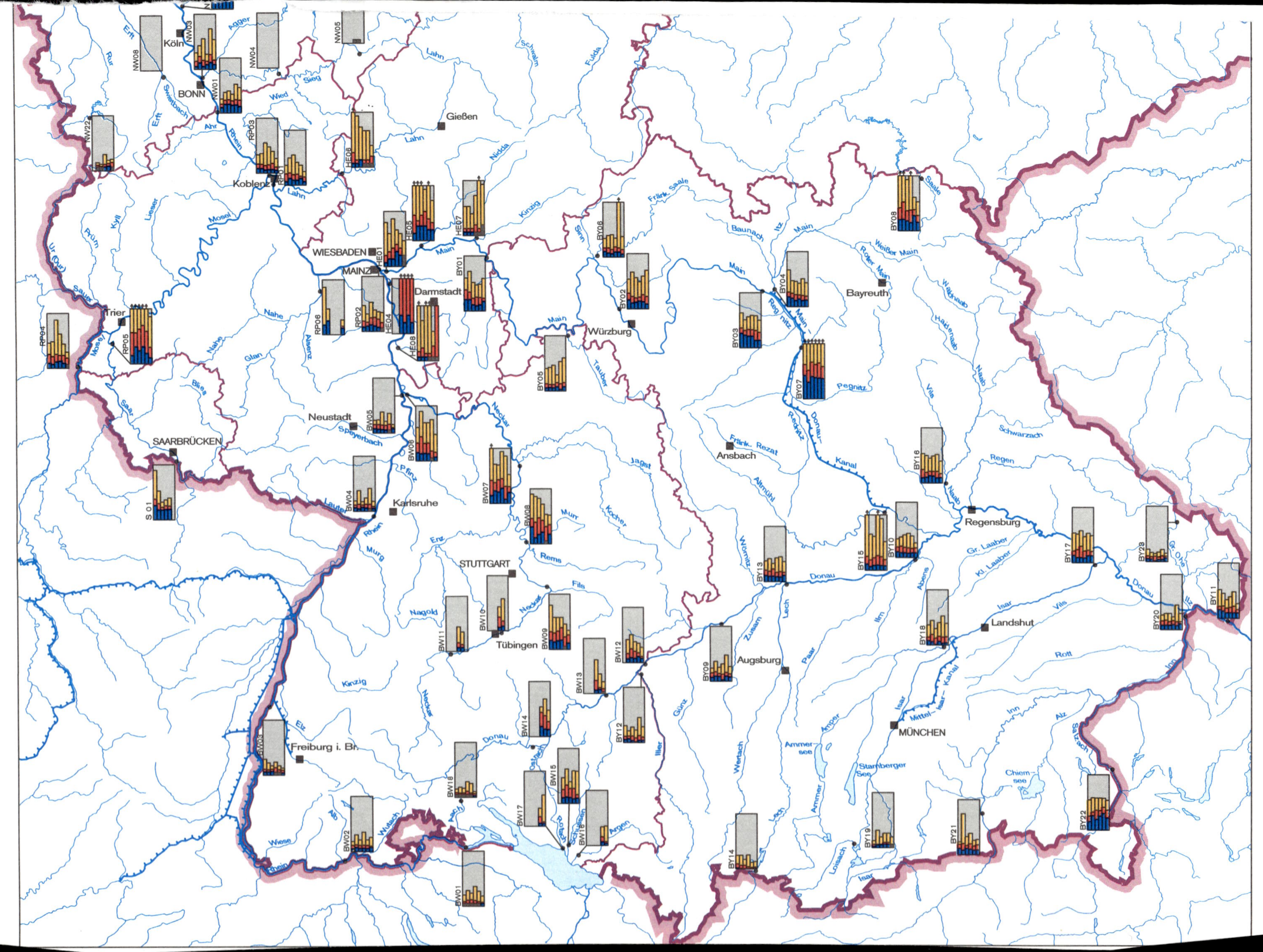

Köln
BONN
Koblenz
Gießen
WIESBADEN
MAINZ
Darmstadt
Würzburg
Bayreuth
Trier
SAARBRÜCKEN
Neustadt
Ansbach
Regensburg
Karlsruhe
STUTTGART
Tübingen
Augsburg
Landshut
MÜNCHEN
Freiburg i. Br.

CSB in mg/l	BAYERN 1982	1983	1984	1985	1986	1987
BY01 Max	40	33	45	29	*****	*****
BY01 50P	24	18	14	18	*****	*****
BY01 Min	<15	10	<10	11	*****	*****
BY01 Anz	26	26	26	26	*****	*****
BY01 Art	E14	E14	E14	E14	*****	*****
BY02 Max	40	26	38	18	42	50
BY02 50P	<15	<15	<15	<15	15	<15
BY02 Min	<15	<10	<15	<15	15	<15
BY02 Anz	26	26	26	26	27	26
BY02 Art	E14	E14	E14	E14	E14	E14
BY03 Max	*****	*****	*****	*****	*****	*****
BY03 50P	*****	*****	*****	*****	*****	*****
BY03 Min	*****	*****	*****	*****	*****	*****
BY03 Anz	*****	*****	*****	*****	*****	*****
BY03 Art	*****	*****	*****	*****	*****	*****
BY04 Max	*****	*****	*****	*****	*****	*****
BY04 50P	*****	*****	*****	*****	*****	*****
BY04 Min	*****	*****	*****	*****	*****	*****
BY04 Anz	*****	*****	*****	*****	*****	*****
BY04 Art	*****	*****	*****	*****	*****	*****
BY05 Max	49	40	47	20	*****	*****
BY05 50P	<15	<15	<15	<15	*****	*****
BY05 Min	<15	<15	<15	<15	*****	*****
BY05 Anz	26	26	26	26	*****	*****
BY05 Art	E14	E14	E14	E14	*****	*****
BY06 Max	22	30	37	16	*****	*****
BY06 50P	<15	<15	<15	<15	*****	*****
BY06 Min	<15	<15	<15	<15	*****	*****
BY06 Anz	26	25	26	25	*****	*****
BY06 Art	E14	E14	E14	E14	*****	*****
BY07 Max	*****	*****	*****	*****	*****	*****
BY07 50P	*****	*****	*****	*****	*****	*****
BY07 Min	*****	*****	*****	*****	*****	*****
BY07 Anz	*****	*****	*****	*****	*****	*****
BY07 Art	*****	*****	*****	*****	*****	*****
BY08 Max	70	61	*****	59	57	47
BY08 50P	26	32	*****	27	23	23
BY08 Min	<15	11	*****	<15	15	15
BY08 Anz	25	25	*****	26	23	26
BY08 Art	E14	E14	*****	E14	E14	E14
BY09 Max	*****	*****	*****	*****	*****	*****
BY09 50P	*****	*****	*****	*****	*****	*****
BY09 Min	*****	*****	*****	*****	*****	*****
BY09 Anz	*****	*****	*****	*****	*****	*****
BY09 Art	*****	*****	*****	*****	*****	*****
BY10 Max	*****	*****	*****	*****	*****	*****
BY10 50P	*****	*****	*****	*****	*****	*****
BY10 Min	*****	*****	*****	*****	*****	*****
BY10 Anz	*****	*****	*****	*****	*****	*****
BY10 Art	*****	*****	*****	*****	*****	*****
BY11 Max	33	31	18	26	*****	22
BY11 50P	<15	<15	<15	<15	*****	<15
BY11 Min	<15	<15	<15	<15	*****	<15
BY11 Anz	26	26	25	26	*****	26
BY11 Art	E14	E14	E14	E14	*****	E14
BY12 Max	*****	*****	*****	*****	*****	*****
BY12 50P	*****	*****	*****	*****	*****	*****
BY12 Min	*****	*****	*****	*****	*****	*****
BY12 Anz	*****	*****	*****	*****	*****	*****
BY12 Art	*****	*****	*****	*****	*****	*****
BY13 Max	*****	*****	*****	*****	*****	*****
BY13 50P	*****	*****	*****	*****	*****	*****
BY13 Min	*****	*****	*****	*****	*****	*****
BY13 Anz	*****	*****	*****	*****	*****	*****
BY13 Art	*****	*****	*****	*****	*****	*****
BY14 Max	*****	*****	*****	*****	*****	*****
BY14 50P	*****	*****	*****	*****	*****	*****
BY14 Min	*****	*****	*****	*****	*****	*****
BY14 Anz	*****	*****	*****	*****	*****	*****
BY14 Art	*****	*****	*****	*****	*****	*****
BY15 Max	50	43	*****	*****	*****	*****
BY15 50P	18	17	*****	*****	*****	*****
BY15 Min	<15	7	*****	*****	*****	*****
BY15 Anz	25	26	*****	*****	*****	*****
BY15 Art	E14	E14	*****	*****	*****	*****

CSB in mg/l	BAYERN 1982	1983	1984	1985	1986	1987
BY16 Max	*****	*****	*****	*****	*****	*****
BY16 50P	*****	*****	*****	*****	*****	*****
BY16 Min	*****	*****	*****	*****	*****	*****
BY16 Anz	*****	*****	*****	*****	*****	*****
BY16 Art	*****	*****	*****	*****	*****	*****
BY17 Max	43	25	*****	*****	*****	*****
BY17 50P	13	15	*****	*****	*****	*****
BY17 Min	10	11	*****	*****	*****	*****
BY17 Anz	25	25	*****	*****	*****	*****
BY17 Art	E14	E14	*****	*****	*****	*****
BY18 Max	*****	*****	*****	*****	56	22
BY18 50P	*****	*****	*****	*****	15	<15
BY18 Min	*****	*****	*****	*****	15	<15
BY18 Anz	*****	*****	*****	*****	27	20
BY18 Art	*****	*****	*****	*****	E14	E14
BY19 Max	*****	*****	*****	*****	*****	*****
BY19 50P	*****	*****	*****	*****	*****	*****
BY19 Min	*****	*****	*****	*****	*****	*****
BY19 Anz	*****	*****	*****	*****	*****	*****
BY19 Art	*****	*****	*****	*****	*****	*****
BY20 Max	*****	*****	*****	*****	*****	*****
BY20 50P	*****	*****	*****	*****	*****	*****
BY20 Min	*****	*****	*****	*****	*****	*****
BY20 Anz	*****	*****	*****	*****	*****	*****
BY20 Art	*****	*****	*****	*****	*****	*****
BY21 Max	*****	15	*****	*****	*****	*****
BY21 50P	*****	4	*****	*****	*****	*****
BY21 Min	*****	1	*****	*****	*****	*****
BY21 Anz	*****	7	*****	*****	*****	*****
BY21 Art	*****	E14	*****	*****	*****	*****
BY22 Max	*****	*****	*****	*****	*****	57
BY22 50P	*****	*****	*****	*****	*****	15
BY22 Min	*****	*****	*****	*****	*****	10
BY22 Anz	*****	*****	*****	*****	*****	20
BY22 Art	*****	*****	*****	*****	*****	E14
BY23 Max	*****	*****	*****	*****	*****	*****
BY23 50P	*****	*****	*****	*****	*****	*****
BY23 Min	*****	*****	*****	*****	*****	*****
BY23 Anz	*****	*****	*****	*****	*****	*****
BY23 Art	*****	*****	*****	*****	*****	*****

CSB in mg/l	RHEINLAND-PFALZ 1982	1983	1984	1985	1986	1987
RP01 Max	31	22	33	21	23	26
RP01 50P	13	13	16	15	15	15
RP01 Min	9	10	10	11	10	9
RP01 Anz	26	26	27	26	26	26
RP01 Art	M14	M14	M14	M14	M14	M14
RP02 Max	15	19	19	16	21	19
RP02 50P	11	11	13	12	12	12
RP02 Min	6	7	6	6	6	7
RP02 Anz	26	25	27	26	26	26
RP02 Art	M14	M14	M14	M14	M14	M14
RP03 Max	44	25	38	28	35	27
RP03 50P	16	16	17	16	18	15
RP03 Min	8	9	8	9	14	8
RP03 Anz	26	26	27	26	26	25
RP03 Art	M14	M14	M14	M14	M14	M14
RP04 Max	36	40	45	20	25	25
RP04 50P	17	19	15	14	16	18
RP04 Min	<5	11	5	9	5	9
RP04 Anz	26	26	27	26	26	26
RP04 Art	M14	M14	M14	M14	M14	M14
RP05 Max	36	31	58	34	43	33
RP05 50P	19	21	16	23	25	18
RP05 Min	11	11	12	7	7	11
RP05 Anz	26	26	27	26	25	26
RP05 Art	M14	M14	M14	M14	M14	M14
RP06 Max	*****	*****	*****	33	31	56
RP06 50P	*****	*****	*****	*****	19	17
RP06 Min	*****	*****	*****	16	14	9
RP06 Anz	*****	*****	*****	7	20	21
RP06 Art	*****	*****	*****	M14	M14	M14

CSB in mg/l	BADEN-WÜRTTEMBERG 1982	1983	1984	1985	1986	1987
BW01 Max	8	11	8	13	8	9
BW01 50P	<5	5	6	6	5	<5
BW01 Min	<5	<5	<5	<5	<5	<5
BW01 Anz	26	24	26	26	24	27
BW01 Art	M14	M14	M14	M14	M14	M14
BW02 Max	*****	*****	*****	*****	*****	*****
BW02 50P	*****	*****	*****	*****	*****	*****
BW02 Min	*****	*****	*****	*****	*****	*****
BW02 Anz	*****	*****	*****	*****	*****	*****
BW02 Art	*****	*****	*****	*****	*****	*****
BW03 Max	12	12	15	14	14	10
BW03 50P	8	9	10	11	9	7
BW03 Min	<5	<5	6	5	5	<5
BW03 Anz	26	26	27	26	24	27
BW03 Art	M14	M14	M14	M14	M14	M14
BW04 Max	16	15	21	17	14	12
BW04 50P	8	10	12	11	10	8
BW04 Min	<5	5	7	5	<5	<5
BW04 Anz	26	26	27	26	24	23
BW04 Art	M14	M14	M14	M14	M14	M14
BW05 Max	*****	*****	*****	22	18	19
BW05 50P	*****	*****	*****	13	10	7
BW05 Min	*****	*****	*****	6	6	<5
BW05 Anz	*****	*****	*****	24	23	27
BW05 Art	*****	*****	*****	M14	M14	M14
BW06 Max	20	31	32	24	25	32
BW06 50P	12	14	16	15	13	11
BW06 Min	7	<5	10	11	7	6
BW06 Anz	26	26	27	26	22	25
BW06 Art	M14	M14	M14	M14	M14	M14
BW07 Max	*****	*****	*****	*****	*****	*****
BW07 50P	*****	*****	*****	*****	*****	*****
BW07 Min	*****	*****	*****	*****	*****	*****
BW07 Anz	*****	*****	*****	*****	*****	*****
BW07 Art	*****	*****	*****	*****	*****	*****
BW08 Max	*****	*****	*****	*****	*****	*****
BW08 50P	*****	*****	*****	*****	*****	*****
BW08 Min	*****	*****	*****	*****	*****	*****
BW08 Anz	*****	*****	*****	*****	*****	*****
BW08 Art	*****	*****	*****	*****	*****	*****
BW09 Max	*****	*****	*****	*****	*****	*****
BW09 50P	*****	*****	*****	*****	*****	*****
BW09 Min	*****	*****	*****	*****	*****	*****
BW09 Anz	*****	*****	*****	*****	*****	*****
BW09 Art	*****	*****	*****	*****	*****	*****
BW10 Max	*****	*****	*****	*****	*****	*****
BW10 50P	*****	*****	*****	*****	*****	*****
BW10 Min	*****	*****	*****	*****	*****	*****
BW10 Anz	*****	*****	*****	*****	*****	*****
BW10 Art	*****	*****	*****	*****	*****	*****
BW11 Max	*****	*****	*****	*****	*****	*****
BW11 50P	*****	*****	*****	*****	*****	*****
BW11 Min	*****	*****	*****	*****	*****	*****
BW11 Anz	*****	*****	*****	*****	*****	*****
BW11 Art	*****	*****	*****	*****	*****	*****
BW12 Max	*****	*****	*****	24	23	16
BW12 50P	*****	*****	*****	13	12	8
BW12 Min	*****	*****	*****	5	6	4
BW12 Anz	*****	*****	*****	22	22	22
BW12 Art	*****	*****	*****	M14	M14	M14
BW13 Max	*****	*****	*****	*****	*****	*****
BW13 50P	*****	*****	*****	*****	*****	*****
BW13 Min	*****	*****	*****	*****	*****	*****
BW13 Anz	*****	*****	*****	*****	*****	*****
BW13 Art	*****	*****	*****	*****	*****	*****
BW14 Max	*****	*****	*****	*****	*****	*****
BW14 50P	*****	*****	*****	*****	*****	*****
BW14 Min	*****	*****	*****	*****	*****	*****
BW14 Anz	*****	*****	*****	*****	*****	*****
BW14 Art	*****	*****	*****	*****	*****	*****
BW15 Max	*****	*****	*****	*****	*****	*****
BW15 50P	*****	*****	*****	*****	*****	*****
BW15 Min	*****	*****	*****	*****	*****	*****
BW15 Anz	*****	*****	*****	*****	*****	*****
BW15 Art	*****	*****	*****	*****	*****	*****

CSB in mg/l	BADEN-WURTTEMBERG 1982	1983	1984	1985	1986	1987
BW16 Max	*****	*****	*****	*****	*****	*****
BW16 50P	*****	*****	*****	*****	*****	*****
BW16 Min	*****	*****	*****	*****	*****	*****
BW16 Anz	*****	*****	*****	*****	*****	*****
BW16 Art	*****	*****	*****	*****	*****	*****
BW17 Max	*****	*****	*****	*****	*****	*****
BW17 50P	*****	*****	*****	*****	*****	*****
BW17 Min	*****	*****	*****	*****	*****	*****
BW17 Anz	*****	*****	*****	*****	*****	*****
BW17 Art	*****	*****	*****	*****	*****	*****
BW18 Max	*****	*****	*****	*****	*****	*****
BW18 50P	*****	*****	*****	*****	*****	*****
BW18 Min	*****	*****	*****	*****	*****	*****
BW18 Anz	*****	*****	*****	*****	*****	*****
BW18 Art	*****	*****	*****	*****	*****	*****

CSB in mg/l	HESSEN 1982	1983	1984	1985	1986	1987
HE01 Max	24	26	31	33	28	31
HE01 50P	18	17	14	21	<15	10
HE01 Min	12	9	7	8	<15	6
HE01 Anz	25	26	27	26	26	26
HE01 Art	M14	M14	M14	M14	M14	M14
HE02 Max	42	22	36	25	32	34
HE02 50P	15	14	15	<15	19	16
HE02 Min	7	8	10	<15	<15	10
HE02 Anz	26	25	27	25	26	26
HE02 Art	M14	M14	M14	M14	M14	M14
HE03 Max	76	47	43	55	76	72
HE03 50P	52	22	24	37	34	32
HE03 Min	10	10	12	8	23	19
HE03 Anz	22	26	27	26	26	26
HE03 Art	M14	M14	M14	M14	M14	M14
HE04 Max	*****	*****	88	>100	145	148
HE04 50P	*****	*****	44	61	49	28
HE04 Min	*****	*****	17	38	20	10
HE04 Anz	*****	*****	27	25	26	26
HE04 Art	*****	*****	M14	M14	M14	M14
HE05 Max	30	25	27	30	32	27
HE05 50P	23	17	16	19	<15	9
HE05 Min	12	12	7	7	<15	<5
HE05 Anz	17	22	26	25	26	26
HE05 Art	M14	M14	M14	M14	M14	M14
HE06 Max	99	*****	*****	20	37	24
HE06 50P	16	*****	*****	13	10	9
HE06 Min	9	*****	*****	7	5	4
HE06 Anz	13	*****	*****	12	12	12
HE06 Art	E30	*****	*****	E30	E30	E30
HE07 Max	19	19	16	34	21	23
HE07 50P	12	13	11	21	11	10
HE07 Min	5	8	3	7	3	3
HE07 Anz	13	14	12	12	12	26
HE07 Art	M14	M14	M14	M14	M14	M14
HE08 Max	41	35	26	50	35	17
HE08 50P	17	14	13	23	11	11
HE08 Min	12	8	6	11	4	5
HE08 Anz	13	14	12	12	12	12
HE08 Art	E30	E30	E30	E30	E30	E30

CSB in mg/l	SAARLAND 1982	1983	1984	1985	1986	1987
S 01 Max	*****	*****	15	21	29	*****
S 01 50P	*****	*****	<15	<15	<15	*****
S 01 Min	*****	*****	<15	<15	<15	*****
S 01 Anz	*****	*****	11	10	12	*****
S 01 Art	*****	*****	*****	*****	*****	*****

Allgemeine Erlauterungen im einfuhrenden Text

Besondere Erlauterungen umseitig

NO3-N BAYERN

NO3-N in mg/l	1982	1983	1984	1985	1986	1987
BY01 Max	6.1	8.2	6.6	7.1	6.6	6.7
BY01 50P	4.7	4.5	5.7	5.7	5.1	5.2
BY01 Min	2.0	2.2	2.7	4.5	2.5	3.5
BY01 Anz	26	26	26	26	27	25
BY01 Art	E14	E14	E14	E14	E14	E14
BY02 Max	7.4	7.5	6.9	7.5	7.4	7.5
BY02 50P	5.6	5.8	6.1	5.9	6.2	6.1
BY02 Min	3.6	4.7	4.9	4.5	3.6	3.0
BY02 Anz	26	26	26	26	27	26
BY02 Art	E14	E14	E14	E14	E14	E14
BY03 Max	5.7	5.4	6.0	6.7	8.5	6.6
BY03 50P	4.1	4.3	4.8	5.1	5.8	5.2
BY03 Min	3.2	3.3	4.0	4.0	4.0	4.1
BY03 Anz	26	26	26	25	27	26
BY03 Art	E14	E14	E14	E14	E14	E14
BY04 Max	5.2	5.2	5.5	5.6	8.9	6.2
BY04 50P	3.6	3.9	4.4	4.3	4.8	4.6
BY04 Min	2.1	2.9	3.2	3.0	3.3	3.3
BY04 Anz	26	25	25	22	26	26
BY04 Art	E14	E14	E14	E14	E14	E14
BY05 Max	9.5	10.0	10.8	16.0	14.0	11.4
BY05 50P	7.6	8.4	8.7	9.0	9.0	9.2
BY05 Min	6.8	7.4	6.8	7.5	6.0	4.8
BY05 Anz	26	26	26	26	27	26
BY05 Art	E14	E14	E14	E14	E14	E14
BY06 Max	5.7	6.3	6.2	6.0	6.3	6.0
BY06 50P	4.5	5.0	4.9	4.8	5.0	5.0
BY06 Min	1.7	1.7	3.8	3.8	2.7	3.9
BY06 Anz	26	25	26	25	26	26
BY06 Art	E14	E14	E14	E14	E14	E14
BY07 Max	7.8	7.2	6.1	8.0	8.7	8.2
BY07 50P	5.1	5.2	5.2	5.7	6.6	6.6
BY07 Min	3.3	3.9	4.0	3.7	5.0	4.6
BY07 Anz	25	26	26	25	27	26
BY07 Art	E14	E14	E14	E14	E14	E14
BY08 Max	5.9	7.8	7.2	8.5	7.3	7.7
BY08 50P	2.8	2.6	4.1	3.7	4.7	4.6
BY08 Min	0.9	1.4	2.4	1.1	2.1	1.9
BY08 Anz	25	25	26	26	24	26
BY08 Art	E14	E14	E14	E14	E14	E14
BY09 Max	4.3	4.4	4.2	4.5	4.8	4.6
BY09 50P	3.2	3.1	3.0	3.1	3.4	3.7
BY09 Min	2.0	1.4	2.3	1.8	1.9	2.4
BY09 Anz	26	26	26	25	26	26
BY09 Art	E14	E14	E14	E14	E14	E14
BY10 Max	4.5	4.4	4.4	7.1	6.9	4.8
BY10 50P	3.0	2.6	2.4	3.0	3.5	3.7
BY10 Min	1.4	1.4	1.5	1.5	2.2	2.6
BY10 Anz	26	26	26	26	26	27
BY10 Art	E14	E14	E14	E14	E14	E14
BY11 Max	3.4	4.3	4.2	3.8	4.2	4.0
BY11 50P	2.1	1.9	1.8	2.2	2.5	2.4
BY11 Min	1.1	0.9	0.9	1.1	0.1	1.1
BY11 Anz	26	26	26	26	27	26
BY11 Art	E14	E14	E14	E14	E14	E14
BY12 Max	3.5	3.2	3.3	4.1	3.8	3.6
BY12 50P	2.0	2.2	2.2	2.1	2.2	2.4
BY12 Min	1.2	1.3	1.2	1.2	1.0	1.3
BY12 Anz	26	26	26	25	27	26
BY12 Art	E14	E14	E14	E14	E14	E14
BY13 Max	2.9	2.5	2.2	2.6	3.0	3.6
BY13 50P	1.6	1.5	1.5	2.1	2.1	2.0
BY13 Min	0.6	1.0	1.0	1.1	1.3	1.0
BY13 Anz	26	26	26	25	26	26
BY13 Art	E14	E14	E14	E14	E14	E14
BY14 Max	0.8	0.7	2.2	1.7	0.7	0.7
BY14 50P	0.4	0.5	0.4	0.4	0.5	0.5
BY14 Min	0.2	0.3	0.1	0.2	0.3	0.3
BY14 Anz	26	26	25	26	26	26
BY14 Art	E14	E14	E14	E14	E14	E14
BY15 Max	6.8	7.2	8.3	8.3	9.3	8.1
BY15 50P	4.0	4.7	5.0	5.4	6.1	5.6
BY15 Min	2.4	3.1	4.0	2.8	3.7	4.7
BY15 Anz	26	26	25	26	27	26
BY15 Art	E14	E14	E14	E14	E14	E14

NO3-N BAYERN

NO3-N in mg/l	1982	1983	1984	1985	1986	1987
BY16 Max	7.0	5.0	5.3	5.0	5.9	5.3
BY16 50P	3.1	3.3	3.7	3.5	3.9	3.8
BY16 Min	2.4	2.7	2.1	2.7	2.7	3.1
BY16 Anz	26	26	25	26	27	26
BY16 Art	E14	E14	E14	E14	E14	E14
BY17 Max	4.8	4.2	4.4	5.2	4.7	5.1
BY17 50P	3.4	3.3	3.0	4.0	3.7	3.5
BY17 Min	1.7	1.7	2.3	2.5	2.4	1.6
BY17 Anz	25	25	26	26	27	26
BY17 Art	E14	E14	E14	E14	E14	E14
BY18 Max	4.3	4.1	3.9	4.7	5.2	5.7
BY18 50P	2.1	2.4	2.3	2.6	3.2	3.9
BY18 Min	1.0	0.9	1.0	1.4	0.9	<0.1
BY18 Anz	26	26	26	26	25	26
BY18 Art	E14	E14	E14	E14	E14	E14
BY19 Max	1.0	1.2	1.1	1.3	1.2	1.2
BY19 50P	0.8	0.9	0.9	1.0	1.0	1.0
BY19 Min	0.6	0.4	0.7	0.4	0.6	0.7
BY19 Anz	26	25	26	24	25	25
BY19 Art	E14	E14	E14	E14	E14	E14
BY20 Max	2.2	2.7	2.2	2.5	3.7	2.5
BY20 50P	1.1	1.1	1.1	1.3	1.2	1.1
BY20 Min	0.6	0.5	0.5	0.3	<0.1	0.5
BY20 Anz	26	26	26	26	27	26
BY20 Art	E14	E14	E14	E14	E14	E14
BY21 Max	0.9	3.5	0.9	1.6	1.0	0.8
BY21 50P	0.5	0.6	0.6	0.6	0.5	0.6
BY21 Min	0.3	<0.1	0.1	0.4	0.4	0.3
BY21 Anz	25	26	26	24	27	26
BY21 Art	E14	E14	E14	E14	E14	E14
BY22 Max	1.0	1.0	0.8	0.9	1.0	1.1
BY22 50P	0.6	0.5	0.5	0.6	0.6	0.5
BY22 Min	0.3	0.4	0.4	0.5	0.3	0.4
BY22 Anz	26	26	26	26	26	26
BY22 Art	E14	E14	E14	E14	E14	E14
BY23 Max	1.8	4.2	2.3	1.4	1.3	1.2
BY23 50P	0.8	0.9	0.9	0.9	0.8	0.8
BY23 Min	0.4	0.3	0.2	0.7	0.1	<0.1
BY23 Anz	26	26	26	26	27	26
BY23 Art	E14	E14	E14	E14	E14	E14

NO3-N RHEINLAND-PFALZ

NO3-N in mg/l	1982	1983	1984	1985	1986	1987
RP01 Max	3.8	5.4	5.5	4.8	4.7	4.5
RP01 50P	2.9	3.3	3.6	3.5	3.4	3.6
RP01 Min	1.9	2.4	2.2	2.3	2.4	2.4
RP01 Anz	26	26	27	26	26	26
RP01 Art	M14	M14	M14	M14	M14	M14
RP02 Max	3.7	4.2	4.3	5.1	5.0	4.6
RP02 50P	2.2	2.8	3.3	3.4	3.4	3.3
RP02 Min	1.5	2.1	1.7	2.3	2.4	2.1
RP02 Anz	26	26	27	26	26	26
RP02 Art	M14	M14	M14	M14	M14	M14
RP03 Max	4.8	5.5	5.1	6.4	5.1	4.7
RP03 50P	3.9	3.7	4.6	4.7	4.0	4.3
RP03 Min	3.0	2.9	3.8	3.4	3.1	2.2
RP03 Anz	26	26	27	26	26	25
RP03 Art	M14	M14	M14	M14	M14	M14
RP04 Max	2.7	3.4	4.5	4.4	5.0	4.5
RP04 50P	1.7	1.8	2.8	3.1	3.0	3.0
RP04 Min	1.0	0.7	1.5	1.9	1.3	2.3
RP04 Anz	26	26	27	26	26	25
RP04 Art	M14	M14	M14	M14	M14	M14
RP05 Max	6.2	8.9	6.5	4.7	7.0	5.8
RP05 50P	3.9	4.1	4.7	3.5	4.5	4.4
RP05 Min	1.9	2.5	2.0	2.7	1.9	3.2
RP05 Anz	26	26	27	26	25	25
RP05 Art	M14	M14	M14	M14	M14	M14
RP06 Max	9.2	7.5	5.2	7.2	8.2	6.3
RP06 50P	*****	*****	*****	*****	5.7	5.8
RP06 Min	3.2	3.8	4.6	5.5	5.1	4.5
RP06 Anz	8	8	4	6	10	20
RP06 Art	E	E	E	1M	1M	M14

NO3-N BADEN-WÜRTTEMBERG

NO3-N in mg/l	1982	1983	1984	1985	1986	1987
BW01 Max	2.0	1.7	1.4	1.2	1.1	1.1
BW01 50P	0.8	0.7	0.9	0.7	0.7	0.7
BW01 Min	0.4	0.2	0.5	0.2	0.2	0.5
BW01 Anz	26	26	27	26	26	27
BW01 Art	M14	M14	M14	M14	M14	M14
BW02 Max	2.0	1.9	2.2	2.4	3.2	2.9
BW02 50P	1.4	1.2	1.4	1.3	1.6	1.5
BW02 Min	0.7	0.5	0.7	0.8	1.0	1.0
BW02 Anz	26	25	27	26	25	26
BW02 Art	M14	M14	M14	M14	M14	M14
BW03 Max	3.0	2.4	2.5	2.4	2.7	2.6
BW03 50P	1.7	1.5	2.0	1.7	1.7	1.9
BW03 Min	0.6	0.8	1.0	1.0	1.1	1.0
BW03 Anz	26	26	27	26	26	27
BW03 Art	M14	M14	M14	M14	M14	M14
BW04 Max	2.8	2.1	2.5	2.2	2.8	2.6
BW04 50P	1.6	1.5	1.9	1.7	1.9	1.9
BW04 Min	0.7	0.7	0.9	1.1	1.3	1.1
BW04 Anz	26	26	27	26	26	23
BW04 Art	M14	M14	M14	M14	M14	M14
BW05 Max	3.6	2.6	3.2	3.2	2.7	3.0
BW05 50P	1.9	2.1	2.2	2.0	1.9	2.3
BW05 Min	0.8	0.8	1.3	1.2	1.4	1.0
BW05 Anz	26	26	27	24	25	27
BW05 Art	M14	M14	M14	M14	M14	M14
BW06 Max	7.0	8.7	7.9	8.4	9.0	7.7
BW06 50P	5.8	5.7	6.2	6.0	6.2	6.1
BW06 Min	4.8	4.6	5.2	4.7	5.3	3.7
BW06 Anz	26	22	27	26	24	25
BW06 Art	M14	M14	M14	M14	M14	M14
BW07 Max	6.5	11.3	11.6	10.0	8.6	8.0
BW07 50P	5.2	5.8	6.7	7.1	6.1	6.2
BW07 Min	4.6	4.1	4.9	4.6	5.0	5.0
BW07 Anz	26	23	27	26	26	27
BW07 Art	M14	M14	M14	M14	M14	M14
BW08 Max	7.0	11.1	12.3	9.9	8.9	7.7
BW08 50P	5.6	5.6	6.3	6.3	6.6	6.4
BW08 Min	3.6	4.5	5.3	4.4	4.9	5.2
BW08 Anz	18	22	27	24	25	27
BW08 Art	M14	M14	M14	M14	M14	M14
BW09 Max	6.6	9.0	9.6	8.6	7.1	7.4
BW09 50P	4.8	4.8	5.4	5.5	5.3	5.2
BW09 Min	4.0	3.8	4.4	3.5	4.5	4.3
BW09 Anz	26	26	27	26	26	27
BW09 Art	M14	M14	M14	M14	M14	M14
BW10 Max	*****	*****	*****	6.2	6.3	*****
BW10 50P	*****	*****	*****	4.8	4.8	*****
BW10 Min	*****	*****	*****	3.5	3.8	*****
BW10 Anz	*****	*****	*****	12	11	*****
BW10 Art	*****	*****	*****	E28	E28	*****
BW11 Max	*****	*****	*****	6.2	5.5	*****
BW11 50P	*****	*****	*****	4.9	4.7	*****
BW11 Min	*****	*****	*****	3.4	3.6	*****
BW11 Anz	*****	*****	*****	12	11	*****
BW11 Art	*****	*****	*****	E28	E28	*****
BW12 Max	4.6	5.7	4.5	4.4	6.5	5.1
BW12 50P	3.6	3.4	3.5	3.2	3.8	4.1
BW12 Min	2.4	2.2	2.5	2.3	2.6	3.5
BW12 Anz	25	26	23	23	23	22
BW12 Art	M14	M14	M14	M14	M14	M14
BW13 Max	*****	*****	*****	6.5	4.1	4.2
BW13 50P	*****	*****	*****	3.4	3.3	3.5
BW13 Min	*****	*****	*****	2.2	2.9	3.0
BW13 Anz	*****	*****	*****	12	9	12
BW13 Art	*****	*****	*****	E28	E28	E28
BW14 Max	*****	*****	*****	4.9	4.9	4.6
BW14 50P	*****	*****	*****	3.7	4.3	4.1
BW14 Min	*****	*****	*****	3.1	3.7	3.8
BW14 Anz	*****	*****	*****	12	11	8
BW14 Art	*****	*****	*****	E28	E28	E28
BW15 Max	*****	5.8	5.2	5.1	5.6	6.7
BW15 50P	*****	3.5	4.2	4.2	4.6	4.5
BW15 Min	*****	1.3	2.9	3.3	3.8	3.3
BW15 Anz	*****	22	24	20	21	21
BW15 Art	*****	M14	M14	M14	M14	M14

NO3-N BADEN-WÜRTTEMBERG

NO3-N in mg/l	1982	1983	1984	1985	1986	1987
BW16 Max	*****	*****	3.1	2.5	3.5	3.4
BW16 50P	*****	*****	2.2	1.7	1.9	2.0
BW16 Min	*****	*****	1.3	1.4	1.3	1.6
BW16 Anz	*****	*****	16	18	17	20
BW16 Art	*****	*****	M14	M14	M14	M14
BW17 Max	*****	*****	5.7	4.6	5.8	5.2
BW17 50P	*****	*****	3.9	3.5	4.4	4.6
BW17 Min	*****	*****	3.2	2.3	3.4	3.1
BW17 Anz	*****	*****	13	14	19	22
BW17 Art	*****	*****	M14	M14	M14	M14
BW18 Max	4.6	4.9	4.4	5.1	4.7	4.0
BW18 50P	3.2	3.0	3.3	3.6	3.4	3.3
BW18 Min	2.1	2.3	2.8	1.0	2.2	2.7
BW18 Anz	24	26	27	26	25	27
BW18 Art	M14	M14	M14	M14	M14	M14

NO3-N HESSEN

NO3-N in mg/l	1982	1983	1984	1985	1986	1987
HE01 Max	9.7	9.8	9.2	8.5	9.8	7.5
HE01 50P	7.5	5.8	6.7	6.4	6.9	6.4
HE01 Min	2.8	4.3	4.5	2.3	6.0	5.1
HE01 Anz	25	26	27	25	26	26
HE01 Art	M14	M14	M14	M14	M14	M14
HE02 Max	5.8	7.9	6.1	6.8	7.2	5.8
HE02 50P	4.4	5.1	5.0	5.0	5.0	4.3
HE02 Min	3.0	3.2	0.4	3.4	0.9	0.7
HE02 Anz	26	25	27	25	26	26
HE02 Art	M14	M14	M14	M14	M14	M14
HE03 Max	6.0	5.7	5.9	5.3	6.3	6.3
HE03 50P	3.5	3.9	4.4	3.7	4.2	4.0
HE03 Min	0.9	2.4	2.1	2.7	1.6	2.4
HE03 Anz	26	26	27	26	26	26
HE03 Art	M14	M14	M14	M14	M14	M14
HE04 Max	*****	*****	6.7	6.3	7.9	7.7
HE04 50P	*****	*****	3.6	4.5	4.7	5.5
HE04 Min	*****	*****	1.0	1.1	2.0	3.5
HE04 Anz	*****	*****	27	25	26	26
HE04 Art	*****	*****	M14	M14	M14	M14
HE05 Max	9.9	8.4	7.3	7.9	7.8	6.7
HE05 50P	6.8	5.8	5.5	5.8	5.7	5.4
HE05 Min	4.4	3.8	2.7	3.4	4.8	4.3
HE05 Anz	17	22	26	25	26	26
HE05 Art	M14	M14	M14	M14	M14	M14
HE06 Max	8.9	6.6	6.3	9.4	6.3	6.4
HE06 50P	4.9	3.1	2.6	2.5	4.8	4.8
HE06 Min	0.3	1.1	2.0	0.7	3.6	2.8
HE06 Anz	13	12	12	12	12	12
HE06 Art	E30	E30	E30	E30	E30	E30
HE07 Max	13.2	4.6	3.6	3.6	6.3	6.8
HE07 50P	2.2	2.7	2.5	2.4	3.9	3.5
HE07 Min	0.0	1.4	1.9	0.2	0.2	2.7
HE07 Anz	13	14	12	12	12	26
HE07 Art	M14	M14	M14	M14	M14	M14
HE08 Max	6.2	9.3	9.0	6.2	17.3	9.5
HE08 50P	5.0	3.8	3.6	2.3	4.7	5.1
HE08 Min	1.4	1.8	1.3	0.4	0.9	3.9
HE08 Anz	13	14	12	12	12	12
HE08 Art	E30	E30	E30	E30	E30	E30

NO3-N SAARLAND

NO3-N in mg/l	1982	1983	1984	1985	1986	1987
S 01 Max	13.7	16.4	16.4	18.6	17.4	*****
S 01 50P	12.1	12.6	13.8	14.3	14.5	*****
S 01 Min	10.9	9.2	10.3	12.4	11.2	*****
S 01 Anz	11	10	11	10	12	*****
S 01 Art	*****	*****	*****	*****	*****	*****

Allgemeine Erläuterungen im einführenden Text

Besondere Erläuterungen umseitig

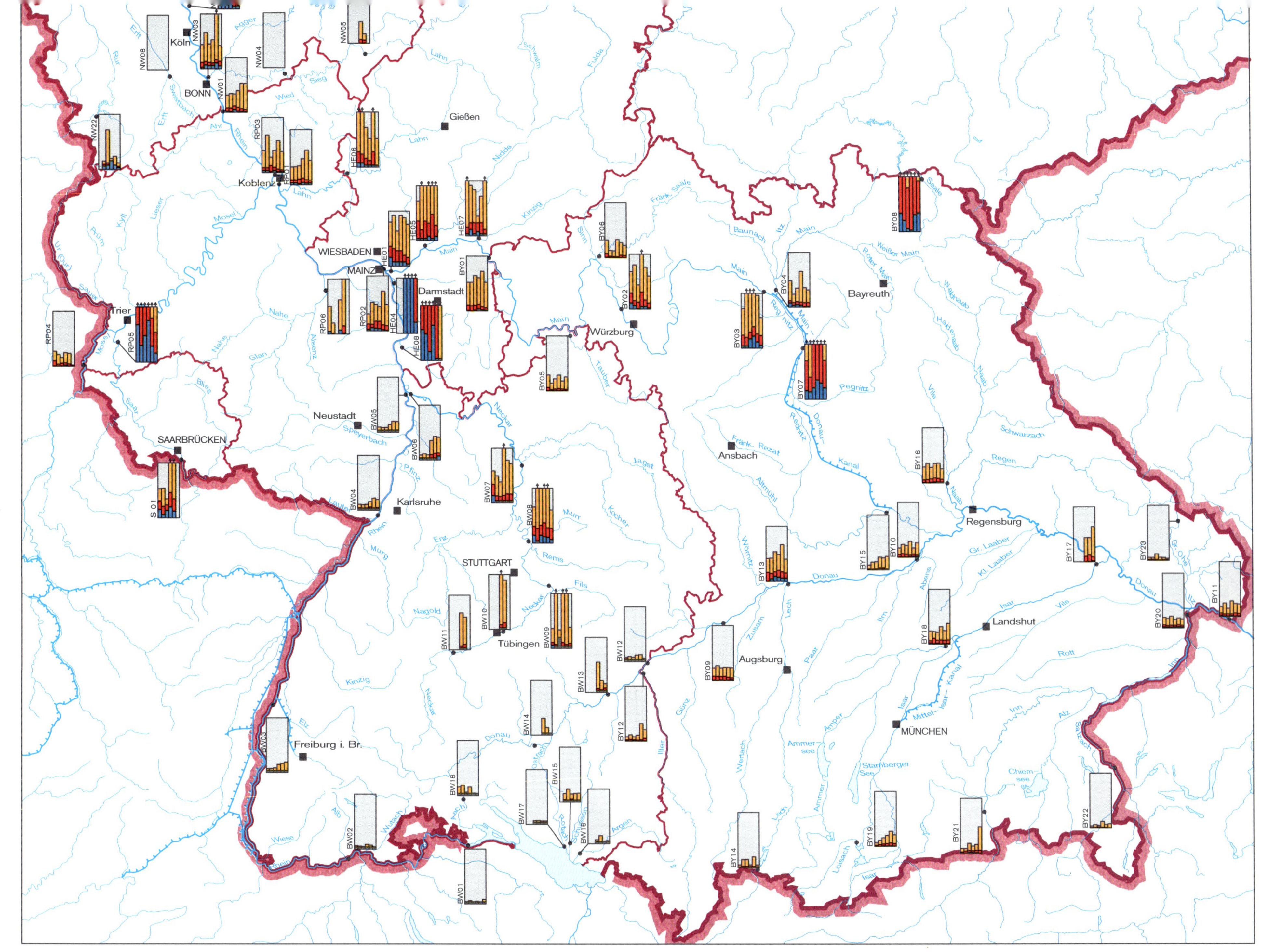

Köln
BONN
Koblenz
Gießen
WIESBADEN
MAINZ
Darmstadt
Trier
SAARBRÜCKEN
Neustadt
Karlsruhe
STUTTGART
Tübingen
Freiburg i. Br.
Würzburg
Bayreuth
Ansbach
Regensburg
Augsburg
Landshut
MÜNCHEN
NW08
NW03
NW04
NW05
NW01
NW22
RP03
RP01
RP02
RP04
RP05
RP06
HE01
HE04
HE05
HE06
HE07
HE08
S 01
BW01
BW02
BW03
BW04
BW05
BW06
BW07
BW08
BW09
BW10
BW11
BW12
BW13
BW14
BW15
BW16
BW17
BW18
BY01
BY02
BY03
BY04
BY05
BY06
BY07
BY08
BY09
BY10
BY11
BY12
BY13
BY14
BY15
BY16
BY17
BY18
BY19
BY20
BY21
BY22
BY23
Rhein
Main
Mosel
Saar
Nahe
Lahn
Neckar
Donau
Isar
Lech
Inn
Naab
Regen
Altmühl
Main-Donau-Kanal

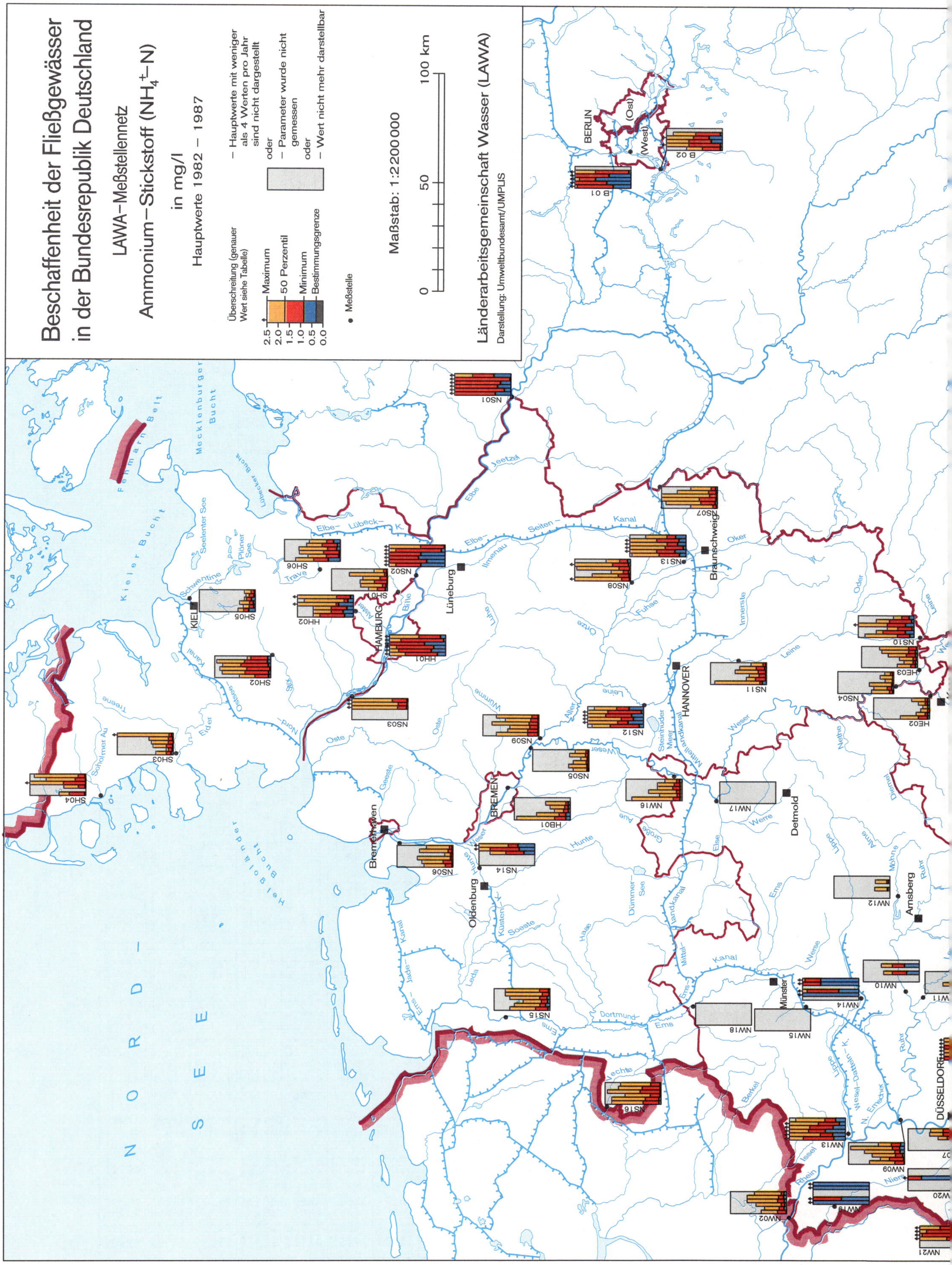

Beschaffenheit der Fließgewässer in der Bundesrepublik Deutschland

LAWA-Meßstellennetz

Ammonium-Stickstoff (NH_4^+-N)

in mg/l

Hauptwerte 1982 – 1987

Überschreitung (genauer Wert siehe Tabelle)

2.5 – Maximum
2.0 – 50 Perzentil
1.5 – Minimum
1.0 – Bestimmungsgrenze
0.5
0.0

• Meßstelle

– Hauptwerte mit weniger als 4 Werten pro Jahr sind nicht dargestellt

oder

– Parameter wurde nicht gemessen

oder

– Wert nicht mehr darstellbar

Maßstab: 1:2 200 000

0 50 100 km

Länderarbeitsgemeinschaft Wasser (LAWA)

Darstellung: Umweltbundesamt/UMPLIS

NO3-N NORDRHEIN-WESTFALEN in mg/l	1982	1983	1984	1985	1986	1987
NW01 Max	3.8	4.1	4.4	4.5	4.6	3.8
NW01 50P	2.7	2.8	3.6	3.1	3.3	2.8
NW01 Min	1.7	2.0	2.5	1.7	2.1	2.1
NW01 Anz	13	13	13	13	13	13
NW01 Art	E28	E28	E28	E28	E28	E28
NW02 Max	4.5	5.3	4.7	5.5	5.5	4.5
NW02 50P	3.6	3.8	3.9	4.0	3.9	3.7
NW02 Min	2.2	2.8	3.4	3.1	2.6	0.7
NW02 Anz	13	13	13	13	13	13
NW02 Art	E28	E28	E28	E28	E28	E28
NW03 Max	4.8	5.0	4.4	5.5	5.2	4.5
NW03 50P	3.8	3.7	3.8	4.0	4.0	4.0
NW03 Min	2.5	2.7	3.2	3.3	3.6	3.1
NW03 Anz	13	13	13	13	12	13
NW03 Art	E28	E28	E28	E28	E28	E28
NW04 Max	2.8	1.3	1.2	5.2	6.5	3.9
NW04 50P	*****	*****	*****	3.3	5.2	*****
NW04 Min	2.8	1.3	1.2	2.5	2.0	3.0
NW04 Anz	1	1	1	4	4	3
NW04 Art	E365	E365	E365	E91	E91	E91
NW05 Max	*****	*****	*****	2.5	3.4	*****
NW05 50P	*****	*****	*****	2.2	2.5	*****
NW05 Min	*****	*****	*****	1.7	1.8	*****
NW05 Anz	*****	*****	*****	12	15	*****
NW05 Art	*****	*****	*****	E28	E28	*****
NW06 Max	13.8	15.2	12.2	13.5	10.9	10.8
NW06 50P	7.7	7.3	6.3	7.7	10.0	7.3
NW06 Min	3.6	3.5	3.2	2.8	2.2	4.9
NW06 Anz	13	13	13	13	12	13
NW06 Art	E28	E28	E28	E28	E28	E28
NW07 Max	*****	*****	*****	2.7	3.8	3.5
NW07 50P	*****	*****	*****	1.9	2.3	2.8
NW07 Min	*****	*****	*****	1.6	1.9	1.8
NW07 Anz	*****	*****	*****	13	12	13
NW07 Art	*****	*****	*****	E28	E28	E28
NW08 Max	1.3	2.4	3.9	18.0	*****	*****
NW08 50P	*****	*****	*****	*****	*****	*****
NW08 Min	1.3	2.4	3.9	9.2	*****	*****
NW08 Anz	1	1	1	3	*****	*****
NW08 Art	E365	E365	E365	E91	*****	*****
NW09 Max	5.1	25.8	5.2	4.9	5.3	4.9
NW09 50P	4.0	4.0	4.2	4.0	4.2	4.3
NW09 Min	2.6	3.2	3.1	3.2	3.2	3.1
NW09 Anz	13	13	13	13	11	13
NW09 Art	E28	E28	E28	E28	E28	E28
NW10 Max	5.0	4.5	4.7	3.7	9.8	4.2
NW10 50P	*****	3.5	4.4	*****	4.1	*****
NW10 Min	3.0	3.2	3.6	2.1	1.9	3.7
NW10 Anz	4	4	5	3	9	3
NW10 Art	E91	E91	E91	E91	E91	E91
NW11 Max	3.6	4.3	4.3	5.1	7.4	15.5
NW11 50P	*****	*****	*****	*****	3.7	4.1
NW11 Min	2.8	2.4	1.9	3.1	3.2	3.7
NW11 Anz	4	4	5	4	4	4
NW11 Art	E91	E91	E91	E91	E91	E91
NW12 Max	4.5	6.4	5.2	7.6	6.2	4.9
NW12 50P	*****	4.6	4.1	4.2	4.4	4.2
NW12 Min	3.5	3.8	3.8	0.9	3.4	3.4
NW12 Anz	2	4	5	4	5	4
NW12 Art	E91	E91	E91	E91	E91	E91
NW13 Max	6.3	7.5	10.4	6.7	8.9	7.1
NW13 50P	5.7	5.7	6.5	5.9	6.1	6.6
NW13 Min	4.4	0.2	0.8	4.4	4.7	5.2
NW13 Anz	13	13	13	13	12	13
NW13 Art	E28	E28	E28	E28	E28	E28
NW14 Max	9.7	6.0	6.1	6.9	7.1	8.5
NW14 50P	*****	4.4	4.9	*****	6.4	5.7
NW14 Min	5.1	4.0	3.6	4.3	3.2	1.4
NW14 Anz	3	5	5	3	5	6
NW14 Art	E91	E91	E91	E91	E91	E91
NW15 Max	*****	16.4	11.8	9.6	11.7	10.2
NW15 50P	*****	3.8	7.0	7.7	6.6	5.9
NW15 Min	*****	1.0	5.6	2.5	1.2	5.5
NW15 Anz	*****	4	4	4	4	4
NW15 Art	*****	E91	E91	E91	E91	E91

NO3-N NORDRHEIN-WESTFALEN in mg/l	1982	1983	1984	1985	1986	1987
NW16 Max	5.9	12.2	8.4	9.9	7.0	6.6
NW16 50P	4.3	6.4	6.5	5.6	5.9	5.4
NW16 Min	2.7	4.1	3.8	2.9	3.8	4.0
NW16 Anz	26	26	27	26	26	26
NW16 Art	E14	E14	M14	M14	M14	M14
NW17 Max	8.7	7.5	7.4	7.8	8.3	8.3
NW17 50P	5.0	6.2	6.0	5.1	6.2	5.8
NW17 Min	3.0	6.1	5.5	4.6	6.0	5.5
NW17 Anz	4	4	4	4	4	4
NW17 Art	E91	E91	E91	E91	E91	E91
NW18 Max	4.2	16.5	8.2	8.6	9.7	9.2
NW18 50P	*****	11.3	*****	7.3	*****	7.5
NW18 Min	4.2	6.3	7.4	1.8	6.7	7.1
NW18 Anz	1	4	4	4	4	4
NW18 Art	E365	E91	E91	E91	E91	E91
NW19 Max	7.5	8.8	6.9	6.2	8.8	8.5
NW19 50P	5.4	5.7	6.4	5.6	6.7	6.4
NW19 Min	2.5	1.4	6.1	4.7	6.0	5.5
NW19 Anz	51	50	4	4	7	6
NW19 Art	E7	E7	E91	E91	E91	E91
NW20 Max	6.7	8.8	12.2	13.6	13.6	14.0
NW20 50P	5.0	5.6	9.1	11.4	11.3	12.0
NW20 Min	0.2	4.3	7.3	7.1	7.6	8.4
NW20 Anz	4	4	4	6	4	4
NW20 Art	E91	E91	E91	E91	E91	E91
NW21 Max	*****	*****	4.2	4.6	5.9	5.6
NW21 50P	*****	*****	3.8	3.9	4.0	4.1
NW21 Min	*****	*****	3.5	3.5	3.6	1.6
NW21 Anz	*****	*****	14	13	16	15
NW21 Art	*****	*****	E28	E28	E28	E28
NW22 Max	2.1	2.4	2.5	2.5	2.6	2.6
NW22 50P	1.6	1.9	2.2	2.1	2.2	2.1
NW22 Min	1.5	1.0	1.6	1.8	1.8	1.3
NW22 Anz	4	6	7	6	9	9
NW22 Art	E91	E91	E91	E91	E91	E91

NO3-N BERLIN in mg/l	1982	1983	1984	1985	1986	1987
B 01 Max	2.0	1.9	1.8	2.3	3.1	2.0
B 01 50P	1.3	1.3	1.5	1.7	1.7	1.2
B 01 Min	0.8	0.9	1.1	1.1	0.8	0.8
B 01 Anz	10	12	11	10	10	9
B 01 Art	E30	E30	E30	E30	E30	E30
B 02 Max	1.8	1.5	1.6	1.5	2.0	1.8
B 02 50P	1.1	1.0	1.2	1.2	1.5	1.1
B 02 Min	0.3	0.3	0.6	0.9	0.9	0.6
B 02 Anz	10	12	12	9	10	9
B 02 Art	E30	E30	E30	E30	E30	E30

NO3-N HAMBURG in mg/l	1982	1983	1984	1985	1986	1987
HH01 Max	6.7	5.8	5.1	5.5	6.2	7.2
HH01 50P	3.1	3.4	3.7	3.5	4.1	4.6
HH01 Min	0.8	0.5	1.5	1.9	2.8	3.1
HH01 Anz	50	52	51	52	51	53
HH01 Art	E7	E7	E7	E7	E7	E7
HH02 Max	4.2	4.3	7.1	6.2	5.8	6.1
HH02 50P	2.2	3.0	3.1	3.8	4.0	3.6
HH02 Min	1.3	0.7	2.2	3.3	3.3	3.4
HH02 Anz	6	12	12	12	11	12
HH02 Art	E61	E30	E30	E30	E30	E30

NO3-N BREMEN in mg/l	1982	1983	1984	1985	1986	1987
HB01 Max	6.2	6.9	7.3	25.0	8.0	*****
HB01 50P	5.0	5.4	5.3	5.8	5.7	*****
HB01 Min	2.9	3.9	4.4	4.5	4.6	*****
HB01 Anz	26	26	27	26	26	*****
HB01 Art	M14	M14	M14	M14	M14	*****

NO3-N NIEDERSACHSEN in mg/l	1982	1983	1984	1985	1986	1987
NS01 Max	7.1	5.0	4.6	7.3	5.5	6.7
NS01 50P	2.9	2.7	2.9	2.9	3.9	5.2
NS01 Min	1.4	1.6	1.3	1.0	3.1	2.9
NS01 Anz	12	12	12	13	12	11
NS01 Art	E30	E30	E30	E30	E30	E30
NS02 Max	6.5	5.4	5.3	5.7	6.4	6.8
NS02 50P	2.5	2.6	3.4	3.2	3.7	4.6
NS02 Min	0.9	0.4	1.5	1.1	2.6	3.0
NS02 Anz	50	52	52	52	51	53
NS02 Art	E7	E7	E7	E7	E7	E7
NS03 Max	*****	*****	*****	5.2	6.1	6.3
NS03 50P	*****	*****	*****	3.9	5.4	5.1
NS03 Min	*****	*****	*****	2.4	3.4	0.9
NS03 Anz	*****	*****	*****	10	11	10
NS03 Art	*****	*****	*****	E30	E30	E30
NS04 Max	5.9	5.6	5.9	6.8	5.9	5.7
NS04 50P	4.1	4.4	4.1	3.9	4.8	4.8
NS04 Min	1.7	0.4	0.8	2.0	3.2	2.3
NS04 Anz	26	26	27	26	26	26
NS04 Art	M14	M14	M14	M14	M14	M14
NS05 Max	6.7	6.4	6.9	6.5	7.0	6.0
NS05 50P	5.3	5.4	5.0	5.2	5.3	5.1
NS05 Min	0.9	4.0	4.1	3.1	3.8	3.3
NS05 Anz	26	26	27	26	26	25
NS05 Art	M14	M14	M14	M14	M14	M14
NS06 Max	6.1	5.8	5.5	6.0	6.0	5.9
NS06 50P	4.2	4.4	4.0	3.7	4.5	4.8
NS06 Min	0.4	2.2	3.0	1.9	3.0	2.8
NS06 Anz	26	26	27	25	26	26
NS06 Art	E14	E14	M14	M14	M14	M14
NS07 Max	9.7	9.7	13.0	11.0	14.0	11.0
NS07 50P	4.4	5.2	5.8	4.3	5.1	5.5
NS07 Min	0.5	0.6	3.2	1.8	1.1	4.5
NS07 Anz	12	12	11	12	12	11
NS07 Art	E30	E30	E30	E30	E30	E30
NS08 Max	5.7	5.8	5.7	7.5	9.0	7.1
NS08 50P	*****	*****	4.7	5.3	5.8	5.5
NS08 Min	5.7	4.0	4.0	3.1	4.5	5.2
NS08 Anz	1	2	7	11	12	11
NS08 Art	E365	E182	E30	E30	E30	E30
NS09 Max	5.6	5.4	6.7	6.0	7.5	5.9
NS09 50P	4.5	4.9	4.8	4.9	5.6	5.0
NS09 Min	4.1	4.3	4.2	1.3	3.7	4.3
NS09 Anz	12	12	12	12	12	11
NS09 Art	E30	E30	E30	E30	E30	E30
NS10 Max	8.3	12.0	10.0	7.9	9.0	9.3
NS10 50P	6.2	6.5	7.3	6.4	6.8	7.2
NS10 Min	5.4	5.1	6.2	2.9	4.0	5.8
NS10 Anz	12	12	11	12	12	11
NS10 Art	E30	E30	E30	E30	E30	E30
NS11 Max	6.1	6.1	6.9	5.7	6.2	6.1
NS11 50P	4.7	4.8	4.8	4.8	5.0	5.0
NS11 Min	4.0	4.0	4.2	2.4	4.6	3.2
NS11 Anz	12	12	12	12	12	11
NS11 Art	E30	E30	E30	E30	E30	E30
NS12 Max	6.3	7.1	6.9	6.8	7.3	6.1
NS12 50P	5.7	6.0	5.6	5.7	5.9	5.6
NS12 Min	5.1	5.4	5.0	5.1	5.1	4.8
NS12 Anz	12	12	12	12	12	11
NS12 Art	E30	E30	E30	E30	E30	E30
NS13 Max	9.7	7.3	9.0	7.3	8.6	7.6
NS13 50P	6.7	6.1	6.1	5.8	6.5	5.9
NS13 Min	3.8	4.3	4.2	4.9	4.4	5.4
NS13 Anz	12	12	11	12	12	11
NS13 Art	E30	E30	E30	E30	E30	E30
NS14 Max	*****	*****	*****	6.9	7.7	7.7
NS14 50P	*****	*****	*****	3.1	2.7	2.7
NS14 Min	*****	*****	*****	1.7	2.2	1.7
NS14 Anz	*****	*****	*****	12	12	11
NS14 Art	*****	*****	*****	E30	E30	E30
NS15 Max	7.2	7.0	8.3	7.9	7.9	6.5
NS15 50P	4.0	5.6	6.0	5.3	5.2	5.2
NS15 Min	2.4	2.6	4.2	2.3	3.5	4.1
NS15 Anz	12	12	12	12	12	11
NS15 Art	E30	E30	E30	E30	E30	E30

NO3-N NIEDERSACHSEN in mg/l	1982	1983	1984	1985	1986	1987
NS16 Max	11.0	12.0	7.9	7.6	8.7	7.6
NS16 50P	4.7	5.3	6.1	6.2	6.2	6.3
NS16 Min	1.7	2.8	3.6	4.8	3.3	5.0
NS16 Anz	12	12	12	12	12	11
NS16 Art	E30	E30	E30	E30	E30	E30

NO3-N SCHLESWIG-HOLSTEIN in mg/l	1982	1983	1984	1985	1986	1987
SH01 Max	5.4	4.9	6.8	8.0	7.5	6.4
SH01 50P	2.7	2.9	3.0	4.4	2.3	3.4
SH01 Min	2.1	1.5	1.7	1.8	1.5	2.1
SH01 Anz	11	11	12	12	11	12
SH01 Art	E30	E30	E30	E30	E30	E30
SH02 Max	5.5	7.3	6.3	4.9	4.7	4.9
SH02 50P	4.1	3.9	4.3	3.6	4.2	4.1
SH02 Min	3.7	3.5	3.5	3.3	3.1	3.4
SH02 Anz	12	12	12	11	12	12
SH02 Art	E30	E30	E30	E30	E30	E30
SH03 Max	5.5	4.1	7.3	5.3	5.3	5.0
SH03 50P	2.7	3.2	3.8	3.2	3.2	3.3
SH03 Min	0.4	1.3	1.3	1.2	0.8	2.3
SH03 Anz	11	5	25	24	23	22
SH03 Art	E30	E30	E14	E14	E14	E14
SH04 Max	4.0	2.7	4.8	4.1	3.2	3.3
SH04 50P	1.6	1.9	2.3	2.2	1.4	1.8
SH04 Min	1.1	1.4	1.4	0.8	<0.1	1.3
SH04 Anz	7	4	12	14	10	13
SH04 Art	E91	E91	E30	E30	E30	E30
SH05 Max	4.5	5.0	5.6	3.9	2.9	4.9
SH05 50P	1.2	1.7	1.7	1.5	2.0	1.1
SH05 Min	0.6	0.5	0.6	0.6	0.4	0.5
SH05 Anz	12	12	12	12	14	12
SH05 Art	E30	E30	E30	E30	E30	E30
SH06 Max	7.1	7.5	10.6	9.0	8.0	9.1
SH06 50P	3.9	5.8	3.5	3.8	4.7	4.9
SH06 Min	2.6	3.0	2.6	2.7	2.2	3.1
SH06 Anz	12	12	21	25	22	23
SH06 Art	E30	E30	E14	E14	E14	E14

Allgemeine Erläuterungen:

siehe einführenden Text

Besondere Erläuterungen:

Bei den Meßstellen des Landes Schleswig-Holstein (SH01-SH06) ergeben sich die Werte aus (NO3 + NO2) -N

Cd in µg/l		BAYERN 1982	1983	1984	1985	1986	1987
BY01	Max	2.0	1.2	1.0	0.3	1.5	0.8
BY01	50P	0.2	0.2	0.1	0.1	0.2	0.2
BY01	Min	<0.1	<0.1	<0.1	<0.1	<0.1	<0.1
BY01	Anz	19	25	26	25	27	25
BY01	Art	E14	E14	E14	E14	E14	E14
BY02	Max	2.1	0.7	1.0	0.4	0.4	0.3
BY02	50P	0.2	0.2	0.2	0.2	0.2	0.1
BY02	Min	<0.1	<0.1	<0.1	0.1	0.1	<0.1
BY02	Anz	23	25	26	26	26	26
BY02	Art	E14	E14	E14	E14	E14	E14
BY03	Max	1.4	0.8	0.8	2.6	1.0	2.6
BY03	50P	0.5	0.3	0.2	0.5	<0.5	0.3
BY03	Min	<0.1	0.1	<0.1	0.1	<0.1	<0.1
BY03	Anz	25	26	26	25	27	25
BY03	Art	E14	E14	E14	E14	E14	E14
BY04	Max	*****	*****	*****	*****	*****	*****
BY04	50P	*****	*****	*****	*****	*****	*****
BY04	Min	*****	*****	*****	*****	*****	*****
BY04	Anz	*****	*****	*****	*****	*****	*****
BY04	Art	*****	*****	*****	*****	*****	*****
BY05	Max	*****	*****	0.8	0.4	*****	0.1
BY05	50P	*****	*****	<0.1	<0.1	*****	0.1
BY05	Min	*****	*****	<0.1	<0.1	*****	<0.1
BY05	Anz	*****	*****	26	10	*****	13
BY05	Art	*****	*****	E14	E14	*****	E14
BY06	Max	*****	*****	0.6	0.4	0.3	0.2
BY06	50P	*****	*****	<0.1	0.1	0.1	<0.1
BY06	Min	*****	*****	<0.1	0.1	<0.1	<0.1
BY06	Anz	*****	*****	23	10	13	13
BY06	Art	*****	*****	E14	E14	E14	E14
BY07	Max	3.0	1.2	0.8	2.0	2.0	2.0
BY07	50P	0.7	0.4	0.2	0.5	<0.5	0.3
BY07	Min	0.2	0.2	<0.1	<0.1	<0.2	<0.1
BY07	Anz	25	26	26	23	26	25
BY07	Art	E14	E14	E14	E14	E14	E14
BY08	Max	2.0	2.0	7.0	1.0	2.0	2.3
BY08	50P	<0.5	<0.5	<0.5	<0.5	0.5	0.4
BY08	Min	<0.5	<0.5	<0.5	<0.3	0.2	<0.3
BY08	Anz	25	25	26	26	24	25
BY08	Art	E14	E14	E14	E14	E14	E14
BY09	Max	3.0	1.5	8.8	2.2	0.9	10.0
BY09	50P	0.5	<0.5	<0.5	<0.5	<0.5	<0.5
BY09	Min	<0.1	<0.5	<0.5	<0.5	<0.5	<0.2
BY09	Anz	25	26	24	25	26	26
BY09	Art	E14	E14	E14	E14	E14	E14
BY10	Max	0.3	0.2	0.4	0.2	3.5	0.4
BY10	50P	0.1	<0.1	<0.1	<0.1	0.1	0.1
BY10	Min	0.0	<0.1	<0.1	<0.1	<0.1	<0.1
BY10	Anz	24	26	26	26	26	27
BY10	Art	E14	E14	E14	E14	E14	E14
BY11	Max	0.4	0.5	0.4	0.3	0.7	0.4
BY11	50P	<0.2	<0.1	0.1	<0.1	0.1	0.1
BY11	Min	<0.1	<0.1	<0.1	<0.1	<0.1	<0.1
BY11	Anz	26	26	26	26	27	26
BY11	Art	E14	E14	E14	E14	E14	E14
BY12	Max	*****	*****	*****	*****	*****	*****
BY12	50P	*****	*****	*****	*****	*****	*****
BY12	Min	*****	*****	*****	*****	*****	*****
BY12	Anz	*****	*****	*****	*****	*****	*****
BY12	Art	*****	*****	*****	*****	*****	*****
BY13	Max	0.7	0.7	0.5	0.8	0.8	0.5
BY13	50P	0.1	0.1	0.1	<0.1	<0.5	<0.5
BY13	Min	<0.1	<0.1	<0.1	<0.1	<0.1	<0.1
BY13	Anz	25	26	26	25	25	25
BY13	Art	E14	E14	E14	E14	E14	E14
BY14	Max	*****	*****	*****	*****	*****	*****
BY14	50P	*****	*****	*****	*****	*****	*****
BY14	Min	*****	*****	*****	*****	*****	*****
BY14	Anz	*****	*****	*****	*****	*****	*****
BY14	Art	*****	*****	*****	*****	*****	*****
BY15	Max	*****	*****	0.2	0.5	0.9	<0.5
BY15	50P	*****	*****	<0.2	<0.5	<0.5	<0.5
BY15	Min	*****	*****	<0.1	<0.2	<0.5	<0.5
BY15	Anz	*****	*****	12	13	14	13
BY15	Art	*****	*****	E14	E14	E14	E14

Cd in µg/l		BAYERN 1982	1983	1984	1985	1986	1987
BY16	Max	*****	*****	0.4	0.5	0.8	1.8
BY16	50P	*****	*****	<0.2	<0.5	<0.5	0.5
BY16	Min	*****	*****	0.1	<0.2	<0.5	<0.5
BY16	Anz	*****	*****	25	26	27	26
BY16	Art	*****	*****	E14	E14	E14	E14
BY17	Max	0.2	0.4	0.4	0.5	0.5	0.5
BY17	50P	0.2	0.2	0.2	0.2	0.5	0.1
BY17	Min	0.1	0.2	<0.1	0.1	0.5	0.1
BY17	Anz	20	25	26	26	27	26
BY17	Art	E14	E14	E14	E14	E14	E14
BY18	Max	*****	*****	*****	*****	*****	*****
BY18	50P	*****	*****	*****	*****	*****	*****
BY18	Min	*****	*****	*****	*****	*****	*****
BY18	Anz	*****	*****	*****	*****	*****	*****
BY18	Art	*****	*****	*****	*****	*****	*****
BY19	Max	*****	*****	*****	*****	*****	*****
BY19	50P	*****	*****	*****	*****	*****	*****
BY19	Min	*****	*****	*****	*****	*****	*****
BY19	Anz	*****	*****	*****	*****	*****	*****
BY19	Art	*****	*****	*****	*****	*****	*****
BY20	Max	0.2	0.7	0.4	1.4	1.5	0.4
BY20	50P	<0.2	<0.1	0.1	0.1	0.1	0.1
BY20	Min	<0.1	<0.1	<0.1	<0.1	<0.1	<0.1
BY20	Anz	25	26	26	26	27	26
BY20	Art	E14	E14	E14	E14	E14	E14
BY21	Max	13.4	0.9	1.0	1.0	1.4	0.8
BY21	50P	0.1	0.1	0.1	<0.1	0.1	<0.1
BY21	Min	<0.1	<0.1	<0.1	<0.1	<0.1	<0.1
BY21	Anz	20	22	25	25	27	26
BY21	Art	E14	E14	E14	E14	E14	E14
BY22	Max	10.0	0.5	2.0	1.9	3.9	0.6
BY22	50P	<0.1	0.1	0.1	0.1	0.1	0.1
BY22	Min	<0.1	<0.1	<0.1	<0.1	<0.1	<0.1
BY22	Anz	21	26	26	26	26	26
BY22	Art	E14	E14	E14	E14	E14	E14
BY23	Max	*****	*****	*****	*****	*****	*****
BY23	50P	*****	*****	*****	*****	*****	*****
BY23	Min	*****	*****	*****	*****	*****	*****
BY23	Anz	*****	*****	*****	*****	*****	*****
BY23	Art	*****	*****	*****	*****	*****	*****

Cd in µg/l		RHEINLAND-PFALZ 1982	1983	1984	1985	1986	1987
RP01	Max	0.3	0.3	0.3	0.3	0.3	0.2
RP01	50P	0.3	0.3	0.3	0.3	0.3	0.1
RP01	Min	0.3	0.3	0.3	0.3	0.3	0.1
RP01	Anz	13	25	27	26	26	26
RP01	Art	M28	M14	M14	M14	M14	M14
RP02	Max	0.0	0.0	2.8	0.0	0.0	0.0
RP02	50P	*****	*****	0.3	0.0	0.0	0.0
RP02	Min	0.0	0.0	0.0	0.0	0.0	0.0
RP02	Anz	7	7	27	26	26	26
RP02	Art	M56	M56	M14	M14	M14	M14
RP03	Max	0.3	0.3	0.4	0.3	0.4	0.2
RP03	50P	0.3	0.3	0.3	0.3	0.3	0.1
RP03	Min	0.3	0.3	0.3	0.3	0.3	0.0
RP03	Anz	13	26	27	26	26	25
RP03	Art	M28	M14	M14	M14	M14	M14
RP04	Max	1.3	0.3	12.3	<0.3	<0.3	<0.3
RP04	50P	*****	*****	0.3	<0.3	<0.3	<0.3
RP04	Min	<0.3	<0.3	<0.3	<0.3	<0.3	<0.3
RP04	Anz	7	7	27	26	25	26
RP04	Art	M56	M56	M14	M14	M14	M14
RP05	Max	<0.3	<0.3	4.0	2.8	1.0	2.4
RP05	50P	*****	*****	0.3	0.3	0.4	0.8
RP05	Min	<0.3	<0.3	<0.3	<0.3	<0.3	<0.3
RP05	Anz	7	7	27	26	26	26
RP05	Art	M56	M56	M14	M14	M14	M14
RP06	Max	0.3	0.4	0.4	0.2	1.6	0.4
RP06	50P	*****	*****	*****	*****	0.1	0.1
RP06	Min	0.1	0.1	<0.1	<0.1	<0.1	<0.1
RP06	Anz	4	4	4	8	20	22
RP06	Art	E	E	E	M14	M14	M14

Cd in µg/l		BADEN-WÜRTTEMBERG 1982	1983	1984	1985	1986	1987
BW01	Max	0.3	<0.3	<0.3	0.3	0.5	<0.3
BW01	50P	<0.3	<0.3	<0.3	<0.3	<0.3	<0.3
BW01	Min	<0.3	<0.3	<0.3	<0.3	<0.3	<0.3
BW01	Anz	7	7	27	26	26	27
BW01	Art	M56	M56	M14	M14	M14	M14
BW02	Max	0.5	<0.3	<0.3	<0.3	<0.3	*****
BW02	50P	<0.3	<0.3	<0.3	<0.3	<0.3	*****
BW02	Min	<0.3	<0.3	<0.3	<0.3	<0.3	*****
BW02	Anz	7	7	7	8	7	*****
BW02	Art	M56	M56	M56	M56	M56	*****
BW03	Max	<0.3	<0.3	<0.3	0.5	0.6	<0.3
BW03	50P	<0.3	<0.3	<0.3	<0.3	<0.3	<0.3
BW03	Min	<0.3	<0.3	<0.3	<0.3	<0.3	<0.3
BW03	Anz	7	7	27	26	26	27
BW03	Art	M56	M56	M14	M14	M14	M14
BW04	Max	<0.3	<0.3	0.5	0.5	0.3	<0.3
BW04	50P	<0.3	<0.3	<0.3	<0.3	<0.3	<0.3
BW04	Min	<0.3	<0.3	<0.3	<0.3	<0.3	<0.3
BW04	Anz	7	7	27	26	26	23
BW04	Art	M56	M56	M14	M14	M14	M14
BW05	Max	<0.3	<0.3	<0.3	0.3	0.5	0.5
BW05	50P	<0.3	<0.3	<0.3	<0.3	<0.3	<0.3
BW05	Min	<0.3	<0.3	<0.3	<0.3	<0.3	<0.3
BW05	Anz	7	7	7	26	26	27
BW05	Art	M56	M56	M56	M56	M56	M56
BW06	Max	0.4	<0.3	1.4	0.4	0.6	0.4
BW06	50P	<0.3	<0.3	<0.3	<0.3	<0.3	<0.3
BW06	Min	<0.3	<0.3	<0.3	<0.3	<0.3	<0.3
BW06	Anz	7	7	27	25	24	25
BW06	Art	M56	M56	M14	M14	M14	M14
BW07	Max	<0.3	<0.3	<0.3	0.4	0.6	0.6
BW07	50P	<0.3	<0.3	<0.3	<0.3	<0.3	<0.3
BW07	Min	<0.3	<0.3	<0.3	<0.3	<0.3	<0.3
BW07	Anz	7	7	7	26	26	27
BW07	Art	M56	M56	M56	M14	M14	M14
BW08	Max	<0.3	<0.3	<0.3	<0.3	0.3	0.3
BW08	50P	<0.3	<0.3	<0.3	<0.3	<0.3	<0.3
BW08	Min	<0.3	<0.3	<0.3	<0.3	<0.3	<0.3
BW08	Anz	7	7	7	25	26	24
BW08	Art	M56	M56	M56	M14	M14	M14
BW09	Max	0.4	<0.3	<0.3	0.3	0.4	0.4
BW09	50P	<0.3	<0.3	<0.3	<0.3	<0.3	<0.3
BW09	Min	<0.3	<0.3	<0.3	<0.3	<0.3	<0.3
BW09	Anz	7	7	7	26	26	27
BW09	Art	M56	M56	M56	M14	M14	M14
BW10	Max	*****	*****	*****	<0.3	<0.3	*****
BW10	50P	*****	*****	*****	<0.3	<0.3	*****
BW10	Min	*****	*****	*****	<0.3	<0.3	*****
BW10	Anz	*****	*****	*****	12	11	*****
BW10	Art	*****	*****	*****	E28	E28	*****
BW11	Max	*****	*****	*****	<0.3	0.4	*****
BW11	50P	*****	*****	*****	<0.3	<0.3	*****
BW11	Min	*****	*****	*****	<0.3	<0.3	*****
BW11	Anz	*****	*****	*****	12	11	*****
BW11	Art	*****	*****	*****	E28	E28	*****
BW12	Max	<0.3	<0.3	<0.3	0.3	0.6	0.3
BW12	50P	<0.3	<0.3	<0.3	<0.3	<0.3	<0.3
BW12	Min	<0.3	<0.3	<0.3	<0.3	<0.3	<0.3
BW12	Anz	7	7	7	22	24	22
BW12	Art	M56	M56	M56	M14	M14	M14
BW13	Max	*****	*****	*****	0.3	0.4	<0.3
BW13	50P	*****	*****	*****	<0.3	<0.3	<0.3
BW13	Min	*****	*****	*****	<0.3	<0.3	<0.3
BW13	Anz	*****	*****	*****	12	9	12
BW13	Art	*****	*****	*****	E28	E28	E28
BW14	Max	*****	*****	*****	<0.3	*****	*****
BW14	50P	*****	*****	*****	<0.3	*****	*****
BW14	Min	*****	*****	*****	<0.3	*****	*****
BW14	Anz	*****	*****	*****	12	*****	*****
BW14	Art	*****	*****	*****	E28	*****	*****
BW15	Max	*****	<0.3	<0.3	<0.3	<0.3	<0.3
BW15	50P	*****	<0.3	<0.3	<0.3	<0.3	<0.3
BW15	Min	*****	<0.3	<0.3	<0.3	<0.3	<0.3
BW15	Anz	*****	7	7	7	6	6
BW15	Art	*****	M56	M56	M56	M56	M56

Cd in µg/l		BADEN-WÜRTTEMBERG 1982	1983	1984	1985	1986	1987
BW16	Max	*****	*****	<0.3	<0.3	<0.3	<0.3
BW16	50P	*****	*****	<0.3	<0.3	<0.3	<0.3
BW16	Min	*****	*****	<0.3	<0.3	<0.3	<0.3
BW16	Anz	*****	*****	5	6	4	6
BW16	Art	*****	*****	M56	M56	M56	M56
BW17	Max	*****	*****	<0.3	<0.3	<0.3	<0.3
BW17	50P	*****	*****	<0.3	<0.3	<0.3	<0.3
BW17	Min	*****	*****	<0.3	<0.3	<0.3	<0.3
BW17	Anz	*****	*****	5	5	6	6
BW17	Art	*****	*****	M56	M56	M56	M56
BW18	Max	<0.3	<0.3	<0.3	<0.3	<0.3	<0.3
BW18	50P	<0.3	<0.3	<0.3	<0.3	<0.3	<0.3
BW18	Min	<0.3	<0.3	<0.3	<0.3	<0.3	<0.3
BW18	Anz	7	7	7	8	7	6
BW18	Art	M56	M56	M56	M56	M56	M56

Cd in µg/l		HESSEN 1982	1983	1984	1985	1986	1987
HE01	Max	1.5	0.5	0.9	0.6	1.5	3.6
HE01	50P	0.3	0.3	0.3	0.3	<0.5	0.3
HE01	Min	0.3	0.3	0.3	0.2	<0.5	<0.3
HE01	Anz	25	26	27	26	26	26
HE01	Art	M14	M14	M14	M14	M14	M14
HE02	Max	1.2	0.7	4.6	1.0	1.4	0.8
HE02	50P	0.6	0.3	0.2	<0.5	<0.5	<0.3
HE02	Min	0.3	0.3	0.1	<0.5	<0.5	<0.3
HE02	Anz	7	7	27	25	26	26
HE02	Art	M14	M14	M14	M14	M14	M14
HE03	Max	1.8	2.0	3.5	2.3	1.8	7.4
HE03	50P	1.2	0.9	1.0	0.9	1.1	0.5
HE03	Min	0.6	0.7	0.4	<0.5	0.8	<0.3
HE03	Anz	7	7	27	26	26	26
HE03	Art	M14	M14	M14	M14	M14	M14
HE04	Max	*****	*****	1.6	1.6	6.6	1.3
HE04	50P	*****	*****	0.3	0.6	0.8	0.5
HE04	Min	*****	*****	0.1	0.3	<0.5	0.3
HE04	Anz	*****	*****	27	25	26	26
HE04	Art	*****	*****	M14	M14	M14	M14
HE05	Max	1.1	<0.5	1.4	1.7	0.9	0.9
HE05	50P	0.5	<0.5	<0.5	<0.5	<0.5	0.4
HE05	Min	0.5	<0.5	<0.5	<0.5	<0.5	<0.3
HE05	Anz	17	22	26	26	26	26
HE05	Art	M14	M14	M14	M14	M14	M14
HE06	Max	*****	*****	*****	*****	*****	*****
HE06	50P	*****	*****	*****	*****	*****	*****
HE06	Min	*****	*****	*****	*****	*****	*****
HE06	Anz	*****	*****	*****	*****	*****	*****
HE06	Art	*****	*****	*****	*****	*****	*****
HE07	Max	*****	*****	*****	*****	*****	0.6
HE07	50P	*****	*****	*****	*****	*****	0.3
HE07	Min	*****	*****	*****	*****	*****	<0.3
HE07	Anz	*****	*****	*****	*****	*****	26
HE07	Art	*****	*****	*****	*****	*****	M14
HE08	Max	*****	*****	*****	*****	*****	*****
HE08	50P	*****	*****	*****	*****	*****	*****
HE08	Min	*****	*****	*****	*****	*****	*****
HE08	Anz	*****	*****	*****	*****	*****	*****
HE08	Art	*****	*****	*****	*****	*****	*****

Cd in µg/l		SAARLAND 1982	1983	1984	1985	1986	1987
S 01	Max	0.2	0.4	2.8	0.4	0.7	*****
S 01	50P	0.2	0.2	0.4	0.1	0.3	*****
S 01	Min	<0.1	<0.1	<0.1	<0.1	<0.1	*****
S 01	Anz	11	10	11	10	12	*****
S 01	Art	*****	*****	*****	*****	*****	*****

Allgemeine Erläuterungen im einführenden Text

Besondere Erläuterungen umseitig

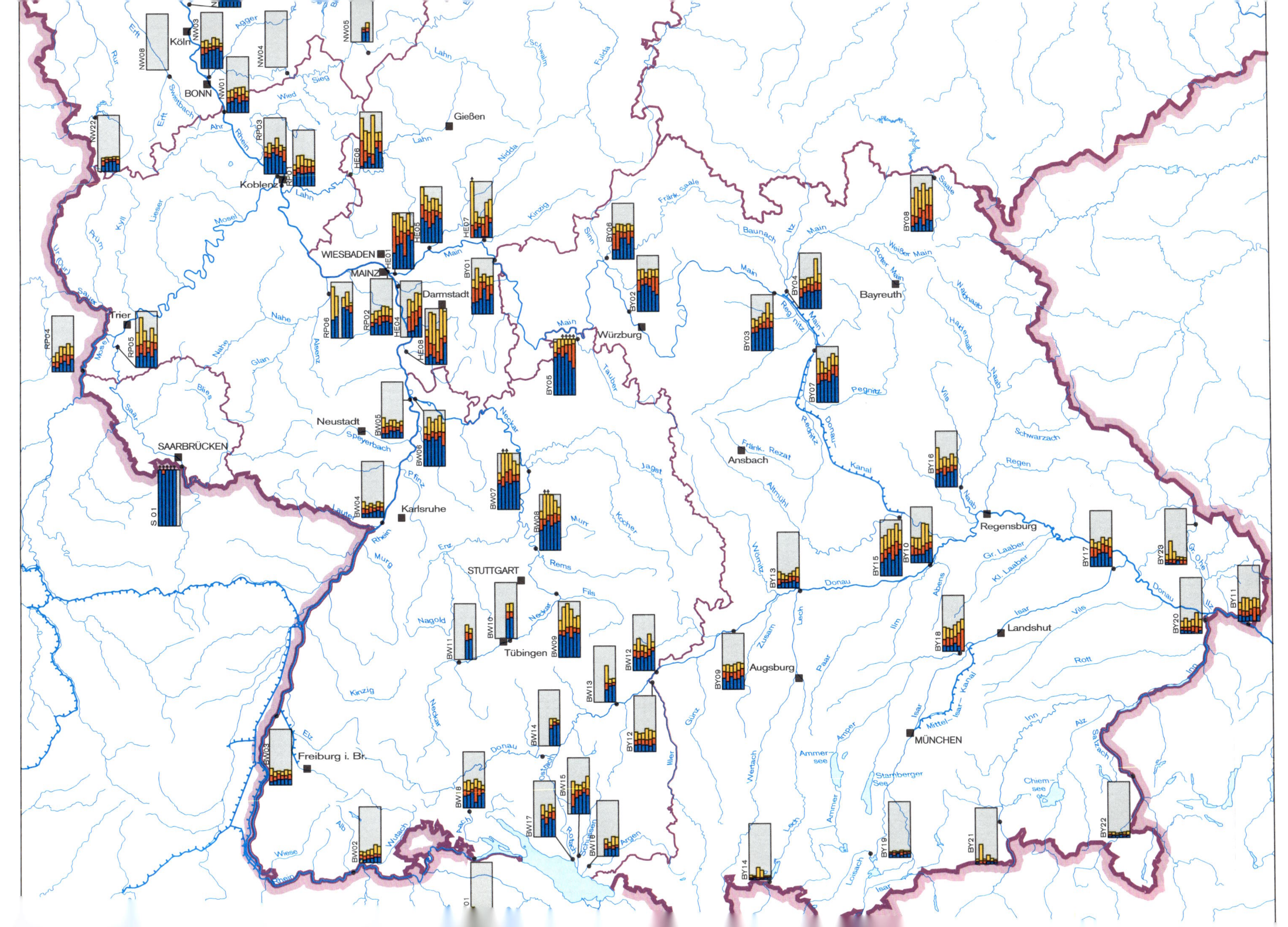
Köln
BONN
Koblenz
Gießen
WIESBADEN
MAINZ
Darmstadt
Trier
Neustadt
SAARBRÜCKEN
Karlsruhe
STUTTGART
Tübingen
Freiburg i. Br.
Würzburg
Bayreuth
Ansbach
Regensburg
Landshut
Augsburg
MÜNCHEN
NW01
NW03
NW04
NW05
NW08
NW22
RP01
RP02
RP03
RP04
RP05
RP06
HE01
HE04
HE05
HE06
HE07
HE08
S 01
BW02
BW03
BW04
BW05
BW06
BW07
BW08
BW09
BW10
BW11
BW12
BW13
BW14
BW15
BW16
BW17
BW18
BY01
BY02
BY03
BY04
BY05
BY06
BY07
BY08
BY09
BY10
BY11
BY12
BY13
BY14
BY15
BY16
BY17
BY18
BY19
BY20
BY21
BY22
BY23

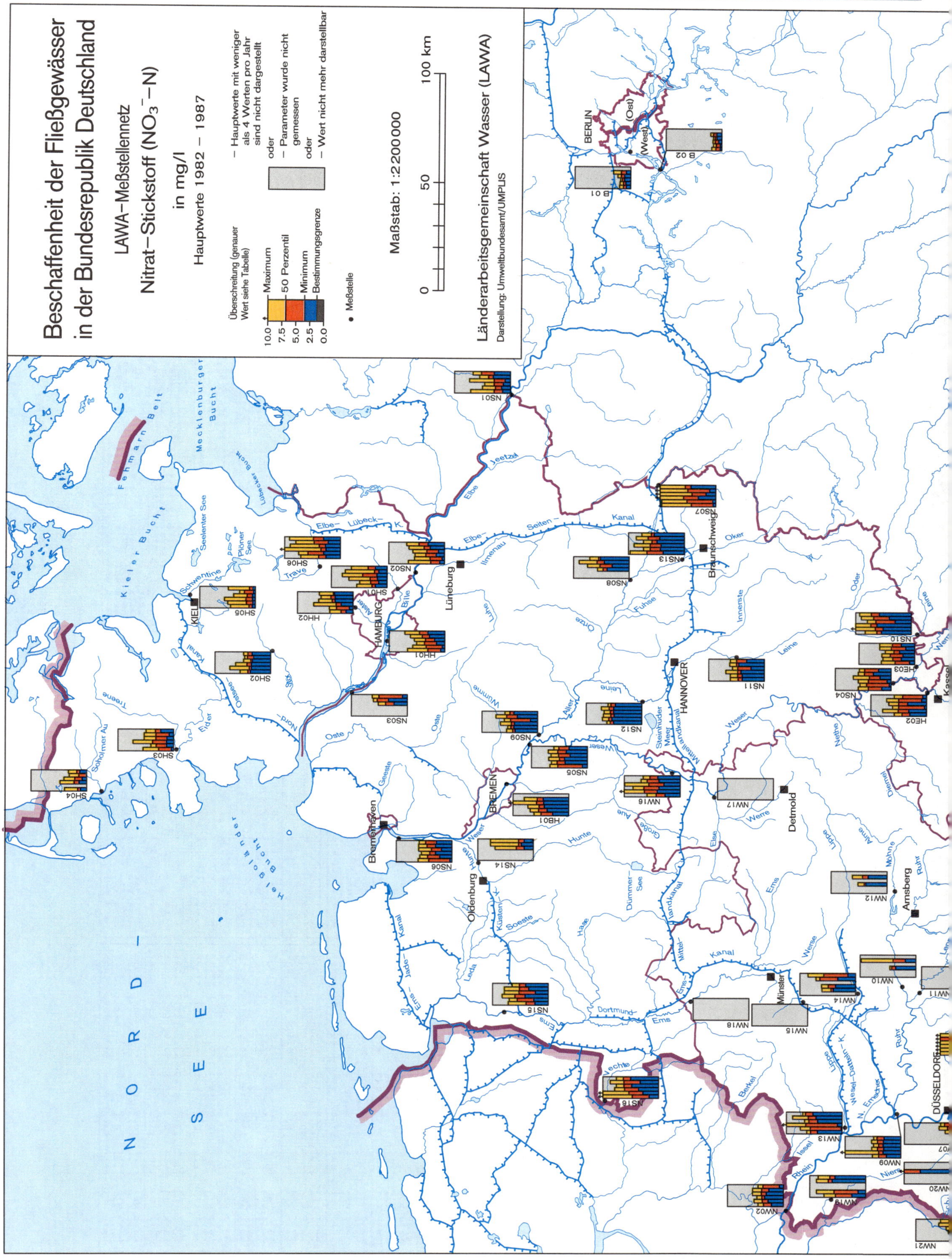

Beschaffenheit der Fließgewässer in der Bundesrepublik Deutschland

LAWA–Meßstellennetz

Nitrat–Stickstoff (NO_3^-–N)

in mg/l

Hauptwerte 1982 – 1987

Überschreitung (genauer Wert siehe Tabelle)

- 10.0 – Maximum
- 7.5
- 5.0 – 50 Perzentil
- 2.5 – Minimum
- 0.0 – Bestimmungsgrenze

- Hauptwerte mit weniger als 4 Werten pro Jahr sind nicht dargestellt

oder

- Parameter wurde nicht gemessen

oder

- Wert nicht mehr darstellbar

• Meßstelle

Maßstab: 1:2200000

0 50 100 km

Länderarbeitsgemeinschaft Wasser (LAWA)

Darstellung: Umweltbundesamt/UMPLIS

Cd in µg/l		NORDRHEIN-WESTFALEN 1982	1983	1984	1985	1986	1987
NW01	Max	0.5	0.6	<0.3	0.5	0.3	<0.3
NW01	50P	<0.3	<0.3	<0.3	<0.3	<0.3	<0.3
NW01	Min	<0.3	<0.3	<0.3	<0.3	<0.3	<0.3
NW01	Anz	13	13	13	12	13	26
NW01	Art	E28	E28	E28	E28	E28	M14
NW02	Max	0.8	0.9	0.4	0.4	0.4	0.4
NW02	50P	0.6	<0.3	<0.3	<0.3	<0.3	<0.3
NW02	Min	0.3	<0.3	<0.3	<0.3	<0.3	<0.3
NW02	Anz	13	13	13	13	13	26
NW02	Art	E28	E28	E28	E28	E28	E28
NW03	Max	0.6	0.4	0.7	0.3	1.0	*****
NW03	50P	<0.3	<0.3	<0.3	<0.3	0.4	*****
NW03	Min	<0.3	<0.3	<0.3	<0.3	<0.3	*****
NW03	Anz	13	13	13	13	13	*****
NW03	Art	E28	E28	E28	E28	E28	*****
NW04	Max	*****	0.1	<0.2	<0.2	<0.2	0.1
NW04	50P	*****	*****	*****	*****	0.2	*****
NW04	Min	*****	0.1	<0.2	<0.2	<0.2	<0.1
NW04	Anz	*****	1	1	3	4	3
NW04	Art	*****	E365	E365	E91	E91	E91
NW05	Max	*****	*****	*****	<0.5	<0.5	*****
NW05	50P	*****	*****	*****	<0.5	<0.5	*****
NW05	Min	*****	*****	*****	<0.5	<0.5	*****
NW05	Anz	*****	*****	*****	12	15	*****
NW05	Art	*****	*****	*****	E28	E28	*****
NW06	Max	3.9	1.8	0.9	0.7	1.2	*****
NW06	50P	0.3	0.3	0.4	<0.3	<0.3	*****
NW06	Min	<0.3	<0.3	<0.3	<0.3	<0.3	*****
NW06	Anz	13	13	13	13	13	*****
NW06	Art	E28	E28	E28	E28	E28	*****
NW07	Max	*****	*****	*****	0.5	0.9	*****
NW07	50P	*****	*****	*****	<0.3	0.3	*****
NW07	Min	*****	*****	*****	<0.3	<0.3	*****
NW07	Anz	*****	*****	*****	13	13	*****
NW07	Art	*****	*****	*****	E28	E28	*****
NW08	Max	<0.2	*****	<0.2	<0.2	*****	*****
NW08	50P	*****	*****	*****	*****	*****	*****
NW08	Min	<0.2	*****	<0.2	<0.2	*****	*****
NW08	Anz	1	*****	1	1	*****	*****
NW08	Art	E365	*****	E365	E365	*****	*****
NW09	Max	4.9	1.3	0.8	0.4	1.8	*****
NW09	50P	0.3	0.4	0.4	<0.3	<0.3	*****
NW09	Min	<0.3	<0.3	<0.3	<0.3	<0.3	*****
NW09	Anz	13	13	13	13	13	*****
NW09	Art	E28	E28	E28	E28	E28	*****
NW10	Max	<0.5	<0.5	<0.5	<0.5	1.2	<0.5
NW10	50P	*****	*****	*****	*****	0.5	*****
NW10	Min	<0.5	<0.5	<0.5	<0.5	<0.5	<0.5
NW10	Anz	2	1	2	1	9	3
NW10	Art	E91	E365	E91	E365	E91	E91
NW11	Max	0.9	1.5	1.6	0.8	1.0	0.9
NW11	50P	*****	*****	*****	*****	0.5	0.5
NW11	Min	<0.5	<0.5	<0.5	<0.5	<0.5	<0.5
NW11	Anz	3	4	5	4	4	4
NW11	Art	E91	E91	E91	E91	E91	E91
NW12	Max	<0.2	1.0	0.2	0.9	0.2	0.7
NW12	50P	*****	*****	*****	*****	*****	*****
NW12	Min	<0.2	1.0	0.2	0.9	0.2	0.7
NW12	Anz	1	1	1	1	1	1
NW12	Art	E365	E365	E365	E365	E365	E365
NW13	Max	1.1	1.0	0.5	0.6	1.6	*****
NW13	50P	0.3	0.3	0.3	<0.3	<0.3	*****
NW13	Min	<0.3	<0.3	<0.3	<0.3	<0.3	*****
NW13	Anz	13	13	13	13	13	*****
NW13	Art	E28	E28	E28	E28	E28	*****
NW14	Max	<0.2	0.4	0.2	<1.0	<0.2	0.3
NW14	50P	*****	*****	*****	*****	*****	*****
NW14	Min	<0.2	<0.4	<0.2	<1.0	<0.2	0.2
NW14	Anz	1	1	3	1	1	2
NW14	Art	E365	E365	E91	E365	E365	E365
NW15	Max	*****	<0.5	<0.5	<0.5	<0.1	<0.5
NW15	50P	*****	*****	*****	*****	*****	*****
NW15	Min	*****	<0.5	<0.5	<0.5	<0.1	<0.5
NW15	Anz	*****	1	1	1	1	1
NW15	Art	*****	E365	E365	E365	E365	E365

Cd in µg/l		NORDRHEIN-WESTFALEN 1982	1983	1984	1985	1986	1987
NW16	Max	1.0	1.4	1.3	1.0	0.5	2.0
NW16	50P	0.6	0.5	0.5	<0.5	<0.5	<0.5
NW16	Min	0.4	<0.5	<0.5	<0.5	<0.5	<0.5
NW16	Anz	7	7	27	26	26	26
NW16	Art	7E56	7E56	M14	M14	M14	M14
NW17	Max	*****	<0.5	<0.5	<0.5	<0.5	<0.5
NW17	50P	*****	*****	*****	*****	*****	*****
NW17	Min	*****	<0.5	<0.5	<0.5	<0.5	<0.5
NW17	Anz	*****	1	1	1	1	1
NW17	Art	*****	E365	E365	E365	E365	E365
NW18	Max	*****	<0.5	<0.5	<0.5	0.5	<0.5
NW18	50P	*****	*****	*****	<0.5	*****	<0.5
NW18	Min	*****	<0.2	<0.5	<0.5	<0.1	<0.5
NW18	Anz	*****	3	4	4	4	4
NW18	Art	*****	E91	E91	E91	E91	E91
NW19	Max	0.7	0.6	<0.5	<0.5	<0.5	<0.5
NW19	50P	<0.3	<0.3	<0.5	<0.5	<0.5	<0.5
NW19	Min	<0.3	<0.3	<0.5	<0.5	<0.5	<0.5
NW19	Anz	52	50	4	4	6	6
NW19	Art	E7	E7	E91	E91	E91	E91
NW20	Max	0.9	<0.5	<0.5	<0.5	<0.5	<5.0
NW20	50P	*****	*****	*****	*****	*****	*****
NW20	Min	0.9	<0.5	<0.5	<0.5	<0.5	<5.0
NW20	Anz	1	1	2	3	2	1
NW20	Art	E365	E365	E91	E91	E91	E365
NW21	Max	*****	*****	7.4	0.9	0.6	0.6
NW21	50P	*****	*****	0.8	0.7	*****	0.5
NW21	Min	*****	*****	<0.5	<0.5	<0.5	<0.5
NW21	Anz	*****	*****	7	5	3	5
NW21	Art	*****	*****	E91	E91	E91	E91
NW22	Max	<0.5	<0.5	1.0	5.1	0.6	1.4
NW22	50P	*****	<0.5	<0.5	<0.5	*****	<0.5
NW22	Min	<0.5	<0.5	<0.5	<0.5	<0.5	<0.5
NW22	Anz	3	6	7	4	2	4
NW22	Art	E91	E91	E91	E91	E91	E91

Cd in µg/l		BERLIN 1982	1983	1984	1985	1986	1987
B 01	Max	1.0	*****	<0.6	*****	<0.5	*****
B 01	50P	*****	*****	<0.6	*****	<0.5	*****
B 01	Min	<0.6	*****	<0.6	*****	<0.5	*****
B 01	Anz	6	*****	9	*****	6	*****
B 01	Art	E30	*****	E30	*****	E30	*****
B 02	Max	<0.6	*****	<0.6	*****	<0.5	*****
B 02	50P	<0.6	*****	<0.6	*****	<0.5	*****
B 02	Min	<0.6	*****	<0.6	*****	<0.5	*****
B 02	Anz	6	*****	9	*****	6	*****
B 02	Art	E30	*****	E30	*****	E30	*****

Cd in µg/l		HAMBURG 1982	1983	1984	1985	1986	1987
HH01	Max	1.0	0.8	1.0	0.5	0.5	0.6
HH01	50P	0.3	0.3	0.4	0.2	0.4	0.2
HH01	Min	0.1	0.2	0.3	0.1	0.2	0.2
HH01	Anz	12	12	6	6	6	5
HH01	Art	E30	E30	E61	E61	E61	E61
HH02	Max	*****	*****	*****	*****	*****	3.0
HH02	50P	*****	*****	*****	*****	*****	0.3
HH02	Min	*****	*****	*****	*****	*****	0.2
HH02	Anz	*****	*****	*****	*****	*****	5
HH02	Art	*****	*****	*****	*****	*****	E61

Cd in µg/l		BREMEN 1982	1983	1984	1985	1986	1987
HB01	Max	0.6	0.8	1.7	1.1	1.4	*****
HB01	50P	0.5	0.5	0.8	0.5	0.4	*****
HB01	Min	0.2	0.3	0.5	0.3	0.1	*****
HB01	Anz	7	7	7	7	26	*****
HB01	Art	1M56	1M56	1M56	1M56	M14	*****

Cd in µg/l		NIEDERSACHSEN 1982	1983	1984	1985	1986	1987
NS01	Max	<0.5	0.5	0.5	<0.5	1.6	<0.5
NS01	50P	*****	*****	*****	*****	*****	*****
NS01	Min	<0.5	0.5	0.5	<0.5	<0.5	<0.5
NS01	Anz	2	1	1	2	3	2
NS01	Art	E182	E365	E365	E182	E182	E182
NS02	Max	*****	*****	*****	*****	*****	*****
NS02	50P	*****	*****	*****	*****	*****	*****
NS02	Min	*****	*****	*****	*****	*****	*****
NS02	Anz	*****	*****	*****	*****	*****	*****
NS02	Art	*****	*****	*****	*****	*****	*****
NS03	Max	*****	*****	*****	0.5	<0.5	0.6
NS03	50P	*****	*****	*****	*****	*****	*****
NS03	Min	*****	*****	*****	<0.5	<0.5	0.6
NS03	Anz	*****	*****	*****	2	2	1
NS03	Art	*****	*****	*****	E182	E182	E182
NS04	Max	1.0	2.0	1.0	1.6	1.1	1.0
NS04	50P	0.6	0.8	0.7	0.6	<0.5	<0.5
NS04	Min	<0.5	<0.5	<0.5	<0.5	<0.5	<0.5
NS04	Anz	7	7	7	7	26	26
NS04	Art	1M56	1M56	1M56	1M56	M14	M14
NS05	Max	5.0	3.0	0.9	0.7	0.6	1.9
NS05	50P	<0.5	<0.5	<0.5	<0.5	<0.5	<0.5
NS05	Min	<0.5	<0.5	<0.5	<0.5	<0.5	<0.5
NS05	Anz	7	7	7	7	26	25
NS05	Art	1M56	1M56	1M56	1M56	M14	M14
NS06	Max	1.0	2.0	0.7	1.0	0.8	1.4
NS06	50P	<0.5	1.0	<0.5	<0.5	<0.5	<0.5
NS06	Min	<0.5	0.9	<0.5	<0.5	<0.5	<0.5
NS06	Anz	7	7	7	7	26	26
NS06	Art	E56	E56	1M56	1M56	M14	M14
NS07	Max	<0.5	5.0	<0.5	<0.5	<0.5	<0.5
NS07	50P	*****	*****	*****	*****	*****	*****
NS07	Min	<0.5	<0.5	<0.5	<0.5	<0.5	<0.5
NS07	Anz	2	2	1	2	2	3
NS07	Art	E182	E182	E365	E182	E182	E182
NS08	Max	2.0	*****	*****	2.0	1.6	4.6
NS08	50P	*****	*****	*****	*****	*****	*****
NS08	Min	2.0	*****	*****	1.2	1.5	1.3
NS08	Anz	1	*****	*****	2	2	3
NS08	Art	E365	*****	*****	E182	E182	E182
NS09	Max	1.0	<0.5	<0.5	0.8	0.6	0.7
NS09	50P	*****	*****	*****	*****	*****	*****
NS09	Min	0.6	<0.5	<0.5	<0.5	<0.5	<0.5
NS09	Anz	2	2	1	3	2	2
NS09	Art	E182	E182	E365	E120	E182	E182
NS10	Max	<0.5	<0.5	<0.5	<0.5	<0.5	<0.5
NS10	50P	*****	*****	*****	*****	*****	*****
NS10	Min	<0.5	<0.5	<0.5	<0.5	<0.5	<0.5
NS10	Anz	2	2	1	2	2	2
NS10	Art	E182	E182	E365	E182	E182	E182
NS11	Max	<0.5	3.0	<0.5	<0.5	<0.5	<0.5
NS11	50P	*****	*****	*****	*****	*****	*****
NS11	Min	<0.5	<0.5	<0.5	<0.5	<0.5	<0.5
NS11	Anz	2	2	1	2	2	2
NS11	Art	E182	E182	E365	E182	E182	E182
NS12	Max	<0.5	<0.5	<0.5	<0.5	0.7	<0.5
NS12	50P	*****	*****	*****	*****	*****	*****
NS12	Min	<0.5	<0.5	<0.5	<0.5	<0.5	<0.5
NS12	Anz	2	2	1	2	2	2
NS12	Art	E182	E182	E365	E182	E182	E182
NS13	Max	5.0	5.0	6.0	3.9	11.0	3.3
NS13	50P	*****	*****	*****	*****	*****	*****
NS13	Min	2.0	3.0	6.0	2.3	3.3	1.9
NS13	Anz	2	2	1	2	2	3
NS13	Art	E182	E182	E365	E182	E182	E182
NS14	Max	*****	*****	*****	<0.5	<0.5	<0.5
NS14	50P	*****	*****	*****	*****	*****	*****
NS14	Min	*****	*****	*****	<0.5	<0.5	<0.5
NS14	Anz	*****	*****	*****	2	2	2
NS14	Art	*****	*****	*****	E182	E182	E182
NS15	Max	2.0	0.7	<0.5	<0.5	<1.0	1.4
NS15	50P	<0.5	<0.5	<0.5	<0.5	<0.5	<0.5
NS15	Min	<0.5	<0.5	<0.5	<0.5	<0.5	<0.5
NS15	Anz	12	12	8	7	12	12
NS15	Art	E30	E30	E30	E30	E30	E30

Cd in µg/l		NIEDERSACHSEN 1982	1983	1984	1985	1986	1987
NS16	Max	<0.5	<0.5	<0.5	1.7	<0.5	<0.5
NS16	50P	*****	*****	*****	*****	*****	*****
NS16	Min	<0.5	<0.5	<0.5	<0.5	<0.5	<0.5
NS16	Anz	2	2	1	3	2	3
NS16	Art	E182	E182	E365	E120	E182	E182

Cd in µg/l		SCHLESWIG-HOLSTEIN 1982	1983	1984	1985	1986	1987
SH01	Max	0.2	0.2	0.2	*****	0.1	0.1
SH01	50P	*****	*****	*****	*****	*****	*****
SH01	Min	0.0	0.1	0.0	*****	0.1	0.0
SH01	Anz	4	3	4	*****	3	4
SH01	Art	E91	E91	E91	*****	E91	E91
SH02	Max	*****	*****	*****	*****	0.2	0.2
SH02	50P	*****	*****	*****	*****	*****	*****
SH02	Min	*****	*****	*****	*****	0.1	0.1
SH02	Anz	*****	*****	*****	*****	4	3
SH02	Art	*****	*****	*****	*****	E91	E91
SH03	Max	0.9	0.1	0.1	*****	0.1	0.1
SH03	50P	*****	0.1	0.1	*****	0.1	0.0
SH03	Min	0.0	0.0	0.1	*****	0.0	0.0
SH03	Anz	3	4	4	*****	4	4
SH03	Art	E91	E91	E91	*****	E91	E91
SH04	Max	0.2	0.2	0.2	*****	0.2	0.1
SH04	50P	*****	0.1	0.1	*****	0.1	0.1
SH04	Min	0.1	0.1	0.0	*****	0.0	0.0
SH04	Anz	3	4	5	*****	4	4
SH04	Art	E91	E91	E91	*****	E91	E91
SH05	Max	0.1	0.3	0.2	*****	0.1	0.0
SH05	50P	0.1	0.1	0.1	*****	0.1	0.0
SH05	Min	0.0	0.1	0.0	*****	0.0	0.0
SH05	Anz	4	4	4	*****	4	4
SH05	Art	E91	E91	E91	*****	E91	E91
SH06	Max	*****	*****	0.1	*****	0.1	0.1
SH06	50P	*****	*****	0.1	*****	0.0	0.0
SH06	Min	*****	*****	0.0	*****	0.0	0.0
SH06	Anz	*****	*****	4	*****	3	4
SH06	Art	*****	*****	E91	*****	E91	E91

Allgemeine Erläuterungen:

siehe einführenden Text

Sonstiges:

Bei den Berliner Meßstellen B 01 und B 02 handelt es sich um filtrierte Proben.

Pb BAYERN

in µg/l	1982	1983	1984	1985	1986	1987
BY01 Max	8.0	8.0	6.0	2.0	6.0	6.0
BY01 50P	1.0	1.0	<1.0	<1.0	1.0	1.0
BY01 Min	<1.0	<1.0	<1.0	<1.0	<1.0	<1.0
BY01 Anz	21	26	26	26	27	25
BY01 Art	E14	E14	E14	E14	E14	E14
BY02 Max	11.0	10.0	7.0	7.0	6.0	5.0
BY02 50P	2.0	3.0	2.0	2.0	2.0	2.0
BY02 Min	<1.0	1.0	<1.0	1.0	<1.0	<1.0
BY02 Anz	23	25	26	26	27	25
BY02 Art	E14	E14	E14	E14	E14	E14
BY03 Max	18.0	8.0	36.0	10.0	11.0	22.0
BY03 50P	2.0	3.0	2.0	2.0	2.0	2.0
BY03 Min	<1.0	1.0	<1.0	<1.0	<1.0	1.0
BY03 Anz	25	26	25	25	27	26
BY03 Art	E14	E14	E14	E14	E14	E14
BY04 Max	*****	*****	*****	*****	*****	*****
BY04 50P	*****	*****	*****	*****	*****	*****
BY04 Min	*****	*****	*****	*****	*****	*****
BY04 Anz	*****	*****	*****	*****	*****	*****
BY04 Art	*****	*****	*****	*****	*****	*****
BY05 Max	*****	*****	10.0	8.0	*****	4.0
BY05 50P	*****	*****	1.0	2.0	*****	1.0
BY05 Min	*****	*****	<1.0	<1.0	*****	<1.0
BY05 Anz	*****	*****	26	10	*****	13
BY05 Art	*****	*****	E14	E14	*****	E14
BY06 Max	*****	*****	6.0	10.0	4.0	3.0
BY06 50P	*****	*****	1.0	2.0	1.0	1.0
BY06 Min	*****	*****	<1.0	<1.0	<1.0	<1.0
BY06 Anz	*****	*****	23	10	13	13
BY06 Art	*****	*****	E14	E14	E14	E14
BY07 Max	9.0	10.0	67.0	12.0	9.0	100.0
BY07 50P	3.0	3.0	3.0	3.0	2.0	3.0
BY07 Min	<1.1	<1.0	<1.0	<1.0	<1.0	1.0
BY07 Anz	25	26	26	25	26	26
BY07 Art	E14	E14	E14	E14	E14	E14
BY08 Max	42.0	6.0	65.0	12.0	30.0	37.0
BY08 50P	1.5	2.0	1.0	4.0	5.0	5.0
BY08 Min	<1.0	<1.0	<1.0	<1.0	2.0	<2.0
BY08 Anz	25	25	26	26	24	25
BY08 Art	E14	E14	E14	E14	E14	E14
BY09 Max	10.0	30.0	50.0	10.0	10.0	6.0
BY09 50P	<10.0	<10.0	<10.0	<10.0	4.0	2.0
BY09 Min	<1.0	<10.0	<10.0	<10.0	<2.0	<1.0
BY09 Anz	25	26	24	25	26	26
BY09 Art	E14	E14	E14	E14	E14	E14
BY10 Max	2.0	2.0	8.0	4.0	10.0	7.0
BY10 50P	1.0	1.0	1.0	<1.0	1.0	1.0
BY10 Min	<1.0	<1.0	<1.0	<1.0	<1.0	<1.0
BY10 Anz	24	26	26	26	26	27
BY10 Art	E14	E14	E14	E14	E14	E14
BY11 Max	5.4	5.0	6.0	16.0	15.0	5.0
BY11 50P	<1.0	1.0	1.0	1.0	2.0	2.0
BY11 Min	<1.0	<1.0	<1.0	<1.0	<1.0	1.0
BY11 Anz	25	26	26	26	27	26
BY11 Art	E14	E14	E14	E14	E14	E14
BY12 Max	*****	*****	*****	*****	*****	*****
BY12 50P	*****	*****	*****	*****	*****	*****
BY12 Min	*****	*****	*****	*****	*****	*****
BY12 Anz	*****	*****	*****	*****	*****	*****
BY12 Art	*****	*****	*****	*****	*****	*****
BY13 Max	5.0	7.0	13.0	10.0	4.0	8.0
BY13 50P	<1.0	1.0	1.0	1.0	2.0	2.0
BY13 Min	<1.0	<1.0	<1.0	<1.0	1.0	<1.0
BY13 Anz	24	26	26	25	25	25
BY13 Art	E14	E14	E14	E14	E14	E14
BY14 Max	*****	*****	*****	*****	*****	*****
BY14 50P	*****	*****	*****	*****	*****	*****
BY14 Min	*****	*****	*****	*****	*****	*****
BY14 Anz	*****	*****	*****	*****	*****	*****
BY14 Art	*****	*****	*****	*****	*****	*****
BY15 Max	*****	*****	20.0	7.0	14.0	2.0
BY15 50P	*****	*****	<1.0	1.0	<1.0	1.0
BY15 Min	*****	*****	<1.0	<1.0	<1.0	<1.0
BY15 Anz	*****	*****	12	12	14	13
BY15 Art	*****	*****	E14	E14	E14	E14

Pb BAYERN

in µg/l	1982	1983	1984	1985	1986	1987
BY16 Max	*****	*****	11.0	6.0	12.0	14.0
BY16 50P	*****	*****	3.0	3.0	3.0	2.0
BY16 Min	*****	*****	<1.0	1.0	<1.0	<1.0
BY16 Anz	*****	*****	25	25	27	26
BY16 Art	*****	*****	E14	E14	E14	E14
BY17 Max	4.0	11.0	3.0	10.0	2.0	2.0
BY17 50P	1.0	2.8	<1.0	2.0	<1.0	1.0
BY17 Min	1.0	<1.0	<1.0	<1.0	<1.0	<1.0
BY17 Anz	20	25	26	26	25	26
BY17 Art	E14	E14	E14	E14	E14	E14
BY18 Max	*****	*****	*****	*****	*****	*****
BY18 50P	*****	*****	*****	*****	*****	*****
BY18 Min	*****	*****	*****	*****	*****	*****
BY18 Anz	*****	*****	*****	*****	*****	*****
BY18 Art	*****	*****	*****	*****	*****	*****
BY19 Max	*****	*****	*****	*****	*****	*****
BY19 50P	*****	*****	*****	*****	*****	*****
BY19 Min	*****	*****	*****	*****	*****	*****
BY19 Anz	*****	*****	*****	*****	*****	*****
BY19 Art	*****	*****	*****	*****	*****	*****
BY20 Max	4.3	8.0	10.0	20.0	20.0	13.0
BY20 50P	<1.0	2.0	1.0	1.0	3.0	2.0
BY20 Min	<1.0	<1.0	<1.0	<1.0	<1.0	<1.0
BY20 Anz	25	26	26	26	27	26
BY20 Art	E14	E14	E14	E14	E14	E14
BY21 Max	38.0	15.0	19.0	73.0	38.0	54.0
BY21 50P	2.5	6.0	5.0	8.5	14.0	4.0
BY21 Min	<1.0	1.0	1.0	<1.0	3.0	<1.0
BY21 Anz	21	22	26	25	26	26
BY21 Art	E14	E14	E14	E14	E14	E14
BY22 Max	4.0	8.0	25.0	12.0	10.0	60.0
BY22 50P	<1.0	2.0	2.0	3.0	4.0	2.0
BY22 Min	<1.0	<1.0	<1.0	<1.0	<1.0	<1.0
BY22 Anz	21	26	26	26	26	26
BY22 Art	E14	E14	E14	E14	E14	E14
BY23 Max	*****	*****	*****	*****	*****	*****
BY23 50P	*****	*****	*****	*****	*****	*****
BY23 Min	*****	*****	*****	*****	*****	*****
BY23 Anz	*****	*****	*****	*****	*****	*****
BY23 Art	*****	*****	*****	*****	*****	*****

Pb RHEINLAND-PFALZ

in µg/l	1982	1983	1984	1985	1986	1987
RP01 Max	6.8	5.9	11.6	5.5	11.5	12.0
RP01 50P	5.0	5.0	5.0	5.0	5.0	4.0
RP01 Min	5.0	5.0	5.0	5.0	5.0	2.4
RP01 Anz	13	24	27	26	26	26
RP01 Art	M28	M14	M14	M14	M14	M14
RP02 Max	<5.0	<5.0	<5.0	<5.0	<5.0	<5.0
RP02 50P	<5.0	<5.0	<5.0	<5.0	<5.0	<5.0
RP02 Min	<5.0	<5.0	<5.0	<5.0	<5.0	<5.0
RP02 Anz	7	7	27	26	26	26
RP02 Art	M56	M56	M14	M14	M14	M14
RP03 Max	17.5	21.3	27.6	14.9	34.6	25.6
RP03 50P	5.5	5.0	5.1	5.0	8.1	6.2
RP03 Min	5.0	5.0	5.0	5.0	5.0	2.4
RP03 Anz	13	26	27	26	26	25
RP03 Art	M28	M14	M14	M14	M14	M14
RP04 Max	11.9	6.2	13.9	8.2	<5.0	<5.0
RP04 50P	*****	*****	5.0	5.0	<5.0	<5.0
RP04 Min	<5.0	<5.0	<5.0	<5.0	<5.0	<5.0
RP04 Anz	7	7	27	26	26	26
RP04 Art	M56	M56	M14	M14	M14	M14
RP05 Max	22.9	27.1	22.8	30.0	26.8	21.0
RP05 50P	*****	*****	13.4	15.3	10.4	8.6
RP05 Min	10.8	5.2	<5.0	7.0	<5.0	<5.0
RP05 Anz	7	7	27	26	26	26
RP05 Art	M56	M56	M14	M14	M14	M14
RP06 Max	4.3	4.6	3.2	6.2	5.0	10.5
RP06 50P	*****	*****	*****	*****	1.7	1.5
RP06 Min	<1.0	2.0	<1.0	1.0	1.0	<1.0
RP06 Anz	4	4	4	8	21	22
RP06 Art	E	E	E	M14	M14	M14

Pb BADEN-WÜRTTEMBERG

in µg/l	1982	1983	1984	1985	1986	1987
BW01 Max	<5.0	<5.0	<5.0	5.0	<5.0	<5.0
BW01 50P	<5.0	<5.0	<5.0	<5.0	<5.0	<5.0
BW01 Min	<5.0	<5.0	<5.0	<5.0	<5.0	<5.0
BW01 Anz	7	7	27	26	26	27
BW01 Art	M56	M56	M14	M14	M14	M14
BW02 Max	<5.0	<5.0	<5.0	<5.0	<5.0	*****
BW02 50P	<5.0	<5.0	<5.0	<5.0	<5.0	*****
BW02 Min	<5.0	<5.0	<5.0	<5.0	<5.0	*****
BW02 Anz	7	7	7	8	7	*****
BW02 Art	M56	M56	M56	M56	M56	*****
BW03 Max	<5.0	<5.0	6.3	<5.0	<5.0	<5.0
BW03 50P	<5.0	<5.0	<5.0	<5.0	<5.0	<5.0
BW03 Min	<5.0	<5.0	<5.0	<5.0	<5.0	<5.0
BW03 Anz	7	7	27	26	26	27
BW03 Art	M56	M56	M14	M14	M14	M14
BW04 Max	<5.0	<5.0	5.4	<5.0	11.0	<5.0
BW04 50P	<5.0	<5.0	<5.0	<5.0	<5.0	<5.0
BW04 Min	<5.0	<5.0	<5.0	<5.0	<5.0	<5.0
BW04 Anz	7	7	27	26	26	23
BW04 Art	M56	M56	M14	M14	M14	M14
BW05 Max	<5.0	<5.0	<5.0	8.0	7.0	6.1
BW05 50P	<5.0	<5.0	<5.0	<5.0	<5.0	<5.0
BW05 Min	<5.0	<5.0	<5.0	<5.0	<5.0	<5.0
BW05 Anz	7	7	7	26	26	27
BW05 Art	M56	M56	M56	M56	M56	M56
BW06 Max	6.0	<5.0	7.0	6.0	17.0	10.3
BW06 50P	<5.0	<5.0	<5.0	<5.0	<5.0	<5.0
BW06 Min	<5.0	<5.0	<5.0	<5.0	<5.0	<5.0
BW06 Anz	7	7	27	25	24	25
BW06 Art	M56	M56	M14	M14	M14	M14
BW07 Max	5.1	<5.0	<5.0	7.0	12.0	7.9
BW07 50P	<5.0	<5.0	<5.0	<5.0	<5.0	<5.0
BW07 Min	<5.0	<5.0	<5.0	<5.0	<5.0	<5.0
BW07 Anz	7	7	7	26	26	27
BW07 Art	M56	M56	M56	M14	M14	M14
BW08 Max	6.1	6.6	<5.0	8.0	16.0	7.7
BW08 50P	<5.0	<5.0	<5.0	<5.0	<5.0	<5.0
BW08 Min	<5.0	<5.0	<5.0	<5.0	<5.0	<5.0
BW08 Anz	7	7	7	25	26	24
BW08 Art	M56	M56	M56	M14	M14	M14
BW09 Max	8.9	<5.0	<5.0	6.0	22.0	8.8
BW09 50P	<5.0	<5.0	<5.0	<5.0	<5.0	<5.0
BW09 Min	<5.0	<5.0	<5.0	<5.0	<5.0	<5.0
BW09 Anz	7	7	7	26	26	27
BW09 Art	M56	M56	M56	M14	M14	M14
BW10 Max	*****	*****	*****	25.0	12.9	*****
BW10 50P	*****	*****	*****	<5.0	<5.0	*****
BW10 Min	*****	*****	*****	<5.0	<5.0	*****
BW10 Anz	*****	*****	*****	12	11	*****
BW10 Art	*****	*****	*****	E28	E28	*****
BW11 Max	*****	*****	*****	25.0	5.0	*****
BW11 50P	*****	*****	*****	<5.0	<5.0	*****
BW11 Min	*****	*****	*****	<5.0	<5.0	*****
BW11 Anz	*****	*****	*****	12	11	*****
BW11 Art	*****	*****	*****	E28	E28	*****
BW12 Max	<5.0	<5.0	<5.0	7.0	5.0	<5.0
BW12 50P	<5.0	<5.0	<5.0	<5.0	<5.0	<5.0
BW12 Min	<5.0	<5.0	<5.0	<5.0	<5.0	<5.0
BW12 Anz	7	7	7	25	24	22
BW12 Art	M56	M56	M56	M14	M14	M14
BW13 Max	*****	*****	*****	<5.0	6.4	<5.0
BW13 50P	*****	*****	*****	<5.0	<5.0	<5.0
BW13 Min	*****	*****	*****	<5.0	<5.0	<5.0
BW13 Anz	*****	*****	*****	12	9	12
BW13 Art	*****	*****	*****	E28	E28	E28
BW14 Max	*****	*****	*****	<5.0	*****	*****
BW14 50P	*****	*****	*****	<5.0	*****	*****
BW14 Min	*****	*****	*****	<5.0	*****	*****
BW14 Anz	*****	*****	*****	12	*****	*****
BW14 Art	*****	*****	*****	E28	*****	*****
BW15 Max	*****	6.0	<5.0	<5.0	5.0	<5.0
BW15 50P	*****	5.0	<5.0	<5.0	<5.0	<5.0
BW15 Min	*****	<5.0	<5.0	<5.0	<5.0	<5.0
BW15 Anz	*****	7	7	7	7	6
BW15 Art	*****	M56	M56	M56	M56	M56

Pb BADEN-WÜRTTEMBERG

in µg/l	1982	1983	1984	1985	1986	1987
BW16 Max	*****	*****	<5.0	<5.0	<5.0	<5.0
BW16 50P	*****	*****	<5.0	<5.0	<5.0	<5.0
BW16 Min	*****	*****	<5.0	<5.0	<5.0	<5.0
BW16 Anz	*****	*****	5	6	4	6
BW16 Art	*****	*****	M56	M56	M56	M56
BW17 Max	*****	*****	<5.0	<5.0	8.0	<5.0
BW17 50P	*****	*****	<5.0	<5.0	<5.0	<5.0
BW17 Min	*****	*****	<5.0	<5.0	<5.0	<5.0
BW17 Anz	*****	*****	5	5	6	6
BW17 Art	*****	*****	M56	M56	M56	M56
BW18 Max	<5.0	<5.0	<5.0	<5.0	<5.0	<5.0
BW18 50P	<5.0	<5.0	<5.0	<5.0	<5.0	<5.0
BW18 Min	<5.0	<5.0	<5.0	<5.0	<5.0	<5.0
BW18 Anz	7	7	7	8	7	6
BW18 Art	M56	M56	M56	M56	M56	M56

Pb HESSEN

in µg/l	1982	1983	1984	1985	1986	1987
HE01 Max	12.0	31.0	6.0	31.0	24.0	22.0
HE01 50P	2.0	3.0	2.0	2.0	9.0	7.0
HE01 Min	1.0	2.0	2.0	2.0	<4.0	<4.0
HE01 Anz	25	26	27	26	26	26
HE01 Art	M14	M14	M14	M14	M14	M14
HE02 Max	14.0	11.0	18.0	<4.0	7.0	<5.0
HE02 50P	6.0	2.0	2.0	<4.0	<4.0	<5.0
HE02 Min	3.0	2.0	1.0	<4.0	<4.0	<5.0
HE02 Anz	7	7	27	25	26	26
HE02 Art	M14	M14	M14	M14	M14	M14
HE03 Max	38.0	6.0	103.0	20.0	8.0	16.0
HE03 50P	5.0	2.0	<4.0	<2.0	<5.0	<5.0
HE03 Min	3.0	2.0	<4.0	<2.0	<5.0	<5.0
HE03 Anz	7	7	27	26	26	26
HE03 Art	M14	M14	M14	M14	M14	M14
HE04 Max	*****	*****	14.0	19.0	120.0	27.0
HE04 50P	*****	*****	4.0	6.0	9.0	7.0
HE04 Min	*****	*****	2.0	2.0	<4.0	4.0
HE04 Anz	*****	*****	27	25	26	26
HE04 Art	*****	*****	M14	M14	M14	M14
HE05 Max	44.0	18.0	36.0	74.0	66.0	14.0
HE05 50P	4.0	4.5	4.0	5.0	5.5	8.0
HE05 Min	3.0	2.0	2.0	2.0	<4.0	<4.0
HE05 Anz	17	22	26	25	26	26
HE05 Art	M14	M14	M14	M14	M14	M14
HE06 Max	*****	*****	*****	*****	*****	*****
HE06 50P	*****	*****	*****	*****	*****	*****
HE06 Min	*****	*****	*****	*****	*****	*****
HE06 Anz	*****	*****	*****	*****	*****	*****
HE06 Art	*****	*****	*****	*****	*****	*****
HE07 Max	*****	*****	*****	*****	*****	24.0
HE07 50P	*****	*****	*****	*****	*****	5.0
HE07 Min	*****	*****	*****	*****	*****	<4.0
HE07 Anz	*****	*****	*****	*****	*****	26
HE07 Art	*****	*****	*****	*****	*****	M14
HE08 Max	*****	*****	*****	*****	*****	*****
HE08 50P	*****	*****	*****	*****	*****	*****
HE08 Min	*****	*****	*****	*****	*****	*****
HE08 Anz	*****	*****	*****	*****	*****	*****
HE08 Art	*****	*****	*****	*****	*****	*****

Pb SAARLAND

in µg/l	1982	1983	1984	1985	1986	1987
S 01 Max	20.5	13.2	14.5	26.0	77.5	*****
S 01 50P	11.0	4.2	6.8	9.5	17.6	*****
S 01 Min	3.2	<1.9	<1.9	1.9	3.3	*****
S 01 Anz	11	10	11	10	12	*****
S 01 Art	*****	*****	*****	*****	*****	*****

Allgemeine Erläuterungen im einführenden Text

Besondere Erläuterungen umseitig

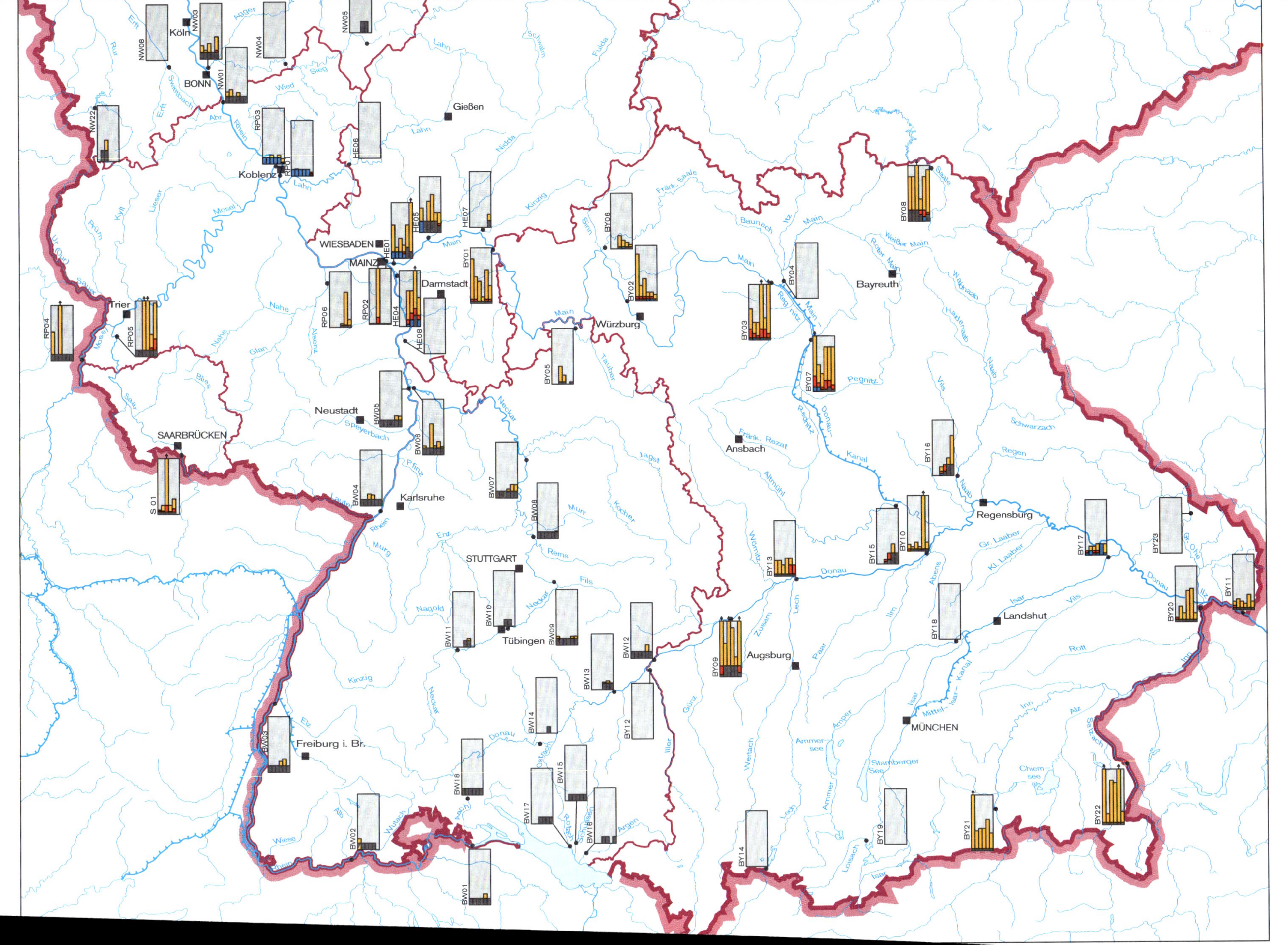
Köln
BONN
Koblenz
Gießen
WIESBADEN
MAINZ
Darmstadt
Trier
SAARBRÜCKEN
Neustadt
Karlsruhe
STUTTGART
Tübingen
Freiburg i. Br.
Würzburg
Bayreuth
Ansbach
Regensburg
Augsburg
Landshut
MÜNCHEN
NW01
NW03
NW04
NW05
NW08
NW22
RP01
RP02
RP03
RP04
RP05
RP06
HE01
HE04
HE05
HE06
HE07
HE08
S 01
BW01
BW02
BW03
BW04
BW05
BW06
BW07
BW08
BW09
BW10
BW11
BW12
BW13
BW14
BW15
BW16
BW17
BW18
BY01
BY02
BY03
BY04
BY05
BY06
BY07
BY08
BY09
BY10
BY11
BY12
BY13
BY14
BY15
BY16
BY17
BY18
BY19
BY20
BY21
BY22
BY23
Rhein
Mosel
Main
Neckar
Donau
Lahn
Nahe
Saar
Isar
Inn
Lech
Iller
Naab
Regen
Altmühl
Main-Donau-Kanal
Mittel-Isar-Kanal

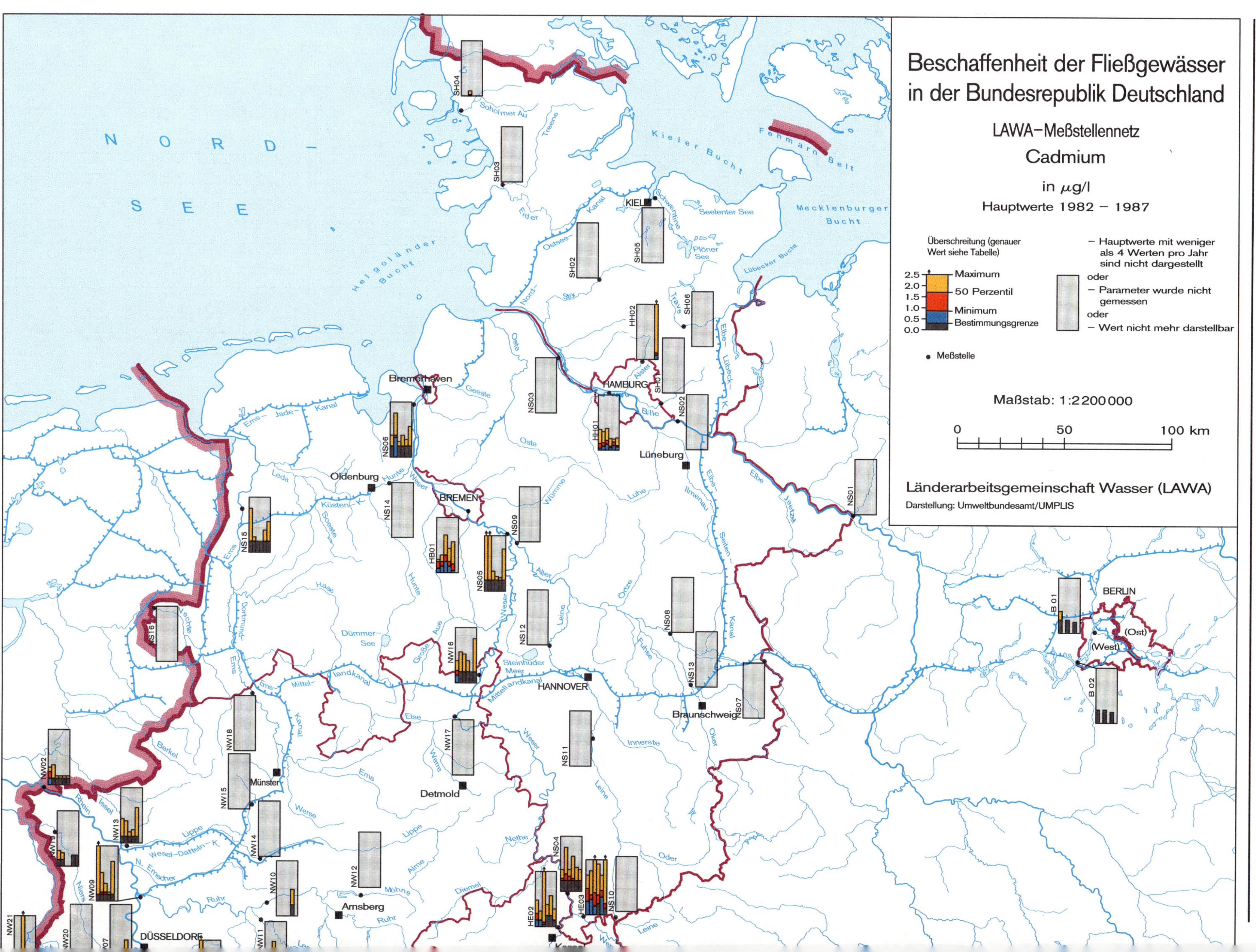
Beschaffenheit der Fließgewässer in der Bundesrepublik Deutschland
LAWA-Meßstellennetz
Cadmium
in µg/l
Hauptwerte 1982 – 1987
Überschreitung (genauer Wert siehe Tabelle)
Maximum
50 Perzentil
Minimum
Bestimmungsgrenze
2.5
2.0
1.5
1.0
0.5
0.0
– Hauptwerte mit weniger als 4 Werten pro Jahr sind nicht dargestellt
oder
– Parameter wurde nicht gemessen
oder
– Wert nicht mehr darstellbar
• Meßstelle
Maßstab: 1:2200000
0
50
100 km
Länderarbeitsgemeinschaft Wasser (LAWA)
Darstellung: Umweltbundesamt/UMPLIS
NORD - SEE
Kieler Bucht
Fehmarn Belt
Mecklenburger Bucht
Lübecker Bucht
Helgoländer Bucht
KIEL
Bremerhaven
HAMBURG
Lüneburg
Oldenburg
BREMEN
HANNOVER
Braunschweig
BERLIN
(Ost)
(West)
Detmold
Münster
Arnsberg
DÜSSELDORF
Elbe
Weser
Ems
Rhein
Aller
Leine
Oker
Oder
Innerste
Ilmenau
Jeetzel
Trave
Schwentine
Eider
Treene
Soholmer Au
Oste
Wümme
Hunte
Hase
Lippe
Ruhr
Vechte
Berkel
Seelenter See
Plöner See
Dümmer-See
Steinhuder Meer
Elbe-Lübeck-K.
Elbe-Seiten-Kanal
Mittellandkanal
Dortmund-Ems-Kanal
Ems-Jade-Kanal
Küsten-K.
Wesel-Datteln-K.
Nord-Ostsee-Kanal
SH02
SH03
SH04
SH05
SH06
HH01
HH02
NS01
NS02
NS03
NS04
NS05
NS06
NS07
NS08
NS09
NS10
NS11
NS12
NS13
NS14
NS15
NS16
HB01
HE02
HE03
B 01
B 02
NW02
NW09
NW10
NW11
NW12
NW13
NW14
NW15
NW16
NW17
NW18
NW19
NW20
NW21

Pb in µg/l		NORDRHEIN-WESTFALEN 1982	1983	1984	1985	1986	1987
NW01	Max	19.0	10.0	12.0	16.0	8.0	20.7
NW01	50P	4.0	4.0	4.0	4.5	4.4	2.8
NW01	Min	2.0	<2.0	2.0	3.0	2.8	<2.0
NW01	Anz	13	13	13	12	13	13
NW01	Art	E28	E28	E28	E28	E28	E28
NW02	Max	16.0	18.0	17.9	14.0	27.6	12.0
NW02	50P	10.0	9.0	7.1	7.2	8.5	6.9
NW02	Min	5.0	6.0	3.0	5.0	<2.0	2.9
NW02	Anz	13	13	13	13	13	12
NW02	Art	E28	E28	E28	E28	E28	E28
NW03	Max	27.0	38.0	57.0	20.8	86.7	26.0
NW03	50P	7.0	7.0	6.1	5.6	6.5	6.1
NW03	Min	2.0	3.0	2.1	3.3	3.8	2.6
NW03	Anz	13	13	13	13	13	13
NW03	Art	E28	E28	E28	E28	E28	E28
NW04	Max	10.0	<5.0	20.0	10.0	200.0	7.0
NW04	50P	*****	*****	*****	*****	<10.0	*****
NW04	Min	10.0	<5.0	20.0	<10.0	<10.0	<5.0
NW04	Anz	1	1	1	3	4	3
NW04	Art	E365	E365	E365	E91	E91	E91
NW05	Max	*****	*****	*****	<5.0	<5.0	*****
NW05	50P	*****	*****	*****	<5.0	<5.0	*****
NW05	Min	*****	*****	*****	<5.0	<5.0	*****
NW05	Anz	*****	*****	*****	12	15	*****
NW05	Art	*****	*****	*****	E28	E28	*****
NW06	Max	29.0	110.0	62.0	33.1	79.1	24.2
NW06	50P	7.0	11.0	9.0	5.1	6.1	4.9
NW06	Min	3.0	3.0	3.5	<2.0	<2.0	2.8
NW06	Anz	13	13	13	13	13	13
NW06	Art	E28	E28	E28	E28	E28	E28
NW07	Max	*****	*****	*****	25.2	56.9	36.0
NW07	50P	*****	*****	*****	12.9	14.6	24.0
NW07	Min	*****	*****	*****	2.3	8.4	12.1
NW07	Anz	*****	*****	*****	13	13	13
NW07	Art	*****	*****	*****	E28	E28	E28
NW08	Max	<5.0	*****	<5.0	<10.0	*****	*****
NW08	50P	*****	*****	*****	*****	*****	*****
NW08	Min	<5.0	*****	<5.0	<10.0	*****	*****
NW08	Anz	1	*****	1	1	*****	*****
NW08	Art	E365	*****	E365	E365	*****	*****
NW09	Max	240.0	32.0	25.0	12.9	29.7	18.0
NW09	50P	7.0	7.0	7.0	5.8	5.3	5.9
NW09	Min	2.0	5.0	2.0	<2.0	2.0	<2.0
NW09	Anz	13	13	13	13	13	13
NW09	Art	E28	E28	E28	E28	E28	E28
NW10	Max	<5.0	<5.0	<5.0	<5.0	<5.0	<5.0
NW10	50P	*****	*****	*****	*****	<5.0	*****
NW10	Min	<5.0	<5.0	<5.0	<5.0	<5.0	<5.0
NW10	Anz	2	1	2	1	9	3
NW10	Art	E91	E365	E91	E365	E91	E91
NW11	Max	6.0	10.0	7.0	13.0	10.0	6.0
NW11	50P	*****	*****	*****	*****	6.0	<5.0
NW11	Min	<5.0	<5.0	<5.0	<5.0	<5.0	<5.0
NW11	Anz	3	4	5	4	4	4
NW11	Art	E91	E91	E91	E91	E91	E91
NW12	Max	<2.0	2.0	3.0	6.0	27.0	9.0
NW12	50P	*****	*****	*****	*****	*****	*****
NW12	Min	<2.0	2.0	3.0	6.0	27.0	9.0
NW12	Anz	1	1	1	1	1	1
NW12	Art	E365	E365	E365	E365	E365	E365
NW13	Max	55.0	30.0	33.0	17.6	13.3	13.6
NW13	50P	4.0	6.0	10.9	4.8	4.5	5.0
NW13	Min	<2.0	2.0	<2.0	<2.0	<2.0	2.4
NW13	Anz	13	13	13	13	13	13
NW13	Art	E28	E28	E28	E28	E28	E28
NW14	Max	3.0	6.0	9.0	8.0	3.0	4.0
NW14	50P	*****	*****	*****	*****	*****	*****
NW14	Min	3.0	6.0	9.0	8.0	3.0	4.0
NW14	Anz	1	1	1	1	1	1
NW14	Art	E365	E365	E365	E365	E365	E365
NW15	Max	*****	3.0	5.0	3.0	5.0	3.2
NW15	50P	*****	*****	*****	*****	*****	*****
NW15	Min	*****	3.0	5.0	3.0	5.0	3.2
NW15	Anz	*****	1	1	1	1	1
NW15	Art	*****	E365	E365	E365	E365	E365

Pb in µg/l		NORDRHEIN-WESTFALEN 1982	1983	1984	1985	1986	1987
NW16	Max	32.3	7.6	12.6	91.7	3.4	10.4
NW16	50P	3.9	<2.0	<2.0	<2.0	<2.0	5.3
NW16	Min	<2.0	<2.0	<2.0	<2.0	<2.0	<2.0
NW16	Anz	7	7	27	26	26	26
NW16	Art	7E56	7E56	M14	M14	M14	M14
NW17	Max	7.2	1.4	3.7	1.7	<2.0	5.6
NW17	50P	*****	*****	*****	*****	*****	*****
NW17	Min	7.2	1.4	3.7	1.7	<2.0	5.6
NW17	Anz	1	1	1	1	1	1
NW17	Art	E365	E365	E365	E365	E365	E365
NW18	Max	*****	16.0	4.0	8.0	14.2	5.9
NW18	50P	*****	7.0	*****	4.5	*****	3.9
NW18	Min	*****	3.5	2.2	<1.0	<1.0	1.5
NW18	Anz	*****	4	4	4	4	4
NW18	Art	*****	E91	E91	E91	E91	E91
NW19	Max	*****	*****	10.0	7.0	107.0	11.0
NW19	50P	*****	*****	6.0	5.5	<5.0	5.0
NW19	Min	*****	*****	<5.0	<5.0	<5.0	<5.0
NW19	Anz	*****	*****	4	4	7	6
NW19	Art	*****	*****	E91	E91	E91	E91
NW20	Max	9.0	<5.0	11.0	<5.0	<5.0	<5.0
NW20	50P	*****	*****	*****	*****	*****	*****
NW20	Min	9.0	<5.0	11.0	<5.0	<5.0	<5.0
NW20	Anz	1	1	1	3	2	1
NW20	Art	E365	E365	E365	E91	E91	E365
NW21	Max	*****	*****	220.0	9.9	17.0	16.0
NW21	50P	*****	*****	14.0	9.2	*****	8.0
NW21	Min	*****	*****	8.4	5.2	5.3	6.4
NW21	Anz	*****	*****	7	5	3	5
NW21	Art	*****	*****	E91	E91	E91	E91
NW22	Max	<50.0	8.0	7.0	<5.0	<5.0	8.6
NW22	50P	<5.0	<5.0	<5.0	<5.0	<5.0	<5.0
NW22	Min	<5.0	<5.0	<5.0	<5.0	<5.0	<5.0
NW22	Anz	4	6	7	4	2	4
NW22	Art	E91	E91	E91	E91	E91	E91

Pb in µg/l		BERLIN 1982	1983	1984	1985	1986	1987
B 01	Max	1.5	*****	<4.0	*****	<4.0	*****
B 01	50P	*****	*****	<4.0	*****	<4.0	*****
B 01	Min	<1.0	*****	<4.0	*****	<4.0	*****
B 01	Anz	6	*****	9	*****	6	*****
B 01	Art	E30	*****	E30	*****	E30	*****
B 02	Max	<1.0	*****	<4.0	*****	<4.0	*****
B 02	50P	<1.0	*****	<4.0	*****	<4.0	*****
B 02	Min	<1.0	*****	<4.0	*****	<4.0	*****
B 02	Anz	6	*****	9	*****	6	*****
B 02	Art	E30	*****	E30	*****	E30	*****

Pb in µg/l		HAMBURG 1982	1983	1984	1985	1986	1987
HH01	Max	5.6	14.7	7.4	4.7	5.6	6.2
HH01	50P	2.9	3.6	3.9	3.8	3.7	4.6
HH01	Min	1.9	1.5	3.2	2.8	2.9	4.0
HH01	Anz	12	12	6	5	6	5
HH01	Art	E30	E30	E61	E61	E61	E61
HH02	Max	*****	*****	*****	*****	*****	4.0
HH02	50P	*****	*****	*****	*****	*****	3.0
HH02	Min	*****	*****	*****	*****	*****	2.0
HH02	Anz	*****	*****	*****	*****	*****	5
HH02	Art	*****	*****	*****	*****	*****	E61

Pb in µg/l		BREMEN 1982	1983	1984	1985	1986	1987
HB01	Max	10.0	10.9	14.3	10.0	24.0	*****
HB01	50P	6.7	4.9	8.4	6.0	4.1	*****
HB01	Min	5.1	3.0	4.0	3.0	2.0	*****
HB01	Anz	7	7	7	7	26	*****
HB01	Art	1M56	1M56	1M56	1M56	M14	*****

Pb in µg/l		NIEDERSACHSEN 1982	1983	1984	1985	1986	1987
NS01	Max	21.0	8.0	8.0	9.3	25.0	9.3
NS01	50P	*****	*****	*****	*****	*****	*****
NS01	Min	7.0	5.0	8.0	5.8	5.1	3.3
NS01	Anz	2	2	1	2	3	2
NS01	Art	E182	E182	E365	E182	E182	E182
NS02	Max	*****	*****	*****	*****	*****	*****
NS02	50P	*****	*****	*****	*****	*****	*****
NS02	Min	*****	*****	*****	*****	*****	*****
NS02	Anz	*****	*****	*****	*****	*****	*****
NS02	Art	*****	*****	*****	*****	*****	*****
NS03	Max	*****	*****	*****	42.0	6.3	11.0
NS03	50P	*****	*****	*****	*****	*****	*****
NS03	Min	*****	*****	*****	11.0	4.7	5.7
NS03	Anz	*****	*****	*****	2	2	2
NS03	Art	*****	*****	*****	E182	E182	E182
NS04	Max	54.0	7.0	3.0	4.3	45.0	5.6
NS04	50P	3.0	2.0	2.5	2.0	2.5	1.4
NS04	Min	<1.0	<1.0	<1.0	1.1	<1.0	<1.0
NS04	Anz	7	7	7	7	26	26
NS04	Art	1M56	1M56	1M56	1M56	M14	M14
NS05	Max	56.0	9.0	5.2	4.9	10.0	15.0
NS05	50P	3.0	4.0	3.4	2.5	3.0	2.1
NS05	Min	<1.0	1.0	2.0	1.4	1.3	<1.0
NS05	Anz	7	7	7	7	26	25
NS05	Art	1M56	1M56	1M56	1M56	M14	M14
NS06	Max	60.0	48.0	29.0	29.0	60.0	38.0
NS06	50P	30.0	36.0	12.0	14.0	16.0	12.0
NS06	Min	<1.0	18.0	10.0	12.0	7.4	1.0
NS06	Anz	7	7	7	7	26	26
NS06	Art	E56	E56	1M56	1M56	M14	M14
NS07	Max	50.0	25.0	1.0	<1.0	8.8	14.0
NS07	50P	*****	*****	*****	*****	*****	*****
NS07	Min	<1.0	25.0	1.0	<1.0	1.5	<1.0
NS07	Anz	2	2	1	2	2	3
NS07	Art	E182	E182	E365	E182	E182	E182
NS08	Max	<1.0	*****	*****	8.0	9.5	18.0
NS08	50P	*****	*****	*****	*****	*****	*****
NS08	Min	<1.0	*****	*****	7.8	5.9	4.7
NS08	Anz	1	*****	*****	2	2	3
NS08	Art	E365	*****	*****	E182	E182	E182
NS09	Max	10.0	9.0	8.0	13.0	38.0	7.5
NS09	50P	*****	*****	*****	*****	*****	*****
NS09	Min	10.0	7.0	8.0	4.2	8.1	7.0
NS09	Anz	2	2	1	3	2	2
NS09	Art	E182	E182	E365	E182	E182	E182
NS10	Max	2.0	3.0	<1.0	1.0	2.4	<1.0
NS10	50P	*****	*****	*****	*****	*****	*****
NS10	Min	<1.0	<1.0	<1.0	<1.0	<1.0	<1.0
NS10	Anz	2	2	1	2	2	2
NS10	Art	E182	E182	E365	E182	E182	E182
NS11	Max	4.0	20.0	<1.0	4.5	27.0	4.6
NS11	50P	*****	*****	*****	*****	*****	*****
NS11	Min	4.0	7.0	<1.0	2.9	4.2	3.5
NS11	Anz	2	2	1	2	2	2
NS11	Art	E182	E182	E365	E182	E182	E182
NS12	Max	11.0	15.0	56.0	15.0	18.0	7.9
NS12	50P	*****	*****	*****	*****	*****	*****
NS12	Min	8.0	11.0	56.0	6.2	7.4	7.2
NS12	Anz	2	2	1	2	2	2
NS12	Art	E182	E182	E365	E182	E182	E182
NS13	Max	82.0	25.0	25.0	18.0	100.0	27.0
NS13	50P	*****	*****	*****	*****	*****	*****
NS13	Min	12.0	16.0	25.0	16.0	15.0	9.6
NS13	Anz	2	2	1	2	2	2
NS13	Art	E182	E182	E365	E182	E182	E182
NS14	Max	*****	*****	*****	7.3	5.5	2.9
NS14	50P	*****	*****	*****	*****	*****	*****
NS14	Min	*****	*****	*****	3.5	3.8	1.9
NS14	Anz	*****	*****	*****	2	2	2
NS14	Art	*****	*****	*****	E182	E182	E182
NS15	Max	6.0	2.0	1.5	10.0	3.9	3.8
NS15	50P	2.3	1.3	1.0	2.0	*****	*****
NS15	Min	<1.0	<1.0	<1.0	<1.0	<1.0	<1.0
NS15	Anz	4	4	5	6	2	2
NS15	Art	E91	E91	E91	E61	E182	E182

Pb in µg/l		NIEDERSACHSEN 1982	1983	1984	1985	1986	1987
NS16	Max	18.0	1.0	1.0	4.6	2.1	2.1
NS16	50P	*****	*****	*****	*****	*****	*****
NS16	Min	<1.0	<1.0	1.0	<1.0	1.6	<1.0
NS16	Anz	2	2	1	3	2	2
NS16	Art	E182	E182	E365	E120	E182	E182

Pb in µg/l		SCHLESWIG-HOLSTEIN 1982	1983	1984	1985	1986	1987
SH01	Max	2.7	7.3	3.1	*****	2.0	2.1
SH01	50P	1.6	*****	2.2	*****	*****	1.8
SH01	Min	0.9	1.1	0.5	*****	1.0	0.8
SH01	Anz	4	3	4	*****	3	4
SH01	Art	E91	E91	E91	*****	E91	E91
SH02	Max	*****	*****	*****	*****	1.1	1.3
SH02	50P	*****	*****	*****	*****	*****	*****
SH02	Min	*****	*****	*****	*****	0.3	0.5
SH02	Anz	*****	*****	*****	*****	4	3
SH02	Art	*****	*****	*****	*****	E91	E91
SH03	Max	3.4	1.8	1.0	*****	0.7	1.1
SH03	50P	*****	1.8	0.6	*****	0.6	0.7
SH03	Min	1.2	1.3	0.5	*****	0.4	0.5
SH03	Anz	3	4	4	*****	4	4
SH03	Art	E91	E91	E91	*****	E91	E91
SH04	Max	0.8	1.5	3.0	*****	0.7	0.9
SH04	50P	*****	1.1	0.8	*****	0.6	0.4
SH04	Min	0.5	1.0	0.4	*****	0.3	<0.2
SH04	Anz	3	4	5	*****	4	4
SH04	Art	E91	E91	E91	*****	E91	E91
SH05	Max	2.3	2.1	2.1	*****	1.8	3.4
SH05	50P	1.1	1.8	0.9	*****	1.1	0.9
SH05	Min	0.6	0.7	0.4	*****	0.5	0.5
SH05	Anz	4	4	4	*****	4	4
SH05	Art	E91	E91	E91	*****	E91	E91
SH06	Max	*****	*****	3.5	*****	0.7	1.5
SH06	50P	*****	*****	1.2	*****	*****	1.3
SH06	Min	*****	*****	0.3	*****	0.4	0.9
SH06	Anz	*****	*****	4	*****	3	4
SH06	Art	*****	*****	E91	*****	E91	E91

Allgemeine Erläuterungen:

siehe einführenden Text

Sonstiges:

Bei den Berliner Meßstellen B 01 und B 02 handelt es sich um filtrierte Proben.

Ni in µg/l	BAYERN 1982	1983	1984	1985	1986	1987
BY01 Max	8.0	13.0	6.0	8.0	13.0	11.0
BY01 50P	3.5	5.0	3.0	3.0	3.0	4.2
BY01 Min	<1.0	2.0	<1.0	<1.0	1.0	2.0
BY01 Anz	25	22	26	26	27	25
BY01 Art	E14	E14	E14	E14	E14	E14
BY02 Max	20.0	11.0	9.0	11.0	10.0	16.0
BY02 50P	6.0	8.0	4.0	4.0	6.5	3.5
BY02 Min	1.0	1.0	1.0	2.0	2.0	1.0
BY02 Anz	23	25	26	26	27	25
BY02 Art	E14	E14	E14	E14	E14	E14
BY03 Max	6.0	7.0	8.0	5.0	10.0	19.0
BY03 50P	3.0	3.0	3.0	3.5	5.0	3.0
BY03 Min	0.0	1.0	1.0	0.2	2.0	1.0
BY03 Anz	25	26	26	25	27	26
BY03 Art	E14	E14	E14	E14	E14	E14
BY04 Max	*****	*****	*****	*****	*****	*****
BY04 50P	*****	*****	*****	*****	*****	*****
BY04 Min	*****	*****	*****	*****	*****	*****
BY04 Anz	*****	*****	*****	*****	*****	*****
BY04 Art	*****	*****	*****	*****	*****	*****
BY05 Max	*****	*****	3.0	6.0	*****	7.0
BY05 50P	*****	*****	1.0	1.0	*****	2.0
BY05 Min	*****	*****	<1.0	<1.0	*****	<1.0
BY05 Anz	*****	*****	26	10	*****	13
BY05 Art	*****	*****	E14	E14	*****	E14
BY06 Max	*****	*****	10.0	4.0	10.0	8.0
BY06 50P	*****	*****	1.0	2.0	2.0	2.0
BY06 Min	*****	*****	<1.0	<1.0	1.0	1.0
BY06 Anz	*****	*****	23	10	13	13
BY06 Art	*****	*****	E14	E14	E14	E14
BY07 Max	44.0	10.0	10.0	10.0	10.0	26.0
BY07 50P	4.0	5.0	5.0	5.0	5.0	5.0
BY07 Min	2.0	1.0	2.0	3.0	4.0	2.0
BY07 Anz	25	26	26	25	26	26
BY07 Art	E14	E14	E14	E14	E14	E14
BY08 Max	200.0	25.0	15.0	40.0	30.0	19.0
BY08 50P	5.0	6.0	5.0	10.0	10.0	7.0
BY08 Min	<1.0	3.0	<5.0	<5.0	4.0	4.0
BY08 Anz	25	25	26	26	24	25
BY08 Art	E14	E14	E14	E14	E14	E14
BY09 Max	25.0	40.0	20.0	20.0	10.0	10.0
BY09 50P	<10.0	<10.0	<10.0	<10.0	<10.0	<5.0
BY09 Min	<10.0	<10.0	<10.0	<10.0	<5.0	<3.0
BY09 Anz	25	26	24	25	26	26
BY09 Art	E14	E14	E14	E14	E14	E14
BY10 Max	13.0	10.0	5.0	5.0	10.0	5.0
BY10 50P	1.0	1.0	1.0	1.0	2.0	1.0
BY10 Min	<1.0	<1.0	<1.0	<1.0	1.0	<1.0
BY10 Anz	24	26	26	26	26	27
BY10 Art	E14	E14	E14	E14	E14	E14
BY11 Max	7.0	6.0	5.0	9.0	13.0	3.0
BY11 50P	1.9	1.0	1.0	2.0	2.0	2.0
BY11 Min	<1.0	<1.0	<1.0	<1.0	<1.0	<1.0
BY11 Anz	25	26	26	26	27	26
BY11 Art	E14	E14	E14	E14	E14	E14
BY12 Max	*****	*****	*****	*****	*****	*****
BY12 50P	*****	*****	*****	*****	*****	*****
BY12 Min	*****	*****	*****	*****	*****	*****
BY12 Anz	*****	*****	*****	*****	*****	*****
BY12 Art	*****	*****	*****	*****	*****	*****
BY13 Max	3.0	4.0	6.0	13.0	10.0	10.0
BY13 50P	1.0	1.0	1.0	1.0	6.5	5.0
BY13 Min	<1.0	<1.0	<1.0	<1.0	<1.0	<1.0
BY13 Anz	24	26	26	25	25	25
BY13 Art	E14	E14	E14	E14	E14	E14
BY14 Max	*****	*****	*****	*****	*****	*****
BY14 50P	*****	*****	*****	*****	*****	*****
BY14 Min	*****	*****	*****	*****	*****	*****
BY14 Anz	*****	*****	*****	*****	*****	*****
BY14 Art	*****	*****	*****	*****	*****	*****
BY15 Max	*****	*****	8.0	3.0	14.0	5.0
BY15 50P	*****	*****	<1.0	1.5	3.0	1.5
BY15 Min	*****	*****	<1.0	<1.0	<1.0	<1.0
BY15 Anz	*****	*****	12	13	13	13
BY15 Art	*****	*****	E14	E14	E14	E14

Ni in µg/l	BAYERN 1982	1983	1984	1985	1986	1987
BY16 Max	*****	*****	9.0	7.0	21.0	14.0
BY16 50P	*****	*****	2.0	1.0	2.0	2.0
BY16 Min	*****	*****	<1.0	<1.0	<1.0	<1.0
BY16 Anz	*****	*****	25	24	27	26
BY16 Art	*****	*****	E14	E14	E14	E14
BY17 Max	3.0	4.3	3.0	10.0	6.0	4.0
BY17 50P	1.4	2.2	<1.0	<1.0	1.0	2.0
BY17 Min	1.0	<1.0	<1.0	<1.0	1.0	<1.0
BY17 Anz	20	25	26	26	26	26
BY17 Art	E14	E14	E14	E14	E14	E14
BY18 Max	*****	*****	*****	*****	*****	*****
BY18 50P	*****	*****	*****	*****	*****	*****
BY18 Min	*****	*****	*****	*****	*****	*****
BY18 Anz	*****	*****	*****	*****	*****	*****
BY18 Art	*****	*****	*****	*****	*****	*****
BY19 Max	*****	*****	*****	*****	*****	*****
BY19 50P	*****	*****	*****	*****	*****	*****
BY19 Min	*****	*****	*****	*****	*****	*****
BY19 Anz	*****	*****	*****	*****	*****	*****
BY19 Art	*****	*****	*****	*****	*****	*****
BY20 Max	4.0	4.0	5.0	7.0	4.0	20.0
BY20 50P	1.3	1.0	1.0	2.0	2.0	3.0
BY20 Min	1.0	<1.0	<1.0	<1.0	<1.0	<1.0
BY20 Anz	25	26	26	26	27	26
BY20 Art	E14	E14	E14	E14	E14	E14
BY21 Max	10.0	13.0	11.0	31.0	20.0	28.0
BY21 50P	1.5	2.0	1.0	2.0	2.0	2.0
BY21 Min	<1.0	<1.0	<1.0	<1.0	<1.0	<1.0
BY21 Anz	19	21	26	24	27	26
BY21 Art	E14	E14	E14	E14	E14	E14
BY22 Max	7.0	70.0	4.0	6.0	10.0	40.0
BY22 50P	2.0	3.0	1.0	2.0	2.0	2.0
BY22 Min	<1.0	<1.0	<1.0	<1.0	<1.0	<1.0
BY22 Anz	21	26	26	26	26	19
BY22 Art	E14	E14	E14	E14	E14	E14
BY23 Max	*****	*****	*****	*****	*****	*****
BY23 50P	*****	*****	*****	*****	*****	*****
BY23 Min	*****	*****	*****	*****	*****	*****
BY23 Anz	*****	*****	*****	*****	*****	*****
BY23 Art	*****	*****	*****	*****	*****	*****

Ni in µg/l	RHEINLAND-PFALZ 1982	1983	1984	1985	1986	1987
RP01 Max	7.7	6.1	8.1	6.8	9.5	7.7
RP01 50P	5.0	5.0	5.0	5.0	5.0	4.1
RP01 Min	5.0	5.0	5.0	5.0	5.0	2.2
RP01 Anz	13	25	27	26	26	26
RP01 Art	M28	M14	M14	M14	M14	M14
RP02 Max	7.9	<5.0	<5.0	<5.0	<5.0	<5.0
RP02 50P	*****	<5.0	<5.0	<5.0	<5.0	<5.0
RP02 Min	<5.0	<5.0	<5.0	<5.0	<5.0	<5.0
RP02 Anz	7	7	27	26	26	26
RP02 Art	M56	M56	M14	M14	M14	M14
RP03 Max	9.7	10.0	12.2	8.5	9.9	8.9
RP03 50P	5.0	5.0	5.0	5.0	5.0	3.3
RP03 Min	5.0	5.0	5.0	5.0	5.0	1.4
RP03 Anz	13	26	27	26	26	25
RP03 Art	M14	M14	M14	M14	M14	M14
RP04 Max	<5.0	5.5	5.5	5.0	<5.0	5.8
RP04 50P	<5.0	*****	<5.0	<5.0	<5.0	5.0
RP04 Min	<5.0	<5.0	<5.0	<5.0	<5.0	<5.0
RP04 Anz	7	7	27	26	26	26
RP04 Art	M56	M56	M14	M14	M14	M14
RP05 Max	6.3	5.9	6.4	7.2	5.5	5.1
RP05 50P	*****	*****	5.0	5.0	5.0	5.0
RP05 Min	<5.0	<5.0	<5.0	<5.0	<5.0	<5.0
RP05 Anz	7	7	27	26	26	26
RP05 Art	M56	M56	M14	M14	M14	M14
RP06 Max	*****	*****	5.4	10.2	9.5	10.2
RP06 50P	*****	*****	*****	*****	5.7	4.2
RP06 Min	*****	*****	3.7	4.5	1.9	2.2
RP06 Anz	*****	*****	4	8	21	22
RP06 Art	*****	*****	E	M14	M14	M14

Ni in µg/l	BADEN-WÜRTTEMBERG 1982	1983	1984	1985	1986	1987
BW01 Max	7.2	1.5	6.1	3.1	3.1	<3.0
BW01 50P	2.9	<0.6	1.1	0.7	0.9	<3.0
BW01 Min	<0.6	<0.6	<0.6	<0.6	<0.6	<3.0
BW01 Anz	6	7	27	26	26	27
BW01 Art	M56	M56	M14	M14	M14	M14
BW02 Max	*****	*****	*****	*****	*****	*****
BW02 50P	*****	*****	*****	*****	*****	*****
BW02 Min	*****	*****	*****	*****	*****	*****
BW02 Anz	*****	*****	*****	*****	*****	*****
BW02 Art	*****	*****	*****	*****	*****	*****
BW03 Max	21.2	3.0	13.8	6.6	5.8	3.3
BW03 50P	6.4	0.9	2.4	1.7	1.6	<3.0
BW03 Min	<0.6	<0.6	<0.6	<0.6	0.7	<3.0
BW03 Anz	7	7	27	25	26	27
BW03 Art	M56	M56	M14	M14	M14	M14
BW04 Max	21.0	2.8	15.6	7.8	6.9	8.5
BW04 50P	5.5	0.8	2.5	1.5	1.8	<3.0
BW04 Min	<0.6	<0.6	<0.6	<0.6	1.0	<3.0
BW04 Anz	7	7	27	26	26	23
BW04 Art	M56	M56	M14	M14	M14	M14
BW05 Max	*****	*****	*****	4.3	5.0	3.6
BW05 50P	*****	*****	*****	1.5	1.6	<3.0
BW05 Min	*****	*****	*****	<0.6	0.8	<3.0
BW05 Anz	*****	*****	*****	25	26	27
BW05 Art	*****	*****	*****	M14	M14	M14
BW06 Max	*****	5.1	12.2	8.0	15.0	4.5
BW06 50P	*****	<5.0	5.1	3.4	2.5	<3.0
BW06 Min	*****	<5.0	1.3	1.0	1.6	<3.0
BW06 Anz	*****	7	27	25	24	25
BW06 Art	*****	M56	M14	M14	M14	M14
BW07 Max	*****	*****	*****	7.6	8.3	5.2
BW07 50P	*****	*****	*****	3.8	3.3	3.2
BW07 Min	*****	*****	*****	1.1	1.5	<3.0
BW07 Anz	*****	*****	*****	26	26	27
BW07 Art	*****	*****	*****	M14	M14	M14
BW08 Max	*****	*****	*****	5.2	11.7	5.6
BW08 50P	*****	*****	*****	3.3	2.8	<3.0
BW08 Min	*****	*****	*****	1.4	0.8	<3.0
BW08 Anz	*****	*****	*****	25	26	24
BW08 Art	*****	*****	*****	M14	M14	M14
BW09 Max	*****	*****	*****	7.2	24.3	3.8
BW09 50P	*****	*****	*****	2.3	2.1	<3.0
BW09 Min	*****	*****	*****	0.9	1.3	<3.0
BW09 Anz	*****	*****	*****	26	26	27
BW09 Art	*****	*****	*****	M14	M14	M14
BW10 Max	*****	*****	*****	*****	*****	*****
BW10 50P	*****	*****	*****	*****	*****	*****
BW10 Min	*****	*****	*****	*****	*****	*****
BW10 Anz	*****	*****	*****	*****	*****	*****
BW10 Art	*****	*****	*****	*****	*****	*****
BW11 Max	*****	*****	*****	*****	*****	*****
BW11 50P	*****	*****	*****	*****	*****	*****
BW11 Min	*****	*****	*****	*****	*****	*****
BW11 Anz	*****	*****	*****	*****	*****	*****
BW11 Art	*****	*****	*****	*****	*****	*****
BW12 Max	*****	*****	*****	2.2	3.6	3.8
BW12 50P	*****	*****	*****	0.7	1.0	<3.0
BW12 Min	*****	*****	*****	<0.6	<0.6	<3.0
BW12 Anz	*****	*****	*****	23	24	22
BW12 Art	*****	*****	*****	M14	M14	M14
BW13 Max	*****	*****	*****	*****	*****	*****
BW13 50P	*****	*****	*****	*****	*****	*****
BW13 Min	*****	*****	*****	*****	*****	*****
BW13 Anz	*****	*****	*****	*****	*****	*****
BW13 Art	*****	*****	*****	*****	*****	*****
BW14 Max	*****	*****	*****	*****	*****	*****
BW14 50P	*****	*****	*****	*****	*****	*****
BW14 Min	*****	*****	*****	*****	*****	*****
BW14 Anz	*****	*****	*****	*****	*****	*****
BW14 Art	*****	*****	*****	*****	*****	*****
BW15 Max	*****	*****	8.5	*****	*****	*****
BW15 50P	*****	*****	1.6	*****	*****	*****
BW15 Min	*****	*****	<0.6	*****	*****	*****
BW15 Anz	*****	*****	5	*****	*****	*****
BW15 Art	*****	*****	M56	*****	*****	*****

Ni in µg/l	BADEN-WÜRTTEMBERG 1982	1983	1984	1985	1986	1987
BW16 Max	*****	*****	5.6	*****	*****	*****
BW16 50P	*****	*****	1.0	*****	*****	*****
BW16 Min	*****	*****	<0.6	*****	*****	*****
BW16 Anz	*****	*****	5	*****	*****	*****
BW16 Art	*****	*****	M56	*****	*****	*****
BW17 Max	*****	*****	7.3	*****	*****	*****
BW17 50P	*****	*****	1.1	*****	*****	*****
BW17 Min	*****	*****	<0.6	*****	*****	*****
BW17 Anz	*****	*****	5	*****	*****	*****
BW17 Art	*****	*****	M56	*****	*****	*****
BW18 Max	*****	*****	*****	*****	*****	*****
BW18 50P	*****	*****	*****	*****	*****	*****
BW18 Min	*****	*****	*****	*****	*****	*****
BW18 Anz	*****	*****	*****	*****	*****	*****
BW18 Art	*****	*****	*****	*****	*****	*****

Ni in µg/l	HESSEN 1982	1983	1984	1985	1986	1987
HE01 Max	17.0	20.0	12.0	18.0	61.0	25.0
HE01 50P	4.0	7.0	6.0	8.0	9.0	7.0
HE01 Min	2.0	2.0	2.0	2.0	5.0	4.0
HE01 Anz	25	26	26	26	26	26
HE01 Art	M14	M14	M14	M14	M14	M14
HE02 Max	25.0	11.0	9.0	4.0	*****	<5.0
HE02 50P	8.0	4.0	2.0	<4.0	*****	<5.0
HE02 Min	2.0	2.0	2.0	<4.0	*****	<5.0
HE02 Anz	7	7	27	25	*****	26
HE02 Art	M14	M14	M14	M14	*****	M14
HE03 Max	26.0	41.0	34.0	39.0	21.0	12.0
HE03 50P	15.0	22.0	9.0	17.0	13.0	6.0
HE03 Min	5.0	10.0	<3.0	2.0	<5.0	<5.0
HE03 Anz	7	7	27	26	26	26
HE03 Art	M14	M14	M14	M14	M14	M14
HE04 Max	*****	*****	94.0	99.0	190.0	37.0
HE04 50P	*****	*****	72.0	69.0	41.0	20.0
HE04 Min	*****	*****	34.0	14.0	12.0	11.0
HE04 Anz	*****	*****	27	25	26	26
HE04 Art	*****	*****	M14	M14	M14	M14
HE05 Max	11.0	14.0	13.0	14.0	36.0	16.0
HE05 50P	4.0	5.0	6.0	5.0	7.5	8.0
HE05 Min	3.0	2.0	2.0	2.0	<4.0	4.0
HE05 Anz	17	22	25	26	26	26
HE05 Art	M14	M14	M14	M14	M14	M14
HE06 Max	*****	*****	*****	*****	*****	*****
HE06 50P	*****	*****	*****	*****	*****	*****
HE06 Min	*****	*****	*****	*****	*****	*****
HE06 Anz	*****	*****	*****	*****	*****	*****
HE06 Art	*****	*****	*****	*****	*****	*****
HE07 Max	*****	*****	*****	*****	*****	17.0
HE07 50P	*****	*****	*****	*****	*****	6.0
HE07 Min	*****	*****	*****	*****	*****	4.0
HE07 Anz	*****	*****	*****	*****	*****	26
HE07 Art	*****	*****	*****	*****	*****	M14
HE08 Max	*****	*****	*****	*****	*****	*****
HE08 50P	*****	*****	*****	*****	*****	*****
HE08 Min	*****	*****	*****	*****	*****	*****
HE08 Anz	*****	*****	*****	*****	*****	*****
HE08 Art	*****	*****	*****	*****	*****	*****

Ni in µg/l	SAARLAND 1982	1983	1984	1985	1986	1987
S 01 Max	3.5	6.3	5.5	12.5	4.6	*****
S 01 50P	2.5	2.7	2.2	4.1	2.5	*****
S 01 Min	1.6	1.5	<1.0	1.5	1.0	*****
S 01 Anz	11	10	11	10	12	*****
S 01 Art	*****	*****	*****	*****	*****	*****

Allgemeine Erläuterungen im einführenden Text

Besondere Erläuterungen umseitig

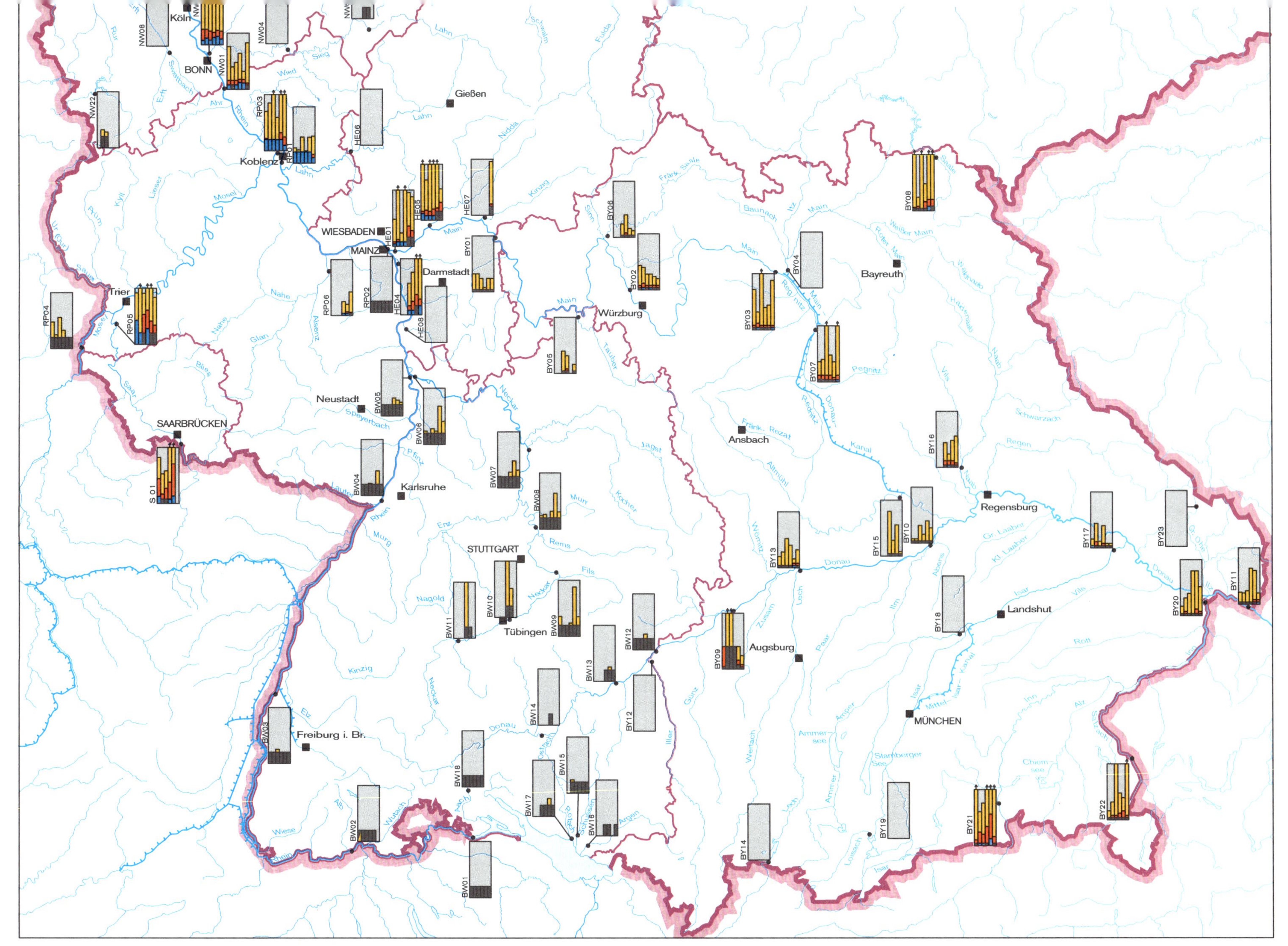

Köln
BONN
Gießen
Koblenz
WIESBADEN
MAINZ
Darmstadt
Trier
Würzburg
Bayreuth
Neustadt
SAARBRÜCKEN
Ansbach
Karlsruhe
Regensburg
STUTTGART
Tübingen
Augsburg
Landshut
Freiburg i. Br.
MÜNCHEN
NW08
NW01
NW04
NW22
RP03
RP01
HE06
HE05
HE07
HE01
RP06
RP02
HE04
HE08
BY01
BY06
BY02
BY04
BY08
RP04
RP05
BY03
BY05
BY07
BW05
BW06
BW07
BW04
S 01
BW08
BY16
BY13
BY15
BY10
BY17
BY23
BY11
BY20
BW10
BW11
BW09
BW12
BW13
BY18
BY09
BW14
BY12
BW03
BW18
BW15
BW17
BW16
BW02
BW01
BY14
BY19
BY21
BY22
Rhein
Mosel
Main
Neckar
Donau
Lahn
Nahe
Saar
Isar
Inn
Lech
Iller
Naab
Regen
Altmühl
Pegnitz
Kinzig
Murg
Ilz

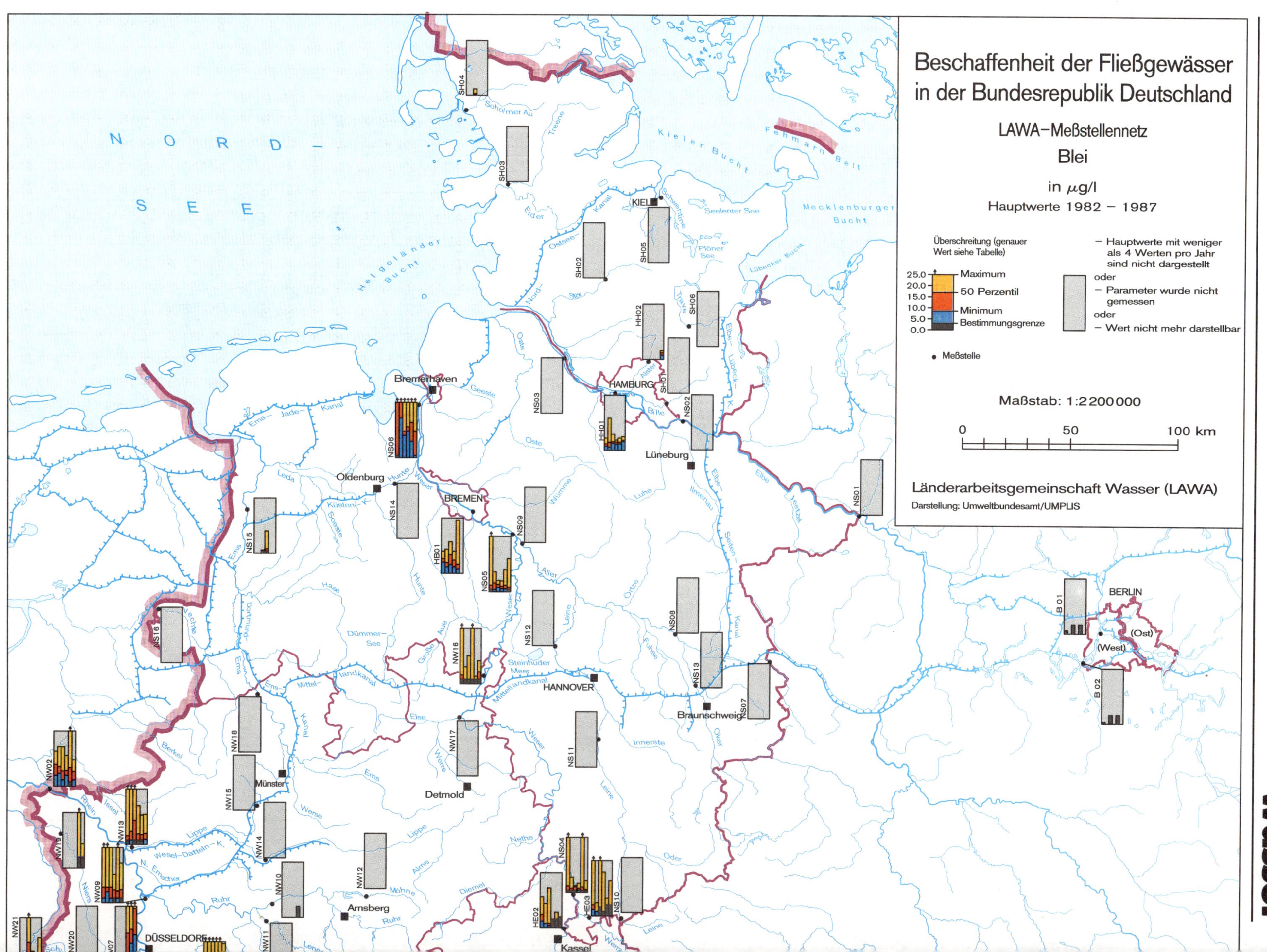
Beschaffenheit der Fließgewässer
in der Bundesrepublik Deutschland
LAWA-Meßstellennetz
Blei
in µg/l
Hauptwerte 1982 – 1987
Überschreitung (genauer Wert siehe Tabelle)
25.0
20.0
15.0
10.0
5.0
0.0
Maximum
50 Perzentil
Minimum
Bestimmungsgrenze
• Meßstelle
– Hauptwerte mit weniger als 4 Werten pro Jahr sind nicht dargestellt
oder
– Parameter wurde nicht gemessen
oder
– Wert nicht mehr darstellbar
Maßstab: 1:2200000
0
50
100 km
Länderarbeitsgemeinschaft Wasser (LAWA)
Darstellung: Umweltbundesamt/UMPLIS
NORD – SEE
Helgoländer Bucht
Kieler Bucht
Fehmarn Belt
Mecklenburger Bucht
Lübecker Bucht
BERLIN
(Ost)
(West)
B 01
B 02
SH02
SH03
SH04
SH05
SH06
SH07
HH01
HH02
HB01
NS01
NS02
NS03
NS04
NS05
NS06
NS07
NS08
NS09
NS10
NS11
NS12
NS13
NS14
NS15
NS16
NS17
HE02
HE03
NW02
NW07
NW09
NW10
NW11
NW12
NW13
NW14
NW15
NW16
NW18
NW19
NW20
NW21
KIEL
HAMBURG
Lüneburg
Braunschweig
HANNOVER
BREMEN
Bremerhaven
Oldenburg
Detmold
Münster
Arnsberg
DÜSSELDORF
Kassel
Elbe
Elbe-Lübeck-K.
Elbe-Seiten-Kanal
Weser
Ems
Rhein
Aller
Leine
Oker
Mittellandkanal
Dortmund-Ems-Kanal
Küsten-K.
Nord-Ostsee-Kanal
Steinhuder Meer
Dümmer-See
Plöner See
Seelenter See

NORDRHEIN-WESTFALEN

Ni in µg/l	1982	1983	1984	1985	1986	1987
NW01 Max	14.0	11.0	14.0	10.0	12.0	10.0
NW01 50P	<5.0	<5.0	5.0	<5.0	<5.0	<5.0
NW01 Min	<5.0	<5.0	<5.0	<5.0	<5.0	<5.0
NW01 Anz	13	13	13	12	13	13
NW01 Art	E28	E28	E28	E28	E28	E28
NW02 Max	12.0	9.0	21.0	30.0	28.8	7.9
NW02 50P	9.0	7.0	8.0	7.0	6.3	6.0
NW02 Min	5.0	5.0	5.0	<5.0	2.0	3.6
NW02 Anz	13	13	13	13	13	12
NW02 Art	E28	E28	E28	E28	E28	E28
NW03 Max	25.0	25.0	19.0	13.0	29.4	12.7
NW03 50P	13.0	12.0	9.0	7.0	8.5	6.8
NW03 Min	8.0	8.0	7.0	5.0	5.2	3.6
NW03 Anz	13	13	13	13	13	13
NW03 Art	E28	E28	E28	E28	E28	E28
NW04 Max	<10.0	<10.0	<10.0	<10.0	<10.0	<10.0
NW04 50P	*****	*****	*****	*****	<10.0	*****
NW04 Min	<10.0	<10.0	<10.0	<10.0	<10.0	<10.0
NW04 Anz	1	1	1	3	4	3
NW04 Art	E365	E365	E365	E91	E91	E91
NW05 Max	*****	*****	*****	<10.0	<10.0	*****
NW05 50P	*****	*****	*****	<10.0	<10.0	*****
NW05 Min	*****	*****	*****	<10.0	<10.0	*****
NW05 Anz	*****	*****	*****	12	15	*****
NW05 Art	*****	*****	*****	E28	E28	*****
NW06 Max	52.0	45.0	68.0	93.0	57.8	27.5
NW06 50P	23.0	26.0	25.0	26.0	24.2	15.2
NW06 Min	17.0	12.0	17.0	9.0	10.8	11.7
NW06 Anz	13	13	13	13	13	13
NW06 Art	E28	E28	E28	E28	E28	E28
NW07 Max	*****	*****	*****	28.5	64.2	36.9
NW07 50P	*****	*****	*****	18.0	23.3	22.5
NW07 Min	*****	*****	*****	12.0	2.7	13.3
NW07 Anz	*****	*****	*****	13	13	13
NW07 Art	*****	*****	*****	E28	E28	E28
NW08 Max	<10.0	*****	<10.0	10.0	*****	*****
NW08 50P	*****	*****	*****	*****	*****	*****
NW08 Min	<10.0	*****	<10.0	10.0	*****	*****
NW08 Anz	1	*****	1	1	*****	*****
NW08 Art	E365	*****	E365	E365	*****	*****
NW09 Max	59.0	31.0	25.0	22.6	38.0	18.4
NW09 50P	23.0	17.0	19.0	13.0	16.0	11.6
NW09 Min	12.0	10.0	11.0	10.0	7.4	6.0
NW09 Anz	13	13	13	13	13	13
NW09 Art	E28	E28	E28	E28	E28	E28
NW10 Max	30.0	10.0	<10.0	<10.0	20.0	<10.0
NW10 50P	*****	*****	*****	*****	10.0	*****
NW10 Min	<10.0	10.0	<10.0	<10.0	<10.0	<10.0
NW10 Anz	2	1	2	1	9	3
NW10 Art	E91	E365	E91	E365	E91	E91
NW11 Max	30.0	30.0	20.0	20.0	10.0	10.0
NW11 50P	*****	*****	*****	*****	<10.0	<10.0
NW11 Min	10.0	<10.0	<10.0	10.0	<10.0	<10.0
NW11 Anz	3	4	5	4	4	4
NW11 Art	E91	E91	E91	E91	E91	E91
NW12 Max	5.6	13.0	6.0	6.0	7.0	9.0
NW12 50P	*****	*****	*****	*****	*****	*****
NW12 Min	5.6	13.0	6.0	6.0	7.0	9.0
NW12 Anz	1	1	1	1	1	1
NW12 Art	E365	E365	E365	E365	E365	E365
NW13 Max	18.0	13.0	11.0	55.0	18.0	10.2
NW13 50P	10.0	9.0	9.0	7.0	8.7	6.3
NW13 Min	8.0	7.0	7.0	6.0	3.9	3.4
NW13 Anz	13	13	13	13	13	13
NW13 Art	E28	E28	E28	E28	E28	E28
NW14 Max	25.0	26.0	<5.0	6.0	7.0	6.0
NW14 50P	*****	*****	*****	*****	*****	*****
NW14 Min	25.0	26.0	<5.0	6.0	7.0	6.0
NW14 Anz	1	1	1	1	1	1
NW14 Art	E365	E365	E365	E365	E365	E365
NW15 Max	*****	3.0	5.0	6.0	1.0	9.8
NW15 50P	*****	*****	*****	*****	*****	*****
NW15 Min	*****	3.0	5.0	6.0	1.0	9.8
NW15 Anz	*****	1	1	1	1	1
NW15 Art	*****	E365	E365	E365	E365	E365

NORDRHEIN-WESTFALEN

Ni in µg/l	1982	1983	1984	1985	1986	1987
NW16 Max	109.0	25.1	11.3	10.7	7.1	33.1
NW16 50P	6.9	8.5	4.8	5.0	4.8	3.4
NW16 Min	2.3	4.5	<2.0	<2.0	2.0	<2.0
NW16 Anz	7	7	27	26	26	26
NW16 Art	7E56	7E56	M14	M14	M14	M14
NW17 Max	5.9	6.4	7.9	7.3	3.2	5.1
NW17 50P	*****	*****	*****	*****	*****	*****
NW17 Min	5.9	6.4	7.9	7.3	3.2	5.1
NW17 Anz	1	1	1	1	1	1
NW17 Art	E365	E365	E365	E365	E365	E365
NW18 Max	*****	23.5	11.6	11.0	14.7	7.8
NW18 50P	*****	11.5	*****	7.5	*****	5.5
NW18 Min	*****	6.5	2.5	3.0	3.7	2.4
NW18 Anz	*****	4	4	4	4	4
NW18 Art	*****	E91	E91	E91	E91	E91
NW19 Max	*****	*****	220.0	10.0	10.0	10.0
NW19 50P	*****	*****	10.0	10.0	10.0	10.0
NW19 Min	*****	*****	<10.0	<10.0	<10.0	<10.0
NW19 Anz	*****	*****	4	4	7	6
NW19 Art	*****	*****	E91	E91	E91	E91
NW20 Max	<20.0	10.0	50.0	13.0	10.0	<10.0
NW20 50P	*****	*****	*****	*****	*****	*****
NW20 Min	<20.0	10.0	10.0	<10.0	<10.0	<10.0
NW20 Anz	1	1	2	3	2	1
NW20 Art	E365	E365	E91	E91	E91	E365
NW21 Max	*****	*****	24.0	14.0	27.0	15.0
NW21 50P	*****	*****	12.0	12.0	*****	9.7
NW21 Min	*****	*****	<5.0	5.0	9.1	6.8
NW21 Anz	*****	*****	7	5	3	5
NW21 Art	*****	*****	E91	E91	E91	E91
NW22 Max	*****	*****	*****	15.0	8.0	3.0
NW22 50P	*****	*****	*****	<2.0	*****	2.4
NW22 Min	*****	*****	*****	<2.0	<2.0	2.4
NW22 Anz	*****	*****	*****	4	2	4
NW22 Art	*****	*****	*****	E91	E91	E91

BERLIN

Ni in µg/l	1982	1983	1984	1985	1986	1987
B 01 Max	15.0	*****	<10.0	*****	<10.0	*****
B 01 50P	*****	*****	<10.0	*****	<10.0	*****
B 01 Min	<5.0	*****	<10.0	*****	<10.0	*****
B 01 Anz	6	*****	9	*****	6	*****
B 01 Art	E30	*****	E30	*****	E30	*****
B 02 Max	10.0	*****	<10.0	*****	<10.0	*****
B 02 50P	*****	*****	<10.0	*****	<10.0	*****
B 02 Min	<5.0	*****	<10.0	*****	<10.0	*****
B 02 Anz	6	*****	9	*****	6	*****
B 02 Art	E30	*****	E30	*****	E30	*****

HAMBURG

Ni in µg/l	1982	1983	1984	1985	1986	1987
HH01 Max	20.4	12.0	11.8	10.8	11.4	10.1
HH01 50P	5.9	6.6	8.4	9.2	9.1	8.9
HH01 Min	3.8	4.5	6.7	6.9	7.7	7.3
HH01 Anz	12	12	6	6	6	5
HH01 Art	E30	E30	E61	E61	E61	E61
HH02 Max	*****	*****	*****	*****	*****	24.0
HH02 50P	*****	*****	*****	*****	*****	<3.0
HH02 Min	*****	*****	*****	*****	*****	<3.0
HH02 Anz	*****	*****	*****	*****	*****	5
HH02 Art	*****	*****	*****	*****	*****	E61

BREMEN

Ni in µg/l	1982	1983	1984	1985	1986	1987
HB01 Max	46.0	10.8	15.7	10.0	11.0	*****
HB01 50P	12.5	8.1	9.0	8.0	6.0	*****
HB01 Min	5.7	5.0	5.0	6.0	3.0	*****
HB01 Anz	7	7	7	7	26	*****
HB01 Art	1M56	1M56	1M56	1M56	1M56	*****

NIEDERSACHSEN

Ni in µg/l	1982	1983	1984	1985	1986	1987
NS01 Max	15.0	*****	15.0	15.0	19.0	12.0
NS01 50P	*****	*****	*****	*****	*****	*****
NS01 Min	15.0	*****	15.0	12.0	14.0	10.0
NS01 Anz	1	*****	1	2	3	2
NS01 Art	E365	*****	E365	E182	E182	E182
NS02 Max	*****	*****	*****	*****	*****	*****
NS02 50P	*****	*****	*****	*****	*****	*****
NS02 Min	*****	*****	*****	*****	*****	*****
NS02 Anz	*****	*****	*****	*****	*****	*****
NS02 Art	*****	*****	*****	*****	*****	*****
NS03 Max	*****	*****	*****	24.0	10.0	15.0
NS03 50P	*****	*****	*****	*****	*****	*****
NS03 Min	*****	*****	*****	11.0	10.0	<3.0
NS03 Anz	*****	*****	*****	2	2	2
NS03 Art	*****	*****	*****	E182	E182	E182
NS04 Max	42.0	21.0	14.0	15.0	16.0	27.0
NS04 50P	7.0	7.0	7.0	8.4	8.6	9.5
NS04 Min	4.0	<3.0	<3.0	4.7	<3.0	<3.0
NS04 Anz	7	7	7	7	26	26
NS04 Art	1M56	1M56	1M56	1M56	M14	M14
NS05 Max	7.0	11.0	9.3	10.0	24.0	17.0
NS05 50P	5.0	6.0	6.9	5.0	6.4	4.0
NS05 Min	4.0	3.0	<3.0	<3.0	<3.0	3.0
NS05 Anz	7	7	7	7	26	25
NS05 Art	1M56	1M56	1M56	1M56	M14	M14
NS06 Max	13.0	19.0	35.0	34.0	24.0	24.0
NS06 50P	7.0	5.0	10.0	15.0	15.0	11.5
NS06 Min	3.0	<3.0	6.0	7.6	<3.0	<3.0
NS06 Anz	7	7	7	7	26	26
NS06 Art	E56	E56	1M56	1M56	M14	M14
NS07 Max	*****	*****	14.0	3.8	17.0	10.0
NS07 50P	*****	*****	*****	*****	*****	*****
NS07 Min	*****	*****	14.0	3.6	6.8	4.4
NS07 Anz	*****	*****	1	2	2	3
NS07 Art	*****	*****	E365	E182	E182	E182
NS08 Max	*****	*****	*****	3.6	11.0	18.0
NS08 50P	*****	*****	*****	*****	*****	*****
NS08 Min	*****	*****	*****	<3.0	11.0	6.4
NS08 Anz	*****	*****	*****	2	2	3
NS08 Art	*****	*****	*****	E182	E182	E182
NS09 Max	*****	*****	7.0	9.1	6.1	9.2
NS09 50P	*****	*****	*****	*****	*****	*****
NS09 Min	*****	*****	7.0	<3.0	3.6	4.6
NS09 Anz	*****	*****	1	3	2	2
NS09 Art	*****	*****	E365	E182	E182	E182
NS10 Max	*****	*****	8.0	5.5	12.0	10.0
NS10 50P	*****	*****	*****	*****	*****	*****
NS10 Min	*****	*****	8.0	<3.0	4.2	<3.0
NS10 Anz	*****	*****	1	2	2	2
NS10 Art	*****	*****	E365	E182	E182	E182
NS11 Max	*****	*****	9.0	<3.0	8.5	7.3
NS11 50P	*****	*****	*****	*****	*****	*****
NS11 Min	*****	*****	9.0	<3.0	5.0	3.9
NS11 Anz	*****	*****	1	2	2	2
NS11 Art	*****	*****	E365	E182	E182	E182
NS12 Max	*****	*****	6.0	4.8	10.0	4.7
NS12 50P	*****	*****	*****	*****	*****	*****
NS12 Min	*****	*****	6.0	4.0	5.5	<3.0
NS12 Anz	*****	*****	1	2	2	2
NS12 Art	*****	*****	E365	E182	E182	E182
NS13 Max	*****	*****	23.0	17.0	16.0	25.0
NS13 50P	*****	*****	*****	*****	*****	*****
NS13 Min	*****	*****	23.0	8.0	13.0	<3.0
NS13 Anz	*****	*****	1	2	2	3
NS13 Art	*****	*****	E365	E182	E182	E182
NS14 Max	*****	*****	*****	7.1	3.5	6.1
NS14 50P	*****	*****	*****	*****	*****	*****
NS14 Min	*****	*****	*****	<3.0	<3.0	<3.0
NS14 Anz	*****	*****	*****	2	2	2
NS14 Art	*****	*****	*****	E182	E182	E182
NS15 Max	5.0	3.0	7.0	5.3	12.0	9.5
NS15 50P	*****	*****	6.5	3.5	*****	*****
NS15 Min	4.0	3.0	5.0	<3.0	3.1	6.0
NS15 Anz	3	3	4	6	2	2
NS15 Art	E120	E120	E91	E61	E182	E182

NIEDERSACHSEN

Ni in µg/l	1982	1983	1984	1985	1986	1987
NS16 Max	*****	*****	7.0	7.8	8.9	8.9
NS16 50P	*****	*****	*****	*****	*****	*****
NS16 Min	*****	*****	7.0	4.9	5.1	7.9
NS16 Anz	*****	*****	1	3	2	2
NS16 Art	*****	*****	E365	E120	E182	E182

SCHLESWIG-HOLSTEIN

Ni in µg/l	1982	1983	1984	1985	1986	1987
SH01 Max	*****	*****	4.7	*****	1.3	3.4
SH01 50P	*****	*****	1.5	*****	*****	1.4
SH01 Min	*****	*****	1.2	*****	0.8	1.1
SH01 Anz	*****	*****	4	*****	3	4
SH01 Art	*****	*****	E91	*****	E91	E91
SH02 Max	*****	*****	*****	*****	3.2	4.2
SH02 50P	*****	*****	*****	*****	*****	*****
SH02 Min	*****	*****	*****	*****	2.8	3.1
SH02 Anz	*****	*****	*****	*****	3	3
SH02 Art	*****	*****	*****	*****	E91	E91
SH03 Max	*****	*****	1.5	*****	4.9	7.5
SH03 50P	*****	*****	1.1	*****	1.5	1.8
SH03 Min	*****	*****	1.1	*****	0.9	1.4
SH03 Anz	*****	*****	4	*****	4	4
SH03 Art	E91	E91	E91	*****	E91	E91
SH04 Max	*****	*****	7.9	*****	3.7	4.2
SH04 50P	*****	*****	4.0	*****	3.3	3.7
SH04 Min	*****	*****	1.1	*****	2.1	3.5
SH04 Anz	*****	*****	5	*****	4	4
SH04 Art	*****	*****	E91	*****	E91	E91
SH05 Max	*****	*****	1.4	*****	1.1	0.8
SH05 50P	*****	*****	0.9	*****	1.0	0.6
SH05 Min	*****	*****	0.5	*****	0.7	0.5
SH05 Anz	*****	*****	4	*****	4	4
SH05 Art	*****	*****	E91	*****	E91	E91
SH06 Max	*****	*****	1.3	*****	0.9	3.7
SH06 50P	*****	*****	1.2	*****	0.8	*****
SH06 Min	*****	*****	0.6	*****	0.7	0.9
SH06 Anz	*****	*****	4	*****	3	3
SH06 Art	*****	*****	E91	*****	E91	E91

Allgemeine Erläuterungen:

siehe einführenden Text

Sonstiges:

Bei den Berliner Meßstellen B 01 und B 02 handelt es sich um filtrierte Proben.

Cr — BAYERN

Cr in µg/l		1982	1983	1984	1985	1986	1987
BY01	Max	16.0	13.0	7.0	6.0	10.0	9.0
BY01	50P	2.0	3.0	3.0	2.0	2.0	3.0
BY01	Min	<1.0	<1.0	<1.0	1.0	<1.0	1.0
BY01	Anz	25	25	26	26	27	25
BY01	Art	E14	E14	E14	E14	E14	E14
BY02	Max	17.0	10.0	10.0	18.0	11.0	7.0
BY02	50P	2.0	3.0	4.0	4.0	4.0	3.0
BY02	Min	<1.0	1.0	2.0	1.0	1.0	1.0
BY02	Anz	23	25	26	26	27	25
BY02	Art	E14	E14	E14	E14	E14	E14
BY03	Max	7.0	8.0	13.0	12.0	17.0	25.0
BY03	50P	1.0	2.0	4.0	2.0	1.0	2.0
BY03	Min	<1.0	<1.0	1.0	1.0	<1.0	0.6
BY03	Anz	25	26	26	25	27	26
BY03	Art	E14	E14	E14	E14	E14	E14
BY04	Max	*****	*****	*****	*****	*****	*****
BY04	50P	*****	*****	*****	*****	*****	*****
BY04	Min	*****	*****	*****	*****	*****	*****
BY04	Anz	*****	*****	*****	*****	*****	*****
BY04	Art	*****	*****	*****	*****	*****	*****
BY05	Max	*****	*****	6.0	18.0	*****	6.0
BY05	50P	*****	*****	2.0	2.0	*****	2.0
BY05	Min	*****	*****	1.0	1.0	*****	1.0
BY05	Anz	*****	*****	26	10	*****	13
BY05	Art	*****	*****	E14	E14	*****	E14
BY06	Max	*****	*****	10.0	10.0	7.0	9.0
BY06	50P	*****	*****	2.0	2.0	2.5	2.0
BY06	Min	*****	*****	1.0	<1.0	1.0	<1.0
BY06	Anz	*****	*****	23	10	13	13
BY06	Art	*****	*****	E14	E14	E14	E14
BY07	Max	16.0	12.0	33.0	11.0	7.0	21.0
BY07	50P	2.5	3.0	6.0	4.0	2.0	2.0
BY07	Min	1.0	1.0	1.0	1.0	1.0	0.6
BY07	Anz	25	26	26	25	26	26
BY07	Art	E14	E14	E14	E14	E14	E14
BY08	Max	10.0	60.0	50.0	42.0	35.0	52.8
BY08	50P	4.0	5.0	3.0	7.0	10.0	4.7
BY08	Min	1.0	2.0	<1.0	3.0	2.0	2.0
BY08	Anz	25	25	26	26	24	25
BY08	Art	E14	E14	E14	E14	E14	E14
BY09	Max	10.0	10.0	23.0	50.0	13.0	7.0
BY09	50P	<10.0	<10.0	<10.0	<10.0	6.0	2.0
BY09	Min	<1.0	<10.0	<10.0	<10.0	1.0	<1.0
BY09	Anz	25	26	24	25	26	26
BY09	Art	E14	E14	E14	E14	E14	E14
BY10	Max	15.0	6.0	5.0	6.0	10.0	4.0
BY10	50P	2.0	1.0	1.0	1.0	2.0	<1.0
BY10	Min	<1.0	<1.0	<1.0	<1.0	1.0	<1.0
BY10	Anz	24	26	26	26	26	27
BY10	Art	E14	E14	E14	E14	E14	E14
BY11	Max	8.1	3.0	10.0	7.0	23.0	2.0
BY11	50P	<1.0	1.0	1.0	1.0	1.0	1.0
BY11	Min	<1.0	<1.0	<1.0	<1.0	<1.0	<1.0
BY11	Anz	25	26	26	26	27	26
BY11	Art	E14	E14	E14	E14	E14	E14
BY12	Max	*****	*****	*****	*****	*****	*****
BY12	50P	*****	*****	*****	*****	*****	*****
BY12	Min	*****	*****	*****	*****	*****	*****
BY12	Anz	*****	*****	*****	*****	*****	*****
BY12	Art	*****	*****	*****	*****	*****	*****
BY13	Max	15.0	4.0	5.0	4.0	10.0	3.0
BY13	50P	1.0	2.0	2.0	1.5	1.0	1.0
BY13	Min	<1.0	<1.0	<1.0	<1.0	<1.0	<1.0
BY13	Anz	25	26	26	25	25	25
BY13	Art	E14	E14	E14	E14	E14	E14
BY14	Max	*****	*****	*****	*****	*****	*****
BY14	50P	*****	*****	*****	*****	*****	*****
BY14	Min	*****	*****	*****	*****	*****	*****
BY14	Anz	*****	*****	*****	*****	*****	*****
BY14	Art	*****	*****	*****	*****	*****	*****
BY15	Max	*****	*****	2.0	2.0	3.0	3.0
BY15	50P	*****	*****	<1.0	<1.0	<1.0	<1.0
BY15	Min	*****	*****	<1.0	<1.0	<1.0	<1.0
BY15	Anz	*****	*****	12	13	13	13
BY15	Art	*****	*****	E14	E14	E14	E14

Cr — BAYERN

Cr in µg/l		1982	1983	1984	1985	1986	1987
BY16	Max	*****	*****	4.0	2.0	28.0	5.0
BY16	50P	*****	*****	<1.0	<1.0	<1.0	<1.0
BY16	Min	*****	*****	<1.0	<1.0	<1.0	<1.0
BY16	Anz	*****	*****	25	26	27	26
BY16	Art	*****	*****	E14	E14	E14	E14
BY17	Max	1.3	3.2	3.0	10.0	3.0	2.0
BY17	50P	1.0	2.0	<1.0	<1.0	1.0	1.0
BY17	Min	1.0	<1.0	<1.0	<1.0	<1.0	<1.0
BY17	Anz	20	25	26	26	27	26
BY17	Art	E14	E14	E14	E14	E14	E14
BY18	Max	*****	*****	*****	*****	*****	*****
BY18	50P	*****	*****	*****	*****	*****	*****
BY18	Min	*****	*****	*****	*****	*****	*****
BY18	Anz	*****	*****	*****	*****	*****	*****
BY18	Art	*****	*****	*****	*****	*****	*****
BY19	Max	*****	*****	*****	*****	*****	*****
BY19	50P	*****	*****	*****	*****	*****	*****
BY19	Min	*****	*****	*****	*****	*****	*****
BY19	Anz	*****	*****	*****	*****	*****	*****
BY19	Art	*****	*****	*****	*****	*****	*****
BY20	Max	4.0	4.0	5.0	11.0	12.0	10.0
BY20	50P	<1.0	1.0	1.0	1.0	1.5	2.0
BY20	Min	<1.0	<1.0	<1.0	<1.0	<1.0	<1.0
BY20	Anz	25	26	26	26	27	26
BY20	Art	E14	E14	E14	E14	E14	E14
BY21	Max	10.0	10.0	32.0	34.0	50.0	12.0
BY21	50P	2.0	2.0	1.0	2.0	2.0	1.0
BY21	Min	1.0	<1.0	<1.0	<1.0	<1.0	<1.0
BY21	Anz	20	22	26	25	27	26
BY21	Art	E14	E14	E14	E14	E14	E14
BY22	Max	3.0	8.0	6.0	5.0	10.0	50.0
BY22	50P	1.0	2.0	2.0	2.0	2.0	2.0
BY22	Min	<1.0	<1.0	<1.0	<1.0	<1.0	<1.0
BY22	Anz	21	26	26	26	26	26
BY22	Art	E14	E14	E14	E14	E14	E14
BY23	Max	*****	*****	*****	*****	*****	*****
BY23	50P	*****	*****	*****	*****	*****	*****
BY23	Min	*****	*****	*****	*****	*****	*****
BY23	Anz	*****	*****	*****	*****	*****	*****
BY23	Art	*****	*****	*****	*****	*****	*****

Cr — RHEINLAND-PFALZ

Cr in µg/l		1982	1983	1984	1985	1986	1987
RP01	Max	24.9	7.8	8.8	4.9	8.6	8.8
RP01	50P	3.6	2.6	3.1	2.2	3.8	3.2
RP01	Min	2.0	2.0	2.1	2.0	2.0	1.5
RP01	Anz	13	25	27	26	26	26
RP01	Art	M28	M14	M14	M14	M14	M14
RP02	Max	2.1	2.4	<2.0	<2.0	<2.0	2.8
RP02	50P	*****	*****	<2.0	<2.0	<2.0	2.0
RP02	Min	<2.0	<2.0	<2.0	<2.0	<2.0	<2.0
RP02	Anz	7	7	27	26	26	26
RP02	Art	M56	M56	M14	M14	M14	M14
RP03	Max	12.1	13.0	17.1	8.7	19.3	9.2
RP03	50P	4.1	4.4	3.0	3.7	6.6	3.4
RP03	Min	2.0	2.0	2.0	2.0	2.0	1.3
RP03	Anz	13	26	27	26	26	25
RP03	Art	M14	M14	M14	M14	M14	M14
RP04	Max	17.8	19.9	10.0	32.2	14.7	6.9
RP04	50P	*****	*****	5.0	8.6	6.6	4.0
RP04	Min	5.5	3.0	2.1	2.6	<2.0	<2.0
RP04	Anz	7	7	27	26	26	26
RP04	Art	M56	M56	M14	M14	M14	M14
RP05	Max	7.0	5.4	4.0	6.0	6.0	2.8
RP05	50P	*****	*****	2.3	2.0	2.0	2.0
RP05	Min	<2.0	<2.0	<2.0	<2.0	<2.0	<2.0
RP05	Anz	7	7	27	26	26	26
RP05	Art	M56	M56	M14	M14	M14	M14
RP06	Max	2.4	2.0	1.3	3.1	3.5	6.9
RP06	50P	*****	*****	*****	*****	1.1	2.6
RP06	Min	<1.0	<1.0	<1.0	<1.0	<1.0	<1.0
RP06	Anz	4	4	4	8	21	22
RP06	Art	E	E	E	M14	M14	M14

Cr — BADEN-WÜRTTEMBERG

Cr in µg/l		1982	1983	1984	1985	1986	1987
BW01	Max	4.6	<2.0	<2.0	<2.0	<2.0	<2.0
BW01	50P	<2.0	<2.0	<2.0	<2.0	<2.0	<2.0
BW01	Min	<2.0	<2.0	<2.0	<2.0	<2.0	<2.0
BW01	Anz	7	7	27	26	26	27
BW01	Art	M56	M56	M14	M14	M14	M14
BW02	Max	<2.0	<2.0	<2.0	<2.0	<2.0	*****
BW02	50P	<2.0	<2.0	<2.0	<2.0	<2.0	*****
BW02	Min	<2.0	<2.0	<2.0	<2.0	<2.0	*****
BW02	Anz	7	7	7	8	7	*****
BW02	Art	M56	M56	M56	M56	M56	*****
BW03	Max	4.6	<2.0	<2.0	<2.0	<2.0	<2.0
BW03	50P	<2.0	<2.0	<2.0	<2.0	<2.0	<2.0
BW03	Min	<2.0	<2.0	<2.0	<2.0	<2.0	<2.0
BW03	Anz	7	7	27	26	26	27
BW03	Art	M56	M56	M14	M14	M14	M14
BW04	Max	3.4	<2.0	<2.0	<2.0	<2.0	<2.0
BW04	50P	<2.0	<2.0	<2.0	<2.0	<2.0	<2.0
BW04	Min	<2.0	<2.0	<2.0	<2.0	<2.0	<2.0
BW04	Anz	7	7	27	26	26	23
BW04	Art	M56	M56	M14	M14	M14	M14
BW05	Max	2.0	<2.0	<2.0	2.3	2.5	<2.0
BW05	50P	<2.0	<2.0	<2.0	<2.0	<2.0	<2.0
BW05	Min	<2.0	<2.0	<2.0	<2.0	<2.0	<2.0
BW05	Anz	7	7	7	26	26	27
BW05	Art	M56	M56	M56	M56	M56	M56
BW06	Max	6.3	3.7	4.2	<2.0	4.0	2.8
BW06	50P	3.1	<2.0	<2.0	<2.0	<2.0	<2.0
BW06	Min	<2.0	<2.0	<2.0	<2.0	<2.0	<2.0
BW06	Anz	7	7	20	25	24	25
BW06	Art	M56	M56	M14	M14	M14	M14
BW07	Max	2.9	2.5	<2.0	2.2	8.1	2.5
BW07	50P	<2.0	<2.0	<2.0	<2.0	<2.0	<2.0
BW07	Min	<2.0	<2.0	<2.0	<2.0	<2.0	<2.0
BW07	Anz	7	7	7	26	26	27
BW07	Art	M56	M56	M56	M14	M14	M14
BW08	Max	2.0	<2.0	<2.0	2.0	5.0	<2.0
BW08	50P	<2.0	<2.0	<2.0	<2.0	<2.0	<2.0
BW08	Min	<2.0	<2.0	<2.0	<2.0	<2.0	<2.0
BW08	Anz	7	7	7	25	26	24
BW08	Art	M56	M56	M56	M14	M14	M14
BW09	Max	3.2	2.5	<2.0	2.0	10.8	3.1
BW09	50P	<2.0	<2.0	<2.0	<2.0	<2.0	<2.0
BW09	Min	<2.0	<2.0	<2.0	<2.0	<2.0	<2.0
BW09	Anz	7	7	7	26	26	27
BW09	Art	M56	M56	M56	M14	M14	M14
BW10	Max	*****	*****	*****	<2.0	4.0	*****
BW10	50P	*****	*****	*****	<2.0	<2.0	*****
BW10	Min	*****	*****	*****	<2.0	<2.0	*****
BW10	Anz	*****	*****	*****	12	11	*****
BW10	Art	*****	*****	*****	E28	E28	*****
BW11	Max	*****	*****	*****	<2.0	4.1	*****
BW11	50P	*****	*****	*****	<2.0	<2.0	*****
BW11	Min	*****	*****	*****	<2.0	<2.0	*****
BW11	Anz	*****	*****	*****	12	11	*****
BW11	Art	*****	*****	*****	E28	E28	*****
BW12	Max	2.6	<2.0	<2.0	<2.0	<2.0	4.5
BW12	50P	<2.0	<2.0	<2.0	<2.0	<2.0	<2.0
BW12	Min	<2.0	<2.0	<2.0	<2.0	<2.0	<2.0
BW12	Anz	7	7	7	22	24	22
BW12	Art	M56	M56	M56	M14	M14	M14
BW13	Max	*****	*****	*****	2.8	4.3	<2.0
BW13	50P	*****	*****	*****	<2.0	<2.0	<2.0
BW13	Min	*****	*****	*****	<2.0	<2.0	<2.0
BW13	Anz	*****	*****	*****	12	9	12
BW13	Art	*****	*****	*****	E28	E28	E28
BW14	Max	*****	*****	*****	<2.0	*****	*****
BW14	50P	*****	*****	*****	<2.0	*****	*****
BW14	Min	*****	*****	*****	<2.0	*****	*****
BW14	Anz	*****	*****	*****	12	*****	*****
BW14	Art	*****	*****	*****	E28	*****	*****
BW15	Max	*****	2.4	<2.0	<2.0	<2.0	<2.0
BW15	50P	*****	<2.0	<2.0	<2.0	<2.0	<2.0
BW15	Min	*****	<2.0	<2.0	<2.0	<2.0	<2.0
BW15	Anz	*****	7	7	7	7	6
BW15	Art	*****	M56	M56	M56	M56	M56

Cr — BADEN-WÜRTTEMBERG

Cr in µg/l		1982	1983	1984	1985	1986	1987
BW16	Max	*****	*****	<2.0	<2.0	<2.0	<2.0
BW16	50P	*****	*****	<2.0	<2.0	<2.0	<2.0
BW16	Min	*****	*****	<2.0	<2.0	<2.0	<2.0
BW16	Anz	*****	*****	5	6	4	6
BW16	Art	*****	*****	M56	M56	M56	M56
BW17	Max	*****	*****	<2.0	<2.0	<2.0	<2.0
BW17	50P	*****	*****	<2.0	<2.0	<2.0	<2.0
BW17	Min	*****	*****	<2.0	<2.0	<2.0	<2.0
BW17	Anz	*****	*****	5	5	6	6
BW17	Art	*****	*****	M56	M56	M56	M56
BW18	Max	2.6	<2.0	<2.0	<2.0	<2.0	<2.0
BW18	50P	<2.0	<2.0	<2.0	<2.0	<2.0	<2.0
BW18	Min	<2.0	<2.0	<2.0	<2.0	<2.0	<2.0
BW18	Anz	7	7	7	8	7	6
BW18	Art	M56	M56	M56	M56	M56	M56

Cr — HESSEN

Cr in µg/l		1982	1983	1984	1985	1986	1987
HE01	Max	34.0	20.0	11.0	12.0	16.0	23.0
HE01	50P	6.0	3.0	5.0	5.0	7.0	8.0
HE01	Min	2.0	3.0	3.0	2.0	<5.0	5.0
HE01	Anz	25	26	26	26	26	26
HE01	Art	M14	M14	M14	M14	M14	M14
HE02	Max	47.0	6.0	6.0	<5.0	10.0	10.0
HE02	50P	9.0	3.0	2.0	<5.0	<5.0	<5.0
HE02	Min	2.0	3.0	2.0	<5.0	<5.0	<5.0
HE02	Anz	7	7	27	25	26	26
HE02	Art	M14	M14	M14	M14	M14	M14
HE03	Max	86.0	15.0	20.0	12.0	*****	21.0
HE03	50P	12.0	6.0	<5.0	<5.0	*****	5.0
HE03	Min	7.0	3.0	<5.0	<5.0	*****	<5.0
HE03	Anz	7	7	27	26	*****	26
HE03	Art	M14	M14	M14	M14	*****	M14
HE04	Max	*****	*****	30.0	32.0	>100.0	40.0
HE04	50P	*****	*****	11.0	12.0	10.0	8.0
HE04	Min	*****	*****	3.0	3.0	<5.0	5.0
HE04	Anz	*****	*****	27	25	26	26
HE04	Art	*****	*****	M14	M14	M14	M14
HE05	Max	34.0	9.0	20.0	13.0	48.0	23.0
HE05	50P	8.0	3.0	5.0	6.0	5.0	9.0
HE05	Min	2.0	3.0	3.0	3.0	<5.0	<5.0
HE05	Anz	17	22	26	26	26	26
HE05	Art	M14	M14	M14	M14	M14	M14
HE06	Max	*****	*****	*****	*****	*****	*****
HE06	50P	*****	*****	*****	*****	*****	*****
HE06	Min	*****	*****	*****	*****	*****	*****
HE06	Anz	*****	*****	*****	*****	*****	*****
HE06	Art	*****	*****	*****	*****	*****	*****
HE07	Max	*****	*****	*****	*****	*****	20.0
HE07	50P	*****	*****	*****	*****	*****	7.0
HE07	Min	*****	*****	*****	*****	*****	<5.0
HE07	Anz	*****	*****	*****	*****	*****	26
HE07	Art	*****	*****	*****	*****	*****	M14
HE08	Max	*****	*****	*****	*****	*****	*****
HE08	50P	*****	*****	*****	*****	*****	*****
HE08	Min	*****	*****	*****	*****	*****	*****
HE08	Anz	*****	*****	*****	*****	*****	*****
HE08	Art	*****	*****	*****	*****	*****	*****

Cr — SAARLAND

Cr in µg/l		1982	1983	1984	1985	1986	1987
S 01	Max	2.9	2.8	2.0	2.2	7.7	*****
S 01	50P	1.0	1.1	<0.8	0.8	1.8	*****
S 01	Min	<0.8	<0.8	<0.8	<0.8	<0.8	*****
S 01	Anz	11	10	11	10	12	*****
S 01	Art	*****	*****	*****	*****	*****	*****

Allgemeine Erläuterungen im einführenden Text

Besondere Erläuterungen umseitig

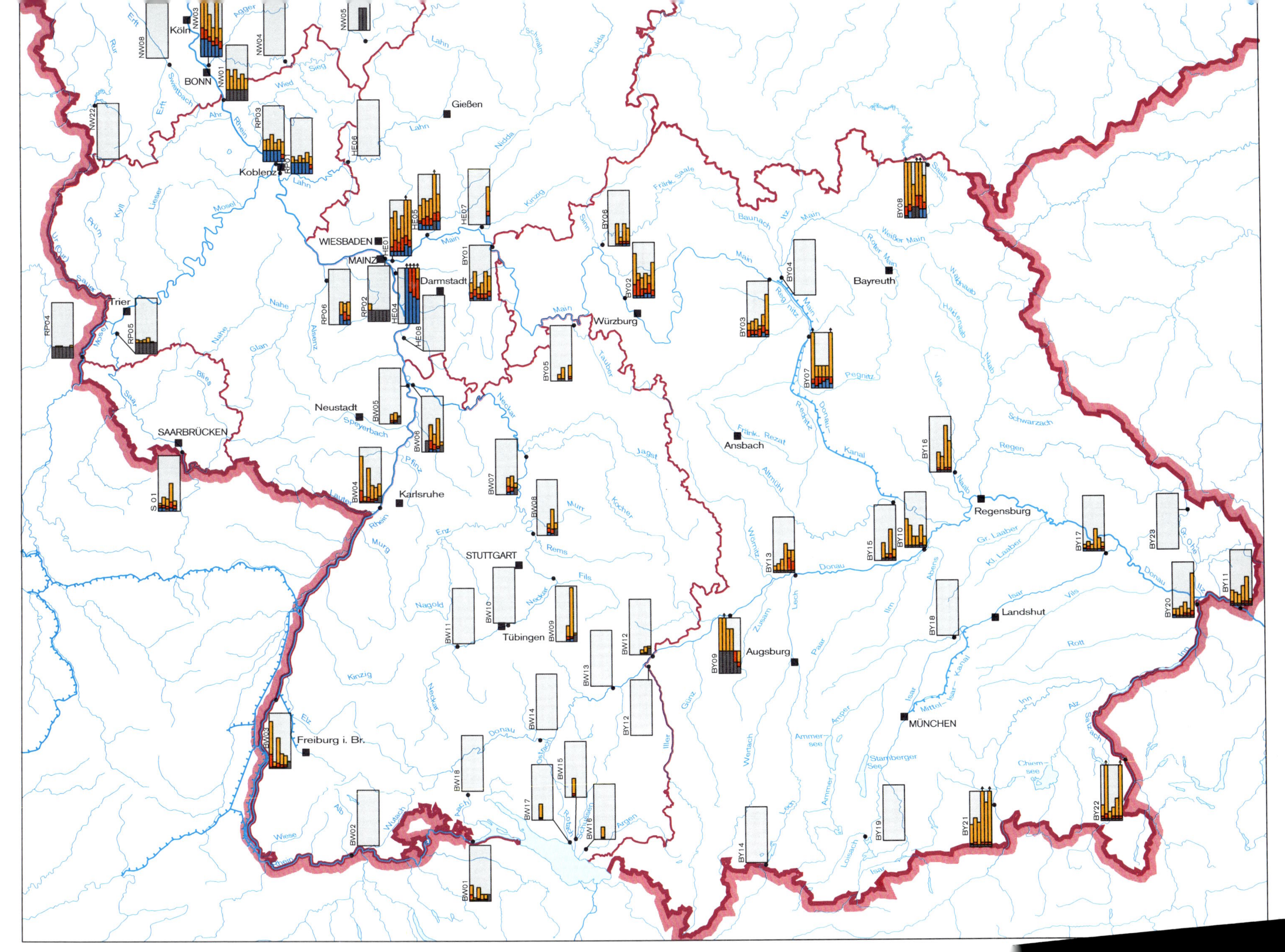

Köln
BONN
Gießen
Koblenz
WIESBADEN
MAINZ
Darmstadt
Trier
Würzburg
Bayreuth
Neustadt
SAARBRÜCKEN
Karlsruhe
Ansbach
Regensburg
STUTTGART
Tübingen
Augsburg
Landshut
MÜNCHEN
Freiburg i. Br.

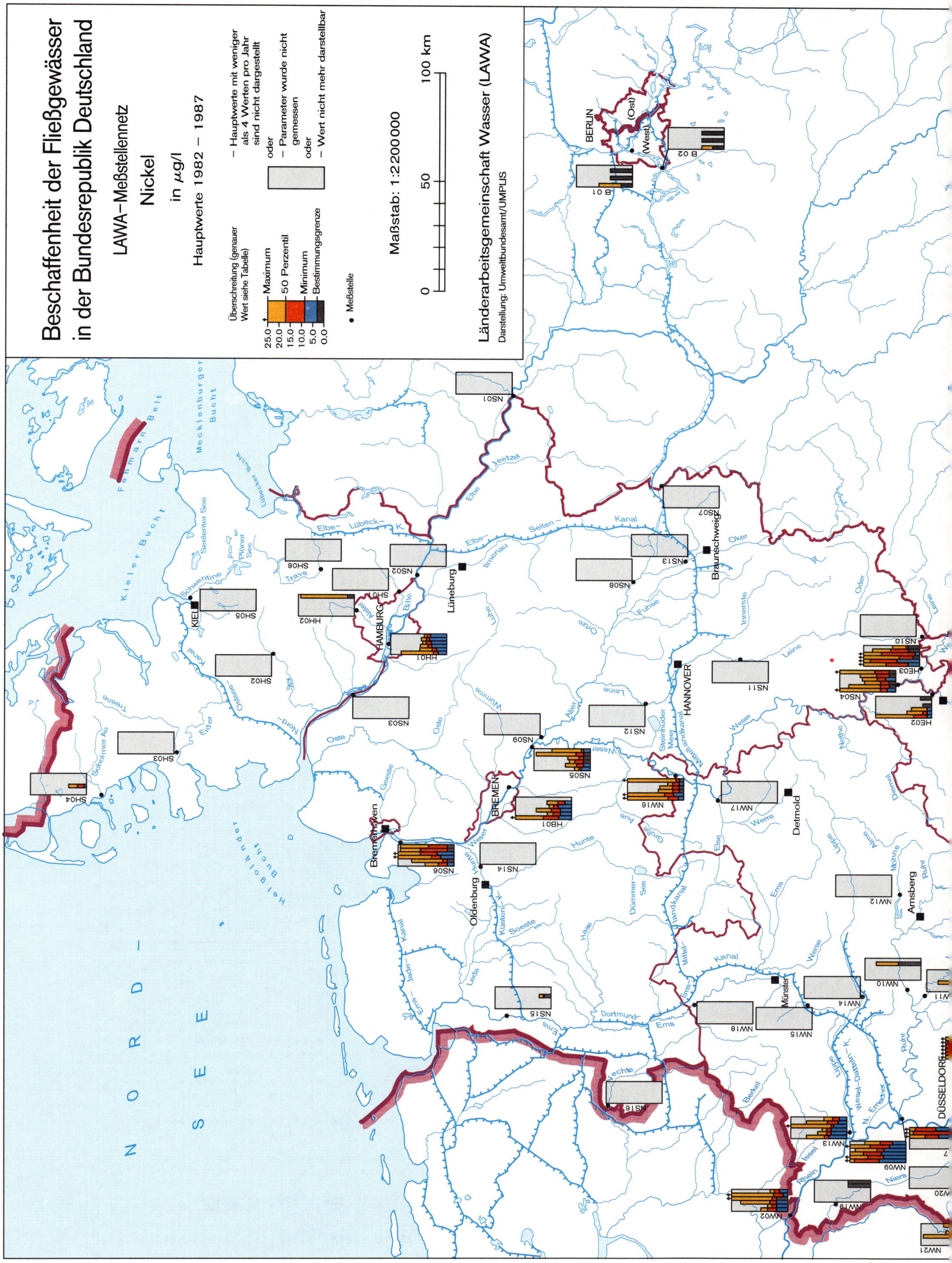

Beschaffenheit der Fließgewässer in der Bundesrepublik Deutschland

LAWA–Meßstellennetz

Nickel

in $\mu g/l$

Hauptwerte 1982 – 1987

Überschreitung (genauer Wert siehe Tabelle)

25.0
20.0 – Maximum
15.0 – 50 Perzentil
10.0 – Minimum
5.0 – Bestimmungsgrenze
0.0

- Hauptwerte mit weniger als 4 Werten pro Jahr sind nicht dargestellt
oder
- Parameter wurde nicht gemessen
oder
- Wert nicht mehr darstellbar

• Meßstelle

Maßstab: 1:2200000

0 50 100 km

Länderarbeitsgemeinschaft Wasser (LAWA)

Darstellung: Umweltbundesamt/UMPLIS

Cr — NORDRHEIN-WESTFALEN

Cr in µg/l		1982	1983	1984	1985	1986	1987
NW01	Max	15.0	9.0	7.0	16.0	8.0	6.0
NW01	50P	5.0	5.0	5.0	4.5	4.0	4.0
NW01	Min	3.0	4.0	2.0	3.0	2.0	<2.0
NW01	Anz	13	13	13	12	13	13
NW01	Art	E28	E28	E28	E28	E28	E28
NW02	Max	15.0	14.0	10.0	14.0	19.2	9.1
NW02	50P	8.0	8.0	7.0	7.2	7.5	5.4
NW02	Min	4.0	4.0	4.0	5.0	<2.0	2.7
NW02	Anz	13	13	13	13	13	12
NW02	Art	E28	E28	E28	E28	E28	E28
NW03	Max	8.0	11.0	11.0	5.0	24.8	9.2
NW03	50P	4.0	4.0	3.0	3.0	2.7	<2.0
NW03	Min	2.0	<2.0	<2.0	2.0	<2.0	<2.0
NW03	Anz	13	13	13	13	13	13
NW03	Art	E28	E28	E28	E28	E28	E28
NW04	Max	100.0	<10.0	30.0	20.0	<10.0	<10.0
NW04	50P	*****	*****	*****	*****	<10.0	*****
NW04	Min	100.0	<10.0	30.0	<10.0	<10.0	<10.0
NW04	Anz	1	1	1	3	4	3
NW04	Art	E365	E365	E365	E91	E91	E91
NW05	Max	*****	*****	*****	24.0	11.0	*****
NW05	50P	*****	*****	*****	<5.0	<5.0	*****
NW05	Min	*****	*****	*****	<5.0	<5.0	*****
NW05	Anz	*****	*****	*****	12	13	*****
NW05	Art	*****	*****	*****	E28	E28	*****
NW06	Max	21.0	73.0	30.0	10.0	31.6	12.1
NW06	50P	7.0	6.0	8.0	5.0	6.0	3.9
NW06	Min	3.0	3.0	3.0	3.0	<2.0	2.4
NW06	Anz	13	13	13	13	13	13
NW06	Art	E28	E28	E28	E28	E28	E28
NW07	Max	*****	*****	*****	4.0	10.3	9.4
NW07	50P	*****	*****	*****	3.0	2.4	2.3
NW07	Min	*****	*****	*****	<2.0	<2.0	<2.0
NW07	Anz	*****	*****	*****	13	13	13
NW07	Art	*****	*****	*****	E28	E28	E28
NW08	Max	<5.0	*****	<10.0	<10.0	*****	*****
NW08	50P	*****	*****	*****	*****	*****	*****
NW08	Min	<5.0	*****	<10.0	<10.0	*****	*****
NW08	Anz	1	*****	1	1	*****	*****
NW08	Art	E365	*****	E365	E365	*****	*****
NW09	Max	12.0	23.0	17.0	10.3	26.3	9.2
NW09	50P	5.0	6.0	6.0	5.0	4.8	4.8
NW09	Min	3.0	4.0	3.0	4.0	2.1	<2.0
NW09	Anz	13	13	13	13	13	13
NW09	Art	E28	E28	E28	E28	E28	E28
NW10	Max	9.0	<5.0	<5.0	<5.0	10.0	<5.0
NW10	50P	*****	*****	*****	*****	<5.0	*****
NW10	Min	3.0	<5.0	<5.0	<5.0	<5.0	<5.0
NW10	Anz	2	1	2	1	9	3
NW10	Art	E91	E365	E91	E365	E91	E91
NW11	Max	15.0	7.0	11.0	13.0	5.0	<5.0
NW11	50P	*****	*****	*****	*****	<5.0	<5.0
NW11	Min	8.0	<5.0	<5.0	4.0	<5.0	<5.0
NW11	Anz	3	4	5	4	4	4
NW11	Art	E91	E91	E91	E91	E91	E91
NW12	Max	<2.0	4.0	<2.0	3.0	3.0	5.0
NW12	50P	*****	*****	*****	*****	*****	*****
NW12	Min	<2.0	4.0	<2.0	3.0	3.0	5.0
NW12	Anz	1	1	1	1	1	1
NW12	Art	E365	E365	E365	E365	E365	E365
NW13	Max	11.0	18.0	20.0	14.0	12.3	6.8
NW13	50P	8.0	8.0	8.0	8.5	2.6	<2.0
NW13	Min	5.0	5.0	5.0	<2.0	<2.0	<2.0
NW13	Anz	13	13	13	13	13	13
NW13	Art	E28	E28	E28	E28	E28	E28
NW14	Max	16.0	50.0	10.0	16.0	7.0	11.0
NW14	50P	*****	*****	*****	*****	*****	*****
NW14	Min	16.0	50.0	10.0	16.0	7.0	11.0
NW14	Anz	1	1	1	1	1	1
NW14	Art	E365	E365	E365	E365	E365	E365
NW15	Max	*****	1.0	5.0	1.0	<1.0	2.2
NW15	50P	*****	*****	*****	*****	*****	*****
NW15	Min	*****	1.0	5.0	1.0	<1.0	2.2
NW15	Anz	*****	1	1	1	1	1
NW15	Art	*****	E365	E365	E365	E365	E365

Cr — NORDRHEIN-WESTFALEN

Cr in µg/l		1982	1983	1984	1985	1986	1987
NW16	Max	365.0	10.2	8.5	18.0	9.1	9.9
NW16	50P	7.9	5.6	2.8	2.1	2.1	2.0
NW16	Min	2.2	<2.0	<2.0	3.1	<2.0	<2.0
NW16	Anz	7	7	27	26	26	26
NW16	Art	7E56	7E56	M14	M14	M14	M14
NW17	Max	3.8	<2.0	<2.0	<2.0	<2.0	<2.0
NW17	50P	*****	*****	*****	*****	*****	*****
NW17	Min	3.8	<2.0	<2.0	<2.0	<2.0	<2.0
NW17	Anz	1	1	1	1	1	1
NW17	Art	E365	E365	E365	E365	E365	E365
NW18	Max	*****	5.3	10.3	5.0	7.8	1.8
NW18	50P	*****	*****	*****	3.0	*****	0.4
NW18	Min	*****	2.2	1.6	<1.0	1.1	<1.0
NW18	Anz	*****	3	4	4	4	4
NW18	Art	*****	E91	E91	E91	E91	E91
NW19	Max	*****	*****	100.0	<10.0	20.0	<10.0
NW19	50P	*****	*****	10.0	<10.0	<10.0	<10.0
NW19	Min	*****	*****	<10.0	<10.0	<10.0	<10.0
NW19	Anz	*****	*****	4	4	7	6
NW19	Art	*****	*****	E91	E91	E91	E91
NW20	Max	<20.0	40.0	20.0	24.0	<10.0	<10.0
NW20	50P	*****	*****	*****	*****	*****	*****
NW20	Min	<20.0	40.0	10.0	14.0	<10.0	<10.0
NW20	Anz	1	1	2	3	2	1
NW20	Art	E365	E365	E91	E91	E91	E365
NW21	Max	*****	*****	25.0	9.4	14.0	2.8
NW21	50P	*****	*****	2.1	2.2	*****	2.3
NW21	Min	*****	*****	<2.0	<2.0	<2.0	2.1
NW21	Anz	*****	*****	7	5	3	5
NW21	Art	*****	*****	E91	E91	E91	E91
NW22	Max	*****	*****	*****	<2.0	<2.0	11.0
NW22	50P	*****	*****	*****	<2.0	*****	<2.0
NW22	Min	*****	*****	*****	<2.0	<2.0	<2.0
NW22	Anz	*****	*****	*****	4	2	4
NW22	Art	*****	*****	*****	E91	E91	E91

Cr — BERLIN

Cr in µg/l		1982	1983	1984	1985	1986	1987
B 01	Max	<2.5	*****	<5.0	*****	<5.0	*****
B 01	50P	<2.5	*****	<5.0	*****	<5.0	*****
B 01	Min	<2.5	*****	<5.0	*****	<5.0	*****
B 01	Anz	6	*****	9	*****	6	*****
B 01	Art	E30	*****	E30	*****	E30	*****
B 02	Max	<2.5	*****	<5.0	*****	<5.0	*****
B 02	50P	<2.5	*****	<5.0	*****	<5.0	*****
B 02	Min	<2.5	*****	<5.0	*****	<5.0	*****
B 02	Anz	6	*****	9	*****	6	*****
B 02	Art	E30	*****	E30	*****	E30	*****

Cr — HAMBURG

Cr in µg/l		1982	1983	1984	1985	1986	1987
HH01	Max	9.0	17.5	5.4	7.1	10.7	6.0
HH01	50P	4.0	6.6	4.5	5.6	4.3	5.2
HH01	Min	1.9	2.6	2.5	1.6	2.0	3.7
HH01	Anz	12	12	6	5	6	5
HH01	Art	E30	E30	E61	E61	E61	E61
HH02	Max	*****	*****	*****	*****	*****	3.8
HH02	50P	*****	*****	*****	*****	*****	<1.0
HH02	Min	*****	*****	*****	*****	*****	<1.0
HH02	Anz	*****	*****	*****	*****	*****	5
HH02	Art	*****	*****	*****	*****	*****	E61

Cr — BREMEN

Cr in µg/l		1982	1983	1984	1985	1986	1987
HB01	Max	17.0	24.0	25.4	12.0	20.0	*****
HB01	50P	6.4	5.7	6.0	5.0	4.0	*****
HB01	Min	2.9	3.1	2.0	<2.0	<2.0	*****
HB01	Anz	7	7	7	7	26	*****
HB01	Art	1M56	1M56	1M56	1M56	M14	*****

Cr — NIEDERSACHSEN

Cr in µg/l		1982	1983	1984	1985	1986	1987
NS01	Max	7.0	8.0	7.0	20.0	27.0	11.0
NS01	50P	*****	*****	*****	*****	*****	*****
NS01	Min	5.0	5.0	7.0	5.5	8.4	4.9
NS01	Anz	2	2	1	2	3	2
NS01	Art	E182	E182	E365	E182	E182	E182
NS02	Max	*****	*****	*****	*****	*****	*****
NS02	50P	*****	*****	*****	*****	*****	*****
NS02	Min	*****	*****	*****	*****	*****	*****
NS02	Anz	*****	*****	*****	*****	*****	*****
NS02	Art	*****	*****	*****	*****	*****	*****
NS03	Max	*****	*****	*****	12.0	<2.0	4.1
NS03	50P	*****	*****	*****	*****	*****	*****
NS03	Min	*****	*****	*****	4.1	<2.0	<2.0
NS03	Anz	*****	*****	*****	2	2	2
NS03	Art	*****	*****	*****	E182	E182	E182
NS04	Max	11.0	17.0	5.0	5.9	16.0	8.4
NS04	50P	5.0	3.0	3.7	3.2	<2.0	<2.0
NS04	Min	<3.0	<3.0	<2.0	<2.0	<2.0	<2.0
NS04	Anz	7	7	7	7	26	26
NS04	Art	1M56	1M56	1M56	1M56	M14	M14
NS05	Max	4.0	11.0	5.0	15.0	3.8	2.7
NS05	50P	3.0	<3.0	2.4	<2.0	<2.0	<2.0
NS05	Min	<3.0	<3.0	<2.0	<2.0	<2.0	<2.0
NS05	Anz	7	7	7	7	26	25
NS05	Art	1M56	1M56	1M56	1M56	M14	M14
NS06	Max	23.0	18.0	17.0	21.0	15.0	17.0
NS06	50P	10.0	13.0	7.6	7.4	6.9	3.7
NS06	Min	<3.0	7.0	4.0	<2.0	<2.0	<2.0
NS06	Anz	7	7	7	7	26	26
NS06	Art	E56	E56	1M56	1M56	M14	M14
NS07	Max	3.0	2.0	<2.0	3.3	2.3	4.5
NS07	50P	*****	*****	*****	*****	*****	*****
NS07	Min	<2.0	<2.0	<2.0	<2.0	<2.0	<2.0
NS07	Anz	2	2	1	2	2	3
NS07	Art	E182	E182	E365	E182	E182	E182
NS08	Max	<2.0	*****	*****	4.0	<2.0	2.1
NS08	50P	*****	*****	*****	*****	*****	*****
NS08	Min	<2.0	*****	*****	<2.0	<2.0	<2.0
NS08	Anz	1	*****	*****	2	2	3
NS08	Art	E365	*****	*****	E182	E182	E182
NS09	Max	3.0	<2.0	14.0	<2.0	<2.0	<2.0
NS09	50P	*****	*****	*****	*****	*****	*****
NS09	Min	<2.0	<2.0	14.0	<2.0	<2.0	<2.0
NS09	Anz	2	2	1	3	2	2
NS09	Art	E182	E182	E365	E120	E182	E182
NS10	Max	5.0	<2.0	10.0	3.2	3.0	3.3
NS10	50P	*****	*****	*****	*****	*****	*****
NS10	Min	<2.0	<2.0	10.0	<2.0	<2.0	<2.0
NS10	Anz	2	2	1	2	2	2
NS10	Art	E182	E182	E365	E182	E182	E182
NS11	Max	2.0	<2.0	10.0	2.8	2.1	4.4
NS11	50P	*****	*****	*****	*****	*****	*****
NS11	Min	<2.0	<2.0	10.0	<2.0	<2.0	<2.0
NS11	Anz	2	2	1	2	2	2
NS11	Art	E182	E182	E365	E182	E182	E182
NS12	Max	3.0	2.0	13.0	22.0	<2.0	<2.0
NS12	50P	*****	*****	*****	*****	*****	*****
NS12	Min	<2.0	2.0	13.0	6.1	<2.0	<2.0
NS12	Anz	2	2	1	2	2	2
NS12	Art	E182	E182	E365	E182	E182	E182
NS13	Max	3.0	3.0	<2.0	5.7	5.6	3.7
NS13	50P	*****	*****	*****	*****	*****	*****
NS13	Min	<2.0	<2.0	<2.0	<2.0	<2.0	<2.0
NS13	Anz	2	2	1	2	2	3
NS13	Art	E182	E182	E365	E182	E182	E182
NS14	Max	*****	*****	*****	<2.0	<2.0	2.2
NS14	50P	*****	*****	*****	*****	*****	*****
NS14	Min	*****	*****	*****	<2.0	<2.0	<2.0
NS14	Anz	*****	*****	*****	2	2	2
NS14	Art	*****	*****	*****	E182	E182	E182
NS15	Max	4.0	<2.0	3.0	<2.0	<2.0	<2.0
NS15	50P	2.0	<2.0	<2.0	<2.0	*****	*****
NS15	Min	<2.0	<2.0	<2.0	<2.0	<2.0	<2.0
NS15	Anz	4	4	4	6	2	2
NS15	Art	E91	E91	E91	E61	E182	E182

Cr — NIEDERSACHSEN

Cr in µg/l		1982	1983	1984	1985	1986	1987
NS16	Max	2.0	9.0	<2.0	2.6	<2.0	<2.0
NS16	50P	*****	*****	*****	*****	*****	*****
NS16	Min	<2.0	<2.0	<2.0	<2.0	<2.0	<2.0
NS16	Anz	2	2	1	3	2	2
NS16	Art	E182	E182	E365	E120	E182	E182

Cr — SCHLESWIG-HOLSTEIN

Cr in µg/l		1982	1983	1984	1985	1986	1987
SH01	Max	8.1	0.8	0.6	*****	0.2	1.4
SH01	50P	3.1	*****	0.5	*****	*****	0.9
SH01	Min	0.3	0.3	0.3	*****	0.1	0.3
SH01	Anz	4	3	4	*****	3	4
SH01	Art	E91	E91	E91	*****	E91	E91
SH02	Max	*****	*****	*****	*****	0.9	2.1
SH02	50P	*****	*****	*****	*****	0.8	*****
SH02	Min	*****	*****	*****	*****	0.5	0.6
SH02	Anz	*****	*****	*****	*****	4	3
SH02	Art	*****	*****	*****	*****	E91	E91
SH03	Max	1.3	0.7	1.0	*****	1.5	10.0
SH03	50P	*****	0.5	0.9	*****	0.8	0.6
SH03	Min	0.1	0.4	0.4	*****	0.3	0.4
SH03	Anz	3	4	4	*****	4	4
SH03	Art	E91	E91	E91	*****	E91	E91
SH04	Max	0.6	4.1	2.1	*****	1.5	0.8
SH04	50P	0.6	1.9	1.7	*****	0.6	0.6
SH04	Min	0.4	0.4	0.8	*****	0.2	0.4
SH04	Anz	3	4	5	*****	4	4
SH04	Art	E91	E91	E91	*****	E91	E91
SH05	Max	1.5	0.4	0.7	*****	1.7	0.4
SH05	50P	0.2	0.4	0.4	*****	0.3	0.2
SH05	Min	0.1	<0.1	0.3	*****	<0.1	<0.1
SH05	Anz	4	4	4	*****	4	4
SH05	Art	E91	E91	E91	*****	E91	E91
SH06	Max	*****	*****	0.7	*****	3.0	4.9
SH06	50P	*****	*****	0.5	*****	0.1	3.4
SH06	Min	*****	*****	0.1	*****	0.1	0.4
SH06	Anz	*****	*****	4	*****	3	3
SH06	Art	*****	*****	E91	*****	E91	E91

Allgemeine Erläuterungen:

siehe einführenden Text

Sonstiges:

Bei den Berliner Meßstellen B 01 und B 02 handelt es sich um filtrierte Proben.

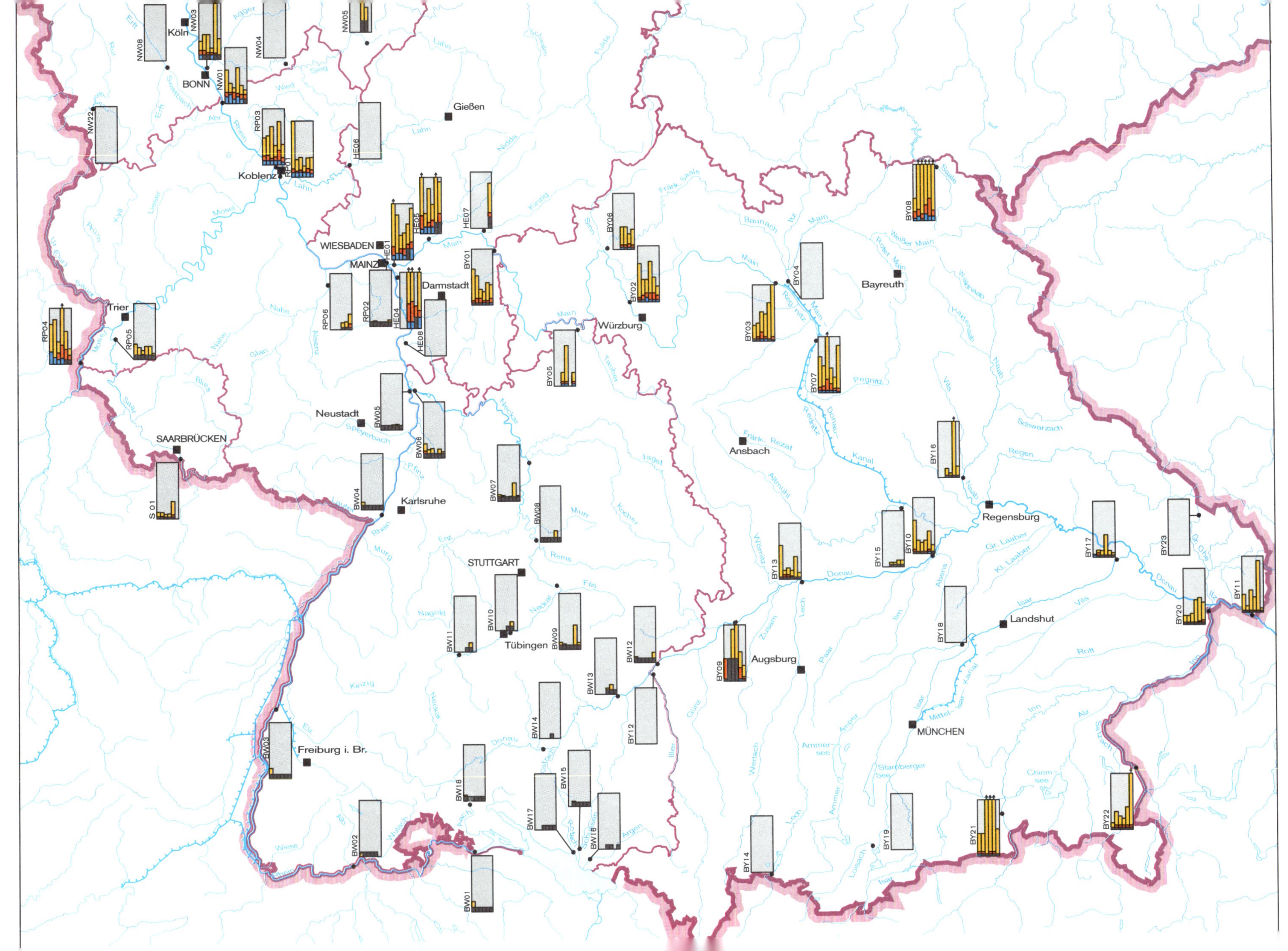

Köln
BONN
Gießen
Koblenz
WIESBADEN
MAINZ
Darmstadt
Trier
Würzburg
Bayreuth
Neustadt
Ansbach
SAARBRÜCKEN
Karlsruhe
Regensburg
STUTTGART
Tübingen
Augsburg
Landshut
MÜNCHEN
Freiburg i. Br.
NW01
NW03
NW04
NW05
NW08
NW22
RP01
RP02
RP03
RP04
RP05
RP06
HE01
HE04
HE05
HE06
HE07
HE08
S 01
BY01
BY02
BY03
BY04
BY05
BY06
BY07
BY08
BY09
BY10
BY11
BY12
BY13
BY14
BY15
BY16
BY17
BY18
BY19
BY20
BY21
BY22
BY23
BW01
BW02
BW03
BW04
BW05
BW06
BW07
BW08
BW09
BW10
BW11
BW12
BW13
BW14
BW15
BW16
BW17
BW18
Rhein
Main
Donau
Neckar
Mosel
Saar
Lahn
Nahe
Isar
Inn
Lech
Iller
Naab
Regen
Vils
Altmühl
Pegnitz
Regnitz
Saale
Ilz
Salzach
Kanal

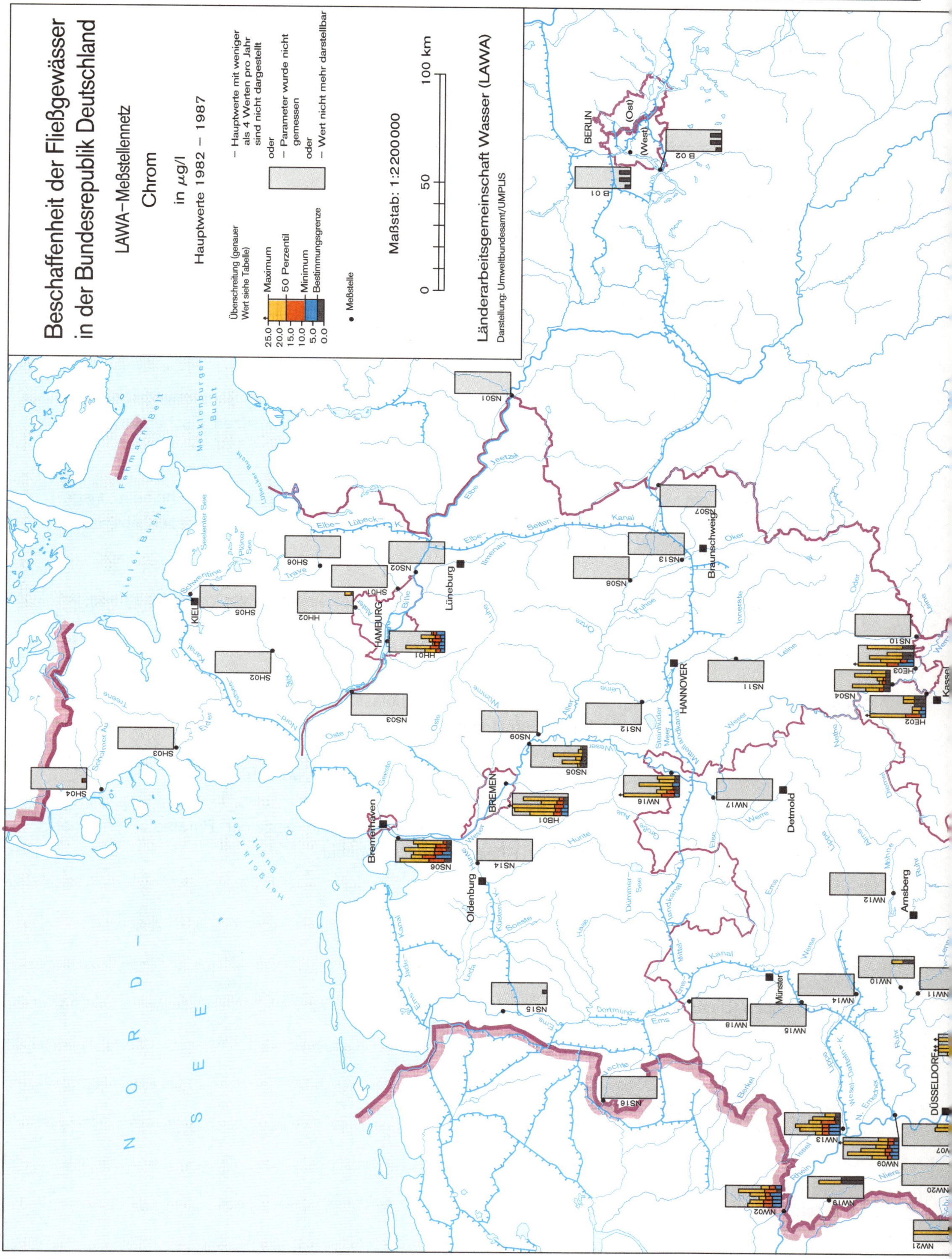

Beschaffenheit der Fließgewässer in der Bundesrepublik Deutschland

LAWA-Meßstellennetz

Chrom

in µg/l

Hauptwerte 1982 – 1987

Überschreitung (genauer Wert siehe Tabelle)

25.0 20.0 15.0 10.0 5.0 0.0

- Maximum
- 50 Perzentil
- Minimum
- Bestimmungsgrenze

• Meßstelle

– Hauptwerte mit weniger als 4 Werten pro Jahr sind nicht dargestellt
oder
– Parameter wurde nicht gemessen
oder
– Wert nicht mehr darstellbar

Maßstab: 1:2200000

0 50 100 km

Länderarbeitsgemeinschaft Wasser (LAWA)

Darstellung: Umweltbundesamt/UMPLIS

Gewässergüte in Fließgewässern

Rhein

Der Rhein steht im Spannungsfeld vielfältiger Nutzungen:

- In der Bundesrepublik Deutschland werden etwa 5,5 Millionen Menschen mit Rheinuferfiltrat als Trinkwasser versorgt. Der Rhein muß deshalb möglichst frei von Schadstoffen sein, die die Wasserversorgung beeinträchtigen können.
- Die internationale Rheinflotte bestand 1985 aus rund 11 500 Güterschiffen mit einer Gesamttragfähigkeit von 10,5 Millionen Tonnen. Der Güterumschlag in den wichtigsten Binnenhäfen des Rheingebietes betrug 97 Millionen Tonnen.
- Im Rhein leben derzeit 31 Fischarten. Berufsfischerei wird noch von etwa 37 Haupterwerbsbetrieben und 100 Nebenerwerbsfischereien betrieben. Ca. 60 000 Angelfischer besitzen Fischereierlaubnisscheine.
- Abwässer von ca. 78 Millionen Einwohnern und Einwohnergleichwerten im deutschen Rheineinzugsgebiet werden in den Rhein eingeleitet. Ungefähr 91% des kommunalen und industriellen Abwassers wurden 1986 in biologischen Kläranlagen behandelt.
- Der Rhein und sein Einzugsgebiet sind Standorte zahlreicher abwasserintensiver Industriebetriebe, vor allem der chemischen, der metallverarbeitenden und papiererzeugenden Industrie, sowie von Wärmekraftwerken.

Aus den Nutzungen resultieren u. a. erhebliche Gewässerbelastungen. Durch intensive Umweltschutzmaßnahmen bei kommunalen Kläranlagen und Industrie sowie auch durch innerbetriebliche Maßnahmen zur Vermeidung und Verringerung der Belastung mit Schadstoffen sind in den letzten Jahren wichtige Fortschritte bei der Verbesserung der Wasserqualität des Rheins erzielt worden.

Diese Fortschritte sind inzwischen nicht nur in der Jahresganglinie einzelner Parameter an einer Meßstelle, sondern im gesamten deutschen Rheinabschnitt erkennbar.

Als Beispiele werden für die Meßstellen

Seltz (Oberlauf)	Rhein km 335,7
Koblenz/Rhein (Mittellauf)	Rhein km 590,3
Bimmen/Lobith (Unterlauf)	Rhein km 862,3

die Ganglinie für

BSB_5	(Biochemischer Sauerstoffbedarf)
NH_4	(Ammonium) und
Cd	(Cadmium)

dargestellt.

Die mittlere jährliche BSB_5-Belastung sank an der Meßstelle Seltz seit 1972 von 5 mg/l auf 2,5 mg/l, an der Meßstelle Bimmen/Lobith sogar von etwa 9 mg/l auf etwa 3 mg/l.

Die Ganglinie der Meßstelle Koblenz weist auf niedrigerem Niveau fast denselben Verlauf wie die der Meßstelle Bimmen/Lobith auf.

Während die mittlere Konzentration an Ammonium an der Meßstelle Seltz seit 1974 nahezu gleich blieb und 1987 etwa 0,1 mg/l betrug, sank der Ammoniumgehalt an der Meßstelle Bimmen/Lobith von 2,5 mg/l 1972 auf etwa 0,5 mg/l. Die Ganglinie der Meßstelle Koblenz ist auch hier der Ganglinie Bimmen/Lobith sehr ähnlich.

Die Cadmiumkonzentration sank an der Meßstelle Seltz von 0,4 μg/l 1976 auf etwa 0,3 μg/l. An der Meßstelle Bimmen/Lobith war ein Rückgang von 6 μg/l 1976 auf etwa 0,3 μg/l zu verzeichnen.

Der Kurvenverlauf der Meßstelle Koblenz ähnelt mit einigen Abweichungen dem der Meßstelle Bimmen/Lobith. Als Resultat dieser Verbesserungen ist inzwischen auch eine Zunahme des Artenspektrums der Kleinlebewesen im Rhein zu beobachten.

Aufwendungen für den Bau von Kläranlagen und Kanalisation im deutschen Rheineinzugsgebiet 1980–1986 in Mio. DM

Jahr	Gesamt	Investitionen der öffentlichen Hand			Investitionen der Industrie (geschätzt)	Gesamtinvestitionen öffentliche Hand und Industrie
		Eigenleistungen der Kommunen	Zuwendungen Bund	Zuwendungen Länder		
1980	2 975,3	1 748,1	350,5	876,7	742,9	3 718,2
1981	2 693,3	1 715,9	121,8	855,6	624,8	3 318,1
1982	2 266,5	1 454,7	83,2	728,6	596,4	2 862,9
1983	2 165,4	1 330,1	72,8	762,5	445,5	2 610,9
1984	2 280,7	1 423,3	74,5	782,9	504,9	2 785,6
1985	2 294,0	1 350,0	64,3	879,7	482,0	2 776,0
1986	2 423,7	1 008,0	74,0	1 041,7	465,7	2 889,4
1980-1986	17 098,9	10 010,1	841,1	5 927,7	3 862,2	20 961,1

Quelle: Länderarbeitsgemeinschaft Wasser

Beschaffenheit der Fließgewässer in der Bundesrepublik Deutschland an den Meßstationen Seltz, Koblenz/Rhein und Bimmen/Lobith

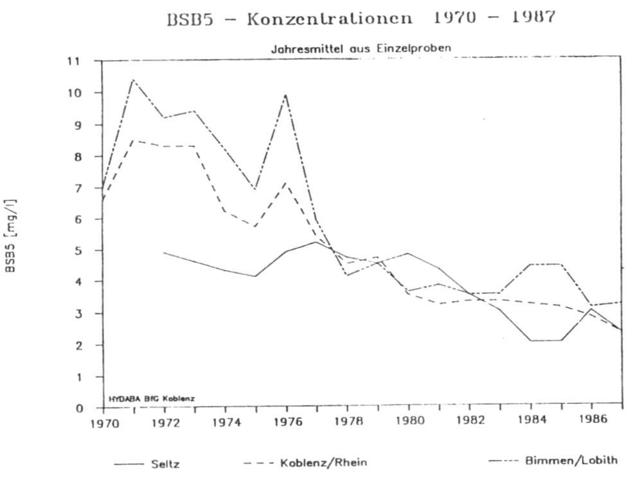

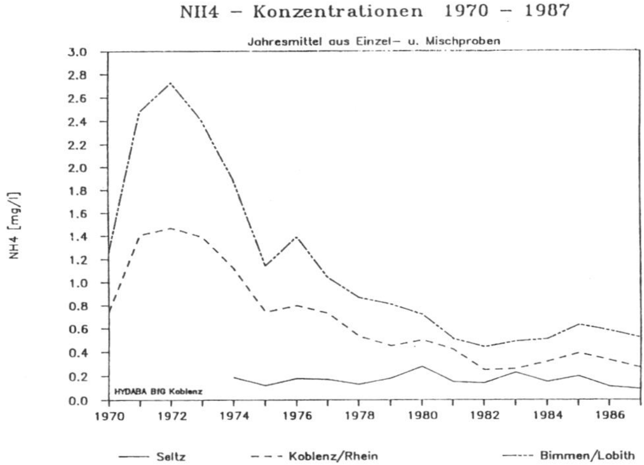

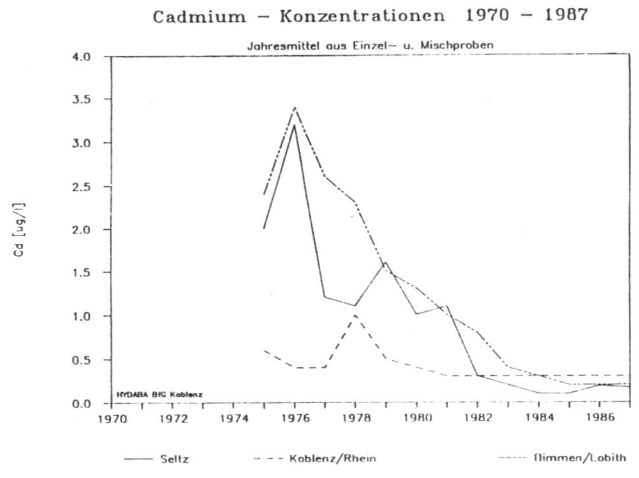

Quelle: Bundesanstalt für Gewässerkunde

Entwicklung der Kleinlebewesen auf der Rheinsohle

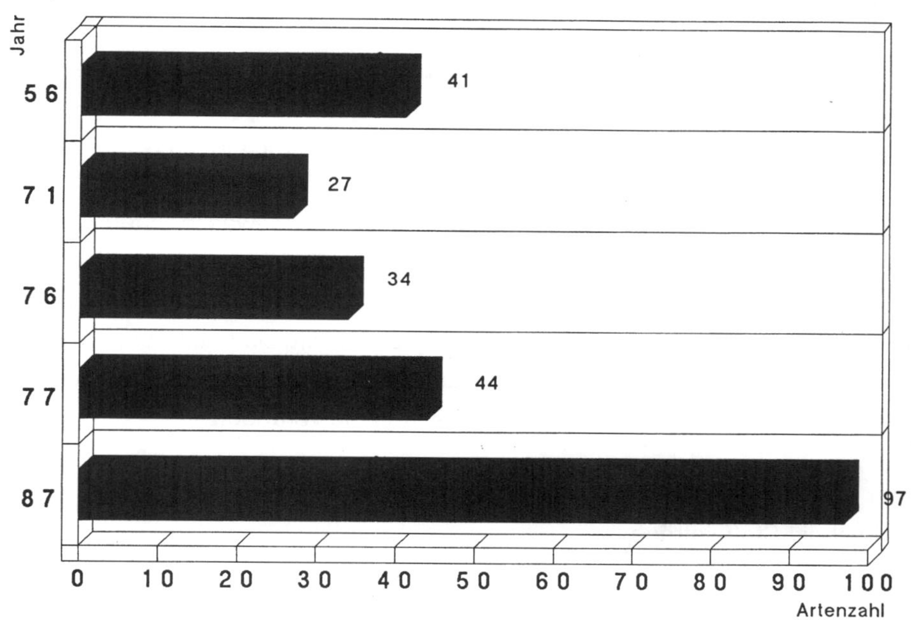

Quelle: Bundesanstalt für Gewässerkunde

Elbe

Die Elbe ist einer der mit Schadstoffen am stärksten belasteten Flüsse Nord- und Westeuropas. Bei den persistenten Schadstoffen bereiten Hexachlorbenzol (HCB) und Quecksilber (Hg) die mit Abstand größten Probleme. Da 88% des Wassereinzugsgebietes auf Gebieten anderer Staaten liegen, können die erforderlichen Verbesserungen des Gewässerzustandes nur durch Emissionsminderungen auch in den übrigen Anrainerstaaten erzielt werden.

Von der Arbeitsgemeinschaft für die Reinhaltung der Elbe werden umfangreiche, systematische Meßprogramme zur Überwachung der Elbe durchgeführt. Die Ergebnisse werden neben der Gewässerzustandsbeschreibung u. a. auch zur Bilanzierung des Schadstoffeintrags in die Nordsee genutzt.

Bisher wurde die Schwermetallbelastung des Elbwassers, wie bei der Gewässergüteüberwachung üblich, an unfiltrierten Wasserproben bestimmt. Die Daten zeigten jedoch u. a. wegen der stark unterschiedlichen Schwebstoffgehalte eine so große Variabilität, daß z. B. eine zuverlässige Ermittlung jährlicher Schadstofffrachten an der Süßwassergrenze nicht eindeutig möglich ist, wie sie nach der „Pariser Konvention" zur Verhütung der Verschmutzung der Nordsee von Land aus erforderlich ist. Der Bilanzierungsquerschnitt wurde deshalb stromaufwärts verlegt und die Meßstrategie verändert.

Siehe auch:
Kapitel Nordsee, Abschnitt Stoffeinträge

Schwebstoff-Haushalt der Tide-Elbe

Das nach der Pariser Konvention für die Bilanzierung des Schadstoffeintrags zugrunde zu legende Querprofil an der Süßwassergrenze liegt gerade bei mittleren Oberwasserabflüssen am oberen Rand einer ausgeprägten Trübungswolke. In der Trübungszone kann die Schwebstoffmenge zu einem Schwebstoffpool anwachsen, dessen Größenordnung der durch das Oberwasser zugeführten Schwebstoffjahresfracht entspricht. Die Lage dieses Schwebstoffpools innerhalb des Längsprofils verändert sich in Abhängigkeit vom Oberwasserabfluß und den meteorologischen Einflüssen (Wind). Da für Schadstoffe, die sich zu einem hohen Prozentsatz an Schwebstoffe anlagern, hier eine zuverlässige Eintragsermittlung nicht zu erreichen ist, wurde der Bilanzierungsquerschnitt von der Süßwassergrenze stromaufwärts bis in den Tidebereich verschoben, in dem eine annähernd gleichförmige Schwebstoffverteilung zu beobachten ist.

Trübungszone und Schwebstoff – Haushalt der Tideelbe

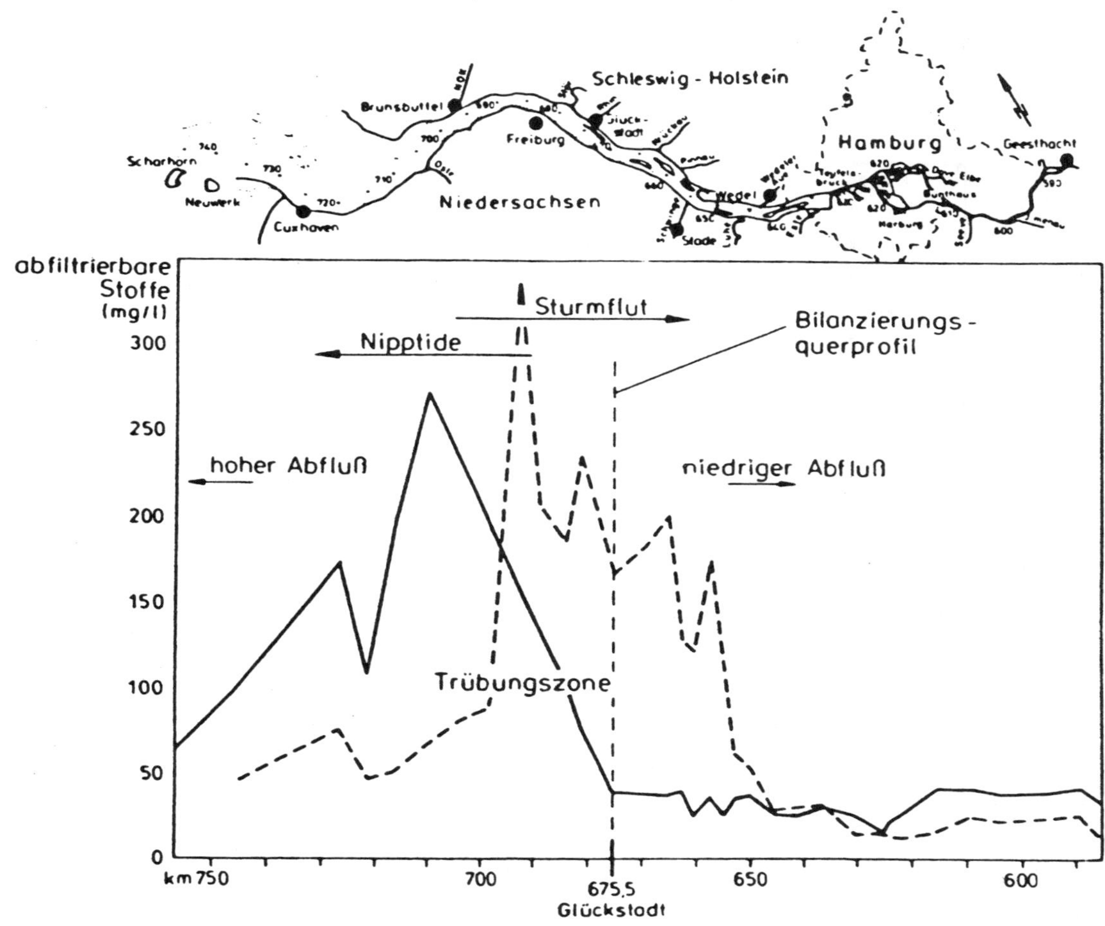

Quelle: Umweltbundesamt

Schwermetallbelastung im Längsprofil der Tideelbe

Systematische Untersuchungen ergaben, daß hinsichtlich der Schwermetallbelastung der Tideelbe nur bei Bestimmung der spezifischen Schwermetallbeladung der Schwebstoffe eine Beurteilung des Gewässerzustandes möglich ist. Beim Übergang aus dem limnischen in den marinen Bereich der Tideelbe (Brackwasserzone) steigen die Quecksilber-, Cadmium- und Bleiwerte, bezogen auf den Liter Probenwasser, stark an. Diese Zunahme geht jedoch nicht auf zusätzliche Einleitungen der im Unterelberaum angesiedelten Industrie zurück. Sie wird vielmehr durch den Anstieg starker Schwebstoffgehalte verursacht (Trübungszone).

Im Vergleich zu Quecksilber tritt Cadmium in deutlich höherem Maße in gelöster Form auf. Im Elbmündungsbereich ist mit dem zunehmenden Salzgehalt eine deutliche Zunahme des gelösten und eine Abnahme des partikulär gebundenen Anteils feststellbar. Dieser Befund steht im Einklang mit Ergebnissen aus anderen Untersuchungen, in denen nachgewiesen wurde, daß durch den erhöhten Salzgehalt eine bedeutende Remobilisierung des Cadmiums erfolgt.

Quecksilberkonzentration im Längsprofil der Tideelbe

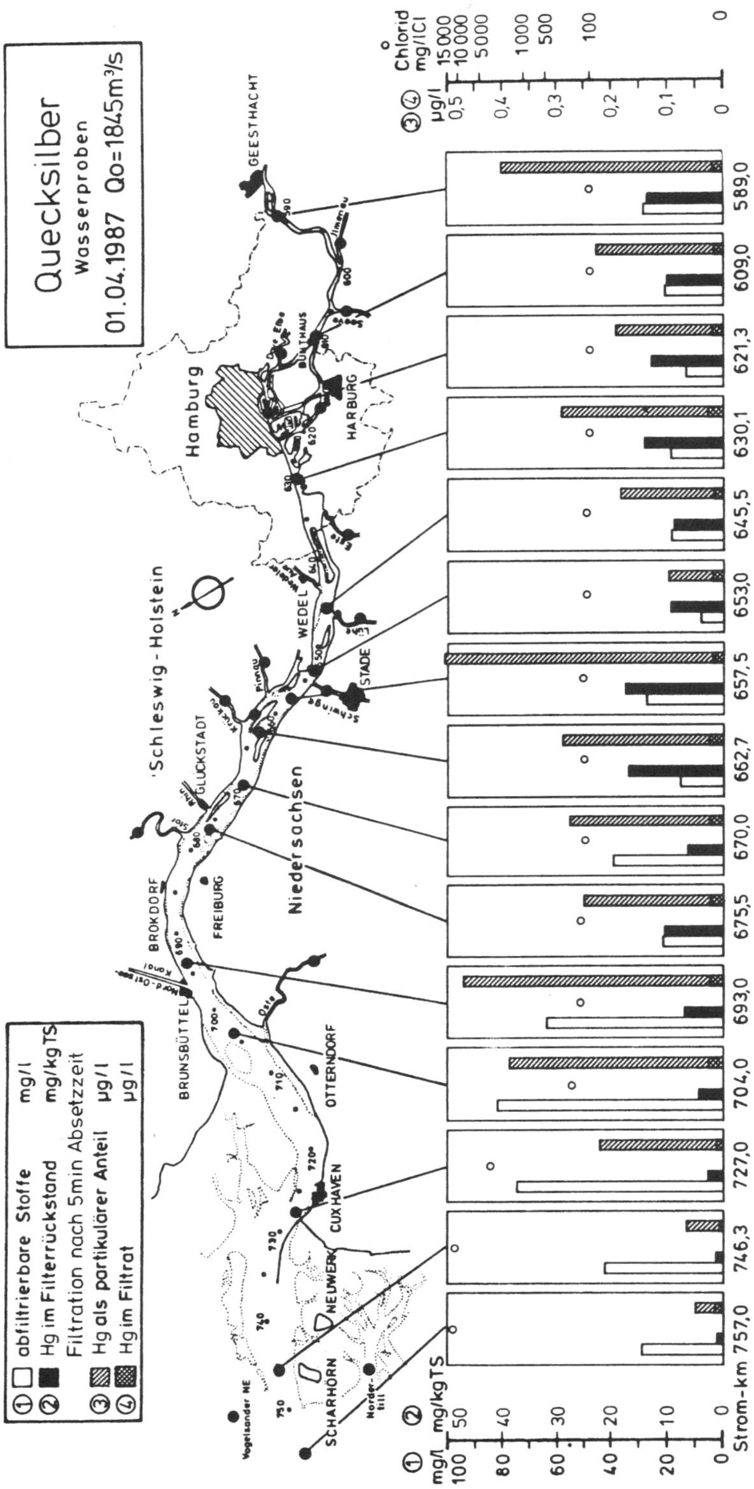

Quecksilber
Wasserproben
01.04.1987 Qo=1845m³/s

① abfiltrierbare Stoffe mg/l
② Hg im Filterrückstand mg/kgTS
Filtration nach 5min Absetzzeit
③ Hg als partikulärer Anteil µg/l
④ Hg im Filtrat µg/l

Chlorid mg/lCl

Strom-km 757,0 746,3 727,0 704,0 693,0 675,5 670,0 662,7 657,5 653,0 645,5 630,1 621,3 609,0 589,0

Schleswig-Holstein
Niedersachsen
Hamburg
SCHARHORN NEUWERK CUXHAVEN OTTERNDORF BRUNSBÜTTEL BROKDORF FREIBURG GLÜCKSTADT STADE WEDEL HARBURG BUNTHAUS GEESTHACHT

Quelle: Umweltbundesamt

Cadmiumkonzentration im Längsprofil der Tideelbe

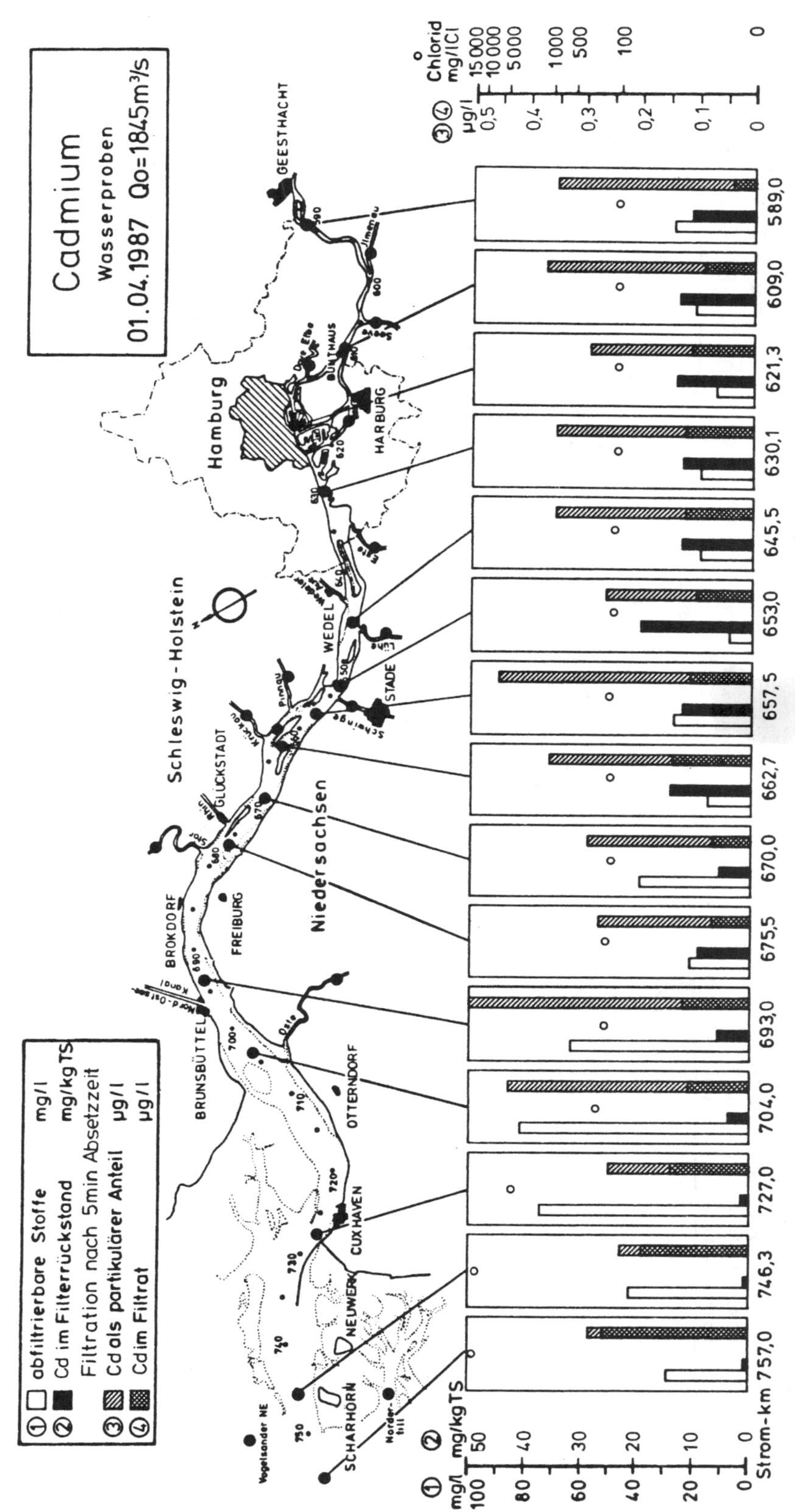

Quelle: Umweltbundesamt

Bleikonzentration im Längsprofil der Tideelbe

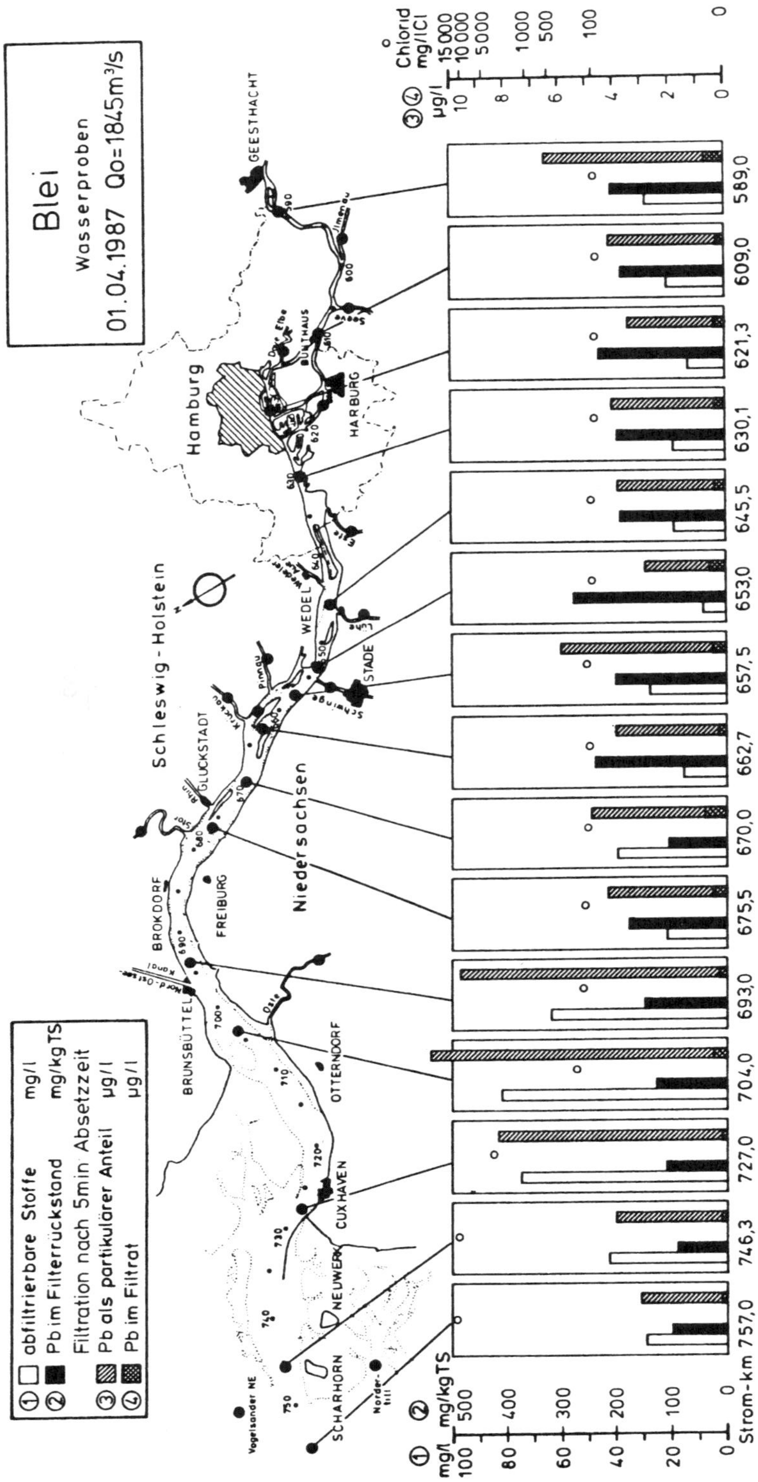

Blei
Wasserproben
01.04.1987 Qo=1845m³/s

① abfiltrierbare Stoffe mg/l
② Pb im Filterrückstand mg/kgTS
Filtration nach 5min Absetzzeit
③ Pb als partikulärer Anteil µg/l
④ Pb im Filtrat µg/l

Schleswig-Holstein
Niedersachsen
Hamburg
GEESTHACHT
BUNTHAUS
HARBURG
WEDEL
STADE
GLÜCKSTADT
BROKDORF
FREIBURG
BRUNSBÜTTEL
OTTERNDORF
CUXHAVEN
NEUWERK
SCHARHORN

① mg/l: 100, 80, 60, 40, 20, 0
② mg/kgTS: 500, 400, 300, 200, 100, 0
③④ µg/l: 10, 8, 6, 4, 2, 0
Chlorid mg/l Cl: 15000, 10000, 5000, 1000, 500, 100, 0

Strom-km 757,0 746,3 727,0 704,0 693,0 675,5 670,0 662,7 657,5 653,0 645,5 630,1 621,3 609,0 589,0

Quelle: Umweltbundesamt

Nährstoffbelastung der Elbe

Im Gegensatz zu den Schwermetallen sind die Konzentrationen und Frachten der Nährstoffe weniger von wechselnden Schwebstoffgehalten abhängig. Ihre zeitliche Entwicklung wird wesentlich stärker von Veränderungen im Oberwasserabfluß bestimmt, die sich in erster Linie aus den wechselnden meteorologischen Bedingungen ergaben.

In den Abbildungen sind die an der Tidegrenze ermittelten Nährstoffkonzentrationen in Abhängigkeit vom Oberwasserabfluß dargestellt (Meßstelle Wehr Geesthacht; wöchentliche Einzelproben). Zusätzlich zu den Meßwerten wurde jeweils eine theoretische Verdünnungskurve eingezeichnet, die sich bei konstanten Frachten ergäbe.

Für ortho-Phosphat zeigen die Meßwerte – zwar mit einer großen Streuung – im Mittel einen der Verdünnungskurve ähnlichen Verlauf. Dies ist darauf zurückzuführen, daß ein erheblicher Anteil der Phosphatbelastung aus kommunalen Abwässern stammt. Dieser Phosphat-Eintrag ist unabhängig vom Abfluß und stellt näherungsweise eine konstante Quelle dar. Phosphorsalze sind zudem im Vergleich zu Nitrat schwerer wasserlöslich, so daß die Auswaschung und Abschwemmung von landwirtschaftlich genutzten Flächen deutlich niedriger liegt als beim Nitrat. Insgesamt nehmen deshalb die Phosphatkonzentrationen bei erhöhten Oberwasserabflüssen infolge der Verdünnungswirkung in der Regel merklich ab.

Demgegenüber zeigen die Nitratkonzentrationen eine gegenläufige Abhängigkeit vom Oberwasserabfluß. Da Nitrat leicht wasserlöslich ist, erfolgt bei ergiebigen Niederschlägen eine erhöhte Auswaschung und Abschwemmung insbesondere von landwirtschaftlich genutzten Flächen. Hinzu kommt der atmosphärische Nitrateintrag über den Regen. Als Folge tritt bei erhöhtem Oberwasserabfluß nicht etwa eine entsprechende Verdünnung, sondern vielmehr durch erhöhte Einträge ein deutlicher Anstieg der Konzentrationen und Frachten ein.

Siehe auch:
- Kapitel Allgemeine Daten, Abschnitt chemische Produkte
- Kapitel Boden, Abschnitt Bodenschutz und Landwirtschaft

Ortho – Phospat – P – und Nitrat – N – Konzentration in Abhängigkeit vom Oberwasserabfluß am Wehr Geesthacht

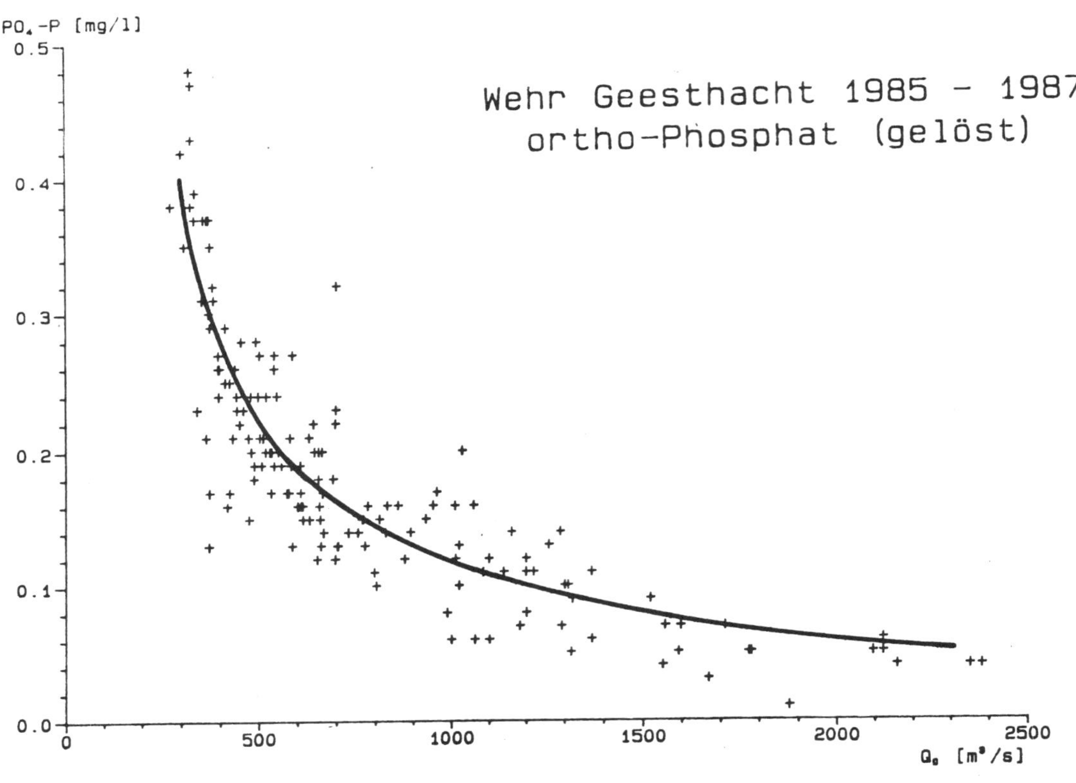

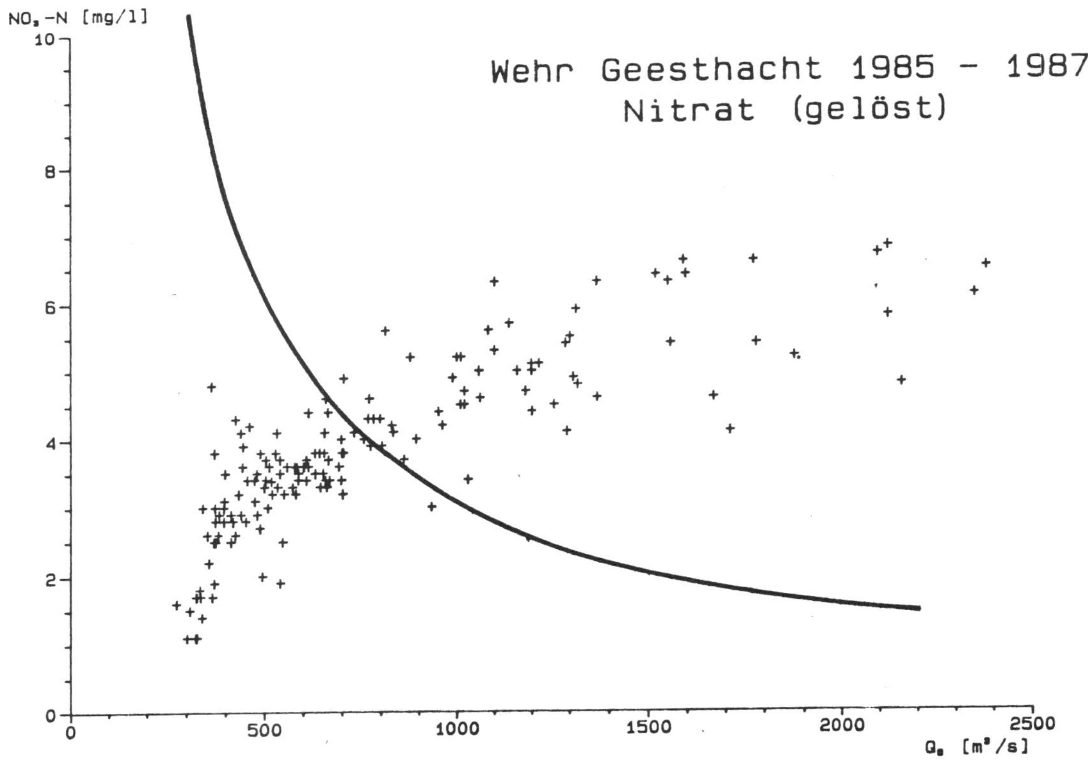

Quelle: Umweltbundesamt

Gehalte von Tensiden in der Ruhr bei Essen

Gemessen wird die Restbelastung der Ruhr durch Tenside nach biologischem Abbau in Kläranlagen und im Oberlauf.

Wie die nach Sommer und Winter differenzierten Konzentrationsganglinien zeigen, ist die Abbaugeschwindigkeit der Tenside im Gewässer im Sommer größer als im Winter. Entsprechend geringer sind die Konzentrationen im Sommer. Die Konzentration der anionischen Tenside ist im betrachteten Zeitraum fast stetig zurückgegangen. Bei den nichtionischen Tensiden ist dagegen zunächst ein deutlicher Anstieg und danach ein leichterer Rückgang festzustellen. Ab 1982 übersteigt die Konzentration der nichtionischen Tenside die der anionischen Tenside. Ursache dafür ist die im Mittel verbesserte Primärabbaubarkeit der anionischen Tenside, während die der nichtionischen Tenside nicht im gleichen Maße abgenommen hat.

Diese Entwicklung, die sich auch in den Jahresfrachten widerspiegelt, wird sowohl durch den Waschmittelverbrauch in Haushalten, Gewerbe und Industrie als auch durch Verschiebungen der gewählten Arten von Wasch- und Reinigungsmitteln und deren Rezepturen beeinflußt. Hinzu kommen wechselnde hydrologische und meteorologische Verhältnisse.

Insgesamt hat sich die Jahresfracht beider Tensidgruppen von 1979 auf 1985 rechnerisch um 100 t/a (22%) verringert.

Die Gewässerüberwachung muß künftig vor allem die Entwicklung der Konzentrationen der nichtionischen Tenside beachten.

Siehe auch:
Kapitel Allgemeine Daten, Abschnitt chemische Produkte

Gehalte von Tensiden in der Ruhr bei Essen

Entwicklung der Konzentrationen von MBAS[1] und BIAS[2] für Winter und Sommer in der Ruhr bei Essen[3]

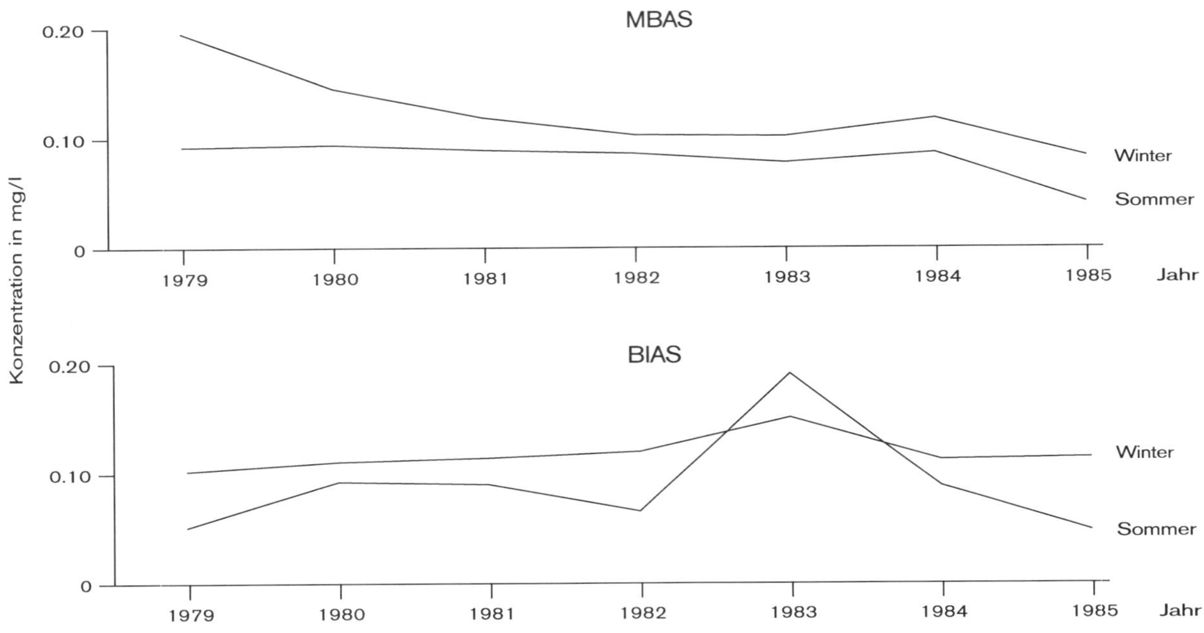

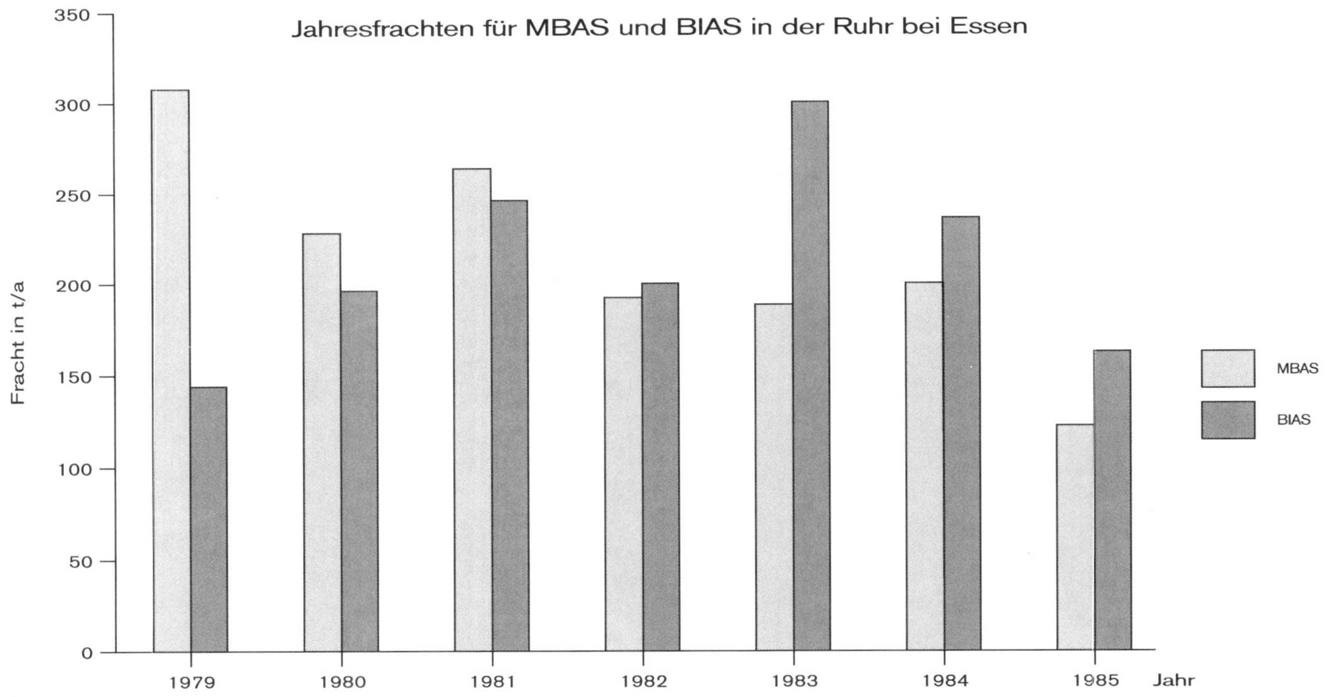

1) MBAS=methylenblauaktive Substanzen=anionische Tenside

2) BIAS=wismutaktive Substanzen=nichtionische Tenside
Die bei Anwendung der MBAS– und BIAS–Methoden miterfaßten anderen organischen Verbindungen sind in ihrer Menge als vergleichsweise unbedeutend einzuschätzen und bleiben hier unberücksichtigt

3) arithmetische Mittelwerte für einen Wasserabfluß von 20–50 m^3 /s und T≤12°C (Winter) bzw. T>12°C (Sommer)

Quelle: Klopp, R.

Quellen: Angab

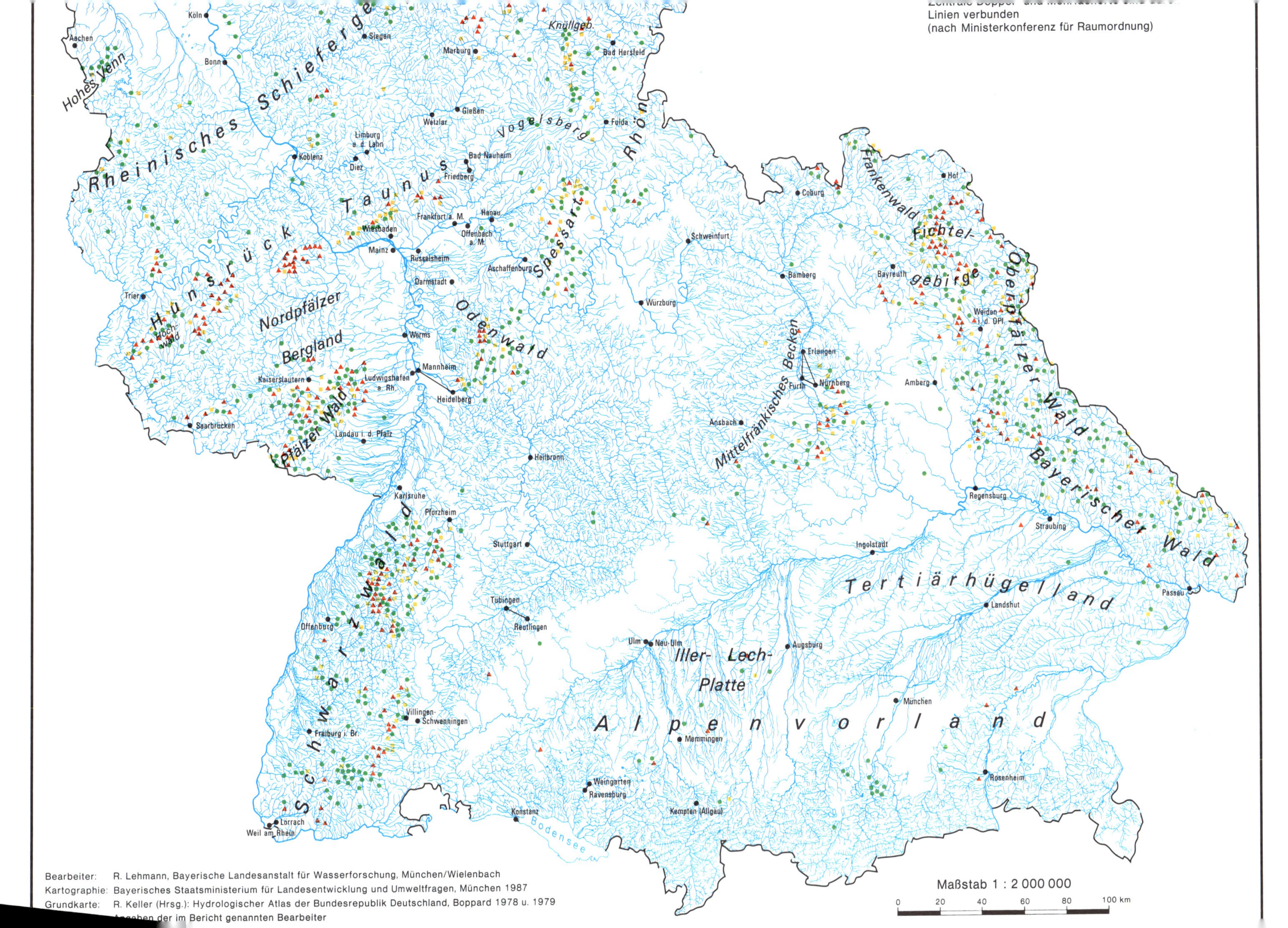

Linien verbunden
(nach Ministerkonferenz für Raumordnung)

Bearbeiter: R. Lehmann, Bayerische Landesanstalt für Wasserforschung, München/Wielenbach
Kartographie: Bayerisches Staatsministerium für Landesentwicklung und Umweltfragen, München 1987
Grundkarte: R. Keller (Hrsg.): Hydrologischer Atlas der Bundesrepublik Deutschland, Boppard 1978 u. 1979
…ngaben der im Bericht genannten Bearbeiter

DOC NORDRHEIN-WESTFALEN

in mg/l	1982	1983	1984	1985	1986	1987
NW01 Max	4.5	6.2	6.8	4.4	4.0	3.7
NW01 50P	3.0	3.0	3.2	3.6	3.0	3.0
NW01 Min	1.5	1.8	1.0	2.8	2.5	2.4
NW01 Anz	26	26	26	13	13	26
NW01 Art	M14	M14	M14	E28	E28	E28
NW02 Max	6.3	5.4	6.3	6.5	5.4	6.0
NW02 50P	3.6	3.4	3.7	4.0	4.5	3.8
NW02 Min	1.1	1.7	2.0	3.0	3.2	2.3
NW02 Anz	26	26	26	13	13	26
NW02 Art	M14	M14	M14	E28	E28	M14
NW03 Max	*****	*****	*****	3.5	7.6	*****
NW03 50P	*****	*****	*****	2.7	2.9	*****
NW03 Min	*****	*****	*****	1.6	2.1	*****
NW03 Anz	*****	*****	*****	13	13	*****
NW03 Art	*****	*****	*****	E28	E28	*****
NW04 Max	*****	*****	*****	*****	*****	*****
NW04 50P	*****	*****	*****	*****	*****	*****
NW04 Min	*****	*****	*****	*****	*****	*****
NW04 Anz	*****	*****	*****	*****	*****	*****
NW04 Art	*****	*****	*****	*****	*****	*****
NW05 Max	*****	*****	*****	<1.0	*****	*****
NW05 50P	*****	*****	*****	<1.0	*****	*****
NW05 Min	*****	*****	*****	<1.0	*****	*****
NW05 Anz	*****	*****	*****	12	*****	*****
NW05 Art	*****	*****	*****	E28	*****	*****
NW06 Max	*****	*****	*****	6.4	8.0	*****
NW06 50P	*****	*****	*****	4.6	5.6	*****
NW06 Min	*****	*****	*****	2.9	2.3	*****
NW06 Anz	*****	*****	*****	13	13	*****
NW06 Art	*****	*****	*****	E28	E28	*****
NW07 Max	*****	*****	*****	3.1	4.6	*****
NW07 50P	*****	*****	*****	2.4	3.0	*****
NW07 Min	*****	*****	*****	2.2	2.1	*****
NW07 Anz	*****	*****	*****	13	13	*****
NW07 Art	*****	*****	*****	E28	E28	*****
NW08 Max	*****	*****	6.5	26.0	*****	*****
NW08 50P	*****	*****	*****	*****	*****	*****
NW08 Min	*****	*****	6.5	5.3	*****	*****
NW08 Anz	*****	*****	1	3	*****	*****
NW08 Art	*****	*****	E365	E91	*****	*****
NW09 Max	*****	*****	*****	3.7	5.0	*****
NW09 50P	*****	*****	*****	3.1	3.9	*****
NW09 Min	*****	*****	*****	2.2	2.8	*****
NW09 Anz	*****	*****	*****	13	13	*****
NW09 Art	*****	*****	*****	E28	E28	*****
NW10 Max	*****	*****	*****	*****	*****	*****
NW10 50P	*****	*****	*****	*****	*****	*****
NW10 Min	*****	*****	*****	*****	*****	*****
NW10 Anz	*****	*****	*****	*****	*****	*****
NW10 Art	*****	*****	*****	*****	*****	*****
NW11 Max	*****	*****	*****	*****	*****	*****
NW11 50P	*****	*****	*****	*****	*****	*****
NW11 Min	*****	*****	*****	*****	*****	*****
NW11 Anz	*****	*****	*****	*****	*****	*****
NW11 Art	*****	*****	*****	*****	*****	*****
NW12 Max	*****	*****	*****	2.7	4.3	2.8
NW12 50P	*****	*****	*****	*****	*****	*****
NW12 Min	*****	*****	*****	2.7	2.2	2.0
NW12 Anz	*****	*****	*****	1	2	3
NW12 Art	*****	*****	*****	E365	E91	E91
NW13 Max	*****	*****	*****	11.0	8.4	*****
NW13 50P	*****	*****	*****	6.4	6.9	*****
NW13 Min	*****	*****	*****	5.0	0.7	*****
NW13 Anz	*****	*****	*****	13	13	*****
NW13 Art	*****	*****	*****	E28	E28	*****
NW14 Max	9.9	*****	11.0	2.8	11.0	25.0
NW14 50P	*****	*****	*****	*****	*****	*****
NW14 Min	9.9	*****	7.5	2.8	11.0	9.4
NW14 Anz	1	*****	3	1	1	3
NW14 Art	E365	*****	E91	E365	E365	E91
NW15 Max	*****	*****	*****	*****	*****	*****
NW15 50P	*****	*****	*****	*****	*****	*****
NW15 Min	*****	*****	*****	*****	*****	*****
NW15 Anz	*****	*****	*****	*****	*****	*****
NW15 Art	*****	*****	*****	*****	*****	*****

DOC NORDRHEIN-WESTFALEN

in mg/l	1982	1983	1984	1985	1986	1987
NW16 Max	36.0	6.9	5.0	6.2	8.8	5.2
NW16 50P	7.7	3.4	4.1	4.0	1.7	3.2
NW16 Min	2.7	2.3	2.5	0.6	<0.1	2.0
NW16 Anz	26	26	27	26	26	26
NW16 Art	E14	E14	M14	M14	M14	M14
NW17 Max	*****	*****	*****	*****	*****	*****
NW17 50P	*****	*****	*****	*****	*****	*****
NW17 Min	*****	*****	*****	*****	*****	*****
NW17 Anz	*****	*****	*****	*****	*****	*****
NW17 Art	*****	*****	*****	*****	*****	*****
NW18 Max	*****	10.8	*****	*****	*****	*****
NW18 50P	*****	*****	*****	*****	*****	*****
NW18 Min	*****	10.8	*****	*****	*****	*****
NW18 Anz	*****	1	*****	*****	*****	*****
NW18 Art	*****	E365	*****	*****	*****	*****
NW19 Max	*****	*****	*****	*****	*****	*****
NW19 50P	*****	*****	*****	*****	*****	*****
NW19 Min	*****	*****	*****	*****	*****	*****
NW19 Anz	*****	*****	*****	*****	*****	*****
NW19 Art	*****	*****	*****	*****	*****	*****
NW20 Max	*****	*****	*****	*****	*****	*****
NW20 50P	*****	*****	*****	*****	*****	*****
NW20 Min	*****	*****	*****	*****	*****	*****
NW20 Anz	*****	*****	*****	*****	*****	*****
NW20 Art	*****	*****	*****	*****	*****	*****
NW21 Max	*****	*****	5.5	5.5	6.4	5.1
NW21 50P	*****	*****	3.7	4.4	4.3	3.9
NW21 Min	*****	*****	3.4	3.6	3.0	3.2
NW21 Anz	*****	*****	7	9	16	15
NW21 Art	*****	*****	E91	E91	E28	E28
NW22 Max	*****	*****	3.9	3.0	2.5	3.7
NW22 50P	*****	*****	1.8	2.2	1.6	2.2
NW22 Min	*****	*****	0.2	1.6	1.2	1.1
NW22 Anz	*****	*****	5	5	9	9
NW22 Art	*****	*****	E91	E91	E91	E91

DOC BERLIN

in mg/l	1982	1983	1984	1985	1986	1987
B 01 Max	11.8	10.0	9.2	8.2	15.0	8.0
B 01 50P	7.5	7.4	7.5	7.1	9.2	6.9
B 01 Min	5.0	6.0	5.5	5.3	5.9	6.2
B 01 Anz	10	12	11	10	10	9
B 01 Art	E30	E30	E30	E30	E30	E30
B 02 Max	9.6	11.5	11.0	8.8	17.5	10.9
B 02 50P	7.4	8.0	7.7	7.3	10.0	7.8
B 02 Min	5.7	6.5	6.0	5.6	5.6	6.3
B 02 Anz	10	12	12	9	10	9
B 02 Art	E30	E30	E30	E30	E30	E30

DOC HAMBURG

in mg/l	1982	1983	1984	1985	1986	1987
HH01 Max	13.0	18.0	16.0	15.0	15.0	12.0
HH01 50P	9.7	13.0	11.0	11.0	11.0	9.0
HH01 Min	6.0	6.0	9.0	8.7	7.0	7.0
HH01 Anz	37	49	51	51	50	53
HH01 Art	E7	E7	E7	E7	E7	E7
HH02 Max	*****	13.0	12.0	12.0	*****	*****
HH02 50P	*****	9.0	9.0	11.0	*****	*****
HH02 Min	*****	7.0	5.0	9.0	*****	*****
HH02 Anz	*****	12	12	9	*****	*****
HH02 Art	*****	E30	E30	E30	*****	*****

DOC BREMEN

in mg/l	1982	1983	1984	1985	1986	1987
HB01 Max	9.2	11.2	8.2	6.9	6.9	*****
HB01 50P	8.1	7.5	5.9	4.8	4.1	*****
HB01 Min	5.9	5.3	3.7	3.0	0.0	*****
HB01 Anz	25	26	24	24	26	*****
HB01 Art	M14	M14	M14	M14	M14	*****

DOC NIEDERSACHSEN

in mg/l	1982	1983	1984	1985	1986	1987
NS01 Max	25.0	29.0	22.0	24.0	19.0	16.0
NS01 50P	13.0	18.0	18.0	18.0	15.0	13.0
NS01 Min	6.8	11.0	13.0	11.0	11.0	8.2
NS01 Anz	12	12	12	13	10	12
NS01 Art	E30	E30	E30	E30	E30	E30
NS02 Max	18.0	22.0	16.0	15.0	14.0	13.0
NS02 50P	11.0	13.0	11.0	12.0	11.0	10.0
NS02 Min	7.0	<6.0	9.0	8.5	7.6	7.0
NS02 Anz	31	48	51	52	50	53
NS02 Art	E12	E7	E7	E7	E7	E7
NS03 Max	*****	*****	*****	19.0	15.0	17.0
NS03 50P	*****	*****	*****	14.0	13.0	12.0
NS03 Min	*****	*****	*****	10.0	9.9	5.7
NS03 Anz	*****	*****	*****	10	11	12
NS03 Art	*****	*****	*****	E30	E30	E30
NS04 Max	14.1	12.0	8.6	8.9	11.0	10.0
NS04 50P	11.0	5.8	4.8	5.2	5.5	4.9
NS04 Min	1.8	3.7	3.7	<0.5	2.5	2.7
NS04 Anz	26	26	27	26	23	26
NS04 Art	M14	M14	M14	M14	M14	M14
NS05 Max	18.0	11.0	11.0	9.5	11.0	15.0
NS05 50P	11.5	6.1	6.0	6.5	6.3	5.7
NS05 Min	2.3	4.4	4.6	3.0	3.9	4.1
NS05 Anz	26	26	27	26	23	25
NS05 Art	M14	M14	M14	M14	M14	M14
NS06 Max	25.0	26.0	15.0	14.0	11.0	17.0
NS06 50P	15.0	12.0	8.7	9.3	7.2	8.6
NS06 Min	5.2	4.1	6.0	4.5	2.2	3.9
NS06 Anz	26	26	27	25	23	26
NS06 Art	E14	E14	M14	M14	M14	M14
NS07 Max	12.0	15.0	13.0	11.0	13.0	13.0
NS07 50P	8.0	8.0	10.0	8.0	6.7	8.5
NS07 Min	6.0	6.0	7.2	6.6	4.7	5.0
NS07 Anz	12	12	11	12	11	12
NS07 Art	E30	E30	E30	E30	E30	E30
NS08 Max	7.0	10.0	10.0	12.0	11.0	14.0
NS08 50P	*****	*****	8.0	8.5	6.9	8.1
NS08 Min	7.0	8.0	6.7	6.6	5.2	5.9
NS08 Anz	1	2	7	11	11	12
NS08 Art	E365	E182	E30	E30	E30	E30
NS09 Max	10.0	15.0	14.0	12.0	13.0	11.0
NS09 50P	8.0	9.0	8.2	7.1	7.5	7.4
NS09 Min	4.0	6.0	7.4	4.3	6.0	5.4
NS09 Anz	12	12	10	12	11	12
NS09 Art	E30	E30	E30	E30	E30	E30
NS10 Max	9.0	9.0	8.9	8.3	11.0	9.0
NS10 50P	6.0	6.0	6.2	5.9	4.6	5.0
NS10 Min	3.0	3.0	3.9	4.4	2.1	2.3
NS10 Anz	12	12	11	12	11	12
NS10 Art	E30	E30	E30	E30	E30	E30
NS11 Max	12.0	15.0	8.7	11.0	20.0	12.0
NS11 50P	10.0	9.0	8.0	6.8	6.9	5.7
NS11 Min	6.0	5.0	5.5	4.7	5.7	2.5
NS11 Anz	12	12	12	12	11	12
NS11 Art	E30	E30	E30	E30	E30	E30
NS12 Max	12.0	13.0	11.0	11.0	19.0	8.7
NS12 50P	10.0	8.0	7.8	7.6	6.9	6.0
NS12 Min	4.0	4.0	6.3	4.3	4.0	3.3
NS12 Anz	12	12	12	12	11	12
NS12 Art	E30	E30	E30	E30	E30	E30
NS13 Max	10.0	14.0	13.0	8.3	12.0	10.0
NS13 50P	7.0	7.0	7.3	6.9	7.1	6.4
NS13 Min	5.0	6.0	5.9	5.0	3.5	4.4
NS13 Anz	12	12	11	12	12	12
NS13 Art	E30	E30	E30	E30	E30	E30
NS14 Max	*****	*****	*****	24.0	28.0	29.0
NS14 50P	*****	*****	*****	16.0	12.0	16.0
NS14 Min	*****	*****	*****	10.0	3.4	10.0
NS14 Anz	*****	*****	*****	12	11	12
NS14 Art	*****	*****	*****	E30	E30	E30
NS15 Max	16.0	14.0	17.0	16.0	13.0	20.0
NS15 50P	10.0	11.0	12.0	11.0	8.6	9.6
NS15 Min	8.0	6.0	8.7	4.2	7.3	7.4
NS15 Anz	12	12	12	12	10	12
NS15 Art	E30	E30	E30	E30	E30	E30

DOC NIEDERSACHSEN

in mg/l	1982	1983	1984	1985	1986	1987
NS16 Max	23.0	18.0	17.0	18.0	16.0	28.0
NS16 50P	14.0	15.0	13.0	14.0	11.0	13.0
NS16 Min	10.0	9.0	9.2	3.4	9.3	10.0
NS16 Anz	12	12	12	12	10	12
NS16 Art	E30	E30	E30	E30	E30	E30

DOC SCHLESWIG-HOLSTEIN

in mg/l	1982	1983	1984	1985	1986	1987
SH01 Max	17.0	8.0	8.0	9.0	9.0	8.0
SH01 50P	5.0	6.0	6.0	6.0	5.0	7.0
SH01 Min	4.0	3.0	4.0	4.0	4.0	6.0
SH01 Anz	11	11	12	12	12	12
SH01 Art	E30	E30	E30	E30	E30	E30
SH02 Max	14.0	12.0	13.0	11.0	14.0	14.0
SH02 50P	9.0	8.0	7.0	7.0	8.0	8.0
SH02 Min	5.0	5.0	5.0	6.0	5.0	6.0
SH02 Anz	12	12	12	11	12	12
SH02 Art	E30	E30	E30	E30	E30	E30
SH03 Max	11.0	13.0	16.0	17.0	17.0	17.0
SH03 50P	8.0	9.0	10.0	10.0	9.0	12.0
SH03 Min	7.0	7.0	5.0	7.0	3.0	8.0
SH03 Anz	11	5	25	24	23	22
SH03 Art	E30	E30	E14	E14	E14	E14
SH04 Max	13.0	11.0	13.0	17.0	13.0	16.0
SH04 50P	9.0	10.0	8.0	12.0	10.0	11.0
SH04 Min	7.0	7.0	7.0	5.0	7.0	8.0
SH04 Anz	7	4	12	14	11	13
SH04 Art	E91	E91	E30	E30	E30	E30
SH05 Max	12.0	9.0	9.0	9.0	9.0	11.0
SH05 50P	8.0	8.0	8.0	8.0	8.0	8.0
SH05 Min	6.0	7.0	7.0	7.0	2.0	8.0
SH05 Anz	12	12	12	12	14	13
SH05 Art	E30	E30	E30	E30	E30	E30
SH06 Max	13.0	12.0	12.0	10.0	10.0	12.0
SH06 50P	9.0	9.0	7.0	8.0	8.0	9.0
SH06 Min	6.0	6.0	5.0	5.0	5.0	8.0
SH06 Anz	12	12	21	25	22	23
SH06 Art	E30	E30	E14	E14	E14	E14

Allgemeine Erläuterungen:

siehe einführenden Text

Besondere Erläuterungen:

Bei den Meßstellen des Landes Bayern (BY01 bis BY23) erfolgt als Ersatz für DOC die Angabe von TOC.

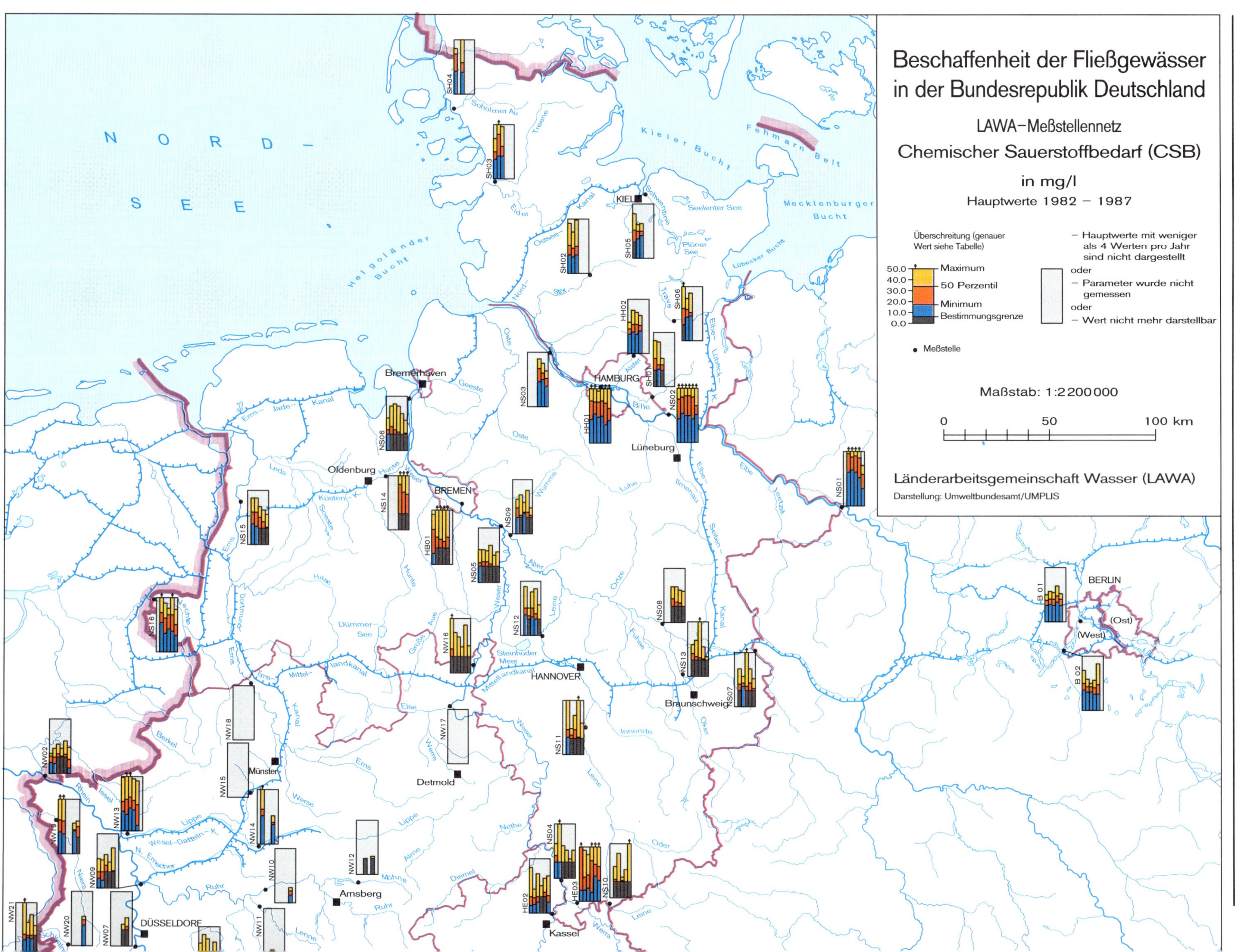
Beschaffenheit der Fließgewässer in der Bundesrepublik Deutschland
LAWA-Meßstellennetz
Chemischer Sauerstoffbedarf (CSB)
in mg/l
Hauptwerte 1982 – 1987
Überschreitung (genauer Wert siehe Tabelle)
Maximum
50 Perzentil
Minimum
Bestimmungsgrenze
50.0
40.0
30.0
20.0
10.0
0.0
– Hauptwerte mit weniger als 4 Werten pro Jahr sind nicht dargestellt
oder
– Parameter wurde nicht gemessen
oder
– Wert nicht mehr darstellbar
• Meßstelle
Maßstab: 1:2200000
0
50
100 km
Länderarbeitsgemeinschaft Wasser (LAWA)
Darstellung: Umweltbundesamt/UMPLIS
N O R D - S E E
Kieler Bucht
Fehmarn Belt
Mecklenburger Bucht
Lübecker Bucht
Helgoländer Bucht
BERLIN
(Ost)
(West)
HAMBURG
KIEL
BREMEN
Bremerhaven
HANNOVER
Braunschweig
Lüneburg
Oldenburg
Detmold
Kassel
Arnsberg
Münster
DÜSSELDORF
SH04
SH03
SH02
SH05
SH06
SH01
HH01
HH02
HB01
NS01
NS02
NS03
NS04
NS05
NS06
NS07
NS08
NS09
NS10
NS11
NS12
NS13
NS14
NS15
NS16
HE02
HE03
NW02
NW07
NW09
NW10
NW11
NW12
NW13
NW14
NW15
NW16
NW17
NW18
NW19
NW20
NW21
B 01
B 02

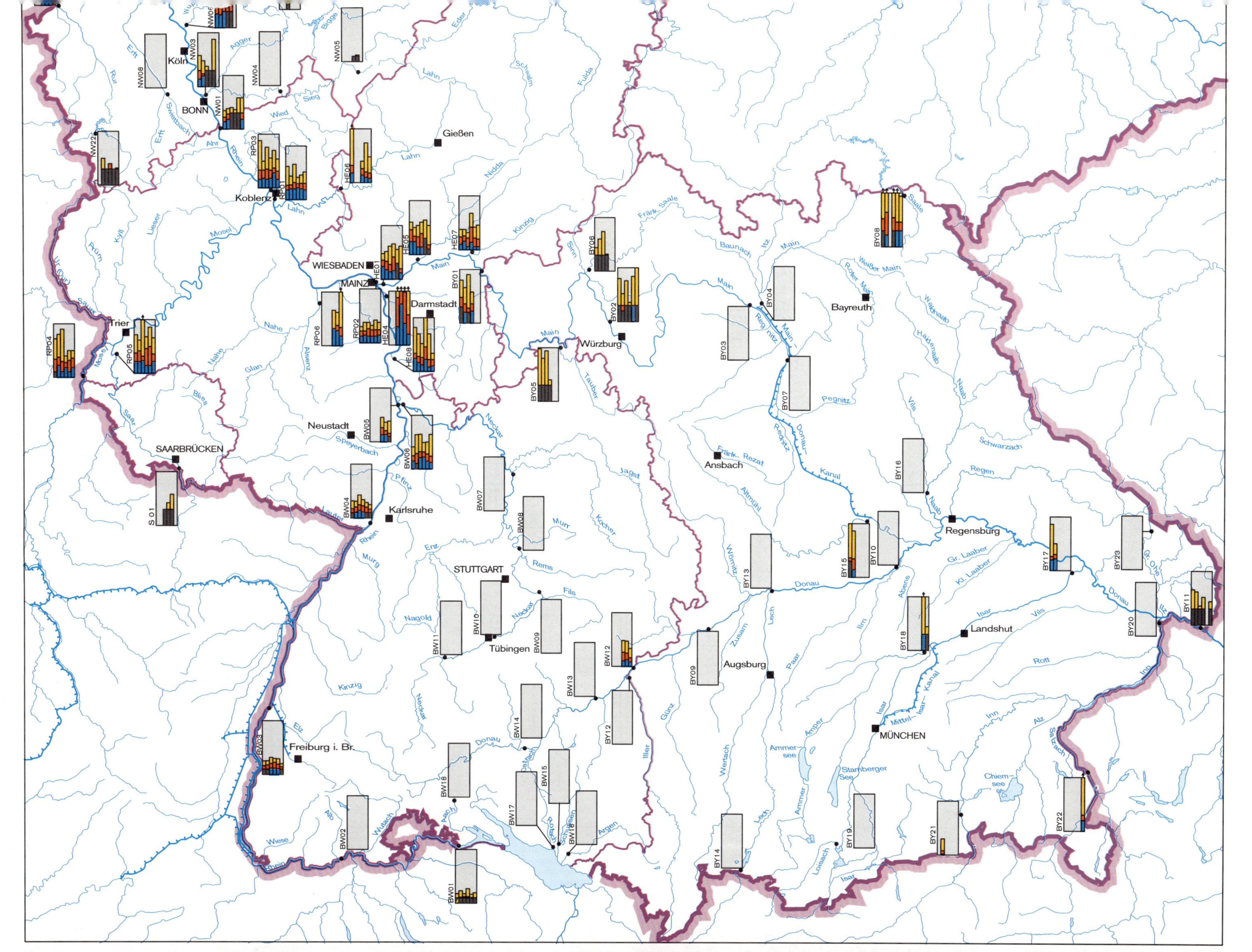

Köln
BONN
Koblenz
Gießen
WIESBADEN
MAINZ
Darmstadt
Trier
Neustadt
SAARBRÜCKEN
Karlsruhe
STUTTGART
Tübingen
Freiburg i. Br.
Würzburg
Bayreuth
Ansbach
Regensburg
Landshut
Augsburg
MÜNCHEN
NW01
NW03
NW04
NW05
NW06
NW08
NW22
RP01
RP02
RP03
RP04
RP05
RP06
HE01
HE04
HE05
HE06
HE07
HE08
S 01
BY01
BY02
BY03
BY04
BY05
BY06
BY07
BY08
BY09
BY10
BY11
BY12
BY13
BY14
BY15
BY16
BY17
BY18
BY19
BY20
BY21
BY22
BY23
BW01
BW02
BW03
BW04
BW05
BW06
BW07
BW08
BW09
BW10
BW11
BW12
BW13
BW14
BW15
BW16
BW17
BW18

DOC in mg/l	BAYERN 1982	1983	1984	1985	1986	1987
BY01 Max	13.0	39.0	13.0	11.0	11.0	14.5
BY01 50P	7.8	6.2	5.4	6.0	6.0	6.2
BY01 Min	2.9	1.0	3.4	4.7	4.9	5.2
BY01 Anz	24	25	25	25	27	25
BY01 Art	E14	E14	E14	E14	E14	E14
BY02 Max	13.0	11.0	10.0	7.7	11.0	16.5
BY02 50P	3.9	5.3	4.9	5.2	5.6	5.9
BY02 Min	<1.0	1.3	3.8	3.7	4.2	2.4
BY02 Anz	25	25	25	26	27	26
BY02 Art	E14	E14	E14	E14	E14	E14
BY03 Max	6.2	5.3	5.4	6.5	5.7	8.3
BY03 50P	4.4	4.0	3.8	4.0	3.8	3.9
BY03 Min	2.9	2.8	3.0	2.6	2.4	2.3
BY03 Anz	26	26	26	25	27	26
BY03 Art	E14	E14	E14	E14	E14	E14
BY04 Max	6.8	5.8	6.2	4.6	6.2	9.5
BY04 50P	4.0	3.8	3.4	3.4	3.7	3.4
BY04 Min	2.5	2.4	2.3	1.9	2.1	2.0
BY04 Anz	26	25	25	22	26	26
BY04 Art	E14	E14	E14	E14	E14	E14
BY05 Max	23.0	11.0	10.0	6.5	35.0	9.3
BY05 50P	2.0	2.9	3.1	3.5	3.7	4.0
BY05 Min	<1.0	1.2	1.9	2.7	2.3	1.2
BY05 Anz	25	24	26	26	27	25
BY05 Art	E14	E14	E14	E14	E14	E14
BY06 Max	6.4	8.4	9.2	6.6	20.0	10.6
BY06 50P	2.1	3.7	3.1	4.0	4.6	4.5
BY06 Min	<1.0	<1.0	2.0	2.7	3.4	1.6
BY06 Anz	26	25	26	25	26	26
BY06 Art	E14	E14	E14	E14	E14	E14
BY07 Max	7.6	7.8	8.7	6.3	9.8	9.3
BY07 50P	5.7	5.3	5.1	5.2	5.4	4.8
BY07 Min	4.3	3.8	4.5	3.9	3.8	3.8
BY07 Anz	25	25	26	25	27	26
BY07 Art	E14	E14	E14	E14	E14	E14
BY08 Max	15.5	62.0	8.8	13.8	11.7	11.0
BY08 50P	8.2	10.3	7.0	8.2	6.3	6.7
BY08 Min	5.0	4.5	5.1	3.6	2.8	3.6
BY08 Anz	24	25	26	26	24	26
BY08 Art	E14	E14	E14	E14	E14	E14
BY09 Max	7.9	5.1	5.7	8.9	5.9	4.7
BY09 50P	2.7	2.6	3.0	2.8	2.8	3.0
BY09 Min	1.9	0.9	1.7	1.1	0.3	1.8
BY09 Anz	26	26	26	23	25	25
BY09 Art	E14	E14	E14	E14	E14	E14
BY10 Max	10.3	8.8	4.9	7.8	6.0	9.4
BY10 50P	3.4	3.3	3.7	3.7	3.8	3.5
BY10 Min	2.2	1.5	2.7	1.8	2.5	1.3
BY10 Anz	26	26	26	26	26	26
BY10 Art	E14	E14	E14	E14	E14	E14
BY11 Max	7.2	6.7	6.6	6.6	14.0	5.5
BY11 50P	3.5	4.3	4.3	4.9	4.6	3.5
BY11 Min	1.9	3.0	2.6	3.3	2.7	2.3
BY11 Anz	26	26	26	24	25	26
BY11 Art	E14	E14	E14	E14	E14	E14
BY12 Max	12.9	5.3	4.6	4.8	5.2	5.1
BY12 50P	2.1	1.7	2.6	2.0	2.1	2.0
BY12 Min	0.6	0.3	1.0	0.4	0.3	1.3
BY12 Anz	26	26	26	22	26	26
BY12 Art	E14	E14	E14	E14	E14	E14
BY13 Max	7.3	5.5	5.2	6.8	6.1	7.5
BY13 50P	2.7	2.9	3.2	3.2	3.1	2.6
BY13 Min	1.5	0.6	2.3	1.1	1.3	1.6
BY13 Anz	26	26	26	21	25	26
BY13 Art	E14	E14	E14	E14	E14	E14
BY14 Max	4.1	5.0	4.0	3.6	6.8	4.5
BY14 50P	1.4	1.4	1.5	1.1	1.8	1.2
BY14 Min	0.1	0.6	<0.1	0.2	0.3	<0.5
BY14 Anz	26	23	24	26	26	26
BY14 Art	E14	E14	E14	E14	E14	E14
BY15 Max	13.3	13.0	13.0	15.0	16.0	10.0
BY15 50P	4.5	5.0	6.1	6.5	7.5	6.5
BY15 Min	1.9	2.5	2.4	2.1	4.0	4.1
BY15 Anz	26	26	24	26	27	20
BY15 Art	E14	E14	E14	E14	E14	E14

DOC in mg/l	BAYERN 1982	1983	1984	1985	1986	1987
BY16 Max	6.7	9.7	15.0	8.6	21.0	9.2
BY16 50P	4.4	5.5	5.7	6.8	6.7	6.2
BY16 Min	2.9	3.7	3.4	2.8	3.7	3.8
BY16 Anz	24	26	25	26	27	20
BY16 Art	E14	E14	E14	E14	E14	E14
BY17 Max	8.8	6.2	13.0	7.4	9.6	8.9
BY17 50P	3.7	4.5	4.5	4.8	4.5	4.6
BY17 Min	2.7	3.3	3.0	2.6	2.6	3.3
BY17 Anz	25	25	26	25	27	26
BY17 Art	E14	E14	E14	E14	E14	E14
BY18 Max	5.8	5.4	5.8	5.5	6.8	9.2
BY18 50P	3.8	3.7	4.1	3.9	4.5	4.2
BY18 Min	2.5	2.9	2.2	0.6	3.4	1.6
BY18 Anz	26	26	26	26	26	26
BY18 Art	E14	E14	E14	E14	E14	E14
BY19 Max	4.1	4.5	4.9	4.7	3.7	4.2
BY19 50P	1.8	1.8	1.9	2.0	1.9	1.9
BY19 Min	1.3	0.5	1.3	0.8	1.1	0.7
BY19 Anz	24	24	26	26	25	25
BY19 Art	E14	E14	E14	E14	E14	E14
BY20 Max	6.2	6.2	5.8	13.0	12.0	9.4
BY20 50P	3.3	4.1	4.2	4.7	4.7	3.0
BY20 Min	1.5	2.5	2.4	2.6	2.1	2.1
BY20 Anz	26	26	26	25	27	25
BY20 Art	E14	E14	E14	E14	E14	E14
BY21 Max	2.9	15.0	14.3	6.2	12.0	7.9
BY21 50P	1.9	2.1	1.8	2.6	2.4	2.5
BY21 Min	1.0	0.9	0.8	1.2	1.2	0.7
BY21 Anz	24	26	23	24	27	25
BY21 Art	E14	E14	E14	E14	E14	E14
BY22 Max	22.0	16.0	17.2	24.0	21.0	21.0
BY22 50P	5.5	6.2	7.3	7.0	8.9	5.1
BY22 Min	1.6	3.2	2.2	1.9	3.3	1.3
BY22 Anz	26	25	26	26	25	26
BY22 Art	E14	E14	E14	E14	E14	E14
BY23 Max	7.9	11.0	8.5	9.8	10.0	5.9
BY23 50P	2.8	2.8	3.0	3.3	3.3	3.2
BY23 Min	1.1	1.1	1.3	1.2	1.6	1.1
BY23 Anz	26	26	26	26	27	26
BY23 Art	E14	E14	E14	E14	E14	E14

DOC in mg/l	RHEINLAND-PFALZ 1982	1983	1984	1985	1986	1987
RP01 Max	9.0	6.0	6.0	7.0	5.0	4.0
RP01 50P	4.8	3.7	4.0	4.0	4.0	3.8
RP01 Min	3.0	3.0	3.0	2.0	3.0	1.0
RP01 Anz	26	25	27	26	26	26
RP01 Art	M14	M14	M14	M14	M14	M14
RP02 Max	3.3	4.5	4.3	5.1	5.0	4.4
RP02 50P	2.3	2.1	3.2	3.6	3.9	3.7
RP02 Min	1.2	0.7	2.4	2.9	3.0	2.8
RP02 Anz	26	26	27	26	26	26
RP02 Art	M14	M14	M14	M14	M14	M14
RP03 Max	11.0	6.0	6.0	8.0	7.0	7.0
RP03 50P	5.8	4.0	4.0	4.2	5.0	4.0
RP03 Min	4.0	3.0	2.0	3.0	3.0	1.0
RP03 Anz	26	25	27	26	26	25
RP03 Art	M14	M14	M14	M14	M14	M14
RP04 Max	7.2	5.4	6.5	5.4	6.2	5.3
RP04 50P	2.3	2.1	3.2	3.6	3.9	4.2
RP04 Min	1.8	1.8	2.8	2.7	3.4	2.7
RP04 Anz	26	26	27	26	26	25
RP04 Art	M14	M14	M14	M14	M14	M14
RP05 Max	6.5	7.2	7.1	8.8	9.7	7.1
RP05 50P	4.0	3.7	4.6	5.8	5.9	5.6
RP05 Min	2.0	1.1	3.1	3.6	4.4	4.3
RP05 Anz	26	26	27	26	25	25
RP05 Art	M14	M14	M14	M14	M14	M14
RP06 Max	*****	*****	*****	6.5	6.8	6.5
RP06 50P	*****	*****	*****	*****	4.5	5.2
RP06 Min	*****	*****	*****	5.2	3.0	3.8
RP06 Anz	*****	*****	*****	5	224	18
RP06 Art	*****	*****	*****	1M	1M	1M

DOC in mg/l	BADEN-WÜRTTEMBERG 1982	1983	1984	1985	1986	1987
BW01 Max	3.2	3.1	2.8	2.4	2.2	4.1
BW01 50P	1.9	2.0	1.8	1.5	1.7	2.0
BW01 Min	1.0	1.3	1.2	0.8	0.6	1.3
BW01 Anz	26	25	27	26	26	27
BW01 Art	M14	M14	M14	M14	M14	M14
BW02 Max	3.2	2.8	3.7	2.4	3.1	2.8
BW02 50P	2.2	2.1	2.0	1.8	1.7	2.0
BW02 Min	1.2	1.8	1.6	1.4	1.1	1.0
BW02 Anz	26	25	26	26	25	27
BW02 Art	M14	M14	M14	M14	M14	M14
BW03 Max	3.9	2.7	2.8	3.3	2.4	2.5
BW03 50P	2.0	2.0	2.3	1.7	1.9	2.1
BW03 Min	1.0	1.7	1.4	1.1	1.1	1.1
BW03 Anz	26	26	27	26	26	27
BW03 Art	M14	M14	M14	M14	M14	M14
BW04 Max	4.4	2.9	3.6	3.1	3.3	3.1
BW04 50P	2.5	2.6	2.5	2.1	2.0	2.5
BW04 Min	1.0	1.8	1.7	1.3	1.1	1.4
BW04 Anz	26	26	27	26	26	23
BW04 Art	M14	M14	M14	M14	M14	M14
BW05 Max	3.9	3.2	3.2	2.9	2.8	6.3
BW05 50P	2.2	2.1	2.3	2.0	2.2	2.4
BW05 Min	1.0	1.7	1.8	1.3	1.1	0.9
BW05 Anz	26	25	27	25	25	27
BW05 Art	M14	M14	M14	M14	M14	M14
BW06 Max	7.8	5.5	5.7	5.0	4.7	7.0
BW06 50P	3.3	3.4	3.7	3.5	3.4	3.6
BW06 Min	1.9	2.2	2.5	2.7	1.9	2.3
BW06 Anz	26	26	27	26	24	26
BW06 Art	M14	M14	M14	M14	M14	M14
BW07 Max	6.6	5.0	5.1	5.4	4.9	5.4
BW07 50P	3.7	3.4	3.7	3.3	3.2	3.4
BW07 Min	2.5	2.2	2.3	2.4	2.5	2.3
BW07 Anz	26	26	26	25	26	27
BW07 Art	M14	M14	M14	M14	M14	M14
BW08 Max	5.7	6.2	5.6	5.4	5.0	5.6
BW08 50P	3.8	4.0	4.2	4.2	3.9	4.1
BW08 Min	2.1	2.6	3.3	2.5	2.9	2.2
BW08 Anz	18	26	26	25	25	27
BW08 Art	M14	M14	M14	M14	M14	M14
BW09 Max	6.0	4.5	4.4	4.8	4.0	5.1
BW09 50P	3.2	3.4	3.4	3.2	2.9	3.1
BW09 Min	1.3	1.8	2.4	1.9	1.9	2.5
BW09 Anz	26	26	27	26	26	27
BW09 Art	M14	M14	M14	M14	M14	M14
BW10 Max	*****	*****	*****	7.4	5.1	*****
BW10 50P	*****	*****	*****	2.7	2.3	*****
BW10 Min	*****	*****	*****	1.9	1.5	*****
BW10 Anz	*****	*****	*****	12	11	*****
BW10 Art	*****	*****	*****	E28	E28	*****
BW11 Max	*****	*****	*****	7.3	5.1	*****
BW11 50P	*****	*****	*****	2.6	2.3	*****
BW11 Min	*****	*****	*****	2.0	1.5	*****
BW11 Anz	*****	*****	*****	12	11	*****
BW11 Art	*****	*****	*****	E28	E28	*****
BW12 Max	5.9	11.0	6.0	6.7	6.2	4.7
BW12 50P	3.0	2.8	3.5	2.8	2.7	2.7
BW12 Min	1.9	2.1	2.0	1.3	1.5	1.6
BW12 Anz	25	26	24	23	23	22
BW12 Art	M14	M14	M14	M14	M14	M14
BW13 Max	*****	*****	*****	2.9	3.1	3.1
BW13 50P	*****	*****	*****	2.3	2.0	1.7
BW13 Min	*****	*****	*****	1.7	1.1	1.2
BW13 Anz	*****	*****	*****	11	10	12
BW13 Art	*****	*****	*****	E28	E28	E28
BW14 Max	*****	*****	*****	8.8	6.0	6.1
BW14 50P	*****	*****	*****	5.6	5.0	3.6
BW14 Min	*****	*****	*****	3.6	2.8	2.7
BW14 Anz	*****	*****	*****	12	11	7
BW14 Art	*****	*****	*****	E28	E28	E28
BW15 Max	*****	12.0	11.3	6.6	6.2	8.9
BW15 50P	*****	7.7	7.0	5.4	5.4	5.5
BW15 Min	*****	2.8	5.7	4.2	3.8	4.8
BW15 Anz	*****	22	23	20	21	21
BW15 Art	*****	M14	M14	M14	M14	M14

DOC in mg/l	BADEN-WURTTEMBERG 1982	1983	1984	1985	1986	1987
BW16 Max	*****	*****	9.0	5.2	4.2	6.3
BW16 50P	*****	*****	4.4	2.6	2.6	3.0
BW16 Min	*****	*****	2.1	1.8	1.1	2.0
BW16 Anz	*****	*****	17	18	16	20
BW16 Art	*****	*****	M14	M14	M14	M14
BW17 Max	*****	*****	6.4	3.2	3.8	5.6
BW17 50P	*****	*****	3.4	2.6	2.8	3.0
BW17 Min	*****	*****	2.0	1.9	1.9	2.1
BW17 Anz	*****	*****	13	14	19	21
BW17 Art	*****	*****	M14	M14	M14	M14
BW18 Max	3.2	2.8	3.3	2.7	2.4	3.0
BW18 50P	1.9	1.8	2.0	1.7	1.6	1.8
BW18 Min	1.1	1.2	1.2	1.0	0.6	1.0
BW18 Anz	26	26	27	26	25	27
BW18 Art	M14	M14	M14	M14	M14	M14

DOC in mg/l	HESSEN 1982	1983	1984	1985	1986	1987
HE01 Max	10.0	10.0	9.0	10.0	11.0	11.0
HE01 50P	6.0	6.0	5.0	6.0	6.0	5.0
HE01 Min	4.0	2.0	1.0	3.0	4.0	3.0
HE01 Anz	25	26	27	26	26	26
HE01 Art	M14	M14	M14	M14	M14	M14
HE02 Max	10.0	7.0	10.0	6.0	8.0	7.0
HE02 50P	5.0	4.0	4.0	3.0	4.0	3.0
HE02 Min	3.0	2.0	2.0	2.0	1.0	2.0
HE02 Anz	25	24	27	25	26	26
HE02 Art	M14	M14	M14	M14	M14	M14
HE03 Max	12.0	22.0	10.0	8.0	18.0	11.0
HE03 50P	7.0	12.0	2.0	4.0	9.0	3.0
HE03 Min	2.0	1.0	<2.0	2.0	1.0	2.0
HE03 Anz	23	24	14	26	26	26
HE03 Art	M14	M14	M14	M14	M14	M14
HE04 Max	*****	*****	39.0	31.0	30.0	21.0
HE04 50P	*****	*****	18.0	24.0	20.0	14.0
HE04 Min	*****	*****	4.0	13.0	6.0	6.0
HE04 Anz	*****	*****	27	25	26	26
HE04 Art	*****	*****	M14	M14	M14	M14
HE05 Max	9.0	9.0	8.0	8.0	7.0	8.0
HE05 50P	6.0	6.0	4.0	5.0	5.0	5.0
HE05 Min	3.0	3.0	1.0	3.0	3.0	2.0
HE05 Anz	17	22	26	26	25	26
HE05 Art	M14	M14	M14	M14	M14	M14
HE06 Max	56.0	7.0	*****	*****	*****	*****
HE06 50P	5.0	4.0	*****	*****	*****	*****
HE06 Min	3.0	3.0	*****	*****	*****	*****
HE06 Anz	13	14	*****	*****	*****	*****
HE06 Art	E30	E30	*****	*****	*****	*****
HE07 Max	7.0	7.0	*****	*****	*****	*****
HE07 50P	5.0	4.0	*****	*****	*****	*****
HE07 Min	1.0	1.0	*****	*****	*****	*****
HE07 Anz	13	14	*****	*****	*****	*****
HE07 Art	M14	M14	*****	*****	*****	*****
HE08 Max	17.0	13.0	*****	*****	*****	*****
HE08 50P	7.0	6.0	*****	*****	*****	*****
HE08 Min	4.0	2.0	*****	*****	*****	*****
HE08 Anz	13	14	*****	*****	*****	*****
HE08 Art	E30	E30	*****	*****	*****	*****

DOC in mg/l	SAARLAND 1982	1983	1984	1985	1986	1987
S 01 Max	9.7	28.8	*****	*****	*****	*****
S 01 50P	4.8	14.0	*****	*****	*****	*****
S 01 Min	2.3	<15.0	*****	*****	*****	*****
S 01 Anz	8	10	*****	*****	*****	*****
S 01 Art	*****	*****	*****	*****	*****	*****

Allgemeine Erläuterungen im einführenden Text

Besondere Erläuterungen umseitig

o-PO4-P — NORDRHEIN-WESTFALEN

in mg/l	1982	1983	1984	1985	1986	1987
NW01 Max	*****	*****	*****	*****	0.55	0.34
NW01 50P	*****	*****	*****	*****	0.28	0.21
NW01 Min	*****	*****	*****	*****	0.18	0.13
NW01 Anz	*****	*****	*****	*****	26	26
NW01 Art	*****	*****	*****	*****	E14	E14
NW02 Max	*****	*****	*****	1.67	0.35	0.33
NW02 50P	*****	*****	*****	1.18	0.24	0.13
NW02 Min	*****	*****	*****	0.45	0.13	0.13
NW02 Anz	*****	*****	*****	25	26	13
NW02 Art	*****	*****	*****	E14	E14	E14
NW03 Max	*****	*****	*****	*****	*****	*****
NW03 50P	*****	*****	*****	*****	*****	*****
NW03 Min	*****	*****	*****	*****	*****	*****
NW03 Anz	*****	*****	*****	*****	*****	*****
NW03 Art	*****	*****	*****	*****	*****	*****
NW04 Max	*****	*****	*****	*****	*****	*****
NW04 50P	*****	*****	*****	*****	*****	*****
NW04 Min	*****	*****	*****	*****	*****	*****
NW04 Anz	*****	*****	*****	*****	*****	*****
NW04 Art	*****	*****	*****	*****	*****	*****
NW05 Max	*****	*****	*****	*****	*****	*****
NW05 50P	*****	*****	*****	*****	*****	*****
NW05 Min	*****	*****	*****	*****	*****	*****
NW05 Anz	*****	*****	*****	*****	*****	*****
NW05 Art	*****	*****	*****	*****	*****	*****
NW06 Max	*****	*****	*****	*****	*****	*****
NW06 50P	*****	*****	*****	*****	*****	*****
NW06 Min	*****	*****	*****	*****	*****	*****
NW06 Anz	*****	*****	*****	*****	*****	*****
NW06 Art	*****	*****	*****	*****	*****	*****
NW07 Max	*****	*****	*****	*****	*****	*****
NW07 50P	*****	*****	*****	*****	*****	*****
NW07 Min	*****	*****	*****	*****	*****	*****
NW07 Anz	*****	*****	*****	*****	*****	*****
NW07 Art	*****	*****	*****	*****	*****	*****
NW08 Max	*****	*****	*****	*****	*****	*****
NW08 50P	*****	*****	*****	*****	*****	*****
NW08 Min	*****	*****	*****	*****	*****	*****
NW08 Anz	*****	*****	*****	*****	*****	*****
NW08 Art	*****	*****	*****	*****	*****	*****
NW09 Max	*****	*****	*****	*****	*****	*****
NW09 50P	*****	*****	*****	*****	*****	*****
NW09 Min	*****	*****	*****	*****	*****	*****
NW09 Anz	*****	*****	*****	*****	*****	*****
NW09 Art	*****	*****	*****	*****	*****	*****
NW10 Max	*****	*****	*****	*****	*****	*****
NW10 50P	*****	*****	*****	*****	*****	*****
NW10 Min	*****	*****	*****	*****	*****	*****
NW10 Anz	*****	*****	*****	*****	*****	*****
NW10 Art	*****	*****	*****	*****	*****	*****
NW11 Max	*****	*****	*****	*****	*****	*****
NW11 50P	*****	*****	*****	*****	*****	*****
NW11 Min	*****	*****	*****	*****	*****	*****
NW11 Anz	*****	*****	*****	*****	*****	*****
NW11 Art	*****	*****	*****	*****	*****	*****
NW12 Max	*****	*****	*****	*****	*****	*****
NW12 50P	*****	*****	*****	*****	*****	*****
NW12 Min	*****	*****	*****	*****	*****	*****
NW12 Anz	*****	*****	*****	*****	*****	*****
NW12 Art	*****	*****	*****	*****	*****	*****
NW13 Max	*****	*****	*****	*****	*****	*****
NW13 50P	*****	*****	*****	*****	*****	*****
NW13 Min	*****	*****	*****	*****	*****	*****
NW13 Anz	*****	*****	*****	*****	*****	*****
NW13 Art	*****	*****	*****	*****	*****	*****
NW14 Max	*****	*****	*****	*****	*****	*****
NW14 50P	*****	*****	*****	*****	*****	*****
NW14 Min	*****	*****	*****	*****	*****	*****
NW14 Anz	*****	*****	*****	*****	*****	*****
NW14 Art	*****	*****	*****	*****	*****	*****
NW15 Max	*****	*****	*****	*****	*****	*****
NW15 50P	*****	*****	*****	*****	*****	*****
NW15 Min	*****	*****	*****	*****	*****	*****
NW15 Anz	*****	*****	*****	*****	*****	*****
NW15 Art	*****	*****	*****	*****	*****	*****

o-PO4-P — NORDRHEIN-WESTFALEN

in mg/l	1982	1983	1984	1985	1986	1987
NW16 Max	0.65	1.82	0.73	0.99	0.66	0.43
NW16 50P	0.20	0.44	0.43	0.53	0.46	0.30
NW16 Min	<0.10	0.11	0.26	0.26	0.19	0.18
NW16 Anz	26	26	27	26	26	26
NW16 Art	E14	E14	M14	M14	M14	M14
NW17 Max	1.10	6.43	1.92	5.87	2.51	*****
NW17 50P	0.53	3.07	1.75	1.35	1.75	*****
NW17 Min	0.46	0.62	1.60	1.08	0.46	*****
NW17 Anz	4	4	4	4	4	*****
NW17 Art	E91	E91	E91	E91	E91	*****
NW18 Max	*****	*****	*****	*****	*****	*****
NW18 50P	*****	*****	*****	*****	*****	*****
NW18 Min	*****	*****	*****	*****	*****	*****
NW18 Anz	*****	*****	*****	*****	*****	*****
NW18 Art	*****	*****	*****	*****	*****	*****
NW19 Max	0.89	0.70	0.50	0.38	0.42	0.28
NW19 50P	0.30	0.26	0.20	0.32	0.20	0.17
NW19 Min	0.06	0.04	0.20	0.15	0.10	0.08
NW19 Anz	52	50	4	4	5	6
NW19 Art	E7	E7	E91	E91	E91	E91
NW20 Max	1.70	2.30	2.30	1.90	2.10	1.60
NW20 50P	0.80	1.30	1.30	1.60	1.50	1.30
NW20 Min	0.80	1.00	1.30	1.30	1.10	1.10
NW20 Anz	4	4	4	6	4	4
NW20 Art	E91	E91	E91	E91	E91	E91
NW21 Max	*****	*****	*****	*****	*****	*****
NW21 50P	*****	*****	*****	*****	*****	*****
NW21 Min	*****	*****	*****	*****	*****	*****
NW21 Anz	*****	*****	*****	*****	*****	*****
NW21 Art	*****	*****	*****	*****	*****	*****
NW22 Max	*****	*****	*****	*****	*****	*****
NW22 50P	*****	*****	*****	*****	*****	*****
NW22 Min	*****	*****	*****	*****	*****	*****
NW22 Anz	*****	*****	*****	*****	*****	*****
NW22 Art	*****	*****	*****	*****	*****	*****

o-PO4-P — BERLIN

in mg/l	1982	1983	1984	1985	1986	1987
B 01 Max	1.50	1.50	1.10	0.80	0.50	0.20
B 01 50P	0.80	0.90	0.70	0.60	0.20	0.10
B 01 Min	0.40	0.40	0.40	0.30	0.10	<0.02
B 01 Anz	10	12	11	10	10	9
B 01 Art	E30	E30	E30	E30	E30	E30
B 02 Max	1.30	1.70	0.90	1.10	0.90	0.20
B 02 50P	0.70	1.00	0.70	0.80	0.40	0.10
B 02 Min	0.40	0.30	0.30	0.50	0.20	0.03
B 02 Anz	10	12	12	9	10	9
B 02 Art	E30	E30	E30	E30	E30	E30

o-PO4-P — HAMBURG

in mg/l	1982	1983	1984	1985	1986	1987
HH01 Max	0.48	0.47	0.34	0.46	0.33	0.24
HH01 50P	0.21	0.18	0.24	0.27	0.19	0.13
HH01 Min	0.10	0.09	0.13	0.13	0.10	0.04
HH01 Anz	50	52	52	52	51	53
HH01 Art	E7	E7	E7	E7	E7	E7
HH02 Max	0.24	0.19	0.20	0.19	0.14	0.11
HH02 50P	0.15	0.13	0.13	0.11	0.10	0.07
HH02 Min	0.11	0.10	0.09	0.09	0.06	0.04
HH02 Anz	6	12	12	12	12	12
HH02 Art	E61	E30	E30	E30	E30	E30

o-PO4-P — BREMEN

in mg/l	1982	1983	1984	1985	1986	1987
HB01 Max	0.54	0.68	0.50	0.54	0.45	*****
HB01 50P	0.25	0.29	0.31	0.34	0.28	*****
HB01 Min	0.01	0.13	0.19	0.15	0.11	*****
HB01 Anz	26	26	27	26	26	*****
HB01 Art	M14	M14	M14	M14	M14	*****

o-PO4-P — NIEDERSACHSEN

in mg/l	1982	1983	1984	1985	1986	1987
NS01 Max	*****	0.46	0.89	0.58	0.28	0.26
NS01 50P	*****	0.27	0.30	0.33	0.21	0.16
NS01 Min	*****	0.08	0.07	0.14	0.06	0.09
NS01 Anz	*****	8	12	13	12	12
NS01 Art	*****	E30	E30	E30	E30	E30
NS02 Max	0.47	0.44	0.32	0.53	0.32	0.26
NS02 50P	0.17	0.18	0.22	0.24	0.17	0.12
NS02 Min	<0.10	0.09	0.12	0.10	0.05	0.01
NS02 Anz	48	52	52	52	51	53
NS02 Art	E7	E7	E7	E7	E7	E7
NS03 Max	*****	*****	*****	0.58	0.33	0.14
NS03 50P	*****	*****	*****	0.20	0.16	0.11
NS03 Min	*****	*****	*****	0.17	0.07	0.06
NS03 Anz	*****	*****	*****	10	11	12
NS03 Art	*****	*****	*****	E30	E30	E30
NS04 Max	*****	*****	0.55	0.87	0.51	0.39
NS04 50P	*****	*****	0.31	0.40	0.37	0.29
NS04 Min	*****	*****	0.18	0.12	0.10	0.16
NS04 Anz	*****	*****	12	12	26	26
NS04 Art	*****	*****	E30	E30	M14	M14
NS05 Max	*****	*****	0.51	0.63	0.54	0.40
NS05 50P	*****	*****	0.29	0.41	0.34	0.20
NS05 Min	*****	*****	0.08	0.10	0.12	0.12
NS05 Anz	*****	*****	12	12	26	25
NS05 Art	*****	*****	E30	E30	M14	M14
NS06 Max	*****	*****	0.51	0.44	0.40	0.33
NS06 50P	*****	*****	0.36	0.37	0.27	0.21
NS06 Min	*****	*****	0.10	0.22	0.16	0.13
NS06 Anz	*****	*****	12	4	26	26
NS06 Art	*****	*****	E30	E91	M14	M14
NS07 Max	*****	*****	0.32	0.54	0.20	0.15
NS07 50P	*****	*****	0.12	0.08	0.06	0.08
NS07 Min	*****	*****	0.05	0.05	<0.02	<0.02
NS07 Anz	*****	*****	11	12	12	12
NS07 Art	*****	*****	E30	E30	E30	E30
NS08 Max	*****	0.25	0.35	0.54	0.40	0.22
NS08 50P	*****	*****	0.30	0.33	0.20	0.13
NS08 Min	*****	0.25	0.20	0.13	0.09	<0.02
NS08 Anz	*****	1	7	11	12	12
NS08 Art	*****	E365	E30	E30	E30	E30
NS09 Max	*****	*****	0.48	0.56	0.48	0.32
NS09 50P	*****	*****	0.33	0.35	0.34	0.21
NS09 Min	*****	*****	0.20	0.18	0.14	0.09
NS09 Anz	*****	*****	12	12	12	12
NS09 Art	*****	*****	E30	E30	E30	E30
NS10 Max	*****	*****	0.91	1.00	0.87	0.73
NS10 50P	*****	*****	0.45	0.70	0.52	0.35
NS10 Min	*****	*****	0.16	0.23	0.12	0.11
NS10 Anz	*****	*****	11	12	12	12
NS10 Art	*****	*****	E30	E30	E30	E30
NS11 Max	*****	*****	0.52	0.72	0.55	0.40
NS11 50P	*****	*****	0.43	0.54	0.44	0.28
NS11 Min	*****	*****	0.19	0.14	0.18	0.16
NS11 Anz	*****	*****	12	12	12	12
NS11 Art	*****	*****	E30	E30	E30	E30
NS12 Max	*****	*****	0.85	1.40	1.10	0.59
NS12 50P	*****	*****	0.72	0.86	0.69	0.40
NS12 Min	*****	*****	0.22	0.47	0.23	0.16
NS12 Anz	*****	*****	12	12	12	12
NS12 Art	*****	*****	E30	E30	E30	E30
NS13 Max	*****	*****	0.62	0.82	0.57	0.38
NS13 50P	*****	*****	0.50	0.42	0.34	0.22
NS13 Min	*****	*****	0.33	0.12	0.16	0.07
NS13 Anz	*****	*****	11	12	12	12
NS13 Art	*****	*****	E30	E30	E30	E30
NS14 Max	*****	*****	*****	0.31	0.49	0.34
NS14 50P	*****	*****	*****	0.24	0.16	0.16
NS14 Min	*****	*****	*****	0.13	0.06	0.08
NS14 Anz	*****	*****	*****	12	12	12
NS14 Art	*****	*****	*****	E30	E30	E30
NS15 Max	*****	*****	0.23	0.33	0.35	0.15
NS15 50P	*****	*****	0.17	0.18	0.17	0.08
NS15 Min	*****	*****	0.07	0.09	0.07	<0.02
NS15 Anz	*****	*****	12	12	12	12
NS15 Art	*****	*****	E30	E30	E30	E30

o-PO4-P — NIEDERSACHSEN

in mg/l	1982	1983	1984	1985	1986	1987
NS16 Max	*****	*****	0.35	0.47	0.66	0.23
NS16 50P	*****	*****	0.16	0.33	0.23	0.10
NS16 Min	*****	*****	<0.02	0.14	0.12	0.02
NS16 Anz	*****	*****	12	11	12	12
NS16 Art	*****	*****	E30	E30	E30	E30

o-PO4-P — SCHLESWIG-HOLSTEIN

in mg/l	1982	1983	1984	1985	1986	1987
SH01 Max	0.42	0.23	0.28	0.15	0.10	0.09
SH01 50P	0.09	0.11	0.07	0.08	0.08	0.05
SH01 Min	0.06	0.06	0.02	0.03	0.01	0.02
SH01 Anz	11	11	12	12	11	11
SH01 Art	E30	E30	E30	E30	E30	E30
SH02 Max	1.10	1.00	0.83	0.55	0.66	0.28
SH02 50P	0.24	0.34	0.32	0.33	0.26	0.21
SH02 Min	0.07	0.11	0.09	0.19	0.11	0.10
SH02 Anz	12	12	12	11	12	12
SH02 Art	E30	E30	E30	E30	E30	E30
SH03 Max	0.10	0.17	0.16	0.22	0.26	0.27
SH03 50P	0.04	0.10	0.06	0.06	0.07	0.06
SH03 Min	<0.02	0.05	<0.01	0.02	<0.01	0.01
SH03 Anz	11	5	25	24	23	22
SH03 Art	E30	E30	E14	E14	E14	E14
SH04 Max	0.10	0.12	0.03	0.11	0.08	0.05
SH04 50P	0.03	0.04	0.03	0.04	0.03	0.02
SH04 Min	0.01	0.01	<0.01	0.01	<0.01	<0.01
SH04 Anz	7	4	12	14	10	13
SH04 Art	E91	E91	E30	E30	E30	E30
SH05 Max	0.90	0.83	0.50	0.39	0.37	0.20
SH05 50P	0.28	0.21	0.17	0.25	0.17	0.13
SH05 Min	0.10	0.08	0.06	0.06	0.06	0.03
SH05 Anz	12	12	12	12	14	13
SH05 Art	E30	E30	E30	E30	E30	E30
SH06 Max	0.66	0.76	0.42	0.37	0.60	0.27
SH06 50P	0.36	0.39	0.25	0.27	0.35	0.15
SH06 Min	0.04	0.16	0.14	0.10	0.11	0.08
SH06 Anz	12	12	21	25	22	23
SH06 Art	E30	E30	E14	E14	E14	E14

Allgemeine Erläuterungen im einführenden Text

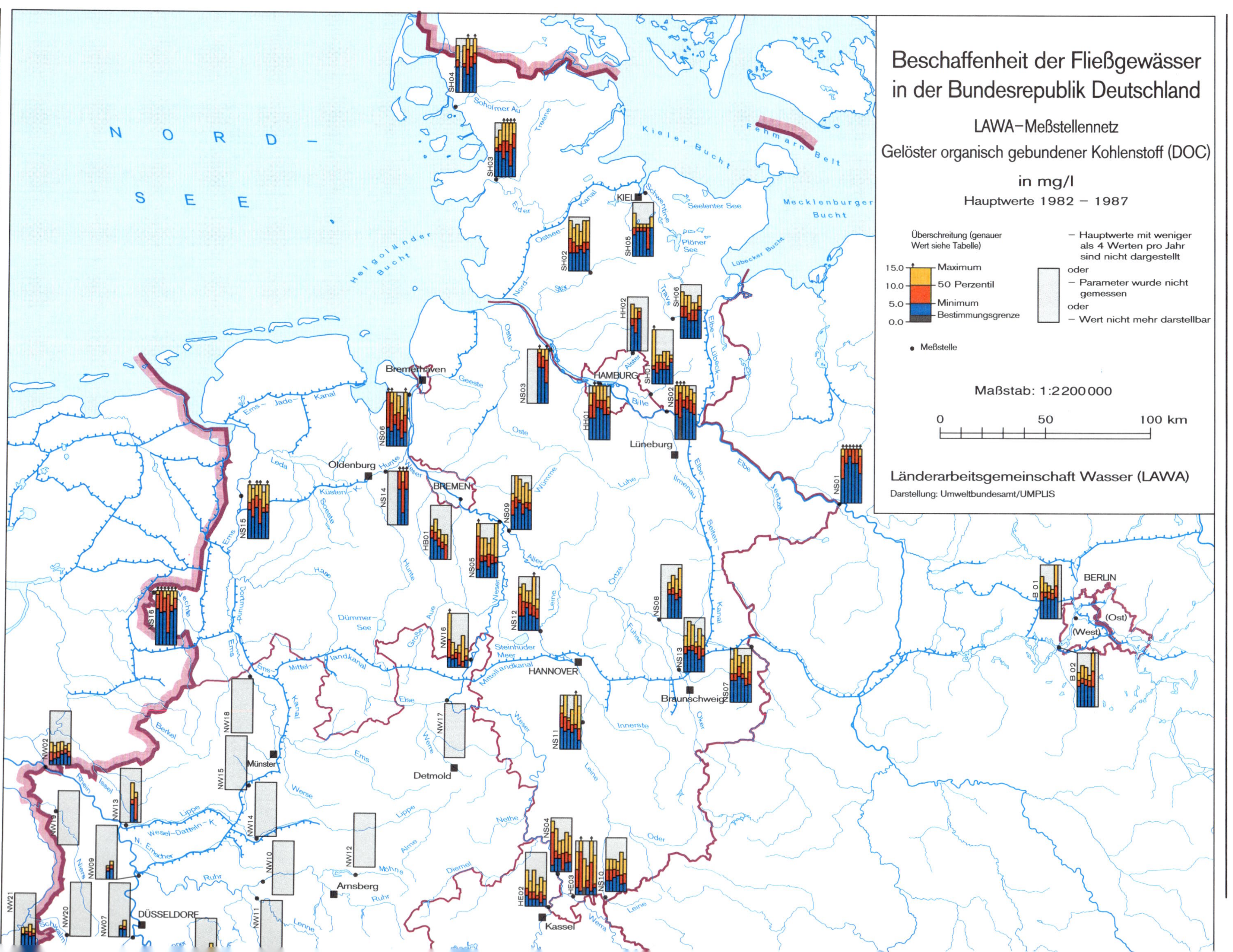
Beschaffenheit der Fließgewässer
in der Bundesrepublik Deutschland
LAWA-Meßstellennetz
Gelöster organisch gebundener Kohlenstoff (DOC)
in mg/l
Hauptwerte 1982 – 1987
Überschreitung (genauer Wert siehe Tabelle)
15.0
10.0
5.0
0.0
Maximum
50 Perzentil
Minimum
Bestimmungsgrenze
– Hauptwerte mit weniger als 4 Werten pro Jahr sind nicht dargestellt
oder
– Parameter wurde nicht gemessen
oder
– Wert nicht mehr darstellbar
• Meßstelle
Maßstab: 1:2200000
0
50
100 km
Länderarbeitsgemeinschaft Wasser (LAWA)
Darstellung: Umweltbundesamt/UMPLIS

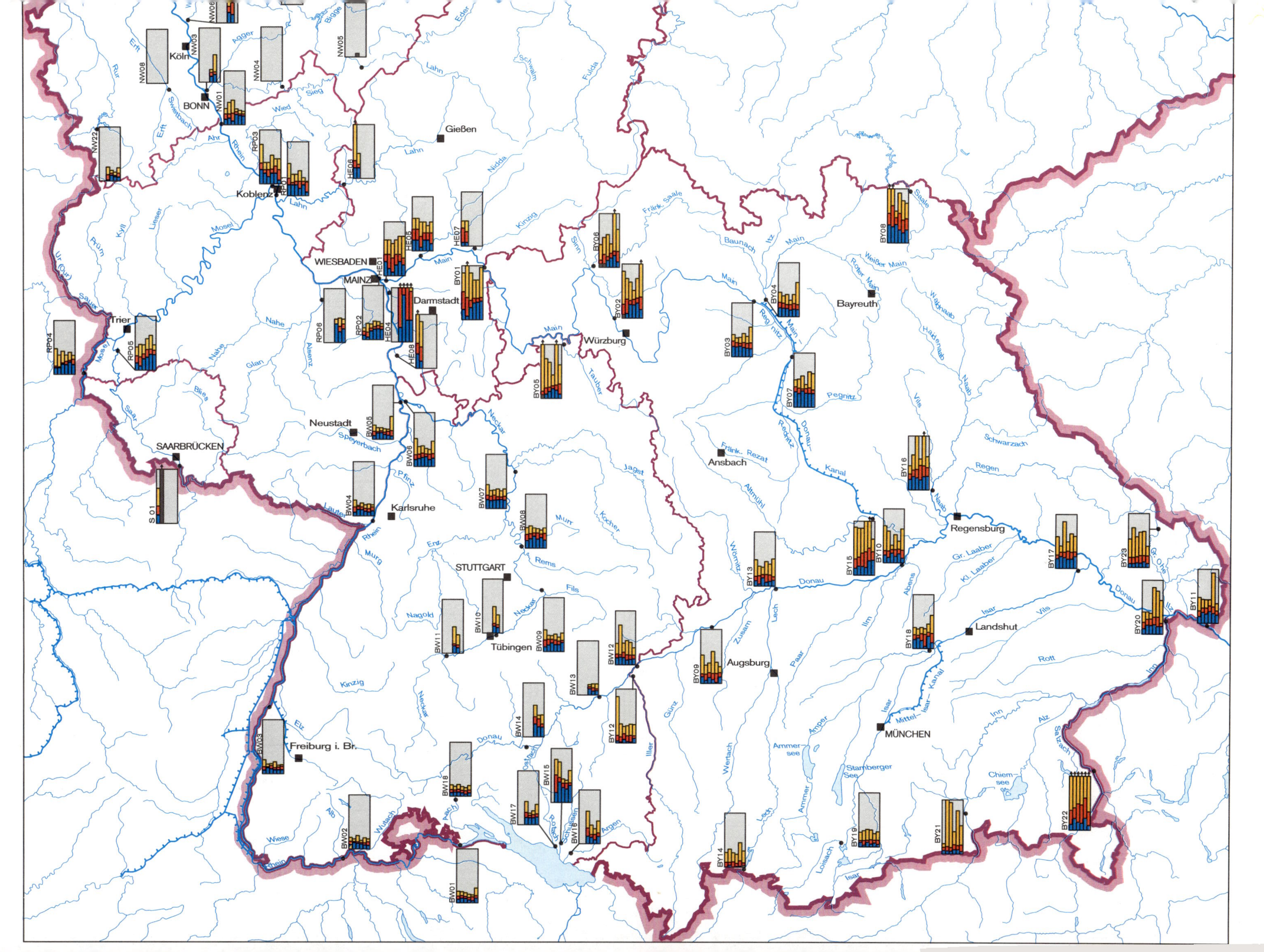

Köln
BONN
Koblenz
Gießen
WIESBADEN
MAINZ
Darmstadt
Trier
SAARBRÜCKEN
Neustadt
Karlsruhe
STUTTGART
Tübingen
Freiburg i. Br.
Würzburg
Bayreuth
Ansbach
Regensburg
Landshut
Augsburg
MÜNCHEN
NW01
NW03
NW04
NW05
NW06
NW08
NW22
RP01
RP02
RP03
RP04
RP05
RP06
HE01
HE04
HE05
HE06
HE07
HE08
S 01
BW01
BW02
BW03
BW04
BW05
BW06
BW07
BW08
BW09
BW10
BW11
BW12
BW13
BW14
BW15
BW16
BW17
BW18
BY01
BY02
BY03
BY04
BY05
BY06
BY07
BY08
BY09
BY10
BY11
BY12
BY13
BY14
BY15
BY16
BY17
BY18
BY19
BY20
BY21
BY22
BY23
Rhein
Main
Mosel
Lahn
Nahe
Saar
Neckar
Donau
Isar
Inn
Lech
Naab
Regen
Altmühl
Iller
Sieg
Wied
Ahr
Erft
Rur
Agger
Bigge
Eder
Fulda
Schwalm
Nidda
Kinzig
Sinn
Fränk. Saale
Saale
Baunach
Itz
Weißer Main
Roter Main
Regnitz
Pegnitz
Rednitz
Donau-Kanal
Fränk. Rezat
Tauber
Jagst
Kocher
Murr
Rems
Fils
Enz
Nagold
Pfinz
Murg
Lauter
Speyerbach
Alsenz
Glan
Blies
Lieser
Kyll
Prüm
Sauer
Ur (Our)
Swistbach
Elz
Alb
Wiese
Wutach
Aach
Ostrach
Schussen
Rotach
Argen
Günz
Wörnitz
Zusam
Wertach
Paar
Amper
Ammer
Ammersee
Starnberger See
Chiemsee
Loisach
Ilm
Abens
Gr. Laaber
Kl. Laaber
Vils
Waldnaab
Haidenaab
Schwarzach
Gr. Ohe
Ilz
Rott
Alz
Salzach
Mittel-Isar-Kanal

o-PO4-P in mg/l	BAYERN	1982	1983	1984	1985	1986	1987
BY01	Max	0.94	0.97	0.93	0.98	0.64	0.48
BY01	50P	0.61	0.49	0.50	0.61	0.44	0.24
BY01	Min	0.18	0.13	0.24	0.29	0.15	0.12
BY01	Anz	26	26	26	26	27	25
BY01	Art	E14	E14	E14	E14	E14	E14
BY02	Max	1.10	1.20	0.94	1.15	0.77	0.62
BY02	50P	0.55	0.68	0.58	0.78	0.51	0.31
BY02	Min	0.28	0.19	0.25	0.45	0.23	0.16
BY02	Anz	26	26	26	26	27	26
BY02	Art	E14	E14	E14	E14	E14	E14
BY03	Max	1.20	1.10	1.00	1.20	0.80	0.77
BY03	50P	0.70	0.60	0.60	0.75	0.50	0.30
BY03	Min	0.20	0.20	0.30	0.40	0.20	0.16
BY03	Anz	26	26	26	23	27	25
BY03	Art	E14	E14	E14	E14	E14	E14
BY04	Max	1.30	0.90	0.60	1.20	0.90	0.57
BY04	50P	0.50	0.40	0.40	0.60	0.40	0.23
BY04	Min	0.10	0.10	0.15	0.20	0.13	0.10
BY04	Anz	26	25	25	20	26	26
BY04	Art	E14	E14	E14	E14	E14	E14
BY05	Max	0.75	0.74	0.60	0.84	0.84	0.43
BY05	50P	0.49	0.33	0.40	0.57	0.39	0.28
BY05	Min	0.21	0.12	0.23	0.30	0.23	0.17
BY05	Anz	26	26	26	26	27	26
BY05	Art	E14	E14	E14	E14	E14	E14
BY06	Max	0.85	0.81	0.60	0.81	0.72	0.57
BY06	50P	0.36	0.27	0.33	0.48	0.32	0.25
BY06	Min	0.16	0.12	0.16	0.26	0.14	0.14
BY06	Anz	26	25	26	25	26	26
BY06	Art	E14	E14	E14	E14	E14	E14
BY07	Max	2.00	1.80	2.00	1.90	1.20	1.05
BY07	50P	1.05	1.20	1.10	1.30	0.90	0.47
BY07	Min	0.20	0.30	0.60	0.70	0.30	0.25
BY07	Anz	25	26	26	24	27	26
BY07	Art	E14	E14	E14	E14	E14	E14
BY08	Max	2.00	1.90	1.10	1.10	0.72	0.31
BY08	50P	0.75	0.50	0.19	0.39	0.22	0.15
BY08	Min	0.09	0.10	0.06	0.10	0.07	0.06
BY08	Anz	25	25	26	26	24	26
BY08	Art	E14	E14	E14	E14	E14	E14
BY09	Max	0.36	0.41	0.42	0.37	0.38	0.29
BY09	50P	0.20	0.22	0.25	0.29	0.23	0.19
BY09	Min	0.08	0.12	0.08	0.18	0.15	0.10
BY09	Anz	26	26	26	25	26	26
BY09	Art	E14	E14	E14	E14	E14	E14
BY10	Max	0.34	0.29	0.33	0.29	0.36	0.30
BY10	50P	0.19	0.20	0.19	0.17	0.18	0.14
BY10	Min	0.11	0.09	0.07	0.10	0.08	0.07
BY10	Anz	26	26	26	26	26	27
BY10	Art	E14	E14	E14	E14	E14	E14
BY11	Max	0.24	0.23	0.22	0.28	0.24	0.19
BY11	50P	0.14	0.11	0.13	0.11	0.11	0.10
BY11	Min	0.06	0.02	0.06	0.07	0.02	0.04
BY11	Anz	26	26	26	26	27	26
BY11	Art	E14	E14	E14	E14	E14	E14
BY12	Max	0.21	0.25	0.25	0.23	0.26	0.21
BY12	50P	0.11	0.11	0.13	0.13	0.11	0.09
BY12	Min	0.06	0.07	0.04	0.08	0.05	0.03
BY12	Anz	26	26	26	25	27	26
BY12	Art	E14	E14	E14	E14	E14	E14
BY13	Max	0.34	0.33	0.27	0.35	0.28	0.32
BY13	50P	0.12	0.15	0.15	0.14	0.14	0.10
BY13	Min	0.07	0.02	0.07	0.09	0.06	0.03
BY13	Anz	26	26	26	25	25	26
BY13	Art	E14	E14	E14	E14	E14	E14
BY14	Max	0.04	0.03	0.05	0.05	0.05	0.10
BY14	50P	0.01	0.01	0.02	0.01	0.02	0.01
BY14	Min	<0.01	<0.01	0.01	0.01	<0.01	<0.01
BY14	Anz	26	26	25	26	26	26
BY14	Art	E14	E14	E14	E14	E14	E14
BY15	Max	0.41	0.42	0.36	0.39	0.33	0.33
BY15	50P	0.21	0.19	0.20	0.18	0.19	0.16
BY15	Min	0.01	0.05	0.06	<0.02	<0.02	0.04
BY15	Anz	26	26	25	26	27	26
BY15	Art	E14	E14	E14	E14	E14	E14

o-PO4-P in mg/l	BAYERN	1982	1983	1984	1985	1986	1987
BY16	Max	0.32	0.39	0.22	0.27	0.26	0.19
BY16	50P	0.17	0.22	0.16	0.19	0.15	0.12
BY16	Min	0.06	0.07	0.05	0.06	0.06	0.05
BY16	Anz	26	26	25	26	27	26
BY16	Art	E14	E14	E14	E14	E14	E14
BY17	Max	*****	*****	*****	0.53	0.46	0.40
BY17	50P	*****	*****	*****	0.29	0.30	0.20
BY17	Min	*****	*****	*****	0.15	0.18	0.13
BY17	Anz	*****	*****	*****	26	27	26
BY17	Art	*****	*****	*****	E14	E14	E14
BY18	Max	0.34	0.69	0.32	0.32	0.27	0.21
BY18	50P	0.23	0.22	0.23	0.19	0.18	0.11
BY18	Min	0.12	0.14	0.18	0.12	0.10	0.06
BY18	Anz	26	26	26	25	27	26
BY18	Art	E14	E14	E14	E14	E14	E14
BY19	Max	0.13	0.09	0.10	0.12	0.13	0.08
BY19	50P	0.05	0.05	0.06	0.07	0.05	0.03
BY19	Min	0.02	0.03	0.03	0.02	0.01	0.01
BY19	Anz	26	25	26	24	25	25
BY19	Art	E14	E14	E14	E14	E14	E14
BY20	Max	0.17	0.17	0.17	0.17	0.13	0.16
BY20	50P	0.08	0.07	0.07	0.07	0.06	0.05
BY20	Min	0.03	0.04	0.02	0.03	0.02	0.02
BY20	Anz	26	26	26	26	27	26
BY20	Art	E14	E14	E14	E14	E14	E14
BY21	Max	0.10	0.10	0.14	0.16	0.20	0.11
BY21	50P	0.04	0.04	0.07	0.07	0.07	0.04
BY21	Min	0.02	0.01	0.03	0.02	0.02	0.02
BY21	Anz	24	26	26	25	27	26
BY21	Art	E14	E14	E14	E14	E14	E14
BY22	Max	0.09	0.10	0.06	0.11	0.08	0.09
BY22	50P	0.05	0.04	0.03	0.04	0.04	0.01
BY22	Min	0.02	0.03	0.02	0.02	0.02	<0.01
BY22	Anz	26	26	26	26	26	26
BY22	Art	E14	E14	E14	E14	E14	E14
BY23	Max	0.06	0.14	0.05	0.02	0.03	0.02
BY23	50P	0.02	0.02	0.02	0.01	0.01	<0.01
BY23	Min	0.01	0.01	0.01	0.01	<0.01	<0.01
BY23	Anz	26	26	26	26	27	26
BY23	Art	E14	E14	E14	E14	E14	E14

o-PO4-P in mg/l	RHEINLAND-PFALZ	1982	1983	1984	1985	1986	1987
RP01	Max	0.31	0.50	0.49	0.67	1.13	0.29
RP01	50P	0.24	0.25	0.31	0.35	0.44	0.14
RP01	Min	0.13	0.11	0.22	0.22	0.26	0.08
RP01	Anz	26	26	27	26	26	26
RP01	Art	M14	M14	M14	M14	M14	M14
RP02	Max	0.18	0.25	0.24	0.33	0.30	0.22
RP02	50P	0.14	0.13	0.18	0.15	0.14	0.12
RP02	Min	0.09	0.07	0.05	0.11	0.07	0.06
RP02	Anz	26	26	27	26	26	26
RP02	Art	M14	M14	M14	M14	M14	M14
RP03	Max	0.49	0.66	0.64	0.86	0.33	0.29
RP03	50P	0.24	0.23	0.27	0.41	0.10	0.18
RP03	Min	0.11	0.08	0.14	0.18	0.04	0.09
RP03	Anz	26	26	27	26	26	26
RP03	Art	M14	M14	M14	M14	M14	M14
RP04	Max	0.26	0.27	0.30	0.33	0.25	0.22
RP04	50P	0.11	0.05	0.12	0.13	0.11	0.12
RP04	Min	0.04	<0.02	0.02	0.07	0.04	<0.06
RP04	Anz	26	26	27	26	26	25
RP04	Art	M14	M14	M14	M14	M14	M14
RP05	Max	0.41	0.40	0.46	0.63	0.46	0.35
RP05	50P	0.25	0.18	0.23	0.28	0.28	0.23
RP05	Min	0.13	0.10	0.10	0.11	0.12	<0.11
RP05	Anz	26	26	27	26	25	25
RP05	Art	M14	M14	M14	M14	M14	M14
RP06	Max	*****	*****	*****	0.41	0.68	0.62
RP06	50P	*****	*****	*****	*****	*****	0.35
RP06	Min	*****	*****	*****	0.25	0.26	0.12
RP06	Anz	*****	*****	*****	7	20	20
RP06	Art	*****	*****	*****	M14	M14	M14

o-PO4-P in mg/l	BADEN-WÜRTTEMBERG	1982	1983	1984	1985	1986	1987
BW01	Max	0.13	<0.10	0.16	<0.10	<0.10	<0.10
BW01	50P	<0.10	<0.10	<0.10	<0.10	<0.10	<0.10
BW01	Min	<0.10	<0.10	<0.10	<0.10	<0.10	<0.10
BW01	Anz	26	25	27	26	26	27
BW01	Art	M14	M14	M14	M14	M14	M14
BW02	Max	0.11	<0.10	0.16	0.11	<0.10	<0.10
BW02	50P	<0.10	<0.10	<0.10	<0.10	<0.10	<0.10
BW02	Min	<0.10	<0.10	<0.10	<0.10	<0.10	<0.10
BW02	Anz	26	26	27	26	25	26
BW02	Art	M14	M14	M14	M14	M14	M14
BW03	Max	0.12	0.12	0.16	0.16	<0.10	<0.10
BW03	50P	<0.10	<0.10	<0.10	<0.10	<0.10	<0.10
BW03	Min	<0.10	<0.10	<0.10	<0.10	<0.10	<0.10
BW03	Anz	26	26	27	26	26	27
BW03	Art	M14	M14	M14	M14	M14	M14
BW04	Max	0.12	0.13	0.19	0.15	0.13	<0.10
BW04	50P	<0.10	<0.10	<0.10	<0.10	<0.10	<0.10
BW04	Min	<0.10	<0.10	<0.10	<0.10	<0.10	<0.10
BW04	Anz	26	26	27	26	26	23
BW04	Art	M14	M14	M14	M14	M14	M14
BW05	Max	0.14	0.17	0.22	0.21	0.15	0.12
BW05	50P	<0.10	<0.10	<0.10	<0.10	<0.10	<0.10
BW05	Min	<0.10	<0.10	<0.10	<0.10	<0.10	<0.10
BW05	Anz	26	26	27	25	25	27
BW05	Art	M14	M14	M14	M14	M14	M14
BW06	Max	0.92	1.40	0.85	1.08	0.74	0.44
BW06	50P	0.52	0.47	0.53	0.50	0.41	0.26
BW06	Min	0.20	0.20	0.19	0.21	0.18	0.12
BW06	Anz	26	26	27	26	24	25
BW06	Art	M14	M14	M14	M14	M14	M14
BW07	Max	1.08	1.28	1.10	1.08	0.77	0.51
BW07	50P	0.48	0.53	0.59	0.68	0.46	0.26
BW07	Min	0.13	0.14	0.17	0.18	0.14	0.12
BW07	Anz	26	26	26	26	26	27
BW07	Art	M14	M14	M14	M14	M14	M14
BW08	Max	0.71	1.83	1.75	1.37	0.94	0.66
BW08	50P	0.31	0.44	0.51	0.51	0.47	0.21
BW08	Min	<0.10	<0.10	0.16	<0.10	<0.10	<0.10
BW08	Anz	18	26	23	24	25	27
BW08	Art	M14	M14	M14	M14	M14	M14
BW09	Max	0.85	1.41	1.10	1.37	0.94	0.52
BW09	50P	0.40	0.51	0.56	0.74	0.41	0.27
BW09	Min	<0.10	<0.10	0.16	0.18	<0.10	<0.10
BW09	Anz	26	26	27	26	26	27
BW09	Art	M14	M14	M14	M14	M14	M14
BW10	Max	*****	*****	*****	1.19	1.14	*****
BW10	50P	*****	*****	*****	0.65	0.72	*****
BW10	Min	*****	*****	*****	0.12	0.17	*****
BW10	Anz	*****	*****	*****	12	11	*****
BW10	Art	*****	*****	*****	E28	E28	*****
BW11	Max	*****	*****	*****	1.23	0.87	*****
BW11	50P	*****	*****	*****	0.58	0.60	*****
BW11	Min	*****	*****	*****	0.12	0.13	*****
BW11	Anz	*****	*****	*****	12	11	*****
BW11	Art	*****	*****	*****	E28	E28	*****
BW12	Max	0.12	0.17	0.21	0.24	<0.10	0.10
BW12	50P	<0.10	<0.10	<0.10	<0.10	<0.10	<0.10
BW12	Min	<0.10	<0.10	<0.10	<0.10	<0.10	<0.10
BW12	Anz	25	26	23	23	23	22
BW12	Art	M14	M14	M14	M14	M14	M14
BW13	Max	*****	*****	*****	0.96	0.65	0.34
BW13	50P	*****	*****	*****	0.32	0.27	<0.10
BW13	Min	*****	*****	*****	0.18	<0.10	<0.10
BW13	Anz	*****	*****	*****	12	9	12
BW13	Art	*****	*****	*****	E28	E28	E28
BW14	Max	*****	*****	*****	0.34	0.37	0.13
BW14	50P	*****	*****	*****	0.22	0.14	0.11
BW14	Min	*****	*****	*****	<0.10	<0.10	<0.10
BW14	Anz	*****	*****	*****	12	11	8
BW14	Art	*****	*****	*****	E28	E28	E28
BW15	Max	*****	0.11	0.19	0.17	0.16	<0.10
BW15	50P	*****	<0.10	<0.10	<0.10	<0.10	<0.10
BW15	Min	*****	<0.10	<0.10	<0.10	<0.10	<0.10
BW15	Anz	*****	23	25	19	21	21
BW15	Art	*****	M14	M14	M14	M14	M14

o-PO4-P in mg/l	BADEN-WÜRTTEMBERG	1982	1983	1984	1985	1986	1987
BW16	Max	*****	*****	0.14	<0.10	<0.10	<0.10
BW16	50P	*****	*****	<0.10	<0.10	<0.10	<0.10
BW16	Min	*****	*****	<0.10	<0.10	<0.10	<0.10
BW16	Anz	*****	*****	17	19	18	20
BW16	Art	*****	*****	M14	M14	M14	M14
BW17	Max	*****	*****	0.14	<0.10	<0.10	<0.10
BW17	50P	*****	*****	<0.10	<0.10	<0.10	<0.10
BW17	Min	*****	*****	<0.10	<0.10	<0.10	<0.10
BW17	Anz	*****	*****	13	14	19	22
BW17	Art	*****	*****	M14	M14	M14	M14
BW18	Max	0.38	0.80	0.40	0.79	0.38	0.18
BW18	50P	0.15	0.11	0.15	0.23	<0.10	<0.10
BW18	Min	<0.10	<0.10	<0.10	<0.10	<0.10	<0.10
BW18	Anz	23	26	27	26	25	27
BW18	Art	M14	M14	M14	M14	M14	M14

o-PO4-P in mg/l	HESSEN	1982	1983	1984	1985	1986	1987
HE01	Max	0.89	1.11	0.86	0.90	1.28	0.52
HE01	50P	0.44	0.40	0.53	0.60	0.81	0.35
HE01	Min	0.13	0.18	0.17	0.10	0.36	0.13
HE01	Anz	25	26	26	26	25	26
HE01	Art	M14	M14	M14	M14	M14	M14
HE02	Max	0.90	1.30	0.80	0.60	0.50	0.30
HE02	50P	0.50	0.50	0.40	0.50	0.30	0.20
HE02	Min	0.10	0.20	0.20	<0.16	0.10	<0.10
HE02	Anz	26	25	27	25	26	26
HE02	Art	M14	M14	M14	M14	M14	M14
HE03	Max	0.90	0.90	0.60	1.10	1.00	0.60
HE03	50P	0.40	0.40	0.40	0.50	0.30	0.30
HE03	Min	0.10	0.10	0.20	0.30	0.10	0.20
HE03	Anz	26	26	27	26	26	26
HE03	Art	M14	M14	M14	M14	M14	M14
HE04	Max	*****	*****	4.00	3.30	4.70	2.80
HE04	50P	*****	*****	2.00	1.90	2.70	1.80
HE04	Min	*****	*****	0.30	0.80	1.10	0.70
HE04	Anz	*****	*****	25	25	26	26
HE04	Art	*****	*****	M14	M14	M14	M14
HE05	Max	1.10	1.70	1.10	1.20	1.40	1.00
HE05	50P	0.40	0.50	0.60	0.70	0.70	0.50
HE05	Min	0.20	0.30	0.20	0.20	0.30	0.20
HE05	Anz	17	22	24	26	25	26
HE05	Art	M14	M14	M14	M14	M14	M14
HE06	Max	*****	*****	1.20	0.70	1.50	*****
HE06	50P	*****	*****	0.50	0.20	0.70	*****
HE06	Min	*****	*****	0.10	<0.16	0.20	*****
HE06	Anz	*****	*****	12	12	12	*****
HE06	Art	*****	*****	E30	E30	E30	*****
HE07	Max	*****	*****	1.00	1.10	1.00	0.50
HE07	50P	*****	*****	0.50	0.50	0.60	0.30
HE07	Min	*****	*****	0.20	0.20	0.20	0.20
HE07	Anz	*****	*****	14	12	12	26
HE07	Art	*****	*****	E30	E30	E30	M14
HE08	Max	*****	*****	6.30	5.90	3.10	*****
HE08	50P	*****	*****	1.50	1.50	1.60	*****
HE08	Min	*****	*****	0.20	0.60	<0.16	*****
HE08	Anz	*****	*****	14	12	12	*****
HE08	Art	*****	*****	E30	E30	E30	*****

o-PO4-P in mg/l	SAARLAND	1982	1983	1984	1985	1986	1987
S 01	Max	*****	*****	*****	*****	*****	*****
S 01	50P	*****	*****	*****	*****	*****	*****
S 01	Min	*****	*****	*****	*****	*****	*****
S 01	Anz	*****	*****	*****	*****	*****	*****
S 01	Art	*****	*****	*****	*****	*****	*****

Allgemeine Erlauterungen im einfuhrenden Text

Ges.-P in mg/l		1982	1983	1984	1985	1986	1987
NORDRHEIN-WESTFALEN							
NW01	Max	2.10	1.08	0.57	0.76	0.64	0.46
NW01	50P	0.50	0.52	0.45	0.46	0.39	0.27
NW01	Min	0.20	0.22	0.33	0.24	0.22	0.13
NW01	Anz	13	13	13	13	13	13
NW01	Art	E28	E28	E28	E28	E28	E28
NW02	Max	0.68	1.17	0.76	0.76	0.57	0.69
NW02	50P	0.36	0.73	0.48	0.48	0.38	0.29
NW02	Min	0.21	0.36	0.35	0.31	0.24	0.23
NW02	Anz	13	13	13	13	13	13
NW02	Art	E28	E28	E28	E28	E28	E28
NW03	Max	0.90	1.35	0.99	0.89	2.03	0.48
NW03	50P	0.57	0.64	0.39	0.44	0.56	0.36
NW03	Min	0.08	0.21	0.17	0.23	0.36	0.22
NW03	Anz	13	13	13	13	13	13
NW03	Art	E28	E28	E28	E28	E28	E28
NW04	Max	0.55	0.56	0.96	1.50	1.60	*****
NW04	50P	*****	*****	*****	*****	1.40	*****
NW04	Min	0.55	0.56	0.96	1.50	0.94	*****
NW04	Anz	1	1	1	3	4	*****
NW04	Art	E365	E365	E365	E91	E91	*****
NW05	Max	*****	*****	*****	0.08	0.03	*****
NW05	50P	*****	*****	*****	<0.02	<0.02	*****
NW05	Min	*****	*****	*****	<0.02	<0.02	*****
NW05	Anz	*****	*****	*****	12	15	*****
NW05	Art	*****	*****	*****	E28	E28	*****
NW06	Max	2.86	2.65	2.89	2.07	1.78	1.42
NW06	50P	1.62	1.82	1.76	1.36	1.04	0.70
NW06	Min	0.45	0.76	0.50	0.54	0.50	0.46
NW06	Anz	13	13	13	13	13	13
NW06	Art	E28	E28	E28	E28	E28	E28
NW07	Max	*****	*****	*****	0.77	1.14	0.81
NW07	50P	*****	*****	*****	0.59	0.71	0.60
NW07	Min	*****	*****	*****	0.48	0.43	0.35
NW07	Anz	*****	*****	*****	13	13	13
NW07	Art	*****	*****	*****	E28	E28	E28
NW08	Max	3.40	4.70	0.64	2.30	*****	*****
NW08	50P	*****	*****	*****	*****	*****	*****
NW08	Min	3.40	4.70	0.64	2.30	*****	*****
NW08	Anz	1	1	1	3	*****	*****
NW08	Art	E365	E365	E365	E91	*****	*****
NW09	Max	0.88	0.95	0.83	0.76	0.67	0.58
NW09	50P	0.56	0.61	0.45	0.52	0.47	0.31
NW09	Min	0.17	0.30	0.37	0.25	0.24	0.20
NW09	Anz	13	13	13	13	13	13
NW09	Art	E28	E28	E28	E28	E28	E28
NW10	Max	0.53	0.45	0.46	0.38	0.53	0.25
NW10	50P	*****	0.37	0.34	*****	0.36	*****
NW10	Min	0.28	0.24	0.09	0.24	0.14	0.25
NW10	Anz	2	4	5	3	9	1
NW10	Art	E91	E91	E91	E91	E91	E365
NW11	Max	0.50	0.50	0.49	0.53	0.46	0.34
NW11	50P	*****	*****	*****	*****	0.34	*****
NW11	Min	0.21	0.23	0.13	0.29	0.20	0.10
NW11	Anz	4	4	5	4	4	2
NW11	Art	E91	E91	E91	E91	E91	E91
NW12	Max	0.29	0.23	0.22	0.25	0.11	0.41
NW12	50P	*****	*****	*****	*****	*****	0.09
NW12	Min	0.29	0.13	0.17	0.10	0.11	0.08
NW12	Anz	1	2	3	3	2	4
NW12	Art	E91	E91	E91	E91	E91	E91
NW13	Max	1.44	1.96	2.32	1.41	1.64	0.92
NW13	50P	1.01	1.13	0.96	0.94	0.85	0.60
NW13	Min	0.33	0.38	0.59	0.71	0.49	0.49
NW13	Anz	13	13	13	13	13	13
NW13	Art	E28	E28	E28	E28	E28	E28
NW14	Max	1.41	2.24	1.29	0.89	0.95	0.78
NW14	50P	*****	1.30	1.03	*****	*****	0.74
NW14	Min	1.26	1.17	0.29	0.84	0.95	0.42
NW14	Anz	2	4	5	2	1	6
NW14	Art	E91	E91	E91	E91	E365	E91
NW15	Max	*****	1.92	0.68	0.56	0.48	0.41
NW15	50P	*****	*****	*****	*****	*****	*****
NW15	Min	*****	0.92	0.68	0.56	0.48	0.41
NW15	Anz	*****	2	1	1	1	1
NW15	Art	*****	E91	E365	E365	E365	E365

Ges.-P in mg/l		1982	1983	1984	1985	1986	1987
NORDRHEIN-WESTFALEN							
NW16	Max	*****	2.46	1.20	1.40	0.79	0.59
NW16	50P	*****	0.58	0.50	0.63	0.54	0.37
NW16	Min	*****	0.28	0.30	0.34	0.24	0.18
NW16	Anz	*****	26	27	26	26	26
NW16	Art	*****	E14	M14	M14	M14	M14
NW17	Max	*****	*****	*****	*****	5.50	5.20
NW17	50P	*****	*****	*****	*****	*****	4.40
NW17	Min	*****	*****	*****	*****	5.50	2.90
NW17	Anz	*****	*****	*****	*****	1	4
NW17	Art	*****	*****	*****	*****	E365	E91
NW18	Max	*****	1.60	1.38	1.90	1.20	0.43
NW18	50P	*****	1.32	*****	1.07	*****	0.32
NW18	Min	*****	1.30	1.04	0.94	0.44	0.26
NW18	Anz	*****	4	4	4	4	4
NW18	Art	*****	E91	E91	E91	E91	E91
NW19	Max	1.70	1.65	0.90	0.40	0.43	0.33
NW19	50P	0.75	0.65	*****	*****	0.20	0.20
NW19	Min	0.39	0.40	0.20	0.13	0.13	0.10
NW19	Anz	52	50	2	3	5	6
NW19	Art	E7	E7	E91	E91	E91	E91
NW20	Max	2.00	1.60	0.90	*****	1.50	1.20
NW20	50P	*****	*****	*****	*****	*****	*****
NW20	Min	2.00	1.60	0.90	*****	1.50	1.20
NW20	Anz	1	1	1	*****	1	1
NW20	Art	E365	E365	E365	*****	E365	E365
NW21	Max	*****	*****	0.91	1.09	1.11	0.51
NW21	50P	*****	*****	0.58	0.71	0.61	0.39
NW21	Min	*****	*****	0.22	0.45	0.24	0.08
NW21	Anz	*****	*****	14	13	16	15
NW21	Art	*****	*****	E28	E28	E28	E28
NW22	Max	0.17	0.25	0.17	0.25	0.21	0.05
NW22	50P	0.04	0.05	0.04	0.04	0.04	0.03
NW22	Min	0.04	0.02	0.02	0.03	0.02	0.02
NW22	Anz	4	6	7	6	9	9
NW22	Art	E91	E91	E91	E91	E91	E91

Ges.-P in mg/l		1982	1983	1984	1985	1986	1987
BERLIN							
B 01	Max	*****	*****	*****	*****	*****	*****
B 01	50P	*****	*****	*****	*****	*****	*****
B 01	Min	*****	*****	*****	*****	*****	*****
B 01	Anz	*****	*****	*****	*****	*****	*****
B 01	Art	*****	*****	*****	*****	*****	*****
B 02	Max	*****	*****	*****	*****	*****	*****
B 02	50P	*****	*****	*****	*****	*****	*****
B 02	Min	*****	*****	*****	*****	*****	*****
B 02	Anz	*****	*****	*****	*****	*****	*****
B 02	Art	*****	*****	*****	*****	*****	*****

Ges.-P in mg/l		1982	1983	1984	1985	1986	1987
HAMBURG							
HH01	Max	1.10	0.80	0.89	0.94	0.62	0.43
HH01	50P	0.40	0.43	0.48	0.53	0.41	0.29
HH01	Min	0.13	0.19	0.34	0.29	0.16	0.12
HH01	Anz	49	52	52	52	50	49
HH01	Art	E7	E7	E7	E7	E7	E7
HH02	Max	0.33	0.39	0.35	0.36	0.33	0.30
HH02	50P	0.25	0.27	0.23	0.21	0.20	0.18
HH02	Min	0.21	0.11	0.17	0.13	0.16	0.12
HH02	Anz	6	12	12	12	11	12
HH02	Art	E61	E30	E30	E30	E30	E30

Ges.-P in mg/l		1982	1983	1984	1985	1986	1987
BREMEN							
HB01	Max	3.00	2.33	1.04	3.20	1.22	*****
HB01	50P	0.79	0.83	0.61	0.68	0.58	*****
HB01	Min	0.35	0.39	0.40	0.45	0.36	*****
HB01	Anz	26	26	27	26	26	*****
HB01	Art	M14	M14	M14	M14	M14	*****

Ges.-P in mg/l		1982	1983	1984	1985	1986	1987
NIEDERSACHSEN							
NS01	Max	0.85	1.10	0.96	1.20	0.88	0.69
NS01	50P	0.38	0.44	0.48	0.52	0.67	0.39
NS01	Min	0.10	0.20	0.27	0.15	0.23	0.23
NS01	Anz	12	12	12	13	12	12
NS01	Art	E30	E30	E30	E30	E30	E30
NS02	Max	1.20	0.84	0.88	0.99	0.78	0.47
NS02	50P	0.41	0.49	0.52	0.53	0.44	0.32
NS02	Min	0.21	0.08	0.35	0.23	0.24	0.16
NS02	Anz	48	51	51	51	49	50
NS02	Art	E7	E7	E7	E7	E7	E7
NS03	Max	*****	*****	*****	1.60	1.60	5.80
NS03	50P	*****	*****	*****	0.53	0.54	0.54
NS03	Min	*****	*****	*****	0.21	0.23	0.23
NS03	Anz	*****	*****	*****	10	11	12
NS03	Art	*****	*****	*****	E30	E30	E30
NS04	Max	1.60	0.83	0.87	0.65	0.60	0.40
NS04	50P	0.39	0.42	0.32	0.35	0.40	0.32
NS04	Min	0.02	0.20	0.13	0.05	0.18	0.19
NS04	Anz	26	26	27	26	26	26
NS04	Art	M14	M14	M14	M14	M14	M14
NS05	Max	1.80	0.72	0.48	1.20	0.58	0.40
NS05	50P	0.42	0.36	0.35	0.29	0.38	0.27
NS05	Min	0.16	0.12	0.07	0.14	0.22	0.13
NS05	Anz	26	26	27	26	26	25
NS05	Art	M14	M14	M14	M14	M14	M14
NS06	Max	6.00	2.90	0.96	1.00	1.80	0.96
NS06	50P	0.63	0.62	0.56	0.44	0.56	0.47
NS06	Min	0.10	0.10	0.10	0.05	0.31	0.23
NS06	Anz	26	26	27	25	26	26
NS06	Art	E14	E14	M14	M14	M14	M14
NS07	Max	0.35	0.45	0.39	0.57	1.70	0.41
NS07	50P	0.14	0.20	0.22	0.14	0.23	0.22
NS07	Min	<0.02	0.03	0.07	0.08	0.12	0.13
NS07	Anz	12	12	12	12	12	12
NS07	Art	E30	E30	E30	E30	E30	E30
NS08	Max	0.23	1.80	1.20	0.57	0.76	0.41
NS08	50P	*****	0.71	0.43	0.45	0.46	0.32
NS08	Min	0.23	0.36	0.22	0.14	0.35	0.19
NS08	Anz	1	11	7	11	12	12
NS08	Art	E365	E30	E30	E30	E30	E30
NS09	Max	0.71	0.76	0.61	0.76	0.80	0.92
NS09	50P	0.69	0.50	0.49	0.42	0.56	0.42
NS09	Min	0.09	0.22	0.22	0.20	0.22	0.23
NS09	Anz	12	12	12	12	12	12
NS09	Art	E30	E30	E30	E30	E30	E30
NS10	Max	0.77	1.40	0.92	1.10	1.20	0.88
NS10	50P	0.58	0.63	0.50	0.74	0.63	0.44
NS10	Min	0.14	0.07	0.18	0.24	0.23	0.24
NS10	Anz	12	12	11	12	12	12
NS10	Art	E30	E30	E30	E30	E30	E30
NS11	Max	0.83	0.74	0.92	0.74	0.94	0.64
NS11	50P	0.38	0.39	0.44	0.63	0.50	0.40
NS11	Min	0.10	0.23	0.20	0.14	0.20	0.29
NS11	Anz	12	12	12	12	12	12
NS11	Art	E30	E30	E30	E30	E30	E30
NS12	Max	1.50	1.60	0.86	1.40	1.10	0.82
NS12	50P	0.93	0.79	0.74	0.89	0.84	0.59
NS12	Min	0.15	0.33	0.22	0.50	0.35	0.29
NS12	Anz	12	12	12	12	12	12
NS12	Art	E30	E30	E30	E30	E30	E30
NS13	Max	0.63	0.92	0.76	0.86	0.79	0.51
NS13	50P	0.43	0.56	0.58	0.47	0.58	0.37
NS13	Min	0.12	0.33	0.36	0.14	0.33	0.28
NS13	Anz	12	12	11	12	12	12
NS13	Art	E30	E30	E30	E30	E30	E30
NS14	Max	*****	*****	*****	0.89	1.10	0.68
NS14	50P	*****	*****	*****	0.55	0.75	0.57
NS14	Min	*****	*****	*****	0.20	0.38	0.39
NS14	Anz	*****	*****	*****	12	12	12
NS14	Art	*****	*****	*****	E30	E30	E30
NS15	Max	0.55	0.92	0.48	0.52	0.57	0.57
NS15	50P	0.31	0.33	0.27	0.27	0.38	0.30
NS15	Min	0.20	0.20	0.17	0.10	0.14	0.18
NS15	Anz	12	12	12	12	12	12
NS15	Art	E30	E30	E30	E30	E30	E30

Ges.-P in mg/l		1982	1983	1984	1985	1986	1987
NIEDERSACHSEN							
NS16	Max	1.80	1.40	0.70	0.62	1.00	0.56
NS16	50P	0.33	0.39	0.22	0.43	0.50	0.34
NS16	Min	0.23	0.22	0.07	0.15	0.27	0.18
NS16	Anz	12	12	12	12	12	12
NS16	Art	E30	E30	E30	E30	E30	E30

Ges.-P in mg/l		1982	1983	1984	1985	1986	1987
SCHLESWIG-HOLSTEIN							
SH01	Max	0.56	0.44	0.58	0.25	0.34	0.27
SH01	50P	0.34	0.30	0.20	0.19	0.27	0.16
SH01	Min	0.22	0.22	0.15	0.14	0.15	0.10
SH01	Anz	11	11	12	12	10	12
SH01	Art	E30	E30	E30	E30	E30	E30
SH02	Max	1.60	1.25	0.93	0.76	0.93	0.58
SH02	50P	0.52	0.65	0.61	0.55	0.63	0.39
SH02	Min	0.30	0.39	0.31	0.39	0.24	0.22
SH02	Anz	12	12	12	11	11	12
SH02	Art	E30	E30	E30	E30	E30	E30
SH03	Max	0.25	0.41	0.31	0.30	0.41	0.53
SH03	50P	0.16	0.20	0.19	0.19	0.17	0.18
SH03	Min	0.09	0.12	0.13	0.11	0.03	0.10
SH03	Anz	11	5	25	24	22	22
SH03	Art	E30	E30	E14	E14	E14	E14
SH04	Max	0.27	0.31	0.31	0.57	0.29	0.40
SH04	50P	0.15	0.25	0.17	0.24	0.18	0.13
SH04	Min	0.11	0.13	0.12	0.08	0.11	0.06
SH04	Anz	7	4	12	14	10	13
SH04	Art	E91	E91	E30	E30	E30	E30
SH05	Max	1.20	0.88	0.56	0.49	0.59	0.30
SH05	50P	0.44	0.32	0.34	0.38	0.25	0.26
SH05	Min	0.19	0.16	0.13	0.20	0.13	0.15
SH05	Anz	12	12	12	12	14	13
SH05	Art	E30	E30	E30	E30	E30	E30
SH06	Max	0.90	0.93	0.93	0.94	0.62	0.35
SH06	50P	0.64	0.54	0.44	0.47	0.37	0.27
SH06	Min	0.20	0.31	0.24	0.23	0.24	0.18
SH06	Anz	12	12	21	25	20	22
SH06	Art	E30	E30	E14	E14	E14	E14

Allgemeine Erläuterungen im einfuhrenden Text

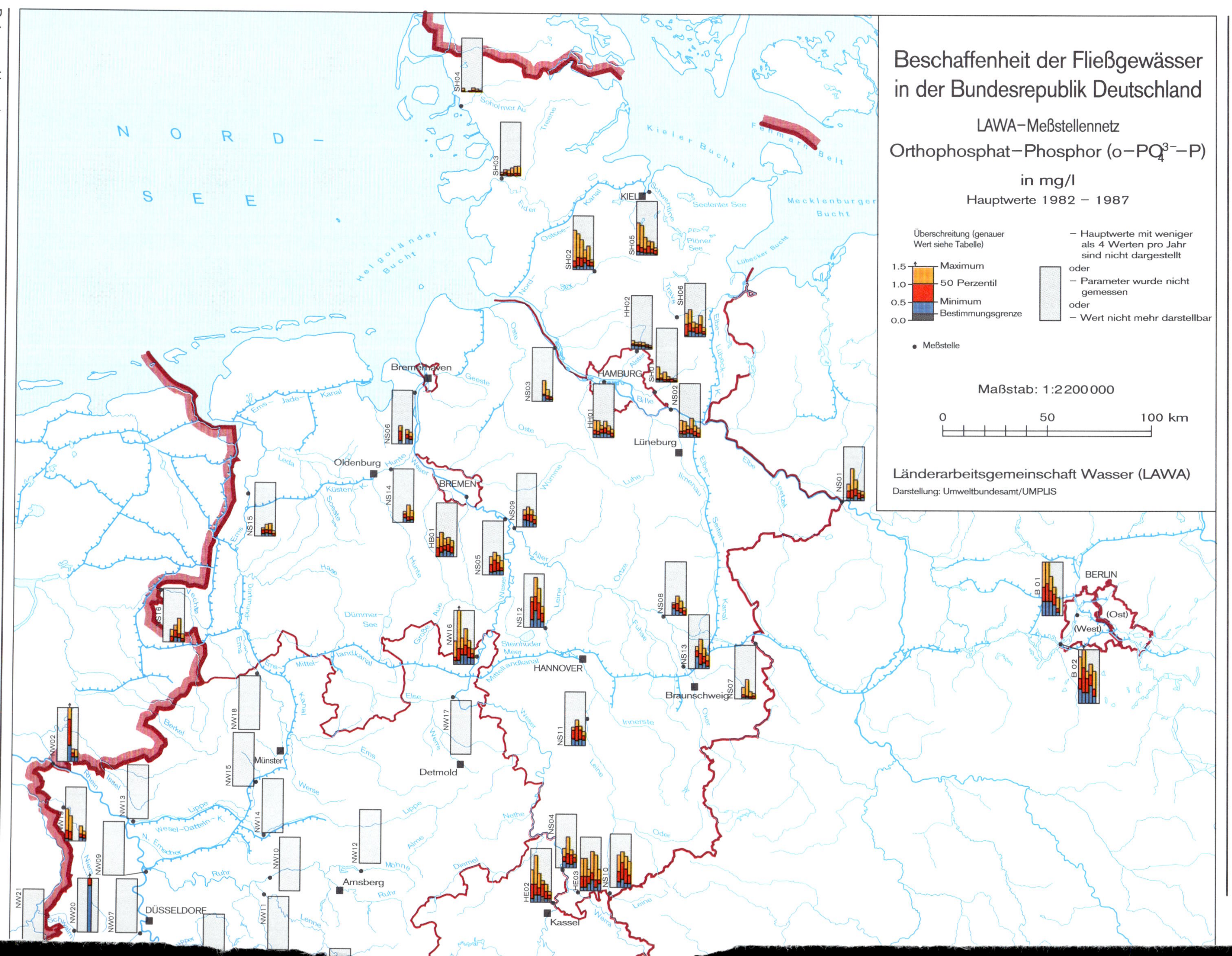
Beschaffenheit der Fließgewässer
in der Bundesrepublik Deutschland
LAWA-Meßstellennetz
Orthophosphat-Phosphor ($o-PO_4^{3-}-P$)
in mg/l
Hauptwerte 1982 - 1987
Überschreitung (genauer Wert siehe Tabelle)
1.5 Maximum
1.0 50 Perzentil
0.5 Minimum
0.0 Bestimmungsgrenze
• Meßstelle
- Hauptwerte mit weniger als 4 Werten pro Jahr sind nicht dargestellt
oder
- Parameter wurde nicht gemessen
oder
- Wert nicht mehr darstellbar
Maßstab: 1:2200000
0 50 100 km
Länderarbeitsgemeinschaft Wasser (LAWA)
Darstellung: Umweltbundesamt/UMPLIS

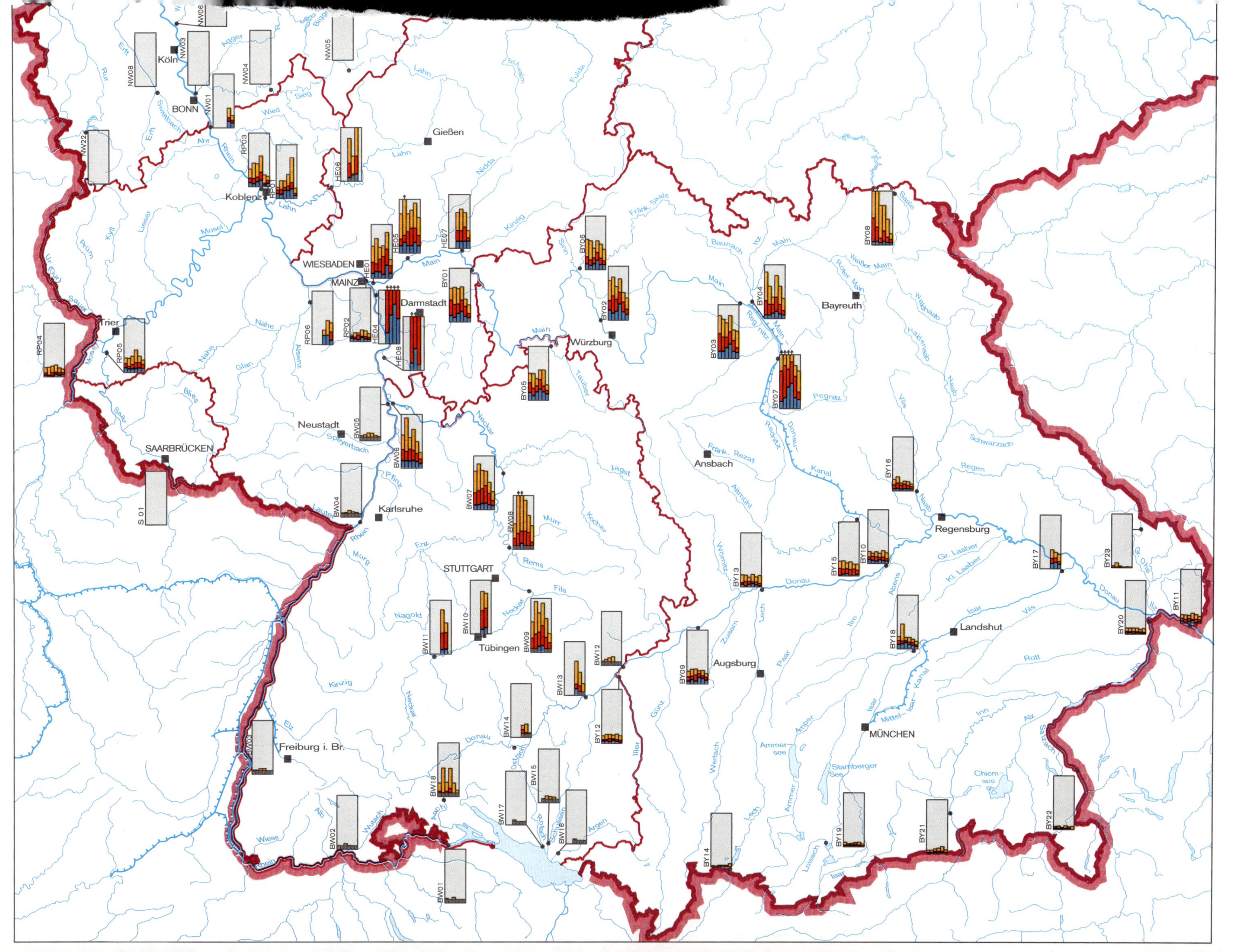

Köln
BONN
Koblenz
Gießen
WIESBADEN
MAINZ
Darmstadt
Trier
Würzburg
Bayreuth
Neustadt
SAARBRÜCKEN
Ansbach
Karlsruhe
Regensburg
STUTTGART
Tübingen
Landshut
Augsburg
MÜNCHEN
Freiburg i. Br.
NW06
NW03
NW08
NW04
NW05
NW01
NW22
RP03
RP01
HE06
HE05
HE07
HE01
HE04
HE08
RP02
RP06
BY01
BY06
BY02
BY03
BY04
BY08
BY07
BY05
RP04
RP05
BW05
BW06
BW04
BW07
BW08
S 01
BY16
BY15
BY10
BY13
BY17
BY23
BY11
BY20
BY18
BY09
BW12
BY12
BW13
BW11
BW10
BW09
BW14
BW03
BW18
BW17
BW15
BW16
BW02
BW01
BY14
BY19
BY21
BY22
Erft
Rur
Swistbach
Ahr
Rhein
Agger
Sieg
Wied
Bigge
Lahn
Nidda
Schwalm
Fulda
Mosel
Lieser
Kyll
Prüm
Ur (Our)
Sauer
Saar
Blies
Nahe
Glan
Alsenz
Main
Kinzig
Fränk. Saale
Sinn
Baunach
Itz
Saale
Weißer Main
Roter Main
Waldnaab
Haidenaab
Naab
Vils
Regnitz
Pegnitz
Rednitz
Donau-Kanal
Schwarzach
Regen
Tauber
Neckar
Jagst
Kocher
Murr
Rems
Fils
Enz
Nagold
Pfinz
Speyerbach
Lauter
Murg
Fränk. Rezat
Altmühl
Wörnitz
Donau
Gr. Laaber
Kl. Laaber
Abens
Ilm
Isar
Vils
Gr. Ohe
Ilz
Inn
Rott
Lech
Zusam
Paar
Mittel-Isar-Kanal
Günz
Iller
Wertach
Amper
Ammersee
Ammer
Starnberger See
Chiemsee
Alz
Salzach
Loisach
Elz
Wiese
Alb
Wutach
Aach
Ostrach
Rotach
Schussen
Argen

Ges.-P — BAYERN

Ges.-P in mg/l		1982	1983	1984	1985	1986	1987
BY01	Max	1.10	1.10	1.00	1.10	0.84	0.71
BY01	50P	0.75	0.70	0.66	0.75	0.58	0.41
BY01	Min	0.38	0.33	0.36	0.53	0.23	0.12
BY01	Anz	26	26	26	26	27	25
BY01	Art	E14	E14	E14	E14	E14	E14
BY02	Max	1.20	1.30	1.00	1.26	0.96	0.72
BY02	50P	0.75	0.83	0.70	0.92	0.61	0.40
BY02	Min	0.45	0.33	0.44	0.55	0.33	0.25
BY02	Anz	26	26	26	26	27	26
BY02	Art	E14	E14	E14	E14	E14	E14
BY03	Max	1.40	1.20	1.00	1.40	1.10	0.81
BY03	50P	0.80	0.80	0.70	0.90	0.70	0.49
BY03	Min	0.30	0.40	0.30	0.50	0.30	0.23
BY03	Anz	26	26	26	19	26	26
BY03	Art	E14	E14	E14	E14	E14	E14
BY04	Max	1.30	1.10	0.80	1.30	1.00	0.71
BY04	50P	0.60	0.50	0.50	0.60	0.50	0.41
BY04	Min	0.20	0.30	0.20	0.20	0.20	0.18
BY04	Anz	26	25	25	16	26	26
BY04	Art	E14	E14	E14	E14	E14	E14
BY05	Max	1.00	0.83	0.77	0.85	1.32	0.93
BY05	50P	0.59	0.44	0.50	0.59	0.44	0.34
BY05	Min	0.22	0.24	0.29	0.33	0.26	0.18
BY05	Anz	26	26	26	26	27	26
BY05	Art	E14	E14	E14	E14	E14	E14
BY06	Max	0.86	0.83	0.64	0.88	0.79	0.59
BY06	50P	0.46	0.48	0.40	0.55	0.43	0.37
BY06	Min	0.20	0.17	0.22	0.28	0.16	0.16
BY06	Anz	26	24	26	25	26	26
BY06	Art	E14	E14	E14	E14	E14	E14
BY07	Max	2.10	2.00	3.00	2.40	1.40	1.42
BY07	50P	1.30	1.40	1.40	1.50	1.10	0.64
BY07	Min	0.50	0.40	0.70	0.80	0.70	0.30
BY07	Anz	25	26	26	19	27	26
BY07	Art	E14	E14	E14	E14	E14	E14
BY08	Max	2.70	2.70	1.30	3.20	0.86	0.52
BY08	50P	1.10	0.76	0.40	0.57	0.33	0.26
BY08	Min	0.31	0.14	0.08	0.23	0.14	0.11
BY08	Anz	25	25	26	26	24	26
BY08	Art	E14	E14	E14	E14	E14	E14
BY09	Max	0.55	0.69	0.53	0.52	0.68	0.43
BY09	50P	0.26	0.31	0.37	0.40	0.30	0.25
BY09	Min	0.18	0.15	0.26	0.24	0.19	0.20
BY09	Anz	26	26	26	25	26	26
BY09	Art	E14	E14	E14	E14	E14	E14
BY10	Max	0.69	0.44	0.49	0.45	0.68	0.56
BY10	50P	0.26	0.34	0.30	0.29	0.28	0.26
BY10	Min	0.15	0.17	0.16	0.12	0.17	0.11
BY10	Anz	26	22	26	25	26	27
BY10	Art	E14	E14	E14	E14	E14	E14
BY11	Max	0.39	0.38	0.64	0.37	0.59	0.32
BY11	50P	0.22	0.20	0.19	0.22	0.17	0.15
BY11	Min	0.14	0.10	0.13	0.09	0.09	0.04
BY11	Anz	26	26	26	26	27	26
BY11	Art	E14	E14	E14	E14	E14	E14
BY12	Max	0.44	0.45	0.35	0.28	0.36	0.26
BY12	50P	0.15	0.17	0.20	0.18	0.15	0.12
BY12	Min	0.08	0.10	0.13	0.12	0.08	0.08
BY12	Anz	26	26	26	25	27	26
BY12	Art	E14	E14	E14	E14	E14	E14
BY13	Max	0.42	0.44	0.38	0.51	0.34	0.38
BY13	50P	0.22	0.23	0.23	0.21	0.21	0.17
BY13	Min	0.15	0.14	0.13	0.14	0.11	0.07
BY13	Anz	26	26	26	25	26	26
BY13	Art	E14	E14	E14	E14	E14	E14
BY14	Max	0.21	0.09	0.07	0.06	0.13	0.15
BY14	50P	0.02	0.03	0.03	0.02	0.03	0.02
BY14	Min	0.01	<0.01	0.02	0.01	0.01	0.01
BY14	Anz	26	26	25	26	26	26
BY14	Art	E14	E14	E14	E14	E14	E14
BY15	Max	0.49	0.51	0.54	0.52	0.71	0.59
BY15	50P	0.29	0.29	0.33	0.32	0.30	0.23
BY15	Min	0.16	0.18	0.22	0.23	0.21	0.16
BY15	Anz	26	25	25	26	27	26
BY15	Art	E14	E14	E14	E14	E14	E14

Ges.-P — BAYERN

Ges.-P in mg/l		1982	1983	1984	1985	1986	1987
BY16	Max	0.42	0.61	0.49	0.38	0.92	0.43
BY16	50P	0.28	0.29	0.28	0.32	0.27	0.20
BY16	Min	0.13	0.14	0.17	0.19	0.18	0.13
BY16	Anz	26	26	25	26	27	26
BY16	Art	E14	E14	E14	E14	E14	E14
BY17	Max	*****	*****	*****	0.58	0.64	0.60
BY17	50P	*****	*****	*****	0.35	0.37	0.32
BY17	Min	*****	*****	*****	0.24	0.24	0.22
BY17	Anz	*****	*****	*****	26	27	26
BY17	Art	*****	*****	*****	E14	E14	E14
BY18	Max	0.46	0.93	0.43	0.47	0.60	0.34
BY18	50P	0.32	0.32	0.31	0.28	0.23	0.17
BY18	Min	0.20	0.20	0.19	0.18	0.14	0.11
BY18	Anz	25	26	26	26	27	26
BY18	Art	E14	E14	E14	E14	E14	E14
BY19	Max	0.18	0.19	0.13	0.24	0.18	0.09
BY19	50P	0.07	0.07	0.07	0.10	0.08	0.04
BY19	Min	0.04	0.03	0.04	0.04	0.02	0.02
BY19	Anz	26	25	26	26	25	25
BY19	Art	E14	E14	E14	E14	E14	E14
BY20	Max	0.28	0.30	0.31	0.29	0.33	0.70
BY20	50P	0.14	0.12	0.12	0.11	0.09	0.09
BY20	Min	0.05	0.06	0.05	0.04	0.06	0.03
BY20	Anz	26	25	26	26	27	26
BY20	Art	E14	E14	E14	E14	E14	E14
BY21	Max	0.23	0.20	0.20	0.76	0.52	1.05
BY21	50P	0.10	0.10	0.10	0.11	0.12	0.13
BY21	Min	0.03	0.04	0.04	0.06	0.08	0.06
BY21	Anz	22	24	25	23	26	26
BY21	Art	E14	E14	E14	E14	E14	E14
BY22	Max	0.11	0.24	0.44	0.26	0.26	0.14
BY22	50P	0.08	0.07	0.09	0.09	0.08	0.10
BY22	Min	0.05	0.05	0.05	0.04	0.04	0.04
BY22	Anz	26	26	26	26	26	26
BY22	Art	E14	E14	E14	E14	E14	E14
BY23	Max	0.15	0.18	0.08	0.10	0.05	0.04
BY23	50P	0.03	0.03	0.02	0.01	0.01	0.01
BY23	Min	0.01	0.01	0.01	0.01	<0.01	<0.01
BY23	Anz	26	26	26	26	27	26
BY23	Art	E14	E14	E14	E14	E14	E14

Ges.-P — RHEINLAND-PFALZ

Ges.-P in mg/l		1982	1983	1984	1985	1986	1987
RP01	Max	0.26	0.73	0.69	0.74	0.62	1.12
RP01	50P	0.43	0.41	0.44	0.46	0.43	0.35
RP01	Min	0.30	0.30	0.35	0.36	0.28	0.25
RP01	Anz	26	26	27	26	26	26
RP01	Art	M14	M14	M14	M14	M14	M14
RP02	Max	0.34	0.72	0.37	0.55	0.54	0.41
RP02	50P	0.25	0.21	0.25	0.27	0.27	0.21
RP02	Min	0.13	0.11	0.14	0.17	0.16	0.13
RP02	Anz	26	26	27	26	26	26
RP02	Art	M14	M14	M14	M14	M14	M14
RP03	Max	0.66	0.78	0.68	1.10	0.75	0.50
RP03	50P	0.42	0.45	0.44	0.47	0.45	0.36
RP03	Min	0.17	0.24	0.30	0.29	0.29	0.24
RP03	Anz	26	26	27	26	26	25
RP03	Art	M14	M14	M14	M14	M14	M14
RP04	Max	0.43	0.52	0.57	0.57	0.49	0.53
RP04	50P	0.23	0.19	0.19	0.28	0.21	0.25
RP04	Min	0.08	0.03	0.08	0.10	0.11	0.11
RP04	Anz	26	26	27	26	26	25
RP04	Art	M14	M14	M14	M14	M14	M14
RP05	Max	1.30	1.10	1.00	1.80	1.10	0.81
RP05	50P	0.52	0.57	0.56	0.86	0.56	0.42
RP05	Min	0.13	0.19	0.22	0.27	0.29	0.21
RP05	Anz	26	26	27	26	25	25
RP05	Art	M14	M14	M14	M14	M14	M14
RP06	Max	2.24	1.95	0.74	2.00	2.00	0.99
RP06	50P	*****	*****	*****	*****	0.75	0.53
RP06	Min	0.38	0.28	0.20	1.20	0.33	0.08
RP06	Anz	8	8	4	7	10	21
RP06	Art	E	E	E	M14	M14	M14

Ges.-P — BADEN-WÜRTTEMBERG

Ges.-P in mg/l		1982	1983	1984	1985	1986	1987
BW01	Max	0.19	0.18	0.16	0.10	0.10	<0.10
BW01	50P	<0.10	0.10	<0.10	<0.10	<0.10	<0.10
BW01	Min	<0.10	<0.10	<0.10	<0.10	<0.10	<0.10
BW01	Anz	26	26	27	26	26	27
BW01	Art	M14	M14	M14	M14	M14	M14
BW02	Max	0.16	0.19	0.22	*****	*****	*****
BW02	50P	0.10	0.10	0.14	*****	*****	*****
BW02	Min	<0.10	<0.10	<0.10	*****	*****	*****
BW02	Anz	26	26	26	*****	*****	*****
BW02	Art	M14	M14	M14	*****	*****	*****
BW03	Max	0.16	0.23	0.42	0.23	0.17	0.17
BW03	50P	0.10	0.11	0.14	0.12	<0.10	<0.10
BW03	Min	<0.10	<0.10	<0.10	<0.10	<0.10	<0.10
BW03	Anz	26	26	27	26	26	26
BW03	Art	M14	M14	M14	M14	M14	M14
BW04	Max	0.16	0.26	0.27	0.27	0.19	0.19
BW04	50P	0.11	0.13	0.17	0.16	0.13	<0.10
BW04	Min	<0.10	<0.10	<0.10	<0.10	<0.10	<0.10
BW04	Anz	26	26	27	26	25	23
BW04	Art	M14	M14	M14	M14	M14	M14
BW05	Max	0.20	0.32	0.28	0.25	0.30	0.26
BW05	50P	0.13	0.14	0.18	0.19	0.15	0.10
BW05	Min	<0.10	<0.10	<0.10	<0.10	<0.10	<0.10
BW05	Anz	26	26	27	25	25	27
BW05	Art	M14	M14	M14	M14	M14	M14
BW06	Max	1.17	1.77	1.21	1.14	0.91	0.61
BW06	50P	0.66	0.59	0.86	0.80	0.57	0.42
BW06	Min	0.20	0.22	0.44	0.37	0.34	0.16
BW06	Anz	26	26	27	26	23	25
BW06	Art	M14	M14	M14	M14	M14	M14
BW07	Max	1.10	1.69	1.38	1.50	0.96	0.98
BW07	50P	0.70	0.69	0.89	0.95	0.58	0.39
BW07	Min	0.19	0.26	0.27	0.43	0.27	0.14
BW07	Anz	26	26	27	26	26	26
BW07	Art	M14	M14	M14	M14	M14	M14
BW08	Max	1.20	2.32	2.40	1.50	1.47	1.47
BW08	50P	0.64	0.73	0.96	0.96	0.68	0.41
BW08	Min	0.14	0.21	0.42	0.48	0.22	0.14
BW08	Anz	18	25	26	25	25	20
BW08	Art	M14	M14	M14	M14	M14	M14
BW09	Max	10.30	1.88	1.48	1.50	1.00	0.70
BW09	50P	0.55	0.58	0.78	0.89	0.50	0.39
BW09	Min	0.18	0.20	0.22	0.37	0.21	0.13
BW09	Anz	26	26	27	26	25	25
BW09	Art	M14	M14	M14	M14	M14	M14
BW10	Max	*****	*****	*****	*****	*****	*****
BW10	50P	*****	*****	*****	*****	*****	*****
BW10	Min	*****	*****	*****	*****	*****	*****
BW10	Anz	*****	*****	*****	*****	*****	*****
BW10	Art	*****	*****	*****	*****	*****	*****
BW11	Max	*****	*****	*****	*****	*****	*****
BW11	50P	*****	*****	*****	*****	*****	*****
BW11	Min	*****	*****	*****	*****	*****	*****
BW11	Anz	*****	*****	*****	*****	*****	*****
BW11	Art	*****	*****	*****	*****	*****	*****
BW12	Max	0.19	0.49	0.31	0.25	0.31	0.23
BW12	50P	0.13	0.17	0.21	0.14	0.10	<0.10
BW12	Min	<0.10	<0.10	0.12	<0.10	<0.10	<0.10
BW12	Anz	25	26	24	22	23	19
BW12	Art	M14	M14	M14	M14	M14	M14
BW13	Max	*****	*****	*****	*****	*****	*****
BW13	50P	*****	*****	*****	*****	*****	*****
BW13	Min	*****	*****	*****	*****	*****	*****
BW13	Anz	*****	*****	*****	*****	*****	*****
BW13	Art	*****	*****	*****	*****	*****	*****
BW14	Max	*****	*****	*****	*****	*****	*****
BW14	50P	*****	*****	*****	*****	*****	*****
BW14	Min	*****	*****	*****	*****	*****	*****
BW14	Anz	*****	*****	*****	*****	*****	*****
BW14	Art	*****	*****	*****	*****	*****	*****
BW15	Max	*****	0.72	0.44	*****	*****	*****
BW15	50P	*****	0.15	0.20	*****	*****	*****
BW15	Min	*****	<0.10	0.10	*****	*****	*****
BW15	Anz	*****	23	24	*****	*****	*****
BW15	Art	*****	M14	M14	*****	*****	*****

Ges.-P — BADEN-WÜRTTEMBERG

Ges.-P in mg/l		1982	1983	1984	1985	1986	1987
BW16	Max	*****	*****	0.28	*****	*****	*****
BW16	50P	*****	*****	0.17	*****	*****	*****
BW16	Min	*****	*****	<0.10	*****	*****	*****
BW16	Anz	*****	*****	16	*****	*****	*****
BW16	Art	*****	*****	M14	*****	*****	*****
BW17	Max	*****	*****	0.28	*****	*****	*****
BW17	50P	*****	*****	0.19	*****	*****	*****
BW17	Min	*****	*****	<0.10	*****	*****	*****
BW17	Anz	*****	*****	14	*****	*****	*****
BW17	Art	*****	*****	M14	*****	*****	*****
BW18	Max	0.36	0.90	0.54	*****	*****	*****
BW18	50P	0.19	0.15	0.26	*****	*****	*****
BW18	Min	0.10	<0.10	0.12	*****	*****	*****
BW18	Anz	26	26	27	*****	*****	*****
BW18	Art	M14	M14	M14	*****	*****	*****

Ges.-P — HESSEN

Ges.-P in mg/l		1982	1983	1984	1985	1986	1987
HE01	Max	1.47	2.50	1.72	2.30	1.28	0.94
HE01	50P	1.01	0.94	0.86	0.90	0.81	0.64
HE01	Min	0.50	0.60	0.50	0.20	0.36	0.17
HE01	Anz	25	26	27	26	25	26
HE01	Art	M14	M14	M14	M14	M14	M14
HE02	Max	1.30	2.30	1.20	0.80	0.80	0.60
HE02	50P	0.60	0.70	0.60	0.20	0.50	0.40
HE02	Min	0.30	0.10	0.50	<0.16	0.20	0.20
HE02	Anz	20	25	17	13	26	26
HE02	Art	M14	M14	M14	M14	M14	M14
HE03	Max	0.90	1.80	1.10	1.40	6.00	1.00
HE03	50P	0.60	0.60	0.60	0.70	3.00	0.50
HE03	Min	0.20	0.20	0.40	0.40	1.00	0.30
HE03	Anz	22	24	17	15	26	26
HE03	Art	M14	M14	M14	M14	M14	M14
HE04	Max	*****	*****	7.70	6.90	6.90	6.00
HE04	50P	*****	*****	4.90	3.70	4.20	3.10
HE04	Min	*****	*****	0.80	0.90	2.20	1.70
HE04	Anz	*****	*****	27	25	26	26
HE04	Art	*****	*****	M14	M14	M14	M14
HE05	Max	2.70	2.70	2.20	1.90	2.00	1.20
HE05	50P	1.40	1.20	1.10	1.00	1.20	0.80
HE05	Min	1.10	0.60	0.60	0.30	0.50	0.40
HE05	Anz	17	22	26	26	26	26
HE05	Art	M14	M14	M14	M14	M14	M14
HE06	Max	4.60	1.80	*****	*****	*****	0.70
HE06	50P	0.90	0.90	*****	*****	*****	0.40
HE06	Min	0.30	0.20	*****	*****	*****	0.03
HE06	Anz	13	14	*****	*****	*****	12
HE06	Art	E30	E30	*****	*****	*****	E30
HE07	Max	0.50	1.20	*****	*****	*****	0.90
HE07	50P	0.20	0.60	*****	*****	*****	0.50
HE07	Min	0.10	0.20	*****	*****	*****	0.30
HE07	Anz	13	14	*****	*****	*****	26
HE07	Art	M14	M14	*****	*****	*****	M14
HE08	Max	4.60	7.30	*****	*****	*****	1.30
HE08	50P	1.40	1.10	*****	*****	*****	0.50
HE08	Min	0.50	0.50	*****	*****	*****	0.10
HE08	Anz	13	14	*****	*****	*****	12
HE08	Art	E30	E30	*****	*****	*****	E30

Ges.-P — SAARLAND

Ges.-P in mg/l		1982	1983	1984	1985	1986	1987
S 01	Max	0.94	2.00	1.00	1.20	0.85	*****
S 01	50P	0.56	0.87	0.62	0.81	0.58	*****
S 01	Min	0.25	0.25	0.32	0.54	0.39	*****
S 01	Anz	11	10	11	10	12	*****
S 01	Art	*****	*****	*****	*****	*****	*****

Allgemeine Erläuterungen im einführenden Text

NH4-N — NORDRHEIN-WESTFALEN

in mg/l	1982	1983	1984	1985	1986	1987
NW01 Max	0.78	0.85	0.84	0.99	1.32	1.31
NW01 50P	0.20	0.19	0.29	0.23	0.16	0.13
NW01 Min	0.05	0.04	0.13	0.05	0.04	0.03
NW01 Anz	13	13	13	13	13	13
NW01 Art	E28	E28	E28	E28	E28	E28
NW02 Max	1.13	0.98	1.36	1.76	1.76	1.43
NW02 50P	0.40	0.33	0.24	0.40	0.36	0.24
NW02 Min	0.02	0.12	0.08	0.11	0.14	0.12
NW02 Anz	13	13	13	13	13	13
NW02 Art	E28	E28	E28	E28	E28	E28
NW03 Max	1.10	1.65	1.13	1.32	2.74	1.06
NW03 50P	0.29	0.34	0.29	0.27	0.42	0.35
NW03 Min	0.07	0.18	0.15	0.16	0.27	0.14
NW03 Anz	13	13	13	13	12	13
NW03 Art	E28	E28	E28	E28	E28	E28
NW04 Max	0.78	0.14	2.60	3.40	1.10	0.36
NW04 50P	*****	*****	*****	0.98	0.24	*****
NW04 Min	0.78	0.14	2.60	0.64	0.05	0.30
NW04 Anz	1	1	1	4	4	3
NW04 Art	E365	E365	E365	E91	E91	E91
NW05 Max	*****	*****	*****	0.98	0.43	*****
NW05 50P	*****	*****	*****	0.17	0.14	*****
NW05 Min	*****	*****	*****	<0.01	<0.01	*****
NW05 Anz	*****	*****	*****	12	15	*****
NW05 Art	*****	*****	*****	E28	E28	*****
NW06 Max	11.65	7.96	11.30	8.39	6.54	6.41
NW06 50P	3.30	1.35	1.86	3.00	1.46	1.90
NW06 Min	0.18	0.31	0.20	0.59	0.13	0.14
NW06 Anz	13	13	13	13	12	13
NW06 Art	E28	E28	E28	E28	E28	E28
NW07 Max	*****	*****	*****	1.16	1.54	1.50
NW07 50P	*****	*****	*****	0.76	0.94	0.94
NW07 Min	*****	*****	*****	0.45	0.45	0.41
NW07 Anz	*****	*****	*****	13	12	13
NW07 Art	*****	*****	*****	E28	E28	E28
NW08 Max	6.30	4.80	0.22	1.30	*****	*****
NW08 50P	*****	*****	*****	*****	*****	*****
NW08 Min	6.30	4.80	0.22	1.30	*****	*****
NW08 Anz	1	1	1	3	*****	*****
NW08 Art	E365	E365	E365	E91	*****	*****
NW09 Max	1.57	1.08	1.45	1.79	2.41	1.17
NW09 50P	0.43	0.67	0.40	0.43	0.54	0.58
NW09 Min	0.01	0.04	0.09	0.20	0.21	0.17
NW09 Anz	13	13	13	13	11	13
NW09 Art	E28	E28	E28	E28	E28	E28
NW10 Max	1.30	1.40	1.60	3.10	1.70	1.00
NW10 50P	*****	0.52	1.20	*****	1.20	*****
NW10 Min	0.37	0.23	0.56	0.50	0.66	0.40
NW10 Anz	4	4	5	3	9	3
NW10 Art	E91	E91	E91	E91	E91	E91
NW11 Max	1.88	1.58	1.70	1.50	1.10	1.10
NW11 50P	*****	*****	*****	*****	0.69	0.76
NW11 Min	0.34	0.18	0.52	0.66	0.36	0.53
NW11 Anz	4	4	5	4	4	4
NW11 Art	E91	E91	E91	E91	E91	E91
NW12 Max	0.49	0.33	0.69	2.60	0.66	0.24
NW12 50P	*****	0.12	0.14	0.76	0.15	0.16
NW12 Min	0.06	0.08	0.09	0.16	0.08	0.13
NW12 Anz	2	4	5	4	5	4
NW12 Art	E91	E91	E91	E91	E91	E91
NW13 Max	3.03	8.39	2.88	5.11	3.49	2.21
NW13 50P	1.88	1.12	1.64	1.59	1.21	0.92
NW13 Min	0.52	0.57	0.90	0.55	0.27	0.44
NW13 Anz	13	13	13	13	12	13
NW13 Art	E28	E28	E28	E28	E28	E28
NW14 Max	5.36	9.00	3.30	4.10	5.50	10.20
NW14 50P	*****	6.00	2.30	*****	3.90	2.40
NW14 Min	1.80	5.00	0.90	1.50	1.70	1.70
NW14 Anz	3	5	5	3	5	6
NW14 Art	E91	E91	E91	E91	E91	E91
NW15 Max	*****	2.60	5.30	1.92	1.70	1.40
NW15 50P	*****	0.50	0.80	0.30	0.60	0.30
NW15 Min	*****	0.42	0.18	0.26	0.26	0.26
NW15 Anz	*****	4	4	4	4	4
NW15 Art	*****	E91	E91	E91	E91	E91

NH4-N — NORDRHEIN-WESTFALEN

in mg/l	1982	1983	1984	1985	1986	1987
NW16 Max	2.24	1.00	1.50	1.10	1.10	0.77
NW16 50P	0.40	0.23	0.26	0.42	0.36	0.25
NW16 Min	<0.10	<0.10	<0.10	<0.10	<0.10	0.12
NW16 Anz	26	26	27	26	26	26
NW16 Art	E14	E14	M14	M14	M14	M14
NW17 Max	4.10	4.10	4.40	10.90	5.46	4.60
NW17 50P	3.40	0.90	3.30	2.50	1.60	2.50
NW17 Min	2.90	0.20	1.20	1.50	1.56	1.72
NW17 Anz	4	4	4	4	4	4
NW17 Art	E91	E91	E91	E91	E91	E91
NW18 Max	0.70	4.70	1.55	3.33	0.76	1.70
NW18 50P	*****	1.89	*****	0.57	*****	0.12
NW18 Min	0.70	0.29	0.42	0.28	0.37	0.10
NW18 Anz	1	4	4	4	4	4
NW18 Art	E365	E91	E91	E91	E91	E91
NW19 Max	9.60	9.94	4.50	10.10	11.00	7.00
NW19 50P	5.40	4.50	2.80	5.50	4.60	5.50
NW19 Min	2.90	1.24	1.00	3.70	3.20	2.50
NW19 Anz	51	50	4	4	7	6
NW19 Art	E7	E7	E91	E91	E91	E91
NW20 Max	6.40	9.40	5.40	9.70	5.60	8.20
NW20 50P	5.80	5.90	3.70	4.90	3.70	4.00
NW20 Min	3.50	5.10	2.00	1.90	1.60	3.30
NW20 Anz	4	4	4	6	4	4
NW20 Art	E91	E91	E91	E91	E91	E91
NW21 Max	*****	*****	4.00	3.50	5.40	3.20
NW21 50P	*****	*****	1.30	2.40	2.20	1.60
NW21 Min	*****	*****	0.40	0.90	0.80	0.40
NW21 Anz	*****	*****	14	13	16	15
NW21 Art	*****	*****	E28	E28	E28	E28
NW22 Max	1.64	0.38	1.80	0.50	0.60	0.30
NW22 50P	0.20	0.24	0.30	0.40	0.20	0.14
NW22 Min	0.10	0.15	0.20	0.40	0.20	0.09
NW22 Anz	4	6	7	6	9	9
NW22 Art	E91	E91	E91	E91	E91	E91

NH4-N — BERLIN

in mg/l	1982	1983	1984	1985	1986	1987
B 01 Max	4.70	4.40	5.50	3.70	2.90	1.40
B 01 50P	2.40	2.60	2.30	2.60	1.60	0.90
B 01 Min	0.80	1.10	1.60	1.00	0.10	0.50
B 01 Anz	10	12	11	10	10	9
B 01 Art	E30	E30	E30	E30	E30	E30
B 02 Max	1.60	2.60	2.50	3.10	2.20	2.20
B 02 50P	0.90	1.50	1.50	1.30	1.20	0.80
B 02 Min	0.10	0.10	0.50	0.60	0.10	0.30
B 02 Anz	10	12	12	9	10	9
B 02 Art	E30	E30	E30	E30	E30	E30

NH4-N — HAMBURG

in mg/l	1982	1983	1984	1985	1986	1987
HH01 Max	4.50	4.80	4.50	4.50	4.10	3.70
HH01 50P	1.80	2.10	2.20	2.50	2.00	1.20
HH01 Min	0.37	0.64	0.54	0.96	0.10	0.24
HH01 Anz	50	52	52	52	51	53
HH01 Art	E7	E7	E7	E7	E7	E7
HH02 Max	1.80	1.80	1.80	2.60	2.20	3.30
HH02 50P	1.50	1.00	1.00	0.78	0.42	0.76
HH02 Min	0.40	0.47	0.30	0.67	0.26	0.14
HH02 Anz	6	12	12	12	11	12
HH02 Art	E61	E30	E30	E30	E30	E30

NH4-N — BREMEN

in mg/l	1982	1983	1984	1985	1986	1987
HB01 Max	2.39	1.50	0.70	0.90	1.10	*****
HB01 50P	0.70	0.50	0.30	0.25	0.20	*****
HB01 Min	0.20	0.20	0.10	0.10	0.10	*****
HB01 Anz	25	26	27	26	26	*****
HB01 Art	M14	M14	M14	M14	M14	*****

NH4-N — NIEDERSACHSEN

in mg/l	1982	1983	1984	1985	1986	1987
NS01 Max	5.80	4.60	4.40	5.80	4.50	3.80
NS01 50P	3.20	2.70	3.70	3.80	2.90	1.70
NS01 Min	0.70	0.30	0.60	0.47	0.05	0.76
NS01 Anz	12	12	12	13	12	11
NS01 Art	E30	E30	E30	E30	E30	E30
NS02 Max	4.70	4.80	3.50	4.90	3.80	3.50
NS02 50P	2.20	2.70	2.60	3.30	2.20	1.10
NS02 Min	1.10	0.83	1.20	1.10	0.17	0.04
NS02 Anz	50	52	52	52	51	53
NS02 Art	E7	E7	E7	E7	E7	E7
NS03 Max	*****	*****	*****	3.60	4.20	2.70
NS03 50P	*****	*****	*****	0.47	0.44	0.70
NS03 Min	*****	*****	*****	0.07	<0.05	0.05
NS03 Anz	*****	*****	*****	10	11	10
NS03 Art	*****	*****	*****	E30	E30	E30
NS04 Max	1.00	0.90	1.10	0.40	0.62	0.41
NS04 50P	0.20	0.30	0.10	0.07	0.06	0.15
NS04 Min	0.05	0.10	<0.05	<0.05	<0.05	<0.05
NS04 Anz	26	26	27	26	26	26
NS04 Art	M14	M14	M14	M14	M14	M14
NS05 Max	0.70	0.90	0.70	0.36	0.86	0.61
NS05 50P	0.10	0.10	0.12	0.09	0.16	0.14
NS05 Min	0.05	<0.05	<0.05	<0.05	<0.05	<0.05
NS05 Anz	26	26	27	26	26	25
NS05 Art	M14	M14	M14	M14	M14	M14
NS06 Max	1.30	1.40	1.60	0.37	1.50	1.20
NS06 50P	0.35	0.45	0.12	0.12	0.22	0.16
NS06 Min	0.05	<0.05	<0.05	<0.05	<0.05	<0.05
NS06 Anz	26	26	27	25	26	26
NS06 Art	E14	E14	M14	M14	M14	M14
NS07 Max	1.20	2.30	2.50	2.50	1.80	1.20
NS07 50P	0.20	0.75	0.82	0.35	0.40	0.28
NS07 Min	<0.05	0.10	0.07	<0.05	0.07	0.09
NS07 Anz	12	12	11	12	12	11
NS07 Art	E30	E30	E30	E30	E30	E30
NS08 Max	2.96	1.72	0.87	2.40	3.40	1.10
NS08 50P	0.40	0.55	0.32	0.52	0.80	0.49
NS08 Min	0.06	0.08	0.10	<0.05	0.10	0.14
NS08 Anz	13	14	7	11	12	11
NS08 Art	E30	E30	E30	E30	E30	E30
NS09 Max	1.90	1.40	1.30	2.10	1.50	1.90
NS09 50P	0.50	0.50	0.40	0.44	0.36	0.31
NS09 Min	<0.05	<0.05	<0.05	<0.05	<0.05	<0.05
NS09 Anz	12	12	12	12	12	11
NS09 Art	E30	E30	E30	E30	E30	E30
NS10 Max	2.20	1.70	1.20	3.10	1.70	0.92
NS10 50P	0.75	1.40	0.73	1.20	1.10	0.55
NS10 Min	0.20	0.40	0.10	0.39	0.12	0.23
NS10 Anz	12	12	11	12	12	11
NS10 Art	E30	E30	E30	E30	E30	E30
NS11 Max	2.30	0.90	0.77	1.40	1.20	0.69
NS11 50P	0.30	0.50	0.34	0.38	0.46	0.16
NS11 Min	0.20	<0.05	<0.05	<0.05	0.09	<0.05
NS11 Anz	12	12	12	12	12	11
NS11 Art	E30	E30	E30	E30	E30	E30
NS12 Max	2.30	2.70	3.30	3.50	3.90	2.20
NS12 50P	1.50	1.15	1.00	1.70	1.60	1.20
NS12 Min	0.20	0.70	0.46	0.54	0.11	0.65
NS12 Anz	12	12	12	12	12	11
NS12 Art	E30	E30	E30	E30	E30	E30
NS13 Max	2.40	3.00	3.10	3.30	4.00	1.80
NS13 50P	1.20	1.30	0.93	0.84	1.30	0.85
NS13 Min	0.30	0.50	0.13	0.38	0.32	0.47
NS13 Anz	12	12	11	12	12	11
NS13 Art	E30	E30	E30	E30	E30	E30
NS14 Max	*****	*****	*****	2.00	3.20	2.80
NS14 50P	*****	*****	*****	1.30	2.00	1.20
NS14 Min	*****	*****	*****	0.49	0.71	0.77
NS14 Anz	*****	*****	*****	12	12	11
NS14 Art	*****	*****	*****	E30	E30	E30
NS15 Max	1.80	1.60	1.20	1.80	2.00	2.00
NS15 50P	0.65	0.45	0.39	0.46	0.35	0.47
NS15 Min	0.10	0.20	0.12	0.14	<0.05	0.08
NS15 Anz	12	12	12	12	12	11
NS15 Art	E30	E30	E30	E30	E30	E30

NH4-N — NIEDERSACHSEN

in mg/l	1982	1983	1984	1985	1986	1987
NS16 Max	2.20	2.20	1.60	2.40	1.90	1.80
NS16 50P	0.80	0.70	0.49	0.94	0.84	0.47
NS16 Min	0.10	0.10	0.05	0.05	<0.05	<0.05
NS16 Anz	12	12	12	12	12	11
NS16 Art	E30	E30	E30	E30	E30	E30

NH4-N — SCHLESWIG-HOLSTEIN

in mg/l	1982	1983	1984	1985	1986	1987
SH01 Max	0.84	1.19	1.21	1.09	1.69	0.60
SH01 50P	0.45	0.22	0.58	0.33	0.13	0.18
SH01 Min	0.10	0.07	0.02	0.01	0.04	<0.05
SH01 Anz	11	11	12	12	11	12
SH01 Art	E30	E30	E30	E30	E30	E30
SH02 Max	1.40	2.17	2.27	2.14	2.41	1.04
SH02 50P	0.70	1.15	1.06	1.33	1.17	0.89
SH02 Min	0.10	0.10	0.04	0.12	0.15	0.14
SH02 Anz	12	12	12	11	12	12
SH02 Art	E30	E30	E30	E30	E30	E30
SH03 Max	0.77	0.31	0.90	0.98	1.09	3.22
SH03 50P	0.31	0.21	0.30	0.22	0.22	0.19
SH03 Min	0.10	0.05	0.03	0.01	0.03	0.07
SH03 Anz	11	5	25	24	23	22
SH03 Art	E30	E30	E14	E14	E14	E14
SH04 Max	1.20	0.80	0.99	2.72	1.78	2.31
SH04 50P	0.74	0.71	0.34	1.00	0.48	0.35
SH04 Min	0.06	0.29	0.04	0.02	0.03	<0.05
SH04 Anz	7	4	12	14	10	13
SH04 Art	E91	E91	E30	E30	E30	E30
SH05 Max	0.78	0.54	0.71	0.49	0.41	0.50
SH05 50P	0.53	0.27	0.26	0.39	0.27	0.19
SH05 Min	0.30	0.08	0.10	0.18	0.06	<0.05
SH05 Anz	12	12	12	12	14	13
SH05 Art	E30	E30	E30	E30	E30	E30
SH06 Max	2.00	1.45	1.83	1.85	1.51	1.39
SH06 50P	1.20	0.63	0.75	0.58	0.82	0.62
SH06 Min	0.55	0.07	0.05	0.18	0.15	0.32
SH06 Anz	12	12	21	25	22	23
SH06 Art	E30	E30	E14	E14	E14	E14

Allgemeine Erläuterungen im einführenden Text

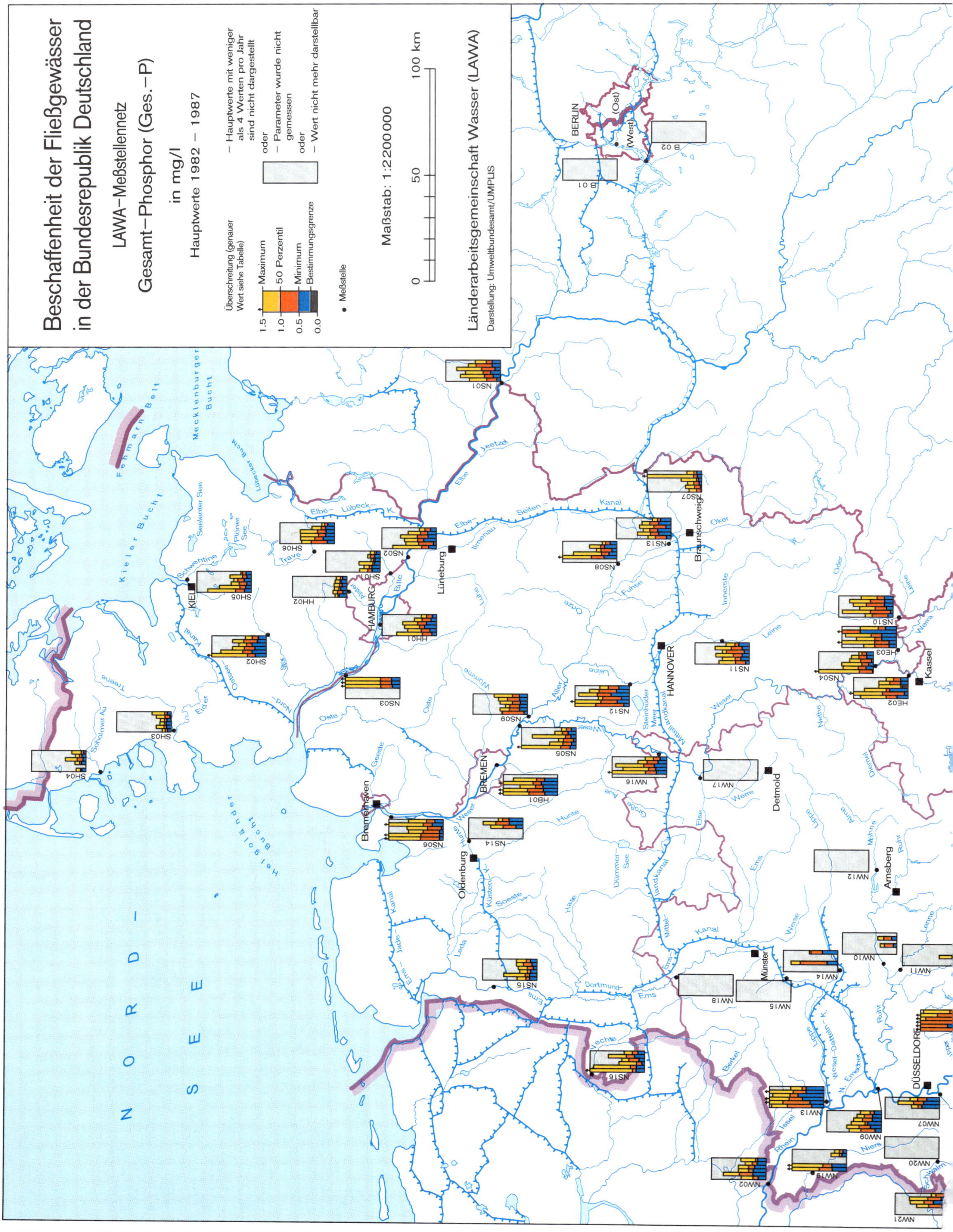

Beschaffenheit der Fließgewässer in der Bundesrepublik Deutschland

LAWA–Meßstellennetz

Gesamt–Phosphor (Ges.–P)

in mg/l

Hauptwerte 1982 – 1987

Überschreitung (genauer Wert siehe Tabelle)

1.5 – Maximum
1.0 – 50 Perzentil
0.5 – Minimum
0.0 – Bestimmungsgrenze

• Meßstelle

– Hauptwerte mit weniger als 4 Werten pro Jahr sind nicht dargestellt
oder
– Parameter wurde nicht gemessen
oder
– Wert nicht mehr darstellbar

Maßstab: 1:2200000

0 — 50 — 100 km

Länderarbeitsgemeinschaft Wasser (LAWA)

Darstellung: Umweltbundesamt/UMPLIS

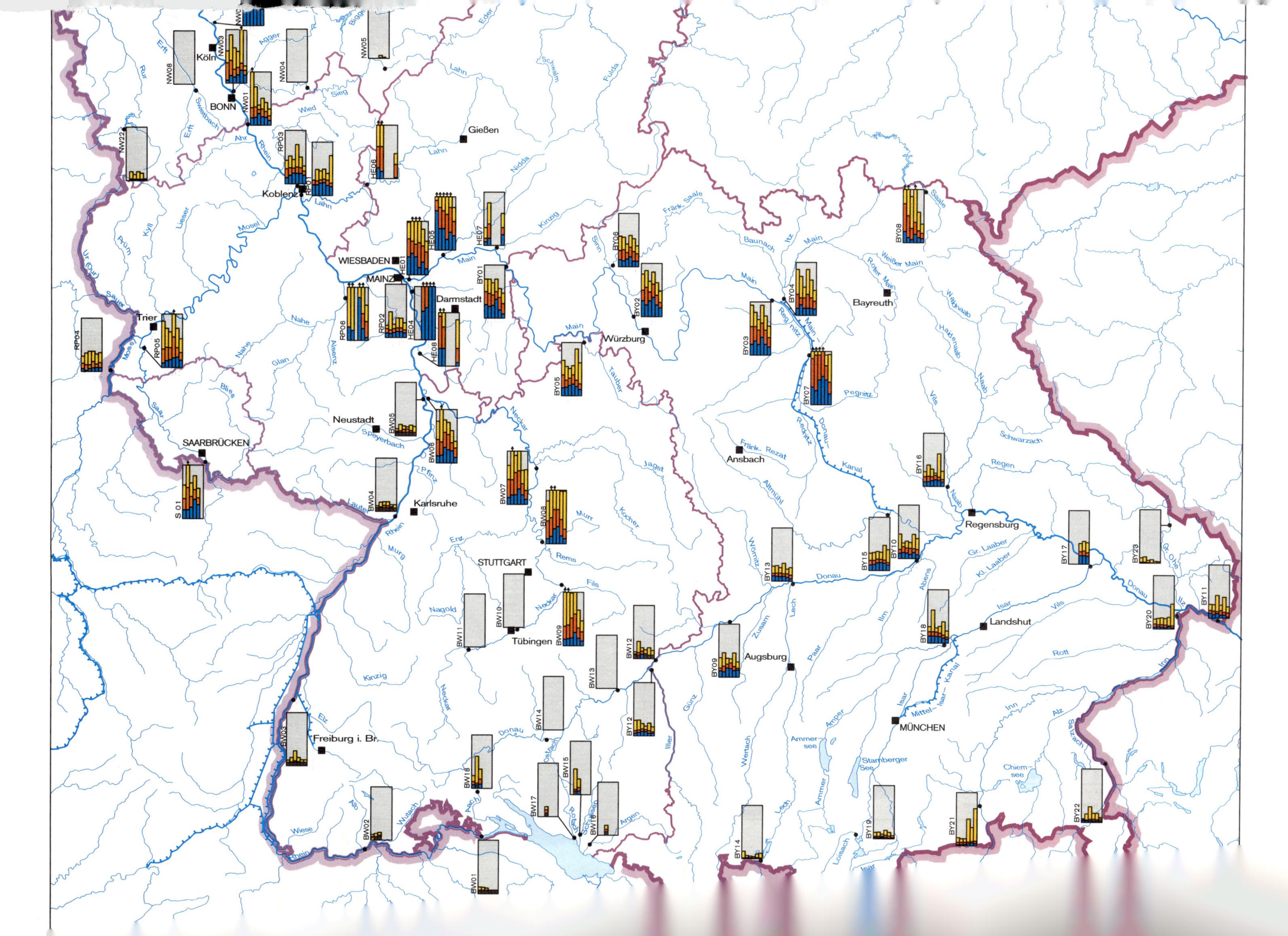

Köln
BONN
Koblenz
Gießen
WIESBADEN
MAINZ
Darmstadt
Trier
Neustadt
SAARBRÜCKEN
Karlsruhe
STUTTGART
Tübingen
Freiburg i. Br.
Würzburg
Bayreuth
Ansbach
Regensburg
Landshut
Augsburg
MÜNCHEN
NW01
NW03
NW04
NW05
NW08
NW22
RP01
RP02
RP03
RP04
RP05
RP06
HE01
HE04
HE05
HE06
HE07
HE08
S 01
BW01
BW02
BW03
BW04
BW05
BW06
BW07
BW08
BW09
BW10
BW11
BW12
BW13
BW14
BW15
BW16
BW17
BW18
BY01
BY02
BY03
BY04
BY05
BY06
BY07
BY08
BY09
BY10
BY11
BY12
BY13
BY14
BY15
BY16
BY17
BY18
BY19
BY20
BY21
BY22
BY23
Rhein
Main
Mosel
Saar
Nahe
Lahn
Neckar
Donau
Donau-Kanal
Main-Donau-Kanal
Isar
Mittel-Isar-Kanal
Inn
Lech
Iller
Naab
Regen
Altmühl
Regnitz
Pegnitz
Fränk. Saale
Fränk. Rezat
Tauber
Kocher
Jagst
Murr
Rems
Fils
Enz
Nagold
Kinzig
Murg
Elz
Wiese
Alb
Wutach
Aach
Argen
Schussen
Rotach
Ostrach
Erft
Rur
Agger
Sieg
Wied
Ahr
Swistbach
Bigge
Eder
Schwalm
Fulda
Nidda
Sinn
Itz
Baunach
Weißer Main
Roter Main
Waldnaab
Haidenaab
Vils
Schwarzach
Gr. Laaber
Kl. Laaber
Abens
Ilm
Paar
Amper
Ammer
Ammersee
Starnberger See
Chiemsee
Alz
Salzach
Rott
Ilz
Gr. Ohe
Wörnitz
Zusam
Wertach
Günz
Loisach
Lauter
Pfinz
Speyerbach
Alsenz
Glan
Blies
Prüm
Kyll
Lieser
Sauer
Ur (Our)

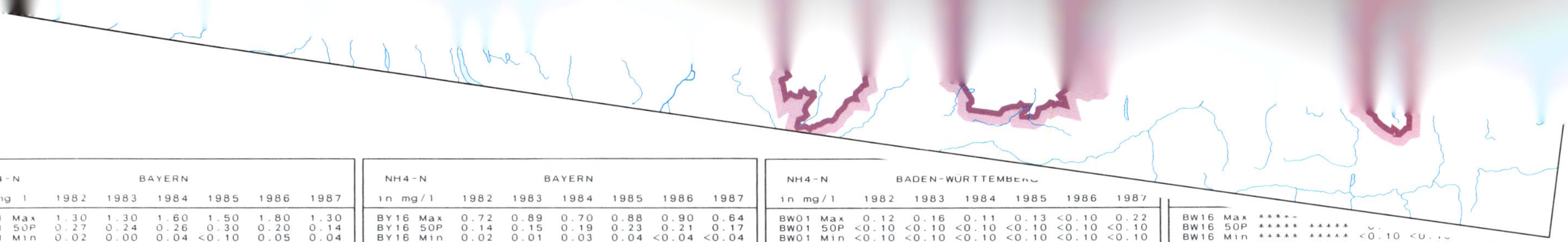

NH4-N in mg/l	BAYERN 1982	1983	1984	1985	1986	1987
BY01 Max	1.30	1.30	1.60	1.50	1.80	1.30
BY01 50P	0.27	0.24	0.26	0.30	0.20	0.14
BY01 Min	0.02	0.00	0.04	<0.10	0.05	0.04
BY01 Anz	26	26	26	26	27	25
BY01 Art	E14	E14	E14	E14	E14	E14
BY02 Max	1.70	2.00	1.10	2.60	1.90	1.50
BY02 50P	0.73	0.39	0.32	0.77	0.42	0.28
BY02 Min	0.28	0.17	0.02	0.12	0.13	0.05
BY02 Anz	26	26	26	26	27	26
BY02 Art	E14	E14	E14	E14	E14	E14
BY03 Max	1.80	3.90	2.60	3.00	2.40	1.39
BY03 50P	0.60	0.50	0.73	0.98	0.66	0.58
BY03 Min	0.10	0.10	0.43	0.55	0.29	0.14
BY03 Anz	26	26	26	25	27	26
BY03 Art	E14	E14	E14	E14	E14	E14
BY04 Max	1.21	0.60	0.87	1.63	0.89	0.79
BY04 50P	0.30	0.22	0.26	0.24	0.21	0.22
BY04 Min	0.20	0.10	0.13	0.10	0.02	0.04
BY04 Anz	26	25	25	22	26	26
BY04 Art	E14	E14	E14	E14	E14	E14
BY05 Max	0.72	0.34	0.54	0.71	0.44	0.63
BY05 50P	0.16	0.06	0.09	0.10	0.09	0.07
BY05 Min	0.01	0.01	0.02	0.01	0.02	0.01
BY05 Anz	26	26	26	26	27	26
BY05 Art	E14	E14	E14	E14	E14	E14
BY06 Max	0.80	0.33	0.31	0.82	0.68	0.56
BY06 50P	0.19	0.07	0.06	0.05	0.12	0.11
BY06 Min	<0.02	0.01	0.01	0.01	0.01	<0.01
BY06 Anz	26	25	26	25	26	26
BY06 Art	E14	E14	E14	E14	E14	E14
BY07 Max	4.10	5.40	8.70	6.60	6.80	5.30
BY07 50P	1.75	1.00	3.30	3.95	3.05	1.77
BY07 Min	0.40	0.34	0.52	0.88	0.74	0.52
BY07 Anz	25	26	26	25	27	26
BY07 Art	E14	E14	E14	E14	E14	E14
BY08 Max	12.00	14.00	5.70	12.00	7.30	6.70
BY08 50P	3.35	4.30	2.00	3.80	2.80	2.30
BY08 Min	0.84	0.51	0.15	0.07	0.77	0.85
BY08 Anz	25	25	26	26	24	26
BY08 Art	E14	E14	E14	E14	E14	E14
BY09 Max	0.57	0.67	0.57	0.60	0.60	0.58
BY09 50P	0.20	0.19	0.18	0.19	0.15	0.12
BY09 Min	0.02	0.01	0.03	0.01	0.02	0.04
BY09 Anz	26	26	26	25	26	26
BY09 Art	E14	E14	E14	E14	E14	E14
BY10 Max	0.42	0.58	0.53	0.72	0.42	0.65
BY10 50P	0.12	0.16	0.14	0.10	0.14	0.10
BY10 Min	0.01	0.01	0.01	0.02	0.04	0.03
BY10 Anz	26	26	26	26	26	27
BY10 Art	E14	E14	E14	E14	E14	E14
BY11 Max	0.45	0.61	0.38	0.71	0.59	0.57
BY11 50P	0.17	0.12	0.13	0.13	0.17	0.14
BY11 Min	0.06	0.02	0.02	0.05	0.02	0.03
BY11 Anz	26	26	26	26	27	26
BY11 Art	E14	E14	E14	E14	E14	E14
BY12 Max	0.20	0.29	0.20	0.27	0.80	0.52
BY12 50P	0.07	0.08	0.07	0.05	0.07	0.13
BY12 Min	0.02	<0.01	0.03	0.01	0.01	0.01
BY12 Anz	26	26	26	25	27	26
BY12 Art	E14	E14	E14	E14	E14	E14
BY13 Max	1.04	1.06	1.34	1.22	1.66	1.01
BY13 50P	0.41	0.36	0.44	0.50	0.43	0.38
BY13 Min	0.00	0.11	0.23	0.19	0.15	0.14
BY13 Anz	26	26	26	25	26	26
BY13 Art	E14	E14	E14	E14	E14	E14
BY14 Max	0.12	0.36	0.37	0.12	0.49	0.12
BY14 50P	0.02	0.06	0.05	0.04	0.05	0.03
BY14 Min	0.01	0.01	0.01	0.01	0.01	0.01
BY14 Anz	26	26	25	26	26	26
BY14 Art	E14	E14	E14	E14	E14	E14
BY15 Max	0.21	0.35	0.37	0.58	0.55	0.62
BY15 50P	0.04	0.03	0.05	0.08	0.09	<0.04
BY15 Min	0.02	<0.01	<0.01	<0.04	<0.04	<0.04
BY15 Anz	26	26	25	26	27	26
BY15 Art	E14	E14	E14	E14	E14	E14

NH4-N in mg/l	BAYERN 1982	1983	1984	1985	1986	1987
BY16 Max	0.72	0.89	0.70	0.88	0.90	0.64
BY16 50P	0.14	0.15	0.19	0.23	0.21	0.17
BY16 Min	0.02	0.01	0.03	0.04	<0.04	<0.04
BY16 Anz	26	26	25	26	27	26
BY16 Art	E14	E14	E14	E14	E14	E14
BY17 Max	*****	*****	*****	1.10	1.10	1.60
BY17 50P	*****	*****	*****	0.26	0.32	0.24
BY17 Min	*****	*****	*****	0.01	0.02	0.05
BY17 Anz	*****	*****	*****	26	27	26
BY17 Art	*****	*****	*****	E14	E14	E14
BY18 Max	0.59	0.57	0.54	0.79	0.61	0.94
BY18 50P	0.16	0.27	0.18	0.19	0.18	0.19
BY18 Min	0.05	0.02	0.04	0.01	0.02	0.02
BY18 Anz	26	26	26	26	27	26
BY18 Art	E14	E14	E14	E14	E14	E14
BY19 Max	0.17	0.27	0.39	0.50	0.69	0.53
BY19 50P	0.06	0.09	0.12	0.13	0.17	0.14
BY19 Min	0.01	0.01	0.03	<0.03	0.03	<0.03
BY19 Anz	26	25	26	26	24	25
BY19 Art	E14	E14	E14	E14	E14	E14
BY20 Max	0.48	0.43	0.53	0.38	0.45	0.40
BY20 50P	0.15	0.11	0.13	0.13	0.15	0.13
BY20 Min	0.05	0.04	0.04	0.05	0.06	0.05
BY20 Anz	26	26	26	26	27	26
BY20 Art	E14	E14	E14	E14	E14	E14
BY21 Max	0.22	0.22	0.45	0.33	0.40	1.20
BY21 50P	0.06	0.10	0.13	0.11	0.13	0.13
BY21 Min	0.02	<0.01	0.05	0.04	0.03	0.01
BY21 Anz	24	26	26	24	27	26
BY21 Art	E14	E14	E14	E14	E14	E14
BY22 Max	0.10	0.15	0.12	0.30	0.16	0.19
BY22 50P	0.03	0.03	0.05	0.03	0.03	0.01
BY22 Min	<0.01	<0.01	0.01	0.01	<0.01	<0.01
BY22 Anz	26	26	26	26	26	26
BY22 Art	E14	E14	E14	E14	E14	E14
BY23 Max	0.14	0.14	0.29	0.15	0.14	0.10
BY23 50P	0.05	0.06	0.04	0.03	0.04	0.04
BY23 Min	0.02	0.02	0.01	0.01	<0.01	0.03
BY23 Anz	26	26	26	26	27	26
BY23 Art	E14	E14	E14	E14	E14	E14

NH4-N in mg/l	RHEINLAND-PFALZ 1982	1983	1984	1985	1986	1987
RP01 Max	0.80	0.82	0.86	1.18	1.57	1.10
RP01 50P	0.20	0.20	0.24	0.29	0.21	0.19
RP01 Min	0.10	0.10	0.05	0.11	0.08	0.09
RP01 Anz	26	26	27	26	26	26
RP01 Art	M14	M14	M14	M14	M14	M14
RP02 Max	0.77	1.30	1.20	1.10	1.80	1.20
RP02 50P	0.32	0.30	0.45	0.44	0.28	0.24
RP02 Min	0.07	0.15	0.12	0.10	0.05	0.02
RP02 Anz	26	26	27	26	26	26
RP02 Art	M14	M14	M14	M14	M14	M14
RP03 Max	1.00	1.70	0.70	1.00	1.45	0.96
RP03 50P	0.22	0.22	0.32	0.24	0.16	0.13
RP03 Min	0.10	0.10	0.05	0.10	0.05	0.06
RP03 Anz	26	26	27	26	26	25
RP03 Art	M14	M14	M14	M14	M14	M14
RP04 Max	0.68	0.54	0.40	0.62	0.59	0.06
RP04 50P	0.25	0.10	0.14	0.16	0.11	0.05
RP04 Min	0.02	<0.02	0.02	0.05	0.02	<0.02
RP04 Anz	26	26	27	26	26	25
RP04 Art	M14	M14	M14	M14	M14	M14
RP05 Max	11.70	10.10	6.60	7.90	9.70	3.50
RP05 50P	4.00	2.50	3.20	4.30	2.00	1.35
RP05 Min	1.70	0.76	1.20	1.90	0.73	0.41
RP05 Anz	26	26	27	26	25	25
RP05 Art	M14	M14	M14	M14	M14	M14
RP06 Max	1.25	0.50	1.17	1.55	2.50	*****
RP06 50P	*****	*****	*****	*****	0.37	*****
RP06 Min	0.12	0.03	0.06	0.18	0.04	*****
RP06 Anz	8	8	4	6	20	*****
RP06 Art	E	E	E	1M	1M	*****

NH4-N in mg/l	BADEN-WÜRTTEMBERG 1982	1983	1984	1985	1986	1987
BW01 Max	0.12	0.16	0.11	0.13	<0.10	0.22
BW01 50P	<0.10	<0.10	<0.10	<0.10	<0.10	<0.10
BW01 Min	<0.10	<0.10	<0.10	<0.10	<0.10	<0.10
BW01 Anz	26	26	27	26	26	27
BW01 Art	M14	M14	M14	M14	M14	M14
BW02 Max	0.16	0.14	0.12	0.22	0.18	0.11
BW02 50P	<0.10	<0.10	<0.10	<0.10	<0.10	<0.10
BW02 Min	<0.10	<0.10	<0.10	<0.10	<0.10	<0.10
BW02 Anz	26	26	27	26	25	26
BW02 Art	M14	M14	M14	M14	M14	M14
BW03 Max	0.18	0.19	0.22	0.38	0.42	0.48
BW03 50P	<0.10	<0.10	<0.10	<0.10	<0.10	<0.10
BW03 Min	<0.10	<0.10	<0.10	<0.10	<0.10	<0.10
BW03 Anz	26	26	27	26	26	27
BW03 Art	M14	M14	M14	M14	M14	M14
BW04 Max	0.27	0.25	0.27	0.39	0.55	0.49
BW04 50P	0.12	0.10	0.11	0.15	0.11	0.12
BW04 Min	<0.10	<0.10	<0.10	<0.10	<0.10	<0.10
BW04 Anz	26	26	27	26	26	23
BW04 Art	M14	M14	M14	M14	M14	M14
BW05 Max	0.24	0.21	0.22	0.36	0.50	0.49
BW05 50P	<0.10	<0.10	<0.10	0.11	<0.10	0.11
BW05 Min	<0.10	<0.10	<0.10	<0.10	<0.10	<0.10
BW05 Anz	26	26	27	25	25	27
BW05 Art	M14	M14	M14	M14	M14	M14
BW06 Max	0.23	0.29	0.24	0.90	1.08	1.05
BW06 50P	0.10	<0.10	<0.10	0.25	0.31	0.33
BW06 Min	0.10	<0.10	<0.10	<0.10	<0.10	0.19
BW06 Anz	26	26	27	26	24	25
BW06 Art	M14	M14	M14	M14	M14	M14
BW07 Max	1.45	1.22	0.95	2.88	1.93	1.78
BW07 50P	0.84	0.32	0.29	0.34	0.41	0.40
BW07 Min	0.33	<0.10	<0.10	<0.10	<0.10	<0.10
BW07 Anz	26	23	27	26	26	27
BW07 Art	M14	M14	M14	M14	M14	M14
BW08 Max	1.65	5.08	2.50	3.51	3.42	1.51
BW08 50P	0.77	0.68	0.82	0.93	0.70	0.69
BW08 Min	0.37	<0.10	0.37	0.30	0.27	0.16
BW08 Anz	18	25	27	24	25	26
BW08 Art	M14	M14	M14	M14	M14	M14
BW09 Max	0.89	2.95	0.83	2.90	2.64	0.95
BW09 50P	0.26	0.17	0.25	0.26	0.17	0.22
BW09 Min	0.14	<0.10	<0.50	<0.10	<0.10	<0.10
BW09 Anz	26	26	27	26	26	27
BW09 Art	M14	M14	M14	M14	M14	M14
BW10 Max	*****	*****	*****	2.67	2.25	*****
BW10 50P	*****	*****	*****	0.23	0.32	*****
BW10 Min	*****	*****	*****	<0.10	<0.10	*****
BW10 Anz	*****	*****	*****	12	11	*****
BW10 Art	*****	*****	*****	E28	E28	*****
BW11 Max	*****	*****	*****	1.69	1.50	*****
BW11 50P	*****	*****	*****	0.18	0.25	*****
BW11 Min	*****	*****	*****	<0.10	<0.10	*****
BW11 Anz	*****	*****	*****	12	10	*****
BW11 Art	*****	*****	*****	E28	E28	*****
BW12 Max	0.19	0.23	0.20	0.30	0.31	0.15
BW12 50P	0.13	<0.10	<0.10	<0.10	<0.10	<0.10
BW12 Min	<0.10	<0.10	<0.10	<0.10	<0.10	<0.10
BW12 Anz	25	26	23	23	23	22
BW12 Art	M14	M14	M14	M14	M14	M14
BW13 Max	*****	*****	*****	1.38	0.55	0.40
BW13 50P	*****	*****	*****	0.18	0.12	0.20
BW13 Min	*****	*****	*****	<0.10	<0.10	<0.10
BW13 Anz	*****	*****	*****	12	9	12
BW13 Art	*****	*****	*****	E28	E28	E28
BW14 Max	*****	*****	*****	0.76	0.34	<0.10
BW14 50P	*****	*****	*****	<0.10	<0.10	<0.10
BW14 Min	*****	*****	*****	<0.10	<0.10	<0.10
BW14 Anz	*****	*****	*****	12	11	8
BW14 Art	*****	*****	*****	E28	E28	E28
BW15 Max	*****	0.39	0.59	0.37	0.39	0.40
BW15 50P	*****	0.12	<0.10	0.14	<0.10	0.10
BW15 Min	*****	<0.10	<0.10	<0.10	<0.10	<0.10
BW15 Anz	*****	23	25	20	21	21
BW15 Art	*****	M14	M14	M14	M14	M14
BW16 Max	*****	[illegible]	[illegible]	[illegible]	[illegible]	[illegible]
BW16 50P	*****	*****	[illegible]	[illegible]	[illegible]	[illegible]
BW16 Min	*****	*****	<0.10	[illegible]	[illegible]	[illegible]
BW16 Anz	*****	*****	17	19	16	[illegible]
BW16 Art	*****	*****	M14	M14	M14	M14
BW17 Max	*****	*****	0.17	0.18	0.16	0.16
BW17 50P	*****	*****	<0.10	<0.10	<0.10	<0.10
BW17 Min	*****	*****	<0.10	<0.10	<0.10	<0.10
BW17 Anz	*****	*****	12	14	19	22
BW17 Art	*****	*****	M14	M14	M14	M14
BW18 Max	0.40	0.48	0.16	0.40	0.12	<0.10
BW18 50P	<0.10	<0.10	<0.10	<0.10	<0.10	<0.10
BW18 Min	<0.10	<0.10	<0.10	<0.10	<0.10	<0.10
BW18 Anz	25	26	27	26	25	27
BW18 Art	M14	M14	M14	M14	M14	M14

NH4-N in mg/l	HESSEN 1982	1983	1984	1985	1986	1987
HE01 Max	2.00	2.30	1.60	2.30	2.20	1.90
HE01 50P	0.90	0.80	0.70	0.70	0.50	0.40
HE01 Min	0.40	0.20	0.20	0.20	0.20	<0.10
HE01 Anz	25	26	27	26	25	26
HE01 Art	M14	M14	M14	M14	M14	M14
HE02 Max	1.30	0.60	0.40	0.30	0.50	0.80
HE02 50P	0.50	0.20	0.10	0.10	0.20	0.20
HE02 Min	0.10	0.10	0.00	0.10	0.10	<0.10
HE02 Anz	26	25	27	25	26	26
HE02 Art	M14	M14	M14	M14	M14	M14
HE03 Max	0.90	0.60	0.80	1.30	1.60	1.70
HE03 50P	0.30	0.20	0.20	0.50	0.40	0.40
HE03 Min	0.10	0.10	<0.05	0.10	0.10	<0.05
HE03 Anz	26	26	27	26	26	26
HE03 Art	M14	M14	M14	M14	M14	M14
HE04 Max	*****	*****	23.40	27.20	18.60	13.00
HE04 50P	*****	*****	12.50	12.90	12.60	6.90
HE04 Min	*****	*****	2.90	6.90	2.90	0.50
HE04 Anz	*****	*****	27	25	26	26
HE04 Art	*****	*****	M14	M14	M14	M14
HE05 Max	1.80	4.10	2.50	3.20	7.00	2.90
HE05 50P	0.90	0.50	0.90	0.80	1.20	0.70
HE05 Min	0.10	0.10	0.10	0.20	0.10	0.20
HE05 Anz	17	22	26	26	25	26
HE05 Art	M14	M14	M14	M14	M14	M14
HE06 Max	6.20	2.60	1.80	1.30	3.00	1.30
HE06 50P	0.70	0.60	0.40	0.30	0.70	0.10
HE06 Min	0.20	0.20	0.10	0.10	0.10	<0.08
HE06 Anz	13	14	12	12	12	12
HE06 Art	E30	E30	E30	E30	E30	E30
HE07 Max	4.00	2.30	2.10	0.90	1.80	4.90
HE07 50P	0.40	0.60	0.60	0.60	0.60	0.30
HE07 Min	0.10	0.30	0.10	0.20	0.10	<0.10
HE07 Anz	13	14	12	12	12	26
HE07 Art	M14	M14	M14	M14	M14	M14
HE08 Max	11.10	7.80	12.20	6.80	7.50	4.60
HE08 50P	4.40	3.20	3.50	3.40	3.40	0.10
HE08 Min	1.40	1.20	0.40	1.60	0.10	<0.10
HE08 Anz	13	14	12	12	12	12
HE08 Art	E30	E30	E30	E30	E30	E30

NH4-N in mg/l	SAARLAND 1982	1983	1984	1985	1986	1987
S 01 Max	1.32	1.34	0.86	3.20	2.70	*****
S 01 50P	0.77	0.52	0.59	1.14	0.86	*****
S 01 Min	0.38	0.14	0.34	0.50	0.30	*****
S 01 Anz	11	10	11	10	12	*****
S 01 Art	*****	*****	*****	*****	*****	*****

Allgemeine Erläuterungen im einführenden Text

Anlage zum Bericht
„Kartierung der zur Gewässerversauerung neigenden Gebiete in der Bundesrepublik Deutschland sowie des aktuellen Standes der pH-Wert-Situation (< pH 6.0) in Oberflächengewässern"

Aktuelle Gewässerversauerung

in der Bundesrepublik Deutschland

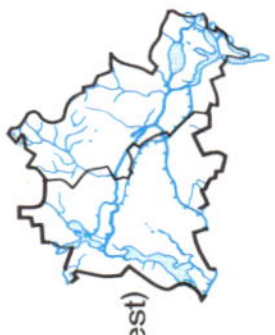

Minimale pH-Werte in Oberflächengewässern:

- unter 4,3
- 4,3 bis 5,0
- über 5,0 bis 6,0

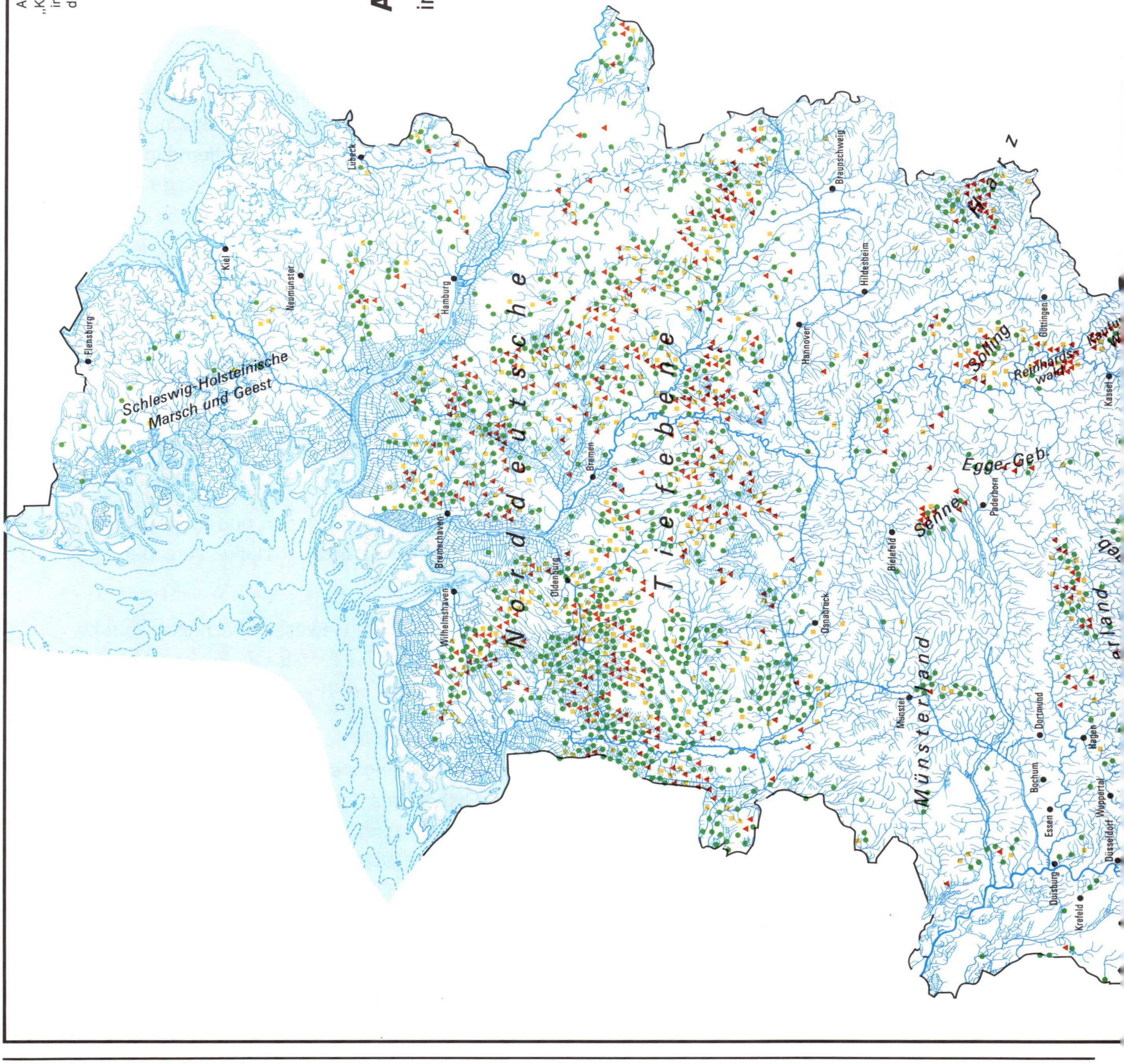

Zur Gewässerversauerung neigende Gebiete

Die anthropogenen Depositionen von Schwefel- und Stickoxiden sowie Metallen haben zu einer Störung der Säure-/Basengleichgewichte im Stoffkreislauf des Wassers geführt. Die zunehmende Anreicherung der chemisch und biologisch reaktiven Substanzen im Niederschlags-, Boden- und Oberflächenwasser führt mittel- oder langfristig zu nachteiligen Veränderungen in den Ökosystemen.

Die versauerten Bereiche sind von der Geologie, den Bodenverhältnissen, der Landnutzung und von anderen anthropogenen Einflüssen abhängig.

Um die Bereiche, die zur Versauerung neigen, zu klassifizieren, wurde eine Konzeption entwickelt, die auf zwei Grundkarten, zu

- Pufferungsvermögen der Böden aufgrund ihrer Basenversorgung
  und
- Pufferungsvermögen der anstehenden Gesteine aufgrund ihres Karbonatgehaltes

aufbaut.

Beide Karten wurden zu einer Synthesekarte zusammengefaßt, die die geogenen Gefährdungsgebiete ausweist. Um den tatsächlichen Gegebenheiten gerecht zu werden, wurden unter Berücksichtigung der Wald- und Hochmoor-Verbreitung die Gebiete herausgearbeitet, die keinen abpuffernden Einfluß erwarten lassen. Aus dieser Konzeption resultiert die in sechs Farben abgestufte Karte der zur Gewässerversauerung neigenden Gebiete in der Bundesrepublik Deutschland.

Beim Vergleich zwischen der Karte der zur Gewässerversauerung neigenden Gebiete und der Karte zum aktuellen Stand der pH-Werte-Situationen in Oberflächengewässern zeigt sich eine gute Übereinstimmung. In ihrer regionalen Verbreitung sind die entsprechenden Gebiete weitgehend deckungsgleich. Es wird auch deutlich, daß Gewässer mit den niedrigsten pH-Werten (< pH 4,3) vorwiegend in großflächigen Waldgebieten auf karbonatfreiem bis -armen Gestein und auf Böden mit geringer Basenversorgung vorliegen. Andererseits ist ersichtlich, daß dort, wo Böden, die eine gewisse Basenversorgung aufweisen, auch wenn sie auf karbonatfreiem bis -armen Gestein liegen, die pH-Wert-Situation der Oberflächengewässer günstiger ist.

Mit den vorgelegten Kartenwerten ist auch Grad und Umfang einer vorhandenen und möglicherweise noch fortschreitenden Gewässerversauerung interpretierbar. Die pH-Karte zeigt starke Versauerungen nur im Oberlauf von Flüssen bewaldeter Einzugsgebiete.

Hier führt die Versauerung vor allem zu ökologischen Schäden; da Gewässerabschnitte betroffen sind, von denen man angenommen hat, daß sie von anthropogenen Einflüssen jeglicher Art verschont geblieben waren und die letzten Refugien für manche seltenen Tier- und Pflanzenarten darstellen.

Für das oberflächennahe Grundwasser waren bisher nur regionale Angaben möglich. Eine kartographische Darstellung der Buntsandsteingebiete Nord- und Osthessens ist in Vorbereitung. Mit einer zunehmenden Bodenversauerung, vor allem in den zur Versauerung neigenden Gebieten, ist eine Beeinträchtigung in der Grundwasserqualität bereits feststellbar und mit der Gefährdung der Trinkwasserqualität in Zukunft stärker zu rechnen.

Siehe auch:
- Kapitel Wald
- Kapitel Luft, Abschnitt Depositionen

Bearbeiter: R. Lehmann, ...
Kartographie: Bayerisches Staatsministerium für Landes...
Grundkarte: R. Keller (Hrsg.): Hydrologischer Atlas der Bundesrepublik Deutschland, Bopp...

Zentrale Doppel- und Mehrfachorte sind durch Linien verbunden
(nach Ministerkonferenz für Raumordnung)

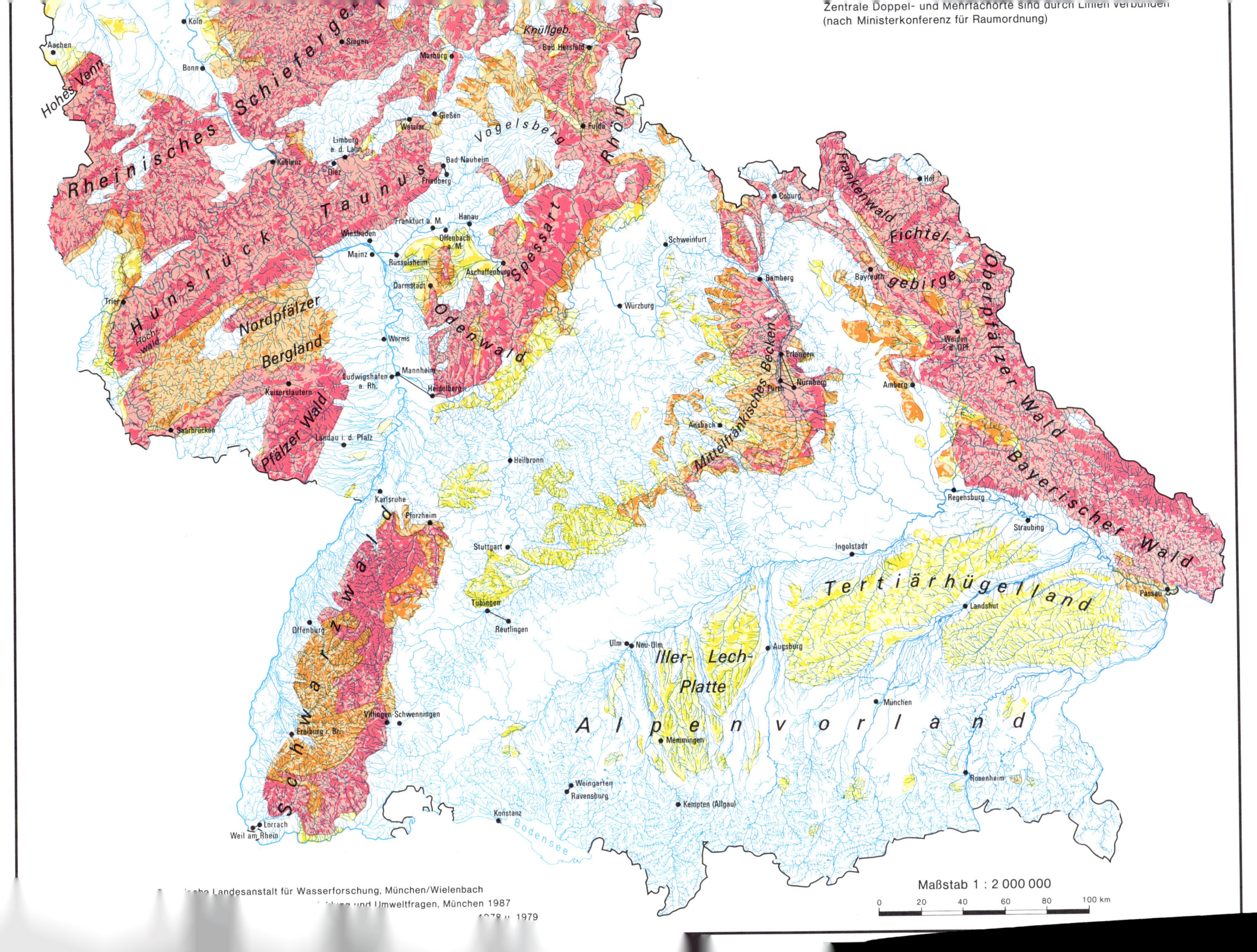

…ische Landesanstalt für Wasserforschung, München/Wielenbach
…ltung und Umweltfragen, München 1987
…1978 u. 1979

Zur Gewässerversauerung neigende Gebiete
in der Bundesrepublik Deutschland

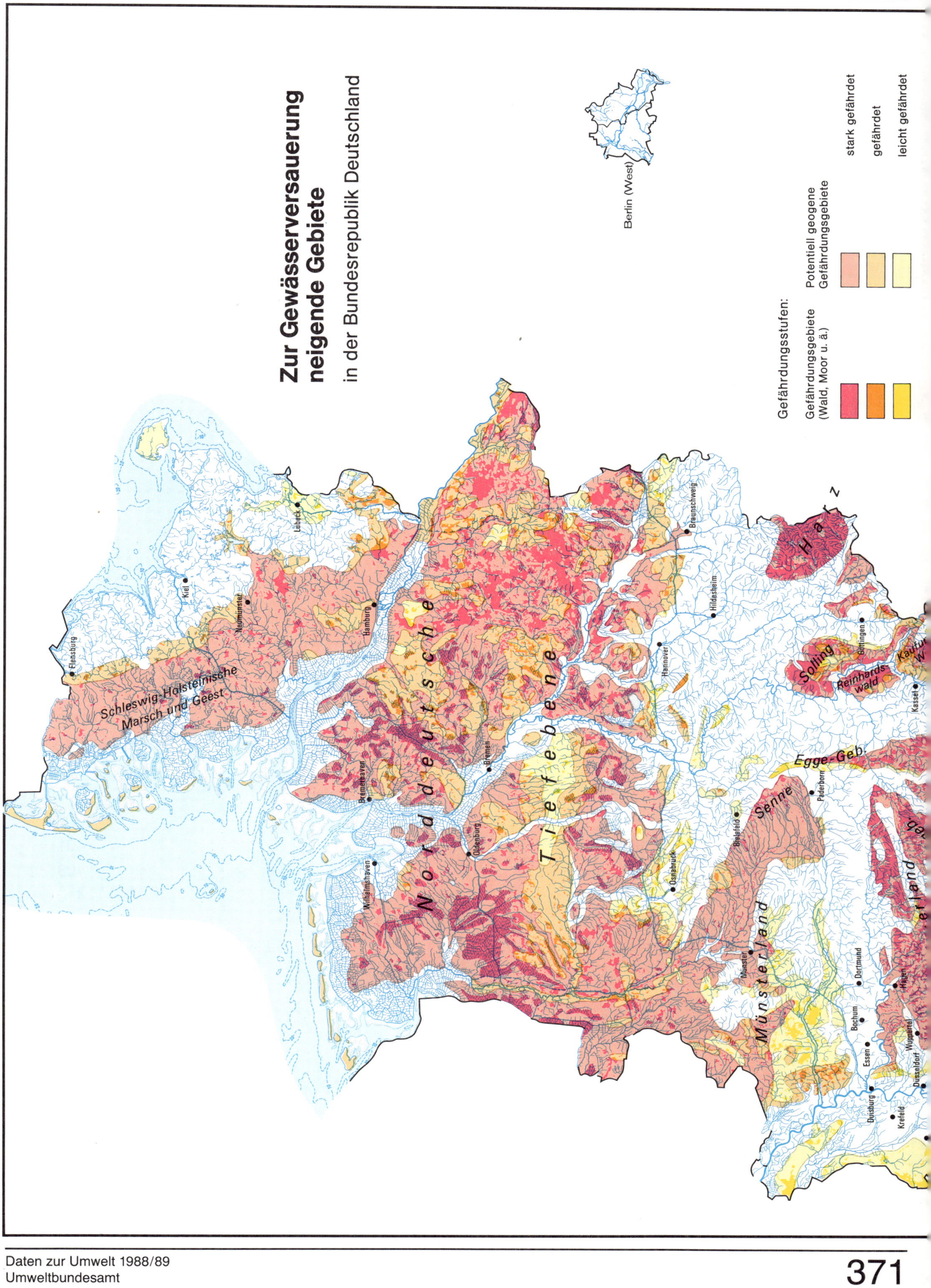

Berlin (West)

Gefährdungsstufen:

Gefährdungsgebiete (Wald, Moor u. ä.)	Potentiell geogene Gefährdungsgebiete	
■	■	stark gefährdet
■	■	gefährdet
■	■	leicht gefährdet

Flensburg
Kiel
Neumünster
Lübeck
Hamburg
Schleswig-Holsteinische Marsch und Geest
Bremerhaven
Bremen
Wilhelmshaven
Oldenburg
Norddeutsche Tiefebene
Braunschweig
Hildesheim
Hannover
Osnabrück
Bielefeld
Paderborn
Harz
Göttingen
Solling
Reinhardswald
Kassel
Egge-Geb.
Senne
Münster
Münsterland
Dortmund
Hagen
Bochum
Essen
Wuppertal
Düsseldorf
Duisburg
Krefeld

Wasser – Nordsee –

Datengrundlage

Daten zum Zustand der Nordsee werden national nach dem gemeinsamen Bund/Länder-Meßprogramm für die Nordsee sowie international nach dem Joint Monitoring Programme der Übereinkommen von Oslo und Paris erhoben. Zudem tragen gesonderte Überwachungsprogramme von Bundes- und Länderbehörden sowie zahlreiche Forschungsprojekte zur besseren Kenntnis der Belastungssituation und der ökologisch bedeutsamen Zusammenhänge in der Nordsee bei.

Die Überwachung von Umweltchemikalien im Meeres-, Küsten- und Ästuarbereich soll

- einer möglichen Gefährdung der menschlichen Gesundheit durch den Verzehr kontaminierter Fische, Muscheln und Krebse vorbeugen,
- Wirkungen anthropogener Stoffeinträge auf aquatische Ökosysteme erfassen (Effektmonitoring),
- den gegenwärtigen Stand der Gewässerbelastung dokumentieren und
- die Wirksamkeit von Maßnahmen zur Emissionsbeschränkung einzelner Stoffe anhand von Trends der entsprechenden Immissionswerte aufzeigen (Trendmonitoring).

Eine umfassende Zustandsbeschreibung der Nordsee erfordert unter den genannten Zielvorstellungen

- die Ermittlung der Strömungsverhältnisse, des Wasseraustausches und der Schichtung (Physikalische Ozeanographie),
- die Bilanzierung von Stoffeinträgen,
- die Bestimmung von Konzentrationen organischer (Organohalogenverbindungen, Erdölkohlenwasserstoffe) und anorganischer Problemstoffe (Metalle, Metalloide, Nährstoffe) in Wasser, Sediment und Lebewesen sowie
- die Erfassung von Wirkungen auf Plankton, Benthos (am, auf dem oder im Gewässergrund lebende Tier- und Pflanzenarten), Fische, Säugetiere und Seevögel.

Wasser – Nordsee –

Meßstationen des Gemeinsamen Bund/Länder–Meßprogramms für die Nordsee (Stand 1989)

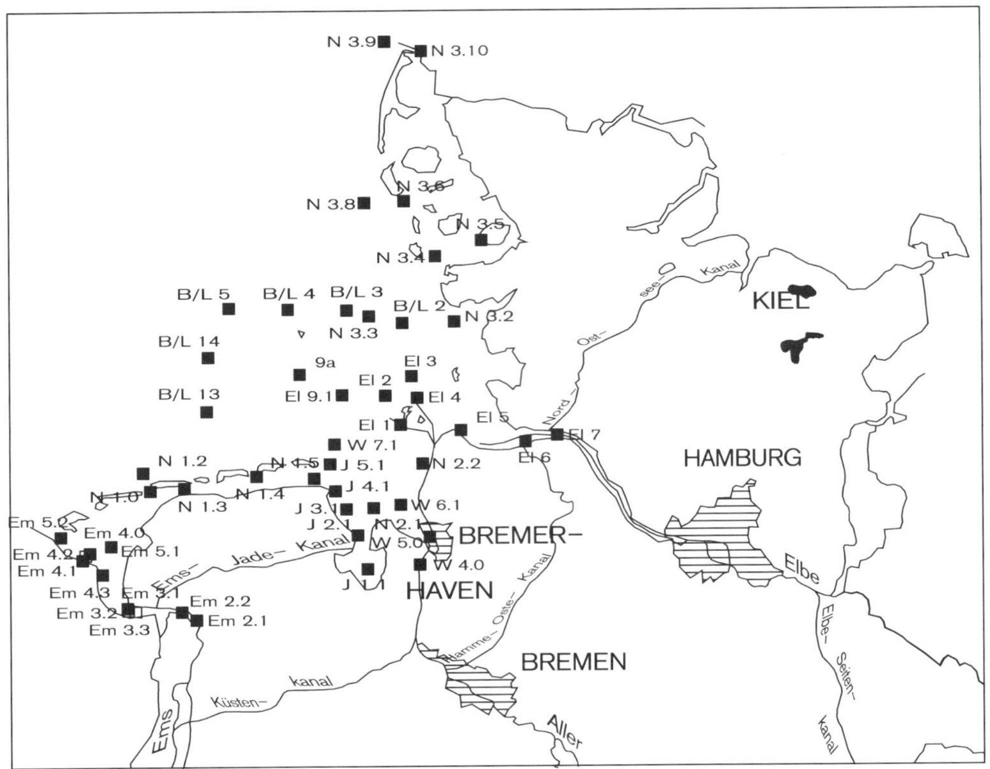

Quelle: Gemeinsames Bund/Länder–Meßprogramm für die Nordsee

Physikalische Ozeanographie

Die Nordsee bedeckt eine Fläche von 575 000 km^2. Ihr Gesamtvolumen einschließlich des Skagerraks beträgt etwa 47 000 km^3. Atlantikwasser strömt durch den Ärmelkanal (4900 km^3/a), zwischen Schottland und den Shetland-Inseln sowie vor allem zwischen den Shetland-Inseln und der norwegischen Küste (40 000 km^3/a) zu. Der Hauptausstrom (57 000 km^3/a) erfolgt zwischen den Shetland-Inseln und der norwegischen Küste. Im Vergleich dazu sind die Zuflüsse aus der Ostsee (1700 km^3/a) und aus Flüssen (400 km^3/a) mengenmäßig gering. Die Flüsse haben jedoch große Bedeutung für den Zustrom und die Verteilung der Schadstoffe. Die aus Ästuaren der Ostküste Großbritanniens ausströmenden Wassermassen gelangen vorwiegend in den Bereich der zentralen Nordsee, während die Zuflüsse aus den Flußmündungsgebieten des Festlandsockels hauptsächlich die kontinentale Küstenregion beeinflussen.

Die Nordsee ist ein verhältnismäßig abgeschlossenes und flaches Becken mit einer Tiefe von 20–40 m im Süden, 40–150 m im Norden und einer mittleren Tiefe von ca. 70 Metern. Die hauptsächlichen Wasserbewegungen durch Restströme, welche die verschiedenen Wasser- und Stoffeinträge verteilen und vermischen, werden durch Gezeiten, den Wind sowie durch horizontale und vertikale Dichtegradienten angetrieben. Die atlantischen Gezeitenwellen treten durch den Ärmelkanal und die nördlichen Zugänge in die Nordsee ein und laufen gegen den Uhrzeigersinn um. Die mittlere Aufenthaltszeit des Wassers in der Nordsee ist aufgrund der Strömungsverhältnisse sehr unterschiedlich. In der Deutschen Bucht benötigt ein Wassermolekül im Mittel etwa 36 Monate und an der norwegischen Küste dagegen etwa 6 Monate, bis es die Nordsee verlassen hat.

Neben den Zuströmen und Abflüssen haben vertikale Schichtungen in der Nordsee eine besondere Bedeutung. In den Sommermonaten liegt über dem kälteren Tiefenwasser eine wärmere, durchmischte Oberflächenschicht. Zusätzlich schichtet sich salzärmeres Wasser aus der Ostsee und den Flüssen über das schwerere Wasser mit höherem Salzgehalt. Eine temperaturbedingte Schichtung bildet sich insbesondere in den Gebieten aus, in denen die gezeitenbedingte Durchmischung der Wasserkörper längere Zeiträume von mehr als 2 Tidezyklen beansprucht. Dies erfolgt vor allem in der zentralen und nördlichen Nordsee.

An den Übergängen von durchmischten und geschichteten Wassermassen lassen sich Frontensysteme beobachten, die eine merkliche vertikale und horizontale Zirkulation auslösen können. Die Schichtung wird durch Stürme im Spätsommer oder Herbst und durch Abkühlung zerstört, wodurch eine völlige Durchmischung der Wassermengen bewirkt wird.

Wasser – Nordsee –

Schema der mittleren Zirkulation

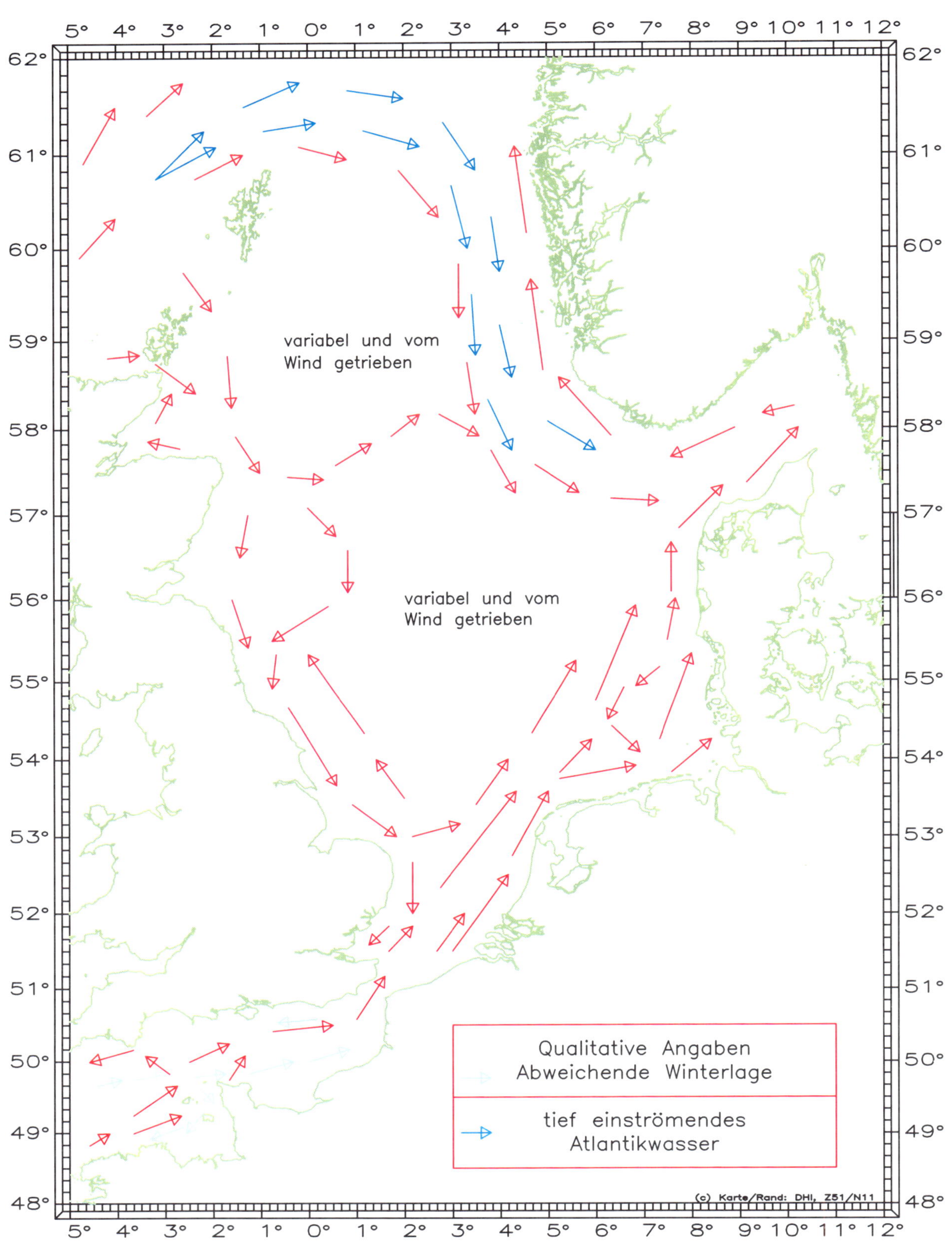

Quelle: Deutsches Hydrographisches Institut

MUDAB (Meeresumwelt–Datenbank)
UBA–UMPLIS/DHI

Stoffeinträge

Anthropogene Stoffeinträge in die Nordsee resultieren

a) indirekt (diffuse Quellen) aus
  - dem Zufluß der in das Meer einmündenden Flüsse,
  - dem Eintrag aus der Luft durch Aerosole und
  - Abschwemmungen und Versickerungen an der Küste

sowie

b) direkt (punktförmige Quellen) aus
  - der Einleitung kommunaler und industrieller Abwässer vom Land,
  - Einleitungen, die von Plattformen ausgehen,
  - der Einbringung von Industrieabfällen, Baggergut und Klärschlamm,
  - der Verbrennung von Abfällen und
  - dem Schiffahrtsbetrieb.

Zur Vorbereitung der 2. Internationalen Nordseeschutz-Konferenz (November 1987 in London) wurden die von den einzelnen Nordseeanliegerstaaten erhobenen Eintragsdaten in einer Gesamtbilanz zusammengestellt. Die Bilanz ist teilweise unvollständig (z. B. liegen nicht aus allen Flüssen Eintragsdaten vor) und beruht auf z. T. sehr groben Schätzungen. Dennoch ist erkennbar, daß Nährstoffe vorwiegend über die Flüsse und Schwermetalle vor allem über die Atmosphäre und die Flüsse, aber auch durch das Verklappen von Baggergut und über direkte Einleitungen eingebracht werden.

Bei der Bilanzierung wurden stets die Schätzungen für Maximaleinträge zugrunde gelegt. Diese weichen bei der atmosphärischen Deposition erheblich von den geschätzten Minimalwerten ab. Der Schadstoffeintrag aus der Atmosphäre ist für Schwermetalle nur dann die Hauptquelle, wenn die tatsächlichen Stoffeinträge im Bereich der geschätzten Maximalwerte liegen. Nach neuesten Erkenntnissen liegen die Werte der atmosphärischen Deposition jedoch eher im Bereich der geschätzten Minimalwerte. Dies würde bedeuten, daß Einträge über Flüsse, die Einbringung von Baggergut und Einträge über die Atmosphäre in etwa gleichrangig zur Schwermetallbelastung der Nordsee beitragen.

Neben Nährstoffen und Schwermetallen gelangt eine Vielzahl ökotoxikologisch relevanter organischer Substanzen, wie Organohalogene (PCB, HCH, HCB etc.) und polyzyklische aromatische Kohlenwasserstoffe, in die Nordsee. Ein Problem mit hoher ökologischer Bedeutung stellen auch die illegalen Einleitungen von Brennstoffrückständen aus dem Betrieb von Schiffen dar.

Die nachfolgende Abbildung berücksichtigt nicht den Eintrag aus dem Nordatlantik, dem Ärmelkanal und aus der Ostsee sowie den Eintrag aus der Einbringung von Baggergut, Industrieabfällen, der Verbrennung auf See und den Phosphor-Eintrag aus der Atmosphäre.

Siehe auch:
- Kapitel Allgemeine Daten, Abschnitt chemische Produkte
- Kapitel Boden, Abschnitt Bodenschutz und Landwirtschaft
- Kapitel Luft, Abschnitt Depositionen
- Kapitel Wasser, Abschnitt Beschaffenheit von Fließgewässern
- Kapitel Abfall, Abschnitt Abfallentsorgung

Einträge von Stickstoff und Phosphor in die Nordsee, 1985

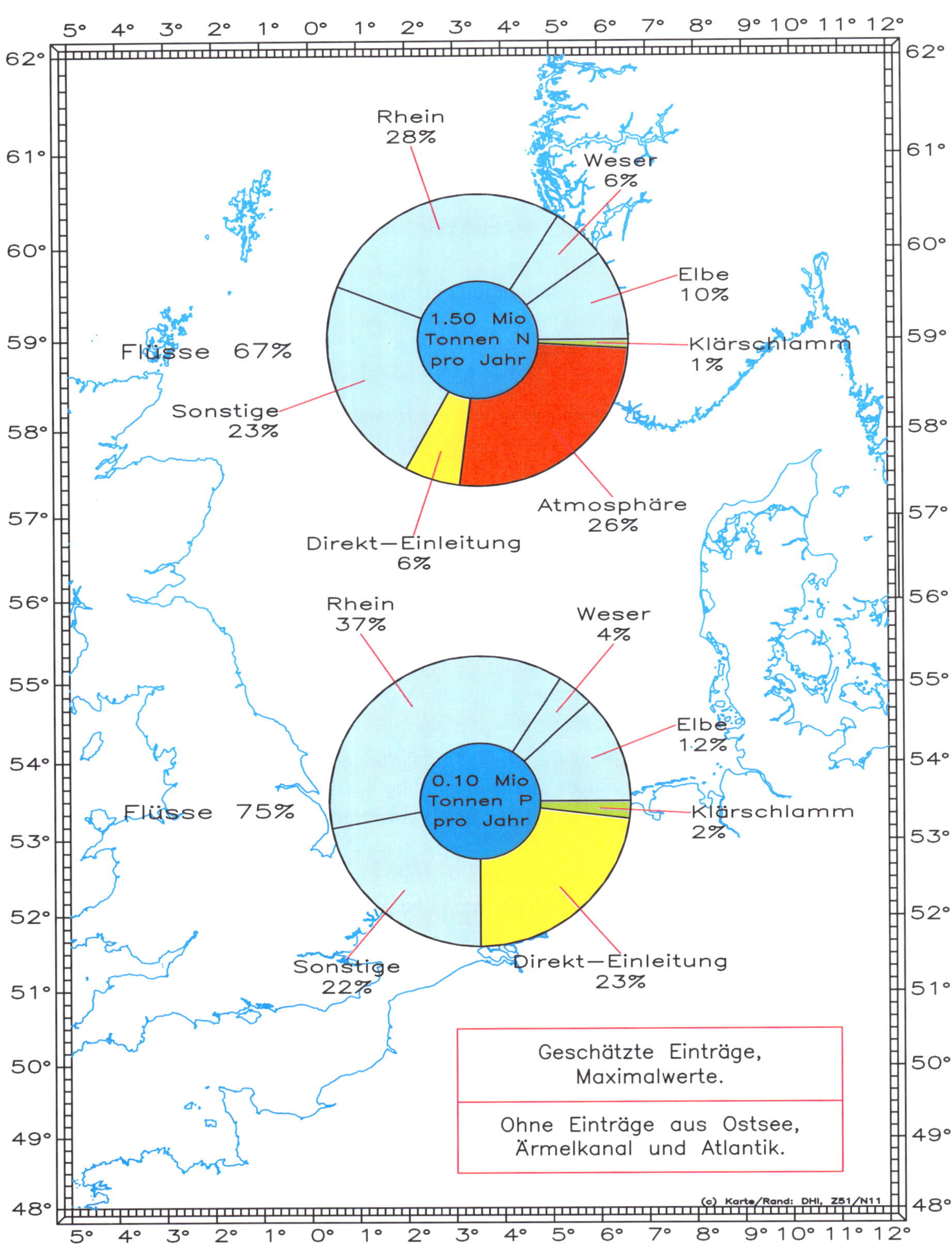

Quelle: Datenmaterial aus
Quality Status of the North Sea, London, 1987

MUDAB (Meeresumwelt–Datenbank)
UBA–UMPLIS/DHI

Einträge von Cadmium, Quecksilber und Blei in die Nordsee, 1985

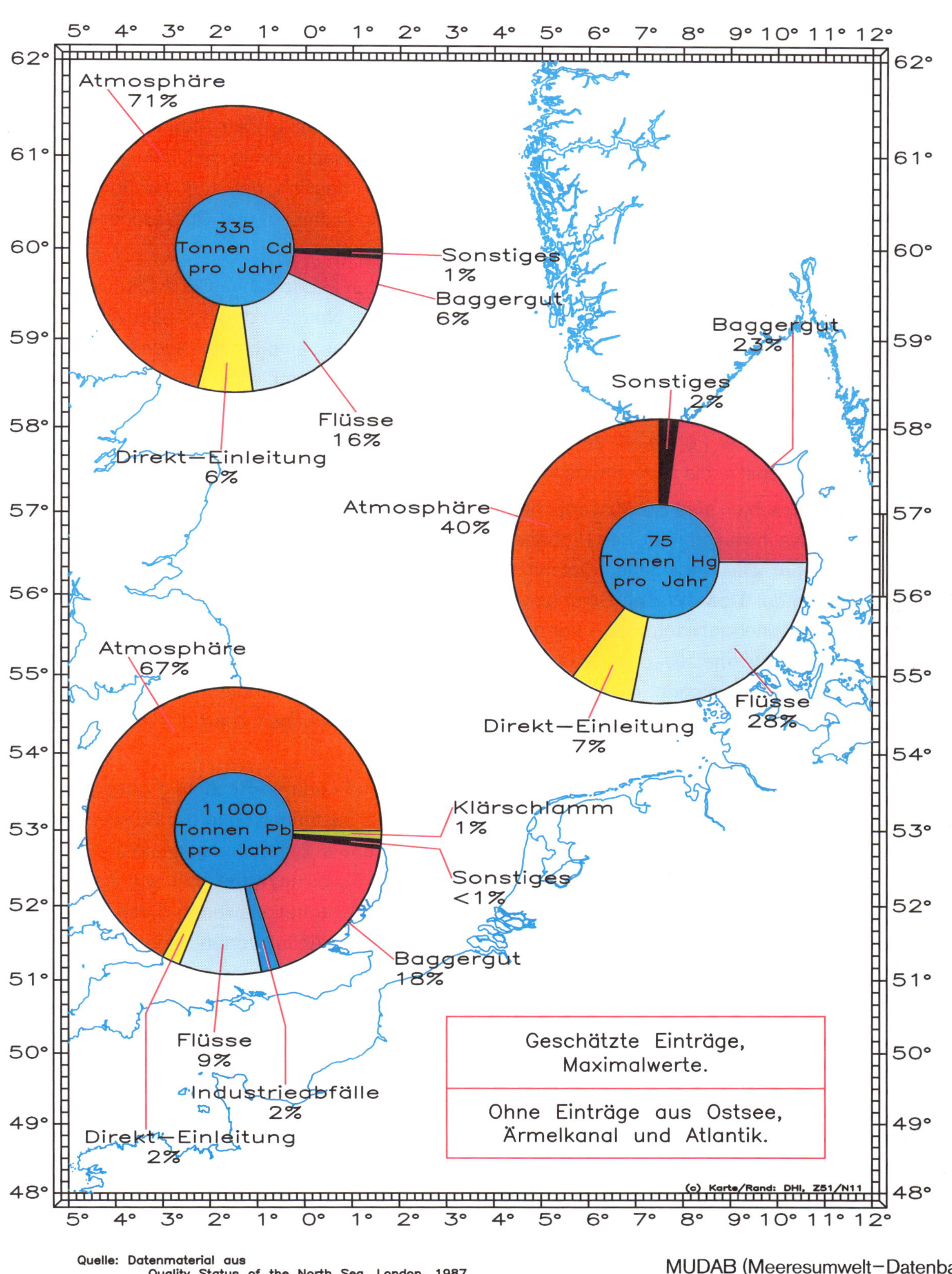

Quelle: Datenmaterial aus
Quality Status of the North Sea, London, 1987

MUDAB (Meeresumwelt-Datenbank)
UBA-UMPLIS/DHI

Schadstoff- und Nährstoffeinträge über Flüsse

Bei einer vergleichenden Bewertung von Stoffeinträgen über Flüsse in die Nordsee ist deren Anteil am Gesamtabfluß zu berücksichtigen. Die Einträge aus den Niederlanden sind vor allem deshalb so hoch, weil hier der Rhein mündet, der in etwa die Hälfte des gesamten Süßwasserzuflusses in die Nordsee darstellt. Die hohen Nährstoffeinträge über die Niederlande und der erhebliche Quecksilber-Eintrag über die Bundesrepublik Deutschland sind wegen der Problematik grenzüberschreitender Gewässer wie Rhein und Elbe nicht zwangsläufig von diesen Staaten selbst verursacht. Im Falle des Rheins tragen die Oberlieger Schweiz, Frankreich und Bundesrepublik Deutschland erheblich zur Nährstofffracht bei. Die sehr hohe Quecksilber-Fracht der Elbe wird hauptsächlich durch Einleitungen in der DDR verursacht. Das relative Gewicht der anthropogenen Einträge wird auch dadurch deutlich, daß z. B. Großbritannien bei einem 16%igen Anteil am Gesamtabfluß für rund ein Viertel des Cadmium- und Quecksilber-Eintrags in die Nordsee verantwortlich ist.

Die Elbe nimmt bei den Einträgen von Schwermetallen, chlorierten Pestiziden (HCB, HCH), polychlorierten Biphenylen und Nährstoffen im Hinblick auf die Belastung der Nordsee durch Fließgewässer, deren Mündungen auf dem Gebiet der Bundesrepublik Deutschland liegen, eine herausragende Position ein. Bei der Bewertung der Daten ist zu berücksichtigen, daß Schwermetalle, die im Gegensatz zu persistenten organischen Verbindungen auch als natürliche Bestandteile der Umwelt vorkommen, je nach Element und geologischer Formation der Einzugsgebiete unterschiedlich hohe natürliche Hintergrundwerte aufweisen, die mit in die Berechnung der Eintragsdaten eingehen (Zn › Cu › Pb › Cd › Hg).

Die dargestellten Frachten sind Schätzwerte, deren Qualität entscheidend von auftretenden analytischen Problemen (z. B. Nachweisgrenze), den Probenahmezeitpunkten und der angewandten Berechnungsmethode bestimmt wird. Das vorliegende Datenmaterial beruht auf Konzentrationsmessungen (unfiltrierte Wasserproben) an der Tide- (Weser, Ems) bzw. Süßwassergrenze (Elbe). Aus diesen wird in der Regel das arithmetische Mittel gebildet, das – mit dem mittleren Jahresabfluß multipliziert – die Jahresfracht ergibt. Da aber Schwermetalle und Organohalogenverbindungen zu einem hohen Prozentsatz am Schwebstoff gebunden vorliegen, hängt die jeweils ermittelte Stoffkonzentration entscheidend von der Schwebstoffmenge ab. Je nach Tidephase und Schwebstoffgehalt können somit Konzentrationsunterschiede von mehr als einer Größenordnung auftreten.

Den aufgezeigten Schwierigkeiten wird seit neuestem in der Elbe dadurch Rechnung getragen, daß in einem Querprofil oberhalb der Trübungszone die spezifische Schadstoffbeladung der Schwebstoffe und die „gelöste“ Schadstoffkonzentration getrennt bestimmt und als Berechnungsgrundlage verwandt werden. Die Probenahme erfolgt integrierend über mehrere Turbulenzwirbel bei voll entwickeltem Ebbstrom. Für die Frachtenermittlung wird aus wöchentlichen Konzentrationswerten durch Interpolation eine vollständige Ganglinie erzeugt, die in Verbindung mit täglichen Abflußwerten Tagesfrachten ergibt. Mit der Information „Abfluß als Tageswert“ wird mit dieser Ermittlungsmethode eine höhere Bilanzierungsgenauigkeit erreicht als bei den üblichen Berechnungsmethoden über Mittelwerte.

Trotz der genannten methodischen Heterogenität bei der Abschätzung von Frachten ist erkennbar, daß die Einträge, die in Verbindung mit den jeweiligen Oberwasserabflußmengen zu bewerten sind, insbesondere im Fall der Elbe besorgniserregend hoch ausfallen. Auf der Datenbasis von 1986 und 1987 beträgt das Verhältnis der Oberwasserabflüsse von Elbe, Weser und Ems in etwa 9:4:1. Eine Übertragung dieser Verhältnisse auf die ermittelten Schadstofffrachten zeigt, daß die Elbe mit HCB, HCH, Quecksilber, Kupfer, Zink und Blei deutlich am höchsten belastet ist, während bei Cadmium in Weser und Ems ähnlich hohe Konzentrationen aufzutreten scheinen.

Siehe auch:

– Kapitel Wasser, Abschnitt Beschaffenheit von Fließgewässern

Einträge aus Flüssen im Vergleich zum Oberflächenwasser–Abfluß

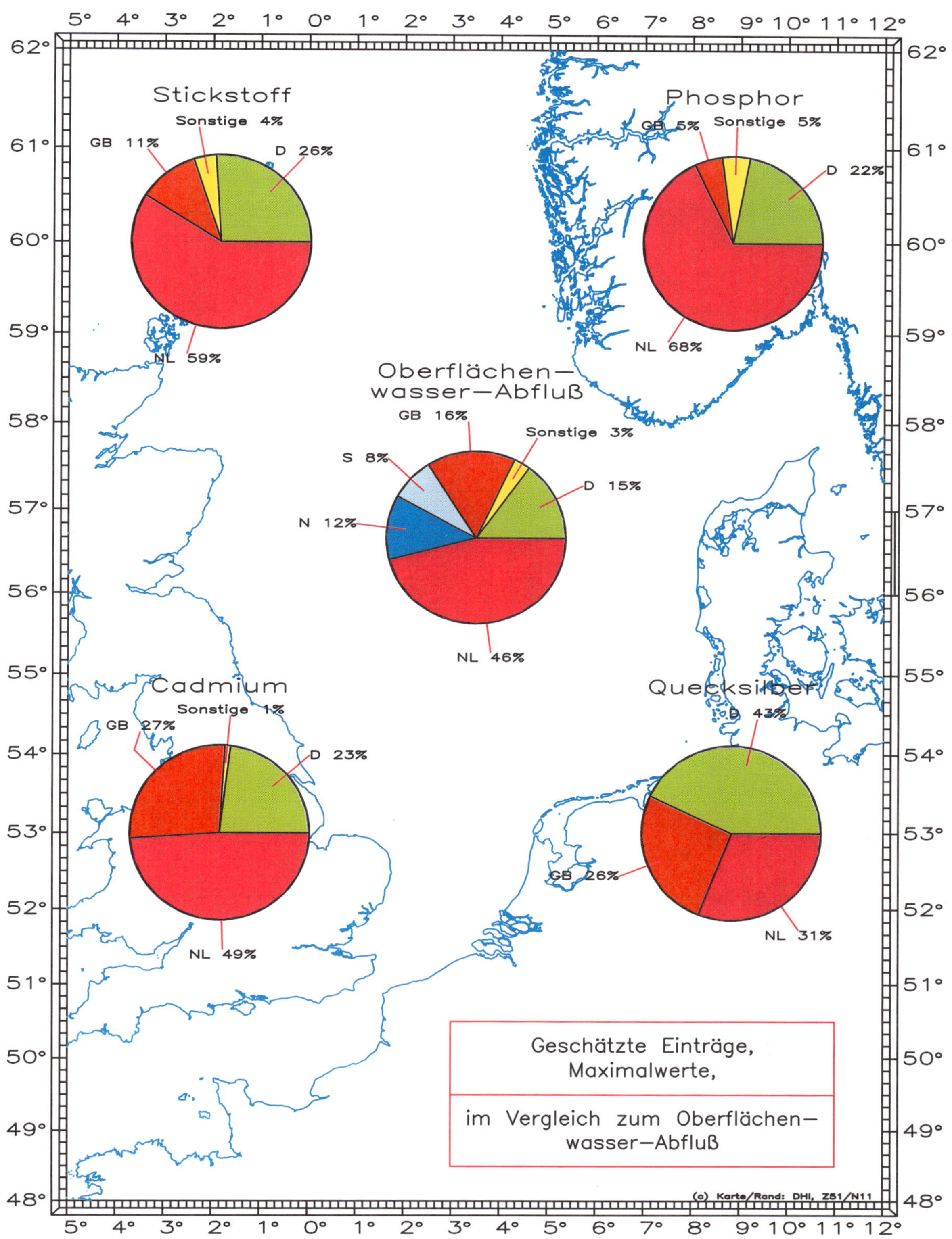

Quelle: Datenmaterial aus Quality Status of the North Sea, London, 1987

MUDAB (Meeresumwelt–Datenbank)
UBA–UMPLIS/DHI

Geschätzte Schwermetalleinträge in die Nordsee über Elbe, Weser und Ems (t/a)

	1984	1985	1986	1987
Cadmium				
Elbe	9,5	8,4	10	10
Weser	4,4	2,9	2,7	4,6
Ems	0,7	0,7	0,8	1,2
Quecksilber				
Elbe	7,3	7,3	15	25
Weser	1,1	1,1	0,4	0,8
Ems	0,4	0,4	0,2	0,3
Kupfer				
Elbe	178	183	250	400
Weser	307	84	60	53
Ems	48	21	16	8
Zink				
Elbe	1 409	1 825	2 000	3 000
Weser	366	219	220	370
Ems	92	44	40	87
Blei				
Elbe	101	219	200	300
Weser	40	26	40	45
Ems	3	12	7	9

Quelle: Joint Monitoring Programme

Jahresmittelwerte des Süßwasserabflusses in die Nordsee über Elbe, Weser und Ems (m^3/s)

	Elbe	Weser	Ems
1981	1 209	501	116
1982	802	329	91
1983	664	328	82
1984	623	361	102
1985	583	289	93
1986	794	332	94
1987	1 130	490	131

Quelle: Joint Monitoring Programme

Geschätzte Einträge von PCB, HCB und HCH in die Nordsee über Elbe, Weser und Ems (t/a)

	1985	1986	1987
PCB			
Elbe	[1])	< 0,5+)	0,2+)
Weser	[1])	–	0,06*)
Ems	[1])	–	0,004*)
HCB			
Elbe	0,07	< 0,1	0,05
Weser	0,004	0,005	0,008
Ems	0,002	0,002	0,02
α– HCH			
Elbe	0,11	< 0,1	0,2
Weser	0,004	0,005	0,008
Ems	0,001	0,002	0,002
β– HCH			
Elbe	0,26	< 0,5	0,8
Weser	0,11	0,005	0,14
Ems	0,02	0,01	0,03

+) PCB Nr. 28 + 31 + 52 + 101 + 138 + 153 + 180
*) PCB Nr. 28 + 52 + 101 + 138 + 153 + 180
[1]) Verläßlichkeit des Datenmaterials unzureichend

Quelle: Joint Monitoring Programme

Geschätzte Nährstoffeinträge in die Nordsee über Elbe, Weser und Ems (t/a)
(Die Einträge an Gesamt-N sind in besonderem Maße vom Oberwasserabfluß abhängig)

	1980	1981	1982	1983	1984	1985	1986	1987
Gesamt-N								
Elbe	223 000	285 000	200 000	160 000	150 000	155 000	180 000	307 000
Weser					87 000	70 000		
Ems					22 000	30 000		
Gesamt-P								
Elbe	13 000	13 000	11 500	11 000	12 000	11 000	12 000	12 000
Weser					3 800	5 000		
Ems					690	1 400		

Quelle: Working Group on Nutrients der Paris-Kommission

Direkte Einträge von Schadstoffen über die Einleitung kommunaler und industrieller Abwässer

Die über kommunale und industrielle Einleitungen direkt in die Nordsee eingebrachten Schadstoffmengen sind im Vergleich zum Gesamteintrag über die Flüsse verhältnismäßig gering. Zu beachten ist allerdings, daß die Statistik nur Einleitungen unterhalb der Süßwasser-(Elbe) bzw. Tidegrenze (Weser) aufführt. Klärschlamm wird von allen Anrainerstaaten außer Großbritannien nicht mehr in die Nordsee eingebracht.

Zwischen 1981 bis 1987 konnten hinsichtlich Quantität und Qualität der kommunalen Abwassereinleitungen wesentliche Verbesserungen erreicht werden. Die kommunalen Einleitungen gingen auf 1/7 bis 1/6 zurück, wobei aufgrund verschärfter gesetzlicher Bestimmungen und verbesserter Abwasserreinigungstechniken der Eintrag von Schwermetallen (Cd, Hg) meist überproportional gesenkt wurde.

Die industriellen Einleitungen in das Elbeästuar blieben dagegen im Zeitraum von 1982 bis 1987 annähernd konstant. Die entsprechenden Einleitungen in die Tideweser stiegen bis 1985 sogar deutlich an. Während der darauffolgenden Jahre sind jedoch auch hier leichte Verbesserungen erkennbar.

Geschätzte Einträge von Schadstoffen über die Einleitung kommunaler Abwässer in Elbe und Weser unterhalb der Süßwassergrenze (Elbe) bzw. der Tidegrenze (Weser) im Zeitraum von 1981 bis 1987

		Menge × 1000 m³/d	Eintrag (t/a) Cd	Hg	Cu	Zn	Pb	PCB	HCB	α-HCH	γ-HCH
Elbe	1981	518	0,4	0,6							
	1982										
	1983	47	0,01	0,001							
	1984	72	<0,02	<0,004							
	1985	75	<0,02	<0,004	0,7	4	0,2				
	1986	75	<0,02	<0,02	<1	<5	<0,5	<0,001			
	1987	75	<0,02	<0,02	<1	<5	<0,5	<0,001			
Weser	1981	1 190	0,16	0,27							
	1982	1 190	0,40	0,10							
	1983	179	0,30	0,017							
	1984	187	0,09	0,009	1,7	9,7	0,5				
	1985	186	0,02	0,0004	0,9	5,5	0,2				0,001
	1986	185	0,02		1,3	11,2	0,4				0,001
	1987	171	0,008	0,006	0,9	2,9	0,2	<0,001	0,03	<0,001	0,004

Quelle: Joint Monitoring Programme

Geschätzte Einträge von Schadstoffen über die Einleitung industrieller Abwässer in Elbe und Weser unterhalb der Süßwassergrenze (Elbe) bzw. der Tidegrenze (Weser) im Zeitraum von 1981 bis 1987

		Menge × 1000 m³/d	Eintrag (t/a) Cd	Hg	Cu	Zn	Pb	PCB	HCB	α-HCH	γ-HCH
Elbe	1981	527	0,09	0,02							
	1982	66	0,01	0,01							
	1983	66	0,01	<0,01							
	1984	70	<0,01	<0,01							
	1985	70	<0,02	<0,004							
	1986	70	0,02	0,01				<0,001			
	1987	70	0,02	0,01				0,001			
Weser	1981	127	0,02	0,01							
	1982	74	0,06	0,17							
	1983	1 049	0,30	0,06							
	1984	1 009	0,20	0,02	1,4	40	3,0				
	1985	1 039	0,26	0,06	4,9	19	6,2			<0,0004	0,0004
	1986	968	0,21	0,06	2,6	31	16,8			0,02	0,63
	1987	873	0,17	0,02	1,1	7,5	3,3	<0,001	<0,001		<0,001

Quelle: Joint Monitoring Programme

Dünnsäure-Verklappung

Die Einbringung der Dünnsäure aus der deutschen Titandioxidindustrie soll im Laufe des Jahres 1989 eingestellt werden. Durch Maßnahmen der Vermeidung und Verwertung konnten in den vergangenen Jahren die eingebrachten Mengen verringert werden. Eine Reduktion um 210 000 t im Jahr 1986 wurde durch Verfahrensumstellungen (Ersatz von Sulfatverfahren durch Chloridverfahren) bei der Titandioxid-Produktion erreicht. Die 1988 erreichte Reduzierung um 216 000 t geht auf die Inbetriebnahme einer Recycling-Anlage für Dünnsäure bei einem Hersteller zurück. Wegen technischer Schwierigkeiten konnte diese Anlage 1988 nur etwa zur Hälfte ihrer Kapazität genutzt werden. Die volle Kapazität wird erst 1989 erreicht.

Eine zweite Dünnsäure-Recycling-Anlage, welche die beiden restlichen Titandioxidherstellerwerke entsorgt, ist gegenwärtig in Bau. Ihre Fertigstellung ist für den Sommer 1989 vorgesehen. Mit der Inbetriebnahme dieser Anlage steht in der Bundesrepublik ausreichend Recycling-Kapazität zur Verfügung, so daß die Einbringung von Dünnsäure in die Nordsee eingestellt werden kann.

Dünnsäureeinleitung in die Nordsee (inländische Abfälle) – Anträge 1983–1988

Einzelanträge	Abfallmengen (erlaubt) in t pro Kalenderjahr					
	1983	1984	1985	1986	1987	1988
Hersteller I	490 000	450 000	450 000	450 000	450 000	234 000
Hersteller II	420 000	520 000	410 000	200 000	200 000	200 000
Hersteller III	450 000	450 000	450 000	450 000	450 000	450 000
	1 360 000	1 320 000	1 310 000	1.100 000	1 100 000	884 000

Quelle: Umweltbundesamt

Abfallverbrennung auf See

Nach dem Oslo-Übereinkommen von 1972 dürfen Abfälle nur dann in die Nordsee eingebracht werden, wenn eine Entsorgung an Land nicht oder nur mit unverhältnismäßig hohem Aufwand möglich ist. Derzeit werden insbesondere noch die Rückstände aus der Produktion halogenierten Kohlenwasserstoffe auf See verbrannt. Die Vertragsstaaten des Oslo-Abkommens werden sich noch 1989 über die Festlegung eines endgültigen Zeitpunktes für die Beendigung der Seeverbrennung verständigen.

Die derzeit im Bereich der Nordsee verbrannten Abfälle stammen etwa zur Hälfte aus der Bundesrepublik Deutschland. Hier hat sich das Aufkommen, insbesondere bei den halogenhaltigen Lösemittelgemischen, aufgrund verschärfter inländischer Anforderungen des Immissionsschutz-, Wasser- und Abfallrechts nicht in dem Ausmaß verringert, wie dies ursprünglich erwartet worden ist. Im Hinblick auf die angestrebte Einstellung der Hohe-See-Verbrennung muß deshalb mit Nachdruck auf eine verstärkte Abfallvermeidung durch innerbetriebliche Produkt- und Verfahrensumstellungen, auf die Verwertung von Produktionsrückständen sowie auf die Schaffung von Entsorgungskapazitäten an Land, insbesondere durch den Bau von Sonderabfallverbrennungsanlagen, hingewirkt werden.

Zur See-Verbrennung gelieferte Abfallmengen (nach Herkunftsländern, Angaben in Tonnen)

Herkunft	1980	1981	1982	1983	1984	1985	1986	1987	1988
Belgien	13 000	9 172	10 650	12 554	10 654	12 767	14 785	[1])	
BR Deutschland	64 866	58 561	39 560	37 177	44 718	58 173	53 808	49 318	
Finnland	0	0	2 750	0	0	0	0	[1])	
Frankreich	18 452	11 914	9 487	7 029	10 277	10 024	15 471	[1])	
Großbritannien	0	811	1 303	2 102	1 952	2 244	3 754	[1])	
Irland	0	40	0	0	0	0	0	[1])	
Italien	0	471	3 401	2 359	9 044	2 773	4 894	[1])	
Niederlande	5 458	7 483	17 970	4 058	1 835	2 874	4 832	[1])	
Norwegen	1 035	3 356	4 392	5 852	6 026	3 105	6 700	[1])	
Österreich	0	126	512	171	55	395	364	[1])	
Schweden	4 753	5 065	3 631	5 867	85	0	0	[1])	
Schweiz	0	3 653	3 679	2 735	8 085	13 263	12 404	[1])	
Spanien	0	21	191	390	194	87	147	[1])	
Gesamt	107 564	100 673	97 526	80 234	92 925	105 704	117 159	103 094	

Quelle: Oslo Comission

[1]) Keine Angaben

Nährstoffe

Phosphor und Stickstoff stellen für Pflanzen und Tiere lebensnotwendige Elemente dar, die z. B. in Proteine, Phospholipide, Adenosintriphosphat (ATP) und Desoxyribonucleinsäure (DNS) eingebaut werden. Beide Nährstoffelemente treten im Meeresbereich normalerweise in niedrigen Konzentrationen auf und begrenzen die Produktivität des Phytoplanktons.

Derzeit wird diskutiert, ob das in manchen Teilen der Nordsee festgestellte erhöhte Angebot von Nährstoffen Verschiebungen in der Artenzusammensetzung und eine Steigerung der Produktionsleistung des Phytoplanktons sowie nachfolgende negative Auswirkungen auf die Meeresökologie verursacht hat, d. h. inwieweit in der Nordsee eine „Hypertrophierung" eingetreten ist. Negative Auswirkungen der Hypertrophierung sind infolge des verstärkten Abbaus des sedimentierenden pflanzlichen Materials das Auftreten von Sauerstoffmangel im Sediment und Tiefenwasser mit einhergehenden Schädigungen des Fischbestandes und der benthonischen Fauna.

Die in manchen Gebieten der Nordsee festgestellten Änderungen im Phosphor- und Stickstoffgehalt weisen erhebliche regionale Unterschiede auf: Höhere Nitratkonzentrationen wurden insbesondere in der südlichen Nordsee, in der Deutschen Bucht, im Kattegat und im Skagerrak vor der schwedischen Küste beobachtet. Langzeituntersuchungen auf Helgoland-Reede (Deutsche Bucht) ergaben seit 1962 über einen Zeitraum von 23 Jahren einen Anstieg der Phosphor- und Stickstoffgehalte (anorganisch-N: 1,6fach, Nitrat-N: 3,8fach, Phosphat-P: 1,6fach) sowie eine Zunahme der Algenbiomasse (4fach), die auf einen erheblichen Anstieg der Flagellatenbiomasse (10fach) zurückzuführen ist. Insgesamt kann davon ausgegangen werden, daß mindestens 50% der Nährstoffe im Wasser bei Helgoland auf Einträge durch den Menschen beruhen. Die in der Deutschen Buch festgestellte Zunahme im Nitratgehalt hängt deutlich mit dem Nitrateintrag über die Elbe zusammen.

Die bislang durchgeführten Untersuchungen lassen erkennen, daß der anthropogene Phosphateintrag die früher vermutlich häufige Wachstumsbegrenzung des Phytoplanktons durch Phosphatlimitierung aufhebt und die Entwicklung größerer Planktonbestände im Frühjahr erlaubt. Nach den Frühjahrsblüten sind Silikat, oft auch Phosphat weitgehend von den schnellwüchsigen Planktonalgen aufgebraucht, während Stickstoff im Überschuß vorliegt. Mit der Erwärmung des Wassers im Frühsommer setzt dann eine verstärkte Remineralisation, insbesondere der Phosphorverbindungen, ein. Die Phosphatkonzentrationen steigen, und das N/P-Verhältnis sinkt von 40:1 im ersten Halbjahr gegen Spätsommer auf den für den Einbau in biologisches Material charakteristischen Wert von 16:1 und weniger ab. Die Frühjahrsblüten (vorwiegend Kieselalgen) werden im Sommer von Planktonblüten abgelöst, die vorwiegend aus Dinoflagellaten bestehen. Aufgrund geringer Nährstoffansprüche können diese oftmals toxischen Algen auch bei niedrigen Nährstoffkonzentrationen im Wasser eine hohe Produktivität aufrechterhalten.

Bei einer Wertung der Eutrophierungsproblematik ist zu beachten, daß die Entstehung von Planktonblüten nicht nur von Nährstoffen, sondern in erheblichem Maße auch von der hydrographischen Situation, vor allem der salz- und/oder temperaturbedingten Dichteschichtung der Wassersäule, abhängt. So ließen sich z. B. 1987 trotz erhöhter Nährstoffkonzentrationen in der Deutschen Bucht keine erhöhten Phytoplanktonmengen finden, vermutlich weil das windreiche Sommerwetter keine ausreichende Schichtung erlaubte. Dies dürfte auch der Grund für eine ausreichende Sauerstoffversorgung des Bodenwassers gewesen sein, die im Juli und August 1987 zwischen 75% und 95% der Sättigungskonzentration lag. Im Gegensatz hierzu entwickelten sich 1981 nach starker Schichtung Planktonblüten erheblichen Ausmaßes, die nach Sedimentation zu Sauerstoffproblemen im Tiefenwasser führten.

Lineare und nichtlineare Trends für Nährstoffkonzentrationen und Phytoplankton–Gehalte im Wasser der Deutschen Bucht bei Helgoland

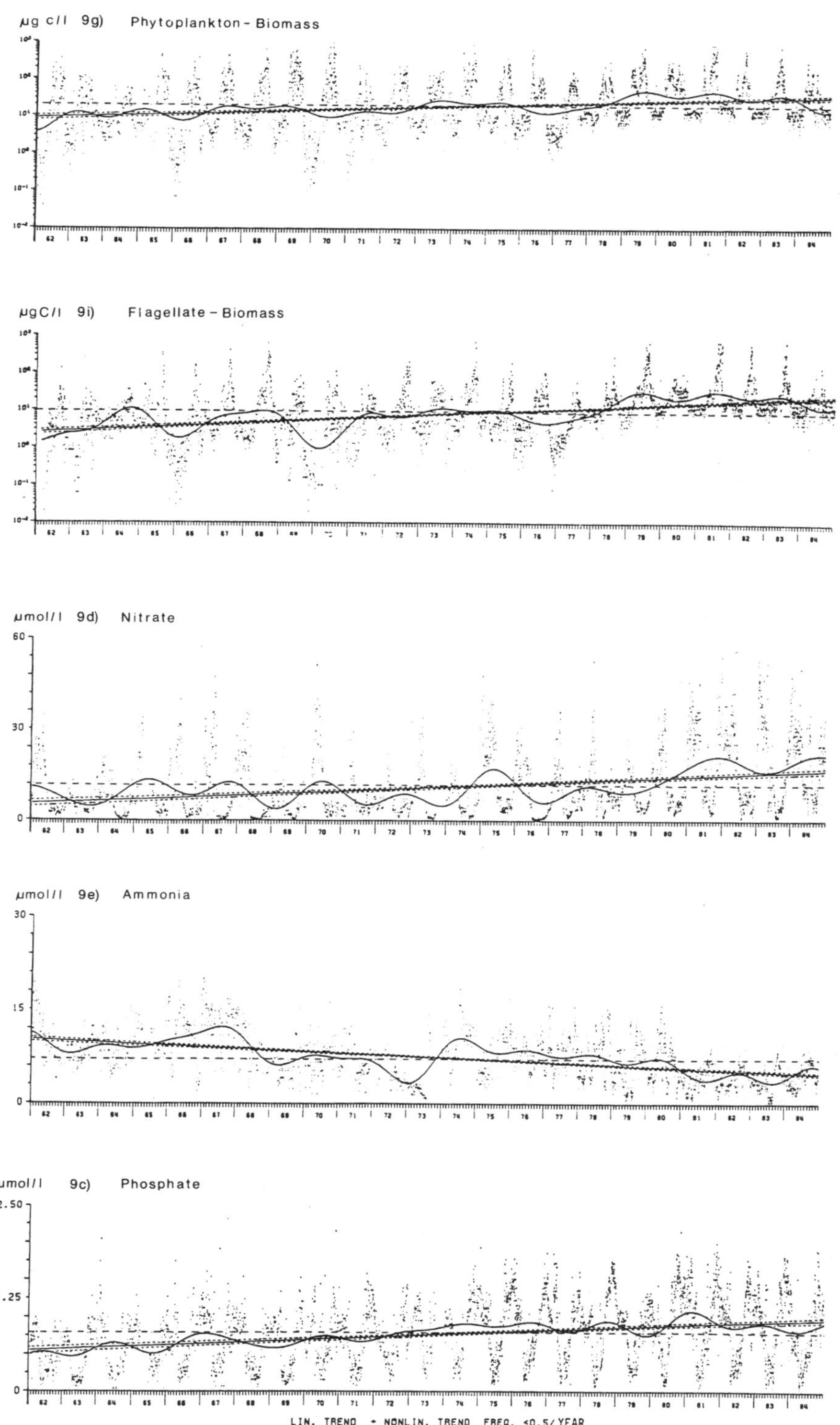

Quelle: Gerlach, S. 1987

Schwermetalle

Die Konzentrationen der Schwermetalle Quecksilber (Hg), Cadmium (Cd), Kupfer (Cu), Zink (Zn) und Blei (Pb) werden in Wasser, Sediment und Lebewesen der Nordsee regelmäßig überwacht.

Wegen ihrer weit verbreiteten Anwendung gelangen Schwermetalle an den Verarbeitungsstätten in relativ hohen Konzentrationen in die Umwelt. Sie werden u. a. in Antikorrosionsmitteln (Cd, Pb), Batterien (Cd, Pb, Hg), Kraftstoffen (Pb), Bioziden (Hg, Cu, Zn) und Legierungen (Cd, Pb, Cu, Zn) verwendet. Schwermetalle sind biologisch nicht abbaubar und können dem biogeochemischen Zyklus nicht entzogen werden. Das maritime Ökosystem wird deshalb durch Schwermetalle dauerhaft belastet. Eine Verringerung der Belastung kann nur durch den Export von verschmutztem Wasser, Organismen, Sedimenten oder durch dauerhaften Abschluß (z. B. Überschichtung verschmutzter Sedimente) erfolgen.

In Ästuaren bestehen besondere Bedingungen: Hier können Veränderungen der chemischen (z. B. Salzgehaltsgradient) und biologischen Bedingungen (z. B. Absterben von Organismen) eine erneute Freisetzung von Schwermetallen bewirken, die zu einer erhöhten biologischen Verfügbarkeit führen (z. B. Remobilisierung von Cadmium über Chlorokomplexierung).

Schwermetalle im Wasser

Im Rahmen des vom Bundesminister für Forschung und Technologie geförderten Projektes „Zirkulation und Schadstoffumsatz in der Nordsee" wurden die Gesamtkonzentrationen der Schwermetalle Quecksilber, Cadmium und Blei (unfiltrierte Wasserproben) in zwei synoptischen Großaufnahmen im Frühjahr 1986 und im Winter 1986/87 ermittelt.

Alle untersuchten Metalle traten in der Regel in den Küstenregionen in höheren Konzentrationen auf als in der zentralen Nordsee.

Die Verteilung von Cadmium in der Nordsee ist – verglichen mit Quecksilber (hier nicht dargestellt) und Blei – verhältnismäßig gleichförmig. Eine allgemeine Konzentrationszunahme in Richtung auf die Küsten ist jedoch auch für dieses Element zu beobachten. In Nähe der englischen Südostküste, an der belgischen und niederländischen Küste, in der Deutschen Bucht und an der dänischen Küste treten erhöhte Cadmium-Konzentrationen auf, während der Einstrom aus dem Nord-Ost-Atlantik niedrigere Konzentrationen in die Nordsee führt.

Für Blei ergibt sich im Prinzip eine ähnliche Belastungssituation im Bereich der Küstenlinie wie für Cadmium. Erhöhte Pb-Konzentrationen im Bereich der zentralen Nordsee spiegeln möglicherweise den vergleichsweise hohen atmosphärischen Blei-Eintrag wieder. Bei der Bewertung der Ergebnisse ist zu beachten, daß die elementspezifische Konzentrationszunahme in Richtung auf die Küsten, die für Cadmium geringer ausgeprägt ist als für Blei, in erheblichem Maße durch die im Küstenraum erhöhten Schwebstoffgehalte beeinflußt werden kann. Aufgrund der hohen prozentualen Bindung der Schwermetalle an Schwebstoffen sollte das Konzentrationsgefälle in Richtung Hohe See erst dann abschließend beurteilt werden, wenn genauere Kenntnisse über die spezifische Schwermetallbeladung der Schwebstoffe vorliegen.

Cadmiumkonzentration im Wasser der Nordsee, 1987

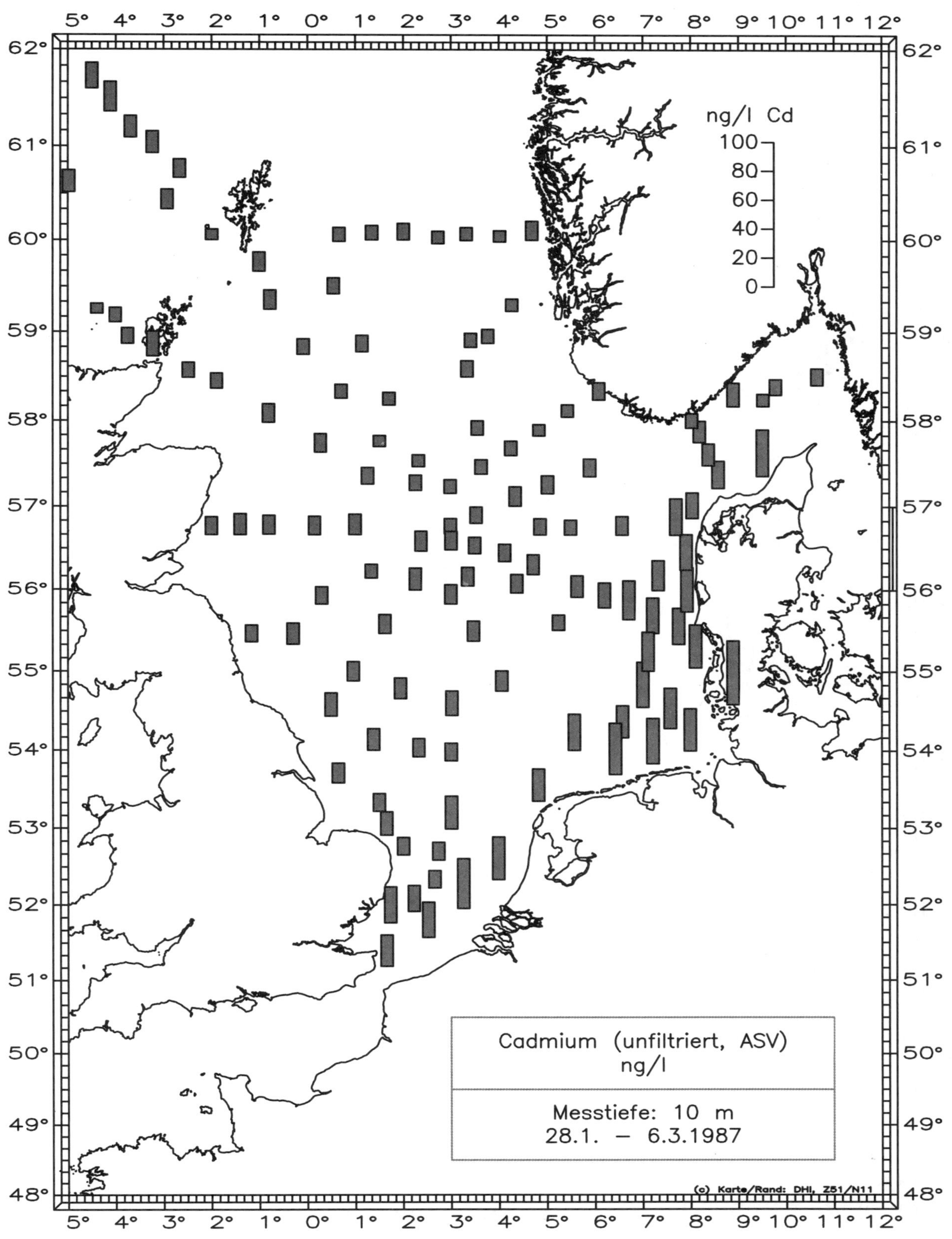

Quelle: Bundesministerium für Forschung und Technologie

MUDAB (Meeresumwelt–Datenbank)
UBA–UMPLIS/DHI

Wasser – Nordsee –

Bleikonzentration im Wasser der Nordsee, 1987

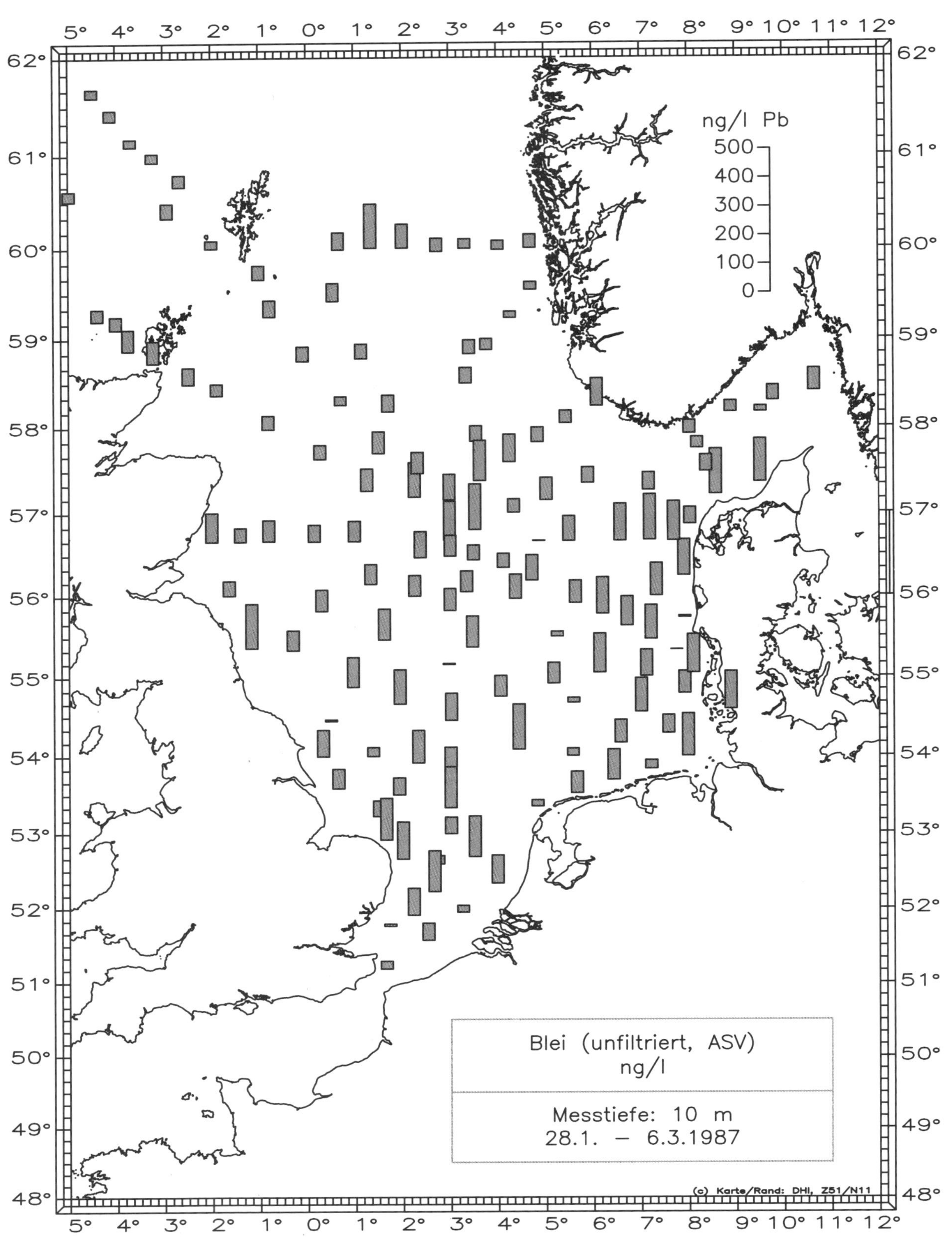

Quelle: Bundesministerium für Forschung und Technologie

MUDAB (Meeresumwelt-Datenbank)
UBA-UMPLIS/DHI

Schwermetalle im Sediment

In Flüsse eingeleitete Schwermetalle werden zu einem hohen Prozentsatz durch organische und mineralische Komponenten der im Wasser transportierten Schweb- und Sinkstoffe gebunden. Während des Transportes des metallbelasteten partikulären Materials in das offene Meer setzt sich hiervon bereits ein Teil während der Fließstrecke ab. Insbesondere zu bestimmten hydrologisch bedeutsamen Zeitpunkten (hohe Oberwasserabflüsse), wird jedoch ein hoher Prozentsatz der jährlichen Schwebstofffracht in die Nordsee eingetragen und führt auch hier zu einer erheblichen Belastung des Gewässerbodens.

Aufgrund der unterschiedlichen chemischen Zusammensetzung und der großen Oberfläche pro Gewichtseinheit sind die kleineren Sedimentpartikel ($<20\ \mu m$) vergleichsweise höher mit Schwermetallen beladen als die größeren, die überwiegend aus inaktivem Quarz bestehen ($>20\ \mu m$). Um eine Vergleichbarkeit der sich in der Korngrößenverteilung zum Teil erheblich unterscheidenden Sedimente dennoch zu gewährleisten, werden die zu untersuchenden Schwermetalle ausschließlich in der Fraktion $<20\ \mu m$ (Ton, Fein- und Mittelschluff) analysiert.

Die Schwermetallgehalte (Hg, Cd, Pb) in den Sedimenten der südöstlichen Nordsee einschließlich der Deutschen Bucht zeigen ein ausgeprägtes räumliches Verteilungsmuster. Die Einteilung in vier Belastungsklassen dient ausschließlich der Anschaulichkeit. Die Klasseneinteilungen beziehen sich auf die jeweiligen natürlichen Hintergrundwerte der Schwermetalle in der $<20\ \mu m$-Fraktion (Hg: 0,2 mg/kg, Cd: 0,3 mg/kg, Pb: 25 mg/kg). Die zugrundegelegten Hintergrundwerte berücksichtigen jedoch nicht die unterschiedliche geologische Beschaffenheit der Einzugsgebiete für die einzelnen Flüsse, die Wattgebiete sowie die Hohe See. Sie stellen somit lediglich Näherungswerte dar, die von den wahren Werten vermutlich bis zum Faktor 2 abweichen können.

Für die z. T. erhebliche Belastung der Deutschen Bucht mit Quecksilber ist die Elbe besonders problematisch, während die erhöhten Cadmiumgehalte in der inneren Deutschen Bucht in stärkerem Maße als beim Hg auch Weser und Ems zuzuordnen sind. Eindeutiger Belastungsschwerpunkt in der südöstlichen Nordsee ist für beide Schwermetalle die Deutsche Bucht. Die Cadmiumkontamination fällt weiträumiger aus als beim Quecksilber, welches verstärkt zur Sedimentbelastung insbesondere vor der schleswig-holsteinischen Küste beiträgt. In Bereichen der offenen Nordsee finden sich deutlich erhöhte Bleigehalte, während die Cadmium- und Quecksilbergehalte bislang nur leicht erhöht scheinen und teilweise den natürlichen Hintergrundwerten entsprechen. Die weiträumige Belastung der Nordseesedimente mit Blei ist vermutlich auf seinen vergleichsweise hohen atmosphärischen Eintrag zurückzuführen.

Quecksilberkonzentration in der Feinkornfraktion der Sedimente (Teilchengröße < 20μm)

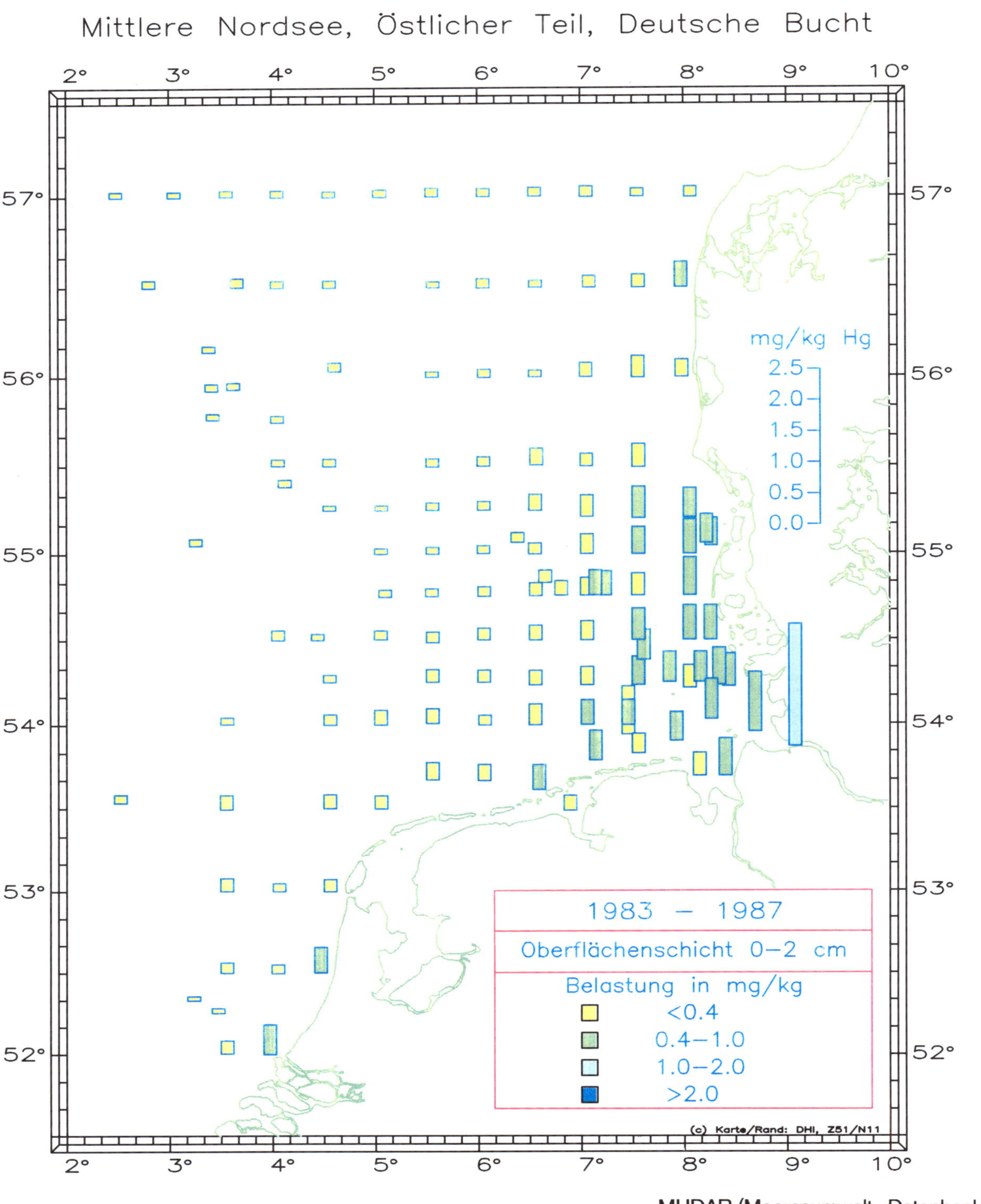

Quelle: Deutsches Hydrographisches Institut

MUDAB (Meeresumwelt–Datenbank)
UBA-UMPLIS/DHI

Cadmiumkonzentration in der Feinkornfraktion der Sedimente (Teilchengröße < 20µm)

Mittlere Nordsee, Östlicher Teil, Deutsche Bucht
2° 3° 4° 5° 6° 7° 8° 9° 10°
57° 56° 55° 54° 53° 52°
mg/kg Cd
5
4
3
2
1
0
1983 – 1987
Oberflächenschicht 0–2 cm
Belastung in mg/kg
<0.6
0.6–1.5
1.5–3.0
>3.0
(c) Karte/Rand: DHI, Z51/N11

Quelle: Deutsches Hydrographisches Institut

MUDAB (Meeresumwelt–Datenbank)
UBA–UMPLIS/DHI

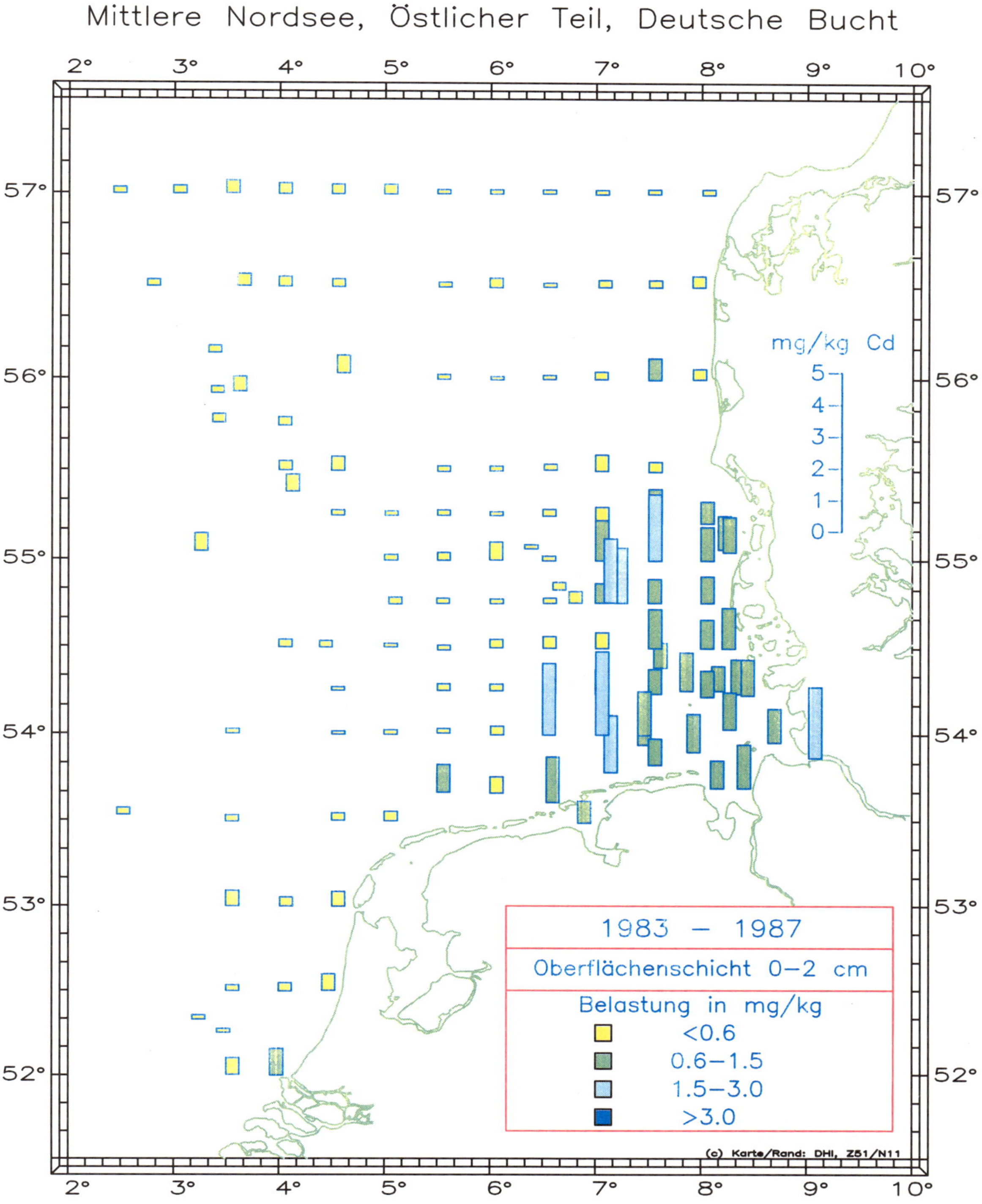

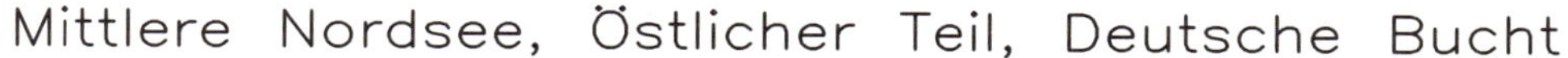

Bleikonzentration in der Feinkornfraktion der Sedimente (Teilchengröße < 20µm)

Mittlere Nordsee, Östlicher Teil, Deutsche Bucht
2° 3° 4° 5° 6° 7° 8° 9° 10°
57° 56° 55° 54° 53° 52°
mg/kg Pb
1000
500
0
1983 – 1987
Oberflächenschicht 0–2 cm
Belastung in mg/kg
<50
50–125
125–250
>250
(c) Karte/Rand: DHI, Z51/N11

Quelle: Deutsches Hydrographisches Institut

MUDAB (Meeresumwelt–Datenbank)
UBA-UMPLIS/DHI

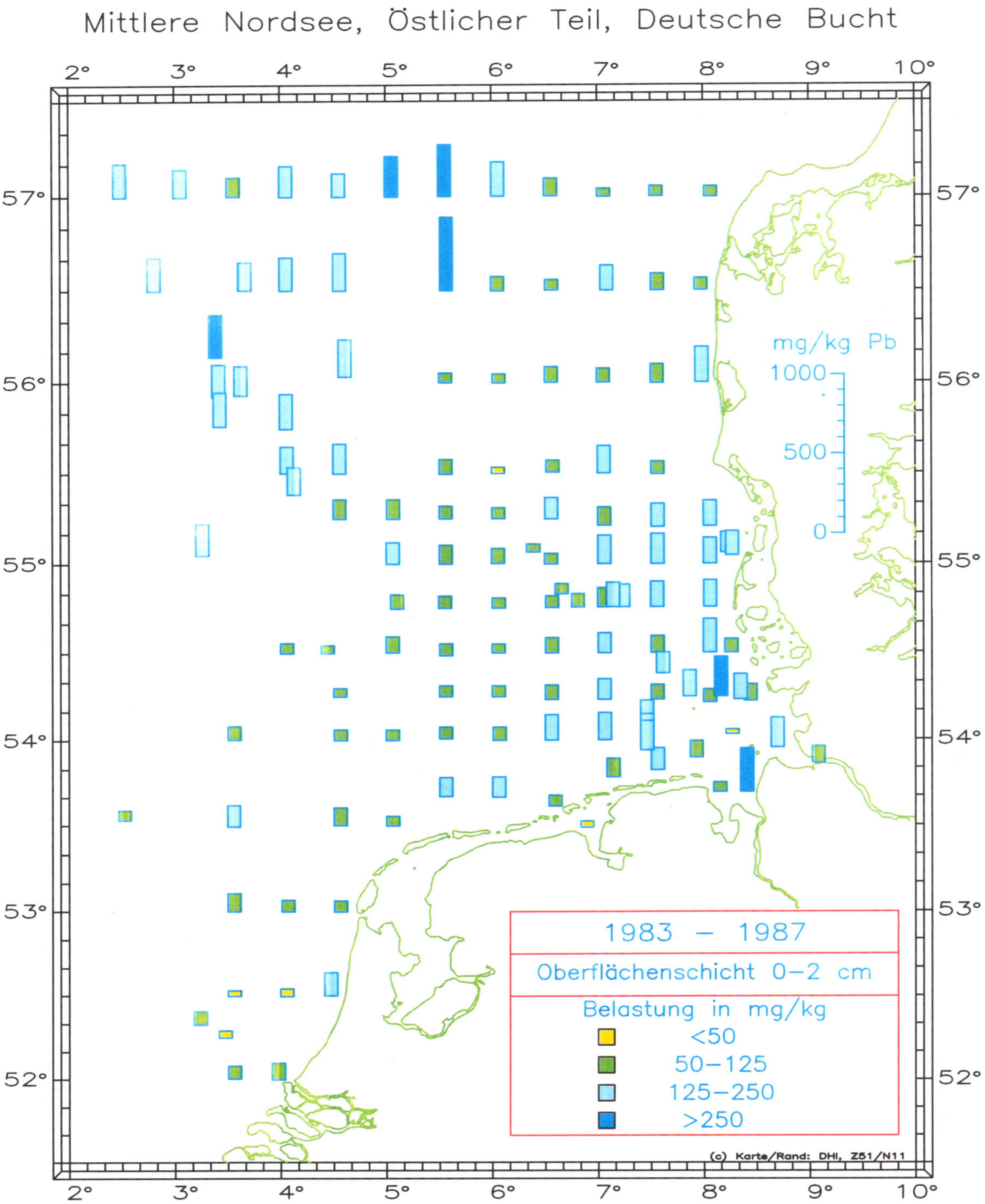

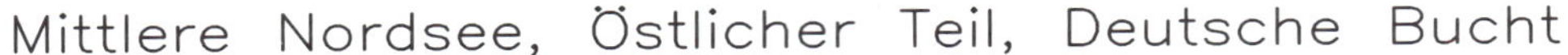

Schwermetalle in Organismen

Zink und Kupfer sind für Organismen lebensnotwendige Spurenelemente. Sie können weit über das physiologisch Notwendige hinaus in Organismen angereichert werden. Der Grad der Akkumulation wird entscheidend durch die biologische Verfügbarkeit der Elemente in Wasser und Nahrung bestimmt. Dasselbe gilt für das nicht lebensnotwendige Element Cadmium, das vermutlich von den Organismen nicht vom Zink unterschieden werden kann und somit über den Zinkweg in die Zelle gelangt. Blei und Quecksilber sind ebenfalls nicht lebensnotwendig, werden aber ausschließlich auf passive Weise akkumuliert, wobei das lipophile Methylquecksilber in erhöhtem Maße biologische Membranen passiert.

In Organismen akkumulierte Schwermetalle können toxische Wirkungen entfalten, indem sie z. B. das Enzymsystem deaktivieren oder die Funktion biologischer Membranen beeinträchtigen, wenn sie als Schwermetallionen an anionische Gruppen der Membranproteine gebunden werden. Dies trifft auch auf unphysiologisch hohe Konzentrationen lebenswichtiger Spurenelemente zu, wie z. B. bei der Verwendung von Kupferoxiden als Antifouling-Wirkstoff für Schiffe gezeigt werden kann.

Im Rahmen des Joint Monitoring Programme werden jährlich vorzugsweise vor dem Laichen Miesmuscheln (*Mytilus edulis*), Flundern (*Plathichthys flesus*) und Schollen (*Pleuronectes platessa*) auf Schwermetalle untersucht. Bei den Fischen werden Quecksilber, Kupfer und Zink im Muskelgewebe, Cadmium und Blei im Lebergewebe bestimmt. Die Befunde werden stets auf das Frischgewicht bezogen.

Die ermittelten Schwermetallgehalte werden hier in Form von „Box and Whisker"-Diagrammen dargestellt. Das untere Quartil (Untergrenze der Box), der Median (Mittellinie der Box) und das obere Quartil (Obergrenze der Box) sind die Werte, unter denen jeweils 25%, 50% und 75% der Beobachtungen liegen. Der Median (Zentralwert) gibt in erster Näherung orientierende Hinweise auf das jeweilige Schadstoffbelastungsniveau; er ist – im Gegensatz zum arithmetischen Mittel – unempfindlich gegen abseits liegende Meßwerte (Extremwerte). Die Grenzen der Whisker kennzeichnen den kleinsten bzw. größten Beobachtungswert, der innerhalb der Grenzen der eineinhalbfachen Interquartilsdistanz (oberes Quartil minus unteres Quartil) liegt.

Kupfer und Zink

Die Elemente Kupfer und Zink stellen z. Z. keine ernsthaften Probleme für biologische Systeme der Nordsee dar. Auch die gemessenen Kupfer- und Zinkgehalte im Leber- und Muskelgewebe von Fischen aus Elbe, Weser, Ems und Deutscher Bucht fügen sich in das bisher gewonnene Bild nahtlos ein. Die Obergrenzen der als natürlich angesehenen Hintergrundwerte für Kupfer (Muskelgewebe ~ 1 mg/kg, Leber ~ 20 mg/kg) und Zink (Muskelgewebe ~ 10 mg/kg, Leber ~ 60 mg/kg) wurden von den untersuchten Stichproben nicht überschritten.

Bei einem Gebietsvergleich fallen erhebliche Unterschiede der Kupfer- und Zink-Muskelgewebekonzentrationen auf. Bei einer Bewertung vor allem der niedrigen Gehalte im inneren und äußeren Elbeästuar ist jedoch zu beachten, daß Spurenelementgehalte in Fischen und anderen Organismen großen Schwankungen unterliegen können. Die Unterschiede werden hier als Ausdruck für die natürliche Variabilität der Kupfer- und Zinkkonzentrationen interpretiert, die nach bisherigem Kenntnisstand eine verhältnismäßig große Bandbreite (etwa eine Zehnerpotenz) besitzt. Standortspezifische Unterschiede in der Kupfer- bzw. Zinkbelastung lassen sich daraus nicht ablesen.

Quecksilber, Blei und Cadmium

In Meeresfischen, wie Kabeljau (*Gadus morhua*), Scholle (*Pleuronectes platessa*) und Hering (*Clupea harengus*), die in unbelasteten Gebieten gefangen wurden, liegt der „natürliche" Quecksilbergehalt zwischen 0,05 und 0,1 mg/kg Frischsubstanz. Muskelgewebe und Leber zeigen annähernd gleich hohe Konzentrationen. Für Blei finden sich im Muskelgewebe von Fischen der zentralen Nordsee niedrige Gehalte von 0,0005 bis 0,004 mg/kg (Kabeljau, Scholle). Vergleichbar niedrig liegen auch die Cadmiumkonzentrationen. Durch analytische Fehler nicht verfälschte Cadmiumgehalte im Muskelgewebe von Seefischen haben eine Größenordnung von kleiner als 0,001 mg/kg. Im Gegensatz zum Quecksilber stellt für Blei und Cadmium die Leber (und auch die Niere) das Haupt-Speicherorgan dar. Die Gehalte in der Leber liegen um etwa eine bis zwei Größenordnungen höher als im Muskelgewebe und sind damit mit üblichen spurenanalytischen Bestimmungsmethoden leichter und zuverlässiger bestimmbar.

Die Schadstoff-Höchstmengenverordnung legt für Quecksilber Höchstwerte von 1,0 mg/kg für Aal, Hecht, Lachs u. a. und 0,5 mg/kg für sonstige Fische (u. a. Flunder) sowie Krusten-, Schalen- und Weichtiere fest (bezogen auf Frischgewicht). Der Grenzwert wird in der Elbe zum Teil erheblich überschritten.

In 1986 (n = 107) lagen sogar 14% der ermittelten Hg-Gehalte in Flundern über 1,0 mg/lg.

Die Richtwerte des Bundesgesundheitsamtes (ZEBS-Werte) für Fisch liegen bei 0,5 mg/kg Blei und 0,1 mg/kg Cadmium (bezogen auf Frischgewicht).

Das gemessene Kontaminationsniveau von Quecksilber in Flundern aus dem Elbeästuar ist außergewöhnlich hoch. Die Konzentrationen nehmen vom inneren über das äußere Ästuar seewärts ab. Ähnliche Verteilungsmuster wurden auch in vorangegangenen Untersuchungen mit Miesmuscheln, Flundern und Klieschen festgestellt. Die Befunde bestätigen, daß die Elbe eine herausragende Quelle für den Eintrag von Quecksilber in die Deutsche Bucht darstellt. Aus dem vorhandenen Zahlenmaterial läßt sich schließen, daß das über die Elbe in die Deutsche Bucht eingetragene Quecksilber mit der vorherrschenden Restströmung entlang der westjütländischen Küste verfrachtet und verteilt wird, wobei die Elementkonzentration durch Anlagerung an Schwebstoffen und deren Ablagerung im Sediment mit zunehmender Entfernung von der Elbe verringert wird.

Die Gehalte an Cadmium und Blei in Proben aus den untersuchten Arealen lassen keine geographische Differenzierung zu. Die gemessenen Elementkonzentrationen bewegen sich insgesamt auf einem Niveau, das als geringfügig erhöht eingestuft werden kann. Keines der untersuchten Flußsysteme kann aufgrund der vorliegenden Datensätze als herausragende Quelle für eine Cadmium- und Bleizufuhr in die Küstengewässer identifiziert werden.

Schwermetalle

im Muskelgewebe von Schollen ☐ und Flundern ■
im Küstenbereich der Nordsee 1986

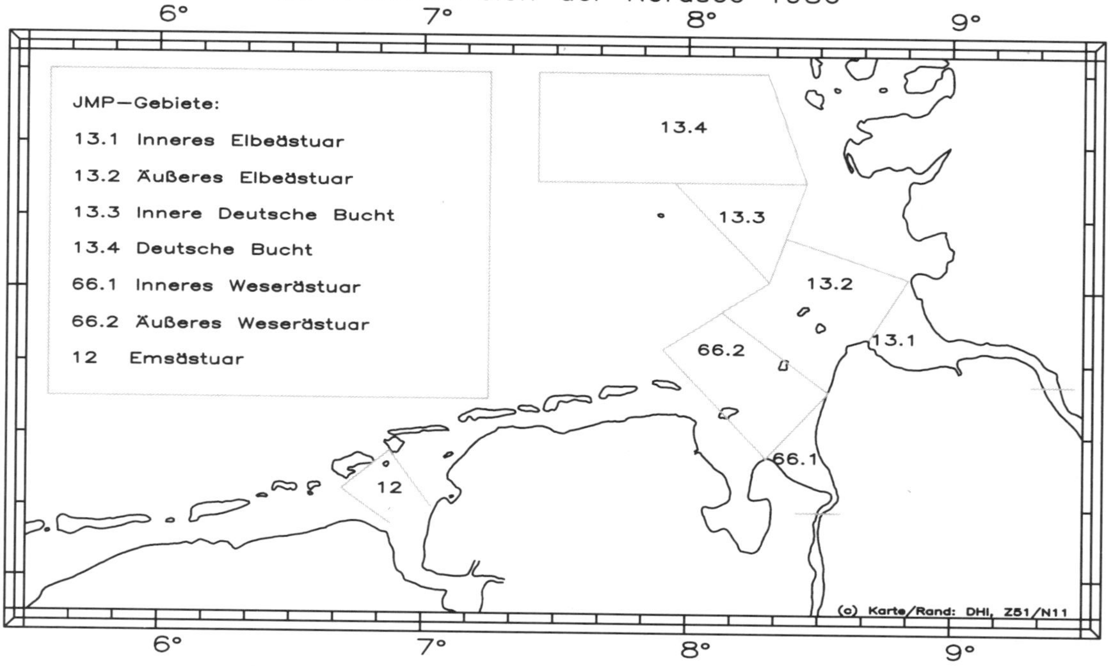

6° 7° 8° 9°

54° 54°

JMP–Gebiete:
13.1 Inneres Elbeästuar
13.2 Äußeres Elbeästuar
13.3 Innere Deutsche Bucht
13.4 Deutsche Bucht
66.1 Inneres Weserästuar
66.2 Äußeres Weserästuar
12 Emsästuar

13.4 13.3 13.2 13.1 66.2 66.1 12

(c) Karte/Rand: DHI, Z51/N11

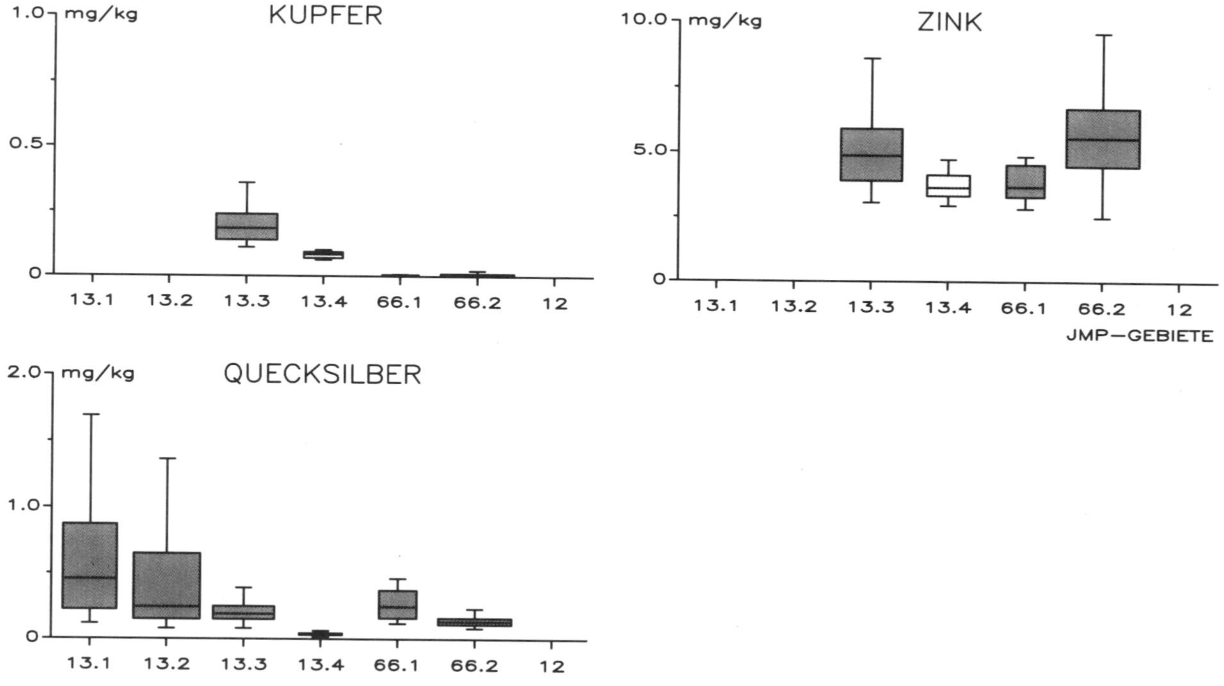

6° 7° 8° 9°

KUPFER

mg/kg
1.0
0.5
0

13.1 13.2 13.3 13.4 66.1 66.2 12

ZINK

mg/kg
10.0
5.0
0

13.1 13.2 13.3 13.4 66.1 66.2 12

JMP–GEBIETE

QUECKSILBER

mg/kg
2.0
1.0
0

13.1 13.2 13.3 13.4 66.1 66.2 12

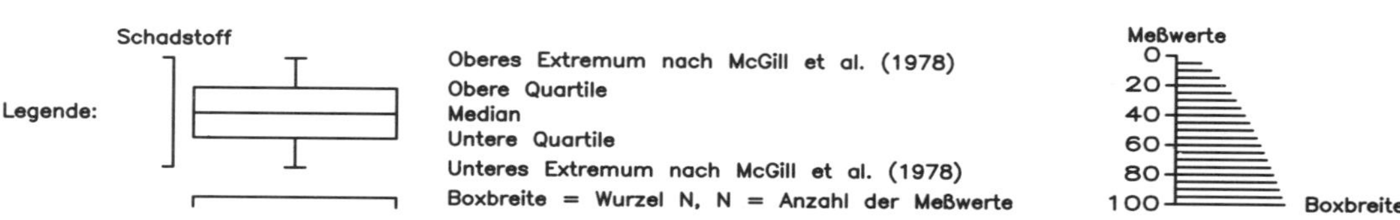

Quelle: Joint Monitoring Programme

MUDAB (Meeresumwelt–Datenbank)
UBA–UMPLIS/DHI

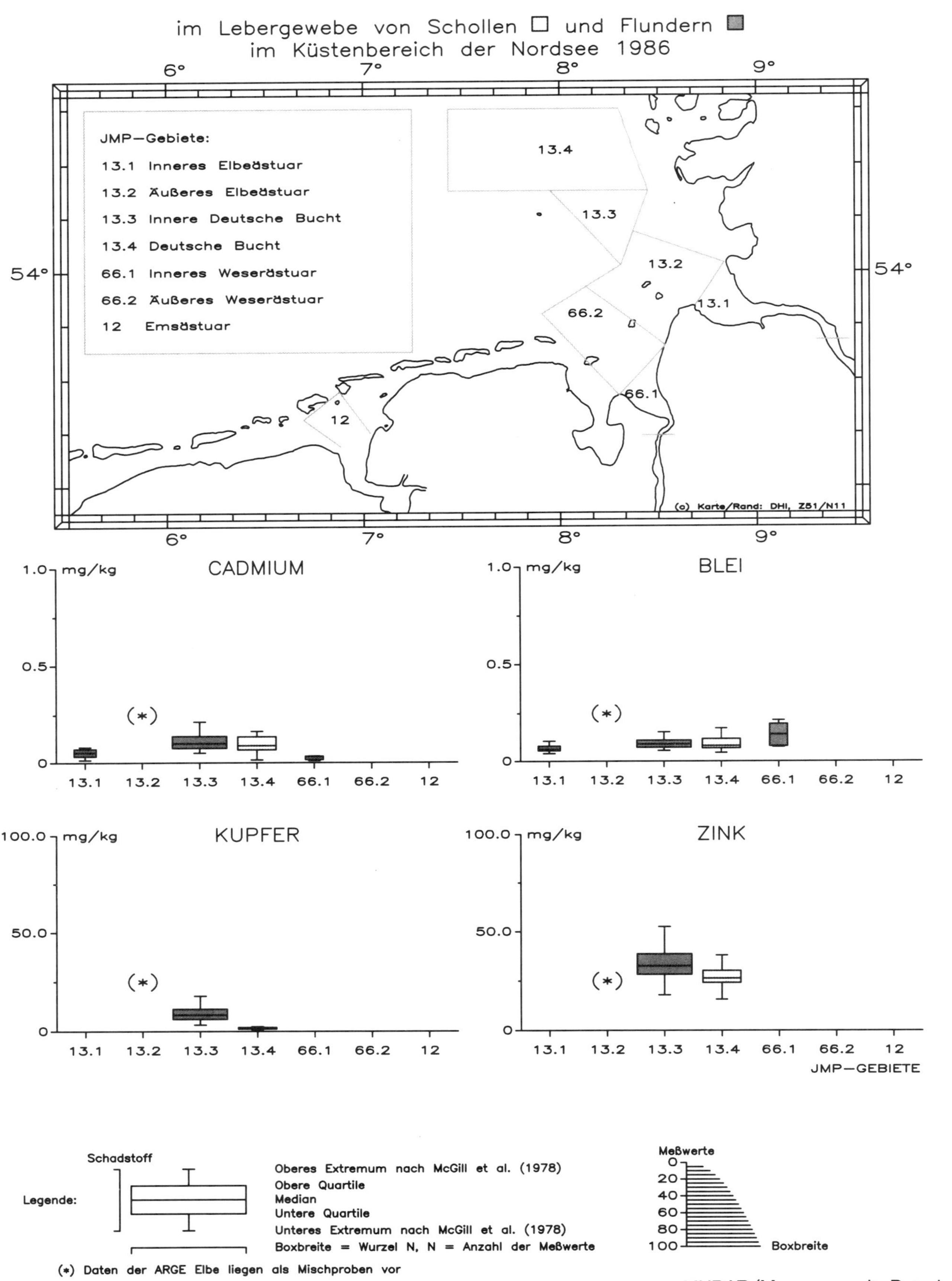

(*) Daten der ARGE Elbe liegen als Mischproben vor

Quelle: Joint Monitoring Programme

MUDAB (Meeresumwelt–Datenbank)
UBA–UMPLIS/DHI

Organische Schadstoffe

Die in der Umwelt anzutreffenden chlorierten Kohlenwasserstoffe sind im Gegensatz zu den Schwermetallen fast ausschließlich anthropogenen Ursprungs. Im Rahmen des Joint Monitoring Programme werden folgende Organohalogenverbindungen regelmäßig überwacht:

- Hexachlorbenzol (HCB) wurde als Weichmacher und Flammenhemmittel, vor allem aber als Fungizid in Saatbeiz- und Holzschutzmitteln angewandt; ferner gelangt es bei der Herstellung von Lösungsmitteln und beim Verbrennen chlorhaltiger Produkte in die Umwelt.
- Hexachlorcyclohexan (HCH) beinhaltet eine Reihe von Isomeren, von denen im aquatischen Bereich neben dem hochwirksamen Insektizid γ-HCH (Lindan) vor allem das bei der Lindanproduktion anfallende Nebenprodukt α-HCH in nennenswerten Konzentrationen in Erscheinung tritt.
- Polychlorierte Biphenyle (PCB) bestehen aus einer Gruppe von 209 Kongeneren. Sie wurden in der Bundesrepublik Deutschland vor allem in Kondensatoren, Transformatoren, als Hydrauliköl in Bergwerken, als Weichmacher in Kunststoffen oder auch als Insektizidzusatz genutzt. Da sich erwiesen hat, daß PCB-Gesamtbestimmungen zu unzutreffenden Befunden führen, wurde die Analytik auf den Nachweis einzelner PCB-Kongenere umgestellt.

Organische Schadstoffe im Wasser

Im Rahmen des Überwachungsprogramms des Deutschen Hydrographischen Instituts wurde die Nordsee im Sommer 1986 flächendeckend auf chlorierte Kohlenwasserstoffe untersucht. Das Insektizid Lindan kann in der Nordsee weiträumig verfolgt werden: Seine Verteilungsstruktur zeigt die wesentlichen Quellen durch den Eintrag von Rhein, Weser und Elbe sowie den Ausstrom aus der Ostsee an. Ein ähnliches Verteilungsmuster bestehen auch für β-HCH, das im Vergleich zum α-HCH und Lindan jedoch in wesentlich niedrigeren Konzentrationen auftritt. Beim α-HCH wurden die höchsten Konzentrationen im Skagerrak und vor den Mündungen von Elbe und Weser ermittelt. Die weiträumige Verteilung der HCH-Isomere stimmt sowohl mit den genannten Belastungsschwerpunkten als auch mit den Verhältnissen des Wasseraustausches in der Nordsee überein.

Insgesamt treten vergleichsweise hohe Konzentrationen an chlorierten Kohlenwasserstoffen im Küstenraum, besonders in Flußmündungsgebieten auf. Zur offenen Nordsee hin nehmen die Konzentrationswerte in der Regel ab. Dies gilt auch für das HCB mit Belastungsschwerpunkten vor den Mündungen von Rhein, Weser und Elbe.

Neben der regelmäßigen Messung der in Überwachungsprogrammen festgelegten Substanzen wie HCH, HCB und einzelnen PCB-Kongeneren wird von Zeit zu Zeit ein „Scerening“ auf das Vorkommen „neuer“ organischer Umweltchemikalien im Meeres-, Küsten- und Ästuarbereich durchgeführt. Die Tatsache, daß insgesamt nur ein Bruchteil der zum teil biologisch äußerst wirksamen Komponenten (z. B. Pestizide und deren Abbauprodukte) auf ihre Verbreitung im aquatischen Milieu regelmäßig untersucht werden kann, macht die Identifizierung „neuer“ und gleichzeitig in relevanten Konzentrationen auftretender Stoffe sowie ihre gewässerzustandsbezogene Bewertung zu einem wesentlichen Ziel staatlicher Überwachungsaufgaben; ein derartiges „Screening“ dient in diesem Sinne auch der Aktualisierung der regelmäßig zu überwachenden Stoffe.

Konzentrationsgradienten von organischen Umweltchemikalien im unfiltrierten Wasser (Wassertiefe 5 m) im Bereich Elbeästuar/Deutsche Bucht ist nachfolgender Tabelle zu entnehmen: Bei den identifizierten Stoffen ist in der Regel ein steiler Konzentrationsabfall von der Süßwassergrenze der Elbe seewärts festzustellen, die durch Vermischung mit geringer kontaminiertem Seewasser, Sedimentation belasteter Schwebstoffe sowie vermutlich auch durch mikrobiellen und chemischen Abbau von Einzelkomponenten und durch Verdunstung verursacht wird. Von den chlorierten Pestiziden fallen mengenmäßig vor allem die im Rahmen laufender Überwachungsprogramme erfaßten Stoffe (HCH, HCB) ins Gewicht. Verbindungen wie Aldrin, Chlordan, DDE und Methoxychlor liegen mit äußerst niedrigen Konzentrationen unterhalb der Nachweisgrenze, so daß eine bedeutende Belastung der Nordsee durch diese Substanzen derzeit nicht zu befürchten ist. Herausragende Konzentrationen sind jedoch bei den halogenfreien Phthalaten zu beachten, die vor allem als Weichmacher in Kunststoffen und Lacken, ferner als Entschäumungsmittel sowie als Emulgatoren für Kosmetika, Parfüme und Pestizide genutzt werden.

Verteilung des Insektizids Lindan im Oberflächenwasser der Nordsee 1986

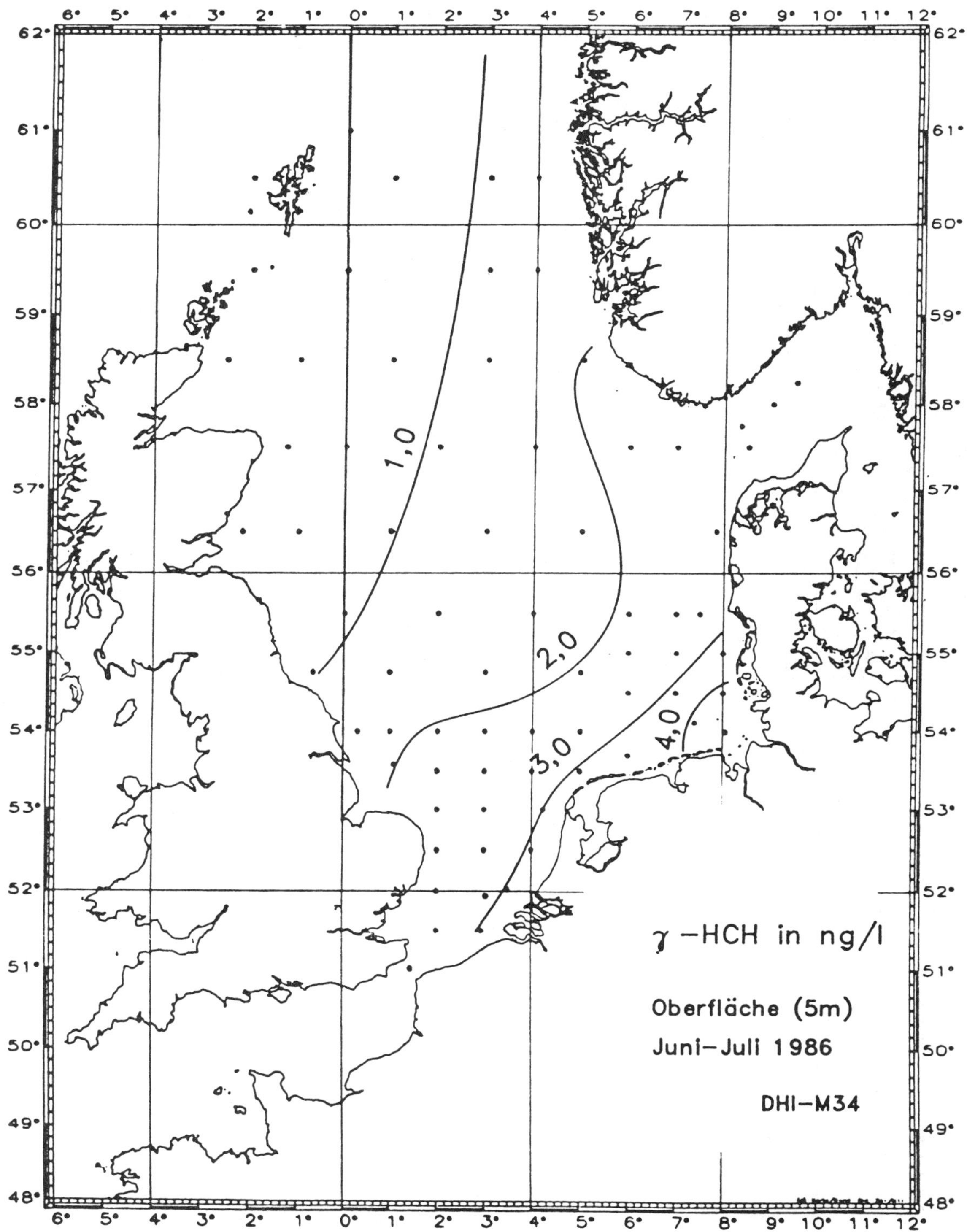

Quelle: Deutsches Hydrographisches Institut

Verteilung von β–HCH im Oberflächenwasser der Nordsee 1986

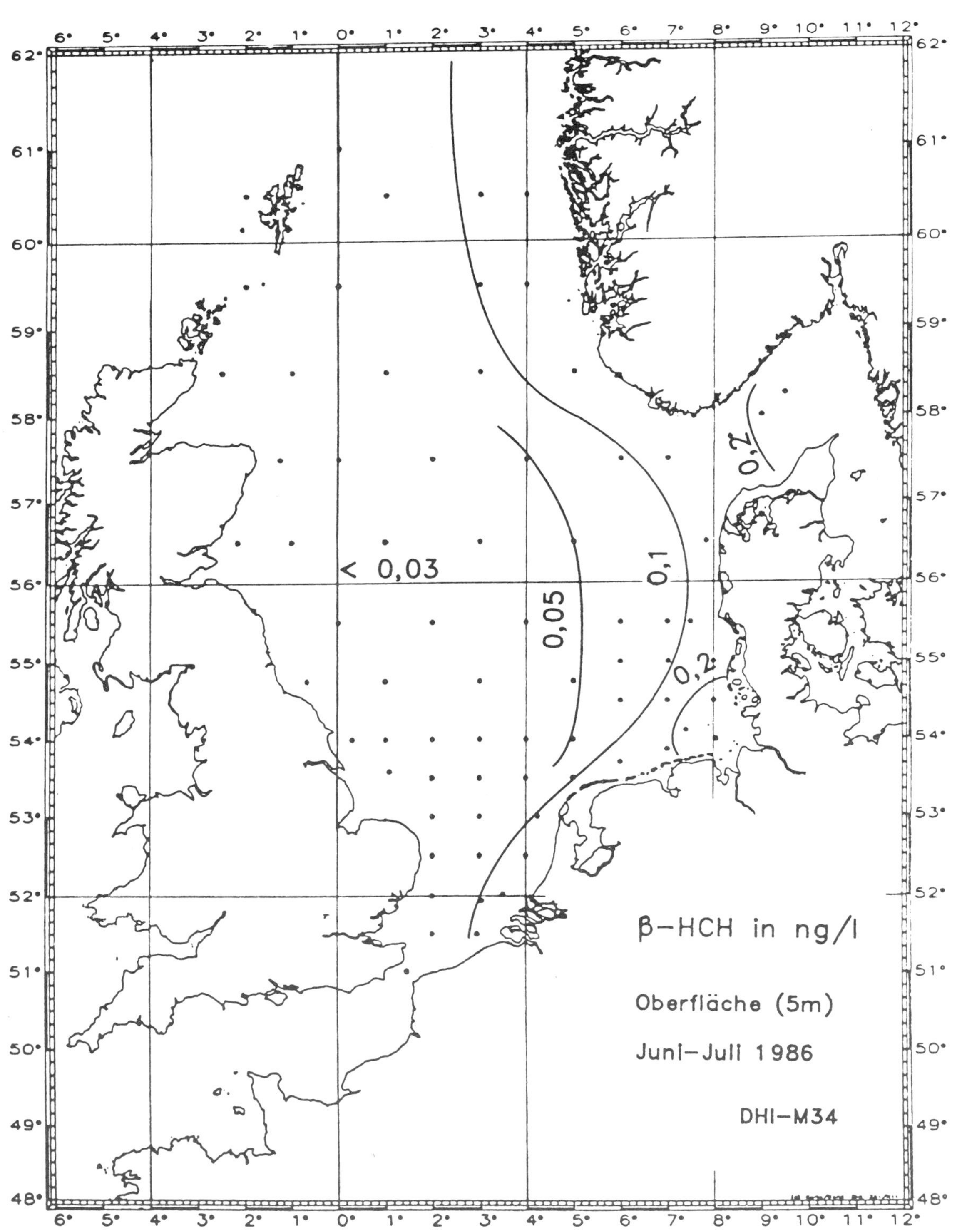

Quelle: Deutsches Hydrographisches Institut

Verteilung von α–HCH im Oberflächenwasser der Nordsee 1986

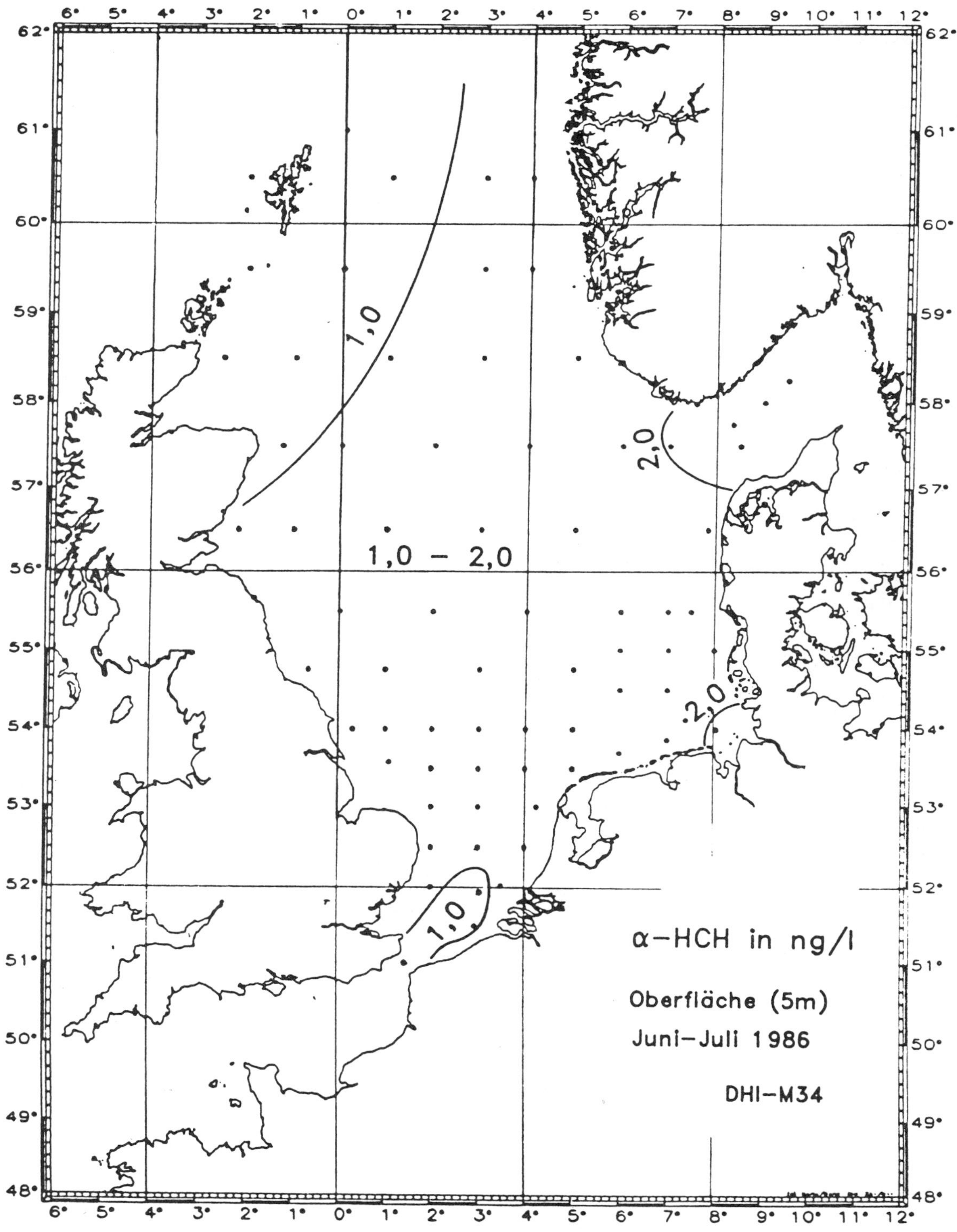

Quelle: Deutsches Hydrographisches Institut

Verteilung von HCB im Oberflächenwasser der Nordsee 1986

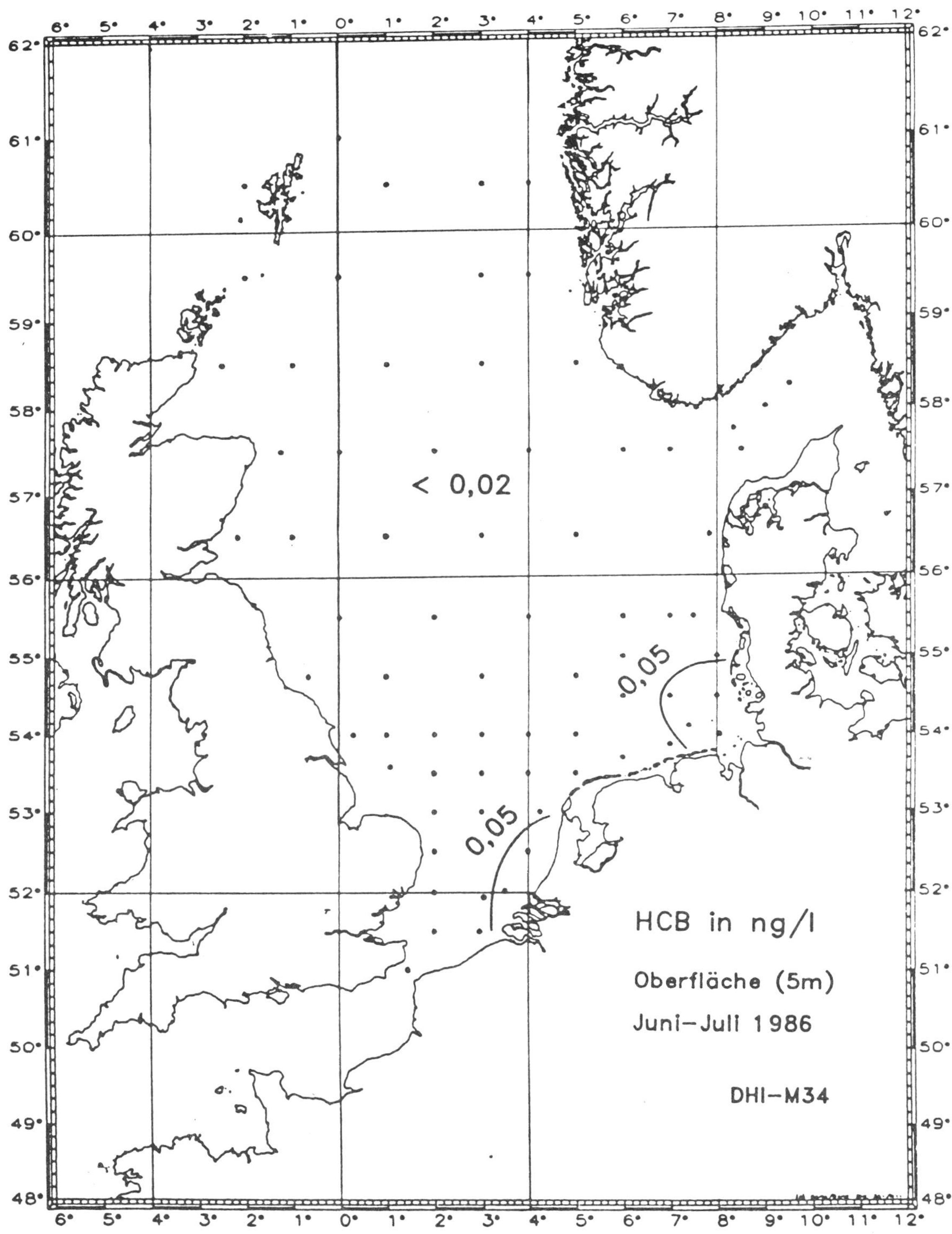

Quelle: Deutsches Hydrographisches Institut

Ausbreitung organischer Schadstoffe über die Elbe in die Deutsche Bucht (Angaben in ng/l; Entnahmetiefe 5 m). Zur Lage der Meßstationen siehe Seite 374.

Station	EL 3	EL 6	EL 9.1
Bis-Cl-1-propylether	7260	1160	<30
Hexachloräthan	3,2	0,06	0,03
Hexachlorbutadien	1,8	0,05	<0,02
Octachlorstyrol	1,9	0,09	<0,05
1,3,5-Trichlorbenzol	1,1	0,13	0,04
1,2,4-Trichlorbenzol	7,4	0,52	0,2
1,2,3-Trichlorbenzol	1,4	0,06	0,03
1,2,3,5-Tetrachlorbenzol	0,33	0,06	<0,02
1,2,4,5-Tetrachlorbenzol	1,2	0,1	0,03
1,2,3,4-Tetrachlorbenzol	0,73	0,04	<0,02
Pentachlorbenzol	1,2	0,1	<0,02
Hexachlorbenzol	8,3	0,37	0,03
α-HCH	7,6	2,9	1,5
β-HCH	15	2,1	0,31
γ-HCH	23,4	6,8	3,4
δ-HCH	14,9	3	0,16
Parathionmethyl	350	30	5,4
Parathionäthyl	1	1	<0,1
Dieldrin	0,7	0,1	<0,02
Endrin	0,7	0,2	<0,02
p,p'-DDT	0,7	<0,05	<0,05
p,p'-DDD	4,5	0,7	<0,05
PCB-28	<0,8	<0,2	<0,2
PCB-52	<0,6	<0,2	<0,2
PCB-101	0,6	<0,3	<0,3
PCB-118	<0,6	<0,3	<0,3
PCB-153	2,2	0,6	<0,4
PCB-138	2,4	0,7	<0,5
PCB-180	0,7	0,2	<0,1
Phthalsäuredimethylester	920	450	<50
Pthalsäurediäthylester	580	310	100
Phthalsäuredibutylester	45	35	<10
Phthalsäureäthylhexylester	140	40	<20
unter der Nachweisgrenze bei Station EL 9.1 lagen:			
Aldrin			<0,02
γ-Chlordan			<0,02
α-Chlordan			<0,02
p,p'-DDE			<0,02
Methoxychlor			<0,05
Heptachlor			<0,05
Heptachlorepoxid			<0,05
Hexachlorophen			<0,05
Propetamphos			<1
Fenitrothion			<1
Disulfoton			<2
Thiometon			<2
Etrimfos			<3

Quelle: Deutsches Hydrographisches Institut

Organische Schadstoffe im Sediment

Im Rahmen des vom Bundesminister für Forschung und Technologie geförderten Projekts „Biogeochemie und Verteilung von Schwebstoffen in die Nordsee und ihr Bezug zur Fischereibiologie“ wurden umfangreiche Untersuchungen zur Belastung von Nordseesedimenten mit chlorierten Kohlenwasserstoffen durchgeführt. Da die unpolaren chlorierten Kohlenwasserstoffe aufgrund ihrer starken Lipophilie am stärksten an organischen Bestandteilen gefunden werden, erwies sich der Gehalt an organischem Kohlenstoff der Sedimente (TOC) als beste Bezugsgröße zur Standardisierung der CKW-Gehalte und somit zum Vergleich unterschiedlich stark belasteter Sedimenttypen.

Die HCB- und PCB-Verteilungen zeigen hohe Werte vor der Elbmündung, die nach Norden und Nordwesten deutlich abnehmen. Ein ausgeprägter Belastungsschwerpunkt liegt für beide Stoffe westlich von Helgoland. Insgesamt fallen fünf Gebiete durch eine erhöhte HCB-Belastung auf: die Deutsche Bucht (A), die niederländische (B) und britische Küste (C) sowie zwei Gebiete südlich (D) und nordöstlich der Doggerbank (E). Die Gebiete A, B und C können Einträgen aus Elbe, Rhein und Humber zugeordnet werden, während für die Region D (Seeverbrennungsgebiet) nach derzeitigem Kenntnisstand angenommen werden kann, daß das HCB bei der Verbrennung chlorierter Abfallstoffe emittiert wird und ins Sediment gelangt.

TOC –standardisierte HCB– und PCB–Gehalte in Sedimenten der Nordsee (ng/g TOC)

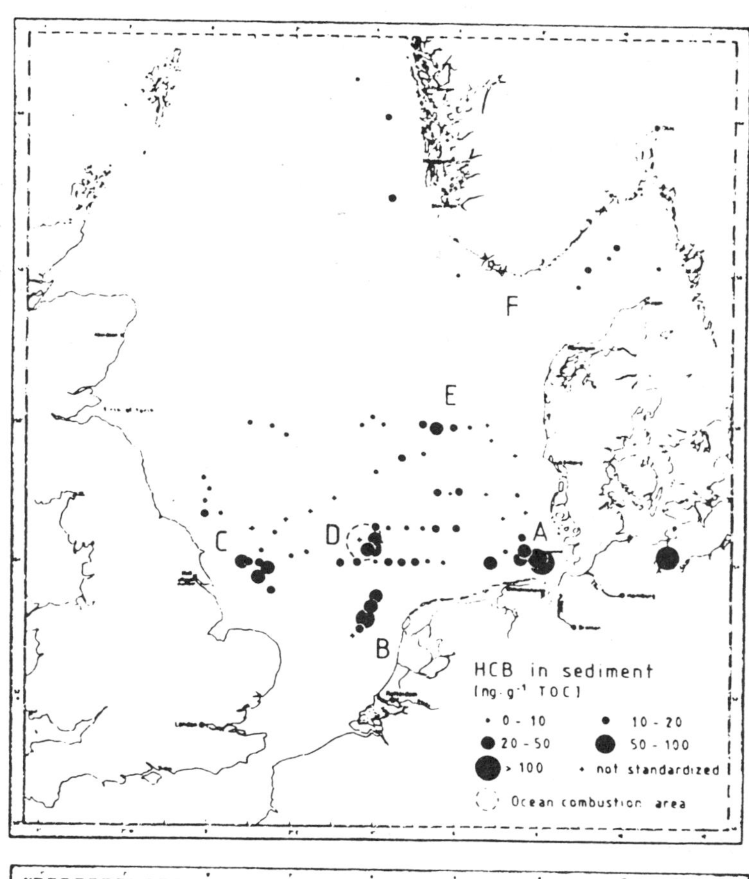

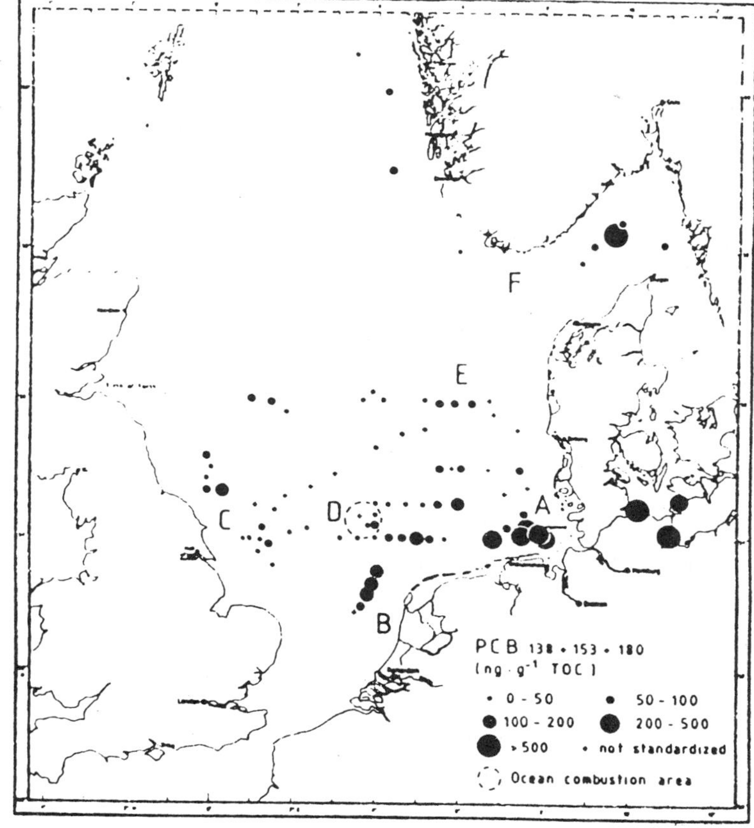

Quelle: J. Lohse, Universität Hamburg 1988

Organische Schadstoffe in Organismen

Im Gegensatz zu den meisten anorganischen Verbindungen werden chlorierte Kohlenwasserstoffe wie HCB im Fettgewebe von Organismen akkumuliert. Generell gilt, daß mit abnehmendem Dampfdruck und abnehmender Wasserlöslichkeit der Bioakkumulationsgrad steigt.

Im Rahmen des Joint Monitoring Programme werden Flundern und Schollen einmal im Jahr, vorzugsweise vor dem Laichen, auf Rückstände der organischen Schadstoffe HCH, HCB und PCB untersucht. Während für den Verzehr von Fischen der Schadstoffgehalt im Muskelfleisch maßgeblich ist, hat sich für den Bereich der Bioindikation die Fischleber aufgrund ihres höheren Fettgehaltes und ihres beträchtlichen Akkumulationspotentials zum Nachweis organischer Schadstoffe als geeigneter erwiesen. In den Abbildungen sind die im Jahre 1986 ermittelten Gehalte im Muskelgewebe und in der Fischleber wieder in Form von der bereits erwähnten „Box and Whiskers" Diagramme dargestellt (Erläuterung siehe unter Schwermetalle in Organismen).

In vorangegangenen Untersuchungen zeigte sich, daß im deutschen Nordseeküstenraum speziell die Flüsse Elbe und Weser organische Schadstoffe in die Nordsee transportieren und damit einen wesentlichen Beitrag zur Kontamination der Deutschen Bucht leisten. Die vorliegenden Untersuchungsergebnisse bestätigen dieses Bild. Ein Vergleich der im Gebiet 13.4 gemessenen Werte mit denen aller anderen Überwachungsareale läßt auf eine seewärts gerichtete Abnahme des Belastungsniveaus schließen. Diese Schlußfolgerung wird allerdings durch den Umstand relativiert, daß im Gebiet 13.4 Schollen, in allen anderen aber Flundern untersucht wurden.

Polychlorierte Biphenyle

In der Nahrungskette zeigen die einzelnen PCB-Kongenere ein unterschiedliches Verhalten: Bei den niedrig chlorierten Verbindungen kommt es zu einer deutlichen Abnahme in der Nahrungskette, während die persistenten, höherchlorierten Verbindungen, insbesondere die Kongenere Nr. 138, 153 und 180, verstärkt angereichert werden (Biomagnifikation).

Da mit den heute zur Verfügung stehenden analytischen Methoden nicht alle aus biologischen Proben isolierten Kongenere einwandfrei quantifiziert werden können, werden einzelne Chlorbiphenyle ausgewählt, die

- in fast allen tierischen Proben in meßbaren Konzentrationen vorkommen,
- das Spektrum der niedrigchlorierten bis zu den hochchlorierten Biphenylen abdecken und
- von denen angenommen wird, daß nur wenige Störsubstanzen das Meßergebnis verfälschen.

Hierbei handelt es sich um die PCB-Kongenere Nr. 28, 52, 101, 153, 138 und 180. Daneben können, je nach Laborkapazität und Stand der Methodenentwicklung, auch noch andere Kongenere quantitativ erfaßt werden.

Aus den vorliegenden Ergebnissen wird erkennbar, daß generell – unabhängig von der Herkunft der Untersuchungsproben – die Kongenere Nr. 138 und 153 in deutlich höheren Konzentrationen vorkommen als die der Nr. 101 und 180. Die Gehalte der niedrig chlorierten PCB-Kongenere Nr. 28 und 53 liegen, mit Ausnahme einzelner hoch kontaminierter Individuen, nahe der z. Z. erreichbaren analytischen Bestimmungsgrenzen.

Die PCB-Gehalte in Flundern aus den Ästuaren von Elbe, Weser und Ems sind als in etwa gleich hoch belastet einzustufen. Demgegenüber zeigen die im Gebiet 13.4 gefangenen Schollen in der Regel deutlich niedrigere Werte.

Hexachlorbenzol und Hexachlorcyclohexan

In den Mündungsgebieten der Elbe, Weser und Ems werden gegenüber der Deutschen Bucht neben einer Zunahme der Gesamtbelastung der dort gefangenen Fische mit persistenten Organochlorverbindungen auch charakteristische Veränderungen des Schadstoffbelastungsmusters erkennbar: Im inneren Elbeästuar (Gebiet 13.1) ragt eindeutig Hexachlorbenzol als die Substanz heraus, mit der speziell die Elbe nach wie vor sehr hoch belastet ist. Auch die Hexachlorcyclohexan-Isomeren, insbesondere Lindan, erfahren einen signifikanten Konzentrationsanstieg.

Demgegenüber spielt bei Fischen aus dem inneren Weserästuar (Gebiet 66.1) die Kontamination mit HCB nur eine untergeordnete Rolle. Die Lindankonzentrationen sind im Vergleich zur Deutschen Bucht jedoch deutlich erhöht und entsprechen in etwa denen der Elbe.

Die Untersuchungen von Flundern aus dem Emsästuar zeigen, daß die HCH-Isomere und HCB mit etwa gleichen, aber gegenüber den beiden anderen Flußsystemen deutlich niedrigeren Konzentrationen vertreten sind. Ein Konzentrationsgradient zur offenen See ist nicht erkennbar.

Höchstmengen an Pflanzenschutzmitteln in Fischen, Krusten-, Schalen und Weichtieren (mg/kg)

HCB	0,5[1])
Lindan (γ-HCH)	2,0[2])
HCH-Isomere (außer Lindan)	0,5[1])

[1]) Bezogen auf den Fettgehalt. Bei Organismen bis zu 10% Fettgehalt gilt als Höchstmenge 0,05 mg/kg bezogen auf Frischgewicht.
[2]) Bezogen auf den Fettgehalt. Bei Organismen bis zu 10% Fettgehalt gilt als Höchstmenge 0,2 mg/kg bezogen auf Frischgewicht.

Höchstmengen an Schadstoffen in Lebensmitteln (mg/kg)

PCB Nr. 101, 180	jeweils 0,08[1])
PCB Nr. 138, 153	jeweils 0,1[1])

[1]) Seefische, Krusten-, Schalen- und Weichtiere, bezogen auf das Frischgewicht der eßbaren Teile

Hexachlorcyclohhexane, Hexachlorbenzol und Polychlorierte Biphenyle

im Muskelgewebe von Flundern ■
im Küstenbereich der Nordsee 1986

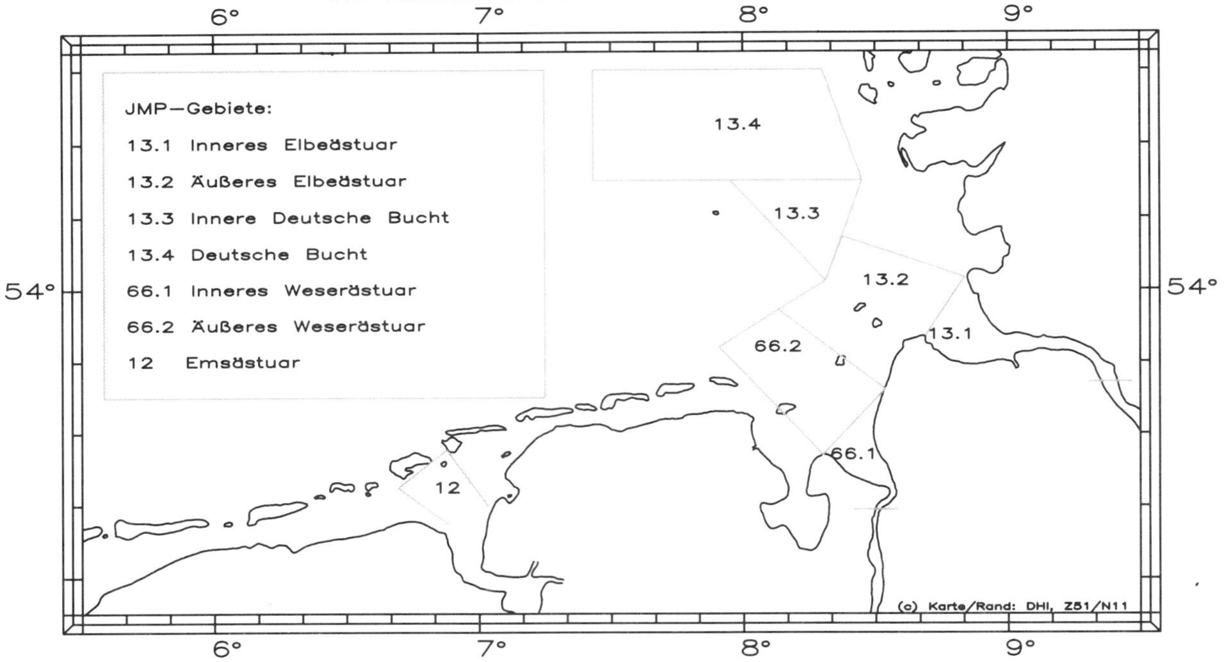

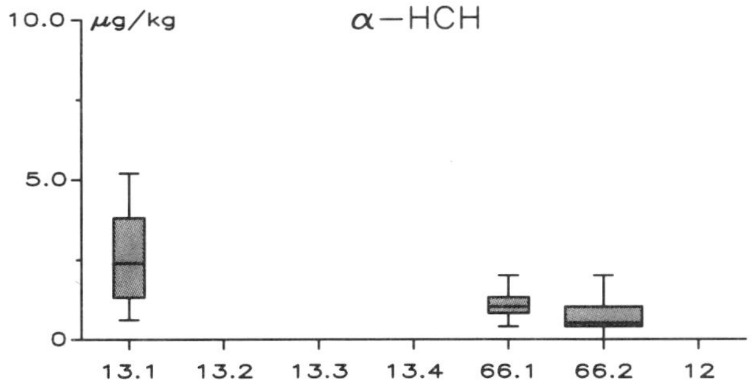

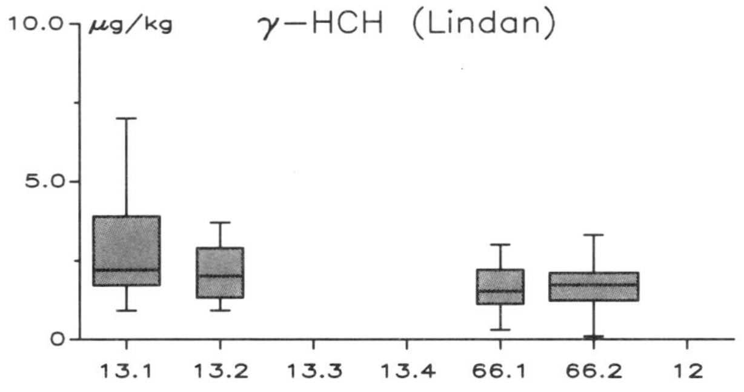

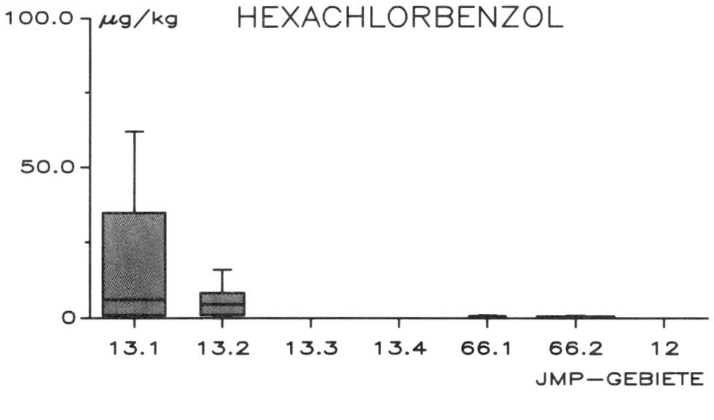

6° 7° 8° 9°

JMP–Gebiete:
13.1 Inneres Elbeästuar
13.2 Äußeres Elbeästuar
13.3 Innere Deutsche Bucht
13.4 Deutsche Bucht
66.1 Inneres Weserästuar
66.2 Äußeres Weserästuar
12 Emsästuar

13.4 13.3 13.2 13.1 66.2 66.1 12

54° 54°

(c) Karte/Rand: DHI, Z51/N11

6° 7° 8° 9°

α–HCH
10.0 µg/kg
5.0
0
13.1 13.2 13.3 13.4 66.1 66.2 12

γ–HCH (Lindan)
10.0 µg/kg
5.0
0
13.1 13.2 13.3 13.4 66.1 66.2 12

HEXACHLORBENZOL
100.0 µg/kg
50.0
0
13.1 13.2 13.3 13.4 66.1 66.2 12
JMP–GEBIETE

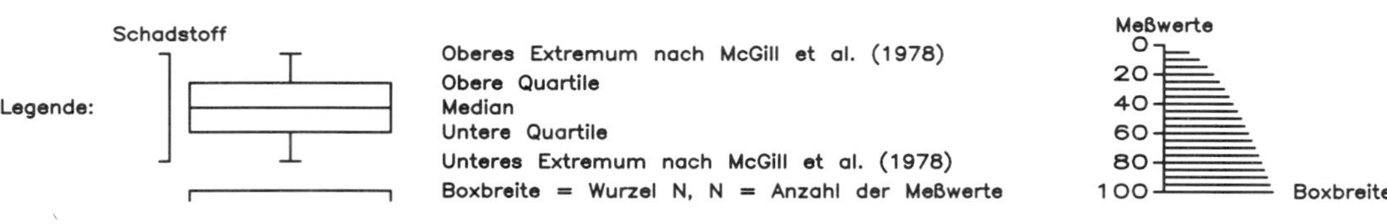

Quelle: Joint Monitoring Programme

MUDAB (Meeresumwelt–Datenbank)
UBA– UMPLIS/DHI

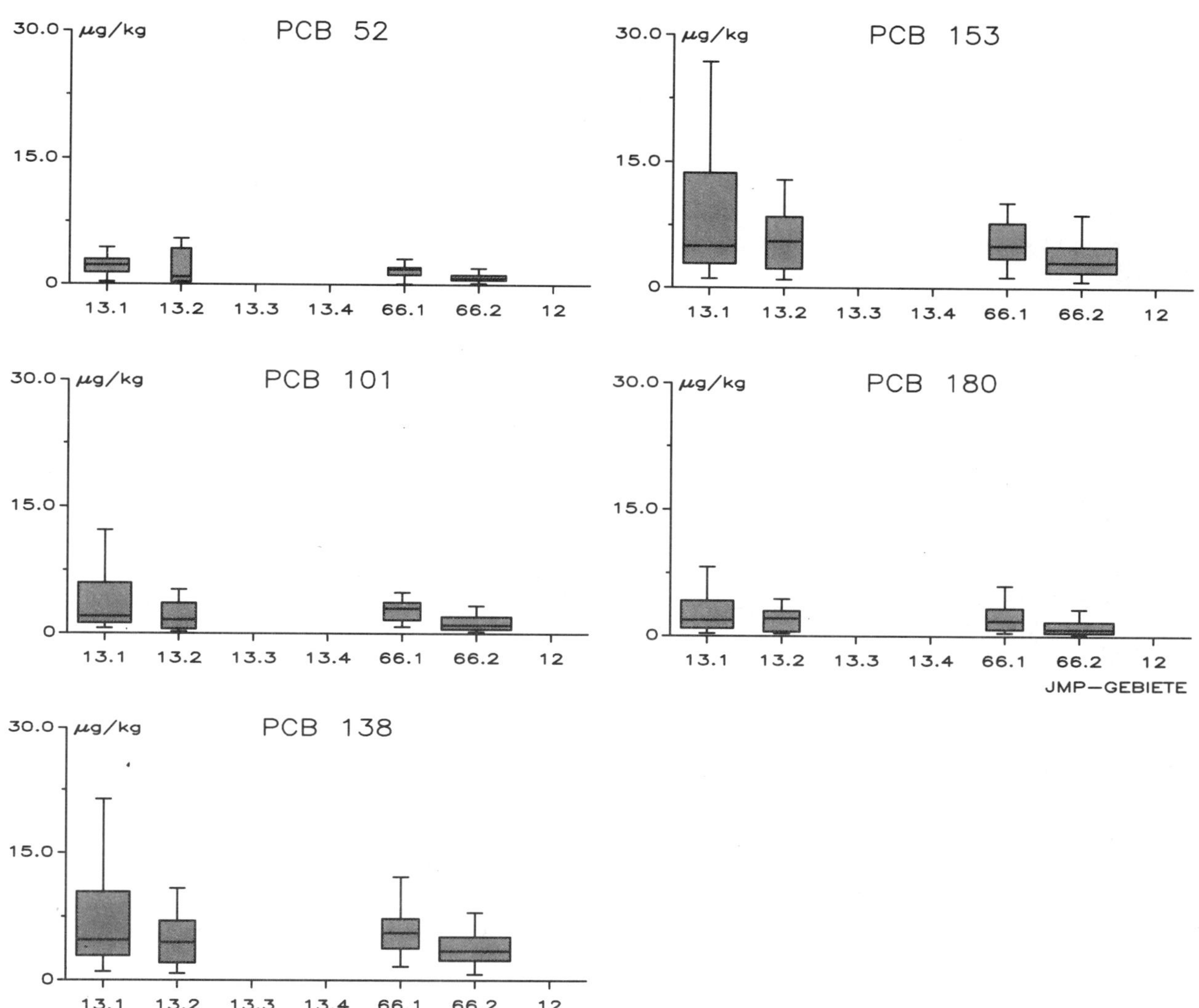

Quelle: Joint Monitoring Programme

MUDAB (Meeresumwelt–Datenbank)
UBA– UMPLIS/DHI

Hexachlorcyclohhexane, Hexachlorbenzol und Polychlorierte Biphenyle

im Lebergewebe von Schollen □ und Flundern ■
im Küstenbereich der Nordsee 1986

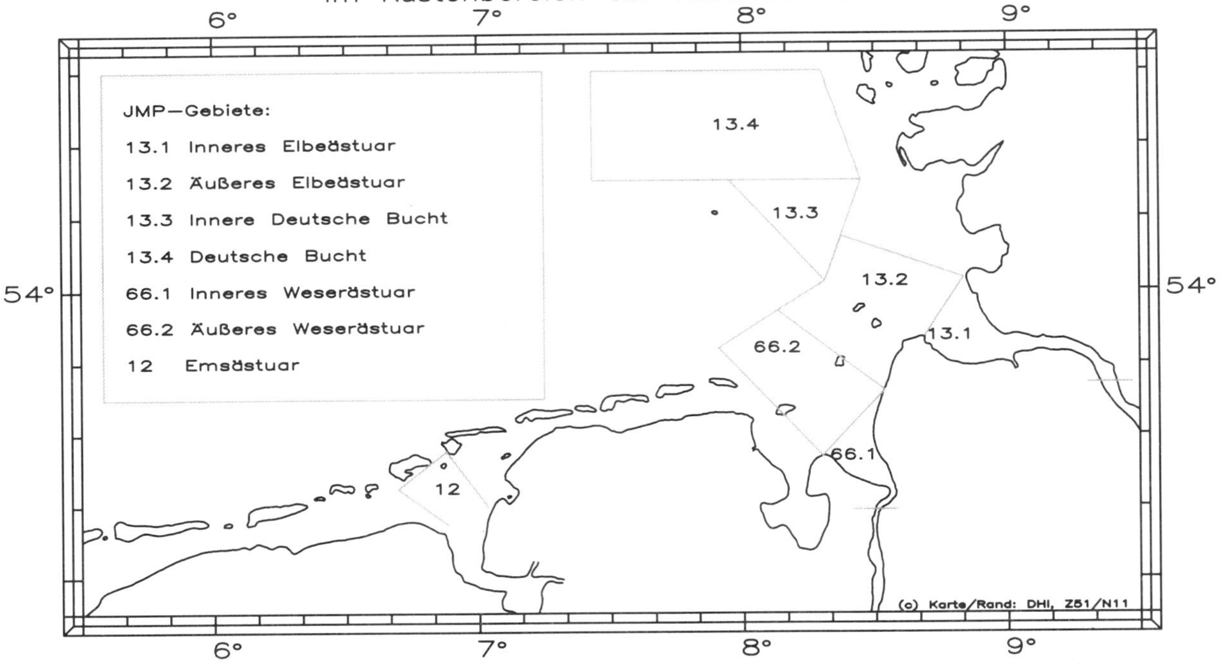

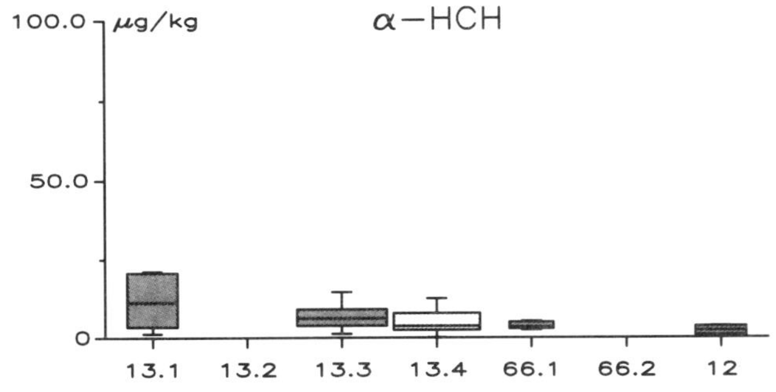

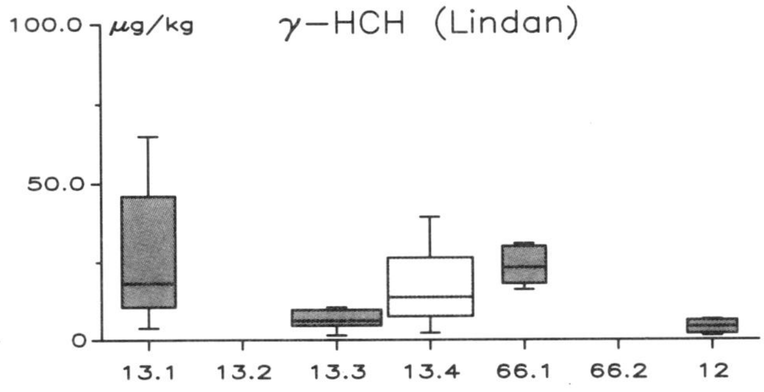

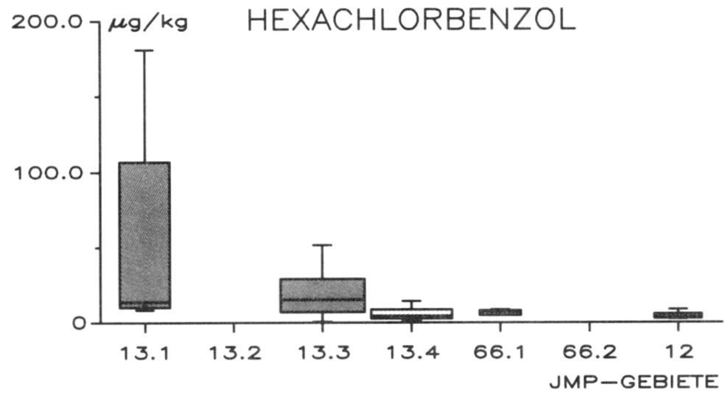

6°
7°
8°
9°
54°
JMP–Gebiete:
13.1 Inneres Elbeästuar
13.2 Äußeres Elbeästuar
13.3 Innere Deutsche Bucht
13.4 Deutsche Bucht
66.1 Inneres Weserästuar
66.2 Äußeres Weserästuar
12 Emsästuar
13.4
13.3
13.2
13.1
66.2
66.1
12
(c) Karte/Rand: DHI, Z51/N11

α–HCH
100.0 µg/kg
50.0
0
13.1
13.2
13.3
13.4
66.1
66.2
12

γ–HCH (Lindan)
100.0 µg/kg
50.0
0
13.1
13.2
13.3
13.4
66.1
66.2
12

HEXACHLORBENZOL
200.0 µg/kg
100.0
0
13.1
13.2
13.3
13.4
66.1
66.2
12
JMP–GEBIETE

Schadstoff
Legende:
Oberes Extremum nach McGill et al. (1978)
Obere Quartile
Median
Untere Quartile
Unteres Extremum nach McGill et al. (1978)
Boxbreite = Wurzel N, N = Anzahl der Meßwerte
Meßwerte
0
20
40
60
80
100
Boxbreite

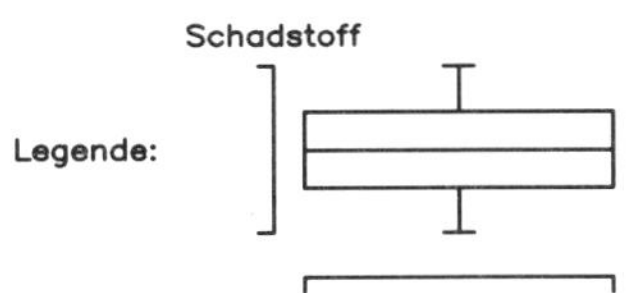

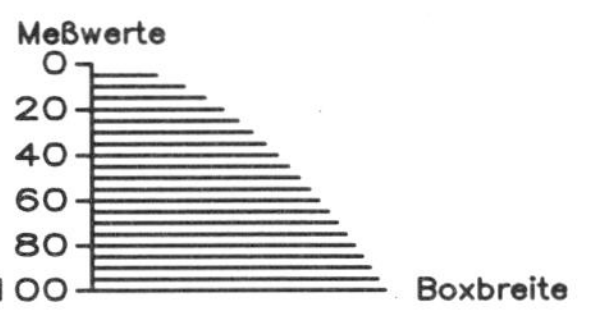

Quelle: Joint Monitoring Programme

MUDAB (Meeresumwelt–Datenbank)
UBA– UMPLIS/DHI

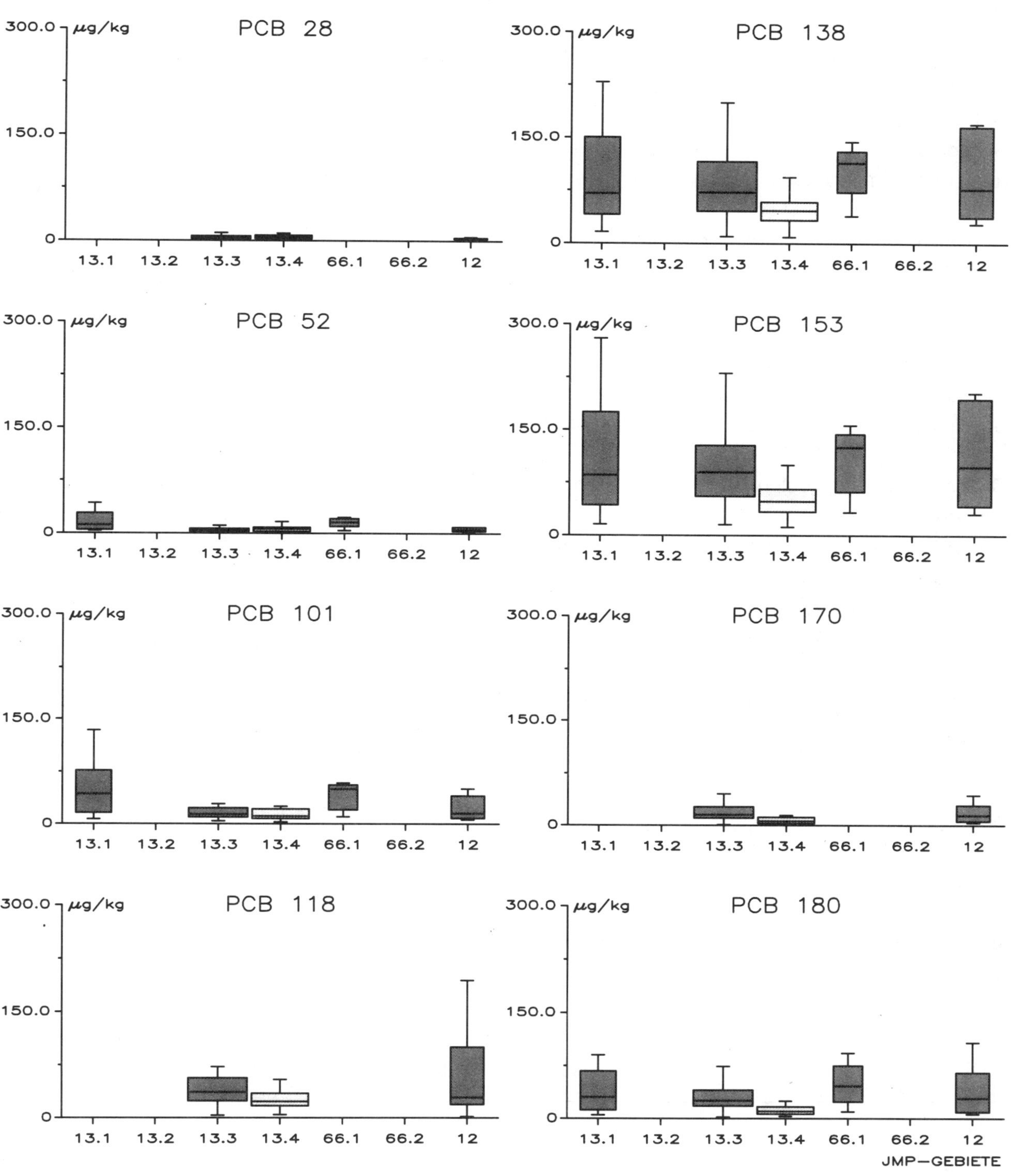

Quelle: Joint Monitoring Programme

MUDAB (Meeresumwelt–Datenbank)
UBA–UMPLIS/DHI

Schadstoffbelastung von See- und Küstenvögeln

See- und Küstenvögel haben sich als geeignete Bioindikatoren für die Schadstoffbelastung des Meeres und mariner Nahrungsketten erwiesen. Die Untersuchung von Gelegen mehrerer Küstenvogelarten im Bereich der deutschen Nordseeküste hat – neben artbedingten Unterschieden – deutlich geographische Unterschiede der Schadstoffbelastung der untersuchten Arten aufgezeigt, die insbesondere den Schadstoffeintrag der Elbe widerspiegeln. Die Flußseeschwalbe ist aufgrund der höchsten Anreicherungsraten ein besonders geeigneter Indikator.

Regionale Belastungsunterschiede für Quecksilber und chlorierte Kohlenwasserstoffe mit Belastungsschwerpunkten beim Elbeästuars sind aus der Untersuchung der Gelege der Flußseeschwalbe im Jahre 1987 deutlich zu erkennen.

Die Schadstoffbelastung der untersuchten Gelege 1981, 1985 und 1987 aus dem Bereich des Elbeästuars läßt keinen Rückgang der Schadstoffbelastung erkennen. Die Rückstände in den Eiern liegen bei einigen Schadstoffen sogar höher als in den Vorjahren.

Da es keine festgelegten Angaben zu „Kritischen Konzentrationen" in Vogelgelegen gibt, bei denen schädliche Auswirkungen auf Gesundheit und Reproduktion der Vögel zu besorgen sind, werden als Vergleichsgröße unter Vorbehalt die Grenz- und Richtwerte für Hühnereier als Lebensmittel herangezogen. Sie kennzeichnen die Größenordnung für die obere Normalkonzentration „unbelasteter" Vögel. Die mittleren Quecksilber-, DDT-, HCB- und PCB-Rückstände in Gelegen der Flußseeschwalbe überschreiten diese Konzentrationen deutlich.

Rückstände von Quecksilber und chlorierten Kohlenwasserstoffen in Eiern der Flußseeschwalbe im Elbeästuar (Hullen) in den Jahren '81, '85, '86 und '87 (arithmetisches Mittel $\overline{x}$ aus n = 10 Eier, in mg/kg Frischgewicht)

	'81	'85	'86	'87	Grenz- und Richtwerte
γ-HCH	0,006	0,002	0,003	0,028	0,1[1])
HCB	4,158	0,487	0,122	0,934	0,2[1])
DDT	0,790	0,245	0,208	1,248	0,5[1])
PCB	10,22	2,80	3,05	22,26	
PCB 138				2,13	0,02[2])
Quecksilber	4,58	11,11	3,14	7,38	0,03[3])

[1]) Grenzwerte nach Pflanzenschutzmittel-Höchstmengen-Verordnung für Hühnereier als Lebensmittel
[2]) Grenzwert nach Schadstoff-Höchstmengen-Verordnung für Eier als Lebensmittel
[3]) Richtwert der zentralen Erfassungs- und Bewertungsstelle für Umweltchemikalien des Bundesgesundheitsamtes = Grenzen für tolerable Konzentration, deren Überschreitung zur Ursachenermittlung und -vermeidung führen soll

Quelle: Umweltbundesamt

Rückstände von Quecksilber und chlorierten Kohlenwasserstoffen in Eiern der Flußseeschwalbe 1987 (Mittelwerte aus n=10 Eiern/Gebiet, in mg/kg Frischgewicht)

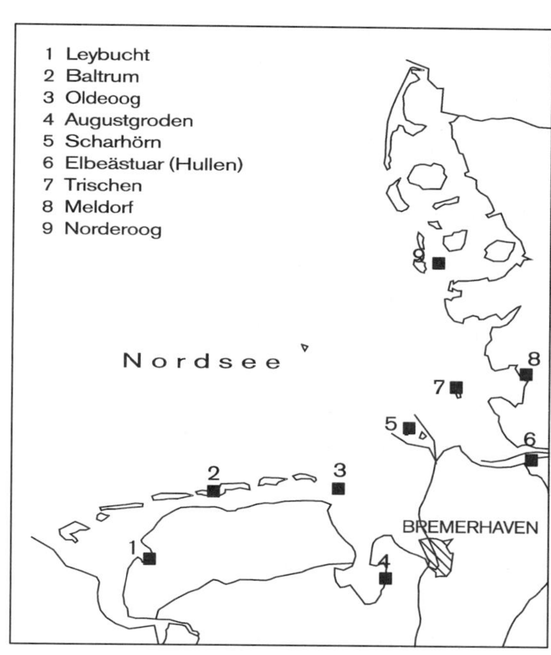

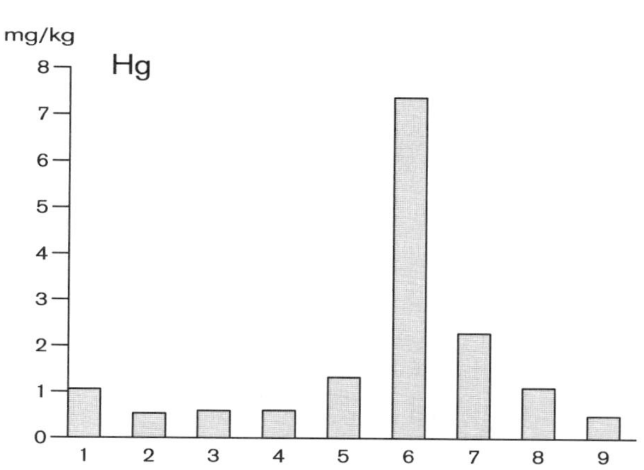

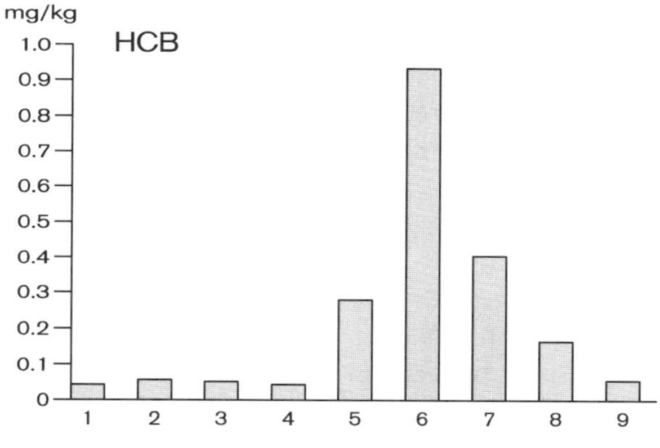

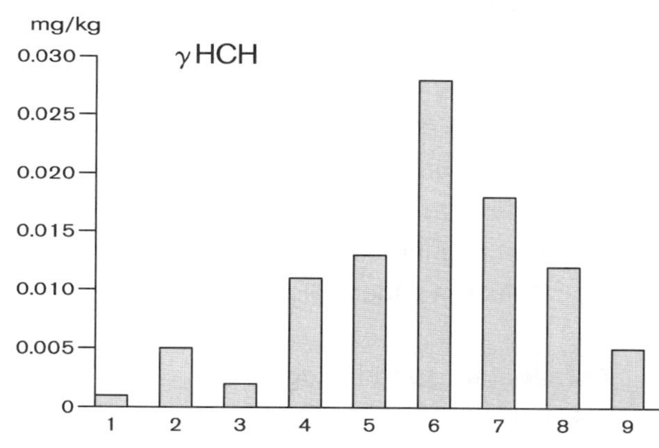

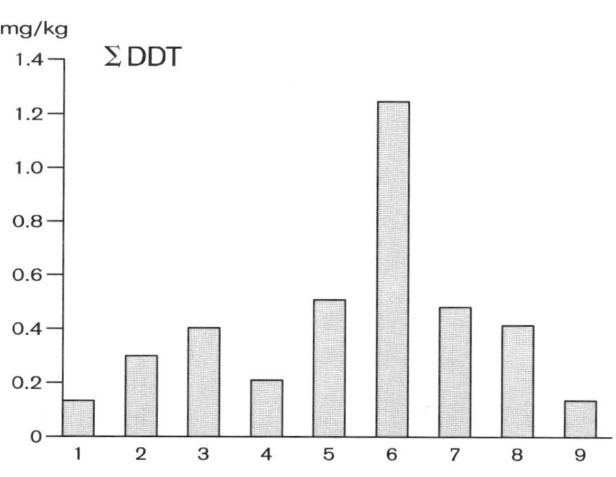

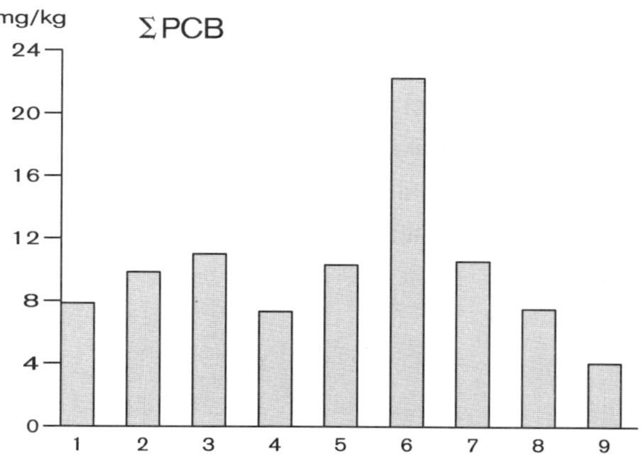

Quelle: Umweltbundesamt

Seite

Datengrundlage

Daten zur Abfallwirtschaft stammen aus unterschiedlichen Quellen:

Aufgrund des Gesetzes über Umweltstatistiken (i.d.F. der Bekanntmachung vom 14. 3. 1980, BGBl. I S. 311) werden Statistiken über die öffentliche Abfallbeseitigung und die Abfallbeseitigung im Produzierenden Gewerbe und in Krankenhäusern erhoben. Ausgewertet sind die Daten der Erhebung von 1984. Daten der Erhebung von 1987 liegen noch nicht vor.

Die im Rahmen der Umweltstatistik „Öffentliche Abfallbeseitigung" erfaßten Abfalldaten umfassen die an öffentlichen Abfallbeseitigungsanlagen von der Müllabfuhr, Straßenreinigungsbetrieben, Privatpersonen und Gewerbe angelieferten Mengen an Hausmüll, hausmüllähnlichen Gewerbeabfällen, Marktabfälle und Straßenkehricht.

Abfälle im Sinne der Umweltstatistik „Produzierendes Gewerbe" sind alle in einem Betrieb angefallenen Rückstände, deren sich der Betrieb entledigen will, oder die aus Gründen des Gemeinwohls entsorgt werden müssen. Es kann sich sowohl um feste als auch um flüssige (soweit sie nicht in Gewässer oder Abwasseranlagen eingeleitet werden) oder pastöse Stoffe (Schlämme aller Art) sowie gefaßte Gase handeln. Die Daten über Abfallmengen beziehen sich auf Abfälle, die unmittelbar aus der Produktion der Betriebe stammen, und auf Rückstände aus Vorbehandlungsanlagen.

Daten über Anfall und Entsorgung von Klärschlamm in öffentlichen Kläranlagen wurden zum letzten Mal in der Statistik der Wasserversorgung und Abwasserbeseitigung für das Jahr 1983 erfaßt. Eine Auswertung der Ergebnisse wurde in den „Daten zur Umwelt 1986/87" veröffentlicht und entfällt daher in der vorliegenden Ausgabe.

Die Entwicklung der Recycling-Aktivitäten in der Bundesrepublik Deutschland läßt sich nur begrenzt durch Daten der amtlichen Statistik aufzeigen. Ergänzend wurde auf Daten der Industrieverbände zurückgegriffen.

Darüber hinaus wurden Daten und Ergebnisse aus Forschungsvorhaben berücksichtigt.

Abfallaufkommen

Abgesicherte Zahlen zum Gesamtabfallaufkommen in der Bundesrepublik Deutschland liegen nicht vor.

Die vom Statistischen Bundesamt erhobenen Daten sind in der Statistik der „öffentlichen Abfallbeseitigung" und in der Statistik der „Abfallbeseitigung im Produzierenden Gewerbe und in Krankenhäusern" zusammengefaßt. Diese Statistiken werden nach unterschiedlichen Kriterien erhoben und überlappen in Teilbereichen, so daß eine Verknüpfung der Daten außerordentlich schwierig ist.

Nicht exakt zu beziffern sind derzeit die Mengen, die aus Haushalten der Verwertung zugeführt werden. Abfälle, die den entsorgungspflichtigen Körperschaften überlassen werden, werden grundsätzlich in die Statistik der „öffentlichen Abfallbeseitigung" einbezogen. Dazu gehören auch Stoffe, die durch einen Entsorgungspflichtigen vom übrigen Hausmüll getrennt eingesammelt werden (z. B. in der „grünen Tonne") oder die in Wertstoffsortieranlagen aus dem Hausmüll aussortiert werden und einer Verwertung zugeführt werden. Nicht von dieser Statistik erfaßt werden Altstoffe von caritativen Sammlungen.

Von den Wirtschaftsverbänden liegen zwar Daten über die Gesamtmenge der jeweils verwerteten Stoffe vor; diese werden aber nach sehr unterschiedlichen Kriterien erhoben. In der Regel wird nicht nach Herkunft dieser Stoffe unterschieden, so daß verwertetes Material aus getrennten Sammlungen des privaten Bereichs sowie aus der statistisch bereits erfaßten Hausmüllentsorgung berücksichtigt wird.

Eingesammelte Mengen an Hausmüll, hausmüllähnlichen Gewerbeabfällen und Sperrmüll

Die statistischen Daten zu den eingesammelten Mengen an Hausmüll, hausmüllähnlichem Gewerbeabfall und Sperrmüll geben einen Einblick in das tatsächliche Abfallaufkommen dieser Abfallgruppe, da praktisch alle Abfallerzeuger an eine regelmäßige Müllabfuhr angeschlossen sind. Sie können jedoch nicht mit dem Abfallanfall in diesem Bereich gleichgesetzt werden, da der Teil, der als Wertstoff gleich beim Abfallerzeuger getrennt gesammelt wird, von dieser Statistik nicht erfaßt wird.

Von den an öffentlichen Abfallbeseitigungsanlagen angelieferten 29 Mio. Tonnen Abfällen werden ca. 7 Mio. privat angeliefert.

Die Menge des im Rahmen der öffentlichen Müllabfuhr eingesammelten Hausmülls, hausmüllähnlichen Gewerbeabfalls und Sperrmülls gemessen am Gewicht lag 1984 bei 22 Mio. t pro angeschlossenem Einwohner ergab sich daraus folgendes durchschnittliches Aufkommen:

1977	366 kg/EW
1980	380 kg/EW
1982	374 kg/EW
1984	362 kg/EW

Der Rückgang seit 1980 ist vor allem auf die zunehmende getrennte Sammlung von Wertstoffen wie Glas und Papier zurückzuführen.

Das *Abfallvolumen* nahm dagegen von 1980 (123 989 Mio. m^3) auf 1984 (137 454 Mio. m^3) weiter zu. Ursachen liegen im hohen Anteil von Verpackungsmaterial, das sich weniger durch Gewicht als durch Sperrigkeit auszeichnet, sowie im Gebrauch von großvolumigen Müllbehältern und -containern. Durch die gegenläufige Entwicklung bei Gewicht und Volumen sank das spezifische Gewicht des entsorgten Abfalls von 189,1 kg/m^3 (1980) auf 160,9 kg/m^3) (1984).

Siehe auch:
Kapitel Allgemeine Daten, Abschnitte Bevölkerung, Wirtschaft, Umweltökonomie

Eingesammelte Mengen an Hausmüll, hausmüllähnlichen Gewerbeabfällen und Sperrmüll 1977 bis 1984

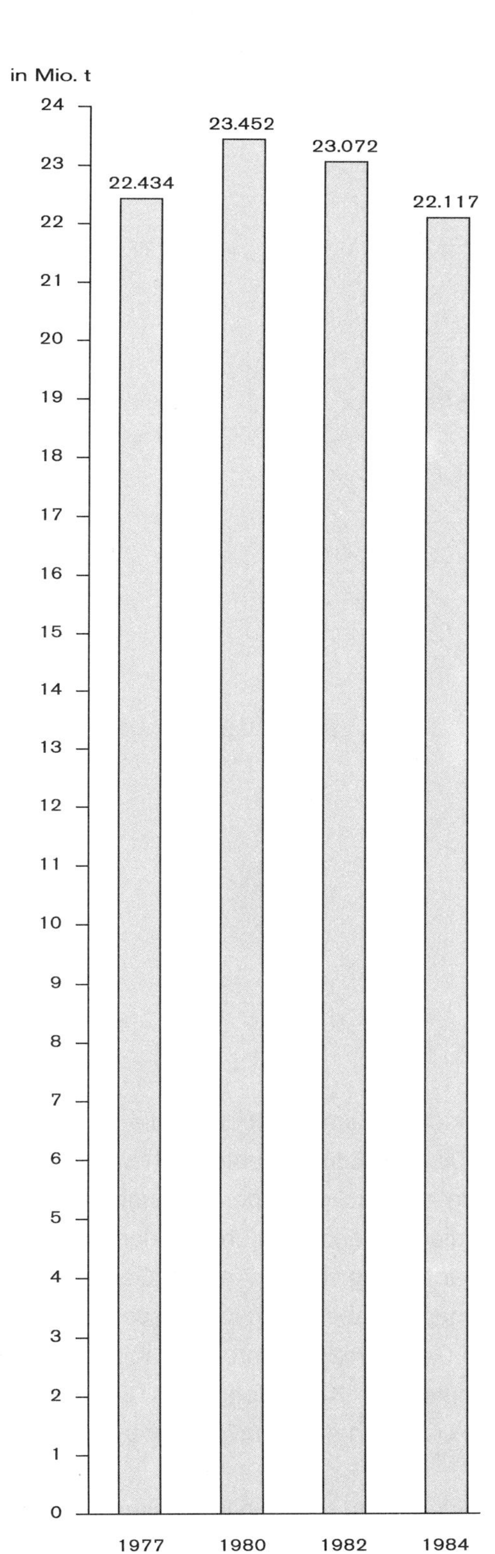

Eingesammelte Mengen pro Einwohner

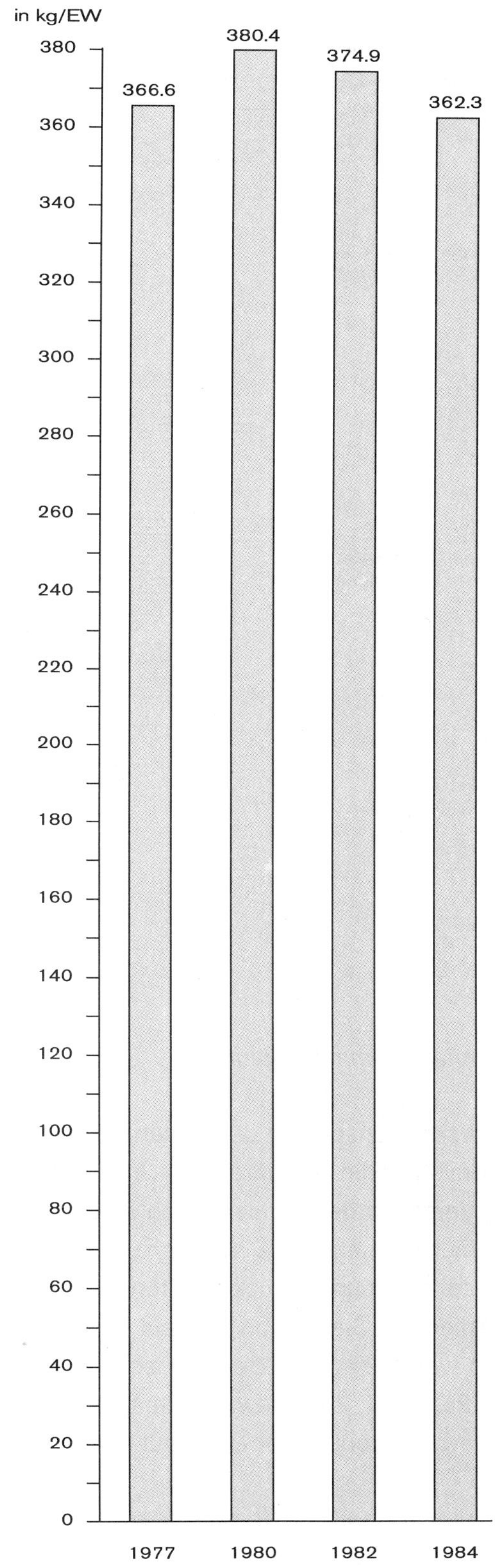

Quelle: Statistisches Bundesamt

Hausmüllzusammensetzung in Gewichtsprozent 1985

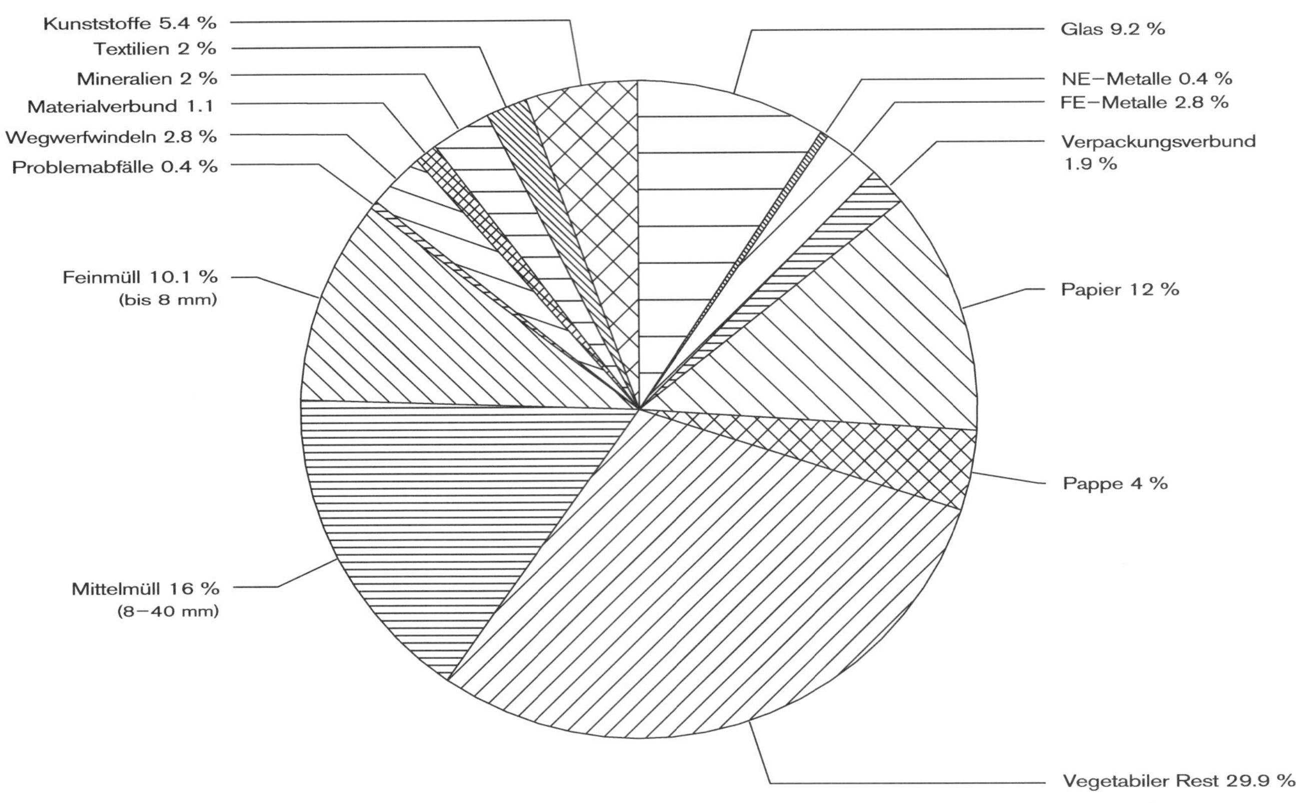

Quelle: Umweltbundesamt

Hausmüllzusammensetzung

Die Zusammensetzung des in den privaten Haushalten anfallenden Hausmülls ist durch die Technische Universität Berlin im Auftrag des Umweltbundesamtes 1979/1980 und 1983/1985 untersucht worden. Aus dem Vergleich der Abfallmengen beider Untersuchungen wurde ein Rückgang der Gesamtmenge des Hausmülls um etwa 5% hochgerechnet. Dies ist vor allem auf die verstärkte Einführung der getrennten Wertstofferfassung zurückzuführen. Der Anteil von Papier und Pappe ging von 18,7 auf 16 Gew.-Prozent, der Anteil des Glases von 11,6 auf 9,1 Gew.-Prozent zurück. Dagegen haben Verpackungsverbundmaterialien (von 1,2 auf 1,9 Gew.-Prozent), Textilien (von 1,5 auf 2,0 Gew.-Prozent) und vegetabilischer Rest (von 26,8 auf 29,9 Gew.-Prozent) zugenommen. Die Abnahme des Kunststoffanteils von 6,1 auf 5,4 Gew.-Prozent ist vor allem auf geringere Wandstärken der Verpackungen zurückzuführen.

Da in vielen Regionen das zur Verfügung gestellte Müllbehältervolumen zu reichlich bemessen ist, war oft eine deutliche Zunahme der Gartenabfälle in der Hausmülltonne zu beobachten.

Abfallaufkommen im Produzierenden Gewerbe und in Krankenhäusern

Bis 1980 ist das Abfallaufkommen im Produzierenden Gewerbe stetig angestiegen, während in 1982 erstmals ein Rückgang zu verzeichnen war. Dieser Trend hat sich bei der Erhebung 1984 nicht fortgesetzt; das Aufkommen stieg um 4 Mio. t (2,1%) wieder leicht an und lag bei 197 Mio. t.

Die Abfallgruppe „Bodenaushub, Bauschutt“ bildet mit 124 Mill. t nach wie vor den Hauptteil des Gesamtaufkommens.

Der Anstieg in der Gruppe „Aschen, Schlacken, Ruß aus der Verbrennung“ – eine Folge der Maßnahmen zur Emissionsminderung aus Verbrennungsprozessen – führte zur Erhöhung des Abfallaufkommens im gesamten Wirtschaftsbereich „Elektrizitäts-, Gas-, Fernwärme- und Wasserversorgung“ um fast 18% gegenüber 1982.

Erhebliche Steigerungen um jeweils fast 30% sind in den Abfallgruppen „Metallurgische Schlacken und Krätzen“ sowie „Mineralölschlämme, Öle, Phenole“ zu verzeichnen.

Für den Bereich der nach § 11 Abs. 3 AbfG besonders nachweispflichtigen Abfälle wird auf das Kapitel „Sonderabfälle“ verwiesen.

Abfallaufkommen im Produzierenden Gewerbe und in Krankenhäusern nach Abfallhauptgruppen und Wirtschaftsbereichen (in 1000 t)

Abfallhauptgruppe		Produzierendes Gewerbe					
		Insgesamt	Elektrizitäts-, Gas-, Fernwärme und Wasserversorgung	Bergbau	Verarbeitendes Gewerbe	Baugewerbe	Krankenhäuser
Bodenaushub, Bauschutt	1977	95 802	961	561	10 667	83 544	69
	1980	141 172	1 526	849	12 689	126 015	92
	1982	125 821	1 586	1 268	9 944	112 929	94
	1984	124 878	1 741	1 146	9 398	112 496	97
Ofenausbruch, Hütten- und Gießereischutt	1977	1 649	10	0	1 638	0	0
	1980	1 845	4	.	1 833	.	0
	1982	1 543	1	5	1 536	0	0
	1984	1 395	.	.	1 390	–	–
Formsand, Kernsand, Stäube, andere feste mineralische Abfälle	1977	5 642	1	26	5 272	314	29
	1980	7 241	8	66	6 948	192	27
	1982	7 781	5	50	7 501	191	34
	1984	7 121	37	21	6 823	200	40
Asche, Schlacke, Ruß aus der Verbrennung	1977	7 601	2 710	3 267	1 437	156	32
	1980	6 884	3 922	1 856	995	28	82
	1982	11 072	8 134	1 820	1 057	45	17
	1984	11 897	8 915	1 991	955	19	17
Metallurgische Schlacken und Krätzen	1977	2 793	0	0	2 793	0	0
	1980	2 719	0	0	.	.	0
	1982	2 700	0	0	2 700	0	0
	1984	3 486	.	–	3 475	.	–
Metallabfälle	1977	6 341	110	194	5 822	213	3
	1980	6 449	49	240	5 878	279	2
	1982	5 390	55	222	4 952	159	2
	1984	5 781	72	233	5 320	154	3

Abfallaufkommen im Produzierenden Gewerbe und in Krankenhäusern nach Abfallhauptgruppen und Wirtschaftsbereichen (in 1000 t)

Abfallhauptgruppe		Produzierendes Gewerbe					
		Insgesamt	Elektrizitäts-, Gas-, Fernwärme und Wasserversorgung	Bergbau	Verarbeitendes Gewerbe	Baugewerbe	Krankenhäuser
Oxide, Hydroxide, Salze, radioaktive Abfälle, sonstige feste produktionsspezifische Abfälle	1977	270	0	0	269	0	1
	1980	399	0	.	.	.	1
	1982	483	7	.	468	.	1
	1984	331	0	1	329	0	1
Säuren, Laugen, Schlämme, Laborabfälle, Chemikalienreste, Detergentien, sonstige flüssige produktionsspezifische Abfälle	1977	3 810	9	22	3 773	0	5
	1980	7 522	8	21	7 477	2	15
	1982	6 404	6	18	6 362	12	5
	1984	6 797	5	12	6 747	0	32
Lösemittel, Farben, Lacke, Klebstoffe	1977	412	0	11	385	17	0
	1980	511	0	0	503	7	0
	1982	492	0	0	484	8	0
	1984	567	0	0	562	5	0
Mineralölabfälle, Ölschlämme, Phenole	1977	1 607	42	24	1 373	167	1
	1980	1 462	41	42	1 258	119	1
	1982	1 303	46	59	1 087	109	2
	1984	1 682	84	116	1 355	125	1
Kunststoff-, Gummi- und Textilabfälle	1977	1 299	0	18	1 235	39	6
	1980	1 174	0	9	1 134	25	6
	1982	1 039	0	11	1 006	16	5
	1984	1 076	0	9	1 044	19	4
Schlämme aus Wasseraufbereitung	1977	1 046	365	39	630	12	0
	1980	901	523	34	318	25	0
	1982	613	326	20	265	2	0
	1984	1 043	841	45	155	2	–

Abfallaufkommen im Produzierenden Gewerbe und in Krankenhäusern nach Abfallhauptgruppen und Wirtschaftsbereichen (in 1000 t)

Abfallhauptgruppe		Produzierendes Gewerbe					
		Insgesamt	Elektrizitäts-, Gas-, Fernwärme und Wasserversorgung	Bergbau	Verarbeitendes Gewerbe	Baugewerbe	Krankenhäuser
Sonstige Schlämme (einschl. Abwasserreinigung)	1977	11 006	98	118	10 429	304	58
	1980	10 707	54	333	10 063	210	48
	1982	11 191	173	421	10 295	257	45
	1984	12 188	501	256	11 317	74	40
Hausmüllähnliche Gewerbeabfälle (Küchen- und Kantinenabfälle, Abfälle aus Belegschaftsunterkünften, Kehricht, Gartenabfälle)	1977	7 390	143	158	5 983	492	614
	1980	6 935	97	148	5 542	536	612
	1982	6 531	93	194	5 182	424	638
	1984	6 853	126	189	5 481	368	689
Papier- und Pappeabfälle	1977	1 022	13	0	1 009	0	0
	1980	1 456	17	0	1 436	2	1
	1982	1 135	6	0	1 125	1	2
	1984	1 157	5	0	1 151	1	0
sonstige organische Abfälle	1977	9 132	2	99	8 425	588	18
	1980	9 817	4	53	8 990	747	24
	1982	9 837	27	51	9 139	600	21
	1984	11 141	11	32	10 503	568	28
Krankenhausspezifische Abfälle	1977	124	0	0	0	0	124
	1980	102	0	0	0	0	102
	1982	103	0	0	0	0	103
	1984	100	–	–	1	–	99

Abfallaufkommen im Produzierenden Gewerbe und in Krankenhäusern nach Abfallhauptgruppen und Wirtschaftsbereichen (in 1000 t)

Abfallhauptgruppe		Produzierendes Gewerbe					
		Insgesamt	Elektrizitäts-, Gas-, Fernwärme und Wasserversorgung	Bergbau	Verarbeitendes Gewerbe	Baugewerbe	Krankenhäuser
Sonstige Abfälle	1977	1 351	39	129	1 163	19	1
	1980	187	1	.	165	.	2
	1982	141	1	.	101	.	1
	1984	97	2	.	53	.	1
Summe	1977	158 297	4 504	4 665	62 302	85 865	961
	1980	207 483	6 255	3 673	68 346	128 194	1 014
	1982	193 580	10 466	4 180	63 204	114 760	970
	1984	197 590	12 347	4 081	66 059	114 051	1 053
darunter Sonderabfälle[1])	1984	2 788	18	1	2 745	0	24

*) = Einschließlich der in betriebseigenen Abfallverbrennungsanlagen beseitigten Abfälle

[1]) = Sonderabfälle sind die in der Verordnung zu § 2 Abs. 2 AbfG genannten Abfälle, die in der Verbindung mit § 11 Abs. 3 AbfG der Nachweispflicht unterliegen

– = nicht vorhanden

0 = weniger als die Hälfte von 1 in den letzten besetzten Stellen, jedoch mehr als nichts

. = Zahlenwert unbekannt oder nicht veröffentlicht.

Abweichungen in den Summen durch Runden der Zahlen.

Quelle: Statistisches Bundesamt

Abfallaufkommen im Produzierenden Gewerbe und in Krankenhäusern nach Wirtschaftsbereichen

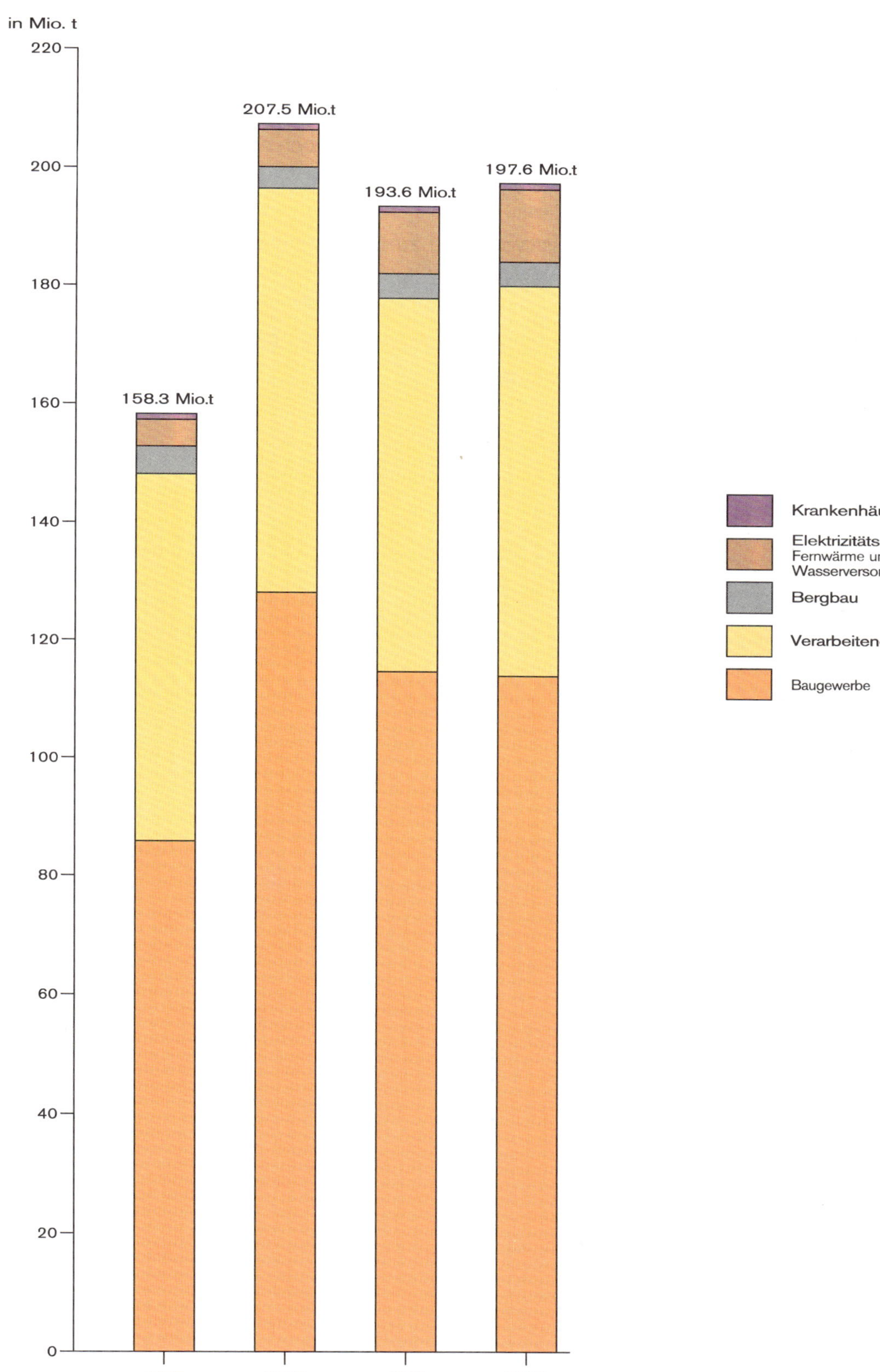

Quelle: Statistisches Bundesamt

Abfallaufkommen im Produzierenden Gewerbe und Krankenhäusern nach Bundesländern

Beim Vergleich der einzelnen Bundesländer läßt das unterschiedliche Abfallaufkommen des Produzierenden Gewerbes vielfach auch Rückschlüsse auf die jeweilige Wirtschaftsstruktur des einzelnen Landes zu.

Nordrhein-Westfalen hatte bei weitem das höchste Abfallaufkommen. Die hier anfallenden 60,9 Mio. t Abfälle im Jahr 1984 bildeten fast ein Drittel (30,7%) des Gesamtaufkommens von 197,6 Mio. t. Erhebliche Abfallmengen von 35,2 Mio. t bzw. 32 Mio. t hatten 1984 auch die Länder Bayern und Baden-Württemberg zu verzeichnen.

Der Anteil an Bodenaushub und Bauschutt ist von Land zu Land unterschiedlich; er schwankte 1984 zwischen 51,4% in Bremen und 77,9% in Schleswig-Holstein.

Ein genereller Trend zur Zu- bzw. Abnahme des Abfallaufkommens im Produzierenden Gewerbe kann diesen statistischen Daten nicht entnommen werden.

Abfallaufkommen [1] im Produzierenden Gewerbe und Krankenhäusern in den Bundesländern 1977 bis 1984

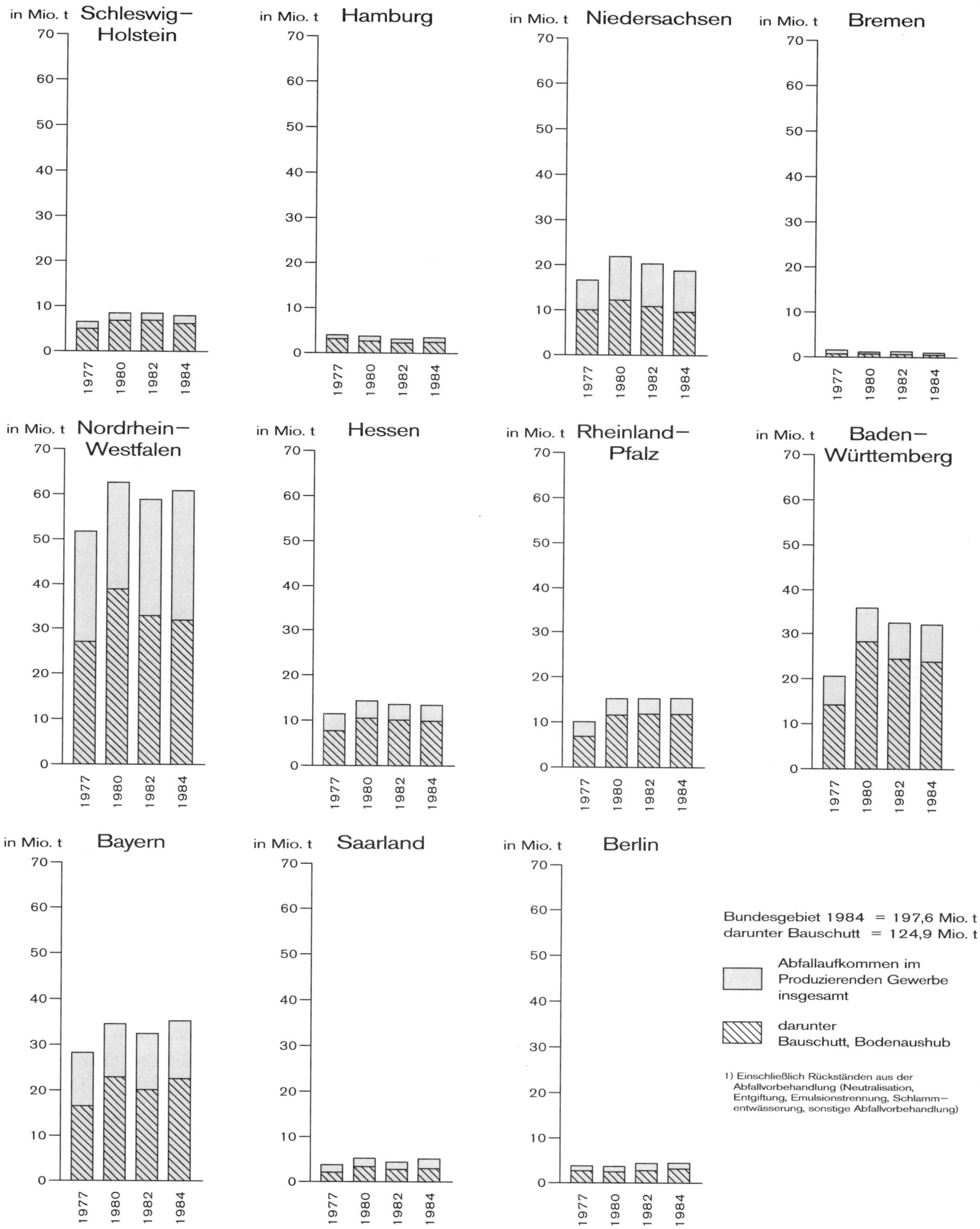

in Mio. t

Schleswig-Holstein — Hamburg — Niedersachsen — Bremen

Nordrhein-Westfalen — Hessen — Rheinland-Pfalz — Baden-Württemberg

Bayern — Saarland — Berlin

(Jahre: 1977, 1980, 1982, 1984; Skala 0–70)

Bundesgebiet 1984 = 197,6 Mio. t
darunter Bauschutt = 124,9 Mio. t

Abfallaufkommen im Produzierenden Gewerbe insgesamt

darunter Bauschutt, Bodenaushub

1) Einschließlich Rückständen aus der Abfallvorbehandlung (Neutralisation, Entgiftung, Emulsionstrennung, Schlammentwässerung, sonstige Abfallvorbehandlung)

Quelle: Statistisches Bundesamt

Rückstände aus der Hausmüllverbrennung

Die Minimierung der durch die Abfallverbrennung entstehenden Umweltbelastungen führt zwangsläufig zu einer Zunahme der Rückstände, die wiederum ein Abfallproblem darstellen.

Die festen Rückstände aus der Müllverbrennung gliedern sich in Verbrennungsschlacke, Filterasche und feste Rückstände aus der Schadgasabscheidung.

Abfall- und Schlackemengen:

Bei der Hausmüllverbrennung entstehen ca. 250–350 kg Rohschlacke (Rostabwurf, Rostdurchfall, Flugasche aus den Kesselzügen) pro verbrannte Tonne Abfall. Die Rohschlacke bietet ein großes Maß an Verwertungsmöglichkeiten, so daß ca. 80% als Sekundärbaustoff im Straßen- und Wegebau Verwendung finden können und annähernd 10% Eisen- und NE-Metallschrott den Verhüttungsbetrieben zugeführt werden können. Sofern die Verbrennungsschlacken nicht verwertet werden, ist ihre Ablagerung unter den gleichen Voraussetzungen wie bei Hausmüll oder mit diesem gemeinsam möglich.

Da der Einsatz der Hausmüllverbrennung zunehmen wird, wird auch der Anfall an Rohschlacke in Zukunft steigen.

Rückstände aus der Abgasreinigung:

Mit der Verbesserung der Abgasreinigung ist eine starke Zunahme der Rückstände zu verzeichnen, die wegen ihrer umweltgefährlichen Inhaltsstoffe ein erhebliches Abfallproblem darstellen können.

Es werden daher künftig solche Abgasreinigungsverfahren bevorzugt anzuwenden sein, bei denen die einer separaten Behandlung zuzuführenden Rückstände mit möglichst hohen Schadstoffkonzentrationen (Schwermetalle) und in relativ geringer Menge anfallen. Verfahren, bei denen verwertbare Reststoffe (z. B. mit hohem Gehalt an Natriumchlorid oder Natriumsulfat) anfallen, werden dabei von Vorteil sein. Die bei trockenen oder quasi-trockenen Verfahren der Abgasreinigung anfallenden Rückstände bestehen aus einem Gemisch aus wasserlöslichen Salzen (Reaktionsprodukte), nicht ausreagiertem Neutralisationsmittel und – wenn nicht vorher abgetrennt – Filterstaub. Solche Stoffgemische sind, insbesondere wegen der hohen Salz- und Schwermetallgehalte, nicht verwertbar. Vorgenannte Abgasreinigungsverfahren werden deshalb in Zukunft nur unter bestimmten Voraussetzungen Anwendung finden.

Schadstoffemissionen:

Die Verschärfung der Emissionswerte, insbesondere die damit bedingte zunehmende Schadgasabscheidung, haben zu einer bedeutsamen Abnahme der Gesamtemissionen geführt, und dies trotz der erheblichen Erweiterung der Anlagenkapazität. Dieser Trend wird sich angesichts der strengeren Anforderungen der TA Luft 1986 noch verstärken.

Rückstände aus der Hausmüllverbrennung 1966 bis 1986 mit Prognose bis 1990

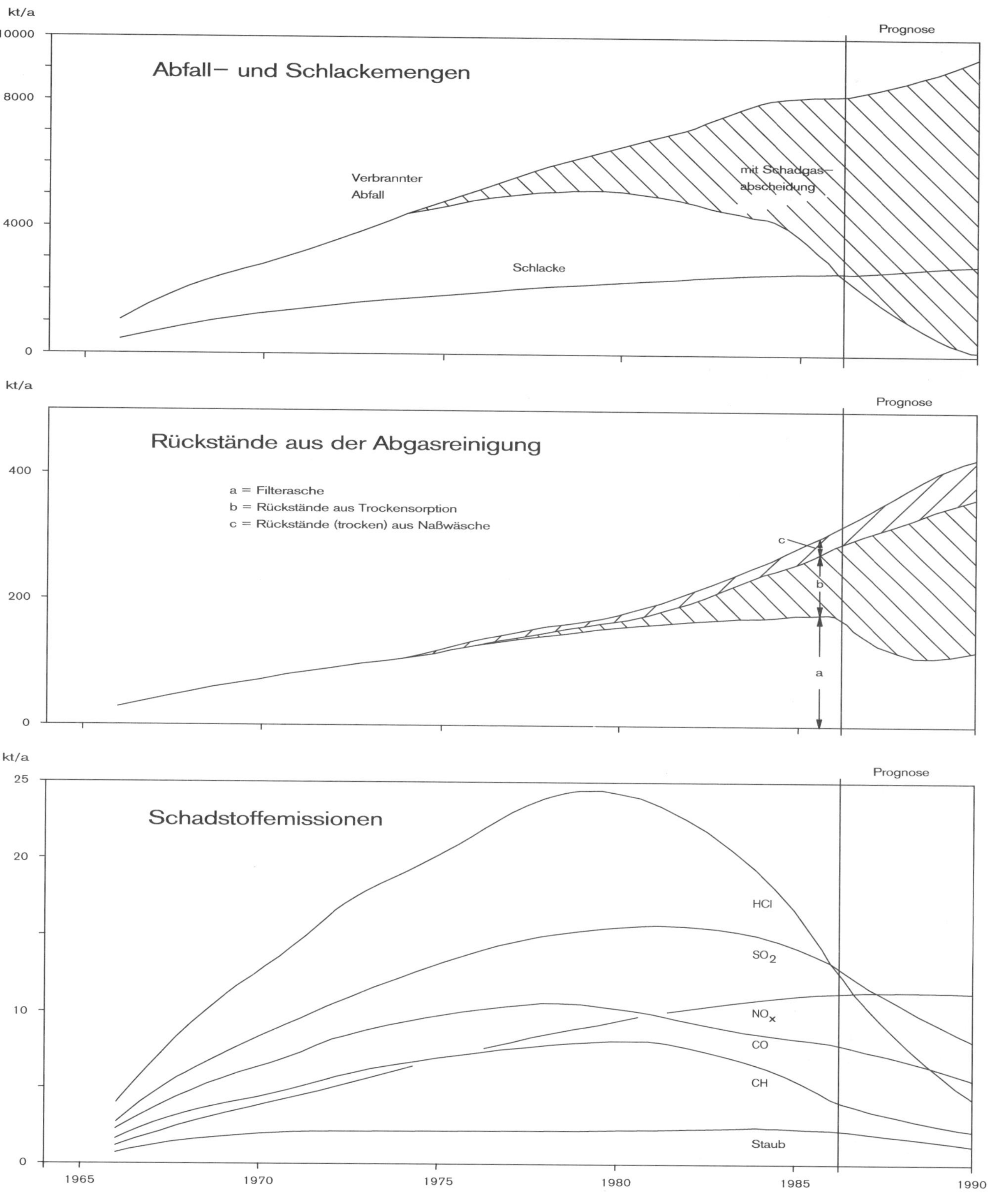

Quelle: Umweltbundesamt

Aufkommen nachweispflichtiger Abfälle im Produzierenden Gewerbe und in Krankenhäusern

Die Daten über „Sonderabfälle" weichen stark voneinander ab. Die Gründe hierfür sind zu sehen in der

- unterschiedlichen Erhebungsart,
- unterschiedlichen Abgrenzung des Begriffes „Sonderabfälle",
- unscharfen Abgrenzung der Begriffe Abfall, Entsorgung, Beseitigung, Eigenbeseitigung, Verwertung und Import/Export.

Für die aufgeführten Tabellen und Abbildung gelten folgende Definitionen:

Abfälle nach § 11 Abs. 2 und 3 AbfG:	Abfälle, die nach Bundes- oder Länderrecht nachweispflichtig sind. In dieser Menge sind die Abfälle nach § 2 Abs. 2 AbfG als Teilmenge enthalten.
Abfälle nach § 2 Abs. 2 AbfG:	Die in der Abfallbestimmungs-Verordnung (AbfBestV) aufgeführten Abfallarten.

Abfälle nach § 2 Abs. 2 AbfG wurden für 1984 erstmals vom Statistischen Bundesamt im Rahmen des Gesetzes über Umweltstatistiken „Produzierendes Gewerbe und Krankenhäuser" erhoben.

Für 1984 und 1985 liegen außerdem Daten für Abfälle nach § 2 Abs. 2 AbfG und § 11 Abs. 2 und 3 AbfG aus einer im Auftrag des Umweltbundesamtes durchgeführten Begleitscheinauswertung vor.

	1984 in Mio t	1985 in Mio t
Abfälle nach § 11 Abs. 2 und 3 AbfG (Begleitscheinauswertung)	9 633	10 567
Abfälle nach § 2 Abs. 2 AbfG (Begleitscheinauswertung)	3 746	3 984
Abfälle nach § 2 Abs. 2 AbfG (Statistisches Bundesamt)	2 788	

Quelle: Umweltbundesamt und Statistisches Bundesamt

Die vom Statistischen Bundesamt ermittelten „Sonderabfälle" beim Verarbeitenden Gewerbe betrugen 2,745 Mio. t. Darunter fallen in der Chemischen Industrie 1,648 Mio. t, der NE-Metallerzeugung/NE-Halbzeugwerke 0,377 Mio. t und dem Straßenfahrzeugbau 0,197 Mio. t an. Folgende Sonderabfälle wurden erfaßt:

Säuren, Säuregemische, Beizen (sauer)	1 436 625 t	51,52%
Salzschlacken (aluminiumhaltig)	221 147 t	7,93%
Lack- und Farbschlamm	208 415 t	7,47%
Bohr- und Schleifölemulsionen, Emulsionsgemische	198 547 t	7,12%
Halogenfreie organische Lösemittel und Lösemittelgemische	147 547 t	5,29%
Halogenhaltige organische Lösemittel und -gemische	115 770 t	4,15%
Krankenhausabfälle	23 877 t	0,86%
Übrige Sonderabfälle	436 496 t	15,66%
insgesamt	2 788 424 t	100 %

Quelle: Statistisches Bundesamt

Aufkommen nachweispflichtiger Abfälle nach § 2 Abs.2 AbfG im Produzierenden Gewerbe und in Krankenhäusern

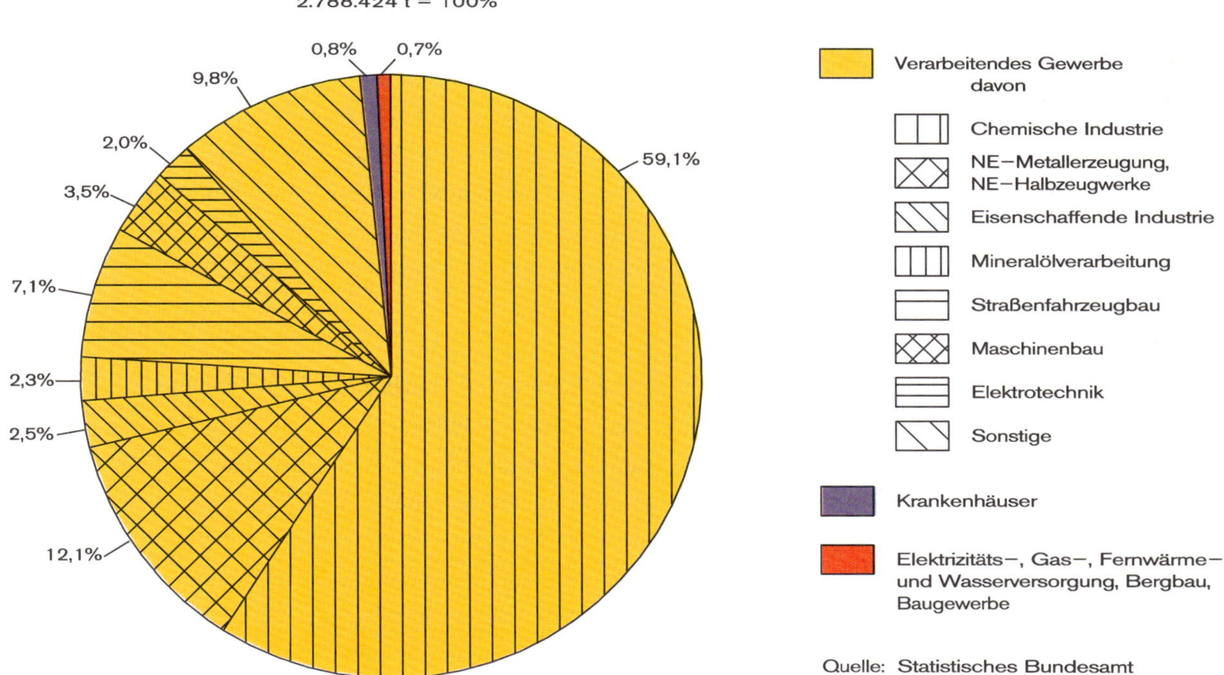

Quelle: Statistisches Bundesamt

Das Abfallaufkommen für Abfälle nach § 2 Abs. 2 AbfG stellt sich nach den Ergebnissen der vom Umweltbundesamt durchgeführten Begleitscheinauswertung wie folgt dar:

Aufkommen von Abfällen nach § 2 Abs. 2 AbfG im Produzierenden Gewerbe und in Krankenhäusern in Mio. t

Abfallart Abfallgruppe		1984	1985
144	Abfälle aus Gerbereien	8,9	7,9
1	Abfälle pflanzlichen und tierischen Ursprungs	8,9	7,9
311	Ofenausbrüche, Hütten- und Gießereischutt	9,9	8,5
312	Metallurgische Schlacken, Krätzen und Stäube	160,1	177,7
314	Sonstige feste mineralische Abfälle	125,0	140,3
3	Abfälle mineralischen Ursprungs	294,9	326,6
511	Galvanikschlämme, Metallhydroxidschlämme	16,1	18,1
515	Salze	11,8	11,1
520	Säuren, Laugen und Konzentrate	0,1	0,2
521	Säuren, anorganisch	1392,8	1288,8
524	Laugen	30,8	24,7
527	Konzentrate	327,1	214,9
531	Abfälle von Pflanzenschutzmitteln	8,7	9,7
535	Abfälle von pharmazeutischen Erzeugnissen	6,6	11,2
544	Emulsionen und Gemische von Mineralölprodukten	679,6	832,1
548	Rückstände aus Mineralölraffination	33,0	22,7
549	Abfälle von Mineralölprodukten	2,1	3,8
550	Organische Lösemittel, Farben, Lacke	0,3	0,6
552	Halogenhalt. org. Lösemittel	137,9	173,5
553	Org. Lösemittel	65,1	86,5
554	Lösemittelhaltige Schlämme	56,8	53,4
555	Farb- und Anstrichmittel	599,1	730,2
577	Gummischlämme und -emulsionen	0,7	0,7
595	Katalysatoren	4,3	2,5
599	Sonstige Abfälle	7,1	12,0
5	Abfälle aus Umwandlungs- und Syntheseprozessen	3378,9	3497,2
971	Krankenhausspezifische Abfälle	63,9	152,6
9	Siedlungsabfälle	63,6	152,6
	Summe	3746,4	3984,3

Quelle: Umweltbundesamt, Bundesweite Auswertung der Begleitscheine

Verwertung

Verwertung der im Produzierenden Gewerbe und in Krankenhäusern angefallenen Abfälle

Ein Teil des Abfallaufkommens des Produzierenden Gewerbes und der Krankenhäuser konnte an weiterverarbeitende Betriebe und den Altstoffhandel abgegeben werden. Die im Rahmen des Gesetzes über Umweltstatistiken befragten Betriebe geben an, daß im Jahr 1984 32,1 Mio. t (16,2%) des Abfallaufkommens in der Wirtschaft auf diese Weise dem Wirtschaftskreislauf wieder zugeführt wurden. Das entspricht einer Steigerung um 15,5% gegenüber der vorhergehenden Erhebung. Läßt man dabei Bodenaushub und Bauschutt unberücksichtigt, liegt der Anteil der Verwertung 1984 bei 38,7% gegenüber 35,7% im Jahr 1980 und 36,7% im Jahr 1982.

Die höchsten Verwertungsquoten waren zu verzeichnen bei Metallabfällen mit 99% (gegenüber 99,4% 1982 und 97,8% 1980), Papier- und Pappeabfällen mit 79,8% (gegenüber 78,1% 1982 und 80,8% 1980) sowie sonstigen organischen Abfällen (wie z. B. Holzabfälle und Rückstände aus der Herstellung von Nahrungsmitteln) mit 76,5% gegenüber 73,9% bei der vorhergehenden Erhebung. Ein beachtlicher Anstieg war auch bei der Gruppe „Aschen/Schlacken/Ruß aus der Verbrennung" zu erkennen. Werden im Jahr 1982 noch 33,5% der Verwertung zugeführt, so lag der Anteil 1984 bei 40,4%. Im Bereich Bodenaushub und Bauschutt werden immerhin 1 065 Mio. t zusätzlich (das sind knapp 1% mehr als 1982) verwertet.

Verwertung der im Produzierenden Gewerbe und in Krankenhäusern angefallenen Abfälle 1977 – 1984

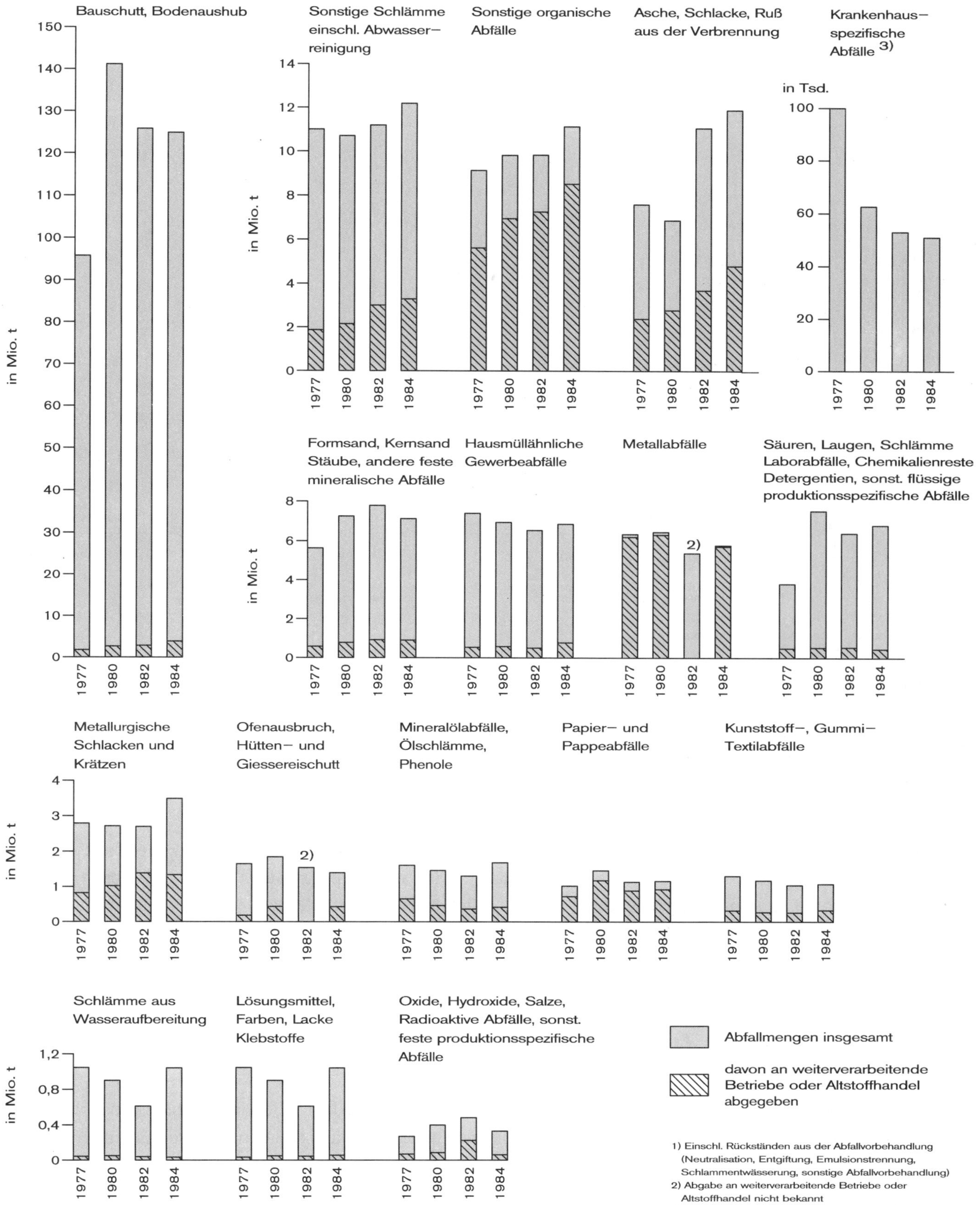

1) Einschl. Rückständen aus der Abfallvorbehandlung (Neutralisation, Entgiftung, Emulsionstrennung, Schlammentwässerung, sonstige Abfallvorbehandlung)
2) Abgabe an weiterverarbeitende Betriebe oder Altstoffhandel nicht bekannt
3) Abgabe an weiterverarbeitende Betriebe oder oder Altstoffhandel grafisch nicht darstellbar

Quelle: Statistisches Bundesamt

Papierverbrauch und Altpapieraufkommen in der Bundesrepublik Deutschland 1950 – 1986

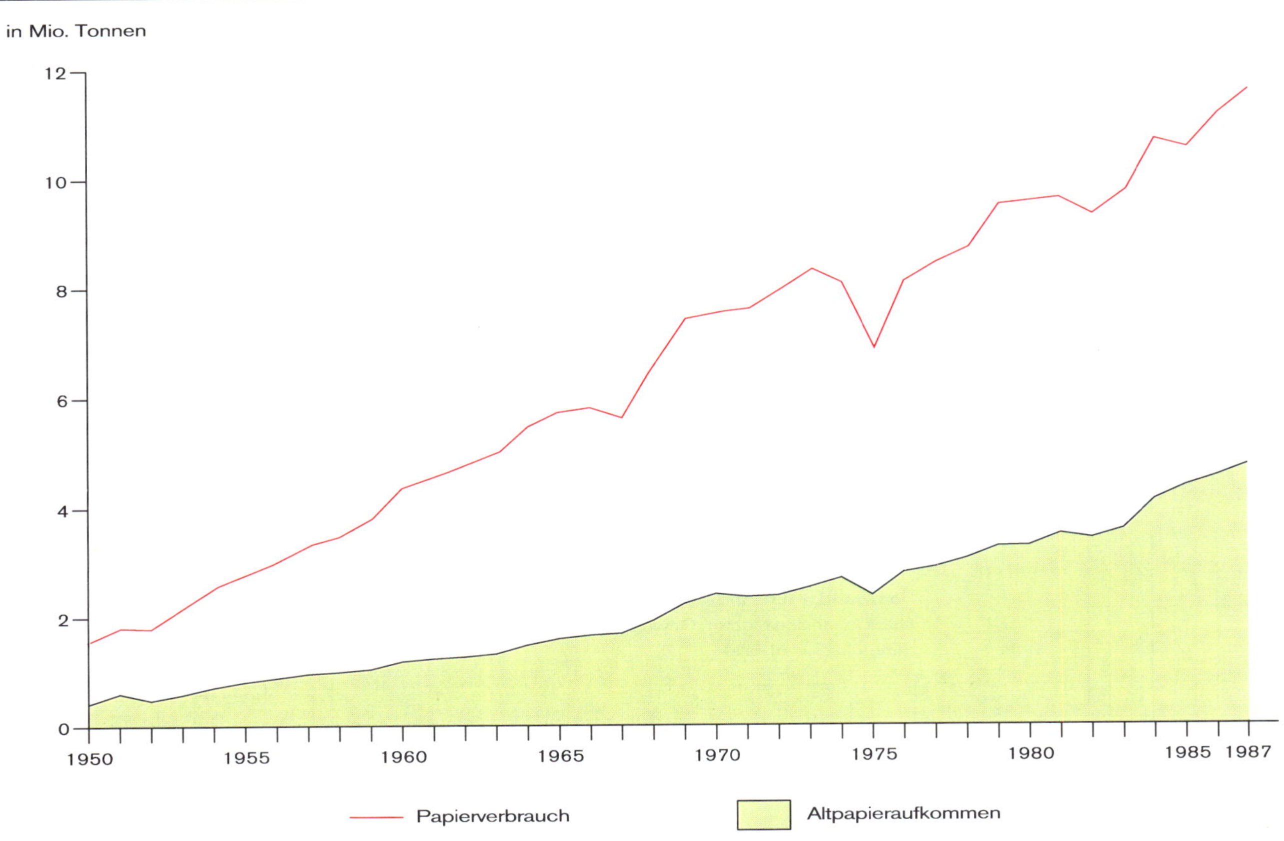

Quelle: Verband Deutscher Papierfabriken e.V.

Papierverbrauch und Altpapierverwertung

Der größte Teil des jährlichen Verbrauches an Papier und Pappe wird nach kurzer Zeit zu Altpapier. Eine bestimmte Menge hiervon wird vom Altpapierhandel oder den privaten und kommunalen Entsorgern erfaßt und der Papierindustrie zugeführt oder exportiert (Altpapieraufkommen). Der Rest muß als Abfall entsorgt werden.

Seit 1950 ist der jährliche Papierverbrauch in der Bundesrepublik Deutschland um mehr als das Siebenfache gestiegen. Für die Zeit bis zum Jahr 2000 wird eine jährliche Steigerung von 1,5% prognostiziert. Die Altpapiererfassung hat sich im Zeitraum zwischen 1950 und 1987 um das 11,5fache erhöht. Durch die Entwicklung und Anwendung neuer Aufbereitungs- und Verarbeitungstechnologien ist Altpapier in der Papierindustrie verstärkt einsetzbar.

Der Papierverbrauch wird für 1987 auf 11,7 Mio. t und das Altpapieraufkommen auf 4,8 Mio. t geschätzt.

Aufgrund des spürbaren Ausbaus der Altpapierverwertung konnte die als Abfall zu beseitigende Altpapiermenge bis jetzt konstant gehalten werden.

Bei der *erzeugten* Menge von Papier, Karton und Pappe wurden 1986 in der Bundesrepublik Deutschland 34% Altpapier eingesetzt. Diese Einsatzquote ist deutlich höher als in den meisten größeren Erzeugerländern.

EG-weit wurden 1986 47% und weltweit 31% Papier und Pappe auf Altpapierbasis hergestellt.

Ein- und Mehrwegverpackungen von Getränken

Bier, Wein, Mineralwasser sowie kohlensäurehaltige und kohlensäurefreie Erfrischungsgetränke werden zunehmend – außer in früher üblichen Mehrwegflaschen – in Einwegverpackungen aus Glas, Weißblech, Aluminium, Kunststoffen wie PVC, PE, PET und Verbundkarton abgefüllt.

Im Zeitraum zwischen 1970 und 1981 ist der Anteil an Mehrwegverpackungen von rd. 90% auf rd. 76% zurückgegangen. Dieser Trend hat sich bis heute, allerdings abgeschwächt, fortgesetzt (Mehrweganteil 1986: 74%).

Unter den Einweggebinden ist bei Glasflaschen, Dosen, Block- und Hypapackungen (Verbundverpackungen für Fruchtsäfte) eine erhebliche Zunahme der abgefüllten Stückzahlen zu beobachten. Auch die Kunststoffflaschen, hier insbesondere die PVC-Gebinde für Stille Wässer und die PET-Gebinde für kohlensäurehaltige Getränke, haben in den letzten 3 Jahren bemerkenswerte Zuwachsraten zu verzeichnen.

Aufgrund der Androhung von Maßnahmen durch den Verordnungsgeber sowie eigenverantwortlicher Beiträge der Wirtschaft ist seit 1981 eine wesentlich geringere Steigerung der entstehenden Abfallmenge (Gewicht) zu beobachten. Die jährlich zu beseitigende Abfallmenge sinkt aufgrund der gleichzeitig steigenden Recyclingmengen.

Beim Abfallvolumen macht sich die Gewichtsreduzierung einzelner Verpackungen weniger bemerkbar, so daß das entstehende Abfallvolumen stärker ansteigt als die Abfallmenge (Gewicht), während das zu beseitigende Abfallvolumen aufgrund des Recycling gleichbleibt.

Entwicklung der Einweg– und Mehrwegverpackungen der Getränke Bier, Mineralwasser, kohlensäurehaltige und kohlensäurefreie Erfrischungsgetränke und Wein 1970 bis 1986

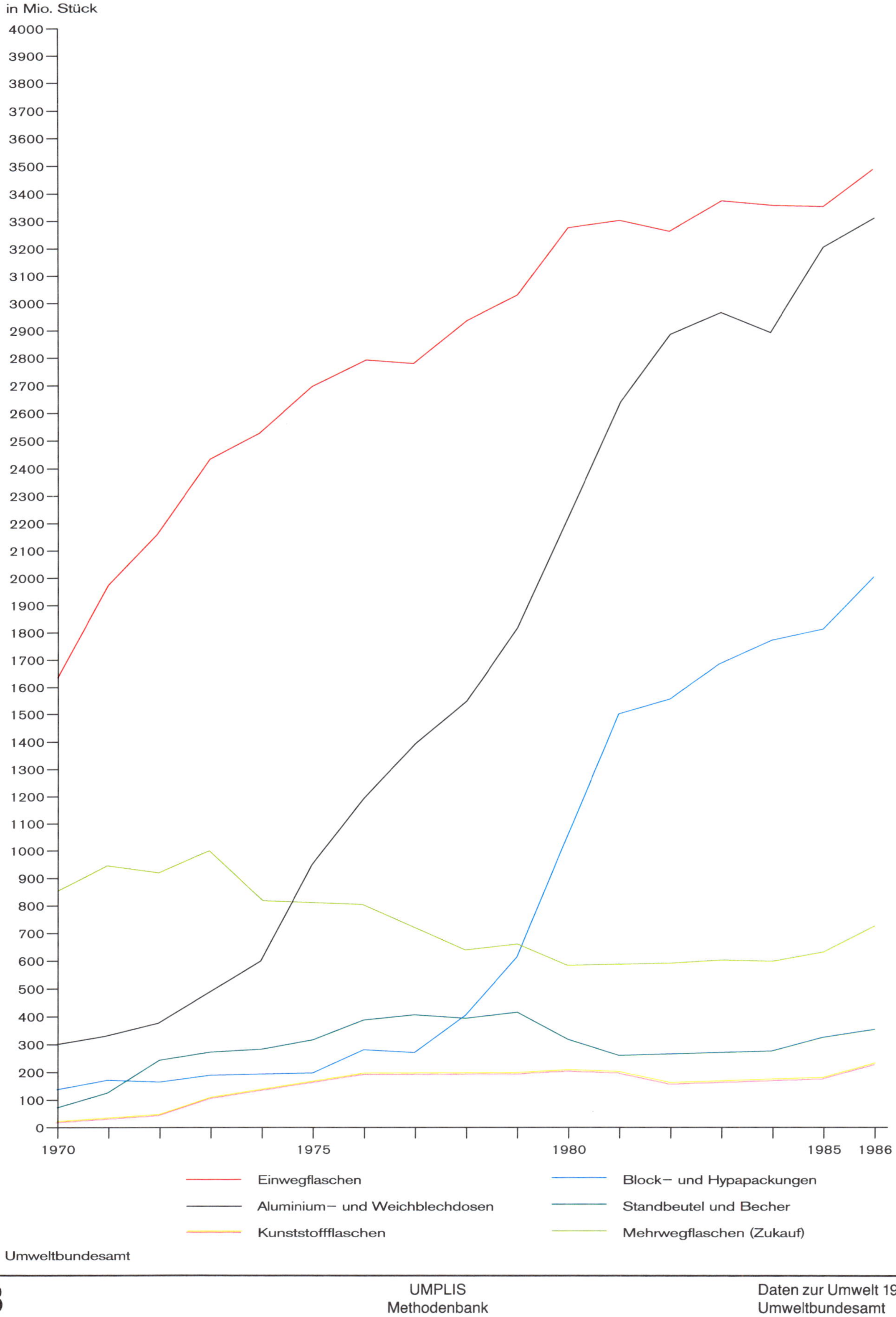

in Mio. Stück

4000
3900
3800
3700
3600
3500
3400
3300
3200
3100
3000
2900
2800
2700
2600
2500
2400
2300
2200
2100
2000
1900
1800
1700
1600
1500
1400
1300
1200
1100
1000
900
800
700
600
500
400
300
200
100
0

1970 1975 1980 1985 1986

Einwegflaschen
Aluminium– und Weichblechdosen
Kunststoffflaschen
Block– und Hypapackungen
Standbeutel und Becher
Mehrwegflaschen (Zukauf)

Quelle: Umweltbundesamt

Abfall– und Recyclingmengen und –volumina von Getränkeverpackungen der Getränke Bier, Mineralwasser, kohlensäurehaltige und kohlensäurefreie Erfrischungsgetränke und Wein

Abfall– und Recyclingmengen 1970 bis 1986

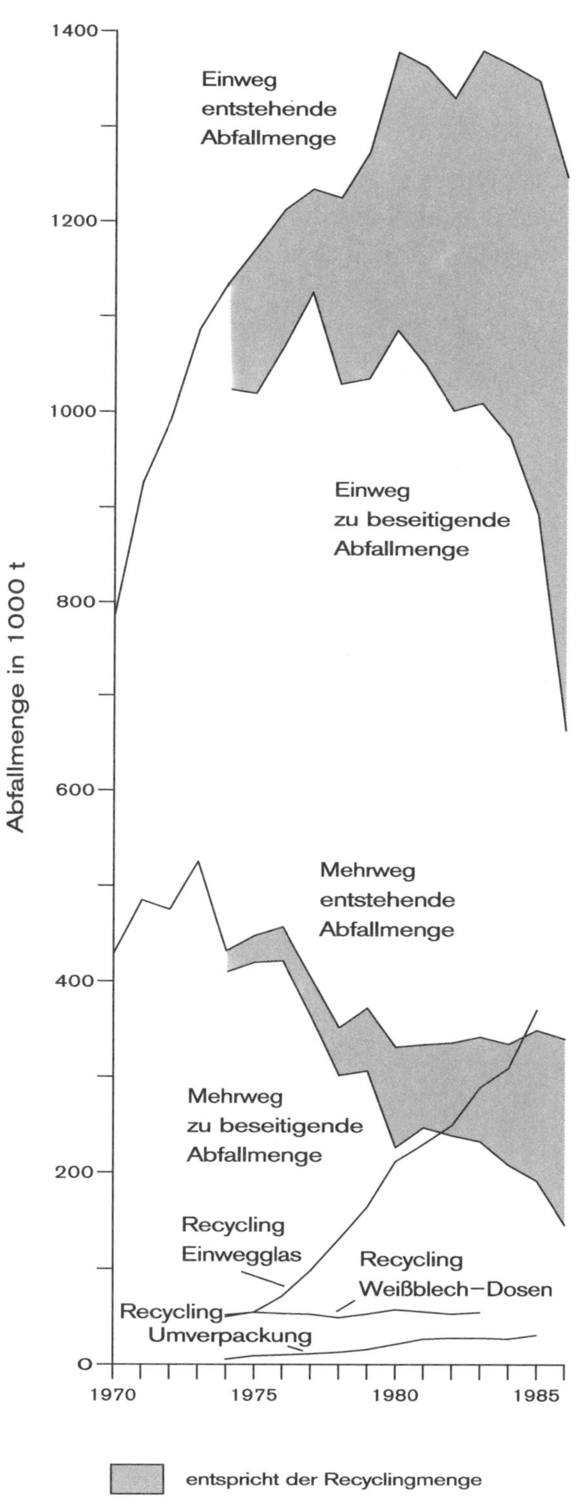

Abfallvolumina 1970 bis 1985

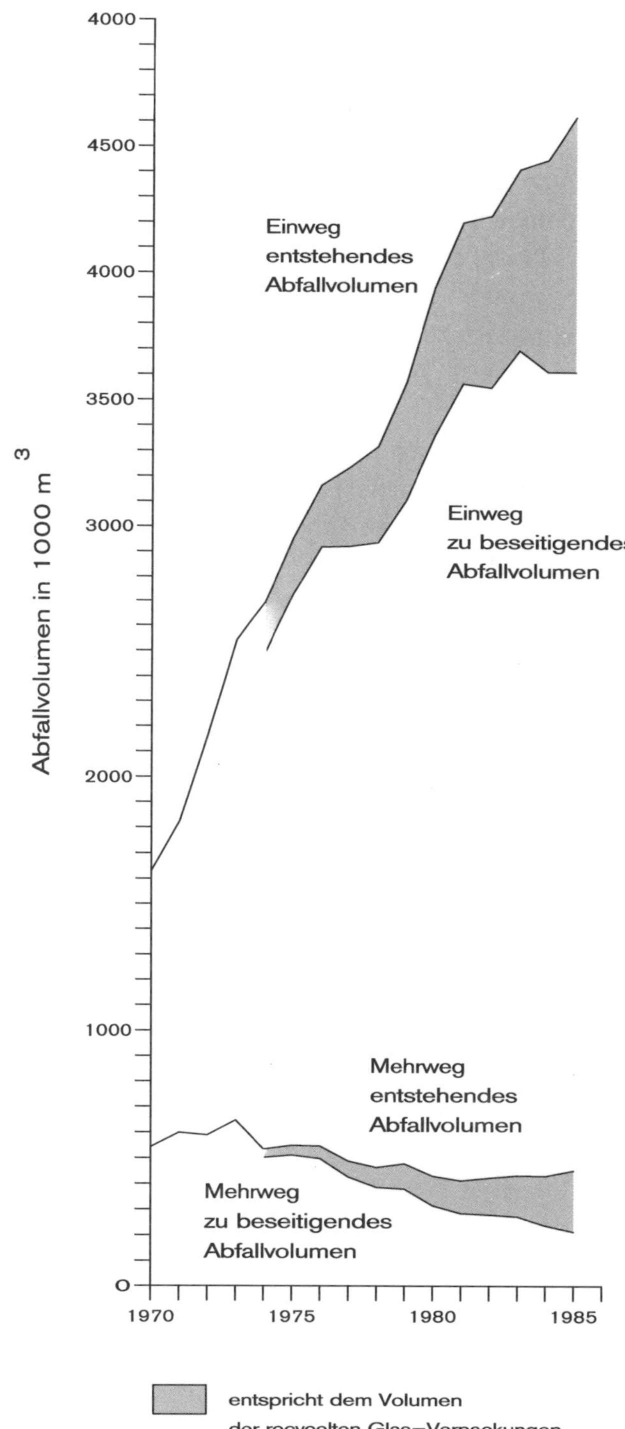

Quelle: Umweltbundesamt

Behälterglasabsatz und Altglasrecycling

Altglas aus privaten Haushalten wird zunehmend in Altglas-Bring-Containern erfaßt. In 98% aller Landkreise und kreisfreien Städte stehen Bring-Container zur Verfügung. Daneben sind vielerorts Hol-Systeme eingeführt. Während das Altglas bisher überwiegend farbgemischt erfaßt wurde, gewinnt die Farbsortierung durch Aufstellung von Containern für Grün-, Braun- und Weißglas oder durch eine an die Erfassung anschließende mechanisch-optische Farbsortierung an Bedeutung. Bei flächendeckendem Angebot derartiger Systeme erscheint eine Steigerung der erfaßten und verwerteten Altglasmengen auf 1,75 Mio. t pro Jahr realisierbar. Auch der Einsatz von Buntglas (Mischglas) bedarf einer weiteren Steigerung.

Unabhängig von den Erfolgen der Altglaserfassung ist primär der Anteil der Mehrwegflaschen zu stützen und auszuweiten. Die Wahl von Einwegflaschen mit anschließender Verwertung des Altglases ist gegenüber der Rückführung der Mehrwegflaschen zum Handel und zum Abfüller der ökologisch ungünstigere Weg.

Behälterglasabsatz und Altglasrecycling 1977 – 1986

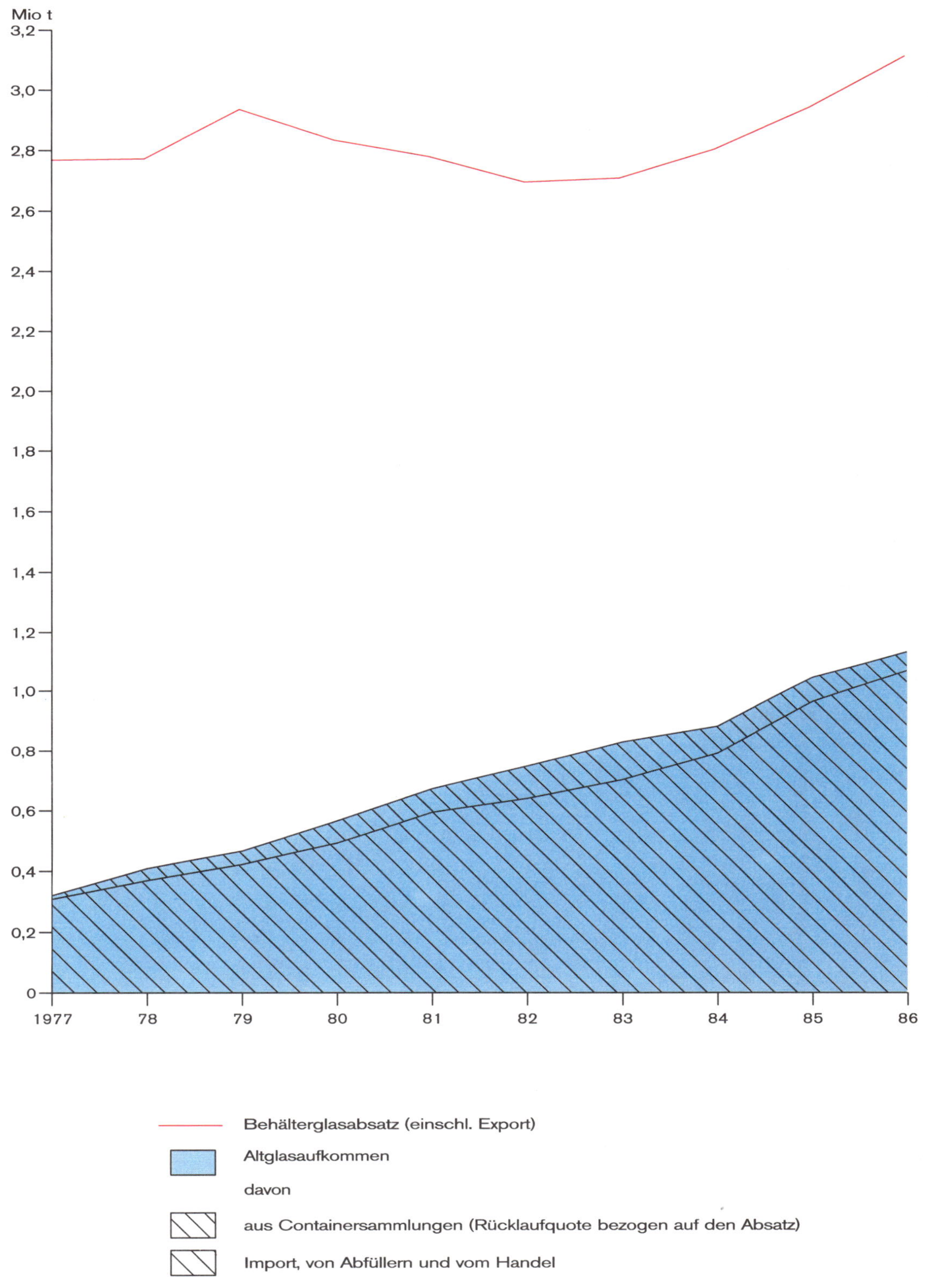

Quelle: Bundesverband Glasindustrie und Mineralfaserindustrie e.V.

Altreifenaufkommen und -verbleib

Jährlich fallen derzeit in der Bundesrepublik Deutschland ca. 350 000 t Altreifen an. Sie stammen zu ca. 60,5% von Pkw, 38,6% von Nutzkraftfahrzeugen und 0,9% von Zweirädern.

Altreifen können wiederverwendet (nach Runderneuerung) oder stofflich bzw. energetisch verwertet werden.

1986 wurden 77 350 t runderneuert, 14 700 t auf Spielplätzen und in der Landwirtschaft verwendet und 17 500 t zu Gummigranulat aufgearbeitet, das zur Herstellung von Bodenbelägen, Schwingungsdämpfungsplatten, Kabelabdeckungen, Straßenleitpfosten, Poller etc. verwendet wird. Weiterhin werden noch 42 000 t exportiert oder gelagert.

Aufgrund des hohen Heizwertes der Altreifen von 31 MJ/kg ist eine thermische Nutzung interessant; sie erfolgt bei ca. 163 450 t. Davon werden 145 000 t derzeit noch in der Zementindustrie, der Rest in Spezialverbrennungsanlagen verbrannt.

Derzeit werden 10% der Altreifen deponiert. Der größte Anteil gelangt nach der Autowrackzerkleinerung in den Shreddermüll.

Zukünftig könnte der zu deponierende Anteil der Altreifen jedoch wieder anwachsen, da bei hohen Lagerbeständen des Reifenhandels die Zementindustrie die Abnahme von Altreifen verringert. Um eine Deponierung zu vermeiden, wird u. a. der Bau mehrerer Reifenverbrennungsanlagen geplant.

Siehe auch:
Kapitel Allgemeine Daten, Abschnitt Verkehr

Altreifenaufkommen und Verbleib 1983 und 1986

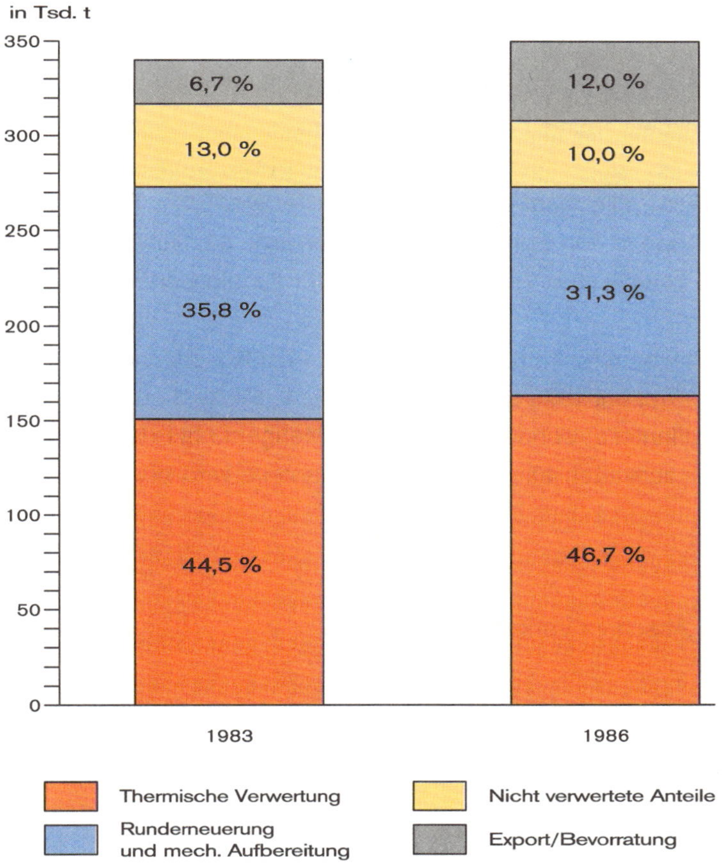

Quelle: Umweltbundesamt

Autowrackanfall und mittlere Zusammensetzung

In der Bundesrepublik wurden 1986 bei einem Bestand von 28,98 Mio. Kraftfahrzeugen 1,945 Mio. endgültig stillgelegt. Hierbei handelt es sich zu 93,9% um Personenkraftwagen. Die Autowracks werden durch Schrottbetriebe verwertet; hierbei haben die Shredderanlagen einen Anteil von 85%.

Autowracks, die derzeit zur Verschrottung kommen, wiegen im Mittel 1 000 kg. Sie bestehen zu ⅔ aus Eisenmaterialien. Die Rückgewinnung dieser Eisenmaterialien in sortenreiner Form ist das Ziel der Shredderaufbereitung. Hierbei können auch die Nichteisenmetalle, wie Aluminium, Blei und Kupfer, zum Teil wiedergewonnen werden. Die nichtmetallischen Anteile, wie Glas, Reifengummi, Kunststoffe und sonstige Materialien, gelangen in den Shreddermüll, für den eine stoffliche Verwertung nicht möglich ist. Hier legt der Heizwert von 14 GJ/t eine Verbrennung in dafür zugelassenen Verbrennungsanlagen nahe.

Die steigende Kunststoffverwendung im Kraftfahrzeugbau – die Kunststoffgehalte stiegen von 2,9 Gew.-Prozent 1970 bzw. 5 Gew.-Prozent 1975 auf derzeit 10,2 Gew.-Prozent oder 103 kg – verringert nicht nur die rückgewinnbaren Metallanteile, sondern erhöht den Mengenanfall des Shreddermülls. Wegen der fehlenden Verwertungsmöglichkeiten für diese Kunststoffanteile wird die Autowrackverwertung derzeit erheblich erschwert.

Siehe auch:
Kapitel Allgemeine Daten, Abschnitt Verkehr

Autowrackanfall und mittlere Zusammensetzung von Autowracks

Entwicklung des Autowrackanfalls 1960 bis 1986

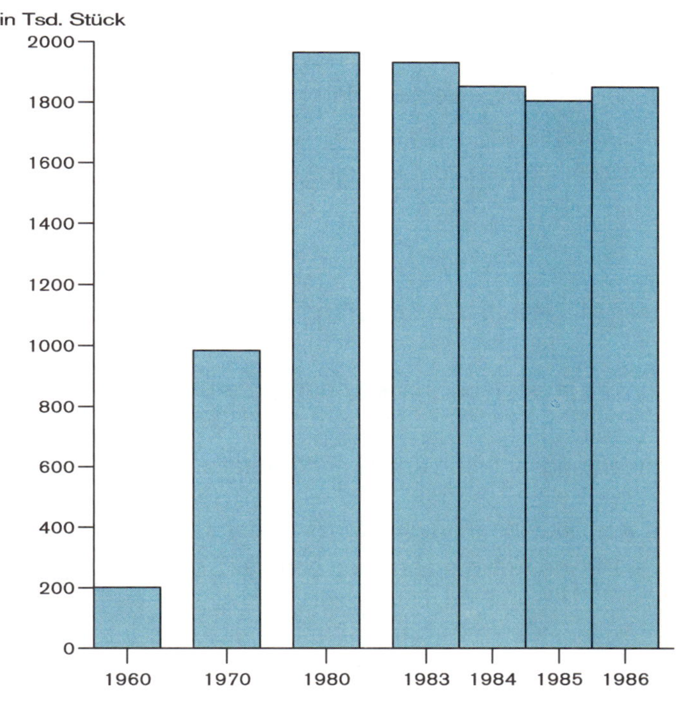

Zusammensetzung von Autowracks der Baujahre 1975 und 1985 bei der Schredderaufbereitung in Prozenten

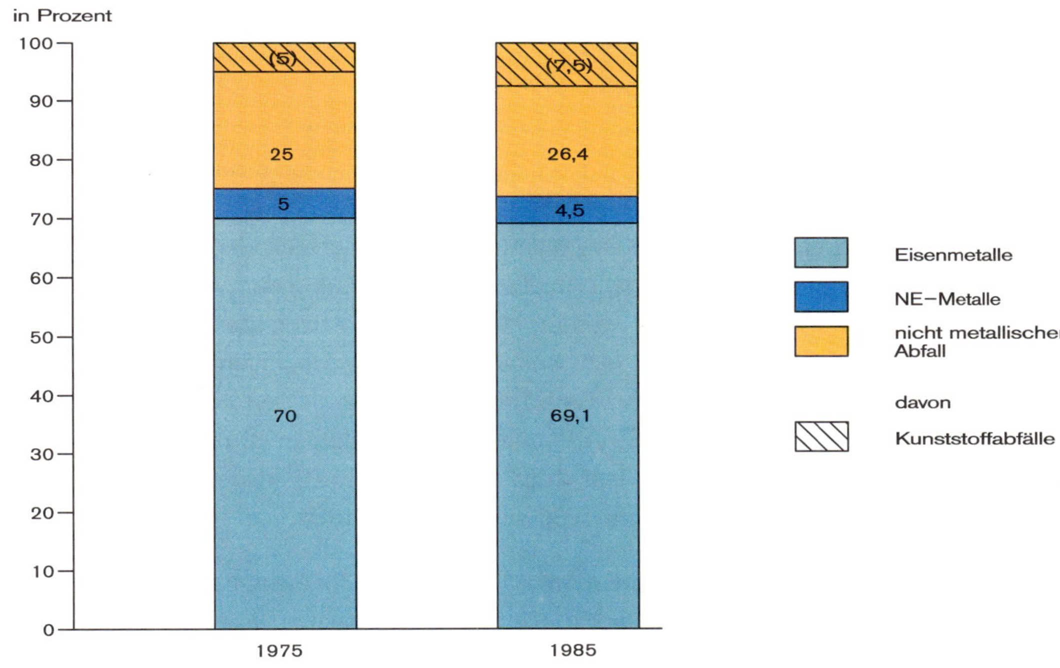

Quelle: Umweltbundesamt,
Bundesminister für Verkehr

Abfallentsorgung

Entsorgung von Abfällen in öffentlichen Anlagen

Öffentliche Anlagen sind die Abfallentsorgungsanlagen, die von den entsorgungspflichtigen Körperschaften (meist Kreise oder kreisfreie Städte) oder von ihnen beauftragten Dritten betrieben werden. Es werden verschiedene Arten von Abfallentsorgungsanlagen unterschieden: Zu den Behandlungsanlagen gehören Abfallverbrennungsanlagen, Kompostierungsanlagen und chemisch-physikalische Behandlungsanlagen wie Neutralisations- und Entgiftungsanlagen (anorganischer Bereich der chemisch-physikalischen Behandlung) und Emulsionsspaltanlagen (organischer Bereich der chemisch-physikalischen Behandlung). Abfälle, die nicht weiterbehandelt werden, werden auf Deponien abgelagert.

Die Darstellung erfaßt

- Hausmüllmengen, die von der öffentlichen Müllabfuhr bzw. beauftragten Privatunternehmen eingesammelt werden,
- Abfälle aus Handel und Gewerbe, die nicht in betriebseigenen oder gewerblich betriebenen Anlagen entsorgt oder verwertet werden sowie
- von Privatpersonen bei öffentlichen Entsorgungsanlagen angelieferte Abfälle.

Dargestellt wird somit nicht das gesamte Abfallaufkommen, sondern nur der Teil des Aufkommens, der bei öffentlichen Anlagen angeliefert wurde. Dieses Aufkommen stieg von 1977 bis 1984 um 34% und lag 1984 bei 86 Mio. t.

Über die Hälfte der Gesamtmenge (54,4%) entfällt auf die Abfallgruppe „Bodenaushub, Bauschutt, Straßenaufbruch". Die Entwicklung dieser Abfallgruppe trug damit entscheidend zum Anstieg der insgesamt angelieferten Menge bei. Demgegenüber ging der Anteil der „Siedlungsabfälle" (Hausmüll, hausmüllähnliche Gewerbeabfälle, Sperrmüll, Straßenkehricht und Marktabfälle) von fast 44,9% im Jahr 1977 auf 34,4% im Jahr 1984 kontinuierlich zurück. Siedlungsabfälle bilden mit 29,6 Mio. t weiterhin den zweitgrößten Anteil der angelieferten Abfälle.

Die an öffentlichen Anlagen angelieferten Abfälle werden überwiegend auf Deponien abgelagert. Bundesweit veränderte sich der Anteil der deponierten Abfälle an der insgesamt entsorgten Abfallmenge von 1977 (89,5%) bis 1984 (89,9%) nur geringfügig. Ursache für den erneut feststellbaren Anstieg auf 89,9% im Jahr 1984 ist eine geänderte Darstellungsweise der Abfallstatistik. 1984 wurden erstmals 34 sonstige Deponien (Altreifendeponien, Klärschlammdeponien, Schlackedeponien etc.) getrennt ausgewiesen. Auf diesen wurden rund 3,39 Mio. t Abfälle abgelagert, die in den vorhergehenden Erhebungen mit bei den sonstigen Anlagen erfaßt worden wären. Nach Abzug der auf „sonstigen Deponien" abgelagerten Abfälle ergibt sich 1984 ein Anteil von 85,9% deponierter Abfälle, womit sich der kontinuierliche Rückgang, der bei diesen Entsorgungsverfahren in den vorhergehenden Erhebungen deutlich wurde, fortgesetzt hat. Ein weiterer Grund für das Ansteigen ist das erhöhte Aufkommen von Bauschutt und Bodenaushub, der zu fast 100% deponiert wird. Insgesamt stieg die Menge der deponierten Abfälle von 74,8 Mio. t im Jahr 1980 auf 77,5 Mio. t 1984.

Müllverbrennungsanlagen hatten 1984 einen Anteil von 8,8% an der Gesamtentsorgung. In ihnen werden überwiegend (95%) Siedlungsabfälle entsorgt. Für die Kompostierung weist die Statistik 1984 weiterhin Zuwachsraten auf. Der Anteil der in „sonstigen Anlagen" (chemisch-physikalisch) behandelten Abfälle ging dagegen aufgrund der geänderten Darstellungsweise der Statistik (gesonderte Ausweisung von 34 Altreifen-, Klärschlamm- und Schlackedeponien) deutlich zurück.

In öffentlichen Anlagen angelieferte Abfallmengen nach Abfallarten und Art der Anlagen 1977 – 1984

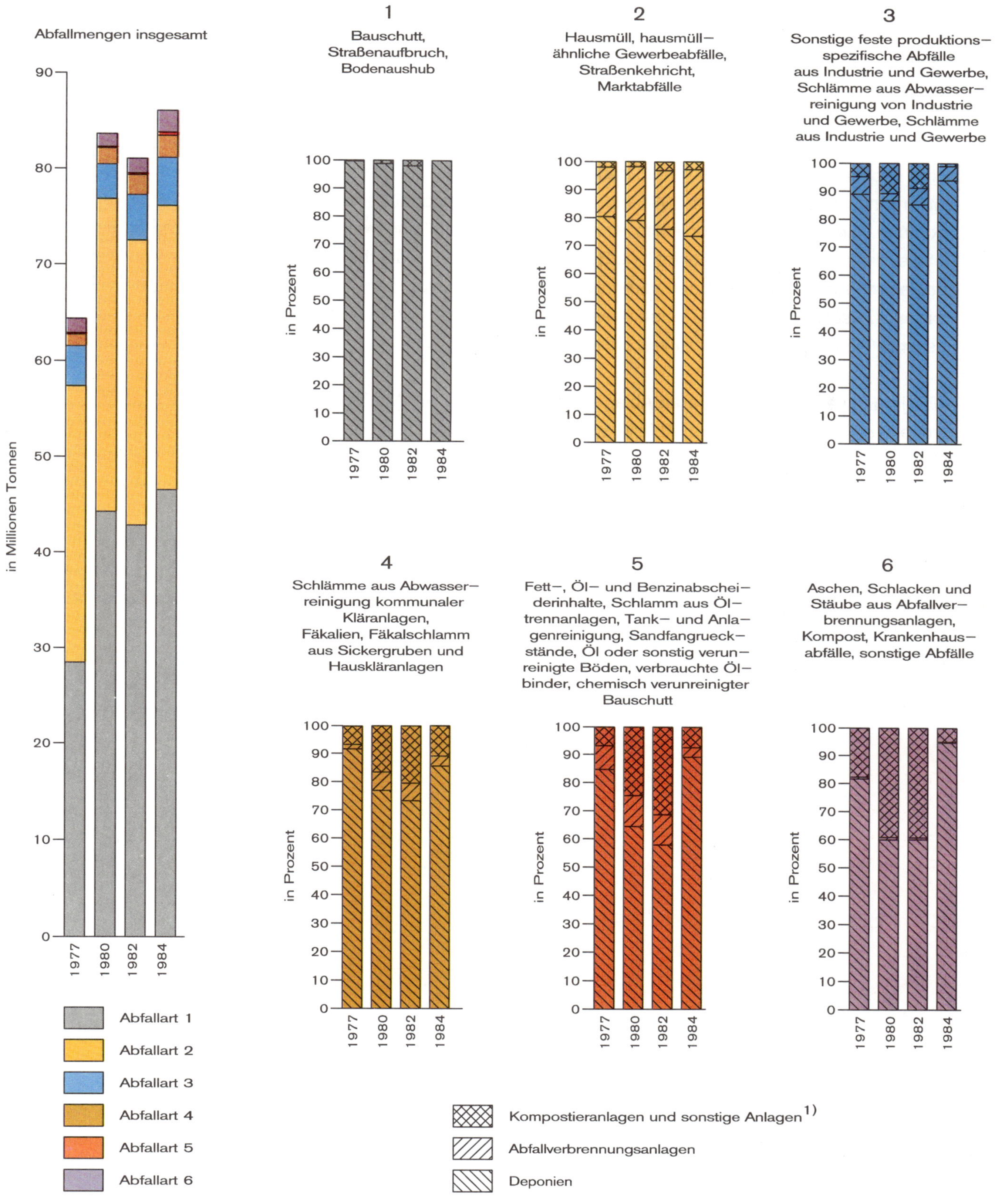

1) Z.B. chemische und physikalische Behandlungsanlagen

Quelle: Statistisches Bundesamt

In öffentlichen Entsorgungsanlagen angelieferte Abfallmengen und Art der Entsorgung nach Bundesländern

Die Abfallmengen, die in öffentlichen Anlagen entsorgt werden, lassen keine Rückschlüsse auf das jeweilige Abfallaufkommen zu. Der Umfang der Entsorgungskapazitäten im Bundesland, die Anzahl betriebseigener oder gewerblich betriebener Anlagen (z. B. Bauschuttdeponien) oder das Verbringen von Abfällen in andere Bundesländer oder in das Ausland sind hierbei zu beachtende Faktoren.

Hinsichtlich der Entsorgungsverfahren unterschieden sich die einzelnen Bundesländer beträchtlich. Ein hoher Prozentsatz der Abfälle wird in den meisten Ländern weiterhin deponiert. Generell war bei diesem Entsorgungsverfahren im Jahr 1984 ein leichter Anstieg gegenüber der vorhergehenden Erhebung zu erkennen. Grund dafür ist vor allem eine geänderte Darstellungsweise der Statistik. Rund 3,39 Mio. t Abfälle, die in „sonstigen Deponien“ (z. B. Altreifendeponien, Klärschlammdeponien, Schlackedeponien) abgelagert werden, waren in den vorhergehenden Erhebungen den „sonstigen Anlagen“ zugeschlagen worden. Zusätzlich war ein verstärktes Aufkommen von Bodenaushub und Bauschutt, das fast ausschließlich deponiert wird, zu verzeichnen.

Vor allem in Ländern mit größeren Ablagerungskapazitäten wie Niedersachsen und Baden-Württemberg wird ein sehr großer Teil der Abfälle weiterhin deponiert. Dagegen entsorgen die Stadtstaaten mit knappem Deponievolumen den Hauptteil der Abfälle durch Verbrennungsanlagen. Dabei ist anzumerken, daß es in Hamburg und Berlin keine öffentlichen Deponien mehr gibt. Aber auch in Nordrhein-Westfalen und Bayern wird ein erheblicher Teil der Abfälle verbrannt.

In Kompostierungsanlagen und sonstigen Anlagen (z. B. chemisch-physikalische Behandlungsanlagen) wird ein geringer Anteil der Abfälle entsorgt. Die Angaben sind allerdings zu unvollständig, um daraus allgemeine Tendenzen ableiten zu können. Erhebliche Rückgänge dieser Entsorgungsverfahren in einzelnen Ländern, die zwischen 1982 und 1984 festzustellen sind, resultieren mit hoher Wahrscheinlichkeit aus der oben erläuterten geänderten Darstellungsweise der Statistik. Das gilt insbesondere für Länder, bei denen gleichzeitig eine erhebliche Steigerung des Anteils der Ablagerung festzustellen ist.

In öffentlichen Entsorgungsanlagen angelieferte Abfallmengen nach Bundesländern 1977 – 1984

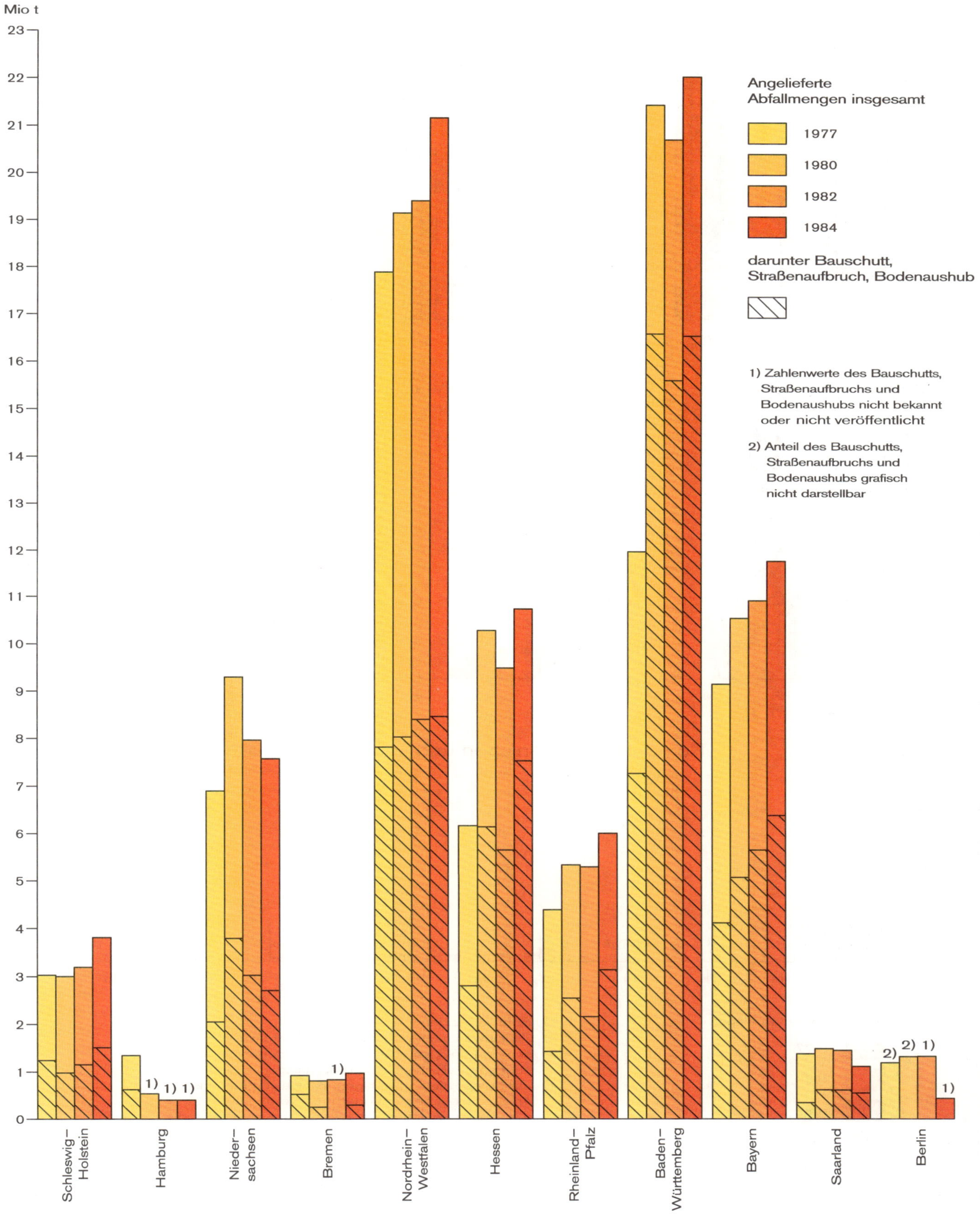

Quelle: Statistisches Bundesamt

An öffentliche Anlagen angelieferte Abfallmengen nach Art der Anlagen und Bundesländern 1977 – 1984

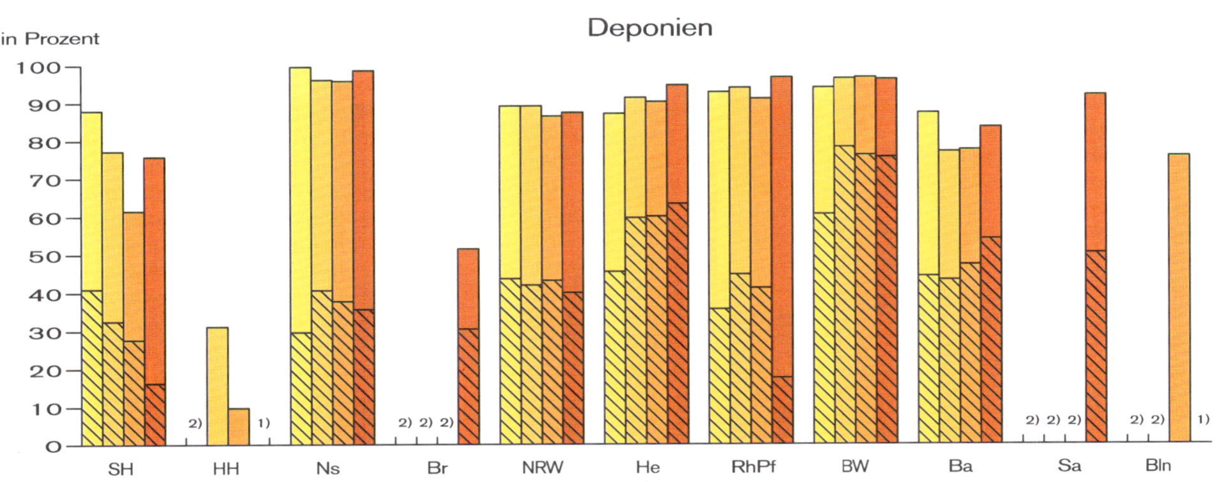

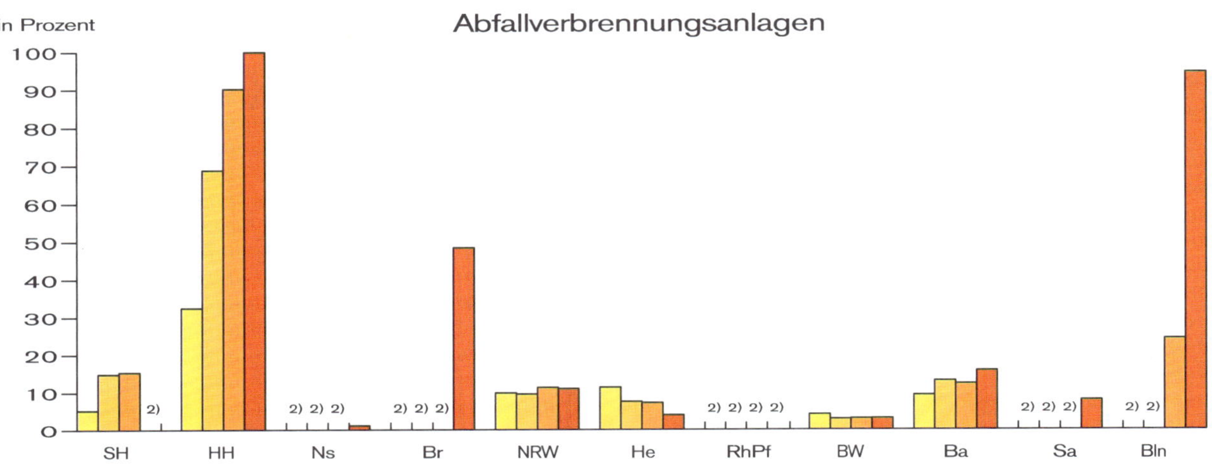

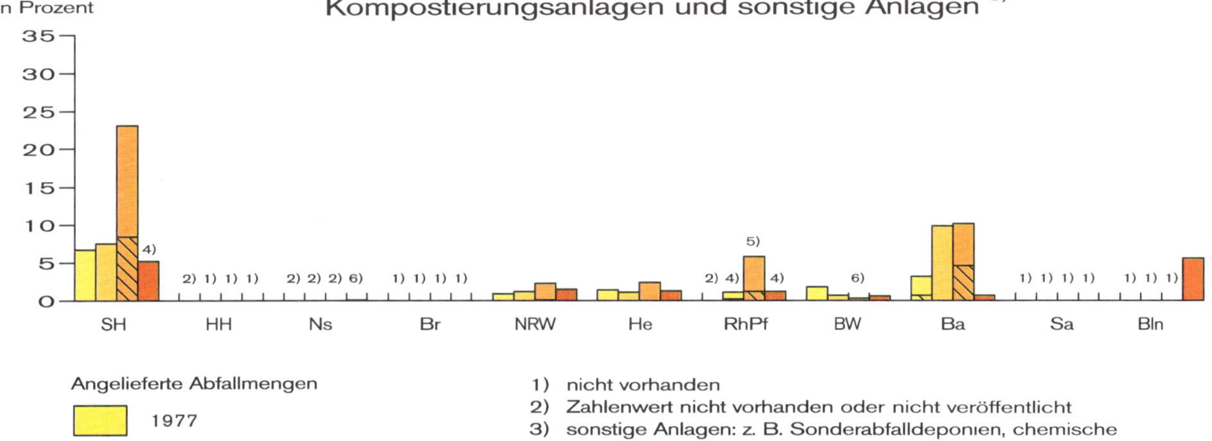

Angelieferte Abfallmengen

- 1977
- 1980
- 1982
- 1984
- darunter Bauschutt, Straßenaufbruch, Bodenaushub

1) nicht vorhanden
2) Zahlenwert nicht vorhanden oder nicht veröffentlicht
3) sonstige Anlagen: z. B. Sonderabfalldeponien, chemische oder physikalische Behandlungsanlagen
4) nur Kompostierungsanlagen; Zahlenwert für sonstige Anlagen nicht bekannt oder nicht veröffentlicht
5) nur sonstige Anlagen; Zahlenwert für Kompostierungsanlagen nicht bekannt oder nicht veröffentlicht
6) grafisch nicht darstellbar

Quelle: Statistisches Bundesamt

Anschluß der Wohnbevölkerung an öffentliche Abfallentsorgungsanlagen

Die Bevölkerung der Bundesrepublik Deutschland wird fast vollständig durch die öffentliche Müllabfuhr oder beauftragte Privatunternehmen entsorgt.

Der Anteil der an Deponien angeschlossenen Einwohner ist von 74% (1977) auf 69% (1984) gesunken. Zugleich stieg der Anschlußgrad an Müllverbrennungsanlagen von 22,4% auf 27,8%. Bei diesen Anteilen wird sowohl der unmittelbare als auch der mittelbare Anschluß (über Umladestationen) berücksichtigt.

Im Anschluß an die Art der Entsorgungseinrichtung bestehen erhebliche regionale Unterschiede. Während 1984 in den Stadtstaaten Hamburg und Bremen 70% bzw. 95% der Einwohner an Verbrennungsanlagen angeschlossen waren, lag der Anschlußgrad in Niedersachsen bei 7% und in Rheinland-Pfalz bei 8%. Allerdings ist auch in diesen Ländern, wie auch in Baden-Württemberg, mit zunehmender Verknappung des Deponievolumens ein Trend zur Verbrennung erkennbar. In Bayern ist dieser Trend besonders stark ausgeprägt. Dort sind inzwischen 47,7% der Einwohner an eine Verbrennungsanlage angeschlossen.

Die Kompostierung von Hausmüll hat nur in wenigen Bundesländern eine gewisse Bedeutung; das liegt vor allem an der Schadstoffbelastung des erzielten Komposts und den damit verbundenen geringen Absatzchancen. In Schleswig-Holstein ist seit 1977 ein etwa gleichbleibender Anteil der Bevölkerung von ca. 20% an Kompostierungsanlagen angeschlossen. Rheinland-Pfalz und Baden-Württemberg sind die einzigen Länder, in denen Steigerungsraten bei der Kompostierung zu verzeichnen waren.

Wohnbevölkerung und deren Anschluß an öffentliche Abfallentsorgungsanlagen in Prozent 1977 bis 1984

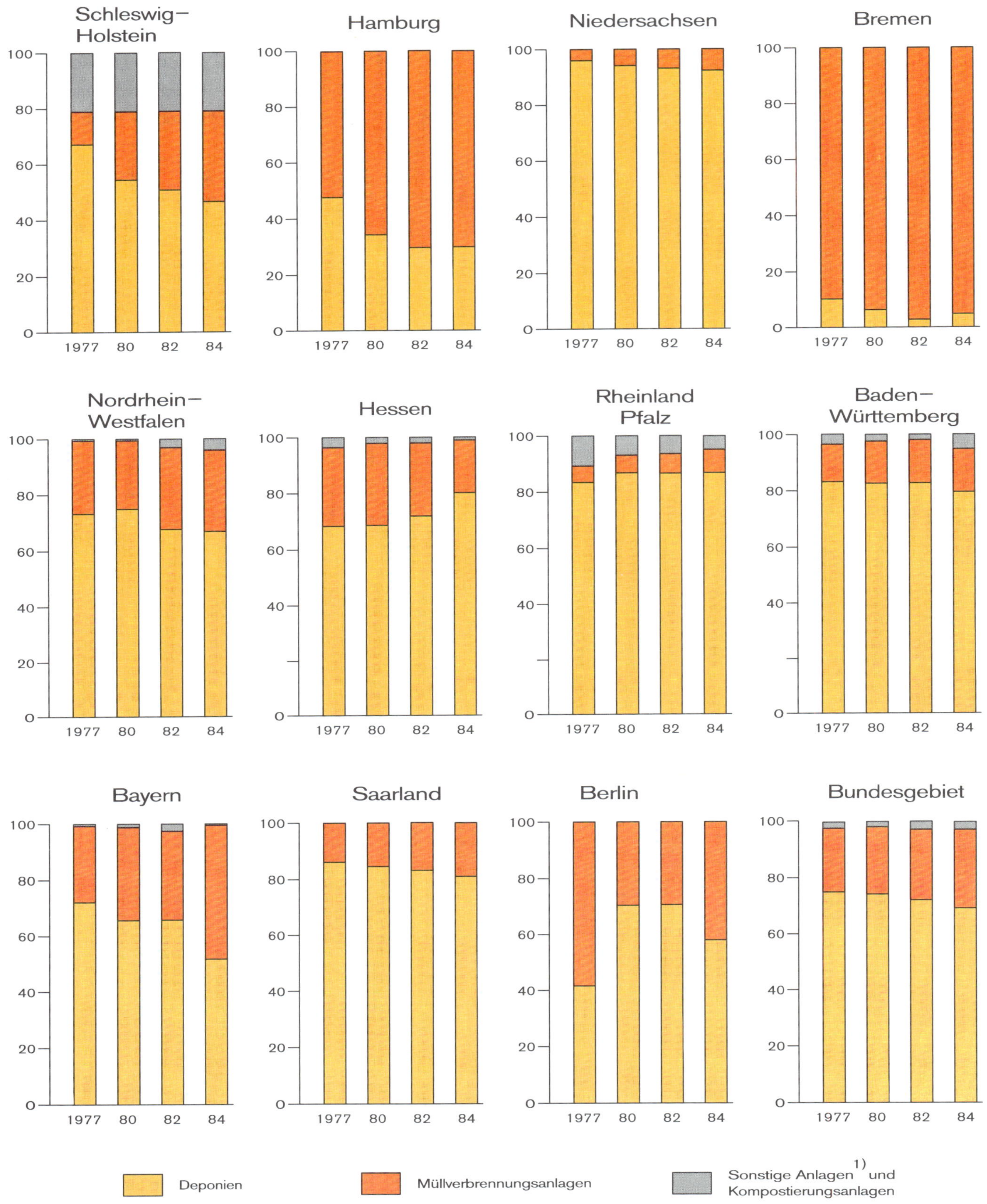

Quelle: Statistisches Bundesamt

1) z.B. chemische und physikalische Behandlungsanlagen

Entsorgung von Abfällen im Produzierenden Gewerbe und in Krankenhäusern

Soweit keine Verwertung erfolgt, werden Abfälle aus Betrieben des Produzierenden Gewerbes und aus Krankenhäusern in betriebseigenen Anlagen, in öffentlichen Abfallentsorgungsanlagen oder in „sonstigen Anlagen“ sowie in Bauschuttdeponien entsorgt.

In betriebseigenen Anlagen werden in der Regel nur Abfälle aus der jeweils eigenen Produktion entsorgt. Die außerbetriebliche Entsorgung kann ferner in Bauschuttdeponien oder in „sonstigen Anlagen“ (z. B. Sonderabfall-, Kläranlagen wie auch Versenkbohrungen, Verklappungs- und Verbrennungsschiffen etc.) erfolgen. Hierzu zählen auch die von „Dritten“ betriebenen Anlagen, also gewerblich betriebene Anlagen, deren sich Betriebe des Produzierenden Gewerbes und Krankenhäuser zur Entsorgung ihrer Abfälle bedienen.

Der hohe Anteil der in „sonstigen Anlagen“ und Bauschuttdeponien entsorgten Abfälle ergibt sich aus der großen Menge des Bauschutts, der in den dafür eingerichteten Deponien abgelagert wird. Durchschnittlich wurden etwa 11 Mio t Abfälle in „sonstigen Anlagen“ entsorgt. Dieser Anteil stieg von 1980 bis 1982 leicht an und änderte sich bis 1984 nur unwesentlich.

Abfallentsorgung im Produzierenden Gewerbe und in Krankenhäusern

Jahr		davon in betriebseigenen Anlagen entsorgt	in öffentlichen Anlagen entsorgt	sonstige Anlagen[1]) und Bauschuttdeponien	Weiterverarbeitung und Altstoffhandel
	in 1000 t				
1980	207 483	42 003	11 813	127 296	26 370
1982	193 580	34 532	13 098	118 180	27 769
1984	197 590	34 872	12 492	118 156	32 070

[1]) Das sind z. B. Sonderabfall-Kläranlagen sowie Versenkbohrungen und Verklappungs- und Verbrennungsschiffe

Quelle: Statistisches Bundesamt

Der nachfolgende Vergleich der Entsorgung von 1982 mit 1984 geht von einer Gesamtmenge von 196,6 Mio. t aus (ohne krankenhausspezifische und sonstige, nicht nachweispflichtige Abfälle).

16,2% des Gesamtaufkommens übernahmen im Jahr 1984 der Altstoffhandel und weiterverarbeitende Betriebe, 17,9% werden innerbetrieblich in Verbrennungsanlagen oder Deponien entsorgt und 66% werden einer außerbetrieblichen Entsorgung zugeführt.

Ein geringer Teil der außerbetrieblich entsorgten Abfälle (1% des Gesamtaufkommens) wurde von der öffentlichen Müllabfuhr abgefahren und 5,4% wurden öffentlichen Hausmüllentsorgungsanlagen direkt zugeführt. Dazu gehörten vor allem hausmüllähnliche Gewerbeabfälle (Küchen- und Kantinenabfälle, Abfälle aus Belegschaftsunterkünften, Kehricht, Gartenabfälle), außerdem Bauschutt und Bodenaushub, in geringerem Umfang auch Formsand, Kernsand etc. Den Hauptteil der außerbetrieblich entsorgten Abfälle (53,8% des Gesamtaufkommens) nahmen Bauschutt- und Bodenaushubdeponien auf.

Gegenüber der Erhebung von 1982 haben sich die Anteile der einzelnen Entsorgungsverfahren meist nur wenig geändert. Lediglich Weiterverarbeitung und Altstoffhandel verzeichneten eine Steigerung um 15,5%.

Bauschutt und Bodenaushub, die mit 63,2% (1984) den Hauptanteil der Abfälle des produzierenden Gewerbes und der Krankenhäuser ausmachen, werden zu 81,2% auf Bauschutt- und Bodenaushubdeponien und 13,5% auf betriebseigenen Deponien entsorgt.

Die verschiedenen Schlämme (6,2% des Gesamtaufkommens) werden zum erheblichen Teil (46,5%) in betriebseigenen Deponien abgelagert.

Abfallentsorgung im Produzierenden Gewerbe und in Krankenhäusern im Vergleich 1982 zu 1984

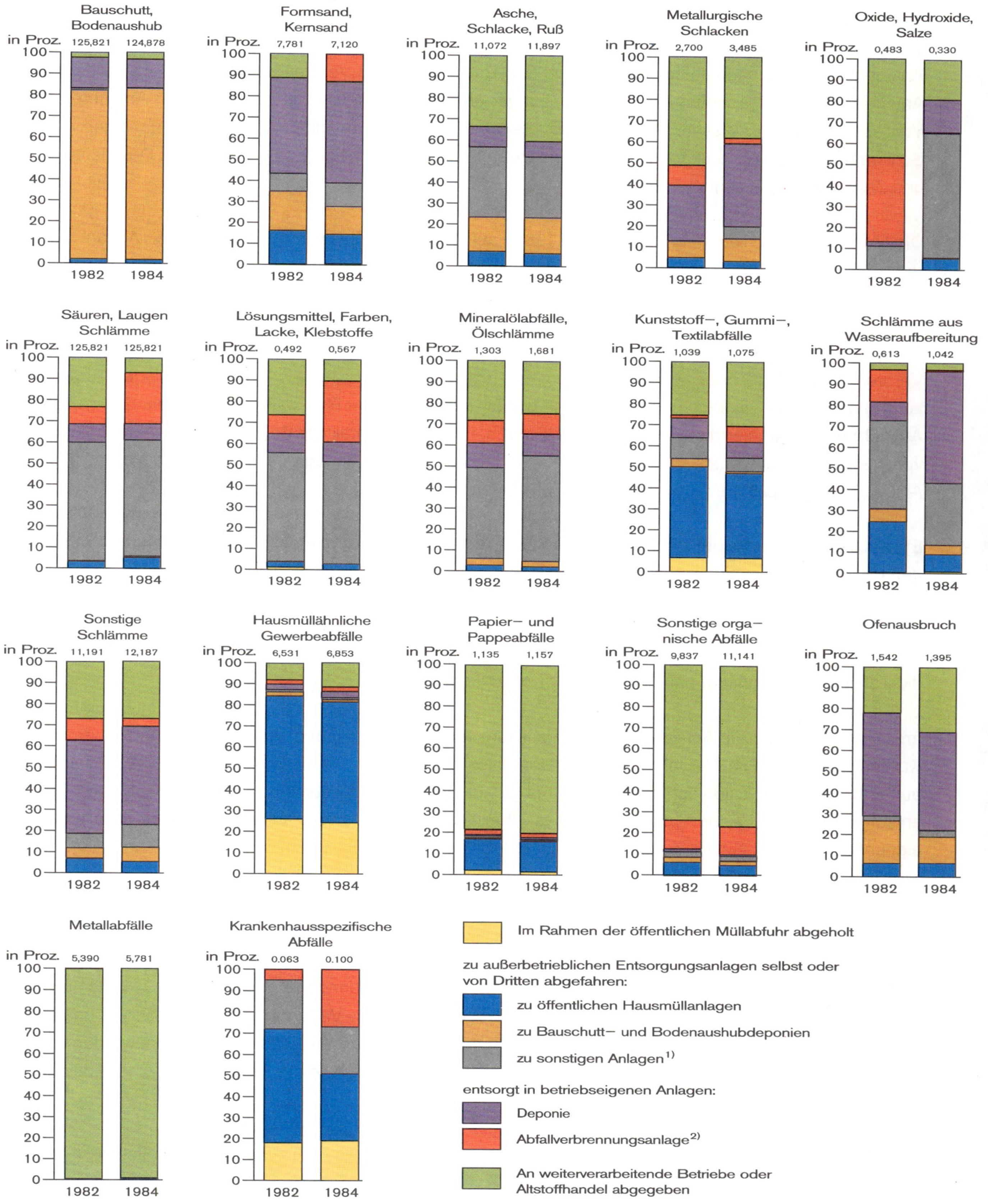

Abfallart	1982	1984
Bauschutt, Bodenaushub	125,821	124,878
Formsand, Kernsand	7,781	7,120
Asche, Schlacke, Ruß	11,072	11,897
Metallurgische Schlacken	2,700	3,485
Oxide, Hydroxide, Salze	0,483	0,330
Säuren, Laugen Schlämme	125,821	125,821
Lösungsmittel, Farben, Lacke, Klebstoffe	0,492	0,567
Mineralölabfälle, Ölschlämme	1,303	1,681
Kunststoff–, Gummi–, Textilabfälle	1,039	1,075
Schlämme aus Wasseraufbereitung	0,613	1,042
Sonstige Schlämme	11,191	12,187
Hausmüllähnliche Gewerbeabfälle	6,531	6,853
Papier– und Pappeabfälle	1,135	1,157
Sonstige organische Abfälle	9,837	11,141
Ofenausbruch	1,542	1,395
Metallabfälle	5,390	5,781
Krankenhausspezifische Abfälle	0.063	0.100

in Proz. (0–100)

Im Rahmen der öffentlichen Müllabfuhr abgeholt

zu außerbetrieblichen Entsorgungsanlagen selbst oder von Dritten abgefahren:
- zu öffentlichen Hausmüllanlagen
- zu Bauschutt– und Bodenaushubdeponien
- zu sonstigen Anlagen[1)]

entsorgt in betriebseigenen Anlagen:
- Deponie
- Abfallverbrennungsanlage[2)]

An weiterverarbeitende Betriebe oder Altstoffhandel abgegeben

Prozentualer Anteil unter 1 Prozent nicht darstellbar

Zahlen über den Balken: Gesamtmenge der Abfälle in Mio t

1) Z.B. Sonderabfalldeponien, Kläranlagen, einschließlich betriebseigenen sonstigen Anlagen (Versenkbohrungen, Verklappungs– und Verbrennungsschiffe u. ä.)

2) Abfallverbrennungsanlagen und Feuerungsanlagen, in denen regelmäßig auch Abfälle verbrannt wurden

Quelle: Statistisches Bundesamt

Abfallentsorgung in betriebseigenen Anlagen des Produzierenden Gewerbes

Nach der Statistik der Abfallbeseitigung im Produzierenden Gewerbe ist der Anteil der Betriebe mit betriebseigenen Entsorgungsanlagen von 8,1% (1980) auf 10,2% (1984) gestiegen. Insgesamt wurden 1984 in 9 595 betriebseigenen Anlagen Abfälle entsorgt (gegenüber 7 525 Anlagen 1980 und 9 304 Anlagen 1982). Es handelt sich hierbei um 1 326 Deponien, 2 493 Verbrennungsanlagen, 49 „sonstige Anlagen" (z. B. Versenkbohrungen, Verklappungs- und Verbrennungsschiffe) sowie 5 727 Anlagen zur Vorbehandlung von Abfällen, wie Neutralisations- und Entgiftungsanlagen, Emulsionstrennanlagen und Schlammentwässerungsanlagen sowie „Sonstige Behandlungsanlagen" (Kompostierungs-, Destillations- und Zerkleinerungsanlagen, Pressen).

Die Zahl der Deponien ging von 1 747 (1980) auf 1 326 (1984) zurück. Auch bei der Anzahl der Verbrennungsanlagen war 1984 ein Rückgang gegenüber der Erhebung von 1980 festzustellen. Unterschieden werden bei diesen Anlagen Feuerungsanlagen, in denen regelmäßig auch Abfälle verbrannt werden – dazu zählte auch 1984 mit 2 360 der Hauptteil dieser Anlagen – und eigentliche Abfallverbrennungsanlagen, von denen 1984 133 betrieben wurden. Der Zuwachs im Jahr 1982 bei den Verbrennungsanlagen war ausschließlich auf eine verminderte Nutzung von Feuerungsanlagen zurückzuführen; bei den Abfallverbrennungsanlagen war ein kontinuierlicher Rückgang zu erkennen. Die einzige Ausnahme machte hier das verarbeitende Gewerbe, in dem der Anteil der Betriebe mit eigenen Anlagen von 7,9% (1980) auf 12,9% (1984) zugenommen hat. Auffallend ist dagegen, daß die Zahl der „sonstigen Anlagen" von 9 (1980) auf 58 im Jahr 1984 gestiegen ist.

Ein deutlicher Zuwachs um 775 Anlagen von 1982 bis 1984 ist bei den betrieblichen Vorbehandlungsanlagen festzustellen: Damit hat sich die Wachstumsrate, die bei der vorhergehenden Erhebung festzustellen war, verlangsamt fortgesetzt.

Vorherige Neutralisierung und Schlammentwässerung erfolgt in jeweils rund 200 Anlagen mehr als 1982, die Zahl der Emulsionstrennanlagen stieg um 96 Anlagen an.

Im Jahr 1984 betrug die Abfallmenge in den auskunftspflichtigen Betrieben 196,573 Mio. t Abfälle, davon wurden 34,8 Mio. t (17,7%) in eigenen Anlagen entsorgt. Der Hauptteil dieser Abfälle, 30,6 Mio. t wurde auf betriebseigenen Deponien abgelagert. Das grundstoff- und produktionsgüterproduzierende Gewerbe entsorgte über 40% seiner 40 Mio. t auf diese Weise. Der Bergbau verbrachte 34% seiner Abfälle auf eigenen Deponien.

Im Produzierenden Gewerbe wurden 1984 gegenüber 1982 308 000 t Abfälle mehr verbrannt. Dieser Anstieg bezieht sich allerdings nur auf die in Feuerungsanlagen entsorgten Abfälle; in Abfallverbrennungsanlagen im eigentlichen Sinne wurden rd. 46 000 t Abfälle weniger als 1982 entsorgt. Der Anteil der betriebseigenen Verbrennung an der Gesamtmenge der zu entsorgenden Abfälle betrug 1984 wie auch bei den vorhergehenden Erhebungen rund 2%. Anwendung fand das Verfahren vor allem in Betrieben der Zellstoff-, Holzschliff-, Papier- und Pappeerzeugung und der chemischen Industrie. Verbrannt wurden vor allem verschiedene organische Abfälle sowie Säuren, Laugen und Schlämme, Laborabfälle, Chemikalienreste etc.

Aussagen über die in Vorbehandlungsanlagen entsorgten Abfallmengen werden von der Statistik nicht erfaßt.

Abfallentsorgung in betriebseigenen Anlagen des Produzierenden Gewerbes 1977 bis 1984

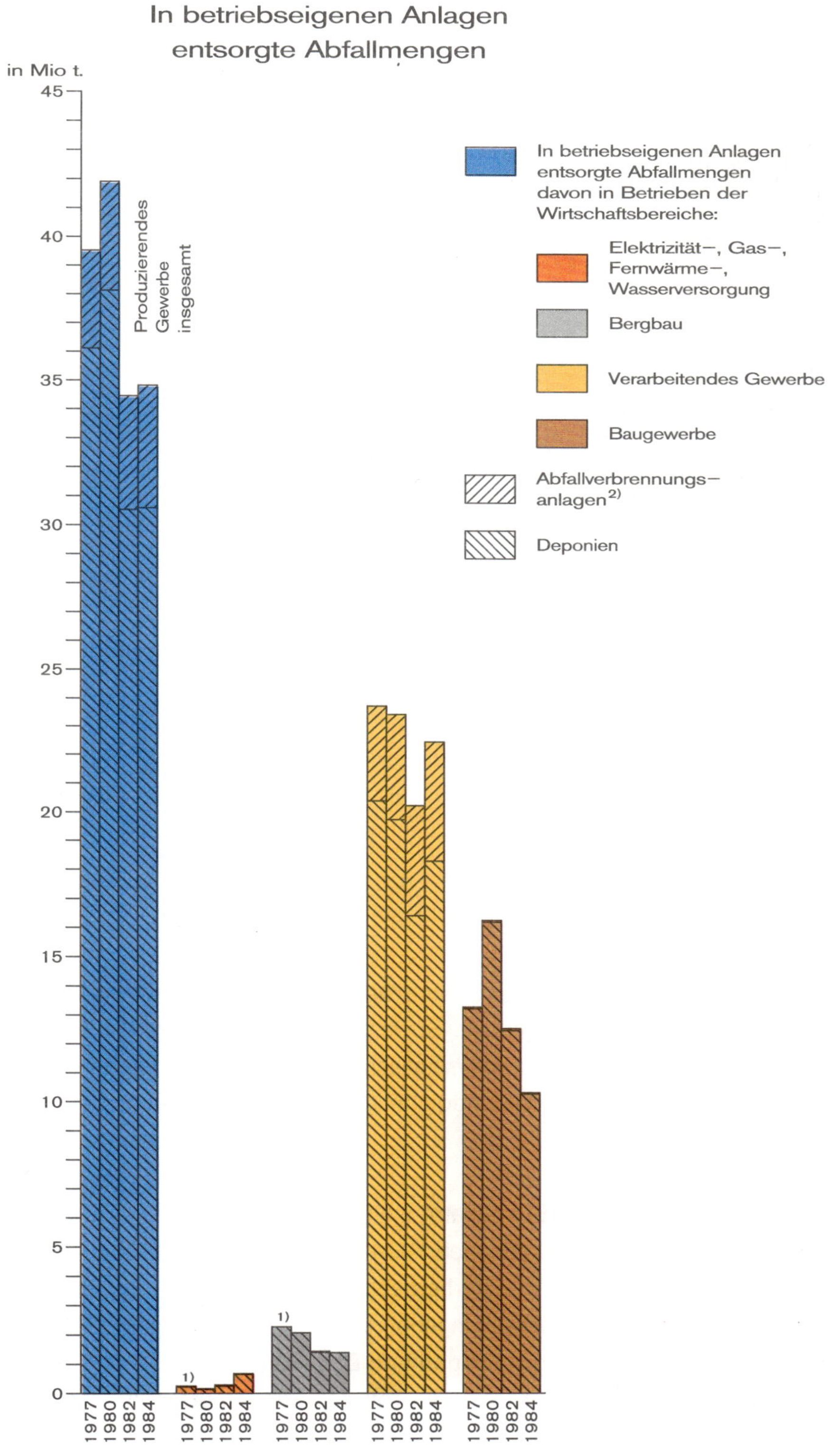

1) Die in betriebseigenen Anlagen des Bergbaus verbrannten Abfallmengen sind in den Angaben zur Elektrizität–, Gas–, Fernwärm– und Wasserversorgung enthalten

2) Einschließlich Feuerungsanlagen, in denen regelmäßig auch Abfälle verbrannt werden

Quelle: Statistisches Bundesamt

Entsorgung nachweispflichtiger Abfälle nach § 2 Abs.2 AbfG im Produzierenden Gewerbe und in Krankenhäusern

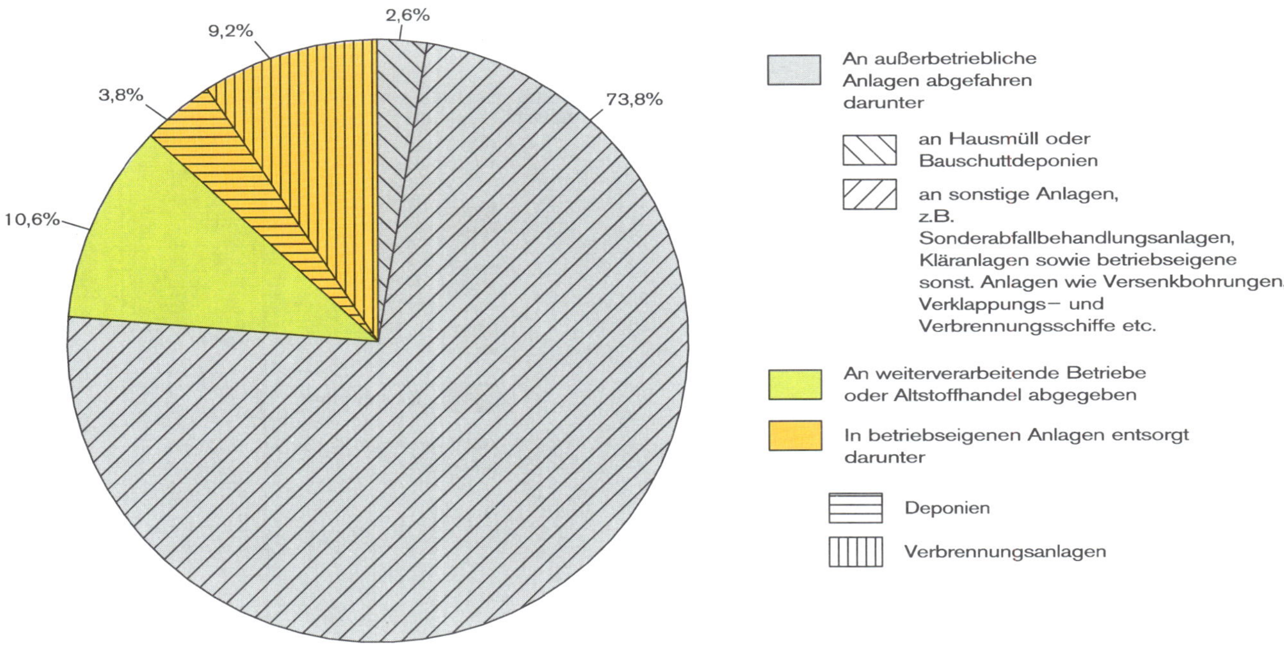

Quelle: Statistisches Bundesamt

Entsorgung besonders überwachungsbedürftiger, nach Bundesrecht nachweispflichtiger Abfälle im Produzierenden Gewerbe und in Krankenhäusern

An die Entsorgung von Abfällen, die aufgrund ihrer Gefährlichkeit bundeseinheitlich nachweispflichtig sind, werden besondere Anforderungen gestellt. Soweit erforderlich, erfolgt die Entsorgung in speziell dafür eingerichteten Anlagen, wie chemisch-physikalischen Behandlungsanlagen, Sonderabfallverbrennungsanlagen oder oberirdischen sowie untertägigen Sonderabfalldeponien, wie z. B. die Untertage-Deponie Herfa-Neurode in Hessen.

Die Entsorgung der vom Statistischen Bundesamt im Rahmen des Gesetzes über Umweltstatistiken „Produzierendes Gewerbe und Krankenhäuser“ erfaßten „Sonderabfälle“ erfolgte vorwiegend (2,129 Mio. t von insgesamt 2,788 Mio. t) außerbetrieblich. 2,057 Mio. t wurden z. B. in Sonderabfall-, Kläranlagen sowie durch Anlagen wie Versenkungsbohrungen, Verklappungs- und Verbrennungsschiffe entsorgt. In betriebseigenen Verbrennungssanlagen und Deponien wurden 0,362 Mio. t entsorgt; davon 0,256 Mio. t in Verbrennungsanlagen. Ein anderer Teil der Sonderabfälle (0,297 Mio. t) ging an die weiterverarbeitende Industrie und den Altstoffhandel.

Siehe auch:
Kapitel Nordsee

Verbringung besonders überwachungsbedürftiger, nach Bundesrecht nachweispflichtiger Abfälle in andere Staaten

Ein beträchtlicher Anteil der „Sonderabfälle" geht zur Entsorgung über die Grenzen, hauptsächlich in die DDR und die Niederlande. Die hohe Sonderabfallmenge, die in der nachfolgenden Tabelle für Belgien ausgewiesen ist, betrifft den Umschlag von Dünnsäure über Belgien mit dem Ziel der Einbringung in die Nordsee.

Verbringung von Abfällen nach § 2 Abs. 2 AbfG in andere Staaten

	1983		1984		1985	
	Tonnen	%	Tonnen	%	Tonnen	%
Niederlande	1 756,9	0,2	15 716,6	1,5	26 908,7	2,7
Schweiz	3 512,8	0,4	4 688,8	0,4	2 318,6	0,2
Frankreich	12 289,8	1,3	9 716,6	0,9	13 900,3	1,4
Belgien	907 924,3	95,9	961 084,5	91,8	890 135,7	87,9
Österreich	137,3	0,0	18,0	0,0	–	–
DDR	21 474,2	2,3	56 039,9	5,4	79 624,8	7,9
Insgesamt	947 095,3	100,0	1 047 264,4	100,0	1 012 888,0	100,0

Quelle: Umweltbundesamt

Siehe auch:
Kapitel Nordsee

Abfallentsorgungsanlagen

Hausmüll- und Wertstoffsortieranlagen

Hausmüllsortieranlagen werden gebaut und betrieben, um aus gemischten häuslichen und gewerblichen Abfällen verwertbare Rohstoffe, wie Papier und Pappe, Glas, Metalle und Kunststoffe auszusortieren; alternativ können die heizwertreichen Stoffgruppen als Brennstoff aus Müll aussortiert werden. In der Mehrzahl der Anlagen wird die nativ-organische Müllfraktion kompostiert. Derartige Anlagen haben bisher keine große Verbreitung gefunden. In der Bundesrepublik Deutschland gibt es nur die Betriebsanlagen auf der Deponie der Stadt Neuss, der Deponie Haus Forst (Kerpen-Manheim) und in Dusslingen. Die Anlage in Dusslingen wird als Forschungs- und Entwicklungsanlage im Betriebsmaßstab vom Bundesminister für Forschung und Technologie gefördert. Während diese drei Anlagen in erster Linie Wertstoffe aussortieren und Kompost herstellen, produziert das Rohstoffrückgewinnungszentrum Ruhr in Herten einen brikettierten Brennstoff aus Müll.

In einer Vielzahl von Entsorgungsgebieten werden die Stoffe Papier/Pappe, Glas, Metall und Kunststoffe im Haushalt vorsortiert und gemeinsam in einer Wertstofftonne gesammelt. Dieses Wertstoffgemisch wird in einer Sortieranlage in die einzelnen Wertstoffe zerlegt. Wertstoffsortieranlagen bestehen im wesentlichen aus Handsortierbändern.

Daneben kommen Sortieranlagen zum Einsatz, in denen Glas und Papier-Pappe-Gemische aus Bring-Containern von Schmutzbestandteilen befreit und in höherwertige Sorten aufbereitet werden.

Die Wertstoffe für diese Anlagen werden mit Hilfe unterschiedlich gestalteter Spezial-Container erfaßt, die an zentralen Plätzen und Stellen der Städte und Gemeinden aufgestellt sind. 98% aller Landkreise und kreisfreien Städte verfügen über Container für Altglas, 75% über Container für Altpapier und 20% über Container für Weißblech.

Hausmüll– und Wertstoffsortieranlagen in der Bundesrepublik Deutschland (Stand Juli 1988)

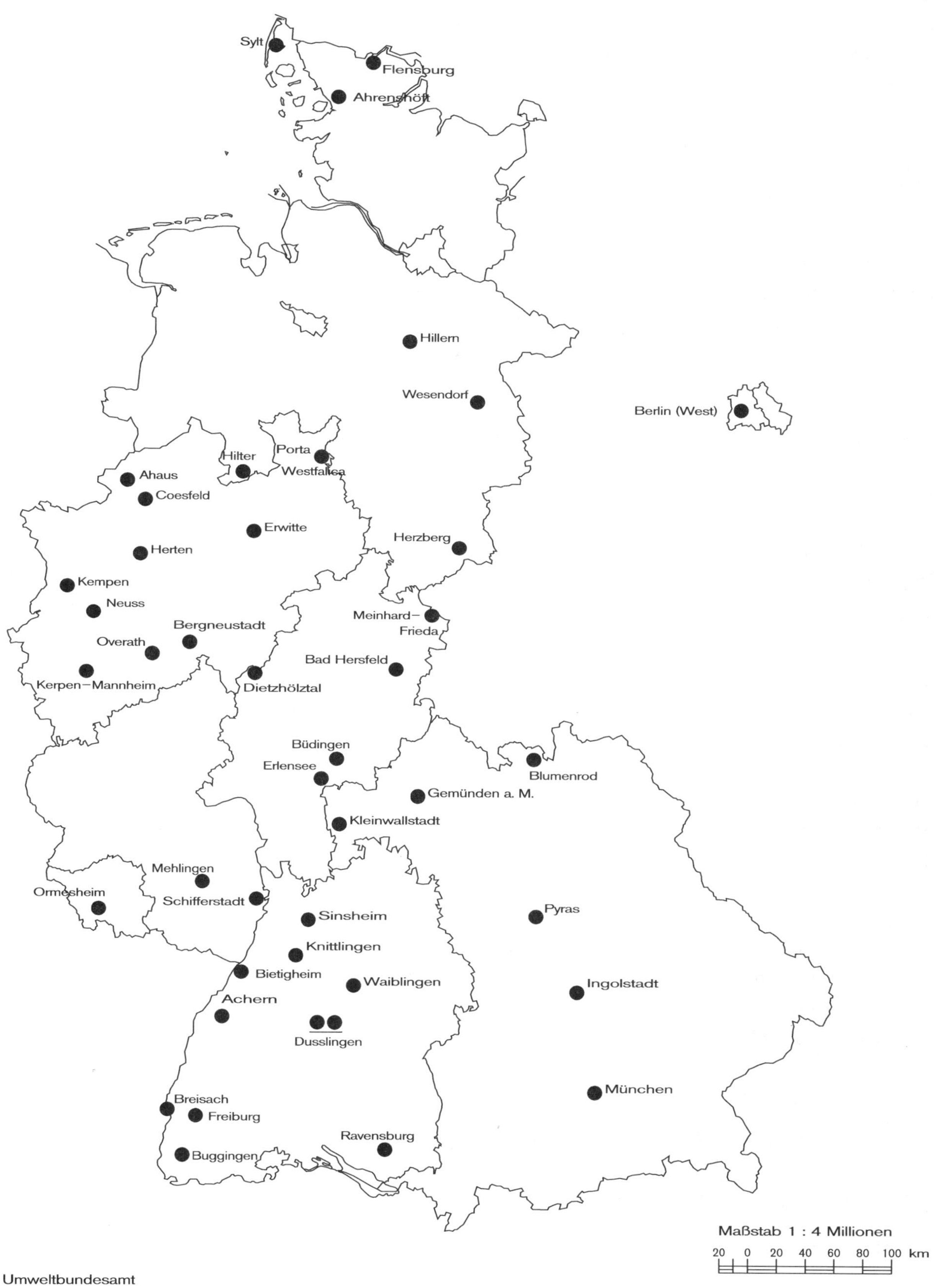

Quelle: Umweltbundesamt

Hausmülldeponien

Auf Hausmülldeponien werden Hausmüll, Sperrmüll und hausmüllähnliche Gewerbeabfälle ohne besondere Vorbehandlung abgelagert. Die Anzahl der Hausmülldeponien hat sich in den vergangenen Jahren drastisch vermindert. Während 1975 noch 4415 Hausmülldeponien in Betrieb waren, waren es 1987 nur noch 339 Anlagen. Der Trend zu einer noch geringeren Anzahl großer, zentraler Hausmülldeponien wird auch weiterhin anhalten.

Ein großer Teil der zur Zeit betriebenen Deponien wird in absehbarer Zeit seine Kapazitätsgrenzen erreicht haben. Dies gilt auch für Bauschutt-, Bodenaushub- und sonstige Deponien, die in der Standortkarte nicht dargestellt sind.

Bundesweit wird derzeit noch knapp 75% des anfallenden Hausmülls auf Deponien abgelagert. Innerhalb der Stadtstaaten Berlin, Bremen und Hamburg werden keine Hausmülldeponien mehr betrieben. In den anderen Bundesländern reicht die Bandbreite von Niedersachsen, wo fast der gesamte Hausmüll deponiert wird, bis zu Bayern und Schleswig-Holstein mit jeweils rund 55% Entsorgungsanteil über Deponien.

Deponien mit voraussichtlicher Ablagerungsdauer nach Betreibern (Stand 1984)

Betreiber/ Art der Deponie	Deponien insgesamt	davon mit voraussichtlicher Ablagerungsdauer von . . . bis unter . . . Jahren				
		unter 3	3–6	6–11	11–21	21 und mehr
	Anzahl					
Gemeinde	2 210	525	580	615	377	113
Zweckverband	54	11	19	14	6	4
Kreis[1])	579	178	112	159	96	34
Unternehmen	274	100	64	48	43	19
Sonstige[2])	1	1	–	–	–	–
Insgesamt	3 118	815	775	836	522	170
davon:						
Hausmülldeponien[3])	385	126	71	90	64	34
Bauschuttdeponien[4])	1 971	489	495	543	339	105
Bodenaushubdeponien[5])	728	187	201	197	113	30
Sonstige Deponien[6])	34	13	8	6	6	1

[1]) Einschl. kreisfreie Städte
[2]) Bund, Land
[3]) Deponien für Hausmüll, hausmüllähnliche Gewerbeabfälle
[4]) Deponien für Bodenaushub und Bauschutt
[5]) Deponien für Bodenaushub (ausschließlich)
[6]) Das sind z. B. Altreifendeponien, Klärschlammdeponien, Schlackendeponien

Quelle: Statistisches Bundesamt

Sonderabfalldeponien

Derzeit werden 12 öffentliche oberidische Sonderabfalldeponien in der Bundesrepublik Deutschland betrieben. Weitere Deponien befinden sich in der Planung. Die Länder mit der größten Zahl von Sonderabfalldeponien sind Nordrhein-Westfalen mit vier und Bayern mit drei Anlagen. Über keine Sonderabfalldeponie innerhalb des Landes verfügen die Stadtstaaten Berlin, Bremen und Hamburg sowie das Saarland. Firmeneigene Sonderabfalldeponien sind auf der Standortkarte nicht dargestellt.

Für die Errichtung und den Betrieb von Sonderabfalldeponien sind im Laufe des Jahres 1989 bundeseinheitliche Anforderungen nach dem Stand der Technik durch die Technische Anleitung zur Abfallentsorgung (TA Abfall) geplant. Neben Anforderungen an den Standort, das Deponiebasis- und das Oberflächenabdichtungssystem sind Anforderungen an den betrieblichen Ablauf sowie die Stillegung und Nachsorge vorgesehen. Weiterhin soll ein Katalog mit Ausschlußkriterien für eine Reihe von Stoffen bzw. Stoffeigenschaften festgelegt werden, um Belastungen der Umwelt durch den Deponiekörper möglichst gering zu halten. Die geplanten Anforderungen der TA Abfall sollen für Neuanlagen und nach einer Übergangszeit auch für Altanlagen gelten.

Untertagedeponien

Die Untertagedeponien sollen vorrangig Abfälle aufnehmen, die von der oberirdischen Deponie im Hinblick auf die Wasserlöslichkeit oder Mobilisierbarkeit von schädlichen oder gefährlichen Inhaltsstoffen ferngehalten werden müssen. Für die Untertagedeponie sind ebenso wie auch für oberirdische Sonderabfalldeponien Anforderungen in der TA Abfall geplant.

In der Bundesrepublik Deutschland werden Salz- und Steinkohlenbergwerke als Untertagedeponien genutzt. Im Salzbergwerk Herfa-Neurode (Hessen) kann seit 1972 ein großes Spektrum hochtoxischer Sonderabfälle abgelagert werden. Das Salzbergwerk Heilbronn (Baden-Württemberg), das seit 1987 in Betrieb ist, nimmt nur Rückstände aus der Rauchgasreinigung von Müllverbrennungsanlagen an. In letzter Zeit wird auch die Nutzung von Steinkohlebergwerken im Ruhrgebiet diskutiert. Die erste Untertagedeponie wurde hier im Jahr 1988 in der Zeche Zollverein (Essen, Nordrhein-Westfalen) für die Ablagerung von Rückständen aus der Kohleverstromung in Betrieb genommen.

Kompostierungsanlagen

Es gibt derzeit 18 Kompostierungsanlagen, von denen 14 Anlagen sogenannten „Mischmüll“ verarbeiten, während 4 Anlagen Komposte aus „Biomüll“ herstellen. Eine dieser Anlagen (Lemgo) wurde von „Mischmüll“ auf „Biomüll“ umgestellt.

Unter „Biomüll“ wird die in den Haushaltungen separat gesammelte, organische, leicht abbaubare Fraktion des Hausmülls verstanden. Die aus „Biomüll“ gewonnenen „Biokomposte“ sind qualitativ besser als die aus „Mischmüll“, denn sie enthalten wesentlich geringere Schwermetallgehalte.

Dies wird dazu führen, daß in Zukunft weitere Kompostierungsanlagen von „Mischmüll“ auf „Biomüll“ umstellen werden.

Bei Kompostierungsanlagen ist auch zu berücksichtigen, daß bei Rotteprozessen geruchsbelastete Abluft entsteht, die nachbehandelt (gereinigt) werden muß. Dies wird immer wieder bei technischen Lösungen in zu geringem Maße berücksichtigt, so daß aus diesem Grunde Anlagen geschlossen werden mußten.

Einen weiteren begrenzenden Faktor für Kompostierungsanlagen stellt jedoch der sichere dauerhafte Absatz der erzeugten Komposte dar. Nur wenn dieser gewährleistet ist, erfüllen Kompostierungsanlagen ihre Aufgabe, und der sinnvolle Einsatz des Entsorgungssystems „Kompostierung von Abfällen" ist berechtigt.

Deponien mit Gasnutzung

Die Deponieentgasung und die Deponiegasbehandlung müssen heute als notwendiger Bestandteil jeder Hausmülldeponie angesehen werden. Sie sind erforderlich, um die von der Deponie ausgehenden Schadstoffemissionen in die Atmosphäre wie Methan, organische Halogenverbindungen und Schwefelwasserstoffverbindungen soweit wie möglich zu vermindern. Gleichzeitig werden damit auch Brand- und Explosionsgefahren sowie Beeinträchtigungen des Pflanzenwuchses auf der rekultivierenden Deponie unterbunden.

Bei der Deponiegasbehandlung ist zu unterscheiden nach Anlagen mit und ohne Energienutzung. Derzeit überwiegt noch die Deponiegasbehandlung ohne Energienutzung in Fackeln oder Brennmuffeln.

10 Schwäbisch-Hall-Hessental
11 Karlsruhe-Grötzingen
12 Karlsruhe-West
13 Karlsruhe-Ost
14 Maulbronn-Zaisersweiher
15 Karlsbad-Ittersbach
16 Vaihingen/Horrheim
17 Backnang-Steinbach
18 Kaisersbach
19 Ellwangen-Killingen
20 Poppenweiler-Lemberg
21 Winnenden-Eichholz
22 Essingen-Ellert
23 Gaggenau-Oberweier
24 Leonberg-Rübenloch
25 Fellbach-Diebsklinge
26 Baden-Baden
27 Simmozheim
28 Sindelfingen-Dachsklinge
29 Stuttgart-Hedelfingen
30 Neustadt-Hohenacker
31 Esslingen-Katzenbühl
32 Nürtingen-Blumentobel
33 Filderstadt-Ramsklinge
34 Göppingen-Sachsentobel
35 Nattheim
36 Neubulach-Oberhaugstett
37 Oberkirch-Nußbach
38 Bengelbruck-Baiersbronn
39 Altensteig-Walddorf
40 Dettenhausen
41 Tübingen-Schweinerain
42 Dettingen-Wachtertal
43 Pfullingen
44 Dußlingen
45 Mössingen
46 Hechingen
47 Hohberg-Pforzheim
48 Ringsheim-Kahlenberg
49 Haslach
50 Schramberg-Finsterbach
51 Oberndorf-Bochingen
52 Rottweil-Keltenberg
53 Iitzholz-Ehingen
54 Unlingen-Riedlingen
55 Ochsenhausen-Rheinstetten
56 Freiburg-Eichelbuck
57 Tuningen
58 Tuttlingen-Wurmlingen
59 Ringgenbach
60 Titisee-Neustadt
61 Hüfingen
62 Neuenburg
63 Wutach-Münchingen
64 Wieslet
65 Wehr-Lachengraben
66 Rheinfelden-Herten
67 Ulm-Eggingen
68 Tiengen
69 Lottstetten
70 Singen-Rickelshausen
71 Konstanz-Bettenberg
72 Ravensburg-Gutenfurt
73 Weiherberg-Friedrichshafen
74 Sinsheim-Saugrund
75 Horb-Rexingen
76 Wangen-Obermooweiler
77 Schorndorf
78 Böblingen-Oberer Kerferhau
79 Reutlingen-Schinderteich
80 Heidelberg-Feilheck
81 Wiesloch
82 Heidenheim
83 Dußlingen
84 Singen
85 Billigheim
86 Salzbergwerk Heilbronn

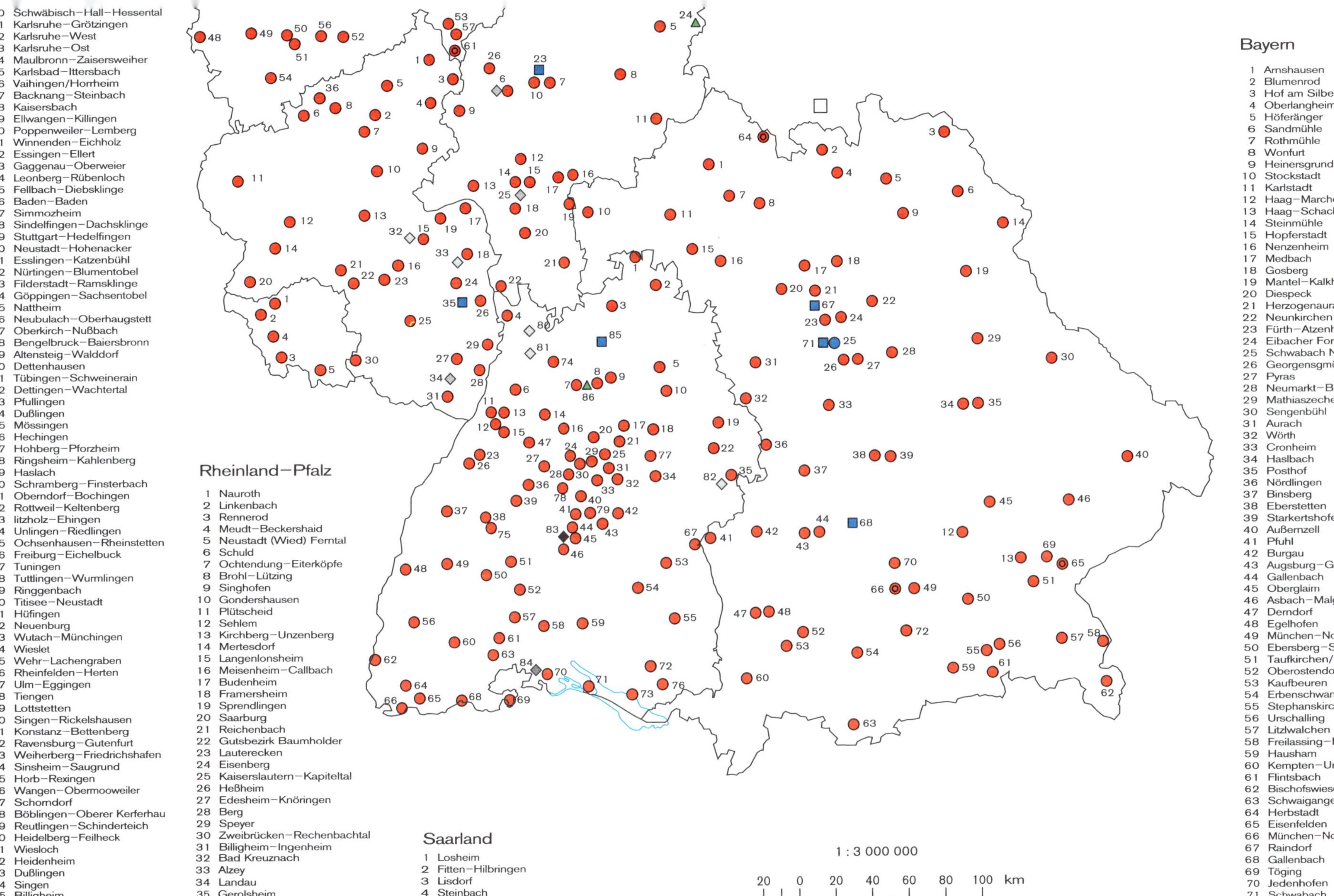

Rheinland-Pfalz

1 Nauroth
2 Linkenbach
3 Rennerod
4 Meudt-Beckershaid
5 Neustadt (Wied) Ferntal
6 Schuld
7 Ochtendung-Eiterköpfe
8 Brohl-Lützing
9 Singhofen
10 Gondershausen
11 Plütscheid
12 Sehlem
13 Kirchberg-Unzenberg
14 Mertesdorf
15 Langenlonsheim
16 Meisenheim-Callbach
17 Budenheim
18 Framersheim
19 Sprendlingen
20 Saarburg
21 Reichenbach
22 Gutsbezirk Baumholder
23 Lauterecken
24 Eisenberg
25 Kaiserslautern-Kapiteltal
26 Heßheim
27 Edesheim-Knöringen
28 Berg
29 Speyer
30 Zweibrücken-Rechenbachtal
31 Billigheim-Ingenheim
32 Bad Kreuznach
33 Alzey
34 Landau
35 Gerolsheim
36 Oedlingen

Saarland

1 Losheim
2 Fitten-Hilbringen
3 Lisdorf
4 Steinbach
5 Ormesheim

Bayern

1 Arnshausen
2 Blumenrod
3 Hof am Silberberg
4 Oberlangheim
5 Höferänger
6 Sandmühle
7 Rothmühle
8 Wonfurt
9 Heinersgrund
10 Stockstadt
11 Karlstadt
12 Haag-Marchenbach
13 Haag-Schachenwald
14 Steinmühle
15 Hopferstadt
16 Nenzenheim
17 Medbach
18 Gosberg
19 Mantel-Kalkhäusl
20 Diespeck
21 Herzogenaurach
22 Neunkirchen a.S.
23 Fürth-Atzenhof
24 Eibacher Forst
25 Schwabach Neuses
26 Georgensgmünd
27 Pyras
28 Neumarkt-Blomenhof
29 Mathiaszeche
30 Sengenbühl
31 Aurach
32 Wörth
33 Cronheim
34 Haslbach
35 Posthof
36 Nördlingen
37 Binsberg
38 Eberstetten
39 Starkertshofen
40 Außernzell
41 Pfuhl
42 Burgau
43 Augsburg-Gersthofen
44 Gallenbach
45 Oberglaim
46 Asbach-Malgersdorf
47 Derndorf
48 Egelhofen
49 München-Nord
50 Ebersberg-Schafweide
51 Taufkirchen/Unterriesbach
52 Oberostendorf
53 Kaufbeuren
54 Erbenschwang
55 Stephanskirchen
56 Urschalling
57 Litzlwalchen
58 Freilassing-Eham
59 Hausham
60 Kempten-Ursulasried
61 Flintsbach
62 Bischofswiesen-Winkl
63 Schwaiganger
64 Herbstadt
65 Eisenfelden
66 München-Nord-West
67 Raindorf
68 Gallenbach
69 Töging
70 Jedenhofen
71 Schwabach
72 Greiling

1 : 3 000 000

20 0 20 40 60 80 100 km

Quelle: Umweltbundesamt

Standorte der Hausmülldeponien, Sonderabfalldeponien, Untertagedeponien und Kompostierungsanlagen

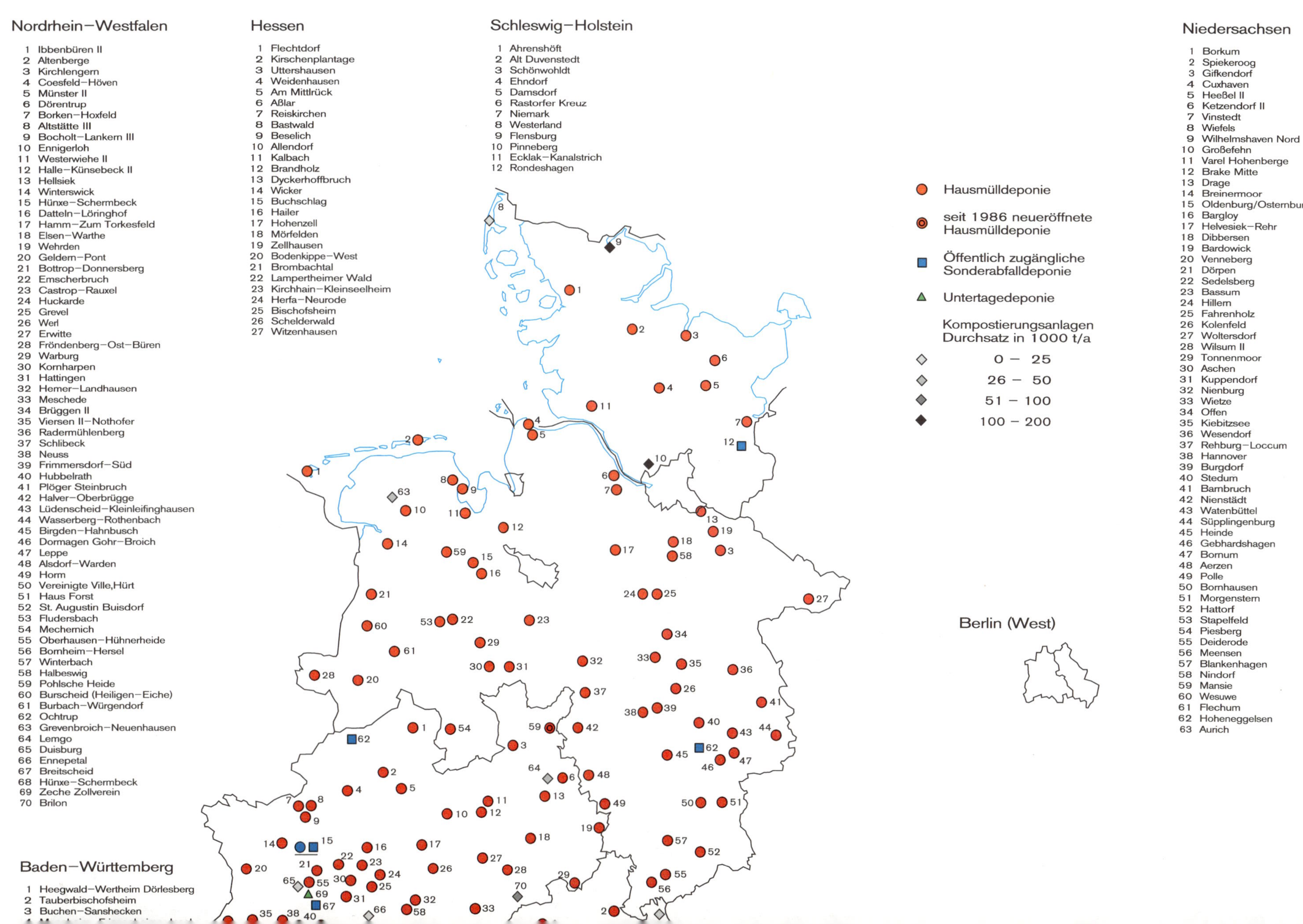

Nordrhein–Westfalen

1 Ibbenbüren II
2 Altenberge
3 Kirchlengern
4 Coesfeld–Höven
5 Münster II
6 Dörentrup
7 Borken–Hoxfeld
8 Altstätte III
9 Bocholt–Lankern III
10 Ennigerloh
11 Westerwiehe II
12 Halle–Künsebeck II
13 Hellsiek
14 Winterswick
15 Hünxe–Schermbeck
16 Datteln–Löringhof
17 Hamm–Zum Torkesfeld
18 Elsen–Warthe
19 Wehrden
20 Geldern–Pont
21 Bottrop–Donnersberg
22 Emscherbruch
23 Castrop–Rauxel
24 Huckarde
25 Grevel
26 Werl
27 Erwitte
28 Fröndenberg–Ost–Büren
29 Warburg
30 Kornharpen
31 Hattingen
32 Hemer–Landhausen
33 Meschede
34 Brüggen II
35 Viersen II–Nothofer
36 Radermühlenberg
37 Schlibeck
38 Neuss
39 Frimmersdorf–Süd
40 Hubbelrath
41 Plöger Steinbruch
42 Halver–Oberbrügge
43 Lüdenscheid–Kleinleifinghausen
44 Wasserberg–Rothenbach
45 Birgden–Hahnbusch
46 Dormagen Gohr–Broich
47 Leppe
48 Alsdorf–Warden
49 Horm
50 Vereinigte Ville,Hürt
51 Haus Forst
52 St. Augustin Buisdorf
53 Fludersbach
54 Mechernich
55 Oberhausen–Hühnerheide
56 Bornheim–Hersel
57 Winterbach
58 Halbeswig
59 Pohlsche Heide
60 Burscheid (Heiligen–Eiche)
61 Burbach–Würgendorf
62 Ochtrup
63 Grevenbroich–Neuenhausen
64 Lemgo
65 Duisburg
66 Ennepetal
67 Breitscheid
68 Hünxe–Schermbeck
69 Zeche Zollverein
70 Brilon

Hessen

1 Flechtdorf
2 Kirschenplantage
3 Uttershausen
4 Weidenhausen
5 Am Mittlrück
6 Aßlar
7 Reiskirchen
8 Bastwald
9 Beselich
10 Allendorf
11 Kalbach
12 Brandholz
13 Dyckerhoffbruch
14 Wicker
15 Buchschlag
16 Hailer
17 Hohenzell
18 Mörfelden
19 Zellhausen
20 Bodenkippe–West
21 Brombachtal
22 Lampertheimer Wald
23 Kirchhain–Kleinseelheim
24 Herfa–Neurode
25 Bischofsheim
26 Schelderwald
27 Witzenhausen

Schleswig–Holstein

1 Ahrenshöft
2 Alt Duvenstedt
3 Schönwohldt
4 Ehndorf
5 Damsdorf
6 Rastorfer Kreuz
7 Niemark
8 Westerland
9 Flensburg
10 Pinneberg
11 Ecklak–Kanalstrich
12 Rondeshagen

Niedersachsen

1 Borkum
2 Spiekeroog
3 Gifkendorf
4 Cuxhaven
5 Heeßel II
6 Ketzendorf II
7 Vinstedt
8 Wiefels
9 Wilhelmshaven Nord
10 Großefehn
11 Varel Hohenberge
12 Brake Mitte
13 Drage
14 Breinermoor
15 Oldenburg/Osternburg
16 Bargloy
17 Helvesiek–Rehr
18 Dibbersen
19 Bardowick
20 Venneberg
21 Dörpen
22 Sedelsberg
23 Bassum
24 Hillern
25 Fahrenholz
26 Kolenfeld
27 Woltersdorf
28 Wilsum II
29 Tonnenmoor
30 Aschen
31 Kuppendorf
32 Nienburg
33 Wietze
34 Offen
35 Kiebitzsee
36 Wesendorf
37 Rehburg–Loccum
38 Hannover
39 Burgdorf
40 Stedum
41 Barnbruch
42 Nienstädt
43 Watenbüttel
44 Süpplingenburg
45 Heinde
46 Gebhardshagen
47 Bornum
48 Aerzen
49 Polle
50 Bornhausen
51 Morgenstern
52 Hattorf
53 Stapelfeld
54 Piesberg
55 Deiderode
56 Meensen
57 Blankenhagen
58 Nindorf
59 Mansie
60 Wesuwe
61 Flechum
62 Hoheneggelsen
63 Aurich

Baden–Württemberg

1 Heegwald–Wertheim Dörlesberg
2 Tauberbischofsheim
3 Buchen–Sanshecken

Deponien mit Gasnutzung

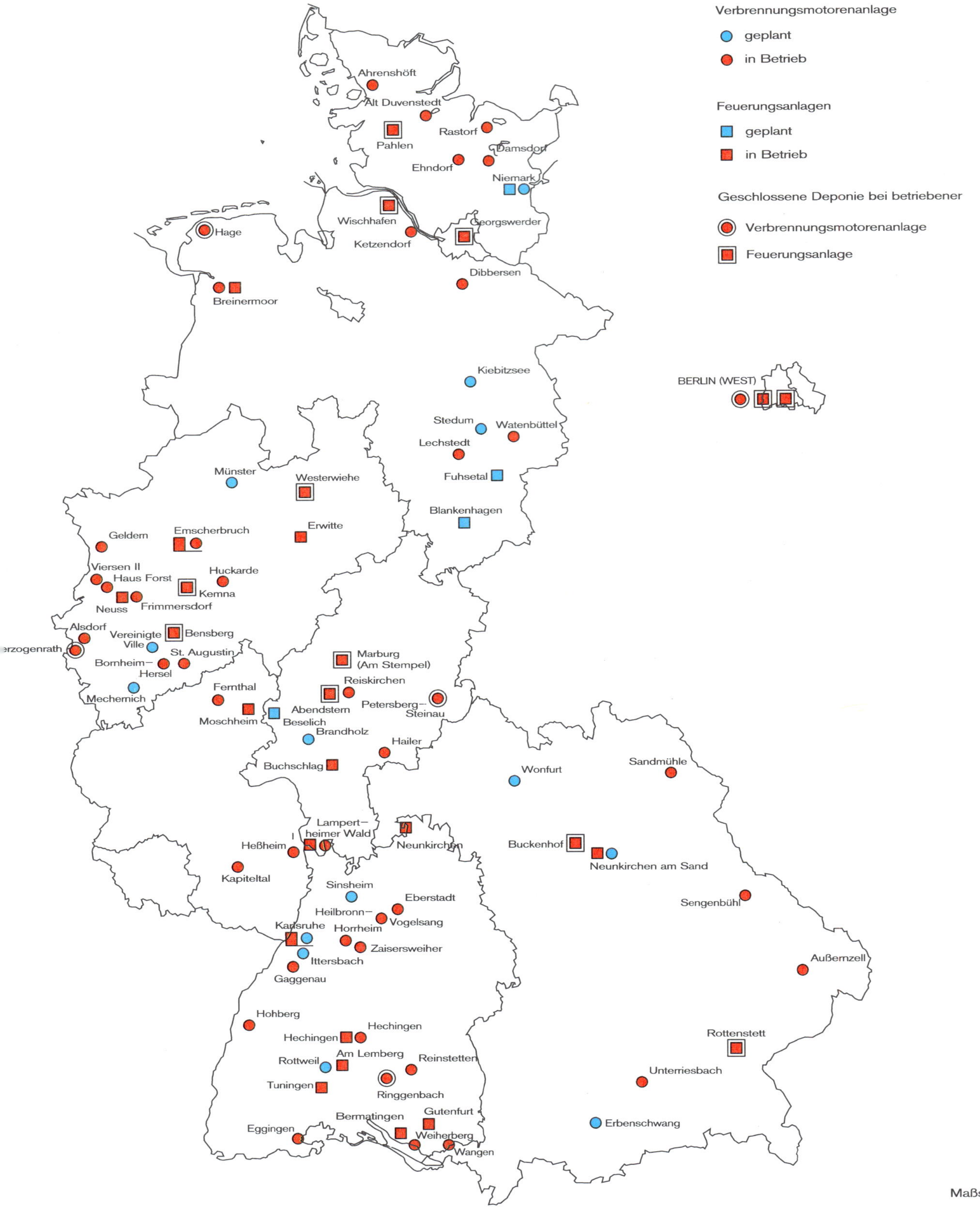

Verbrennungsmotorenanlage
- geplant
- in Betrieb

Feuerungsanlagen
- geplant
- in Betrieb

Geschlossene Deponie bei betriebener
- Verbrennungsmotorenanlage
- Feuerungsanlage

Ahrenshöft
Alt Duvenstedt
Pahlen
Rastorf
Damsdorf
Ehndorf
Niemark
Wischhafen
Hage
Ketzendorf
Georgswerder
Dibbersen
Breinermoor
Kiebitzsee
BERLIN (WEST)
Stedum
Watenbüttel
Lechstedt
Fuhsetal
Münster
Westerwiehe
Blankenhagen
Geldern
Emscherbruch
Erwitte
Viersen II
Haus Forst
Huckarde
Kemna
Neuss
Frimmersdorf
Alsdorf
Vereinigte Ville
Bensberg
Herzogenrath
St. Augustin
Bornheim-Hersel
Marburg (Am Stempel)
Reiskirchen
Fernthal
Mechernich
Abendstern
Petersberg-Steinau
Moschheim
Beselich
Brandholz
Hailer
Buchschlag
Wonfurt
Sandmühle
Lampertheimer Wald
Heßheim
Neunkirchen
Buckenhof
Neunkirchen am Sand
Kapiteltal
Sinsheim
Eberstadt
Sengenbühl
Heilbronn-Vogelsang
Karlsruhe
Horrheim
Zaisersweiher
Ittersbach
Gaggenau
Außernzell
Hohberg
Hechingen
Hechingen
Rottenstett
Rottweil
Am Lemberg
Reinstetten
Unterriesbach
Tuningen
Ringgenbach
Gutenfurt
Erbenschwang
Eggingen
Bermatingen
Weiherberg
Wangen

Maßstab 1: 4 000 000

20 0 20 40 60 80 100 km

Quelle: Umweltbundesamt

Standorte der Abfallbehandlungs- und -verbrennungsanlagen

Chemisch-physikalische Abfallbehandlungsanlagen (CPB)

Chemisch-physikalische Abfallbehandlungsanlagen dienen der Vorbehandlung von Sonderabfällen mit dem Ziel, den Abfall in eine Form zu bringen, die für die nachfolgende Entsorgung (Verbrennung oder Ablagerung) geeignet ist. Die Abfallkategorien, die in chemisch-physikalischen Anlagen zu behandeln sind, werden im Abfallartenkatalog im einzelnen aufgeführt. Es handelt sich hierbei im wesentlichen um: Säuren, Laugen, schwermetallhaltige Lösungen, Konzentrate und Dünnschlämme, Lösungen mit toxischen Verbindungen wie Cyanid, Nitrit und Chromat; Öl-/Wassergemische; Emulsionen. Im Rahmen der TA Abfall wird angestrebt, CPB-Anlagen bundesweit auf ein hohes technisches Niveau (Stand der Technik) zu bringen.

Die chemisch-physikalische Behandlung umfaßt die Behandlungstechniken: Neutralisation, Fällung/ Flockung, Oxidation/Reduktion (Entgiftung), Entwässerung für anorganische Abfälle sowie die Flotation, thermische bzw. chemische Emulsionstrennung und Membrantrennverfahren für die organisch belasteten Abfälle.

Unter den CPB-Anlagen werden in der Grafik sowohl große integrierte Entsorgungszentren wie auch kleine, auf wenige Abfallarten spezialisierte Anlagen aufgeführt. Die Grafik zeigt deutlich die unterschiedlichen Strategien der einzelnen Bundesländer. Drei Länder mit Anschluß- und Benutzerzwang – Bayern, Rheinland-Pfalz und Hessen – haben wenige große Entsorgungszentren, während sich in den Bundesländern mit privatwirtschaftlich organisierter Entsorgung die Konkurrenzsituation durch eine Vielzahl von kleineren Anlagen ausdrückt.

Hausmüllverbrennungsanlagen

Mit der Abfallverbrennung steht eine großtechnische Lösung zur thermischen Abfallbehandlung zur Verfügung. Etwa 99% der verbrannten Abfälle werden in Anlagen mit Wärmeverwertung (Strom, Fernwärme, Dampf) durchgesetzt.

Zur Zeit sind in der Bundesrepublik Deutschland 48 Hausmüllverbrennungsanlagen in Betrieb, die etwa 9 Mio. t (9,6% an der Gesamtentsorgung) Abfälle jährlich verbrennen. Rund 21 Mio. Einwohner sind diesen Hausmüllverbrennungsanlagen angeschlossen.

Klärschlammverbrennungsanlagen

Von den etwa 47 Mio. qm^3 kommunaler Klärschlamm mit einer Trockensubstanz von 5%, die derzeit in der Bundesrepublik Deutschland anfallen, werden ca. 4,5 Mio. m^3/a in Klärschlammverbrennungsanlagen verbrannt. Die Klärschlammverbrennungsanlagen stehen überwiegend in industriellen Ballungszentren, da vor allem dort die hohen Schadstoffbelastungen der Klärschlämme eine landwirtschaftliche Verwertung (Klärschlammverordnung) nicht mehr zulassen und benötigte Deponieflächen nur noch in geringem Umfang vorhanden sind.

Zur separaten Verbrennung des vorentwässerten Klärschlammes werden in 11 Anlagen Wirbelschichtöfen eingesetzt. Drei Anlagen arbeiten mit Etagenöfen und eine Anlage mit Etagenwirbelöfen, die eine Kombination aus beiden Verbrennungssystemen darstellen.

Sonderabfallverbrennung

Die Gesamtverbrennungskapazität der 26 größeren Sonderabfallverbrennungsanlagen in der Bundesrepublik Deutschland liegt derzeit bei ca. 740 000 t/a.

Da sich ein Großteil der Sonderabfälle aus Industrie und Gewerbe zur Zeit weder in großem Umfang vermeiden noch verwerten läßt, ist die Verbrennung als ein wesentlicher Schritt einer sicheren Sonderabfallentsorgung anzusehen.

Durch die strengere Steuerung der Abfallströme aufgrund der Anforderungen der TA Abfall und die Sanierung von Altlasten wird der Bedarf an Sonderabfallverbrennungskapazitäten stark ansteigen.

Zur Zeit sind acht Neuanlagen bzw. Erweiterungen von bestehenden Sonderabfallverbrennungsanlagen in der Planung oder im Bau.

Quelle: Umweltbundesamt

Standorte von Abfallverbrennungs- und -behandlungsanlagen 1988

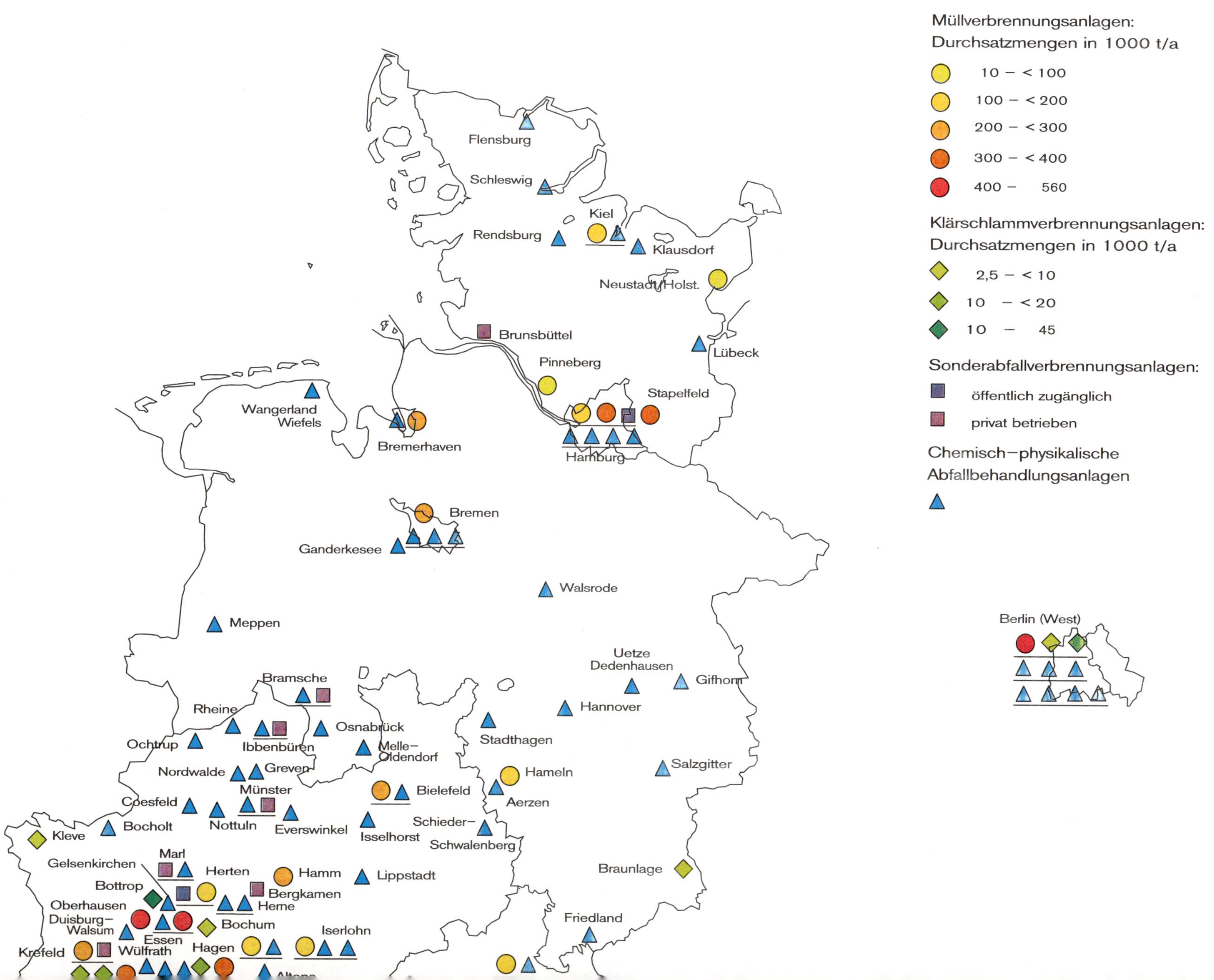

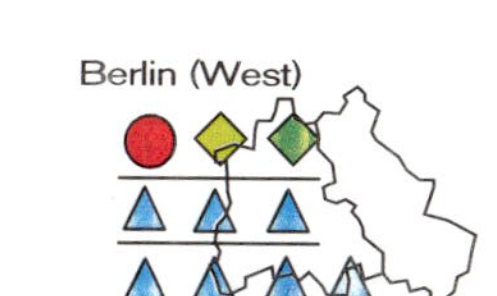

Müllverbrennungsanlagen:
Durchsatzmengen in 1000 t/a

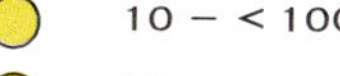

- 10 – < 100
- 100 – < 200
- 200 – < 300
- 300 – < 400
- 400 – 560

Klärschlammverbrennungsanlagen:
Durchsatzmengen in 1000 t/a

- 2,5 – < 10
- 10 – < 20
- 10 – 45

Sonderabfallverbrennungsanlagen:

- öffentlich zugänglich
- privat betrieben

Chemisch-physikalische Abfallbehandlungsanlagen

Lärm

Datengrundlage

Die Daten über die Lärmbelästigung der Bevölkerung stammen aus Repräsentativumfragen, die im Auftrag des Bundesministers des Innern durchgeführt wurden, und die Daten über die Geräuschbelastung der Bevölkerung wurden mit Hilfe eines Computermodells erhoben und hochgerechnet.

Die Daten über die Geräuschbelastung durch Flugbetrieb sind z. T. Zusammenstellungen des Umweltbundesamtes über den Vollzug des Fluglärmgesetzes, z. T. auch Auswertungen von Daten des Bundesministers für Verkehr sowie des Bundesministers für Verteidigung. Die Daten über bauliche Lärmschutzmaßnahmen an Bundesfernstraßen wurden vom Bundesminister für Verkehr erhoben.

Aus Auswertungen von Veröffentlichungen des Umweltbundesamtes, Berichten anderer Institutionen, sowie Ergebnissen der durch das Umweltbundesamt geförderten Forschungsvorhaben stammen die übrigen Daten. Wegen der Fülle der dem Umweltbundesamt vorliegenden Emissionsdaten zu einzelnen Produkten oder Anlageorten können hier nur ausgewählte Ergebnisse dargestellt werden.

Lärmbelästung

Lärmbelästigung der Bevölkerung

Durch Befragungen kann der Grad der Belästigung der Bevölkerung durch Lärm ermittelt werden. Das Institut für Praxisorientierte Sozialforschung führte solche Befragungen in den Jahren 1984, 1986 und 1987 durch und kam zu folgenden Ergebnissen.

Der Straßenverkehr ist die Hauptquelle von Lärmbelästigungen. 1987 war mehr als die Hälfte der Bürger hiervon betroffen. Stark belästigt waren fast 20 Prozent der Bevölkerung. Das sind rund 12 Mio. Bürger.

Der Flugbetrieb belästigt rund 38% der Bevölkerung, ca. 23 Mio. Bürger. Deutlich weniger Bürger (14% der Bevölkerung) fühlen sich durch Schienenverkehrslärm beeinträchtigt. In ähnlicher Größenordnung liegt die Zahl der durch Industrie- und Gewerbelärm Belästigten.

Auch die Nachbarn selbst tragen zur Lärmbelästigung bei: Fast jeder dritte Bürger fühlte sich 1986 durch Nachbarschaftslärm gestört.

Sportgeräusche belästigen knapp 5 Mio. Bürger, von diesem sind fast eine halbe Mio. stark belästigt.

Siehe auch:
Kapitel Allgemeine Daten, Abschnitte Bevölkerung, Umweltbewußtsein

Lärmbelästigung der Bevölkerung 1984, 1986, 1987

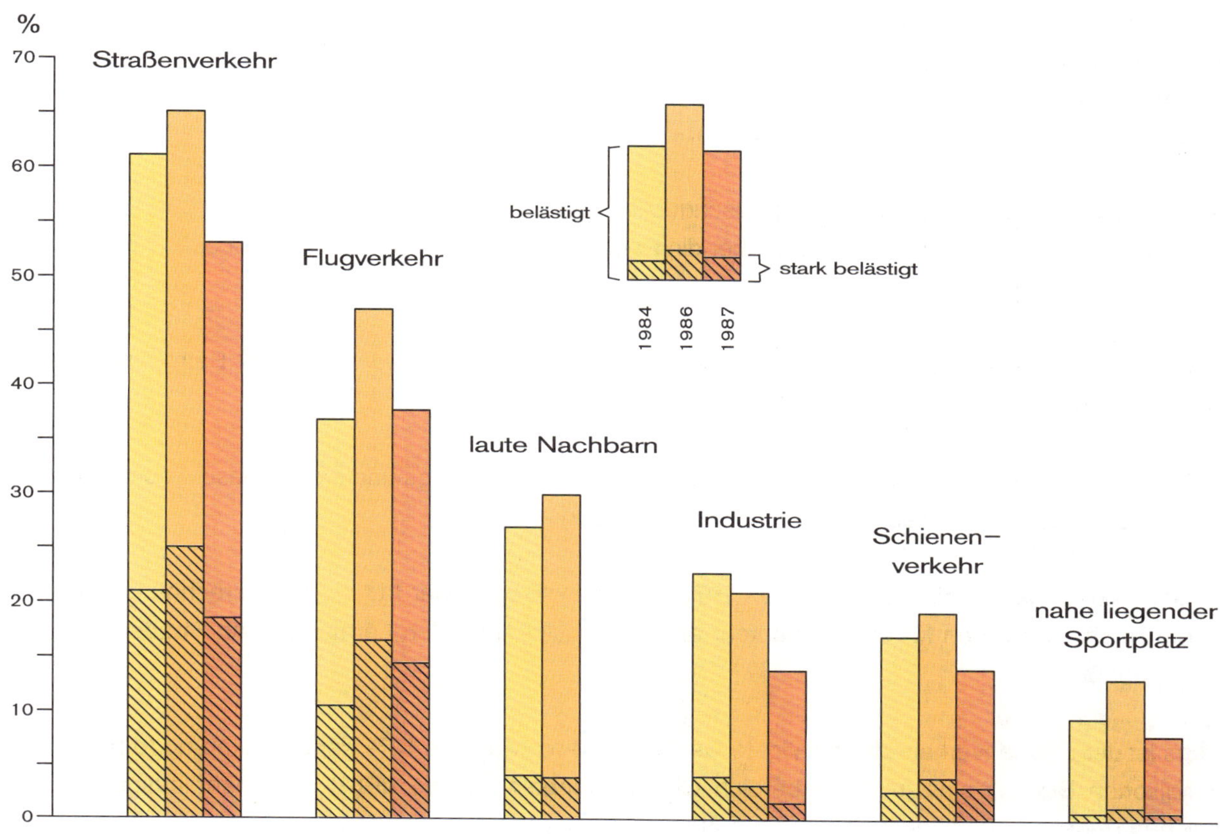

Quelle: Institut für Praxisorientierte Sozialforschung

Geräuschbelastung nach Quellen

Das Ausmaß der Geräuschbelastung in der Bundesrepublik Deutschland wird vom Umweltbundesamt über Modellrechnungen abgeschätzt. Die Abbildung gibt in Form von Häufigkeitsverteilungen einen Überblick über die Höhe und Häufigkeit der Geräuschbelastung der Bevölkerung der Bundesrepublik durch die Quellen Straßen-, Schienenverkehr, Gewerbe und Baustellen. Bei der Interpretation dieser Modellrechnungen ist folgendes zu beachten:

- Es wurden ausschließlich die Geräuschquellen Straßenverkehr, Schienenverkehr, Gewerbe und Baustellen berücksichtigt. Aussagen über die Belastung durch Flugverkehr sind mit dem Modell derzeit noch nicht möglich.

- Die Geräuschbelastung im Wohnbereich wird dargestellt. Die Aufenthaltsdauer der Betroffenen in ihren Wohnungen wird dabei nicht berücksichtigt.

- Die Höhe der Belastung wird anhand des Mittelungspegels für tags und nachts beschrieben und – mit Ausnahme der Randklassen – in 5 db(A)-Klassen abgestuft.

- Dem Modell liegen Eingabedaten von 1979 zugrunde. Gegenüber früheren Hochrechnungen wurden die Rechenverfahren für Straßenverkehr an die Richtlinien für den Lärmschutz an Straßen (RLS 81) angepaßt.

Tags ist der Straßenverkehr die wichtigste Geräuschquelle. Mehr als 12% der Bevölkerung (d.h. mehr als 7 Millionen Bürger) sind im Wohnbereich Geräuschpegeln von 65 dB(A) und mehr ausgesetzt. Bei solchen Pegeln muß mit gesundheitlichen Auswirkungen gerechnet werden.

Auch nachts wird die Geräuschbelastung der Bevölkerung überwiegend durch den Straßenverkehr bestimmt. Fast 28% der Bevölkerung (d.h. etwa 17 Millionen Bürger) sind nachts mit Pegeln von 50 dB(A) und mehr belastet. Bei solchen Pegeln muß mit Schlafstörungen infolge der Geräuschbelastung gerechnet werden. Eine zweite wichtige Nachtgeräuschquelle ist der Schienenverkehr.

Die Geräuschbelastung durch Straßenverkehr ist zwischen 1979 und 1985 auf ihrem hohen Niveau verblieben. Ein Trend zur Verbesserung ist bisher nicht zu erkennen.

Siehe auch:
Kapitel Allgemeine Daten, Abschnitt Verkehr

Geräuschbelastung nach Quellen 1985

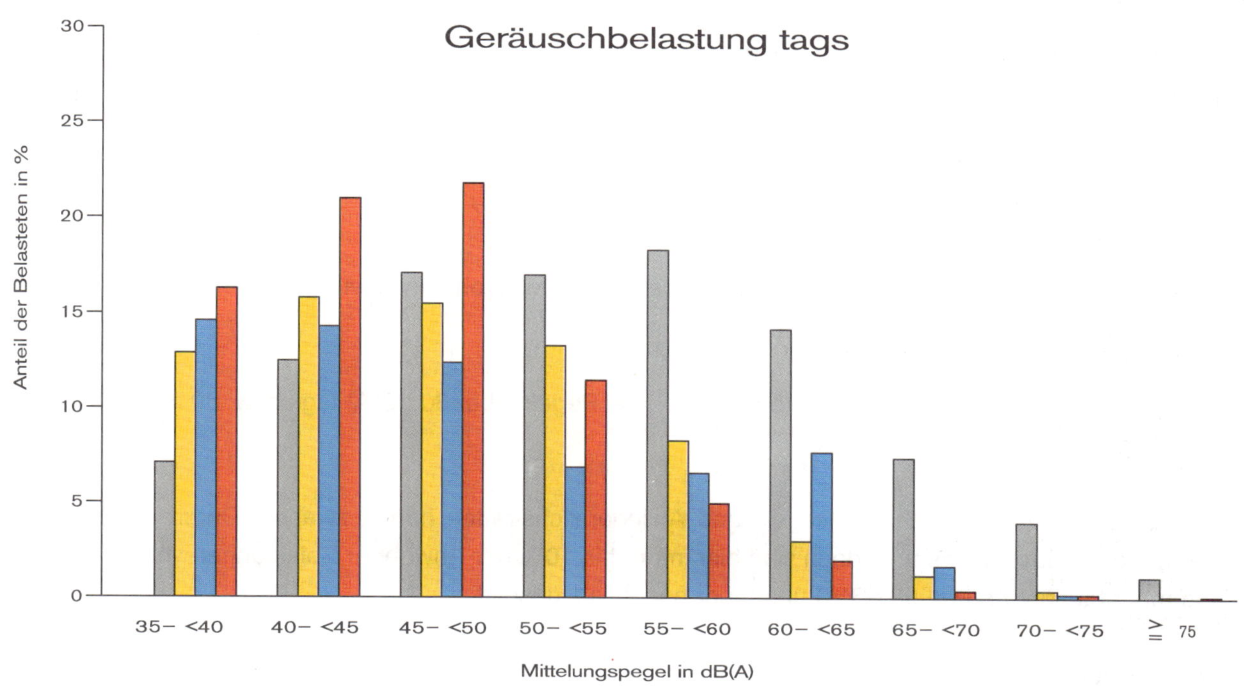

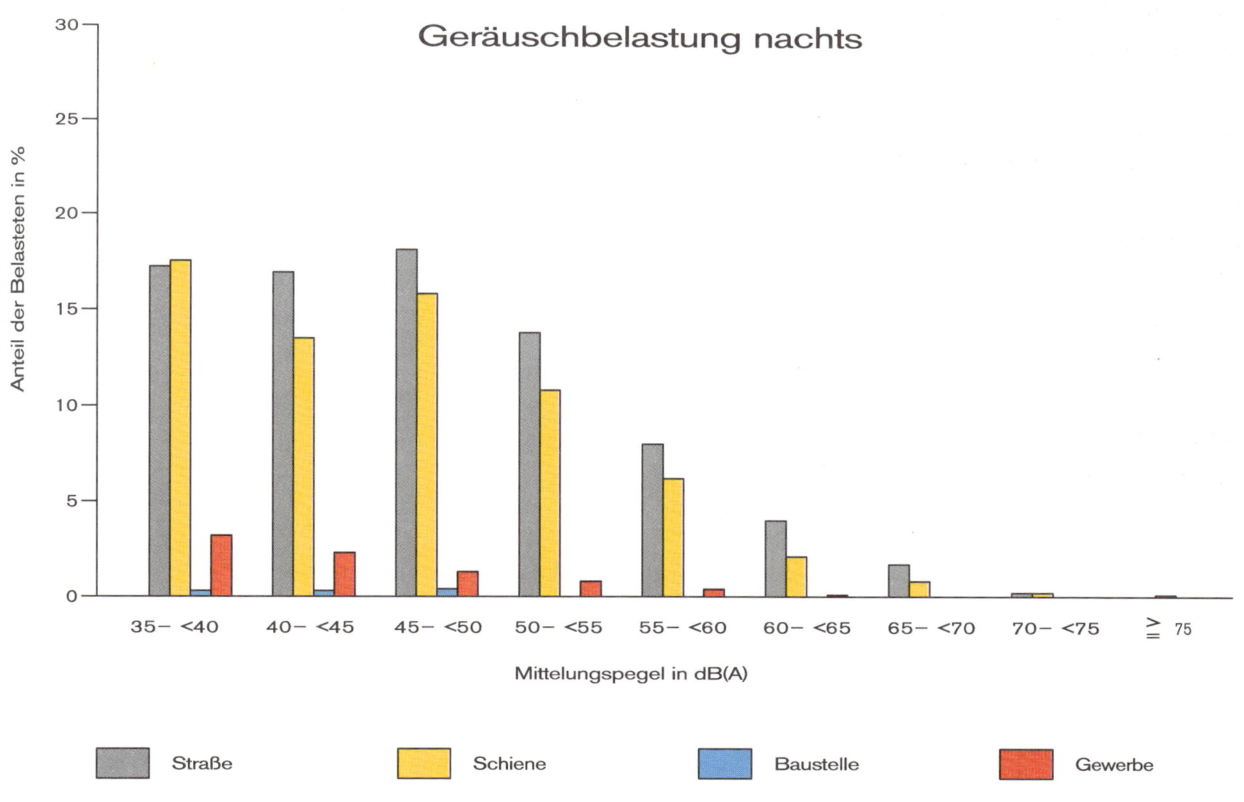

Quelle: Umweltbundesamt

Geräuschbelastung durch Straßenverkehr nach Gemeindegrößen

Die Hochrechnung der Geräuschbelastung der Wohnbevölkerung in der Bundesrepublik Deutschland läßt erkennen, daß tags wie nachts mit zunehmender Gemeindegröße ein höherer Bevölkerungsanteil stärker mit Straßenverkehrsgeräuschen belastet wird. Nur der Anteil der besonders starken Tages- (70 dB(A) und mehr) und Nachtgeräuschbelastung (60 dB(A) und mehr) ausgesetzten Bewohner ist unabhängig von der Gemeindegröße in allen Gemeinden etwa gleich groß.

Geräuschbelastung durch Straßenverkehr nach Straßenkategorien

Die Hochrechnung der Straßenverkehrsgeräuschbelastung der Wohnbevölkerung in der Bundesrepublik Deutschland zeigt u. a. folgende Ergebnisse:

- Hauptverkehrs- und Verkehrsstraßen bestimmten bei Pegeln über 60 dB(A) tags bzw. 50 dB(A) nachts überwiegend die Zahl der Belasteten

- Die Anwohner von Sammel-, Anlieger- und Anliegerstichstraßen haben zwar im Durchschnitt eine geringere Geräuschbelastung, doch sind hier immerhin 10% der Anwohner Belastungen von 60 dB(A) und mehr tagsüber sowie 50 dB(A) und mehr nachts ausgesetzt.

- Der Anteil der durch Autobahngeräusche Belasteten verteilt sich tags wie nachts gleichmäßig über alle Pegelklassen und liegt jeweils überwiegend unter 1%.

Geräuschbelastung durch Straßenverkehr nach Gemeindegrößen 1985

Geräuschbelastung tags

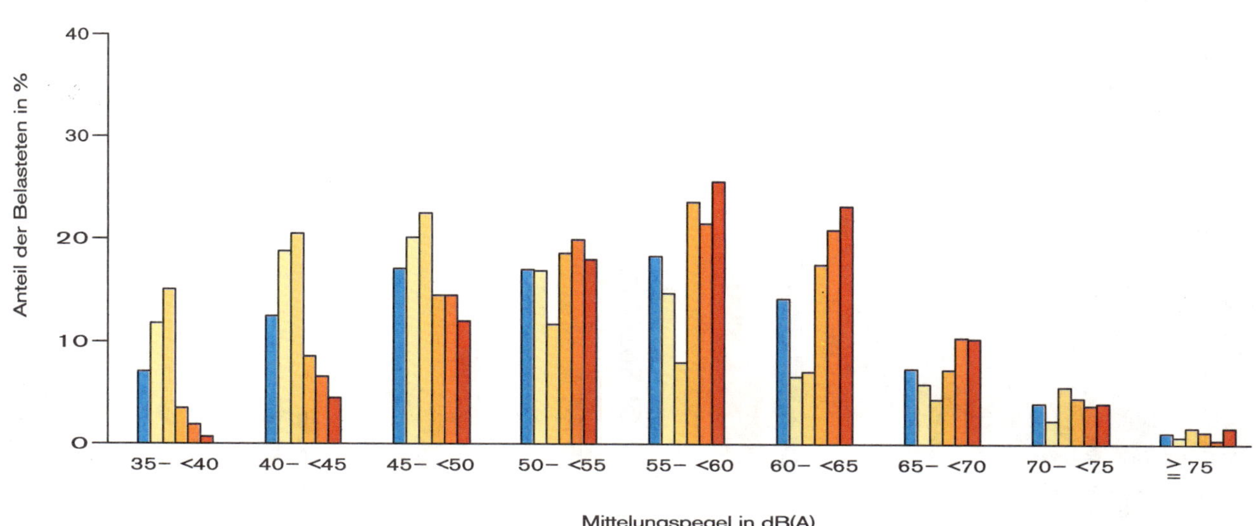

Geräuschbelastung nachts

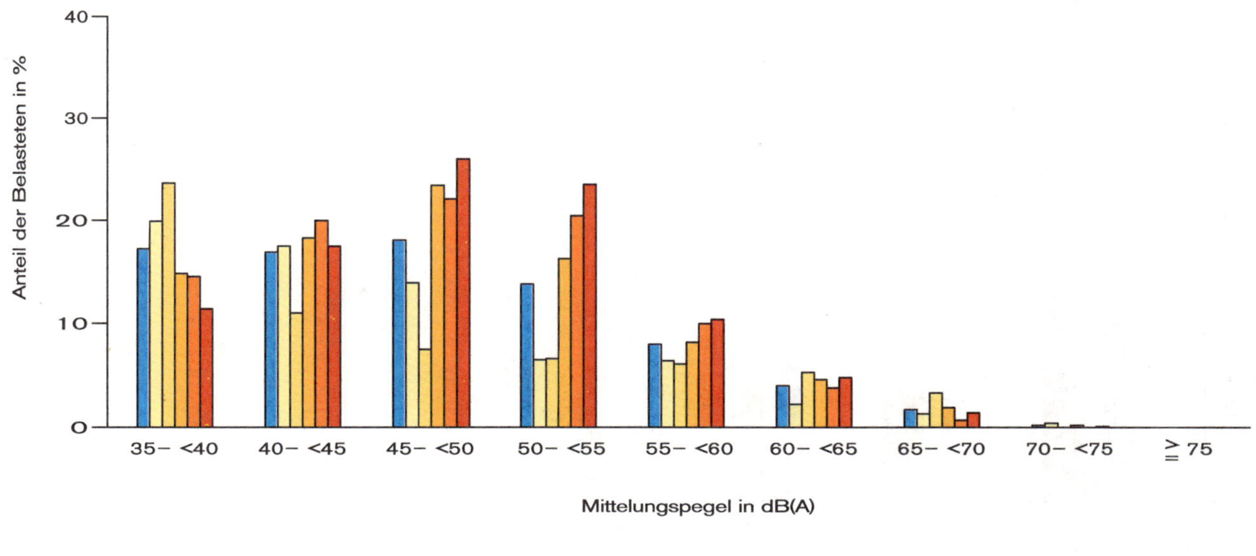

Bundesrepublik Deutschland insgesamt 61 Mio Einw.
Gemeinden mit bis zu 5 000 Einw. insgesamt 18 Mio Einw.
Gemeinden mit 5 001 bis 20 000 Einw. insgesamt 12 Mio Einw.
Gemeinden mit 20 001 bis 100 000 Einw. insgesamt 12 Mio Einw.
Städte mit 100 001 bis 500 000 Einw. insgesamt 9 Mio Einw.
Städte mit mehr als 500 000 Einw. insgesamt 11 Mio Einw.

Quelle: Umweltbundesamt

Geräuschbelastung durch Straßenverkehr nach Straßenkategorien 1985

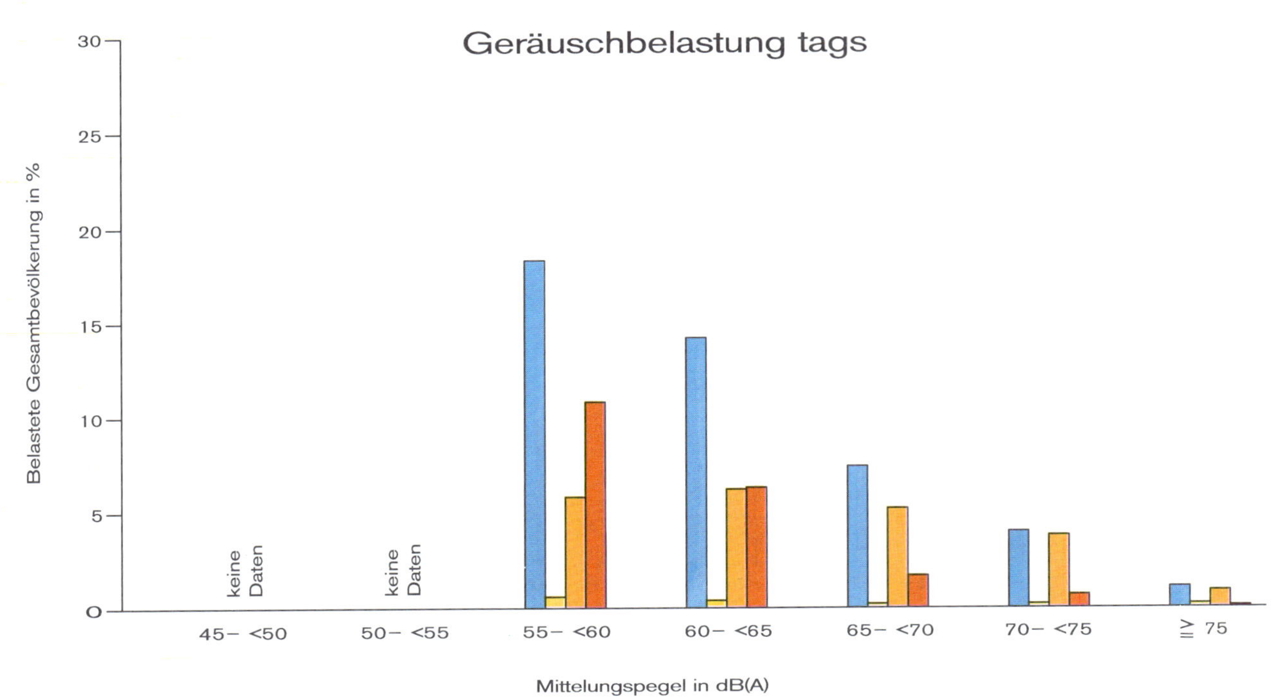

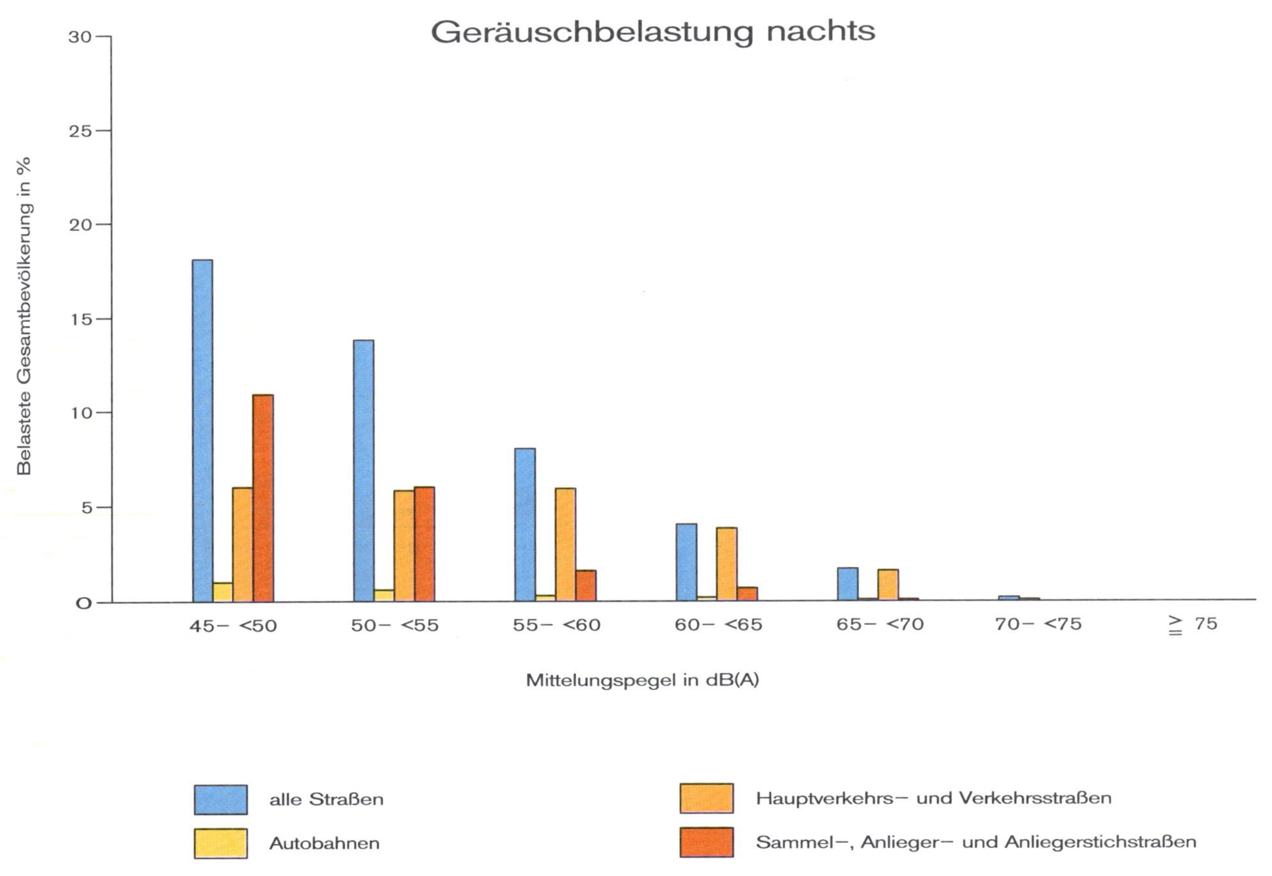

Quelle: Umweltbundesamt

Stand der Durchführung des Gesetzes zum Schutz gegen Fluglärm

Nach dem Gesetz zum Schutz gegen Fluglärm vom 30. 3. 1971 sind zum Schutz der Allgemeinheit vor Gefahren, erheblichen Nachteilen und Belästigungen durch Fluglärm in der Umgebung von

- Verkehrsflughäfen, die dem Fluglinienverkehr angeschlossen sind, sowie
- militärischen Flugplätzen, die für den Betrieb von Flugzeugen mit Strahltriebwerken bestimmt sind,

Lärmschutzbereiche festzusetzen. Der Lärmschutzbereich umfaßt das Gebiet außerhalb des Flugplatzgeländes, in dem der durch den Fluglärm hervorgerufene äquivalente Dauerschallpegel 67 dB(A) übersteigt. Er wird nach dem Maß der Geräuschbelastung in zwei Schutzzonen gegliedert. Die Schutzzone 1 umfaßt das Gebiet, in dem der äquivalente Dauerschallpegel 75 dB(A) übersteigt, die Schutzzone 2 das übrige Gebiet des Lärmschutzbereichs.

Der Lärmschutzbereich wird unter Berücksichtigung von Art und Umfang des voraussehbaren Flugbetriebs auf der Grundlage des zu erwartenden Ausbaus des Flugplatzes, d. h. mit Hilfe von Prognosedaten festgelegt. In die Berechnung gehen Daten des Flugplatzes wie z. B. Lage der Start- und Landebahn und der An- und Abflugstrecken, Anzahl von Flugbewegungen in den sechs verkehrsreichsten Monaten des Jahres sowie akustische Kenngrößen ein. Im Jahre 1974 wurden die ersten Lärmschutzbereiche nach dem Fluglärmgesetz festgesetzt. Inzwischen sind für die großen Verkehrsflughäfen und für 35 militärische Flugplätze und Luft-/Boden-Schießplätze die Schutzzonen des Lärmschutzbereiches berechnet und durch Rechtsverordnung festgesetzt worden.

Das Fluglärmgesetz bestimmt darüber hinaus, daß spätestens nach Ablauf von zehn Jahren (bis 1986 alle fünf Jahre) seit Festsetzung eines Lärmschutzbereichs eine Überprüfung der Schutzzonen durchgeführt wird. Sofern sich die Lärmbelastung wesentlich (mehr als 4 dB(A)) verändert hat oder innerhalb der nächsten Jahre voraussichtlich wesentlich verändern wird, ist er neu festzusetzen. Seit 1979 konnte die Lärmbelastung bereits an 27 Flugplätzen verringert und der alte Lärmschutzbereich durch einen neuen mit geringeren Ausmaßen ersetzt werden.

Das Fluglärmgesetz begründet u.a. Ersatzansprüche von Grundstückseigentümern gegen den Flugplatzhalter. Der Eigentümer eines in der Schutzzone 1 gelegenen bebauten Grundstücks kann unter bestimmten Voraussetzungen Erstattung von Aufwendungen für bauliche Schallschutzmaßnahmen verlangen. Der Höchstbetrag für die Erstattung von Aufwendungen bei Wohngebäuden beträgt seit 1977 je Quadratmeter Wohnfläche 130 DM. Bis Ende 1987 sind insgesamt rd. 840 Mio. DM von den Flugplatzhaltern für Maßnahmen zum Schutz gegen Fluglärm ausgegeben worden. Davon entfallen auf die Kostenträger der Verkehrsflughäfen rd. 333 Mio. DM und auf den Kostenträger militärischer Flugplätze (Bundesminister der Verteidigung) rd. 507 Mio. DM.

Die erste Abbildung gibt Auskunft über die Flugplätze, die unter das Gesetz zum Schutz gegen Fluglärm fallen. Zu jedem Platz ist vermerkt, ob bereits ein Lärmschutzbereich festgesetzt worden ist.

Die zweite Abbildung stellt am Beispiel eines militärischen Flugplatzes die Schutzzonen der Verordnung über die Erstfestsetzung eines Lärmschutzbereichs und die Zonen der Änderungsverordnung gegenüber. Aus dem Vergleich der flächenhaften Ausdehnung der Bereiche wird der Rückgang der Belastung durch Geräuschimmissionen deutlich. Die Ursachen für den Rückgang der Belastung sind im zivilen Bereich vor allem in dem Einsatz lärmarmer Flugzeuge zu sehen. An militärischen Flugplätzen sind es die geänderten flugbetrieblichen Verfahren und Einsatzspektren, die eine Lärmentlastung bewirkt haben.

Siehe auch:
Kapitel Allgemeine Daten, Abschnitt Verkehr

Stand der Durchführung des Gesetzes zum Schutz gegen Fluglärm
Stand: 31.8.1988

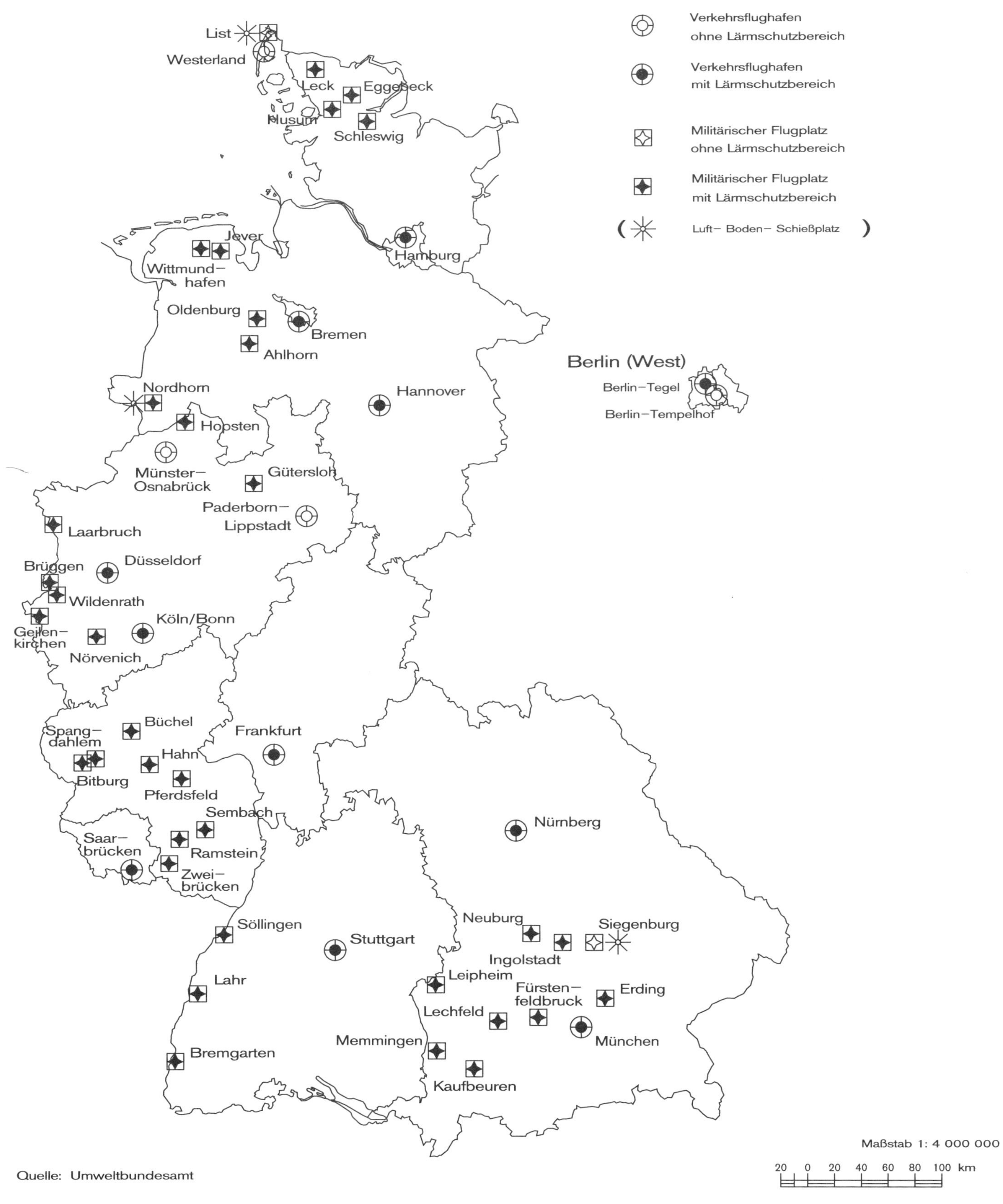

Quelle: Umweltbundesamt

Geräuschimmissionen in der Umgebung von Flugplätzen

Lärmschutzbereich für den militärischen Flugplatz Eggebek

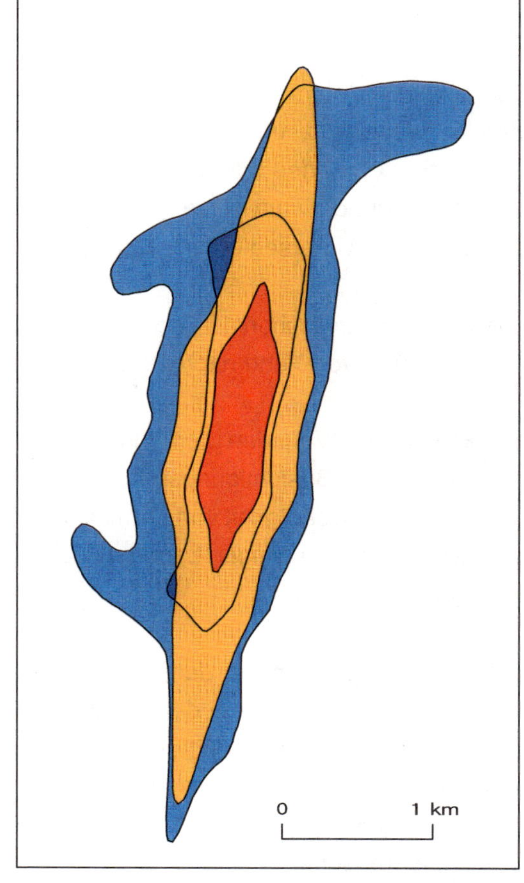

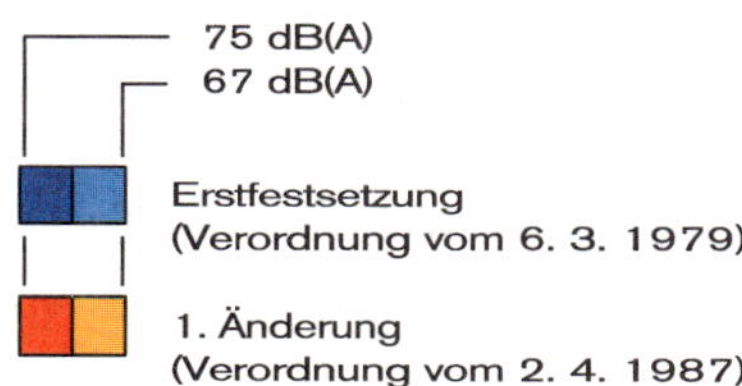

Quelle: Umweltbundesamt

Landeplätze mit zeitlicher Einschränkung des Flugbetriebs

Viele Menschen in der Bundesrepublik Deutschland werden, zumal in ihrer Freizeit, durch den Lärm der propellergetriebenen Leichtflugzeuge belästigt. Die Lärmbelästigung erfolgt oft an Wochenenden, Sonn- und Feiertagen oder in den Mittags- und Abendstunden.

Zur Minderung des Fluglärms niedrig fliegender Flugzeuge in der Umgebung von Landeplätzen, haben die für den Umweltschutz und den Verkehr zuständigen Bundesminister die „Verordnung über die zeitliche Einschränkung des Flugbetriebs mit Leichtflugzeugen und Motorseglern an Landeplätzen (Landeplatz-Verordnung)“ vom 16. August 1976 (BGBl. I, S. 2216) erlassen. Danach ist der Betrieb mit Leichtflugzeugen und Motorseglern an Landeplätzen mit mehr als 20.000 Flugbewegungen im Jahr

- werktags vor 7 Uhr, zwischen 13 und 15 Uhr und nach Sonnenuntergang sowie
- sonn- und feiertags vor 9 und nach 13 Uhr

eingeschränkt worden. Von den zeitlichen Einschränkungen werden insbesondere Platzrundenflüge, Schulflüge, Rund- und Besichtigungsflüge, Reklameflüge und Flugzeugschleppstarts erfaßt. Die Entscheidung über die Notwendigkeit von Lärmschutzmaßnahmen an Landeplätzen obliegt grundsätzlich der Landesluftfahrtbehörde. An einigen Landeplätzen gelten über die Landeplatz-Verordnung hinausgehende Beschränkungen.

Den zeitlichen Einschränkungen der Verordnung – mit Ausnahme der Nachtflüge – sind Flüge mit Flugzeugen nicht unterworfen, die den erhöhten Schallschutzanforderungen genügen. Leichtflugzeuge und Motorsegler genügen diesem erhöhten Schallschutz, wenn sie die Lärmgrenzwerte um mindestens 8 dB unterschreiten. Mit dieser Ausnahmeregelung ist ein Anreiz geschaffen worden, im Gebrauch befindliche laute Luftfahrzeuge durch Umrüstmaßnahmen leiser zu machen und beim Neukauf von Flugzeugen auf Geräuscharmut zu achten.

Landeplätze mit zeitlicher Einschränkung des Flugbetriebes
Stand 17.10.1988

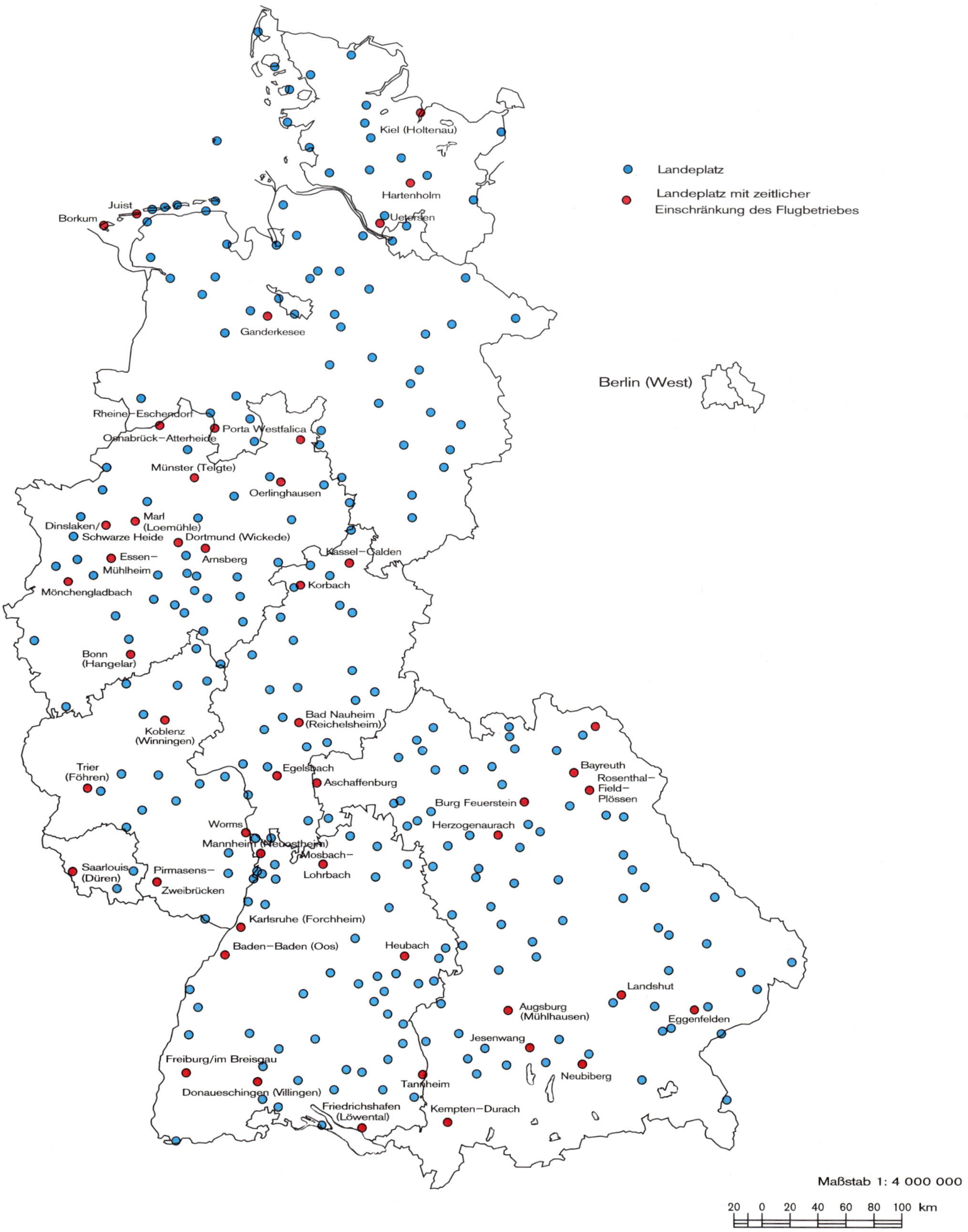

Landeplatz
Landeplatz mit zeitlicher Einschränkung des Flugbetriebes

Kiel (Holtenau)
Hartenholm
Juist
Borkum
Uetersen
Ganderkesee
Berlin (West)
Rheine-Eschendorf
Porta Westfalica
Osnabrück-Atterheide
Münster (Telgte)
Oerlinghausen
Dinslaken/
Schwarze Heide
Marl (Loemühle)
Dortmund (Wickede)
Essen-Mühlheim
Arnsberg
Kassel-Calden
Mönchengladbach
Korbach
Bonn (Hangelar)
Koblenz (Winningen)
Bad Nauheim (Reichelsheim)
Trier (Föhren)
Egelsbach
Aschaffenburg
Bayreuth
Rosenthal-Field-Plössen
Burg Feuerstein
Herzogenaurach
Worms
Mannheim (Neuostheim)
Mosbach-Lohrbach
Saarlouis (Düren)
Pirmasens-Zweibrücken
Karlsruhe (Forchheim)
Baden-Baden (Oos)
Heubach
Landshut
Augsburg (Mühlhausen)
Eggenfelden
Jesenwang
Neubiberg
Freiburg/im Breisgau
Donaueschingen (Villingen)
Tannheim
Friedrichshafen (Löwental)
Kempten-Durach

Maßstab 1: 4 000 000
20 0 20 40 60 80 100 km

Quelle: Umweltbundesamt nach Angaben des Bundesminister für Verkehr

Beschränkungen für den militärischen Tiefflugbetrieb im Luftraum der Bundesrepublik Deutschland

Die Belastungen durch den militärischen Flugbetrieb sind nicht auf die nähere Umgebung der Militärflugplätze beschränkt. Hohe Geräuschimmissionen treten bei Überschallflügen und bei militärischen Übungsflügen mit strahlgetriebenen Kampfflugzeugen in geringen Flughöhen (Tiefflüge) auf.

Etwa 2/3 der Fläche des Bundesgebietes können für den Tiefflug genutzt werden. Für den Tiefflug nicht freigegebene Gebiete sind Großstädte, Kontrollzonen militärischer und ziviler Flugplätze, die Grenzen zur Schweiz, Österreich, der CSSR und der DDR. Die Grafik zeigt die für den Tagtiefflug im Tieffluggebiet 500 ft freigegebenen Gebiete. Für die Nachttiefflüge wurde ein separates Flugstreckensystem geschaffen, das hier nicht dargestellt ist. Nachttiefflüge erfordern eine Flughöhe von mindestens 300 m über dem höchsten Hindernis.

Über dem Gebiet der Bundesrepublik Deutschland werden an ca. 120 Tagen im Jahre rd. 87 000 Tiefflüge absolviert. Tiefflüge werden zumeist am Tag nach Sicht und mit Fluggeschwindigkeiten bis zu 835 km/h durchgeführt. Der Höhenbereich, der üblicherweise für Tiefflüge bei Tag zur Verfügung steht, erstreckt sich von 150 m bis 450 m über Grund (Tieffluggebiet 500 ft (150 m)). Die Piloten sind gehalten, möglichst den oberen Teil des Höhenbandes zu nutzen. Tagtiefflüge sind auf die Zeit von 7.00 bis 17.00 Uhr und auf die Wochentage Montag bis Freitag beschränkt. Nachttiefflüge finden im Zeitraum von 17.00 bis 24.00 Uhr statt. An Wochenenden und Feiertagen wird grundsätzlich kein Tiefflug durchgeführt. Von den Flugzeugen der Bundeswehr werden etwa 40% aller Tiefflüge absolviert. Der Rest wird von den Streitkräften der NATO-Partner in Anspruch genommen.

Die Bundesluftwaffe hat in der Vergangenheit eine Vielzahl von freiwilligen betrieblichen Beschränkungen eingeführt. Die Mehrzahl der Alliierten Luftwaffen hält sich ebenfalls an diese Beschränkungen. Seit Mai 1986 ist der Tieffluganteil einer Mission auf maximal 30 Minuten pro Flug reduziert worden. Zusätzlich besteht im Luftraum der Bundesrepublik Deutschland seit dem 1. Mai 1986 für die Monate Mai bis einschließlich Oktober (Haupttiefflugaktivitäten) eine Mittagspause für Tiefflüge unterhalb 450 m in der Zeit zwischen 12.30 und 13.30 Uhr.

Lage der militärischen Tieffluggebiete 250 ft (75 m)

Zusätzlich zum „Tieffluggebiet 500 ft (150 m)“ hat die Bundesrepublik Deutschland entsprechend ihrer Verpflichtung durch das Zusatzabkommen zum NATO-Truppenstatut sieben Übungsgebiete geschaffen, in denen unterhalb von 150 m mit einer Mindestflughöhe von 75 m über Grund geflogen werden darf. Diese „Tieffluggebiete 250 ft (75 m)“ unterliegen jedoch Nutzungsbeschränkungen. So ist der Luftraum über Städten, die in diesen Gebieten liegen, weitgehend vom Übungsbetrieb ausgespart. Die maximale Zahl der Einflüge in diese Gebiete ist ebenfalls begrenzt. Pro Halbtag und Tieffluggebiet sollen nicht mehr als 100 Einflüge erfolgen. Die geografische Lage und flächenhafte Ausdehnung der sieben „Tieffluggebiete 250 ft (75 m)“ ist aus der Grafik ersichtlich.

Der Tiefluganteil einer Mission (Flugauftrag) betrug bisher zwischen 10 und 90 Minuten. Mitte 1985 ist durch eine freiwillige Selbstbeschränkung der Streitkräfte der Tiefluganteil auf maximal 50 Minuten reduziert worden. Seit Mai 1986 ist die Flugdauer in diesen Gebieten nochmals um ca. die Hälfte reduziert. In Zukunft erfolgt generell nur noch die Endphase des taktischen Übungsanfluges auf ein Ziel in der geringen Höhe von 75 m.

In den sieben „Tieffluggebieten 250 ft (75 m)“ gilt über die Beschränkung in den 500 ft-Gebieten hinaus eine *ganzjährige Mittagspause* von 12.30 bis 13.30 Uhr für Flüge in Höhen zwischen 75 m und 150 m über Grund.

Um die Lärmbelastung durch Tiefflüge zu reduzieren, sind vom Bundesminister der Verteidigung zahlreiche Maßnahmen getroffen worden. Bereits heute wird ein großer Teil des Flugstundenaufkommens der Bundeswehr im Ausland geleistet. Die gesamte fliegerische Grund-, Fortgeschrittenen- und Waffensystemausbildung wird schon seit vielen Jahren im Ausland durchgeführt. Die taktische Ausbildung wurde zu mehr als einem Drittel in dünn besiedelte Gebiete der NATO-Verbündeten verlagert. Zudem wird der Luftraum über der Nord- und Ostsee immer stärker in das militärische Übungsprogramm einbezogen. Durch den ergänzenden Einsatz von Flugzeug-Simulatoren kommt die Luftwaffe, abweichend vom Flugstundensoll der NATO, mit einer geringeren Flugstundenzahl pro Flugzeugführer aus.

Häufigkeit und Tageszeit von Überflügen pro Woche in einem Tieffluggebiet 250 ft (75 m)

Neben den Geräuschmessungen bei Direktüberflügen einzelner Flugzeugtypen werden Gesamtbelastungsdaten für die Gebiete mit hoher Tieffflugaktivität benötigt, um Maßnahmen zur Lärmminderung einleiten zu können. Auf der Basis einer großen Zahl von Messungen sind im Rahmen eines Forschungsvorhabens die Flugaktivitäten in Tieffluggebieten erfaßt und die Geräuschimmissionen gemessen worden. Die Grafik zeigt die absolute Häufigkeit der Tiefflüge in Abhängigkeit von der Tageszeit. Deutlich zu erkennen ist die verminderte Tiefflugaktivität zur Mittagszeit (Mittagspause) aufgrund der freiwilligen Selbstbeschränkung der Streitkräfte.

Beschränkungen für den militärischen Tiefflugbetrieb im Luftraum über der Bundesrepublik Deutschland

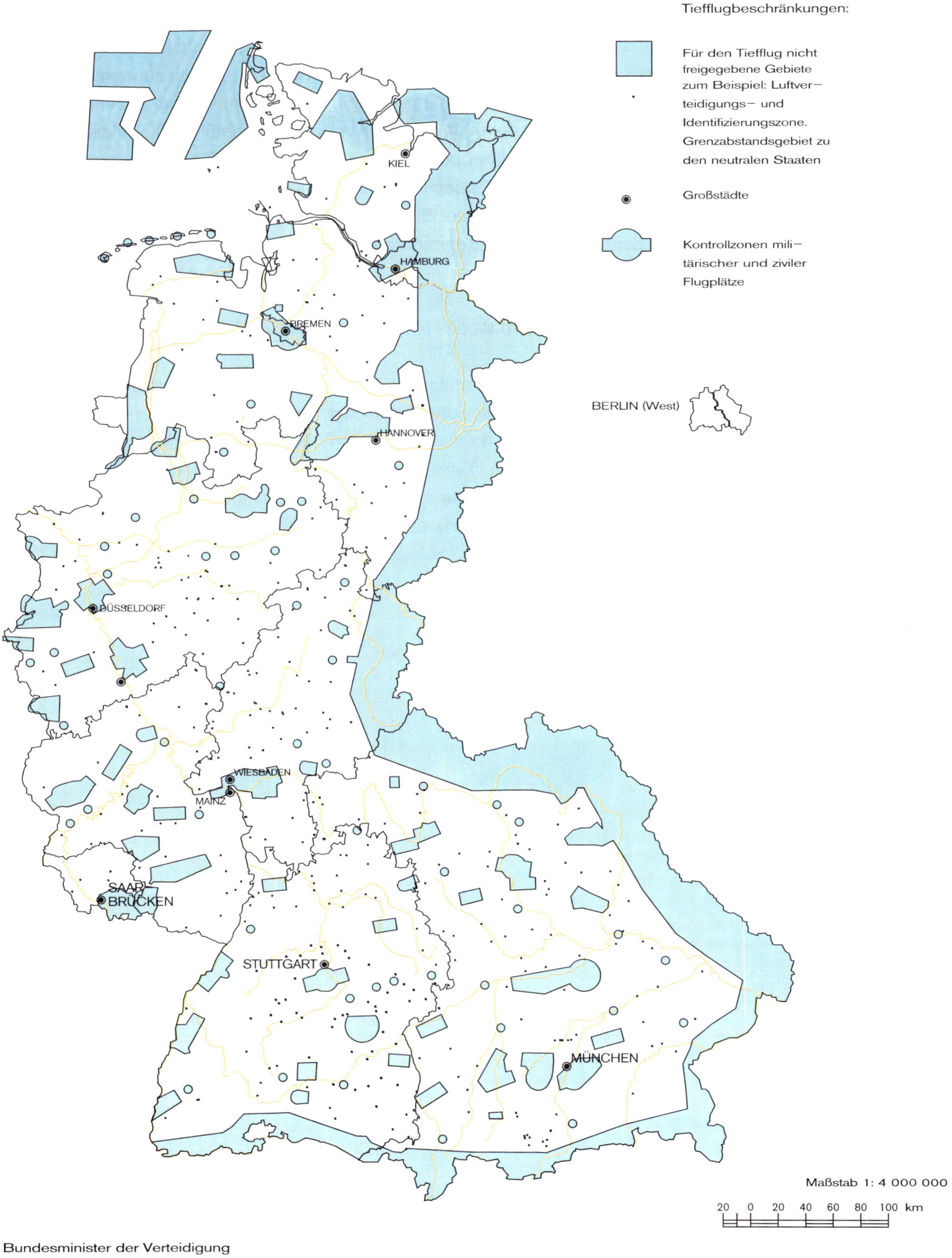

Tiefflugbeschränkungen:

Für den Tiefflug nicht freigegebene Gebiete zum Beispiel: Luftverteidigungs- und Identifizierungszone. Grenzabstandsgebiet zu den neutralen Staaten

Großstädte

Kontrollzonen militärischer und ziviler Flugplätze

KIEL
HAMBURG
BREMEN
HANNOVER
BERLIN (West)
DÜSSELDORF
WIESBADEN
MAINZ
SAARBRÜCKEN
STUTTGART
MÜNCHEN

Maßstab 1: 4 000 000

20 0 20 40 60 80 100 km

Quelle: Bundesminister der Verteidigung

Lage der militärischen Tieffluggebiete 250ft (75m)

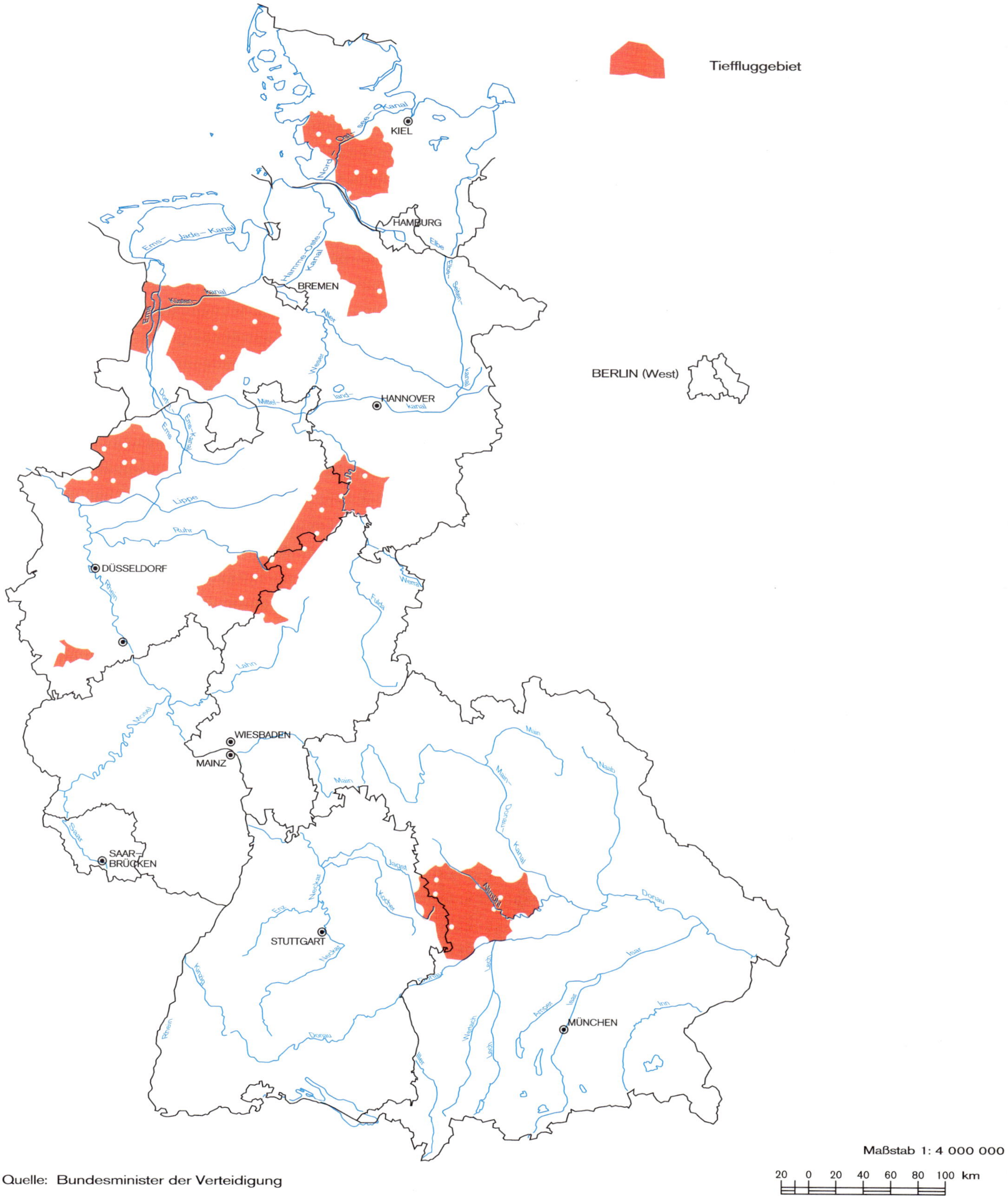

Tieffluggebiet

Quelle: Bundesminister der Verteidigung

Maßstab 1: 4 000 000

20 0 20 40 60 80 100 km

Häufigkeit und Tageszeit von Überflügen pro Woche in einem Tieffluggebiet 250 ft (75 m)

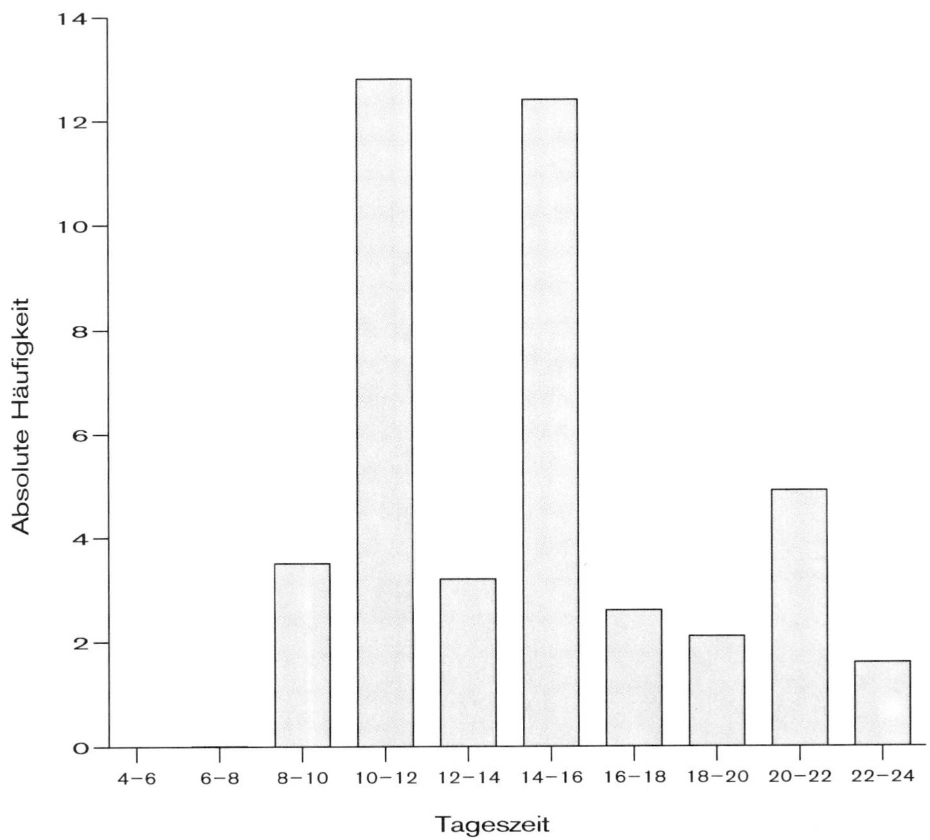

Quelle: Umweltbundesamt

Emissions- und Immissionsdaten

Emissionsgrenzwerte Kraftfahrzeuge

Die Geräuschemission von Kraftfahrzeugen ist gesetzlich begrenzt. In entsprechenden Richtlinien der EG, die in die Straßenverkehrszulassungsordnung (StVZO) übernommen wurden, sind Meßverfahren für das Fahrgeräusch sowie Emissionsgrenzwerte für die einzelnen Fahrzeugkategorien festgelegt. Die Emissionsgrenzwerte werden schrittweise herabgesetzt (siehe Tabelle).

Auch die künftigen EG-Geräuschgrenzwerte schöpfen noch nicht alle verfügbaren Erkenntnisse der Lärmminderungstechnik aus. Zur Definition von Fahrzeugen, die dem Stand moderner Lärmminderungstechnik entsprechen, wurde daher der Begriff des lärmarmen Kraftfahrzeuges in den § 49 Abs. 3 StVZO aufgenommen. Bisher wurden Kriterien für lärmarme Lastkraftwagen definiert. Kriterien für andere Fahrzeugarten befinden sich in Vorbereitung. Diese Definitionen bilden eine Voraussetzung für die Markteinführung lärmarmer Kraftfahrzeuge.

Geräuschgrenzwerte für Kraftfahrzeuge (ohne Angabe von Meßverfahrensänderungen)

Fahrzeugklasse	Fahrgeräuschgrenzwerte in dB(A)			Kriterien für lärmarme Kraftfahrzeuge
	bis 1980 (Richtlinie 70/157/EWG)	derzeit gültig (Richtlinie 81/334/EWG)	ab 1988 (Richtlinie 84/424/EWG)	Fahrgeräusch nach Anlage XXI der StVZO (1. 12. 1985)
Pkw	82	80	77	–
Transporter, Kleinbusse				
≤ 2 t	84	81	78	–
2 bis 3,5 t	84	81	79	–
Omnibusse				
> 3,5 t;< 150 kW	89	82	80	
> 3,5 t; ≥ 150 kW	91	85	83	
Lkw				Lkw > 2,8 t
> 3,5 t; < 75 kW	89	86	81*)	77
> 3,5 t; 75 bis 150 kW	89	86	83*)	78
> 3,5 t; ≥ 150 kW	91	88	84*)	80
	derzeit gültig (Richtlinie 78/1015/EWG)			künftig gültig (Richtlinie 87/56/EWG)
			ab 1. 10. 1988	ab 1. 10. 1993
Krafträder				
≤ 80 cm³	78	≤ 80 cm³	77	75
≤ 125 cm³	80			
≤ 350 cm³	83	≤ 175 cm³	79*)	77*)
≤ 500 cm³	85			
> 500 cm³	86	> 175 cm³	82	80

*) Inkrafttreten 1 Jahr später
Quelle: Umweltbundesamt

Siehe auch:

Kapitel Allgemeine Daten, Abschnitt Verkehr

Verteilung der Fahrgeräusch-Typprüfwerte

Kraftfahrzeuge müssen die gesetzlich festgelegten Grenzwerte für die Geräuschemissionen einhalten, wenn sie zum Betrieb auf öffentlichen Straßen zugelassen werden. Dazu werden ihre Emissionen nach einem vorgeschriebenen Meßverfahren („Typprüfmeßverfahren") bestimmt und als „Typprüfwerte" vom Kraftfahrt-Bundesamt in die Fahrzeugpapiere eingetragen.

Die folgenden Abbildungen zeigen die Verteilung dieser Fahrgeräusch-Typprüfwerte für alle Pkw-, Lkw-, motorisierte Zweirad- und Omnibustypen, die bis September 1987 eine gültige Allgemeine Betriebserlaubnis (ABE) als Voraussetzung für die Zulassung hatten. Der bis Ende 1988 bzw. 1989 gültige Grenzwert ist in die Abbildungen eingetragen worden.

Pkw

Die Abbildung zeigt die Verteilung der Typprüfwerte von Pkw mit Otto- und mit Dieselmotor. Wegen der unterschiedlichen Bedingungen beim Typprüfmeßverfahren für die verschiedenen Getriebevarianten wurden die Verteilungen entsprechend getrennt bestimmt.

Lkw

Die Fahrgeräusch-Typprüfwerte für Lkw wurden getrennt nach unterschiedlichen Leistungs- und Gewichtsklassen ausgewertet, da die Geräuschgrenzwerte nach diesen Klassen gestaffelt sind. Fahrzeuge mit Typprüfwerten oberhalb der Grenzwerte haben noch eine vor Absenkung der Grenzwerte erteilte Allgemeine Betriebserlaubnis.

Motorisierte Zweiräder

Die Typprüfwerte für diese Fahrzeuge wurden nach Zweiradart (Mofa, Moped, Leichtkraftrad, Kraftrad) und bei den Krafträdern nach Hubraum getrennt ausgewertet und dargestellt. Auch hier haben Zweiräder, deren Typprüfwert den Grenzwert überschreitet, noch eine alte Allgemeine Betriebserlaubnis.

Bei den Leichtkrafträdern überwiegt die Zahl der Fahrzeuge mit einer EG-Teilbetriebserlaubnis, für die der Grenzwert 78 dB(A) ist (nationaler Grenzwert 75 dB(A)).

Kraftomnibusse

Auch die Typprüfwerte für Kraftomnibusse wurden nach Leistungs- und Gewichtsklassen getrennt ausgewertet. Grenzwertüberschreitungen gibt es wiederum für Typen mit alter Allgemeiner Betriebserlaubnis.

Verteilung der Fahrgeräuschtypprüfwerte aller Pkw–Typen (Stand September 1987)

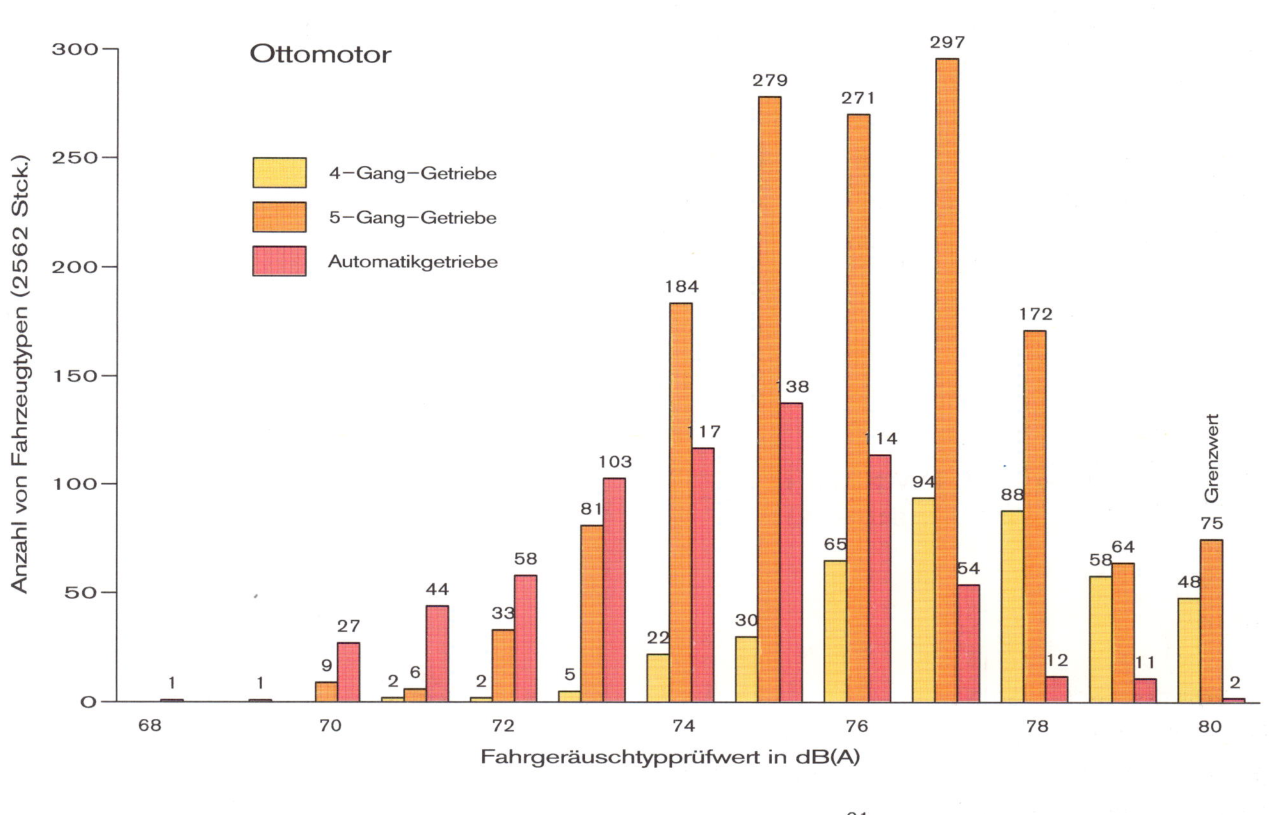

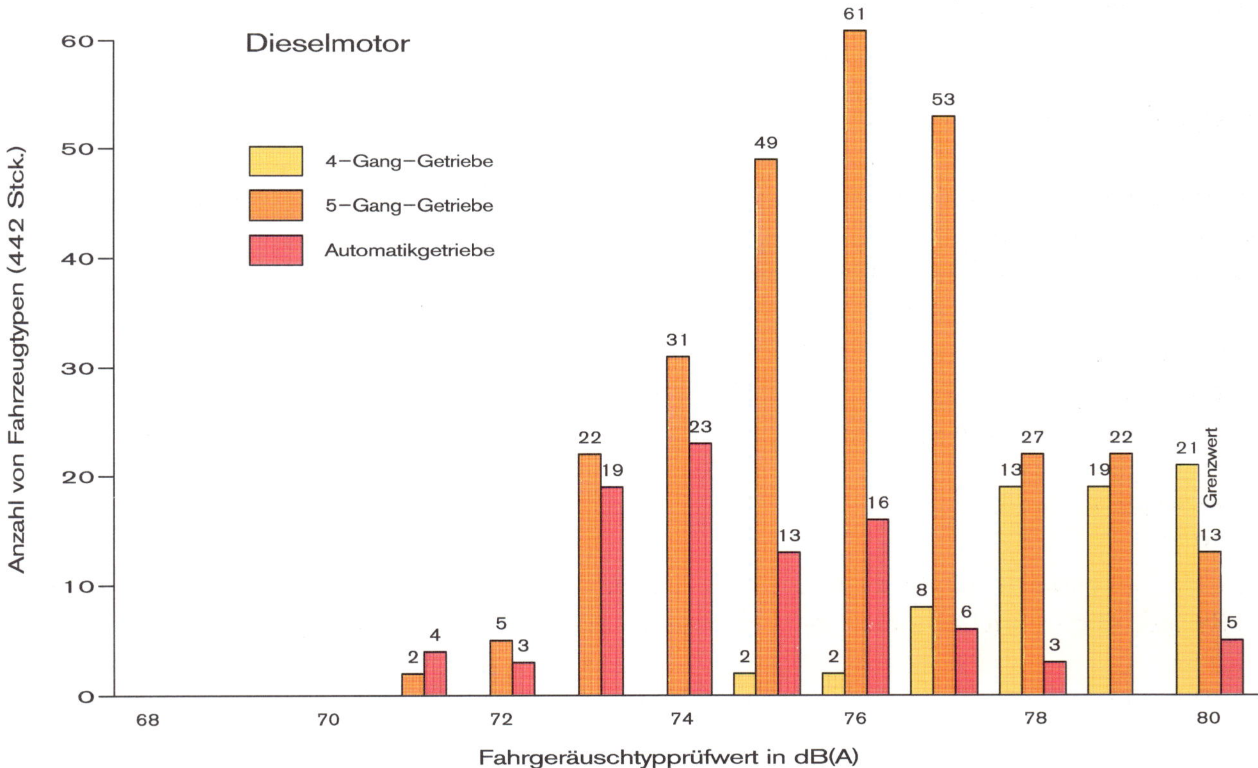

Quelle: Umweltbundesamt

Verteilung der Fahrgeräuschtypprüfwerte aller Lkw–Typen unterteilt nach Leistungsklassen (Stand September 1987)

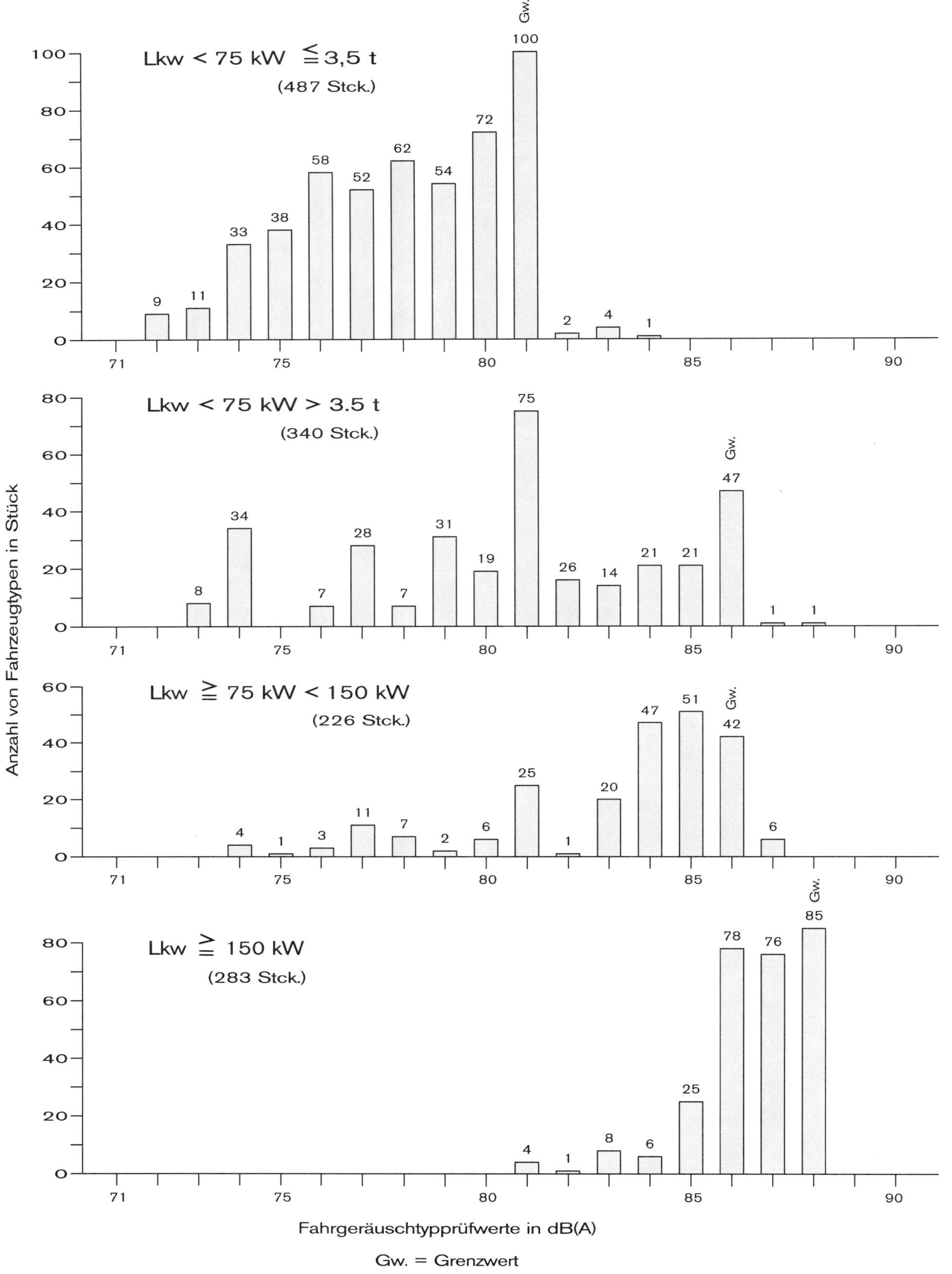

Quelle: Umweltbundesamt

Verteilung der Fahrgeräuschtypprüfwerte aller Mofa 25 und Moped 40/50–Typen (Stand September 1987)

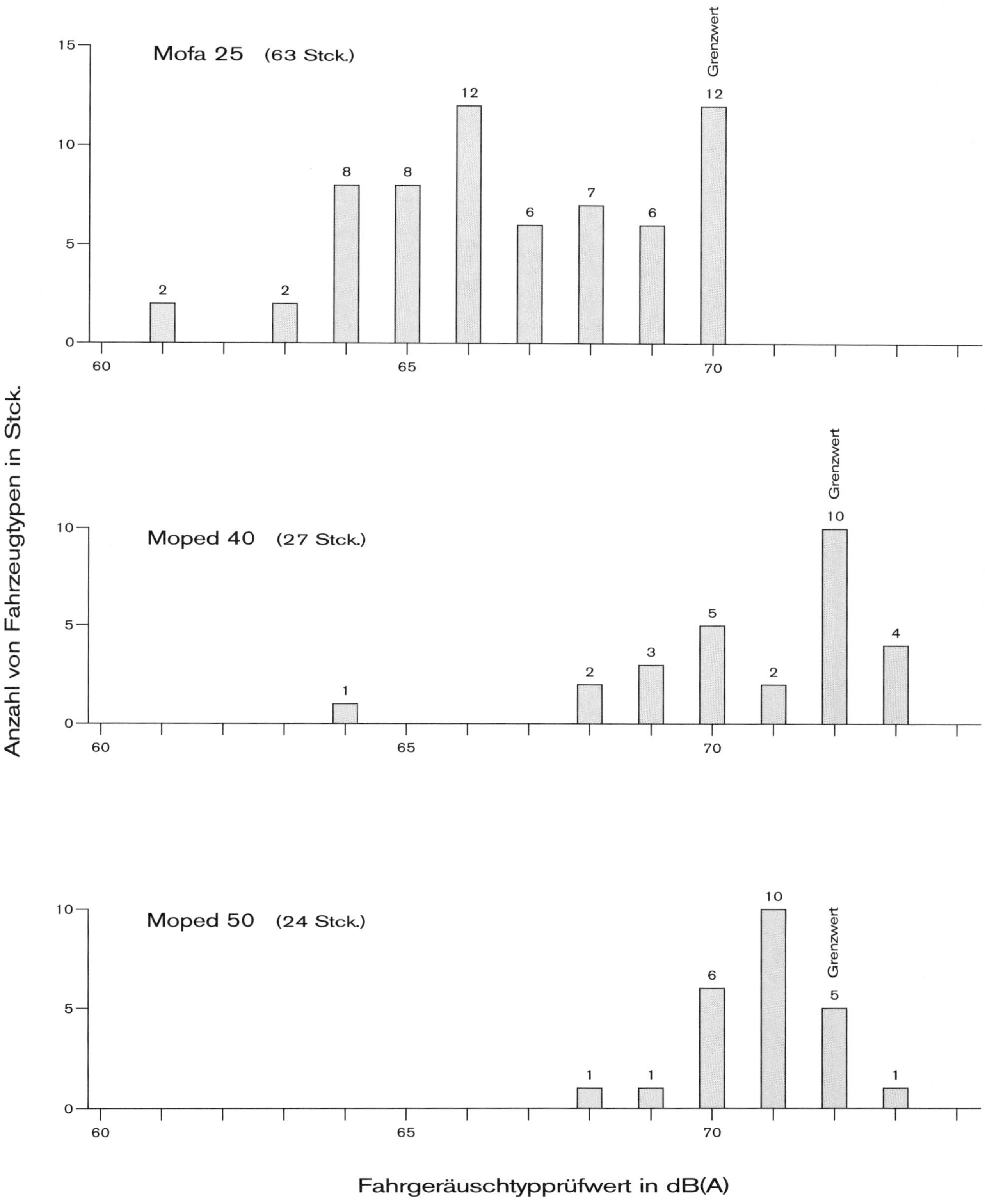
Anzahl von Fahrzeugtypen in Stck.
Mofa 25 (63 Stck.)
Moped 40 (27 Stck.)
Moped 50 (24 Stck.)
Grenzwert
Fahrgeräuschtypprüfwert in dB(A)
0
5
10
15
60
65
70
2
2
8
8
12
6
7
6
12
1
2
3
5
2
10
4
1
1
6
10
5
1

Quelle: Umweltbundesamt

Verteilung der Fahrgeräuschtypprüfwerte aller Krafträder und Leichtkrafträder (Stand September 1987)

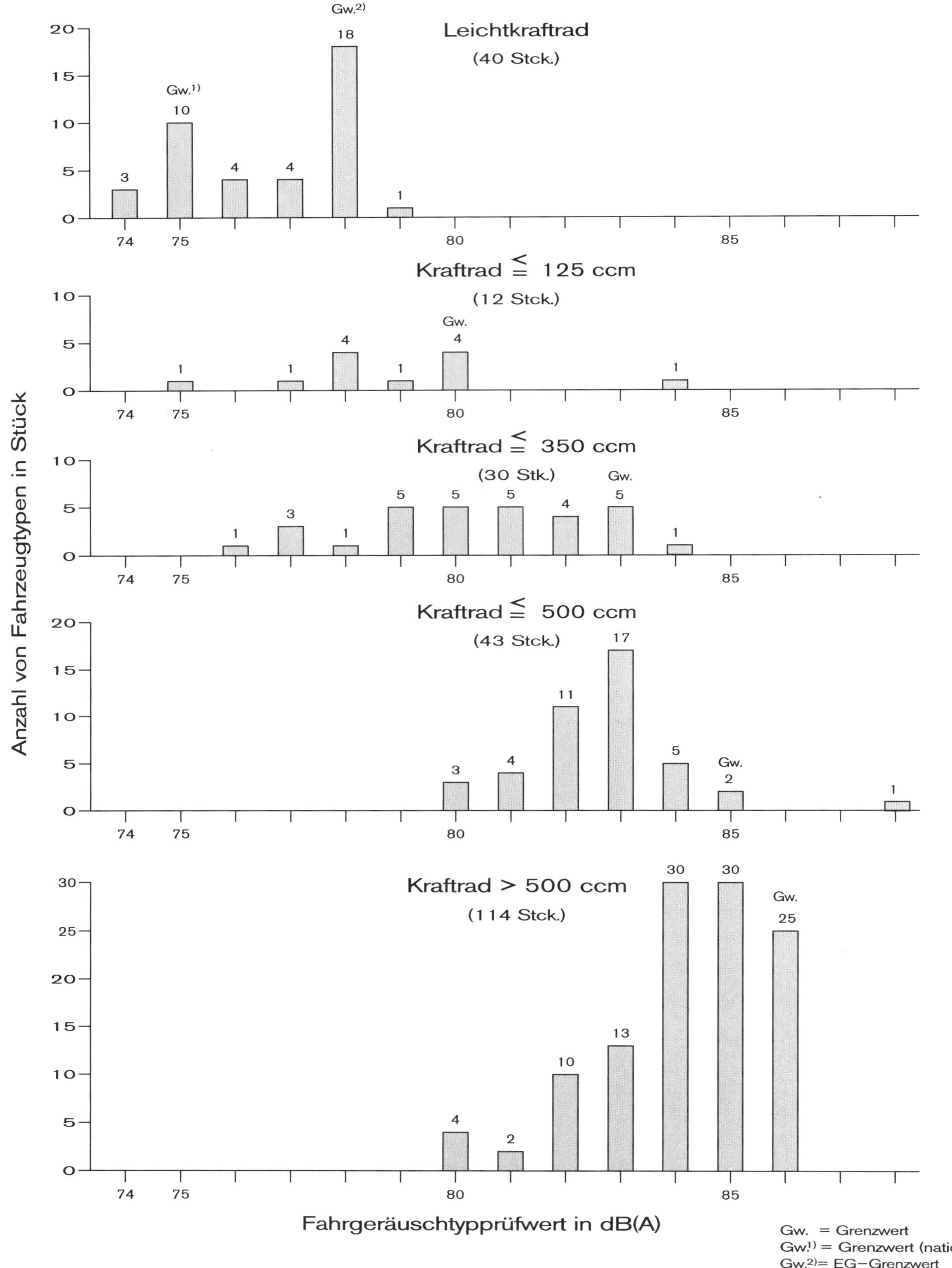

Gw. = Grenzwert
Gw.[1]) = Grenzwert (national)
Gw.[2]) = EG–Grenzwert

Quelle: Umweltbundesamt

Verteilung der Fahrgeräuschtypprüfwerte aller Kraftomnibusse (Stand September 1987)

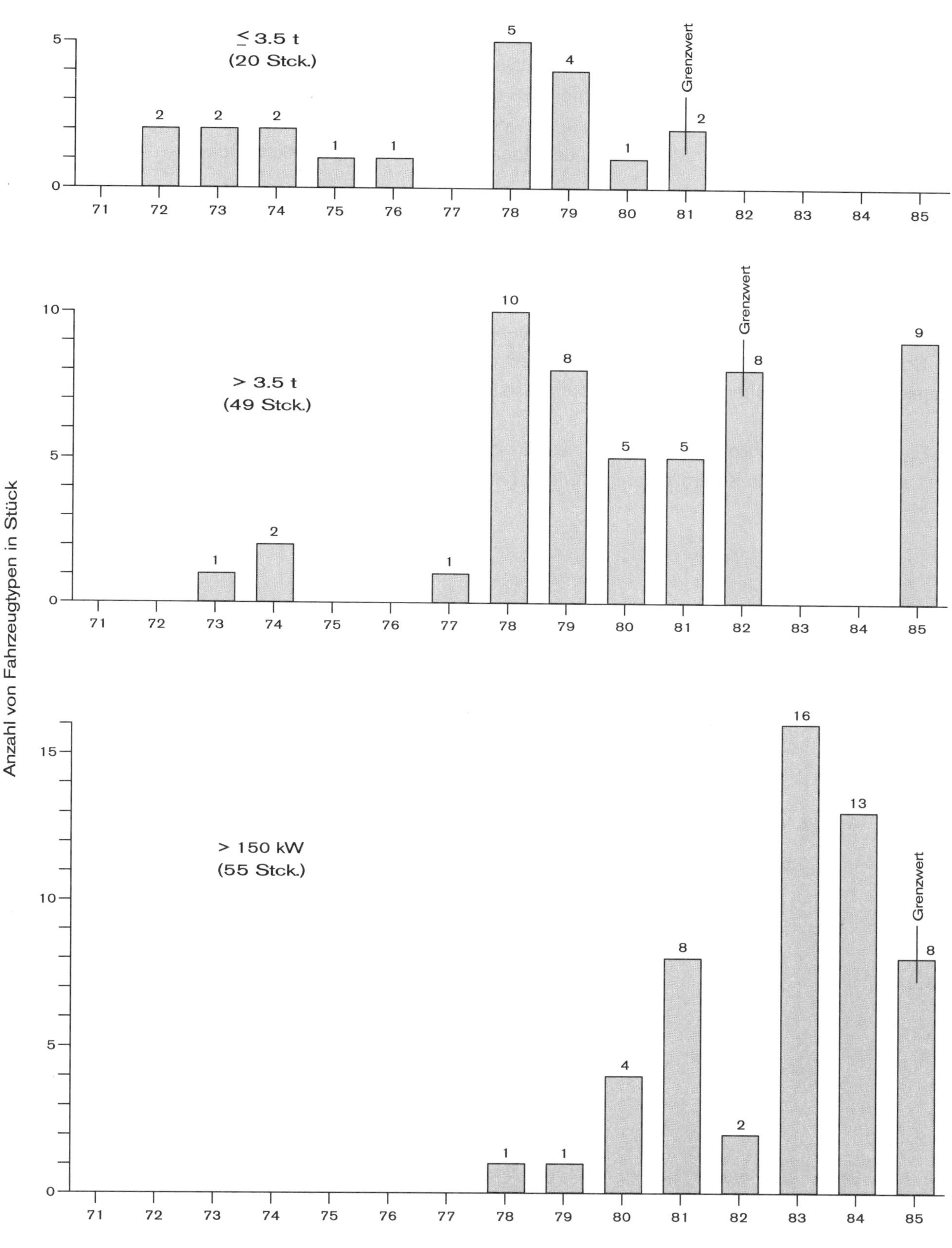

Quelle: Umweltbundesamt

Geräuschemissionen manipulierter und nicht manipulierter Mofas, Mopeds und Leichtkrafträder

Nachträgliche Veränderungen an Mofas, Mopeds und Leichtkrafträder – vor allem durchgeführt, um die maximale Geschwindigkeit zu erhöhen – sind im allgemeinen mit starken zusätzlichen Lärmbelästigungen verbunden. In Extremfällen wurden Überschreitungen des Grenzwertes um bis zu 20 dB(A) registriert. Die Auswirkungen der Manipulationen auf Höchstgeschwindigkeiten und Fahrgeräusch nach Typprüfmeßverfahren ist in der Abbildung für 4.400 im Jahre 1986 untersuchte Fahrzeuge dargestellt. Die Sichtprüfung dieser Fahrzeuge ergab, daß 28% der Mofas, 29% der Mopeds und 17% der Leichtkrafträder manipuliert waren. Zu laut waren 27% der Mofas, 28% der Mopeds und 19% der Leichtkrafträder.

Erwartungsgemäß überschreiten vor allem die manipulierten Zweiräder Geräusch-Grenzwerte und zulässige Höchstgeschwindigkeit. Aber auch viele Serienfahrzeuge sind oft deutlich schneller und lauter als erlaubt.

Mit dem am 01. 01. 1986 in Kraft getretenen sogenannten „Antimanipulationskatalog" ist ein entscheidender Schritt zur Verhinderung von Manipulationen getan worden. Hier sind Konstruktionsvorschriften festgelegt, die lärmerhöhende Manipulationen wesentlich erschweren.

Die Ergebnisse der Abbildung wurden mit neuentwickelten mobilen Zweiradprüfständen gewonnen, die somit eine wirkungsvolle Kontrolle der im Verkehr befindlichen Fahrzeuge ermöglichen.

Geräuschemissionen und Höchstgeschwindigkeiten manipulierter und nicht manipulierter Mofas, Mopeds und Leichtkrafträder

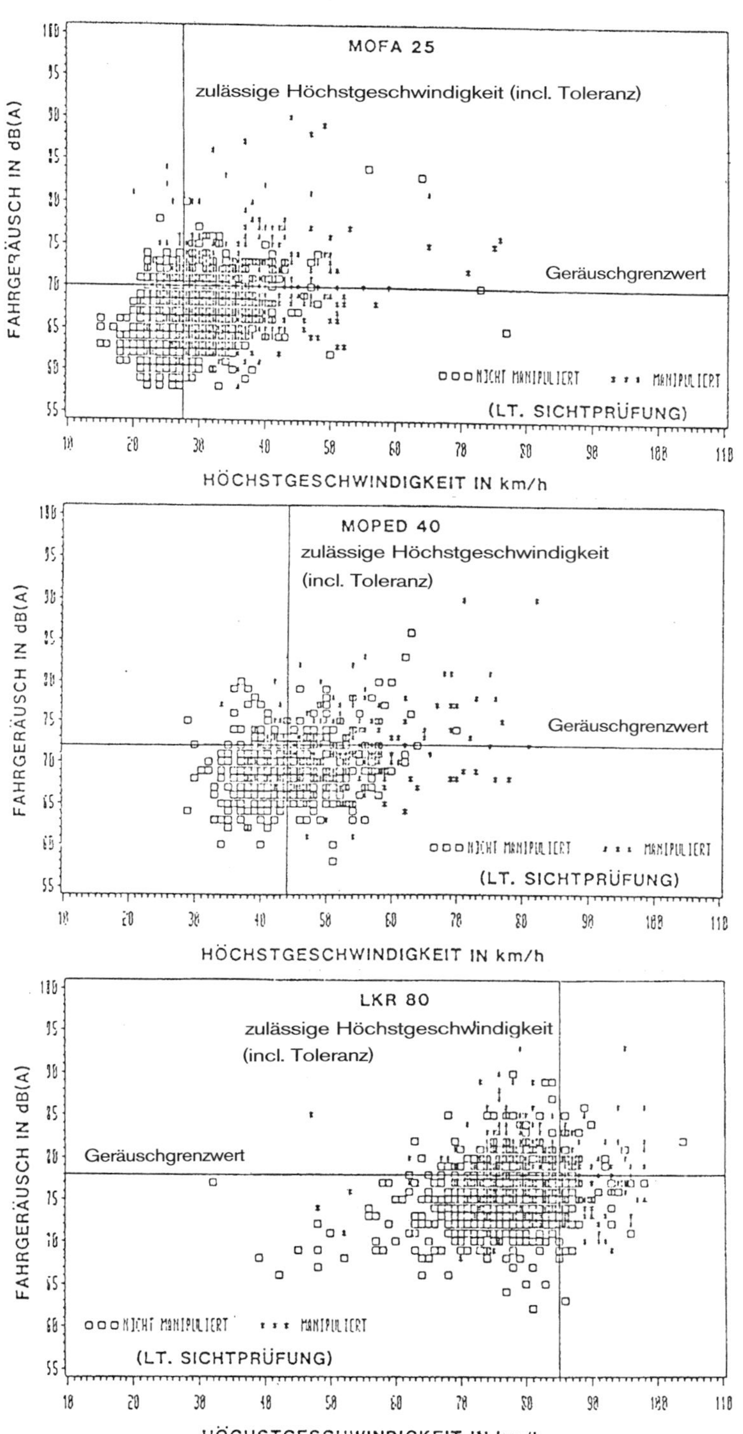

Quelle: Umweltbundesamt

Lärmschutzmaßnahmen an Bundesfernstraßen

Der Bund finanziert im Rahmen der Lärmvorsorge (Lärmschutz beim Neubau und der wesentlichen Änderung von Bundesfernstraßen) und – seit 1978 – der Lärmsanierung (Lärmschutz an bestehenden Bundesfernstraßen) Maßnahmen wie Lärmschutzwälle, -wände, -fenster, Streckenführung in Trog- und Tunnellage usw.

Der Bund hat von 1978 bis 1987 insgesamt 1308,8 Mio DM für die Lärmvorsorge und 477,7 Mio DM für die Lärmsanierung aufgewandt.

Die Gesamtlänge von Lärmschutzwällen an Bundesfernstraßen betrug Ende 1987 417 km, die der Lärmschutzwände 712 km, bei einer Länge der Bundesfernstraßen von 39 800 km.

Die Abbildungen zeigen, wieviele Lärmschutzwälle, -wände und -fenster die Straßenbauverwaltungen der Länder im Auftrag des Bundes in den Jahren 1978 bis 1987 realisiert haben.

Lärmschutzwände stellen aufgrund ihres geringen Platzbedarfs die am häufigsten verwendete Maßnahme dar.

Der Bundesverkehrsminister hat in seinen „Richtlinien für den Verkehrslärmschutz an Bundesfernstraßen in der Baulast des Bundes“ für den Lärmschutz beim Bau oder der wesentlichen Änderung von Bundesfernstraßen (Vorsorge) Immissionsgrenzwerte festgelegt, oberhalb derer Mittelungspegel von Straßenverkehrsgeräuschen eine erheblich belästigende, billigerweise unzumutbare Beeinträchtigung mit der Folge von Schutzmaßnahmen darstellen. Für den Lärmschutz an bestehenden Straßen (Sanierung) kommen danach Maßnahmen nach der Regelung im Bundeshaushalt in Betracht, wenn die Mittelungspegel für Straßenverkehrslärm die Immissionsgrenzwerte für Sanierung übersteigen. Die Mittelungspegel für Vorsorge und Sanierung sind nach den Richtlinien für den Lärmschutz an Straßen zu berechnen.

In vereinfachter Darstellung gelten für Verkehrslärm zur Zeit folgende Immissionsgrenzwerte in dB(A):

	Vorsorge		Sanierung	
	tags	nachts	tags	nachts
Krankenhäuser u. ä.	60	50	70	60
Wohngebiete	62	52	70	60
Mischgebiete	67	57	72	62
Gewerbegebiete	72	62	75	65

Quelle: Umweltbundesamt

Bauliche Lärmschutzmaßnahmen an Bundesfernstraßen von 1978 bis 1987

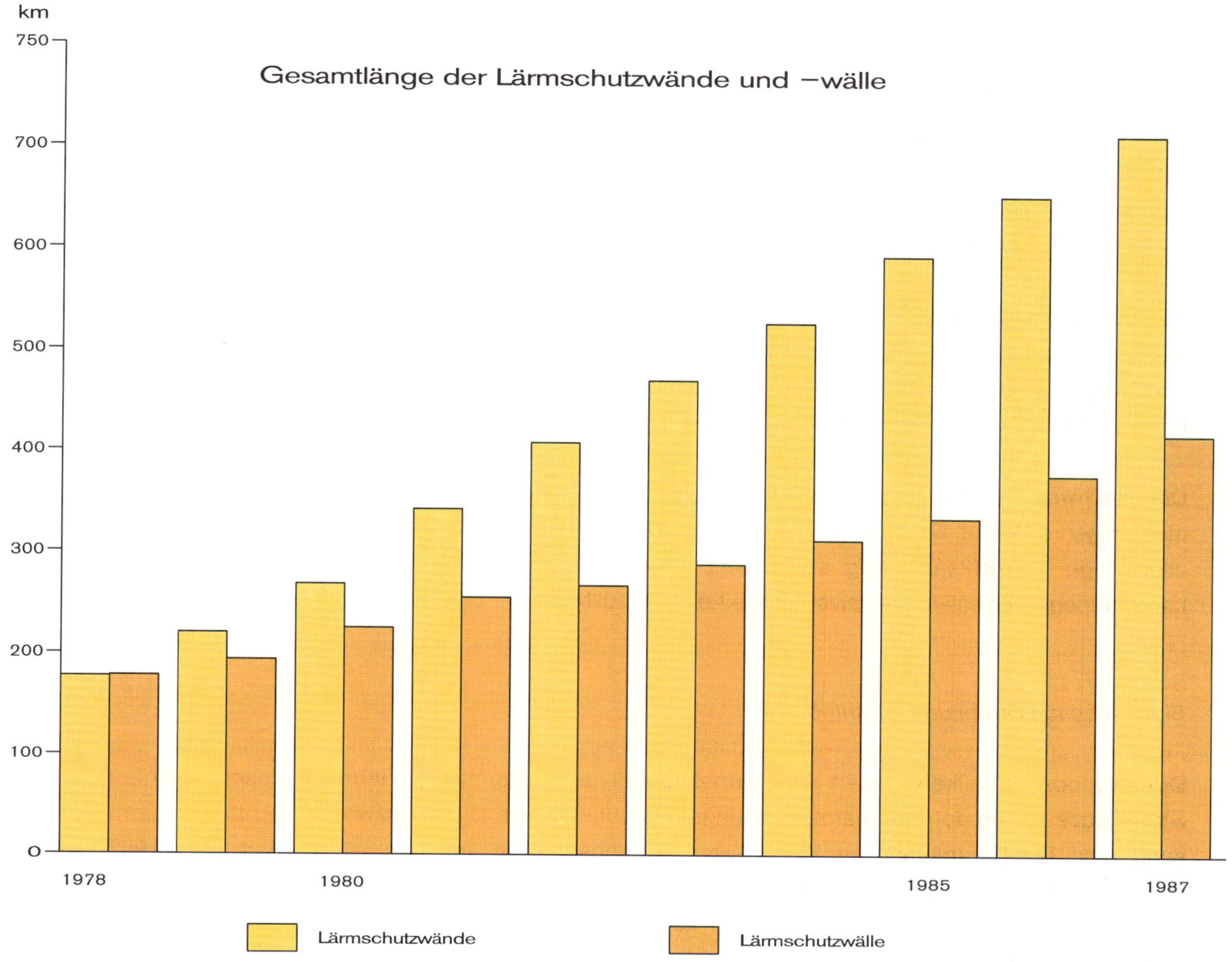

km
750
700
600
500
400
300
200
100
0
Gesamtlänge der Lärmschutzwände und -wälle
1978
1980
1985
1987
Lärmschutzwände
Lärmschutzwälle

Gesamtflächenzuwachs der Lärmschutzfenster
Tsd. m²
250
200
150
100
50
0
1979
1980
1985
1987

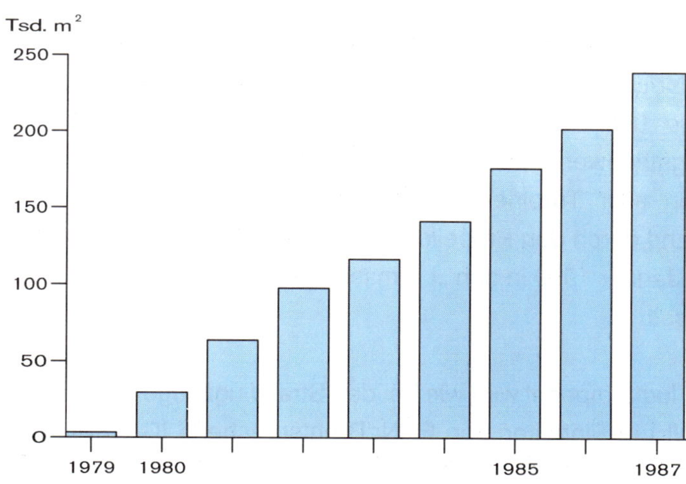

Quelle: Bundesminister für Verkehr

Luftverkehr

Geräuschemissionsdaten zugelassener Flugzeuge

Ein Luftfahrzeug wird in der Bundesrepublik Deutschland nur zum Verkehr zugelassen, wenn die technische Ausrüstung des Luftfahrzeugs so gestaltet ist, daß das durch seinen Betrieb entstehende Geräusch das nach dem jeweiligen Stand der Technik unvermeidbare Maß nicht übersteigt. Das jeweils gültige Maß ist in den „Lärmschutzforderungen für Luftfahrzeuge (LSL)“ festgelegt. Luftfahrzeuge, die den Vorschriften der LSL entsprechen, erfüllen die Richtlinien und Empfehlungen der Internationalen Zivilluftfahrt-Organisation (ICAO) gemäß Annex 16, Environmental Protection, Volume 1, Aircraft Noise.

Für Luftfahrzeugmuster und deren Baureihen wird durch das Luftfahrt-Bundesamt im Rahmen der Musterzulassung eine Lärmzulassung erteilt, wenn der Nachweis geführt wurde, daß die gültigen Lärmschutzforderungen erfüllt sind. Luftfahrzeuge, die einem lärmzugelassenen Muster entsprechen, erhalten bei der Verkehrszulassung ein Lärmzeugnis.

Der Nachweis, ob ein Luftfahrzeugmuster die Lärmschutzforderungen erfüllt, wird durch Geräuschmessungen erbracht. Die Emissionswerte des Luftfahrzeuges dürfen festgelegte Lärmgrenzwerte, die in aller Regel gewichtsabhängig sind, nicht überschreiten. Als Maß für den Fluglärmpegel gilt der Lärmstörpegel (Effective Perceived Noise Level) in EPNdB.

Flugzeuge mit Strahlturbinenantrieb

Die folgenden Grafiken zeigen die Lärmstörpegel der bekanntesten lärmvermessenen Unterschall-Strahlflugzeuge an den drei Lärmzulassungs-Meßpunkten auf. Die Grenzwertkurven für die Lärmzulassung sind jeweils maßgeblich für Musterzulassungsanträge vor bzw. ab dem 4. Mai 1981. Alle dargestellten Flugzeuge haben eine gültige Muster- und Verkehrszulassung. Nicht alle dargestellten Flugzeugmuster, die vor dem 4. Mai 1981 zugelassen wurden, würden aufgrund der zwischenzeitlich geänderten Vorschriften allerdings heute noch eine Verkehrszulassung erhalten.

Flugzeuge mit Propellerantrieb

Die Zulassungen für Flugzeugmuster und für die Aufnahme des Flugbetriebs (Muster- bzw. Verkehrszulassung) sind für Propellerflugzeuge je nach Starthöchstmasse unterschiedlich geregelt. Für die schweren Propellerflugzeuge über 9 Tonnen höchstzulässiger Startmasse kommen heute nahezu ausschließlich Wellenleistungstriebwerke zum Einsatz (Turboprop-Triebwerke). Die Geräuschquellen der Antriebe entsprechen denen aller Turbinen-Triebwerke, allerdings wird das am Boden registrierte Überfluggeräusch überwiegend durch den Propeller erzeugt. Die Zulassungsvorschriften für Muster- und Verkehrszulassung sind seit Januar 1989 in den „Lärmschutzforderungen für Luftfahrzeuge (LSL)“ in den Kapiteln 3, 5, 6 und 10 geregelt.

Als Maß für den zulässigen Fluglärmpegel wird wie bei den Strahlflugzeugen der Lärmstörpegel (Effective Perceived Noise Level, EPNL) in Einheiten von EPNdB entsprechend ICAO-Annex 16 verwendet. Die Geräuschmessungen erfolgen an drei Meßpunkten (Startüberflug-Lärmmeßpunkt, Seitlicher Lärmmeßpunkt und Landeanflug-Lärmmeßpunkt). Die Grafik zeigt für eine Auswahl von Propellerflugzeugen über

5,7 Tonnen höchstzulässiger Startmasse die gemessenen Lärmstörpegel im Vergleich zu den Grenzwerten. Die dargestellten Grenzwertkurven sind jeweils für Zulassungen vor bzw. ab dem 1. Januar 1985 gültig. Die Grenzwerte für Neuzulassungen entsprechen ab 1985 denen der Strahlflugzeuge.

Die ab 1. Januar 1989 gültigen Vorschriften zur Geräuschmessung an Propellerflugzeugen bis zu einer höchstzulässigen Startmasse von 9 Tonnen und Motorsegler sind in Kapitel 6 und Kapitel 10 der „Lärmschutzforderungen für Luftfahrzeuge (LSL)" geregelt. Im Gegensatz zu den Bestimmungen für schwere Flugzeuge, erfolgt (bis 1993) die Messung der Geräusche an einem Meßpunkt bei horizontalem Überflug des Flugzeugs in einer Flughöhe von 300 m. Als Maß für den Fluglärmpegel wird der A-bewertete Schalldruckpegel in dB(A) benutzt. Die von der Startmasse des Flugzeugs abhängigen Lärmgrenzwerte für die Musterzulassung sind ab 1989 um 4 dB herabgesetzt. Ab 1992 werden auch bei der Verkehrszulassung diese verschärften Grenzwerte angewendet. Bestehende Verkehrszulassungen sind von dieser Neuregelung allerdings nicht betroffen. Ab 1994 gelten generell neue Zulassungsbestimmugen.

Siehe auch:
Kapitel Allgemeine Daten, Abschnitt Verkehr

Geräuschemissionsdaten in der Bundesrepublik Deutschland zugelassener Flugzeuge mit Strahlturbinenantrieb

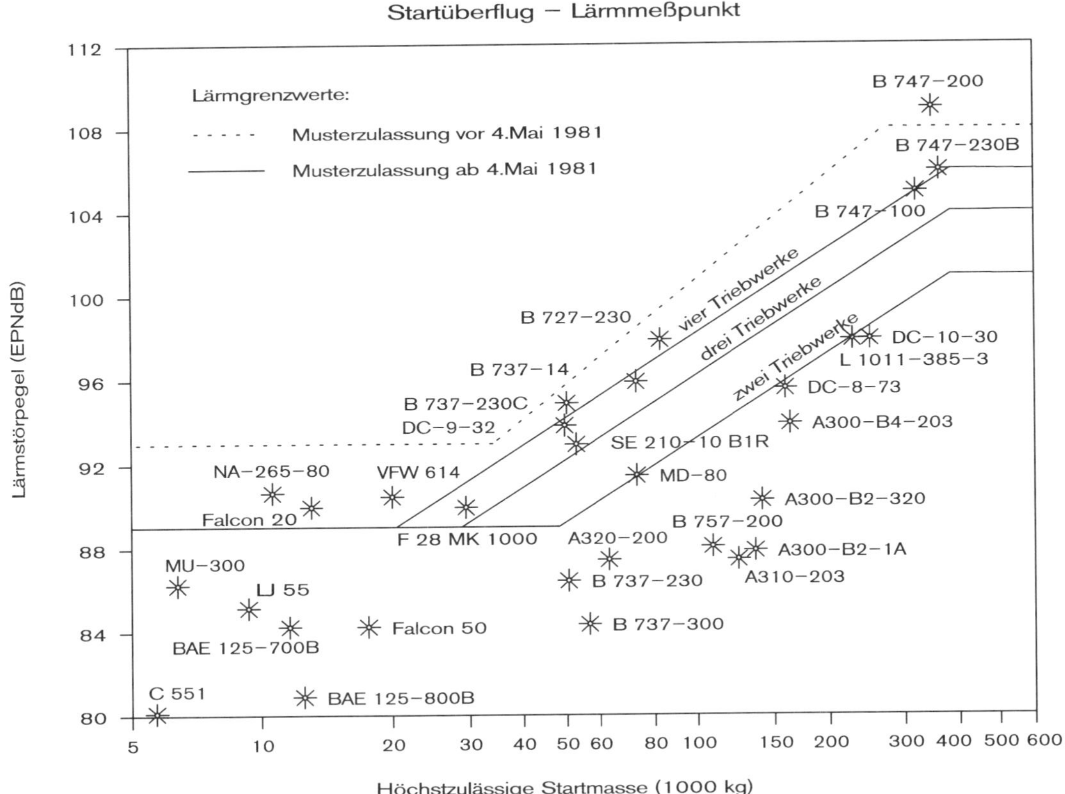

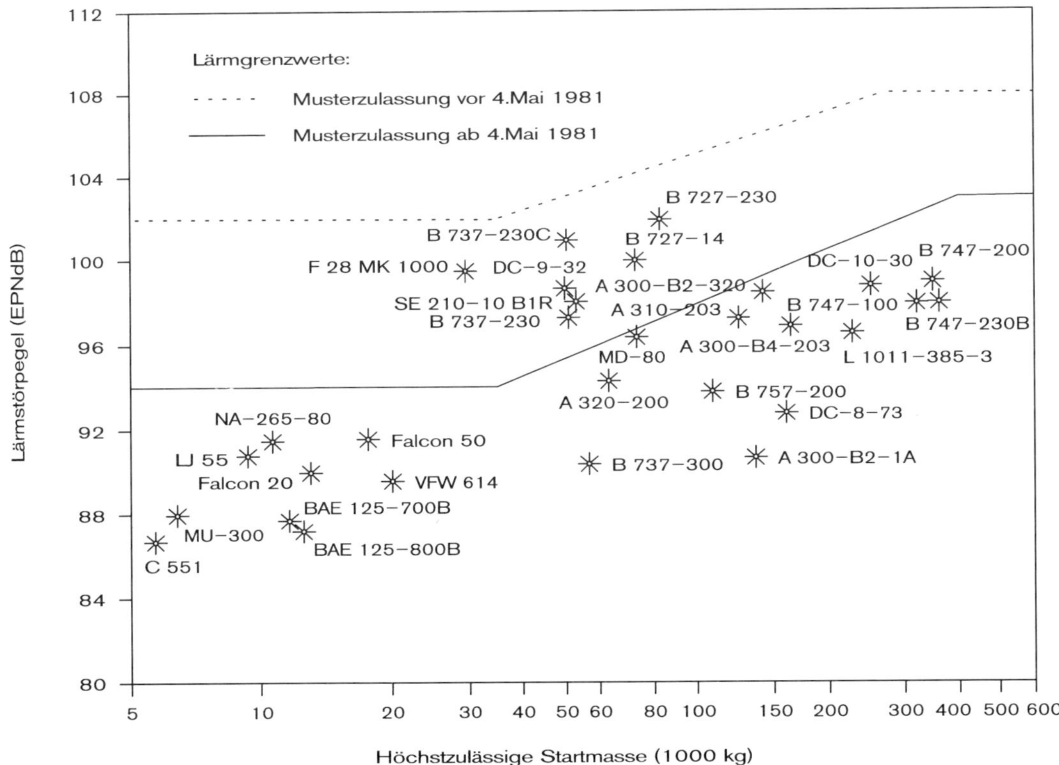

Quelle: Umweltbundesamt

Geräuschemissionsdaten in der Bundesrepublik Deutschland zugelassener Flugzeuge mit Strahlturbinenantrieb

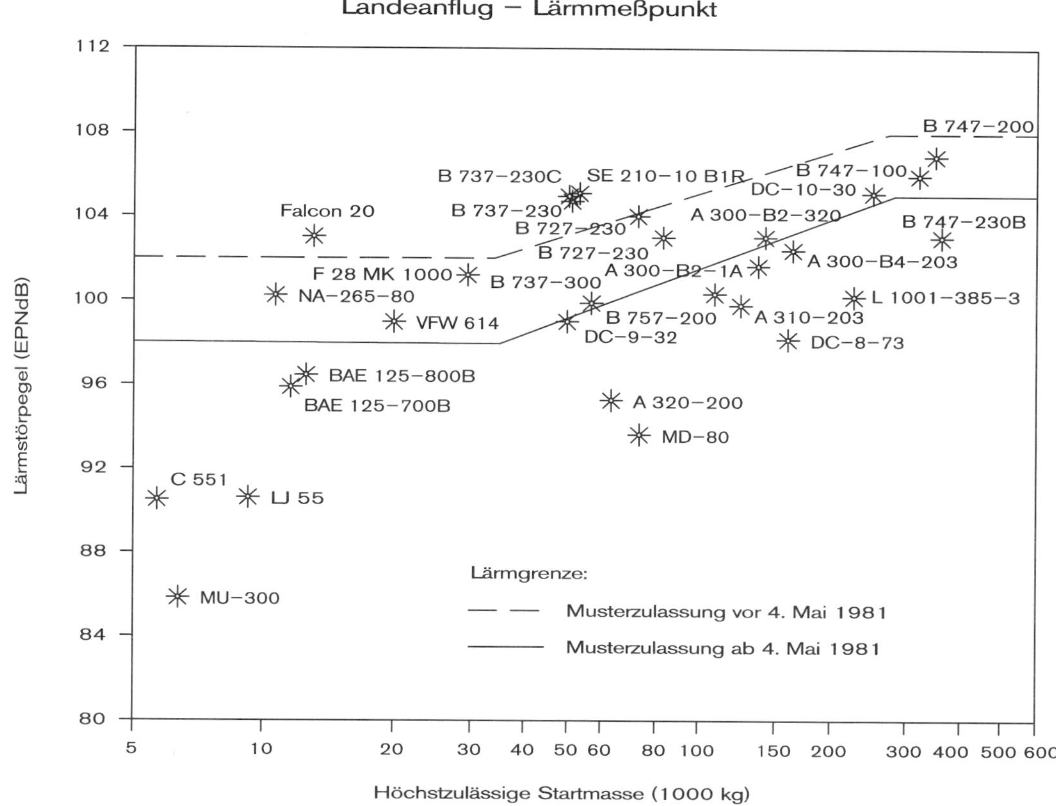

Quelle: Umweltbundesamt

Geräuschemissionsdaten von Flugzeugen mit Propellerantrieb

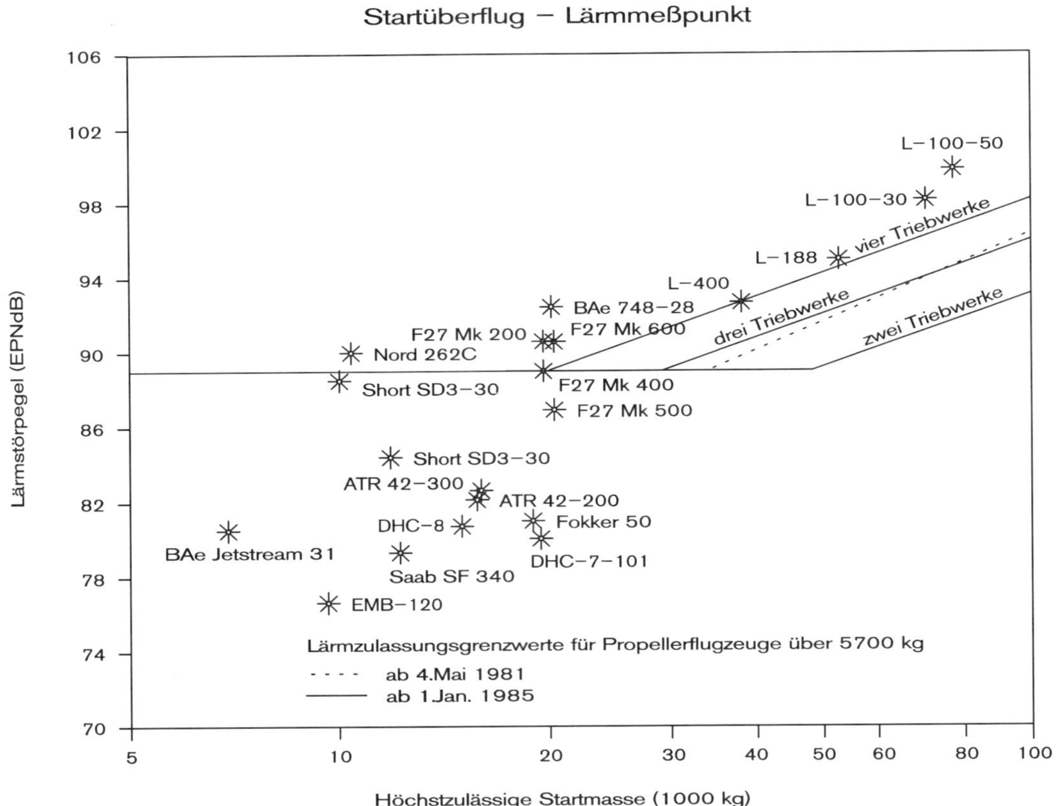

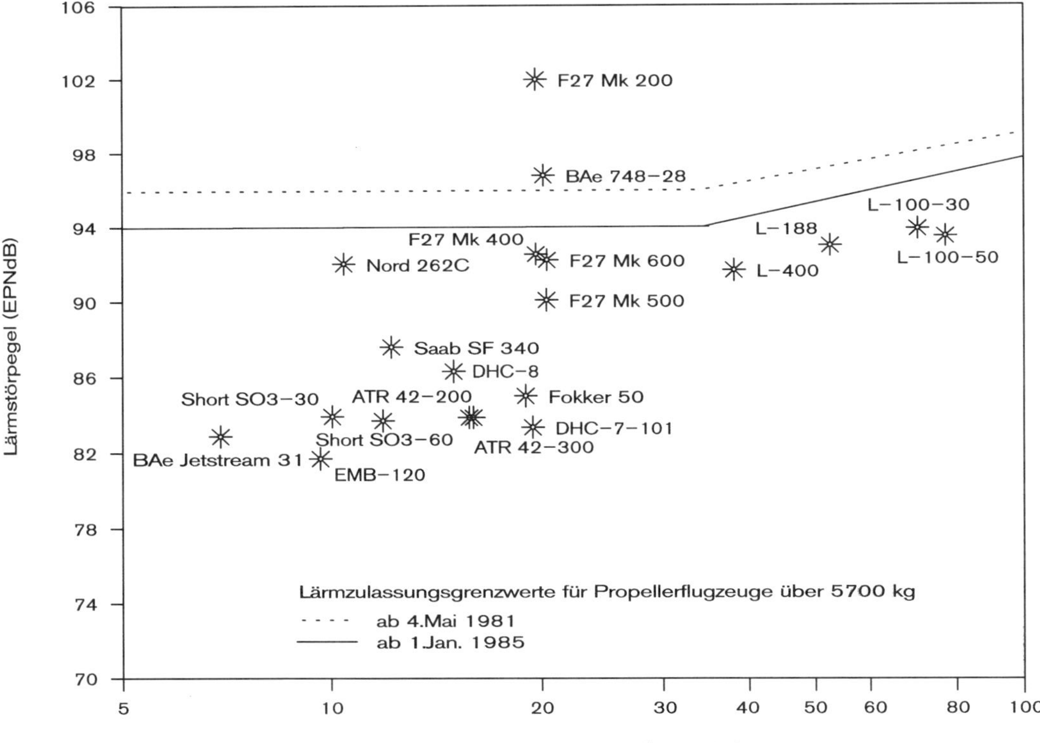

Quelle: Umweltbundesamt
Nach Angaben des Luftfahrt-Bundesamtes und
US-Department of Transportation (FAA)

Geräuschemissionsdaten von Flugzeugen mit Propellerantrieb

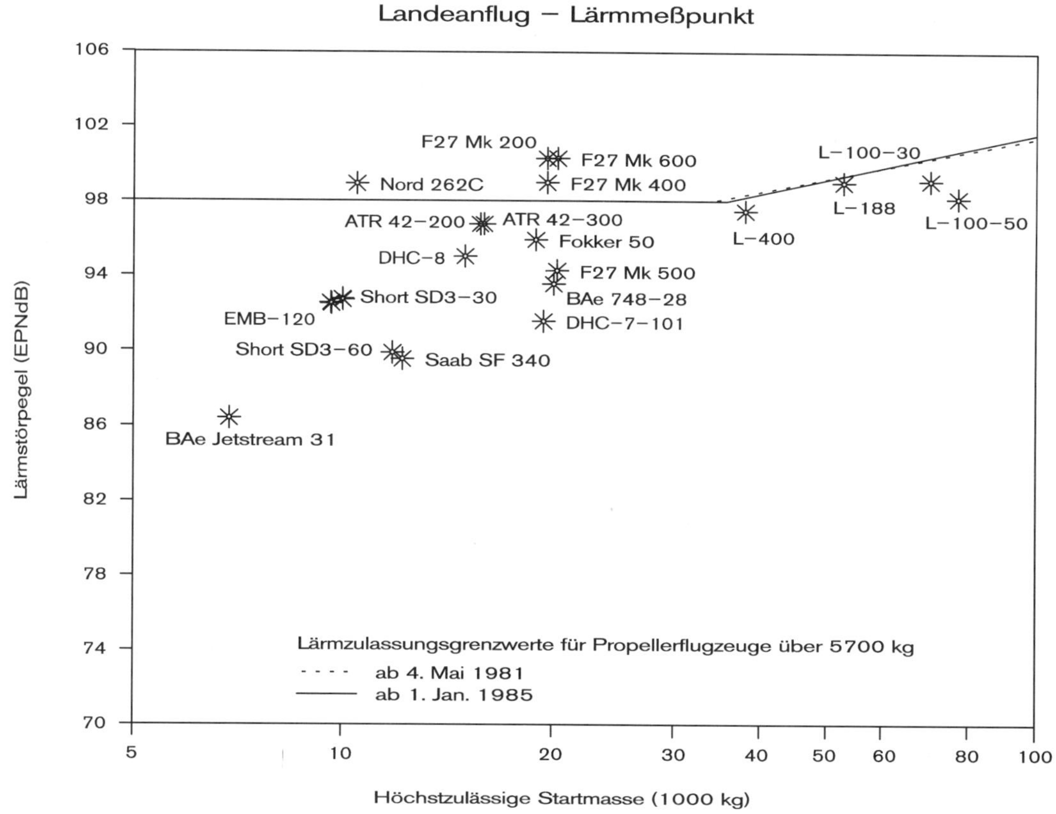

Quelle: Umweltbundesamt
Nach Angaben des Luftfahrt–Bundesamtes und
US–Department of Transportation (FAA)

Schallpegel von militärischen Strahlflugzeugen

Im Gegensatz zur zivilen Luftfahrt sind im militärischen Bereich bislang nur eingeschränkte Möglichkeiten bei der Geräuschminderung an der Quelle zu erkennen. Da die hier verwendeten Flugtriebwerke für Fluggeschwindigkeiten im Überschallbereich konzipiert sind, lassen sich konstruktive Lärmminderungskonzepte der Zivilluftfahrt auf militärische Strahltriebwerke für Kampfflugzeuge nicht übertragen.

Bei Flügen in 150 m Höhe über Grund werden am Boden Schallpegel von 105 dB(A) und bei Flügen in 75 m Höhe über Grund von 113 dB(A) erzeugt. In Einzelfällen sind am Boden jedoch auch Pegel bis zu 125 dB(A) registriert worden. Die Einwirkzeiten dieser Überfluggeräusche sind aufgrund der hohen Fluggeschwindigkeit der Luftfahrzeuge und der niedrigen Flughöhen sehr gering (1–2 Sekunden).

Die Ergebnisse von Geräuschmessungen bei genau definierten Flugzuständen zeigt die Grafik auf. Im Rahmen einer Meßkampagne wurden die A-bewerteten Schalldruckpegel bei horizontalen Überflügen der Kampfflugzeuge der Bundeswehr und der Alliierten in 75 m Höhe über Grund ermittelt. Die Überflüge erfolgten jeweils mit der für das Muster üblichen Fluggeschwindigkeit bei Tiefflügen. Insgesamt wurden 476 Direktüberflüge gemessen und ausgewertet.

Die gemessenen Werte zeigen auf, daß bei einigen neueren Flugzeugtypen (z. B. F 15, F 16) bei gleicher Leistungsfähigkeit gegenüber älteren Mustern eine Geräuschreduzierung durch technische Maßnahmen erreicht worden ist.

Geräuschpegel von militärischen Strahlflugzeugen bei direkten Überflügen in 75 m Höhe über Grund

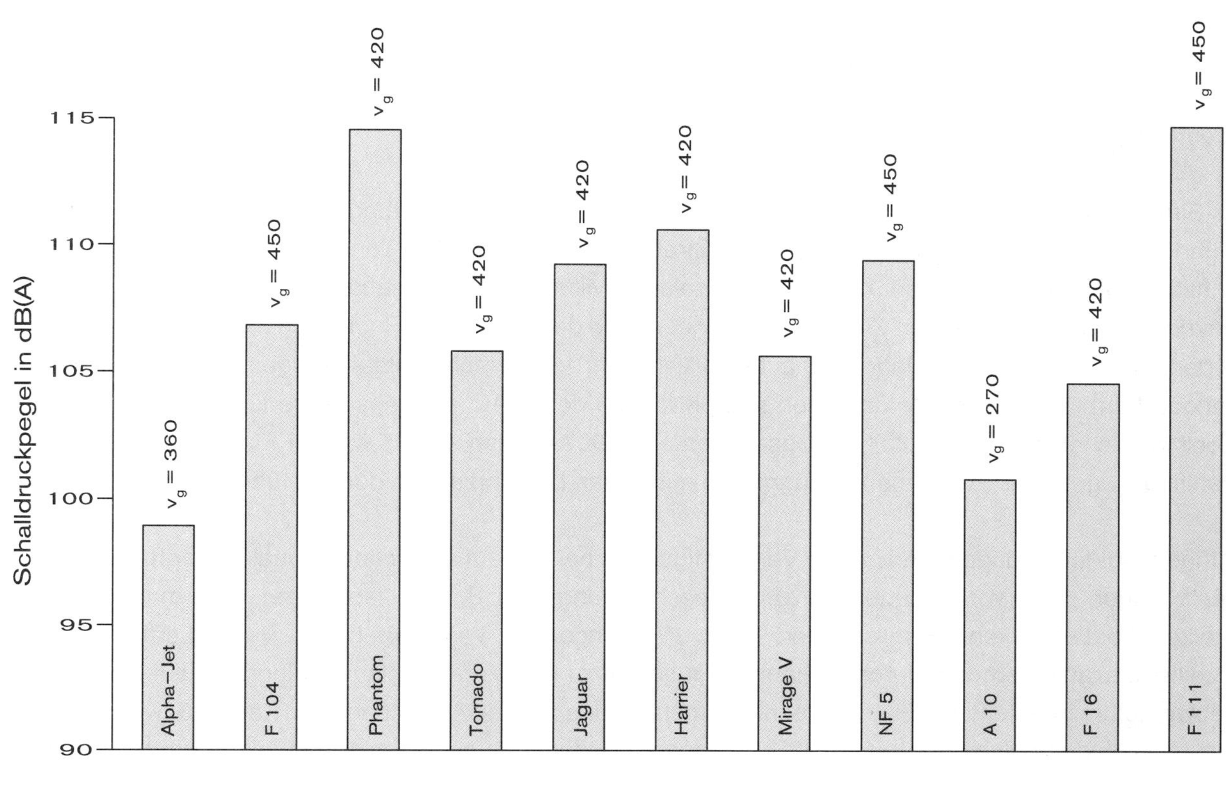

Vg = Fluggeschwindigkeit in Knoten

Quelle: Umweltbundesamt

Anteil lärmarmer Verkehrsflugzeuge im Luftverkehr

Seit 1979 wird auf den 11 großen internationalen Verkehrsflughäfen der Bundesrepublik Deutschland ein vermehrter Einsatz lärmarmer Flugzeugtypen verzeichnet. Die neueren Flugzeugmuster (z. B. Airbus A 310, Airbus A 320, Boeing B 757, Boeing B 767, Douglas MD-83/87, Britisch Aerospace HS 146) weisen eine deutlich geringere Geräuschemission als ältere Luftfahrzeugtypen auf. Hinzu kommt in den letzten Jahren die technische Weiterentwicklung älterer Flugzeugmuster. Viele ehemals laute Flugzeugmuster sind zwischenzeitlich mit kraftstoffsparenden und lärmarmen Triebwerken ausgerüstet worden (Boeing 737-300, Boeing 707 QE, Douglas DC-8-73).

Der Einsatz lärmarmer Luftfahrzeuge hat zu einer spürbaren Lärmentlastung an den Verkehrsflughäfen geführt. Der Anteil der Flugbewegungen mit Strahlflugzeugen über 20 Tonnen Abflugmasse, die den Lärmzulassungsanforderungen der internationalen Zivilluftfahrt-Organisation ICAO (Anhang 16 zur Konvention der internationalen Zivilluftfahrt) genügen, an den gesamten Flugbewegungen mit Strahlflugzeugen hat sich von 43% im Jahr 1979 auf 97,4% im Jahr 1987 erhöht. Luftfahrzeuge, die den besonders strengen Lärmzulassungsanforderungen nach Kapitel 3 des ICAO Anhangs 16 genügen, haben bisher jedoch erst einen geringen Anteil am Gesamtverkehr. 1987 wurden erst 25,9% der Flugbewegungen mit Strahlflugzeugen über 20 Tonnen Abflugmasse mit diesen Luftfahrzeugen durchgeführt.

Lärmabhängige Landegebühren sowie Vergünstigungen bei den auf allen internationalen Flughäfen mehr oder weniger stark vorhandenen Nutzungsbeschränkungen (z.B. für Nachtflüge) sind maßgebliche Anreize, die Luftverkehrsgesellschaften in der Vergangenheit veranlaßt haben, laute Luftfahrzeuge vorzeitig auszumustern und durch lärmarmes Fluggerät zu ersetzen bzw. lautes Fluggerät auf lärmarme Triebwerke umzurüsten. Für Flugzeuge mit Lärmzulassung nach ICAO Anhang 16, Kapitel 3, werden auf deutschen Verkehrsflughäfen bis zu 30% geringere Landegebühren (Bemessung nach dem Höchstabfluggewicht) entrichtet. Diese Benutzervorteile sollen auch zukünftig dazu beitragen, daß der Anteil lärmarmer Flugzeuge steigt und damit die Geräuschbelastung der Flughafenanwohner weiter gemindert wird.

Entwicklung des Anteils der Strahlflugzeuge über 20 t Abflugmasse mit ICAO – Annex – 16 – Zulassung an den gesamten Flugbewegungen mit Strahlflugzeugen 1979 bis 1987

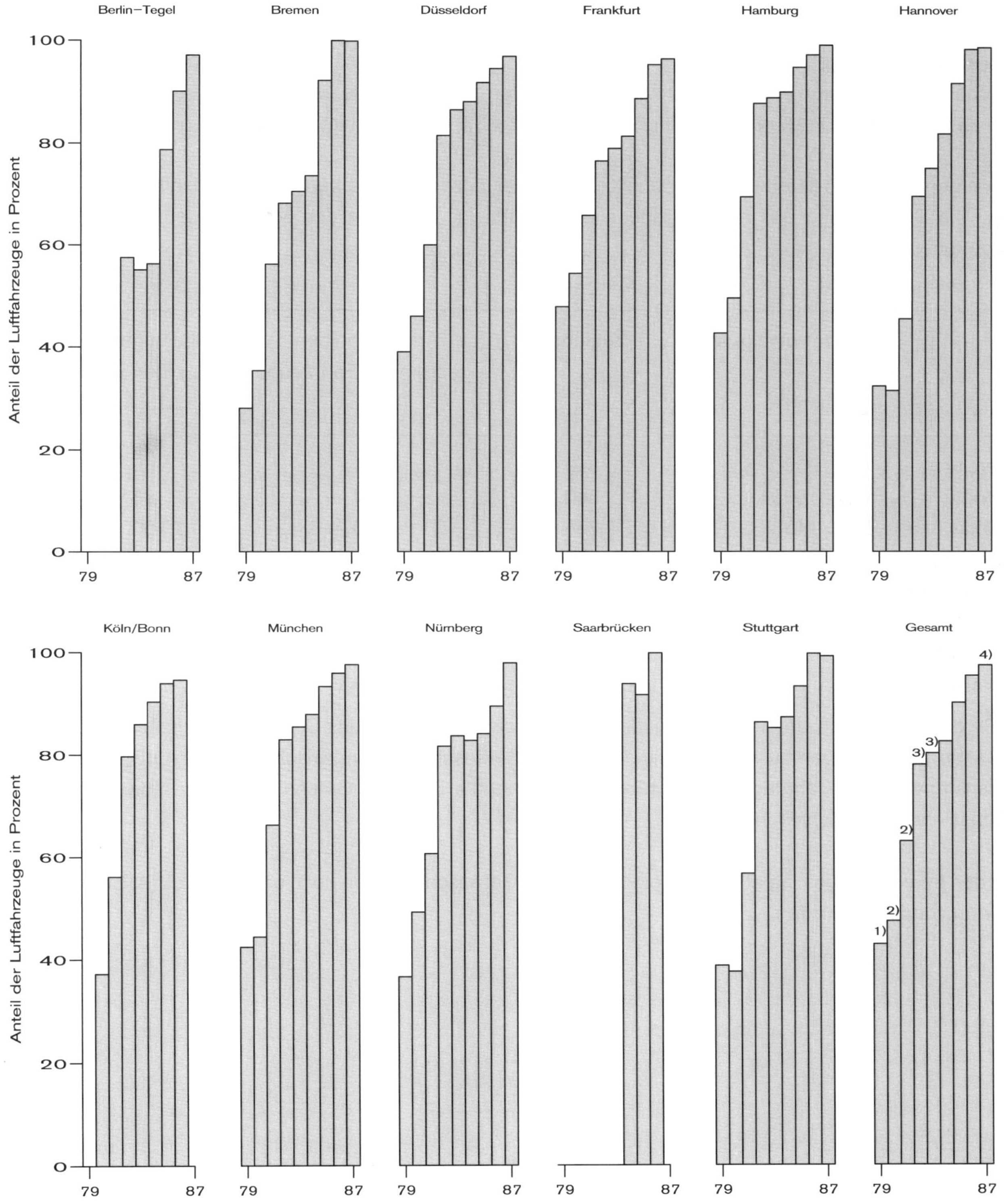

1) Ohne Berlin, Köln/Bonn, Saarbrücken
2) Ohne Berlin, Saarbrücken
3) Ohne Saarbrücken
4) Ohne Saarbrücken, Köln/Bonn

Quelle: Umweltbundesamt nach Angaben der Arbeitsgemeinschaft Deutscher Verkehrsflughäfen (ADV)

Geräuschemissionen an Schienenwegen beim praktischen Fahrbetrieb

An 10 Meßorten im Bundesgebiet wurden Vorbeifahrten von insgesamt ca. 400 Intercity-, 400 D- bzw. Eilzügen und 400 Güterzügen erfaßt. Bei jeder Meßreihe wurden sowohl die Geräuschemissionen als auch die Schienenrauhigkeit gemessen. Um festzustellen, welchen Einfluß das Schienenschleifen auf die Lärmentwicklung hat, wurden die Geräuschemissionen der verschiedenen Zuggattungen und die Schienenrauhigkeit an einem Meßort kurz vor dem Schleifen der Schienen, sowie eine Woche, vier Wochen, sechs Monate und ein Jahr nach dem Schleifen gemessen. Die Geräuschemissionen sind durch den Mittelungspegel in 25 m seitlich der Gleismitte und in 3,5 m über Schienenoberkante gekennzeichnet.

Die folgende Tabelle liefert die durchschnittlichen Mittelungspegelwerte basierend auf den Meßergebnissen. Die Schwankung des Mittelungspegels innerhalb und zwischen den Meßorten ist in der Grafik eingetragen.

	Zuggeschwindigkeit km/h	Zuglänge m	Anteil scheiben-gebremster Fahrzeuge %	Mittelungspegel für einen Zug/h dB(A)
Intercity	200	340	94	65
D-Zug	160	340	94	63
E-Zug	140	205	90	60
Güterzug	100	500	0	66

Quelle: Umweltbundesamt

Außerdem zeigen die Untersuchungen, daß am untersuchten Meßort das Schleifen verriffelter Schienen bei allen Zuggattungen zu einer Verminderung der Geräuschemission zwischen 2 und 4 dB(A) führte. Bereits nach einem Jahr lagen die Geräuschemissionen für D/E- und Güterzüge wieder in der gleichen Höhe wie vor dem Schleifen.

Bei den Intercity-Zügen lag auch nach einem Jahr die Geräuschemission noch um etwa 2 dB(A) unter den Werten vor dem Schleifen.

Schwankung der Geräuschemissionen für verschiedene Zuggattungen an verschieden Meßorten

Abweichung der Mittelungspegel vom Durchschnittswert an 10 Meßorten

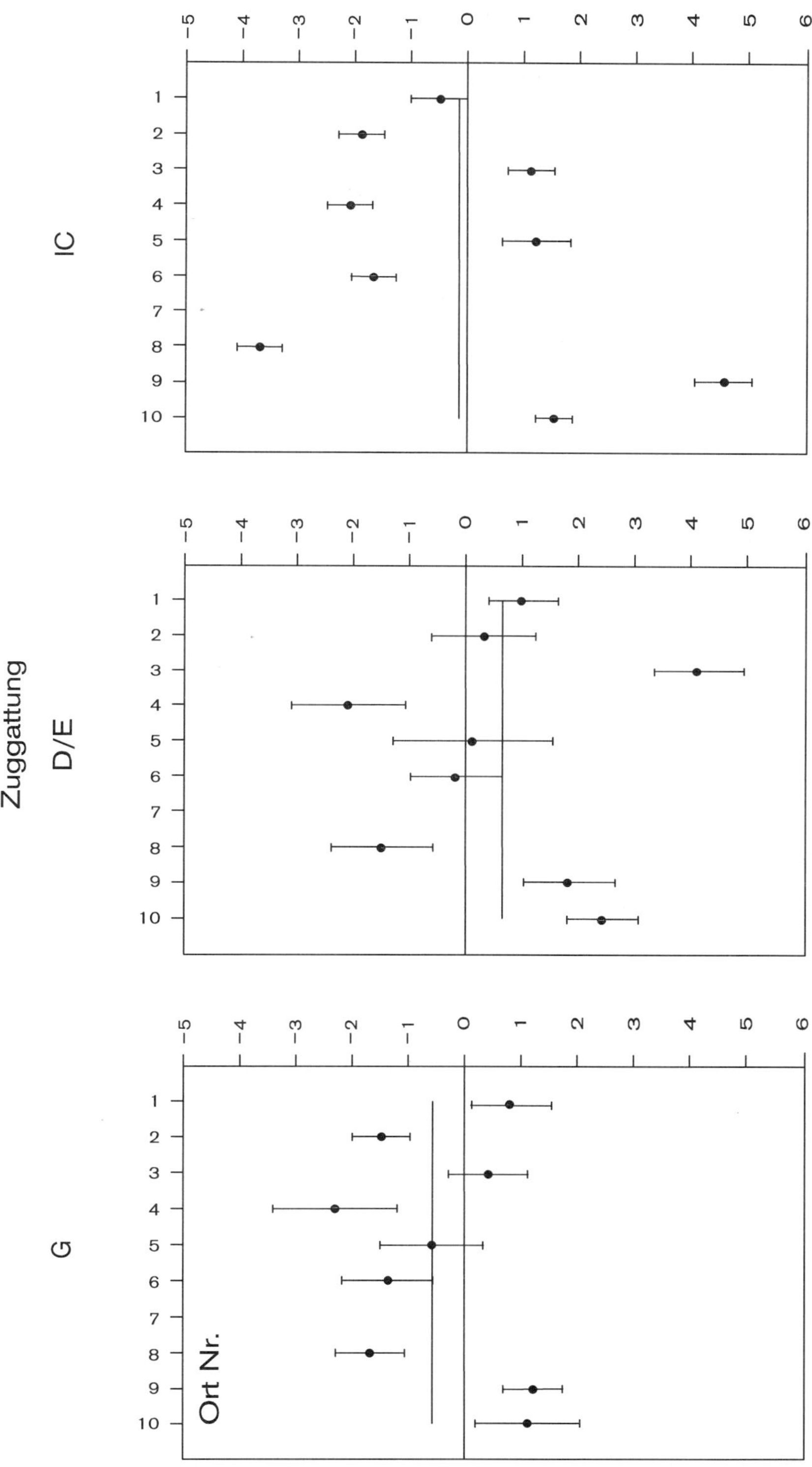

Quelle: Umweltbundesamt

Geräuschemissionen an wichtigen Quellen in Industrie und Gewerbe

Bereiche der Emissionspegel für einige Baumaschinen

Für die gängigsten Baumaschinen enthält die Grafik die im praktischen Betrieb unter Last gemessenen Emissionspegel.

Die hohen Pegel in einer Gerätegruppe und einer Leistungsklasse werden im allgemeinen bei älteren bzw. schlecht gewarteten Maschinen angetroffen. Niedrige Pegel werden von neueren Maschinen mit z. T. integrierten Lärmschutzmaßnahmen erreicht.

Für stationär zu betreibende Baumaschinen (Kraftstromerzeuger, Schweißstromerzeuger und insbesondere Kompressoren) können mit vergleichsweise einfach zu bewerkstelligenden Lärmschutzmaßnahmen sehr gute Lärmwerte erreicht werden.

Für die große Gruppe der Erdbewegungsmaschinen werden befriedigende Lärmwerte nur dann erzielt, wenn anspruchsvolle und z. T. aufwendigere Lärmschutztechnologien angewandt werden.

Verfahrensbedingt können bei Rammen, Aufbruchhämmern und Bodenverdichtern nur geringe Geräuschreduzierungen erreicht werden. Das hat dazu geführt, daß Rammen sehr stark durch leisere Tiefbauverfahren ersetzt wurden.

Bereiche der Emissionspegel für einige Baumaschinen (Stand 1987)*

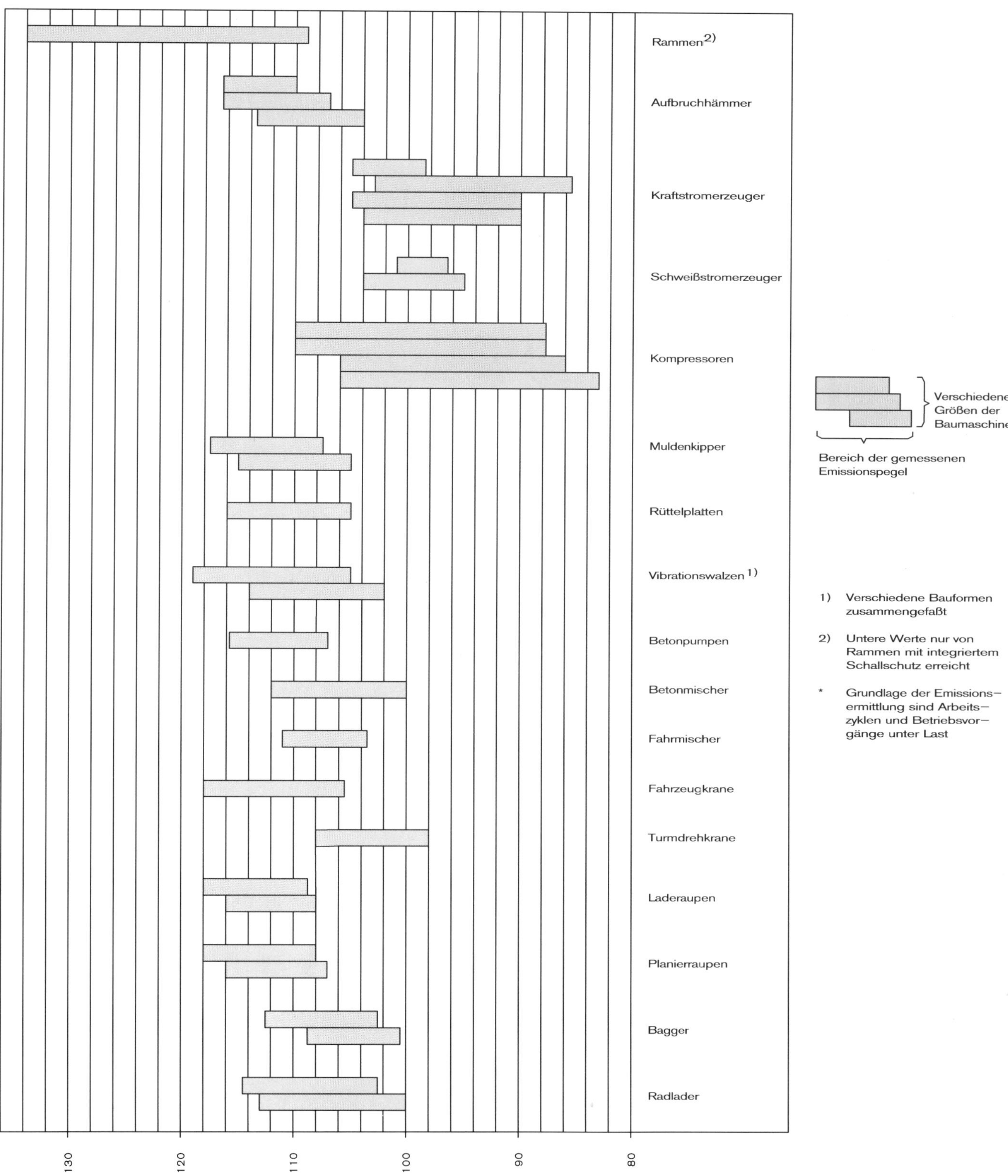

1) Verschiedene Bauformen zusammengefaßt

2) Untere Werte nur von Rammen mit integriertem Schallschutz erreicht

* Grundlage der Emissionsermittlung sind Arbeitszyklen und Betriebsvorgänge unter Last

Quelle: Umweltbundesamt

Nahrung

Datengrundlage

Menschen und Tiere nehmen mit der Nahrung zahlreiche Rückstände von unerwünschten Stoffen auf. Zum einen gibt es Stoffe, deren Vorkommen in Lebensmitteln – insbesondere für Risikogruppen – zur akut toxischen Wirkung führen kann (Nitrat bei Säuglingen). Zum anderen gibt es Stoffe, die langfristig schädliche Auswirkungen haben können. Hierzu gehören vor allem Stoffe, die unter Umweltbedingungen nur langsam oder gar nicht abgebaut werden. Auch wenn diese Stoffe nur in geringen Spuren in der Umwelt oder in Nahrungsmitteln vorkommen, so können sie sich in der Nahrungskette – bis hin zum Menschen – anreichern.

Zu den Stoffen, deren Vorkommen in Lebensmitteln besonders beobachtet werden muß, gehören Schwermetalle und persistente organische Verbindungen. Im Vordergrund des Interesses stehen bei den Schwermetallen Blei, Cadmium und Quecksilber, bei persistenten organischen Stoffen die chlorierten Kohlenwasserstoffe. Bei letzteren handelt es sich um fettlösliche Substanzen, die sich in unterschiedlicher Ausprägung durch Beständigkeit in Ökosystemen und durch Anreicherung in der Nahrungskette auszeichnen. Ihre Speicherung erfolgt vor allem in fetthaltigen Geweben.

Die Zentrale Erfassung- und Bewertungsstelle für Umweltchemikalien (ZEBS) des Bundesgesundheitsamtes sammelt die Daten der amtlichen Lebensmittelüberwachung der einzelnen Bundesländer und wertet diese in größeren zeitlichen Abständen aus. Eine Fortschreibung dieser Daten durch die ZEBS über die Auswertung, die in **„Daten zur Umwelt 86/87"** enthalten ist, liegt nicht vor. Insoweit wird auf diesen Bericht verwiesen.

Die Datenlage zur Rückstandssituation krankt grundsätzlich daran, daß es in der Bundesrepublik Deutschland kein flächendeckendes, kontinuierliches Monitoring gibt – außer der allgemeinen Getreideerhebung – die ein zeitlich und regional differenziertes Bild über die Schadstoffbelastung ermöglicht. Untersuchungen erfolgen zumeist punktuell und ereignisbezogen. Um ein Mindestmaß an Repräsentativität sicherzustellen, wurde bei den ausgewählten Daten überwiegend auf aktuelle Untersuchungsergebnisse der zuständigen Bundesanstalten zurückgegriffen oder auf großräumige Untersuchungen.

Bei der Beurteilung des Kontaminationsgrades von Nahrungsmitteln und Trinkwasser orientiert man sich an Grenzwerten, die toxikologisch abgeleitet sind. In der Pflanzenschutzmittelhöchstmengenverordnung sind Grenzwerte für zahlreiche chlorierte Kohlenwasserstoffe ausgewiesen, die als Pflanzenschutzmittel eingesetzt wurden und werden. In der Schadstoffhöchstmengenverordnung sind Grenzwerte polychlorierter Biphenyle in Lebensmitteln tierischer Herkunft sowie für Quecksilber in Fischen, Krusten-, Schalen- und Weichtieren festgelegt worden. Die Richtwerte für Schwermetalle, die das Bundesgesundheitsamt veröffentlicht, haben im Vergleich dazu keinen bindenden Charakter, sondern geben der Lebensmittelwirtschaft und -überwachung Anhaltspunkte für den Grad der Kontamination von Lebensmitteln. In einigen Bereichen (Fleischhygiene-Verordnung, Beanstandungskriterien für pflanzliche Lebensmittel Baden-Württemberg) wird der doppelte Richtwert als Grenzwert für die gesundheitliche Unbedenklichkeit herangezogen. Die zur Beurteilung der Belastung einzelner Lebensmittelgruppen geltenden Werte werden in den Tabellen im jeweiligen Zusammenhang angegeben.

Schwermetalle in Lebensmitteln

Schwermetalle in pflanzlichen Lebensmitteln

Schwermetalle sind natürliche Bestandteile des bodenbildenden Gesteins. Insofern sind auch in allen biologischen Organismen bestimmte Grundkonzentrationen nachweisbar. Durch anthropogene Einträge in die Umweltmedien Wasser, Boden oder Luft (z. B. durch Emissionen oder Klärschlammaufbringung) kann es über die Nahrungskette zu deutlichen Anreicherungen und damit auch zu Richtwertüberschreitungen kommen.

Cadmium ist im Boden, abhängig vom Säuregrad, unterschiedlich mobil und wird von Pflanzen – je nach Art in unterschiedlichem Ausmaß – über die Wurzel aufgenommen. Bei entsprechender Belastung über die Luft lagert es sich zudem auf der Pflanzenoberfläche ab.

Blei wird von Pflanzen aus dem Boden weniger gut aufgenommen als Cadmium. Bei Belastung über die Luft lagert es sich auf der Pflanzenoberfläche ab.

Die *Quecksilber*konzentrationen in pflanzlichen Lebensmitteln sind im allgemeinen niedrig.

Die Bundesanstalt für Getreide- und Kartoffelverarbeitung untersucht seit 1975 im Rahmen der jährlich durchgeführten Ernteuntersuchungen Weizen- und Roggenproben auf Schwermetallrückstände. Getreidepflanzen sind zwar für die Gesamtheit der angebauten Nahrungs- und Futterpflanzen nur von begrenzter Repräsentativität, da sie aber eine wesentliche Ernährungsgrundlage bilden, haben sie für die Nahrungsbelastung des Menschen eine gewisse Indikatorfunktion.

Die im Vergleich zu Roggen durchschnittlich 4fach höheren Cadmiumgehalte in Weizen beruhen vor allem auf der artspezifisch unterschiedlichen Cadmiumaufnahme. Bei Roggen treten keine Richtwertüberschreitungen (0,1 mg/kg) auf. Bei Weizen überschreiten im Bundesdurchschnitt 9% der Proben die Richtwerte, wobei Nordrhein-Westfalen und Schleswig-Holstein auf 26% bzw. 12% aller untersuchten Proben die häufigsten Überschreitungen aufweisen.

Die durchschnittlichen Cadmiumwerte für Weizen sind in den letzten 13 Jahren im wesentlichen gleich geblieben. Aus der Tabelle, in der die Häufigkeit der Richtwertüberschreitungen nach Bundesländern aufgeschlüsselt ist, ergibt sich, daß regional erhebliche Belastungsunterschiede bestehen. Es sind jedoch die teils sehr geringen Zahlen untersuchter Proben zu berücksichtigen.

Untersuchungen von Weizen- und Roggenproben zeigen deutlich die artspezifisch höhere Bleianreicherung des Roggens, dessen Gehalte durchschnittlich doppelt so hoch sind wie die des Weizens. Die Richtwerte für Roggen (0,4 mg/kg) und Weizen (0,3 mg/kg) werden jedoch nicht überschritten. Die Jahresmittelwerte für Roggen und Weizen über die letzten 13 Jahre zeigen eine deutlich höhere Schwankungsbreite als die Cadmiumkonzentrationen, lassen aber keinen Trend zur Zu- oder Abnahme der Gehalte erkennen.

Langjähriger Verlauf der mittleren Blei- und Cadmiumgehalte in Weizen und Roggen 1975 bis 1987

Cd (mg/kg)
0.06
0.05
0.04
0.03
0.02
0.01
0.00
1975
1977
1979
1981
1983
1985
1987
Weizen
Roggen
1)

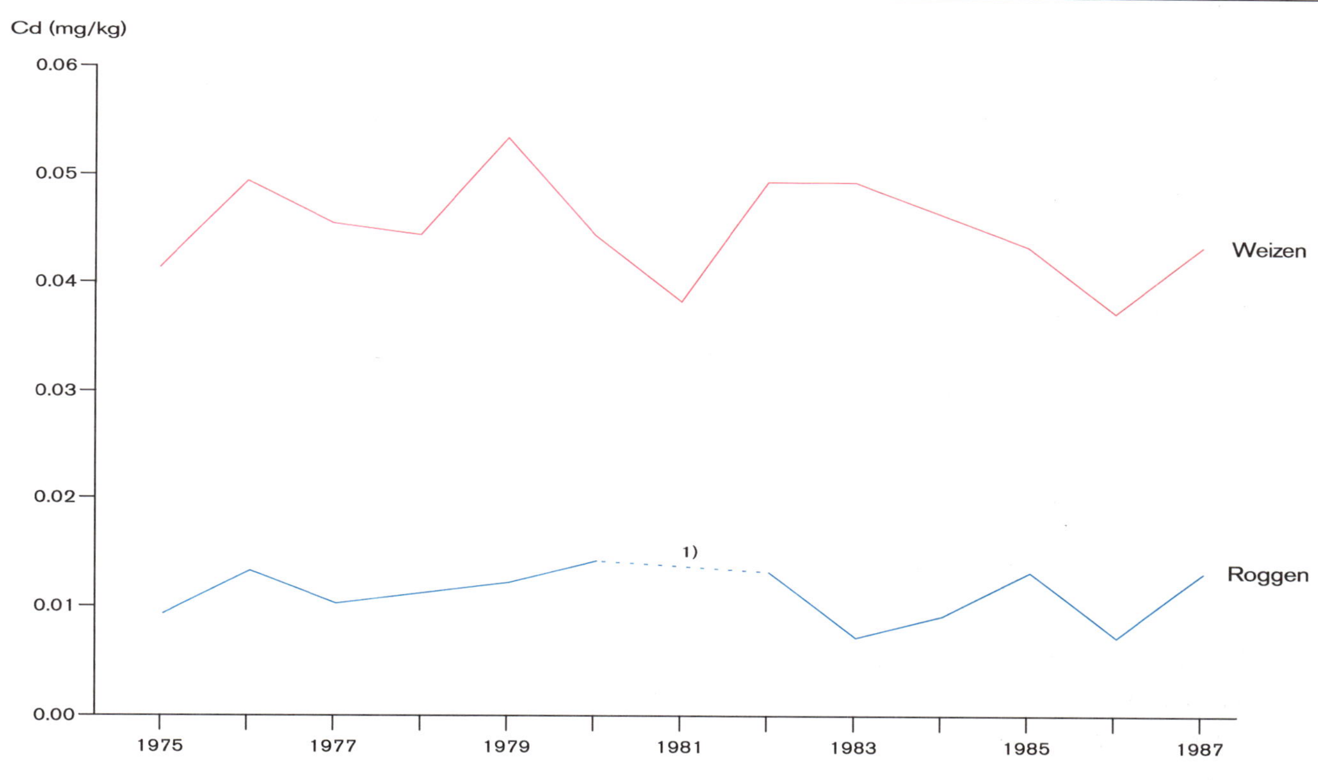

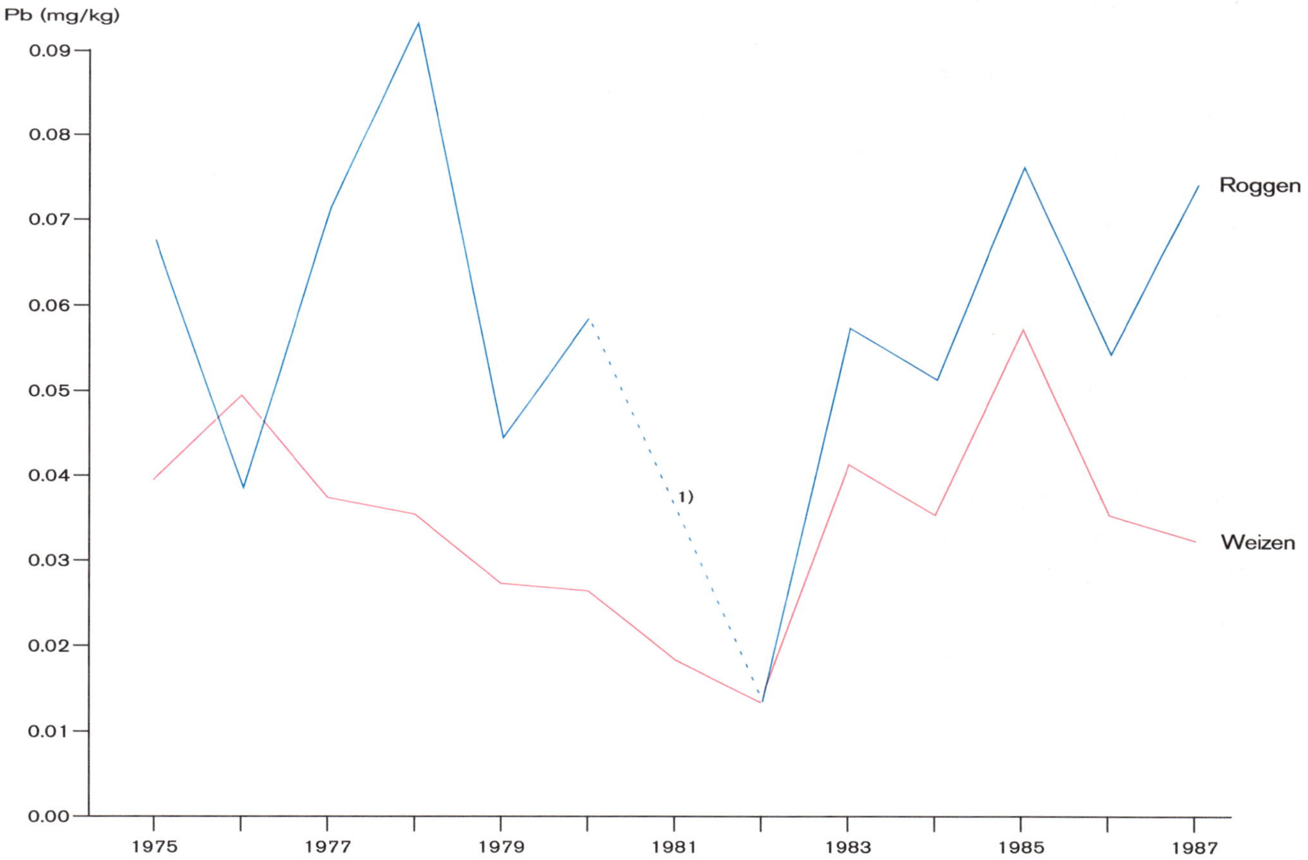

Pb (mg/kg)
0.09
0.08
0.07
0.06
0.05
0.04
0.03
0.02
0.01
0.00
1975
1977
1979
1981
1983
1985
1987
Roggen
Weizen
1)

1) Für 1981 liegen keine Daten vor

Quelle: Bundesforschungsanstalt für Getreide- und Kartoffelverarbeitung

Cadmiumgehalte in Weizen und Roggen (1987) in mg/kg Frischsubstanz

Bundesländer	Weizen			Roggen		
	Proben-anzahl	Median	min.–max.	Proben-anzahl	Median	min.–max.
Baden-Württemberg	26	0,0035	0,011–0,115	–	–	–
Bayern	31	0,028	0,014–0,092	10	0,009	0,008–0,024
Hessen	19	0,039	0,017–0,116	7	0,015	0,010–0,015
Niedersachsen	41	0,052	0,025–0,332	24	0,012	0,007–0,021
Nordrhein-Westfalen	35	0,078	0,022–0,281	9	0,023	0,009–0,059
Rheinland-Pflalz	17	0,031	0,017–0,086	6	0,010	0,008–0,021
Saarland	5	0,040	0,025–0,061	2	0,009	0,008–0,010
Schleswig-Holstein	26	0,056	0,025–0,126	10	0,010	0,007–0,0016
Bundesdurchschnitt	200	0,043	0,011–0,332	68	0,013	0,007–0,059

ZEBS-Richtwert: 0,1 mg/kg Frischsubstanz

Quelle: Bundesanstalt für Getreide- und Kartoffelverarbeitung

Überschreitungen des Richtwertes für Cadmium (0,1 mg/kg) im Inlandweizen der Ernten 1975–1987 in %

Bundesländer (Probenzahl)	1975 (110)	1976 (226)	1977 (348)	1978 (398)	1979 (210)	1980 (264)	1981 (213)	1982 (256)	1983 (343)	1984 (210)	1095 (211)	1986 (199)	1987 (200)
Baden-Württemberg	–	–	2	4	–	2	–	5	7	–	4	–	4
Bayern	–	–	6	3	5	–	–	6	4	–	3	3	–
Hessen	–	–	5	2	5	–	–	–	7	–	–	5	11
Niedersachsen	–	10	9	21	7	24	8	6	10	5	7	2	7
Nordrhein-Westfalen	27	29	38	40	30	32	9	20	45	20	21	20	26
Rheinland-Pfalz	–	–	3	–	5	10	–	4	6	6	6	6	–
Saarland	–	–	4	–	–	–	–	–	–	–	–	–	–
Schleswig-Holstein	–	–	15	18	17	16	10	–	–	10	22	8	12
Bundesrepublik Deutschland	4	8	10	9	11	12	5	7	10	7	10	7	9

Quelle: Bundesforschungsanstalt für Getreide- und Kartoffelverarbeitung

Bleigehalte in Weizen und Roggen (1987) in mg/kg Frischsubstanz

Bundesländer	Proben-zahl	Weizen Median	Weizen min.–max.	Proben-zahl	Roggen Median	Roggen min.–max.
Baden-Württemberg	26	0,015	nn –0,058	–	–	–
Bayern	31	0,023	nn –0,048	10	0,077	0,024–0,131
Hessen	19	0,018	nn –0,200	7	0,068	0,049–0,119
Niedersachsen	41	0,032	nn –0,079	24	0,054	0,035–0,124
Nordrhein-Westfalen	35	0,062	0,022–0,281	9	0,092	0,032–0,189
Rheinland-Pfalz	17	0,087	0,046–0,115	6	0,090	0,051–0,112
Saarland	5	0,043	0,020–0,052	2	0,074	0,059–0,089
Schleswig-Holstein	26	0,024	0,013–0,059	10	0,096	0,072–0,235
Bundesdurchschnitt	200	0,032	nn –0,281	28	0,074	0,024–0,235

ZEBS-Richtwerte: Weizen: 0,3 mg/kg Frischsubstanz
Roggen: 0,4 mg/kg Frischsubstanz

Quelle: Bundesforschungsanstalt für Getreide- und Kartoffelverarbeitung

Schwermetalle in Lebensmitteln tierischer Herkunft

Die Schwermetallkonzentrationen in Lebensmitteln tierischer Herkunft sind im allgemeinen niedrig. Lediglich in Leber und Niere kommt es stoffwechselbedingt zu erhöhten Anreicherungen an Cadmium und Blei, weniger von Quecksilber.

Anhand der vorliegenden Daten wird die organspezifisch unterschiedliche Anreicherung im tierischen Organismus deutlich. Bei Cadmium zeigt sich auch die wichtige Rolle des Schlachtalters für die zu erwartenden Rückstände in Leber und Niere. Aufgrund der relativ hohen Belastungen empfiehlt das Bundesgesundheitsamt Rinder- und Schweinenieren nur gelegentlich zu verzehren.

Cadmium- und Bleigehalte in Niere, Leber und Muskulatur von Kalb und Rind in Nahrungsmitteln (mg/kg Frischsubstanz)

Schadstoff in	Niere x	Niere max.	Leber x	Leber max.	Muskulatur x	Muskulatur max.
Cadmium						
– Kälber	0,222	0,798	0.034	0,113	0,001	0,013
– Jungbullen	0,150	1,09	0,043	0,658	<0,005	<0,005
– Rinder, adult	0,334	2,10	0,058	1,658	<0,005	<0,008
ZEBS-Richtwert		0,5		0,5		0,1
Blei						
– Kälber	0,150	0,459	0,059	0,164	0,009	0,033
– Jungbullen	0,200	1,12	0,098	0,61	<0,05	<0,05
– Rinder, adult	0,260	1,60	0,120	1,60	<0,005	
ZEBS-Richtwert		0,8		0,8		0,25

Quelle: Kreuzer, 88

Schwermetallgehalte in Wild

Die Schadstoffbelastung von Wildtieren ist nicht nur deshalb von Interesse, weil Wild verzehrt wird, sie spiegelt vielmehr auch in gewissem Umfang die Schadstoffbelastung von ländlichen bzw. Waldökosystemen wieder.

Aktuelle Untersuchungen in Bayern zeigen, daß, gemessen an den Richtwerten für Rind und Schwein, das Fleisch von Wildtieren nicht hoch belastet ist. Die Schwermetallgehalte in Nieren überschreiten hingegen die zulässigen Richtwerte deutlich. Überschreitungen der Blei-Richtwerte bei Wildtieren werden auf Kontaminationen mit Bleisplittern aus den Geschossen zurückgeführt.

Blei- und Cadmium-Konzentrationen in Reh, Rothirsch und Wildschwein in Bayern[3])
(Jagdsaison 85/86, Angaben in mg/kg Frischgewicht)

Blei	Probenzahl	x Median[1])	90 Perzentil[2])	min.–max.	Richtwerte[4])
Reh-					
Leber	222	0,110	0,268	0,041–43,7	0,8
Niere	224	0,130	0,290	0,020– 1,53	0,8
Fleisch	187	0,049	0,440	0,005– 2,51	0,25
Rothirsch-					
Leber	85	0,144	0,339	0,069–71,8	0,8
Niere	80	0,144	0,335	0,030– 1,35	0,8
Fleisch	69	0,032	0,087	0,001–0,669	0,25
Wildschwein-					
Leber	26	0,258	0,511	0,170– 0,720	0,8
Niere	26	0,189	1,13	0,079– 1,59	0,8
Fleisch	25	0,037	8,41	0,011–18,7	0,25
Cadmium					
Reh-					
Leber	222	0,078	0,278	0,008– 1,81	0,5
Niere	224	0,627	2,60	0,009–18,2	1,0
Fleisch	187	0,005	0,015	0,001– 0,214	0,1
Rothirsch-					
Leber	85	0,044	0,137	0,008– 0,496	0,5
Niere	82	0,678	3,68	0,007–10,3	1,0
Fleisch	69	0,003	0,01	0,001– 0,014	0,1
Wildschein					
Leber	27	0,234	0,842	0,039– 1,51	0,5
Niere	27	2,38	5,46	0,664– 5,63	1,0
Fleisch	26	0,007	0,013	0,001– 0,015	0,1

[1]) Median x = Konzentration, die von 50% der Proben unterschritten wird.
[2]) 90-Perzentil = Konzentration, die von 90% der Proben unterschritten wird.
[3]) Die Proben wurden in den Regionen Seeshaupt, Fichtelgebirge, Nordostbayern, Traunstein, Nationalpark Bayerischer Wald, Spessart genommen.
[4]) Richtwert ZEBS/BGA. Nach der Fleischhygiene-Verordnung gilt für die Schwermetalle Blei und Cadmium bei Überschreitung des *doppelten* Richtwertes Fleisch nicht mehr als gesundheitlich unbedenklich.

Quelle: Umweltbundesamt

Chlorierte Kohlenwasserstoffe in Lebensmitteln

Chlorierte Kohlenwasserstoffe sind eine Gruppe von organischen Verbindungen, die in vielen Einsatzbereichen Verwendung finden. Typische Anwendungsgebiete sind Pflanzenschutzmittel, Lösungsmittel oder Ausgangsprodukte für Kunststoffe.

Aufgrund von Anwendungsverboten bzw. von verschärften Anwendungsbeschränkungen haben die Rückstandskonzentrationen dieser Stoffe in Lebensmitteln zum Teil eine abnehmende Tendenz. Repräsentative Daten liegen allerdings nur für wenige der bekannten chlorierten Kohlenwasserstoffe vor, zumeist für die, die als Pflanzenschutzmittel eingesetzt werden. Für andere, die als Verunreinigungen von Produkten oder Emissionen in die Umwelt gelangen können, wie z. B. das hochgiftige TCDD, fehlt bislang eine ausreichende Datenbasis.

Chlorierte Kohlenwasserstoffe in Getreideproben (150 Weizen-, 50 Roggenproben)

Stoff	Median (mg/kg)	Max (mg/kg)	Anteil unterhalb der Nachweisgrenze (%)	Höchstmenge (mg/kg)	Anteil der Höchstmengenüberschreitung (%)
Lindan	0,0006	0,300	2	0,1	0,5
HCH-Isomere	<0,0001	0,0006	93	0,02	0
HCB	<0,0001	0,0017	99	0,01	0
Quintozen	<0,0001	0,0011	97	0,01	0

Quelle: Bundesforschungsanstalt für Getreide- und Kartoffelverarbeitung

Lindan–Gehalte in Weizen und Roggen 1986 und 1987 – besondere Ernteermittlung –

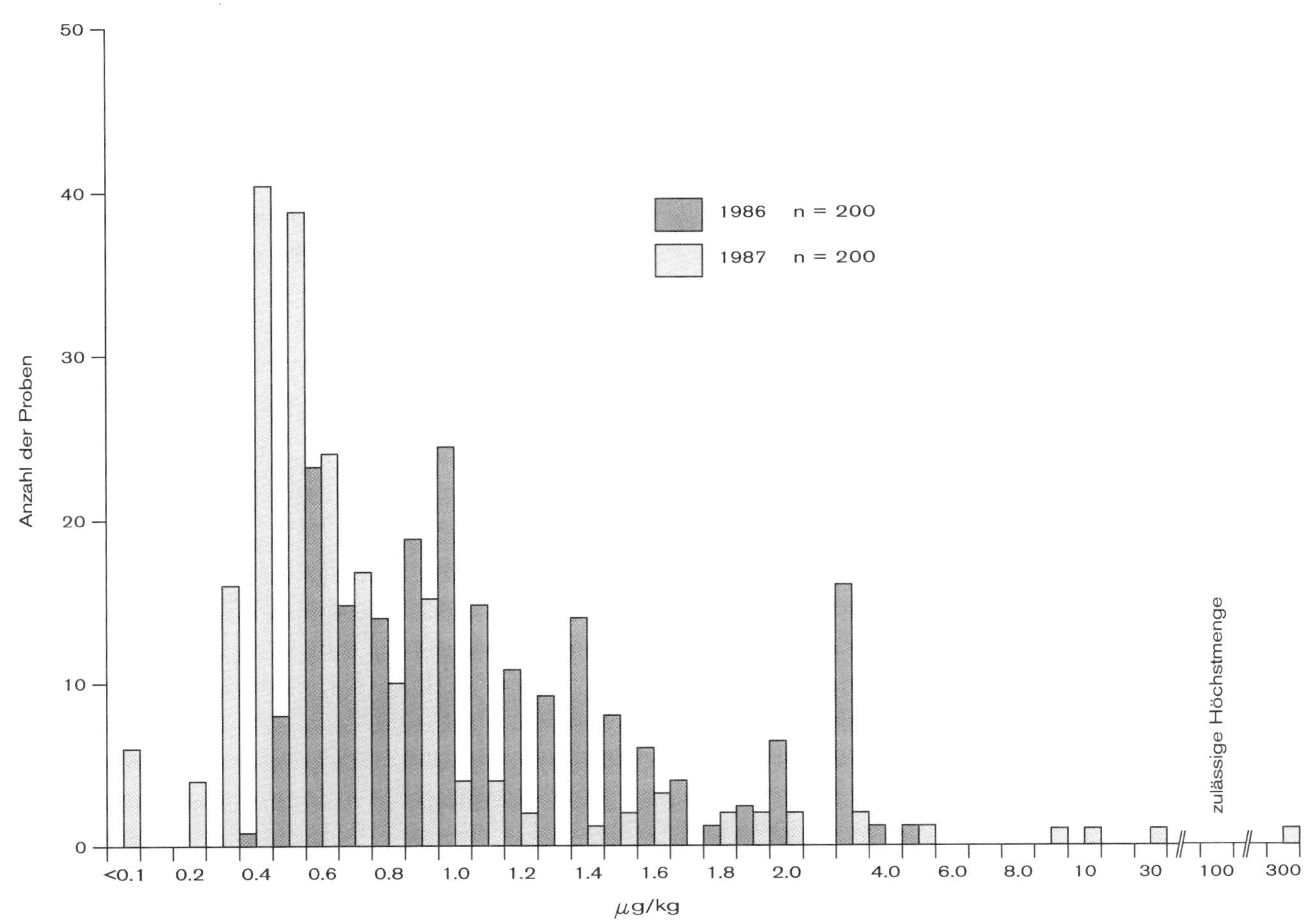

Quelle: Bundesforschungsanstalt für Getreide und Kartoffelverarbeitung

Chlorierte Kohlenwasserstoffe in Milch

Chlorierte Kohlenwasserstoffe reichern sich in unterschiedlicher Ausprägung insbesondere in fetthaltigen Geweben an. Sie führen zu höheren Konzentrationen in tierischen Produkten, vor allem in Milch, Butter und tierischem Fettgewebe, auch wenn die Rückstände in Futtermitteln in μg/kg-Bereich liegen. In den letzten Jahren sind außer bei Hexachlorbenzol (HCB) und Hexachlorcyclohexan-Isomeren (α, β-HCH sind Nebenprodukte bei der Lindanherstellung) kaum noch Höchstmengenüberschreitungen bei Milch festgestellt worden. Die HCH-Isomeren-Rückstände in Milch werden vor allem auf die Verunreinigung importierter Futtermittel zurückgeführt. Die quantitativ führende Rolle unter den chlorierten persistenten Verbindungen spielen die PCB's.

Die Beanstandungsquote aufgrund erhöhter Pestizidrückstände in Futtermitteln hat in den letzten Jahren erheblich abgenommen.

Rückstände von PCB und anderen chlorierten Kohlenwasserstoffen in Mischfuttermitteln und Milch (1987 – Okt. 1988) in μg/kg Trockenmasse (N = 917) bzw. μg/kg Milchfett (N = 932)

Schadstoff	Futtermittel		Milch	
	$\bar{x}$	max.	$\bar{x}$	max.
HCB	0,2	7,2	11,3	56,3
β-HCH	0,1	5,1	0,8	230,6
$\alpha + \beta$-HCH	0,4	8,4	8,0	248,4
γ-HCH	2,5	17,5	17,8	165,0
HE	0,1	0,8	0,2	4,3
Dieldrin	0,2	1,7	3,9	29,0
Σ-DDT	2,2	18,1	12,4	51,5
PCB K 28	0,1	9,7	1,2	46,2
K 52	0,2	32,3	0,8	32,3
K 101	0,7	1,8	0,7	12,5
K 138	0,4	8,0	0,3	64,7
K 153	0,2	6,2	8,5	64,7
K 180	0,1	5,8	4,8	40,0

HCB = Hexachlorbenzol
HCH = Hexachlorcyclohexan
HE = Heptachloreoxid
PCB = Polychlorierte Biphenyle
K 28 – K 180 = PCB-Kongenere nach Ballschmiter u. Zell

Quelle: Heeschen, 1988

Entwicklung der Beanstandungsraten von Futtermitteln (%) von 1984–1987

Schadstoff	1984	Proben-zahl	1985	Proben-zahl	1986	Proben-zahl	1987	Proben-zahl
$\alpha + \beta$-HCH	10,4	(1241)	3,2	(837)	3,6	(757)	1,5	(407)
γ-HCH	0,5	(1150)	0,2	(835)	0	(748)	0	(429)
Chlordan	0	(1046)	0	(644)	0	(505)	0	(274)
DDD, DDE, DDT	3,7	(1114)	1,1	(827)	0,5	(733)	0,3	(397)
Aldrin, Dieldrin	0,5	(1078)	0,3	(797)	0	(657)	0	(390)
Endrin	0	(1078)	0	(793)	0	(661)	0	(390)
Heptachlor u. -epoxid	0,1	(1078)	0,1	(790)	0	(660)	0	(389)
HCB	0,5	(1118)	0,6	(827)	0	(723)	0	(394)
CKW-Gesamt	2,11		0,72		0,57		0,23	

Quelle: Weinreich u. Rhemus, 1988

Chlorierte Kohlenwasserstoffe in Fischen

Umfangreiche Untersuchungen existieren auch über die Belastung von Fischen mit chlorierten Kohlenwasserstoffen. Die vorliegenden Daten über Brassen verdeutlichen die regional unterschiedlichen Belastungsmuster mit verschiedenen Schadstoffen. Höchstmengenüberschreitungen kommen, außer in der Elbe, relativ selten vor.

Rückstände von chlorierten Kohlenwasserstoffen in Brassen (μg/kg Fett), Mittelwerte

	Proben-zahl	HCB[1])	α-HCH	γ-HCH	OCS[2])	DDE	DDD	K 28	K 52	K 101	K 138	K 153	K 180
Elbe, Gorleben	12	6 275	448	658	1 836	3 063	3 981	966	438	890	1 297	1 587	704
Elbe, Lauenburg	37	5 845	233	553	2 185	3 643	2 841	786	374	740	1 468	1 747	762
Elbe, Fährmannsand	13	3 162	311	632	1 081	1 430	2 454	287	313	744	1 616	2 011	1 155
Elbe, Kollmar	14	1 911	219	348	764	704	978	535	152	286	646	803	335
Elbe, Glückstadt	14	4 164	468	696	1 638	1 921	4 054	< 50	336	900	1 823	1 944	783
Ems, Meppen	12	122	84	372	26	585	180	862	398	604	1 363	1 358	555
Hase, Meppen	12	< 50	–	106	–	211	86	233	142	232	498	550	222
Aller, Gifhorn	12	47	22	147	< 5	918	232	430	1 695	1 908	2 230	2 700	990
Allerkanal, Weyhausen	4	79	78	173	20	505	197	573	1 373	1 812	1 671	1 863	726
Leine, Hannover	4	207	69	144	33	794	126	296	580	1 043	1 383	1 505	674
Horster Beck	26	260	–	304	362	1 004	460	468	82	416	1 357	1539	950
Saar b. Völklingen	3	178	120	684	111	837	426	8 600	8 203	3 230	1 723	1 667	569
Bodensee	4	34	112	247	54	6 170	2 364	1 051	1 375	2 785	6 773	7 713	3 205
Ölper See	30	80	33	317	9	1 461	505	156	243	910	2 126	2 595	1 267
Dümmer See	3	41	25	524	16	400	133	–	133	384	448	900	408

Umweltbundesamt

[1]) HCB – Hexachlorbenzol
[2]) OCS – Octachlorstyrol

DDE, DDD – Metaboliten des DDT
K 28 – K 180 – PCB-Kongenere nach Ballschmiter u. Zell

Chlorierte Kohlenwasserstoffe in Wild

In der „natürlichen“ Umwelt ist die Verbreitung persistenter chlorierter Kohlenwasserstoffe wie DDT, HCB und PCB trotz Verwendungsverboten noch gegeben. Dies zeigen aktuelle Untersuchungen an Rehen aus 5 Gebieten Bayerns.

Die Daten zeigen eine recht gleichmäßige Belastung der verschiedenen Untersuchungsgebiete, was darauf hindeutet, daß keine punktuellen Belastungsschwerpunkte vorhanden sind, sondern die allgemeine „Hintergrundbelastung“ widergespiegelt wird.

Die für Lebensmittel geltenden Grenzwerte wurden im allgemeinen nicht überschritten. Lediglich für γ-HCH (Lindan) wurde in einem Fall der Grenzwert knapp überschritten und die PCB-Gehalte einzelner Proben lagen nur knapp unterhalb der Grenzwerte.

Rückstände von chlorierten Kohlenwasserstoffen im Nierenfett von Rehen (Jagdsaison 85/86, Angaben in μg/kg, bezogen auf das reine Fett)

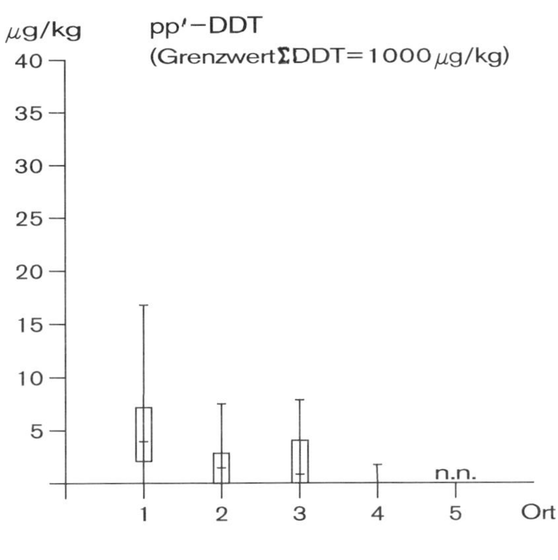

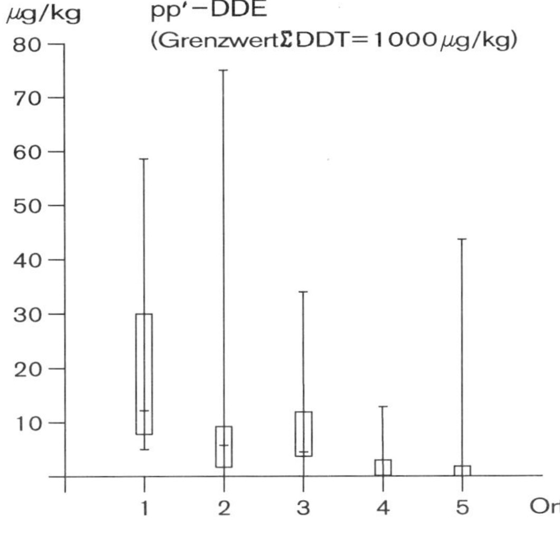

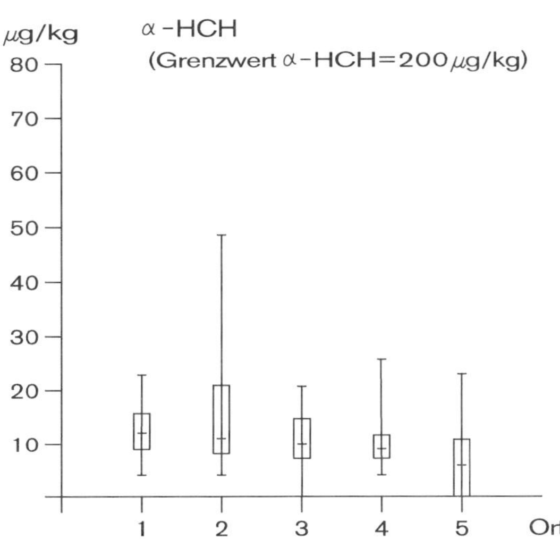

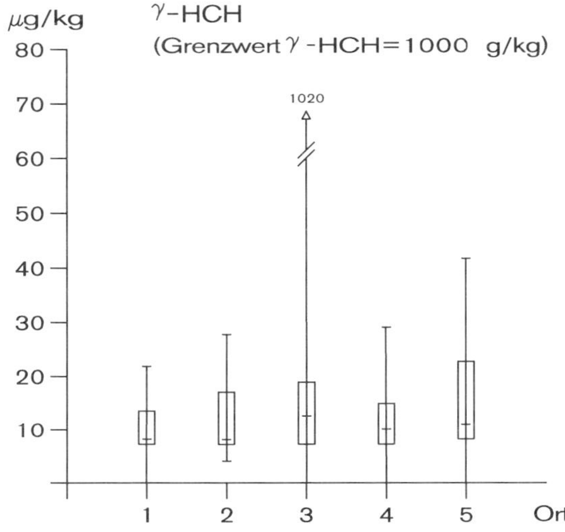

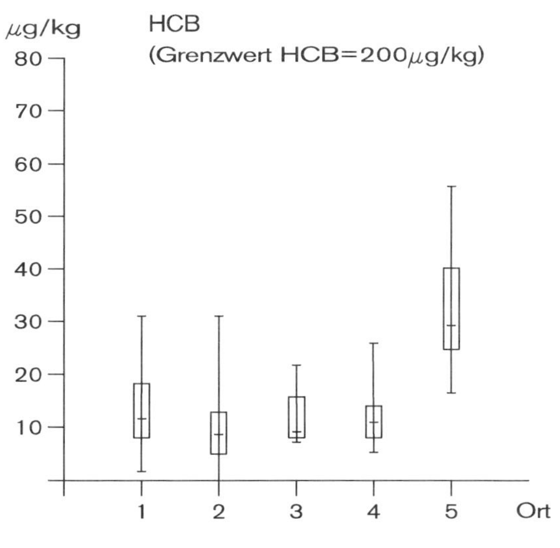

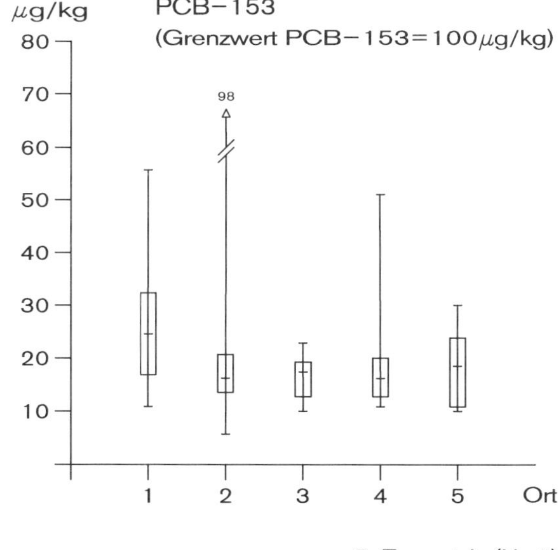

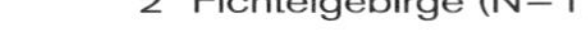

1 Hof (Probenzahl N:26)
2 Fichtelgebirge (N=17)
3 Mitterteich (N=12)
4 Seeshaupt Starnberger See (N=22)
5 Traunstein (N=9)

Quelle: Umweltbundesamt

Perchlorethylen (PER) in Lebensmitteln

Die guten fettlösenden Eigenschaften von PER führen zu einer bevorzugten Anwendung bei der Oberflächenbehandlung (Reinigung von Metall- und Kunststoffteilen) und Extraktion von Fetten oder Aromastoffen. Hohe PER-Gehalte (> 100 μg/kg) in Lebensmitteln sind offenbar auf Mißstände beim Herstellen und Behandeln bzw. bei der Verfütterung unzureichend gereinigter Tierkörpermehle zurückzuführen.

Erhöhte PER-Konzentrationen werden aber auch in der Luft von Wohnungen ermittelt, die sich in der unmittelbaren Nähe von Chemischreinigungsanlagen befinden. Als Folge kommt es zu einer unerwünschten Anreicherung von PER in fettreichen Lebensmitteln. Weitere Abschätzungen ergeben, daß Bewohner entsprechender Räume mehr als das Zehnfache an PER über die Atmung als durch den Verzehr belasteter Lebensmittel aufnehmen. Der Entwurf einer Lösungsmittel-Höchstmengenverordnung sieht einen Grenzwert von 100 μg/kg (Lebensmittel) vor.

Die folgenden in Berlin (West) gezogenen Warenproben zeigen PER-Gehalte in der direkten Nähe von Chemischreinigungsanlagen.

Tabelle: PER-Gehalte in Lebensmitteln aus direkter Nachbarschaft Chemischreinigungsanlagen (vorgeschlagener Grenzwert einer Lösungsmittel-Höchstmengenverordnung 100 μg/kg)

Probe	PER-Gehalt in μg/kg (Mittelwerte)	Lagerzeit	Lagerort
Margarine 1	30	Mehrere Wochen	Wohnung
Margarine 2	5 070	Mehrere Wochen	Wohnung
Margarine 3	110		Supermarkt
Kakao	1 340	Mehrere Wochen	Wohnung
Pflanzenöl	15	Mehrere Wochen	Wohnung
Olivenöl	460	Mehrere Wochen	Wohnung
Nuß-Nougat-Creme	21 000	1 Woche	Wohnung
Mozartkugel	125	–	Einzelhandel
Schokolade	4 700	3 Tage	Wohnung
Vollmilchschokolade	47	–	Einzelhandel
Schafskäse	47	–	Supermarkt
Weichkäse	36	–	Supermarkt
Parmesankäse	2 670	1 Woche	Wohnung
Quarkball	440	24 Std.	Supermarkt
Käsekuchen	2 700	24 Std.	Supermarkt
Bienenstich	600	24 Std.	Supermarkt
Streuselschnecke	950	24 Std.	Supermarkt
Pfeffersalami	1 080	–	Supermarkt
Paprikasalami	260	–	Supermarkt
Kartenrauchwurst	12	–	Supermarkt
Knochenschinken	35	–	Supermarkt

Quelle: Vieths, S. et al

Rückstände chlorierter Kohlenwasserstoffe in Frauenmilch

Das gesamte Spektrum schwer abbaubarer chlorierter Kohlenwasserstoffe findet sich auch in Frauenmilch. Trotz massiver Anwendungsbeschränkungen einzelner Pestizide und von PCB hat sich die Rückstandssituation bei Frauenmilch noch nicht wesentlich verbessert.

Vergleicht man diese Werte mit den zulässigen Höchstmengen für Trinkmilch, so kommen für fast alle Komponenten z. T. sehr deutliche Höchstmengenüberschreitungen vor.

Persistente Chlorkohlenwasserstoffe in Frauenmilch (Bundesrepublik Deutschland, 1985); n = 633; mg/kg Fett

Stoff	Median	Maximum	Höchstmenge*)
HCB	0,431	1,803	0,2
β-HCH	0,138	1,829	0,075
Ges.-DDT	0,892	6,680	1,0
p,p-DDD	0,003	0,202	–
p,p-DDE	0,789	6,290	–
PCB (als Chlophen A 60)	2,104	12,424	–
K 138	0,202	2,040	0,05
K 153	0,280	2,300	0,05

*) für Trinkmilch

Quelle: Heeschen und Blüthgen, 1987

Da der Nutzen des Stillens nach Meinung der „Kommission zur Prüfung von Rückständen in Lebensmitteln der Deutschen Forschungsgemeinschaft" für die Entwicklung des Kindes höher einzuschätzen ist als ein möglicherweise vorhandenes Risiko durch die in der Frauenmilch gefundenen Rückstände, empfiehlt sie eine Stillzeit von vier Monaten. Mütter, die ihr Kind wesentlich länger als sechs Monate stillen wollen, sollen überprüfen lassen, welche Mengen an persistenten Organochlor-Verbindungen mit der Milch ausgeschieden werden.

Rückstände chlorierter Kohlenwasserstoffe in Frauenmilch 1981 bis 1985

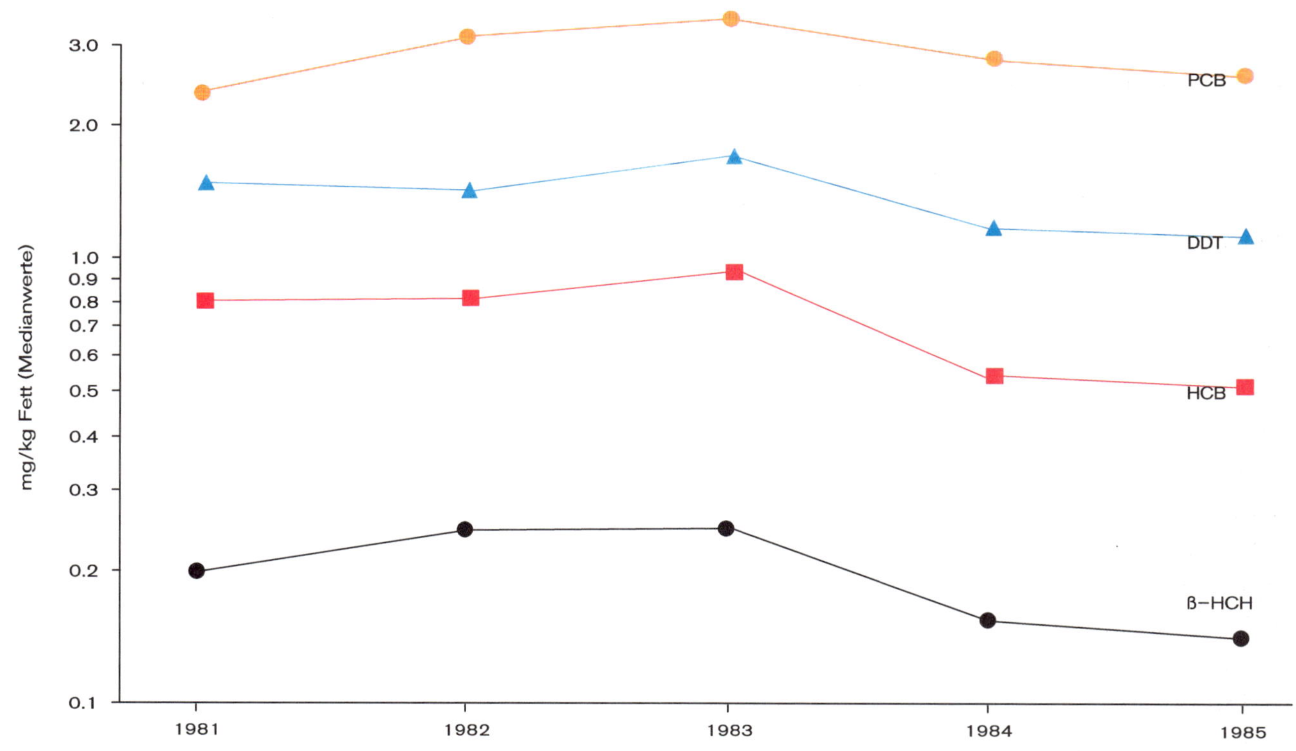

Quelle: Heeschen, W., Bluethgen H. 1987

Radioaktivität

Datengrundlage

In der Bundesrepublik Deutschland sind zahlreiche Stellen mit der Überwachung der Umweltradioaktivität sowie mit der Ermittlung der Strahlenexposition der Bevölkerung befaßt.

Aufgrund der Kernwaffenversuche in der Atmosphäre und des daraus resultierenden Anstiegs der Konzentration künstlicher radioaktiver Stoffe in Luft, Wasser, Boden und Lebensmitteln, die einen nicht mehr vernachlässigbaren Beitrag zur Strahlenexposition der Bevölkerung lieferten, wurde ein Meß- und Überwachungssystem in der Bundesrepublik Deutschland aufgebaut. Im Jahre 1955 wurde der Deutsche Wetterdienst gesetzlich verpflichtet, „die Atmosphäre auf radioaktive Beimengungen und deren Verfrachtung zu überwachen". Gleichzeitig wurde mit dem Aufbau eines Meßnetzes zur Überwachung der Oberflächengewässer, des Bodens und von Lebensmitteln begonnen. Nach dem Reaktorunfall in Tschernobyl wurden zusätzliche Meßprogramme des Bundes und der Länder mit einbezogen.

Nach Artikel 35 des am 25. 3. 1957 geschlossenen Vertrages zur Gründung der Europäischen Atomgemeinschaft (Euratom) sind die Mitgliedstaaten verpflichtet, „die notwendigen Einrichtungen zur ständigen Überwachung des Gehaltes der Luft, des Wassers und des Bodens an Radioaktivität, sowie zur Überwachung der Einhaltung der Strahlenschutz-Grundnormen zu schaffen". Artikel 36 schreibt eine regelmäßige Berichterstattung über die Meßergebnisse vor. Im Laufe des Jahres 1960 wurde in Vereinbarungen mit den Bundesressorts und den Ländern ein Aufbau der Überwachung festgelegt, der bis heute Gültigkeit hat. Die Verpflichtungen aus Artikel 35 und 36 des Euratom-Vertrages werden mittels der „amtlichen Radioaktivitätsmeßstellen" erfüllt.

Seit Herbst 1958 werden die von den amtlichen Meßstellen gemessenen Werte der Radioaktivität in der Umwelt in Form von Vierteljahresberichten, seit 1968 in Jahresberichten veröffentlicht. Diese Berichte enthalten neben den Ergebnissen der Überwachung der Umweltradioaktivität Angaben über die Strahlenexposition der Bevölkerung durch natürliche und künstliche Quellen.

Derzeit umfaßt das Überwachungsnetz acht Leitstellen, die sämtliche Umweltbereiche regelmäßig auf ihren Gehalt an radioaktiven Stoffen überwachen, bzw. die Ergebnisse der ihnen zugeordneten Meßstellen registrieren und auswerten.

Die einzelnen Leitstellen erfassen folgende Überwachungsbereiche:

1. Deutscher Wetterdienst – Zentralamt –, Offenbach am Main	Luft und Niederschläge
2. Bundesanstalt für Gewässerkunde, Koblenz	Wasser, Schwebstoffe und Sedimente in den Bundeswasserstraßen
3. Deutsches Hydrographisches Institut, Hamburg	Meerwasser, Schwebstoffe und Sediment in Nord- und Ostsee einschließlich Küstengewässern
4. Bundesforschungsanstalt für Fischerei – Labor für Radioökologie der Gewässer Hamburg –	Biologie des Meeres und der Binnengewässer, Fische und Fischprodukte, Krusten- und Schalentiere, Wasserpflanzen und Plankton
5. Bundesanstalt für Milchforschung – Institut für Chemie und Physik –, Kiel	Milch und Milchprodukte, Futtermittel, Boden, Pflanzen und Düngemittel
6. Bundesgesundheitsamt, Institut für Wasser-, Boden- und Lufthygiene, Berlin	Trinkwasser, Grundwasser, Abwasser, Klärschlamm, Reststoffe und Abfälle
7. Bundesforschungsanstalt für Ernährung, Karlsruhe	Lebensmittel
8. Bundesgesundheitsamt, Institut für Strahlenhygiene, Neuherberg	Tabakerzeugnisse, Bedarfsgegenstände, Arzneimittel

Zusätzlich ist das Bundesgesundheitsamt als Leitstelle für Überwachung der Emissionen radioaktiver Stoffe über Ablauf und Abwasser aus kerntechnischen Anlagen und sonstigen Anwendern tätig (Institut für Strahlenhygiene – Abluftüberwachung –, Institut für Wasser-, Boden- und Lufthygiene – Abwasserüberwachung –).

Weitere rechtliche Verpflichtungen sind aus dem Atom- und Strahlenschutzrecht abzuleiten. So ist durch die Entwicklung der friedlichen Nutzung der Kernenergie seit Inbetriebnahme der ersten Forschungsreaktoren in der Bundesrepublik Deutschland in den Jahren 1957 und 1958 die Umgebungsüberwachung kerntechnischer Anlagen als neue Aufgabe für die Überwachung der Umweltradioaktivität hinzugekommen.

Neben den amtlichen Meßstellen der Bundesländer bestehen auf Bundesebene die Leitstellen für die Überwachung der Umweltradioaktivität, deren Aufgaben

- die Auswertung der Ergebnisse der Umweltradioaktivitätsüberwachung,
- die Entwicklung von Probenahme-, Analyse- und Meßverfahren, Forschungsarbeiten über die Kontaminationsketten (Nahrungsketten),
- die Beratung der Bundesregierung in Fragen der Umweltradioaktivität und
- die Bearbeitung von Teilen der Jahresberichte „Umweltradioaktivität und Strahlenbelastung"

sind.

Zusätzlich zu den oben aufgeführten Aufgaben betreiben der Deutsche Wetterdienst, die Bundesanstalt für Gewässerkunde und das Deutsche Hydrographische Institut eigene Probenahme- und Meßstellen. Die Bundesforschungsanstalt für Fischerei überwacht durch eigene Messungen die Radioaktivität der Meeresfische.

Darüber hinaus unterhalten die einzelnen Bundesländer Meßstellen zur Überwachung der Umweltradioaktivität nach § 13 StrVG.

Verwendete Größen und Einheiten:

Größe	Gesetzliche Einheit (SI-Einheit)	Größendefinition	alte Einheit	Einheiten-zeichen	Umrechnung
Aktivität	Becquerel Einheitenzeichen: Bq 1 Bq = 1 s^{-1}	Anzahl radioaktiver Kernumwandlungen durch Zeit	Curie	Ci	1 Ci = $3{,}7 \cdot 10^{10}$ Bq
Energiedosis	Gray Einheitenzeichen: Gy 1 Gy = 1 J/kg	Gesamte in einem Massenelement absorbierte Strahlungsenergie geteilt durch dieses Massenelement	Rad	rd	1 rd = 10^{-2} Gy
Äquivalent dosis	Sievert Einheitenzeichen: Sv 1 Sv = 1 J/kg	Energiedosis multipliziert mit dem dimensionslosen Bewertungsfaktor der vorliegenden Strahlenart	Rem	rem	1 rem = 10^{-2} Sv
Ionendosis	Coulomb durch Kilogramm Einheitenzeichen: C/kg	Elektrische Ladung eines Vorzeichens der in einem luftgefüllten Volumenelement erzeugten Ionen, dividiert durch die Masse der darin enthaltenen Luft	Röntgen	R	1 R = $2{,}58 \cdot 10^{-4}$ C/kg
Energie-dosisleistung	Gray durch Sekunde (bzw. Gray durch Stunde) Einheitenzeichen: Gy/s (bzw. Gy/h)	Energiedosis durch Zeit	Rad durch Sekunde (bzw. Rad durch Stunde)	rd/s rd/h	1 rd/s = 10^{-2} Gy/s 1 rd/h = 10^{-2} Gy/h
Äquivalent-dosisleistung	Sievert durch Sekunde (bzw. Sievert durch Stunde) Einheitenzeichen: Sv/s (bzw. Sv/h)	Äquivalentdosis durch Zeit	Rem durch Sekunde (bzw. Rem durch Stunde)	rem/s rem/h	1 rem/s = 10^{-2} Sv/s 1 rem/h = 10^{-2} Sv/h
Ionendosis-leistung	Ampere durch Kilogramm Einheitenzeichen: A/kg	Ionendosis durch Zeit	Röntgen durch Sekunde (bzw. Röntgen durch Stunde)	R/s R/h	1 R/s = $2{,}58 \cdot 10^{-4}$ A/kg 1 R/h = $7{,}17 \cdot 10^{-8}$ A/kg

Natürliche Strahlenexposition

Die Bevölkerung der Erde ist ständig einer natürlichen, ionisierenden Strahlung ausgesetzt. Diese stammt aus kosmischer Strahlung, sowie der Strahlung der in Boden, Wasser und Luft enthaltenen radioaktiven Elemente.

Durch natürliche Strahlenquellen ist der Bewohner der Bundesrepublik Deutschland im Mittel einer effektiven Dosis von jährlich ca. 2 mSv (200 mrem) ausgesetzt. Je nach Höhenlage des Wohnortes, geologischer Beschaffenheit des Untergrundes, Zusammensetzung der Baustoffe und Bauweise der Wohnungen unterliegt die natürliche Strahlenexposition, besonders die Strahlenexposition durch Radon-Zerfallsprodukte, starken Schwankungen. So betragen z. B. in etwa 1% der Wohnungen die Konzentrationen an Radon 222 mehr als das Fünffache des Mittelwertes. Die Schwankungsbreite der natürlichen Strahlenexposition ist erheblich; sie variiert in der Bundesrepublik Deutschland zwischen etwa 1 und 6 mSv (100 und 600 mrem) im Jahr. Im Laufe eines 70jährigen Lebens führt sie somit zu einer effektiven Lebenszeitdosis im Bereich zwischen 70 bis über 400 mSv (7 bis 40 rem).

Ortsdosisleistung der terrestrischen Strahlung im Freien

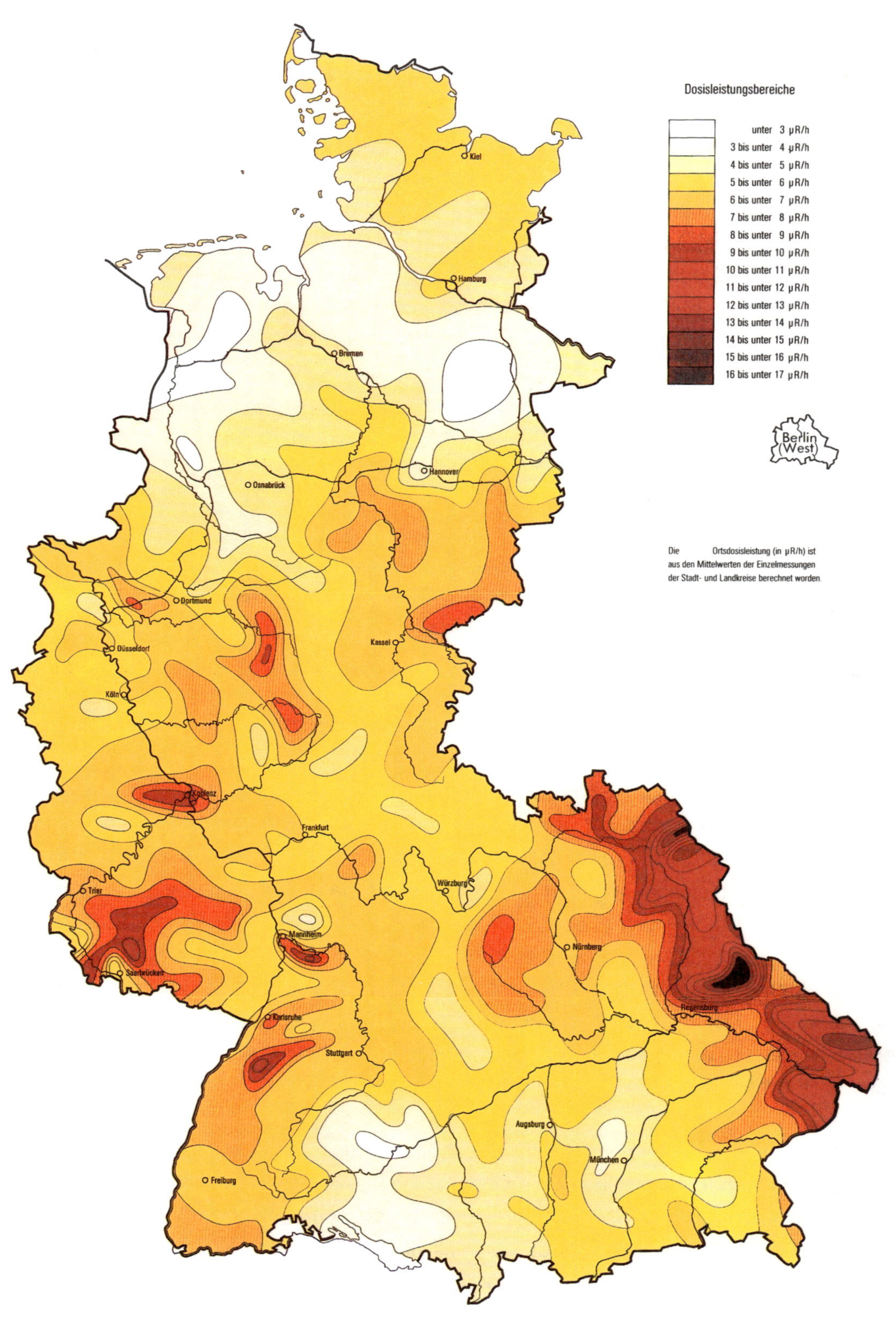

Quelle: Bundesminister des Innern (1982)

Radioaktivitätskonzentrationen in der Luft

Die Aktivitätskonzentration von Radionukliden in der bodennahen Luft wird vom Deutschen Wetterdienst und der Physikalisch-Technischen Bundesanstalt in Braunschweig seit 1964 regelmäßig gemessen.

Die Monatsmittelwerte für Cäsium-137 für den Zeitraum Januar 1964 bis November 1968 sind im logarithmischen Maßstab dargestellt. Anfang der 60'er Jahre führten die USA und die UdSSR zahlreiche Kernwaffenversuche in der Atmosphäre durch. Dabei gelangte ein großer Teil der Spaltprodukte in die Stratosphäre. Da der Luftmassenaustausch zwischen Stratosphäre und Troposphäre im Frühjahr besonders groß ist, erreicht zu dieser Jahreszeit auch die Cäsium-137-Konzentration ihren jeweiligen Jahreshöchstwert. Die diesem Jahresgang überlagerten Schwankungen in den folgenden Jahren sind durch Kernwaffenversuche in der Volksrepublik China bedingt. Der letzte in großer Höhe durchgeführte Versuch fand am 16. 10. 1980 statt. Er führte im April 1981 zu einem Monatsmittelwert von 81 $\mu Bq/m^3$. Anfang 1986 war die Cäsium-137-Konzentration in der bodennahen Luft auf 0,27 $\mu Bq/m^3$ abgeklungen und hatte damit den niedrigsten Wert seit Beginn der regelmäßigen Messungen in Braunschweig erreicht.

Nach dem Reaktorunfall in Tschernobyl stieg der Monatsmittelwert im Mai 1986 auf 2,8 mBq/m^3 und fiel bereits im Juni auf 0,35 mBq/m^3. Im November 1988 lag die Cs137-Konzentration in der bodennahen Luft mit 2,8 $\mu Bq/m^3$ nur noch um eine Größenordnung über den Werten vor Tschernobyl.

Von den bei der Kernspaltung, z.B. in Kernreaktoren, entstehenden Radionukliden der Edelgase Krypton und Xenon sind in der Umwelt praktisch nur noch Krypton-85, Xenon-133 und in Spuren Xenon-135 und Xenon-131 nachweisbar. Das langlebige Krypton-85 (radioaktive Halbwertzeit 10,8 Jahre) kann sich global verteilen. Das kurzlebige Xenon-133 (Halbwertzeit 5,3 Tage) bleibt auf Gebiete von wenigen 1.000 km um die jeweiligen Quellen begrenzt.

Bei Krypton-85 ist eine Verdoppelung der Grundpegel im Jahrzehnt 1977 bis 1987 zu erkennen. Dies entspricht dem globalen Trend und zeigt, daß die Freisetzungsrate für Krypton-85 größer ist als seine radioaktive Zerfallsrate. Die kurzzeitigen Schwankungen, die ein Vielfaches des jährlichen Anstiegs des Grundpegels ausmachen können, sind auf europäische Quellen (insbesondere La Hague, Sellafield) zurückzuführen. Die durch Krypton-85 Freisetzung in Tschernobyl im Jahre 1986 verursachte Erhöhung des Krypton-85 Pegels ist vergleichbar mit den durch die europäischen Wiederaufarbeitungsanlagen am Meßort häufig verursachten Erhöhungen.

Xenon-133 ist charakterisiert durch eine meteorologisch bedingte und für kurzlebige Radionuklide erwartete hohe Variabilität. Der mittlere Grundpegel von etwa 10 mBq/m^3 hat sich zwischen 1977 und 1987 nicht verändert. Dieser Grundpegel spricht – bei steigender Zahl von Kernkraftwerken – für eine ständig verbesserte Rückhaltetechnik.

Der Einfluß von Tschernobyl auf die Xenonaktivitätskonzentration der Luft ist nicht nur im vergrößerten Ausschnitt der Abbildung, sondern auch in der Gesamtübersicht zu erkennen. Im Tagesmittelwert stieg die Aktivitätskonzentration der Luft von 10 mBq auf etwa 10 Bq an. Der über 6 Wochen andauernde Abfall auf den Normalpegel war z. T. dadurch bedingt, daß das durch den Zerfall des langlebigen Jod-131 entstehende Xenon-131 wesentliche Beiträge zur Xenonaktivität der Luft lieferte.

Cäsium – 137 in der Luft (Braunschweig)

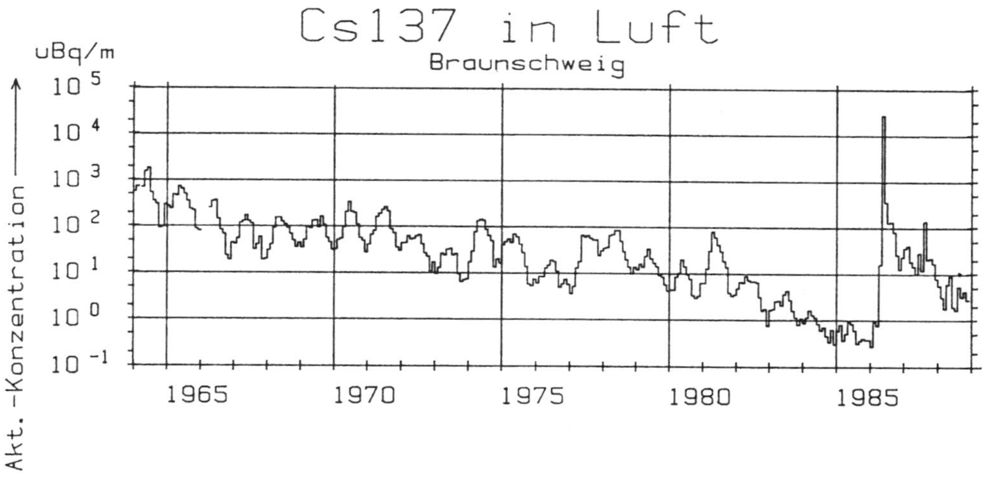

Quelle: Physikalisch – Technische Bundesanstalt

Radiologisch stellen weder Krypton-85 noch Xenon-133 in den hier beobachteten und in den in naher Zukunft zu erwartenden Aktivitätskonzentrationen ein Problem dar. Auch während des Reaktorunfalls in Tschernobyl waren die Beiträge der Edelgase zur Strahlenbelastung in der Bundesrepublik nur von untergeordneter Bedeutung. Die wiederholt diskutierte Änderung der elektrischen Leitfähigkeit der Luft durch den globalen Krypton-85 Gehalt kann jetzt und auch in naher Zukunft vernachlässigt werden.

Ein Vergleich allein mit der kosmischen Strahlung in Meereshöhe zeigt, daß die zusätzliche Ionisation durch Krypton-85 weniger als 0,5% beträgt.

Aktivitätskonzentrationen von Krypton – 85 und Xenon in der Luft in Freiburg/Breisgau

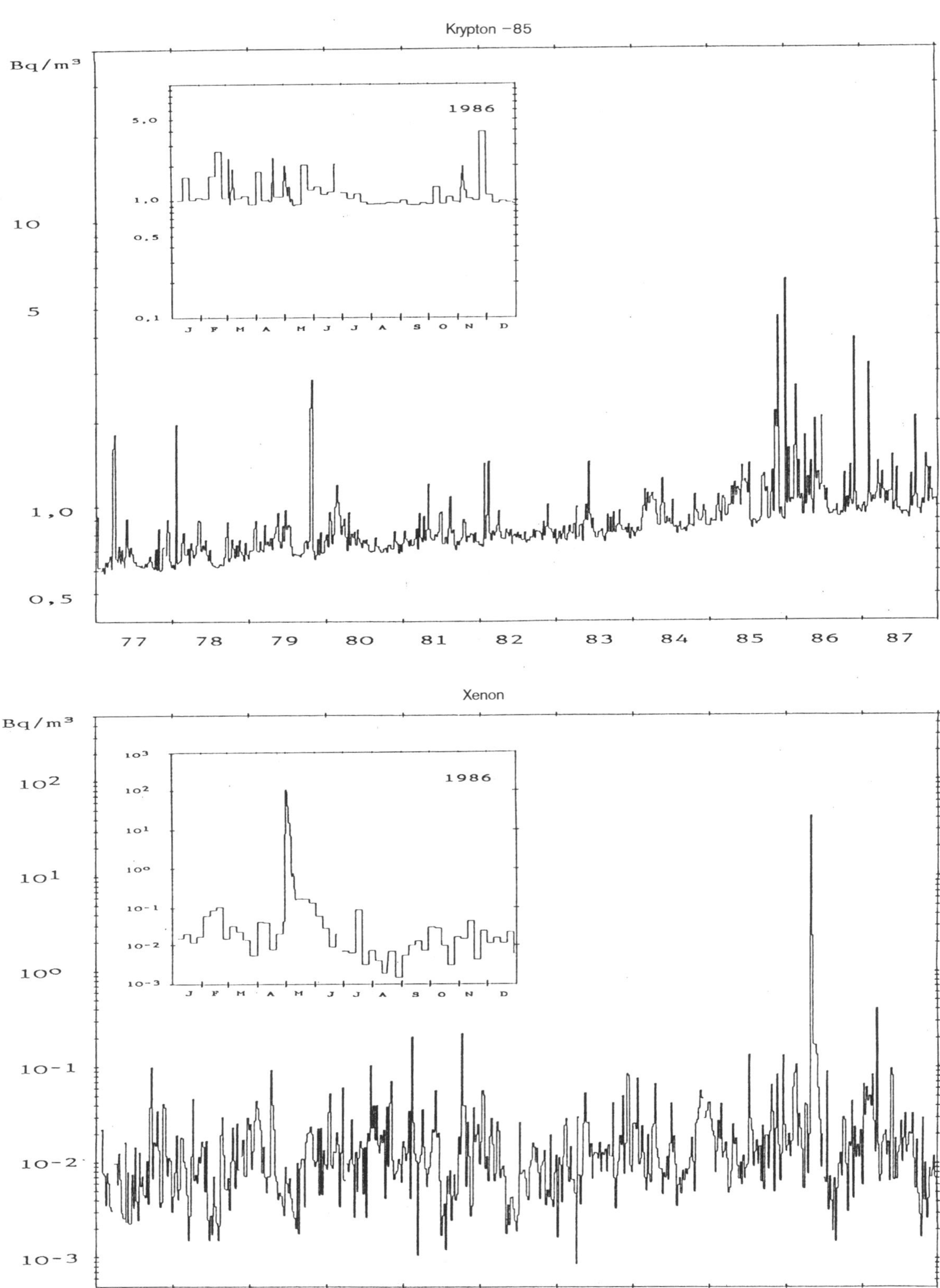

Quelle: Institut für Atmosphärische Radioaktivität

Radioaktivitätskonzentrationen in Niederschlägen

Analog zu der Überwachung der Luft werden auch die Niederschläge auf Radioaktivität überwacht. Durch Messung der Aktivitätskonzentrationen im Niederschlag und unter Berücksichtigung der Niederschlagshöhen erfolgt eine Angabe der dem Boden zugeführten Aktivität in Bq/m^2 bzw. MBq/km^2.

Typische Jahresmittel in den Jahren vor 1960 lagen bei Werten von 100 bis 1000 Bq/m^2. In den Jahren 1960 bis 1964 lagen die Werte als Folge der Kernwaffenversuche in der Atmosphäre um 20 mal höher.

Die Abbildungen zeigen Jahres- und Monatsmittelwerte für die langlebige Gesamtbeta-Aktivität von 1960 bis 1987. Danach sind die Werte der Jahre 1962 und 1963 vergleichbar mit dem hohen Wert des Jahres 1986; eine Folge des Reaktorunfalls von Tschernobyl. Allerdings wurde der überwiegende Teil der Beta-Aktivität des Jahres 1986 innerhalb von 30 Tagen dem Boden zugeführt, während sich die Deposition der Beta-Aktivität in den Jahren 1962 und 1983 über den gesamten Zeitraum des jeweiligen Jahres verteilte.

So werden in den Monaten April und Mai des Jahres 1986 für die Beta-Aktivität Spitzenwerte von 727 Bq/m^2 bzw. 17 189 Bq/m^2 ermittelt.

Deutlich erhöhte Werte sind auch noch in den nachfolgenden Monaten festzustellen.

Die hohen Werte der Gesamtbeta-Aktivität resultieren im wesentlichen aus den kurzlebigen Radionukliden wie Jod-131, Torium-132 und Rudenium-103.

Eine Erhöhung der Beta-Aktivität künstlicher Radionuklide im Boden ist auf die Zufuhr des langlebigen Cäsium-137 zurückzuführen.

Jahresmittelwerte der Gesamt – Beta – Aktivität der Niederschläge

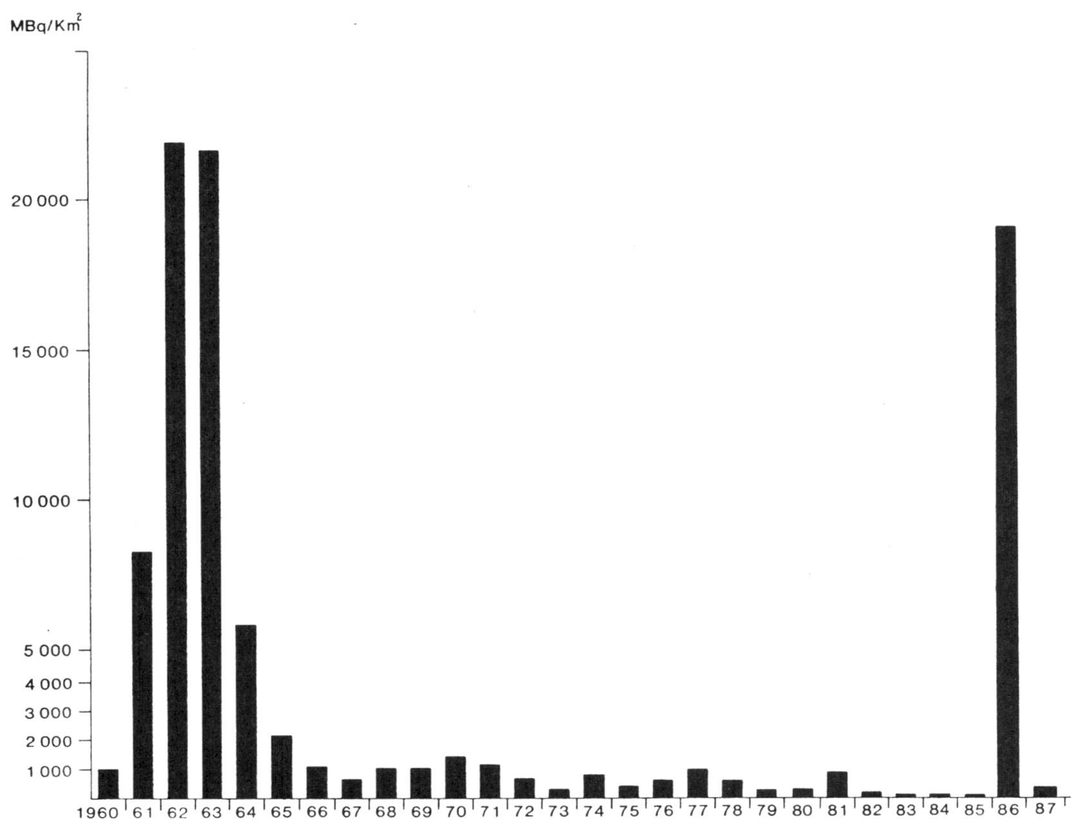

Quelle: Deutscher Wetterdienst

Monatsmittelwerte der dem Erdboden durch Niederschläge zugeführten Gesamt – Beta – Aktivität

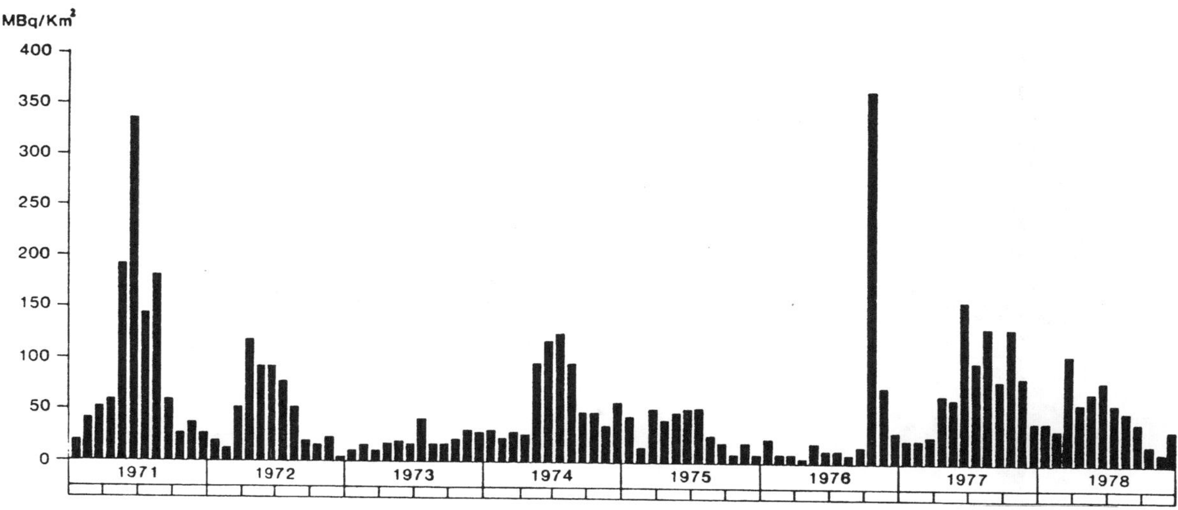

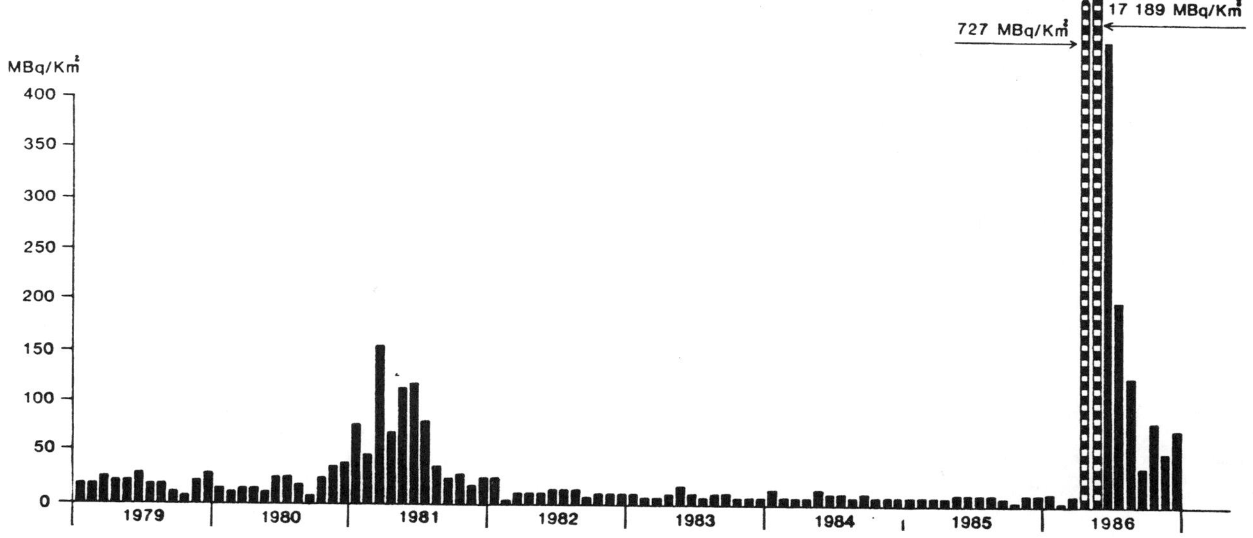

Quelle: Deutscher Wetterdienst

Monatsmittelwerte der Aerosol – Radioaktivitätskonzentration

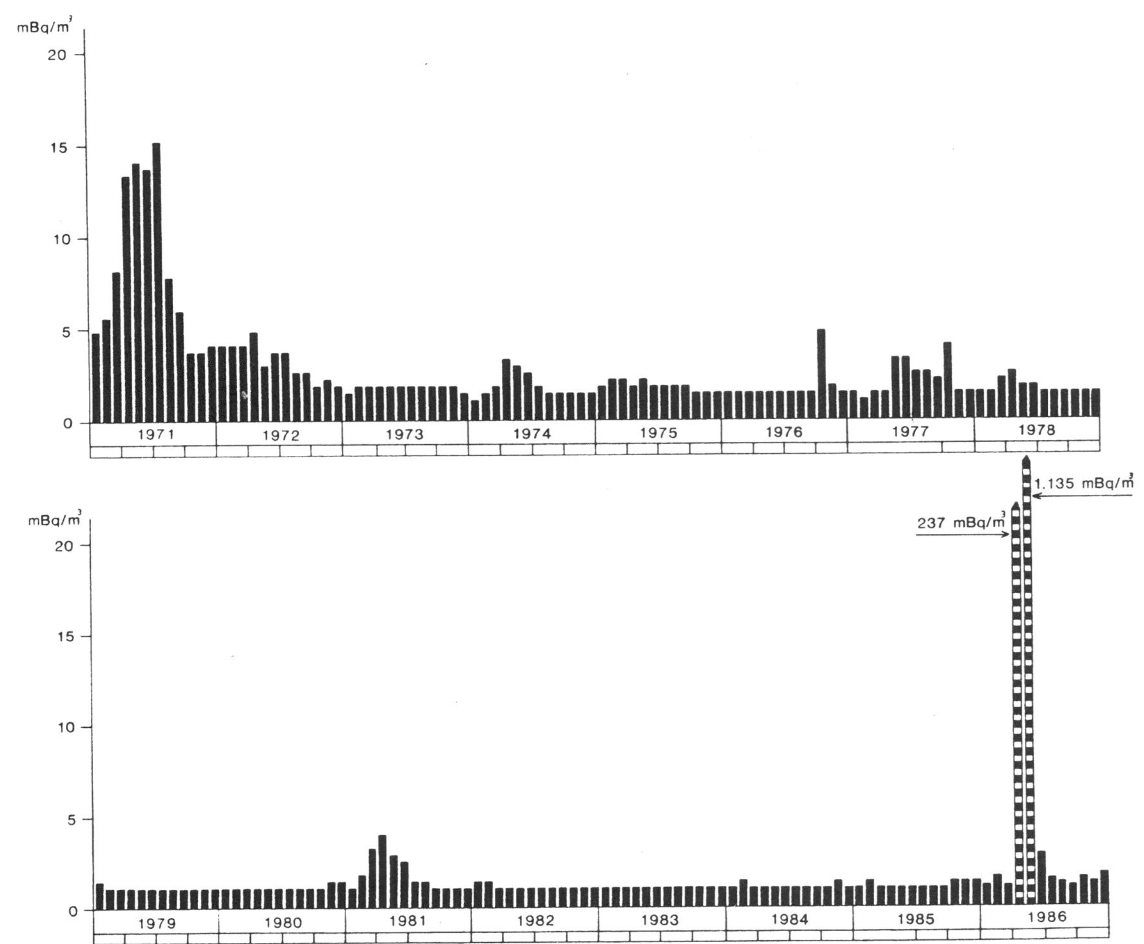

Quelle: Deutscher Wetterdienst

Radioaktivitätskonzentrationen in Boden und Bewuchs

Die Überwachung der Radioaktivität von Boden und Bewuchs erfolgt vornehmlich durch die amtlichen Meßstellen der Länder oder durch Laboratorien, die von den Länderaufsichtsbehörden zusätzlich beauftragt werden. Darüber hinaus wurden nach dem Unfall von Tschernobyl von den Instituten für Wasser-, Boden- und Lufthygiene und für Strahlenhygiene des Bundesgesundheitsamtes Bodenmessungen vorgenommen.

Die Kontamination von Boden und Bewuchs wurde im Jahr 1986 durch die radioaktiven Emissionen des Kernkraftwerkunfalls von Tschernobyl bestimmt. Die emittierte Radioaktivität, die sich mit den zu dieser Zeit vorherrschenden Luftströmungen über Europa ausbreitete, führte besonders in den Gebieten zu hohen Kontaminationen, in denen radioaktive Wolken beim Durchzug durch starke Niederschläge ausgewaschen wurden. In der Bundesrepublik waren besonders die südlichen Bereiche der Länder Bayern und Baden-Württemberg stärker betroffen. In erster Linie wurde eine Vielzahl von Radionukliden mit Gammaemission auf Boden und Bewuchs abgelagert, (z.B. Co-58, Co-60, Zr-95, Ru-103, Ru-106, J-131, Te-132/J-132, J-133, Cs-134, Cs-136, Cs-137, Ba-140/La-140, Ce-141, Ce-144, Sb-122 und Sb-125). Die meisten dieser Radionuklide hatten jedoch, mit der Ausnahme des Jod-131 und der beiden Cäsiumisotope, entweder wegen ihrer geringen Aktivität oder aufgrund ihrer relativ kurzen Halbwertzeit bzw. des geringen Transfers für die ökologischen Ketten keine große Bedeutung. Allerdings haben hohe kurzlebige Aktivitäten unmittelbar nach dem Unfall in Tschernobyl für kurze Zeit den Pegel der externen Strahlenexposition bestimmt.

Die nachfolgenden Aussagen stützten sich auf Messungen, die im Mai 1986 durch die Institute für Wasser-, Boden- und Lufthygiene und für Strahlenhygiene des Bundesgesundheitsamtes sowie durch die Landesanstalt für Umweltschutz Baden-Württemberg durchgeführt wurden.

Vergleicht man die nach Tschernobyl gemessene Cäsium-137-Aktivität mit der bereits vorher vorhandenen Cäsium-137-Aktivität bis zu 100 cm Bodentiefe, so kann man für alle Bundesländer außer Bayern im Mittel ungefähr eine Verdopplung der Cäsium-137-Menge im Boden feststellen. Betrachtet man nur die obere Schicht von 5 cm, so hat in dieser Schicht die Cäsium-137-Aktivität im Mittel in allen Bundesländern außer in Bayern um einen Faktor 4 – 6 zugenommen.

Bayern ist stärker als die anderen Bundesländer belastet worden. Verglichen mit dem Gesamtinventar an Cäsium-137 im Boden vor Tschernobyl ist die Cäsium-137-Aktivität dort im Mittel auf etwa das 5-fache angestiegen. Der Vergleich der Cäsium-137-Aktivität in den oberen 5 cm der Bodenschicht nach und vor Tschernobyl ergibt für Bayern im Mittel ungefähr einen Faktor 15.

Für Futterpflanzen wurden die Mittel-, Maximal- und Einzelwerte für die Radionuklide Rudenium-103, Jod-131, Cäsium-134 und Cäsium-137 zusammengefaßt. Da der Pflanzenaufwuchs zum Zeitpunkt des Reaktorunfalls in den meisten Gebieten noch relativ gering war, konnte sich die Aktivität der Radionuklide bis zur Ernte infolge des radioaktiven Zerfalls, des Abwaschens durch Niederschläge, insbesondere aber durch den Zuwachs an Pflanzenmasse deutlich vermindern.

Mittelwerte der radioaktiven Kontamination des Bodens in den Bundesländern (Aktivität der oberen Bodenschicht von 5 cm bezogen auf den 1. 6. 1986)

Bundesland		Aktivität in Bq/m² Ru-103	Cs-134	Cs-137
Baden-Württemberg	Anzahl der Werte	12	49	49
	Mittelwert	4658	2354	4574
	Maximaler Einzelwert	9100	20700	39000
	Minimaler Einzelwert	1100	250	450
Bayern	Anzahl der Werte	77	79	79
	Mittelwert	16706	7507	14197
	Maximaler Einzelwert	52000	24000	44000
	Minimaler Einzelwert	2100	760	1600
Berlin	Anzahl der Werte	1	1	1
	Mittelwert	6800	1700	1700
	Maximaler Einzelwert	6800	1700	1700
	Minimaler Einzelwert	6800	1700	1700
Hessen	Anzahl der Werte	22	22	22
	Mittelwert	4464	1486	3441
	Maximaler Einzelwert	11000	3100	6200
	Minimaler Einzelwert	1300	540	1300
Niedersachsen	Anzahl der Werte	56	56	56
	Mittelwert	6627	1791	4045
	Maximaler Einzelwert	35000	5500	13300
	Minimaler Einzelwert	1800	600	1200
Nordrhein-Westfalen	Anzahl der Werte	45	45	45
	Mittelwert	5882	1753	3989
	Maximaler Einzelwert	15000	4900	9600
	Minimaler Einzelwert	2100	720	1700
Rheinland-Pfalz	Anzahl der Werte	32	33	33
	Mittelwert	5272	1689	3791
	Maximaler Einzelwert	17000	6400	13000
	Minimaler Einzelwert	1300	310	1000
Saarland	Anzahl der Werte	3	4	4
	Mittelwert	7000	1953	3975
	Maximaler Einzelwert	12000	3800	7600
	Minimaler Einzelwert	4000	910	2000
Schleswig-Holstein	Anzahl der Werte	18	18	18
	Mittelwert	5744	1290	3011
	Maximaler Einzelwert	15000	4200	9500
	Minimaler Einzelwert	1800	1290	3011

Quelle: Bundesanstalt für Milchforschung

Mittelwerte der radioaktiven Kontamination des Bewuchses in den Bundesländern

Bundesland		Aktivität in Bq/kg TM Ru-103	J-131	Cs-134	Cs-137
Baden-Württemberg	Anzahl der Werte	–	442	533	938
	Mittelwert	–	8723	489	1775
	Maximaler Einzelwert	–	123500	17000	31000
	Minimaler Einzelwert	–	65	< 3	< 3
Bayern	Anzahl der Werte	434	478	630	749
	Mittelwert	6936	17055	2671	5218
	Maximaler Einzelwert	120000	230500	80500	149000
	Minimaler Einzelwert	< 1	< 5	< 5	< 5
Berlin	Anzahl der Werte	81	66	81	81
	Mittelwert	218	< 16	559	1275
	Maximaler Einzelwert	1345	< 65	5800	14095
	Minimaler Einzelwert	< 3	< 3	20	35
Bremen	Anzahl der Werte	–	3	6	6
	Mittelwert	–	39	88	247
	Maximaler Einzelwert	–	70	165	485
	Minimaler Einzelwert	–	16	20	35
Hamburg	Anzahl der Werte	22	22	22	22
	Mittelwert	1415	2025	370	656
	Maximaler Einzelwert	4745	6350	1495	2650
	Minimaler Einzelwert	< 5	< 2	< 2	< 2
Hessen	Anzahl der Werte	91	437	403	491
	Mittelwert	601	5337	636	1572
	Maximaler Einzelwert	10055	56000	16000	30925
	Minimaler Einzelwert	< 5	< 5	4	< 5
Niedersachsen	Anzahl der Werte	386	534	403	488
	Mittelwert	1612	2730	571	1237
	Maximaler Einzelwert	14500	25000	4800	9500
	Minimaler Einzelwert	< 3	< 1	< 2	< 2
Nordrhein-Westfalen	Anzahl der Werte	62	115	141	216
	Mittelwert	480	2900	290	842
	Maximaler Einzelwert	3350	20390	1740	5420
	Minimaler Einzelwert	< 1	< 1	< 3	< 3
Rheinland-Pfalz	Anzahl der Werte	32	1	47	52
	Mittelwert	252	11	1008	1973
	Maximaler Einzelwert	1550	11	4650	9450
	Minimaler Einzelwert	7	11	6	12
Saarland	Anzahl der Werte	–	6	30	38
	Mittelwert	–	741	353	691
	Maximaler Einzelwert	–	2050	1825	3500
	Minimaler Einzelwert	–	10	< 10	< 10
Schleswig-Holstein	Anzahl der Werte	349	424	393	487
	Mittelwert	2642	2161	666	1175
	Maximaler Einzelwert	29275	38735	7965	14600
	Minimaler Einzelwert	< 1	< 1	< 1	3

Quelle: Bundesanstalt für Milchforschung

Bodenkontamination mit Cäsium 137

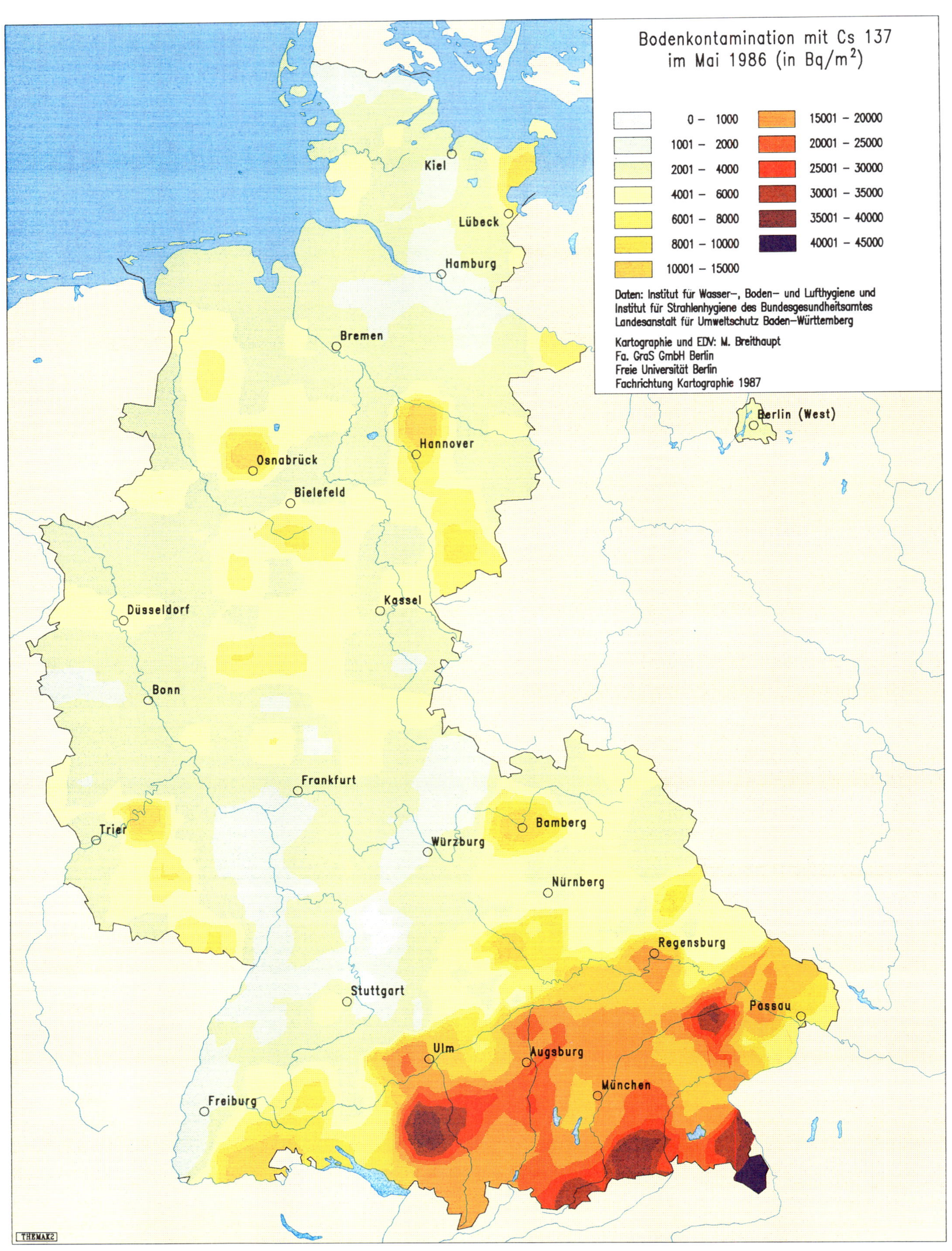
Bodenkontamination mit Cs 137
im Mai 1986 (in Bq/m²)
0 – 1000
1001 – 2000
2001 – 4000
4001 – 6000
6001 – 8000
8001 – 10000
10001 – 15000
15001 – 20000
20001 – 25000
25001 – 30000
30001 – 35000
35001 – 40000
40001 – 45000
Daten: Institut für Wasser-, Boden- und Lufthygiene und Institut für Strahlenhygiene des Bundesgesundheitsamtes Landesanstalt für Umweltschutz Baden-Württemberg
Kartographie und EDV: M. Breithaupt
Fa. GraS GmbH Berlin
Freie Universität Berlin
Fachrichtung Kartographie 1987
Kiel
Lübeck
Hamburg
Bremen
Berlin (West)
Hannover
Osnabrück
Bielefeld
Kassel
Düsseldorf
Bonn
Frankfurt
Trier
Bamberg
Würzburg
Nürnberg
Regensburg
Stuttgart
Passau
Ulm
Augsburg
München
Freiburg
THEMAK2

Radioaktivitätskonzentrationen in Nord- und Ostsee

Die künstliche Radioaktivität von Nord- und Ostsee war bis zu dem Reaktorunfall von Tschernobyl im wesentlichen durch die radioaktiven Einleitungen der europäischen Wiederaufbereitungsanlagen in La Hague/Frankreich und Sellafiel/Großbritannien sowie zum geringeren Maße durch den Fallout der oberirdischen Kernwaffenversuche bestimmt.

Die wichtigsten künstlichen Radionuklide in der Nordsee sind die Nuklide Cäsium 137 und Strontium 90, die beide etwa eine Halbwertzeit von 30 Jahren besitzen und im Meerwaser gute Löslichkeitseigenschaften aufweisen. Darüber hinaus lassen sich auch Tritium, Kobalt 60, Ruthenium 106, Antimon 125 und die Transurane Plutonium 239/240, Pu 238 und Americium 241 nachweisen. Mit der Reduktion der radioaktiven Einleitungen durch die Wiederaufbereitungsanlage Sellafield gingen die Konzentrationen in der Nordsee zurück.

Im Jahre 1986 wurde die Aktivitätskonzentration von Cäsium 137 in Nord- und Ostsee hauptsächlich durch den atmosphärischen Eintrag durch den Reaktorunfall von Tschernobyl bestimmt. Als Leitisotop für diesen Eintrag eignete sich das Cäsium 134, wobei bei dem Unfall ein Aktivitätsverhältnis von etwa 0,5 für Cäsium 134/Cäsium 137 vorlag. Höhere Einträge in die Nordsee fanden in der zentralen Nordsee und in der Deutschen Bucht statt. Die höchste Aktivitätskonzentration für Cäsium 137 lag bei etwa 300 mBq/l.

Seit diesem Zeitpunkt findet man in der Ostsee erheblich höhere Konzentrationen von Cäsium 137 als in der Nordsee. Dies trifft insbesondere für den nördlichen Teil der Ostsee zu, der stärker durch den Reaktorunfall in Mitleidenschaft gezogen wurde. Da der Wasseraustausch der Ostsee mit dem Weltozean 20 bis 30 Jahre dauert, ist mit einem längeren Andauern der erhöhten Konzentration in der Ostsee zu rechnen.

Aktivitätskonzentration von Cäsium 137 im Wasser der Nordsee 1986

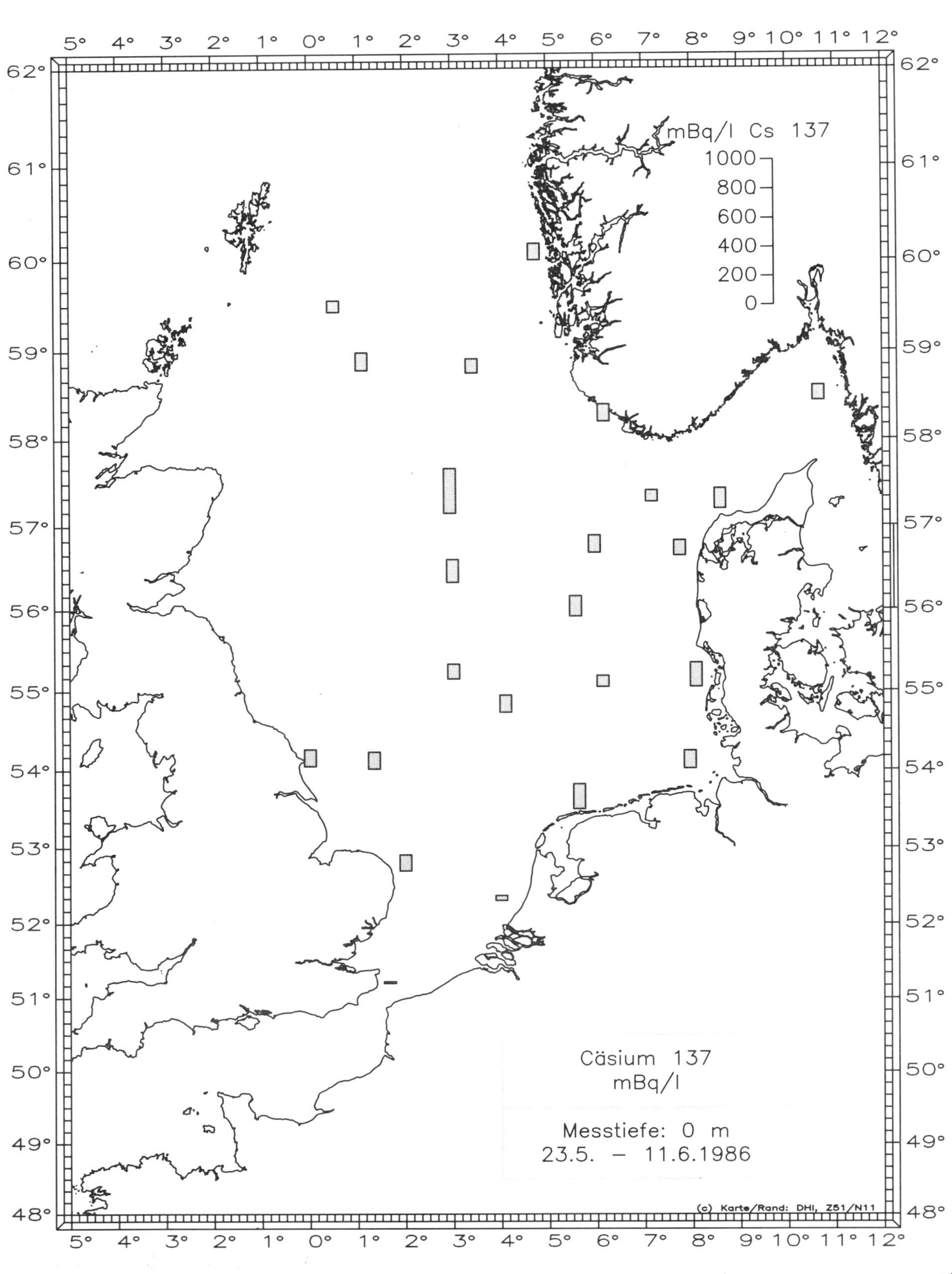

Quelle: Deutsches Hydrographisches Institut

MUDAB (Meeresumwelt–Datenbank)
UBA–UMPLIS/DHI

Aktivitätskonzentration von Cäsium 137 im Wasser der Ostsee 1986

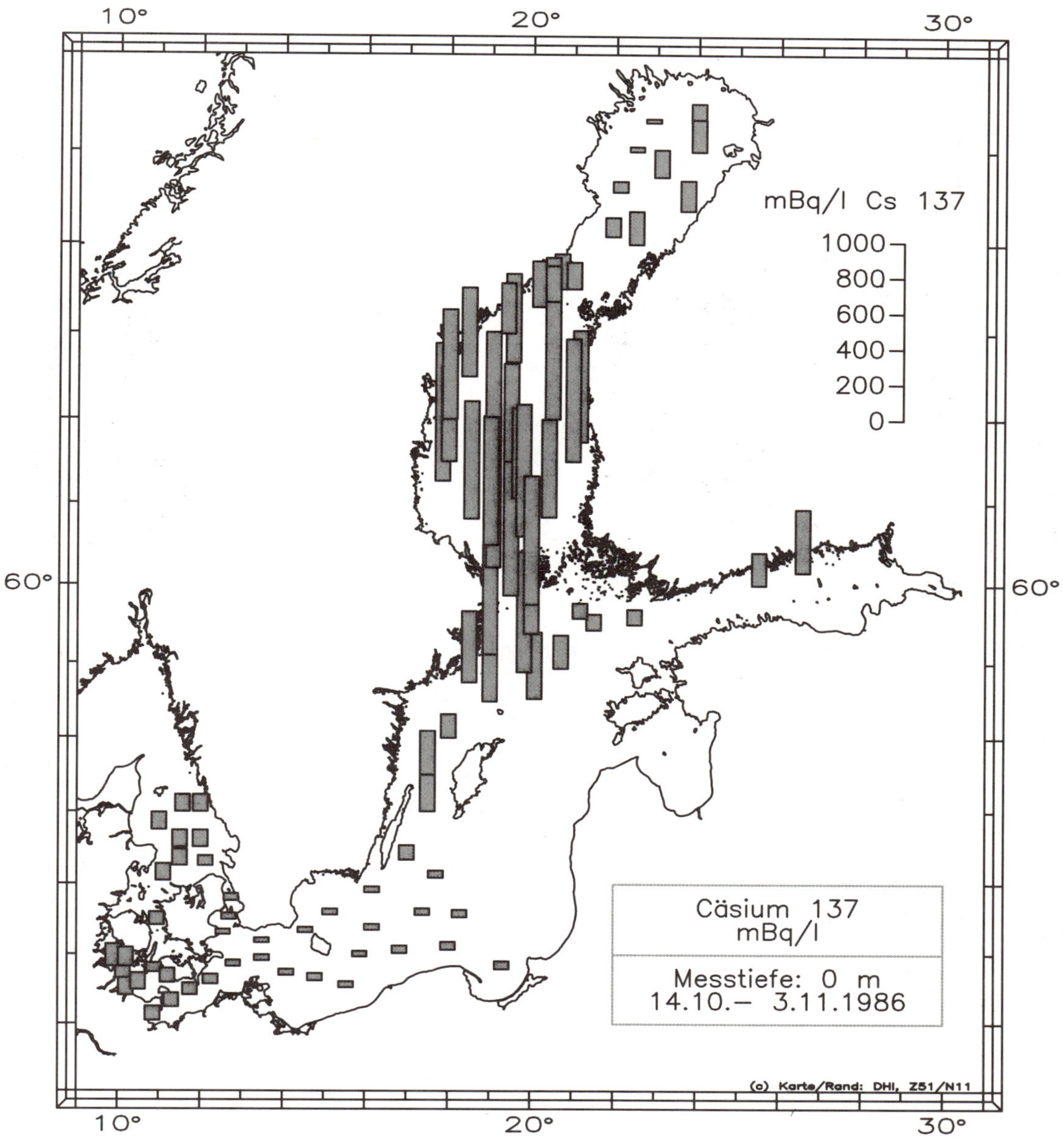

Quelle: Deutsches Hydrographisches Institut

MUDAB (Meeresumwelt–Datenbank)
UBA–UMPLIS/DHI

Cäsium – 137 – und Strontium 90 – Aktivitätskonzentration im Meerwasser

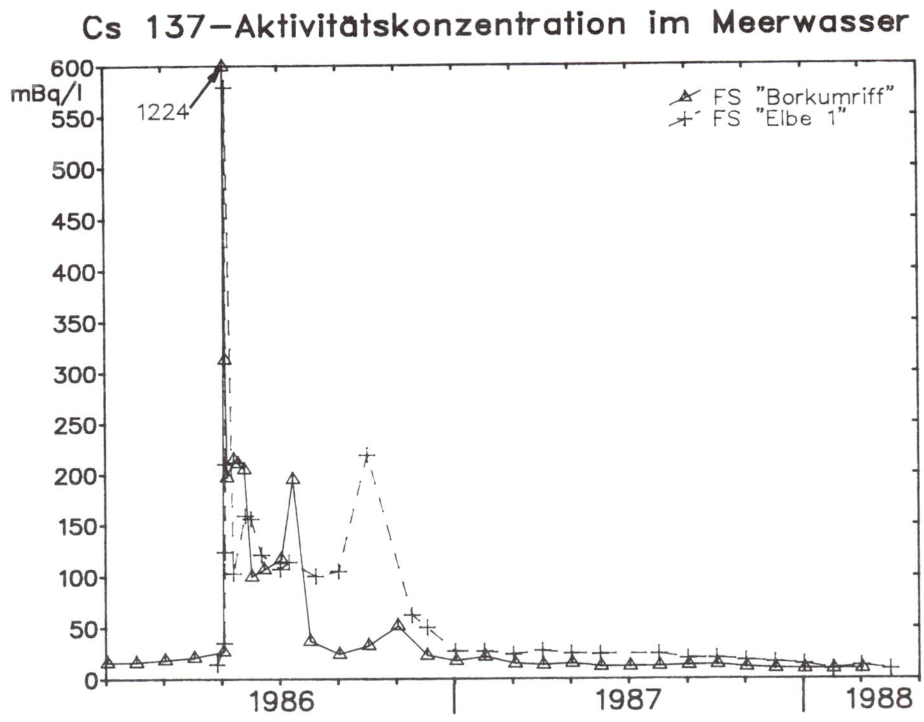

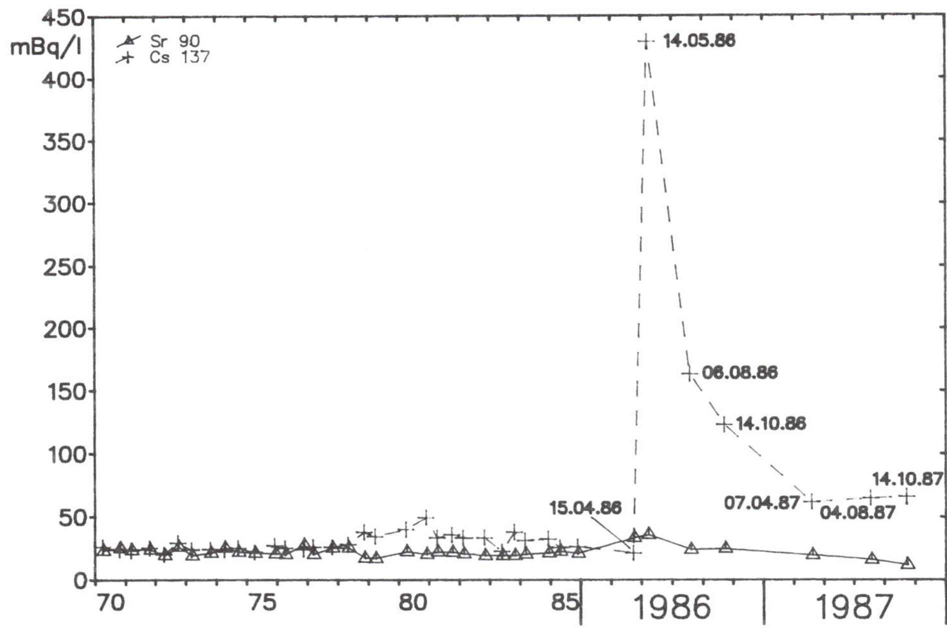

Quelle: Deutsches Hydrographisches Institut

Radioaktivitätskonzentrationen in Gewässern

In der Bundesrepublik Deutschland tragen zahlreiche Emittenten und Quellen in geringem Umfange ständig zur Belastung der Gewässer mit radioaktiven Stoffen bei. Die eingebrachten Radionuklide werden überwiegend im Gewässer gebunden und im Sediment abgelagert. Wegen der intensiven Nutzung vieler Gewässer, insbesondere zur Trinkwassergewinnung, ist eine Überwachung der verschiedenen Teilbereiche des aquatischen Systems unerläßlich.

Kerntechnische Anlagen leiten kontrolliert in geringen Mengen mit den Abwässern radioaktive Stoffe in die Oberflächengewässer ein, von denen insbesondere die Nuklide Kobalt-58, Kobalt-60, Silber-110m, Cäsium-134, Cäsium-137 an Schwebstoffe bzw. Sediment gebunden nachgewiesen werden können. Das ebenfalls an Feststoffen nachweisbare Jod-131 geht überwiegend auf Ableitungen aus nuklearmedizinischen Einrichtungen zurück. Die Anwendung radioaktiver Stoffe in Medizin und Technik tragen neben kerntechnischen Anlagen in geringem Umfange auch zur Belastung der Gewässer mit H-3 bei.

Die derzeit aus diesen Ableitungen resultierenden Gehalte bzw. Aufstockungen in den verschiedenen Medien des aquatischen Bereiches liegen überwiegend im Bereich bzw. unterhalb der in der Richtlinie zur Emissions- und Immissionsüberwachung kerntechnischer Anlagen angegebenen Nachweisgrenzen. In Oberflächenwasser sind Auswirkungen als Folge solcher Einleitungen, wenn überhaupt, nur mit hohem analytischen Aufwand nachweisbar.

Der nach dem Kernreaktorunfall in Tschernobyl am 26. April 1986 erfolgte Eintrag radioaktiver Stoffe in deutsche Gewässer führte zu einem merklichen Anstieg der Nuklidgehalte in der Wasser-, Schwebstoff- und Sedimentphase. Hierbei waren insbesondere die Nuklide Ruthen-106, Silber-110m, Antimon-125, Cäsium-134, Cäsium-137 und Ce-144 für die auf den verschiedenen Expositionspfaden resultierende Strahlenexposition von Relevanz. Während in der Wasserphase nach dem Maximum im II. Quartal im IV. Quartal z. T. wiederum Werte fast wie unter Normalbedingungen erreicht wurden, muß in der Schwebstoff- und insbesondere in der Sedimentphase langfristig mit erhöhten Nuklidgehalten gerechnet werden.

Gesamt ß – bzw. Rest ß – Aktivität in Oberflächenwasser und Sediment

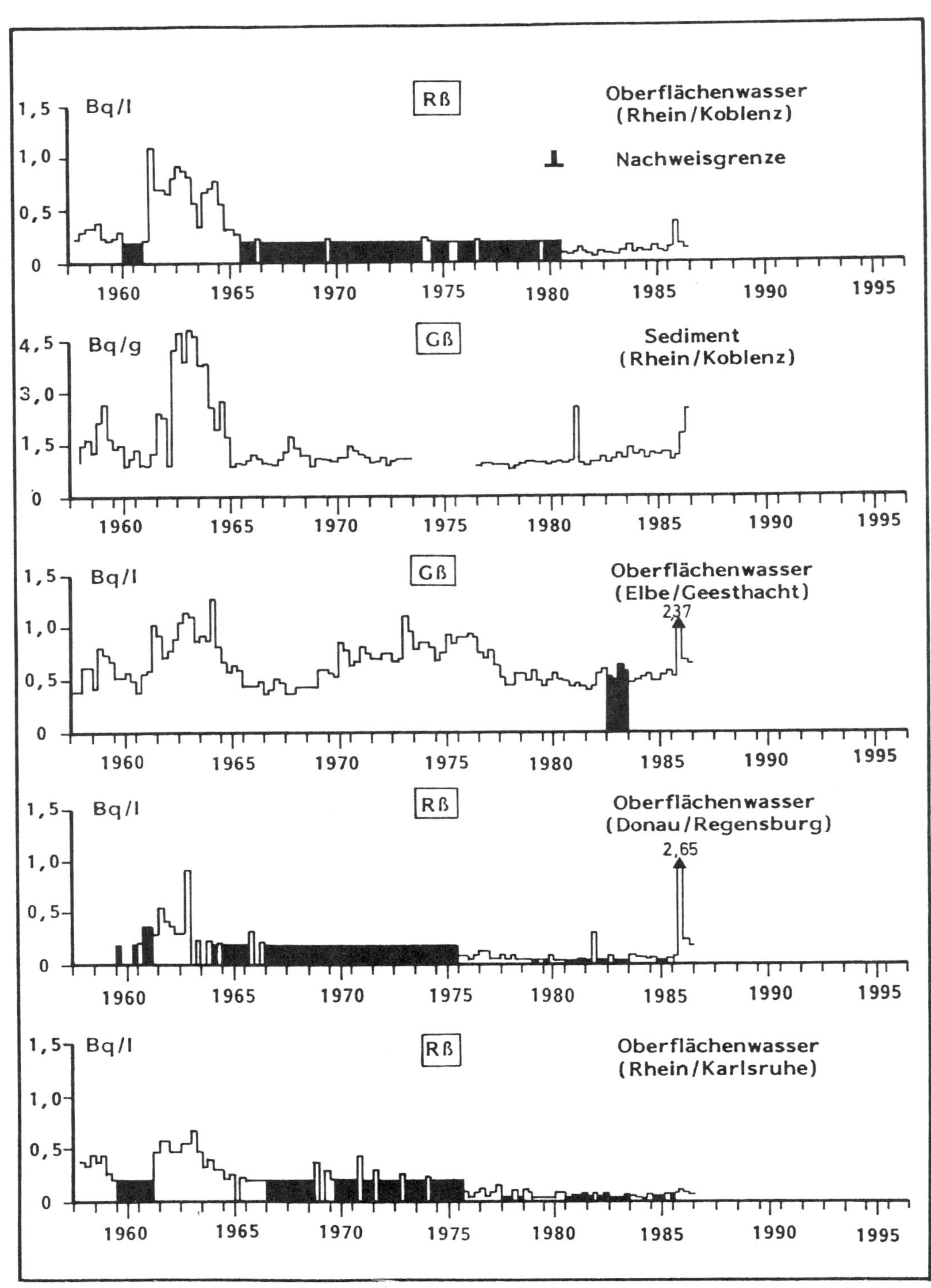

Quelle: Bundesanstalt für Gewässerkunde

Cäsium – 137 – Gehalte von Schwebstoffproben

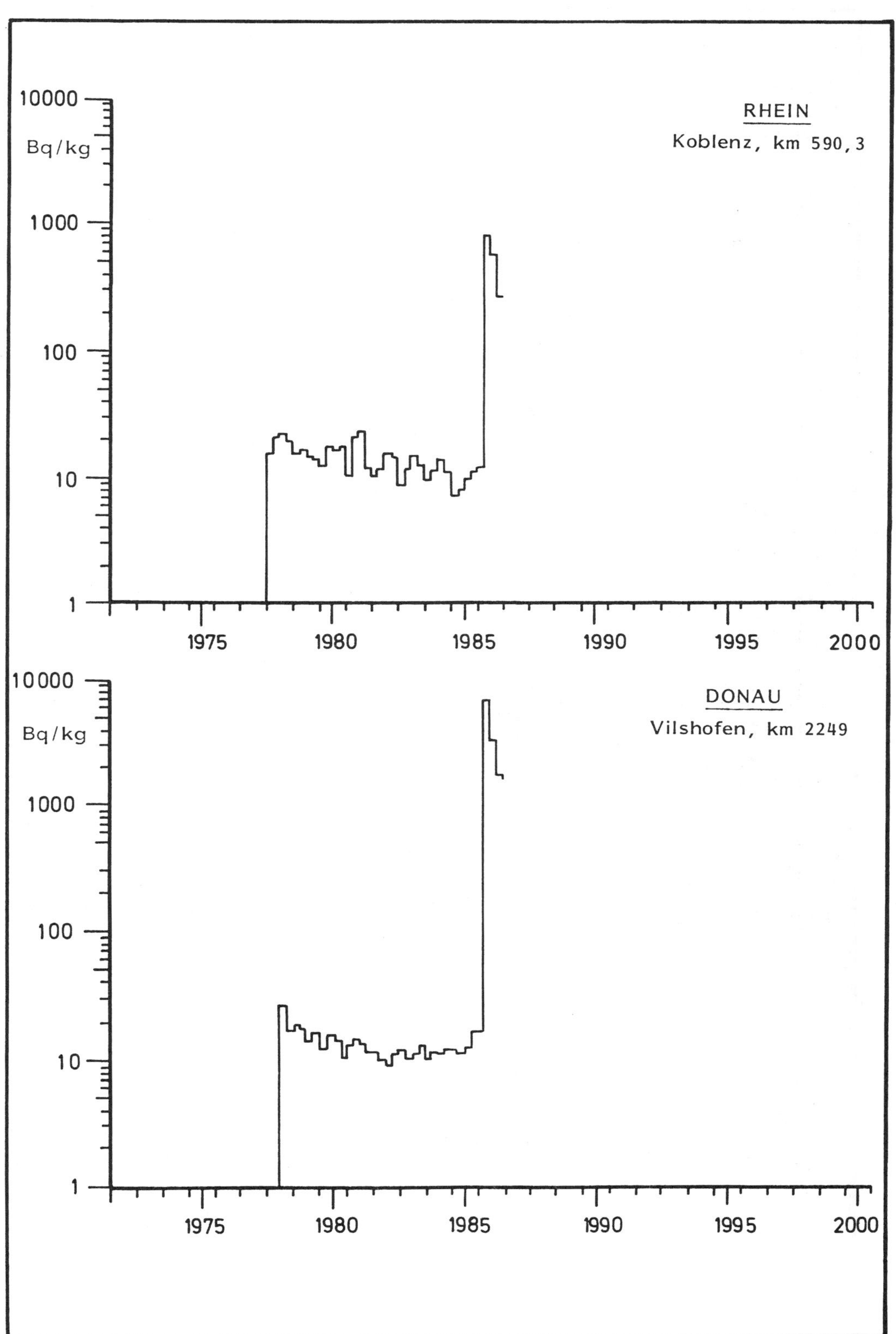

Quelle: Bundesanstalt für Gewässerkunde

Cäsium – 137 – Gehalte von Sedimentproben

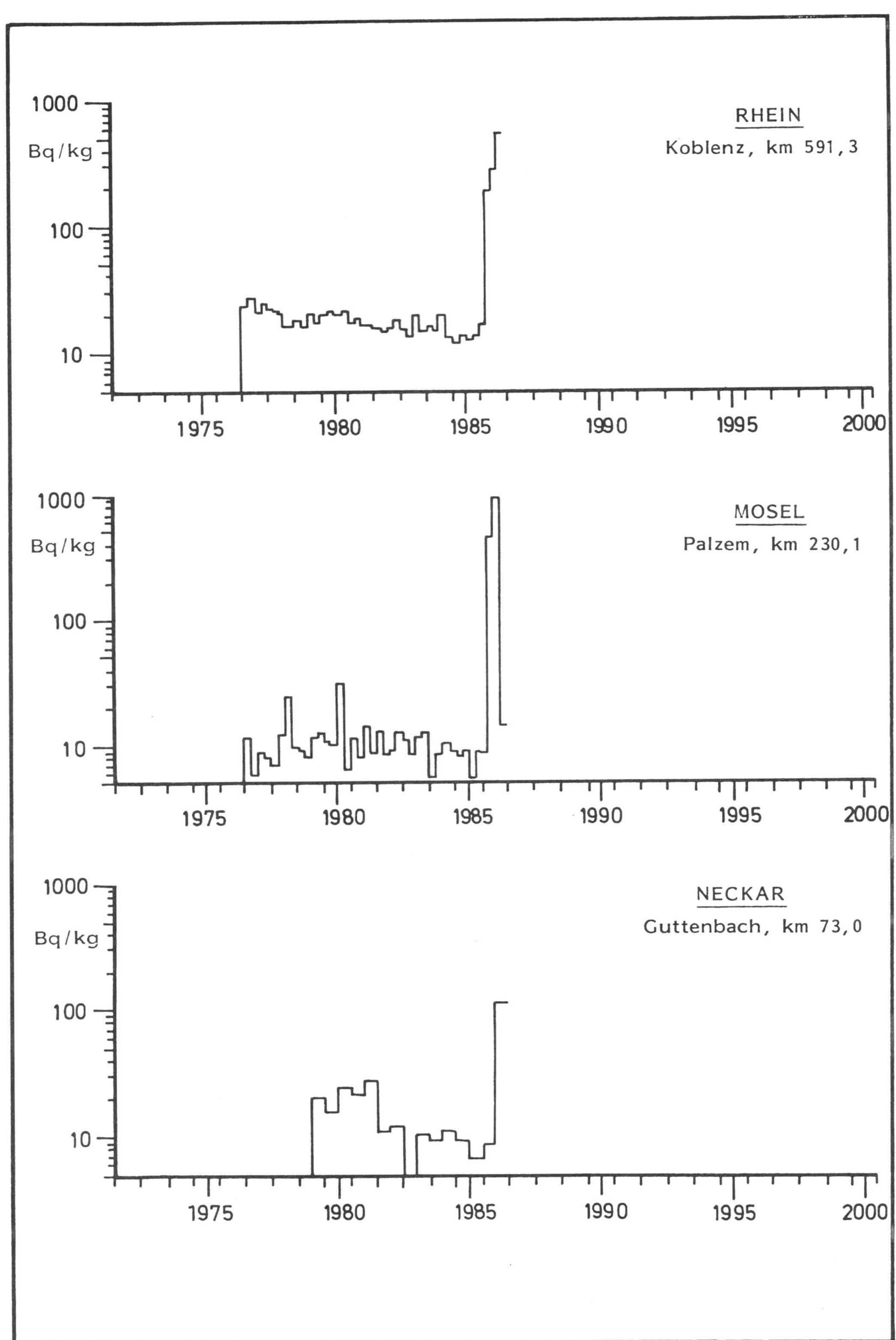

Quelle: Bundesanstalt für Gewässerkunde

Kontaminationen des Trinkwassers durch radioaktive Stoffe

Eine Kontamination des Trinkwassers durch radioaktive Stoffe, die aus der Luft der Erdoberfläche zugeführt werden, hängt überwiegend von der Kontamination des zur Trinkwassergewinnung benutzten Rohwassers ab. Die Konzentration radioaktiver Stoffe in den verschiedenen Rohwässern nimmt bei Zufuhr mit dem Niederschlag im Vergleich zum Niederschlagswasser durch Verdünnung und durch Rückhaltung der radioaktiven Stoffe bei der Bodenpassage in der Regel in folgender Reihenfolge ab:

a) Zisternenwasser
b) Oberflächenwasser
  - Flüsse
  - Seen
  - Talsperren
c) Uferfiltrat und künstlich angereichertes Grundwasser
d) Karst- und Kluftgrundwasser
e) Poren-Grundwasser.

In dieser Reihenfolge nimmt damit auch eine mögliche Gefährdung des Trinkwassers ab.

Von den amtlichen Meßstellen für die Überwachung der Umweltradioaktivität bzw. den zuständigen Landesbehörden wurden für Trinkwasser bis zum 20. Oktober 1986 über 2.100 Konzentrationsmeßwerte für Jod-131 und über 1.500 Meßwerte für Cäsium-137 mitgeteilt, außerdem in geringer Zahl Meßwerte für andere Radionuklide wie Cäsium-134 und die Rest-Beta-Aktivität. Die Messungen wurden überwiegend im Mai 1986 durchgeführt. Ab Juli 1986 wurden Messungen nur noch in geringem Umfang durchgeführt. In den nachfolgenden Tabellen sind die Meßwerte der Jod-131 und Cäsium-137-Konzentration in Trinkwässern aus geschützten (Grund- und Quellwasser, Uferfiltrat) und ungeschützten Wasservorkommen (Talsperren- und Oberflächenwässer) sowie Zisternenwasser für das Gebiet der Bundesrepublik Deutschland und die einzelnen Bundesländer zusammengefaßt. Aufgeführt sind die Zahl der Meßwerte, der Median (50%-Wert der Werteverteilung) und der Maximalwert.

Die Zusammenstellungen der Meßwerte zeigen, daß die im Mittel gefundene Jod-131-Konzentration des Trinkwassers sowohl bei den geschützten als auch den ungeschützten Rohwasservorkommen bei weniger als 1 Bq/l liegt. Die gleiche Aussage kann auch für die gefundenen Cäsium-137-Konzentrationen gemacht werden. Bei den angegebenen Maximalwerten handelt es sich z. T. um Trinkwässer, die direkt aus Oberflächengewässern gewonnen werden.

Für die insbesondere bei zahlreichen Einzelwasserversorgungen gefundenen Jod-131- und Cäsium-137-Meßwerte oberhalb von 1 Bq/l kann auch ein direkter Kontakt des geförderten Wassers zur Oberfläche nicht ausgeschlossen werden, wenn es sich z. B. um alte Schachtbrunnen handelt. Diese Brunnen müssen auch im Hinblick auf eine Verunreinigung durch „konventionelle" Schadstoffe als gefährdet angesehen werden.

Die Radionuklidkonzentrationen im Zisternenwasser waren unterschiedlich. Hier war vor allem die bereits vorhandene Regenwassermenge für die Verdünnung wesentlich. Das Maximum wurde bei Aurich mit 910 Bq/l Jod-131 gemessen, der Median in Niedersachsen – hier wurden die meisten Zisternen untersucht – lag bei 45 Bq/l. Im gesamten Bundesgebiet ergab sich für das Zisternenwasser eine mittlere Jod-131-Konzentration von 33 Bq/l und eine Cäsium-137-Konzentration von 1,7 Bq/l.

Radionuklid-Konzentrationen in geschützten Wasservorkommen

Land	I 131 (Bg/l)			Cs 137 (Bq/l)		
	N	Med.	Max.	N	Med.	Max.
Schleswig-Holstein	240	< 1,8	24	83	< 1,0	< 10
Hamburg	(21)	< 1,0	(Rest-β-Akt.)			
Niedersachsen	330	< 1,0	18	236	< 1,0	10
Bremen	9	< 1,0	< 1,0	2	< 1,0	< 1,0
Nordrhein-Westfalen	181	< 1,7	7,0	159	< 1,0	< 5,0
Hessen	706	< 1,0	4,6	645	< 0,6	< 5,0
Rheinland-Pfalz	3	< 0,2	< 0,2	17	< 0,1	0,1
Baden-Württemberg	78	< 0,8	3	35	< 0,6	< 10
Bayern	536	< 1,0	13	228	< 1,0	< 5,0
Saarland	35	< 1,0	4,6	25	< 0,9	2,9
Berlin	74	< 0,2	< 4,4	86	< 0,1	1,2
Bundesrepublik Deutschland	2 192	< 1,0	24	1 606	< 1,0	10

Radionuklid-Konzentrationen in Zisternwasser

Land	I 131 (Bg/l)			Cs 137 (Bq/l)		
	N	Med.	Max.	N	Med.	Max.
Schleswig-Holstein	18	7,7	417	6	1,4	36
Niedersachsen	27	60	910	26	1,0	53
Nordrhein-Westfalen	8	0,2	69	8	0,2	6
Bayern	15	80	258	17	27	178
Bundesrepublik Deutschland	68	15	910	57	1,9	178

Radionuklid-Konzentrationen in Trinkwasser aus Talsperren und anderen Oberflächenwässern (Roh- und Reinwasser)

Land	I 131 (Bg/l)			Cs 137 (Bq/l)		
	N	Med.	Max.	N	Med.	Max.
Niedersachsen	298	< 1,0	25	296	< 1,0	7,1
Nordrhein-Westfalen	29	< 2,0	7,6	13	< 0,2	< 2,0
Hessen				9	< 0,2	0,5
Rheinland-Pfalz				5	< 0,1	< 0,2
Baden-Württemberg	19	< 0,8	12			
Bayern	57	< 1,2	17	10	< 0,4	1,1
Bundesrepublik Deutschland	403	< 1,0	25	333	< 1,0	7,1

Erläuterungen zu den Tabellen:

N = Zahl der Meßwerte
Med. = Median (50% Wert)
Max. = Maximalwert

Quelle: Bundesgesundheitsamt

Kontamination von Fischen und anderen Organismen des Meeres durch radioaktive Stoffe

Die Kontamination von Fischen und anderer Organismen der Meere und der Binnengewässer wird seit 1959 von der Bundesforschungsanstalt für Fischerei untersucht.

Die Radioaktivität in den Fischen der Nordsee war in den sechziger Jahren bestimmt durch den Kernwaffenfallout. Ende der siebziger Jahre war nach einem vorübergehenden Rückgang der Aktivität ein Anstieg zu verzeichnen, der von den radioaktiven Abgaben der britischen und französischen Wiederaufarbeitungsanlagen herrührte.

Für einige Fischarten der Nordsee ist ein Rückgang ihres Cäsium-137-Gehaltes von 1982 bis Anfang 1986 festzustellen. Dies ist eine Folge der deutlichen Reduzierung der Abgaben der Wiederaufarbeitungsanlage in Sellafield in der zweiten Hälfte der siebziger Jahre. Der Reaktorunfall Tschernobyl führte dann zu einem leichten Anstieg der Cäsium-Aktivität in den Fischen.

Weiter wird die zeitliche Entwicklung der Aktivitätsgehalte einiger für den Kernwaffenfallout (Strontium-90 und Cäsium-137) sowie die Abgaben der Wiederaufarbeitungsanlagen (Kobalt-60, Ruthen-106, Antimon-125, Cäsium-134 und Cäsium-137) typischer Radionuklide in Garnelen und Miesmuscheln von der Nordseeküste aufgezeigt. Hier führte der Tschernobyl-Fallout 1986 außer bei Kobalt-60 und Strontium-90 zu einer deutlichen Zunahme der Aktivitätsgehalte, vor allem bei den Miesmuscheln. Bis zum Ende des Jahres nahmen aber praktisch alle auf Tschernobyl zurückzuführenden Radionuklide in den Muscheln und Garnelen wieder deutlich ab.

Der Tschernobyl-Fallout führte im Jahresmittel in für die Ostsee repräsentativen Dorschen kaum zu einer Zunahme, wobei aber von Mai bis Dezember 1986 ein Anstieg festzustellen war. In den vergangenen Jahren wurden Radioaktivitätsdaten von Fischen aus dem Süßwasserbereich hauptsächlich im Rahmen der Umgebungsüberwachung von Kernkraftwerken gewonnen. Bis zum Reaktorunfall in Tschernobyl – und dies kann auf praktisch alle Binnengewässer übertragen werden – war der Kernwaffenfallout praktisch die alleinige Ursache für die Cäsium-137-Kontamination der Fische. Der Fallout des Reaktorunfalls führte 1986 zu einer deutlichen Zunahme des Cäsium-137-Gehaltes. Es konnte auch Cäsium-134 nachgewiesen werden.

Mittlere Aktivitätsgehalte von 137 Cäsium in Fischen aus der Nordsee

Messungen der Bundesforschungsanstalt für Fischerei; nach dem Reaktorunfall Tschernobyl auch der Bundesländer

Fischart	Probenart	1963–1965		Jan. 1982		Jan. 1986		Mai–Dez. 1986	
		Bq/kg	N	Bq/kg	N	Bq/kg	N	Bq/kg	N
Hering	Filet					5,0	1		
	Gesamtfisch	1,4	23	3,2	2	3,3	10		
	Filet/Gesamt							5,4	24
Kabeljau	Filet			14,9	19	9,3	12		
	Gesamtfisch	2,2	5	7,3	24				
	Filet/Gesamt							6,5	19
Schellfisch	Filet			6,2	12	3,5	10		
	Gesamtfisch	0,95	29	3,8	25				
	Filet/Gesamt							3,5	17
Scholle/Flunder	Filet			1,8	3	1,3	6		
	Gesamtfisch	/	/	2,1	12				
	Filet/Gesamt							3,0	13
Wittling	Filet			11,3	5	2,2	1		
	Gesamtfisch	1,7	8	8,0	18	2,6	7		
	Filet/Gesamt							9,4	11

Mittlere Aktivitätsgehalte von 137 Cäsium im Filet des Ostsee-Dorsches

Messungen der Bundesforschungsanstalt für Fischerei; nach dem Reaktorunfall Tschernobyl auch für Bundesländer

Datum	Herkunft	Bq/kg	N
27. 05. 64	54° 37,5'N, 10° 20'0	3,6	1
06. 01. 66	über Fischmarkt Kiel	3,8	1
13. 10. 83	Deutsche Ostsee	5,1	1
22. 05. 84	Deutsche Ostsee	4,8	1
01. 10. 85	Deutsche Ostsee	3,5	1
1986	Ostsee	5,2	76

(N: Anzahl der Einzelwerte)

Quelle: Bundesforschungsanstalt für Fischerei

Jahresmittelwerte einiger Radionuklide in Garnelen und Miesmuscheln von der Nordseeküste

Messungen der Bundesforschungsanstalt für Fischerei

Jahr	60 Co (N)	90 Sr (N)	106 Ru (N)	125 Sb (N)	134 Cs (N)	137 Cs (N)
	Werte in Bq/kg Feuchtmasse					
Garnelenfleisch						
1976		0,072 (3)				0,56 (3)
1977		0,041 (3)				0,52 (3)
1978		0,053 (4)				0,49 (4)
1979		0,064 (4)			0,019 (4)	0,46 (4)
1980		0,058 (4)				0,37 (4)
1981		0,037 (5)			0,044 (5)	0,79 (5)
1982		0,047 (6)			0,035 (6)	0,64 (6)
1983	0,055 (4)	0,061 (4)			0,034 (4)	0,44 (4)
1984		0,1 (5)			0,020 (5)	0,34 (5)
1985	0,004 (5)	0,078 (5)			0,021 (5)	0,29 (5)
1986		0,092 (4)			1,4 (9)	3,0 (9)
Miesmuschelfleisch						
1976		0,032 (2)				0,046 (2)
1977		0,025 (2)				0,25 (2)
1978		0,036 (2)				0,32 (2)
1979		0,033 (2)	0,19 (3)			0,47 (3)
1980		0,04 (3)	0,76 (3)	0,085 (3)	< 0,03 (3)	0,37 (3)
1981	0,096 (2)	0,039 (2)	0,74 (2)			0,23 (2)
1982		0,04 (2)				0,33 (2)
1983	0,078 (6)	0,038 (3)	2,3 (6)		< 0,09 (6)	0,23 (6)
1984	0,081 (7)	0,084 (7)	1,3 (7)	0,099 (7)	< 0,02 (7)	0,21 (7)
1985	0,059 (3)	0,07 (3)	0,84 (3)	0,067 (3)	< 0,01 (3)	0,15 (3)
1986	0,25 (15)	0,097 (12)	22 (15)	0,41 (15)	1,9 (15)	3,7 (15)

N: Anzahl der Einzelwerte

Mittlere Aktivitätsgehalte von 137 Cäsium in Fischen aus der Oberelbe (Staustufe Geesthacht bis Lauenburg)

Messungen der Bundesforschungsanstalt für Fischerei

Jahr	Friedfisch-Fleisch Bq/kg	Anzahl der Einzelwerte	Raubfisch-Fleisch Bq/kg	Anzahl der Einzelwerte
1980	0,20	8	0,74	6
1981	0,22	11	1,1	4
1982	0,17	11	1,5	9
1983	0,15	12	1,0	11
1984	0,11	4	0,64	7
1985	0,082	13	0,46	7
1986	6,8	14	20	9

Quelle: Bundesforschungsanstalt für Fischerei

Radioaktivitätskonzentration in der Gesamtnahrung

Zur Beurteilung der Strahlenexposition des Menschen durch die in Lebensmitteln enthaltene Radioaktivität sind die in der Gesamtnahrung aus Kantinen, Heimen, Kasernen und sonstigen Einrichtungen mit Gemeinschaftsverpflegung gemessenen Radioaktivitätswerte besonders geeignet, da so die Lebensmittel im verzehrsfertigen Zustand gemessen und im Verhältnis der tatsächlich vom Menschen verzehrten Mengen bewertet werden können. Derartige Untersuchungen werden in der Bundesrepublik Deutschland seit 1960 regelmäßig durchgeführt. Nach der Reaktorkatastrophe von Tschernobyl hat der Umfang der Messungen stark zugenommen.

Die Darstellung beschränkt sich auf die gammaspektrometrisch gemessenen Cäsium-134- und Cäsium-137-Werte und das nach radiochemischer Trennung gemessene Strontium-90, da andere Radionuklide nur unwesentlich zur Strahlenexposition beitragen. Bei den Gesamtnahrungsproben handelt es sich um Tagesrationen für Erwachsene. Im Jahr 1986 wurden 350, im Jahr 1987 620 und in der ersten Jahreshälfte 1988 etwa 170 Proben aus dem gesamten Bundesgebiet gemessen.

Die Cäsium-137-Aktivität in der Gesamtnahrung hatte 1964 als Folge der oberirdischen Kernwaffenversuche mit dem Jahresmittelwert von fast 9 Bq/Tag Person ein Maximum erreicht. Nach dem Teststopabkommen erfolgte ein allmählicher Rückgang auf 0.1 Bq/Tag Person. Als Folge der Reaktorkatastrophe von Tschernobyl stieg der Jahresmittelwert für 1986 auf 4,2 und für 1987 auf 7,2 Bq/Tag Person. Während 1986 noch ein hoher Anteil unkontaminierter Lebensmittel zur Verfügung stand, die vor dem Reaktorunfall produziert worden waren, stammte 1987 die Nahrung ganz überwiegend aus der Zeit nach Tschernobyl. Der für 1988 eingetragene Wert muß als vorläufig betrachtet werden, da er aufgrund der für die erste Jahreshälfte 1988 bereits vorliegenden Meßwerte abgeschätzt wurde.

Den detaillierteren Verlauf des Anstieges des Cäsium-137- und auch des Cäsium-134-Gehaltes zeigen die Monatsmittelwerte der Jahre 1986, 1987 und 1988. Der Höhepunkt der Radioaktivitätszufuhr wurde demnach im März 1987 mit 10,7 Bq Cäsium-137 und 4,8 Bq Cäsium-134 erreicht. Bis Juni 1988 erfolgte ein Rückgang auf etwa 1,5 Bq Cäsium-137. Für Cäsium-134 meldeten zu diesem Zeitpunkt bereits die meisten Meßstellen „unter der Nachweisgrenze".

Während im Mai 1986 die Cäsium-134-Aktivität etwa 50% der Cäsium-137-Aktivität betrug, lag der Cäsium-134-Anteil im Dezember 1987 bei etwa 30%. Ursache für die schnellere Abnahme der Cäsium-134-Gehalte ist die kürzere Halbwertszeit des Cäsium-134 (2 Jahre) im Vergleich zu der des Cäsium-137 (30 Jahre).

Aus den an Gesamtnahrungsproben bestimmten Monatsmittelwerten der Radioaktivitätszufuhr Erwachsener lassen sich Jahresmittelwerte von 1.530 Bq für Cäsium-137 und 740 Bq für Cäsium-134 im Jahr 1986 bzw. 2.550 Bq für Cäsium-137 und 1.020 Bq für Cäsium-134 im Jahr 1987 berechnen. Für 1988 kann die Zufuhr auf maximal 750 Bq Cäsium-137 und maximal 220 Bq Cäsium-134 geschätzt werden. Mit Hilfe der Dosisfaktoren von 0,014 μSv/Bq für Cäsium-137 und 0,02 μSv/Bq für Cäsium-134 ergibt dies eine effektive Äquivalentdosis für Erwachsene von 36 μSv aus der Zufuhr im Jahr 1986, 56 μSv 1987 und 15 μSv 1988 (jeweils Folgedosis in einem Zeitraum von 50 Jahren).

Im Vergleich mit der durch das Vorkommen von Kalium-40, Kohlenstoff-14 und anderen natürlichen Radionukliden in der Nahrung und im menschlichen Körper vorhandenen Radioaktivität und der dadurch verursachten Strahlenexposition von etwa 380 μSv/Jahr (oder 38 mrem/Jahr) ist die durch das Reaktorunglück von Tschernobyl verursachte zusätzliche Aufnahme über die Nahrung gering.

Jahresmittelwerte der Cäsium – 137 und Cäsium – 134 Aktivität in der Gesamtnahrung

Jahresmittelwerte der Cäsium – 137 Aktivität

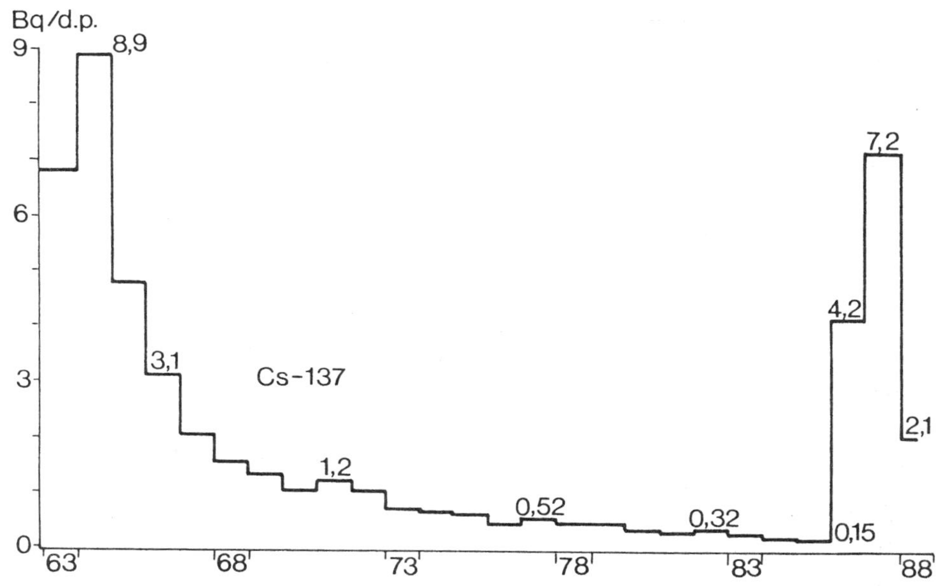

Monatsmittelwerte der Cäsium – 137 und Cäsium – 134 Aktivität

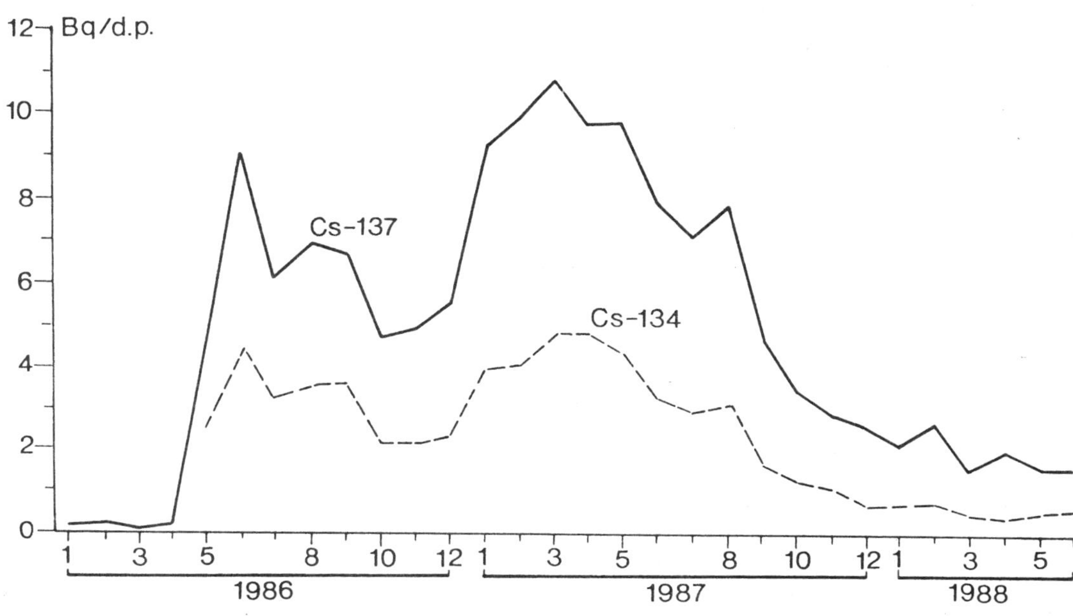

Quelle: Bundesforschungsanstalt für Ernährung + Forstwirtschaft

Jahresmittelwerte der Strontium – 90 Aktivität in der Gesamtnahrung von 1960 – 1988

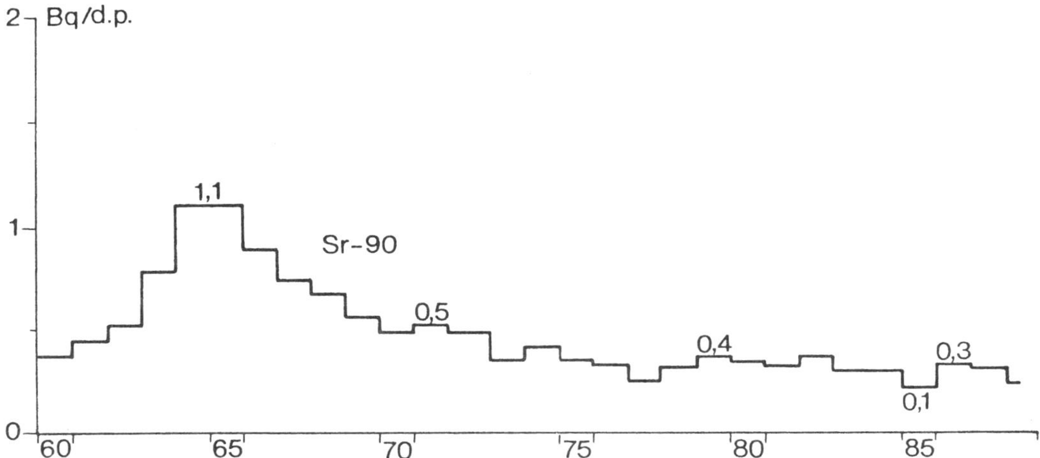

Quelle: Bundesforschungsanstalt für Ernährung + Forstwirtschaft

Kontamination von Milch und Milchprodukten

Die Kontamination von Milch und Milchprodukten wurde im Jahr 1986 durch die radioaktiven Emissionen des Kernkraftwerksunfalls Tschernobyl in den UdSSR bestimmt. Die emittierte Radioaktivität, die sich mit den zu dieser Zeit vorherrschenden Luftströmungen über Europa ausbreitete, führte besonders in den Gebieten zu hohen Kontaminationen, in denen radioaktive Wolken beim Durchzug durch starke Niederschläge ausgewaschen wurden. In der Bundesrepublik Deutschland waren besonders die südlichen Bereiche der Länder Bayern und Baden-Württemberg betroffen. In allen anderen Teilen der Bundesrepublik Deutschland war die Kontamination der Milch um etwa eine Größenordnung geringer. Jedoch lagen die Aktivitäten der Milch mit dem langlebigen Radioisotop Cäsium-137 auch in den geringer kontaminierten Gebieten im Mittel um eine Zehnerpotenz und mehr über den entsprechenden Werten des Jahres 1985. Aufgrund der geringen Flüchtigkeit wurde in Tschernobyl nur eine geringe Menge der Strontiumisotope Sr-89 und Sr-90 emittiert, die darüber hinaus auch noch überwiegend in Reaktornähe deponiert wurde. Dadurch war in der Milch im Bundesgebiet nur ein geringer Anstieg der Kontamination mit diesen Radioisotopen zu verzeichnen. Dagegen tauchten in der Milch aber eine Reihe flüchtiger Radionuklide mit sehr kurzer, kurzer und mittlerer Halbwertszeit, so z.B. Jod-131, Tellur-132/ Jod-132, Jod-133, Cäsium-134 und Barium-140/Lauthon-140 in beträchtlichen Aktivitätskonzentrationen auf.

Für die Radionuklide Strontium-90 und Cäsium-137 sind die Anzahl der Meßwerte, die Mittelwerte der Kontamination der Rohmilch, sowie die maximalen- und minimalen Einzelwerte wiedergegeben.

Die Abbildung erlaubt einen Vergleich der Jahresmittelwerte der Kontamination der Milch mit den langlebigen Radioisotopen Strontium-90 und Cäsium-137 für 1960 – 1986. Die Tabellen enthalten Informationen über

- Jahresmittelwerte des Strontium-90 und Cäsium-137-Gehaltes in Rohmilch nach Bundesländern für die Jahre 1980 – 1986. Für 1986 sind zudem gemessene Minimum- und Maximum-Werte angegeben.

- die Anzahl der Meßwerte,die maximalen und minimalen Einzelwerte, die für Cäsium-137 in Milch bzw. Milchprodukten nach dem Tschernobylunfall im Jahr 1986 im Bundesgebiet ermittelt wurden sowie

- die Cäsium-137-Mittel- und Extremwerte eines Milchfertigpräparates (Säuglingsnahrung), das in Schleswig-Holstein produziert wurde.

Jahresmittelwerte des Sr 90 – und Cs 137 – Gehaltes der Milch in der Bundesrepublik Deutschland von 1960 – 1986

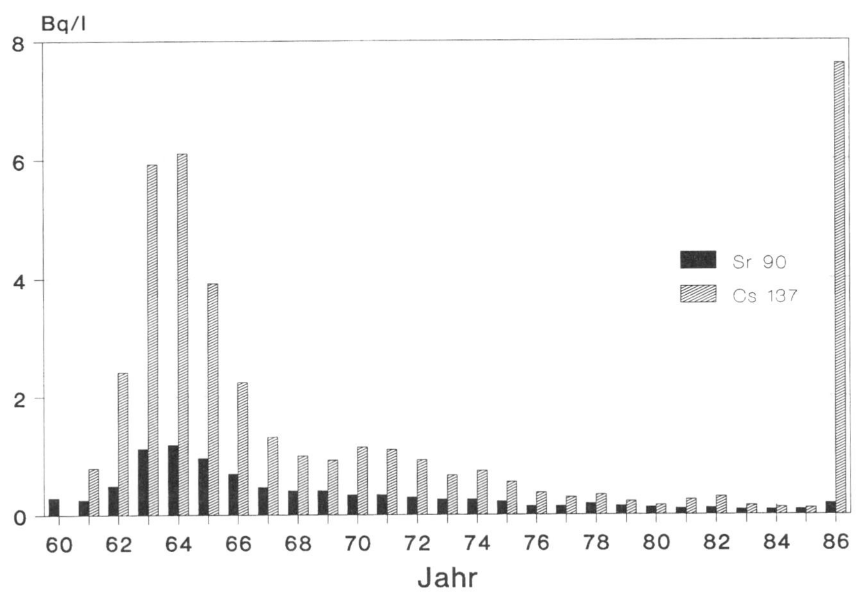

Quelle: Bundesanstalt für Milchforschung

Mittelwerte des Strontium-90- und des Cäsium-137-Gehaltes von Rohmilch

Bundesland (Meßstelle)	Jahr	Sr 90 Anzahl der Einzelwerte	Sr 90 Mittelwert Bq/l	Cs 137 Anzahl der Einzelwerte	Cs 137 Mittelwert mBq/l
Baden-Württemberg	1980	75	0,150	75	< 0,170
	1981	64	0,140	64	< 0,140
	1982	56	< 0,110	56	< 0,120
	1983	59	< 0,100	59	< 0,080
	1984	59	< 0,090	59	< 0,070
	1985	33	< 0,110	33	< 0,080
	1986	10	0,240	3 684	9,000
	Maximaler Einzelwert		0,420		215,300
	Minimaler Einzelwert		0,150		0,400
Bayern	1980	66	0,130	66	0,150
	1981	68	0,120	68	0,150
	1982	64	0,100	63	0,190
	1983	67	0,070	67	< 0,060
	1984	71	0,060	71	< 0,040
	1985	70	< 0,070	71	< 0,040
	1986	26	0,220	4 227	21,700
	Maximaler Einzelwert		0,690		2 490,000
	Minimaler Einzelwert		0,090		< 0,300
Berlin	1980	26	0,060	26	0,460
	1981	10	< 0,060	10	0,640
	1982	6	< 0,200	6	< 1,110
	1983*)				
	1984	10	< 0,190	9	< 0,060
	1985	25	< 0,190	25	< 0,110
	1986	7	0,160	36	5,300
	Maximaler Einzelwert		0,200		47,500
	Minimaler Einzelwert		< 0,100		< 1,000
Hamburg	1980	26	0,060	26	0,250
	1981	17	0,070	17	0,230
	1982	12	0,080	12	0,290
	1983	12	0,070	12	0,220
	1984	12	0,060	12	0,200
	1985	12	0,030	12	0,190
	1986	–	–	12	1,300
	Maximaler Einzelwert		–		9,100
	Minimaler Einzelwert		–		< 2,000

*) Für das Jahr 1983 wurden der Leitstelle keine Meßwerte mitgeteilt.

Fortsetzung Mittelwerte des Strontium-90- und des Cäsium-137-Gehaltes von Rohmilch

Bundesland (Meßstelle)	Jahr	Sr 90 Anzahl der Einzelwerte	Sr 90 Mittelwert Bq/l	Cs 137 Anzahl der Einzelwerte	Cs 137 Mittelwert mBq/l
Hessen	1980	54	0,120	54	0,090
	1981*)	12	0,100	12	0,120
	1982*)	12	0,080	12	0,290
	1983	75	0,080	76	< 0,110
	1984	68	0,080	32	< 0,100
	1985	70	0,080	32	< 0,090
	1986	61	0,110	1 174	4,300
	Maximaler Einzelwert		0,200		99,000
	Minimaler Einzelwert		0,080		< 0,200
Niedersachsen	1980	88	0,120	85	0,290
	1981	109	0,110	108	0,430
	1982	114	0,080	114	0,420
	1983	84	0,100	83	0,340
	1984	106	0,090	106	0,310
	1985	86	0,080	86	0,270
	1986	54	0,170	324	10,300
	Maximaler Einzelwert		0,540		225,000
	Minimaler Einzelwert		0,100		< 1,000
Nordrhein-Westfalen	1980	42	0,100	42	< 0,130
	1981	41	0,090	41	< 0,160
	1982	41	< 0,090	41	< 0,120
	1983	38	0,080	38	< 0,100
	1984	42	0,080	42	< 0,070
	1985	44	0,080	44	< 0,090
	1986	29	0,160	425	4,200
	Maximaler Einzelwert		0,320		110,000
	Minimaler Einzelwert		0,070		0,600
Rheinland-Pfalz	1980	48	0,140	47	0,120
	1981	48	0,150	48	0,120
	1982	45	0,090	44	0,090
	1983	53	0,080	53	< 0,040
	1984	61	0,090	62	< 0,030
	1985	64	0,090	63	< 0,030
	1986	22	0,160	751	3,700
	Maximaler Einzelwert		0,270		121,000
	Minimaler Einzelwert		0,090		< 0,600

*) Für die Jahre 1981 und 1982 wurden der Leitstelle keine Meßwerte mitgeteilt.

Fortsetzung Mittelwerte des Strontium-90- und des Cäsium-137-Gehaltes von Rohmilch

Bundesland (Meßstelle)	Jahr	Sr 90 Anzahl der Einzelwerte	Sr 90 Mittelwert Bq/l	Cs 137 Anzahl der Einzelwerte	Cs 137 Mittelwert mBq/l
Schleswig-Holstein	1980	24	0,100	24	0,080
	1981	24	0,100	24	0,270
	1982	22	0,100	22	0,300
	1983	23	0,080	23	0,220
	1984	20	0,080	20	0,140
	1985	25	0,080	25	0,130
	1986	39	0,170	1 052	4,100
	Maximaler Einzelwert		0,450		103,200
	Minimaler Einzelwert		0,070		0,100
Bundesrepublik (gesamt)	1980	435	0,120	431	< 0,160
	1981	393	< 0,100	392	< 0,250
	1982	372	< 0,110	370	< 0,300
	1983	411	< 0,080	411	< 0,150
	1984	439	< 0,080	404	< 0,120
	1985	429	< 0,090	391	< 0,110
	1986	238	0,190	11 773	7,600
	Maximaler Einzelwert		0,690		2 490,000
	Minimaler Einzelwert		0,070		0,100

Quelle: Bundesanstalt für Milchforschung

Bereiche der Kontamination von Milch und Milchprodukten mit Cs-137 nach dem Reaktorunfall von Tschernobyl

Produkt	Anzahl der Einzelwerte	Cs-137 (Bq/l bzw. Bq/kg) max. Wert	min. Wert
Rohmilch	11 773	2 490,0	< 0,3
Trinkmilch	4 868	490,0	< 0,4
H-Milch	840	605,0	< 0,5
Buttermilch	182	270,0	< 1,0
Magermilch	155	1 050,0	< 0,2
Molke	228	2 670,0	1,6
Rahm	20	85,0	2,0
Sahne	574	500,0	< 0,2
Kondensmilch	388	792,0	0,2
Butter	41	10,0	< 0,7
Dickmilch	10	20,2	1,6
Joghurt	828	455,0	0,7
Kefir	30	20,8	1,6
Quark	164	232,0	0,5
Frischkäse	62	153,0	< 2,0
Käse (sonstige Sorten)	558	470,0	0,3
Milchpulver (alle Sorten)	1 320	3 340,0	< 0,4
Säuglingsnahrung	206	127,0	< 0,3
Molkenpulver	66	3 920,0	< 1,0
Caseine	11	430,0	< 0,4
Schafsmilch	282	860,0	< 1,0
Schafskäse	27	153,0	< 2,0
Ziegenmilch	125	660,0	< 0,8
Ziegenkäse	22	166,0	< 3,0

Quelle: Bundesanstalt für Milchforschung

Mittelwerte des Cs 137-Gehaltes eines Milchfertigpräparates (Säuglingsfertignahrung) aus Schleswig-Holstein

Jahr	Anzahl der Proben	Cs 137 Bq/kg Tr.
1980	11	0,540
1981	12	0,640
1982	12	0,700
1983	8	0,700
1984	9	0,260
1985	11	0,240
1986	10	2,700
Maximaler Einzelwert		8,500
Minimaler Einzelwert		0,280

Quelle: Bundesanstalt für Milchforschung

Standorte und Abgabe radioaktiver Stoffe aus Kernkraftwerken

Die Abbildung enthält die Standorte der in Betrieb, im Bau befindlichen sowie stillgelegten Kernkraftwerke. In den Tabellen sind für Siedewasser- und Druckwasserreaktoren die Abgaben radioaktiver Stoffe mit Abluft und Abwasser zusammengestellt.

Die Abgabewerte beruhen auf von den Betreibern der einzelnen Anlagen an die jeweils zuständige Genehmigungsbehörde gemeldeten Daten. Die Kontrolle der Betreibermessungen erfolgt im Rahmen der Richtlinie „Kontrolle der Eigenüberwachung radioaktiver Emissionen aus Kernkraftwerken (Abwasser)“ durch behördlich beauftragte Sachverständige.

Das Kontrollprogramm umfaßt im wesentlichen Parallelmessungen an Abwasserproben und die Teilnahme an einem vom Bundesgesundheitsamt in Zusammenarbeit mit der Physikalisch-Technischen Bundesanstalt durchzuführenden Ringversuch.

Im atomrechtlichen Genehmigungsverfahren werden für die jährlichen Emissionsraten und für Kurzzeitabgaben radioaktiver Stoffe aus kerntechnischen Anlagen Grenzwerte festgelegt. Die Einhaltung dieser Grenzwerte wird durch ein umfangreiches Überwachungsprogramm, das sich in die Teile „Überwachung durch den Betreiber“ und „Kontrolle der Eigenüberwachung durch einen unabhängigen Sachverständigen“ gliedert, überprüft.

Zu den Meßaufgaben des vom Betreiber eines Kernkraftwerkes im Rahmen der Eigenüberwachung durchzuführenden Meßprogrammes gehört einerseits die kontinuierliche Überwachung der Emissionsrate radioaktiver Edelgase, radioaktiver Aerosole und von Jod-131 mit der Kaminabluft, um jederzeit Informationen über den Anlagenzustand zu erhalten und bei erhöhten Emissionen die Einleitung entsprechender Maßnahmen zu ermöglichen. Andererseits sind sämtliche Ableitungen von Radionukliden zu erfassen und zu bilanzieren, um eine Grundlage für die Beurteilung der Strahlenexposition der Bevölkerung zu schaffen.

Siehe auch:
Kapitel Allgemeine Daten, Abschnitt Energie

Kernkraftwerke in der Bundesrepublik Deutschland
Stand Januar 1989

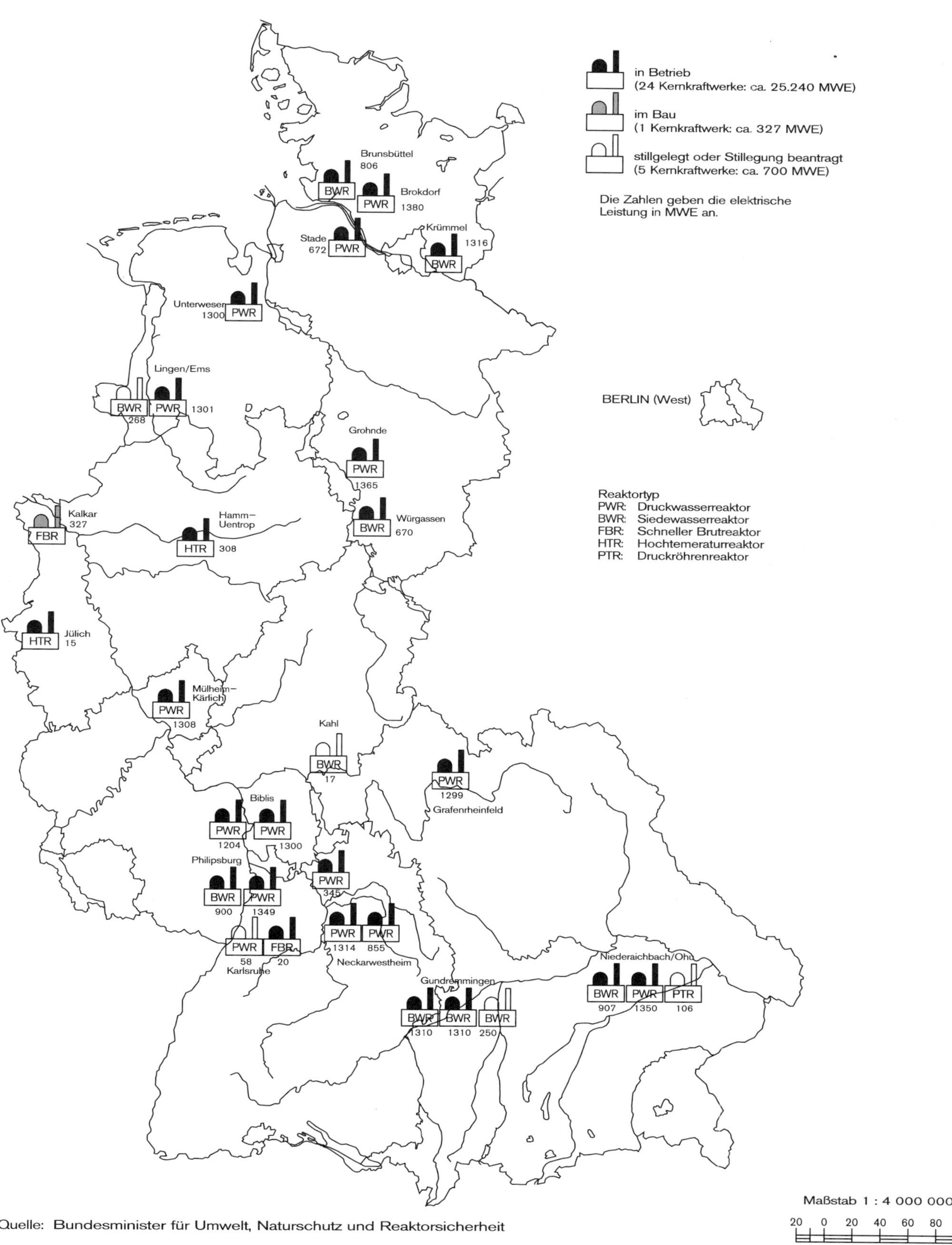

Quelle: Bundesminister für Umwelt, Naturschutz und Reaktorsicherheit

Abgabe radioaktiver Stoffe mit dem Abwasser aus Kernkraftwerken in der Bundesrepublik Deutschland in den Jahren 1964 bis 1987

Kernkraftwerke	Spalt- und Aktivierungsprodukte (außer Tritium) Bq				Tritium Bq				α-Strahler Bq			
	1984	1985	1986	1987	1984	1985	1986	1987	1984	1985	1986	1987
Siedewasserreaktoren	6,4 E07	5,0 E07	4,5 E07	1,1 E08	7,2 E10	8,6 E10	2,9 E10	3,6 E09	2,0 E05	1,4 E05	9,0 E04	–
Kahl*)	5,4 E09	1,9 E09	1,2 E09	5,5 E08	7,9 E11	7,1 E11	4,9 E11	3,9 E11	2,1 E07	4,5 E06	1,8 E06	1,4 E06
Würgassen	1,0 E08	1,3 E08	8,2 E07	1,0 E08	6,5 E10	3,2 E10	6,0 E09	6,8 E09	9,8 E05	1,0 E06	1,0 E06	1,0 E06
Lingen**)	7,7 E08	8,1 E08	4,9 E08	4,0 E08	2,6 E12	8,7 E11	5,0 E11	5,0 E11	5,1 E05	5,0 E04	4,5 E05	9,0 E05
Brunsbüttel	6,9 E08	5,4 E08	8,7 E08	5,6 E08	1,8 E12	4,7 E11	6,5 E11	7,5 E11	1,7 E04	2,6 E06	4,5 E06	2,9 E06
Isar	4,7 E09	7,8 E08	9,7 E08	5,6 E08	2,0 E12	9,0 E11	7,7 E11	6,2 E11	–	–	–	–
Philippsburg I	1,5 E09	3,6 E08	4,2 E07	1,3 E07	5,9 E11	7,6 E11	1,0 E12	9,5 E11	–	–	–	–
Krümmel	6,3 E09	2,7 E09	4,8 E09	8,4 E08	4,1 E11	1,2 E12	1,2 E12	1,6 E12	–	–	–	–
Grundremmingen												
Druckwasserreaktoren	2,0 E09	7,7 E08	5,8 E08	4,1 E08	5,0 E12	5,3 E12	4,1 E12	5,7 E12	–	1,8 E06/2,3 E05		–
Obrigheim	9,2 E08	1,2 E09	1,5 E09	1,3 E09	1,2 E13	6,2 E12	7,1 E12	6,1 E12	–	–	–	–
Stade	2,3 E09	1,7 E09	1,4 E09	2,9 E09	1,7 E13	1,8 E13	1,6 E13	1,4 E13	1,8 E05	–	–	1,6 E06
Biblis A	1,4 E09	7,4 E08	8,8 E08	9,2 E08	1,5 E13	1,5 E13	1,3 E13	1,0 E13	2,3 E05	–	–	6,2 E05
Biblis B	1,3 E08	3,0 E08	1,6 E08	1,0 E08	1,1 E13	1,3 E13	1,1 E13	1,2 E13	–	–	8,0 E05	9,9 E05
Neckarwestheim	1,7 E07	7,2 E08	2,3 E08	2,3 E08	2,5 E13	2,7 E13	1,4 E13	1,4 E13	–	–	–	–
Unterweser	6,5 E07	3,5 E07	1,5 E08	7,1 E07	2,1 E13	2,2 E13	1,4 E13	1,6 E13	–	–	–	–
Grafenrheinfeld	5,4 E07	1,1 E08	1,1 E07	8,4 E07	9,1 E10	7,2 E12	8,0 E12	1,6 E13	–	–	–	–
Grohnde	6,1 E05	4,7 E07	2,6 E08	3,2 E08	4,5 E08	1,3 E13	2,2 E13	1,3 E13	–	–	–	–
Philippsburg 2	–	–	2,5 E08	1,3 E08	–	–	1,9 E12	4,9 E12	–	–	–	–
Mühlheim-Kärlich	–	–	–	–	–	–	1,0 E11	2,5 E13	–	–	–	–
Brokdorf***)												
Hochtemperaturreaktor												
Hamm-Uentrop	–	–	6,8 E06	9,5 E06	–	–	1,1 E12	3,4 E12	–	–	–	–

*) Anlage im November 1985 stillgelegt
**) Anlage im Januar 1977 stillgelegt
***) seit Oktober 1986 in Betrieb

Quelle: Bundesgesundheitsamt

Abgabe radioaktiver Stoffe mit der Abluft aus Kernkraftwerken im Jahre 1987 in Becquerel

Kernkraftwerk	Edelgase	Aerosole*)	Jod 131	$^{14}CO_2$	Tritium
Brokdorf	0	2,9 E 4	0	2,3 E 10	8,9 E 10
Kahl	–	1,6 E 4	–	–	7,6 E 1
Gundremmingen A	n.n.	3,4 E 6	–	–	4,9 E 9
Lingen					
Obrigheim	4,6 E 11	1,2 E 7	3,7 E 4	–	1,7 E 11
Stade	8,2 E 13	1,3 E 7	7,2 E 7	1,2 E 10	1,6 E 12
Würgassen	2,9 E 12	2,0 E 8	2,5 E 8	1,5 E 11	3,0 E 11
Biblis A	3,7 E 13	1,4 E 8	3,2 E 7	3,2 E 10	3,6 E 11
Biblis B	3,3 E 12	3,3 E 7	2,3 E 7	1,2 E 10	3,6 E 11
Neckarwestheim	1,3 E 13	1,1 E 7	1,4 E 7	4,9 E 10	9,8 E 11
Brunsbüttel	6,6 E 12	2,9 E 7	4,5 E 7	2,0 E 11	21,3 E 11
Isar	8,6 E 11	1,9 E 7	1,2 E 8	3,3 E 11	2,3 E 11
Unterweser	4,4 E 12	7,6 E 6	4,0 E 6	2,8 E 10	1,3 E 12
Philippsburg 1	7,6 E 11	2,0 E 7	4,2 E 7	–	3,1 E 10
Philippsburg 2	8,3 E 11	6,6 E 4	9,2 E 5	–	1,0 E 12
Grafenrheinfeld	5,3 E 8	1,7 E 6	2,3 E 4	7,5 E 10	7,1 E 11
Krümmel	1,4 E 19	2,2 E 7	9,2 E 7	4,4 E 11	2,5 E 11
Grundremmingen B/C	1,9 E 13	n.n.	1,1 E 8	1,4 E 11	8,1 E 11

*) langlebige Aerosole ohne Jod 131
n.n. nicht nachweisbar (unter Nachweisgrenze)

Quelle: Bundesminister für Umwelt, Naturschutz und Reaktorsicherheit

Berichte des Bundes und der Länder zur Situation von Umwelt und Natur (Stand: Januar 1989)

I. Berichte des Bundes

1. Umweltberichte

Federführendes Ressort/Herausgeber Titel	Fundstelle	Erscheinungsjahr	Periodisch (×) (Nächste Herausgabe)
1. **Bundesminister für Umwelt, Naturschutz und Reaktorsicherheit (BMU)**			
– Das Umweltprogramm der Bundesregierung '71	BT-Drs. VI/2710	1971	
– Abfallwirtschaftsprogramm '75 der Bundesregierung	BT-Drs. 7/4826	1976	
– Umweltbericht '76	BT-Drs. 7/5902	1976	
– Bericht über die Wasserwirtschaft in der Bundesrepublik Deutschland	BMI	1977	
– 1. Immissionsschutzbericht der Bundesregierung	BT-Drs. 8/2006	1978	× (1981)
– 2. Immissionsschutzbericht der Bundesregierung	BT-Drs. 9/1458	1982	
– 3. Immissionsschutzbericht der Bundesregierung		1984	× (1988)
– 4. Immissionsschutzbericht der Bundesregierung	BT-Drs. 11/2714	1988	
– Fluglärmbericht	BT-Drs. 8/2254	1978	
– Wasserversorgungsbericht	Erich Schmidt Verlag	1982	
– Bilanz und Perspektion der Umwelt	BMI-Umwelt, Nr. 91	1982	
– Bericht der Bundesregierung zur Entsorgung der Kernkraftwerke und anderer kerntechnischer Einrichtungen	BT-Drs. 10/327		
– Wasserversorgungsbericht, Teil B – Materialien · B 1 Organisation der Wasserversorgung · B 2 Wissenschaftlich/technische Probleme der Wasserversorgung · B 3 Wasserbedarfsprognose · B 4 Wassersparmaßnahmen · B 5 Industrielle Wassernutzung	Erich Schmidt Verlag	1983	
– Erfahrungsbericht zum Abwasserabgabengesetz	BMI	1983	
– Bericht der Bundesregierung über Umweltradioaktivität und Strahlenbelastung	BT-Drs. 10/2048	1981/82	× (jährlich)
– Aktionsprogramm „Rettet den Wald"	BMI-Umwelt, Nr. 98	1983	
– 1. Fortschreibung	BMI-Umwelt (Sonderdruck)	1984	
– 2. Fortschreibung	BMI-Umweltbrief, Nr. 32	1985	
– Bericht der Bundesregierung über notwendige Maßnahmen zur Vermeidung von Gewässerbelastungen durch schwerabbaubare und sonstige kritische Stoffe	BT-Drs. 10/2833	1985	
– Bodenschutzkonzeption der Bundesregierung	BT-Drs. 10/2977	1985	
– Bericht der Bundesregierung zur Verringerung von Emissionen aus Kleinfeuerungsanlagen (Einzelhaushalte, Zentralheizungen)	BT-Drs. 10/5570	1986	
– Bericht der Bundesregierung zur Anwendung und Durchführung des Chemikaliengesetzes	BT-Drs. 10/5007	1986	
– 30 Jahre Überwachung der Umweltradioaktivität in der Bundesrepublik Deutschland	BMI	1986	
– Bericht über den Reaktorunfall in Tschernobyl, seine Auswirkungen und die getroffenen bzw. zu treffenden Vorkehrungen	BMU-Umwelt 4/5-85	1986	
– Umweltbericht '85, Bericht der Bundesregierung über Maßnahmen auf allen Gebieten des Umweltschutzes	BT-Drs. 10/4614	1986	
– Leitlinien der Bundesregierung zur Umweltvorsorge durch Vermeidung und stufenweise Verminderung von Schadstoffen (Leitlinien Umweltvorsorge)	BT-Drs. 10/6028	1986	
– Bericht der Bundesregierung über die Verunreinigung des Rheins durch die Brandkatastrophe bei der Sandoz AG/Basel und weitere Chemieunfälle	BMU-Umweltbrief Nr. 34	1987	

Federführendes Ressort/Herausgeber Titel	Fundstelle	Erscheinungs- jahr	Periodisch (×) (Nächste Herausgabe)
– Auswirkungen der Luftverunreinigungen auf die menschliche Gesundheit Bericht des BMU für die Umweltministerkonferenz	Reihe Umweltpolitik	1987	
– Bericht der Bundesregierung zur Vorbereitung der 2. Internationalen Nordseeschutz-Konferenz	BT-Drs. 11/878	1987	
– Bericht der Bundesregierung über den Vollzug des Abfallgesetzes vom 27. August 1986	BMU-Umweltbrief Nr. 36	1987	
– Bericht der Bundesregierung über Umweltradioaktivität und Strahlenbelastung in den Jahren 1983/84/85	BT-Drs. 11/949	1987	
– Bericht der Bundesregierung über Maßnahmen zum Bodenschutz	BT-Drs. 11/1625	1987	
– Bericht der Bundesregierung zur Entsorgung der Kernkraftwerke und anderer kerntechnischer Einrichtungen	BT-Drs. 11/1632	1988	
– Bericht zur Strahlenexposition im Jahr 1987	Reihe Umweltpolitik	1988	
– Bericht der Bundesregierung „Sport und Umwelt“	BT-Drs. 11/2134	1988	
– Bericht über Umweltradioaktivität und Strahlenbelastung (Jahresbericht 1985)	Reihe Umweltpolitik	1988	
– Bericht zur Strahlenexposition im Jahr 1988	Reihe Umweltpolitik	1989	
Umweltbundesamt (UBA)			
– Abfallbeseitigung in der Bundesrepublik Deutschland	UBA-Berichte 1/75	1975	
– Materialien zum Abfallwirtschaftsprogramm ’75 der Bundesregierung	UBA-Materialien 2/76	1976/79	
· Glasabfälle			
· Papierabfälle			
· Kunststoffabfälle			
· Altreifen			
· Metalle und metallische Verbindungen			
· Problematische Sonderabfälle			
· Pflanzliche Reststoffe			
· Tierische Reststoffe			
· Organische Reststoffe			
· Abfälle aus dem Bergbau			
· Metallabfälle			
· Lösemittel und lösemittelhaltige Rückstände			
· Mineralölhaltige Rückstände			
· Rückstände aus der Titandioxid-Produktion		1981	
– Luftqualitätskriterien für Blei	UBA-Berichte 3/76	1976	
– Luftqualitätskriterien für Cadmium	UBA-Berichte 4/77	1977	
– Materialien zum Immissionsschutzbericht 1977	UBA-Materialien	1977	× (1981)
– Umweltbundesamt-Jahresberichte 1977 ff.	UBA	1978–1988	× (jährlich)
– Umweltschutzdelikte/Auswertung der polizeilichen Kriminalstatistik	UBA-Texte	1978, 1986, 1987, 1988	× (jährlich)
– Luftqualitätskriterien für ausgewählte Polyzyklische-armomatische Kohlenwasserstoffe	UBA-Berichte 1/79	1979	
– Umwelt- und Gesundheitsrisiken für Quecksilber Teil I + II	UBA-Berichte 5/80	1980	
– Luftqualitätskriterien-Umweltbelastung durch Asbest u. a. faserige Feinstäube	UBA-Berichte 7/80	1980	
– Fünf Jahre Abfallwirtschaftsprogramm der Bundesregierung – Bilanz ’80 –	UBA	1981	
– Lärmbekämpfung ’81, Entwicklung-Stand-Tendenzen-Materialien zum 2. Immissionsschutzbericht	Erich Schmidt Verlag	1981	
– Luftreinhaltung ’81, Entwicklung-Stand-Tendenzen-Materialien zum 2. Immissionsschutzbericht	Erich Schmidt Verlag	1981	
– Streusalzbericht 1	UBA-Berichte 1/81	1981	

Federführendes Ressort/Herausgeber Titel	Fundstelle	Erscheinungsjahr	Periodisch (×) (Nächste Herausgabe)
– Cadmium-Bericht	UBA-Texte 1/81	1981	
– Luftqualitätskriterien für Benzol	UBA-Berichte 6/82	1982	
– Bericht „Sachstand Dioxine"	UBA	1983	
– Stoffbericht-polychlorierte Biphenyle (PCB) (gemeinsam mit Bundesgesundheitsamt)	Medizinverlag München	1983	
– Umwelt- und Gesundheitskriterien für Arsen	UBA-Berichte 4/83	1983	
– Umweltqualitätskriterien für photochemische Oxidantien	UBA-Berichte 5/83	1983	
– Gewässerversauerung in der Bundesrepublik Deutschland	UBA	1984	
– Umweltbelastungen durch Formaldehyd auf den Menschen (gemeinsam mit dem Bundesgesundheitsamt und der Bundesanstalt für Arbeitsschutz)	Kohlhammer Verlag	1984	
– Daten zur Umwelt	UBA	1984, 1987, 1989	× (1991)
– Winterdienstbericht	UBA-Berichte 3/85	1985	
– Sachstand Dioxine	UBA-Berichte 5/85	1985	
– Hausmüllaufkommen und Sekundärstatistik	UBA-Berichte 10/85	1985	
– Ergebnisse der Epidemiologie des Lungenkrebses	UBA-Berichte 3/86	1986	
– Muttermilch als Bioindikator	UBA-Berichte 5/86	1986	
– Neue Literatur zum Umweltrecht	UBA-Texte 33/86 UBA-Texte 24/87 UBA-Texte 25/88	1986, 1987, 1988	× (jährlich)
– Gewässer- und Bodenversauerung durch Luftschadstoffe	UBA-Texte 36/86	1986	
– Handbuch Stoffdaten zur Störfallverordnung Band I, II, III	UBA	1986	
– Luftqualitätskriterien für ausgewählte Umweltkanzerogene	UBA-Berichte 2/87	1987	
– Umweltchemikalie Pentachlorphenol	UBA-Berichte 3/87	1987	
– Modellvorhaben zur Regionalanalyse von Gesundheits- und Umweltdaten im Saarland	UBA-Texte 7/86 UBA-Texte 16/87	1986, 1987	
– Modellvorhaben Fahrradfreundliche Stadt	UBA-Texte 14/86 UBA-Texte 1/87 UBA-Texte 7/87 UBA-Texte 26/88	1986, 1987, 1988	
– Statistik der Abfallbeseitigung 1982	UBA-Texte 21/86	1986	
– Ausbreitungsrechnungen nach TA Luft	UBA-Materialien 2/87	1987	
– Erhebung über Art und Menge der in Kleingärten eingesetzten Pflanzenbehandlungsmittel	UBA-Texte 11/87	1987	
– Gewässerversauerung in der Bundesrepublik Deutschland	UBA-Texte 22/87	1987	
– Ölopfererfassung an der deutschen Nordseeküste und Ergebnisse der Ölanalysen sowie Untersuchungen zur Belastung der Deutschen Bucht durch Schiffsmüll	UBA-Texte 29/87	1987	
– Ökologische Auswirkungen eines tausalzfreien innerstädtischen Winterdienstes	UBA-Texte 3/88	1988	
– Vergleich der Umweltauswirkungen von Polyethylen- und Papiertragetaschen	UBA-Texte 5/88	1988	
– Abgasimmissionsbelastungen durch den Kfz-Verkehr	UBA-Texte 9/88	1988	
– Abbau der Schwermetallbelastung aus Wasserversorgungsleitern – Bleibericht –	UBA-Texte 11/88	1988	
– Untersuchungen über Korrosion und Abwitterung von Asbest-Zement-Produkten sowie die krebserregende Wirkung der Verwitterungsprodukte	UBA-Texte 12/88	1988	

Federführendes Ressort/Herausgeber Titel	Fundstelle	Erscheinungs- jahr	Periodisch (×) (Nächste Herausgabe)
– Schadstoffe im Boden insbesondere Schwermetalle und organische Schadstoffe aus langjähriger Anwendung von Siedlungsabfällen – Teilbericht Schwermetalle –	UBA-Texte 16/88	1988	
– Geräuschemissionen von Kfz	UBA	1989	geplant
Bundesforschungsanstalt für Naturschutz und Landschaftsökologie			
– Rote Liste der gefährdeten Tiere und Pflanzen in der Bundesrepublik Deutschland	Reihe Naturschutz aktuell Nr. 1	1977, 1978, 1981, 1983, 1984	
– Rote Liste der gefährdeten Pflanzen in der Bundesrepublik Deutschland	Schriftenreihe für Vegetationskunde 19	1988	
– Katalog der Naturschutzgebiete in der Bundesrepublik Deutschland	Reihe Naturschutz aktuell Nr. 3	1978, 1988	
Institut für Wasser-, Boden- und Lufthygiene (WaBoLu) des Bundesgesundheitsamtes			
– Kernenergie und Umwelt	Erich Schmidt Verlag	1976	
– Lärm – Wirkung und Bekämpfung –	Erich Schmidt Verlag	1978	
– Organische Verunreinigung in der Umwelt – Erkennen, Bewerten, Vermindern –	Erich Schmidt Verlag	1978	
– Altlas zur Trinkwasserqualität in der Bundesrepublik Deutschland (BIBIDAT)	Erich Schmidt Verlag	1980	
– Bewertung chemischer Stoffe im Wasserkreislauf	Erich Schmidt Verlag	1981	
2. **Bundesminister für Ernährung, Landwirtschaft und Forsten** (BML)			
– Umweltschutz in Land- und Forstwirtschaft	Schriftenreihe Berichte über Landwirtschaft		
· Naturhaushalt	Band 50, Heft 1	1972	
· Pflanzliche Produktion	Band 50, Heft 2	1972	
· Tierische Produktion	Band 50, Heft 3	1972	
– Anwendung der Umweltverträglichkeitsprüfung in der Land- und Forstwirtschaft	Band 52, Heft 2	1974	
– Agrarwirtschaft und Umwelt	Band 55, Heft 4	1978	
– Beachtung ökologischer Grenzen der Landwirtschaft	BML, Sonderheft 197 der Schriftenreihe Angewandte Wissenschaft	1981	
– Waldschäden durch Luftverunreinigung, Bericht des BML, des BMI und des Länderausschusses für Immissionsschutz	Heft 273 der Schriftenreihe Angewandte Wissenschaft	1982, 1984 1985, 1986	
– Integrierter Pflanzenschutz	Heft 289 der Schriftenreihe Angewandte Wissenschaft	1983	
– Förderung des integrierten Pflanzenschutzes	Heft 296 der Schriftenreihe Angewandte Wissenschaft	1984	
– Schwermetalle in Boden, Rebe und Wein	Heft 308 der Schriftenreihe Angewandte Wissenschaft	1985	
– Waldschäden in der Bundesrepublik Deutschland	Schriftenreihe Angewandte Wissenschaft		
	Heft 309	1985	
	Heft 334	1986	
	Heft 349	1987	
	Heft 364	1988	
– Umweltverträglichkeitsprüfung für raumbezogene Planungen und Vorhaben	Heft 313 der Schriftenreihe Angewandte Wissenschaft	1985	
– Ausgleichbarkeit von Eingriffen in Natur und Landschaft	Heft 314 der Schriftenreihe Angewandte Wissenschaft	1985	

Federführendes Ressort/Herausgeber Titel	Fundstelle	Erscheinungsjahr	Periodisch (×) (Nächste Herausgabe)
– Konfliktlösung Naturschutz-Erholung	Heft 318 der Schriftenreihe Angewandte Wissenschaft	1985	
3. **Bundesminister für Forschung und Technologie** (BMFT)			
– Antwort der Bundesregierung auf die große Anfrage zu „Forschungen zu Ursachen der Waldschäden" vom 19. 11. 1985	BT-Drs. 10/4286	1985	
– Umweltforschung und Umwelttechnologie-Programm 1984–1987	BMFT	1984	
4. **Bundesminister für Verkehr** (BMV) *Deutsches Hydrographisches Institut* (DHI)			
– Hohe See und Küstengewässer (Beitrag zum Programm Umweltgestaltung Umweltschutz der Bundesregierung)	DHI	1971	
– Reinhaltung des Meeres	DHI	1977/1978	
– Überwachung des Meeres 1980 ff	DHI	1982–1987	× (jährlich)
– Gütezustand der Nordsee	DHI	1984	
– Deutsche Bucht Hydrographie	DHI	1984	
– Schadstoffausbreitung und Schadstoffbelastung der Nordsee	DHI	1985	
– „Quality status of the North Sea" Report compiled from contributions by experts of the governments of the North Sea coastal states and the Commission of the European Comunities prepared by the International Conference on the Protection of the North Sea	DHI	1984	
5. **Bundesminister für wirtschaftliche Zusammenarbeit** (BMZ)			
– Umwelt und Entwicklungspolitik	BMZ-Materialien	1983/1984	
– Umwelt und Entwicklung	BMZ-Materialien	1987	
– Umweltwirkungen in Entwicklungsprojekten Hinweise zur Umweltverträglichkeitsprüfung	BMZ	1987	
– Erhaltung der tropischen Regenwälder	BMZ-aktuell	1988	
– Naturschutz – eine wichtige entwicklungspolitische Aufgabe –	BMZ-Informationen	1988	

2. Berichte mit umweltrelevanten Teilen

Federführendes Ressort/Herausgeber Titel	Fundstelle	Erscheinungsjahr	Periodisch (×) (Nächste Herausgabe)
1. **Bundesminister für Arbeit und Sozialordnung** (BMA)			
– Sozialbericht 1978 der Bundesrepublik (Kapitel IX, Abschnitt I, „Umweltpolitik")	BT-Drs. 8/1805	1978	
– Sozialbericht 1980 der Bundesregierung (Kapitel IX, Abschnitt 1, „Umweltschutz, Arbeitsschutz und Beschäftigung"; Abschnitt 2, „Umweltpolitische Initiativen und Maßnahmen")	BT-Drs. 8/4327	1980	
– Sozialbericht 1983 der Bundesregierung	BT-Drs. 10/842	1983	
(Kapitel X, „Soziale Aspekte der Umweltpolitik")	BT-Drs. 10/8510	1986	
2. **Bundesminister für Ernährung, Landwirtschaft und Forsten** (BML)			
– Agrarbericht der Bundesregierung (Kapitel Umweltpolitik)	BT-Drs. 10/5015	1986	× (jährlich)
	BT-Drs. 11/85	1987	
· Naturschutz und Landschaftspflege	BT-Drs. 11/1760	1988	
· Umweltschutz im Agrarbericht	BT-Drs. 11/3968	1989	

Federführendes Ressort/Herausgeber Titel	Fundstelle	Erscheinungs- jahr	Periodisch (×) (Nächste Herausgabe)
Bundesamt für Ernährung und Forstwirtschaft			
– Vermeidung der Belastung des Wassers mit Nährstoffen	BEF	1978	
– Kontamination agrarwirtschaftlicher Produkte mit Fremdimmissionen durch Blei, Cadmium, Quecksilber und Arsen	BEF	1980	
– Wirkungen ausgewählter Herbizidwirkstoffe auf Ökosystemkomponenten	BEF	1983	
– Auswirkungen von Luftverunreinigungen auf Wald	BEF	1983	
– Umweltwirkungen der Ernährungswirtschaft in der Bundesrepublik Deutschland	BEF	1985	
– Einfluß von Luftverunreinigungen auf Böden, Gewässer, Flora und Fauna	BEF	1987	
– Auswirkungen von Luftverunreinigungen auf landwirtschaftlich genutzte Flächen und Nutzpflanzenbestände	BEF	1987	
– Umweltwirkungen von Ammoniak	BEF		geplant
3. **Bundesminister für Finanzen** (BMF)			
– Finanzbericht · Darstellung des jährlichen Haushaltsentwurfes (darunter: Einzelplan 06-BMI-Umweltschutz und Reaktorsicherheit) · Finanzplan des Bundes, Darstellung der Ausgaben (darunter: Abschnitt Umweltschutz)	BMF	1970–1988	× (jährlich)
4. **Bundesminister für Forschung und Technologie** (BMFT)			
– Bundesbericht Forschung 1984	BT-Drs. 10/1543	1984	
– Bundesbericht Forschung 1988	BMFT	April 1988	× (1992)
– Faktenbericht 1986 zum Bundesbericht Forschung	BT-Drs. 10/5298	1986	
5. **Bundesminister für Jugend, Familie, Frauen und Gesundheit** (BMJFFG)	(Zuständigkeit für Umweltberichte ab 5. 6. 1986: Bundesminister für Umwelt, Naturschutz und Reaktorsicherheit)		
– Cadmium-Bilanz	BMJFFG	1973, 1974, 1976–1978, 1978–1990	
– Blei-Bilanz	BMJFFG	1973–1978, 1979–1983	
– PCB-Bilanz	BMJFFG		
– Quecksilber-Bilanz	BMJFFG	1972–1976, 1977–1979, 1980–1982	
– HCB-Bilanz	BMJFFG		
– Nationale und internationale Forschungsaktivitäten und Ergebnisse auf dem Gebiet der Nutzung freilebender Tierarten als Indikatoren für die Belastung der Umwelt – insbesondere des Menschen – durch Umweltchemikalien	BMJFFG	1976	
– Aufbereitung der Ergebnisse aus Forschungsvorhaben der interministeriellen Projektgruppe „Umweltchemikalien" (Schwermetalle, PCB, Organohalogenverbindungen)	BMJFFG	1980	

Federführendes Ressort/Herausgeber Titel	Fundstelle	Erscheinungs-jahr	Periodisch (×) (Nächste Herausgabe)
– Bericht der Bundesregierung über die Anwendung und die Auswirkungen des Chemikaliengesetzes	BT-Drs. 10/5007	1986	
– Repräsentative und gezielte Untersuchungen von bestimmten Lebensmitteln tierischer Herkunft auf relevante Umweltchemikalien	Schriftenreihe BMJFFG, Bd. 140	1984	
– Ernährungsbericht 1984	BMJFFG	1984	× (1992)
1988		1988	
– Prognose Umweltchemikalien in Lebensmitteln	BMJFFG	1981	
Bundesgesundheitsamt			
– Polychlorierte Biphenyle (PCB)	BGA-Schriftenreihe 4/83	1983	
– Arsen, Blei, Cadmium und Quecksilber in und auf Lebensmitteln	ZEBS-Bericht 1/79 ZEBS-Bericht 1/84	1979 1984	
– Schwermetalle in Säuglingsnahrung	ZEBS-Bericht 1/81	1981	
– Schwermetalle in Speisekleie und -erzeugnissen	ZEBS-Bericht 3/81	1981	
– Schwermetallgehalte in Bier	ZEBS-Bericht 2/82	1982	
– Einfluß von Herstellungs- und Zubereitungsverfahren auf den Arsen-, Blei-, Cadmium- und Quecksilbergehalt von Lebensmitteln	ZEBS-Bericht 3/82	1982	
– Ergebnisse eines Ringversuches: Blei, Cadmium und Quecksilber in biologischem Material	ZEBS-Bericht 1/83	1983	
– Rückstände von Pflanzenbehandlungsmitteln in Lebensmitteln; Organochlorverbindungen	ZEBS-Bericht 3/83	1983	
– Quecksilber, Magnesium- und Zinngehalte in der Frauenmilch, im Blutserum und Fettgewebe der Mütter	ZEBS-Bericht 1/86	1986	
6. **Bundesminister für Raumordnung, Bauwesen und Städtebau** (BMBau)			
– Städtebaubericht der Bundesregierung	BT-Drs. VI/1497 BT-Drs. 7/3583	1970 1975	
– Raumordnungsberichte	BT-Drs. IV/1340 BT-Drs. IV/3793 BT-Drs. 7/3582 BT-Drs. 8/2378 BT-Drs. 10/210 BT-Drs. 10/6027	1970 1972 1974 1978 1982 1986	 × (1990)
– Raumordnung und Umwelt (Entschließung der Ministerkonferenz für Raumordnung vom 15. 6. 1972 und Denkschrift ihres Hauptausschusses)	BMBau (Schrtiftenreihe Raumordnung)	1972	
– Raumordnungsprogramm für die großräumige Entwicklung des Bundesgebietes (Bundesraumordnungsprogramm) (Teil I, Kapitel 1.2, 2.2 und 2.3; Teil II, Abschnitt 2 und Kapitel 4.4; Teil III, Abschnitt I)	BT-Drs. 7/3584	1975	
– Städtebaulicher Bericht (Abschnitt 3)	BMBau	1982	
– Bericht der Bundesregierung zur Entsorgung der Kernkraftwerke und anderer kerntechnischer Einrichtungen	BT-Drs. 10/327	1983	
– Programmatische Schwerpunkte der Raumordnung	BT-Drs. 10/3146	1985	
– Städtebaulicher Bericht „Umwelt und Gewerbe in der Städtebaupolitik“	BT-Drs. 10/5999	1986	
Bundesanstalt für Landeskunde und Raumordnung			
– Energie und Umwelt	BfLR	1984	
– Konzeptionen zum Bodenschutz	BfLR	1985	
– Waldsterben und Raumordnung	BfLR	1985	

Federführendes Ressort/Herausgeber Titel	Fundstelle	Erscheinungs-jahr	Periodisch (×) (Nächste Herausgabe)
– Aktuelle Daten und Prognose zur räumlichen Entwicklung, Umwelt I, Luftbelastung	BfLR	1985	
– Aktuelle Daten zur regionalen Umweltbelastung, Umwelt II, Wasser und Boden	BfLR	1987	
– Boden – das dritte Umweltmedium. Beiträge zum Bodenschutz	BfLR	1985	
7. **Bundesminister für Verkehr** (BMV)			
– Verkehrsbericht 1970 (Kapitel Verminderung nachteiliger Auswirkungen des Verkehrs auf die Umwelt)	BT-Drs. 6/1350	1970	
– Bundesverkehrswegeplan 1. Stufe (Ziffn. 7. Verringerung der Umweltbelastung; 18 a Berücksichtigung der Umweltbelange; 47 Umwelt und Ziele der Bundesverkehrswegeplanung; 48 f Gesundheitsschutz, Naturschutz und Landschaftspflege; 224 Umweltschutz und Ziele der Korridoruntersuchung)	BT-Drs. 7/1045	1973	
– Bundesverkehrswegeplan '80 (BVWP '80) (Zusammenfassung Ziff. 5, Ziff. 2.1.4 Umwelt schützen und verbessern; Ziff. 5 Anhang 3 zusätzliche Entscheidungskriterien – Natur- und Landschaftsschutz –)	BMV	1979	
– Bundesverkehrswegeplan 1985 (BVWP '85) Ziff. 3.1 – Verkehrsleistung und Umweltbelastung – Ziff. 3.3 a) – Berücksichtigung der Belange von Ökologie und Umwelt – Ziff. 4.2 c) – Ökologische Beurteilung (Bewerbungskriterien) – Ziff. 7.1 – Begrenzung der Eingriffe in Natur und Landschaft/ Abhilfemaßnahmen	BMV	1985	
– Straßenbaubericht	BT-Drs. VI/3512	1971	
	BT-Drs. 7/82	1972	
	BT-Drs. 7/2413	1973	
	BT-Drs. 7/3822	1974	
	BT-Drs. 8/713	1975	
	BT-Drs. 8/713	1976	
	BT-Drs. 9/2317	1977	
	BT-Drs. 8/3116	1978	
	BT-Drs. 8/4129	1979	
	BT-Drs. 9/812	1980	
	BT-Drs. 9/1960	1981	
	BT-Drs. 10/361	1983	
	BT-Drs. 10/2098	1984	
	BT-Drs. 10/3802	1985	
	BT-Drs. 10/6087	1986	
	BT-Drs. 11/922	1987	
	BT-Drs. 11/3069	1988	x (jährlich)
– Koordiniertes Investitionsprogramm für die Bundesverkehrswege bis zum Jahre 1985 (KIP) (Kapitel II. Nr. 1 und 2 Einbindung des Umweltschutzes in die Zielstruktur des KIP; IV Nr. 5 Umweltschutz; V Ziff. 1.1 Berücksichtigung von Umweltwirkungen bei der Projektbewertung)	BMV	1977	
– Bericht der Bundesregierung über Maßnahmen zur Verhinderung von Tankerunfällen und zur Bekämpfung von Ölverschmutzungen der Meere und Küsten	BT-Drs. 1980: 9/435 19082: 9/2359	1980/1982	

Federführendes Ressort/Herausgeber Titel	Fundstelle	Erscheinungs- jahr	Periodisch (×) (Nächste Herausgabe)
– Die Beratungen über Schiffahrt und Verkehr auf der 3. VN-Seerechtskonferenz – Bericht über den Verhandlungsstand nach der 9. Sitzungsperiode – (Kapitel V: Meeresumweltschutz)	BMV		
– Verkehrsbericht (IV. Kapitel, Umweltschutz, Naturschutz und Landschaftspflege im Verkehr)	BT-Drs. 10/2695	1984	
– Statistik des Lärmschutzes BMV an Bundesfernstraßen 1984–1988		(jährlich)	
– Jahresbericht Bundeswasserstraßen und Seeschifffahrt seit 1977		(jährlich)	
– Bericht der Bundesregierung über Maßnahmen zur Verhinderung von Tankerunfällen und zur Bekämpfung von Ölverschmutzungen des Meeres und der Küste	BT-Drs. 10/2690	1985	
Deutsches Hydrographisches Institut (DHI)			
– Jahresberichte 1970 ff. (Kapitel: Stoffliche Umweltfragen – Gehalt von Schadstoffen im Wasser der Nord- und Ostsee)	DHI	1970–1987	x (jährlich)
Bundesanstalt für Gewässerkunde (BfG)			
– Jahresberichte 1974 ff.	BFG	1975 ff.	x (jährlich)
8. **Bundesminister für Wirtschaft** (BMWi)			
– Bericht der Bundesregierung über die Integration in den Europäischen Gemeinschaften	BT-Drs. V/1010	1967	× (1989
	BT-Drs. V/1653		
	BT-Drs. 10/6380	1986	
	BT-Drs. 11/201	1987	
	BT-Drs. 11/1712	1988	
	BT-Drs. 11/2448	1988	
– Energieprogramm		1973	
1. Fortschreibung	BT-Drs. 7/2713	1974	
2. Fortschreibung	BT-Drs. 8/1357	1977	
3. Fortschreibung (Kapitel D 2 „Energie und Umwelt“)	BT-Drs. 9/983	1981	
4. Energiebericht der Bundesregierung	BT-Drs. 10/6073	1986	
5. Bericht der sparsamen und rationellen Energieverwendung	Aktuelle Beiträge zur Wirtschafts und -Finanzpolitik Nr. 16/85		
– Rahmenplan der Gemeinschaftsaufgabe „Verbesserung der regionalen Wirtschaftsstruktur“ (Kapitel Umweltpolitik)	BT-Drs. 8/2530	1979	x (jährlich)
	BT-Drs. 8/3788	1980	
	BT-Drs. 9/697	1981	
	BT-Drs. 9/1642	1982	
	BT-Drs. 10/303	1983	
	BT-Drs. 10/1279	1084	
	BT-Drs. 10/3562	1985	
	BT-Drs. 10/5910	1986	
	BT-Drs. 11/583	1987	
	BT-Drs. 11/2362	1988	
– Jahreswirtschaftsbericht der Bundesregierung (Kapitel: Umweltpolitik)	BT-Drs. 8/3628	1980	x (jährlich)
	BT-Drs. 9/125	1981	
	BT-Drs. 9/1642	1982	
	BT-Drs. 9/2400	1983	
	BT-Drs. 10/952	1984	
	BT-Drs. 10/2814	1085	
	BT-Drs. 10/4981	1986	
	BT-Drs. 10/6796	1987	
	BT-Drs. 11/1733	1988	

Federführendes Ressort/Herausgeber Titel	Fundstelle	Erscheinungs- jahr	Periodisch (×) (Nächste Herausgabe)
– Stellungnahme der Bundesregierung zu den Berichten der fünf an der Strukturberichterstattung beteiligten Wirtschaftsforschungsinstitute (Kapitel: Umweltschutzpolitik)	BT-Drs. 9/762 BT-Drs. 9/1322 BT-Drs. 9/2400 BT-Drs. 10/1699 BT-Drs. 11/3017	1981 1982 1983 1984 1988	
9. **Bundesminister für wirtschaftliche Zusammenarbeit** (BMZ)			
– Bericht zur Entwicklungspolitik der Bundesregierung (Ziffn. 1.6 „Problemfelder der Dritten Welt"; 1.6.3 „Umwelt", „Neuere Aspekte der entwicklungspolitischen Zusammenarbeit" 3.2.1 „Global 2000 Schlußfolgerungen für die Entwicklungspolitik"; 4. „Bilaterale Entwicklungshilfe der Bundesregierung"; 4.4 „Fachliche Schwerpunkte"; 4.4.4 „Schutz der Natürlichen Ressourcen")	BMZ	1983	
– Sechster Bericht zur Entwicklungspolitik der Bundesregierung, Abschnitt I Ziffer 2.7 „Umweltprobleme" Ziffer 3.2.4 „Überprüfung der internat. Entwicklungsstrategie für die dritte Entwicklungsdekade" Abschnitt II Ziffer 3.2.2.6 „Schutz der Umwelt und der natürlichen Ressourcen" Ziffer 7.2 „Tendenzen globaler Entwicklung Global 2000"	BT-Drs. 10/3028	1985	
– Siebter Bericht zur Entwicklungspolitik der Bundesregierung, Abschnitt I Ziffer 2.6 „Bedrohung der Umwelt" Abschnitt II Ziffer 2.3.2 „Schutz der Umwelt" Ziffer 7.2.2 „Zur Sicherung der natürlichen Lebensgrundlagen in der Dritten Welt"	BT-Drs. 11/2020	1987	
– Entwicklungspolitik Kapitel „Umweltschutz"	BMZ	1984 1987	
– Die Erhaltung und Sicherung der natürlichen Lebensgrundlagen in der Dritten Welt	BR-Drs. 10/2405	1984	
– Ökologische, soziologische und soziokulturelle Auswirkungen entwicklungspolitischer Maßnahme im Bereich der Landnutzung	BR-Drs. 10/6742	1986	
– Geschäftsbericht der Deutschen Gesellschaft für Technische Zusammenarbeit 1987 Kapitel 1.5		1987	
– Journalistenhandbuch Entwicklungspolitik 1988 Kapitel J Umweltschutz		1988	

3. Berichte beratender Gremien der Bundesregierung

Rat von Sachverständigen für Umweltfragen (SRU)			
– Auto und Umwelt	Kohlhammer Verlag	1973	
– Die Abwasserabgabe	Kohlhammer Verlag	1974	
– Umweltgutachten 1974	BT-Drs. 7/2802	1974	
– Umweltproblem des Rheins	BT-Drs. 7/5014	1976	
– Umweltgutachten 1978	BT-Drs. 8/1938	1978	
– Umweltchemikalien/BMI	Umweltbrief Nr. 19	1979	
– Umweltprobleme der Nordsee	BT-Drs. 9/692	1980	

Federführendes Ressort/Herausgeber Titel	Fundstelle	Erscheinungsjahr	Periodisch (×) (Nächste Herausgabe)
– Energie und Umwelt	BT-Drs. 9/872	1981	
– Waldschäden und Luftverunreinigungen	BT-Drs. 10/113	1983	
– Flüssiggas als Kraftstoff/BMI	Umweltbrief Nr. 25	1982	
– Verminderung der Stickoxidemissionen aus Feuerungsanlagen	BMI-Umwelt Nr. 99	1983	
– Umweltprobleme der Landwirtschaft	BT-Drs. 10/3613	1985	
– Bericht zur Umsetzung der Empfehlungen des Rates von Sachverständigen für Umweltfragen im Gutachten „Waldschäden und Luftverunreinigungen“	BT-Drs. 10/4284	1985	
– Luftverunreinigungen in Innenräumen	Umweltbrief Nr. 35	1987	
– Umweltgutachten 1987	Kohlhammer Verlag	1987	
– Stellungnahme zur Umsetzung der EG-Richtlinie über die Umweltverträglichkeitsprüfung in das nationale Recht	BMU	1987	
Deutsche Gesellschaft für Ernährung			
– Ernährungsbericht (Situationsanalyse und Bewertung von Rückständen in Lebensmitteln)	BML	1972, 1976 1980, 1984 198	
Forschungsbeirat Waldschäden/Luftverunreinigungen der Bundesregierungen und der Länder			
– 2. Bericht	BMFT	1989	
– 3. Bericht	BMFT	1989	geplant
Sachverständigenrat zur Begutachtung der gesamtwirtschaftlichen Entwicklung (SVR)			
– Jahresgutachten 1984/85 3. Kapitel, Teil B/V	Kohlhammer Verlag	1984	
– Jahresgutachten 1985/86 Ziff. 223 ff.	Kohlhammer Verlag	1985	
– Jahresgutachten 1986/87 Ziff. 216	Kohlhammer Verlag	1986	
– Jahresgutachten 1987/88 Ziff. 246, 250, 264	Kohlhammer Verlag	1987	
– Jahresgutachten 1988/89 Ziff. 172	Kohlhammer Verlag	1988	x (jährlich)

II. Umweltberichte der Länder

Baden-Württemberg

– Umweltschutzbericht 1971 für Baden-Württemberg	Innenministerium Baden-Württemberg	1971	
– Arbeitsprogramm 1973	Ministerium für Ernährung, Landwirtschaft und Forsten Baden-Württemberg	1973	
– Erstes mittelfristiges Umweltschutzprogramm der Landesregierung	Ministerium für Ernährung, Landwirtschaft und Umwelt Baden-Württemberg	1974	
– Zweites mittelfristiges Umweltschutzprogramm der Landesregierung	Ministerium für Ernährung, Landwirtschaft und Umwelt Baden-Württemberg		
– Umweltqualitätsbericht Baden-Württemberg 1979	Landesanstalt für Umweltschutz Baden-Württemberg	1979	
– 2. Umweltqualitätsbericht Baden-Württemberg 1983	Landesanstalt für Umweltschutz Baden-Württemberg	1983	
– Umweltbericht 1987	Landeanstalt für Umweltschutz Baden-Württemberg	1987	(1991)

Federführendes Ressort/Herausgeber Titel	Fundstelle	Erscheinungs- jahr	Periodisch (×) (Nächste Herausgabe)
– Umweltschutz in Baden-Württemberg – Forschungsreport I (1983)	Ministerium für Ernährung, Landwirtschaft und Forsten	1984	
– Umweltschutz in Baden-Württemberg – Forschungsreport II (1985)	Ministerium für Ernährung, Landwirtschaft und Forsten	1986	
Bayern			
– Umweltbericht '72	Bayerisches Staatsministerium für Landesentwicklung und Umweltschutz	1972	
– Umweltpolitik in Bayern – Ein Programm	Bayerisches Staatsministerium für Landesentwicklung und Umweltschutz	1978	
– Umweltpolitik in Bayern – Ein Programm	Bayerisches Staatsministerium für Landesentwicklung und Umweltschutz	1986	
– Umweltpolitische Bilanz 1986/87	Bayerisches Staatsministerium für Landesentwicklung und Umweltschutz	1988	
Bremen			
– Umweltschutzbericht	Senator für Gesundheit und Umweltschutz der Freien Hansestadt Bremen	1973	
– Umweltschutzbericht	Senator für Gesundheit und Umweltschutz der Freien Hansestadt Bremen	1975	
– Umweltschutz-Sachstand	Senator für Gesundheit und Umweltschutz der Freien Hansestadt Bremen	1978	
– Umweltschutzprogramm	Senator für Gesundheit und Umweltschutz der Freien Hansestadt Bremen	1979	
– Umweltschutzprogramm	Senator für Umweltschutz der Freien Hansestadt Bremen	1983	
– Programm „Arbeit und Umwelt“	Senator für Umweltschutz und Stadtentwicklung	1988	
Hamburg			
– Umweltpolitisches Konzept Hamburg	Staatliche Pressestelle in Zusammenarbeit mit der Umweltbehörde	1980	
– Umweltpolitisches Aktionsprogramm	Staatliche Pressestelle in Zusammenarbeit mit der Umweltbehörde	1984	
– Umweltpolitisches Aktionsprogramm – Bilanz eines Jahres –	Staatliche Pressestelle in Zusammenarbeit mit der Umweltbehörde	1985	
– Luftbericht 1982 (dazu: Zwischenbericht 1980)	Staatliche Pressestelle in Zusammenarbeit mit der Umweltbehörde	1982	
– Luftbericht 1983/84	Staatliche Pressestelle in Zusammenarbeit mit der Umweltbehörde	1985	
– Luftbericht 1985/86	Staatliche Pressestelle in Zusammenarbeit mit der Umweltbehörde	1986	

Federführendes Ressort/Herausgeber Titel	Fundstelle	Erscheinungsjahr	Periodisch (×) (Nächste Herausgabe)
– Wassergütebericht 1984	Staatliche Pressestelle in Zusammenarbeit mit der Umweltbehörde	1985	
– Wassergütebericht 1984	Staatliche Pressestelle in Zusammenarbeit mit der Umweltbehörde	1985	
– Luftreinhalteplan	Staatliche Pressestelle in Zusammenarbeit mit der Umweltbehörde	1986	
– Wassergütebericht 1985	Staatliche Pressestelle in Zusammenarbeit mit der Umweltbehörde	1986	
– Hamburger Umweltberichte Luft – Wasser – Boden Nr. 1/85 ff.	Umweltbehörde	1985 ff.	
Hessen			
– Großer Hessenplan – Aktionsprogramm Umwelt	Der Hessische Minister für Landwirtschaft und Forsten	1970	
– Umweltberichte der Hessischen Landesregierung	Der Hessische Minister für Landwirtschaft und Umwelt	1973, 1976	
ersetzt durch „Bericht zur Lage der Natur“ 1985	Der Hessische Minister für Landwirtschaft, Forsten und Naturschutz	1985	
– Naturschutz und Landschaftspflege in Hessen 1973/74, 75/76, 77/78, 79/80, 81/82	Der Hessische Minister für Landwirtschaft und Umwelt	1975, 1977 1979, 1981 1983	
– Umweltbericht der Hessischen Landesregierung	Der Hessische Minister für Landesentwicklung, Umwelt, Landwirtschaft und Forsten	1979, 1983	
	Der Hessische Minister für Arbeit, Umwelt und Soziales	1985	
– Immissionsbericht Hessen	Der Hessische Minister für Landesentwicklung, Umwelt, Landwirtschaft und Forsten	1978, 1982	
– Gewässergüte im Land Hessen	Hessisches Ministerium für Umwelt und Reaktorsicherheit	1987	
Niedersachsen			
– Stand des Umweltschutzes und der Umweltpflege in Niedersachsen	Niedersächsisches Sozialministerium	1971	
– 2. Niedersächsischer Umweltbericht	Niedersächsisches Sozialministerium	1974	
– „Umweltschutz in Niedersachsen“, Umweltschutzbericht 1985	Ministerium für Bundesangelegenheiten	1985	
– Schriftenreihe Umweltschutz in Niedersachsen	Ministerium für Bundesangelegenheiten	1985	
„Reinhaltung der Luft, Heft 1–8“		1974–1985	
„Lärmbekämpfung“, Heft 1–3		1980–1985	
– Umweltschutz in Niedersachsen, Umweltbericht 1988 der Niedersächsischen Landesregierung	Niedersächsischer Umweltminister	1988	
– Wasserversorgung in Niedersachsen	Niedersächsischer Umweltminister	1988	
– 10 Jahre Lufthygienisches Überwachungssystem Niedersachsen	Niedersächsischer Umweltminister	1988	
Nordrhein-Westfalen			
– Umweltbericht NRW	Landesregierung	1974	
– Umweltschutz NRW	Landesregierung	1977, 1980	

Federführendes Ressort/Herausgeber Titel	Fundstelle	Erscheinungsjahr	Periodisch (×) (Nächste Herausgabe)
– Umweltprogramm NRW	Landesregierung	1983	
– Umweltprogramm NRW (Zwischenbericht)	Landesregierung	1984	
– NRW 1986 – Zahlen/Daten/Fakten	Landesregierung	1986	
– Forschungsberichte zum Forschungsprogramm des Landes Nordrhein-Westfalen „Luftverunreinigungen mit Waldschäden"	Landesregierung	1987	
– Luftreinhalteplan Ruhrgebiet Mitte II – 1. Fortschreibung 1987–1991	Landesregierung	1987	
– Luftreinhalteplan Rheinschiene Mitte II – 1. Fortschreibung 1988–1992	Landesregierung	1988	
– Gewässergütebericht '87	Landesamt für Wasser und Abfall NRW	1987	
Rheinland-Pfalz			
– Umweltschutz in Rheinland-Pfalz	Ministerium für Landwirtschaft, Weinbau und Forsten	1974, 1978	
– Umweltqualitätsbericht	Ministerium für Soziales, Gesundheit und Umwelt Ministerium für Umwelt und Gesundheit	1983	
– Umweltprogramm	Ministerium für Umwelt und Gesundheit	1985	
– Aktionsprogramm Wasserwirtschaft	Ministerium für Landwirtschaft, Weinbau und Forsten	1985	
– Landwirtschaft und Umwelt in Rheinland-Pfalz	Ministerium für Landwirtschaft, Weinbau und Forsten	1984	
– Sondermeßprogramm Wald; Zwischenbericht über die Untersuchungsergebnisse 1983–1986	Mitteilung der Forstwirtschaftlichen Versuchsanstalt Rheinland-Pfalz, Trippstadt, Nr. 3 zugleich Schriftenreihe des Landesamtes für Umweltschutz und Gewerbeaufsicht Nr. 2	1987	
– Die Ozonbelastung in den Wäldern von Rheinland-Pfalz; Auswertung der Meßreihen von 1986 und 1987	Landesamt für Umweltschutz und Gewerbeaufsicht	1988	
– Staatl. Gewerbeaufsicht Rheinland-Pfalz, Jahresbericht 1985/86	Ministerium für Umwelt und Gesundheit und Ministerium für Soziales und Familie	1987	
– Luftreinhalteplan Ludwigshafen/Frankenthal 1985–1990	Ministerium für Umwelt und Gesundheit		x (Anfang 1989)
Saarland			
– Umweltbericht 72/73	Minister für Umwelt, Raumordnung und Bauwesen	1973	
– Umweltprogramm 1977	Minister für Umwelt, Raumordnung und Bauwesen	1977	
– Bericht zum Umweltprogramm	Minister für Umwelt, Raumordnung und Bauwesen	1979	
– Landesentwicklungsplan „Umwelt" (Entwurf)	Minister für Umwelt, Raumordnung und Bauwesen	1979	
– Umweltbericht 1981	Minister für Umwelt, Raumordnung und Bauwesen	1982	
– Bericht 1983 zum Umweltprogramm (4. Umweltbericht der Regierung des Saarlandes)	Minister für Umwelt, Raumordnung und Bauwesen	1984	

Federführendes Ressort/Herausgeber Titel	Fundstelle	Erscheinungsjahr	Periodisch (×) (Nächste Herausgabe)
– Raumordnung im Saarland Bericht zur Landesentwicklung	Der Minister für Umwelt	1987	
– Grundwasser-Kataster des Saarlandes	Der Minister für Umwelt		
Schleswig-Holstein			
– 1. Umweltbericht der Landesregierung	Innenminister	1971	
– 2. Umweltbericht der Landesregierung	Sozialminister	1972	
– 3. Umweltbericht der Landesregierung	Sozialminister	1978	
– 4. Umweltbericht der Landesregierung	Minister für Ernährung, Landwirtschaft und Forsten	1982	
– 5. Umweltbericht der Landesregierung	Minister für Ernährung, Landwirtschaft, Forsten u. Fischerei	1986	
– Handbuch für Naturschutz in Schleswig-Holstein	Minister für Ernährung, Landwirtschaft und Forsten	1982, 1988	
– Handlungskonzept für den Naturschutz in Schleswig-Holstein	Minister für Ernährung, Landwirtschaft und Forsten	1983, 1985	
– Artenschutzprogramm Schleswig-Holstein	Minister für Ernährung, Landwirtschaft und Forsten	1983	
– 5. Umweltbericht der Landesregierung	Minister für Ernährung, Landwirtschaft, Forsten und Fischerei	1986	
– Bericht über Abfall-Altlasten	Minister für Ernährung, Landwirtschaft, Forsten und Fischerei	1984	
– Bericht der Landesregierung über den Rückgang von Pflanzen- und Tierarten	Minister für Ernährung, Landwirtschaft, Forsten und Fischerei	1986	
– Bericht zur Wassergewinnung und zur Wasserversorgung in Schleswig-Holstein	Minister für Ernährung, Land wirtschaft, Forsten und Fischerei	1986	
– Meßbericht lufthygienische Überwachung	Sozialminister	1981 ff.	× (jährlich)
Berlin			
– Umweltschutzbericht 1972	Senator für Stadtentwicklung und Umweltschutz	1972	
– Umweltschutzbericht 1973	Senator für Stadtentwicklung und Umweltschutz	1973	
– Umweltschutzbericht 1976	Senator für Stadtentwicklung und Umweltschutz	1976	
– Umweltschutzbericht 1978	Senator für Stadtentwicklung und Umweltschutz	1978	
– Umweltschutzbericht 1980	Senator für Stadtentwicklung und Umweltschutz	1980	
– Umweltschutzbericht 1984	Senator für Stadtentwicklung und Umweltschutz	1984	
– Umweltprogramm 1984	Senator für Stadtentwicklung und Umweltschutz	1984	
– Umweltschutzbericht 1988	Senator für Stadtentwicklung und Umweltschutz	1988	× (1992 geplant)
– Luftreinhalteplan für das Belastungsgebiet Berlin 1986–1993	Senator für Stadtentwicklung und Umweltschutz	1987	
– Umweltatlas Berlin Bd. I Boden-Wasser-Luft-Klima	Senator für Stadtentwicklung und Umweltschutz	1985	
– Umweltatlas Berlin Bd. II Biotope-Flächennutzungen-Verkehr/Lärm	Senator für Stadtentwicklung und Umweltschutz	1988	
– Landschaftsprogramm	Senator für Stadtentwicklung und Umweltschutz	1988	
– Bodenschutzprogramm	Senator für Stadtentwicklung und Umweltschutz	1987	
– Abfallwirtschaftsprogramm	Senator für Stadtentwicklung und Umweltschutz		1989 (geplant)

III. Umweltberichte der Kommunen

Kreisfreie Stadt, Gemeinde, Landkreis	Bundesland	Einwohner in Tsd. (1. 1. 85)	Umweltschutzbericht (Kurztitel)	Jahr
Aachen	NW	240	Umweltschutzbericht Umweltschutzbericht Umweltbericht Luft	84 86 88
Ahrweiler (LK)	RP	111	Umweltqualitätsbericht	84
Alb-Donau-Kreis (LK)	BW	160	Umweltschutzbericht	84
Alsdorf	NW	46	Umweltschutzbericht	73
Aschaffenburg (LK)	BAY	150	5 Jahre Umweltschutz 1972–1977 Umweltschutzbericht	77 78–82
Asperg	BW	11	Umweltbericht	85
Augsburg	BAY	244	Umweltschutzprogramm Umweltschutzbericht	77 85
Bad Dürkheim	RP	118	Umweltbericht	85
Bad Dürrheim	BW	10	Kommunales Entwicklungs- und Umweltkonzept	84/88
Bad Homburg v. d.	HES	51	Umweltschutzbericht Umweltschutzbericht	74 75
Bad Kreuznach (LK)	RP	145	Umweltbericht	86
Bad Münder	NS	19	Umweltschutzbericht	82
Bad Pyrmont	NS	22	Umweltschutzbericht Umweltschutzbericht	84 85/86
Bad Rappenau	BW	14	Umweltbilanz/Umweltschutz-programm 85–90	85
Bad Salzuflen	NW	50	Umweltschutzbericht	82/83
Bamberg	BAY	70	Umweltbericht	84
Beckum	NW	37	Umweltschutzbericht I Umweltschutzbericht II	83 86
Bergheim	NW	54	in Vorbereitung	
Bergisch-Gladbach	NW	101	in Vorbereitung	
Berlin (West)		1849	Umweltschutzbericht Umweltschutzbericht Umweltschutzbericht Umweltprogramm/Umweltbericht Umweltatlas (2 Bd.) Umweltschutzkonzept Bezirk Zehlendorf Umweltbericht Bezirk Kreuzberg	72 73 76 84/85 85/88 88 88
Bielefeld	NW	301	Umweltbericht	88

Kreisfreie Stadt, Gemeinde, Landkreis	Bundesland	Einwohner in Tsd. (1. 1. 85)	Umweltschutzbericht (Kurztitel)	Jahr
Bietigheim-Bissingen	BW	35	Umweltschutzbericht	84
Birkenfeld (LK)	Rp	86	Umweltqualitätsbericht	84
Bocholt	NW	66	Umweltschutzbericht	83
Bochum	NW	385	Kommunaler Umweltschutzbericht	77
			Umweltbericht	88
Bodenseekreis (LK)	BW	171	Umweltbericht	84
Böblingen	BW	40	Umweltbericht	86
Böblingen (LK)	BW	308	Umweltbericht Naturschutz/ Landschaftspflege	85
Bonn	NW	291	Umweltschutzbericht	73
			Umweltschutzbericht	80
			Umweltschutzbericht	84
Bottrop	NW	112	in Vorbereitung	
Breisgau-Hochschwarzwald (LK)	BW	206	Umweltschutzbericht	83
Bremen		531	Umweltschutzbericht	73
			Umweltschutzprogramm	75
			Umweltschutzprogramm	79
			Umweltschutzprogramm	83
			Umweltatlas	o. J.
Bretten	BW	23	in Vorbereitung	
Bruchsal	BW	37	Umweltschutzbericht	85
Buchholz	NS	30	Umweltprogramm	86
Celle	NS	71	Umweltbericht	85
Celle (LK)	NS	164	Umweltschutzbericht	86
Cham (LK)	BAY	116	Umweltschutzbericht	85
			Umweltbericht	88
Cloppenburg	NS	22	in Vorbereitung	
Coesfeld (LK)	NW	177	Umweltschutzbericht	86
Cuxhaven	NS	57	Umweltbericht	76
Cuxhaven (LK)	NS	192	Umweltschutz-Verwaltungsbericht	85
Darmstadt	HES	135	Umweltplan (Entwurf)	74
			Natur und Umweltschutz	74/75
			Natur und Umweltschutz	76/77
			Natur und Umweltschutz	80/81
			Natur und Umweltschutz	82/83

Kreisfreie Stadt, Gemeinde, Landkreis	Bundes-land	Einwohner in Tsd. 1. 1. 85)	Umweltschutzbericht (Kurztitel)	Jahr
Deggendorf (LK)	BAY	101	Umweltbericht	85
Detmold	NW	66	Umweltbericht	87
Dillingen (LK)	BAY	79	Umweltprogramm	86
Donaueschingen	BW	18	Umweltmaßnahmen	84
Dorsten	NW	72	Umweltschutzbericht	87/88
Dortmund	NW	580	Umweltbericht Luft	83
Düren	NW	84	in Vorbereitung	
Düren (LK)	NW	237	Umweltbericht	85
Düsseldorf	NW	566	Umweltbericht	79
			Umweltbericht-Entwurf	86
Duisburg	NW	523	in Vorbereitung	
Ebersberg (LK)	BAY	98	Umweltbericht	88
Eckernförde	SH	24	Umweltschutzbericht	86
Edingen-Neckarhausen	BW	14	Umweltbericht	85
Ehingen	BW	22	Umweltschutzbericht	86
Eislingen	BW	18	Umweltgestaltung und Umweltschutz	85
Emering	BAY	5	Umweltbericht	85
Emmendingen (LK)	BW	134	Umweltbericht	86
Emsland (LK)	NS	248	Umweltschutz im Landkreis Emsland	86
Engen	BW		Umweltbericht	86
Enzkreis (LK)	BW	164	Informationen zum Umweltschutz	84
Erlangen	BAY	101	Stadtentwicklungsplan, Fachplan Umweltschutz (Lärm)	77
			Umweltfreundliche Kommunalpolitik 1972–1982	82
			Umweltbericht (Bodenschutz)	88
			Umweltbericht (Radioaktive Belastung)	88
			Umweltbericht (Luftreinhaltung)	88
			Umweltbericht (Wasser)	88
Erlangen-Höchstadt (LK)	BAY	106	Umweltbericht	87
Espelkamp	NW	22	Umweltschutzbericht	86

Kreisfreie Stadt, Gemeinde, Landkreis	Bundes-land	Einwohner in Tsd. 1. 1. 85)	Umweltschutzbericht (Kurztitel)	Jahr
Essen	NW	626	Umweltschutzbericht	78/79
			Umweltschutzbericht	80/81
			Umweltschutzbericht	82/84
			Umweltschutzbericht	85/86
			Maßnahmenprogramm Umweltschutz	82
			Immissionsschutzkonzept	82
Esslingen	BW	87	in Vorbereitung	
Ettlingen	BW	38	Umweltbericht	86
Flensburg	SH	37	Umwelt- und Grünordnungsbericht	83–85
Forchheim (LK)	BAY	97	Umweltschutzbericht	83
			Umweltschutzbericht	85
Frankfurt	HES	600	in Vorbereitung	
Frankfurt (Umlandverband)	HES	1500	Arbeitsbericht Abwasserbeseitigung	84
			Umweltschutzbericht	
			Straßenverkehrslärm	85
			Straßenverkehrslärm	87
Freiburg	BW	181	Umweltschutz in Freiburg	84
			Mittelfristige Umweltplanung	84
Freudenstadt (LK)	BW	101	Umweltbericht	85
Fürth	BAY	98	Umweltschutzbericht	84
Fulda	HES	55	Umweltschutzbericht	84
Furtwangen	BW	10	Umweltbericht	85
Gärtringen	BW	10	Umweltbericht	85
Gaggenau	BW	28	Umweltbericht	84
			Umweltbericht	86
Gelsenkirchen	NW	288	Umweltschutzbericht	79
			Umweltschutzbericht	80
			Umweltschutzbericht	81
			Umweltschutzbericht	82
			Umweltschutzbericht	85
Georgsmarienhütte	NS	31	Umweltbericht	87/88
Gießen	HES	71	Umweltschutzbericht	83
Gifhorn	NS	34	Umweltschutzbericht	85
			Umweltschutzbericht	86
Gifhorn (LK)	NS	127	Umweltbericht	86
Gladbeck	NW	77	Umweltbericht	86
Göttingen	NS	132	Umweltbericht	85
			Umweltschutz H. 2, Luftreinhaltung	88
Goslar	NS	51	Umweltbericht	85
Goslar (LK)	NS	165	Umweltschutzbericht	85

Kreisfreie Stadt, Gemeinde, Landkreis	Bundesland	Einwohner in Tsd. (1. 1. 85)	Umweltschutzbericht (Kurztitel)	Jahr
Groß-Gerau	HES	21	Analyse der Umweltbelastungen	86
Großhansdorf	SH	8	Umweltschutzbericht	86
Günzburg (LK)	BAY	108	Umweltschutzbericht Umweltschutzprogramm	85 86
Gütersloh	NW	78	Umweltbericht	87
Hagen	NW	208	Umweltbericht	86
Hamburg		1592	Umweltpol. Konzept Umweltfibel Luftbericht Luftbericht Luftbericht Umweltbericht 2 Bodenbericht CKW-Bericht	80 82 82 83/84 85/86 85 86 88
Hameln	NS	56	Umweltschutzbericht Umweltschutzbericht Umweltschutzbericht Umweltschutzbericht	79 83 84 85
Hamm	NW	167	Umweltbericht Wasser Umweltschutzbericht 1: Altlasten Umweltschutzbericht 3: Luftbelastung Umweltschutzbericht 4: Bodenbelastungskataster Umweltschutzbericht 5: Umweltschutzaktivitäten	80 87 87 88 88
Hanau	HES	84	Umweltschutzbericht Umweltschutzbericht	83 84
Hannover	NS	514	Umweltbericht Klima STEP: Umweltbericht	81 86
Harburg (LK)	NS	194	Umweltbericht	86
Hassberge (LK)	BAY	78	Umweltschutzbericht 3. Umweltschutzbericht	85 88
Heidelberg	BW	134	Umweltbericht	85
Heilbronn	BW	111	Umweltbericht	86
Heppenheim	HES	24	in Vorbereitung	
Herne	NW	173	Umweltschutzbericht Umweltbericht Umweltschutzbericht 2. Umweltbericht 80–84	80/81 80/83 84/85 85
Herten	NW	68	Umweltbericht	84/85
Hildesheim	NS	101	in Vorbereitung	

Kreisfreie Stadt, Gemeinde, Landkreis	Bundes-land	Einwohner in Tsd. (1. 1. 85)	Umweltschutzbericht (Kurztitel)	Jahr
Holzwickede	NW	16	Umweltbericht	86/87
Hückelhoven	NW	35	in Vorbereitung	
Ingolstadt	BAY	91	Umweltschutzbericht STEP-Bestandsaufnahme Umwelt	73 77
Iserlohn	NW	90	Umweltbericht	85
Kaarst	NW	39	Umweltschutz in K.	85
Kaiserslautern	RP	98	Umwelt, Schutz und Vorsorge (Flächennutzungsplan) Umweltschutzbericht	82 86
Kamen	NW	44	Umweltbericht	88
Kappeln	SH	12	Umweltbericht	86
Karlsdorf-Neuthard	BW	8	Umweltschutz in der Gemeinde	86
Karlsruhe	BW	270	Umweltbericht Umweltbericht Luft	81 84
Karlsruhe (LK)	BW	362	Informationen zum Umweltschutz 84/85	84
Kassel	HES	185	Umweltschutzbericht	83
Kiel	SH	246	Umweltbericht Umweltbericht	82 87
Köln	NW	922	Umweltbericht Umweltschutzprogramm	83 84
Konstanz (LK)	BW	232	Umweltbericht	84
Kornwestheim	BW	26	Umweltschutzbericht Umweltschutzbericht	85 87
Krefeld	NW	217	Umweltbericht	86
Kressbronn	BW	6	Umweltbericht	85
Kreuztal	NW	29	Umweltbericht	86
Lauffen	BW	9	Umweltbericht	86
Lehrte	NS	39	Umweltprogramm (Entwurf)	84
Leimen	BW	17	Umweltschutz-Rechenschaftsbericht	85
Leverkusen	NW	155	Umweltschutz-Grundlagen Umweltschutzbericht Umweltschutzbericht in Vorbereitung	73 79 82 85
Limburg-Weilburg (LK)	HES	152	Umweltbericht Umweltbericht Umweltbericht	86 87 88

Kreisfreie Stadt, Gemeinde, Landkreis	Bundesland	Einwohner in Tsd. (1. 1. 85)	Umweltschutzbericht (Kurztitel)	Jahr
Lingen	NW	45	Umweltschutzbericht	81–85
Lippe (LK)	NW	323	Umweltschutzbericht	87
Lörrach (LK)	BW	191	Umweltbericht	84
Ludwigsburg	BW	77	Umweltschutzbericht Umweltbilanz	84 87
Ludwigshafen (LK)	RP	128	Umweltschutzbericht	84
Ludwigshafen	RP	155	Umweltbericht	86
Ludwigshafen/Mannheim	RP/BW		Umweltprobleme im Rhein-Neckar-Raum (Ludwigshafen und Mannheim)	81
Lünen	NW	84	Umweltschutzbericht	82
Märkischer Kreis (LK)	NW	412	Umweltbericht	87
Mainz	RP	187	Umweltbericht Umweltbericht Boden	85 87
Mannheim	BW	295	Umweltschutzbericht	84
Menden	NW	52	Umweltschutzbericht	85
Mettmann (LK)	NW	477	1. Umweltschutzbericht	88
Miesbach (LK)	BAY	82	Umweltschutzbericht	84
Moers	NW	98	Umweltbericht	88
Much	NW	11	Umweltbericht	86
Mülheim	NW	173	Umweltbericht	
München	BAY	1267	in Vorbereitung Bericht Luft Umweltqualitätsbericht Münchener Norden	 83 82
Münden	HES	24	Umweltschutzbericht	85
Münster	NW	273	Umweltbericht Umweltbericht	84 86
Nagold	BW	20	Umweltschutzbericht Umweltschutzbericht	85 87/88
Neckar-Odenwald-Kreis (LK)	BW	129	Umweltschutz-Informationen	85
Nettetal	NW	37	Umweltschutzbericht	72
Neu-Isenburg	HES	35	Umweltschutzbericht Umweltschutzbericht Umweltschutzbericht	74 77 87

Kreisfreie Stadt, Gemeinde, Landkreis	Bundes-land	Einwohner in Tsd. (1. 1. 85)	Umweltschutzbericht (Kurztitel)	Jahr
Neuss	NW	144	Umweltschutzbericht	79
			Umweltschutzbericht	79/80
			Umweltschutzbericht	83/84
			Umweltbericht	85/86
Neustadt/Waldnaab (LK)	BAY	90	1. Umweltbericht	84
Neustadt/Weinstraße	RP	49	Umweltbericht T. 1. Landschaft	86
Neu-Ulm(LK)	BAY	142	Natur- und Umweltschutzbericht	85
Nürnberg	BAY	468	Umweltschutzbericht	71
			Umweltbericht	74
			Umweltschutzmaßnahmen	81
			Umweltbericht	85
Oberbergischer Kreis (LK)	NW	245	Umweltbericht	85
Oberhausen	NW	223	in Vorbereitung	
Offenbach	HES	107	Umweltschutzbericht	80
Offenbach (LK)	HES	295	Umweltbericht	80
Oldenburg	NS	138	Umweltbericht	84
			Umweltschutzbericht	87
Oldenburg (LK)	NS	100	Umweltschutz im Landkreis Oldenburg	79/81
				80/81
				81/82
				82/83
				83/84
				86
Ortenaukreis (LK)	BW	353	Umweltbericht	87
Osnabrück	NS	154	Umweltschutzbericht	84
			Umweltschutzbericht mit Programm	85
			Umweltschutzbericht mit Programm	86
Osterode (LK)	NS	69	Umweltbericht	81/82
			Umweltbericht	83/84
			Umweltbericht	85/86
Paderborn (LK)	NW	230	Umweltbericht	88
Pforzheim	BW	104	Umweltbericht	
			T. 1: Wasser	87
			T. 2: Abwasser	88
			T. 3: Abfall	88
Pinneberg	SH	35	Bericht 85 über die Umweltsituation	85
Plön (LK)	SH	119	Umweltbericht	85
Radolfzell	BW	24	2. Umweltbericht	86
Rastatt (LK)	BW	190	Umweltbericht	85
			Umweltbericht	88

Kreisfreie Stadt, Gemeinde, Landkreis	Bundes-land	Einwohner in Tsd. (1. 1. 85)	Umweltschutzbericht (Kurztitel)	Jahr
Ravensburg (LK)	BW	233	Umweltschutz-Arbeitsprogramm	84
Regensburg	BAY	127	Umweltbericht Klima	86
Recklinghausen	NW	118	Umweltschutzbericht	73
			Umweltschutzbericht	74
			Umweltschutzbericht	75
			Umweltschutzbericht	76
			Umweltschutzbericht	77
			Umweltschutzbericht	78
			Umweltschutzbericht	79
			Umweltschutzbericht	80
			Umweltschutzbericht	81
			Umweltschutzbericht	82
			Umweltschutzbericht	83
			Umweltschutzbericht	84/85
			Umweltschutzbericht	86/87
Remseck/Neckar	BW	16	Umweltschutzbericht	85
Rems-Murr-Kreis (LK)	BW	354	Umweltschutzbericht	84
			2. Umweltbericht	88
Reutlingen	BW	96	Umweltbericht	88
Reutlingen (LK)	BW	241	Umweltschutzbericht	83
Rhede	NS	15	Umweltschutzbericht	86
Rheingau-Taunus-Kreis (LK)	HES	165	Umweltschutzbericht	82
Rhein-Neckar-Kreis (LK)	BW	468	Erkenntnisse zu Umweltbelastungen	83
			Umweltbeeinträchtigungen/ Gegenmaßnahmen	85
Rödermark	HES	23	Konzept zum Umweltschutzbericht	86
Rottweil (LK)	BW	126	Umweltbericht	85
Saarbrücken (Stadtverband)	SL	189	Umweltbericht	76/77
			Umweltbericht ökol. Planungsdaten (Umweltbericht)	86
Salzgitter	NS	107	Umweltbericht	88
Schopfheim	BW	16	Umweltpapier	o. J.
Schwabach	BAY	35	Umweltschutzbericht	84
Schwarzwald-Baar-Kreis (LK)	BW	195	Umweltschutzbericht	86
Siegburg	NW	34	in Vorbereitung	
Siegen	NW	108	Umweltschutz in S.	84
Siegen (LK)	NW	279	Umweltschutz-Aufgaben	73
			Umweltbericht	86
Sigmaringen (LK)	BW	114	Umweltschutzkonzept	o. J.

Kreisfreie Stadt, Gemeinde, Landkreis	Bundesland	Einwohner in Tsd. (1. 1. 85)	Umweltschutzbericht (Kurztitel)	Jahr
Soest (LK)	NW	267	Umweltschutzbericht Umweltschutzbericht	84 85
Solingen	NW	158	Aufgaben zum Schutz der Umwelt Umweltbericht Umweltbericht	72 85 87
Spaichingen	BW		Umweltschutzmaßnahmen	85
Speyer	RP	44	Umweltbericht	87
Stade (LK)	NS	168	Umweltschutzbericht	84/85
St. Georgen	BW	14	Umweltschutzbericht	85
St. Leon-Rot	BW	10	Gedanken zur Umwelt von A–Z	85
Stormarn (LK)	SH	197	Umweltplan	85
Straubing-Bogen (LK)	BAY	80	2. Umweltbericht	87
Stuttgart	BW	562	Umweltbericht Luft Grundwasser Lärmbekämpfung	85 85 87
Trier	RP	94	Umweltbericht	85
Tönisvorst	NW	22	Umweltbericht	87
Tübingen	BW	75	Bericht Umweltschutz	71
Überlingen	BW	19	Umwelt-84-Maßnahmen	84
Ulm	BW	99	Umweltschutz-Bestandsaufnahme	75
Unna (LK)	NW	391	Umweltbericht Boden Gewässergüte Biotope	86 86 88
Viersen	NW	79	Umweltschutzprogramm Abfallwirtschaft	 86
Völklingen	SL	44	Umwelt 77 Umweltbericht Bestandsaufnahme	77 84
Wadersloh	NW	11	Umweltschutzbericht	86
Waldbronn	BW	13	in Vorbereitung	
Waldkirch	BW	19	Umweltbericht	85
Waldshut	BW	21	Umweltbericht	84
Waldstetten	BW	7	Umweltgestaltung und Umweltschutz	85
Walldorf	BW	13	Umweltbilanz	85
Warstein	NW	28	Umweltatlas	85
Wedel	SH	30	Umweltbericht Umweltbericht	76/77 77/78

Kreisfreie Stadt, Gemeinde, Landkreis	Bundesland	Einwohner in Tsd. (1. 1. 85)	Umweltschutzbericht (Kurztitel)	Jahr
Weiden	BAY	43	Umweltbericht	86
Weinheim	BW	41	Umweltbestandsaufnahme	84
Werne	NW	28	Umweltschutzbericht	84
Wertheim	BW	20	Umweltbericht	85
Wesel	NW	55	Umweltschutzbericht	86
Westerwald-Kreis (LK)	RP	170	Umweltbericht	84
Wiesbaden	HES	267	Umweltschutzbericht Umweltschutzbericht Stadtentwicklung und Umweltschutz 3. Umweltbericht 4. Umweltbericht	76 77/78 79 83 87
Wilhelmshaven	NS	97	Umweltschutzbericht Umweltschutzbericht Umweltbericht	78 82 86
Witten	NW	102	Umweltbericht	
Würzburg	BAY	130	Umweltschutzprogramm	79
Wuppertal	NW	379	Handbuch Umweltschutz Umweltschutzbericht Umweltschutzbericht	72 84 87

Kommunale Umweltberichterstattung
Stand August 1988

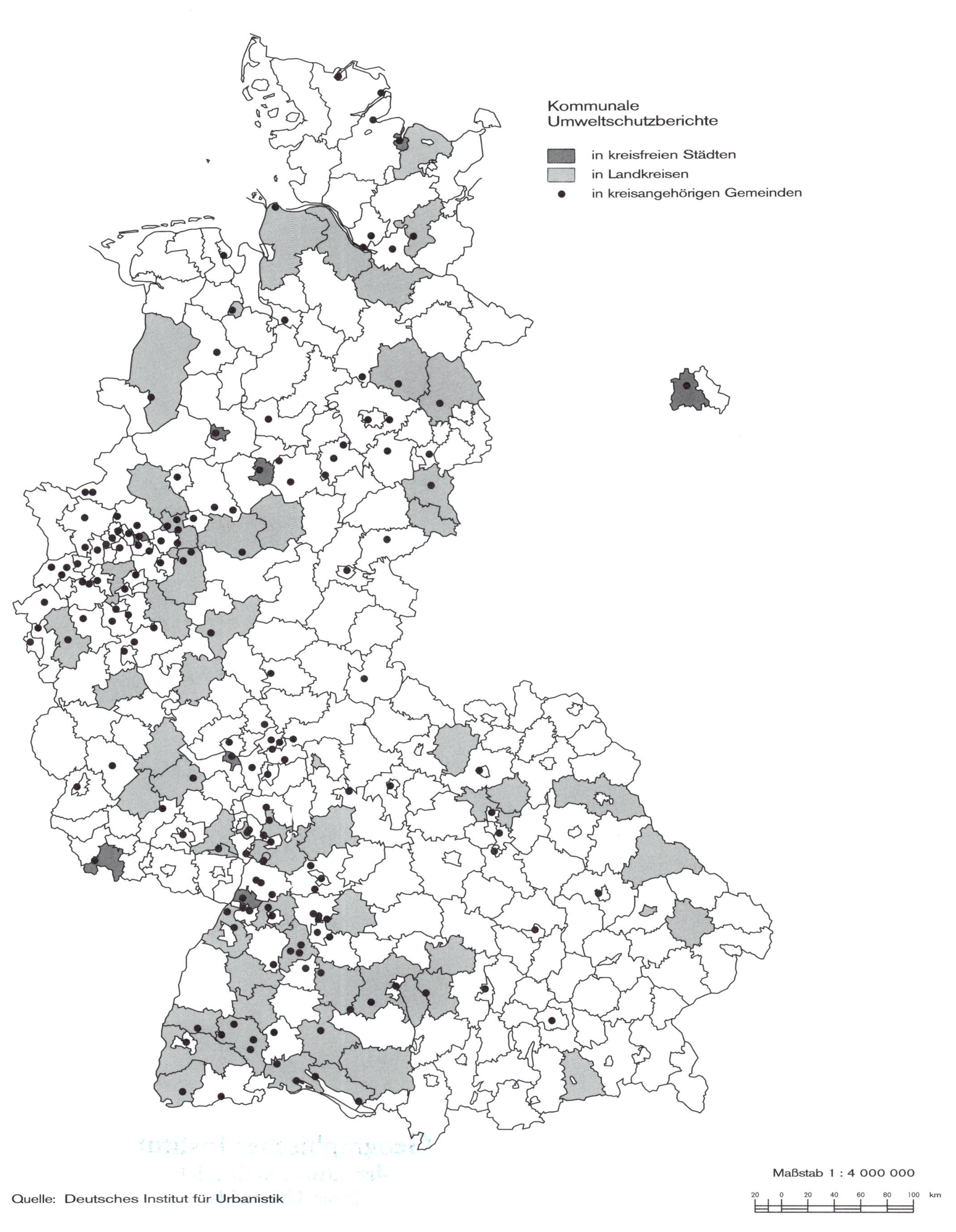

Quelle: Deutsches Institut für Urbanistik

Allgemeine Daten

S. 12	Bundesforschungsanstalt für Landeskunde und Raumordnung, laufende Raumbeobachtung nach: Statistisches Bundesamt, Statistisches Jahrbuch für die Bundesrepublik Deutschland 1987, Kohlhammer-Verlag, Stuttgart und Mainz 1987
S. 13	Bundesforschungsanstalt für Landeskunde und Raumordnung, BfLR-Bevölkerungsprognose 1984–2035 nach: Statistisches Bundesamt, Statistisches Jahrbuch für die Bundesrepublik Deutschland 1986, Kohlhammer-Verlag, Stuttgart und Mainz 1986
S. 15	Umweltprogramm der Vereinten Nationen (UNEP), Environmental Data Report, Basil Blackwell Ltd., New York, 1986; Statistisches Bundesamt, Statistisches Jahrbuch für die Bundesrepublik Deutschland 1987, Kohlhammer-Verlag, Stuttgart und Mainz 1987
S. 17	Statistisches Bundesamt, Fachserie 18: Volkswirtschaftliche Gesamtrechnungen, Reihe 1, Konten und Standardtabellen, Sonderauswertung für das Umweltbundesamt
S. 18	Organisation für wirtschaftliche Zusammenarbeit und Entwicklung (OECD), The State of the Environment 1987, Data Compendium, Paris 1987
S. 22, 23, 24	Umweltbundesamt nach: The British Company (Hrsg.): BP Statistical Review of World Energy, London, diverse Jahrgänge; Gesellschaft für Strahlen- und Umweltforschung (Mithrsg.), WMO-Report No. 16, Atmospheric Ozone 1985, München 1985; Statistik der Kohlewirtschaft e. V., Der Kohlenbergbau in der Energiewirtschaft der Bundesrepublik Deutschland im Jahre 1987, Essen und Köln, September 1988; Vereinte Nationen (Hrsg.), Energy Statistics Yearbook 1979–1985 (vorm.: World Energy Supplies 1965–1978), Department of International Economic and Social Affairs, diverse Jahrgänge
S. 26, 30, 31, 32, 35, 36, 37	Umweltbundesamt nach: Arbeitsgemeinschaft Energiebilanzen (Hrsg.), Energiebilanzen der Bundesrepublik Deutschland, Verlags- und Wirtschaftsgesellschaft der Elektrizitätswerke mbH, Frankfurt/M., diverse Jahrgänge; Statistisches Bundesamt, Fachserie 4, Produzierendes Gewerbe, Reihe 4.1.1, Beschäftigung, Umsatz und Energieversorgung der Unternehmen und Betriebe im Bergbau und im Verarbeitenden Gewerbe, Kohlhammer-Verlag, Stuttgart/Mainz, 1985; Statistisches Bundesamt, Fachserie 19, Umweltschutz, Reihe 1.2, Abfallbeseitigung im Produzierenden Gewerbe und in Krankenhäusern, Kohlhammer-Verlag, Stuttgart/Mainz, 1984; Bundesminister für Wirtschaft, Sensitivitätsanalyse zur Studie „Die Entwicklung des Energieverbrauchs in der Bundesrepublik Deutschland und seine Deckung bis zum Jahr 2000", Prognos, Basel, April 1985
S. 39	Bundesforschungsanstalt für Landeskunde und Raumordnung nach: Vereinigung Deutscher Elektrizitätswerke – VDEW (Hrsg.), Statistik für das Jahr 1986, Verlags- und Wirtschaftsgesellschaft der Elektrizitätswerke mbH, Frankfurt/M. 1987
S. 41, 42, 53	Statistisches Bundesamt, Fachserie 4, Produzierendes Gewerbe, Reihe 3.1, Produktion im Produzierenden Gewerbe nach Gütern und Gütergruppen, Kohlhammer-Verlag, Stuttgart/Mainz, 1977, 1981, 1986, 1987
S. 44	Statistisches Bundesamt, Fachserie 4, Produzierendes Gewerbe, Reihe S. 8, Düngemittelerzeugung und -versorgung 1950/51 bis 1982/83, Wiesbaden 1984
S. 44, 45, 46, 47	Bundesminister für Ernährung, Landwirtschaft und Forsten (Hrsg.), Statistisches Jahrbuch über Ernährung, Landwirtschaft und Forsten 1980, 1986, 1987, Landwirtschaftsverlag Münster-Hiltrup
S. 48	Deutscher Bundestag, Schutz der Erdatmosphäre – Eine internationale Herausforderung, Zwischenbericht der Enquête-Kommission des 11. Deutschen Bundestages „Vorsorge zum Schutz der Erdatmosphäre", Deutscher Bundestag, Referat Öffentlichkeitsarbeit, Bonn 1988
S. 49	Deutscher Bundestag, Schutz der Erdatmosphäre – Eine internationale Herausforderung, Zwischenbericht der Enquête-Kommission des 11. Deutschen Bundestages „Vorsorge zum Schutz der Erdatmosphäre", Deutscher Bundestag, Referat Öffentlichkeitsarbeit, Bonn 1988; Angaben des Verbandes der Chemischen Industrie und des Umweltbundesamtes
S. 49	Gesellschaft für Strahlen- und Umweltforschung (Mithrsg.), WMO-Report No 16, Atmospheric Ozone 1985, München 1985

Quellenverzeichnis

S. 52	Daten aus Protokollen des Hauptausschusses Detergentien, 1982–1987
S. 53	Umweltbundesamt nach: Bayerische Landesanstalt für Wasserforschung, FE-Bericht Hamm, A.: „Kompendium Auswirkungen der Phospathöchstmengenverordnung für Waschmittel auf Kläranlagen und in Gewässern“, Hans Richarz Verlag, St. Augustin 1988
S. 21, 55	Umweltbundesamt, eigene Zusammenstellung
S. 56, 57, 61, 62, 64, 65, 66, 67	Bundesminister für Verkehr, Verkehr in Zahlen 1988, Bonn 1988
S.59	Kraftfahrtbundesamt, Statistische Mitteilungen des Kraftfahrtbundesamtes und der Bundesanstalt für den Güterfernverkehr, Heft 10/85 bis Heft 6/88, Kirschbaum Verlag, Bonn-Bad Godesberg 1985–1988
S. 60	Bundesanstalt für Wirtschaft, Amtliche Mineralölstatistik für die Bundesrepublik Deutschland, Eschborn, Dezember 86–Februar 88 (mH)
S. 63	Umweltbundesamt nach: Deutscher Bundestag (Hrsg.), Bericht der Bundesregierung an den Deutschen Bundestag – Vierter Immissionsschutzbericht der Bundesregierung, BT-Drucksache 11/2714, Bonn 1988
S. 68	Bundesanstalt für Straßenwesen in Zusammenarbeit mit dem ADAC und der TU München, Periodische Analyse des Verkehrsablaufs im Autobahnsystem – Geschwindigkeiten auf den Bundesautobahnen, Bergisch Gladbach 1987
S. 70	Statistisches Bundesamt, Fachserie 8, Verkehr, Reihe 1, Güterverkehr der Verkehrszweige, Kohlhammer-Verlag, Stuttgart/Mainz 1986
S. 72	Bundesanstalt für Flugsicherung, Karte der Bundesrepublik Deutschland, Frankfurt/M. 1988
S. 73, 74	Bundesforschungsanstalt für Naturschutz und Landschaftsökologie, eigene Zusammenstellung
S. 75	Umweltbundesamt, eigene Zusammenstellung nach Angaben des Luftfahrtbundesamtes
S. 77, 78	Statistisches Bundesamt, Fachserie 8, Verkehr, Reihe 6, Luftverkehr, Kohlhammer-Verlag, Stuttgart/Mainz 1988
S. 80, 81	Statistisches Bundesamt, Wirtschaft und Statistik 3/86, Metzler-Poeschl, Kusterdingen 1986
S. 83, 87	Statistisches Bundesamt, Fachserie 19, Umweltschutz, Reihe 3, Investitionen für Umweltschutz im Produzierenden Gewerbe, Kohlhammer-Verlag, Stuttgart/Mainz 1986
S. 85	Statistisches Bundesamt, Zusammenstellung aus den Jahresrechnungen der öffentlichen Haushalte, Sonderauswertung, Wiesbaden 1974–1985
S. 88, 89	Bundesminister für Umwelt, Naturschutz und Reaktorsicherheit, eigene Zusammenstellung
S. 90, 91	Umweltbundesamt, Jährliche Auswertung der polizeilichen Kriminalstatistik, Umweltschutzdelikte 1982–1988
S. 93	Institut für praxisorientierte Sozialforschung, Einstellungen zu aktuellen Fragen der Innenpolitik 1987, Mannheim 1987
S. 94	Kommission der Europäischen Gemeinschaften, Die Europäer und ihre Umwelt, Umweltberichte der EG, 1987
S. 95, 96, 97	Daten aus: Umfrage der Bundesforschungsanstalt für Landeskunde und Raumordnung 1986 und 1987/88; Statistisches Bundesamt, 1% Wohnungsstichprobe 1978, Heft 6, in: Bautätigkeit und Wohnen, Fachreihe 9, Stuttgart 1981

Natur und Landschaft

S. 105, 106, 119, 123, 125, 134	Blab, J., Nowak, E., Trautmann, W., und H. Sukopp (Hrsg.) (1984): Rote Liste der gefährdeten Tiere und Pflanzen in der Bundesrepublik Deutschland. – Naturschutz aktuell, 4, H. 1
S. 102	Nowak, E. (1982): Wie viele Tierarten leben auf der Welt und wie viele davon in der Bundesrepublik Deutschland? – Natur und Landschaft, 57, H. 11, S. 383–389
S. 102, 103	Wagenitz, G. (1967): Betrachtungen über die Artenzahlen der Pflanzen und Tiere. – Sitzungsberichte der Gesellschaft Naturforschender Freunde zu Berlin, N.F., Band VII, S. 79–83
S. 105, 115, 117, 119, 120, 121, 123	Blab, J., Bleß, R., Nowak, E., und G. Rheinwald (1989): Gefährdungsdiagnose der Wirbeltiere der Bundesrepublik Deutschland, Schr.R. Landespflege und Naturschutz, H. 29, Kilda-Verlag
S. 106, 113, 134	Korneck, D. und H. Sukopp (1988): Rote Liste der in der Bundesrepublik Deutschland ausgestorbenen, verschollenen und gefährdeten Farn- und Blütenpflanzen und ihre Auswertung für den Arten- und Biotopschutz. – Schr.R. f. Vegationskunde, 19
S. 125, 135	Pretscher, P. (1977): Rote Liste der in der Bundesrepublik Deutschland gefährdeten Tierarten. – Natur und Landschaft, 52, H. 6, S. 164–168
S. 110, 111, 127, 128, 129, 153	Kommission der Europäischen Gemeinschaft (Hrsg.) (1987): Die Lage der Umwelt in der Europäischen Gemeinschaft 1986.
S. 137	Nowak, E. (1982): Die Bonner Konvention. – Natur und Landschaft, 57, H. 3, S. 89–92. Nach Informationen des UNEP/CMS-Sekretariats (Stand: September 1988)
S. 152	Luther, H. und J. Rzoska (1971): Project Aqua, a source book on inland waters proposed for conservation. IBP Handbook No. 21, IUCN Occasional Paper No. 2, London
S. 131	Common Wadden Sea Secretariat (1988): Status Report 18
S. 141	Zusammenstellung der Bundesforschungsanstalt für Naturschutz und Landschaftsökologie (Bohn, Peters)
S. 163	Richtlinien des Bundesministers für Umwelt, Naturschutz und Reaktorsicherheit zur Förderung von Erprobungs- und Entwicklungsvorhaben im Bereich Naturschutz und Landschaftspflege vom 16. Dezember 1987. – Natur und Landschaft 63 (1988), H. 2, S. 80–81
S. 145, 152	Haarmann. K. und P. Pretscher (1988): Naturschutzgebiete in der Bundesrepublik Deutschland. – Naturschutz aktuell, H. 3
S. 149, 150	Merian, Ch. (1982): Naturparke in der Bundesrepublik Deutschland. – Natur und Landschaft, 87, H. 2
S. 149, 150	Merian, Ch. (1985): Naturparke in der Bundesrepublik Deutschland. – Natur und Landschaft, 60, H. 4, S. 148–152
S. 149, 150	Merian, Ch. (1987): Naturparke in der Bundesrepublik Deutschland. – Natur und Landschaft, 62, H. 4, S. 151–154
S. 135	Blab, J. und O. Kudrina (1982): Hilfsprogramm für Schmetterlinge, Ökologie und Schutz von Tagfaltern und Widderchen. – Naturschutz aktuell, 6, S. 60–61
S. 115, 135	Bauer, S. und G. Thielcke (1982): Gefährdete Brutvogelarten in der Bundesrepublik Deutschland und im Land Berlin. Bestandsentwicklung, Gefährdungsursachen und Schutzmaßnahmen. – Die Vogelwarte, 31, S. 163–186
S. 108	Zusammenstellung der Bundesforschungsanstalt für Naturschutz und Landschaftsökologie nach Roten Listen der Bundesländer
S. 108	Haeupler, H. (1986): Chronologische Gesichtspunkte bei der Aufstellung, Bewertung und Auswertung von Roten Listen. – Schr.R. f. Vegetationskunde, 18, S. 119–133

Quellenverzeichnis

S. 157, 158	Lassen, D. (1987): Unzerschnittene verkehrsarme Räume über 100 km² Flächengröße in der Bundesrepublik Deutschland. – Natur und Landschaft, 62, H. 12, S. 532–535
S. 159	Fritz, G. (1977): Zur Inanspruchnahme von Naturschutzgebieten durch Freizeit und Erholung. – Natur und Landschaft, 53, S. 191–197
S. 159	Fritz, G. (1988): Aufgaben der Erholungsvorsorge. – Schriftenreihe des Deutschen Rates für Landschaftspflege, H. 54, S. 307–316
S. 142, 143, 145, 147, 148, 149, 150, 152	Bundesforschungsanstalt für Naturschutz und Landschaftsökologie, LANIS (Koeppel/ Schmauder)
S. 139	Bundesministerium für Umwelt, Naturschutz und Reaktorsicherheit: Washingtoner Artenschutz-Übereinkommen – Jahresstatistik 1986
S. 155	Verzeichnis der Landschaftspläne und Landschaftsrahmenpläne in der Bundesrepublik Deutschland – Landschaftsplanverzeichnis (Lassen, D. und Landwehr, A., BFANL Mai 1987)

Boden

S. 168, 169, 171, 173, 175, 177, 179	Bundesforschungsanstalt für Landeskunde und Raumordnung. Laufende Raumbeobachtung; Datengrundlage: Statistisches Bundesamt: Fachserie 3, Land- und Forstwirtschaft, Fischerei, Reihe 3.1.1 Bodennutzung – Gliederung der Gesamtflächen 1985 – Wiesbaden 1986
S. 180	Deutscher Städtetag (Hrsg.), Statistisches Jahrbuch Deutscher Gemeinden, 69. Jahrgang 1982, Bachem-Verlag, Köln 1982
S. 183, 185, 187, 189	Bundesminister für Ernährung, Landwirtschaft und Forsten, F+E-Bericht „Die potentielle Nitratbelastung des Sickerwassers durch die Landwirtschaft in der Bundesrepublik Deutschland"; Göttinger Bodenkundliche Berichte, 93, 1987
S. 193, 194	Bayerisches Geologisches Landesamt (Hrsg.), Atlas der Erosionsgefährdung in Bayern, München 1986
S. 196	Umweltbundesamt, eigene Zusammenstellung nach Angaben der Länder
S. 191	Der Rat der Sachverständigen für Umweltfragen; Umweltprobleme der Landwirtschaft, BT-Drs. 10/3613, Bonn 1985
S. 199	Statistisches Bundesamt, Erhebungen gem. §§ 9 und 10 Umweltstatistik-Gesetz – Unfälle bei Lagerung und Transport wassergefährdender Stoffe, Wiesbaden 1988
S. 198	Bundesministerium für Umwelt, Naturschutz und Reaktorsicherheit, eigene Zusammenstellung nach Angaben der Länder

Wald

S. 203, 204, 205, 206, 207	Bundesminister für Ernährung, Landwirtschaft und Forsten, Heft 309: 1983/84; Heft 324: 1985; Heft 334: 1986; Heft 349: 1987; Heft 3464: 1988 der Schriftenreihe Angewandte Wissenschaft, Bonn 1988
S. 209, 210	Bundesminister für Ernährung, Landwirtschaft und Forsten, Heft 360 der Schriftenreihe Angewandte Wissenschaft, Bonn 1989
S. 211, 212, 213	Wirtschaftskommission für Europa der Vereinten Nationen; Forest Damage and Air Pollution, Report of the 1986 forest damage survey in Europe, Global Environment Monitoring System 1987

Luft

S. 217, 227, 241, 242, 297	Umweltbundesamt, eigene Zusammenstellung
S. 219, 221, 223, 225, 230 231, 232	Umweltbundesamt, eigene Zusammenstellung aus Luftqualitätsberichten der Bundesländer und des Umweltbundesamtes, UMPLIS-Datenbank LIMBA

S. 228	Umweltbundesamt nach Mitteilungen des Hygiene-Instituts des Ruhrgebietes und Monats- und Jahresberichten der Landesanstalt für Immissionsschutz Essen, diverse Jahrgänge
S. 233	Senator für Stadtentwicklung und Umweltschutz Berlin (Hrsg.), Internationale Konferenz – Luftreinhaltung in Europäischen Großstädten, Berlin 1987
S. 235, 237, 239	EMEP, Chemical Coordination Centre NILU, Data Report 1986, Oslo 1986
S. 239	The Norwegian Meteorological Institute, Meteorological Synthesizing Centre West (MSC-W) of EMEP, EMEP/MSC-W Report 1/88, Oslo, August 1988
S. 240, 253, 254	Umweltbundesamt nach vorläufigen Angaben aus dem EMEP-Programm der ECE
S. 245	Umweltbundesamt, FE-Bericht 106 07 060: Repräsentativität des natürlichen Flechtenbewuchses auf Bäumen und des Absterbegrades exponierter Flechten hinsichtlich der einwirkenden Immissionen
S. 247	Umweltbundesamt, eigene Zusammenstellung nach Angaben aus dem SAM-Meßnetz und des Hygiene-Instituts des Ruhrgebietes
S. 249, 250, 251	Deutscher Verband für Wasserwirtschaft und Kulturbau, Ergebnisse von neuen Depositionsmessungen in der Bundesrepublik Deutschland und im benachbarten Ausland, DVWK-Mitteilungen Nr. 14, 1988
S. 255, 257	C.-D. Schönwiese, B. Diekmann, Der Treibhauseffekt – Der Mensch ändert das Klima, DVA, Stuttgart 1987
S. 243, 259, 260	Gesellschaft für Strahlen- und Umweltforschung (Mithrsg.), WMO-Report No 16, Atmospheric Ozone 1985, München 1985
S. 261	NASA, Polar Ozone Workshop, NASA Conference Publication 10014, 1988
S. 263	Bundesforschungsanstalt für Landeskunde und Raumordnung, eigene Zusammenstellung nach Angaben der Bundesländer
S. 267	Umweltbundesamt, eigene Zusammenstellung und Berechnung nach Angaben des Statistischen Bundesamtes, Arbeitsgemeinschaft Energiebilanzen, sowie Bundesminister für Wirtschaft
S. 269, 271, 273, 275, 277, 278, 279, 280, 281, 284, 285, 286, 287, 288, 289, 290, 292, 293	Umweltbundesamt, UMPLIS-Datenbank Emissionsursachenkataster (EMUKAT)
S. 295	Umweltbundesamt, eigene Zusammenstellung nach a) Bevölkerungsangaben gemäß Statistischem Bundesamt, Statistisches Jahrbuch für die Bundesrepublik Deutschland 1986 f., Kohlhammer-Verlag, Stuttgart/Mainz 1986 f. b) Energieverbrauchsangaben gemäß United Nations, 1985 Energy Statistics Yearbook, New York, 1987 c) SO_2-Emissionsangaben für Europa gemäß EMEP, MSC-W Note 4, August 1987; für die Bundesrepublik Deutschland gemäß Umweltbundesamt d) NO_X-Emissionsangaben für Europa gemäß UN-ECE, EB Air WG3/R15 vom 10. 2. 1987; für die Bundesrepublik Deutschland gemäß Umweltbundesamt e) Emissionsangaben für Japan und USA gemäß OECD, Environmental Data, Compendium 1987, Paris 1987
S. 299	Deutscher Bundestag (Hrsg.), Bericht der Bundesregierung an den Deutschen Bundestag – Vierter Immissionsschutzbericht der Bundesregierung, BT-Drucksache 11/2714, Bonn 1988

Quellenverzeichnis

Wasser

S. 357	Länderarbeitsgemeinschaft Wasser (LAWA), eigene Zusammenstellung, Wirtschaft 1989
S. 358, 359	Bundesanstalt für Gewässerkunde, nach Zahlentafeln der Internationalen Kommission zum Schutze des Rheins, Koblenz 1988
S. 361, 362, 363, 364, 366	Umweltbundesamt, F+E-Bericht 10204104 „Überwachung von Schadstoffen im Elbeästuar", Berlin 1989
S. 368	Klopp, R., Entwicklung der Tensid-Belastung der unteren Ruhr, gwf – Wasser · Abwasser, 128 (1987), H. 2
S. 379, 372	Umweltbundesamt, Gewässerversauerung in der Bundesrepublik Deutschland, UBA-Texte 22/87
S. 304	Industrieverband Pflanzenschutz e. V., Pflanzenschutzwirkstoffe und Trinkwasser, Frankfurt am Main
S. 307	Länderarbeitsgemeinschaft Wasser – Arbeitsgruppe Gewässergütekarte (Hrsg.): Gewässergütekarte der Bundesrepublik Deutschland, Ausgabe 1975, Stuttgart 1975
S. 308	Länderarbeitsgemeinschaft Wasser – Arbeitsgruppe Gewässergütekarte (Hrsg.): Gewässergütekarte der Bundesrepublik Deutschland, Ausgabe 1980, Stuttgart 1980
S. 309	Länderarbeitsgemeinschaft Wasser – Arbeitsgruppe Gewässergütekarte (Hrsg.): Gewässergütekarte der Bundesrepublik Deutschland, Stuttgart 1985
S. 311, 312, 313, 314, 325, 327, 329, 321, 333, 335, 337, 339, 341, 343, 345, 347, 349, 351, 353, 354, 355	Länderarbeitsgemeinschaft Wasser „Fließgewässer der Bundesrepublik Deutschland", Hessischer Minister für Umwelt und Reaktorsicherheit, Wiesbaden 1989

Wasser – Nordsee

S. 372	Gemeinsames Bund/Länder-Meßprogramm für die Nordsee
S. 374, 407	Deutsches Hydrographisches Institut (unveröffentlicht)
S. 378, 379, 381	Scientific and Technical Working Group: Quality Status of the North Sea. Second International Conference of the Protection of the North Sea. Department of the Environment, Sept. 1987
S. 382, 383, 385, 397, 400, 412, 413, 414, 415	Joint Monitoring Programme der Oslo- und Paris-Kommissionen (unveröffentlicht)
S. 383	Working Group on Nutrients der Paris-Kommission (unveröffentlicht)
S. 386	Umweltbundesamt, eigene Zusammenstellung
S. 387	Oslo Kommission, Annual-Report of Oslo Commission, London 1980–1987
S. 389	Gerlach, S.: „Pflanzennährstoffe und die Nordsee – ein Überblick", Seevögel 8 (4), 49–62, 1987
S. 391, 392	Bundesminister für Forschung und Technologie, Projekt MFU 0545
S. 394, 395, 396	Deutsches Hydrographisches Institut, Überwachung des Meeres, Bericht für das Jahr 1987
S. 403, 404, 405, 406	Deutsches Hydrographisches Institut, 41. Jahresbericht 1986, Hamburg 1987
S. 409	J. Lohse: „Ocean Incineration of Toxic Wastes: A Footprint in North Sea Sediments", Marine Pollution Bulletin, Vol. 19, No 8, 1988
S. 416, 417	Umweltbundesamt: F+E-Vorhaben 11608070 „Schadstoffmonitoring mit Seevögeln", Institut für Vogelforschung Wilhelmshaven, 1988 (unveröffentlicht)

Abfall

S. 461, 465, 466	Umweltbundesamt, eigene Zusammenstellung, 1988
S. 433, 459	Umweltbundesamt, F+E-Bericht 10303114 „Bundesweite Begleitscheinauswertung“, Berlin 1988
S. 436	Verband Deutscher Papierfabriken e. V.: „Papier ’88 – Leistungsbericht der deutschen Zellstoff- und Papierindustrie“, 1988
S. 438, 439	Umweltbundesamt, Verpackungen für Getränke, 5. Fortschreibung, Berlin 1988
S. 441	Angaben des Bundesverbandes Glasindustrie und Mineralfaserindustrie e. V.
S. 443, 445	Umweltbundesamt, eigene Zusammenstellung
S. 421, 447, 449, 450, 452, 462, 469	Statistisches Bundesamt, Fachserie 19, Umweltschutz, Reihe 1.1 „Öffentliche Abfallbeseitigung“, 1984
S. 422	Umweltbundesamt, nach TU Berlin, Fachbereich Informatik, Arbeitsgruppe Umweltstatistik: „Bundesweite Hausmüllanalyse 1983–1985“, Dez. 1986
S. 423, 424, 425, 426, 427, 429, 432, 433, 435, 453, 455, 457, 458	Statistisches Bundesamt, Fachserie 19, Umweltschutz, Reihe 1.2 „Abfallbeseitigung im Produzierenden Gewerbe und in Krankenhäusern“, Sonderauswertung, 1984
S. 439	Barniske, L., Johnke, B., Albrecht, J.: „Müllkraftwerke machen warm“, in: Umweltmagazin, Mai 1988

Lärm

S. 473	Institut für praxisorientierte Sozialforschung, Einstellungen zu aktuellen Fragen der Innenpolitik, 1984, 1986, 1987
S. 473, 477, 478, 480, 488, 498, 502, 503, 504, 505, 509, 513	Umweltbundesamt, eigene Zusammenstellung, 1988
S. 481	Umweltbundesamt, nach BGBl. I S. 270, 1979 und BGBl. I S. 1150, 1987
S. 483	Umweltbundesamt, nach Bekanntmachungen gemäß § 3 der VO über die zeitliche Einschränkung des Flugbetriebs mit Leichtflugzeugen und Motorseglern an Landeplätzen, BMV, 1988
S. 486, 487	Umweltbundesamt, eigene Zusammenstellung nach Angaben des Bundesministeriums der Verteidigung, 1988
S. 489, 491, 492, 493, 494, 495, 497	Umweltbundesamt, eigene Zusammenstellung, 1987
S. 499	Statistik des Lärmschutzes an Bundesfernstraßen, BMV, 1988
S. 507	Umweltbundesamt, nach „Aicraft Noise In A Modern Society“, NATO-CCMS-Bericht 161
S. 508, 510, 511	Umweltbundesamt, F+E-Vorhaben Nr. 10505702, „Geräuschmessungen an Schienenwegen bei praktischem Fahrbetrieb“, 1986

Nahrung

S. 520, 526	Umweltbundesamt, FE-Zwischenbericht 1608052, „Feststellung des Langzeitverhaltens von Schadstoffen im Biozyklus Boden–Pflanze–Wildtier“ Bundesanstalt für Fleischforschung, 1988 unveröffentlicht

S. 523 — Weinreich, O., Rhemus, H.: „Weniger unerwünschte Stoffe in Futtermitteln“, Ernährungsdienst 43, Nr. 112, 1988

S. 524 — Umweltbundesamt, F+E-Bericht 10605052: „Ermittlung des optimalen Parameter bei der Auswahl von Fischen für die Umweltprobenbank“, Berlin 1988

S. 517, 518, 519 , 521, 522 — Ocker, H. D., Brüggemann, J.: „Pflanzenschutzmittelrückstände, Schwermetall- und Radioaktivitätsgehalte in der deutschen Brotgetreideernte 1987“, Bundesforschungsanstalt für Getreide- und Kartoffelverarbeitung, Detmold, 1988

S. 519 — Kreuzer, W., et al.: „Untersuchungen über Blei- und Cadmiumgehalte in Muskulatur, Leber und Nieren von Schlachtkälbern“, Fleischwirtschaft 68, Nr. 101, 1988

S. 527 — Vieths, S., et al. (1987), Zeitschrift für Lebensmitteluntersuchung und -forschung, 185, S. 267–270

S. 527 — Vieths, S., et al. (1987), Zeitschrift für Lebensmitteluntersuchung und -forschung, 186 S. 393–397

Radioaktivität

S. 533 — Bundesminister für Umwelt, Naturschutz und Reaktorsicherheit; Die Strahlenexposition von außen in der Bundesrepublik Deutschland durch natürliche radioaktive Stoffe im Freien und in Wohnungen, Bonn 1982

S. 537 — Physikalisch-Technische Bundesanstalt, Meßwerte zur Aktivitätskonzentration von Radionukliden, Braunschweig 1988

S. 538 — Institut für Atmosphärische Radioaktivität, Meßwerte zur Aktivitätskonzentration von Radionukliden, Freiburg 1988

S. 540, 541, 542 — Deutscher Wetterdienst, Meßwerte der Gesamtbetaaktivität in der Luft und im Niederschlag, Offenbach 1988

S. 544, 545 — Bundesanstalt für Milchforschung, Beitrag zum Berichtsteil „Boden und Bewuchs“ des BMU-Jahresberichtes „Umweltradioaktivität und Strahlenbelastung 1986“, unveröffentlicht, Kiel 1988

S. 546 — Bundesminister für Umwelt, Naturschutz und Reaktorsicherheit; Auswirkungen des Reaktorunfalls in Tschernobyl auf die Bundesrepublik Deutschland; Veröffentlichungen der Strahlenschutzkommission, Band 7, 1987

S. 548, 549, 550 — Deutsches Hydrographisches Institut, Bericht für das Jahr 1987, Band 2: Daten, Hamburg 1987

S. 552, 553, 554 — Bundesanstalt für Gewässerkunde; Beitrag zum BMU-Jahresbericht 1986 „Umweltradioaktivität und Strahlenbelastung“, unveröffentlicht, Koblenz 1988

S. 556 — Institut für Wasser-, Boden- und Lufthygiene des Bundesgesundheitsamtes; Auswirkungen des Reaktorunfalls in Tschernobyl auf die Bundesrepublik Deutschland –, Gemeinsamer Bericht der Leitstellen für das Jahr 1986 (Aktualisierte Daten), Herausgeber: Bundesminister für Umwelt, Naturschutz und Reaktorsicherheit, Bonn 1986

S. 558, 559 — Bundesforschungsanstalt für Fischerei; eigene Untersuchungsergebnisse, Hamburg 1988

S. 561, 562 — Bundesforschungsanstalt für Ernährung; Radioaktivitätszufuhr mit der Gesamtnahrung; Bericht der Leitstelle zur Überwachung der Umweltradioaktivität, Karlsruhe 1988

S. 564, 565, 566, 567, 568, 569 — Bundesanstalt für Milchforschung; Beitrag zum BMU-Jahresbericht 1986 „Umweltradioaktivität und Strahlenbelastung“, unveröffentlicht, Kiel 1988

S. 571 — Bundesminister für Umwelt, Naturschutz und Reaktorsicherheit, eigene Zusammenstellung, Bonn 1989

S. 572	Bundesgesundheitsamt, Beitrag zum BMU-Jahresbericht 1986 „Umweltradioaktivität und Strahlenbelastung", unveröffentlicht, Berlin 1988
S. 573	Bundesminister für Umwelt, Naturschutz und Reaktorsicherheit, Beitrag zum BMU-Jahresbericht 1986 „Umweltradioaktivität und Strahlenbelastung", unveröffentlicht, Bonn 1988
Kommunale Umweltberichte Anhang	Deutsches Institut für Urbanistik, eigene Zusammenstellung

Akkumulation	Anreicherung von Schadstoffen in Pflanzen und Tieren. Die über die Nahrungskette oder indirekt über Fleisch- und Milchherstellung ins Fettgewebe des Menschen gelangen (vor allem Kohlenwasserstoffe)
anthropogen	durch den Menschen verursacht
BGBL	Bundesgesetzblatt
BIBIDAT	Trinkwasserdatenbank des Bundesgesundheitsamtes
BImSchG	Bundes-Immissionsschutzgesetz
Biotop	Lebensraum, der durch bestimmte Pflanzen- und Tierarten gekennzeichnet ist (z. B. Feuchtgebiet)
Biozide	Chemikalien, die zur Bekämpfung von Schädlingen in der Land- und Forstwirtschaft eingesetzt werden
Blei	bläulich weißes Schwermetall; umweltgefährdend als Element, aber auch in chemischer Verbindung. Schon Spuren von Blei können bei ständiger Aufnahme zur Beeinträchtigung der Blattbildung und des Nervensystems führen
BNatSchG	Bundesnaturschutzgesetz
BSB_5	Biochemischer Sauerstoffbedarf; die Menge Sauerstoff, die von Mikroorganismen im Abwasser innerhalb von 5 Tagen verbraucht wird
Cadmium	weiches Schwermetall; der Cadmium-Verbrauch liegt bei etwa 2000 t/Jahr; Cadmium gelangt vor allem durch Feuerungsanlagen, Metallhütten und Müllverbrennungsanlagen in die Umwelt; Cadmium reichert sich über die Nahrungskette in Pflanzen und Tieren aber auch im menschlichen Körper an
Chloride	Salze der Salzsäue. Wichtigste in der Natur vorkommende Form ist das Natriumchlorid (Kochsalz). Im Übermaß kann Chlorid Bluthochdruck erzeugen
Chlorierte Kohlenwasserstoffe	auch Chlorkohlenwasserstoffe; typische Anwendungsgebiete sind Pestizide (z. B. DDT, Aldrin, Lindan), Holzschutzmittel und Lösemittel (z. B. Tetrachlorethylen); C.K. können sich aufgrund hoher Fettlöslichkeit im Fettgewebe von Menschen und Tieren anreichern, in dieser Gruppe gibt es eine Vielzahl von giftigen und krebserzeugenden Stoffen
Clusterbildung	räumliche Zusammenfassung der Verdichtung von Immissionsmeßstellen
CSB	Chemischer Sauerstoffbedarf; Maß für die Sauerstoff-Menge, die zum Abbau von organischen Schadstoffen in Oberflächengewässern notwendig ist. Im Unterschied zum BSB_5 werden auch schwer abbaubare Stoffe (Alkohole, Essigsäure u. a.) erfaßt
DDE	siehe chlorierte Kohlenwasserstoffe
DDT	siehe chlorierte Kohlenwasserstoffe
Dezibel; dB	Lärmwert (auch Schalldruckpegel), zusammengesetzt aus „Dezi" (für die logarithmische Einteilung der Skala) und „bel" (nach dem Erfinder des Telefons, Alexander Graham Bell); der Zusatz (A) bedeutet, daß der Lärm international einheitlich gemessen wird
Dioxin	siehe TCDD
ECE	Economic Commission for Europe (Unterorganisation der UN)
EEV	emissionsverursachender Energieverbrauch
Einheiten	
a	anno = Jahr
p.a.	pro Jahr
h	Stunde
ha	Hektar = 10 000 m^2
J	Joule (1 Joule = 1 Ws = Wattsekunde)
mg	1 Milligramm = 1 Tausendstel Gramm
μg	1 Mikrogramm = 1 Millionstel Gramm
ng	1 Nanogramm = 1 Milliardstel Gramm
M	Mega = 1 Million (10^6)
G	Giga = 1000 Millionen (10^9)
T	Tera = 1 Milliarde (10^{12})
P	Peta = 1000 Milliarden (10^{15})

Maßeinheit der Konzentration (allgemein)	Maßeinheit der Konzentration für wäßrige Proben	Vergleich
1%	10 Gramm pro Liter	ein Zuckerwürfel (2,7 g) in einer Tasse Kaffee
1‰ (Promille)	1 Gramm pro Liter	ein Zuckerwürfel in 2,7 Liter
1 ppm (10^{-6})	1 Milligramm pro Liter oder 1 Gramm pro m^3	ein Zuckerwürfel in 2700 Liter (Milchtankwagen)
1 ppb (10^{-9})	1 Mikrogramm pro Liter oder 1 Milligramm pro m^3	ein Zuckerwürfel in 2,7 Millionen Liter (Tankschiff)
1 ppt (10^{-12})	1 Nanogramm pro Liter oder 1 Mikrogramm pro m^3	ein Zuckerwürfel in 2,7 Milliarden Liter (Lechstausee)

Emission	die von Anlagen, Kraftfahrzeugen oder Produkten an die Umwelt abgegebenen Verunreinigungen (Gase, Stäube, Flüssigkeiten), Geräusche, Strahlen, Wärme; vorwiegend im Zusammenhang mit Luftverschmutzung gebraucht
Emissionskataster	Zustandserfassung des Schadstoffausstoßes von Emissionsquellen in ihrer regionalen Verteilung
ERP	Europen Recovvery Program

EStG	Einkommensteuergesetz
eutroph	nährstoffreich, Überdüngung, Übernährung von Wasserpflanzen durch erhöhten Eintrag von Nährstoffen in Oberflächengewässer
FS	Fettsubstanz
Fungizide	chemische Mittel zur Pilzbekämpfung
geogen	natürlichen, geologischen Ursprungs
GFAV	Großfeuerungsanlagenverordnung Nach dem Bundesimmissionsschutzgesetz von 1974 können die Anforderungen an bestimmte Anlagen per Verordnung geregelt werden. Die Großfeuerungsanlagen-Verordnung regelt den Stand der Technik für neue Kohle- und Ölkraftwerke, insbesondere deren Schwefelausstoß
GVBl	Gesetz- und Verordnungsblatt
HCB	Hexachlorbenzol, mittlerweile verbotenes Schädlingsbekämpfungsmittel; HCB reichert sich in der Nahrungskette an und baut sich nur schwer ab; es ist giftig
HCH	Hexachlorcyclohexan, chlorierter Kohlenwasserstoff, der in Form strukturverwandter Verbindungen vorkommt (Isomeren); besonders problematisch sind α- und β-HCH, die wegen ihrer hohen Zerfallzeit sowie ihrer hohen Giftigkeit als Pflanzenschutzmittel in der Bundesrepublik Deutschland verboten sind; als Insektizid zugelassen ist noch γ-HCH (Lindan); γ-HCH reichert sich in Fettgeweben an
Herbizide	chemische Mittel zur Unkrautbekämpfung
Immissionen	Einwirkung von Luftverunreinigungen, Geräuschen, Erschütterungen, Strahlen, Wärme auf die Umwelt. Gemessen wird vor allem die Konzentration eines Schadstoffes in der Luft, bei Staub zudem die Menge, die sich auf einer bestimmten Fläche pro Tag niederschlägt. In der TA Luft sind Immissionsgrenzwerte für eine Reihe von Schadstoffen festgelegt
Immissionsrate	Maß für die Aufnahme gasförmiger Schadstoffe durch Materialien in einer bestimmten Zeiteinheit
Insektizide	chemische Mittel zur Insektenbekämpfung
Isomere	Bezeichnung für Stoffe, die in ihrer Summenformel gleich, in ihrer Strukturformel aber unterschiedlich sind
Klärschlamm	der bei der mechanischen und biologischen Reinigung von häuslichen Abwässern anfallende Schlamm enthält viele Nähr- und Humus-, aber oft auch Schadstoffe, zum Beispiel Schwermetalle
Kohlenmonoxid	Reiz-, farb- und geruchloses Gas. Es entsteht bei unvollständiger Verbrennung organischer Verbindungen (Diesel- und Benzinmotor, Hausheizung). Eingeatmetes Kohlenmonoxid blockiert die Sauerstoffaufnahme des Blutes und führt – je nach Konzentration – zu Kopfschmerzen, Schwindel, Übelkeit, Ohrensausen, Bewußtlosigkeit, Atemlähmung
Kohlenwasserstoffe	chemische Verbindung des Kohlenstoffs mit Wasserstoff. Es gibt kettenförmige Kohlenwasserstoffe (Methan, Propan, Butan) und ringförmige (Benzol). In der Umweltdiskussion spielen die ringförmigen, aromatischen Kohlenwasserstoffe (Benzpyren) sowie Chlorkohlenwasserstoffe (Chlorierte Kohlenwasserstoffe) eine besondere Rolle, weil viele von ihnen giftig und persistent (Persistenz) sind
Kontamination	Verunreinigung durch Schadstoffe oder radioaktive Strahlung
kW	Kilowatt
Nitrat	Salz der Salpetersäure; Nitrat ist ein natürlicher Stoff, der als Dünger dem Boden zugesetzt wird, um das Pflanzenwachstum zu stimulieren; N kommt auch im Boden, Trinkwasser und der Nahrung vor; problematisch können hohe N-Gehalte in pflanzlichen Nahrungsmitteln aus überdüngten Kulturen und im Trinkwasser sein, da sich N im Körper zu giftigen Nitriten umwandeln
oligotroph	nährstoffarm
Orographie	Beschreibung der Höhenstufen
Ozon	entsteht bei intensiver Sonneneinstrahlung in der Atmosphäre durch Reaktionen zwischen Stickoxiden und Kohlenwasserstoffen. Er ist ein starkes Oxidationsmittel, das sowohl bei Materialien als auch bei Pflanzen, aber auch beim Menschen Schäden hervorrufen kann (Smog)
PAH	polycyclische, aromatische Kohlenwasserstoffe, teilweise krebserzeugend; sie entstehen bei unvollständigen Verbrennungsprozessen
PCB	polychlorierte Biphenyle, sie werden wegen iher Eigenschaften (unbrennbar, thermisch stabil, zähflüssig, hoher Siedepunkt) u. a. als Kühlmittel, Hydraulikflüssigkeit, Transformatorenöl verwendet; PCB's reichern sich über die Nahrungskette, besonders im menschlichen Körper an; bei PCB werden krebserzeugende Wirkungen vermutet; in der Bundesrepublik Deutschland dürfen PCB nur in geschlossenen Systemen benutzt werden (z. B. Transformatoren)
PCP	Pentachlorphenol; PCP findet Verwendung als Schädlingsbekämpfungsmittel und ist stark giftig
Pentade	5-Jahres-Abschnitt
Persistenz	Maß für die Lebensdauer einer chemischen Verbindung, die durch äußere Einflüsse (z. B. Sonnenstrahlung, Bodenbakterien) abgebaut wird. Chemisch stabile, persistente Stoffe bleiben jahrelang in der Umwelt erhalten
Perzentil (95)	als 95-Perzentil ausgewiesene Immissionswerte, beispielsweise bei Kohlenwasserstoffen, besagen, daß die angegebenen Konzentrationen in 95 Prozent der Meßuntersuchungen unterschritten wurden und dementsprechend nur 5 Prozent über dem Wert lagen
Pestizide	Mittel zur Bekämpfung tierischer und pflanzlicher Schaderreger
Phosphat	Salz der Phosphatsäure; wichtiger Nährstoff für Mensch, Tier und Pflanze, Phosphate werden im wesentlichen als Düngemittel und in Wasch- und Reinigungsmitteln, aber auch bei der Herstellung von Zahncreme, Backpulver, Brühwurst, Speiseeis verwendet

pH-Wert	Maß zur Bestimmung des sauren, neutralen oder basischen Charakters wäßriger Lösungen; die pH-Wert-Skala reicht von 1–14; ein pH-Wert von sieben kennzeichnet eine neutrale Lösung; je saurer eine Lösung ist, desto niedriger liegt der pH-Wert, je basischer oder alkalischer sie ist, desto höher liegt er
polythrop	mit übermäßigem Nährstoffgehalt
Puffer	einzelne Stoffe im Wasser oder Boden haben die Fähigkeit, eindringende Säure abzufangen, also „abzupuffern"; Puffer spielen besonders in Zusammenhang mit der Bodenversauerung eine entscheidende Rolle
Quecksilber	leichtflüchtiges, silbrig glänzendes, flüssiges Schwermetall. Es wird in der chemischen Industrie, zur Herstellung von Batterien (Knopfzellen), Zahnfüllungen, Thermometern und Leuchtstoffröhren verwendet. Quecksilber gelangt durch die Vernichtung der Produkte (Müllverbrennung) in die Umwelt, aber auch bei der Verbrennung von Kohle und Öl sowie bei der Verhüttung quecksilberhaltiger Erze, Quecksilberverbindungen reichern sich in der Nahrungskette an. Vergiftungen äußern sich in Nerven- und Nierenschäden
Rodendizide	chemische Mittel zur Nagetierbekämpfung
Rote Listen	offizielle Bilanz des Artenschwundes in der Bundesrepublik, die nicht als abgeschlossenes, sondern fortlaufend ergänztes Dokument zu betrachten ist, d. h. von Fachwissenschaftlern ständig überarbeitet wird. In den Roten Listen werden alle heimischen Tier- und Pflanzenspezies aufgeführt, die im Bestand gefährdet oder vom Aussterben bedroht sind
Ruderalvegetation	Ursprungsvegetation
Saprobien	sauerstoffverbrauchende Organismen (z. B. Bakterien, Algen, Einzeller) im Gewässer
Sedimente	durch Absetzen (Sedimentation) von Feststoffteilchen häufig unter Beteiligung tierischer oder pflanzlicher Organismen entstandene Ablagerung in Gewässern
SI	System international; internationale Standardnormen
SKE	Steinkohleneinheit; Maßeinheit für Wärmemengen (1 kg SKE = 29 310 KJoule)
Smog	Wortkombination aus dem Englischen: „smoke" (Rauch) und „fog" (Nebel). Als Smog werden starke Anreicherungen von Luftverunreinigungen über Ballungsgebieten bezeichnet. Sie entstehen, wenn die Schadstoffe wegen austauscharmer Wetterlage (Inversion) nicht mehr in höhere Luftschichten entweichen können
Schaftriften	Gelände, das wegen seiner geringen landwirtschaftlichen Ertragsfähigkeit ausschließlich zur extensiven Schafweide genutzt wird, oft Halbtrocken- und Trockenrasen auf Kalkböden. Heute aufgrund großer Artenvielfalt häufig unter Naturschutz
Schwefeldioxid	farbloses, stechend riechendes Gas; entsteht überwiegend beim Verbrennen fossiler Energieträger (Kohle, Öl). Schwefeldioxid ist maßgeblich an Korrosionsschäden beteiligt; es verursacht Pflanzenschäden durch den Abbau von Chlorophyll und wirkt beim Menschen insbesondere in Kombination mit Staub auf die Atemwege ein (chronische Bronchitis, verminderte Abwehr von Infekten)
Stickoxide	Zusammenfassung von Stickstoffmonoxid und Stickstoffdioxid. Die Verbindungen stammen in erster Linie aus Kraftfahrzeugmotoren, bei der Kraftstoffverbrennung entsteht überwiegend Stickstoffmonoxid, das sich in der Atmosphäre relativ schnell zu dem gesundheitsschädlicheren Stickstoffdioxid umwandelt. Bei höheren Stickstoffdioxid-Konzentrationen wurde eine größere Häufigkeit von Erkrankungen der Atemwege beobachtet
Streuwiesen	(= Ried). Feuchte Wiesen, deren Gräser und Kräuter früher im Herbst und Winter gemäht und als Streu in den Viehställen verwandt wurde. Nach der Aufgabe der (extensiven) Streuwiesennutzung in den 50er Jahren werden ausgewählte Gebiete aus Naturschutzgründen gemäht, um deren Pflanzen und Tiere zu erhalten
SWR	Siedewasserreaktor
TA Luft	die „Technische Anleitung zur Reinhaltung der Luft" enthält Vorschriften für die Behörden bei der Betriebsgenehmigung neuer Anlagen, Emissionsgrenzwerte für staubförmige und gasförmige Stoffe sowie Immissionswerte (Jahresmittelwerte und Kurzzeitwerte), die nicht überschritten werden dürfen
TCDD	Tetrachlordibenzdioxin; eine den polychlorierten Dibenzodioxinen (Dioxin) zuzuordnende Verbindung mit 22 Isomeren, von denen das 2,3,7,8-Isomere das gefährlichste ist; dieses ist sowohl akut giftig wie auch krebserzeugend; TCDD ist ein hochgradig persistenter Stoff, der sich in biologischen Geweben anreichert
Titandioxid	chemische Verbindung zur Herstellung weißer Farbstoffe; dabei fallen Dünnsäure und Grünsalz an. Beide Abfallstoffe werden durch Spezialschiffe in der Nordsee verklappt und schädigen die Meeresfauna erheblich
Uferfiltration	versickern von Flußwasser im Uferbereich, wodurch Schmutz- und Schadstoffe herausgefiltert werden. Außerdem bauen Bakterien im Boden eine Reihe organischer Verbindungen ab
UMK	Umweltministerkonferenz
UTM-Projektion	Universale transversale Mercatorprojektion (Geodätisches Koordinationssystem)
VO	Verordnung
VwV	Verwaltungsvorschrift
WHG	Wasserhaushaltsgesetz
ZEBS	zentrale Erfassungs- und Bewertungsstelle für Umweltchemikalien des Bundesgesundheitsamtes

Karte der Bundesrepublik Deutschland
Verwaltungsgrenzen und Kreiskennziffern

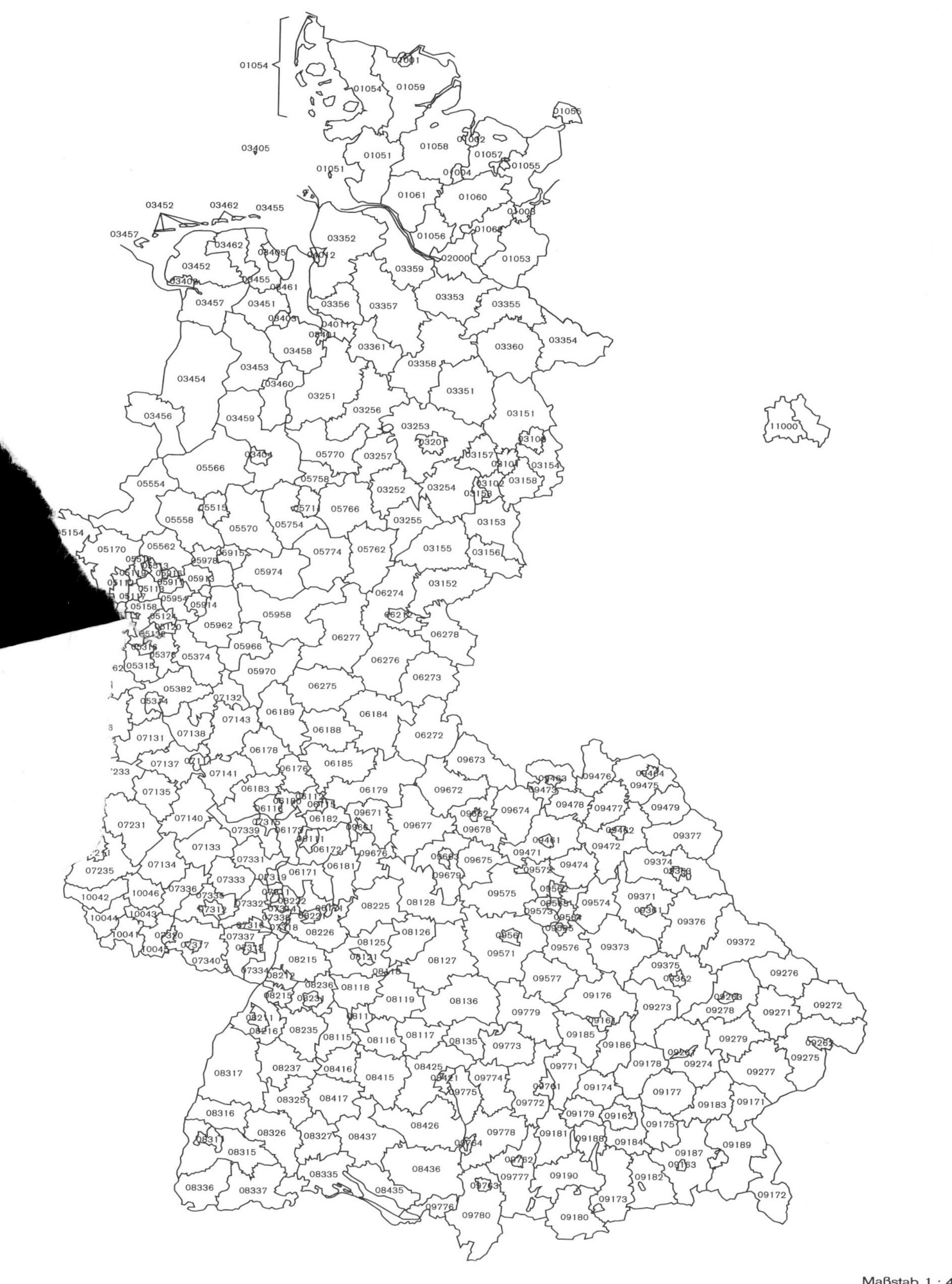

Maßstab 1 : 4 Millionen

20 0 20 40 60 80 100

Zuordnung der Kreisnummern zu den Kreisnamen

00001	Bundesgebiet
01000	Schleswig-Holstein
01001	Flensburg
01002	Kiel
01003	Lübeck
01004	Neumünster
01051	Dithmarschen
01053	Herzogtum Lauenburg
01054	Nordfriesland
01055	Ostholstein
01056	Pinneberg
01057	Plön
01058	Rendsburg-Eckernförde
01059	Schleswig-Flensburg
01060	Segeberg
01061	Steinburg
01062	Stormarn
02000	Hamburg
03000	Niedersachsen
03100	Reg.-Bez. Braunschweig
03101	Braunschweig
03102	Salzgitter
03103	Wolfsburg
03151	Gifhorn
03152	Göttingen
03153	Goslar
03154	Helmstedt
03155	Northeim
03156	Osterode am Harz
03157	Peine
03158	Wolfenbüttel
03200	Reg.-Bez. Hannover
03201	Hannover
03251	Diepholz
03252	Hameln-Pyrmont
03253	Hannover
03254	Hildesheim
03255	Holzminden
03256	Nienburg (Weser)
03257	Schaumburg
03300	Reg.-Bez. Lüneburg
03351	Celle
03352	Cuxhaven
03353	Harburg
03354	Lüchow-Dannenberg
03355	Lüneburg
03356	Osterholz
03357	Rotenburg (Wümme)
03358	Soltau-Fallingbostel
03359	Stade
03360	Uelzen
03361	Verden
03400	Reg.-Bez. Weser-Ems
03401	Delmenhorst
03402	Emden
03403	Oldenburg (Oldenburg)
03404	Osnabrück
03405	Wilhelmshaven
03451	Ammerland
03452	Aurich
03453	Cloppenburg
03454	Emsland
03455	Friesland
03456	Grafschaft Bentheim
03457	Leer
03458	Oldenburg (Oldenburg)
03459	Osnabrück
03460	Vechta
03461	Wesermarsch
03462	Wittmund
04000	Bremen
04011	Bremen
04012	Bremerhaven
05000	Nordrhein-Westfalen
05100	Reg.-Bez. Düsseldorf
05111	Düsseldorf
05112	Duisburg
05113	Essen
05114	Krefeld
05116	Mönchengladbach
05117	Mühlheim a.d. Ruhr
05119	Oberhausen
05120	Remscheid
05122	Solingen
05124	Wuppertal
05154	Kleve
05158	Mettmann
05162	Neuss
05166	Viersen
05170	Wesel
05300	Reg.-Bez. Köln
05313	Aachen
05314	Bonn
05315	Köln
05316	Leverkusen
05354	Aachen (Landkreis)
05358	Düren
05362	Erftkreis
05366	Euskirchen
05370	Heinsberg
05374	Oberbergischer Kreis
05378	Rheinisch-Bergischer Kr.
05382	Rhein-Sieg-Kreis
05500	Reg.-Bez. Münster
05512	Bottrop
05513	Gelsenkirchen
05515	Münster (Westf.)
05554	Borken
05558	Coesfeld
05562	Recklinghausen
05566	Steinfurt
05570	Warendorf
05700	Reg.-Bez. Detmold
05711	Bielefeld
05754	Gütersloh
05758	Herford
05762	Höxter
05766	Lippe
05770	Minden-Lübbecke
05774	Paderborn
05900	Reg.-Bez. Arnsberg
05911	Bochum
05913	Dortmund
05914	Hagen
05915	Hamm
05916	Herne
05954	Enneppe-Ruhr-Kreis
05958	Hochsaûerlandkreis
05962	Märkischer Kreis
05966	Olpe
05970	Siegen
05974	Soest
05978	Unna
06000	Hessen
06400	Reg.-Bez. Darmstadt
06411	Darmstadt
06412	Frankfurt am Main
06413	Offenbach am Main
06414	Wiesbaden
06431	Bergstraße
06432	Darmstadt-Dieburg
06433	Groß-Gerau
06434	Hochtaunuskreis
06435	Main-Kinzig-Kreis
06436	Main-Taunus-Kreis
06437	Odenwaldkreis
06438	Offenbach
06439	Rheingau-Taunus-Kreis
06440	Wetteraukreis
06500	Reg.-Bez. Gießen
06531	Gießen
06532	Lahn-Dill-Kreis
06533	Limburg-Weilburg
06534	Marburg-Biedenkopf
06535	Vogelsbergkreis
06600	Reg.-Bez. Kassel
06611	Kassel
06631	Fulda
06632	Hersfeld-Rotenburg
06633	Kassel
06643	Schwalm-Eder-Kreis
06635	Waldeck-Frankenberg
06636	Werra-Meissner-Kreis
07000	Rheinland-Pfalz
07100	Reg.-Bez. Koblenz
07111	Koblenz
07131	Ahrweiler
07132	Altenkirchen (Westerw.)
07133	Bad Kreuznach
07134	Birkenfeld
07135	Cochem-Zell
07137	Mayen-Koblenz
07138	Neuwied
07140	Rhein-Hunsrück-Kreis
07141	Rhein-Lahn-Kreis
07143	Westerwald-Kreis
07200	Reg.-Bez. Trier
07211	Trier
07231	Bernkastel-Wittlich
07232	Bitburg-Prüm
07233	Daun
07235	Trier-Saarburg
07300	Reg.-Bez. Rheinh.-Pfalz
07311	Frankenthal (Pfalz)
07312	Kaiserslautern
07313	Landau in der Pfalz
07314	Ludwigshafen am Rhein
07315	Mainz
07316	Neustadt a.d. Weinstr.
07317	Pirmasens
07318	Speyer
07319	Worms
07320	Zweibrücken
07331	Alzey-Worms
07332	Bad Dürkheim
07333	Donnersbergkreis
07334	Germersheim
07335	Kaiserslautern
07336	Kusel
07337	Südliche Weinstraße
07338	Ludwigshafen
07339	Mainz-Bingen
07340	Pirmasens
08000	Baden-Württemberg
08100	Red.-Bez. Stuttgart
08111	Stuttgart
08115	Böblingen
08116	Esslingen
08117	Göppingen
08118	Ludwigsburg
08119	Rems-Murr-Kreis
08121	Heilbronn Stadt
08125	Heilbronn
08126	Hohenlohekreis
08127	Schwäbisch Hall
08128	Main-Tauber-Kreis
08135	Heidenheim
08136	Ostalbkreis
08200	Reg.-Bez. Karlsruhe
08211	Baden-Baden Stadt
08212	Karlsruhe Stadt
08215	Karlsruhe Land
08216	Rastatt
08221	Heidelberg Stadt
08222	Mannheim
08225	Neckar-Odenwald-Kreis
08226	Rhein-Neckar-Kreis
08231	Pforzheim Stadt
08235	Calw
08236	Enzkreis
08237	Freudenstadt
08300	Reg.-Bez. Freiburg
08311	Freiburg im Breisgau
08315	Breisgau-Hochschwarzw.
08316	Emmendingen
08317	Ortenaukreis
08325	Rottweil
08326	Schwarzwald-Baar-Kreis
08327	Tuttlingen
08335	Konstanz
08336	Lörrach
08337	Waldshut
08400	Reg.-Bez. Tübingen
08415	Reutlingen
08416	Tübingen
08417	Zollernalbkreis
08421	Ulm Stadt
08425	Alb-Donau-Kreis
08426	Biberach
08435	Bodenseekreis
08436	Ravensburg
08437	Sigmaringen
09000	Bayern
09100	Reg.-Bez. Oberbayern
09161	Ingolstadt
09162	München
09163	Rosenheim
09171	Altötting
09172	Berchtesgardener Land
09173	Bad Tölz-Wolfratshausen
09174	Dachau
09175	Ebersberg
09176	Eichstätt
09177	Erding
09178	Freising
09179	Fürstenfeldbruck
09180	Garmisch-Partenkirchen
09181	Landsberg am Lech
09182	Miesbach
09183	Mühldorf am Inn
09184	München
09185	Neuburg-Schrobenhausen
09186	Pfaffenhofen a.d. Ilm
09187	Rosenheim
09188	Starnberg
09189	Traunstein
09190	Weilheim-Schongau
09200	Reg.-Bez. Niederbayern
09261	Landshut
09262	Passau
09263	Straubing
09271	Deggendorf
09272	Freyung-Grafenau
09273	Kelheim
09274	Landshut
09275	Passau
09276	Regen
09277	Rottal-Inn
09278	Straubing-Bogen
09279	Dingolfing-Landau
09300	Reg.-Bez. Oberpfalz
09361	Amberg
09362	Regensburg
09363	Weiden i.d. Opf.
09371	Amberg-Sulzach
09372	Cham
09373	Neumarkt i.d. Opf.
09374	Neustadt a.d. Waldnaab
09375	Regensburg
09376	Schwandorf
09377	Tirschenreuth
09400	Reg.-Bez. Oberfranken
09461	Bamberg
09462	Bayreuth
09463	Coburg
09464	Hof
09471	Bamberg
09472	Bayreuth
09473	Coburg
09474	Forchheim
09475	Hof
09476	Kronach
09477	Kulmbach
09478	Lichtenfels
09479	Wunsiedel i. Fichtelgeb.
09500	Reg.-Bez. Mittelfranken
09561	Ansbach
09562	Erlangen
09563	Fürth
09564	Nürnberg
09565	Schwabach
09571	Ansbach
09572	Erlangen-Höchstadt
09573	Fürth
09574	Nürnberger Land
09575	Neust. a.d.A.-Bad Windsh.
09576	Roth
09577	Weißenburg-Gunzenhausen
09600	Reg.-Bez. Unterfranken
09661	Aschaffenburg
09662	Schweinfurt
09663	Würzburg
09671	Aschaffenburg
09672	Bad Kissingen
09673	Rhön-Grabfeld
09674	Haßberge
09675	Kitzingen
09676	Miltenberg
09677	Main-Spessart
09678	Schweinfurt
09679	Würzburg
09700	Reg.-Bez. Schwaben
09761	Augsburg
09762	Kaufbeuren
09763	Kempten (Allgäu)
09764	Memmingen
09771	Aichach-Friedberg
09772	Augsburg-West
09773	Dillingen a.d. Donau
09774	Günzburg
09775	Neu-Ulm
09776	Lindau (Bodensee)
09777	Ostallgäu
09778	Unterallgäu
09779	Donau-Ries
09780	Oberallgäu
10000	Saarland
10041	Stadtverb. Saarbrücken
10042	Merzig-Wadern
10043	Neunkirchen
10044	Saarlouis
10045	Saar-Pfalz-Kreis
10046	Sankt Wendel
11000	Berlin (West)